항공모함 공학

손호재 저

도서출판 GS인터비전

머 리 말

항상 학생들을 지도하면서 다음에는 어떤 내용으로 학생들에게 새로운 소식을 전해줄까 고민을 많이 하게 된다. 그런 과정 중에 「잠수함 공학 개론」「해양플랜트 공학」등을 책으로 출판하였다. 이들 분야의 '공학' 시리즈는 우리나라 최초의 책들로 이번에「항공모함 공학」도 우리나라 최초로 공학 시리즈의 연속성에 따라 만들어지게 되었다. 이 3권의 책들은 각 분야의 최초의 공학 서적이며 또한 '공학' 이란 용어를 최초로 사용하여 공학적 관점에서 기술된 것이다. 사실「항공모함 공학」책을 쓸 때는 연구년으로 미국에 와 있는 기간으로 많은 자료를 이곳에서 찾아 완성이 되었다. 항공모함이라는 것이 미국이 가지고 있는 최대의 군사 강점으로 이로 인해 정보는 제한적이다. 그래서 항공모함을 공학적으로 기술한 책을 보지 못해 아마도 다른 나라에도 없다면 이 책이 공학적으로 기술된 세계 최초의 책이 되지 않을까 생각해 본다. 다음의 몇 가지가 개인적으로 본도서가 최초라고 생각이 되어 정리를 하였다.

- 항공모함을 "공학"적으로 기술된 최초의 책
- '항공모함 공학(Aircraft Carrier Engineering)'이란 용어 최초 사용되었음
- 항공모함에 관하여 '배'와 '비행기'의 2개의 관점에서 기술된 최초의 책
- 항공모함의 변수로 '배수톤수', '승조원', '항모 마력', '탑재기 수' 등의 상관관계를 최초를 통계 처리하여 항모의 적정한 범위를 제시하였고 이것은 독도함 이후 한국이 어떤 선택을 할 때 사전에 고려되어야 하는 것들에 대하여 가이드라인이 될 것임
- 항모의 각종 설계 내용을 전수 비교하여 최초로 차후 새로운 항모 설계에 적용 시 참조가 되도록 하였음
- 항공모함에 관련된 기본적인 문제를 하나의 chapter로 분리하여 집중함
- 항공모함의 미래에 관한 기술적 요구사항을 최초로 기술되어 있음

항공모함은 함정이라는 큰 구조물에 항공기라는 매체를 활용하는 기계라고 판단이 되며 이런 항공모함을 공학적으로 기술한다는 것은 조선공학을 전공한 사람도 항공공학을 전공한 사람도 적지 않은 부담이 될 것이다. 저자는 학부 때부터 박사까지 항공공학을 전공하였고 학생을 가르치는 거의 20년 동안 조선소와 관련된 학교에서 조선과 관련된 전공분야에서 조선분야를 오랫동안 가르쳐온 경험이 이 책을 쓰는데 큰 도움이 되었다. 사실 미국에 연구년 와서 조선해양플랜트 분야의 글을 쓰려고 처음에는 고민을 했으나 한국 조선소의 환경변화에 따라 군 관련 특수선 분야의 발전에 기여할 필요가 있어 그동안 준비를 한 것을 가지고 이번에 집중하여 완성을 하게 되었다.

이번에「항공모함 공학」책을 기술하면서 다음과 같이 처음에 가져왔던 몇 가지 원칙을 통해 이 책을 만들

었고 읽는 독자에게 도움이 되었으면 한다.

- 항공모함을 단순히 소개하는 책보다는 공학적인 의미를 담자!
- 많은 정보를 제공하여 기초 연구에 밑거름이 되도록 하자!
- 참고목록을 충실하게 제공해 더 알고 싶은 독자에게 좋은 기회를 주자!

앞서 언급한 것처럼 항공모함의 내용은 국가 기밀의 내용이 많다. 그러므로 자료의 한계성을 가지고 있다. 이 이야기는 책을 저술하는데 궁금했던 내용에 답을 제공해 줄 참고 내용이 많지 않다는 것으로 기술할 자료가 충분하지 않다는 것과 같은 이야기가 된다. 그러나 한정된 정보와 내용을 극복하기 위해 많은 도서를 찾아보았고 전 세계 인터넷을 밤낮으로 찾아보았다. 그래서 이번에 책이 나오게 된 것이다. 이 책은 완벽하게 기술된 것은 아닐 것이다. 모든 질문에 대한 답을 줄 수도 없을 것이다. 또한 앞에서 기술된 내용 또는 사진이 중복이 되어 또 다시 나오는 경우도 있을 것이다. 앞부분에서 소개를 할 때 뒤쪽에서는 좀 더 상세하게 설명하기 위해 간혹 다시 나온 것으로 독자의 이해를 부탁드린다. 아무튼 최선을 다해 작성이 된 것이라는 점은 분명하다. 인터넷과 책에서 나오는 대부분의 그림을 저자 나름 수정을 하였다. 한정된 외국 자료를 활용을 하다 보니 영어가 많이 사용이 되었고 경우에 따라 한글과 혼재된 경우가 많이 있다. 또한 영어로 된 것은 독자가 차후 관련되는 자료를 찾을 때 원어를 알고 있어야 하기에 그대로 남겨 둔 경우도 있다.

본 책을 초기에 기안을 했을 때에는 조선소에서 미래의 선행 연구과제의 지원을 받을 수 있기를 희망했지만 현재의 조선소 상황이 어려워 포기를 하고 준비를 하였다. 그래서 보고서 형식을 차용을 해 기술하는 부분이 있을 것으로 판단이 된다. 독자의 이해를 바란다. 이 도서를 보고 연구를 시작하는 많은 분들을 기대하며 저자가 책을 준비할 때 찾은 많은 참고 내용을 각 장별로 또한 맨 뒤에 따로 상세하게 목록화 하였다. 참조한 도서와 인터넷은 References에 목록 정리를 하였기에 더 좋은 결과를 만들기 위해 또한 다른 목적을 위해 참조가 되었으면 좋겠다. 사진 등은 찾은 곳을 명시하였으나 대부분은 수정을 하여 이 책에 사용을 하였다. 총 650장 이상의 사진을 사용을 하였다. 1장에 사진에도 여러 장을 사진을 묶어 사용하는 경우도 많아 이 수치보다 훨씬 많이 사용이 되었을 것이다. 이는 사진이 글보다 의미가 있는 경우가 많아 많이 활용을 하였다. 이 또한 대부분 참조 사이트를 명시하였다. 다만 찾을 당시에는 있었던 곳이 차후 다시 확인을 하면 없는 사이트가 있어 생략이 된 경우가 간혹 있을 것이다.

처음에는 장대한(?) 계획을 세웠으나 자료를 찾고 직접 글을 쓰는 동안 많은 것을 포기한 것도 사실이다. 8개 Chapter로 구성한 것이 6개로 변경된 것도 그와 같은 결과임에 분명하다.하지만 현재의 내용만으로도 600쪽 이상이 되어 책을 만드는데 부담이 될 수 있어 더 많은 내용도 들어가기가 어려웠을 것으로 판단이 된다. 그래서 각 페이지의 여백을 최소화하여 문서를 작성하여 페이지 당 많은 내용이 담기도록 노력을 하였다. 아무튼 약 2년이란 세월을 밤낮 없이 준비와 글쓰기 작업을 하였고 그런 연유로 어깨 근육에 무리가 가서 글을 마무리할 때쯤에는 작업을 하는 것이 너무 어려웠다. 하지만 약간의 사명감(?) 같은 '우리나라 최초의「항공모함 공학」책을 기술한다는 대의로 마무리가 되었다.

좋은 연구실을 제공을 해준 세계 최고의 미국 텍사스 A&M 대학교의 Ocean Engineering 학과에 감사를 드린다. 거의 도서관에 있는 책을 1년간 내 책처럼 볼 수가 있었고 또한 자유롭게 프린트, 복사, 커피 등을 무료로 제공받을 수 있었으며 또한 교수들 연구실 한가운데 나의 연구실을 제공해주었기에 조용히 집필에 몰두할 수 있었다. 특히 초청해주신 M.H. Kim 교수께 깊은 감사를 드린다. 또한 제 연구실 가까이에 계신 Dr. Randall과 Dr. Gordon 교수들도 항상 관심을 가지고 '언제 마칠 것인지', '지금까지 한 것은 무엇인지' 질문을 해줘 많은 도움이 되었다는 것을 밝히며 감사의 마음을 전한다. 끝으로 연구년으로 미국에 함께 와서 이번 집필로 인해 즐거운 시간도 많이 같이 하지 못한 가족인 아내와 두 자식에게 이 자리를 빌려 고맙다는 말을 전한다. 분량이 많은 책을 기꺼이 출판을 해주신 GS인터비전 대표께도 감사를 드린다.

끝으로 혹시 본서의 문제점 등을 발견하여 의견을 보내주시면 고맙겠습니다. 최초의 책이라 많은 부분이 오탈자 등의 문제점이 있을 것이며 또한 부족한 부분이 많이 있을 수 있어 독자의 의견을 반영하여 2판 인쇄가 되길 희망을 해봅니다. 또한 많은 충고와 제안을 해주시면 겸하하게 받아드리겠다는 생각을 가지고 있음을 알려드립니다. 이것을 통해 누적된 지식이 국가 방위에 도움이 될 수 있을 것이라고 믿고 있습니다. 그리고 항공모함을 가르치는 분들이 자료를 요구하면 충분히 공유할 수 있음을 또한 알려드리며 독자 여러분의 항모에 대한 깊은 관심에 박수를 보냅니다.

Texas A&M University(TAMU)에서

저자(hojaeson@gmail.com)

목 차

Chapter 2. 항공모함의 역사 및 국가별 현황

Thinking Key Points & Lessons Learned

Chapter 3. 항모 역학

Thinking Key Points & Lessons Learned

3.3 항모역학 실전 연습문제

Chapter 4. 항공모함 설계

Thinking Key Points & Lessons Learned

Chapter 5. 비행 역학 & 항모 탑재기

Thinking Key Points & Lessons Learned

Chapter 6. 항공모함의 무기 및 체계

Thinking Key Points & Lessons Learned

약 어

Abbreviations	Full Names/설명
A2/AD	Anti-Access/Area Denial
AA	Anti-Aircraft
A.A.	Aluminum giant Alcoa powder
AAC	Amphibious Assault Carrier
AAG	Advanced Arresting Gear
AAM	Air-to-Air Missile
AAR	Air-to-Air Refueling
AAS	Amphibious Assault Ship
AAV	Armored Amphibious Vehicle / Assault Amphibious Vehicle
AAW	Anti-Aircraft Warfare
ACDS	Advanced Combat Direction System
ACHO	Aircraft Handling Officer
ACS	Aegis Combat System
ACV	Air-Cushion Vehicle
ADR	Aircraft Direction Room
AED	Active Expendable Decoy
AEM/S	Advanced Enclosed Mast/Sensor
AEW	Airborne Early Warning
AEW&C	Airborne Early Warning and Control
AFATDS	Advanced Field Artillery Tactical Data System
AFF	Aqueous Film-Forming
AFFF	Aqueous Film-Forming From
AFSB	Afloat Forward Staging Base-INTERIM
AFV	Armored Fighting Vehicle
AGL	Above Ground Level
AGO	Arresting Gear Officer
AIC	Action Information Center(영국)
AIMD	Aircraft Intermediate Maintenance Department
AIS	Automatic Identification System
AMRAAM	Advanced Medium-Range Air-to Air Missile
AOA	Angle of Attack
AOB	Angle of Bank
AOC	Air Operations Center
AP	Armour Piercing(폭탄)
APAR	Active Phased Array Radar
APC	Armored Personnel Carrier
AR	Aspect Ratio
ARSR	Air Route Surveillance Radar

Abbreviations	Full Names/설명
ASBM	Anti-Ship Ballistic Missile
ASDE	Airport Surface Detection Equipment
ASH	Assault Support Helicopter
ASIST	Aircraft Ship Integrated Secure and Traverse
ASM	Air-to-Surface Missile
ASMP	Air-Sol Moyenne Portée
ASR	Airport Surveillance Radars
ASROC	Anti-Submarine ROCket
ASUW	Anti-SUrface Warfare
ASW	Anti-Submarine Warfare
ATECS	Advanced TEchnology Command System
ATM	Air Traffic Management
ATO	Air Transfer Officer
AVCAT	AViation CArrier Turbine fuel
AVGAS	AViation GASoline
AWACS	Airborne WArning and Control System
AWADI	AWA Defence Industries(호주)
AWE	Advanced Weapons Elevators
BL	Boundary Layer
BMPC	Bechtel Marine Propulsion Company
BPC	Referred to as "projection and command ships" (French: *bâtiments de projection et de commandement* or BPC)
BPDMS	Basic Point Defense Missile System
BRC	Base Recovery Course
C4I	Command, Control, Communications, Computers and Intelligence
C4IFTW	C4I For The Warrior
CAAIS	Computer Assisted Action Information System
CAM	Catapult Aircraft Merchant
CAP	Combat Air Patrol
CAR	Central Acquisition Radar
CAT	Countermeasures Anti-Torpedo
CATCC	Carrier Air Traffic Control Center
CATOBAR	Catapult Assisted Take-Off But Arrested Recovery or Catapult Assisted Take-Off Barrier Arrested Recovery
CBR	Chemical, Biological, Radiological
CBSP	Commercial Broadband Satellite Program
CCA	Carrier-Controlled Approach
CDC	Combat Direction Center
CDIC	(Chaland de Débarquement D'infanterie et de Chars), landing crafts that operate in the French Navy
CDS	Combat Direction System
CEC	Cooperative Engagement Capability
CFD	Computational Fluid Dynamics
CIC	Combat Information Center
CIS	Central IFF System
CIWS	Close-In Weapon System

Abbreviations	Full Names/설명
CM	Continuous-Maintenance
CMS	Combat Management System
COA	Course Of Action
COD	Carrier Onboard Delivery / Call Of Duty
CODAD	Combined Diesel And Diesel
CODAG	Combined Diesel And Gas
CODAGE	Combined Diesel And Gas-Electric
CODEAG	Combined Diesel-Electric And Gas
CODOG	Combined Diesel Or Gas
COGAG	Combined Gas and Gas
COGAS	Combined Gas and Steam
COGE/COGES	For COGAS, not drive a propeller shafts directly and instead a turbo-electric transmission is used
COGOG	Combined Gas Or Gas
CONAS	Combined Nuclear and Steam Propulsion
COSAG	Combined Steam and Gas
COTS	Cargo Offload and Transfer System
CPO	Chief Petty Officer
CS	Combat System
CSS	Combat Support System
CSEE	Civil, Structural, and Environmental Engineering
CSG	Carrier Strike Group
CSS	Combat Service Support/Command Support System
CSV	Capacity Selector Valve
CTM	Core Transport Model
CTOL	Conventional Take Off and Landing
CUM	Cubic Unit Metre
CV	generic aircraft carrier (V=voler ?)
CVAG	Attack Carrier Air Groups
CVBG	Carrier Battle Group/Battle Carrier Air Groups
CVEG	Escort Carrier Air Groups
CVEG(N)	Night Escort Carrier Air Group
CVG	Carrier Air Groups
CVG(N)	Night Carrier Air Groups
CVGM	CV with Guided Missile system
CVHG	CV with Helicopter carrier Guided missile system
CVIC	Carrier Information Center(CIC)
CVLG	Light Carrier Air Groups
CVLG(N)	Night Light Carrier Air Groups
CVM	CV with Missile system
CVN	CV with Nuclear-Powered Engine
CVNM	CV with Nuclear-Powered Guided Missile system
CVSG	Antisubmarine Carrier Air Groups
CVSGR	Reserve Antisubmarine Carrier Air Groups
CVW	Carrier Air Wing
CW	Continuous Wave
CWC	Composite Warfare Commander

Abbreviations	Full Names/설명
DALLAS	Deck Approach and Landing Laser System
DC	Damage Control
DCC	Damage Control Center
DCNS	Direction des Constructions Navales Services
DCPO	Damage Control Petty Officer
DECON	Decontamination(Decommissioning Nuclear for Radioactive Contamination)
DFA	Design For Affordability
DIBC	Direct & Indirect Binary Counter Bit Fire Control System
DLS	Decoy Launching System
DMA	Defence Manufacturer Association
DMSP	Defense Meteorological Satellite Program
DRF	Dual Role Fighter
DSTO	Defence Science and Technology Organisation(호주)
ECC	Electronic Counter-Countermeasure
ECM	Electronic CounterMeasure
EDIC	(Engin de Débarquement D'infanterie Et De Chars), Large Landing Crafts That Operate In The French Navy
EDIR	Ecartométrie Différentielle InfraRouge, "InfraRed Differential Ecartometry"
EHF	Extremely High Frequency
EMALS	Electromagnetic aircraft Launching System
EMPAR	European Multifunction Phased Array Radar
EO	Elevator Operator
EOD	Explosive Ordnance Disposal
EOFCS	Electro-Optical Fire Control System
EOM	Election Observation Mission
EOMS-NG	Electro-Optical Multifunction System New-Generation(Sagem)
EOS	Electro-Optical System / Engineering Operating Station
ESSM	Evolved SeaSparrow Missile
EW	Electronic Warfare
ExLS	Extensible Launching System
FAJ	Floating Acoustic Jammer
FCLP	(F-18) Field Carrier Landing Practice
FD	Flight Deck
FEP	Full Electric Propulsion
FLE	Fatigue Life Expectancy
FM	Frequency Modulation
FOB	Field Of View
FOD	Foreign Object Debris/Foreign Object Damage
FOO	Flight Operation Officer
FOTC	Fiber Optic Tow Cable
FQ	Flight Qualification
FRP	Fleet Response Plan
FY	Fiscal Year
GBU	Guided Bomb Unit
GCA	Ground Controlled Approach
GE	General Electric

Abbreviations	Full Names/설명
GMLS	Guided Missile Launching System
GP	General Purpose(폭탄)
GSE	Ground Support Equipment
HARM	High-speed Anti-Radiation Missile
HCFF	High-Capacity Fog-Form
HERO	Hazards of Electromagnetic Radiation to Ordnance
HM&E	Hull, Mechanical and Electrical
HMAS	Her/His Majesty's Australian Ship/Submarine
HMS	Her/His Majesty's Ship/Submarine
HMWHS	Highly Mechanised Weapon Handling System
HA/DR	Humanitarian Assistance/Disaster Relief
HS/HSC	Helicopter Sea Combat Squadron
IADS	Integrated Air Defence Systems
IBPDMS	Improved Basic Point Defense Missile System
ICBM	InterContinental Ballistic Missile
ICCS	Integrated Catapult Control Station
IEP	Integrated Electric Propulsion
IFEP	Integrated Full Electric Propulsion
IFF	Identification Friend or Foe
IFR	In-Flight Refueling / Instrument Flight Rules
IFV	Infantry Fighting Vehicle
IMO	International Maritime Organization
INMARSAT	INternational MARitime organization (IMO) SATellite
INS	Indian Naval Ship / Inertial Navigation System
IPN	Primary Nominal Current Rms
ISO	International Organization for Standardization
ISR	Intelligence, Surveillance, and Reconnaissance
JATO	Jet-Assisted Take-Off
JBD	Jet-Blast Deflector
JDAM	Joint Direct Attack Munition
JDS	Japanese Defense Ship
JTIDS	Joint Tactical Information Distribution System
JMCIS	Joint Maritime Command Information System
JSF	Joint Combat Aircraft
JSOW	Joint StandOff Weapon
JSSG	Joint Service Specification Guide
J-UCAS	Joint Unmanned Combat Air Systems
KIAS	Knots Indicated AirSpeed
KOFAC	Keep Our Future Afloat Campaign
KPP	Key Performance Parameter
LALS	Linkless Ammunition Loading System
LAMPS	Light Airborne Multi-Purpose System
LARC-XV	(Lighter, Amphibious Resupply, Cargo, 15 ton), an aluminium hulled amphibious cargo Vehicle
LaWS	Laser Weapon System
LCAC	Landing Craft Air Cushion

Abbreviations	Full Names/설명
LCC	Limited Capability Configuration
LCM	Landing Craft, Mechanised
LCPL	Landing Craft Personnel (Large) or LCP(L) was a Landing craft.
LCU	Landing Craft Utility
LCVP	Landing Craft, Vehicle/Personnel with Bow Ramp
LDA	Landing Distance Available
LDR	Landing Distance Required
LFT&E	Live Fire Test & Evaluation
LHA	amphibious assault ship general purpose with flooded well
LHD	amphibious assault ships
LHDM	amphibious assault (multipurpose) ship, can operate VSTOL aircraft & helicopter
LIM	Linear Induction Motor
LKA	amphibious transport, landing cargo Assault
LOS	Line-Of-Sight
LOX	Liquid OXygen
LPD	amphibious transport, Dock with own LCMs & helicopter deck
LPDM	amphibious transport with guided Missile System, Dock with own LCMs & helicopter deck
LPH	amphibious assault ship, Helicopter
LRSAM	Long Range SAM
LRU	Line Replaceable Unit(정비)
LSD	amphibious assault ship, Landing Ship Dock
LSE	Landing Signal Enlisted
LSDH	amphibious assault ship, Landing Ship Dock with own landing craft, Helicopter
LSO	Landing Signal Officer
LVT	Landing Vehicle Tracked
MAC	Merchant Aircraft Carrier
MAD	Magnetic Anomaly Detector
MAGTF	Marine Air Ground Task Force
MARPOL	International Convention For The Prevention of Pollution From Ships
MATCCS	Marine Tactical Amphibious C2 System
MBDA	Matra BAE Dynamics Alenia
MBT	Main Battle Tank
MCC	Maritime Component Commander
MCCIS	Maritime Command and Control Information System
MDS	Minimum Discernable Signal
MFCS	Mortar Fire Control System
MFFV	Mobile Fire Fighting Vehicle
MFR	Multifunction Radar
MG	Machine Gun
MIO	Maritime Interdiction Operation
Mk	Mark
MLS	Microwave Landing System
MNS	Mission Need Statement
MOD	Modified / UK Ministry of Defence / MObile Decoy

Abbreviations	Full Names/설명
MOOTW	Military Operations Other Than War
MPR	Medium Power Radar
MPT	Manpower, Personnel and Training
MTB	Motor Torpedo Boat
NAAFI	Navy, Army and Air Force Institutes(영국)
NAAWS	NATO Anti-Air Warfare System
NATOPS	Naval Air Training and Operating Procedures Standardization
NAVAIR	Naval Air System Command
NBCD	Nuclear, Biological, and Chemical Defence
NGA	National Geospatial-Intelligence Agency
NIFC-CA	Naval Integrated Fire Control-Counter Air
NLP	Night Landing Practice
NORDO	NonOperational Radio
NPW	Nuclear Powered Warship
NRL	Navy Research Laboratory
NSSMS	NATO Seasparrow Surface Missile System
NTDS	Navy Tactical Data System
NTU	New Threat Upgrade
OCA	Offensive Counter-Air
OEM	Original Equipment Manufacturer
OLS	Optical Landing System
OMD	Operation Maintenance Division
OOTW	Operations Other Than War
ORM	Operational Risk Management
OTC	Officer in Tactical Command
PAN	Aircraft Carrier, Nuclear-Powered(Fra)
PAR	Precision Approach Radar/Phased Array Radar
PDMS	Point Defense Missile System
PKP	Purple K Powder(Dry Chemical Fire Extinguishing Agent)
PMS	Project Management System
PPI	Plan Position Indicator
PRR	Pulse Repetition Rate
PW	Pulse Width
PWR	Pressurised Water Reactors
QA	Quality Assurance
QE	Queen Elizabeth
R&R	Remove and Replace
RAE	Royal Aircraft Establishment
RAM	Rolling Airframe Missile
RASS	Radar Analysis Support System
RAST	Recovery Assist, Secure and Traverse
RAT	Rocket Assisted Torpedo
RBOC	Rapid Bloom Offboard Countermeasures
RCOH	Refueling Complex Overhaul
RCM	Reliability-Centered Maintenance
RCS	Recovery Control System
RDF	Radio Direction Finder

Abbreviations	Full Names/설명
RHIB	Rigid-Hulled Inflatable Boat
RIP	Repair-In-Place
RN	Royal Navy
RAM	Rolling Airframe Missile
Ro-Ro	Roll-on/roll-off
SADOC	Sistema Automatico per la Direzione delle Operazioni di Combattimento (Italian: Automatic System for the Directorate of Combat Operations)
SAM	Surface-to-Air Missile
SAR	Search And Rescue / Synthetic Aperture Radar
SASS	Silent Acquisition & Surveillance System
SAWS	Submarine Acoustic Warfare System
SBD	Scout Bomber Douglas
SCADS	SHIPBORNE CONTAINERISED AIR DEFENCE SYSTEMS
SCOMBA	Sistema de Combate de Los Buques de la Armada(스페인), Combat System Ship Dela Armada(영어)
SD	Supply Department/Division
SDD	System Development and Demonstration
SEAD	Suppression of Enemy Air Defenses
SEP	Specific Excess Power
SEWIP	Surface Electronic Warfare Improvement Program
SHF	Super High Frequency
SIC	Surveillance, Intelligence, & Command
SLAT	Systeme de Lutte Anti-Torpille
SLBM	Submarine-Launched Ballistic Missile
SMR	Surface Movement Radar
SNCO	Senior Non-Commissioned Officer
SOF	Special Operations Forces
SOLAS	International Convention for the Safety of Life at Sea
SPM	Single Point Mooring
SRBOC	Super Rapid Bloom Offboard Countermeasures
SRVL	Shipboard Rolling Vertical Landing
SS	SAM Suppress
SSDS	Ship Self-Defense System
SSM	Surface-to-Surface Missile
SSTDS	Surface Ship Torpedo Defense System
STO	Short Take-Off
STOBAR	Short Take-Off But Arrested Recovery
STOL	Short Take-Off and Landing
STOVL	Short Take-Off and Vertical Landing
SUW	SUrface Warfare
S/W	Software
TACAN	TACtical Air Navigation System
TAS	Target Acquisition System
TAU	Twin-Agent Unit
TCD	landing ship, dock(Fra)
TCM	Torpedo CounterMeasures
TDS	Tactical Data System
TERCOM	TERrain COntour Matching

Abbreviations	Full Names/설명
TLAM	Tomahawk Land Attack Missile
TNNL	Thales Naval NetherLands
TPO	Topside Petty Officer
TSPO	Topside Safety Petty Officer
TWS	Torpedo Warning System
UAT	Unit Auxiliary Transformers
UAV	Unmanned Aerial Vehicle
UBARS	Carrier-Based Aerial-Refueling System
UCAAS	Unmanned Carrier Aviation Air System
UCAS/UCAV	Unmanned Combat Air System/Unmanned Combat Air Vehicle
UCLASS	Unmanned Carrier Launched Airborne Surveillance and Strike
UECCS	Ultra Electronics Command & Control Systems
UHF	Ultra High Frequency
UPS	Uninterruptible Power Supply
URC	Universal RADIO Communication
USCG	United States Coast Guard
USN	Update Sequence Number
USS	United States Ships
VAMOSC	Visibility and Management of Operating and Support Costs
VAQ	Electronic Attack Squadron
VAW	Carrier Airborne Early Warning Squadron
VFA	Strike Fighter Squadron
VFR	Visual Flight Rules
VHF	Very High Frequency
VLS	Vertical Launching System
VMFA	Marine Fighter Attack Squadron
VOR/DME	VHF Omnidirectional Range/Distance Measuring Equipment
VRC	Fleet Logistics Support Squadron
VSI	Vertical Speed Indicator
V/STOL	Vertical and/or Short Take-Off and Landing(V/STOL or VSTOL)
VT	Variable Time (fuze)
VTO	Vertical Take-Off
VTOL	Vertical Take-Off and Landing
WC	Water Closet
WD	Warrant Office
WECDIS	Warship Electronic Chart Display and Information System
WOD	Wind Over Deck
WR	Wash Room/Washroom
WSC	World Standards Cooperation

항공모함의 기본

1

CHAPTER

Thinking Key Points & Lessons Learned

1.1 항공모함의 정의

1.1.1 항공모함 기본 정의

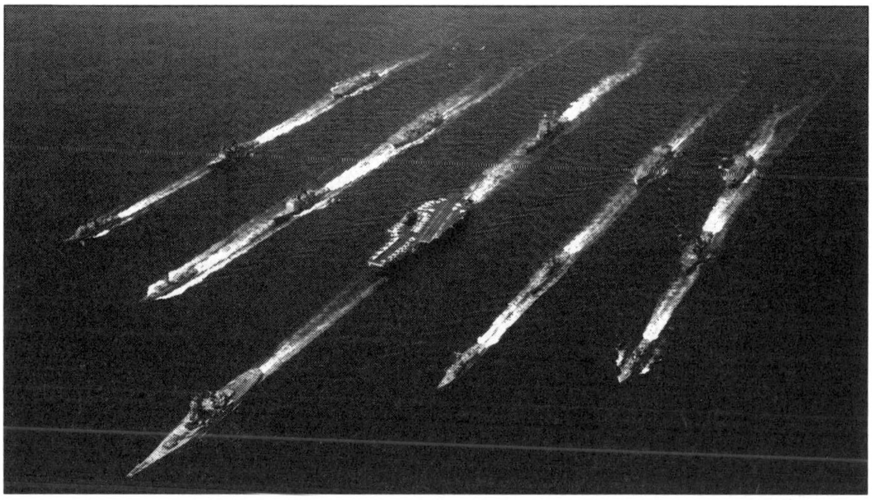

[그림 1-1]
항공모한 선단의 모습

l.imgur.com

항공모함(줄여서 항모라고 함)을 정의하기에 앞서 항공모함에 대한 주변 나라의 동향을 우선 살펴보자. 일본은 세계 2차 대전을 일으킨 나라로서 항공모함을 제작 및 실제 운영에 상당한 능력을 가졌던 나라이며 종전 후 다른 나라를 침략할 수 없도록 한 명문화된 법에 의하여 현재는 항공모함을 제작하고 있지 않다. 그렇지만 그동안 실제 항공모함으로써 운영이 가능한 군함을 구축하고 운영해 왔다. 또한 2016년 이후 법 개정을 통해 전쟁을 할 수 있는 나라로 변화를 서두르고 있는 입장에서 언제든지 본격적인 항모 제작이 가능하다고 할 수 있다.

중국은 러시아에서 해체된 항모를 구입하여 개조하여 실제적으로 항모를 운영하고 있으며 그 기술을 바탕으로 2018년 이후에는 자체적으로 개발한 항모를 운영할 수 있을 것으로 판단이 된다. 이런 주변국 상황 하에서 미국에 전적으로 의존하는 한국의 군사력은 한계가 있으며 독자적으로 항모 건설 시기를 장기적으로 고려해야 한다. 한국의 경제력과 주변 국가의 군사력 변동 추이 등을 고려할 때 한국 해군의 장기 프로젝트는 핵잠수함과 항공모함의 도입이라고 할 수 있다. 그 중에 항모는 대양 해군으로 가는 지름길로 한반도 내 방어적인 입장에서보다 보다 공세적인 또한 경제 규모에 맞는 국력의 상징으로 해군력을 갖추게 되는 것을 의미하게 될 것이다.

사실 항모 도입에는 많은 문제점을 가지고 있다. 우선 항모를 운영한다는 것은 엄청난 비용을 지불해야 가능한 것이다. 한정된 재원 내에서 엄청난 항모 유영비를 매년 투입을 한다는 것은 타 영역(육군 또는 공군)에 지원이 줄게 되는 원인이 될 수 있다. 그러므로 장기적인 고려와 재원 마련이 우선 되어야 하는 것이다. 사실 이것은 현재의 시점에서 논의를 하는 것보다는 약 20년 뒤 배치가 될 시점에서 국력을 순비한다는 입장에서 살펴보아야 할 것이다. 그리고 해군에서 공군력을 인정하는 미국과 다르게 새로운 체계가 도입되면 이해관계가 있는 집단끼리 상충하게 되는 문제점도 있다고 하겠다. 또한 미국을 비롯한 주변국이 긍정적으로 볼 것인가 하는 문제도 노출되어 있다. 이는 한국이 항모를 운영할 때 주변국의 군사적 대응이 어떻게 나올 것인가 하는 점도 고려대상이 될 것이다. 특히 북한은 비대칭 전력의 극대화를 이루려고 하는 경향에서 동기부여를 줄 우려가 있겠다. 하지만, 한 나라의 국방은 생존전략과 직결되는 사항으로 그 결정이 생존에 필수요소라고 판단이 되면 즉시 실현화를 해야 한다. 전쟁에서 항공모함의 존재 여부는 소극적 방어보다는 적극적인 방어 또는 최소한 소극적 공격 이상의 의미를 가지게 되어 항공모함의 비중은 매우 중요하다고 하겠다.

현재에는 세계 2차 대전 때 보다는 항모의 중요성이 감소된 경향이 있다. 그래서 미국 등에서도 항모의 역할에 대한 논의가 의회를 중심으로 지속적으로 진행이 되고 있다. 중국의 신형 무기가 미국의 항모에 타격을 줄 수 있다는 연구가 나오고 있는 것도 항모의 한계를 보여주고 있다. 중국의 DF-21D 미사일의 위협은 새로운 항모 건설에 제한을 주고 있다. 또한 미 국회를 중심으로 항모 소형화 등에 관한 연구도 활발하게 전개가 되고 있다. 이는 전후 세계 질서의 변화를 반영하려는 경향의 일환이라고 하겠다. 하지만 중국 등은 새로운 항모를 구축하여 새로운 해양 패권 질서를 만들려고 하고 있다. 우리도 재래식 항모는 아니라도 독도함 이상의 의미를 가지는 항모 또는 항모에 준하는 선박 건조를 고려하는 것이 현재 시점에서는 시작을 해야 한다. 고려를 시작하는 시점에서 도입이 될 때까지는 15~20년의 시간이 필요한 것이 통상의 항공모함이다.

사실, 항공모함을 정의할 때 명확하고 유일한 정의는 현재까지 없다. 각 나라마다 혹은 각 기관마다 그 정의에 대하여 다른 면들이 있어 불명확하다. 본 내용은 영국의 'IHS Jane's Fighting Ships'와 'Wikipedia'에 따른 정의를 사용하여 대부분 정리를 하였다.

항공모함은 수송, 무장, 군 인력 배치 및 항공기 이착륙하기 위해 함 전체 길이의 비행갑판과 시설을 구비한 떠 있는 공군기지 역할을 하는 군함이다. 일반적으로 그것은 함대의 주력함이며 항공기 작전을 준비하기 위한 현지 거점에 의존하지 않고 해군력을 통해 항공 전력을 타 지역으로 넓힐 수 있는 것을 말한다. 항공모함은 제작비용이 많이 드는 중요한 국방 자산이다. 초기 항공모함은 수많은 전투기, 공격용 항공기, 헬리콥터, 다른 유형의 항공기를 가지고 순양함에서 개조를 하여 만들어졌고 현재는 미국 등에서 주력 함대로 핵추진 군함으로 진화했다.

다음과 같이 항공모함을 정리할 수 있겠다.

- 해군의 핵심 전함이다.
- 움직이는 항공기 기지이다.
- 비행기 이착륙(수직 이착륙을 포함)이 가능한 유사 활주로 등 비행 시설이 있다.

항공모함을 비행기 이착륙이 가능한 활주로가 있는 군함이라고 하면 현재 최신 5세대 전투기 중 일부는 수직 이착륙이 가능하고 헬기의 역할이 커진 상황이므로 기존의 함 전체 길이의 활주로가 있는 항공모함만을 언급할 때 협의의 항공모함이라고 할 수 있다. 광의의 항공모함은 수직이착륙 혹은 헬기 이착륙이 가능한 군함인 상륙기습용 수송함(Amphibious Assault Carrier, AAC)을 포함된다. 이것은 차후 독도함을 항공모함으로 볼 것인가에 대한 답이 될 것이다. 즉, 독도함을 항공모함으로 분류하기도 하고 또는 단순히 상륙기습함으로 분류되는 것이 같은 이치이다.

분명한 것은 IHS Jane's Fighting Ships'에 따르면 일본의 18,289톤의 HYUGA Class와 24,000톤 IZUMO Class는 항공모함의 분류 표시인 CV(CVHG, helicopter carrier with guided missile system)를 사용하고 있고 우리의 19,305톤의 독도함은 상륙함인 LPD (Amphibious transport, dock with own LCMs and helicopter deck)로 분류가 되어 있어 크기보다는 자국에서 주장하는 내용과 함의 주목적이 분류의 큰 요소가 된다고 하겠다. 또한 태국이 가지고 있는 항모 CHAKRI NARUEBET는 분류체계로 CVM(aircraft carrier with guided missile system)으로 11,669톤이다.

상륙기습 수송함 또는 수륙 양용 강습 캐리어라고도 하는 수륙 양용 강습 함정은 상륙 작전용 선박의 한 종류로 수륙 양용 공격을 통해 적의 영토에 지상군을 상륙하고 지원한다. 항공모함에서 진화된 디자인으로 헬리콥터 캐리어로 사용하기 위해 변환되었고 웰 도크를 일반적으로 포함하고 있다. 대부분 항공모함과 같은 설계를 가지고 수륙 양용 상륙을 위한 지원업무가 포함되어 있다. 원론적으로 이야기를 하면, 현재 몇 몇 강습 상륙함은 V/STOL(Vertical/Short Take-Off and Landing) 고정익 항공기를 지원하고 항공모함으로서 역할을 하고 있는 것이다.

[그림 1-2]
Amphibious Assault
ship의 모습

www.allwoodships.com/MilitaryShips/Amphibious/4.LHA.TarawaClass.htm &
http://foxtrotalpha.jalopnik.com/no-body-is-taking-anybody-to-court-russia-didn-t-want-1733104326

수륙 양용 강습 함정의 역할은 재래식 항공모함과 근본적으로 다르다. 상륙기습 수송함의 항공 시설은 공격기를 지원하기 보다는 해변에서 전력을 지원하는 헬기를 호스팅하는 기본 역할을 한다. 그러나 일부는 CAP (Combat Air Patrol) 작전용 해리어 전투기처럼 전투기를 탑재시키고 그리고 해병대 인력이 해변으로 갈 때까지 해병인력을 공중 지원 업무를 수행한다. 또한 많은 STOVL(short take-off and vertical landing) 전투기에 대한 안전한 기지로 대잠 전투 헬기 작전을 수행하는 제해권 역할을 한다. 이들 함정의 대부분은 공기부양정인 호버크래프트 또는 LCM(landing craft, mechanized)/LCU(Landing Craft Utilities) 등과 같은 상륙용 함정 및 차량을 지원하는 업무를 수행할 수도 있다.

본 책에서는 항공모함 정의를 광의의 뜻으로 사용될 것이며 이에 따라 상륙기습 수송함도 항모에 포함하여 설명을 할 것이다. 항모의 상세한 분류와 종류는 추후 다시 기술될 것이며 이에 앞서 항모 정의로 본 항공모함의 장단점은 다음과 같다.

항공모함의 장점	항공모함의 단점
1) 움직이는 기지	1) 제작비용
2) 국력의 상징	2) 유지비용
3) 대양해군의 능력	3) 한 번의 적 공격으로도 막대한 손실이 발생할 수 있음
4) 공격적인 방어력	4) 항공모함이 예전처럼 절대적이지 않고 미사일 위협에 취약할 수 있음

1.1.2 항공모함의 구조와 명칭

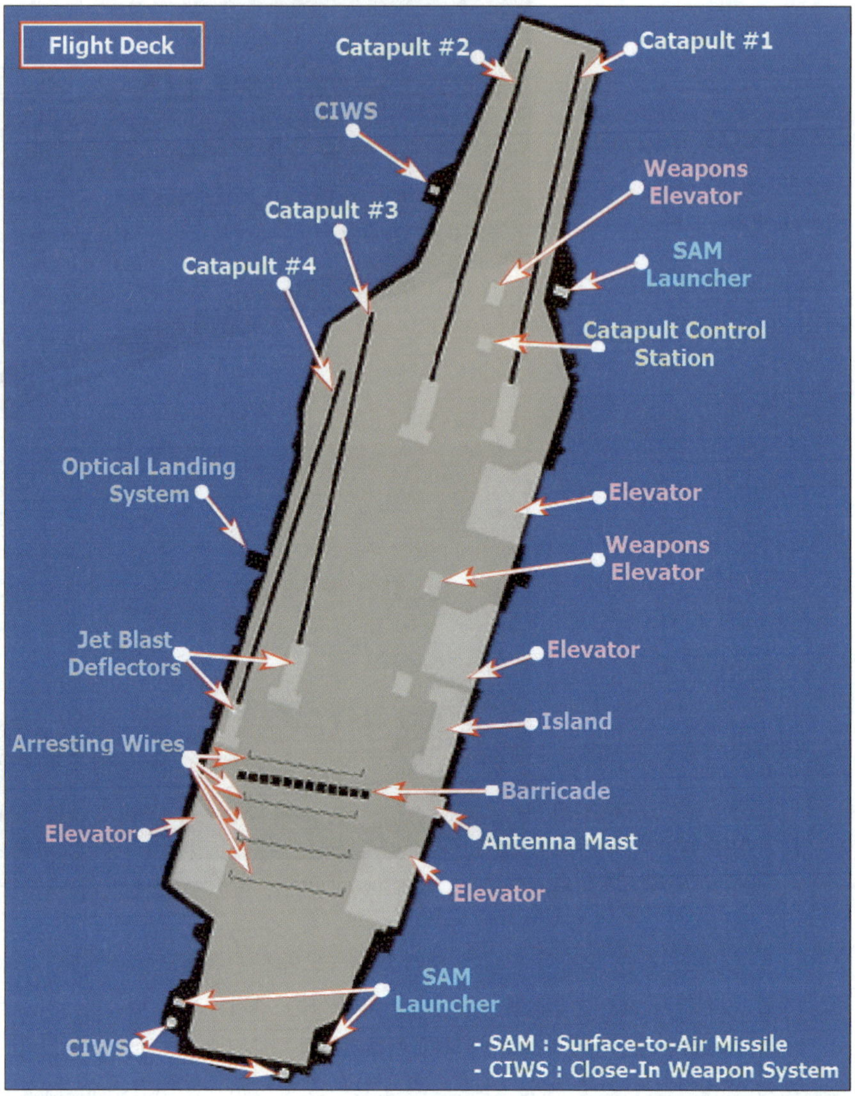

static.howstuffworks.com

[그림1-3]
항공모함의 비행갑판 주변의 명칭

[그림 1-3]은 항공모함의 floor Plan의 한 예이며 주요 명칭도 보여준다. 그림에서 4개의 활주로를 가지고 있고 이에 따라 4대의 Catapult가 있고 1곳의 Catapult 통제센터가 존재한다. 또한 총 5개의 승강기(elevator)가 있어 3대는 비행기 이송에 사용되고 2곳은 무기 등을 운송하게 된다. 항모의 방어 시스템으로 3대의 CIWS(Close-In Weapon System)과 3대의 SAM(Surface to Air Missile) 발사대가 있다. 또한 비행기 착륙을 돕는 장치로 Optical Landing System, Jet Blast Deflector(JBD), Arresting Wire(그림에는 4단으로 되어 있음), Barricade 등이 비행갑판에 있다. 항모의 운행, 작업과 훈련 및 작전을 통제하는 곳이 있는 아일랜드(Island)가 있고 통신을 위한 Antenna Mast가 일반적으로 우현에 존재하게 된다.

일반적인 항공모함의 내부는 [그림 1-4]와 같다. 그림은 미국 핵 항공모함 니미츠 급 Harry S. Truman (CVN-75)으로 통상 니미츠 급의 일반화된 내·외부 모습이며 그리고 부분적으로 확대한 것이 아래쪽 그림이다. 엔진 Room이 있고 Catapult 관련되는 공간이 있고 비행기 격납고 그리고 해군 등 군인들의 거주 공간 등이 존재한다. 그림 상으로 Catapult는 증기식(Catapult Steam Vessel)임을 알 수 있다. Anti-Aircraft and Anti-Missile Weapon System으로 Sea Sparrow Missile을 쓰는 것을 알 수 있다. 기타 방어 시스템으로 기본적인 Machine Gun과 Saluting Gun이 사용이 되고 4개의 프로펠러와 2개의 러더로 추력과 방향을 조절하게 된다.

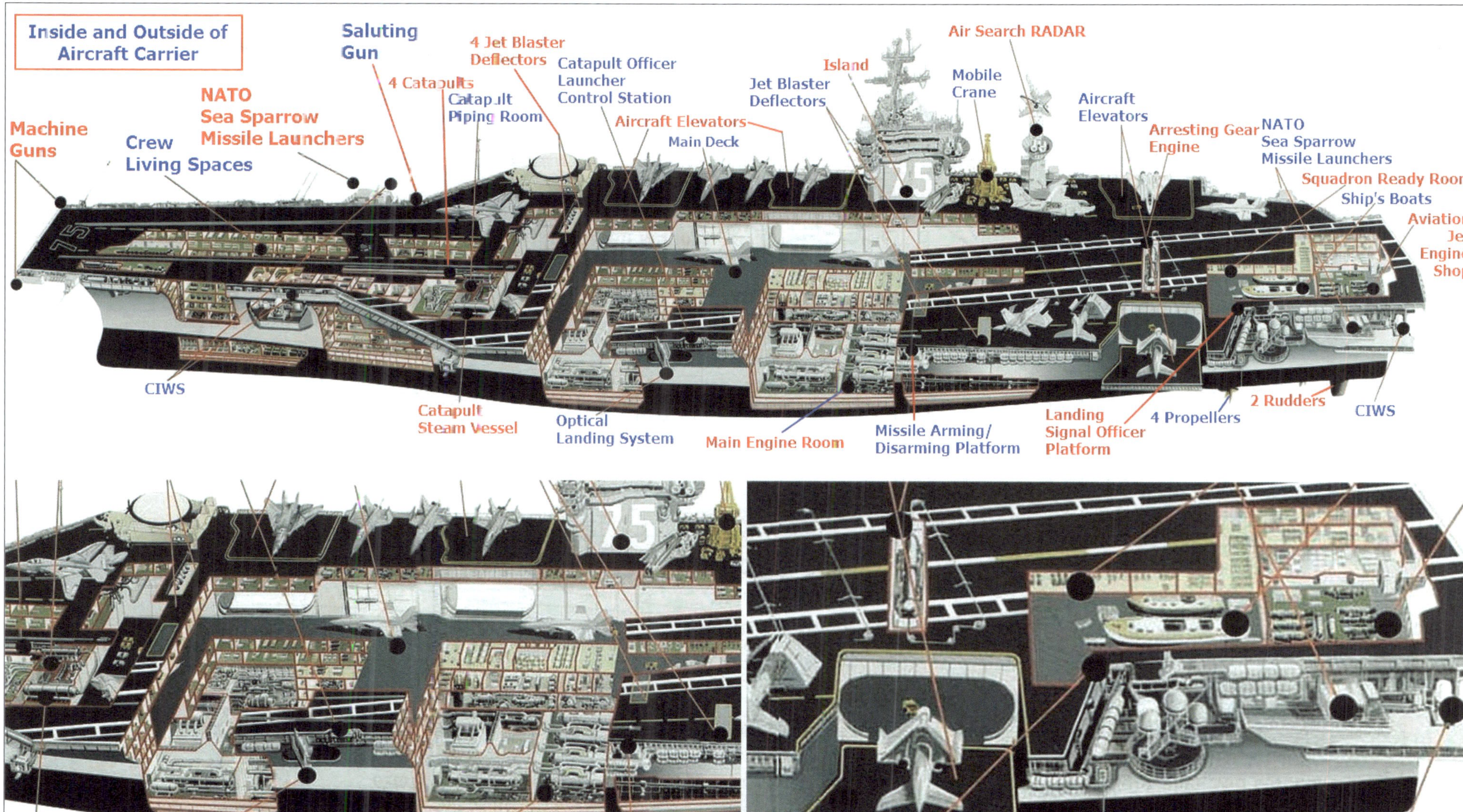

[그림 1-4] 항공모함의 내부 모습(CVN-75 USS Harry S. Truman cutaway)

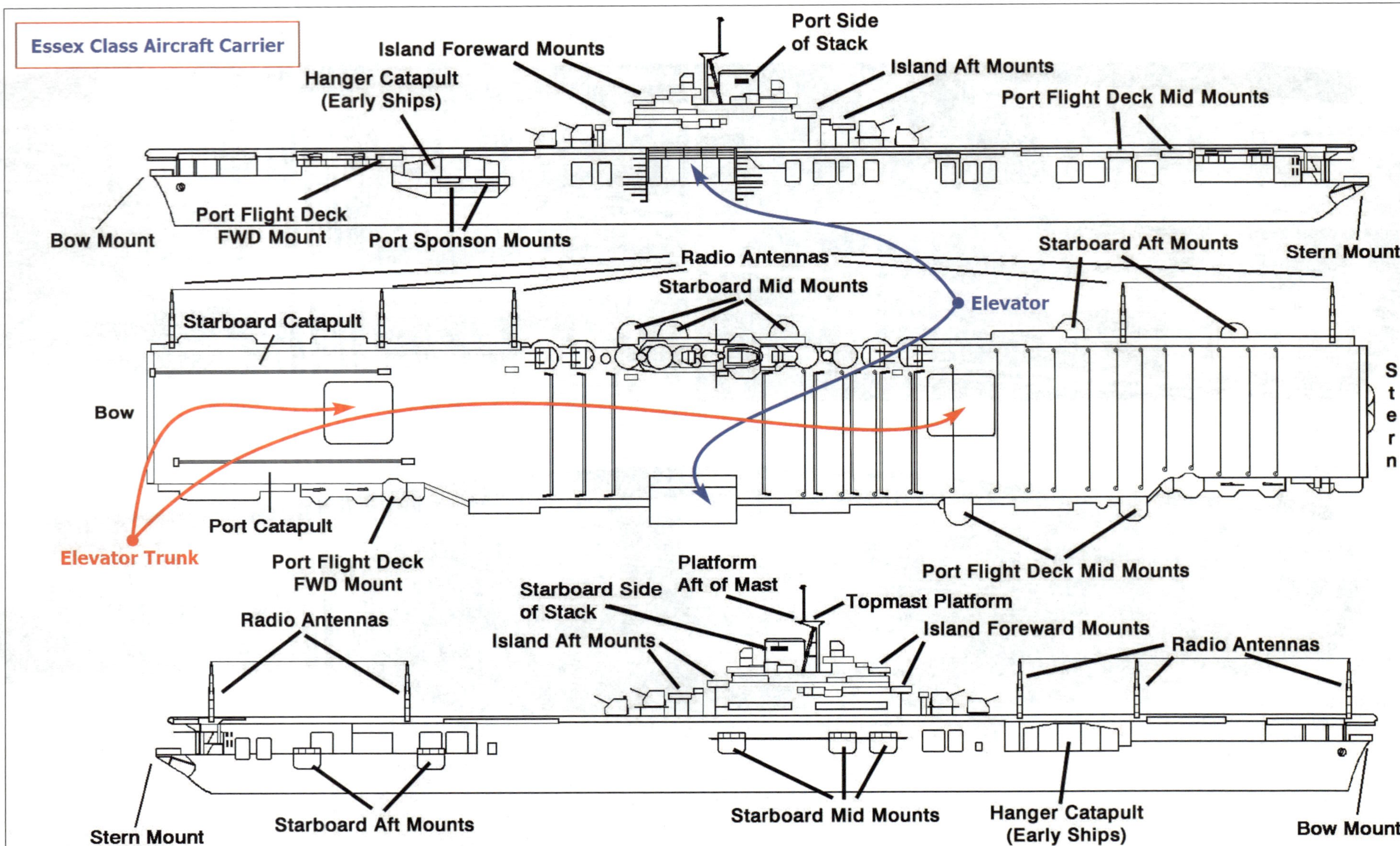

[그림 1-5] 항공모함의 측면 모습

[그림 1-5]는 Essex 급 미국 항공모함의 모습이다. Essex 급은 슈퍼 항공모함이 등장하기 전까지 미국의 주력 항모였다. 이것은 1942년 CV-9 Essex 항모에서 출발하여 전쟁 중에 동급 24척의 항모를 제작 유지한 미국 핵심 전력으로 세계 2차 대전과 한국동란 등에서도 많은 역할을 하였다.

[그림 1-5]의 Essex 급의 특징은 비행갑판이 선체와 일체화가 되지 않고 기존 함선에 비행기 이륙용 비행갑판을 확대 추가하여 독립적으로 갑판을 유지하고 있다. 또한 현재 항모에서 볼 수 없는 아일랜드가 매우 크고 일반 구축함의 함교 형태를 가지고 있는 것을 볼 수 있다. Catapult가 Hanger Catapult로 이것은 새총을 쏘듯이 와이어에 에너지를 담아 발사를 하는 방식으로 초기 항공모함에서 적용이 되었던 방식이다. 2개의 Catapult, 3개의 승강기가 있으면 통신 문제를 해결하기 위해 곳곳에 Radio Antenna가 있는 것을 볼 수 있다.

[그림 1-6]은 Essex 급의 하나인 CV-10 Yorktown의 내부 모습을 상세하게 보여주는 것이다. 291개의 구분된 방을 설명하는 목록이 자세히 나와 있다. 몇 가지 약어를 설명하면 다음과 같다.

- AA : Anti-Aircraft
- A. A. : Aluminum giant Alcoa Powder(Fire Extinguisher)
- C. P. O. : Chief Petty Officer
- F. D. : Functional Description/Flight Deck
- S. D. : Supply Department/Division
- W. C. : Water Closet
- W. O. : Warrant Office
- W. R. : Wash Room/Washroom

[그림 1-7]은 중국이 최근 실전 배치한 Liaoning 항공모함의 모습과 명칭이다. 러시아에서 선체를 구입하여 개조한 한 것으로 전반적으로 원래의 모습을 유지하고 있다. 특징적인 것은 활주로의 앞쪽에 해당하는 선체 앞부분에 Ski-Jump 램프를 갖추고 있다. 추후 Ski-Jump에 관해서는 차후 상세히 설명을 하겠지만 제한된 활주 거리에서 항공기가 이륙하는데 상당한 장점을 가진 것이다. 또한 구상선수(Bulbous Bow)에는 SONAR가 장착되어 있고 그 주변에 SONAR 운용실이 있다. 항공기가 이륙하는 주변에 CIC(Combat Information Center)가 있는 것도 하나의 특징이라고 할 수 있다.

Decoy Launcher가 좌현 중간에 자리를 잡고 있어 적의 레이더에 진짜 미사일과 혼선을 빚게 하는 교란용 미사일을 공중에 발사하여 교란을 유도하게 된다. Hangar Deck에는 비행기의 방향을 원활하게 전환하기 위한 Aircraft Directional Adjustment Turntable이 있다. 항모의 뒤쪽에 대잠수함 무기인 Anti-Submarine Depth Chargers가 위치해 있다. 또한 인원 혹은 물서 사원을 수용하는 소형 보트가 있으며 이것들을 들어 올리고 내리는 크레인이 또한 있다.

en.wikipedia.org

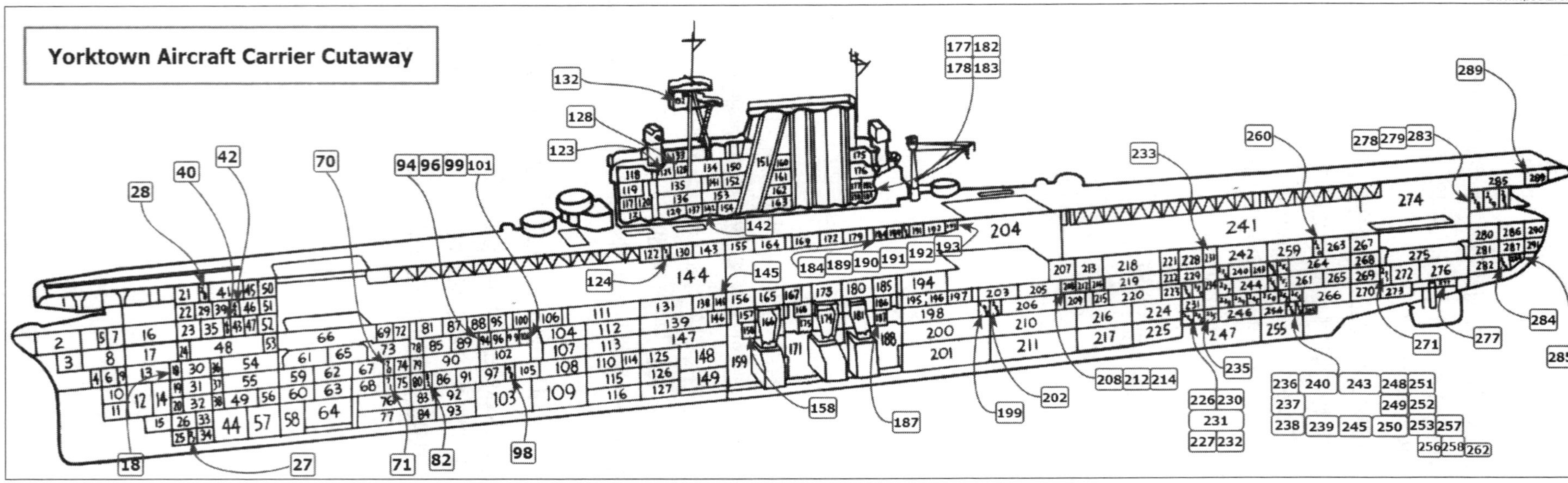

[그림 1-6] 요크타운 항모의 cutaway와 명칭

1 Floater-Net Stowage	50 Wardroom Shower & W. C.	99 Warrant Officers' Shower & W. C.	148 Forward Generator Room	197 Scullery	245 Storeroom
2 Boatswain's Stores	51 Wardroom Shower & W. C.	100 Wardroom Stateroom	149 Forward Generator Room	198 Aviation Stores	246 Passage & Handling Room
3 Boatswain's Stores	52 Wardroom Shower & W. C.	101 W. O. Pantry	150 Aerological Office & Lab	199 Passage	247 Fuel Oil
4 Peak Tank	53 Wardroom Stateroom	102 Lucky Bag	151 Uptake	200 Engine Room	248 Passage
5 Passage	54 S. D. Electrical & RADIO Stores	103 Tank	152 Admiral's Sea Cabin	201 Engine Room	249 Stores & Dry Provisions
6 S. D. Stores	55 S. D. Stores	104 W. O. Mess	153 Equipment Room	202 Meats	250 Storeroom
7 Wardroom Barber Shop	56 S. D. Stores	105 Gasoline Pump Room	154 Crew's W. C.	203 Butcher Shop	251 Trunk
8 Passage	57 Fresh Water	106 Wardroom Stateroom	155 Aviator Ready Room	204 Elevator Pit No. 2	252 Trunk
9 Passage	58 Fresh Water	107 Tailor Shop	156 Gunnery Office	205 Crew's Galley	253 Trunk
10 S. D. Stores	59 Ordnance Stores	108 Stowage	157 Passage	206 Meats	254 Passage
11 S. D. Stores	60 S. D. Canvas & Fabric Stores	109 Tank	158 Engineer's Stores	207 Crew's W. R. & W. C.	255 Void
12 Port Chain Locker	61 GAS Mask & Protective Clothing Stowage	110 Stowage	159 No. 1 Fire Room	208 Passage	256 Passage
13 S. D. Stores	62 S. D. Stores	111 Wardroom Mess	160 Maintenance Room	209 Fruit	257 5" Shell & Handling Room
14 Starboard Chain Locker	63 Canvas & Fabric Workshop	112 Crew Space	161 Flight Deck Amplifier	210 Engine Room	258 Storeroom

15 Chain Locker Sump Pump	64 Elevator Machinery & Pump Room	113 Marine Stores Equipment	162 Lub. Oil Service Room	211 Engine Room	259 Crew's Space
16 Windlass Room	65 S. D. Stores	114 Passage	163 Storeroom	212 Trunk	260 Passage
17 Crew Berthing	66 No. 1 Elevator Pit	115 Stowage	164 Office	213 Crew's Berthing	261 Stores & Dry Provisions
18 Passage	67 S. D. Stores	116 Pump Room	165 Crew's Space	214 Trunk	262 Void
19 Passage	68 5" Shell & Handling Room	117 Main Communication	166 Uptake	215 Passage	263 Crew's W. R. & W. C.
20 Passage	69 Passage	118 Pilot House	167 Ship's Stores	216 After Generator Room	264 C. P. O. Messroom
21 Wardroom Stateroom	70 Trunk	119 Coding Room	168 Squadron Office	217 After Generator Condensers	265 Stores & Dry Provisions
22 Wardroom Stateroom	71 Trunk	120 Passage	169 Passage	218 Crew's Berthing	266 Dry Provisions(Cased)
23 Wardroom Stateroom	72 Wardroom Stateroom	121 Handling Room & Crew's Shelter	170 Engineer's Stores	219 Crew's Messroom	267 Crew's W. R. & W. C.
24 Wardroom Stateroom	73 Passage	122 Guest Stateroom	171 No.4 Fire Room	220 Aviation Stores	268 Elevator Tanks
25 Passage	74 S. D. Stores	123 Captain's Sea Cabin	172 Squadron Office	221 Crew's Berthing	269 C. P. O Stores
26 Paint Stowage	75 5" A. A. Powder	124 Passage	173 Passage	222 Medical Stores	270 Elevator Tanks
27 Paint Stowage	76 Storeroom	125 Plotting Room	174 Uptake	223 Aviation Stores	271 Trunk
28 Passage	77 Storeroom	126 Air Conditioning Room	175 2nd Conning Station	224 Elevator Room	272 Aviation Engine Stores
29 Wardroom Stateroom	78 Trunk & Hoist	127 Lubricating Oil Pump Room	176 Flight Deck Gear	225 After Diesel Generator Room	273 Motor & Control Room
30 S. D. Engineering Ordnance Stores	79 Trunk & Hoist	128 Chart House	177 F. D. Repair Party Station	226 Trunk	274 Elevator Pit No. 3
31 S. D. Stores	80 Trunk & Hoist	129 Squadron Armory	178 Emergency Dressing Station	227 Gyro & AFT 5" AA Group	275 C. P. O. Quarters
32 S. D. Stores	81 Wardroom Stateroom	130 Flag Operations Office	179 Squadron Office	Control Station	276 Aviation Engine Stores
33 Open	82 Storeroom	131 Wardroom Annex	180 Crew's W. R. & W. C	228 Bomb Vane Stowage	277 Steering Gear Room
34 Paint Stowage	83 Handling Room	132 Forward Air Defense	181 Uptake	229 Dispensary	278 Passage
35 Wardroom Stateroom	84 Ammunition Hoist	133 Flag Plot	182 Repair Gear Locker	230 Aviation Stores	279 Oxygen Trans Room
36 Passage	85 Wardroom Stateroom	134 Air Plot	183 Passage	231 Stowage	280 C & R Tool & Tissue Room
37 Passage	86 Storeroom	135 Office	184 Squadron Office	232 Stowage	281 C. P. O. Showers
38 Passage	87 Wardroom Stateroom	136 Radio Central	185 Crew's W. R. & W. C	233 Elevator	282 S. D. Stores
39 Wardroom Stateroom	88 Wardroom Bunk Room	137 Passage	186 Passage	234 Elevator	283 Spare Parts
40 Passage	89 Wardroom Stateroom	138 Cigar Locker	187 Engineer's Stores	235 Elevator Machinery	284 S. D. Stores
41 Wardroom Stateroom	90 Ship's Stores(Bulk)	139 Crew's Space	188 No.7 Fire Room	236 Passage	285 Squadron Storeroom
42 Passage	91 Storeroom	140 Signal Shelter	189 Aviation Instrument Repair	237 Trunk	286 CAPSTAN Machinery Room
43 Wardroom Stateroom	92 Storeroom	141 Equipment Room	190 Passage	238 Trunk	287 C. P. O. Locker
44 Fresh Water	93 Storeroom	142 Officers' W. C.	191 Ordnance & Tool Issue Room	239 Stowage	288 Void
45 Aviator's Conditioning Room	94 Passage	143 Overflow Squadron Ready Room	192 Plane Captains' Gear Room	240 Dressing AFT	289 Storeroom
46 Wardroom Stateroom	95 Wardroom Shower & W. C	144 Hangar	193 Air Department Bunk Room	241 Hangar	290 Athletic Stores
47 Wardroom Stateroom	96 Wardroom W. R. & W. C	145 Passage	194 Marines' Quaters	242 Crew's Space	291 C. P. O. Storeroom
48 Passage	97 Storeroom	146 Passage	195 Ship's Stores	243 Operating Room	
49 S. D. Stores	98 Gasoline Pump Motor Room	147 Armory	196 Crew's Mess	244 Aviation Stores	

en.wikipedia.org

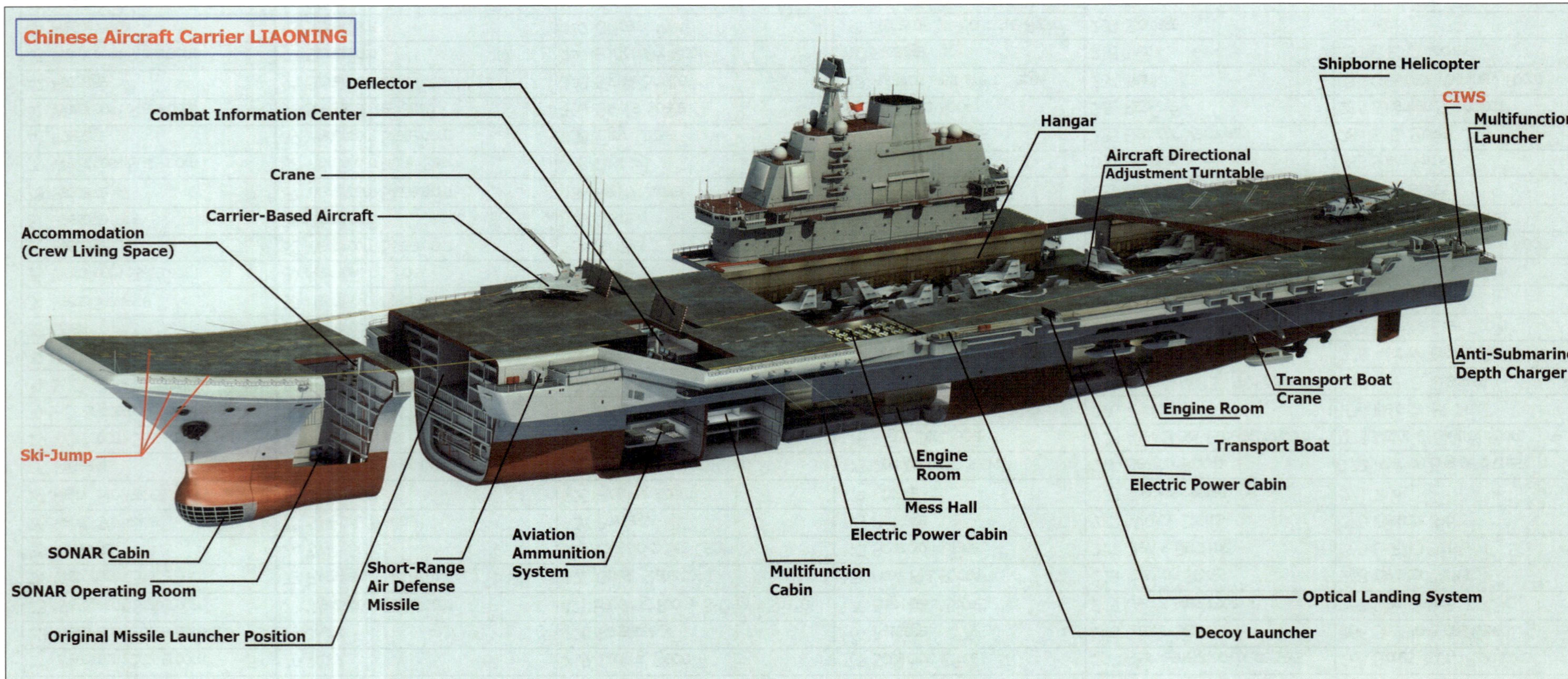

[그림 1-7] 중국 LIAONING 항공모함 모습 및 명칭

[그림 1-8]은 영국이 새롭게 건조를 하고 있는 HMS Queen Elizabeth의 모습니다. HMS은 'Her Majesty's Ship'의 약어로 영국 군함에서 사용하는 것이다. 영국의 항공모함의 특징 중에 하나는 Ski-Jump 대를 가지고 있다는 것이다. 이것은 영국이 개발해낸 것으로 러시아, 중국 등의 다른 항모에서도 적용이 되어 사용이 되고 있는 있다.

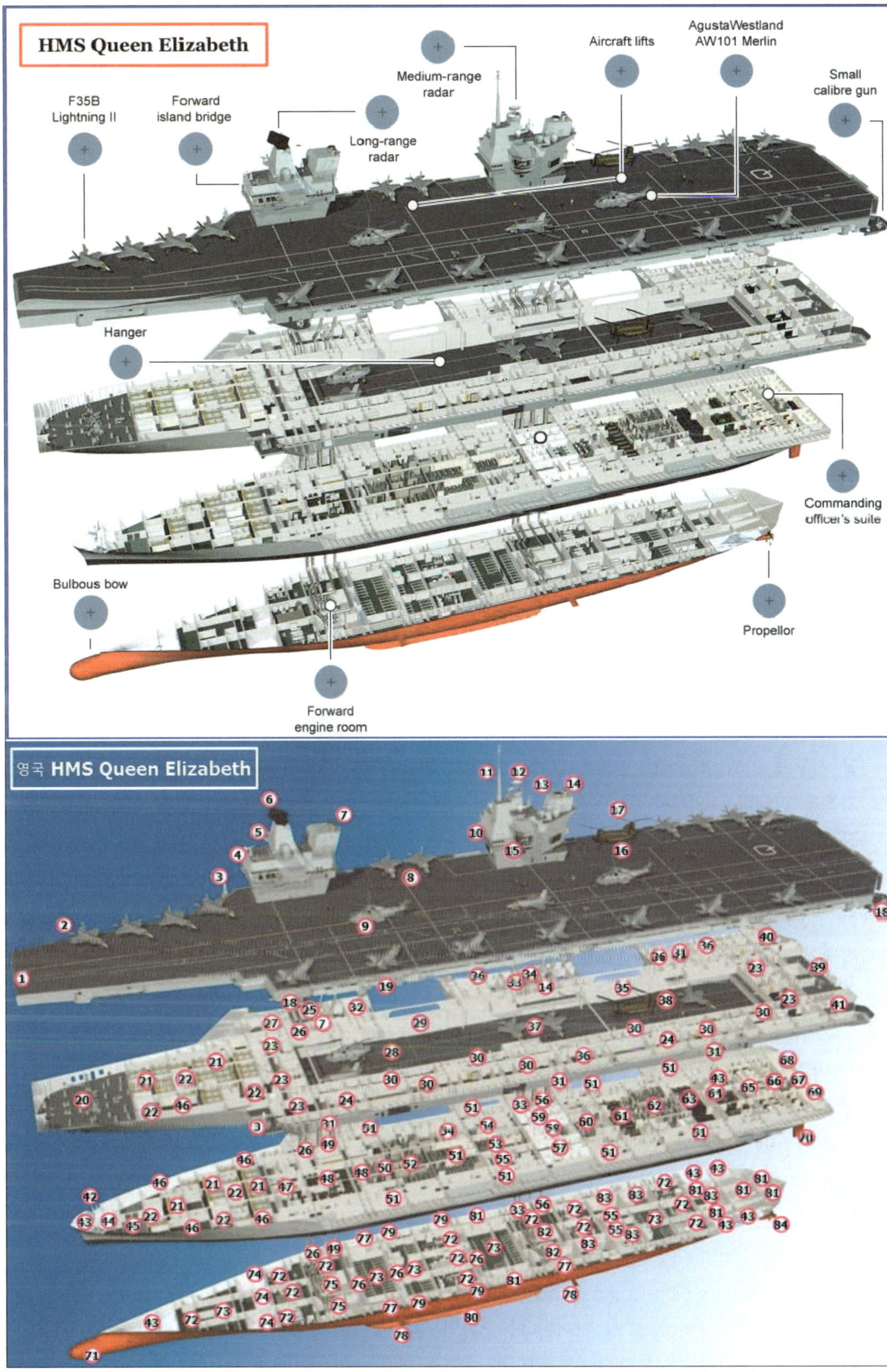

[그림 1-8] HMS Queen Elizabeth의 각 부분의 명칭

www.pinterest.com/source/queenelizabethcruises.net & www.dailymail.co.kr

1 Aviation Store	22 Junior Rates' Showers & Toilets	43 Water Ballast Compartment	64 Wardroom Annex
2 F-35 Lighting II	23 Ship's Officer complex	44 Chain Locker Trunk	65 Head of Department Cabins
3 Phalanx Automated CIWS	24 Pyrolysis Compartment	45 Gym	66 Flag & Commanding Offices' Galley
4 Forward Island Bridge	25 Forward Gas Turbine	46 Junior Rates' Recreational Space	67 Flag & commanding Officers' Dining Room
5 Navigation RADAR	26 Forward Engine down-Takes	47 Mission Systems Office	68 Commanding Officer's Suite
6 Long Range RADAR	27 Fire Protection System	48 Mission Systems Complex	69 Flag Officer's Suite
7 Forward Engine & Gas Turbine uptakes	28 Hangar Forward Bay	49 Forward Engine Room Uptakes	70 Rudder (Port & Starboard)
8 Forward aircraft Lift	29 Forward Hangar Doors	50 Bakery	71 Bulbous Bow
9 Merlin Helicopter	30 Air Squadron Complex	51 Pipe Passage	72 Auxiliary Machinery Space
10 After Island Emergency conning Bridge	31 Mass Evacuation System	52 Junior Rates' Galley	73 Naval Stores Complex
11 Mainmast	32 RN Police Office & Cells	53 Junior Rates' Dining Hall	74 Avcat Tank
12 Medium Range RADAR	33 After Engine Down-takes	54 NAAFI Canteen Spaces	75 Forward Engine Room
13 Communication Outfit	34 After Gas Turbine Space	55 Low Voltage Distribution Compartment	76 Flesh Water Tanks
14 After Engine Room& Gas Turbine uptakes	35 After Hangar Doors	56 After Engine Room Uptakes	77 Stabilizer Compartment(port & Starboard)
15 Flying Control Position	36 Air Filtration Units	57 Hospital Area	78 Stabilizer (Port & Starboard)
16 After Aircraft Lift	37 Hangar Mid Bay	58 Ward Area	79 Heel Correction Tank(port & Starboard)
17 Chinook Helicopter	38 Hangar Aft Bay	59 General Medical Area	80 Bilge Keel
18 Automatic Small Calibre Gun	39 Aft Mooring Deck	60 HQ1 & Ship Control Centre	81 Void
19 Inflatable Lift-Raft Stowage	40 Starboard Mooring Deck	61 Senior rates' Dining Hall	82 After Engine room
20 Forward mooring Deck	41 Port mooring Deck	62 Officer's & Senior rates' Galley	83 Officers' Baggage Store
21 Junior Rates' Six-Berth Cabins	42 Anchor (Port & Starboard)	63 Wardroom	84 Propeller (Port & Starboard)

미국을 중심으로 개발 중에 있는 F-35 B 항공기 기종의 사용을 전제로 하고 있으며 아일랜드가 2개로 분리가 되어 있는 것이 가장 큰 특징이라고 하겠다. 이것은 중장거리 RADAR의 사용을 분리하여 효율을 높이고자 하는데서 고안이 되었다. AW101 Merlin Helicopter, Chinook Helicopter 등 다양한 헬기를 활용하는 것을 볼 수 있다. 32번의 'RN Police'은 Royal Navy Police를 말한다. 생활공간도 잘 구축이 되어 있어 Gym, Bakery, 병원 등 각종 편의시설을 비롯한 Accommodations 등이 준비되어 있다.

74번의 'avcat'는 'Aviation Carrier Turbine Fuel'의 약어로 항공모함에 있는 탑재 항공용 항공유를 말하는 것으로 일반적으로 JP-5를 말한다. 또한 54번의 'NAAFI'는 'Navy, Army and Air Force Institutes'의 약어로 1921년 영국 정부에 의해 만들어진 조직으로 영국 군대가 필요로 하는 여가 시설을 운영하고, 군인이 원하는 제품을 군인과 그 가족을 판매하는 업무를 한다. 69번의 'Flag Officer'는 영국에서 해군장관 또는 함대 사령관을 말하는 것으로 해군장관이 승선한 배는 위계상 깃발을 달았던 것에서 유래가 되었다.

21번의 'Six-Berth Cabin'은 6인실 침대가 있는 Cabin을 언급한 것이다. 또한 24번의 'Pyrolysis Compartment'는 열분해(Thermal Decomposition) 과정의 위험으로부터 격리된 공간을 말하는 것으로 열분해는 산소를 배제한 조건에서 가열하여 연소되지 않고 여러 종류의 가스와 액체를 방출하고 탄소 화합물이 생기는 유기물체의 물리적·화학적 분해과정을 말한다.

[그림 1-9]는 Amphibious Assault Ship인 미국 Wasp 급에 관한 것이다. 그림에서 보는 것처럼 2개의 Mast 타워가 아일랜드 앞뒤에 있고 선형은 주로 헬기용 상륙용 공격함의 전형을 보여준다. 헬기 Hangar 데크가 있고 그 아래 해병대 등에서 사용하는 상륙용으로 사용되는 Landing Craft가 계류하는 Landing Craft Well이 있다. 중앙 하단에 엔진룸이 있어 추력을 전달하고 아일랜드는 일반적인 항모에서 하는 통신과 컨트롤을 담당하게 된다.

상륙부대의 인력과 장비를 수용할 수 있는 시설에 곳곳에 배치되어 있다. 간단히 각 약어를 설명하면, 8번의 'OVFL'은 'Overflow'의 약어로 의미는 재난 시 사상자가 넘치는 경우에 상륙부대가 사용하는 이 공간이 사용될 것을 말한다. 9번의 'Rec'은 'Recreation'으로 승무원과 상륙부대 인원이 사용하는 편의 공간을 말한다. 11번의 'SNCO'는 'Senior Non-Commissioned Officer'의 약어로 명령계통에는 없지만 고위 장교를 말한다. 12번의 'Pyro'는 앞서 언급한 'Pyrolysis'의 약어이다. 13번의 'Ammo'는 'Ammunition'의 약어로 무기/탄약 등의 의미를 가지고 있다. 또한 'Mag'는 'MAGazine'의 약어로 무기창/병기창을 의미한다. 15번의 'White Phosphorous'은 인으로 만든 발화용 폭탄 또는 포탄을 의미하며, 21번의 'Flmb Liq'은 'Flammable Liquid'의 약어로 가연성 액체를 의미한다.

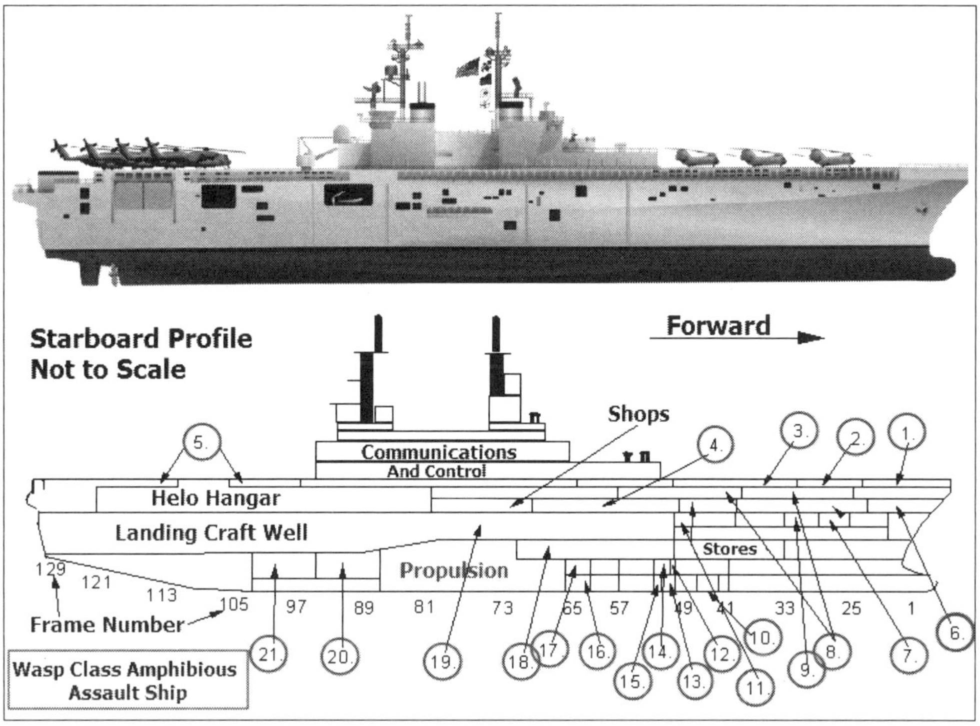

[그림 1-9] Wasp Class Amphibious Assault Ship의 각 부분 명칭

www.public.navy.mil

1 Troop Training & Marshalling Area	8 Troop Living & Casualty Ovfl	15 White Phosphorous Mag
2 Troop Officer Berthing	9 Crew & Troop Rec Room	16 #5 Lower Cargo Ammo Mag
3 Wardroom Messroom	10 Troop Small Arms Mag	17 #5 Lower Cargo Ammo Mag
4 Medical / Dental Spaces	11 CPO / SNCO Messing & Berthing	18 Lower Vehicle Stowage
5 Offices	12 Troop & Aviation Pyro	19 Upper Vehicle Stowage
6 Troop Living Spaces	13 #4 Lower Cargo Ammo Mag Fwd	20 #9 Cargo Ammo Mag
7 Ships Store	14 #4 Lower Cargo Ammo Mag	21 #10 Flmb Liq Cargo Hole

[그림 1-10]은 Amphibious Assault Ship의 가장 보편적으로 선박으로 프랑스의 Mistral의 각 부분의 명칭이다. 이 헬기 항모는 러시아로 수출을 진행한 적도 있는 미국을 제외한 국가에서 가장 성공한 Amphibious Assault Ship이라고 할 수 있다

주요 부분을 소개하면, 1번 MBDA Simbat System은 MBDA 제품의 Simbat-RC Missile System을 말하는 것으로 원격으로 제어되는 선박 자체 방어용 경량 두원 발사대를 갖춘 미사일 시스템을 말한다. 수륙양용차의 출입을 위한 Well Deck가 21번에 존재하며 18번은 헬기용 Hangar 데크가 있고 17번은 수륙양용 차량을 위한 2층 구조의 Hangar 데크가 있다.

각종 통신용 장비와 Radar 등이 아일랜드 또는 브릿지에 장착이 된 것을 볼 수 있으며 작전 수행용 추력과 회전 및 정지 시 작업을 위한 것으로 4번의 Stern Water Propeller가 있고 22번의 2개의 Azimuth 트러스트가 있다. 또한 안정화를 위한 평형판(Stabilizer)이 16번에 있다. 그리고 13번에는 Amphibious Assault Ship의 주요 업무 중에 하나인 군과 민간인 지원을 위한 병원용 병실이 있다.

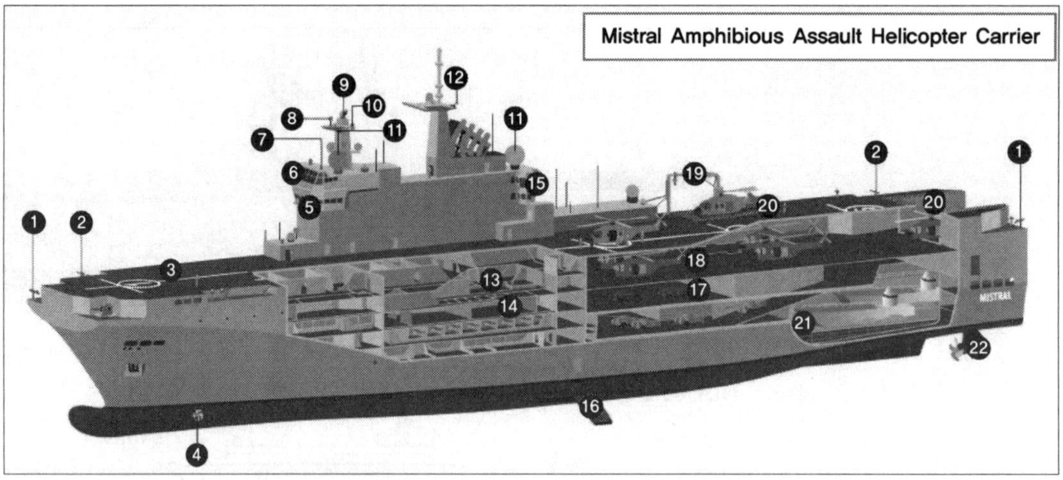

[그림 1-10] 프랑스의 Mistral Amphibious Assault Ship의 각 부분 명칭

sputniknews.com

1 MBDA Simbad System	8 Navigation RADAR	15 Air-Traffic Control
2 12.7 mm M2-HB Browning Machine Gun	9 Thales MRR-3D-NG Air/Surface Sentry RADAR	16 Stabilizer
3 Flight Deck		17 Two-Level Hangar for Vehicles
4 Stern Water Propeller	10 Fleet SATCOM Satellite Dish	18 Helicopter Hangar
5 Navigation Bridge	11 Syracuse Satellite Dish	19 Overhead Crane
6 Forward Island Bridge	12 Deck Landing RADAR	20 Two Elevators
7 Fleet SATCOM Satellite Dish	13 Hospital Facilities	21 Well Deck
	14 Operations Command Area	22 Two Mermaid Azimuth Thrusters

[그림 1-11]은 American Class Amphibious Assault Ship의 명칭을 소개한 그림이다. 항모를 통해 알아야 하는 것은 매우 다양하다. 예를 들면, 공학적으로 선형의 특징을 알아야 하고 특히 갑판의 내용을 면밀하게 살펴보아야 하며 내부 구조 또한 반드시 알아야 할 사항이다. 그리고 비행기와 관련된 것들과 항모의 무장체계도 알아야 한다.

아래 내용은 그중에서 무장체계로 그 예를 보여주는 것이다. 상세한 설명은 추후 뒤에서 다시 나오겠지만 이곳에서 간략하게 주요 내용을 소개하면 다음과 같다.

- RIM-116 RAM : RIM-116 Rolling Airframe Missile(RAM)은 미국을 비롯하여 한국, 독일, 일본 해군에서 사용되는 소형, 경량, 적외선 유도 지대공 미사일
- Mk 29 : RIM-162 Evolved Sea Sparrow Missile(ESSM)
- AN/WSC-6 : US Navy SHF SATCOM으로 AN/WSC-6 Terminal
- AN/SLQ-32 : 미국 국방 관련 회사인 Raytheon이 만든 Shipboard 전자전 장비
- AN/SPS-73 : 접촉 범위와 방위 정보를 제공하는 단거리 2차원 해상 탐문/탐색 레이더 시스템
- AN/SPS-48E : 미 해군의 3차원 장거리 대공 탐색 레이더
- AN/URN-25 : Tactical Air Navigation (TACAN) System으로 전술 항공 탐색 (TACAN) 시스템
- AN/SPQ-9B : 때대로 "Spook Nine"이라고 하며 MK-86 Gun 화재 제어 시스템(MK86 GFCS)을 사용하는 미 해군의 다목적 해상 검색 및 사격 통제 레이더
- AN/UPX-29 : 미국 Northrop Grumman 회사가 만든 것으로 핵심 식별 피아 식별(IFF, Identification Friend or Foe)을 하기 위한 프로세서로 해군 함상 사용하기 위해 기술적으로 매우 정교한 협력 식별 시스템
- AN/SPN-43C : 2차원 항공 교통 및 항공 감시용 레이더 시스템
- AN/SPC-49A : 레이시온에서 제작된 미 해군의 2차원, 장거리, 대공 탐색 레이더이며, 한국도 사용 중에 있음
- AN/SPN-35 : Amphibious Assault Ship에 사용되는 선박의 항공기 컨트롤러로 해군과 해병대의 항공기에게 경사 및 활공 Talk-Down 안내하는 등 방향 제시하기 위한 장치

www.reddit.com

[그림 1-11] American Class Amphibious Assault Ship의 아일랜드 주변의 주요 명칭

[그림 1-12]는 Midship Section Cutaway이다. 항공모함의 절단면에서 본 구조를 살펴 본 것이다. 이 그림은 Nimitz 급 미국 항공모함에 관한 명칭을 보여준다. Deck의 구분은 그림과 설명된 표에 나타는 것처럼 비행갑판에서부터 나타내면 Gallery Deck → 02 Level Deck → 01 Level Deck → Main Deck → 2nd Deck → 3rd Deck → 4th Deck 순서로 위치하게 된다. 비행갑판 바로 아래에 있는 Gallery Deck는 그림에서 보는 것처럼 1~11번이 있고 주요 공간은 6번 Air Operations Office와 7번 Carrier Air Traffic Control 센터가 있다.

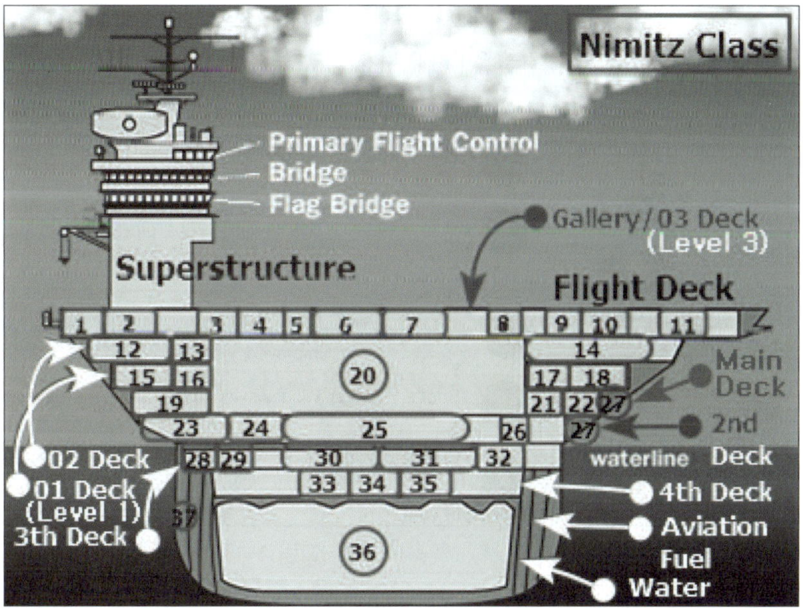

[그림 1-12] Midship section cutaway of Nimitz Class

science.howstuffworks.com

Gallery Deck	14 Catapult Steam Machinery	26 Switchboard
1 Squadron Worker Center	01 Level Deck	27 Vent Space
2 Fan Room	15 TV Studio	Third Deck
3 Electronic & Electrical Repair	16 Public Affairs Office	28 Welding & Repair
4 Electrical Test Equipment Room	17 Air Filter Cleaning Shop	29 Combustion Control Shop
5 Weapons Elevator Machine Room	18 Auxiliary Fuel Tank Stowage	30 Metal & Machine Shop
6 Air Operations Office	Main Deck	31 Electrical Shop
7 Carrier Air Traffic Control	19 Aviation Fueling-at-sea Bay	32 Fan Room
8 Cabins	20 Hangar	Fourth Deck
9 Squadron Office	21 Catapult Piping	33 Switchboard Room
10 Catapult Piping Spaces	22 Weapons Storeroom	34 Gyro Room
11 Catapult Launching Valves	Second Deck	35 Main Machinery Room
02 Level Deck	23 Capstan Machinery Room	36 Engine Room
12 Crew Living Space	24 Thaw Room	37 Ballast
13 Storeroom	25 Bakery	* 20번 Hangar는 3개 Deck에 걸쳐 있다.

Aircraft Carrier Launching System이 10번과 11번에 위치한다. 02 Level Deck는 Hangar Deck의 상단에 해당되는 지역으로 14번이 증기기계로서 Catapult 발사대의 전력을 공급한다. Hangar Deck는 항모 내에서 비행기 격납고로 보관 및 관리를 하는 곳으로 승강기(Elevator)를 이용하여 비행갑판으로 올려 보내게 된다.

01 Level Deck는 부가적인 연료 탱크 저장소가 자리 잡게 되고 Main Deck는 Hangar Deck의 하단에 해당되는 지역으로 Catapult Piping이 자리하고 있다. 즉, 비행기 이륙 발사 시스템의 장비 및 장치들이 저장되어 있다. 2nd Deck에는 다양한 생활 편의시설 등이 위치하고 3rd Deck에는 다양한 항모에서 필요한 수리 및 부품 제작을 위한 공장(Shop)들이 있고 4th Deck에는 엔진룸 위에 위치하여 엔진과 관련된 공간으로 배정이 되어 있으며 주변에는 밸러스트 탱크들이 있다.

[그림 1-13]은 항모의 'Island'에 관한 것이다. 그 내용은 다음의 것들이 언급이 되어 있다.

- Aft Mast : 전방 마스트로 레이더 장착됨
- 메인 Mast : 외부는 레이더, 내부는 전자 시스템 장착
- Primary 비행 통제 센터 : Air Boss가 있는 곳으로 가시성 때문에 위에 있음
- 브릿지 : 항해 및 Flag 업무를 수행하는 곳으로 가시성을 위해 큰 창문과 위에 위치함
- Outboard 무기용 엘리베이터 : 비행 무장용 엘리베이터로 효율성 때문에 Island 근처

majalahmiliter.blogspot.com

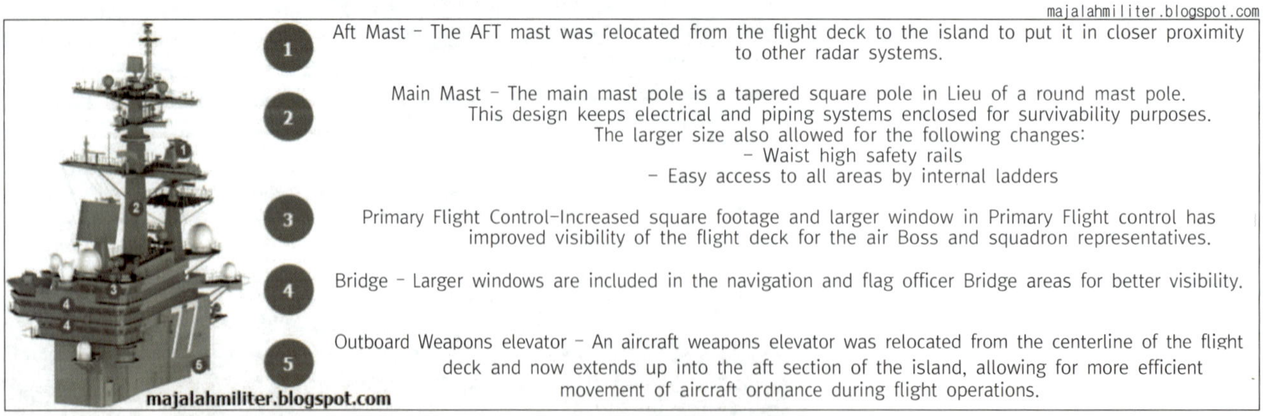

[그림 1-13] Island의 명칭과 내용

[그림 1-14]는 비행갑판 배치도와 관련된 용어를 보여주는 것이다. 다음 몇 가지 주요 용어를 정리하면 다음과 같다.

- JBD : Jet Blast Deflector
- CROTCH : 바지의 가랑이처럼 항모 비행갑판에서 두 개로 갈라진 부분
- EL(EL 1~4) : 비행기용 엘리베이터
- BOX : Weapons Elevator 또는 Catapult Control Station 있어 4각형 모양의 공간
- Row(1~4 Row) : 항모의 전방에 있는 Catapult를 통해 비행기가 이륙하는 2개 활주로 좌우 표시로 맨 오른쪽이 1번 Row가 되고 왼쪽으로 갈수록 번호가 증가함. 항공기가 주차되는 공간
- Safe Shot Line : 비행기가 이륙하거나 이륙을 준비하는 동안 작업을 하는 인력에 대한 안전한 지역을 표시한 공간
- Point : 비행기용 엘리베이터(EL 1)의 앞쪽 구역
- Corral : 울타리라는 뜻으로 엘리베이터 1과 2 사이 공간
- The Street : 활주로 1과 2 뒤쪽, 비행기용 엘리베이터 EL 1과 2 좌측 사이의 공간으로 비행기가 Hangar Deck에서 비행기용 엘리베이터 타고 올라와 이륙을 위해 이동하는 공간을 말함. 또는 활주로 1과 2 사이의 안전지대를 말하기도 함
- Six Pack : 비행기가 줄지어 '파울 라인'을 따라 주차하는 지역으로 최대 6대 비행기가 주차 가능해서 붙여진 명칭
- Junk Yard : 트랙터, 소방차 및 크레인 등 "노란색 장비"가 주차된 아일랜드의 후미 엘리베이터 EL 3 앞쪽 지역
- Patio : 엘리베이터 EL 3의 후미 구역
- Landing Area Foul Line : 비행기 착륙 시 벗어나면 되지 않는 것을 표시한 라인
- Finger : 하나의 비행기가 주차할 수 엘리베이터 4 후방에 있는 작은 지역

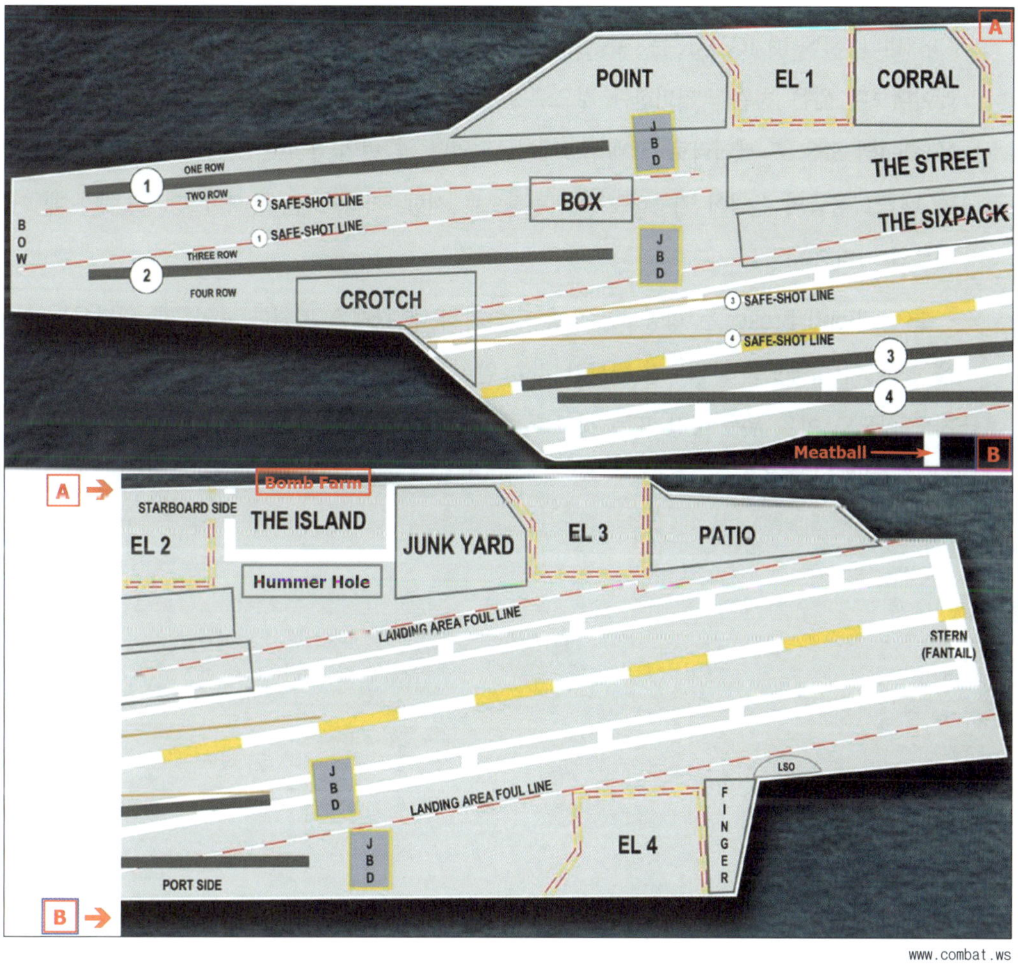

[그림 1-14] 항모 비행갑판의 명칭

- LSO : Landing Signals Officer Platform으로 착륙신호 장교가 이 플랫폼에서 들어오는 비행기의 접근 제어 통제하는 곳
- Fantail(Stern) : "Ramp"라고도 함. 즉, 항모의 선미에서 비행갑판의 시작하는 지점. 항모의 선미에 충돌이 발생한 경우 비행기가 접근하는 동안 사태를 알리기 위해 "Ramp Strike"라고 표시됨
- Hummer Hole : 아일랜드 옆에 E-2C와 C-2 등 비행기가 고정적으로 주차된 지역
- Bomb Farm : 아일랜드와 비행 작업 중에 폭탄과 미사일이 저장되는 Rail 사이의 영역. 폭탄과 미사일은 이곳에서부터 항공기로 이송하게 됨
- Meatball : Fresnel 렌즈로 알려진 조명 시스템으로 착륙 접근할 때 비행기의 정확한 높이 위치를 알려주는 장치

[그림 1-15]와 [그림 1-16]는 항공모함의 측면의 일부를 절개한 단면을 보여주는 것이다. 그림의 크기가 커 선수와 선미, 2개의 그림으로 나누었다. 그림에서 1번 'BPDMS Missile Launcher'는 'Basic Point Defense Missile System'을 의미하는 것으로 현재는 'Improved Basic Point Defense Missile System(IBPDMS)'가 적용된 Rim-7 Sea Sparrow가 일반적으로 적용이 된다. 29번 'Tacan'은 앞서 설명된 것처럼 'Tactical AIR Navigation System'으로 군사용으로 사용이 되는 네비게이션 시스템이다. 그것은 지상 또는 선박 스테이션을 매개로 방위각과 거리(경사 범위)를 사용자에게 제공한다. 그것은 민간항공용 방위각 및 다양한 정보를 제공하는 것보다 좀 더 정확한 VOR/DME (VHF Omnidirectional Range/Distance Measuring Equipment) 시스템 버전이다.

32번의 'SPS-10 RADAR'는 'AN/SPS-10 Surface Search Radar'로 SPS-10의 해상 표면 탐색 레이더는 다른 선박 레이더보다 짧은 범위를 커버하는 것으로 이 Ratheon AN/SPS-10은 1980년대 중반에 CG 26 BELKNAP 클래스인 Norden의 SPS-67 레이더로 교체/업그레이드되었다. 42번의 'False Bottom'은 어떤 물품의 내용을 피상적으로 검사할 때 그 물품의 은닉이 가능하도록 전형적으로 서랍, 가방 또는 유사한 방식으로의 배 아래쪽 있는 선박 컨테이너 내부의 파티션이다.

13번 'Bond Broker'는 항공모함 탑승 인력의 유대 관계를 지원하는 업무를 담당하는 사무실이 위치해 있다. 41번을 통해 이 항공모함이 핵추진 항모인 것을 알 수 있다. 44번과 59번을 통해 큰 선박에서 가지고 있는 것과 마찬가지로 항모도 여유 부품 공장 또는 창고를 준비해 놓고 있다. 각종 컨트롤 센터가 들어가 있고 RADAR 등 각종 장비실도 준비되어 있다.

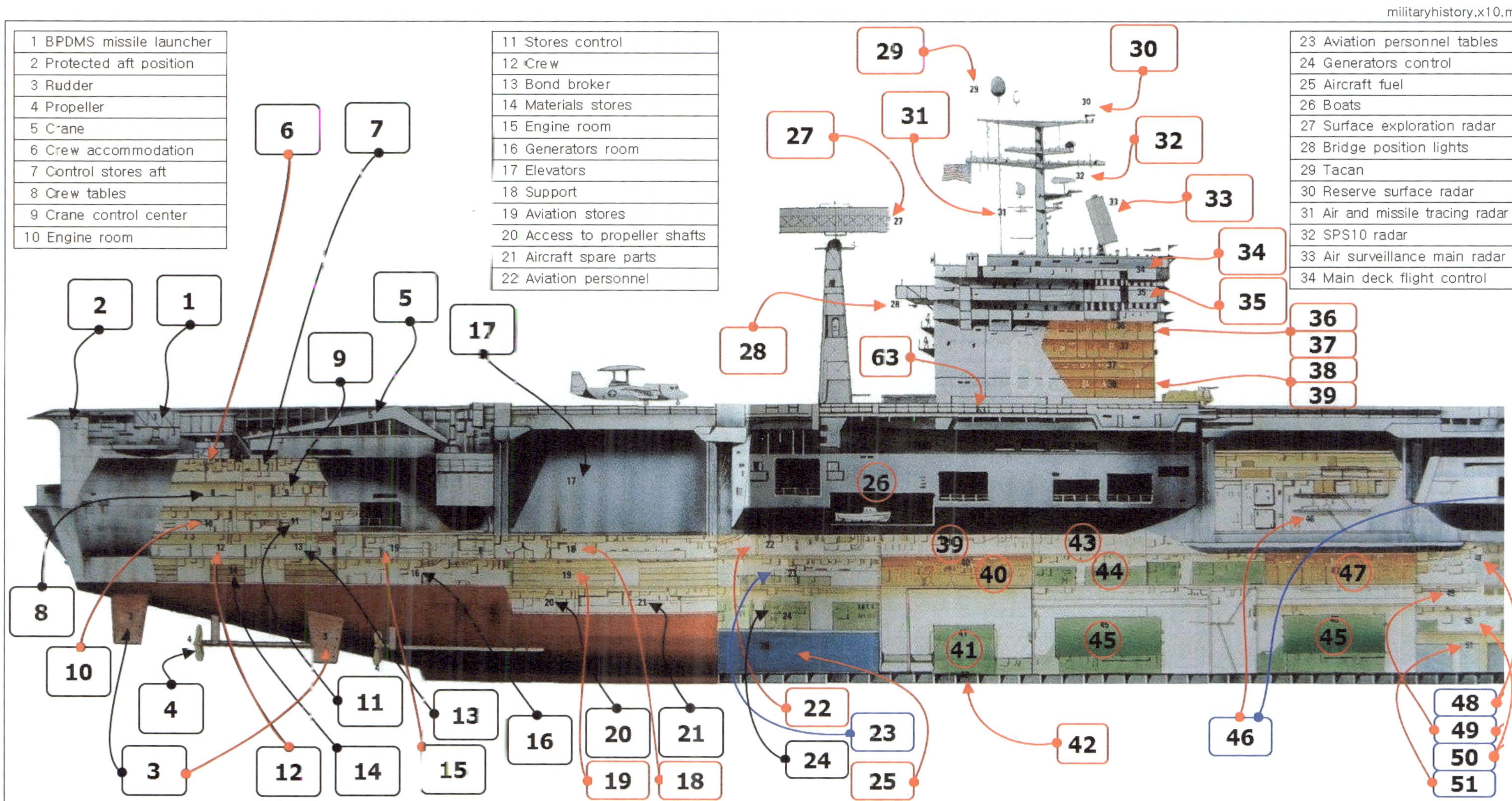

[그림 1-15] 항모의 좌우 측면도(선미)

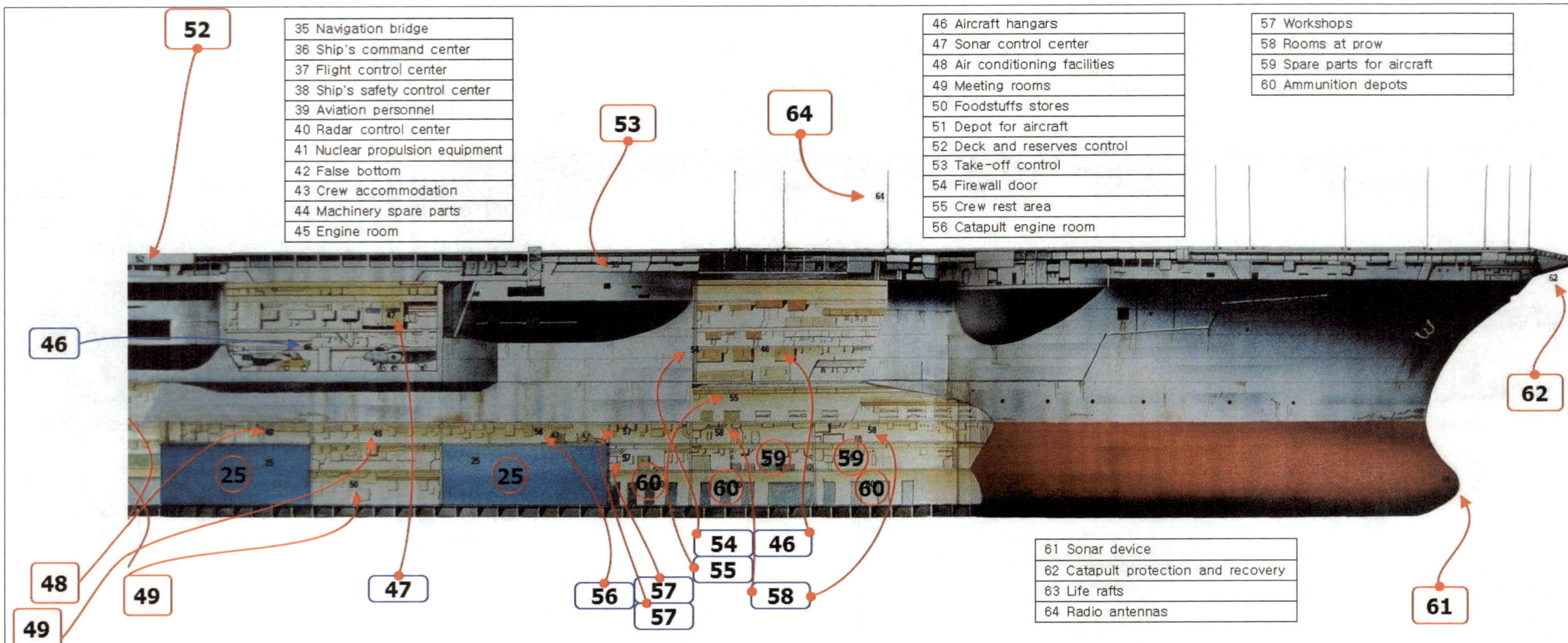

[그림 1-16] 항모의 좌우 측면도(선수)

1.2 항공모함의 변수와 종류

1.2.1 항공모함의 크기와 무게

현존하는 항공모함의 크기와 관련된 내용을 정리한 것이 아래 [표 1-1]과 [표 1-2]에 있다. 최신의 니미츠 급으로 배수톤수 10만 톤 이상 되는 것에서부터 우리나라 독도함보다 작은 태국의 1.1만 톤 정도로 작은 항모에 이르기까지 다양하다. 항공모함을 분류할 때 기본적으로 크기를 가지고 분류를 하는데 이것은 학계에서 명확하게 정의가 되어 구분된 것보다 통상의 개념으로 나눈 것이다. 일반적으로 대형 항모, 중형(중) 항모, 소형(경) 항모로 구분할 수 있다. 특별히 Nimitz 급 이상(7만 톤 이상)은 슈퍼항공모함(Supercarrier)이라고 불린다. 영국의 Queen Elizabeth 급의 항공모함도 슈퍼항모에 포함되어 반드시 7만 톤 이상이라고 말하는 것이 아니라 다양한 측면에서 살펴보고 분류가 된다. 본 책에서는 일단 크기로 항모를 구분하는 내용은 다음과 같이 구분하였다.

- 슈퍼 항공모함 : 7만 톤 전후에서 그 이상
- 대형 항공모함 : 6만 톤 전후
- 중형 항공모함 : 5만 톤 전후
- 소형 항공모함 : 4만 톤 이하

Amphibious Assault Ship(AAS)에 관한 것은 크기보다는 작전 목적에 중점을 두고 있어 크기에 따른 특별한 구분을 하고 있지는 않는다. 미국이 가지고 있는 AAS에는 4만 톤 이상이 되어 중형 항모모함이 되지만 대부분의 다른 나라 AAS는 크기 상 경항모에 가깝다. 같은 종류의 일본 것들은 AAS가 아닌 원래 항모로 제이연감에 구분이 되어 있어 [표 1-2]에 포함되어 있다.

[표 1-1] 항모(CV)의 크기 비교

국가	선명	Commission	Displacement	Dimension(m)		Fight Deck(m)	
		연도 (year)	Fullload ton	길이	폭	세로	가로
Brazil	San Paulo	1963	34,213(소)	265.0	31.7	259.0	47.0
China	Liaoning	2012	59,439(대)	304.5	75.0	304.5	70.0
France	Charles De Gaulle	2001	43,182(중)	261.5	64.4	261.5	64.4
India	Vikramaditya	2013	46,129(중)	283.0	59.8	-	-
	Viraat	1959	29,161(소)	226.9	48.8	-	-
	Vikrant	2018	40,642(중)	262.5	60.8	-	-
Italy	Cavour	2009	27,535(소)	235.6	39.0	220.0	34.0
Japan	Hyuga	2009	18,289(소)	197.0	33.0	-	-
	Ise	2011					
	Izumo	2015	24,000(소)	248.0	38.0	-	-
Russia	Admiral Kuznetsov	1990	59,439(대)	302.3	75.0	304.5	70.0
Thailand	Chakri Naruebet	1997	11,669(소)	182.6	30.5	174.6	27.5
UK	Queen Elizabeth	2018	65,500(수)	282.9	70.0	277.0	73.0
	Prince of Wales	2020					
US	Gerald R Ford	2016	101,605(수)	332.8	78.0	332.8	78.0
	Nimitz	1975	74,086(수)	332.9	76.8	332.9	76.8
	George H.W. Bush	2009	103,637(수)				

* 참고문헌에 따라 수치는 조금씩 차이가 있다.

[표 1-2] 항모(AAS)의 크기

국가	선명	Commission	Displacement	Dimension(m)		Fight Deck(m)	
		연도 (year)	Fullload (ton)	길이	폭 (overall)	세로	가로
Australia	Canberra	2014	26,800	231.4	32.0	202.3	32.0
	Adelaide	2015					
Chile	Sargento Alder	1990	12,599	168.0	23.5	-	-
China	Kunlunshan	2007	18,500	210.0	28.0	-	-
	Changbaishin	2012					
France	Mistral	2006	21,947	199.0	32.0	199.0	32.0
	Dixmude	2012					
	Siroco	1998	12,599	168.0	23.5	-	-
India	Jalashwa	1971	17,521	178.8	30.5	-	-
Indonesia	DR Soeharso	2003	11,583	122.0	22.0	-	-
	Banda Aceh	2011					
Italy	Giuseppe Garibaldi	1985	14,072	180.0	33.4	173.8	30.4
	San Giorgio	1987	8,128	133.3	20.5	100.0	20.5
	San Giusto	1994					
Korea	DOKDO	2007	19,305	200.0	32.0	-	-
Portugal	Afonso De Albuqerque	2018	10,668	162.0	25.0	-	-
Russia	Vladivostok	2014	21,000	199.0	32.0	-	-
	Sevastopol	2015					
Singapore	Endurance	2000	8,636	141.0	21.0	-	-
	Endeavour	2001					
Spain	Galicia(L51)	1998	14,037	160.0	25.0	60.0	25.0
	Castilla(L52)	2000					
	Juan Carlos I	2010	27,514	230.0	32.0	202.3	32.0
Thailand	Angthong	2012	7,600	141.0	21.0	-	-
UK	Illistrious	1982	20,931	209.1	36.0	167.8	13.5
	Ocean	1998	22,107	203.4	34.4	170.0	31.7
	Albion(L14)	2003	18,797	176.0	28.9	-	-
	Bulwark(L15)	2005					
US	San Antonio	2006	24,900	208.5	31.9	-	-
	Portland	2017					
	Peleliu	1980	40,608	254.2	32.5	250.0	36.0
	Wasp	1989	41,302	258.2	31.8	249.6	36.0
	MakinIsland	2009	42,330				
	Denver	1968	17,521	173.8	30.5	-	-
	America	2014	44,971	257.3	32.0	249.6	30.6
	Tripoli	2019					
	Ponce	1971	17,521	173.8	30.5	-	-

* 참고문헌에 따라 수치는 조금씩 차이가 있다.

항공모함의 또 다른 크기 비교는 항모의 길이, 활주로 길이 및 비행갑판(Flight Deck)의 크기가 될 것이다. 우선 항모의 길이는 182.6~332.9 m 이고 태국 항모가 가장 짧고 미국의 니미츠 급이 가장 길다. 항모의 폭은 30.5~70.0 m 이다. 중국의 라오닝 호가 72 m로 선폭이 가장 크다. 대체적으로 일본의 항모가 33~38 m로 이것은 일본의 항모가 AAS와 유사하기 때문이다.

AAS의 크기는 실제 항모와 비교하여 작은 사이즈로 대체적으로 122~258 m 이며 overall 선폭 또한 좁아 20~36 m 이다. 위 표에 나와 있는 내용을 근거로 다음과 같이 그래프로 작성을 하면 경향성을 살펴볼 수 있다.

[그림 1-17]에서 보는 것처럼 6만 톤까지는 항모의 길이와 폭은 일정하게 증가하는 경향을 보인다. 하지만 슈퍼항모의 경우는 그 경향성이 다르게 나타나 항모 무게에 따른 overall 폭은 크게 증가하지 않는 것으로 나타난다. 이런 경향은 슈퍼항모의 안정성을 높이고 운동성을 향상시키는 설계를 바탕으로 나타난 것이며 이런 점이 슈퍼항모라 명칭을 붙이는 진정한 이유가 될 것이다. 즉, 무게의 증가에 따라 항모의 길이도 증가되었지만 전체적인 무게를 유지하기 위해 overall 폭은 증가되지 않은 상태로 안정성을 유지하는 슈퍼항모 설계의 근간이 되는 것이다.

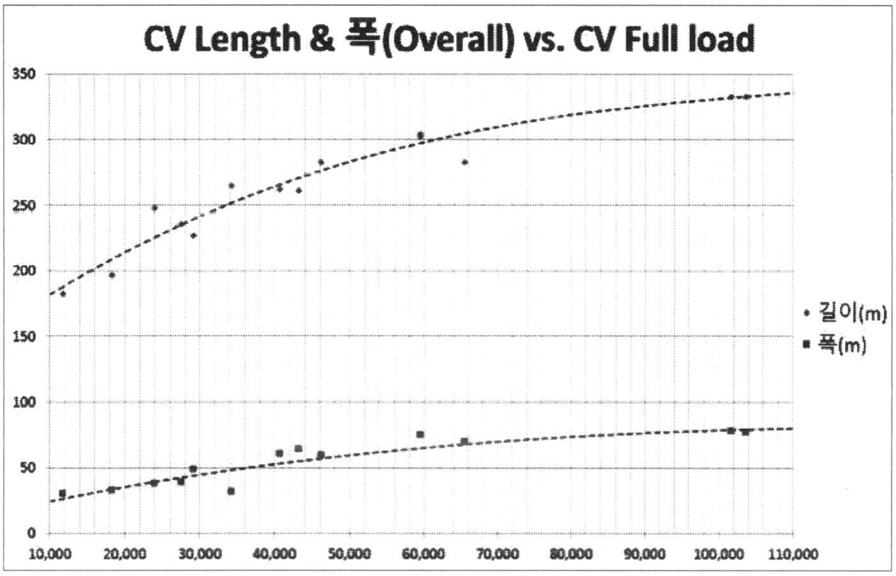

[그림 1-17] 항모(CV)의 무게에 따른 항모 길이 및 항모 폭 비교

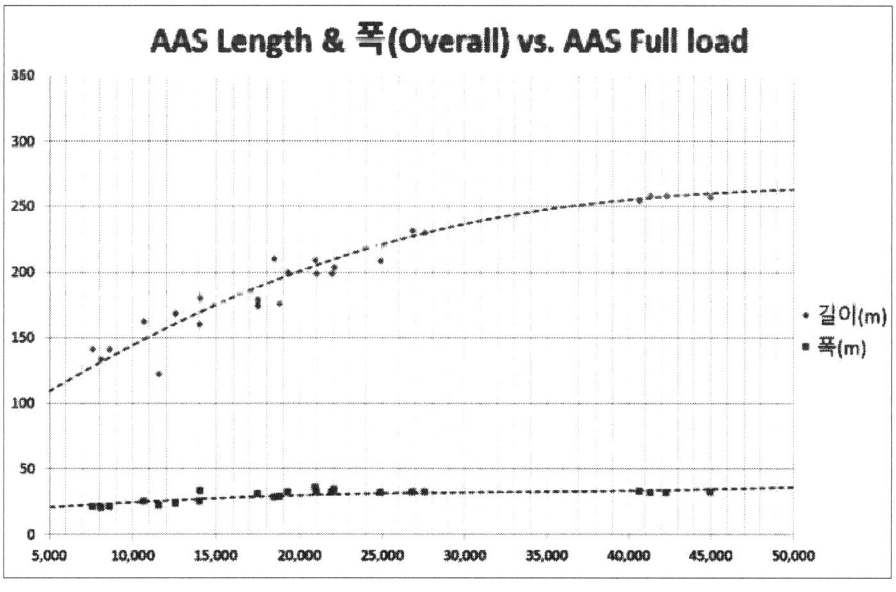

[그림 1-18] 항모(AAS)의 무게에 따른 항모 길이 및 항모 폭 비교

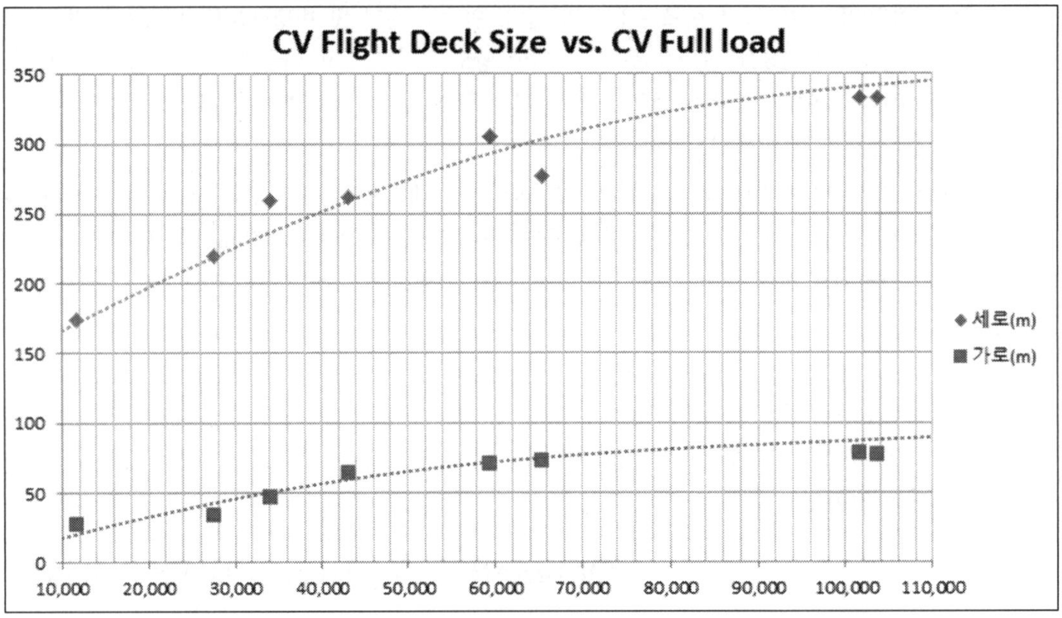

[그림 1-19] 항공모함 크기에 따른 비행갑판의 가로 및 세로 길이 비교

[그림 1-18]은 Amphibious Assault Ship에 관한 것이다. 이것은 AAS의 무게가 증가하면 AAS의 길이는 증가하지만 선폭은 거의 일정한 경향을 보인다. CV와 같이 항모의 길이가 상대적으로 크게 증가하여 항모의 길이 증가와 항모 overall 폭 증가 사이의 간격이 항모의 무게 증가에 따라 더 큰 간격이 된다는 것이다. 예외는 있지만 AAS에 대한 경향성을 매우 분명해 앞으로 개발을 하는 새로운 AAS는 참조가 될 것이다. 예를 들면, 35000톤 AAS를 설계한다고 하면 길이는 250 m 전후가 될 것이며 overall 폭은 35 m 전후가 되는 것이 이상적인 설계 가이드가 될 수 있을 것이다.

[그림 1-19]에서는 비행갑판의 크기를 비교한 것이다. 전반적으로 가로와 세로가 항공모함의 크기 톤수에 따라 조금씩 증가하는 것을 알 수 있다. 물론 긴 세로 방향의 길이 좀 더 큰 폭으로 증가하는 것을 알 수 있다. 그러나 앞으로 전투 비행기 활주거리가 짧아지는 경향에 따라 변동이 있을 것으로 판단이 되며 AAS의 경우는 비행갑판이 곧 비행기 주차 공간을 의미할 수도 있다.

1.2.2 항공모함의 주요 목적

항공모함의 목적은 다양한 항공기의 해상 모함으로 작전을 수행하는 기지를 제공하는 것이다. 이것은 원거리 작전을 수행할 때 필요한 것이다. 근접 작전은 근처 공군기지에서 이륙한 비행기가 수행할 수 있지만 비행기의 특성상 장거리 비행의 제한과 조종사의 피로 등으로 원거리 작전은 한계가 있다. 원거리 작전 시 근접지역에서 이륙 후 작전을 수행할 수 있다면 매우 효과적인 작전 수행이 가능하다. 이런 목적에 부합하는 것이 항공모함이라고 할 수 있다. 시대를 초월하여 그동안 항공모함이 수행했던 모든 임무에 관한 내용에 따른 항모 구분은 다음과 같다.

- 상륙기습용 수송함(Amphibious assault Carrier/Ship)
- 대잠전투 수송함(Anti-submarine warfare carrier)
- 열기구 운송선/부속선(Balloon carrier/tender)
- 호위 수송선(Escort carrier) : 호위 항공모함은 선박의 호송에 대한 방어를 제공하기 위해 개발되었다. 그러나 그것들에 적은 수의 항공기가 탑재되고 크기는 작고 느렸다. 대부분의 상업용 선박 선체를 활용해 만들었고 상단에 추가된 비행갑판이 있는 벌크 화물선이었다.

stratocat.com.ar/bases/2e.htm & www.patriotspoint.org

[그림 1-20] USS Antietam (CVS 36)-최초의 유인 기구 항모 랜딩 프로젝트인 Stratolab 수행

- 함대 항모(Fleet carrier) : 함대 내에서 항모는 메인 함대와 함께 작전을 수행하며 공격 기능을 일반적으로 제공한다. 빠른 속도로 이동할 수 있는 가장 큰 수송수단이다.
- 비행갑판 순양함(Flight deck cruiser) : 항공 순양함으로 제안된 하나의 형태로 양대 세계 대전 사이의 기간 동안 미국 해군에 의해 항공모함과 경순양함의 기능을 결합하는 방식으로 설계된 전함이다.
- 헬기 항모(Helicopter carrier)
- 대잠 항모(Anti submarine aircraft carrier)
- 경 항공모함(Light aircraft carrier) : 적은 항공기 적재량으로 작은 크기의 함대와 함께 작전 이동해 빠르게 이동 가능했던 수송함이었다. 지금 러시아에서 사용하는 소련의 항공모함은 실제로 중 항공 순양함이라고 알려져 있다. 이것은 크기로는 큰 함대 수송함의 범위에서 있지만 이 선박은 단독으로 또는 에스코트함과 함께 작전 전개 및 지원을 하며 또한 전투기와 헬기를 지원하는 것과 더불어 유도 미사일 순양함과 마찬가지로 강력한 방어 무기 및 핵을 포함하여 중량의 공격 미사일을 모두 제공하도록 설계되었다.
- 해상자전통제선(Sea Control Ship)
- 수상기 수송함/부속선(Seaplane carrier/tender)
- 슈퍼항모(Supercarrier)

1.2.3 항공모함의 탑재 항공기

항공모함의 탑재 항공기는 다양하다. 이들 항공기의 이륙방식에 따라 항공모함을 중요하게 분류하기도 한다. 그 만큼 항공모함에서 차지하는 항공기는 매우 중요하며 이는 항모의 특성을 설정하는 가장 중요한 요소가 되는 것이다.

우선 활주로를 이용하는 대표적인 비행기로 F/A-18 기종이 될 것이다. 이는 미국의 니미츠 급 항모의 주력 기종이다. 미국은 차세대 기종으로 수직 이착륙도 가능한 F-35 기종을 해군, 공군, 해병대가 통합 사용하기

www.flying.tigers.co.uk

[그림 1-21] 항공모함의 활주로를 이용한 F/A-18E/F 항공기 이착륙 모습

위해 노력을 해왔고 현재 실전 배치에 관하여 마지막 단계를 남겨두고 있다.

수직 이착륙 기종으로는 그동안 영국 해리어기를 주로 사용해 왔고 헬기 자체는 AAS에서 주요 탑재기로 사용될 뿐만 아니라 일반 항모에서도 지원용 또는 공격용으로도 사용되고 있다. 항모에서 비행기 기종의 선택은 항모 제작되기 전 사전에 연구가 되어 사용목적에 맞게 결정되는 것으로 특히 항공기의 크기, 활주거리, 작전반경 등과 밀접한 연관관계가 있다고 할 수 있다.

www.scalemodellingnow.com

[그림 1-22] 항공모함의 활주로를 이용한 Rafale 항공기 이착륙 모습

[그림 1-22]과 [그림 1-23]은 항공기의 이착륙 모습을 보여주는 것이다. 항모에서 이착륙은 가장 중요한 작업으로 안전과 신속함을 가지고 진행이 된다. 또한 이 작업을 위해 많은 인력이 동원이 되며 항공모함의 본연의 임무 중에서 함상에서 행해지는 업무 중 가장 중요한 것이다. [그림 1-24]는 AAS에서 헬기에 탑승하는 대원들의 모습이다.

[표 1-3]은 2014-2015년도 제인연감(IHS Jane's Fighting Ships)에 나와 있는 항모에 대하여 각 나라별, 각 기종별 고정익 비행기와 헬기의 내용을 정리한 것이다. 표에서 '-'표시는 내용이 없거나 명확하게 언급되지 않은 것을 표시한 것이다. 또한 '?'는 언급은 되어 있으나 명확한 숫자를 확인할 수 없고 불명확하여 '?'로 표시를 하였다. 표에 나와 있는 내용을 정리하면 다음과 같다.

paper4pc.com

[그림 1-23] 항모에서 수직이륙 하는 해리어기 모습

en.wikipedia.org

[그림 1-24] 항모에서 임무를 수행하기 위해 이륙 전에 헬기에 탑승하는 모습

- 미국의 항모에 관한 절대적 우위를 확인할 수 있다. 미국의 제외한 전 세계의 항모 비행단의 고정익 비행기 숫자는 미국의 33%에 지나지 않는다 하지만 헬기의 경우는 미국의 제외한 전 세계의 항모용 헬기의 총 숫자는 미국의 88%이다. 다만, 이것은 기종을 살펴본 것이 아니라 항모 함대수에 함대별 탑재 가능한 최대 비행기의 수를 곱한 것으로 『불명확한 것』은 없는 것으로 계산한 것으로 실제와 차이가 있을 수 있고 대략적인 계산을 통해 얻어진 결과이다. 그리고 전체적인 항모 전력은 이 표에서 확인할 수는 없다.
- 미국이 8척을 가지고 있는 Wasp Class는 고정익 비행기를 최대 20대(통상 6~8대 탑재)를 탑재하고 42대의 헬기를 수용하여 작전 수행을 하지만 이 기종은 'CV'가 아니라 'AAS'로 정확하게는 'LHDM'으로 'Amphibious Assault Ship(multipurpose), can be operated VSTOL aircraft and helicopters'로 구분된다.
- 미국은 다양한 목적의 항모(CV & AAS)를 소유하고 있다.

[표 1-3] 각 기종별/국가별 항모(CV & AAS)의 탑재 비행기

국가	구분	Class	약어	척수	선명 (1번함~최종함)	Fixed-wing Aircrafts		Helicopters	
						종류	수량	종류	수량
Australia	AAS	Canberra	LHD	2	Canberra Adelaide	-	-	-	6
Brazil	CV	Clemenceau	CVM	1	San Paulo	- A-4 Skyhawks - Tracker/Trader	10~15 2	- Agusta SH-3A/D Sea Kings - Aerospatiale UH-12/13 - UH-14Cougar	3 3 2
Chile	AAS	Foudre	LSDH	1	Sargento Aldea	-	-	- AS 532UL Cougar or SA 330B Puma	4
China	CV	Kuznetsov	CVGM	1	Liaoning	J-15	18	To be announced	-
	AAS	Yuzhao	LPD	3	Kunlunshan Changbaishan	-	-	Z-8 Super Frelon	4
France	CV	Charles De Gaulle	CVNM/ PAN	1	Charles De Gaulle	- Super Etendard - E-2C Hawkeye - Rafale F2 & F3	12~16 2 10~14	- AS 565 Panther or AS 322 Cougar(AF) or Puma/Super Puma Plus Dauphin SAR	2
	AAS	Mistral	LHDM/ BPC	3	Mistral Dixmude	-	-	NH 90 or SA 330 Puma or AS 532U2 Cougar or AS 665 Tigre Attack helicopter	up to 16
	AAS	Foudre	LSDH/ TCD 90	1	Siroco	-	-	- AS 532UL Cougar or SA 330B Puma	4
India	CV	Modified Kiev	CVGM	1	Vikramaditya	Mig 29K	12	Helix 27/28/31	6
	CV	Hermes	CVM	1	Viraat	- Sea Harrier FRS MK51	8 (Capacity 30)	- Sea King Mk 42B/C ASW/ASV/Vertrep & Ka-27 Helix - Ka-31 Helix	7
	CV	Indigenous	CVM	1	Vikrant	Mig 29K	20	Ka-31 & HAL Dhruv	10
	AAS	Austin	LPD	1	Jalashwa	-	-	Sea King UH-3H can be carried. Hangar for only 1 light.	6
Indonesia	AAS	?	LPD/ APCR	5	DR Soeharso Banda Aceh	-	-	Super Puma	2
Italy	CV	Cavour	CV	1	Cavour	AV-8B Harrier II or JSP	8	EH 101 (Fitted also for AB212, NH90 and SH-3D)	12
	AAS	Garibaldi	LPH	1	Giuseppe Garibaldi	-	-	SH-3D Sea King or EH 101 Merlin Helicopter(12 in hangar, 6 on the deck). Total capacity is 18, but this leaves no space for movement	18

Italy	CV	Cavour	CV	1	Cavour	AV-8B Harrier II or JSP	8	EH 101 (Fitted also for AB212, NH90 and SH-3D)	12
	AAS	Garibaldi	LPH	1	Giuseppe Garibaldi	-	-	SH-3D Sea King or EH 101 Merlin Helicopter(12 in hangar, 6 on the deck). Total capacity is 18, but this leaves no space for movement	18
	AAS	San Giorgio	LPD	3	San Giorgio San Giusto	-	-	- SH-3D Sea King or EH 101 Merlin or AB 212 Helicopter	3 or 3 or 5
	AAS	?	LHD	1	?	-	-	depending on mix	12~15
Japan	CV	Hyuga	CVHG	2	Hyuga Ise	-	-	SH-60K plus SH-60K or MCH-101	3+7
	CV	Izumo	CVHG	2	Izumo -	-	-	- SH-60K - MCH-101	7 7
Korea	AAS	?	LPD	1	DOKDO	-	-	UH-60	10
Portugal	AAS	?	LPD	1	Afonso De Albuqerque	-	-	Landing Spots for EH-101 or Lynx	4(or 6)
Russia	CV	Kuznetsov (Orel)	CVGM	1	Admiral Kuznetsov	- Su-33 Flanker D - Su-25 UTG Frogfoot	18 4	- Ka-27 Helix - Ka-31 RLD Helix AEW	15 2
	AAS	Mistral	LHD	2	Vladivostok Sevastopol	-	-	KA-52K	16
Singapore	AAS	Endurance	LPDM	4	Endurance Endeavour	-	-	Super Pumas	2
Spain	AAS	Galicia	LPD	2	Galicia(L 51) Castilla(L 52)	-	-	AB 212 or SH-3D Sea King or Eurocopter Tiger	6 or 4 or 4
	AAS	Juan Carlos I	LHD	1	Juan Carlos I	-	-	6 landing spots for helicopters or AV-8 operations	6
Thailand	CV	Chakri Naruebet	CVM	1	Chakri Naruebet	AV-8S Matador (Harrier)	6	S-70B-7 Seahawk (Chinook capable)	6
	AAS	Endurance	LPD	1	Angthong	-	-	Platform for 2	2
UK	CV	Queen Elizabeth	CV	2	Queen Elizabeth Prince of Wales	- Up to 36 F-35B Lightning II & 4 Crowsnest. Typically a mix of between 12 & 24 F-35B & a mix of helicopters, which might include Chinook, Merlin(Mk 2 and/or Mk 4) & Apache, depending on mission.	Approx. 40	Westland Merlin	?
	AAS	Invincible	LPH	1	Illistrious	-	-	- Sea King HC Mk 4 - Lynx Mk 7 - Chinook (up to 20 - numbers depend on task)	20
	AAS	?	LPH	1	Ocean	-	-	Sea King HC Mk 4/ Lynx Mk 7/AH-64/CH-47 (numbers depend on task)	?
	AAS	Albion	LPD	2	Albion(L 14) Bulwark(L 15)	-	-	Platform for 3 Sea King Mk 4 (Chinook capable)	3

US	CV	Gerald R Ford	CVN	3	Gerald R Ford Enterprise	Composition will depend on mission but will comprise 75+ aircraft(F-35C, F/A-18E/F, EA-18G, E-2D, MH-60R/S, J-UCAS)	75+	MH-60R/S	?
	CV	Nimitz	CVNM	10	Nimitz George H W Bush	Composition of air-wing depends on mission and typically includes: 44 F/A-18C/E/F Hornet, 4 EA-6B Prowler(or 5 EA-18G Growler), 4 E-2C Hawkeye	52+	A mix of SH-60F, HH-60F & MH-60S(or a mix of MH-60R & MH-60S)	?
	AAS	San Antonio	LPDM	11	San Antonio Portland	-	-	1 CH-53E Sea Stallion or 2 CH-46E Sea Knight or 1 MV-22 Osprey	1 or 2
	AAS	Tarawa	LHDM	1	Peleliu	Harrier AV-8B VSTOL aircraft in place of some helicopters as required. MV-22 Osprey Squadron can replace CH-46D/E	?	CH-53D Sea Stallion or CH-46D/E Sea Knight. UAV in due course	19 or 26
	AAS	Wasp	LHDM	8	Wasp(LHD-1) Makin Island(LHD-8)	- 6~8 AV-8B Harrier or up to 20 in secondary role - Capability to support Osprey in LHD 1, 3, 4, 5,, 6, & 7(LHD 2 & 8 in 2013) & F-35B(LHD 1 2014)	6~8 (max 20)	Capacity for 42 CH-46E Sea Knight but has the capability to support; AH-1W Super Cobra or AH-1Z Viper, CH-53E Super Stallion, CH-53-D Sea Stallion, UH-1N Twin Huey, AH-1T Sea Cobra & SH-60B Seahawk helicopters. UAV in due course	42
	AAS	Austin	LPD	1	Denver(LPD 9)	-	-	CH-46D/E Sea Knight can be carried. Hangar for only 1 light	up to 6
	AAS	America	LHA	2	America Tripoli	Similar to Wasp class with improved facilities to operate and support MV-22 Osprey and up to 23 F-35B Joint Strike Fighter(JSF)	23+	-	-
	AAS(?)	Austin	AFSB	1	Ponce	-	-	CH-46D/E Sea Knight can be carried. Hangar for only 1 light	up to 6

1.2.4 이착륙 방식

항공모함에서 비행기가 이륙하는 곳을 비행갑판이라고 한다. 비행갑판은 영어로 'Flight Deck'로 이것은 비행기의 'Cockpit'을 말하기도 하지만 항모에서에서 엄밀하게 말을 하면 비행갑판은 'Flight Deck of an aircraft carrier'를 말한다. 상대적으로 'Cockpit'은 'Flight Deck of an aircraft'를 표현한 것이다.

비행갑판은 대략적으로 다음과 같이 3가지 종류로 나눌 수 있다.

- Flat(평갑판) : Ski-Jump Ramp가 없는 것
- Ski-Jump
- Angled : Flat 되어 있고 2개 활주로가 있어 이륙과 착륙을 다른 활주로를 활용

우선 Flat Type은 가장 보편적인 것으로 이는 활주로를 활용한 이착륙과 수직이착륙 시에 일반적으로 활용이 된다. 항모 초기에는 비행기의 이륙거리만큼 활주거리가 필요하여 'Full Length Deck'이었지만 현재는 항공기 성능 개선과 항공모함의 기술 발달로 이륙거리를 축소하여 이륙할 수 있어 활주거리는 'Full Length'를 요구하지 않는다. 즉, 현재는 Catapult와 Jet Blast Deflector 등을 통해 더욱 무거운 비행기가 좀 더 쉽게 이륙이 가능하다.

스키점프대를 갖춘 비행갑판은 나중에 상세하게 설명을 하겠지만 스키점프대의 구조적 특성으로 인해 이륙 시 많은 도움을 받게 되고 짧은 이륙거리에서 이륙이 가능한 방식이라고 할 수 있다. 이런 스키점프대 방식은 영국이 독지 개발한 것으로 현재 미국을 제외한 대부분의 나라 항공모함에서 활용이 되고 있다. 이것은 헤리어기 같은 Stovl 기종(Short Take-Off And Vertical Landing Aircraft)에 적합한 것으로 개발될 당시도 이런 목적으로 개발이 되었다. 물론 러시아와 인도의 전통적인 Mig-29S 및 Su-33S 기종에도 사용이 되고 있다.

스키점프 Ramp는 그 전방 끝부분에 위쪽 방향으로 곡선 형태를 가지고 있다. Stovl 항공기의 경우, 항공기는 최대 전진방향 추력을 제공하기 위해 설정한 제트 배기가스를 가지고 기존의 롤링 이륙하기 시작한다. 비행기가 스키 점프 부분의 끝을 가까워지면 제트 배기가스는 Lift 뿐만 아니라 앞으로 추력을 제공하는 회전한다. 스키점프 램프를 통해 롤링은 모두 위쪽으로 그리고 앞으로 비행기를 시작한다. 비행기가 스키점프 램프를 떠날 때 그것은 날개가 필요한 리프트를 제공 할 수 있을 때까지 수평 가속화하게 된다.

aviation.stackexchange.com

[그림 1-25] 현대에 주로 사용이 되는 3가지 방식의 비행갑판의 모습

‘Angled Flight Deck’는 비행기의 이륙방식과는 상관이 없으나 효율적인 측면에서 혁신적인 비행갑판이라고 할 수 있다. 이 편향된/경사진 비행갑판(혹은 편향비행갑판)은 1944-1945년 사이의 겨울에 시작된 디자인 연구의 부산물로서 나중에 해군 장성이 된 영국 해군 선장 Dennis Cambell에 의해 처음 발명되었다. 그 당시 고위 해군 장교들의 한 위원회에서 전투기의 요구에 적합하기 위해 항모를 변경하여 고속화된 제트기에 맞추는 것을 해군 항공의 미래라고 정하고 개발을 추진하였다. "기울어진(Skewed) 데크", "경사진(Canted) 데크" 또는 "허리형태 곡선(Waist Angle) 데크"라고 말하는 이런 형태의 갑판 유형은 갑판의 후방부가 넓어 중심선으로부터 일정한 각도를 지닌 별도 활주로가 위치하게 된다. 편향비행갑판은 비행기 착륙 후 멈추기 위해 중심선의 비행갑판의 전체 길이를 요구하는 제트기의 높은 착륙 속도를 염두에 두고 설계되었다. 이 디자인은 동시에 이륙 및 Recovery 작업을 허용하고, 비행기 주차 또는 이륙 항공기와 부딪히는 위험 없이 착륙하려는 비행기가 Arrestor 케이블을 붙잡지 못하고 착륙 실패 후 재착륙하려는 Boltering을 쉽게 수행할 수 있도록 하였다.

일반적으로 비행기는 충분한 활주거리를 확보하는 활주로 이용 방식의 CTOL(Conventional Take-Off and Landing) 방식으로 이륙을 하지만 현재는 많은 비행기들이 수직 이착륙에 유사하게 이륙하는 방식을 사용하고 있고 최근에 미국 등 몇 몇 국가에서 공동으로 개발하는 비행기인 F-35B 기종은 수직이착륙에 준하는 이륙방식을 취하고 있다. 다음과 같은 수직이착륙에 준하는 이륙방식으로 다음과 같은 것들이 있다.

- VTOL : Vertical Take-Off and Landing
- VSTOL(혹은 V/STOL) : Vertical and/or Short Take-Off and Landing
- STOL : Short Take-Off and Landing

위의 내용을 요약하면 비행갑판의 종류에 따라 항모의 종류를 나눌 수 있어 평판(Flat) 비행갑판 항모, Ski-Jump Ramp 항모, 그리고 편향비행갑판 항모 등으로 구분할 수 있다. 또한 평판 비행갑판 항모는 다시 Full-length 활주로 평판 항모, Short-length 활주로 평판 항모가 있을 수 있어 후자는 수직 이착륙을 할 수 있는 항모라고 할 수 있고 대부분의 AAS에 적용이 되는 비행갑판이다. 앞서 내용들을 가지고 항공기의 이착륙 방법과 항공모함의 갑판을 결합하여 다음과 같은 항공모함의 종류를 나타낼 수 있다.

- CATOBAR : ‘Catapult Assisted Take-Off But(and/or Barrier) Arrested Recovery’ 항모로 Catapult을 도움을 받아 이륙하고 착륙 시 Arresting Gear로 착륙을 하는 항모로 미국의 항모와 프랑스와 브라질 항모가 여기에 속한다. 이 항모의 종류에는 Angled Deck를 가지고 있는 것과 없는 것으로 구분된다.
- STOBAR : ‘Short Take-Off But Arrested Recovery’ 항모로 이륙은 짧은 이륙을 거리를 가지고 있는 비행기를 탑재하고 착륙할 때는 Arresting Gear로 착륙을 하는 항모로 대부분 Ski-Jump 램프가 있는 경우가 이에 해당된다. 러시아, 중국 및 인도의 항모가 여기에 속한다. 이 항모의 종류도 Angled Deck를 가지고 있는 것과 없는 것으로 구분된다.
- STOVL 혹은 V/STOL : ‘Short Take-Off and Vertical Landing’ 혹은 ‘Vertical/Short Take-Off Landing’ 항모로 이 항모에는 어떤 이착륙 지원 시스템도 존재하지 않은 항모이다. 대부분의 Amphibious Assault Ship의 항모가 이런 종류에 해당한다. 특별히 스페인의 Juan Carlos I과 이탈리아의 Giuseppe Garibaldi가 이에 해당된다.

1.2.5 항공모함 추력 기관

항공모함의 추력은 아래와 같이 주로 가스터빈, 디젤, 전기, 원자력을 원천으로 하는 에너지를 통해 발생된다. 미국은 AAS를 제외한 CV는 핵 항공모함을 운영하고 있고 프랑스도 핵 항공모함을 소유하고 있다. 기타 국가의 항모는 대부분은 가스터빈 또는 디젤과 전기를 혼용한 복합기관을 사용하여 운영을 하고 있다. 실제로 추력을 위한 엔진을 구동하는 것도 있지만 항모의 특성상 거주자의 생활 편리를 위해 많은 양의 전기를 필요로 하여 복합 기관을 반드시 사용을 해야 하는 것이다. 그러므로 단일 에너지원을 활용하는 것보다 복합 에너지원을 활용하는 것이 보다 보편화 되어 있다.

- 가스터빈
- 디젤
- 전기
- 원자력
- 혼용(디젤+전기, 가스터빈+전기 등)

원자력이 아닌 엔진은 주로 GEC Alstorm Turbine, GE LM 2500 gas turbine, Rolls-Royce MT 30 gas turbine, Wartsila diesel generator, MAN16 V32/40 diesel generator, SEMT-Pielstick 16 PC2.6 V 400 Diesel, Ruston 16RK 270 diessels, Colt Pielstick PC 2.5 diesels, Westinghouse turbine, De Laval turbine 등이 사용된다. 그리고 혼합 사용방법은 다음과 같은 방법이 있다.

- COGAS : Combined Gas and Steam
- CODOG : Combined Diesel or Gas
- CODAD : Combined Diesel and Diesel
- COGAG : Combined Gas and Gas
- CODAG : Combined Diesel and Gas
- IEP/IFEP : Integrated Electric Propulsion/Integrated Full Electric Propulsion

[그림 1-26]은 위의 복합 방식을 설명한 그림이다. 우선 COGAS 방식을 설명을 하면, COGAS가 가스터빈과 증기터빈을 포함하는 해양 복합 발전에 부여된 이름이며, 증기터빈이 존재하는 이유는 가스터빈의 배기의 열을 사용하여 생성된 증기에 의해 구동하도록 하기 위한 것이다. 이러한 방식으로 하면 에너지 손실의 일부가 회수될 수 있고, 플랜드의 특정 연료 소비가 감소될 수 있다. 대형 (육상) 전기 발전소에서 이와 같은 복합 방식으로 구축된 경우 60%의 변환 효율에 도달할 수 있는 것으로 알려져 있다. 터빈이 직접 프로펠러 샤프트를 구동하지 않고 대신에 터빈 전기 트랜스미션을 사용하는 경우의 시스템은 'COGES'로 알려져 있다.

CODOG은 자신의 순항 속도 보다 훨씬 빠른 최고 속도를 필요로 현대의 호위함이나 초계함 등에 적용이 되는 선박 추진 시스템의 한 유형이다. 결합된 디젤 또는 가스(CODOG)는 빠른 최고 속도를 필요로 선박 추진 시스템에 사용이 된다. 각각의 프로펠러 샤프트에 순항용 하나의 디젤 엔진 그리고 고속 내시를 위한 하나의 맞물린 가스터빈이 있다. 둘 다 클러치와 함께 샤프트에 연결되어시녀 오직 하나의 시스템이 두 조합된 출력을 사용할 수 있는 CODAG 시스템에 반하는 배 구동에 사용된다. CODOG의 장점은 CODAG에 비해 간단히 맞물린 기어이지만 동일한 최대 출력을 달성하기 위해 하나 이상의 강력한 또는 추가 가스터빈을 필요로 한다. CODOG의 단점은 고속 연비가 CODAG 비해 나쁘다는 것이다.

CODAD는 단일 프로펠러 샤프트에 동력을 공급하기 위해 2개의 디젤 엔진을 사용하는 하나의 선박 추진 시스템이다. 기어 박스와 클러치는 구동축을 구동하기 위해 그들의 엔진 중 하나 또는 두 개가 함께 사용 가능하게 한다.

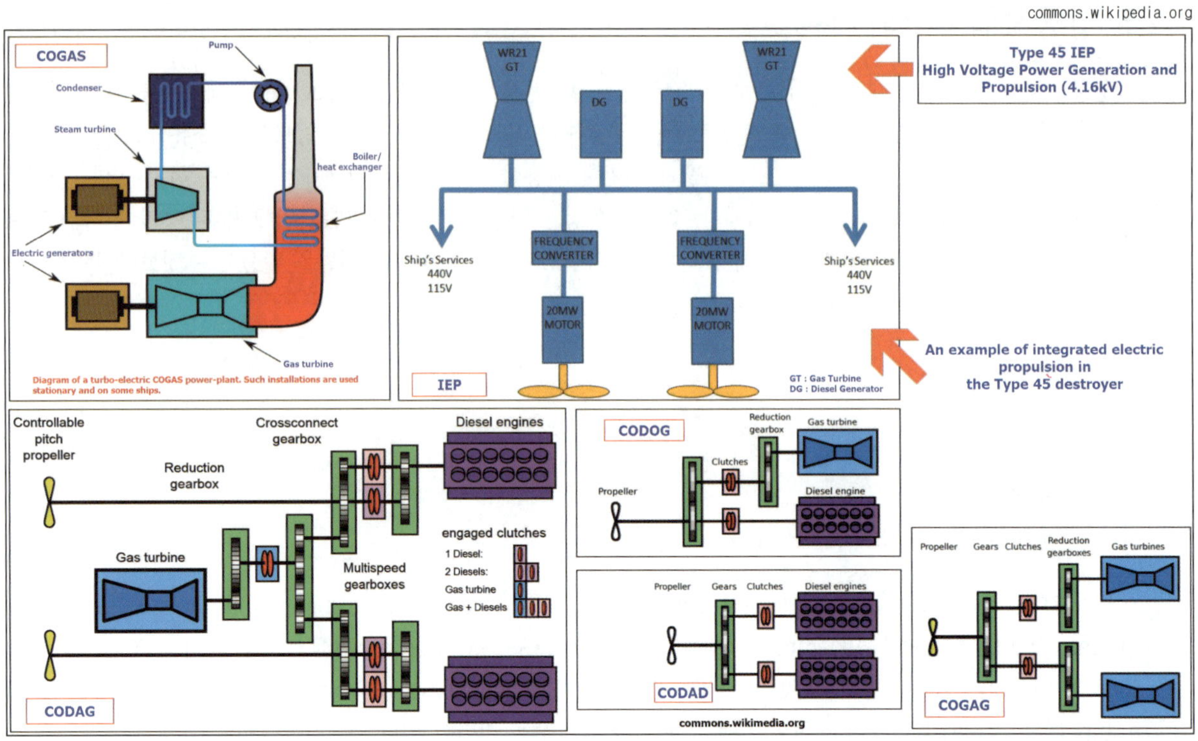

[그림 1-26] 다양한 혼합방식에 관한 Diagram

COGAG는 단일 프로펠러 샤프트에 연결된 2개의 가스터빈을 사용하는 선박 추진 시스템의 일종이다. 기어박스와 클러치는 터빈 중 하나 또는 결합된 둘 모두를 통해 구동축을 구동할 수 있다. 하나 또는 두 개의 가스터빈을 사용하여 두 개의 상이한 전력 설정 값을 갖는 장점이 있다. 가스 터빈의 연료 효율이 최대 전력 레벨 근처에 가장 적합하기에 Full 동력에서 동작하는 소형 가스 터빈이 2배나 강력한 터빈이 반쪽 동력으로 운행하는 것과 비교하면 주행 속도에서 보다 경제적 이동을 허용하기에 더 효율적이다. CODAG 또는 CODOG에 비해 COGAG 시스템은 크기는 작고 순항 속도에서 훨씬 더 낮은 연료 효율을 가지고 있다. CODAG 시스템과 비교해도 그것은 고속 대시에서 다소 낮은 효율성을 가지고 있다.

CODAG는 CODOG와 마찬가지로 순항 속도 보다 훨씬 빠른 최고 속도를 필요로 하는 현대의 호위함이나 초계함 등의 전함에 적용이 되는 선박 추진 시스템의 한 유형이다. 그것은 순항용 디젤 엔진과 고속으로 속도를 전환 할 수 있도록 하는 가스터빈으로 구성된다. 대부분의 경우 디젤엔진 단독으로 사용하는 것에서부터 디젤엔진과 터빈 동력을 혼합하여 사용하는 결과에 대하여 생산되는 동력의 차이가 발생하는데 이것은 디젤 엔진이 트랜스미션의 기어비 변경 없이 계속 동작할 수 있도록 제어 가능한 피치 프로펠러의 회전을 제한하는 것으로 인해서 너무 큰 부담된다는 것이다. 그것 때문에 특별한 다중 속도 기어 박스가 필요하다. 이것은 축에 간단하게 고정된 기어비를 가진 디젤과 커플된 CODOG 시스템과 대조적 이지만 터빈이 스위치 될 때 분리가 된다.

IEP(Integrated Electric Propulsion)는 통합 전기 추진(IEP) 또는 Full 전기 추진(FEP) 또는 통합된 Full 전기 추진(IFEP)은 프로펠러 또는 워터 제트 임펠러 등을 회전시켜 전력 전기 모터에 사용되는 가스터빈이나 디젤 발전기 또는 이들 두 종류가 삼상 전기를 생성하는 선박 추진 시스템의 하나의 구성이다. 이것은 에너지의 기계적 트랜스미션을 사용하기보다는 전기 트랜스미션을 사용함으로써 클러치에 대한 필요성을 제거하고 기어박스에 대한 필요성을 제거 또는 감소시키는 선박의 복합 디젤-전기와 가스 추진 시스템의 변형의 한 예이다. 때문에 이것이 병렬 대신에 일련의 하이브리드 전기 추진 방식인 것이다. 실제 적용되어 사용된 예가 [그림 1-27]에 있는 것으로 영국의 최신의 항공모함인 Queen Elizabeth 이다. 이것은 Integrated Full Electric Propulsion(IFEP) 방식으로 2기의 Rolls-Royce MT 30 Gas Turbine Alternator, 4대의 Wartsila Diesel

Generator 및 4대의 Induction Motor로 구성이 되어 있고 2대의 가스터빈에서 93,870 hp (70 MW), 4대의 Diesel Generator에서 53,064 hp (39.6 MW) 그리고 4대의 모터에서 53,640 hp (40 MW) 등이 생산되어 현존하는 항모 중에 핵 항모를 제외하고 가장 높은 출력을 생산한다.

항공모함의 원자력 추진 체계는 미국과 프랑스 항모만 적용이 되어 있다. 미국의 니미츠 급 핵 항공모함의 경우 4개의 Westinghouse/GE PWR A4W/A1G Reactors와 4기의 Turbines 그리고 위급 시 사용하도록 준비된 Emergency Diesel 4기가 장착되어 있다. 이것은 물론 영국, 일본, 캐나다 등에서는 다른 방식을 사용하기에 항모에서는 보편화 되어 있지 않은 것으로 판단할 수 있으나 원자력 발전 및 잠수함 등에서 사용되는 가압수로형 원자로(Pressurized Water Reactor, PWR)로 세계에서 가장 폭 넓게 사용되는 원자력 발전의 한 방식이다.

commons.wikipedia.org & www.queenelizabethcruises.net

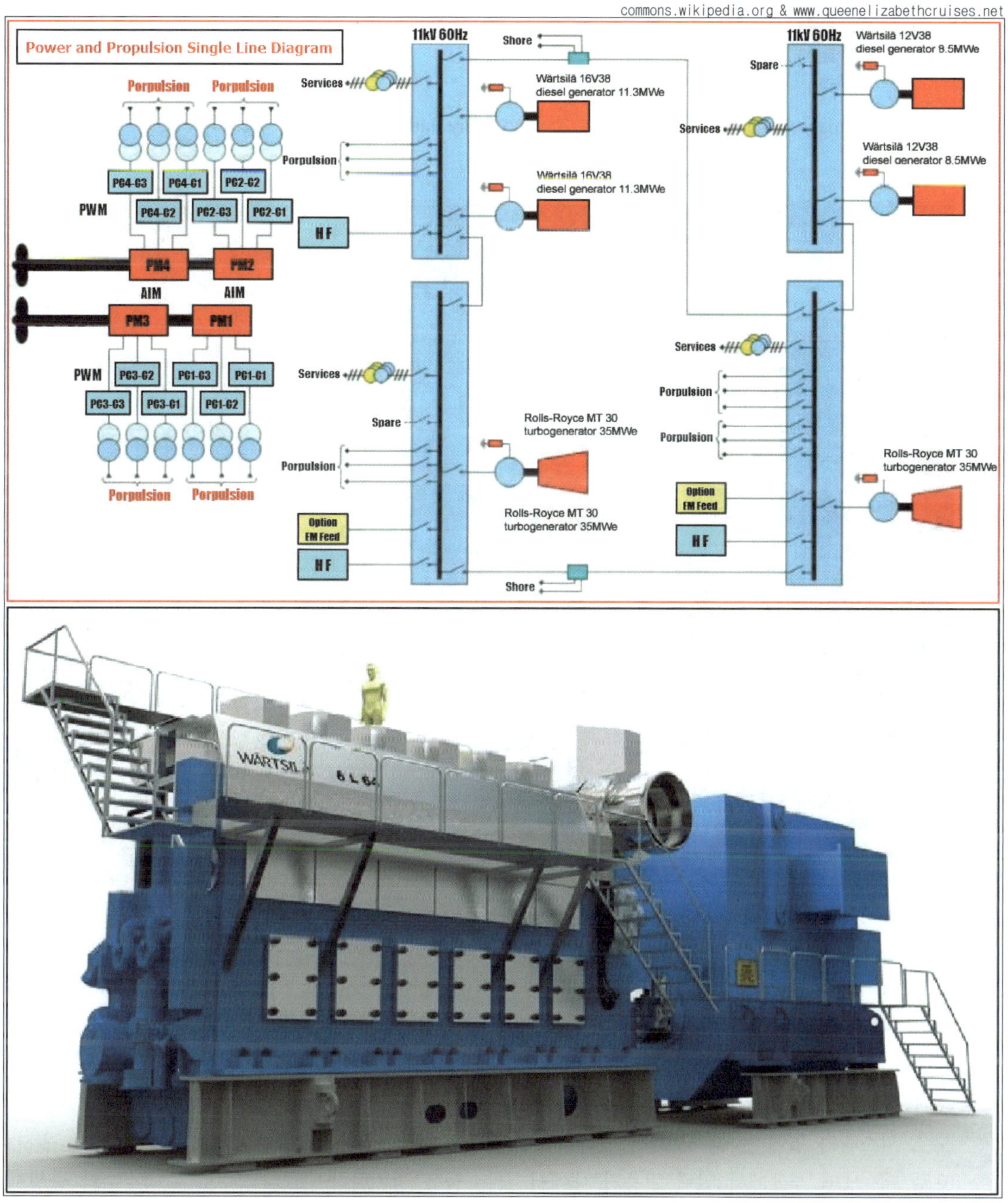

[그림 1-27] 영국 Queen Elizabeth 항모의 Machinery Diagram & 엔진 모습

rickcambellauthor.com & kosovotimes.net

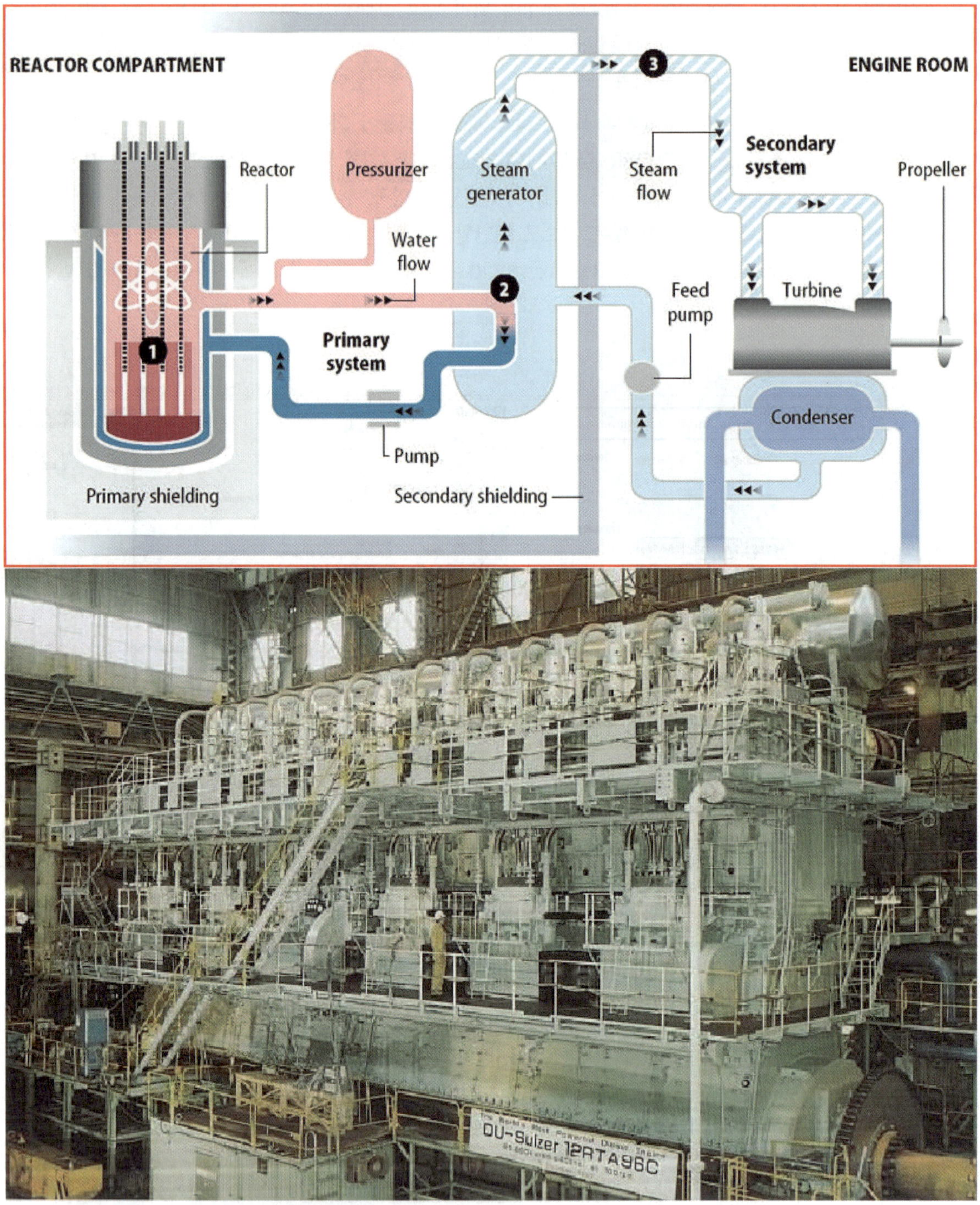

[그림 1-28] 항공모함에서 적용이 되는 원자력 추진 계통도 및 관련 기관

다른 방식으로는 경수로 원자로(Light Water Reactor, LWR), 비등수 원자로(Boiling Water Reactor, BWR) 그리고 초임계수 원자로(Super Critical Water Reactor, SCWR) 등이 있다. 가압 경수로에서는 주 냉각수로 물을 사용하고 원자의 분열에 의해 생성된 에너지에 의해 가열되어 노심에 고압으로 펌핑이 된다. (참조 [그림 1-28] ①→②) 가열된물은 그 이후 증기가 생성되고 차례로 발전기를 회전시키고, 터빈에 유입되는 보조 시스템의 열에너지를 전달하는 증기 발생기로 흐른다. (참조 [그림 1-28] ③) 비등 수형 원자로는 대조적으로, 주 냉매 루프에서 압력 반응기 내에서 끓는 물을 방지한다. 모든 경수로는 냉각수와 중성자 감속재 모두 같은 일반 물을 사용한다. 좀 더 상세한 것은 추후 다시 기술이 될 것이다.

각 나라 항공모함의 추진체계에 대한 내용을 정리한 것이 [표 1-4]와 [표 1-5]에 있다. 표는 CV와 AAS를 구분하였고 상세한 내용이 있다. 그 내용을 보면 니미츠 급 항모가 가장 큰 동력을 만들고 그 다음이 프랑스의 핵 항모이고 다음이 영국의 Queen Elizabeth 급 항모이고 그 다음이 러시아의 Kuznetsov 급으로 러시아, 중국, 인도 등의 항모가 같은 출력을 나타낸다.

앞서 기술된 'Combined'의 종류와 다른 종류의 방식은 다음과 같은 것들이 있다. 참조하기 바란다.

- COGOS : Combined Gas or Steam
- CONAS : Combined Nuclear and Steam Propulsion
- COSAG : Combined Steam and Gas
- CODLAG : Combined Diesel-Electric and Gas

[표 1-4] 각 국가 기종별 항모(CV)의 Machinery(추진기관) 스펙

국가	약어	척수	선명 (1번함-최종함)	취역	Machinery 종류	Machinery 사이즈
Brazil	CVM	1	San Paulo	1963	- 6 La Velle Boiler - 2 GEC Alstorm Turbine	- 640 psi - 126,000 hp (93 MW)
China	CVGM	1	Liaoning	2012	- 8 Boiler - 4 turbine	- 200,000 hp (147 MW)
France	CVNM/PAN	1	Charles De Gaulle	2001	- 2 PWR Type K15(Nuclear) - 2 GEC Alstorm 61 SW turbine	- 300 MW - 83,000 hp (61MW)
India	CVGM	1	Vikramaditya	2013	- 8 KWG4 boiler - 4 GTZA 674 Turbine	- 200,000 hp (147 MW)
	CVM	1	Viraat	1959	- 4 Admiralty boiler - 2 Parsons geared turbine	- 400 psi - 76,000 hp (57 MW)
	CVM	1	Vikrant	1905	COGAG: 4 GE LM 2500 gas turbine, cp props(controllable-pitch propellers)	120,000 hp (89.5 MW)
Italy	CV	1	Cavour	2009	COGAG: 4 GE/Fiat LM 2500 gas turbine, cp props 6 Wartsila 2.2 MW diesel generators	118,000 hp (88 MW) (13.2 MW)
Japan	CVHG	2	Hyuga Ise	2009 2011	COGAG: 4 LM 2500 gas turbine	100,000 hp (75 MW)
	CVHG	2	Izumo –	2015 2017	COGAS: 4 GE/IHI LM2500IEC turbine	112,000 hp (83.5MW)
Russia	CVGM	1	Admiral Kuznetsov	1990	- 8 Boiler - 4 turbine	- 200,000 hp (147MW)
Thailand	CVM	1	Chakri Naruebet	1997	CODOG: 2 GE LM 2500 gas turbine 2 MTU 16V 1163 TB83 diesel LIPS cp props	44,250 hp (33 MW) 11,780 hp (8.67 MW)
UK	CV	2	Queen Elizabeth	2018	Integrated Full Electric Propulsion 2 Rolls-Royce MT 30 gas turbine alternator 4 Wartsila diesel generator 4 induction motor	93,870 hp (70 MW) 53,064 hp (39.6 MW) 53,640 hp (40 MW)
US	CVN	3	Gerald R Ford John F Kennedy	2016 2022	Nuclear: 2 AIB reactors; 4 shafts	?
	CVNM	10	Nimitz George H W Bush	1975 2009	Nuclear: 2 Westinghouse/GE PWR A4W/A1G reactors 4 turbines emergency diesel:4	280,000 hp (209 MW) 10,720 hp (8MW)

[표 1-5] 각 국가 기종별 항모(AAS)의 Machinery(추진기관) 스펙

국가	약어	척수	선명 (1번함~최종함)	취역	Machinery 종류	Machinery 사이즈
Australia	LHD	2	Canberra Adelaide	2014 2015	- 1 GE LM 2500 gas turbine generator - 2 MAN16 V32/40 diesel generator - 2 Siemens podded propulsor	25,693 hp 19,975hp 29,500hp
Chile	LSDH	1	Sargento Alcer	1990	2 SEMT-Pielstick 16 PC2.5 V 400 Diesel	20,800 hp (15.3 MW)
China	LPD	3	Kunlunshan Changbaishin	2007 2012	CODAD: 4 SEMT-Pielstick 16 PC2.6 V 400 Diesel	47,000 hp
France	LHDM/ BPC	3	Mistral Dixmude	2006 2012	Electric propulsion(diesel generators) 3 Wartsila 16V32 + 1 Wartsila 18V200	20.8MW
	LSDH/ TCD90	1	Siroco	1998	2 SEMT-Pielstick 16 PC2.5 V 400 Diesel	20,800 hp (15.3 MW)
India	LPD	1	Jalashwa	1971	2 Foster-Wheeler boiler	24,000 hp (18 MW)
Indonesia	LPD/ APCR	5	DR Soeharso BandaAceh	2003 2011	CODAD: 2 B&W 8L28/32A diesel	5,250 hp (3.9 MW)
Italy	LPH	1	Giuseppe Garibaldi	1985	COGAG: 4 Fiat/GE LM 2500 gas turbine	81,000 hp (60 MW)
	LPD	3	San Giorgio SanGiusto	1987 1994	- 2 Fincantieri GMT A 420 -12 diesels	16,800 hp (12.35 MW)
	LHD	1	?	진행?	CODAD: 4 diesels	?
Korea	LPD	1	DOKDO	2007	CODAD: 4 SEMT Pielstick 16PC 2.5 STC diessels	41,615 hp (30.6 MW)
Portugal	LPD	1	Afonso De Albuqerque	2018	Diesel-electric: 4 diessels	18,775 hp (14 MW)
Russia	LHD	2	Vladivostok Sevastopol	2014 2015	- Electric propulsion (diesel generators) 3 Wartsila 16V32 + 1 Wartsila 18V200 - 2 Alsthom Mermaid podded propulsor trainable through 360°	20.8 MW 19,040 hp (14 MW)
Singapore	LPDM	4	Endurance Endeavour	2000 2001	2 Ruston 16RK 270 diessels	12,000 hp (8.82 MW)
Spain	LPD	2	Galicia(L 51) Castilla(L52)	1998 2000	2 Bazan/Caterpillar 3612 diessel	12,512 hp (9.2 MW)
	LHD	1	Juan Carlos I	2010	CODAGE: 1 GE LM 2500 gas turbine 2 MAN 3240 16V 2 Siemens-Schottel podded propulsor	26,550 hp (19.8 MW) 21,080 hp (15.7MW) 29,500 hp (22 MW)

Thailand	LPD	1	Angthong	2012	2 diesel	12,000 hp(8.82 MW)
UK	LPH	1	Illistrious	1982	COGAG: 4 RR Olympus TM3B gas turbine	97,200 hp(72.5 MW)
	LPH	1	Ocean	1998	Diesel: 2 Crossley Pieistick 12 PC2.6 V 400	18,360 hp(13.5 MW)
	LPD	2	Albion(L 14) Bulwark(L15)	2003 2005	Diesel-electric: 2 Wartsila Vasa 16V32E Diesel generator 2 Wartsila Vasa 4R32LNE Diesel generator	17,000 hp (12.5 MW) 4,216 hp (3.1 MW)
US	LPDM	11	San Antonio Portland	2006 2017	4 Colt Pielstick PC 2.5 diesels	40,000 hp (29.84 MW)
	LHDM	1	Peleliu	1980	2 combustion Engineering boiler 2 Westinghouse turbine	600 psi 70,000 hp (52.2 MW)
	LHDM	8	Wasp(LHD-1) MakinIsland(LHD-8)	1989 2009	2 combustion Engine⊏ring boiler 2 Westinghouse turbine(LHD1~7) 2 GE LM 2500+gas turbines(LHD8) 2 Alstorm variable speed electric motors	600 psi 70,000 hp (52.2 MW) 70,000 hp (52.2 MW) 10,000 hp (7.5 MW)
	LPD	1	Denver(LPD 9)	1968	2 Foster-Wheeler boiler 2 De Laval(GE in LPD 9 & 10)turbine	600 psi 24,000 hp (18 MW)
	LHA	2	America Tripoli	2014 2019	COGES: 2 GE LM 2500 + gas turbine 2 auxilary propulsion motors	70,000 hp (52.2 MW) 10,000 hp (7.46 MW)
	AFSB	1	Ponce	1971	2 Foster-Wheeler boiler 2 De Laval(GE in LPD 9 & 10) turbine	600 psi 24,000 hp (18 MW)

1.3 항공모함 근무 인력과 안전

1.3.1 업무와 인력 배치

항공모함에서 업무는 각 항모의 종류에 따라 다소 차이가 난다. 특히 CV와 ASS는 각 항모의 목적 특성상 차이가 있어 업무도 상당한 차이가 있다. 또한 시대적으로 업무의 변천이 있어 왔고 이는 업무의 효율성과 밀접한 관계가 있어 현재의 업무는 그동안의 시행착오를 통해 만들어진 결과라고 할 수 있다. 각 나라의 같은 기종은 유사하여 미국의 업무 배치가 표준적으로 활용이 되고 있다. 군함에서와 같은 업무를 제외한 항공모함의 독특한 업무는 다음과 같은 것으로 정리가 될 수 있다.

- Flight Deck
  - → Air
  - → Catapult
  - → Aircraft Handling
  - → Aircraft Direction
  - → Landing Signal
  - → Arresting Gear
- Cyclic Operation
  - → Pre-launch
  - → Catapult Launch
  - → Post Launch
  - → Departure
- Recovery/Recovery Operation
  - → Approach
  - → Landing
- Carrier Qualification

위의 정리된 것이 모든 업무를 포함할 수 있으나 대략적으로 항모에 특화된 업무를 정리한 것으로 이는 미국을 중심으로 한 것이다. 이 업무에 따라 인력이 배치되고 남낭 상교가 있게 된다. 현대 미 해군 항공모함의 운영은 고정익 비행기와 회전익 비행기 운영에 초점이 맞추어져 있고 이것은 전투 혹은 비전투 상황을 수행하기 위한 것이다. 이런 것은 1922년 미 항모 Langley 때부터 축적된 경험을 바탕으로 마련된 것이다. 비행갑판의 업무는 근무자의 복장 색(Rainbow Color)으로 구분이 가능하다. 다음의 요약된 내용이 업무에 해당되며 관련 근무자의 자켓 등의 색으로 구분을 하여 효율을 높이도록 조치를 취하고 있다. 항모에서 사용하는 영어 명칭대로 그 내용을 대략적으로 나타내면 아래와 같이 정리될 수 있다.

- <u>Yellow</u> : AircrafT Handling Officers, Catapult and Arresting Gear Officers, Plane Directors(비행갑판과 행거 데크의 모든 이동 업무에 대한 책임이 있음)
- <u>Green</u> : Catapult and Arresting Gear Crews, Visual Landing Aid Electricians, Air Wing Maintenance Personnel, Air Wing Quality Control Personnel, Cargo-Handling Personnel, Ground Support Equipment(GSE) Troubleshooters, Hook Runners, Photographer'S Mates, Helicopter Landing Signal Enlisted Personnel(LSE)

- White : Quality Assurance(QA), SquadroN Plane Inspectors, Landing Signal Officer(LSO), Air Transfer Officers(ATO), Liquid Oxygen(LOX) Crews, Safety Observers, Medical Personnel(빨간 십자가 엠블럼이 있는 흰색)
- Red : OrdnaNce Men, Crash and Salvage Crews, Explosive Ordnance Disposal(EOD), Fire Fighter
- Blue : Plane Handlers(Trainees), Chocks and Chains(보란 셔츠를 입은 초보 Flight-Deck 근무자), Aircraft Elevator Operators, Tractor Drivers, Messengers and Phone Talkers
- Purple : Aviation Fuel Handlers
- Brown : Air Wing Plane Captains(비행을 위해 항공기를 준비하는 편대 대원), Air Wing Line Leading Petty Officers
- White/black : Final Checker(검사관)

비행갑판과 관련된 모든 근무자는 특정 작업에 대한 업무를 가지고 있고 갑판에서 입는 Jersey, Float Coat와 헬멧의 색상으로 나타난다. 계급은 비행갑판 승무원이 착용한 바지의 패턴에 의해 표시된다. 즉, Navy Blue 바지는 주니어 수병과 하사관을 나타낸다. 카키색 바지는 선임 하사관, 준위 및 명령 계통에 있는 장교를 나타낸다. 전통적인 카키색 컬러는 선임 하사(CPO) 및 장교의 근무용 유니폼의 라인에 있다.

[그림 1-29]에서 볼 수 있는 것처럼 높은 직분의 방문자가 비행기로 함상에 도착하면 'Rainbow Side Boys'가 집합장소에 소집된다. 일반적으로 방문자가 도착하는 입구 앞에 각 색깔의 유니폼을 입고 양쪽에 도열하여 방문자에게 명예를 보여주게 된다.

[그림 1-29]
Rainbow Side boys

commons.wikipedia.org

항공모함의 작전은 다음과 같은 명령체계에 따라 진행이 된다. 이것은 통합 그룹의 작전을 수행하는 것이고 이를 통해 전달된 작전이 Carrier Strike Group에 의해 수행이 되는 체계를 보여준다. 이를 통해 무슨 업무가 발생하고 어떤 인력이 필요한지를 개략적 차원에서 확인할 수 있다.

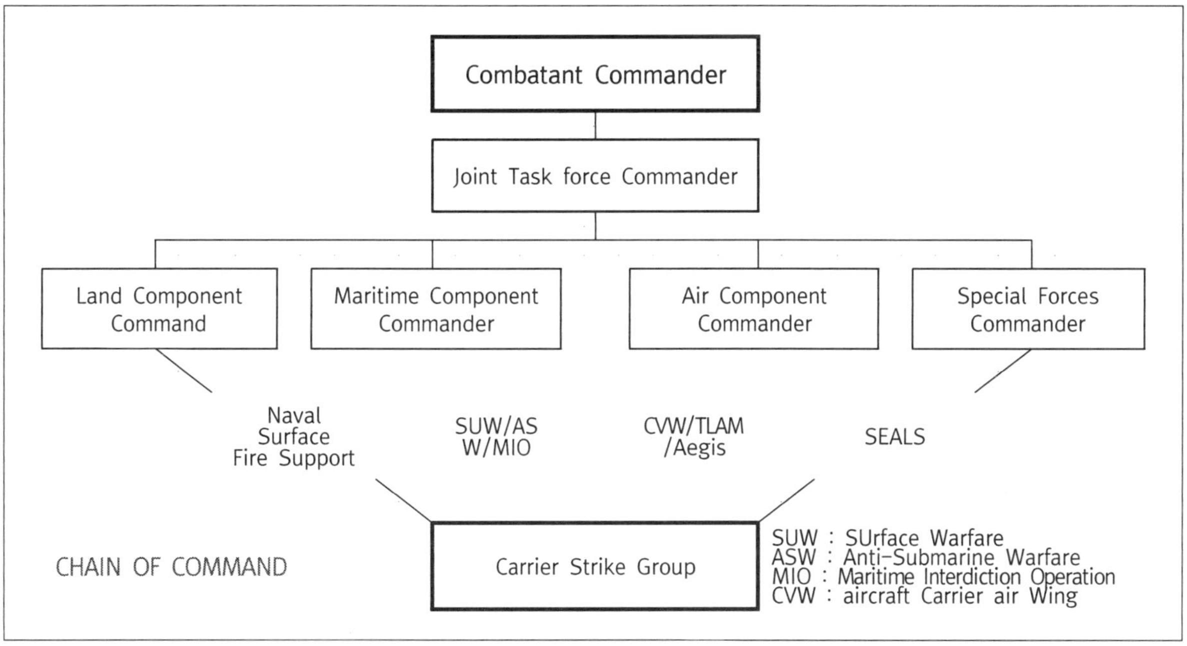

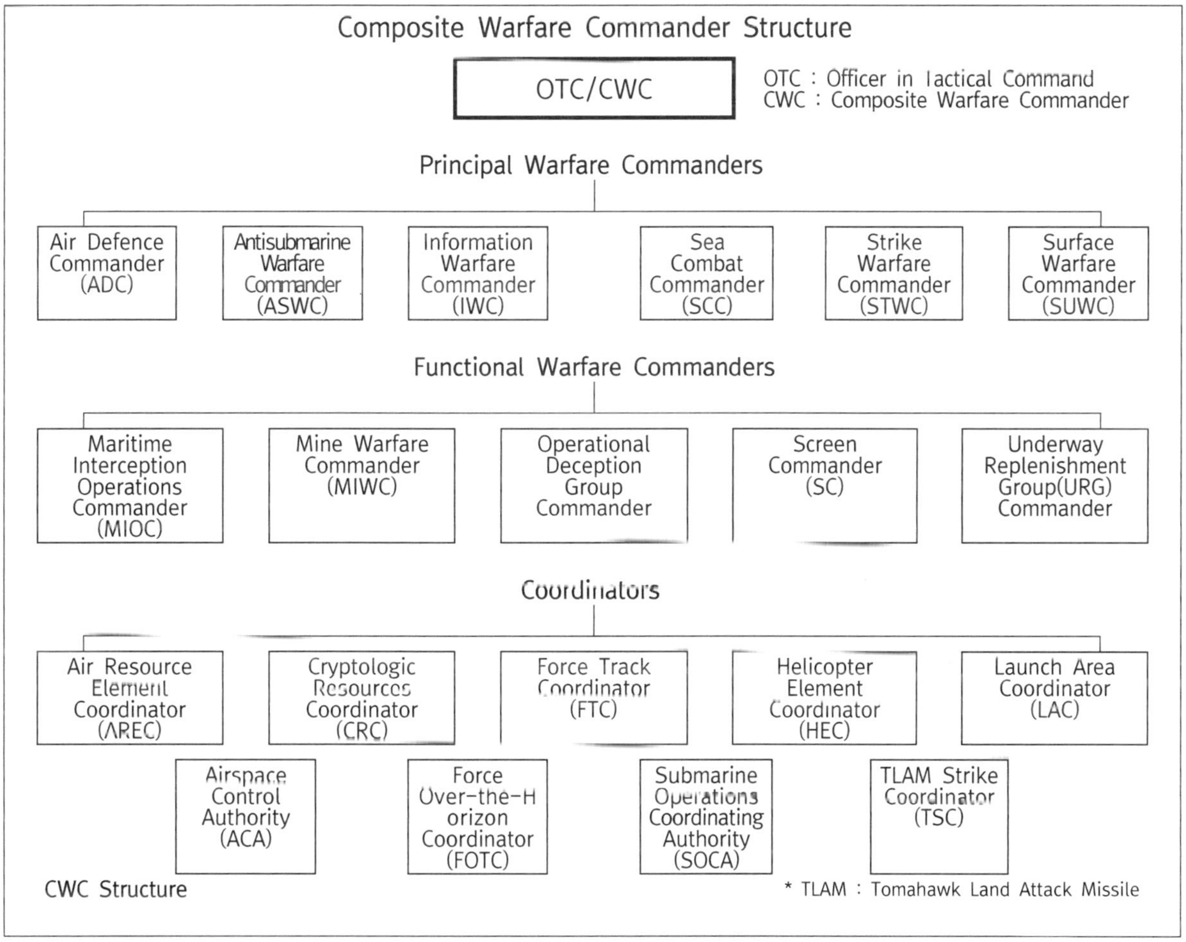

미국 항공모함 니미츠 급은 6000명에 가까운 인원이 함 내에서 거주를 한다. 그러므로 위에서 언급이 되지 않은 업무 또는 직군이 존재한다. 대략적으로 살펴보면 다음과 같은 직군이 있다.(항모에서 사용하는 영어 명칭)

- Air : Aviation Boatswain's Mates, Air Traffic Controllers, Aviation Machinist Mates, Aviation Electrician's Mates, Aerographer's Mates, Aviation Storekeepers, Aviation Structural Mechanics (Safety Equipment), Aviation Structural Mechanics(Hydraulics), Aviation Structural Mechanics, Aviation Ordnance men, Aviation Support Equipment Technicians, Aviation Electronics Technicians, Aviation Warfare Technicians, Aviation Maintenance Administration men, Aircrew Survival Equipment men
- Boatswain's Mates
- Builders : Navy Construction Electricians, Construction Mechanics
- Cryptologic : Cryptologic Technician(Administrative), Cryptologic Technician(Interpretive), Cryptologic Technician(Communication), Cryptologic Technician(Collection), Cryptologic Technician (Technical)
- Damage Control men, Disbursing Clerks, Illustrators, Engineering Aids, Electrician's Mates, Engine Men, Equipment Operators, Electronics Technicians, Electronic Warfare Technicians, Fire Control Men, Machinist's Mates, Mine men, Machinery Repairmen, Hull Technicians, Steel workers, Gas Turbine Systems Technicians
- Dental Technicians, Hospital Corpsmen
- Gunner's Mates, Missile Technicians, Torpedo man's Mates, Sonar Technicians
- Interior Communications Electricians
- Intelligence Specialists, Information Systems Technicians
- Journalists, Lithographers, Photographer's Mates
- Operations Specialists, Signalmen
- Personnel men, Quartermasters, Religious Program Specialists, Ship's Servicemen, Storekeepers, Utilities men, Yeomen, Postal Clerks, Musicians, Mess Management Specialists
- OFFICER FIELDS : Surface Warfare Officer, Submarine Officer, Naval Aviator, Naval Flight Officer, Aerospace Maintenance Duty Officer, Chaplain, Healthcare Officers(Physicians, Dentists, Nurses and Medical Services Officers), Supply Transportation and Logistics Officers, Engineering Officers, Information Technology Officers, Intelligence and Communications Officers: Intelligence and Cryptology, Nuclear Trained Naval Officer, Naval Reactors Officer, Lawyer, Judge Advocate General Corps, Science officers(Meteorology, Oceanography, Chemist and Biochemist), Nuclear Operations, Industrial Hygiene Officer, Naval Systems Senior Subject Matter Expert, Radiation Health Specialist, Air Officer(Air Boss or Boss), Assistant Air Officer(Mini Boss), Aircraft Handling Officer(ACHO or Handler), Flight-Deck Officer, Catapult Officer(Shooter), Aircraft Crash and Salvage Officer(Air Bos'n), Arresting Gear Officer(AGO or The Hook), Plane Directors, Safety Officer and Crew, Air Transport Officer(ATO), Landing Signal Officer(LSO), Squadron Plane Inspectors(Troubleshooters), Aircraft Handling and Chock Crewmen, Elevator Operators(EOs), Crash and Salvage, Ordnance Officer, CAG Arm, Explosive Ordnance Disposal Officer and Crew, Ordnance Handlers, Aviation Fuel Crews, Catapult Safety Observer, Topside Safety Petty Officer(TSPO), Holdback Personnel, Center deck Operator, Jet-Blast Deflector(JBD) Operator, Weight-Board Operator, Topside Petty Officer(TPO), Deck-Edge Operator, Hook Runners, Deck Checkers, Aircraft Maintenance Crew, Helicopter Landing Signal Enlisted(LSE) Man, Photographers, Plane Captains

각국의 항공모함 별 인원을 정리한 것이 [표1-6]에 있다. [표 1-6]은 CV에 관한 것이고 [표 1-7]은 AAS에 관한 것이다. 가장 많은 인원은 미국 핵 항모인 니미츠 급 항모로 거의 6000명에 근접한 5820명의 인원이다. 하지만 새로 제작된 Gerald R Ford 급 항모는 1000 명 이상 축소되었다. 이것은 비용 절감의 차원도 있고 업무혁신 차원에서 미 의회 등을 중심으로 한 업무효율화를 통한 운영비 절감 요구를 반영한 결과라고 할 수 있다.

[표 1-6] 국가별 각 항공모함(CV)의 배정된 인원

국가	Class	약어	척수	선명 (1번함/최종함)	크기 (ton)	Complement		
						총인원	장교	Air
Brazil	Clemenceau	CVM	1	San Paulo	34,213	1,578	160	358
China	Kuznetsov	CVGM	1	Liaoning	59,439	1,960	200	626
France	Charles De Gaulle	CVNM	1	Charles De Gaulle	43,182	1,862	107	542
India	Modified Kiev	CVGM	1	Vikramaditya	46,129	1,326	?	?
	Hermes	CVM	1	Viraat	29,161	1,350	143	?
	Indigenous	CVM	1	Vikrant	40,642	1,400	160	?
Italy	Cavour	CV	1	Cavour	27,535	696	?	168
Japan	Hyuga	CVHG	2	Hyuga/ Ise	18,289	347+25 flag	?	?
	Izumo	CVHG	1	Izumo	24,000	470	?	?
Russia	Kuznetsov (Orel)	CVGM	1	Admiral Kuznetsov	59,439	2,586	200	626
Thailand	Chakri Naruebet	CVM	1	Chakri Naruebet	11,669	601	62	146
UK	Queen Elizabeth	CV	1	Queen Elizabeth	65,500	1,611	?	830
US	Gerald R Ford	CVN	1	Gerald R Ford	est. 101,605	4,660	?	?
	Nimitz	CVNM	10	Nimitz/ George H W Bush	74,086 ~ 103,637	5,750+70 flag	505	2,480

[표 1-7] 국가별 각 항공모함(AAS)의 배정된 인원

국가	Class	약어	척수	선명 (1번함/최종함)	크기 (ton)	Complement		
						총인원	장교	Air
Australia	Canberra	LHD	2	Canberra/ Adelaide	26,800	1,221	?	?
Chile	Foudre	LSDH	1	Sargento Alder	12,599	243	21	?
China	Yuzhao	LPD	3	Kunlunshan/ Changbaishin	18,500	120	?	?
France	Mistral	LHDM	3	Mistral/ Dixmude	21,947	160	18	?
	Foudre	LSDH	1	Siroco	12,599	218	18	?
India	Austin	LPD	1	Jalashwa	17,521	329	27	?
Indonesia	?	LPD/ APCR	5	DR Soeharso/ Banda Aceh	11,583	126	?	?
Italy	Garibaldi	LPH	1	Giuseppe Garibaldi	14,072	812	?	230
	San Giorgio	LPD	3	San Giorgio/ San Giusto	8,128	168 168 167	12 12 15	?
Korea	?	LPD	1	DOKDO	19,305	1,100	?	?
Portugal	?	LPD	1	Afonso De Albuqerque	10,668	150	?	?
Russia	Mistral	LHD	2	Vladivostok/ Sevastopol	21,000	177	20	?
Singapore	Endurance	LPDM	4	Endurance/ Endeavour	8,636	65	8	?
Spain	Galicia	LPD	2	Galicia(L51)/ Castilla(L52)	14,037	(L51) 115 (L52) 189	?	?
	Juan Carlos I	LHD	1	Juan Carlos I	27,514	296	?	?

Thailand	Endurance	LPD	1	Angthong	7,600	65	8	?
UK	Invincible	LPH	1	Illustrious	20,931	885+600 embarked	60	est. 200
	?	LPH	1	Ocean	22,107	491+830 embarked	?	?
	Albion	LPD	2	Albion(L14)/ Bulwark(L15)	18,797	325	?	?
US	San Antonio	LPDM	11	San Antonio/ Portland	24,900	381+ spare 22	29	?
	Tarawa	LHDM	1	Peleliu	40,608	964	56	?
	Wasp	LHDM	8	Wasp(LHD-1) MakinIsland(LHD-8)	41,302~ 42,330	1,123	65	?
	Austin	LPD	1	Denver(LPD 9)	17,521	420+90 flag	24	?
	America	LHA	2	America/ Tripoli	44,971	1,102	102	?
	Austin	AFSB	1	Ponce	17,521	220	55	165

[표 1-7]에 나타난 데이터를 가지고 몇 가지 비교를 하면 인원에 대한 경향성을 알 수 있다. 다음의 관점에서 그래프가 제작이 되었다. 그 결과 그래프들이 아래에 연속해서 보여준다.

- 항모의 Full Load(ton)에 대한 총인원수 비교
- 항모의 Full Load(ton)에 대한 장교 인원수 비교
- 항모의 Full Load(ton)에 대한 Air Crews 인원수 비교
- 항모의 총인원(명)에 대한 장교 인원수 비교
- 항모의 총인원(명)에 대한 Air Crews 인원수 비교

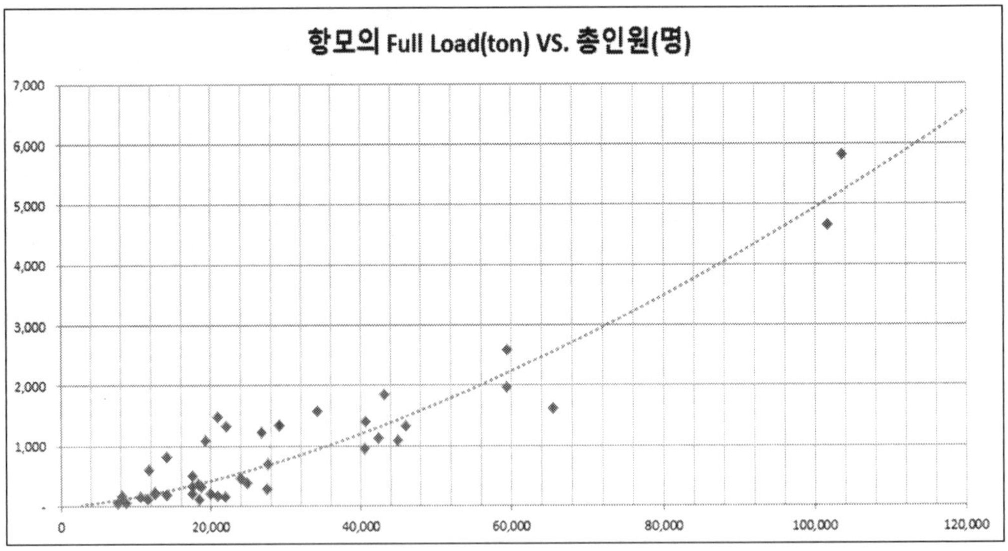

[그림 1-30] 항모의 Full Load (ton)에 대한 총인원수 비교 그래프

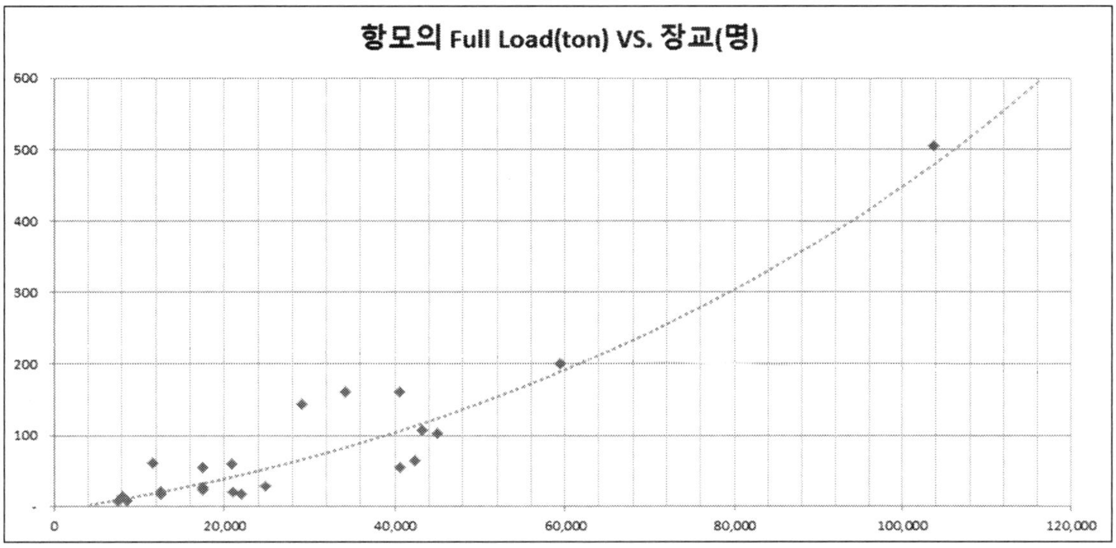

[그림 1-31] 항모의 Full Load (ton)에 대한 장교 인원수 비교 그래프

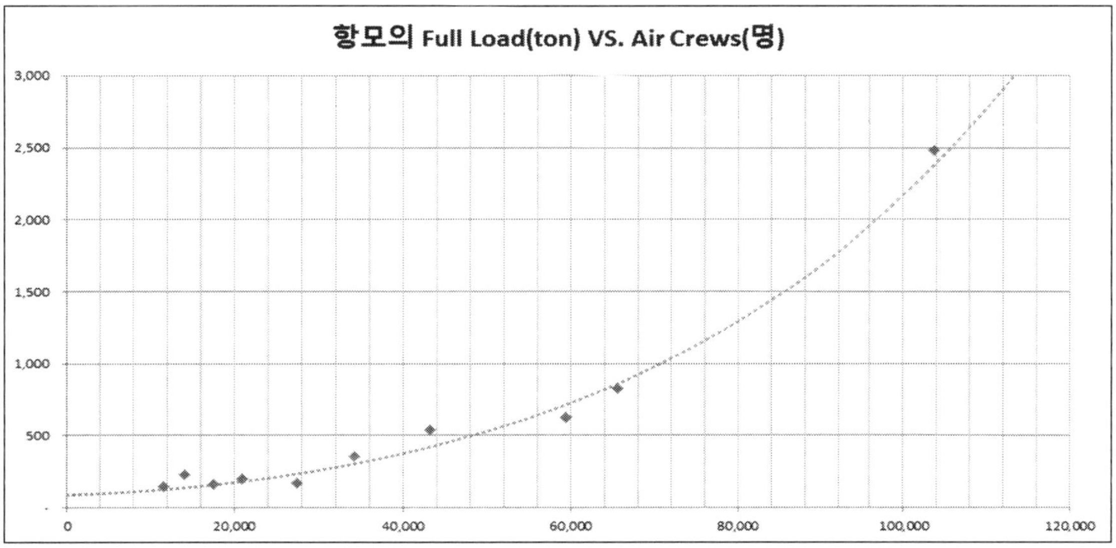

[그림 1-32] 항모의 Full Load (ton)에 대한 Air Crews 인원수 비교 그래프

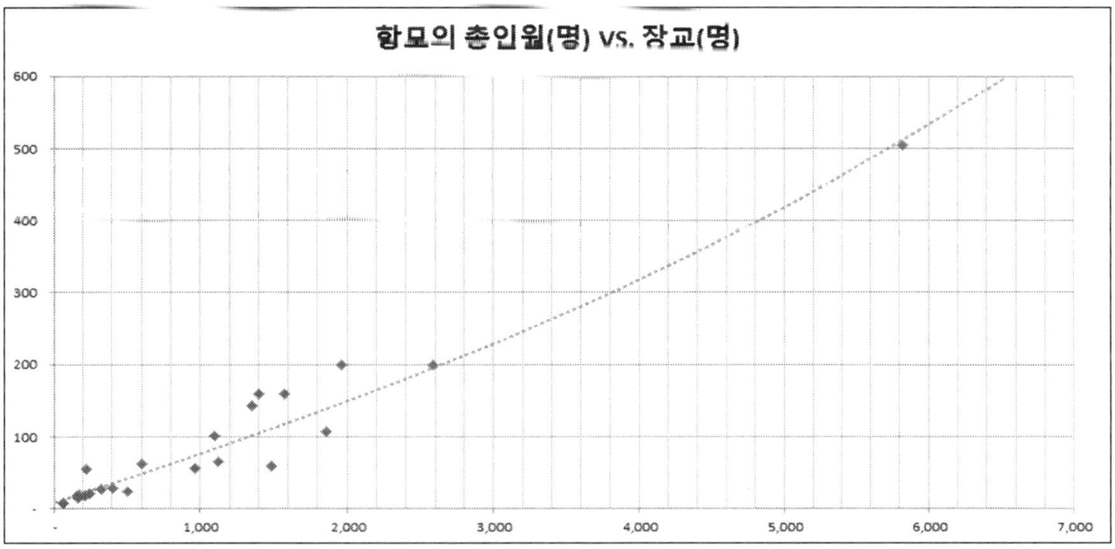

[그림 1-33] 항모의 총인원(명)에 대한 장교 인원수 비교 그래프

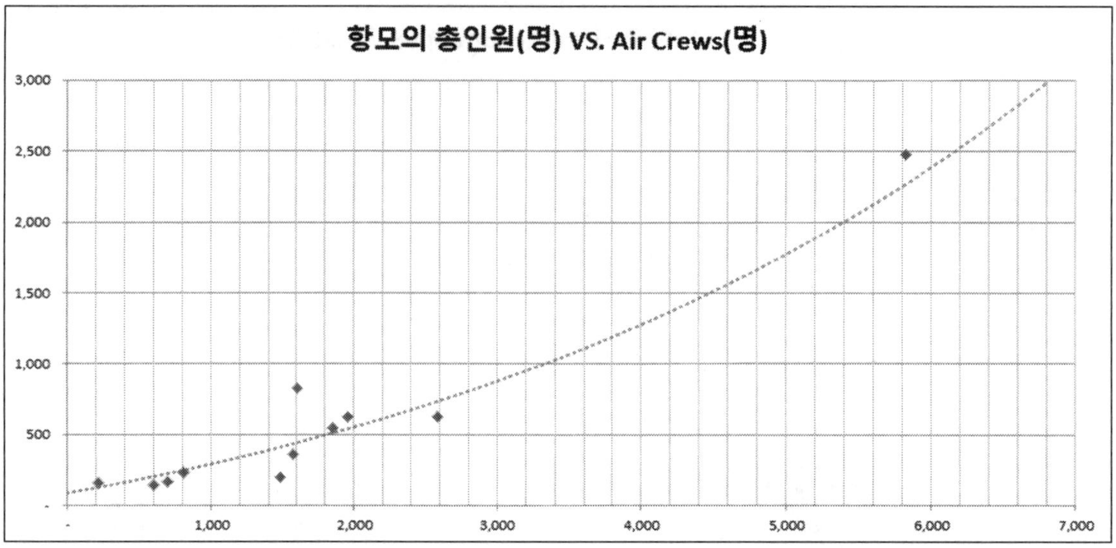

[그림 1-34] 항모의 총인원(명)에 대한 Air Crews 인원수 비교 그래프

그래프를 보면 어떤 정도의 크기에서 어느 정도의 적정 인원을 유추할 수 있다. 물론 효율성을 위해 좀 더 줄이는 방향도 이 데이터를 통해 가이드라인을 제시할 수 있을 것이다. 즉, Gerald R Ford 급 항모가 가지는 인원은 현재 시점에서 니미츠 급 보다 많은 인원을 줄였지만 앞으로 나오는 Gerald R Ford 급 2번 또는 3번 함은 더욱 줄어든 인원으로 같은 업무를 수행하는 시스템으로 발전할 것이다.

1.3.2 안전

항공모함에서의 안전은 인적, 물적 자원의 손실을 가져다주는 것을 사전에 예방하고 만약에 있을 문제 발생 시 신속한 처리가 이루어져야 한다는 대전제를 가지고 있다. 이는 항모의 특성상 상당한 무기를 소유하고 있는 상황 하에서 적의 공격의 제 1의 표적이 될 수 있다. 또한 비행기의 이착륙이 좁은 항모 활주로에서 빈번히 발생하며 그리고 많은 함상 내 인원이 있어 부주의 또는 기타 이유로 안전에 위협이 될 수 있다. 또한 핵연료를 사용하는 관계로 항상 원자로를 근접에서 두고 업무를 수행하는 것으로 외력 등에 의해 원자로가 위협을 받는 상황이 발생하면 매우 심각한 문제가 발생할 수도 있게 된다. 다른 함정과 차별화된 항공모함에서만의 안전은 우선 항공기와 관련된 것으로 Flight & Hangar Decks 안전, 항모의 비상사태가 발생되었을 때 처리를 위한 안전시설 및 장비, 그리고 핵 항공모함에서 핵에 관한 안전 등이 주요한 특징이 될 것이다. 항모만의 차별화된 주요 3가지를 안전 측면에서 상세히 살펴볼 필요가 있겠다. 이에, 아래에서 그 내용을 기술한다.

가. Flight & Hangar decks 안전

항공기를 작전에 투입하면서 발생하는 화재 등 비행갑판에서 위험한 환경적 요소는 늘 상존하고 있다. 비행 작전 중 갑판에서 화재/폭발 등 위험을 좀 더 세분화하면, 비행기 착륙 시 FOD(Foreign Object Debris로 이것에 의한 피해를 FOD(Foreign Object Damage)라고 또한 함)에 의한 위험, 비행기 연료에 의한 위험, 폭탄, 미사일, 총 등의 무기에 의한 다양한 위험, 비행기 이착륙 시 위험, 바람, 파도 등 주변 환경에 따른 위험, 그리고 적의 공격에 의한 위험 등이 될 것이다. 작전에 투입이 되는 비행기는 많은 양의 연료를 주입하게 되고 또한 빠른 시간 내에 처리해야 하는 상황이 발생하여 위험에 노출되어 있다. 또한 작전 후 연료를 빼내는 작업(Defueling) 또한 위험을 내포하게 된다. 대량의 연료가 항공기에 저장되어 있고, 일정한 연료 및 Defueling 작업이 진행된다. 항공기 연료인 JP-5 3백만 갤런이 항공 작전을

www.jetwashaviationphotos.com

[그림 1-35]
비행갑판에서 FOD 제거를 위한 활동을 하는 모습

지원하기 위해 니미츠급 항모에 저장된다. 그러므로 연료의 유증기 발생으로 인해 발화 요건만 갖추면 언제든지 폭발할 수 있는 상황이 된다.

비행갑판에는 작전 중에 아일랜드 우현에 '폭탄 농장(Bomb Farm)'이 임시로 설치되는 경우도 있고 데크 아래 무기고가 있어 위험 그 자체라고 할 수 있다. 무기 자체도 매우 위험한 상태에 노출된 것이다. 무기의 적하, 무기의 조작과 이송, 그리고 비행기에 무장하는 작업과 작전 후 무기의 안전화 하는 작업 등이 사고의 위험을 가지고 있다. 무기를 항모에 수직 보급(Vertical Replenishment, VerRep) 실시하는 순간도 매우 위험한 상태이다. 또한 전투기의 작전 중 신속하게 빠른 템포로 재무장을 해야 하는 상황은 늘 위험을 가지고 있는 것이다. 참조로 항모에서 발진하는 비행기의 무장은 대략적으로 아래 [표 1-8]과 같다.

Class	Name	Dimensions(length x diameter), in	Weight, lb
Air-to-air missiles	Sidewinder (AIM9L/9L/M/R)	115.1 x 5 (24.9 wing span)	198
	Sparrow (AIM-7F/M)	152 x 8	500
	Phoenix (AIM-54C)	156.01 x 15 (36 wing span)	1,040
	AMRAAM (AIM-120)	143.9 x 7 (24.7 control surface span)	326
Air-to-surface missiles	Harm (AGM-88A)	164 x 10 (44 wing span)	777
	Harpoon (AGM-84D)	151 x 13.5 (36 wing span)	1,148
	SLAM (AGM-84E)	175.2 x 13.5 (36 wing span)	1,400
	Shrike (AGM-45A/B)	120 x 8 (36 wing span)	400
	Walleye I, II	159 x 18 (51 wing span)	2,340
	Skipper	169 x 14 (63 wing span)	1,280
	Maverick (AGM-65F)	97.7 x 12 (28.5 wing span)	669
Bombs	Mk 82 (GP); can be	91.26 x 11.1	560~575
	w/snakeye fin Mk 15,		
	w/fin BSU-86/B and		
	w/conical fin		
	Mk 83 (GP)/BLU-110/B;	116.2 x 14.4	985~1015
	can be w/BSU-85B and		
	w/conical fin		
	Mk 84 (GP)	154 x 18.4	2,005
	Rockeye II	92 x 13.2	490
Gun system	M61A1 w/LALS	N/A	319 (ammo only)
Torpedo	Mk 46	102 x 12.75	568
	Mk 50	111.5 x 21	771

Mines	Captor (Mk 60)	144.8 x 21 (31.2 max fin span)	2,366
	Quickstrike (Mk 65)	128.01 x 20.9 (29 tail span)	2,390
Rockets	5-inch in LAU-10 launcher	110	107
	2.75-inch in LAU-69 launcher	47.85	18

항공기는 지속적으로 빠르게 이동하고 또한 신속하게 보고가 이루어지는 상황이고 Catapult 발사와 복구가 발생하는 상황이 연속적으로 일어나며 또한 헬기 이착륙이 발생하고, 관계된 차량과 사람들이 트래픽이 되고 있는 상황이 지속적으로 연출이 된다. 연료 작업이 진행되고, 무기가 처리되고, 비행기 엔진이 켜져 있고 항공기용 엘리베이터가 사용이 되고 무기 엘리베이터도 지속적으로 작동되는 그야말로 모두가 혼란에 기여한다. 그러므로 상시 Live Fire Test and Evaluation(LFT&E)를 실시하며 이것에는 조금은 특별한 위험 중에는 많은 액체 산소, 유압 유체, 캐노피를 열고 무기 부하를 해제하는 데 사용되는 카트리지 작동 장치, 로켓 전원 사출 좌석 등이 포함한다. 또한 대부분의 항공기의 작전, 이륙 및 재이륙 준비하는 동안 약 25노트 정도에서 항모가 움직이고 있어 바람이 끊임없이 비행갑판에 불고 있다. 또한 파도가 심한 바다와 궂은 날씨도 있을 수 있다. 이 모든 것이 항공모함에서 위험을 유발할 수 있는 환경적 요소가 되는 것이다.

1967년 미 항모 Forrestal의 재해가 발생한 후 '무기 자연발화 프로그램(Weapons Cook-Off Program)'으로 항모 진화 프로그램이 개발되기 시작되었다. 이 프로그램의 목표는 다양한 위협과 자극에 노출된 무기의 반응 정도를 줄이는 것이다. 즉, 빠르고 느린 자연발화, 총알의 충격, 조각 충격, 충격과 진동의 관계, 열 노화, 적하, 병기에 대한 전자파 방사 장애인 HERO(Hazards of Electromagnetic Radiation To Ordnance), 교감 폭발 등을 연구하여 화재 등 위험을 통제하려는 것이다. 이를 통해 'Burning'보다 더 심각해지기 전에 반응이 전달되지 않도록 조치를 취하는 것이다. 해결하기 위한 조치의 결과가 'Mil-Std 2105B 적용 시험 절차'이다. 일반적으로 무기의 반응 종류는 다음과 같다.

· 폭굉(Detonation, the Rapid Increase in Volume) : 가장 격렬한 반응으로 디자인 모드에서 반응을 시작하여 모든 에너지 재료를 소비하게 됨
· 부분 폭굉 : 약간 덜 격렬한 반응을 보이는 것으로 일부 에너지 물질은 반응하지 않을 수 있음
· 폭발(Explosion) : 케이스에 따라 강력한 압력 파열될 수 있고 큰 조각이 고속으로 날아갈 수 있고 연소된 물질 배출하게 되며 항모의 비행갑판을 파열시킬 가능성은 낮음
· 폭연(Deflagration) : 제한된 조각이 만들어지며 최소한의 폭발 과압 상태이며 연소된 물질 배출되지만 비행갑판의 파열은 없음
· 연소(Burning) : 개방된 경우에서 더 격렬한 분열은 발생하지 않고 국지적 화재이고 파편의 일부가 산란하고 비산하지만 15 m 이상은 아니며 유지보수(Inspection and Maintenance) 프로그램이 진행이 됨

무기가 디자인 모드에서 폭발에 반응할 때 최악의 상황이 된다. 부분적인 폭굉 이하는 비행갑판을 파열시키지 않을 수도 있고 연소가 그나마 가장 유리한 반응이라고 할 수 있다. 위의 구분은 니미츠 사고에서 매우 유의미하였다. 니미츠에서 무기는 비행갑판에서 폭연이 되었지만 이 사고가 지붕에 국한되었고 그래서 갑판은 파열되지 않았다. 하지만, 항모 Forrestal 및 항모 엔터프라이즈의 화재는 충분히 폭발적인 힘으로 폭발하였고 생명과 상당한 손상의 손실을 야기하였고 결국 비행갑판에 구멍을 만들었다. 비행갑판 화재의 결과를 참조할 때 이러한 구분은 중요하다. 화재/폭발 구분에 관한 다른 한 가지는 소방관은 여전히 사고 15 m 이내에 위험에 있을 수 있다는 것이다. 앞서 설명이 된 것이지만 고려해야 하는 것으로 연소의 정의 중 하나는 파편이 비행한다는 점이다. 무기의 조각에 가까운 경우 그들은 여전히 위험할 수 있다는 사실을 알고 있어야 한다.

[표 1-9] 주요 항공유 발화 온도

Fuel	Flash Point(°F)	Remarks
AvGas	〈10	
JP-4	0~10	Commonly Jet B
JP-5	100(min)	
JP-8	140(min)	Commonly Jet A-1

항공유에 대한 위험도 무시를 못한다. 대부분 피스톤 항공기 연료는 자동차 가솔린과 매우 유사하고 가장 위험한 항공 연료이다. JP-4는 상용 제트 B에 해당되며 한 때 미국 공군 항공기의 표준 연료이었다. 공군도 연안 기지의 해군 항공기와 같이 JP-8로 변환되었다. JP-8은 일반적으로 상업용 Jet-A1 라고 하며 상용 항공기에 사용되는 표준 연료와 동일하다. JP-8은 100°F 최소의 인화점을 가지고 있다. 인화점은 연료가 기화 온도가 되기 위해 점화할 수 있는 충분한 증기를 제공하는 최저 온도로 정의된다. 그것은 발화온도이지만 증기가 점화의 근원과 그 증기가 점화할 수 있도록 충분한 양을 형성하기 시작하는 온도는 아니다. 모든 항공 연료 중에 안전하고 높은 인화점을 갖는 JP-5는 매우 강력한 군 규격 하에서 구입한다. 인화점은 140°F 이하로 일반적으로 허용되지 않는다. 해군은 JP-5의 사용과 운반 작업을 제한한다. 즉, JP-8을 해군 항공기 기지에서 항공기 연료로 허용된 것에 반하여 JP-5는 항공모함에서 항공기 연료로 사용되지 않는다. 항공기가 항공 기지에서 급유하고 또는 아마도 진전이 되어 공중 급유하고 그 이후 비행갑판에 착륙 할 경우, 그것은 비행갑판에서 일반적으로 허용되는 것보다 낮은 인화점이 되었을 것이다. 따라서 특정하게 제한하는 것은 이러한 경우에 적용이 된다.

사실 가장 중요한 문제는 고온에서 연료가 누출이 되는 것이다. 여름에는 항공모함이 배치된 지역에 따라 차이가 나지만 갑판의 온도가 55~85℃가 된다. 특히 Catapult 근처에는 90℃까지 올라간다. 이는 비행 연료를 발화시킬 수 있어 매우 위험한 상태로 진전될 수 있다. 문제는 예열된 연료 또는 태양에 의해 가열된 연료가 뜨거운 갑판에 유출된 경우, JP-5와 JP-8 사이에 그 차이가 무엇이냐 하는 점을 알아야 한다. 미 해군연구소 NRL(Naval Research Laboratory)은 점화의 용이성, 유출된 연료의 표면에 걸쳐 얼마나 빨리 화염 전방으로 이동하는지에 관한 화염 전파 속도, 그리고 소멸의 용이함을 살펴보았다. 그들은 아주 작은 양의 JP-8을 JP-5에 추가하면 인화점이 떨어지는 것을 알아냈다. 50/50 혼합하면 JP-5의 인화점은 140°F에서 115°F로 감소될 것이다. 그들은 또한 JP-8의 화염 확산속도가 JP-5의 약 두 배라는 것을 알아냈다. 즉, JP-5를 가지고 점화한 경우, 그것에서 멀리 걸을 수 있지만, 2배 빠른 연료인 JP-8을 가지고는 더 빨리 달려야한다. 결국에 JP-8 연료로 인해 화재가 났을 경우 불을 끄는데 어려움이 있고 소방 호수 라인이 아마도 더 필요할 것이다

측정 차이는 두 연료 사이의 화재 안전이 존재한다. 따라서 해군은 항공기 급유 해군 항공 교육 및 운영 절차의 표준화 및 안내서인 NAVAIR 00-80T-109에서 묘사된 것처럼 JP-8 사용에 대한 제한을 채택하고 있다. 제한 내용을 요약하면, 본질적으로 120°F 보다 낮은 인화점을 가진 항공기가 Hangar 데크에 격납할 수 없고 항모에서 연료 샘플을 인화점 체크를 위해 요청할 수 있다. 인화점이 120°F 미만이면, 항공기는 비행갑판에서 격납고로 이송될 수 없다. 인화점이 120°F과 140°F 사이 인 경우, 항공기는 부대장의 개인적인 승인 하에서 격납고로 이동할 수 있는데 이 때 모든 스프링클러가 작동이 되고 소방서들은 모두 근무자가 근무해야 하고 운영되며, 격납고에서 열 관련 작업은 하지 않는다. 열과 관련된 위험요소 내용은 다음과 같은 것들이 있다.

- 뜨거운 엔진
- Yellow Gear
- 전기적 아크와 스파크
- 정전 방전
- 엔진 외기
- Starting Cart에서 나오는 외기
- Cutting과 용접3
- 진자기 방사선

[그림 1-36]
항공모함에서 Yellow Gear 모습

- Catapult 스팀 라인
- 무기의 우연한 발포
- 적의 공격
- 비행기 충돌
- 방화/테러

나. 항공모함에서 안전시설 및 장비

비행갑판에서 사용 가능한 소방 시스템은 아래와 같다.

- AFF(Aqueous Film-Forming) Washdown System (20 Zones)
  - Flush Deck and Deck Edge Nozzles (0.06/0.08 gpm/ft^2)
  - Aircraft Elevator Nozzles (4 per Elevator, 40 gpm each)
- AFF Weapons Elevator Deluge System (3 nozzles per shaft)
- Bomb Farm AFFF(AFF Form) System (2 outboard nozzles every 8 ft)
- P-25 Vehicle (MFFV, Mobile Fire Fighting Vehicle)
- Flight Deck Hose Stations (22 locations)
  - AFF 1.5-inch Hose Reels and 2.5-inch Soft Hose
  - Seawater Hoses
- Portable Extinguishers (at every hose station)
  - CO_2
  - PKP(Purple K Powder)
- Catapult Track Steam Smothering System
- Bomb Jettison Chutes
- Aircraft On-Board Extinguishing Systems

* gpm/ft^2 : gallons per minute per ft^2

전체 비행갑판은 AFFF의 세척 시스템에 의해 보호를 받는다. 니미츠 급 항모의 세척 시스템은 20개의 존으로 분할하고, 각 영역은 명목상 AFFF 용액을 분당 1천 갤런을 제공하도록 되어 있다. AFFF는 갑판에 장착되어 있어 플러시-데크 노즐을 통해 주로 배출된다. 니미츠 급 항모에 수 백 개의 이러한 노즐이 비행갑판 면적의 ft^2당 분당 0.06 갤런의 속도로 AFFF를 제공한다. 이것들은 코밍을 통해 또는 코밍을 넘어 분사할 좌현 및 우현에 장착된 갑판 가장자리 노즐에 의해 등장하게 된다. 이러한 노즐은 항공기 연료주입 및 연료를 제거하는 곳도 갑판의 가장자리 근처에 고밀도 주차 영역을 보호하기 위해 필요시 내측 방향으로 스프레이를 하게 된다. 데크 에지 노즐들은 갑판 가장자리의 약 50 ft 이내 갑판 면적에 추가적으로 0.08 gpm/ft^{2}을 제공하도록 설계된다. AFFF의 세척 시스템은 기본비행제어(Pri-Fly) 및 탐색 브리지에 있는 컨트롤 패널에서 활성화 할 수 있다.

각 항공기용 엘리베이터는 각각 엘리베이터에 40 gpm으로 직접 스프레이 할 수 있는 4개의 노즐에 의해 보호된다. 또한 별도의 AFFF 전달 시스템이 비행갑판에 한정되어 무기용 엘리베이터 각 상단을 보호한다. AFFF를 갖춘 샤프트를 대량 살수 시스템인 Deluge 시스템을 가동할 수 있는 각 축에 세 노즐(상단 2개, 하단 1개)이 있어 이는 Catwalk에서 또는 Conflag Station(항모의 Hangar 데크 내 존재)에서 활성화 할 수 있다.

아일랜드의 우현 측의 'Bomb Farm'에는 매 8 ft 마다 2개의 노즐로 구성된 전용 AFFF 시스템을 가지고 있다. 즉, 이 시스템은 폭탄 농장을 위태롭게 할 수 있는 모든 종류의 연료 유출에 대해 보호한다. 이 Bomb Farm 시스템은 아일랜드나 비행갑판 컨트롤에 장착된 컨트롤에서 활성화 될 수 있으며, 일부 항모에는 Pri-Fly 및 탐색 브릿지에 있는 AFFF 패널에서 활성화 할 수 있다. NAVAIR에 따르면 앞서 이미 언급한 이동식 소방차량(MFFV)인 P-25를 모든 비행갑판에 제공한다.

www.dcfpnavymil.org

[그림 1-37] 항모에 있는 P-25

호스 스테이션 은 총 22곳의 위치에 있고 비행갑판 양쪽에 주변에 전체적으로 있다. AFFF는 랙에 장착되어 있고 1.5 in 호스릴과 2.5 in 연질 호스로 2가지로 전달된다. 1.5 in 호스릴의 장점은 흐름을 원활하게 하는 기능을 가지고 있다. 20 ft 호스가 필요한 경우 오히려 랙에서 모든 호스를 뽑아 수행하는 것보다 20 ft는 릴을 뽑아 사용할 수 있다. AFFF는 릴에 남아 있는 호스를 통과하여 흐르게 되며 그래서 한 사람이 쉽게 조작해서 넣을 수 있다. 해수 호스 스테이션은 항모의 여러 위치에 있고, 모든 호스 스테이션에는 휴대용 CO_2와 PKP가 있다.

Catapult 통은 증기 소화 장치에 의해 보호된다. 비행갑판 주위에 폭탄투하용 Chute는 그것을 말거나 아래로 떨어드려 폭탄을 신속하게 처리할 수 있도록 되어 있다. 또한, 많은 항공기는 엔진 나셀 및 Dry Bay를 보호하기 위해 소하용 온보드 시스템을 자체적으로 가지고 있다. 일반적으로 이것들은 비행갑판에서 화재에 의해 활성화되지 않는다. 그러나 항공기 내부에 화재가 발생해 누군가가 항공기에 있는 경우에는 그 사람은 온보드 소화 시스템을 사용할 수 있다.

Hangar 데크에서 사용 가능한 소방 시스템은 아래와 같다.

· Overhead AFF Sprinkling (14 Groups, 0.16 gpm/ft^2)

· Fantail AFFF Sprinkling

· AFFF Hose Stations (14 in Hangar, 2 on Fantail)

· Portable Extinguishers
· Conflag Stations (One per Bay)
· Division and Elevator Doors
· Twin-Agent Unit (TAU)
· AFFF Weapons Elevator Deluge System

Hangar 데크는 AFFF용 천장 스프링클러에 의해 보호된다. 항모 Forrestal 급 이전에는 격납고 스프링클러는 물만을 배출하도록 설계되어 있었다. 거품의 커버리지는 격납고의 각 측면에 장착된 큰 수동으로 목표를 정하는 발포 모니터 노즐에 의해 결정된다. 항모 Forrestal는 격납고에 천장형 거품 스프링클러를 만든 첫 번째 항모이다. 당시 단백질 거품을 사용하였다. 1970년대에 AFFF형으로 변환됨으로써 기존의 단백질 거품을 사용하던 스프링클러는 AFFF형으로 변환되었다. 항모 니미츠는 처음 건설할 때부터 격납고의 AFFF용 스프링쿨러가 만들어진 최초의 항모였다. 이 항모에 14개의 스프링클러 그룹이 0.16 gpm/ft^{2}의 적용 속도로 배출하도록 설계되었다. 이 적용 속도비는 추후 언급이 되는 Flush-Deck 시스템보다 훨씬 높다. 이 시스템은 격납고 바닥에 스프링클러에서 AFFF의 전달을 방해하는 비행기 동체와 날개에 의한 전달되지 않는 어두운 '그림자 효과'를 보상하기 위해 설계되었다. 3개의 격납고 베이에 걸쳐 14개의 AFFF 호스스테이션이 있고 또한 부채꼴 모양의 2개의 추가 호스스테이션이 있다. 비행갑판에서와 동일하게 휴대용 소화기는 모든 호스스테이션 근처에 있다.

각 격납고는 항공기가 격납고에 위치할 때마다 담당자가 끊임없이 감시하는 Conflag Station이 있다. 격납고 베이는 분리 문에 의해 분할될 수 있다. 엘리베이터 도어는 반대로 격납고로 확산되는 것을 막기 위해 항공기용 엘리베이터 내에서만 화재를 유지하도록 원격으로 폐쇄될 수 있다. AFFF의 Deluge 시스템은 격납고 갑판을 격리하기 위해 하단의 무기용 엘리베이터에 있다.

NAWCWD Technical Publication 8516

[그림 1-38] 항모의 Flush-Deck System

비행갑판 및 격납고에 대한 AFFF는 20곳의 고용량 연무발포 (High-Capacity Fog-Foam, Hcff) 스테이션에 의해 공급된다. 이 스테이션은 수요자 지점 세척 시스템, Bomb Farm 시스템, AfFF 호스, 무기용 엘리베이터 및 격납고 스프링클러까지 모든 AFFF를 제공하기 위해 주입용 펌프와 조절기를 가지고 있다. 각 HCFF 스테이션에는 AFFF 농축의 600갤런 탱크가 포함되어 있습니다. 해군은 함 내에 AFFF 6%를 사용하고 나머지 94%는 해수를 사용한다. 20개 600-갤론의 탱크에 더하여 2개의 3,500갤런 AFFF 예비 저장 탱크를 가지고 있다. 각 항모는 AFFF가 한곳의 HCFF 스테이션에서 다른 예비 탱크로 펌핑할 수 있도록 하드 파이프로 된 탱크끼리 이송하는 시스템을 갖추고 있다. 각 항공모함은 AFFF 농축액 약 2만 갤런을 보유하고 있다. 농축의 대부분은 600 또는 3,500갤런 탱크와 재공급을 위해 준비된 몇몇 추가 저장용 캔에 있다. 또한 몇몇 캔은 AFFF용 휴대용 인라인 추출기(인덕터)에 의해 사용될 수 있도록 수리 스테이션에 준비되어 있다.

[그림 1-38]은 하나의 니미츠급 항공모함의 인수검사를 하는 동안 촬영이 된 것이다. 사진은 항모가 전체 비행갑판을 활성화 할 수 있는 충분한 능력을 가지고 있다는 것을 보여준다. 니미츠급 항모는 전체 비행갑판 위에 AFFF를 살포하기 위해 모든 펌프가 작동한다고 가정 하에 27,000 gpm의 충분한 물을 펌프할 수 있는 기능을 제공한다. 일반적으로 이런 것이 항모의 시스템 전체를 걸려서 힘들게 하여 부하로 작용하는 일은 없어야 한다. 현재 가이드라인 아래에서는 화재가 위치한 영역에 맞바람이 불어 AFFF 시스템에 부담이 되는 부하가 있는 것으로 가정된다. 실제로 비행작전으로 비행기가 전개하는 동안 갑판 위에 정상 바람이 불면 그 바람이 짜지는 것처럼 신속하게 AFFF를 밀어내는 경향이 있기 때문에 맞바람 영역이 소화에 가장 효과적인 것으로 나타났다.

또한 사진은 항모 내로 살포하는 갑판 가장자리 노즐이 활성화되고 있다는 것을 보여준다. 이런 활성화의 전제 조건은 비행갑판 상에 AFFF의 주기적으로 배출하고 해수와 농축 AFFF 사이에 적절한 비가 되는지 확인하기 위해 시료의 분석을 요구한다. 일반적으로 정비주기에 기초하여 실행하는 시험의 한 사진이며 분석용 AFFF의 샘플을 수집하기 위해 컵을 사용하는 사람이 보인다. 표준 Flush-Deck AFFF 노즐은 평방 인치 당 30파운드 (PSI)에 약 30 gpm을 제공한다.

[그림 1-39]는 비행갑판의 평면도로써 상기 점들 각각은 비행갑판의 노즐의 위치를 표시한다. 이러한 수 백 개의 노즐이 항모의 비행갑판에 있다. 점선은 비행갑판이 서로 다른 영역으로 분할되어 있음을 보여준다. 또한 [그림 1-40]은 Pri-Fly 또는 NAV 브릿지에 배치될 수 있는 제어 패널의 도식화된 것을 보여준다. 선장 또는 에어 보스는 비행갑판의 평면도를 가지고 있다. 그들은 화재를 인지했으면 즉시 또는 모든 영역에 선택적 AFFF 배출 버튼을 사용할 수 있다. 동일한 시스템이 화학적, 생물학적, 방사선 (CBR, Chemical, Biological, Radiological) 세척 및 사전에 습윤을 목적으로 비행갑판에 물을 조송하기 위해 사용될 수 있다.

NAWCWD Technical Publication 8516

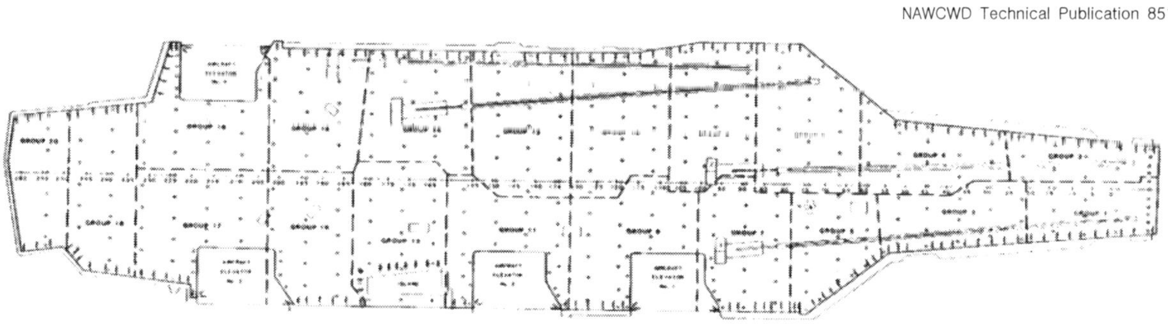

[그림 1-39] 항모에서 Flush-Deck AFFF 노즐 위치

[그림 1-40]
항공모함의 AFFF
Hose Station

www.dcfpnavymil.org

NAWCWD Technical Publication 8516

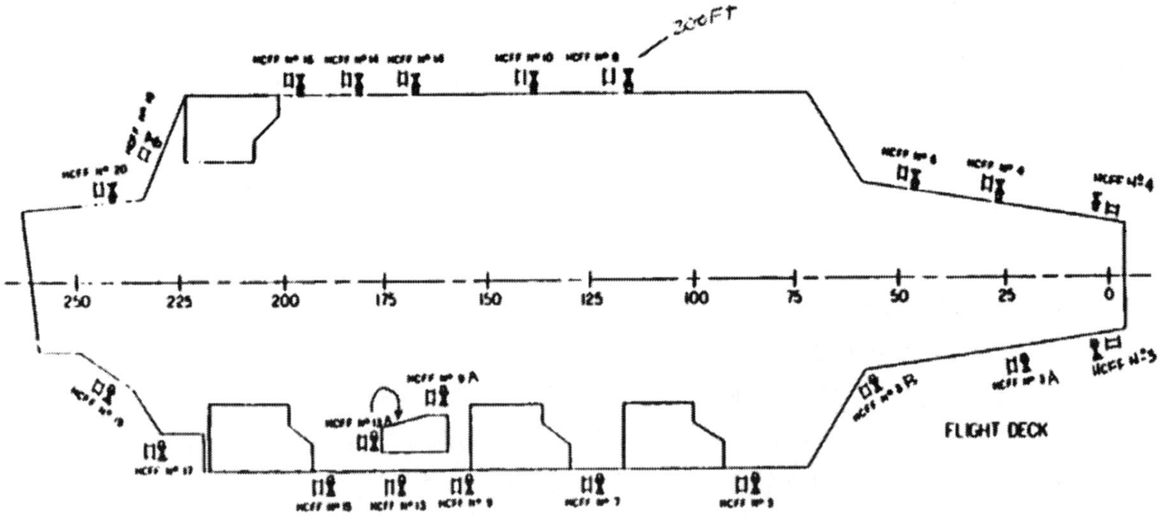

[그림 1-41] 항모 비행갑판의 Hose Stations 위치

[그림 1-40]는 비행갑판에 호스 스테이션을 보여준다. 또한 [그림 1-41]은 비행갑판에서의 호스 스테이션의 위치를 보여주는 것이다. 하나의 항공기 주변에 화재가 발생하면 비행기 전방 및 측면에 두 개의 호스 팀이 일반 훈련 시나리오에 따라 훈련했던 내용에 따라 실제 작업을 하게 된다. 또한 P-25 등 이용하여 격납고에 화재를 처리하는 훈련도 일상적으로 실시하게 된다. 이 장치는 물 750갤런과 농축 물 50갤런 실을 수 있고 자신의 조절기가 있다. 운전자에 의해 작동할 수 있는 500 gpm 터릿이 있다. 또한 이 트럭은 Pump-and-Roll 기능이 있어 화재 앞까지 포탑을 배출할 수 있다. 심각한 화재가 발생한 경우, 이 트럭은 두 번째 데크 스테이션에서 공급되는 Afff를 가능한 오랫동안 펌핑할 수 있다. 이를 위해 트럭은 Catwalk에 있는 호스를 조정하고 다스릴 수 있다. 그것은 비행갑판과 격납고에 엄청난 기능을 제공하는 것이다.

작은 화재 또는 액체 소화제가 손상을 줄 수 있는 엔진 내부 또는 항공 구획에 대하여 깨끗한 소화제인 할론 1211이 P-25에 4개의 20파운드 소화기가 차량 안에 저장된다. P-25 또는 P25s는 비행갑판에서 진행이 되는 여러 가지 작전 전개의 특성에 따라, 지속적으로 순찰을 유지하게 된다. 일반적으로 1번과 2번 Catapult 등에서 무장한 전투기의 이륙을 준비하고 있는 동안에 비행갑판에서 소방 차량이 진입하여 위급 상황을 준비하고 위해 Catapult 인근에 위치한다. 그것들은 연료를 공급하고 연료를 제거하는 비행기의 전개 및 헬기 운영 등에 따라 전략적으로 배치된다. 최소 2대 P25s가 모든 비행갑판에 있으면서 지속적으로 작전 중인 상황 하에서 초기 대응 능력을 제공한다.

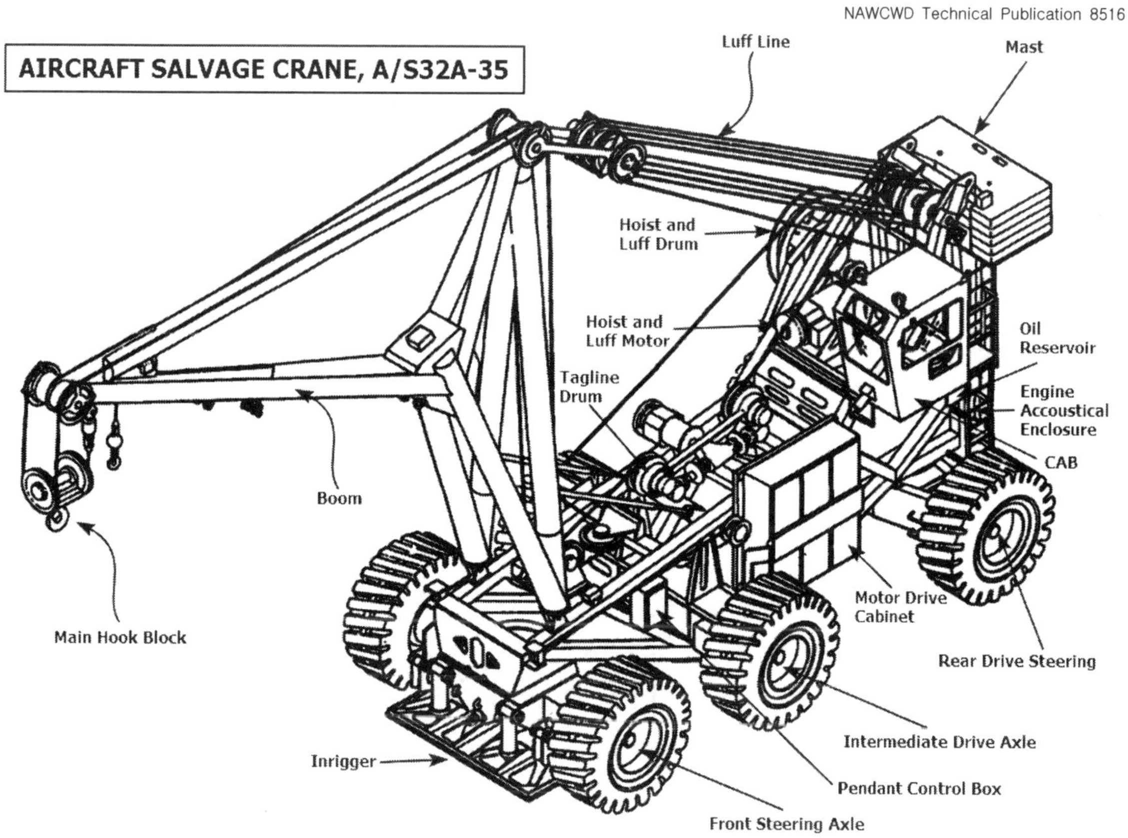

[그림 1-42] 항모에서 사용되고 있는 Aircraft Salvage Crane

비행갑판에서 충돌에 사용될 수 있는 다른 Yellow Gear들도 있다. 모든 항모에서는 충돌 지게차를 가지고 있어야 한다. 그것들 대부분은 지게차에 사람이 탈 수 있는 바구니를 가지고 있다. 헬리콥터에 있는 높은 엔진에서처럼 화재가 갑판 위의 높은 곳인 제트 엔진에서 발생하는 경우, 그것들은 소방관이 소화기 또는 호스 라인을 손으로 들어 올려 화재를 진압하기 위해 사람을 태울 수 있는 바구니가 필요하다. 리프트 또는 비활동 항공기를 이동하는데 사용할 수 있는 'Tilly' 충돌 크레인이다. [그림 1-42]에 나오는 기중인 A/S32A-35 항공기 구난 크레인은 공압 고무 타이어에 장착된 자체 추력이 되며 4륜구동 디젤 전기 구동 차량이다. 이 크레인은 충돌하였거나 손상된 항공기를 다양한 위치와 자세에서 항모의 롤링과 피칭 부하 상태에서 비행갑판의 지정된 안전한 주차장에 리프트 이동할 수 있다. 크레인은 악천후에서도 동작할 수 있으며 비행갑판에 탑재될 수 있도록 설계되었다.

또 다른 [그림 1-44]는 충돌 돌리와 어댑터이다. 어댑터는 무거운 항공기 부품을 이동하고 추락 또는 움직이지 않는 항공기의 이동을 돕기 위해 모든 항공모함에서 제공된다. [그림 1-44]에 나오는 각 돌리는 32,000 파운드의 하중을 지지할 수 있다. 충돌 돌리는 각 구난 작전의 요구를 충족시키기 위해 다양한 방법으로 구성될 수 있다.

충돌용 지게차(참조: 그림 1-43)는 어떤 상황 하에서 비행기를 부분적으로 들어 올리는데 사용된다. 그것은 조종이 원활하고 매우 유용하여 랜딩 기어 한쪽이 망가지거나 고장이 난 경우와 같은 구난 작전에 특별히 이용된다. 이것은 디젤 엔진으로 작동이 되며 공압 타이어를 장착하고 있다. 이 지게차는 자체 무게를 초과하지 않는 선에서 무게 대비 최대 안전 리프트 수용 능력을 보여준다. 항공모함에 사용되는 이 충돌용 지게차는 일반적으로 24 in 하중 센터에 대하여 20000 lb의 최대 안전 리프트 능력을 가지고 있다. 경우에 따라 15000 lb 수용능력을 가진 지게차가 AAS 또는 CV 항공모함에서 사용된다. 리프트 수용능력은 지게차의 바퀴로부터 바깥쪽으로 하중을 이동시킬 때는 감소된다.

NAWCWD Technical Publication 8516

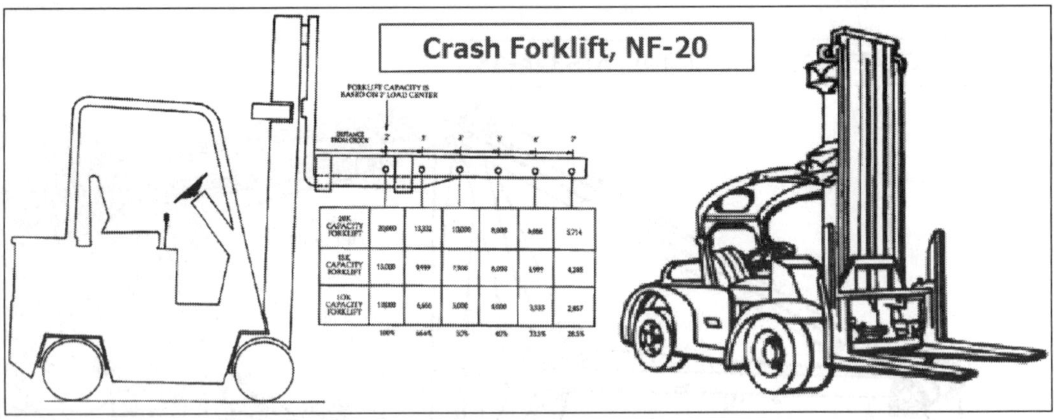

[그림 1-43] 항모에서 사용이 되는 Crash Forklift

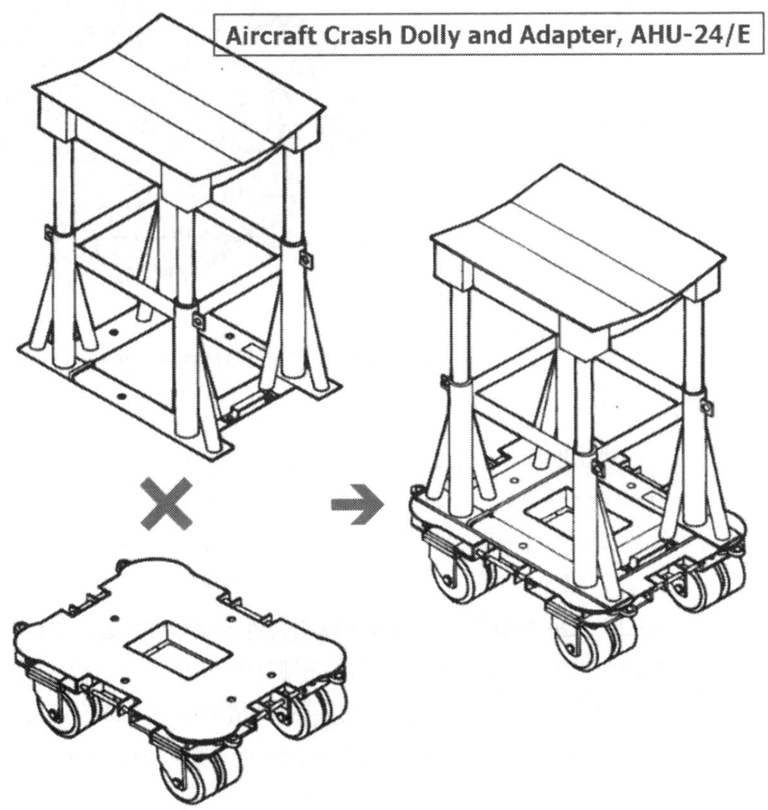

[그림 1-44]
항모에서 사용이 되는
Aircraft Crash Dolly

다. 원자로 안전

원자력 사고는 상상을 초월한다. 러시아의 체르노빌 원전 사고나 최근의 일본의 해일에 의한 사고처럼 원전 사고는 인류에 막대한 해를 끼치게 된다. 하물며 밀폐된 공간에서의 핵 사고는 그 공간에 있는 사람에게는 치유할 수 없는 더 큰 문제가 될 것이다. 이런 점에서 원자력을 이용한 항공모함도 예외가 될 수 없다. 미국 원자력 전함(Nuclear Powered Warships, NPW)은 인간의 건강을 해칠 또는 해양 생물에 악영향을 미칠 원자로 사고 없이 안전하게 운영이 되어 왔다. 어떤 방사능의 누출을 경험하지 않고 50년 이상 운영하고 있고 안전하게 수백 만 마일의 뛰어난 무사고 기록을 가지고 있다. 현재의 방법으로 원자로를 안전하게 운전한다면 수 천 년동안 안전하다는 연구내용이 축적되어 있다.

[그림 1-45]
항공모함에서 사용이 되는 Pressurized Water Reactor(PWR) 원자로

현재, 미국은 72척의 잠수함, 10척(항모 Ford를 포함하면 11척) 항공모함 그리고 한 척의 연구용 선박 등 83척 이상 핵 추진 함정을 보유하고 있다. 이 NPW은 주요 미국 해군 전투력의 약 40% 정도를 구성하고 있고 약 70 곳의 미국의 항구와 3곳의 일본 항구를 포함하여 50개 이상의 국가에서 150개 이상의 항구를 방문하고 있다. 일본 항구를 방문하는 NPW의 안전과 관련하여, 미국 정부는 1964년과 1968년 비망록에 확고하게 약속을 했다. 일본 정부와 미국 정부에 의해 수행이 항구의 모니터링의 결과는 각각 U.S. NPW의 작전 환경의 일반적인 배경 하에서 방사능 증가를 초래하지 않는다는 것을 보여주었다. 특히, 미국 정부는 미국 항구에서 작전과 같이 외국 항구에서도 모든 안전 예방 조치 및 절차 관련하여 확인을 한다. 미국 정부의 약속은 미국 NPW의 안전을 보장하고 지속적으로 업데이트되고 강화되고 있는 구체적인 조치를 지원하는 것이다. 이는 핵에 대한 자국민의 근심에 따른 부담을 최소화 하는데 정책의 초점이 맞추어져 있다.

함 내의 안전을 확보하기 위해 원자로의 설계가 무엇보다도 중요하다. 모든 미국 NPW는 가압수로형 원자로(가압경수로)를 사용한다. 가압경수로로 결정된 것은 안전 이력에 바탕을 두고 있고 진행 과정의 동작 및 위험이 파악될 수 있어 이들은 세계 상업용 원자력 발전소의 약 60%에 사용되는 기본개념 설계이기 때문이다. 사실 해군에서 사용하는 원자로에 부여된 임무는 상용 원자로의 임무와는 다르다. 모든 NPW은 전시 공격으로부터 생존해야 하고 극한 위험으로부터 승무원을 보호하면서 전쟁을 계속하도록 설계되어 있어야 한다. 그러므로 시스템에 손상에 따른 필수적인 제어 기능, 이중화 및 백업 등이 잘 개발되어 있어야 한다. 또한, 군함의 임무를 지원하기 위한 원자로 설계 및 수신 요구에 따라 신속한 전력 레벨의 변화를 제공하는 추진력의 연속성을 보장하고, 오랜 작동 수명을 갖도록 하는 방식으로 원자로는 동작하도록 설계된다. 해군 원자로 코어 설계는 이 항공모함 일생동안 단 한 번도 급유할 필요가 없는 것이다.

NPW와 상업용 원자로 임무 사이에는 중요한 차이가 있다. 즉, 함 내 선원이 원자로 가까이에 살고 있다는 사실이다. 이런 문제점 때문에 원자로 이중 시스템과 종합적인 차폐가 되어 있고 이 모든 것들이 신뢰할 수 있고 안전해야 한다. 이러한 이유로 해군 원자로 플랜트 설계는 가혹한 전투 상황에서 안전하게 작동해야 하지만 평화로운 작전 중에 더욱 안전하게 운영이 될 수 있어야 한다. 그러므로 해군 NPW

qph.ec.quoracdn.net

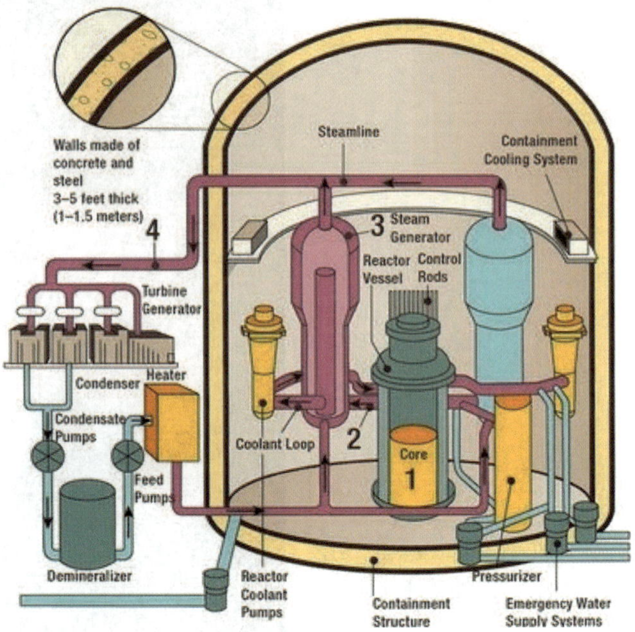

[그림 1-46]
항모에서 사용이 되는
원자로 흐름도

의 향상된 성능 결과는 상업용 원자로 다르다.

미 해군 핵 추진 프로그램은 에너지 장관과 해군의 장관이 직접 액세스 할 수 있는 듀얼 기관의 구조를 가지고 있다. 이 프로그램은 연구, 설계, 시공, 시험, 운영, 유지 보수 및 해군 핵 추진 물질의 궁극적인 처분을 포함하여 미 해군의 핵 추진의 모든 측면에 대한 책임이 있다. 어떤 활동도 프로그램의 승인이 없이 수행할 수 없도록 되어 있는 것이다. 또한, 원자로 긴급 수입 제한 조치에 관한 미국 원자력 규제위원회와 자문위원회는 독립적으로 해군의 원자로 플랜트 설계를 검토하는 기관으로 이 조직들은 많은 부분에서 군사 요구 사항이 상용 원자로에 필요한 것보다 더 많이 요구를 해 왔다. 엄격한 리뷰 후, 미국 원자력 규제위원회와 원자로 긴급 수입 제한 조치에 관한 자문위원회는 미국 NPW가 공공의 건강과 안전에 과도한 위험 없이 작동할 수 있다는 결론을 내려 현재까지 해군의 원자로 사용에 신뢰를 주고 있다.

해군 원자로는 상업용 원자로와 다른 목적으로 운전하기 때문에 다르다. 첫째, 해군 원자로는 전형적인 민간 원자로보다 작고 전력 등급이 낮다. 가장 큰 해군 원자로가 큰 미국 상업용 원자로 공장의 1/5 이하로 평가된다. 또한, 해군 원자로는 일반적으로 전체 전력 하에서 작동하지 않게 된다. 함정의 4주기 수명에 걸쳐 핵 추진 항공모함에 원자로의 평균 전력 레벨은 전체 정격 전력의 15% 미만이다. 대조적으로, 상업용 원자로는 일반적으로 전체 전력 근방에서 동작하게 된다. 둘째로 해군 원자로 출력 레벨은 주로 추진에 필요한 전력을 제공하는데 맞추어져 있다. 따라서 원자로는 일반적으로 계류 직후에 Shut Down 되며, 항구에서 추진하는데 매우 낮은 전력이 필요하기 때문에 일반적으로 출발 전에 정상적으로 시동하게 된다. 항구에 정박해 있는 동안 서비스를 필요한 전력이 해안 전원 공급 장치에서 제공된다. 이러한 두 가지 사실로부터, 항구에 정박한 NPW의 노심으로부터 잠재적으로 방출 가능한 방사능의 양은 통상적으로 상업적 원자로의 약 1% 미만이다. 인간의 건강에 우려되는 원자로의 작동 중에 생성된 핵분열 생성물의 많은 부분은 원자로가 Shut Down 직후 짧은 시간 후 자연 붕괴된다.

미국 해군 원자로는 4차원 장벽으로 방사능 종합 차폐를 할 수 있다. 이는 매우 효과적으로 차폐 및 방사능 때문에 일반적인 NPW 함대 승무원이 미국에 있는 집에서 배경 복사에서 받는 사람보다 같은 기간 내 훨씬 적은 양의 방사선 노출하는 결과로 제어된다. 신뢰된 안정성을 확보함으로써 해군에서 사용하는 핵 추진 체계에 대한 국민의 반대는 없는 것이다. 사실, 해군 핵 추진 프로그램 모니터링에 따르면 인당 평균 노출은 연평균 약 0.044 rem(0.44 mSv)인 반면 2004년 0.038(0.38 mSv)로 줄었다. 비교를 위해, 1980년부터 0.044 rem(0.44 mSv)이 연평균 노출은 다음과 같다.

· 미국 연방정부가 정한 연간 작업자 한도 1% 미만 : 5 rem(50 mSv)
· 상업용 원자력 발전소 평균 연간 노출의 약 1/3 : 0.109 rem (1.09 mSv)
· 미 항공사 승무원의 우주 방사선 연 평균 노출 약 1/4 : 0.170 rem(1.7 mSv)
· 미국에서 자연 복사 노출 연평균 15% 미만 : 약 0.3 rem(3.0 mSv)
· 덴버와 워싱턴 DC 사이 자연복사 방사선의 연간 노출 차이보다 적음 : 0.070 rem(0.7 mSv)

상업적 원자로의 경우와 마찬가지로, 해군 원자로의 운영에 따라 낮은 수준의 방사선을 함유하는 액체가 생성된다. 상업용 원자로의 경우, 낮은 수준의 방사성 액체는 일상적 환경 또는 공중 보건에 큰 영향이 없도록 하기 위해 설정된 한계 내 플랜트 조작으로 배출된다. NPW 원자로에 대하여 해제된 방사능의 양을 최소화하기 위해 엄격하게 루틴 방전이 되도록 제어하기 위해 광범위한 노력이 수행되었다. 미국 해군은 방사선 방호에 관한 국제위원회에서 발급받는 것을 포함하여 일본뿐만 아니라 국제 표준과 완전히 일치하는 방식으로 NPW 폐수 배출을 엄격하게 제어하는 것으로 알려져 있다. 특히, 미국의 정책이 일본 항구에 포함, 미국 해안 12 마일 이내에 NPW에서 1차 냉각수를 포함한 방사성 액체의 배출을 금지하고 있다. 40년의 환경 모니터링은 미국 NPW 작업이 인간의 건강, 해양 생물, 또는 환경의 질에 부정적인 영향을 미치지 않았음을 확인하였다. 고체 폐기물은 제대로 된 포장 및 승인 절차에 따라 후속 처리를 위해 미국 해안 또는 연화 작업 시설로 이송된다. 30년 이상 바다로 NPW의 Demineralizer(즉, 정제에 사용되는 이온 교환 수지) 폐기물을 배출하지 않은 것으로 확인이 된다.

NPW 내에 4개의 장벽 때문에 환경에 노심에서 방사능이 방출될 가능성은 극히 낮다. 그러나 추가 보증을 위해 발생하고 확산되는 문제를 방지하기 위해 미국 NPW는 여러 안전 시스템이 있다. 모든 용접 기본 시스템은 거기에도 매우 아주 작은 1차 냉각수 누수가 있을 수 있고 그것이 추가 문제가 발생할 수 있기 전에 NPW 원자로 운영자가 신속하게 확인할 수 있는 제로 누설 설계 기준으로 설계되었다. 또한 NPW 승무원 개인은 모두 특별한 상황과 책임의 높은 기준에 따라 처리하기 위한 훈련을 받아야 하며 완벽하게 훈련된 상태에서 함정의 비상사태에 즉시 응답하고 처리를 완벽하게 할 수 있다. 이는 과거의 운영 사례와 업무에 대하여 잘 정의하고 엄격하게 규정이 적용된다. 심지어 매우 드문 경우이지만 심층 방어 접근 방식으로 연료의 모든 방사능은 선박 내부에 남아있는 것으로 가정되는 일을 수행하게 된다.

상기 논의되는 모두 상황을 종합하면 노심 사세에서 방사능을 초래하는 사고 확률은 환경적으로 함정으로부터 방출되는 경우는 매우 적다는 것이다. 그러니 해군은 결코 심각한 사고 시나리오를 일축하지 말아야 한다. 이에, 해군은 만일에 발생할 수 있는 것에 대한 철저한 연구를 하여 방출이 환경에 미칠 수 있는 어떤 영향 분석, 이러한 상황에 필요한 될 것 같은 비상계획, 매우 드문 사고에 대한 시나리오 등을 가지고 있는 것이다. 사실, 환경적인 문제를 야기하려면 핵분열 생성물이 4개 장벽(연료, 모든 용접 원자로 일차 시스템, 원자로 구획, 선박의 선체)을 각각 통과해야 한다. 또한 모든 반응기 안전 시스템 및 백업이 오동작을 해야 한다. 이런 모든 조건을 충족하고 비상사태가 발생하려면 매우 드문 것이 분명하겠다.

1.4 항공모함 정박

1.4.1 Mooring

해군에서의 계류(Mooring)는 일반적인 용어로 정의를 하면, Mooring은 '바람, 파도 및 현재의 전투력 등의 작용을 고려하여 유연하게 함정을 제한하는 것'이 된다. 이 상시 계류할 수 있는 시설의 기준 목적에 대하여 중요하게 생각되는 점들은 보호해야 할 항모를 포함하여 함정, 잠수함, 부유식 Drydocks, 야드 장비 등에 사용되는 장력 부재(체인, 라인, 와이어로프 등)와 압축 부재(펜더, 부함 등)로 구성된 것으로 계선을 하는 것이다. 이 상시 계류할 수 있는 시설의 기준 목적에는 항공모함 등 함정의 정박이 포함되어 있는 것이다.

계류의 목적은 안전하게 특정 임무를 달성하기 위해 특정 위치에 배를 유지하는 것이다. 핵심 필요성은 안전하게 항공모함, 인력 및 공공의 이익을 보호하기 위해 항모와 주위의 설비의 기능을 보존하도록 항공모함을 유지하는 것이다. 그러므로 항공모함의 계선이 다음과 같은 내용을 제공하게 된다.

- 로딩/언 로딩 : 화물, 연료, 인력, 탄약 등의 항목을 로딩 및 하역
- 항모 스토리지 : 계류해서 배를 두면 연료 소비와 인력 비용을 절감할 수 있고 비활성 또는 예약 상태에서 선박을 계선해 보관함
- 유지 보수/수리 : 다양한 수리 또는 항모 유지 보수를 수행하는 것은 종종 정박된 상태에서 수행됨
- 미션 : 계선은 감시, 추적, 교육 등과 같은 특수 임무 요구 사항을 지원함

대부분의 군사용 계류는 파도에 노출을 줄이고 선박의 움직임을 줄이고, 동적 계류 하중을 줄이기 위해 항구에서 제공된다. 항구에서 계류는 다양한 서비스와 교통 등 다른 형태의 개선에 액세스할 수 있는 장점이 있다. 전 세계의 미국 해군 시설에서 계류부표의 대부분은 미국 해군의 함대 계류 프로그램에 따라 제공된다. 그 주요 방법은 다음과 같다.

가. Fixed Mooring

고정 계류 시스템의 전형적인 고정 계선의 예들이 아래 그림에 도식화하여 보여준다. 첫 번째 [그림 1-47]과 두 번째 [그림 1-48]은 부두에 계류되는 형태이다. 여러 장력 라인은 부두에서 다음에 위치에 있는 선박을 보호하는 데 사용된다. 유연식 펜더, 펜더 파일 및/또는 부함(Camel)은 구조물로부터의 파생된 함정을 유지시킨다. T자형 부두는 조류 속도가 높은 곳에서 조류로 인해 선박 평행을 유지하는데 사용될 수 있다.

3번째 [그림 1-49]는 Spud 계류 형식이다. 다수의 수직 구조 강철 빔은 플로팅 드라이도크 같은 함정/선박을 고정하기 위해 사용된다. 이러한 유형의 계류는 일시적으로 얕은 물에서 작업하는 함정/선박에 특히 효과적이다. Spud 계류는 만 후미 따위에서 바람·지진·기압 변화 등으로 갑자기 일어나는 수면의 정진동인 항구 세이시(Seiche)나 지진 등의 동적 프로세스에 특히 취약할 수 있다.

UNIFIED FACILITIES CRITERIA 4-159-03

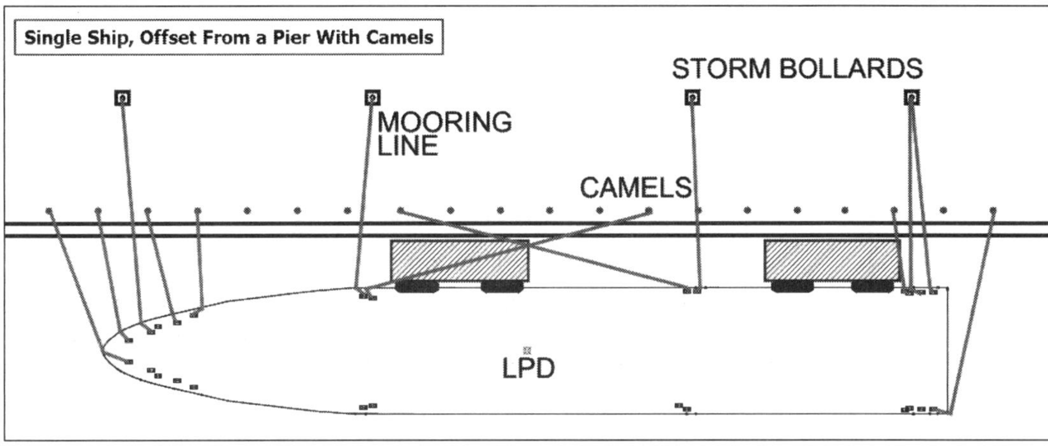

[그림 1-47] 부함을 가진 부두에서의 단일 함정 계류

UNIFIED FACILITIES CRITERIA 4-159-03

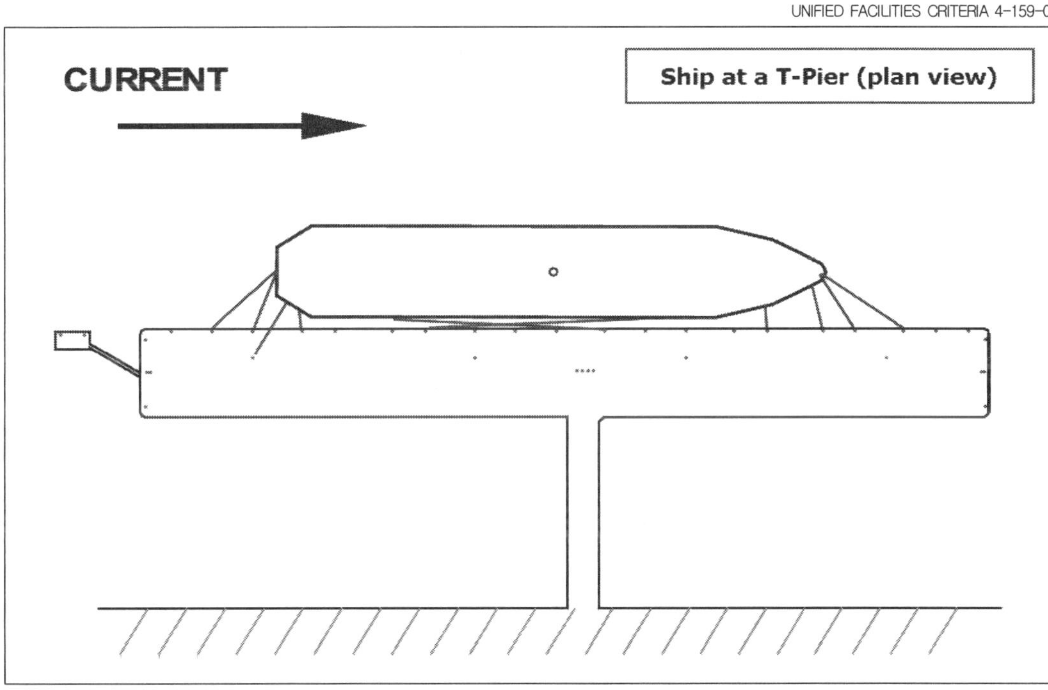

[그림 1-48] T자형 부두에시의 힘정 계류

UNIFIED FACILITIES CRITERIA 4-159-03

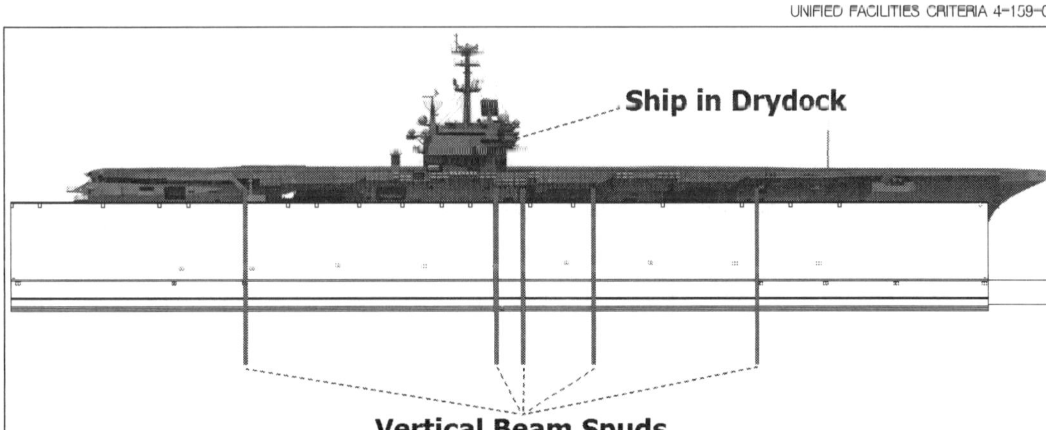

[그림 1-49] 드라이도크를 이용한 Spud 계류

UNIFIED FACILITIES CRITERIA 4-159-03

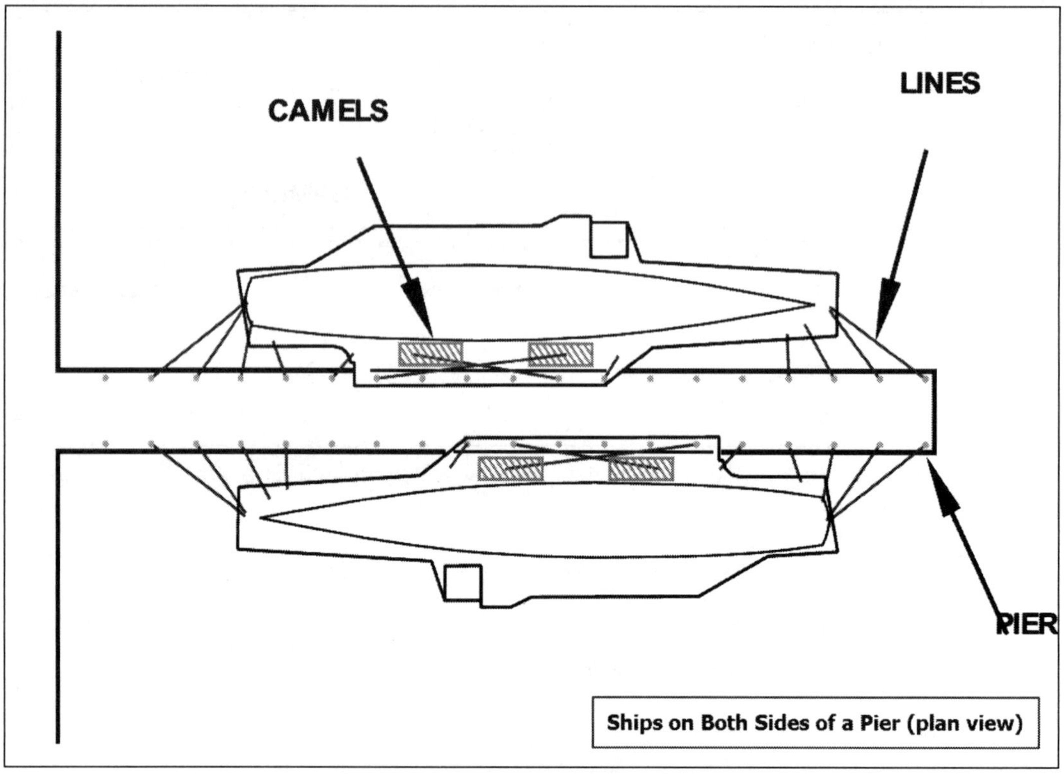

[그림 1-50] 부두 양쪽을 이용한 계류

UNIFIED FACILITIES CRITERIA 4-159-03

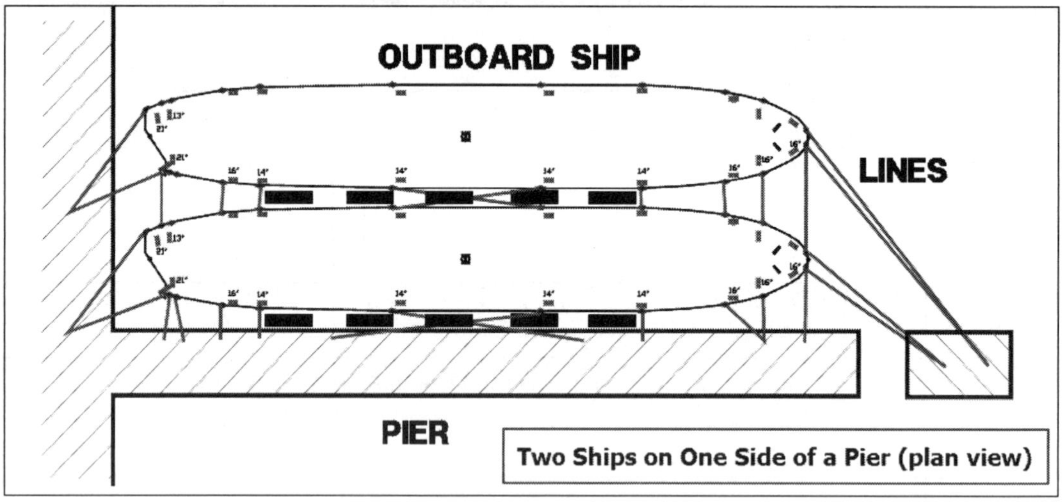

[그림 1-51] 부두의 한쪽 면을 활용하여 2개의 함정 계류

[그림 1-50]은 부두의 양쪽을 사용한 계류 방식이다. 이것은 하류 쪽 선박에 대한 환경적인 힘/모멘트의 일부 차단을 제공하기 위해 부두의 양측에 서로 인접하게 배치될 수 있다. 고정식 계류의 마지막 5번째는 [그림 1-51]과 같이 한 함정 옆에 다른 함정을 계류하는 방식이다. 4번째 그림과 같은 의미로 5번째 형태는 하류 쪽 선박들에 대한 환경적인 힘/모멘트의 차단을 제공하기 위해 부두의 양측에 서로 인접하게 배치될 수 있고 현저하게 차단하는데 더 유리하다.

나. Fleet Mooring

아래 몇 가지 방식의 함대형 계류 방식이 있다. 이것은 부두나 플로팅 드라이도크 등을 이용하여 고정하는 고정식 방법이 아니라 유동식 계류 방식이라고 할 수 있다. 만약 부두나 플로팅 드라이 도크 등을 이용하게 되면 이런 것들을 최소로 이용을 하면서 앵커를 주로 이용하는 방식으로 보면 된다. [그림 1-52]는 함정에 앵커를 사용해 계류하는 방식이다. 전형적인 모습은 선수에 있는 드래그 앵커를 활용하는 선박에서 볼 수 있다. 이것은 일반적으로 매우 조용한 바다 조건 하에서 쉽게 사용하는 임시 계류이다. 정박지의 면적이 커야 선박이 스윙할 때 문제가 없다. 바람이 극단적으로 방향을 변경하는 경우에는 앵커를 재설정해야 한다. 일정한 바람과 해류도 동적으로 선미가 좌우로 흔들리는 현상인 Fishtailing이 발생하는 문제점이 생길 수 있다. Hammerlock 계류라고 알려진 두 번째 앵커를 추가 사용하는 것이 폭풍 시 고정을 위해 요구될 수 있다.

UNIFIED FACILITIES CRITERIA 4-159-03

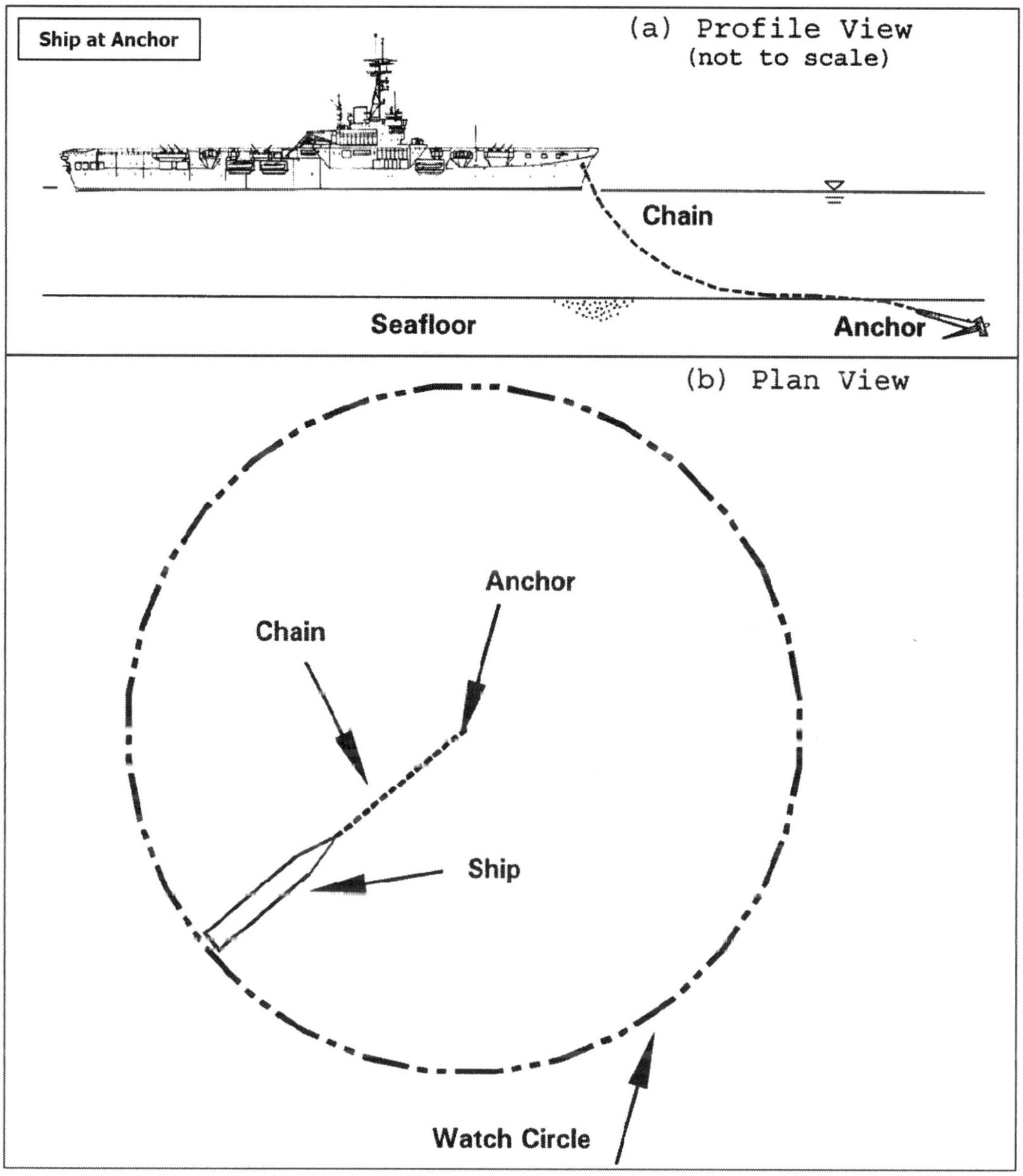

[그림 1-52] 앵커를 활용한 계류

UNIFIED FACILITIES CRITERIA 4-159-03

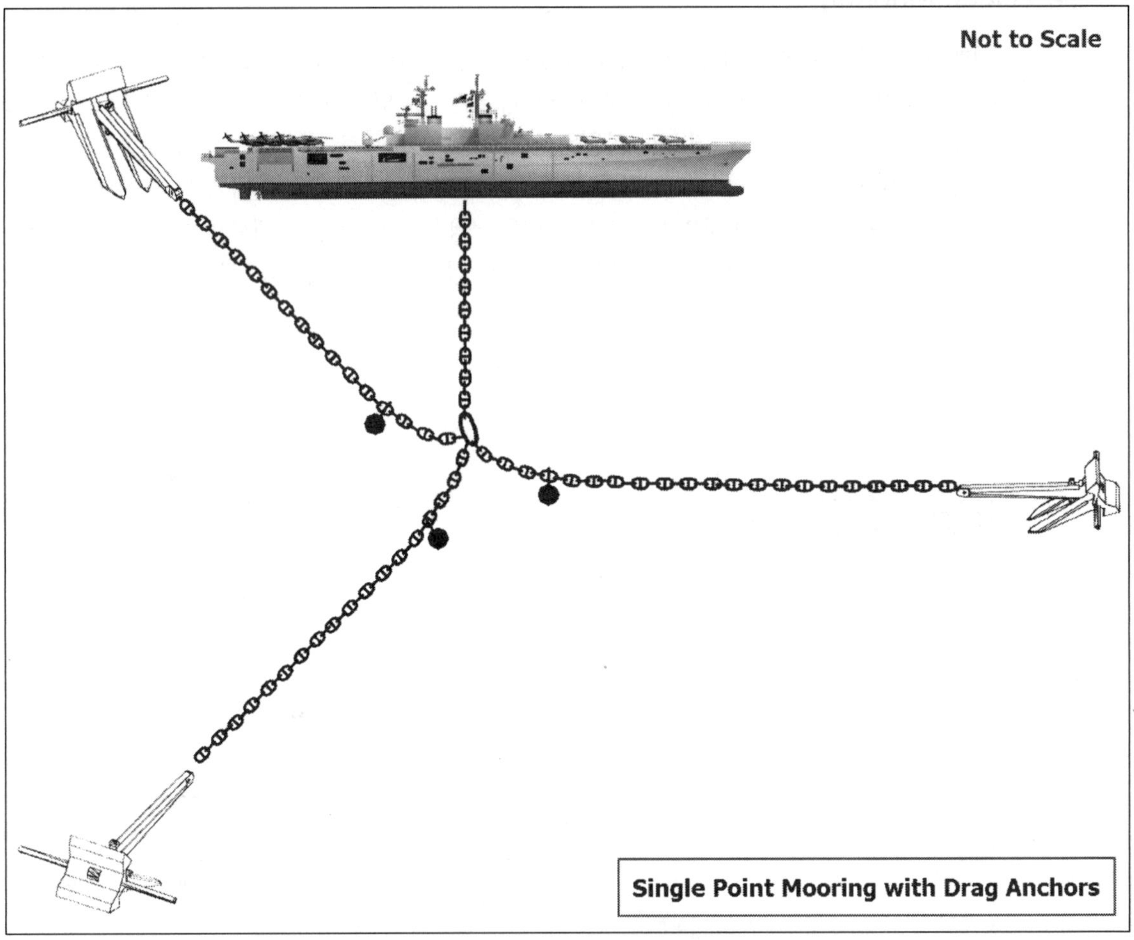

[그림 1-53] 드래그(drag) 앵커를 활용한 단일 지점 계류

[그림 1-53]과 [그림 1-54]는 항모를 부표처럼 사용해 단일 지점 계류를 하는 방식이다. 단일 지점 계류 (Single Point Mooring, SPM) 부표는 1~12개의 드래그 또는 플레이트 앵커를 해저에 고정하여 계류를 한다. 앵커 체인 또는 굵은 밧줄을 사용하여 부표처럼 함정을 잡아매게 된다. 함정이 계류 하중을 감소시키는데 도움이 되도록 하중 작용용 풍향계를 설치한다. 이와 같은 계류 방식은 피벗 포인트가 선박에 훨씬 더 가까이 있기 때문에 앵커된 함정보다 훨씬 적은 공간을 필요로 한다. 계류부표로서 함정은 앵커로 정박된 선박보다 훨씬 적은 Fishtailing 경향이 있게 된다.

[그림 1-55]는 선수와 선미를 동시에 활용하는 계류 방식이다. 함정은 선미에 하나의 부표와 선수에도 하나의 부표를 사용하여 총 2개의 부표를 활용하여 서로 정박을 하게 된다. 이 시스템은 하나의 계류부표에 의해 계류되는 선박보다 훨씬 작은 반경시계 원을 가지게 된다. 또한 두 개의 계류는 부하를 공유할 수 있어 장점을 가지고 있다. 그러나 바람, 해류, 또는 파도 등, 배의 현측에 큰 영향을 주는 요소가 있는 경우 계류 장력은 훨씬 더 클 수 있어 문제점이 될 수 있다.

[그림 1-56]은 여러 지점에서 부표와 앵커를 두어 계류하는 방식이다. 그림에는 함정의 선미는 계류부표에 고정하고 선미는 부두 또는 부두의 끝단에 정박되어 있다. 이러한 유형의 계류는 일반적으로 부속선이나 항구 내에서 가능한 공간이 제한되는 경우에 사용된다. 일반적으로 지중해에서 많이 사용되는 형식이며 이에 따라 용어도 'Med-Mooring'라고 한다.

UNIFIED FACILITIES CRITERIA 4-159-03

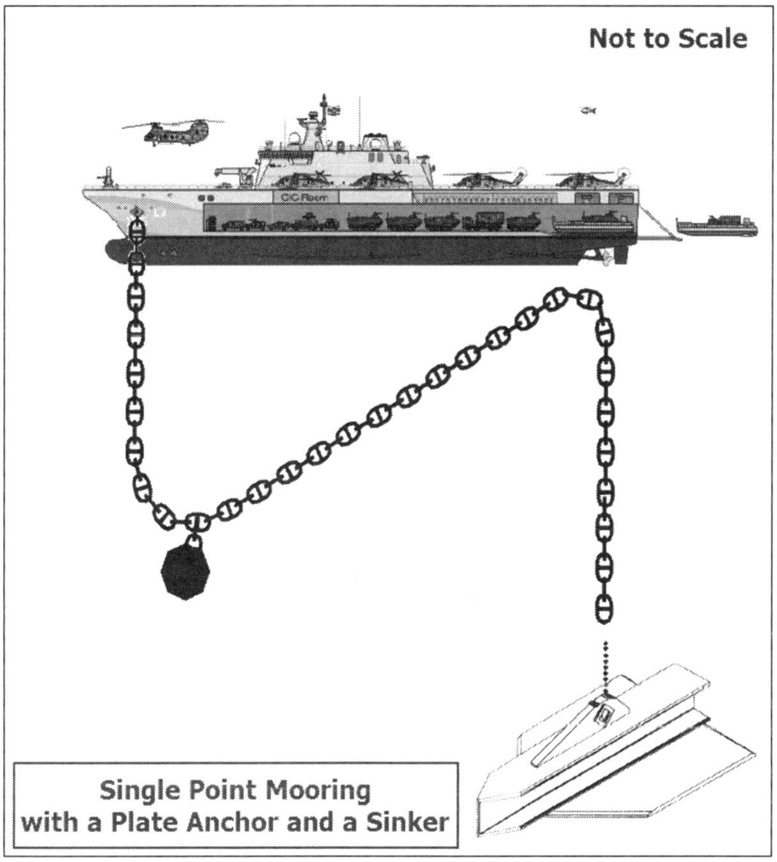

[그림 1-54] 플레이트(Plate) 앵커와 싱커(Sinker)를 이용한 단일 지점 계류

UNIFIED FACILITIES CRITERIA 4-159-03

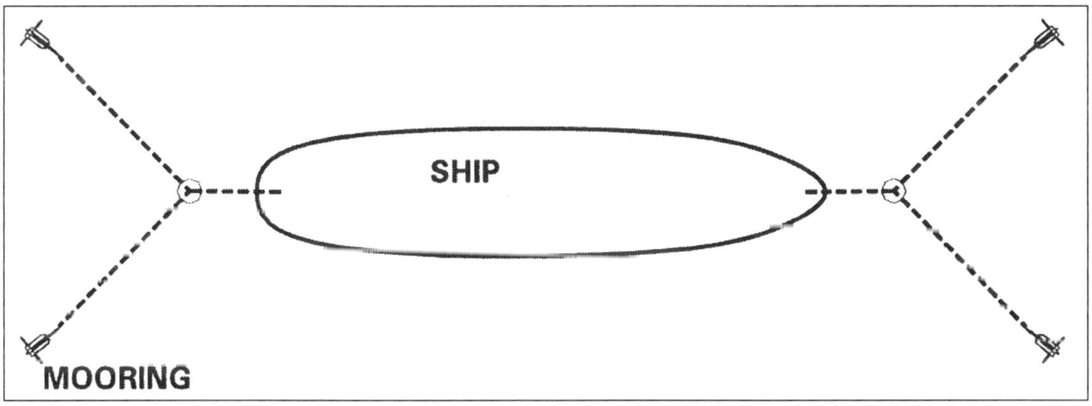

[그림 1-55] 선수와 선미의 부표를 활용한 계류

UNIFIED FACILITIES CRITERIA 4-159-03

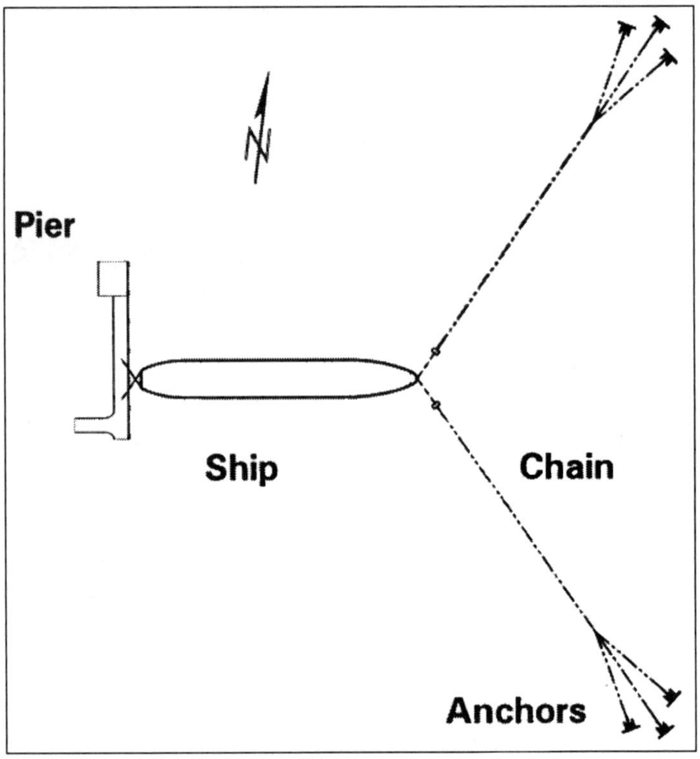

[그림 1-56]
다중 지점을 이용한 지중해식 계류(Med-Mooring)

[그림 1-57]은 확대 분포된 계류 방식이다. 여러 개의 계류용 다리는 선박을 고정하는 데 사용된다. 계선의 이와 같은 배치는 부유식 Drydock 및 비활성 선박과 같이 영구적으로 고정해야 하는 경우 또는 반영구적으로 계류를 해야 하는 선박에 특히 유용하다. 이 방식에 의한 선박은 일반적으로 조류에 평행하게 배향된다.

UNIFIED FACILITIES CRITERIA 4-159-03

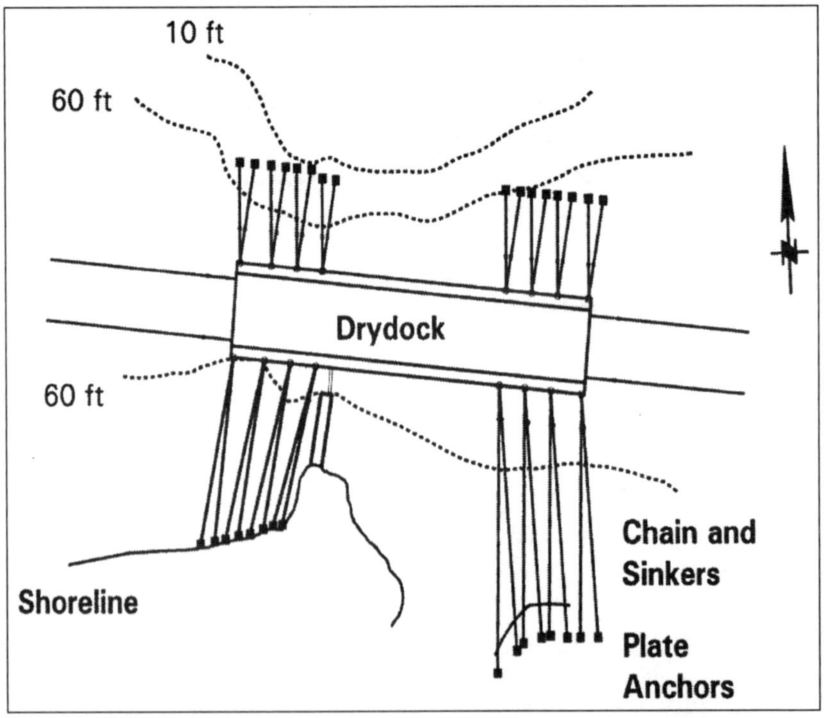

[그림 1-57]
확대된 다중 지점을 활용한 계류

[그림 1-58]과 [그림 1-59]는 한 세트(Nest) 같은 계류 방식을 보여주는 것이다. 다수의 인장 부재들이 여러 배를 함께 고정하기 위해 사용된다. 세퍼레이터(분리용품)는 서로 맞대고 있는 선박을 유지하는데 사용된다. 선박의 세트들은 일반적으로 확대 계선으로 분리되기도 한다. 중첩된 한 세트 선박은 비활성 선박 등과 같이 유사한 크기를 가지거나 또는 부속선 함께 잠수함 등 크기가 많은 다른 선박일 수도 있다. 중첩된 1세트 선박 계류의 장점은 상대적으로 작은 정박지의 공간을 차지하고 또한 선박 하나 하나 개별적으로 정박된 것보다 중첩된 한 세트 선박은 그 선박에 부가되는 힘이나 모멘트가 적을 수 있다.

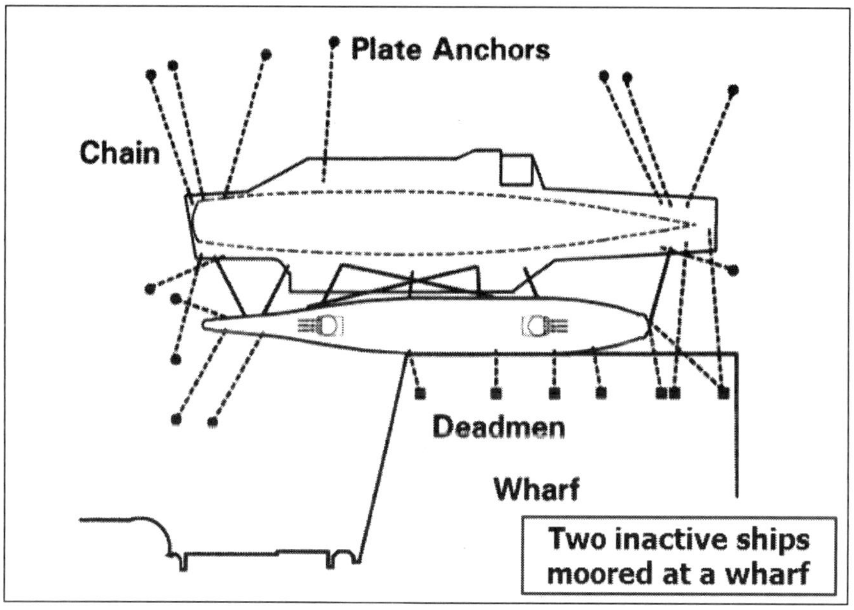

UNIFIED FACILITIES CRITERIA 4-159-03

[그림 1-58]
항공모함과 잠수함의 1세트 계류

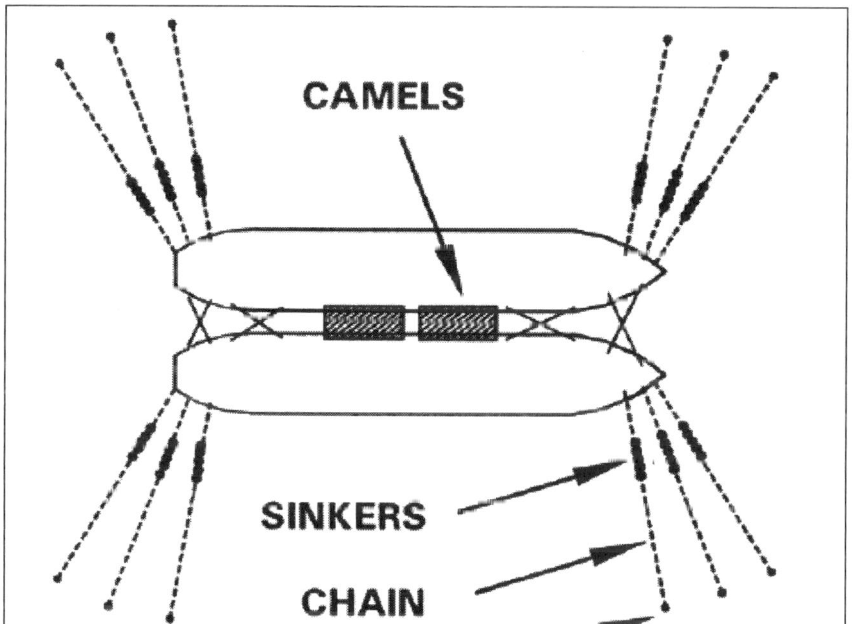

UNIFIED FACILITIES CRITERIA 4-159-03

[그림 1-59]
2개의 함정의 1세트 계류

다. 최적화된 정박

정박하는 곳에서 최적화된 정박 시스템을 찾아야 한다. 쉽지는 않겠지만 많은 연구를 통해 해결해야 한다. 다음의 그림들은 니미츠 급 항모의 부두에서 단일 계류를 하였을 때 컴퓨터 모델링을 통해 계산된 하나의 결과를 그래프를 통해 보여주는 예이다. 이런 방법을 통해 최적화된 계류 시스템을 찾아내는 것이다.

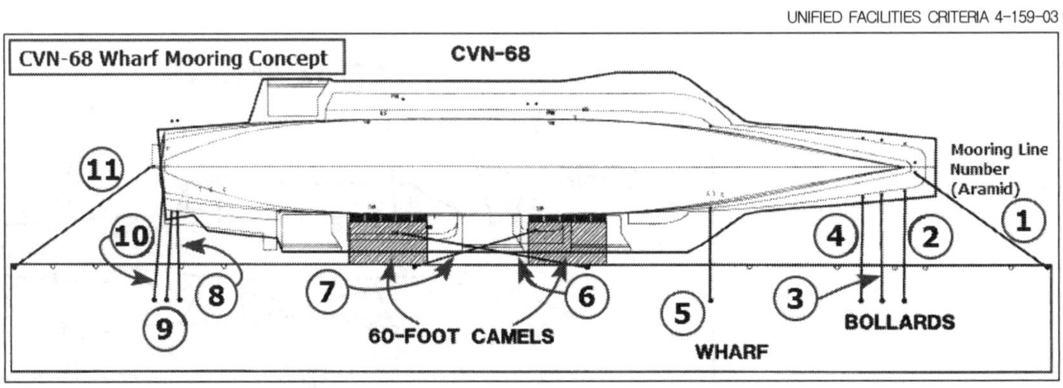

[그림 1-60] 니미츠 급 항모의 부두 계류의 개념도

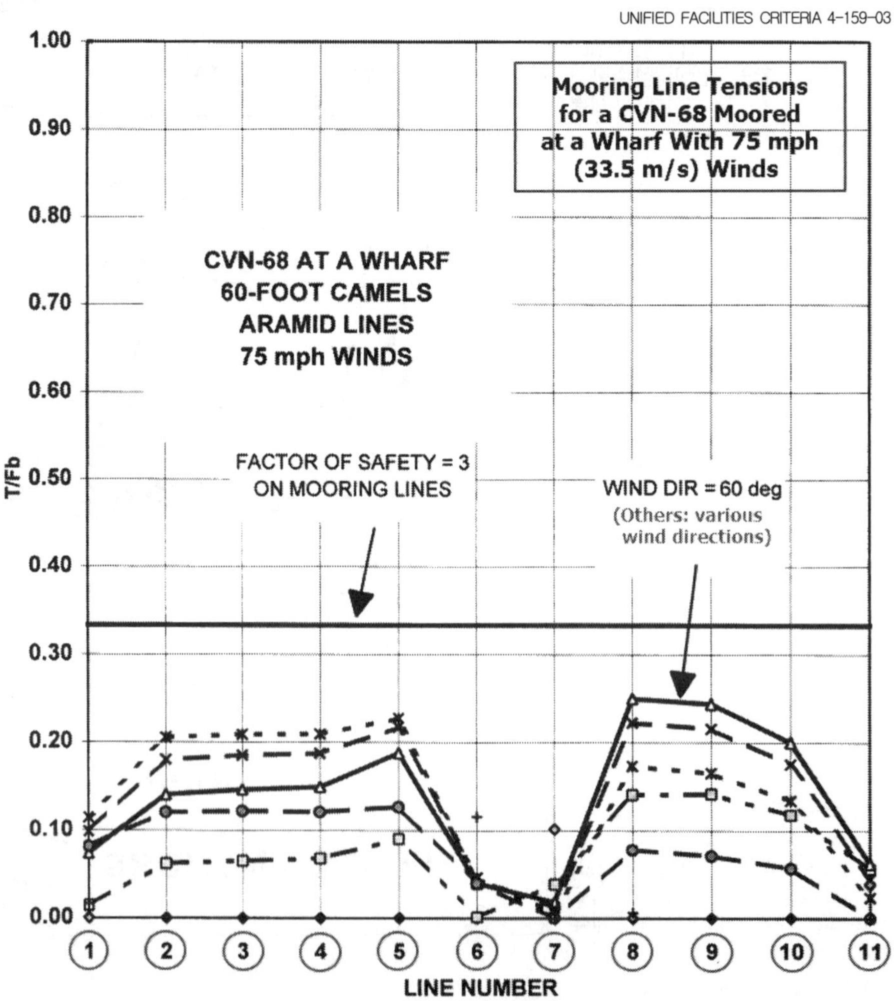

[그림 1-61] 니미츠 급 항모의 부두 계류의 개념에 따라 각 위치에서 계산된 장력

1.4.2 정박 고려사항

가. 정박지 디자인 프로세스

항공모함의 정박지를 건설하고 혹은 기존에 만들어진 부두의 적합성 여부를 판단하기 위해서는 설계의 관점에서 처리가 되어야 한다. 지정된 매개 변수를 사용하여 설계 또는 선택을 시작하고 설계/선택을 완료하기 위해 공학적 원리를 사용한다. 계류 프로젝트와 관련된 매개 변수의 유형은 [표 1-10]에 요약되어있다.

알려진 시설 및 선박에 계류 시스템 설계를 수행하는 기본적인 접근 방식은 다음과 같이 요약하여 제시될 수 있다.

- 수요자 요구사항 정의 : 정박할 함정(들), 필요한 서비스의 종류, 함정의 움직임의 최대 허용치 그리고 함정이 떠난다면 어떤 상황인지에 대한 것을 정의해야 함
- 계획 요구사항 정의 : 다른 시설 및 운영에 미치는 영향과 상호작용을 정의하고, 폭발할 수 있는 아크에 대한 평가가 이루어져야 하고, 허가 요구조건을 결정해야 하고, 어떻게 계류가 이용될 것인지 세워야 하고, 예산과 일정을 검토해야 함
- 환경 영향 평가 : 어떠한 요구사항이 있는 연구하고 관련 서류를 준비해야 함
- 지역과 환경 요소 정의 : 수심과 엔지니어링 토양 변수 및 평가를 위해 계획된 바람, 해류, 파도, 수위 등을 결정하고 액세스를 평가함
- 함정 특성 : 항해 구역, 흘수, 배수톤수, 선박 계류 피팅, 허용 선체 압력 및 기타 매개 변수를 포함하여 선박의 특성을 찾아야 함
- 함정 공학적 특성 : 선박에 관련하여 힘, 모멘트 및 기타 주요 움직임을 결정해야 함
- 계류 선택사항 평가 : 안전, 위험, 비용, 시공성, 하드웨어의 가용성, 사이트의 영향, 함정의 계류에 다른 회전 반경, 호환성, 유지 보수, 검사 효율성, 그리고 다른 중요한 측면들의 관점에서 대안들을 검토해야 함.
- 디자인 계산 : 필요한 경우에는 계류 성능, 앵커 디자인, 펜더 디자인 등을 포함하여 계류의 정적 동적 분석을 수행해야 함
- 고지 사항 : 수중 건설 공사의 경우에 선원들에게 공지할 사항을 준비하고 그 지역에 대한 업데이트 차트에 관심 있는 이해 당사자들에게 차트 통지함
- 계획 및 스펙 : 계획, 사양 및 비용 견적을 준비함
- 허가 사항 : 필요한 환경 연구를 준비하고 필요한 허가를 얻을 수 있도록 함

[표 1-10] 계류 프로젝트의 주요 변수

Parameter(s)	Examples
운영 변수	요구되는 함적 포지션, 허용되는 함정 운동량
함정 배치	기본 함정 변수들 (예: 길이, 폭, 흘수, 배수량, 바람 지역, 계류 피팅 위치, 풍력, 조력, 모멘트 계수 등)
시설 배치	시설 위치, 해수 깊이, 사이즈, 계류 피팅/펜더의 위치와 타입/용량, 시설 상태, 전반적인 시설 수용능력
환경 변수	풍속, 조류 속도와 방향, 바닷물의 상태, 파도의 상태, 결빙의 가능성 여부
계류 배치	장력, 펜더, 부함 등에 해당하는 부재 숫자/사이즈/형태/위치
재료/재질	계류 장력과 압축 부재의 변형 특성

- 설치 계획 : 안전 및 환경 보호 계획을 포함하여 설치에 대한 지침을 준비함
- 설치 모니터링 : 설치 프로세스에 관한 엔지니어링 모니터링을 수행함
- 테스트 : 앵커들이 필요한 부하를 유지하도록 계류 시설에 있는 모든 앵커에 대하여 풀 테스트를 수행함
- 문서화 작업 : 도면 및 보고서를 포함하여 설계하고 구축된 조건을 문서화함
- 사용방법 : 계류의 사용 방법과 검사방법을 보여주기 위해 다이어그램과 설명서를 제공함
- 검사 : 요구 사항을 지속적으로 충족하기 위한 보장으로 계류의 정기 검사/시험을 수행함
- 유지보수 : 필요에 따라 유지 보수를 수행하고 내장된 도면에 문서화함

나. 계류 서비스 종류

4가지 종류의 계류 서비스 유형은 군 함정과 부두에 관련된 최소 설계 요구조건을 식별하기 위한 것이다. 그리고 운영의 한계를 결정하기 위해 정의가 된다. 시설과 선박 계류 하드웨어는 다음의 표에 나타낸 서비스 유형을 수용한다.

[표 1-11] 계류 서비스 형태

Parameter(s)	Examples
Type I 온화한 날씨 계류	• 온화한 날씨(강풍 힘 아래 미만 35 knot 미만의 지속적인 바람)와 1 knot 미만의 해류에 계선을 행하는 경우이다. • 이 계류 상황에는 탄약 시설, 연료 공급 시설, Deperming(소자) 시설, 통신 포트를 포함한다. • 계선의 사용은 일반적으로 예측 날씨 시스템과 협조하여 선택된다.
Type II Type IIA: 표준 계류 (MST IIA) Type IIB: 폭풍 계류 (MST IIB)	• 폭풍 조건을 통해 사용되는 계류에 해당된다. • 계선은 표준, 폭풍과 1세트로 만드는(Nest) 구성을 포함한다. • 함정은 일반적으로 접근하는 허리케인, 태풍, 서지 또는 다른 극단 이벤트가 발생하기 전에 떠날 것이다. • 해군 선박은 50 knot 바람이 예상되는 경우 바다로 이동하려는 경향이 있으나 폭풍이 빨리 올 수 있으므로 이동을 위해서는 더 높은 디자인 바람이 권장된다. • MST IIA는 50 knot 이하의 바람 혹은 1½ knot 이하의 현측 해류에서 다루는 계류를 말한다. • 훈련은 MST IIA에 대한 전체 부두 작업을 위해 제공되는 것이다. • MST IIB는 64 knot 이하의 바람 혹은 2 knot 이하의 현측 해류에 의한 계류를 다룬다. • 의도된 해군 선박 계류 디자인 요구 사항이다. • 갑자기 폭풍이 짧은 시간에 강풍을 생성할 수 있기 때문에 이는 일반 함정의 모항에서 계류를 할 것을 위해 권장된다. • 부두 작업 라인이 부두에서 실행해야하는 경우 MST IIB에 의하여 영향을 받을 수 있다.
Type III 악천후 계류	• 접근하는 허리케인이나 태풍에 앞서 계선할 수 없거나 일을 진행할 수 없는 선박의 계선에 관한 것이다. • 계선 작업에는 피팅 아웃, 수리, Drydocking 및 정밀 검사의 접안 시설 이용에 관한 것들이 대상이다.
Type IV 전천후 계류	• 영구적으로 허리케인, 태풍, 또는 서지의 경우 떠나지 않는 선박을 정박하는데 사용되는 계선을 다룬다. • 계선 작업에는 비활성 선박, 부유식 Drydocks, 선박 박물관, 교육 접안 시설 등을 포함된다.

다. 요구사항

니미츠 급 이상의 항모에 대하여 유틸리티 요구조건은 매우 까다롭다. 그 예를 표로 나타내면 [표 1-12]와 같다. 이를 받아서 실제적으로 계류 시설이 준비가 되는 것이다. 그러므로 사양은 매우 구체적이고 요구조건을 만족하는 시설은 제한적일 수밖에 없는 것이다.

[표 1-12] 항공모함의 유틸리티 요구조건의 예

System	Criteria	Requirement		Source
		CVN 68 (Nimitz Class)	CVN 78 (Ford Class)	
Bilge Oily Waste	Peak Quantity	80,000 gpd	82,000 gpd	UFC 4-150-02;
	Average Quantity	35,000 gpd	38,000 gpd	
	Design Rate	90 gpm	90~180 gpm	
Waste water	Average Daily Flow	550,000 gpd	550,000 gpd	UFC 3-240-2N
Potable Water	Average Demand	185,000 gpd	235,000 gpd	UFC 4-150-02; UFC 2150-02
	Design Rate	1,000 gpm	1,000 gpm	
	Minimum Pressure	40 psi	40 psi	
Steam	Constant	7,500 lb/h	Not required	UFC 4-150-02; UFC 3-430-08N; UFC-3-430-09N
	Intermittent	7,200 lb/h	Not required	
Compressed Air	Design Rate	2,400 scfm	Not required	UFC 3-150-02; UFC 4-213-10; UFC-3-430-09N
Pure Water	Peak Rate	150 gpm	100 gpm	Draft CVN 78 facilities planning criteria
	Design Rate	20,000 gpd	20,000 gpd	
Shore Power	Peak Demand	21 MW@4,160 V	30 MW@13,800 V	UFC 4-150-02; UFC 2150-02
Information Systems	Capacity	200 pair copper; 48-strand fiber optic cable; provision for CATV connection	Assume same as CVN68	UFC 4-150-02; UFC 2150-02; and NCTS discussions

Legend: BOLD text indicates that requirements differ for CVN 78 compared to CVN 68, CATV = cable television, gpd = gallons per day, gpm = gallons per minute, lb/h = pounds per hour, MW = megawatts, psi = pounds per square inch, scfm = cubic feet per minute at standard conditions, V = volts.
Source: NAVFAC Pacific 2008.

라. 계류 및 정박지 선택의 예

앞 언급한 내용을 통해 실제로 적용을 한 경우를 살펴보기로 한다. [그림 1-62]는 항공모한 정박지를 정하는 보고서의 관련되는 부분이다. 이런 과정이 왜 필요한지에 관한 것이 보고서 1장에 있다. 또한 2장에는 다른 선택에 관한 내용이 있다. 3장과 4장에서는 주변 지역과 바다 환경에 대하여 기술이 되어 있다. 5장에는 공기의 질에 관한 조사가 되어 있다. 6장은 소음에 관 것이 그리고 7장은 항공 상황에 관하여 기술이 되어 있다. 8장은 육지와 해저에 관하여, 9장은 위락 및 여가 시설에 관하여 그리고 10장과 11장은 생물학적 조사가 기술되어 있다. 12장과 13장은 지역의 문화와 볼거리가 기술되어 있고 14장은 해상 운송에 관하여 조사가 되어 있다. 15장은 생활 유틸리티 시스템에 관하여 기술이 되어 있고 16장은 사회망 서비스, 17장은 자연 위험 요소에 관하여 조사가 되어 있다. 그리고 18장은 사회 복지와 안전에 관하여 19장은 시민과 사회가 환경을 어떻게 생각하는지 또한 아이들을 보호하는 것들에 관하여 마지막 20장은 이 모든 내용의 참조되는 것을 정리하였다. 이 총 20장으로 되어 있는 것은 앞서 언급한 것들에 따라 정리가 된 것임을 알 수 있다. 즉, 실제로 적용이 되는 사례를 보는 것이다.

UNIFIED FACILITIES CRITERIA 4-159-03

VOLUME 4. AIRCRAFT CARRIER BERTHING

Chapter 1 – Purpose of and Need for Actions
Chapter 2 – Proposed Action and Alternatives
Chapter 3 – Geological and Soil Resources
Chapter 4 – Water Resources
Chapter 5 – Air Quality
Chapter 6 – Noise
Chapter 7 – Airspace
Chapter 8 – Land and Submerged Land Use
Chapter 9 – Recreational Resources
Chapter 10 – Terrestrial Biological Resources
Chapter 11 – Marine Biological Resources
Chapter 12 – Cultural Resources
Chapter 13 – Visual Resources
Chapter 14 – Marine Transportation
Chapter 15 – Utilities
Chapter 16 – Socioeconomic and General Services
Chapter 17 – Hazardous Materials and Waste
Chapter 18 – Public Health and Safety
Chapter 19 – Environmental Justice and the Protection of Children
Chapter 20 – References

[그림 1-62] 항모의 계류 및 정박지 선택에 관한 보고서의 목차(예)

UNIFIED FACILITIES CRITERIA 4-159-03

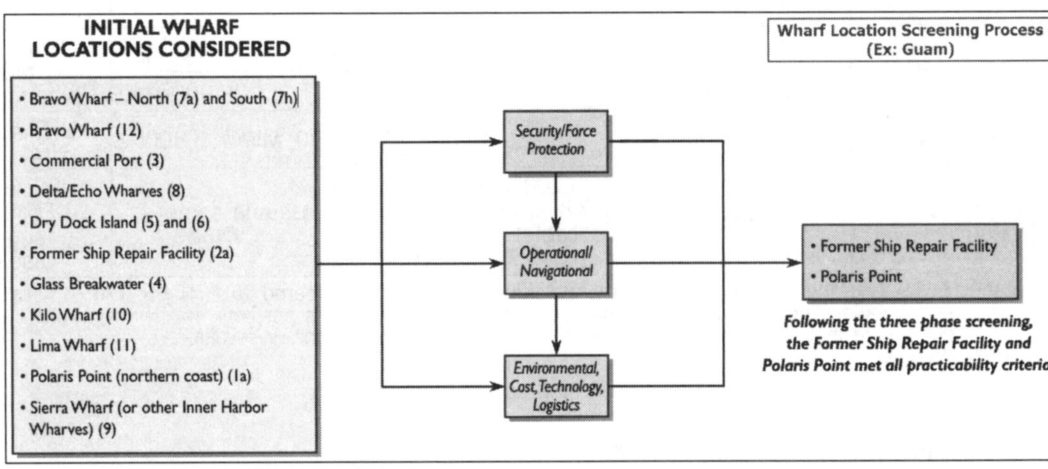

[그림 1-63] 부두 위치의 검사 프로세스 예

좀 더 자세히 살펴보면, [그림 1-63]은 부두 위치를 결정하거나 기존의 부두의 적합성 등을 검사를 하는 프로세스의 예를 보여주는 것이다. 그림의 왼쪽은 후보군을 모두 보여주는 것이고 이를 3가지 주요 내용을 가지고 검사를 하는 것으로 되어 있다. 그 3가지는 안전과 병력 보호, 작전 지향성, 그리고 환경/비용/기술/군수 측면으로 되어 있다. 이 통합한 결과를 기존의 선박 수리 시설은 어떤 것들이 있는지 그리고 기존의 잠수함 및 해병대 주둔지인 괌의 Polaris Point 지점과의 관계를 파악하게 된다. 이 부분은 실용성에 관한 부분으로 실용성은 대안이 가능하거나 구현될 수 있는지 여부를 의미한다.

기준은 특별히 가중되어 있지 않지만, 보안/강제 보호 또는 운영 요구 사항을 감소하지 않는 상황이 되는 것이 중요하다. 이러한 기본적인 군사임무의 요구 사항을 충족하지 아니하는 대안은 자동으로 무산된다. 즉, [그림 1-63]이 실용성을 포함한 부두 위치에 대한 심사 과정의 실제 예를 보여주는 것이다.

위와 같은 방식으로 조사된 내용과 관련된 그림들이 아래에 있다. [그림 1-64]를 설명하면, 항공모함이 정박하려는 지역 주변에 필요한 완충지대가 필요한데 주변에 화물을 취급하는 것을 포함하여 사용 가

UNIFIED FACILITIES CRITERIA 4-159-03

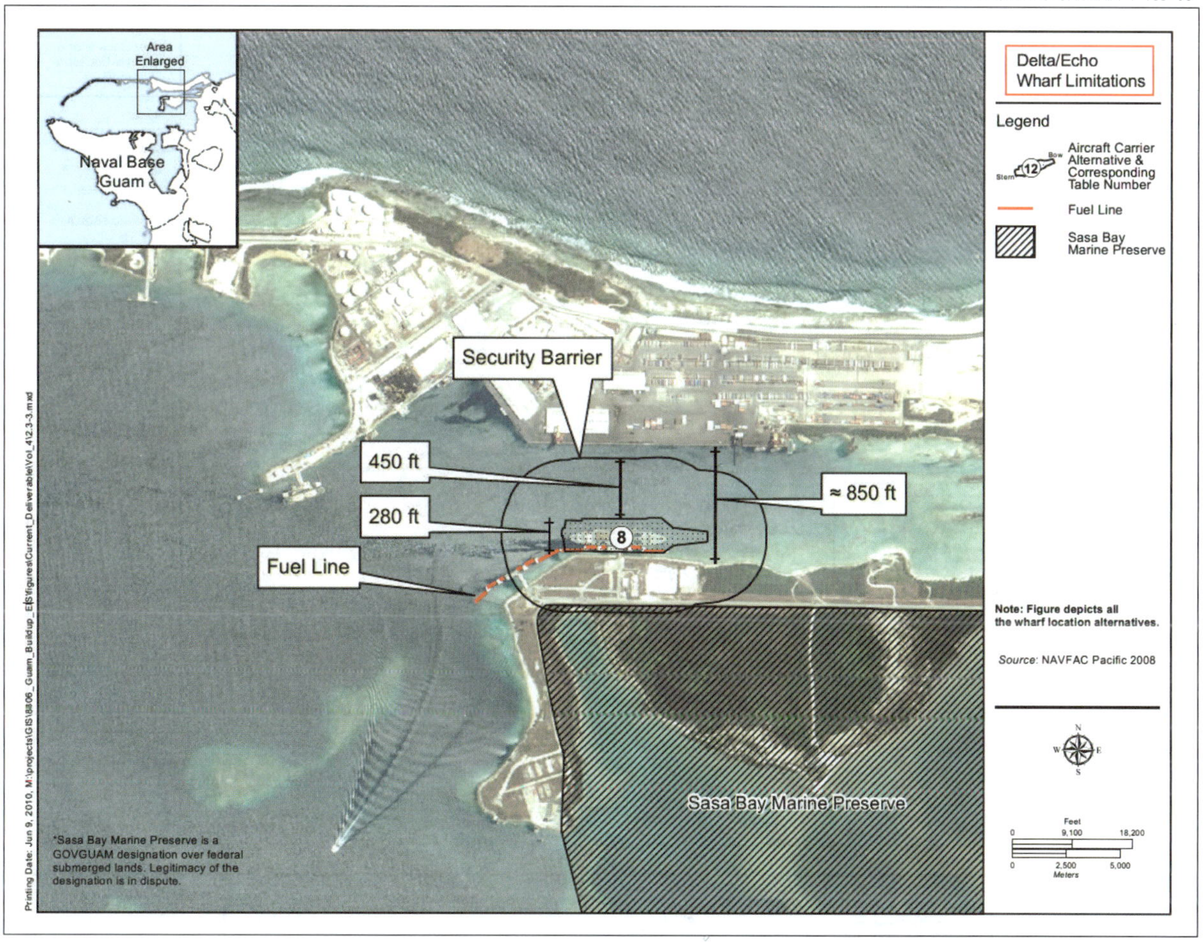

[그림 1-64] Apra 항구 내부의 부두 제한 표시

능한 상업용 항구가 있으면 작업의 대부분을 효율적이지만 너무 가까이에 항구가 존재하면 누구나 액세스 할 수 있는 문제가 있다. 그럼 점 때문에 델타/에코 부두 건너편 상업용 부두는 처음부터 후보군에서 제외되었다.

이런 조사는 운영과 탐색 부분에 해당된다. 상업용 항구 부두에서 기존 격벽에서 델타/에코 부두에 부두 구조물까지 사이의 최선거리는 약 850 ft (260 m)이다. CVN 68 또는 CVN 78의 폭은 280 ft (85 m)이고 또한 찰리 또는 델타의 조건 하에서 버퍼 영역의 최소 폭은 450 ft (137 m) 이 2가지의 결합된 것은 상업용 항구에서 선박을 정박하고 상업용 항구의 내부 부분에 안전한 통행을 허용할 수 있는 충분한 폭인 약 120 ft (37 m)를 떠나 730 ft (223 m)이다. 이 같은 문제는 델타/에코 부두에서 분명하게 논의되었다는 점들이 [그림 1-64]에 상세하게 묘사되었다는 것이다.

[그림 1-65]에 보여주는 것처럼, 고려되었지만 기각이 된 회선 유역의 최적의 반경은 좌측 상단의 1/4 빨간색 원호에 해당되는 표시 지역이다. 유지된 회전 유역의 반경은 완전한 원의 형태로 표시된 동일한 그림에서 녹색 원으로 표시되었다. [그림 1-66]는 드라이 도크 아일랜드에서 차선책으로 검토한 것을 보여주는 것이다. 폴라리스 포인트 대신에 항공모함 정박 위치로 드라이 도크 섬의 사용하는 것은 선회 유역에 대한 필요성을 삭제되었지만 실제로 다른 환경평가를 한 결과 이 섬의 사용은 제외될 수밖에 없었다.

UNIFIED FACILITIES CRITERIA 4-159-03

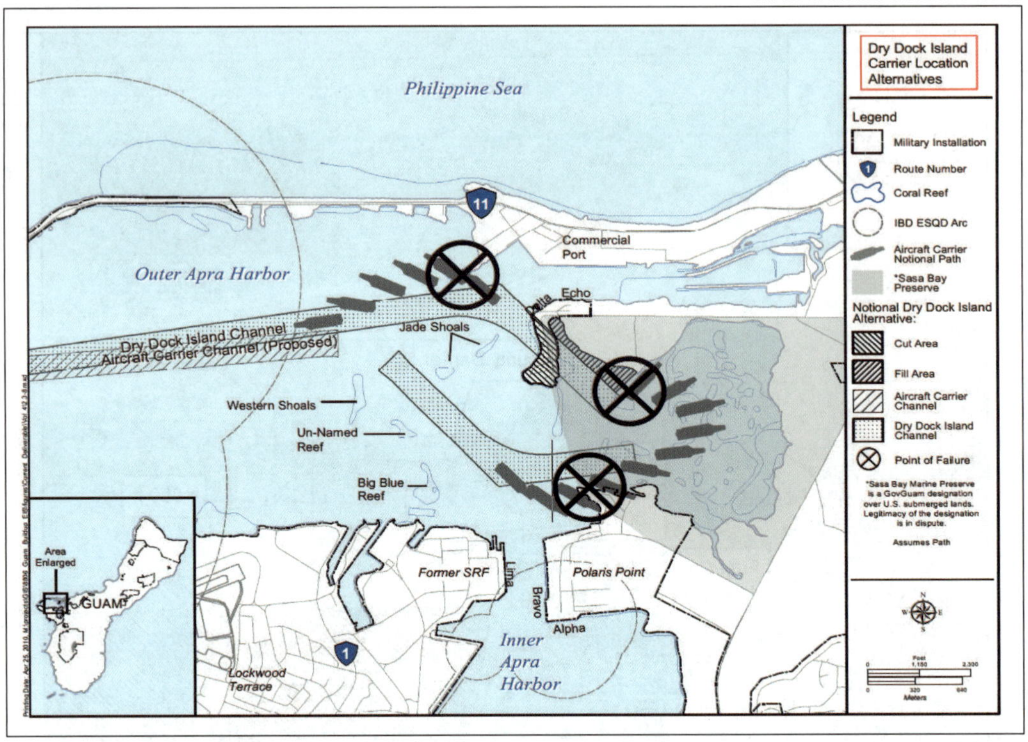

[그림 1-66] 드라이 도크 아일랜드에서 항모의 정박지 차선책

UNIFIED FACILITIES CRITERIA 4-159-03

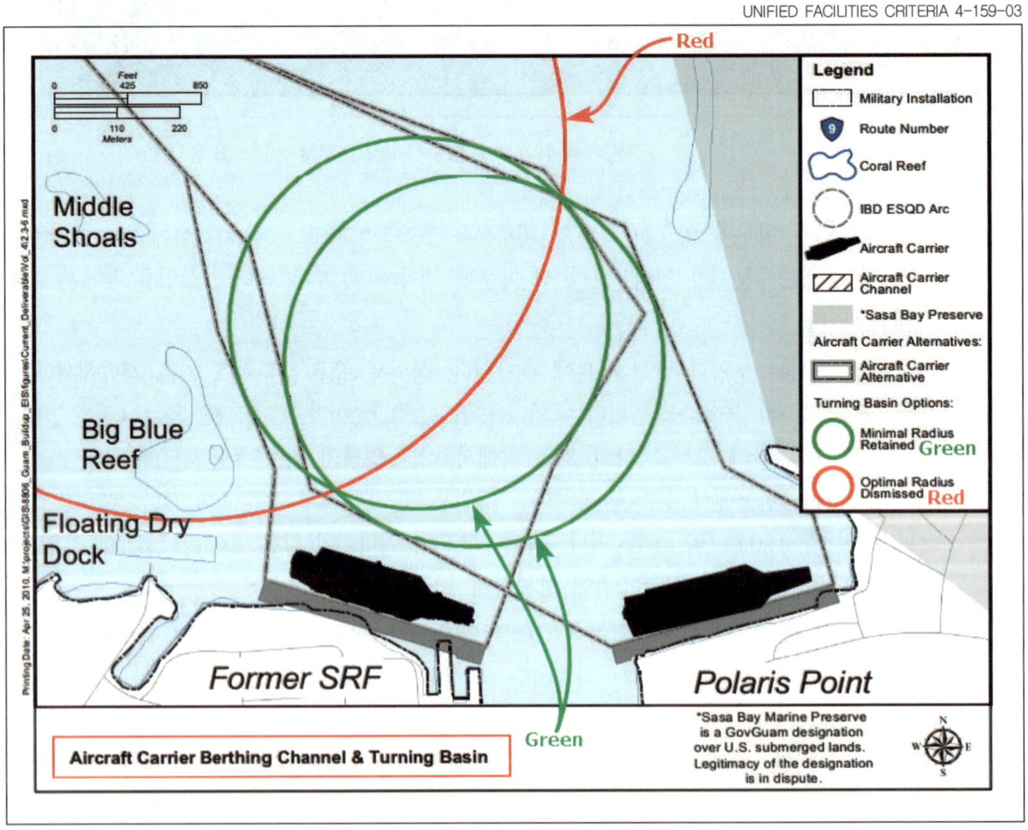

[그림 1-65] 항공모함의 정박과 유역에서 회전

References

[1] IHS Jane's Fighting Ship, 2014-2015

[2] Raven, "Warship Design Histories-ESSEX-CLASS CARRIER", Naval Institute Press, 1988

[3] Weston Ross, "Investigating the Tradespace between Increased Automation and Optimal Manning on Aircraft", Duke University, 2016

[4] http://engineering.umass.edu/sites/default/files/careercenter/jobs/all_usnavy_1.pdf

[5] http://www.mofa.go.jp/region/n-america/us/security/fact0604.pdf

[6] http://www.courses.netc.navy.mil/courses/14014A/14014A_ch11.pdf

[7] "Submarines and Aircraft Carriers: The Science of Nuclear Power" http://www.navystemfortheclassroom.com/sites/navystemfortheclassroom.com/files/lesson-plans/documents/Submarine-Aircraft%20Carrier%20Nuclear%20Power%20Final%20LP.pdf

[8] A. A. Fraas, "ORNL aircraft nuclear power plant design", ORNL-1721, 1954

[9] NAVEDTRA 12061, "Catalog of Nonresident Training Courses (NRTCs)", 2007

[10] Helicopter and Vertical Take-Off (VTO) Aircraft Handling Signals, http://www.public.navy.mil/navsafecen/Documents/media/posters/posterfiles/avn/Hand_signals-Chart2.pdf

[11] Robert L. Darwin, "Aircraft Carrier Flight and Hangar Deck Fire Protection: History and Current Status", NAVAL AIR WARFARE CENTER WEAPONS DIVISION, 2005

[12] William Schneide, "Defense Science Board Task Force on FUTURE OF THE AIRCRAFT CARRIER", Office of the Undersecretary of Defense For Acquisition, Technology, and Logistics, 2002

[13] Lexington Institute, "AIRCRAFT CARRIER (IN)VULNERABILITY - What It Takes To Successfully Attack an American Aircraft Carrier", 2001

[14] CAPT Henry J. Hendrix, "At What Cost a Carrier?", Center for a New American Security, 2013

[15] CHARLES N. CALVANO, "A Short Take-off Vertical Landing (STOVL) Aircraft Carrier, S-CVX", NAVAL POSTGRADUATE SCHOOL, 1998

[16] NAVEDTRA 12971, "Naval Safety Supervisor", 1993

[17] NAVEDTRA 14014, "AIRMAN", 2000

[18] Flight Deck Awareness Basic Guide, Fifth Edition 2008

[19] DoD, "UNIFIED FACILITIES CRITERIA (UFC), DESIGN: MOORINGS", UFC 4-159-03, 2005

[20] Tom Moore, "Aircraft Carriers - Enduring and Transformational", NAVSEA PPT 자료, 2012

[21] Gene I. Rochlin, "The Self-Designing High-Reliability Organization: Aircraft Carrier Flight Operations at Sea", The CEO Refresher, 2005

[22] USN & Joint Guam Program Office, "GUAM AND CNMI MILITARY RELOCATION Relocating Marines from Okinawa, Visiting Aircraft Carrier Berthing, and Army Air and Missile Defense Task Force", 2010

[23] Hideo KOBAYASHI, "Sinking of the aircraft carrier Taiho caused by on hit of a torpedo", 2005

[24] HISTORIC AMERICAN ENGINEERING RECORD, "HISTORIC AMERICAN ENGINEERING RECORD", HAER No. HI-87

다수의 다른 자료(이곳에 표시하지 않은 인터넷 자료는 6장 뒤에 함께 명시)

항공모함 역사 및 국가별 현황

2
CHAPTER

Thinking Key Points & Lessons Learned

2.1 항공모함의 역사

2.1.1 초기 역사

항공모함의 시작은 매우 단순했다. 현재는 핵을 포함하여 최신의 기술이 집약된 최고의 전투력을 자랑하는 항공모함이지만 초기에는 관찰용 열기구인 풍선을 수송하는 나무로 만든 수송용 선박이 최초의 항모 형태 모습이었다. 19세기 중엽부터 20세기 초엽까지 존재했던 이 'Balloon Carrier'가 최초의 항공모함 모태인 것이다. 20세기 초반인 1903년 미국 라이트 형제에 의하여 고정익 비행기가 만들어지고 나서 항공모함도 급격하게 변화를 맞이한다. 1910년에 미 해군의 순양함을 이용하여 최초를 함상에서 비행기 이륙에 성공을 하였다. 이 이후 영국, 미국 등에서 수상기가 이륙할 수 있는 함정 또는 부속선 등이 속속 나타나기 시작을 하였다. 1920년에 들어와 평판 데크를 가진 함정이 개발이 되었고 최초는 1922년 일본의 'Hōshō' 호이다. 그 이후 1924년 영국의 'HMS Hermes', 1927년에는 프랑스의 'Béarn' 그리고 미국의 'Lexington'호가 차례로 등장하였다.

미국의 1910~1930년대 항공모함의 주요 개발과정과 결과를 살펴보면 [표 2-1]과 같다.

앞에서도 기술이 된 것이지만 초기의 항공모함은 다른 종류의 선박들을 개조하여 만들어졌다. 화물선, 순양함, 순양전함, 전투함 등 다양한 선박이 당시의 필요성에 의해 항공모함으로 변경이 되었다. 1차 세계 대전이 끝나고 항공모함의 전투력을 확신한 각 나라에서 1920년 말에서 1930년대 초반까지 항공모함의 원래 목적에 맞게 함정을 건조하기 시작을 하였다. 그에 따라 2차 세계대전은 해군력의 양상이 항공에 의존하는 전투로 발전하게 된다. 즉, 해군 전투력의 핵심이 항공모함이 되는 것이다.

특히, 미국, 영국, 일본 등의 국가를 중심으로 함대 단위의 항공모함으로 변모를 하게 된다. 2차 세계대전 중에는 항모의 중요성은 강조되는 것보다 그 이상이 되었다. 예를 들면, 나중에 소위 'The Great Marianas

[표 2-1] 미국의 항공모함 개발 초기 진행 사항

일시	내용
1910-11-14	커티스 전시 조종사였던 Eugene Ely는 USS Birmingham 호가 버지니아 햄프턴 로드에 정박해 있는 동안의 갑판에서 타고 있던 비행기를 이륙시켰다. 그는 해군 선박 갑판에서 비행한 최초의 조종사이다.
1911-01-18	Eugene Ely는 USS Pennsylvania 호가 샌프란시스코 항구에 정박하는 동안 해군 함정 갑판에 착륙하였고 갑판에서 이륙한 최초의 조종사이며 또한 착륙한 최초의 조종사이다.
1912-11-12	해군 중위 Theodore G. Ellyson은 워싱턴 DC의 해군공창 반대쪽 아나코스티아 강에 정박한 플로트에 장착된 Catapult(나중에 힝공모힘에시 사용)를 사용하여 기디스 수상비행기를 최초로 이륙시켰다. 그는 Catapult를 이용하여 비행기를 이륙시킨 최초의 조종사이다.
1915-11-06	해군 소령 Henry C. Mustin는 플로리다 펜사콜라 만에서 이동 중인 USS North Carolina 호의 Catapult에 의해 처음으로 이륙하였다
1922-03-20	해군은 버지니아 노퍽에서 석탄운반선 Jupiter(19,670톤) 호를 개조하여 미국 최초 항공모함 USS Langley(12,900톤) 호를 만들 것을 요청하였다.
1927-11-16	해군은 두 번째 항공모함 USS Saratoga를 의뢰했다. 이전 USS Langley보다 훨씬 큰 배로 36,000톤의 배수톤수와 비행제어를 위한 아일랜드 상부 구조를 갖추고 거의 275 m 길이의 비행갑판을 가졌다.
1931-09-26	해군은 버지니아 Newport News에서 처음부터 항모로 설계된 최초의 선박인 USS Ranger를 만들었다.
1938-08-24	해군은 미국의 최초 무인 RC 항공기인 JH-1을 대상으로 항공모함 USS Ranger에서 대공 포대를 테스트 하였다.

Turkey Shoot'라고 불린 필리핀 바다에서 전투기간 동안 미국 함재기는 태평양 대양에 걸쳐 300대 이상의 일본어 함재기를 격추하였다. 또한 해군 항공기 및 잠수함은 일본 항공모함 3척을 침몰시켰다. 그 이후 일본 해군은 태평양에서 미국을 위협하는 수준에서 멀어지게 되는 것이다.

항모 역사를 순차적으로 상세하게 살펴보면, 초기의 역사는 당연하게 정착하는 단계라고 할 수 있다. 기존의 군함에서 비행기를 이륙시키려는 노력을 통해 오늘날의 항모의 근간을 마련하였고 그 노력이 전쟁의 역사를 바꾸었다. 기술적으로 항모의 정착을 위한 기술 개발 등이 이루어진 시기라고 할 수 있다. 정리를 하면 다음과 같다.

- 18세기 후반에 프랑스 Montgolfiere 형제에 의해 더운 공기를 사용하여 근대적인 열기구가 만들어진 이후 베니스에서 이 열기구가 폭탄을 투하하며 전투에 참여한 이후 배에서 열기구를 이용하여 공격하는 시도가 있었다.
- 미국 남북전쟁 당시 바지선을 이용한 열기구 공격이 시도되었고 'Union Army Balloon Corps'라는 부대도 그 때 생겼다. 하지만 당시는 해상 상태가 좋을 때만 사용이 되는 한계를 가지고 있었다.
- 1차 세계 대전에서 'Balloon Carrier' 또는 'Balloon Tender'가 영국, 프랑스, 독일, 이탈리아, 러시아, 스웨덴 등에서 사용이 되었다. 하지만 당시는 정찰용으로 이용이 되었다.
- 1910년에 수상비행기가 개발이 되어 수상비행기를 이용한 항공모함이 등장하였다. 최초의 수상비행기 항모는 1911년 프랑스 해군의 'Foudre' 이다. 이 항모는 처음에는 수상비행기 Tender로 개발이 되었고 메인 갑판 아래 Hangar를 두어 비행기를 둔 최초의 항모이다. 하지만 당시는 수상비행기가 이륙한 후 착륙은 바다에 하여 기중기로 다시 항모로 들어 올려야 하는 문제점을 가지고 있었다.
- 영국 최초의 수상비행기 항공모함은 1913년 'HMS Hermes'이다. 이것은 상선을 개조한 것으로 Tender 아닌 최초의 항모였다. 미국 최초의 수상비행기 항모는 1913년 'USS Mississippi' 호이다.
- 최초의 항공모함을 통해 공격을 성공적으로 수행한 것은 1914년 1차 세계 대전에서 일본 해군의 수상비행기 항모 'Wakamiya' 호이다. 4대의 수상기가 이륙을 하여 상대 병력에 폭탄 공격한 후 육지로 귀환하였다. 서양의 공격은 일본의 공격 몇 달 후에 영국의 'HMS Engadine' 호 등 3척에 발진한 수상기가 독일의 Zeppelin 기지를 공격하였고 완벽한 성공은 아니었지만 선박에서 출발한 비행기가 공격을 할 수 있다는 가능성으로 항모의 중요성을 새롭게 인식하게 되었다.

[그림 2-1] 1910년 USS Birmingham에서 Eugene Ely의 비행기 이륙과 관련된 모습

1250scale.com & wikiwand.com

[그림 2-2] 일본의 수상비행기 항모 Wakamiya

- 수상기용 항모는 1차 세계 대전 이후에도 Catapult를 이용한 발진으로 유용하게 사용이 되었고 심지어 2차 세계 대전 초기에서도 성공적으로 사용이 되었다.
- 1909년 프랑스의 발명가인 Clément Ader가 그의 책 'L'Aviation Militaire'에서 평면 비행갑판, 아일랜드 Superstructure, 데크 엘리베이터와 격납고 베이 등을 가진 바다에서 이륙하는 비행기를 운항하는 선박을 설명하였다. 파리에 있는 미국 대사관 해군무관이 이 내용에 대한 자신의 관찰 보고서를 보냈다. 이에 따라, 앞서 기술된 것처럼 커티스 항공기 조종사였던 미국인 Eugene Ely는 USS Birmingham 호가 버지니아 햄프턴로드에 정박하는 동안의 갑판에서 타고 있던 최초로 해상에서 비행기를 이륙시켰던 것이다.
- 최초의 이동하는 함정에서 이륙한 기록은 1912년 5월 9일로 영국 해군 Charles Rumney Samson가 전투함 'HMS Hibernia'에서 비행기 'Short S.38'을 이륙시킨 것이다. 당시 그 배는 영국 Weymouth에서 15 노트로 움직이고 있었다.
- 최초의 현대식 항공모함은 이의 없이 영국의 'HMS Royal'이다. 그 항모는 원래 상선으로 만들어졌지만, 비행기 발사 플랫폼과 비행기와 수상 비행기를 같이 자전할 수 있는 수평 데크를 갖춘 하이브리드 항모로 변환되었다. 1914년 9월 5일 운항을 시작하여 다르다넬스 전투에 참전하였고 1차 세계 대전까지 사용이 되었다.
- 영국은 1차 세계 대전 동안 항모 'HMS Furious'를 운영하였다. 이것은 시범적으로 항모에서 바퀴 달린 비행기를 이륙해 운영하려는 노력의 일환으로 총 3번의 변경을 통해 개조가 되었다.
- 1917년 8월 2일에 편대장인 영국 해군의 Edwin Harris Dunning은 최초로 움직이는 항모 'HMS Furious'에서 'Sopwith Pup' 비행기를 착륙하는데 성공을 하였다. 그는 아쉽게도 5일 후 같은 항모에 착륙을 하다가 사망하게 된다.

stilltimecollection.co.uk & theyachtmwwet.com

[그림2-3] 영국 전투함 HMS Hibernia에서 수상기를 들어 올리는 모습

- 수상비행기가 아닌 항모에서 발진한 일반 비행기의 최초의 공격은 1918년 7월 19일 'HMS Furious'에서 출발한 7대의 복엽기 'Sopwith Camels'가 50 lb의 폭탄을 사용하여 독일의 Zeppelin 기지를 공격하였고 비행선과 열기구 등이 파괴되었다. 당시에는 비행기를 회수할 수 없어 중립국인 덴마크로 향한 것을 제외한 2대는 바다에 버려지게 되었다.
- 1차 세계 대전 이후 1922년에 발효된 워싱턴 해군 협약에 의해 전투함, 순항전함 등의 크기가 엄격하게 제한이 되었다. 또한 같은 수송함의 총 톤수도 27,000 ton으로 제안하였다. 실험용 선박은 제한을 두지 않았다. 하지만 전체 톤수는 초과할 수 없었다. 당시 상황으로는 전투함은 초과 톤수인 상태이었고 항모는 톤수가 부족한 상태가 되어 있었다. 그래서 제작 중인 또는 서비스 중인 많은 전함과 순양전함은 항공모함으로 변경 개조되었다.
- 최초의 완벽한 길이의 평판 비행갑판을 가진 항모는 1918년 영국의 'HMS Argus'이다. 미국은 1920년 당시 실험용 항모인 'USS Langley'를 갖추고 있었다.
- 1922년 12월에 만들어진 일본의 항모 'Hōshō'는 항모 목적으로 설계된 최초의 항공모함이다. 영국의 항모 'HMS Hermes'가 1918년에 먼저 착수를 하였지만 완성은 1924년 2월에 되어 최초라는 수식어는 일본 항모에게 돌아가게 되었다.
- 영국의 항모 'HMS Hermes'가 설계 면에서 앞서 있었고 일본 항모에 영향을 미쳤다. 'HMS Hermes'의 긴 제작기간은 현대 항공모함의 두 가지 가장 독특한 기능을 나타내는 최초의 항공모함이었기에 시행착오에 따른 시간이 많이 필요했던 것에 따른 것이다. 그 2가지는 전체 길이의 비행갑판과 우현 측 컨트롤 타워 아일랜드이다. 이 항모는 뱃머리 사각형(Squared-Off) 비행갑판과 경사각도 비행갑판(Angled Flight Deck)을 제외하고는 현재까지 그동안 거의 1세기 기간 동안 생산된 항공모함의 대다수의 고전적인 실루엣과 계획 레이아웃의 주요 기능을 나타내는 기준이 되었다.

commons.wikipedia.org & en.wikipedia.org & ibiblio.org

[그림 2-4] USS Langley가 항모로 변경되어 만들어지기는 과정

en.wikipedia.org & yourkamagraguide.com

[그림 2-5] 영국의 항모 HMS Argus

militaryhistory.about.com

[그림 2-6] 처음부터 항모로 설계된 미국 최초의 항공모함 Ranger

en.wikipedia.org

[그림 2-7] CV3의 우현 컨트롤 타워 아일랜드(Superstructure)

uboat.net/allies/warships/ship/3256.html & www.fleetairarmarchive.net/ships/Hermes.html

[그림 2-8] 최초의 Hurricane Bow 모습과 선미의 모습 비교

[그림 2-9] 미 항모 USS Lexington

- '태풍선수(Hurricane Bow)'는 항모 HMS Hermes(1924)에서 처음 볼 수 있는 완전히 밀폐된 격납고 갑판 형태의 선수 모양이다. 미 항모 Lexington 급은 1927년 실전에 배치될 때 이것이 기장 유용하다는 것을 보여주었다. 즉, 전투 경험을 통해 얻어진 결과는 추가적인 Flying-Off 갑판과 대공 포대를 포함하여 시도된 다른 것들의 사이에서 항모의 선수에 대해 이 태풍선수가 지금까지 가장 유용한 형태라는 것을 입증하는 것이 되었다. 후자인 대공 포대는 1차 세계 대전 중에 긴 변종 선체를 가진 Essex 급 항모에서 보는 것처럼 가장 일반적인 미국의 항모의 형태이다. 그리고 전쟁이 끝날 때까지는 아니지만 그것은 미국의 항모의 대부분이 태풍선수로 통일하였다. 태풍선수와 함께한 일본 최초의 항모는 'Taihō'이었다.
- 항공모함의 제한된 공간 때문에 모든 항공기는 일반적으로 보관을 용이하게 하기 위해 날개를 접는 방식과 비행기 크기를 작게 만들기 위해 작은 크기 단일 엔진 유형이 대세였다.
- 1930년대 후반에 영국 해군은 장갑 상자로 격납고를 둘러싸는 장갑 비행갑판의 개념을 개발했다. 1940년에 이런 새로운 유형을 선도하는 항모 HMS Illustrious가 취역을 하였다.
- 미국은 호위 항공모함이 호위로 유지하기 위해 필요한 속도를 내지 못한다고 판단을 하여 추가로 빠른 항모의 제공할 필요성을 알게 되었다. 미국 해군 분류 체계는 작은(경) 항공모함(CVL)의 'L'은 제대로 된 'Light'가 아니었다. 1943년 7월 이전에 보는 항공모함을 CV로 통합 분류하였다.
- 영국 해군은 세계 대전 이후 영국과 영연방 국가들 모두에게 제공하여 유사한 디자인을 함께 사용하게 된다. 이런 예 중에 하나는 경 항공모함 HMS Hermes(1959) 급으로 인도의 'INS Viraat' 호기 2013년까지 계속 사용되었다.
- 2차 세계 대전 중에는 에스코트 항모가 등장하게 된다. 이것은 대서양 호송을 보호하기 위해 것으로 영국은 6대 항공기가 있는 평평한 갑판을 갖춘 상선 항공모함이라는 것을 개발했다. 이것은 상선 표시 색상에 따라 민간인이 운영되고, 호송에 대한 항공 지원을 제공하는 것과 더불어 군수품이 아닌 정상화물을 수송하였다. 엘리베이터 또는 격납고가 없었고 항공기 정비는 제한적이고 항공기는 단지 갑판에 앉아 전체 여행 시간을 보냈다. 이것은 미국에서 전용 호위 항모(CVE)가 만들어지기 전까지 임시방편으로 운영이 되던 것이다.
- 에스코드 항모는 일반 함대 항모의 크기에 비해 1/3 크기로 20~30대 항공기를 가지고 주로 대잠 임무를 하였다. 2차 세계 대전 당시 상선을 개조하여 100척 이상 만들어졌다. 미국에서 만들어진 에스코트 캐리어는 두 가지 기본 선체 디자인은 상선 형 그리고 약간 크고 약간 빠른 유조선 형이다. 에스코트 외에 이들은 바다 건너 항공기를 수송하는 데 사용되었다. Samar 외곽 전투에서는 6척의 호위 항공모함과 호위 구축함이 적극적으로 5척 일본 전함을 공격하고 퇴각로에서 세를 보여주는 등 실제 전투인 필리핀 탈환 진투에 에스코트 항모가 참가했다.

- 상업용 항공모함이 충분하게 보급되기도 전에 비상 임시방편으로 영국 Catapult를 장착한 항공기상선(CAM, Catapult Aircraft Merchant Ship) 선박을 사용하여 항공기에 의한 호송 커버를 하였다. 이 CAM 선박은 로켓 추진 방식(Rocket-Propelled) Catapult를 사용해 항공기를 이륙시키는 것으로 일반적으로 전투에 지친 Hawker Hurricane 항공기가 장착되었다. 이륙하게 되면 항공기는 갑판에 다시 착륙하고 못하고 착륙의 범위 내에 육지가 있지 않은 경우 바다에서 착륙을 해야 했다. 2년에 10번 미만의 이륙이 이루어졌으며 단지 1명의 조종사와 6대의 폭격기만 손실을 입어 일부 성공한 면이 있다.
- 항공모함은 2차 세계 대전에 매우 중요한 역할을 했다. 전쟁 초기에는 영국은 7척의 항공모함을 가지고 있었지만 독일과 이탈리아는 항모가 없어 상당한 수적인 이점이 있었다. 1940년에 노르웨이 전투 중 독일 순양전함이 항모 HMS Glorious를 침몰시킴으로써 순양전함에 비해 항공모함의 취약성이 나타나 항모의 한계를 알게 된다. 전쟁에서 잃은 최초의 항모는 1939년 9월 17일 U-29에 의해 침몰된 HMS Courageous이었다.
- 1940년 11월에 Taranto에 있는 이탈리아 함대에서 장거리 공격을 할 때 항모 HMS Illustrious에서 발진한 짧은 원거리 항공기에 의한 효과적인 이동식 항공기 타격을 시작하면서 항모의 다양한 능력이 증명되었다. 이 작전은 21대의 공격용 Fairey Swordfish 비행기에 실린 21대의 어뢰 중 2발이 명중함으로써 저렴한 비용으로 항구에서 6척의 전함 중 3척이 사용할 수 없게 만들었다. 또한 항공모함은 포위된 섬 몰타에 수송용 비행기를 보내고 공급물자를 보냄으로써 몰타를 강화하는데 중요한 역할을 했다. 이와 같이 항모의 사용은 지중해 지역에 이탈리아 해군 및 육지 기반 독일 항공기의 지배를 억제하였던 것이다.
- 대서양에서는 HMS Ark Royal과 HMS Victorious에서 출발한 전투기들이 1941년 5월 동안 독일 전함 Bismarck를 둔화시키는 임무를 수행하였다. 전쟁 후반에는 호위 항공모함들이 대서양과 북극 바다를 건너 자신의 가치를 지키는 호송 임무 수행을 충실히 하였다.
- 독일과 이탈리아는 항공모함의 새로 만들거나 또는 상선 등을 개조하기 시작하였지만, 거의 완성된 Graf Zeppelin 항모를 제외하고 어떠한 항모도 완성되지 않았다.
- 태평양에서의 2차 세계 대전은 항공모함 함대 간의 충돌이 발생 하고 있었다. 일본은 10척의 항공모함을 가지고 있었고 그 당시 세계에서 가장 크고 가장 현대적인 항모 함대였다. 미국은 전쟁의 시작 시점에 7척의 항공모함이 있었는데 그 중 단지 3척만 태평양에서 운영하고 있었다.
- 일본은 1939년에 비행기에서 발사하는 천해수용 어뢰를 개발하였고 또한 1940년 영국 해군의 이탈리아 Taranto 항구 공격을 본받아 일본이 1941년에 미국 하와이 Pearl Harbor 급습한 것은 현대 항모의 전투력을 보여주는 것이었다. 이것은 그동안 어떤 다른 나라와도 비교할 수 없는 단일 지역 공격에 6척의 항모를 동원한 것은 해군 역사에서 새로운 전환점이었다.
- 한편, 일본은 동남아시아를 선제공격하기 시작하였고 일본의 육지에서 출발한 항공기에 의해 영국의 Prince of Wales and Repulse 호를 침몰시킨 것은 공군력과 항모가 바다를 지배하는 될 것이라는 점을 궁극적으로 입증하는 결과가 되었다. 바다에서 기동하고 반격하여 해군 역사상 처음으로 항공기가 전함을 침몰시켰다. 1942년 4월, 일본의 빠른 항모전단이 인도양까지 진출하였고 손상된 그리고 무방비 항모 상태였던 HMS Hermes(1924)를 포함하여, 상선을 침몰시켰다. 충분하지 않은 공군력을 가진 작은 연합군 함대는 패퇴해야만 했다.
- 일본 도쿄 등 일본 다수의 지역에 USS Hornet(CV-8)에서 발진한 16대의 B-25 Mitchell 중형폭격기로 구성된 Doolittle Raid 공습은 일본 공격 부대를 바다로 향하도록 하는 효과가 있었다.
- Coral Sea 전투는 세계 최초의 항모 간 전투로 함대를 전적으로 항공기 공격으로 전환한 이 전투에서 미국은 일본의 남태평양 진출을 막는 전략적 승리를 거둔다.
- 미드웨이의 전투는 해전으로 결정적으로 군함이 아닌 항공기가 싸운 역사상 처음 전투이다. 4척 일본 항모가 3척의 미국 항모에서 발진한 비행기에 의해 침몰되었다. 그 침몰된 항모 중 하나가 완전히 소실되었고 이 전투는 태평양 전쟁의 전환점으로 간주된다.

[그림 2-10] 일본과 프랑스의 2차 세계 대전에 사용된 Submarine Aircraft Carrier

- 미국은 1943년 Essex 급의 도입으로 항공모함 함대, 경항모 그리고 새로 투입된 호위 항공모함의 혼합 편성에 의해 많은 수의 탑승 항공기를 갖춘 항공모함 전대를 구축할 수 있었다. 제 3 및 제 5 함대의 신속 항모전단을 구성하게 된 함성들은 태평양 진쟁 승리에 중요한 역할을 하였다. 특히 1944년 필리핀 해역의 전투는 역사상 최대 규모의 항공모함 전투로 2차 세계 대전의 결정적인 해전이었다.
- 전시 비상사태는 틀에 얽매이지 않는 항공모함을 만들고 또한 개조하는 작업에 박차를 가했다. 화물선 'SS Michael E'와 같은 CAM 선박은 다시 선박으로 되돌아갈 수 없는 상태로 개조가 되어 Catapult로 발진되는 단 1대 전투기를 가진 화물 운반하는 상선이었다. 화물선의 상단에 비행갑판을 둔 곡물 운반선인 'MV Empire MAC Airplane'와 같은 선박은 상선 항공모함(MAC, Merchant Aircraft Carrier)이었고 이런 개조는 세계 대전 기간 동안 긴급 조치였다.
- 프랑스 Surcouf 호와 세계 최초 1920년대에 일본에 의해 만들어진 I-400 급 잠수함 등의 잠수함 항공모함은 3대의 'Aichi M6A Seiran' 항공기를 운송할 수 있었지만 전쟁에서 그다지 효과적이지 못하여 실패하였다.

2.1.2 세계 2차 대전 이후 역사

1945년 2차 세계 대전 이후 항공모함 분야에서 많은 변화가 있었다. 전후 러시아와의 냉전 체계가 등장하면서 군비 경쟁은 가속화 되었고 그런 가운데 항모도 하나의 역할을 하게 된다. 항공모함은 미국을 중심으로 발전을 하게 되고 이를 통해 미국은 전 세계의 제해권을 가지게 되었다. 다음은 2차 세계 대전 이후 미국의 항공모함의 역사를 요약한 것이다.

2차 세계 대전 이후 기술적 발전을 통해 항공모함은 효율적 측면에서 큰 변화가 있어 왔다. 이는 비행갑판에서 편향된(Angled) 활주로를 구축하게 되고 스팀식 Catapult의 발전이 이루어지고 현재는 전자기식 Catapult인 EMALS (Electromagnetic Aircraft Launch System) 시스템 적용을 앞두고 있다. 또한 새로운 연료 체계인 핵추진 항공모함이 등장하게 되고 헬기가 전투기와 같은 용도 항공모함에 적재되고 있는 변화를 맞이하였다. 그리고 미국의 제외한 대부분의 나라의 항모는 항모의 사이즈에서 오는 핸드캡을 극복하기 위한 스키점프대 방식의 램프를 비행갑판에 두어 효율성 극대화를 추구하고 있다. 다음은 대전 이후 항공모함의 변화를 좀 더 상세히 요약한 것이다.

[표 2-2] 2차 세계 대전 이후 미국 항공모함 개발 진행 사항

일시	내용
1946-07-21	해군 중령 James Davidson은 항공모함 USS Franklin D. Roosevelt에서 McDonnell XFH-1 팬텀 비행기를 이용한 최초의 성공적인 제트 동력 항공기 이륙 및 착륙을 했다.
1947-07-26	대통령 Harry S. Truman은 법으로 육군, 해군과 동일한 공군의 부서를 독립하여 만들었고 국가 항공 경비대도 창설을 하였다. 이를 통해 비행기의 중요성이 강조되었고 추후 해군의 항공 부분은 공군에 속하지 않고 독자적으로 발전을 하게 된다.
1952	미 항모 USS Midway(CVB 41)에 Angled Flight Deck 구축
1954	미 항모 USS Hancock(CVA 19)에 Steam Catapult 구축
1961	세계 최초의 NucleaR Power Propulsion 항공모함인 USS Enterprise (CVA(N) 65) 제작
1975-04-29	'FREQUENT WIND' 작전이 시작되었다. 해병대, 해군 및 공군 헬기가 남베트남의 마지막 피난민 이송에 참여하기 위해 사이공 떨어진 곳에서 헬기는 이틀간 남베트남의 수도에서 6,000명 이상의 이재민을 공수하였다. 이 작전은 항공모함(USS Midway)의 갑판에서 미 공군 헬기가 첫 번째 비행을 하였다.
2001-10-26	미 국방부는 합동 전폭기를 구축하는 사업에 Lockheed Martin을 선택했다. 공군, 해군 및 해병대는 F-35 지정한 스텔스 항공기의 수 천 대를 구입하는 계획을 세웠다.
2009-11-13	미국의 새로운 Gerald R. Ford (CVN-78)급의 항모가 만들어지기 시작하였고 2016년에 정식으로 실전 배치될 것이다.

vi.wikipedia.org

[그림 2-11] 효과적으로 제트기를 이착륙 성공한 미 항모 CV42(개조 이후의 모습)

- 세계대전 이후에 항공모함에 적용된 것으로 3가지 주요한 것들(Angled Deck, 증기식 Catapult, 광학 착륙 시스템)이 있다. 이것들은 앞 세대의 프로펠러 구동보다 더 무거운 착함기의 무게 및 더 빠른 착륙속도를 만드는 제트 추진 항공기의 운영을 개선할 필요성에서 등장하게 되었다.
- 항모의 첫 번째 제트기 착륙은 1945년 12월 3일에 특별히 개조된 영국의 'de Havilland Vampire LZ551/G' 제트기를 HMS Ocean에 착륙시킨 중령 Eric "Winkle" Brown에 의해 만들어졌다. 그는 또한 2,407회 이르는 항모 착륙의 횟수에 대한 기록 보유자이기도 하다.
- 이러한 성공적인 테스트 후에도 여전히 항공모함에서 정기적으로 운영하는 제트 항공기의 적합성에 대해 많은 의혹이 있었다. 그리고 착함기 LZ551/G는 Farnboroug에서 실험용 '고무 갑판'의 시험을 실시하였다. 성능상의 이점 개발을 향한 상당한 노력에도 불구하고, 항모에서 제트기는 불필요한 것으로 의견이 모아졌지만 Angled 비행갑판의 도입에 따라 제트기는 1950년대 중반에 항모에서 효과적으로 운영되기 시작하였다.

www.ussantietam.com

[그림 2-12] USS Antietam의 10.5° Angled 갑판/Sponson

- 2차 세계 대전 동안 전투기는 항모 선체의 장축에 비행갑판과 평행하게 착륙을 하였다. 이미 착륙한 항공기는 비행갑판의 선수 끝에 갑판에 주차될 것이다. 충돌방지 장벽은 착륙용 후크가 Arrestor 케이블을 놓치기 때문에 착륙영역을 초과한 어떤 착륙 시도 항공기를 중지시키기 위해 뒤에 설치되어 있다. 만약 이런 일이 발생하면 자주 심각한 손상이나 부상 등이 일어날 것이며, 심지어 충돌 장벽이 충분히 강력하지 않으면, 멈추려는 항공기가 파괴될 것이다.
- 1950년대 초반의 중요한 발전은 D.R.F.(Dual Role Fighter)인 영국 대위 Campbell가 Farnborough에 있는 RAE(Royal Aircraft Establishment)의 Lewis Boddington와 함께 발명한 Angled 비행갑판이다. 활주로는 항모의 종축에서 몇 도의 각도로 경사져 있는 형태이다. 항공기는 Arrestor 케이블을 놓친 경우(Bolter라고 함), 조종사는 다시 공중으로 향할 최대 엔진출력을 증가시킬 필요가 있는데 Angled 데크가 바다 위에 다른 각도로 있기 때문에 주차된 항공기 충돌하지 않을 것이다.
- Angled 비행갑판은 민첩하게 단시간 착륙하는 Touch and Go 방식으로 착륙하기 위해 비행갑판에 중심선에 Angled 갑판을 그림으로 표시하여 항모 Hms Triumph에서 첫 번째 테스트를 하였다.
- Angled 비행갑판은 미국의 항모 Uss Midway에서 테스트되었다. 두 테스트에서 Arresting 기어 및 장벽은 원래 축 갑판에 지향된 대로 남아 있었다. 1952년 9월~12월 동안 항모 USS Antietam은 실제 Angled 비행갑판 테스트에 대해 완전한 Arrested 착륙을 위해 테스트 하는 동안 뛰어나다고 증명된 기초 Sponson을 설치된 채로 가지고 있었다. 1953년 USS Antietam은 각도 갑판 개념의 가치를 입증하면서 미국과 영국 해군 부대 모두 훈련을 하였다. 영국의 HMS Centaur는 1954년경에 비행갑판을 놀출식으로 개조되었다. 미해군은 1954년과 1959년 사이에 실시된 항공모함의 Essex 급 업그레이드 사업(SCB-125)의 일부분으로 그리고 Midway 급의 성능 업그레이드 사업인 SCB-110/110A를 통해 부분적으로 angled 데크로 업그레이드하였다. 1955년 2월에 HMS Royal는 Angled 비행갑판을 가지고 처음부터 제작된 최초의 항모가 되었고 그 이후 영국 Majestic 급인 HMAS Melbourne및 미국의 USS Forrestal(CV-59) 항모 등이 뒤를 따라 처음 제작 당시부터 Angled 비행갑판을 가진 항모가 만들어졌다
- 선박의 보일러 또는 원자로에서 나오는 증기에 의해 구동되는 현대 증기식 Catapult는 영국의 해군 예비대 사령관인의 C.C. Mitchell에 의해 발명되었다. 1940년대에 도입되어 사용되던 유압식보다 더 강력하고 신뢰할 수 있어 1950년과 1952년 사이의 HMS Perseus에 시험 가동된 후 채택이 되었다

en.wikipedia.org

[그림 2-13] Angled 비행갑판을 실험한 영국의 항모 HMS Triumph

www.wikiwand.com

[그림 2-14] 증기식 Catapult를 최초로 실험한 영국 항모 HMS Perseus

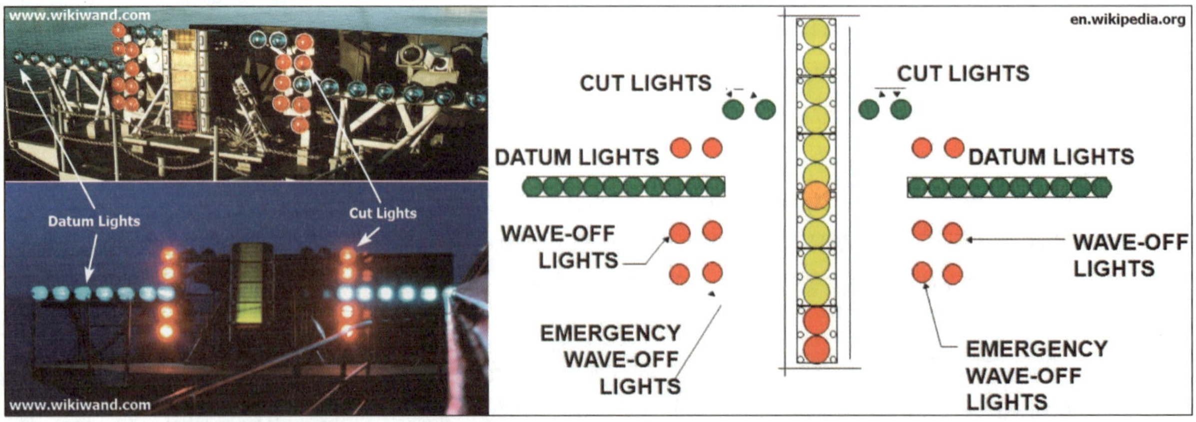

[그림 2-15] 항공모함의 Optical Landing System(Meatball)

- 광학 착륙 시스템의 첫 번째는 영국 해군 소령 H. C. N. Goodhart에 의해 발명된 거울을 사용한 착륙 보조 장치로 또 다른 영국의 혁신이었다. 이것은 갑판의 포트 측에 자이로스코프 제어 오목 거울이었다. 나중에 Fresnel 렌즈 광학 시스템으로 교체되어 효과가 더욱 좋게 설계되었다. 거울의 양쪽에 녹색 'Datum(계측의 기산기준)' 빛 라인이 나타난다. 밝은 오렌지 'Source' 빛은 착륙하려는 비행사가 볼 수 있는 'Ball(공)'을 만들어 내면서 거울에 지시했다. 이 'Ball'은 나중에 Usn 용어로 또는 'Meatball(미트볼)'이라고 불리게 되었다. 'Datum' 조명에 비해 공의 위치는 원하는 활공 경로와 관련된 항공기의 위치를 나타낸다. 공이 Datum 보다 위에 있다면 비행가가 높은 것이고 Datum 아래에 있으면 비행기가 낮은 고도에 위치한 것이다. 즉, Datum 사이에 비행기가 활공 경로에 있다. 자이로의 안정화가 바다에서 변화에 따른 비행갑판의 움직임 정도를 일정한 활공 경로를 제공함으로써 보상하게 된다. 거울 착륙 장치의 첫 번째 실험은 1952년 HMS Illustrious에 실시되었다. 광학 착륙 장치(Optical Landing System, OLS)가 사용되기 전에는 조종사가 착륙 신호수의 시각 플래그 신호에 도움을 받아 적절한 활공 경로를 유지하면서 착륙을 하였으나 날씨 상황 등을 고려할 때 매우 위험한 착륙이었던 것이다.
- 미 해군은 원자를 의미하는 'A' 추가하여 핵추진 항공모함을 CVA로 명명하여 미 공군의 장거리 폭격기 개발 프로젝트와 병렬로 전략적 핵전력을 구축하려고 시도하였다. 이 선박은 원자폭탄을 실은 장거리 트윈 엔진 폭격기를 탑재하는 것이었다. 이 프로젝트는 새로 만들어진 미 공군의 압력으로 취소되었고 나중에 그 'A'는 '공격(Attack)'을 의미하는 내용으로 재활용 된다. 이것은 항모의 성장을 지연시킨 결과를 초래하였으나 공군의 반대에도 불구하고, 핵무기는 USS Forrestal(CV-59)에 실려 1955년부터 항모 무기의 일부가 되었다. 1950년대 말까지 해군은 일련의 핵무장 공격 항공기를 가지게 있었다.
- 미 해군은 핵 원자로에 의해 구동되는 최초의 항공모함을 만들었다. 항모 USS Enterprise는 8개의 원자로에 의해 구동되는 것으로 핵추진 군함으로는 USS Long Beach 이후 2번째 군함이 된다. 항모 USS 니미츠를 시작으로 그 이후 슈퍼항모는 내구성을 높이는 기술을 이용하여 두 개의 원자로를 사용하였다.
- 다른 국가들은 핵추진 잠수함을 운영하지만, 항모는 대부분 국가에서 운영을 하지 않고 있다. 지금까지 미국과 프랑스만 핵추진 항모를 운영하고 있으며 프랑스의 핵추진 항공모함은 1척으로 'Charles de Gaulle' 이다.

www.defenseindustrydaily.com

[그림 2-16] 최초의 핵추진 항공모함인 미국의 항모 USS Enterprise

www.mercurynews.com/2014/07/25/monterey-aircraft-carrier-uss-nimitz-in-monterey-bay/

[그림 2-17] 최초의 슈퍼항모인 미국 항공모함 USS Nimitz

- 2차 세계 대전 이후 헬기 또한 급격한 발전을 이루어 왔다. 특히 항공모함에 탑재되어 임무 수행과 작전 능력이 우수하고 유용하다는 점이 알려지게 되어 헬기 항모 또는 헬기를 주력으로 사용할 수 있는 AAS가 등장하게 되었다. 고정익 항공기가 공대공 전투 및 공대지 공격에 적합한 반면, 헬리콥터는 장비나 인력을 이송하는데 사용되며 대잠수함 작전(Anti-Submarine Warfare, ASW) 등에 사용이 된다. 이것은 딥핑(Dipping), 공중 발사 어뢰 그리고 수중 폭뢰를 가지고 작전하기가 편리하기 때문이다. 그리고 공중에서 발사하는 대함 미사일을 장착하여 대함 선박 전투에도 유용하게 이용이 된다.
- 1950년대 후반과 1960년대 초반에 영국과 미국은 오래된 수송선을 코만도 항모 또는 착륙 플랫폼 헬리콥터 (LPH) 항모로 개조를 하였다. 예를 들면, HMS Bulwark 같은 코만도 항모는 바다에서 사용가능한 헬기 이착륙장을 갖추고 있다. '항공모함'이란 용어가 가지는 비용이 많이 드는 함정이라는 듯을 내포하고 있어 비용적인 측면을 완화하기 위해 새로운 Invincible 급의 항공모함이 원래 '갑판을 갖춘 순양함'으로 지정되어 설계되었다. 이것은 최초로 헬기 전용 호위 항공모함이며 빠른 Sea Harrier VTOL/STOVL 제트기의 등장으로 짧은 비행갑판에도 불구하고 고정 날개 전투기를 탑재할 수 있는 것을 의미하였다.

en.wikipedia.org & www.triangminicsdhips.com

[그림 2-18] Commando Carrier인 영국의 HMS Bulwark

- 미국은 S-2 Tracker와 같은 고정익 대잠 항공기 및 헬리콥터를 탑재하여 처음에는 단순한 ASW 항모로써 일부의 Essex 급 항모를 사용했다. 나중에, 해병대 병력과 헬기 수송을 위한 전문 LPH 헬리콥터 항모를 개발하기에 이르렀다. 이것들은 강습용 헬기 상륙함(Landing Helicopter Assault, LHA)로 진화를 하였고 나중에는 강습 상륙함의 종류인 착륙용 헬리콥터 도크를 갖춘 상륙함(Landing Helicopter Dock, LHD) 변화되었다. 이것은 몇 대의 Harrier 기를 일반적으로 탑재하게 된다.
- 또 다른 영국의 항공모함에 적용된 기술 혁신은 현대 Catapult 시스템에 대한 대안으로 사용되는 스키 점프 램프이다. 활주로 또는 비행갑판의 끝에 스키 점프 램프가 전진 방향의 모멘텀 일부를 상향 운동으로 변환하기 위한 하나의 도움닫기를 만들어 항공기가 이륙을 쉽게 만든다. 엔진 추력에 의해 생성된 전진방향 비행속도가 수평비행을 유지하기에 충분 때까지 점프에서 추가 고도와 상향 각도 비행경로가 여분의 시간을 제공하는 것이 바로 이 스키점프대의 목적이다. V/STOL 항공기는 종종 필요한 대기 속도가 달성될 때까지 추가 상승을 주기 위해 자신의 추력 일부를 아래 방향으로 하여 직접 자신의 능력을 사용하기도 합니다. 스키 점프가 Harrier 항공기들의 무거운 이륙 중량을 가진 상태에서 이륙을 허용함으로써 그 점프대는 Harrier에게 향상된 STOVL 기능을 제공했다. 그것은 이후 인도, 스페인, 이탈리아, 러시아, 태국, 중국 등 다른 나라의 해군의 항모에서도 채택되었다.
- 2차 세계 대전 후 최초의 대규모 전쟁이었던 한국동란은 유엔의 지원 하에 대규모 항모가 투입되었다. 유엔 지휘부는 북한의 한국의 침략에 대응하여 1950년 7월 3일 북한 군대에 대응한 항공모함 작전을 시작했다. TF 77는 항모 USS Valley Forge와 HMS Triumph를 투입하였다. 1953년 7월 27일 휴전이 이루어지기 전에 12척의 미국 항모는 TF 77의 일환으로 동해에 27번의 작전 투입을 하였다.
- 한국동란의 집중 항공 작전 기간 동안 최대 4척의 항모가 동시에 작전을 수행했지만, 표준 작전 내용은 2척은 작전하고 1척은 짧은 시간 내 동해에 대응할 수 있도록 일본 요코스카 항에서 '준비상태'로 두었다.
- 두 번째 항모 전단인 TF 95는 북한의 서쪽 해안 황해를 봉쇄하는 임무를 수행하였다. 본 TF는 영연방 항모 HMS Triumph, Theseus, Glory, Ocean, and HMAS Sydney 그리고 통상 미국의 호위 항공모함 USS Badoeng Strait, Bairoko, Point Cruz, Rendova, and Sicily 등으로 구성되었다.
- 한국동란 중 항모에서 출격한 회수는 총 301,000번 이상이다. TF 77 소속 항공기에 의해 255,545번, FT 95의 영연방 항공기에 의한 25,400회, TF 95의 호위 항공모함에 의해 20,375회 등의 비행기 출격이 이루어졌다. 이를 통해 미국 해군과 해병대 항모를 기반으로 한 전투 손실은 비행기 541 대를 잃어버린 것이고 영국 손실은 86대 그리고 호주는 15대이다.
- 1960년대까지 영국, 프랑스, 네덜란드 등의 국가에서 자신들의 식민지에서 이탈하려는 문제로 충돌할 때 자신들의 항모를 사용하였다. 프랑스는 1946~1954년 사이 제 1차 인도차이나 전쟁 동안 베트남 호치민에 대한 작전을 수행하기 위해 항모 Dixmude, La Fayette, Bois Belleau 및 Arromanches을 사용하였다. 영국은 1956년 수에즈 위기 동안에 이집트의 각 위치를 공격하기 위해 항모 HMS Eagle, Albion, Bulwark, 그리고 프랑스의 Arromanches, La Fayette에서 발진한 함재기를 사용했다. 영국 항모 HMS Ocean과 Theseus는 최초의 대규모 헬기가 매개된 공격에 의해 헬리콥터에 의해 바다에서 육지로 인력을 수송하는 상륙 작전을 수행했다. 네덜란드 해군은 인도네시아의 침략으로부터 New Guinea를 보호하기 위해 1962년에 Western New Guinea에 항모 HNLMS Karel Doorman과 호위 전투 그룹을 배치하였다. 이 개입은 거의 대함 미사일을 운반하는 소련이 제공한 Tupolev Tu-16KS-1 Badger 해군 폭격기를 사용한 인도네시아 공군에 의해 공격을 거의 받을 뻔했으나 공격은 마지막 순간 휴전에 의해 중지가 되었다. 1964~1967년 사이에 영국 해군은 인도네시아와 말레이시아 사이의 Konfrontasi 지역 충돌 시 보르네오에서 작전을 지원하기 위해 극동 함대 항공모함 HMS Ark Royal, Centaur, and Victorious를 배치했다. HMS Albion과 Bulwark은 특공 항모로 하고, 호주 항모 HMAS Sydney는 병력수송 임무를 수행하였다.
- 인도와 파키스탄 전쟁 중에는 인도는 동쪽 지역(현재 방글라데시)에서 파키스탄군에 대응하기 위한 작전으로 Andaman 제도에 있는 기지로부터 항공모함 INS Vikrant를 배치했다. 항모에서 출격한 Hawker Sea Hawks가 성공적으로 Chittagong 항구를 봉쇄하였고 업무를 마비시켰다.

www.navy.mil

[그림 2-19] 한국동란에 참전한 미국의 항모 USS Princeton(CV 37)과 전투기 Panther 모습

www.gunplot.net & www.commsys.net.au

[그림 2-20] 호주의 Majestic 급의 항공모함 HMAS Sydney로 한국동란과 베트남전쟁에도 참전을 하였다.

- 미 해군은 남중국해의 바다에서 1964년 8월 2일부터 1973년 8월 15일까지 해군 항공 역사에 '가장 오래 끈 그리고 쓰라린 또한 비용이 많이 드는 전쟁'을 치렀다. 양키 기지와 딕시 기지 2곳에서 전개되는 항모 발진 항공기는 남베트남에서 전투작전을 지원하고 폭파 작전을 수행했다. 이것들은 Flaming Dart, Rolling Thunder 및 Linebacker 작전 하에서 북베트남에 있는 미 공군과 함께 한 것이었다. 참전한 항모의 숫자는 충돌의 지점에 따라 다르지만 Linebacker 작전 중 6척이 동시에 작전에 참여를 하였다. 미국 7 함대의 TF 77에 배치된 21척의 항공모함은 그 당시 미국이 가지고 있던 공격용 항모 전부 중 John F. Kennedy 호만 제외된 모두이며 86회 순회를 하였고 통킹 만 라인에 총 9,178일 동안 항모를 운영하였다. 530대의 항공기가 전투 중 손실되었고 329회 이상 운영 사고가 발생했으며 377명

의 해군 조종사의 죽었다. 그리고 64건의 다른 보고된 실종과 179명이 적에 의해 잡혔다. 항모 Forrestal, Enterprise 및 Oriskany의 함정 보충 병력으로 205명의 장교와 수병이 주요 함모 화재로 사망하였다.

- 포클랜드 전쟁 동안 영국은 경항공모함 HMS Hermes(1959) 및 더 작은 '경중량 항모(Through Deck Cruiser)'인 Hms Invincible 사용해 영국 본토에서 8000 마일(13,000 km)이나 되는 먼 곳의 전투에서 승리를 할 수 있었다. 포클랜드 전투에서 함대와 해안에서 발진한 항공기의 공격력을 방어하는데 그리고 적을 공격하는데 STOVL 항공기의 가치를 보여 주었다. 이 STOVL 항공기들은 영국 해군 소속 Sea Harrier와 징집된 공군 소속의 Harrier 항공기들이었다. 6대의 사고와 지상포대 공격으로 손실이 되었지만 Sea Harrier는 상대방의 21대 빠른 공격 제트기를 격추시키는 성과를 달성하였다. 항모에서 이륙한 헬리콥터는 전투부대 인력을 이송 배치하였고 구급 업무를 수행하였고 또한 수색 및 구조 및 대잠수함 작전에 사용되었다.
- 포클랜드 전쟁에서 또 다른 교훈은 영국 항모의 전투기 Douglas A-4 Skyhawk(A-4Q)가 아르헨티나의 항공모함 ARA Veinticinco de Mayo를 패퇴시켰다는 것이다. 빠른 공격형 잠수함 HMS Conqueror에 의해 아르헨티나 순양함 ARA General Belgrano의 침몰은 주력 함정은 핵 잠수함에 취약한 것으로 나타났다.
- 미국은 태평양에서 자국의 이익을 보호하기 위해 페르시아 만과 아프가니스탄에서 항모를 사용했다. 2003년 이라크 침공 당시 미 항공모함은 미국의 항공 전력의 주요기지로서 역할을 했다. 중동 공군기지에는 많은 수의 항공기를 배치할 수 있는 기능이 없이 미국은 항모 기반의 비행 중대에서 주요 항공 공격을 수행할 수 있었다. 최근에는 항모 Ronald Reagan 등 미국 항공모함이 이라크 반 반란 작전에 대한 항공지원을 제공했다.

미국의 현재까지 항공모함 발달의 역사를 연대기로 나열하면 다음과 같은 것으로 정리가 될 수 있겠다.

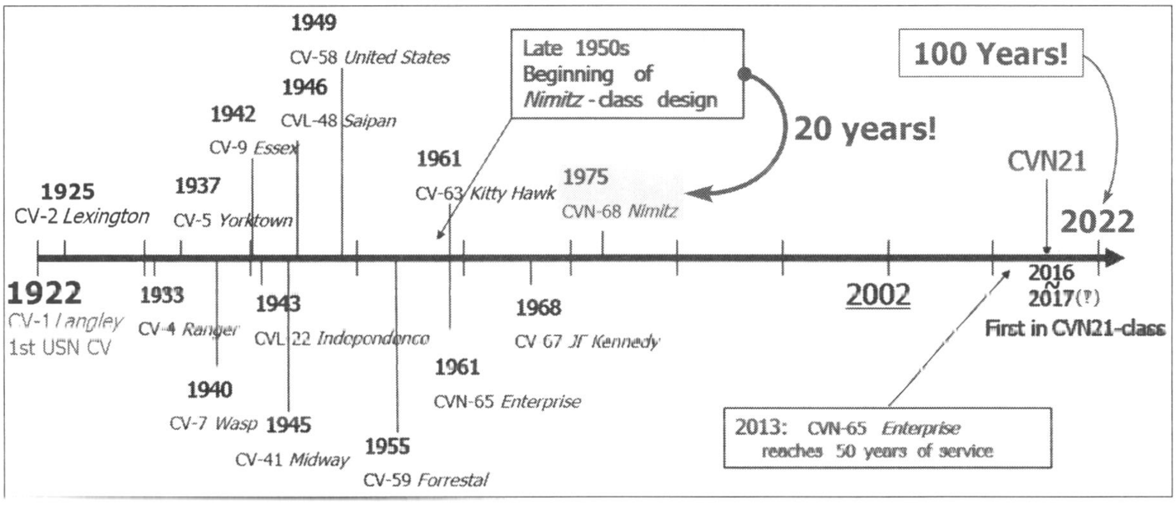

[그림 2-21] 미국 항모 연대기(CVN21 급의 최초 항모인 CV-78 Ford 항모는 2016년 11월로 취역 예정은 되어있으나 일징의 불확실성으로 '2016~2017년(?)'으로 명시하였다.)

2.2 미국 항공모함 현황

2.2.1 CV

미국의 항공모함 전력은 다른 국가들을 압도한다. 앞 장에서 언급이 되었지만 미국을 제외한 전 세계 모든 나라들의 항공모함 전력을 합쳐도 미국을 능가할 수 없다. 이것은 미국이 세계 최강의 해군력을 가지는 밑거름이 되고 있다. 미국은 2종류의 CV와 4종류의 AAS를 가지고 있다. CV만 살펴보면 모두 핵추진 항공모함이며 또한 슈퍼항모이다. 경제력이 뒷받침이 되지 않으면 운영할 수 없는 슈퍼항모 11척을 운영하면서 전 세계 경찰국가로서의 역할을 수행하고 있다.

아래의 몇 개의 표들은 미국이 가지고 있는 니미츠급과 포드급 CV 항모에 대한 내용을 요약한 것이다. 이것은 2015년도 제인연감에 따라 정리가 된 것으로 그 내용을 설명하면 다음과 같다. 10척의 니미츠 급은 각기 다른 시스템을 구축한 경우가 많아 주로 일반화 하여 설명한다.

- CVNM은 'Nuclear-Powered Guided Missile System'으로 CVN과는 단지 CV 'Guided Missile System'만 차이가 있으며 이는 핵추진 항모에서는 대부분 갖추고 있는 것이므로 CVN과 동일하게 보아도 될 것이다.
- 최신의 포트 급 항모는 현재 1척이 만들어져 있고 총 3척이 2027년까지 만들어져 취역하면 니미츠 급 항모의 업무를 대신하게 된다. 포드 급은 니미츠 급에 비하여 인원이 대폭 줄어들었다. 앞으로 2번함(케네디, CV 79)와 3번함(엔터프라이즈, CV 80)이 만들어질수록 미 의회가 요구하는 내용에 맞추어 더욱 인원이 감소하고 성능은 개선될 것으로 판단이 된다.
- 니미츠 급은 1번함 니미츠(CV 68), 2번함 Dwight D. Eisenhower(CV 69), 3번함 Carl Vinson(CV 70), 4번함 Theodore Roosevelt(CV 71), 5번함 Abraham Lincoln(CV 72), 6번함 George Washington(CV 73), 7번함 John C. Stennis(CV 74), 8번함 Harry S. Truman(CV 75), 9번함 Ronald Reagan(CV 76), 10번함인 George H.W. Bush(CV 77) 함으로 되어 있다.
- 니미츠 급은 세부적으로 구분하여 급을 나눌 수 있는데 니미츠 급은 CV 68~70, 루즈벨트 급으로 CV 71~75 그리고 레이건 급으로 CV 76~77로 나누어진다.
- 포드 급과 니미츠 급은 크기 등 외형적으로는 큰 차이가 있지는 않다. 즉, 포드 급은 니미츠 급의 선형을 그대로 유지하면서 다른 것들을 개선한 것이다.
- 포드 급과 니미츠 급은 동일하게 2개의 원자로를 사용하지만 니미츠 급은 PWR (Pressurized Water Reactor) 형태의 'A4W'를 사용하지만 포드 급은 'A1B' 원자로를 사용한다. 이것은 포드 급에 맞춘 것으로 'A1B'의 의미는 다음과 같다.

A : Aircraft Carrier에 맞는 플랫폼

1 : 계약자의 제 1 코어 디자인 부분

B : 설계사가 Bechtel Marine Propulsion('벡텔' 그룹의 자회사, BMPC)

[표 2-3] 미국 항공모함(CV) 현황표

구분	Class	약어	척수	선명	진수	취역	배수톤수(ton)	Dimension (m)			Fight Deck(m)			Aircraft Lift(m)				속도(Kt)	최대 항속거리(mi)	Complement		
								길이	폭	깊이	폭	세로	가로	개수	세로	가로	ton			총 인원	장교	항공인력
CV	Gerald R. Ford	CVN	3	Gerald R. Ford John F Kennedy Enterprise	2013 2019 2023	2016 2022 2027	est. 101,605	332.8	40.8	12.4	78	332.8	78	3	-	-	-	est. 30	?	4,660	?	?
CV	Nimitz	CVNM	10	Nimitz George H.W. Bush	1972 2006	1975 2009	74,086 ~ 103,637	332.9	40.8	11.3 12.1	76.8	332.9	76.8	4	-	-	-	est. 30	?	5,750 + 70 flag	505	2,480

구분	Class	Military Lift	Machinery		Missile		Guns &	A/S Mortars
			종류	사이즈	종류	개수		
CV	Gerald R. Ford	?	- Nuclear: 2 A1B reactors - shaft: 4	?	SAM : - 2 (Raytheon GMLS Mk 29 launcher for Raytheon Evolved Sea Sparrow RIM-7) - 2 (GMLS Mk 49 RAM RIM-116)	4	3 Raytheon 20 mm Vulcan Phalanx Block 1B Mk 15 6-barreled	?
CV	Nimitz	?	- Nuclear: 2 (Westinghouse/GE PWR A4W/A1G reactors) - shaft: 4 - emergency diesel: 4	280,000hp (209MW) 10,720hp (8MW)	SAM : - 2~3 (Raytheon GMLS Mk 29 Octuple launchers ESSM in due course) - 2 (GMLS Mk 49 RAM RIM-116 launchers)	4~5	2~3 Raytheon 20 mm Vulcan Phalanx Mk 15 6-barreled	?

구분	Class	물리적 대응	전자전 대응	RADAR	소나	Combat data Systems	전투무기 제어시스템	정밀화 시스템
CV	Gerald R. Ford	Decoy: SLQ-25C	ESM/ECM: SEWIP Block 2/3	- Air Search: Dual Band Radar(DBR) Raytheon SPY-3, Volume Search Radar(VSR) Lockheed Martin SPY-4 - Navigation: SPS-73V(18) - Fire control: 4 Mk 95, I/J-band (2 per GMLS 29 launchers) - Tacan: URN-25	?	CEC; USG-2A; Link 4, 11, 16	SSDS Mk II	?
CV	Nimitz	Decoy: SLQ-25 (Nixie) (Torpedo Countermeasures Tansmitting Set)	ESM/ECM: SLQ-32(V) (4 intercept & jammers)	- Air Search: ITT SPS-48E, E/F-band Raytheon SPS-49(V)5 or SPS-49A(V)1, C/D-band Hughes Mk 23 TAS, D-band or SPQ-9B - Surface Search: Norden SPS-67(V)1,G-band - CCA: SPN-41, SPN-43C, 2 SPN-46, J/F/K-band TPX-42A DAIR - Navigation: Raytheon SPS-64(V)9 or SPS-73(V)12 or SPS-73(V)17, I/J-band - Fire control: 4 Mk 95, I/J-band (2 per GMLS 29 launchers) - Tacan: URN-25	?	- ACDS Block 0 naval tactical & advanced combat direction systems - To be back-fitted in all as part of the CAPSTONE combat system upgrade	3 Mk 91 Mod 1 MFCS directors	?

구분	Class	고정익 비행기		헬기		항모 특징
		종류	수량	종류	수량	Design
CV	Gerald R. Ford	- 구성: 임무에 따라 달라짐 - 항공기: 75+ (F-35C, F/A-18E/F, EA-18G, E-2D, J-UCAS)	75+	MH-60R/S	?	- 비행갑판과 그 아래 갑판은 출동 속도 및 출격횟수를 증가시키는데 최적화 되었고 무기의 이동을 개선하였다. - 개선된 사항들에는 새로운 디자인, 아일랜드의 재배치, 3곳의 비행기 승강기와 진보된 무기 엘리베이터(AWE)가 포함되어 있다. - 다른 기능으로는 4대의 전자기 항공기 이륙지원 시스템(EMALS)를 포함하여 최신의 arresting 기어(AAG) 시스템, 새로운 SSDS 개방형 아키텍처 전투 시스템, 완벽하게 통합된 전투체계 시스템, 새로운 원자력 추진기 그리고 미래의 전투 기술에 빠르게 접목하는 유연한 선박 구조 등이 있다. - 또한 중요한 거주능력 향상이 결합되어 있다.
CV	Nimitz	- 구성: 임무에 따라 달라짐 - 항공기: 52+ (전형적으로 44 F/A-18C/E/F Hornet, 4 EA-6B Prowler, 4 E-2C Hawkeye)	52+	혼합: SH-60F, HH-60F, MH-60S 혹은 MH-60R, MH-60S	?	- 데미지(손상) 통제 수단으로는 완전하고 빈 구획 시스템을 가진 측면을 포함한다. 이것은 선측 외판의 어떤 부분은 약 2.5 인치의 케블라 장갑을 하고 탄약고와 기계 공간 등은 상자 보호를 한다. 전체가 빈 구획은 항공 연료를 저장할 수도 있다. - 항공 시설로는 4개의 리프트가 있는데 비행갑판의 전방 끝에 2개, 아일랜드 후방에 우현에 1개 그리고 선미 좌현 1개가 있다. - 4개의 증기식 catapult 있다. CVN 68~71의 catapult는 C13-1이고 CVN72-77의 catapult는 C13-2이다. - Arrester wire는 Mk 7 Mod 3 type을 사용하며 CVN 76과 77 와이어가 3개이고 나머지 니미츠급은 4개를 사용한다. - 비행기 이륙 시간은 20초에 1대씩 가능하다. - hangar 데크는 전체 비행기 숫자의 반(50%) 이하를 보관할 수 있다. - Deck 높이는 25.6 ft 이다. - 항공유는 8,500 톤 저장 가능하다. - 기함 역할을 하기 위해 전술사령부 명령 센터가 있다. - 연료 재주입과 복합 분해정비 점검을 하는 RCOH(Refueling Complex Overhaul) 동안에 항모CVN 68 & 69는 아일랜드를 개조를 하였다. 주 마스터는 좀 더 많은 안테나를 지지하기 위해 3 야드 팔을 가지게 되었다. - 두 항모 CVN 76과 77의 주요 차이점은 3개의 arresting 시스템을 가지고 있다는 것이다. 이것은 위에서 기술한 것처럼 4개에서 3개로 변경이 되었다. 그리고 더 커진 아일랜드 구조를 가지고 있다. 이것은 더 커진 브릿지와 3 야드의 메인마스트 그리고 예전 니미츠 급과 별개의 전방 마스터와 내부 무장 승강기에 의해 커진 것이다. - 기타 변경사항으로는 항공기 착륙하는 동안 두 catapult의 사용을 허용하기 위해 angled 데크가 0.1° 증가되도록 비행갑판 개조 및 저항을 줄이기 위해 구상선수 변경 등이 포함되었다.

nosint.blogspot.com & www.wikiwand.com

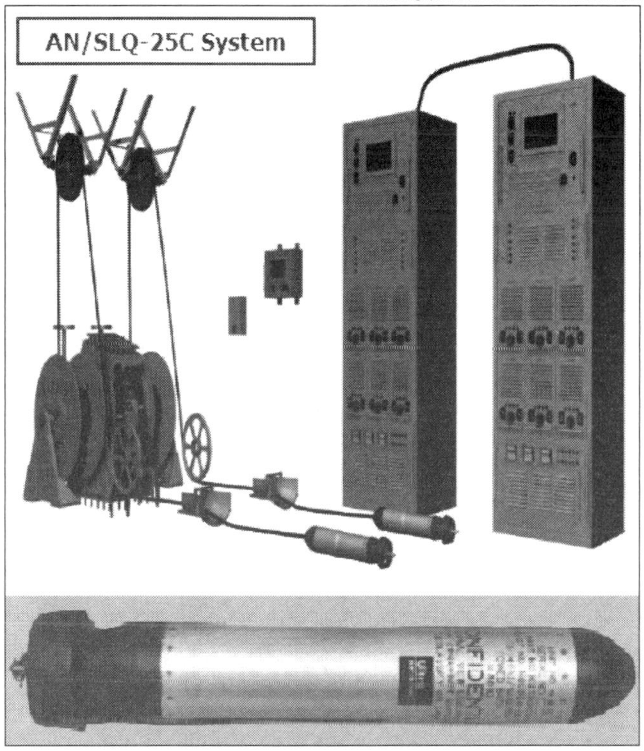

[그림 2-62]
TB-14A와 시스템인
AN/SQL-25C

- 제럴드 R. 포드 급 항모 프로그램에 대한 초기 계획은 니미츠 급 항모에 사용되는 A4W 원자로를 대체하기 위한 두 원자로 복합체를 포함하는 것이었다. 새로운 A1B 원자로 플랜트는 니미츠 급 A4W 원자로 플랜트의 약 3배의 전력을 제공하는 더 작고 효율적인 디자인이다. 플랜트의 현대화를 통해 높은 코어 에너지 밀도, 전력 펌핑에 대한 낮은 요구, 간단한 구조, 현대적인 전자 제어와 디스플레이가 사용되었다. 이러한 변화는 대기시간이 2/3 감소하고 필요한 유지보수의 상당한 부분이 감소하는 결과를 가져왔다. 2개의 벡텔 A1B 원자로를 장착한 항모는 니미츠 급 원자로의 3배의 전기인 300메가와트를 생산할 수 있다.
- 포드 급과 니미츠 급의 SAM(Surface-to-Air Missile) 미사일은 동일한 것으로 나타난다. 하지만 포드 급이 1기 정도의 발사대가 추가 배치될 것으로 판단된다. Gun도 같은 종류로 장착이 되며 다만 이것도 포드 급에서 추가 배치가 있을 것으로 여겨진다.
- 기만기(Decoy)는 Nixie를 사용하고 있다. 이것은 수상함이나 잠수함 등에서 보편적으로 사용을 하는 것으로 음향으로 적의 어뢰를 기만하는 장치이다. Decoy와 Nixie는 둘 다 기만기를 지칭하는 말이지만 '미끼'라는 뜻을 가진 Decoy가 좀 더 큰 의미로 사용이 된다. 즉, Decoy는 어뢰만이 아니라 잠수함, 대함 미사일 등 다양한 적의 공격을 회피하기 위한 기만기의 기능을 가진 통합된 기기를 말한다.
- An/Slq-25 Nixie 및 그 변종은 미국과 연합군 군함에 장착된 어뢰 기만기로 견인식이다. 그것은 견인식 기만 장치 (TB-14A) 및 선상 신호 발생기로 구성되어 있다. 기만기는 의도한 목표에서 어뢰가 멀리까지 따라가도록 신호를 방출한다. 포드 급에서 사용되는 AN/SLQ-25C 시스템은 AN/SLQ-25A 시스템의 업그레이드가 된 것이다. AN/SLQ-25C는 더 길고, 더 많은 기능을 가지고 견인 케이블을 따라 새로운 대응 모드를 가진 진보된 Surface Ship의 어뢰에 대응하기 위한 개선된 기만기이다.
- ESM/ECM은 Electronic Support Measures과 Electronic Countermeasures를 의미한다. 이것은 전자전 지원책과 전자전 방어책을 각각 의미한다. 우선 ESM은 즉각적인 위협을 인지하기 위해 혹은 장기적인 작전 계획에 따라 방출된 전자기 에너지의 출처를 탐지하고, 식별하고, 기록하고 분석하기 위한 관련 사령관의 직접 통제 하에 취해지는 작전과 관련된 전자전의 일부분을 말한다. 예를 들면, 그 사격 통제 레이더가 전투 차량, 선박 또는 항공기를 대상으로 작동 못하게 하는 것 등 위협을 통해 취해지는 즉각적인 조치가 ESM의 하나라고 할 수 있다.

- ECM 장치는 적외선(IR)와 레이저 같은 레이더, 수중 음파 탐지기 또는 다른 감지 시스템을 속이기 위해 설계된 전기 또는 전자 장치이다. 적에 대한 타겟 정보를 거부할 목적으로 공격적으로 그리고 방어적으로 이 2가지 방법으로 이 ECM 장치를 사용할 수 있다. 포드 급에서 사용이 되는 SEWIP은 'Surface Electronic Warfare Improvement Program'의 약어이다. 이것은 AN/SLQ-32 (V) EW 시스템에 대한 진화적인 개발을 이루어 기능에 대하여 증가 및 향상된 시스템을 제공하는 블록 업그레이드 프로그램이다. 현재 3단계 블록 업그레이드가 되어 있고 4번째는 계획 중이다. 그러므로 포드 급은 니미츠 급에서 사용하는 것보다 업그레이드 된 것으로 최고 사양을 사용하는 것이다.
- 항공모함에서 사용되는 레이더는 몇 가지 종류로 나눌 수 있다. Air Search, Surface Search, CCA, Navigation, Fire Control, Tacan 등이다. Air Search는 항공 식별 레이더이고, Surface Search는 해상 함정 식별 레이더이다. CCA는 Carrier Control Approach 레이더를 의미한다. CCA와 지상 제어 접근(Ground Controlled Approach, GCA) 레이더는 본질적으로 같은 레이더로 선박 및 육지 기반 버전의 차이이다. 전체 장비는 무선 통신 장치와 정밀 접근 레이더 장치 이외에 탐색 레이더를 포함한다. 선상용 CCA 레이더는 선박의 움직임과 더 복잡한 착륙 등이 있기 때문에 통상 GCA 보다 훨씬 더 복잡한 시스템이다. 두 시스템은 제로 가시성 상태에서도 안전한 착륙을 하도록 항공기를 안내한다. 그러므로 최종 접근 및 착륙 순서가 진행되는 동안 항공기가 감지되고 관찰되어 지는 것이다.
- Navigation은 항해용 레이더를 말하는 것이고 Fire Control은 화력 발사를 위한 통제 레이더이다. TACAN은 'TACtical Air Navigation' 시스템을 말한다. 이것은 군용 항공기에 의해 이용되는 네비게이션 시스템이다. 그것은 지상 또는 선박을 매개로한 스테이션에 방위와 거리(경사 범위 또는 사변/빗변)를 제공한다. 그것은 민간항공용 방위 및 다양한 정보를 제공하는 VOR(VHF Omni Directional Range)/DME(Distance Measuring Equipment) 시스템보다 정확한 버전이다.
- 전투 데이터 시스템으로 CEC는 'Cooperative Engagement Capability'를 표현한 것으로 '협동 교전 능력'을 의미한다. 현대전은 통합전 혹은 협동전의 의미가 중요하고 이를 위해 데이터 시스템이 구축되었고 가동되는 것이다. 이 협동 교전 능력(CEC)은 하나의 장치에 실시간으로 네트워크 중심의 전투 통합 트랙 묘사가 되도록 CEC 장착된 장치에 여러 전투력을 파악하게 된다. 항공 검색 센서에서 데이터를 결합하여 항공기 전투력과 미사일 방어 능력을 상당한 정도로 향상하기 위한 통합 화력 제어 기능까지 있는 센서 네트워크이다. 이것은 방해 Jamming 을 더 어렵게 만들고 전투 그룹별로 방어 미사일을 할당함으로써 함대 방공을 더욱 향상시킬 것이다. 향후, CEC는 해군 통합 화력 제어 및 대항공(NIFC-CA, Naval Integrated Fire Control-Counter Air) 기능의 핵심 기둥을 형성할 것이다. 이것은 E-2D 진보

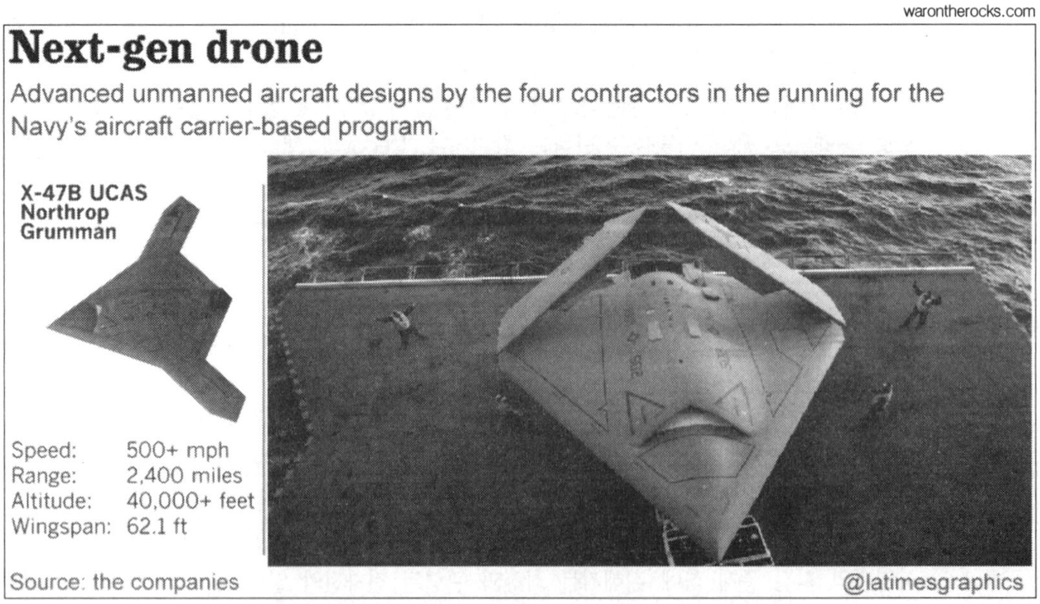

[그림 2-23] UCAS가 항모에서 운항 준비를 하는 모습

된 Hawkeye를 통해 UCLASS 또는 보잉 F/A-18E/F 슈퍼 호넷과 같은 낮은 수준의 스텔스 플랫폼을 채널화된 관찰사를 가진 전방 관찰사처럼 작선을 수행하도록 해 F-35C 라이트닝 II 처럼 스텔스 센서 플랫폼을 가지게 될 것이다.

- 니미츠 급에서 사용되는 전투 데이터 시스템으로 ACDC는 'Advanced Combat Direction System'의 약자로 진보된 전투 지시 시스템을 말한다. 이는 전투 정보를 수집하고 연관관계를 확인하기 위해 상호 비교하는 방식으로 집중식 자동화된 지휘 통제 시스템이다. 이 항공모함과 대형 갑판 수륙 양용 AAS에 대한 해군 전술 데이터 시스템 (NTDS, Navy Tactical Data System)를 업그레이드 한 것이다.
- 전투제어시스템으로 SSDS는 'Ship Self-Defense System'로 함정 자체 방어 시스템을 의미한다. 이것은 구체적으로 항공모함과 다른 이지스 체계가 아닌 미국 해군 전투 선박의 대공 방어를 위해 디자인된 전투 시스템이다. 그것은 기존의 여러 함정에 탑재된 시스템을 조정한다. 멀티 센서의 통합, 병렬 처리 그리고 하드 및 소프트 킬(Kill) 기능의 조정은 SSDS의 핵심 구성요소이다. 공중 위협에 대한 대응은 자동 또는 사람이 중간에 관여하는 방식인 Man-in-the-Loop 형식으로 일부 사람 참여 원칙을 기반으로 한다. 니미츠 급의 전투무기 제어 시스템은 Sea Sparrow 미사일에 대한 3개 mk 91 Mod 1 MFCS 감독에 의해 관리된다.
- MFCS는 'Mortar Fire Control System'의 약어이다. 이것은 방위각, 고도 및 캔트 Mortar 배럴의 날개의 방향을 표시하는 Mortar 포 사격 통제 시스템이다. 이 시스템은 3축 광학 헤드가 포함되어 있다. Mortar 배럴에 인접하여 장착한 이 광학 헤드는 타격 목표를 향해 90°의 간격의 2개의 미리 정해진 방향으로 광 펄스를 방출하게 된다.
- 고정익 비행기는 임무에 따라 탑재되는 기종이 달라질 수 있다. 그러나 니미츠 급은 F/A-18 계열이었다면 CV-78은 미국이 개발하고 있는 F-35C가 주축을 이룰 것이다. 또한 현대전에 맞추어 무인기 활용이 극대화 될 것이고 포드 급에서 활용하기 위해 UCAS 등 새로운 무인기들이 항모에서 이륙 및 착륙에 관한 실험을 계속해 나가고 있다.
- 헬기는 대체적으로 같은 MH-60 계열 기종이 주축을 이루어 사용하게 되는데 다만 니미츠 급이 좀 더 다양한 종류를 사용을 한다. 포드 급에서 헬기가 단순하게 사용되는 것은 F-35C 성능과 관계가 있다.
- 니미츠 급 항모의 설계상 특징은 나중에 상세히 언급되겠지만 주요 특징은 4개의 항공기용 리프트가 있고 또한 4개의 증기식 Catapult 있다. Arrester Wire는 3~4개를 사용하지만 나중에 제작된 2척의 니미츠 급은 3개이다. Hangar 데크에 보관되는 비행기는 전체 비행기 숫자의 반 정도이다. 기함 역할하기 위해 전술사령부 명령 센터가 있고 연료 재 주입과 복합 분해정비 점검을 하는 RCOH(Refueling Complex Overhaul) 동안에 니미츠 항모 개조 및 개선을 이루어졌다.

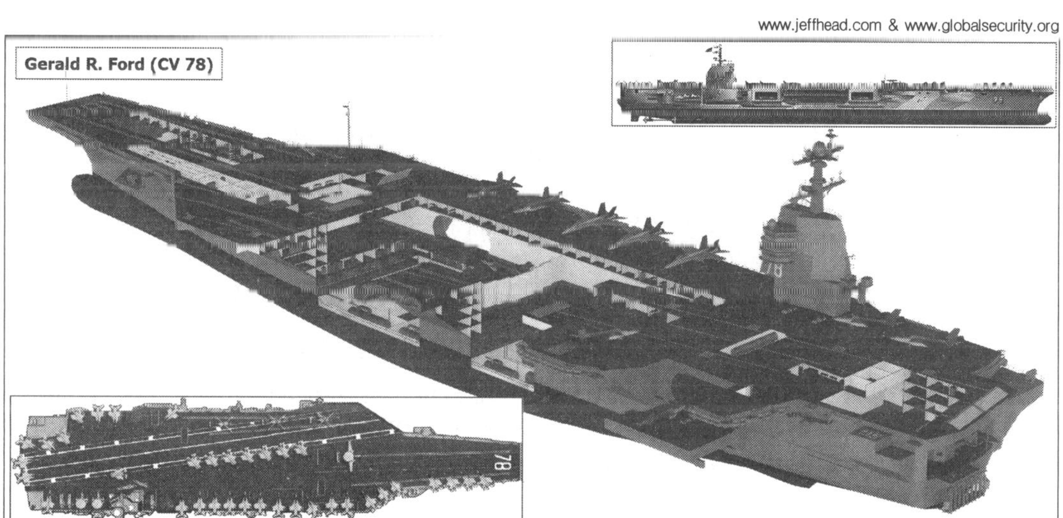

[그림 2-24] 미국의 새로운 슈퍼항모의 알리는 Gerald R. Ford 항모

- 설계상 특징도 추후 기술이 되겠지만 포드 급 항모의 주요 특징은 출동 속도 및 출격횟수를 증가시키는 데 데크는 최적화 되었고 무기의 이동을 개선하였다. 니미츠 급과 다른 추가 기능으로는 4대의 EMALS(Electromagnetic Aircraft Launch System)를 포함하여 최신의 Arresting 기어(AAG) 시스템 그리고 새로운 원자력 추진기를 장착하여 작은 크기에 큰 추력을 얻을 수 있게 되었고 거주능력 향상을 달성할 수 있게 되었다.

2.2.2 Amphibious Assault Ship

미국의 AAS 종류의 항모는 여타 다른 국가의 CV 보다 많은 항공기를 탑재가 가능하기도 하여 전력상 무시하지 못할 매우 강력한 AAS형 항모모함이라고 할 수 있다. 종류와 더불어 함대 수도 많아 미국이 가지고 있는 ASS형 항모만으로도 보급만 충분하게 유지된다면 해상 공격을 독자적으로 할 수 있는 충분한 능력이 있다고 할 수 있다. 그러나 미국은 현재 CV 중심 항공모함 편대를 운영하고 있고 앞으로도 더욱 강력한 체계를 구축할 것이 분명하다.

[표 2-4]는 미국의 항공모함(AAS) 현황표이다. 그 내용을 좀 더 상세히 설명하면 다음과 같이 요약할 수 있다.

- 앞서 언급한 것처럼 'LHDM'은 다목적(Multipurpose) 수륙양용 공격형 함정으로 VSTOL 항공기 및 헬기가 작전에 참여될 수 있도록 탑재된다. 'LPD'는 수륙양용 수송함을 이르는 말로 LCM를 수송하기 위해 도크가 있고 헬기 등을 수송하기 위해 데크가 있는 형태이다. 'LHA'는 수륙양용 공격형 함정으로 물에 잠기는 도킹 웰을 가진 일반 목적용 함정이다. 하지만 이런 분류는 현재는 매우 혼용되어 사용되는 경향이 있다. 실제로 Tarawa 급은 'LHDM'로 분류되어 있지만 'LHA'의 특징인 물에 잠기는 도킹 웰을 가지고 있다.
- 미국의 AAS의 주축은 Wasp(LHD 1) 급으로 총 8대가 운영이 되고 있다. 2번함은 'Essex', 3번함 'Kearsarge', 4번함 'Boxer', 5번함 'Bataan', 6번함 'Bonhomme Richard', 7번함 'Iwo Jima' 그리고 8번함은 'Makin Island'이다.
- 기함으로 사용이 되는 'Austin'을 제외하면 대부분 4만 톤급 함정이며 비행갑판은 250 m 정도로 대략적으로 비슷한 크기를 가지고 있다. 배수톤수로 가장 큰 AAS는 'America'급이다.
- 인력은 Wasp과 America 급은 1,200명 정도의 인력을 포함되어 있고 Tarawa 급은 1,000명을 상회하는 인력으로 구성이 되어 있다. 기함으로 사용되는 Austin은 500~600명 정도 인력이 배치되어 있다.
- 수송 가능한 군 인력은 기함인 Austin은 840명이고 나머지는 1700명 전후한 인력을 수송할 수 있다. 탑재가 되는 각종 수륙양용 장비는 다음과 것들이 있다.

  L C U : 'Landing Craft Utility'의 약어로 다목적 상륙정
  LCAC : 'Landing Craft Air Cushion'의 약어로 공기부양 상륙주정
  LCPL : 'Landing Craft, Personnel, Large'의 약어로 인원 수송용 상륙정
  L C M : 'Landing Craft, Mechanized'의 약어로 기계화 부대 상륙용 주정
  L V T : 'Landing Vehicle, Tracked'의 약어로 수륙양용 장갑차
  LCVP : 'Landing Craft, Vehicle and Personnel'의 약어로 차량·인원 상륙용 주정

- 보일러에서 나오는 압력은 항상 일정하게 600 psi로 이를 기본적으로 이용한다.
- 메인 엔진은 70,000 hp(52.2 MW) 출력을 내는 터빈 엔진을 2기 설치하는 경우가 대부분이고 필요 시 추가 설치가 된다. 비교하자면 니미츠 급 핵 항공모함에서 사용하는 것은 4배인 280,000 hp 이므로 항모의 약 1/4 정도 출력을 이용하고 있는 것이다.
- SAM 미사일의 경우는 RIM-116 Rolling Airframe Missile (RAM)을 기본으로 사용하고 있다. 이것은 소형, 경량, 적외선 유도 지대공 미사일이다. 소총 라이플 통에서 발사된 총알처럼 비행경로를 안정화하기 위해 미사일 종축 주위에 롤링하기 때문에 미사일의 이름이 그렇게 붙여졌으며 2005년 부로 이 방식으로 작동하는 유일한 미사일은 미국 해군 미사일뿐이다.

[표 2-4] 미국의 항공모함(AAS) 현황

구분	Class	약어	척수	선명 (1번함/최종함)	진수	취역	배수톤수 (ton)	Dimension (m)				Fight Deck (m)		속도 (kt)	최대항속 거리 (mi)	Complement		
								길이	폭	깊이	폭	세로	가로			총인원	장교	항공 인력
Amphibious	Tarawa	LHDM	1	Peleliu	1978	1980	40,608	254.2	40.2	7.9	36	250	36	24	10,000	964	56	?
	Wasp	LHDM	8	LHD-1 Wasp/ LHD-8 MakinIsland	1987 2006	1989 2009	LHD-1~4: 41,302 LHD-8: 42,330	258.2	42.7	8.1	36	249.6	36	22	9,500	1,123	65	?
	Austin	LPD	1	Denver(LPD 9)	1965	1968	17,521	173.8	30.5	7	30.5	-	-	21	7,700	420+ 90 flag	24	?
	America	LHA	2	America/ Tripoli	2012 2014	2014 2019	44,971	257.3	60.35	8.75	36	249.6	30.6	22	9,500	1,102	102	?

Class	Military Lift	Machinery		Missile	Guns &
		종류	사이즈 (psi/hp/MW)	종류	
Tarawa	1703 troops 4 LCU 1610 type or 2 LCU & 2 LCM 8 or 45 Assault Amphibious Vehicles 1200 ton aviation fuel 1 LCAC may be embarked. 4 LCPL(replacement by RHIBs in progress)	2 combustion Engineering boiler 2 Westinghouse turbine	600// /70000/52.2	SAM: 2 GDC Mk 49 RAM RIM-116	2 Raytheon 20 mm/76 6-barreled Vulcan Phalanx Mk 15 6 Mk 242 25 mm automatic cannons 8-12.7 mm MGs
Wasp	1687(plus 184 surge) troops 12 LCM 6s or 3 LCACs aviation fuel 1232 tons (LHD1~4) 1960 tons (LHD5~8)	2 combustion Enginering boiler 2 Westinghouse turbine(LHD1~7) 2 GE LM2500+gas turbines(LHD1~7) 2 Alstom variable speed electric motors(LHD8)	600// /70000/52.2 /70000/52.2 /10000/7.5	SAM: 2 Raytheon GMLS Mk 29 octuple launchers 16 Sea Sparrow RIM-7P ESSM in due course 2 GDC Mk 49 RAM RIM-116 launchers	2 Raytheon 20 mm 6-barreled Vulcan Phalanx Mk 15 3 Boeing Bushmaster 25mm Mk 38 4-12.7 mm MGs
Austin	840 troops 9 LCM 6s or 4 LCM 8s or 2 LCAC or 20 LVTs 4 LCPL/LCVP	2 Foster-Wheeler boiler 2 DeLaval(GE in LPD 9 & 10) turbine	600// /24000/18	?	2 Raytheon 20 mm/76 6-barreled Vulcan Phalanx Mk 15 2-25 mm Mk38 8-12.7 mm MGs
America	1687 troops (plus 184 surge)	COGES: 2 GE LM 2500+gas turbine 2 auxilary propulsion motors	/70000/52.2 /10000/7.46	SAM: 2 Raytheon GMLS Mk 29 octuple launchers 16 Sea Sparrow RIM-7P ESSM in due course 2 Raytheon RAM RIM-116 launchers	2 Raytheon 20 mm 6-barreled Vulcan Phalanx Mk 15 3-25 mm Mk 38 Mod2 chain gun 14-12.7 mm MGs (7 twin)

Class	물리적 대응	전자전 대응	RADAR	Combat data Systems	전투무기 제어시스템
Tarawa	Decoy: 4 Loral Hycor SRBOC 6-barrelled fixed Mk 36 SLQ-25A Nixie SLQ-49 chaff buoys AEB SSQ-95	ESM/ECM: SLQ-32(V)3 intercept & jammers	-Air Search: ITT SPS-48E, E/F-band Lockheed SPS-40E, B-band Hughes Mk 23 TAS, D-band -Surface Search: Raytheon SPS-67(V)3, G-band -Navigation: Raytheon SPS-73, I-band -CCA: SPN-35A, SPN-43B -Tacan: URN 25 -IFF: CIS Mk XV/UPX-36	-ACDS Block 0 -Advanced Combat Direction System to provide computerized support in control of helicopters and aircraft, shipboard weapons and sensors, navigation, landing craft control and electronic warfare. -Links 4A, 11 & 16 -SATCOM SRR-1, WSC-3(UHF), USC-38(EHF) -SMQ-11 Metsat	?
Wasp	Decoy: 4 or 6 Loral Hycor SRBOC 6-barrelled fixed Mk 36 SLQ-25A Nixie NATO Sea Gnat SLQ-49 chaff buoys AEB SSQ-95	ESM/ECM: SLQ-32(V)3/SLY-2 intercept & jammers Raytheon ULQ-20	-Air Search: ITT SPS-48E, 3D, E/F-band Raytheon SPS-49(V)9, C/D-band Hughes Mk 23 TAS, D-band SPQ-9B(LHD 8 on build & LHD 7 in 2007) -Surface Search: Norden SPS-67, G-band -Navigation: SPS-73, I-band -CCA: SPN-35B(LHD1~7), SPN-35C(LHD8) & SPN-43C -Fire control: 2 Mk95, I/J-band. SPQ-9B(LHD8) -Tacan: URN 25 -IFF: CIS Mk XV/UPX-29	-ACDS Block 1 Level 2(LHD1 & 7) & Block 0(LHD 2~6) -SSDS Mk2(LHD8,7,1(2014)) -MTACCS(Marine Tactical Amphibious C2 System) -Links 4A, 11(modified), 14 & 16 -SATCOMS SSR-1, WSC-3(UHF), USC-38(EHF) -SMQ-11 Metsat -Advanced Field Artillery TDS(LHD6~8)	2 Mk 91 MFCS (LHD 1~6) 2 Mk 9 MFCS (LHD 7~8)
Austin	Decoy: 4 Loral Hycor SRBOC 6-barrelled fixed Mk 36	ESM: SLQ-32(v)1 intercept	-Air Search: Lockheed SPS-40E, B-band -Surface Search: Norden SPS-67, G-band -Navigation: Raytheon SPS-73(V)12, I-band -Tacan: URN25 -IFF: Mk XII UPX-36	-SATCOM WSC-3(UHF), WSC-6(SHF)	?
America	Decoy: Mk 53 Mod 6 NULKA DLS SLQ-25A Nixie acoustic torpedo decoy	ESM/ECM: SLQ-32B(V)2	-Air Search: ITT SPS-48E(V)10, 3D, E/F-band Raytheon SPS-49A(V)1 SPQ-9B -Surface Search/Navigation: 2 SPS-73, I-band -CCA: SPN-35C, SPN-41A & SPN-43C -Tacan: URN 25 -IFF: CIS UPX-29	-SSDS Mk 2 Mod 4B CEC USG-2A Links 4A, 11(Modified) 16 & 22 -SATCOMS: SSR-1, SRC-xx(UHF), USC-38(EHF), URC-131(H)(HF), URC-139(VHF), CBSP & 1 WSC-6C(V)9(SHF) -SMQ-11 Metsa -Advanced Field Artillery TDS	2 NSSMS Mk 132 Mod 2 with 2 Mk 9 MFCS

Class	고정익 비행기		헬기		항모(AAS) 특징
	종류	수량	종류	수량	Design
Tarawa	-요구에 따라 헬기를 대신하여 Harrier AV-8B VSTOL 비행기를 둘 수 있음 -MV-22 Osprey 편대가 헬기 CH-46D/E를 대신할 수 있음	?	CH-53D Sea Stallion or CH-46D/E Sea Knight UAV in due course	19/26	-승강기가 2개 있고 좌현에 하나 그리고 선미에 하나 있다. -선미에 있는 승강기 아래에는 물에 잠기는 도킹 웰이 있고 길이는 268 ft, 폭은 78 ft 이다. 이것은 상륙정인 4대의 LCU 1610 형을 수용할 수 있다. -트럭과 AFVs를 위한 큰 주차장이 포함되어 있으며 증강된 대대를 위한 접안 시설이 있다. -33,730 ft^2의 차량용 면적과 116,900 ft^3 pallet 저장 공간이 있다. -수술실, X-ray 실, 병동, 격리 병동, 검사실, 약국, 치과 수술실 및 의료용 저장 공간 등을 포함한 광범위한 의료 시설을 갖추고 있다.
Wasp	-6~8대의 AV-8B Harrier가 일반적이지만 2차 임무를 위해 최대 20대 탑재 가능 -지원업무용 Osprey 12대 탑재 가능 in LHD 1, 3, 4, 5, 6, & 7(LHD 2 & 8 in 2013) -2014년에는 LHD 1에는 F-35B 탑재가 됨	6 ~ 8 or 12	-Capacity for 42 CH-46E Sea Knight but has the capability to support. -AH-1W Super Cobra or AH-1Z Viper, CH-53E Super Stallion, CH-53-D Sea Stallion, UH-1N Twin Huey, AH-1T Sea Cobra & SH-60B Sea hawk helicopters. -UAV in due course	42	-2대의 항공기용 엘리베이터가 있고 우현 아일랜드의 후미와 좌현 중앙부에 하나가 있다. -웰 데크는 267x50 ft 이고 3대의 LCACs 를 정박할 수 있다. -비행갑판은 9대의 헬기 착륙지 표시가 있다. -화물칸은 총 125,000 ft^3으로 추가적으로 차량 정박용으로 20,000 ft^2이 있다. -차량용 공간에는 5대 M1 탱크, 25척의 LAVs, 8대의 M 198 gun, 68대의 트럭, 10대의 물류용 차량 그리고 여러 서비스 차량을 위해 사용될 수 있다. -브릿지는 통신 공간으로 'cheap kill' 손상을 방지하기 위해 선체 내부로 이동 된 것이다. -64대 침대와 6실 수술실 용량을 갖춘 병원이 있다. -각각 6000 lb를 수송하는 3대의 32 ft 모노레일 열차는 6.8 mph로 웰 갑판에서 다양한 물품을 운반한다. -Iwo Jima(LHD 7)는 USN의 마지막 석유 연소 증기 터빈 선박될 가능성이 높다. -Makin Island(LHD 8)에는 가스 터빈 추진, 전기 구동, watermist 화재 진압 시스템, 광섬유기계 제어 시스템, SPQ-9B 레이더 및 CEC 등을 가지고 맞추어져 있다.
Austin	?	?	-Up to 6 CH-46D/E Sea Knight can be carried. -Hangar for only 1 light	6	-Denver(LPD 9)는 추가적인 브릿지를 가지고 있고 기함 역할을 한다. -하나의 조그만 문을 열고 닫을 수 있는 신축적인 telescopic hangar를 가지고 있다. -비행갑판은 길이로 168 ft(51.2m)이다. -웰 데크의 크기는 394x50 ft(120.1x15.2m)이다. -통신 domes은 균일하게 맞추어져 있지 않다.
America	-Wasp 급과 유사한 운영 시스템 -MV-22 Osprey 지원 가능 -23대의 F-35B(Joint Strike Fighter, JSF) 탑재	23+	?	?	-LHA 대체는 항공 작업을 위해 최적화 되어 있고 기존의 전통적인 웰 갑판 대신에 추가적인 화물/탄약고 용량을 가지고 있다. -비행갑판에는 9대의 헬기 착륙지점 표시가 되어 있고 2대의 항공용 승강기가 있으며 아일랜드에 뒤 우현에 하나와 중앙부 좌현에 하나가 있다. 접는 폴딩 기능은 제외되었다. -이 배에는 26대 침대 및 2곳의 수술실 용량의 병원이 설치되어 있다. -항공기 격납고는 이전 클래스 보다 크며 항공 부품 적재 용량의 현저한 증가를 가져왔다. -화물 적재 용량은 총 160,000 ft^3이고 추가적으로 11,760 ft^2의 차량 저장 면적이 있다. -브릿지는 LHA 1의 브릿지보다 낮은 2개의 데크이다. 이것은 선체 내부에 있는 명령, 컨트롤 그리고 통신 공간이다. -이 선박은 가스 터빈 추진과 모든 전기 보조 장치 체계를 가지고 있다 -디자인은 지금 제작 중인 LHA 8와 그 이후 동급 함의 선미 도크 또는 웰 갑판을 포함하도록 수정되어야 할 것이다. -LHA 8과 그 이후 동급 함은 웰 데크의 편의를 제공하고 데크 면적을 증가시키기 위해 아일랜드 슈퍼구조를 개조하고 더 작은 격납고를 가지게 될 것이다.

[그림 2-25] 각종 수륙양용 주정

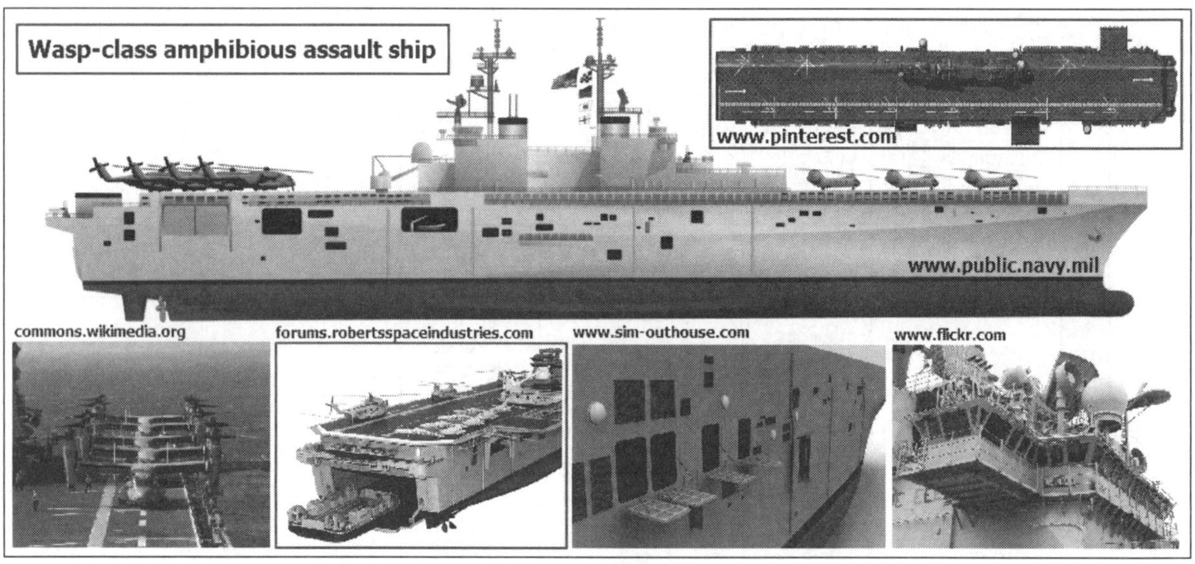

[그림 2-26] Wasp 급 항공모함(AAS)

- ESSM 미사일은 순조롭게 진행이 되면 Wasp 급과 America 급에 장착이 될 것이다. 이 미사일은 RIM-162 ESSM(Evolved Sea Sparrow Missile) 미사일이다. 이것은 대함 미사일로부터 함을 방어하기 위해 RIM-7 Sea Sparrow 미사일을 개조한 SAM 미사일이다. 이 미사일은 유도 체계에서 최신 기술을 채용하여 Aegis 시스템, Active Phased Array Radar(APAR) 시스템에서 사용할 수 있고 Sea Sparrow 미사일보다 더 강력한 로켓 부스터를 갖고 있다.
- Gun은 기본적으로 Raytheon 20 mm Vulcan Phalanx Mk 15를 사용하고 있다. 또한 머신건인 12.7 mm MGs가 사용이 되며 기타 체인 건 또는 Cannon 등이 사용되고 있다.
- 물리적 대응인 디코이는 America 급을 제외하고 Loral Hycor SRBOC Mk 36이 기본으로 사용되고 있다. 이것은 BAE Systems에서 만든 것으로 정식으로는 'Mark 36 Super Rapid Bloom Offboard Countermeasures(SRBOC) Chaff and Decoy Launching System'이다. 이것은 대함 미사일을 저지하기 위해 해군 함정에서 Chaff 또는 적외선 기만기를 발사하는 단거리 박격포와 같은 것이다. 각각의 발사기는 무선 주파수 방출 미사일을 파괴하는 미끼 및 대응의 효과적인 확산을 제공하는 45° 각도로 설정

한 3개의 튜브 및 60° 각도로 설정한 3개의 튜브가 있다. SRBOC는 TORCH 적외선 'Flare' 디코이 시스템을 장착할 수 있다. 일반적인 선박의 부하는 발사기 당 20~35 lb 이다. 이것은 나토의 'Sea Gnat' 시스템과 유사하다.

- 전자전 대응에 대해서는 기함으로 사용되는 Austin은 전자전에 대응(ECM)을 하지 않고 지원(ESM)만 적용하는 시스템을 가지고 있고 나머지 AAS는 ESM과 ECM 2개 모두의 시스템을 구축하여 운영한다. 기본적으로 CV 항모와 같은 SLQ-32(V)2를 기본적으로 사용하지만 Wasp 급은 SLQ-32(V)3을 사용한다. 대부분의 (V)1 시스템은 (V)2로 업그레이드되었고 또 다시 (V)2의 대부분은 (V)3로 업그레이드되었다. 각 SLQ-32의 변종을 설명하면 다음과 같이 요약된다.

SLQ-32(V)1 : 간단한 위협 경고 수신기로 이것은 일반적으로 미사일 및 항공기에 탑재된 형태의 고 대역 레이더 신호를 수신할 수 있다. 이것은 보조 선박 및 프리깃 등 작은 전투 선박에 설치되어 있다.

SLQ-32(V)2 : 가장 흔한 변형으로 감시 대상 레이더를 수신할 수 있는 능력을 추가했다. 이것은 하푼 미사일 장착된 선박의 수동 타겟팅 기능을 제공한다. 호위함, 구축함, 270 ft(82 m) 해안 경비대 선박 등에 설치되어 있다.

SLQ-32(V)3 : (V)2를 기능 확장시킨 것으로 능동 레이더 전파 방해 기능을 추가했다. 이것은 순양함, 전함, 대형 수륙양용 선박 및 고 부가가치 보충 선박 등의 각종 전투선박에 설치되어 있다.

SLQ-32(V)4 : 항공모함에 설치하기 위해 설계된 이것은 일반적인 컴퓨터와 디스플레이 콘솔에 연결을 한 (V)3 시스템이다. 선박의 각 면에 하나씩 구성되어있다. 추가 라인 교체 가능한 장치와 소프트웨어는 두 개의 안테나/전자 인클로저의 넓은 분리를 지원하기 위해 추가되었다.

SLQ-32(V)5 : 이것은 전체 (V)3을 수행하는 것이 너무 작은 페리 클래스 FFG(Frigate)에 능동 재밍 능력을 제공하기 위해 의도된 (V)3 시스템의 소형화된 버전이 포함된 것이다.

en.wikipedia.org

[그림 2-27] America 급 AAS의 모습

- (V)4를 제외하고 SLQ-32의 모든 버전은 SLQ-32의 통제 하에 Chaff와 적외선 교란을 시작할 수는 Mk 36 디코이 발사 시스템과 인터페이스 된다. 설치된 Mk 36 발사대의 수와 배열은 항공모함에서는 10개 정도로 많고 작은 전투함에는 2개의 발사기에 이르기까지 선박의 크기에 따라 달라진다. 시스템의 증가를 통해 다국적 MK-53 Nulka 시스템과 통합하기 위해 업그레이드가 실시되고 있는 중이다.
- 레이더 시스템은 CV 항공모함과 유사하지만 AAS 항모에서 추가적으로 'IFF'를 설명한다. 이것은 'Identification, Friend or Foe'의 약어로 피아식별 장치를 의미한다. 이는 명령 및 제어를 위해 설계된 식별 시스템이다. 그것은 자기편으로서 항공기, 차량 또는 부대를 확인하기 위한 심문/문의에서 자신의 방위와 범위를 결정하기 위해 민간 항공 교통 제어를 포함하여 군사 및 국가 심문/문의 시스템을 가능하게 한다. IFF는 모두 군사 및 민간 항공기 대상으로 사용될 수 있다. 'CIS'는 'Central IFF System'을 의미한다.
- 전투 데이터 시스템은 Tarawa 급은 니미츠 급에서 사용된 'ACDS Block 0'를 같이 사용하고 있다. 이것은 진보된 전투 방향 시스템으로 헬리콥터와 항공기 제어, 선박 내 무기와 센서, 네비게이션, 착륙 컨트롤과 전자전 등을 지원하는데 있어 컴퓨터 지원을 제공합니다.
- 'MATCCS'는 'Marine Tactical Amphibious Command & Control System'의 약어로 해병대 작전에서 AAS의 전술적 명령체계 및 컨트롤 시스템을 위한 것으로 유사한 것으로 해군에 대한 것도 공유하며 같이 있다.
- 'SMQ-11'은 단독 환경 위성 지상 수신기이다. 이 시스템은 세 개의 주요 구성 요소(동력화된 안테나, 신호 처리 및 스케줄링 어셈블리 및 TeraScan이라는 화상 처리 소프트웨어 애플리케이션)로 구성된다. 이것은 군의 DMSP(Defense Meteorological Satellite Program) 및 미국해양대기관리처인 NOAA (National Oceanic and Atmospheric Administration)의 TIROS 극성 궤도 위성 등 이 2개 모두의 원시 가시광, IR의 이미지 데이터 및 수증기 파장을 수신할 수 있다.
- 헬기가 아닌 고정익 비행기는 AAS에는 한계가 있다. 이를 극복하려는 노력이 다각도 진행이 되어 왔고 지금도 진행 중이다. 기본적으로 수직 이착륙이 가능한 해리어 기인 AV-8B가 적용이 되지만 단종이 되는 관계로 다른 방안을 찾고 있다. 그중에 한 기종이 헬기를 대신할 수도 있는 MV-22 Osprey이다. 대부분의 AAS 항모에서 적용이 되고 있다. 벨 보잉에서 개발된 것으로 Tiltrotor 방식 군용 항공기다. 그러므로 MV-22는 다중 임무용 수직 이륙 및 착륙(VTOL, Vertical Takeoff and Landing), 짧은 거리 이륙 및 착륙(STOL, Short Takeoff and Landing) 2가지 기능이 모두 가능하다. 터보 프롭 항공기의 장거리 고속 주행 성능과 함께 종래 헬리콥터의 기능을 결합하도록 설계된 것이다.

www.youtube.com/watch?v=zeA59qV_NsQ

[그림 2-28] AAS에 착륙한 MV-22 Osprey 항공기

- 또 다른 고정익 비행기는 F-35B이다. 이것은 미국 등 서방에서 차세대 통합작전(JSF, Joint Strike Fighter)용을 개발하고 있는 것이다. 진행 중이기는 해도 곧 Wasp 급과 America 급에 탑재가 완료가 될 것이다. 사실 America 급은 최대 23대의 F-35B 탑재하도록 되어 있어 AAS 항모이지만 고정익 비행기에 높은 비중의 활용을 위한 것이다. 하지만 Wasp급은 42대의 헬기 탑재를 하여 보다 헬기 운영에 초점이 맞추어져 있다. 하지만 작전 요구사항에 따라 언제든지 변동이 가능한 장점이 AAS에 있어 유동적이라고 할 수 있다. 그리고 여건이 허락되는 한 항공모함에서 UAV 활용은 대세가 될 전망이다.
- AAS 항모의 설계상 특징도 CV 항모와 마찬가지로 추후 기술이 되겠지만 개략적인 특징은 다음과 같다.

  1) 선미에 물에 잠기는 웰 도크가 존재하는 경우가 일반적이다.
  2) 상륙을 위한 인적 물적 자원을 수송할 수 있는 시설이 있다.
  3) 완벽한 병원 시설을 갖추고 있는 것이 일반적이다.
  4) 명령, 컨트롤 그리고 통신을 위한 공간인 브릿지는 선체 내부에 있고 앞으로 개발되는 AAS 항모의 아일랜드는 수퍼구조화 할 것이다.

AAS 항모와 유사한 것으로는 다양한 종류가 있을 수 있다. 본서에서는 항공기가 1~2대가 있는 군함의 종류는 항공모함의 정의에서 제외를 하였다. 그럼, 몇 대 이상의 항공기를 탑재해야 항공모함이라고 할까? 정답은 없다. 하지만 최소한 1~2대의 항공기가 탑재되었다고 항모로 불리기에는 무리가 있어 보였다. 처음에는 비행기를 탑재하는 모든 군함을 대상으로 조사를 했으나 너무 큰 범위가 되어 어려움이 있었고 다음과 같은 군함은 시리즈 선박도 많고 그 기능이 AAS와 유사하여 고민이 되었지만 어렵게 제외를 하였다. 그것이 바로 San Antonio 급 LPDM 이다. 현재 9 척이 운영 중이고 앞으로 2척이 더 만들어질 예정이다. 하지만 CH-46E Sea Knight 헬기가 최대 2대만 탑재 가능하다. 이에 참조로 위의 내용을 기술하였고 관련된 사진도 아래와 같이 두었다. 이는 실제 AAS형 항공모함과 유사한 형태의 AAS를 비교하는 기회가 될 것이다.

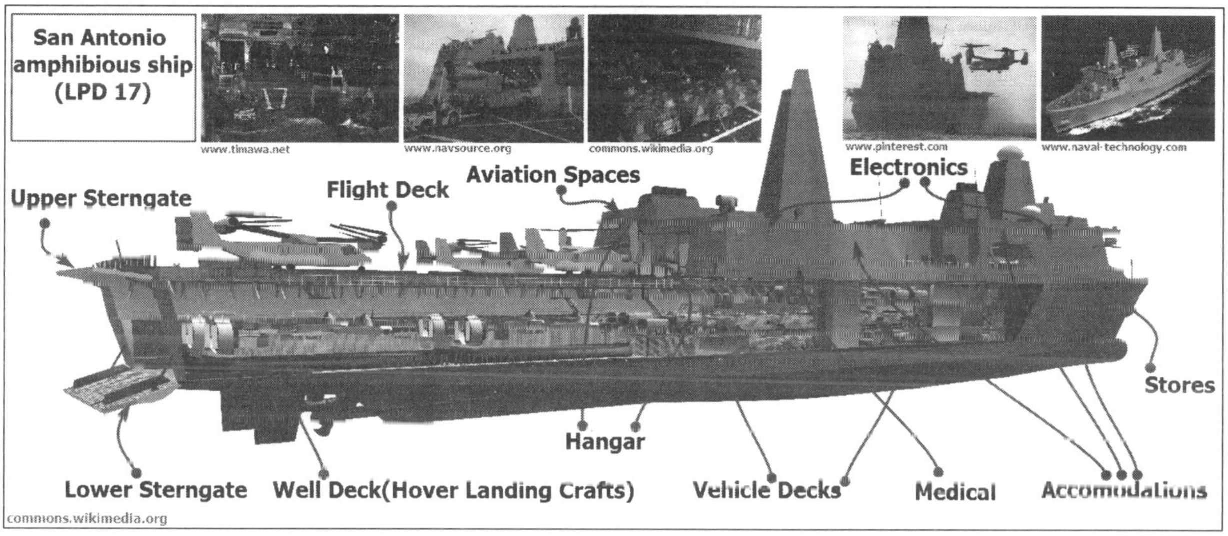

[그림 2-29] 헬기 탑재가 가능한 San Antonio(LPD 17)호 내부 및 외부 모습

2.3 서방국가 항공모함 현황

2.3.1 영국

항공모함의 초기 역사는 영국과 함께 했다고 할 수 있다. 대부분의 항공모함의 진일보한 기술은 영국에서 시작이 되었다. 그러므로 세계의 항공모함의 역사는 영국의 항모 개발의 역사와 함께 진행이 되었다. 아래에 있는 [표 2-5]는 영국이 소유했던 과거 항공모함들을 정리한 것이다. 이 내용을 정리하면 다음과 같다.

- 영국은 현재까지 총 53척의 항공모함이 만들어졌다. 그 중에 1척은 현재 진행 중이기는 하지만 미국 다음으로 많은 항공모함을 그동안 만들어 운영을 하였다.
- 배수톤수와 탑재되는 항공기 수를 비교하여 그래프를 그리면 아래와 같다. 전반적으로 비례 관계 범위 내에 있지만 66,000톤에서 40대 항공기를 탑재하는 것은 그래프 상으로 특별하게 보인다. 이는 과거와 현재의 항공모함의 기술과 관련이 된 결과라고 할 수 있다. 57,000톤 급 항모가 80대의 항공기를 탑재한 것도 현대의 관점에서 보면 좀 과한 것으로 보일 수 있지만 2차 세계대전 당시의 상황으로 보면 이해가 된다.
- 배수톤수는 13,000톤에서 66,000톤 사이로 가장 많은 톤수는 15척의 18,000톤 급이다. 그 다음이 28,000톤급이다.
- 탑재된 비행기 수의 빈도수가 가장 높은 것은 항모 12척으로 48대이다.
- 동급이 가장 많이 취역한 것은 Colossus 급으로 총 10척이 취역을 하였다. 이는 당시 2차 세계 대전으로 급박한 전시상황을 반영하여 제작이 되었던 것이다. 그 다음으로 많은 것은 8척의 Centaur 급 항모이다. Centaur 급은 2차 세계 대전 끝나는 무렵인 1944년에 동시에 진수가 시작되어 6대가 전쟁 종료 이후 1950년대 전반기에 취역하고 2척은 도중에 취소가 되었다.

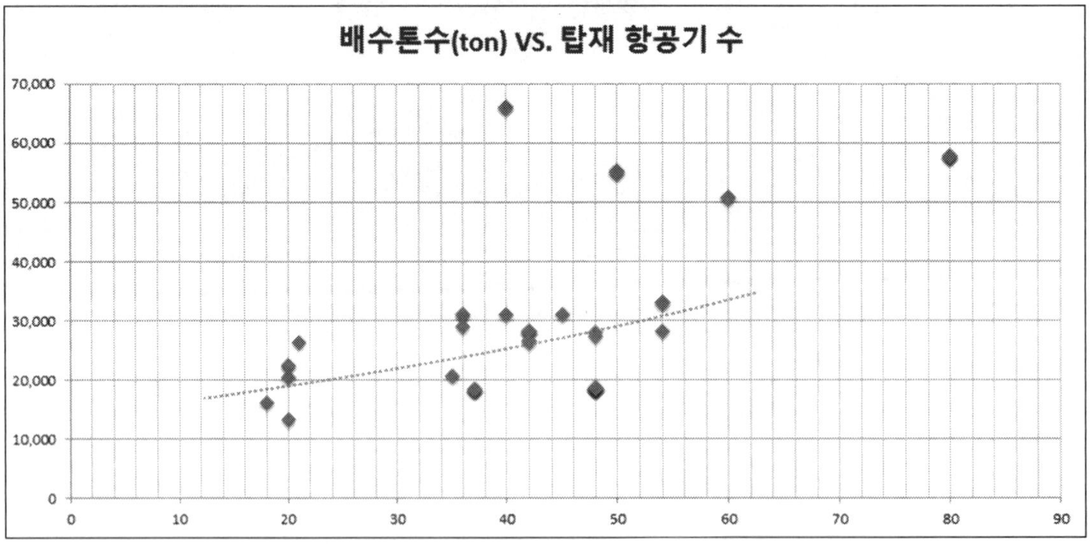

[그림 2-30] 영국 항공모함의 배수톤수와 탑재 항공기 수의 관계 그래프

[표 2-5] 영국의 항공모함 현황 표

선명	항공	배수 톤수(ton)	Propulsion (Boilers/Shafts/Turbines)	Service		
				진수	취역	운명
HMS **Argus**(ex-Conte Rosso)	18	16,028	12 cylindrical/4/4 Parsons geared	1914	1918	1946년에 고철로 팔았음
HMS **Glorious**	48	27,859	18 Yarrow small-tube/4/Parsons geared	1915	1917	1940년 6월 8일 Scharnhorst and Gneisenau에 의해 침몰
HMS Courageous	48	27,423	18 Yarrow small-tube/4/Parsons geared	1915	1916	1939년 9월 17일에 U-29에 의해 침몰
HMS Furious	36	28,957	18 Yarrow small-tube/4/Brown-Curtis geared	1915	1917	1948년에 고철로 팔았음
HMS **Eagle**(ex-Almirante Cochrane)	21	26,417	32 Yarrow/4/Parsons geared	1913	1924	1942년 8월 11일에 U-73의 어뢰에 의해 침몰
HMS **Hermes**	20	13,209	6 Yarrow small-tube/2/Parsons geared	1918	1924	1942년 4월 9일 일본 항모 Soryu, Hiryu 및 Akagi의 항공기에 의해 침몰
HMS **Ark Royal**	54	28,165	6 Admiralty 3-drum/3/Parsons geared	1935	1938	1941년 11월 14일에 U-81에 의해 Gibraltar 외곽에서 침몰
HMS **Unicorn**	35	20,626	4 Admiralty 3-drum/4/Parsons geared steam	1939	1943	1960년에 고철로 팔았음
HMS **Illustrious**	36	31,020	6 Admiralty 3-drum/3/Parsons geared	1937	1940	1956년에 고철로 팔았음
HMS Formidable	40	31,020	6 Admiralty 3-drum/3/Parsons geared	1937	1940	1956년에 고철로 팔았음
HMS Victorious	36	31,020	6 Admiralty 3-drum/3/Parsons geared	1937	1941	1969년에 고철로 팔았음
HMS Indomitable	45	31,020	6 Admiralty 3-drum/3/Parsons geared	1937	1941	1955년에 고철로 팔았음
HMS **Implacable**	54	33,148	8 Admiralty 3-drum/4/Parsons geared	1939	1944	1955년에 고철로 팔았음
HMS Indefatigable	54	33,148	8 Admiralty 3-drum/4/Parsons geared	1939	1944	1956년 11월에 고철로 팔았음
HMS **Colossus**	48	18,624	4 Admiralty 3-drum/2/Parsons geared	1942	1944	1946년 8월부터 프랑스 대여되었다가 1951년 프랑스에 팔렸음
HMS Glory	48	18,624	4 Admiralty 3-drum/2/Parsons geared	1942	1945	1961년에 고철로 처리됨
HMS Ocean	48	18,624	4 Admiralty 3-drum/2/Parsons geared	1942	1945	1962년에 고철로 처리됨
HMS Theseus	48	18,624	4 Admiralty 3-drum/2/Parsons geared	1943	1946	1962년에 고철로 처리됨
HMS Triumph	48	18,624	4 Admiralty 3-drum/2/Parsons geared	1943	1946	1981년에 고철로 스페인에게 팔았음
HMS Venerable	48	18,624	4 Admiralty 3-drum/2/Parsons geared	1942	1945	1948년 네덜란드(Karel Doorman II 호)에 팔렸고 다시 1968년에 아르헨티나(Veinticinco de Mayo 호)에 팔린 후 2000년에 고철로 ...
HMS Vengeance	48	18,624	4 Admiralty 3-drum/2/Parsons geared	1942	1945	1953년부터 55년 8월까지 호주 해군에 이전되었고 브라질(Minas Gerais 호)에 1956년 12월 팔렸음. 그 이후 2004년에 고철로 ...
HMS Warrior	48	18,624	4 Admiralty 3-drum/2/Parsons geared	1942	1948	1946-8년 캐나다 해군에 대여하였고 영국에 취역하지 않았고 1956년에 현대화 작업 후 아르헨티나(Independencia 호)에 1958년 팔았음
HMS Perseus	48	18,624	4 Admiralty 3-drum/2/Parsons geared	1942	1945	1958년에 고철로 처리됨
HMS Pioneer	48	18,624	4 Admiralty 3-drum/2/Parsons geared	1942	1945	1954년에 고철로 처리됨
HMS **Majestic**	37	18,375	4 Admiralty 3-drum/2/Parsons geared	1943	1955	1949년 호주에 팔렸고 1955년에 angled 비행갑판으로 개조하여 선명을 HMAS Melbourne로 개명함
HMS Hercules	37	18,375	4 Admiralty 3-drum/2/Parsons geared	1943		Laid up till purchased by India in January 1957, renamed INS Vikrant, commissioned 1961, decommissioned 1997, scrapped 2014.

HMS Leviathan	37	18,375	4 Admiralty 3-drum/2/Parsons geared	1943		1968년 고철 처리되어 완성되지 못함
HMS Magnificent	37	18,375	4 Admiralty 3-drum/2/Parsons geared	1943		1948년 완성하자마자 캐나다 해군에 대여하였고 1948년 3월 캐나다에서 취역하였고 1957년에 다시 영국으로 돌아와 1965년 고철 처리됨
HMS Powerful		19,290	4 Admiralty 3-drum/2/Parsons geared	1943		1952년 4월 23일에 캐나다에 팔았고 angled 비행갑판을 갖춘 항모로 개조되어 선명을 HMCS Bonaventure로 개명함
HMS Terrible	37	18,375	4 Admiralty 3-drum/2/Parsons geared	1943		1948년에 호주 해군(HMAS Sydney 호)으로 이전됨
HMS Eagle(ex-**Audacious**)	60+	50,752	8 Admiralty 3-drum/4/Parsons SR geared	1942	1951	1978년에 고철로 팔았음
HMS Ark Royal(ex-Irresistible)	50	54,816	8 Admiralty 3-drum/4/Parsons SR geared	1943	1955	1980년에 고철로 팔았음
HMS Eagle	60+	50,752	8 Admiralty 3-drum/4/Parsons SR geared	1944		1946년 1월 취소되었고 선대(slip) 고철로 처리됨 (당시 23% 완성)
HMS Africa						취소됨
HMS **Centaur**	42	26,620	4 Admiralty 3-drum/2/Parsons geared	1944	1953	1972년에 고철로 처리됨
HMS Albion	42	28,246	4 Admiralty 3-drum/2/Parsons geared	1944	1954	1973년 11월에 고철로 처리됨
HMS Bulwark	42	26,620	4 Admiralty 3-drum/2/Parsons geared	1945	1954	S1984년 4월에 고철로 처리됨
HMS Hermes(ex-Elephant)	42	28,246	4 Admiralty 3-drum/2/Parsons geared	1944	1959	1986년 4월에 인도에 팔렸고 인도에서 INS Viraat로 운영 중
HMS Hermes	42	28,246	4 Admiralty 3-drum/2/Parsons geared	1944		1945년 10월 취소되었고 선대(slip)는 고철로 처리됨
HMS Arrogant	42	28,246	4 Admiralty 3-drum/2/Parsons geared	1944		1945년 10월 취소되었고 선대(slip)는 고철로 처리됨
HMS Monmouth						취소됨
HMS Polyphemus						취소됨
HMS **Malta**	80	57,711	8/4 or 5 /Steam			1945년 12월 13일 취소됨
HMS New Zealand	80	57,711	8/4 or 5 /Steam			1945년 12월 13일 취소됨
HMS Gibraltar	80	57,711	8/4 or 5 /Steam			1945년 10월 15일 취소됨
HMS Africa	80	57,711	8/4 or 5 /Steam			1945년 10월 15일 취소됨
HMS **Queen Elizabeth**(Possibly)	50	55,375	6/3/Parsons			1966년 취소됨
HMS Duke of Edinburgh(Possibly)	50	55,375	6/3/Parsons			1966년 취소됨
HMS **Invincible**	20	22,353	/2/4 Olympus gas turbine engines	1973	1980	2010년에 고철로 팔았음
HMS Illustrious	20	22,353	/2/4 Olympus gas turbine engines	1976	1982	2016년에 고철로 팔았음
HMS Ark Royal(ex-Indomitable)	20	20,321	/2/4 Olympus gas turbine engines	1978	1985	2012년에 고철로 팔았음
HMS **Queen Elizabeth**	40	66,043	2 x Rolls-Royce MT30 Gas Turbines	2009	2017?	
HMS Prince of Wales	40	66,043	2 x Rolls-Royce MT30 Gas Turbines	2011	2018?	

[그림 2-31] 영국의 항모 HMS Illustrious

- 1970년대 이후에 만들어진 것들은 Gas Turbine 엔진을 사용하지만 그 이전에는 스팀과 기어 방식을 주로 사용을 하였다.
- 2차 세계 대전 중에 6척이 독일의 U-보트와 일본의 함재기에 의해 침몰을 하였으며 기타 공격받은 후 이동 중 침몰과 원인을 알 수 없는 내부 폭발 등의 원인으로 총 8척의 항모가 침몰하였다.
- 영국의 항모 기술의 발달로 많은 항공모함이 외국에 대여가 되거나 실제로 판매가 된 경우가 많다. 주로 영연방 국가들에게 대여나 판매가 이루어졌다.
- 전쟁의 막바지에 제작을 시작한 항모는 전쟁이 종료된 이후에는 완성을 보지 못하고 폐기되는 경우가 많았고 항공모함의 최종적인 운명은 다른 선박들과 마찬가지로 고철로 처리되어 처리가 되는 것이다.
- 2017년 HMS Queen Elizabeth 급이 취역을 하여 그전까지 사용이 되던 Invincible 급 HMS Illustrious 항모가 퇴역을 하였다. Illustrious 항모는 [그림 2-31]에서 보듯이 영국이 창조한 스키점프 램프가 있는 항모로 22,000톤 급의 20대의 항공기를 탑재하고 있었다.
- 영국의 최신 항모HMS Queen Elizabeth 호는 다음과 같은 특징을 가지고 있다.
  1) 영국에서 만들어진 항공모함 중 가장 큰 항모이다
  2) Catapult와 Arrestor Wire 없이 V/STOL 항공기에 맞추어져 있다.
  3) 탑재 항공기는 F-35B Lightning II와 Merlin 헬기가 주 기종이다.
  4) 디자인은 탄력적인 기능과 업무를 수행하도록 되어 있다.
  5) 250명의 해병 인력이 거주할 수 있고 공격용 헬기를 탑재해 그들을 지원하게 된다. 그리고 시누크 헬기와 그 이상 크기의 헬기로 수송 업무를 담당하게 된다.
  6) 영국의 항공모함으로서 두 번째 HMS Queen Elizabeth 호 명칭을 가지게 된다. 첫 번째는 1966년에 취소가 되었지만 55,000톤급 항모와 같은 이름을 가지고 있었다.
  7) 2008년 제작 주문을 한 것으로 제작은 BAE Systems 회사이다.
  8) 비용은 약 50억불(약 6조원) 정도로 될 것으로 판단이 된다.
  9) 실전에 배치가 되어 운영이 되는 것은 2020년경으로 예측된다.
  10) 모항은 런던 남서쪽 영불 해협을 보고 있는 HMNB Portsmouth 해군기지이다.

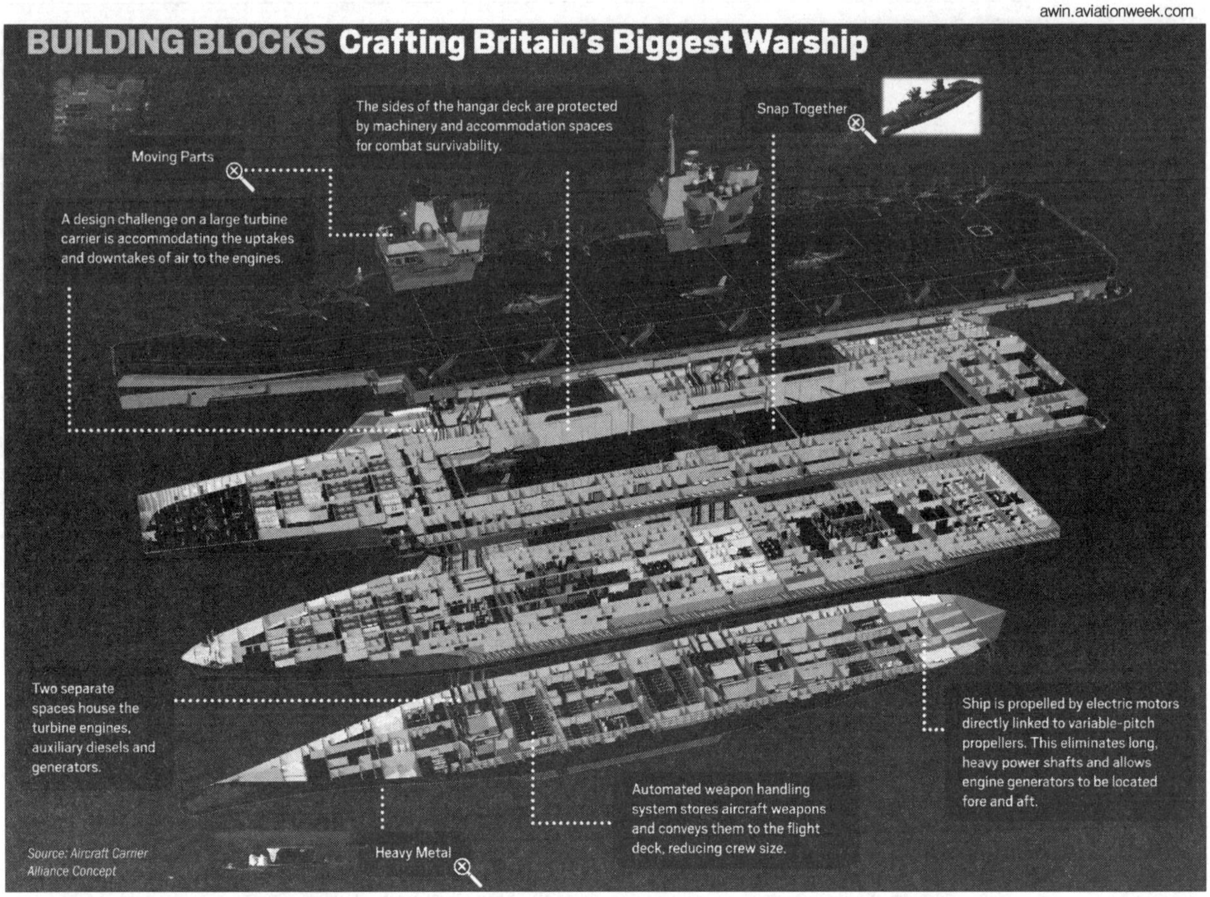

[그림 2-32] 최신 항공모함 HMS Queen Elizabeth의 제작과 내부 및 외부 모습

11) 항공모함 일련번호는 'R08'이다.
12) 배수톤수는 70,600톤이고, 길이는 280 m, Beam은 39 m-Waterline/73 m-overall, 흘수는 11 m 데크는 16,000 m^2, 속도는 26 kts, 항속거리는 10000 mi, 최대 수용인원 1,600명, 승무원 679명이다.
13) 레이더는 S1850 M Long Range Radar와 Type 997 Artisan 3D Medium Range Radar, 그리고 Ultra Electronics Series 2500 Electro Optical System (EOS)가 사용이 된다.
14) 무장은 2대의 Phalanx CIWS, 4개의 30 mm Calibre Gun, 그리고 30 mm Gun과 Mini-Gun이 비대칭 위협에 대응하기 위해 사용된다.
15) 비행갑판 아래 Hangar 데크가 있고 2개의 항공기용 승강기가 있다.

2.3.2 프랑스

프랑스의 항공모함의 역사는 미국과 영국과는 견줄 수 없지만 유럽의 맹주로 그 역할을 충실히 해왔다고 할 수 있다. 프랑스는 헬기용 항공모함을 포함하여 총 17번의 제작 또는 도입 시도가 있었다. 모두가 만들어진 것은 아니지만 빈번하게 항모를 구축하려고 노력하고 있다는 점은 분명하다. 그리고 이 숫자에는 프랑스가 자랑하는 Mitral 급 항모(AAS)는 포함이 되어 있지 않은 것이라 미국과 영국을 제외하고는 가장 적극적으로 항모를 운영하려고 했고 또한 구축하고 있다고 할 수 있다. 미국 이외에 핵추진 항공모함을 실제로 운영하는 유일한 국가이다.

[표 2-6]은 Mitral 급 항모(AAS)를 제외한 프랑스의 항공모함을 정리한 것이다. Mitral 급 항모(AAS)에 대한

것은 다시 기술이 될 것이기에 우선 [표 2-6]의 내용의 주요한 것들을 설명하면 다음과 같이 요약이 된다.

- 미국으로부터 대여를 받은 항모가 그동안 3척(Dixmude, Bois Belleau & La Fayette) 그리고 영국으로부터 기술 지원을 받은 경우가 1척(Arromanches)이 있다.
- 프랑스 항모의 출발은 어뢰 부속선을 개조한 'Foudre'로 1912년 취역을 하였다. 6,100톤으로 매우 작은 항모로써 4대의 수상선을 탑재한 항모 형식을 갖춘 부속선이 좀 더 정확한 명칭이 될 수 있다. 1차 세계 대전 동안 그것은 잠수함 부속선에서 수상 비행기 및 항공기 수송선을 역할을 하였고 1916년에는 기함 임무에 이르기까지 수많은 일을 수행하였다. 전쟁 이후에는 항공학교 선박으로 사용되었다.
- 항공기 숫자와 항모의 배수톤수와의 관계는 다음의 그래프에서 볼 수 있다.
- 대부분이 배수톤수가 작은 항모들로 되어 있는 것을 알 수 있다. 다만 75,000톤 급의 40대 비행기를 탑재한 경우는 PA2 항모인데 이것은 계획으로 끝나 2013년 부로 취소가 되었으나 프랑스 내에서 일부는 다시 만들 것을 기대하고 있다. 즉, 현재 운용 중인 Charles de Gaulle 항모가 퇴역을 하면 차세대에 대한 명확하고 확실한 언급이 없어 PA2를 기대하고 있는 상황이다.
- 프랑스가 독자적인 항모를 성공적으로 운영한 것은 Béarn이라고 할 수 있다. 이것은 2차 세계 대전을 넘어 프랑스 해군에서 오랫동안 임무를 수행한 항공모함이었다. 이것은 1927년에 취역을 하였고 2차 세계 대전이 끝날 때까지 프랑스에 의해 생산된 유일한 항공모함이며 동급의 유일한 항모이었다. 그것은 세계의 주요 해군에 의해 개발된 다른 초기 항모와 일반적으로 비교가 되었을 정도로 인정받는 항모였다. 그러나 프랑스는 교세를 위해 또 다른 항모를 생산하지 않았으며 해군 소속의 항공부대의 발전은 프랑스에서 매우 느렸고 이에 따라 시간이 지나 노후화가 될 때까지 그 역할을 계속해야만 했다.

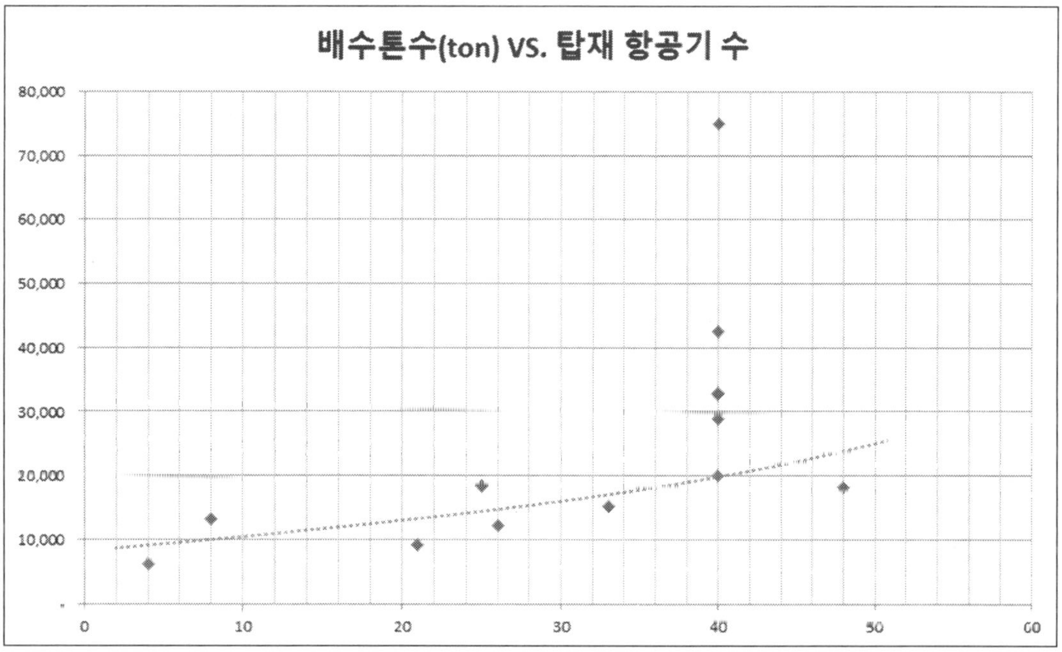

[그림 2-33] 프랑스 항공모함의 배수톤수와 탑재 항공기 수의 관계 그래프

[표 2-6] 프랑스의 항공모함 현황 표

선명	항공	배수 톤수(ton)	Propulsion (Boilers/Shafts/Turbines)	Service		
				진수	취역	운명/기타
Foudre(converted torpedo boat tender)	4	6,100	24/2/triple expansion engines	1892	1896	-1921년 12월에 퇴역 후 고철 처리됨 and scrapped -항모로는 1912년에 취역함
Commandant Teste	26	12,134	4 water-tube/2/2 geared steam	1927	1932	1942년 11월 27일에 Toulon에서 침몰하였고 1950년 5월 15일에 고철로 팔렸음
Avenger 급 escort carrier Dixmude (A609) (ex-HMS Biter, ex-Rio Parana)	15~21	9,100	/1/4 diesel engines	1939	1945	-1966년 6월 17일 미해군으로 돌아갔고 다음 날 'Deep Six' 훈련으로 침몰함 -Dixmude로 1945년에 취역함
Béarn(converted Normandie class)	35~40	28,900	/4/2 reciprocating steam engines+ 2 Parsons geared steam turbines	1914	1927	1967년 5월 31일 고철로 팔렸음
Joffre	40	20,000	8 water-tube/2/2 geared Parsons steam	1938	?	고철로 처리됨
Painlevé	?	?	?	-	-	최소됨
Independence 급 aircraft carrier Bois Belleau (R97) (ex-USS Belleau Wood)	33	15,300	/4 propellers/ Steam	1941	1953	-1960년 9월에 미 해군으로 돌아감 -Bois Belleau 호로 1953년에 취역함
La Fayette (R96) (ex-USS Langley)	33	15,300	/4 propellers/ Steam	1942	1951	-1963년 5월에 미 해군으로 돌아감 -La Fayette 호로 1951년에 취역함
Colossus 급 aircraft carrier Arromanches (R95) (ex-HMS Colossus)	48	18,300	4 Admiralty 3-drum/2/Parsons geared	1942	1946	-1974년 1월 22일 퇴역하였고 1978년 고철로 처리됨 -Arromanches 호로 1946년에 취역함
Clemenceau (R98)	40	32,780	6 Indret/2/4 steam	1955	1961	1997년 10월에 퇴역하였고 2009년에 고철로
Foch (R99)	40	32,800	6 Indret/2/4 steam	1957	1963	2000년 11월 15일 퇴역하였고 브라질 상파울로로 이전
Verdun	?	45,000	/4/Steam	-	-	1961년 취소됨
Charles de Gaulle (R91)	28~40	42,500	/2/2 K15 pressurised water reactors(PWR)+ 4 diesel-electric	1989	2001	현재 운영 중
PA2	40	75,000	2 RR MT-30 gas turbines, 4 diesel-electric engines, shafts	-	-	2013년에 취소됨
Jeanne d'Arc (R97) (ex-La Résolue)	4/8	13,270	4 10,000 horsepower(7.5 MW) power plants with automatic heating	1959	1964	2010년 9월 1에 퇴역함
Unknown	25	18,400	CAS-230 nuclear reactor, 2 shafts	-	-	1981년에 취소됨
Unknown	25	18,400	CAS-230 nuclear reactor, 2 shafts	-	-	1981년에 취소됨

* 선명의 굵고 밑줄이 있는 글자는 Class를 의미함

ffaa.net

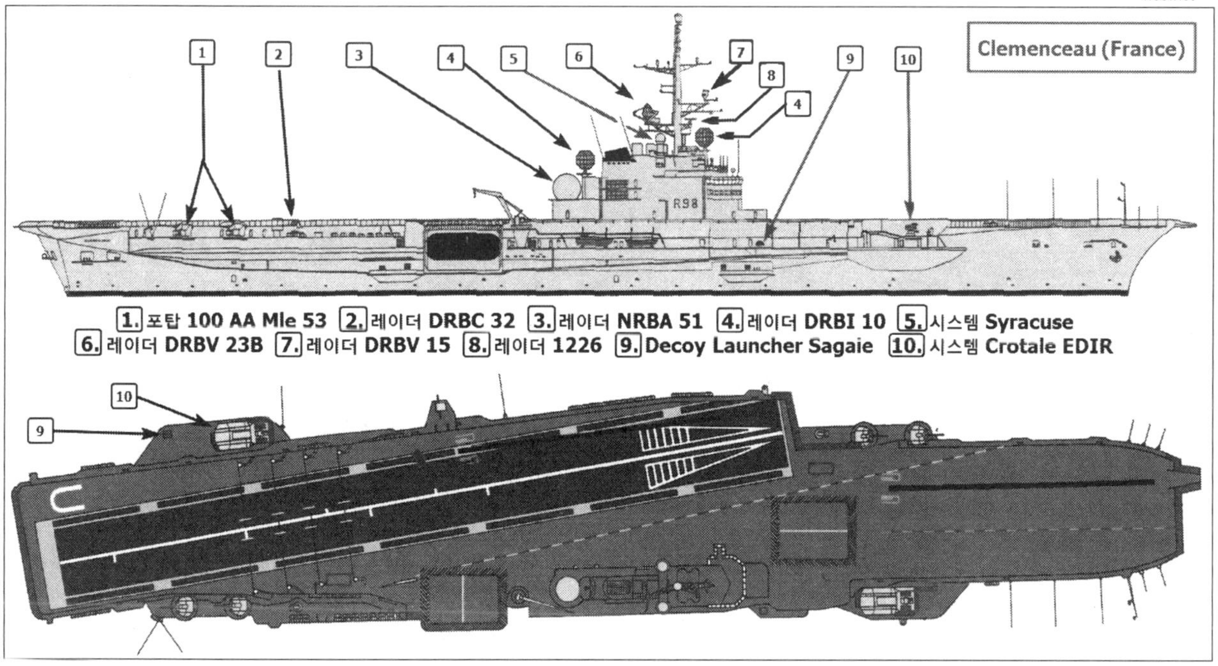

[그림 2-34] 프랑스의 Clemenceau 항모의 비행갑판의 모습과 레이더 등 다양한 시스템

- Clemenceau는 자주 다정하게 "le Clem"이라고 불리며 프랑스 자체 제작한 여섯 번째 항공모함이며 Clemenceau 급의 최초 선박이었다. 그것은 1961년부터 1997년까지 임무를 수행했다. 이 항모는 전통적인 CATOBAR(Catapult Assisted Take-Off But Arrested Recovery or Catapult Assisted Take-Off Barrier Arrested Recovery) 디자인으로 제작이 되었다. 앞서 기술한 것처럼 CATOBAR은 항공모함의 갑판에서 항공기의 발사 및 복구에 사용되는 하나의 시스템이다. 이 기술에서는 Arrest 와이어를 사용하여 항모 Catapult를 이용한 이륙과 착륙(복구 단계)이 이루어진다. [그림 2-34]는 Clemenceau 항모의 비행갑판과 장비를 보여준다.

- Charles de Gaulle 핵추진 항공모함은 2001년에 취역을 하여 현재 운영 중으로 앞서 언급한 것처럼 미국을 제외한 유일한 핵추진 항모이다. 각각 1961년과 1963년에 완성된 재래식 동력체계를 가진 Clemenceau급 Clemenceau와 Foch 중 나중에 만들어진 Foch 항모를 대체하기 위한 2001년에 만들어진 항모로 교체에 대한 요구는 1970년대 중반에 확인되었다. 사양을 살펴보다면 다음과 같이 요약이 된다.

  1) 제작사는 DCNS(Direction des Constructions Navales Services) 사로 해군의 국방무기와 에너지에 특화된 프랑스 회사다.
  2) 모항은 프랑스 지중해 연안의 마르세이유 항구에서 동쪽에 있는 Toulon 이다.
  3) 항모의 일련번호는 'R91'이다.
  4) 제원으로는 배수톤수는 42,500 ton이고, 길이는 261.5 m, beam은 64.35 m (overall), 흘수는 9.43 m이다.
  5) 추력은 2기의 Areva K15 PWR 원자로이고 각각 150 MWt와 32 MWe 이다. 또한 2개의 Alstom 증기 터빈이 있고 이것들의 총합 61 MW의 축력을 만든다. 또한 4기의 디젤 발전기가 있고 2개의 샤프트로 구동된다.
  6) 항모의 속도는 27 kt 이고 항속거리는 핵추진 항모이기에 20~25년간 지속적으로 항해가 가능하여 무한하다.
  7) 45일간 무공급 항해가 가능하다.
  8) 800명 특공대, 500톤의 무기를 수송할 수 있고 항모인력이 1350명, 항공인력 600명이 있다.

www.smds.ws & www.janes.com

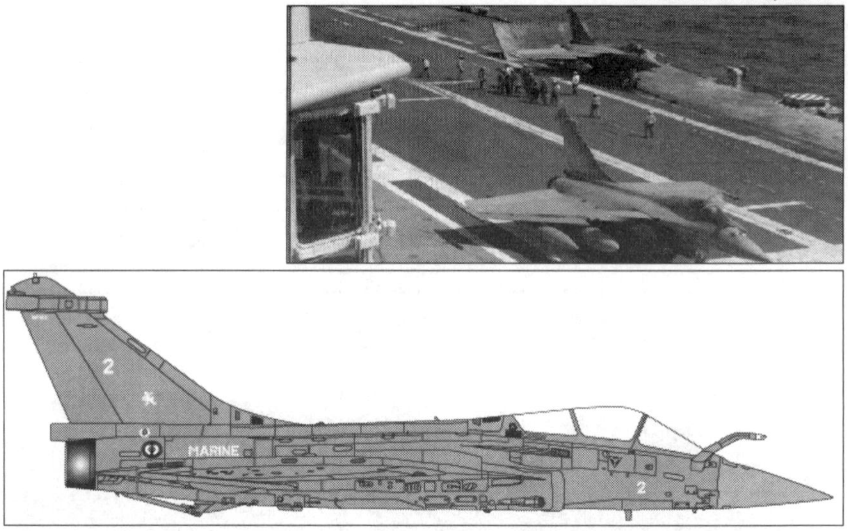

[그림 2-35] 항모 Charles de Gaulle에서 작전 중인 Rafale M 프랑스 주력 공격기

9) 레이더 시스템은 Drbj 11 B Tridimensional Air Search Radar, Drbv 26D Air Search Radar, Drbv 15C Low Altitude Air Search Radar, Arabel Target Acquisition Radar 등으로 구성되어 있다.
10) 전자전 대응 및 디코이는 Arbr 21 Detector, Arbb 33 Countermeasures Suite, Arbg2 Maigret Interceptor, 4대의 Sagaie Decoys Launcher, SLAT (Système de Lutte Anti-Torpille) Torpedo Countermeasures 등이 있다.
11) 방어용 무장은 4대의 8 cell A-43 Sylver Launchers Carrying the MBDA Aster 15 Surface-to-Air Missile과 2대의 6 cell Sadral Launchers Carrying Mistral Short Range Missiles이 있고 8대의 Giat 20F2 20 mm Cannons 등이 있다.
12) 항공기는 28~40 대의 항공기가 탑재되는데 그 중에는 Rafale M, E-2C Hawkeye, SA365 Dauphin, EC725 Caracal, AS532 Cougar 등이 가장 일반적이다.
13) 제작하는 총 비용은 약 30억 유로로 추정이 된다.

- [그림 2-36]은 참조를 위해 핵추진 항공모함 Charles de Gaulle의 3차원 디자인 그림과 각종 관련되는 사진을 편집한 것이다. 또 다른 [그림 2-37]은 영국의 최신 항모 Queen Elizabeth와 Hangar 데크를 비교한 것이다.
  [표 2-6]에는 없지만 프랑스에서 가장 활발한 항모는 Mistral AAS 급 항모가 될 것이다. 이것은 각국에 수출이 되는 기종으로 항모가 만들어진 후 노후화가 된 후 다른 나라에 판매가 되거나 같은 우방에 대여가 되는 경우가 종종 있어 왔지만 이렇게 전력화 된 항모가 수출되는 것은 매우 이례적이다. 특히 서방 선진국 중 하나인 프랑스가 러시아에 이 항모를 판매를 하는 것은 서방 선진국에서 우려가 되고 있는 상황이다. 그 만큼 이 Mistral 급은 우수하다는 반증이 될 수 있고 AAS 급 항모의 전형이 되고 있다. 하지만 미국 Wasp 급 등은 우수하지만 수출을 하지 않는 기종이라 상대적으로 어느 것이 어떤 점에 더 좋을 지에 대한 비교하기가 쉽지 않다. 러시아는 프랑스에서 이 기종을 받아 새로운 도약을 시도를 하려고 하고 있다. 사실, 러시아는 항공을 기반을 한 기술은 세계 최고 중에 하나이지만 해군과 관련된 기술은 한계를 가지고 있어 왔다. 그런 중에 프랑스 Mistral 급의 도입은 새로운 전기를 마련한 것이다.-

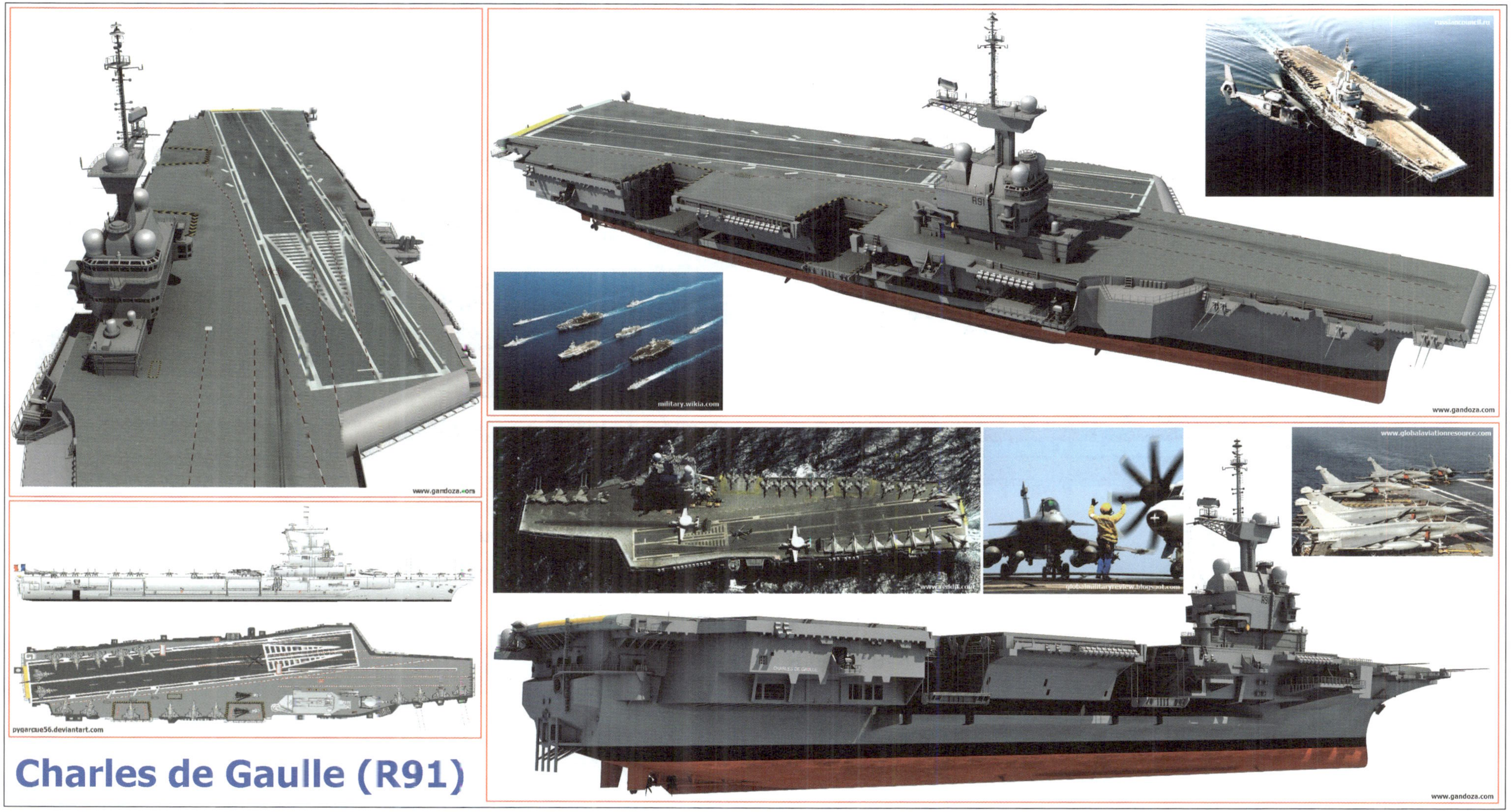

[그림 2-36] Charles de Gaulle 항공모함의 모습

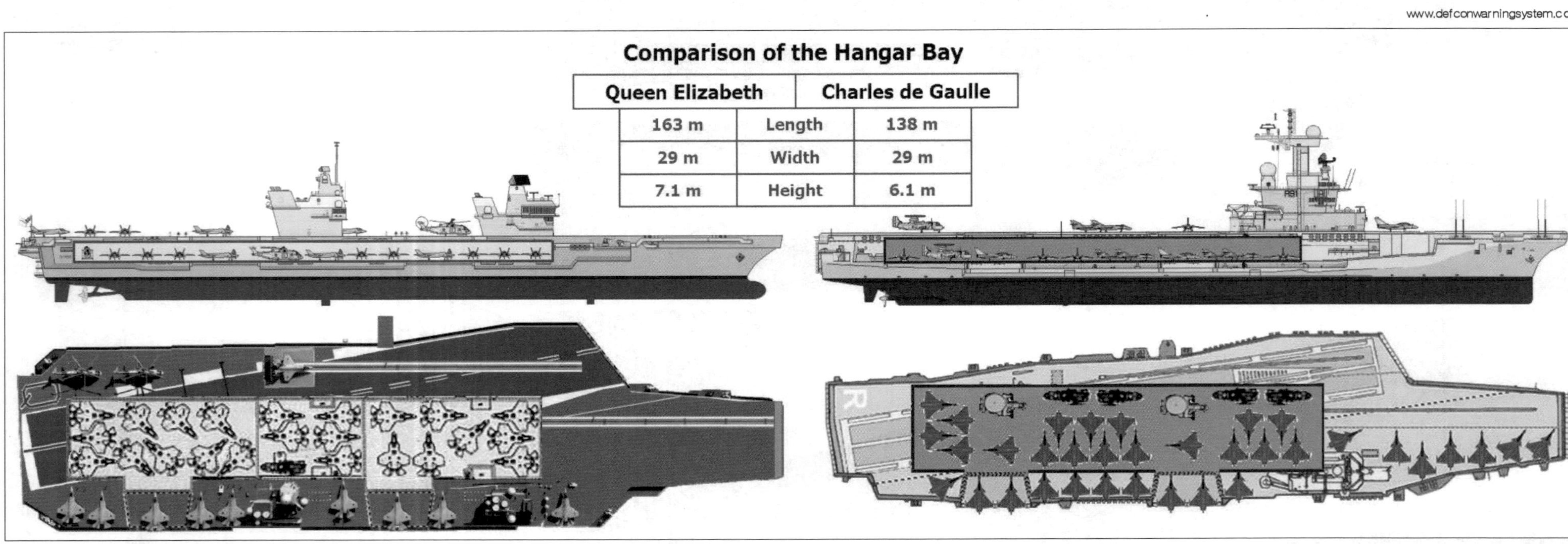

[그림 2-37] Charles de Gaulle와 Queen Elizabeth의 hangar bay 비교

다음은 Mistral 급의 내용을 요약한 것이다. 그 다음은 관련되는 Mistral 항모 사진이다.

1) STX 유럽 조선소와 Dcns 사에서 제작을 하였다.
2) 현재는 프랑스와 이집트에서 운영 중이며 곧 러시아에서도 취역을 하여 운영이 될 예정이다.
3) 총 비용은 약 12억 유로
4) 러시아는 2척을 건조 중으로 2012년 첫 번째 함(Vladivostok)이 진수를 했고 2013년에 2번째 함(Sevastopol)이 진수를 해 취역까지 과정을 진행 중에 있다.
5) 프랑스에는 3척(Mistral, Tonnerre, Dixmude)이 운영 중이다.
6) 배수톤수는 16,500톤(Empty), 21,300톤(Full Load)이고 길이는 199 m, Beam은 32 m, 흘수는 6.3 m이다.
7) 장착된 동력은 3기의 6.2 Mw의 'Wärtsilä Diesel-Alternators 16 V32'와 1기의 3 Mw의 'Wärtsilä Vaasa Auxiliary Diesel-Alternator 18V200'이다. 추력은 2기의 각각 7 Mw의 'Rolls-Royce Mermaid Azimuth Thrusters'가 장착이 되었고 2개의 Five-Bladed Propellers가 설치되었다.
8) 항해 속도는 18.8 kt이고 최대 항속거리는 10,800 km이다.
9) 탑재되는 수륙양용기로는 4대의 CTM 혹은 2대의 LCAC 이다. 또한 13대의 AMX Leclerc 탱크를 포함하여 총 59대의 차량을 승차하거나 40대 중무장 Leclerc 탱크 대대를 승차할 수 있다.
10) 탑승할 수 있는 인력은 900명의 짧은 기간 인력 혹은 장기 작전 인력 450명을 승선시킬 수 있으며 150명의 작전 운영요원을 또한 승선 가능하다.
11) 승무원은 20명의 장교와 80명의 하사관, 그리고 60명의 거주 지원병이 근무를 하게 된다.
12) 레이더 시스템으로는 DRBN-38A Decca BridgemastEr E250 Navigation 레이더, Mrr3D-NG Air/Surface Sentry 레이더 및 2개의 Optronic Fire Control Systems이 장착되어 있다. 무장으로는 2대의 Simbad Systems과 4대의 12.7 mm M2-Hb Browning Machine Guns 있다.
13) 탑재되는 항공기는 중무장 헬기 16대 혹은 경무장 헬기 35대이다. 6개 지점에 헬기 착륙 표시점이 있다.

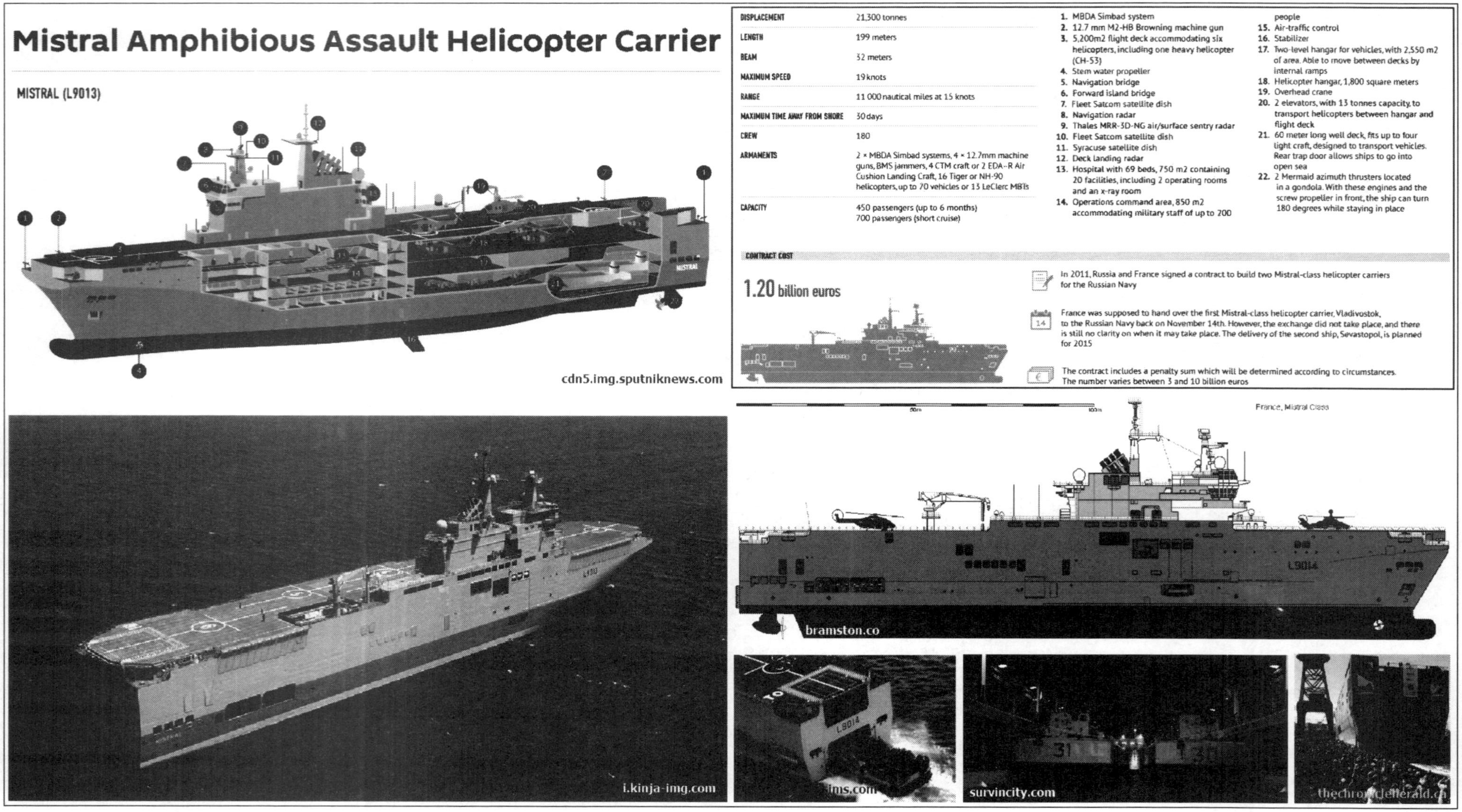

[그림 2-38] Mistral 급 프랑스 AAS형 항공모함의 모습

2.3.3 스페인

스페인은 그동안 3척의 항공모함이 만들어져 운영이 되었으나 현재는 2척은 퇴역을 하여 1척만 운영이 되고 있다. 스페인 최초의 항공모함은 'Dédalo'이다. 이 항모는 먼저 미 해군에서 사용하던 배로 2차 세계 대전 기간 동안에 경 항공모함 'USS Cabot'으로 사용되다가 1948년부터 1967년 스페인으로 대여되었고 1972년에 스페인이 구매를 하였다. 그 항모는 스페인에 온 이후 헬기 전용 대잠수함 전쟁을 담당하였다. 차기 스페인 항모 Príncipe de Asturias가 운용되기 전까지 스페인 기함이었다. Dédalo 항모는 비행기 이착륙 시 목재 비행갑판의 손상이 있어 강철 갑판으로 보강이 되었고 그 이후 STOVL AV-8S Matadors 항공기 6대와 TAV-8S 2대를 탑재하여 운영하였다. 또한 Sea King 등 다양한 헬기를 운영하여 대잠 작전을 수행하였다.

2번째 항공모함인 Príncipe de Asturias(R 11)는 1988년에 취역을 하였고 Dédalo를 이어받아 스페인의 기함이 되었다. 배수톤수가 16,700톤이고 길이는 195.9 m이고, Beam은 24.3 m이고, 흘수는 9.4 m이다. 추력은 2대의 Bazan-GE LM2500과 가스터빈을 COGAG 상태로 사용하였다. 속도는 26 kt, 최대 항속거리는 12,000 km 이며 총 탑승인원은 830명으로 600명의 승무원과 230명의 항공인력으로 구성이 되어 있다. 항공기는 29대의 고정익 비행기와 헬기를 탑재할 수 있었으며 설계 특징은 12°의 스키점대 램프를 가진 46.5 m 활주로를 가지고 있었다. 2013년에 퇴역을 하였고 고철로 팔렸다.

Príncipe de Asturias 항모 이후에 스페인 항모가 현재에도 사용되는 'Juan Carlos I' 이다. 앞서 언급을 한 러시아가 프랑스 Mistral을 구매하기 전에 러시아는 스페인의 Juan Carlos I 항모도 검토하고 방문하여 살펴보았으나 최종적으로 프랑스를 선택하여 스페인의 항모의 수출을 하려던 것이 무산이 된 전례가 있는 항모이다. 이 항모는 다목적 AAS 항모이다. 다른 항모와 마찬가지로 같은 기능과 목적을 가지고 있고 STOVL을

[그림 2-39]
스페인의 과거 항공모함들 모습(Dédalo & Príncipe de Asturias)

upload.wikimedia.org & laststandonzombieisland.com

위해 스키점프 램프를 가지고 있다. AV-8B Harrier II 공격기를 탑재하고 있고 해병대 및 전략적 지상 작전을 수행하는데 필요한 이동 수단으로서의 역할을 하고 있다.

다음은 Juan Carlos I 항모의 주요 특징을 요약한 것이다.

1) 제작사는 Navantia 회사이다. 이 회사는 군사 및 민간 모두 부문의 서비스를 제공하고 있고 스페인 국영 조선 회사이다. 유럽에서 5번째로 큰 조선소이고 세계에서는 9번째인 회사이다.
2) 제작비용은 대략 6억불 정도로 추정이 되고 있다.
3) 취역은 2010년 9월이다.
4) 모항은 지브롤터의 왼쪽 대서양에 Rota 스페인 해군기지이다.
5) 항모의 일련번호는 'L61'이다.
6) 배수톤수는 26,000톤이고 길이는 230.82 m, Beam은 32 m, 흘수는 6.9 m, 항해 속도는 21 kt이고 최대 항해거리는 17,000 km 이다.
7) 탑재되는 수륙양용 기기는 LCM-1E 4척이다.
8) 탑재 용량은 913명의 군인과 46대의 Leopard 2E를 승차 시킬 수 있다.
9) 승무원은 선상인력 261명과 항공인력 172명이다.
10) 레이더는 LANZA-N air search, ARIES Surface Search, PAR(Precision Approach Radar) Aircraft Landing, EID ICCS Integrated Communications Control System 등으로 구성이 되어 있다.
11) 전자전과 디코이는 Regulus과 Rigel으로 되어 있다.
12) 무장은 4대의 20 mm gun과 4대의 12.7 mm Mg으로 구성이 되어 있다.
13) 항공기는 현재 AV-8B Harrier II, Chinook, Sea King, NH-90 등으로 구성이 되어 있고 차후 해리어 기종을 대신하여 F-35B가 탑재될 예정이다. 정확한 구성은 전투참여 시 20대의 AV-8B/F-35B로 구성되지만 수송만 할 때는 25대의 NH-90도 가능하다. 또한 혼합일 경우, 11대의 AV-8B/F-35B와 12대의 NH-90이 될 수도 있다.
14) 비행갑판에 6대의 주차 지점 표시가 되어 있다.

www.militaryfactory.com & www.operacional.pt

[그림 2-40] 항모 Juan Carlos I에 탑재된 헬기 NH-90

[그림 2-41]~[그림 2-45]는 Juan Carlos I 항모의 디자인과 명칭 등이 표시되어 있다.

[그림 2-41] 항모 Juan Carlos I의 주요 부분의 선형 및 디자인

Navantia Strategic Projection Ship

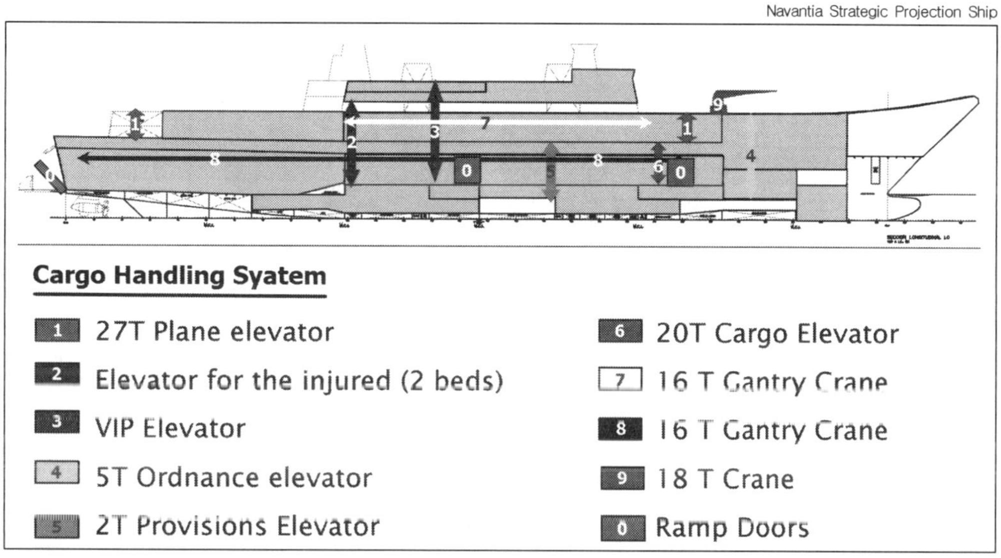

[그림 2-42] Cargo Handling System(Elevator, Crane, and Door)

Navantia Strategic Projection Ship

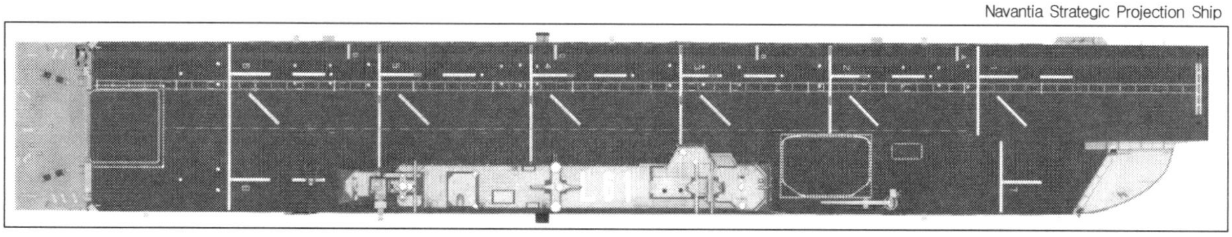

[그림 2-43] 위에서 본 Juan Carlos I의 모습

Navantia Strategic Projection Ship

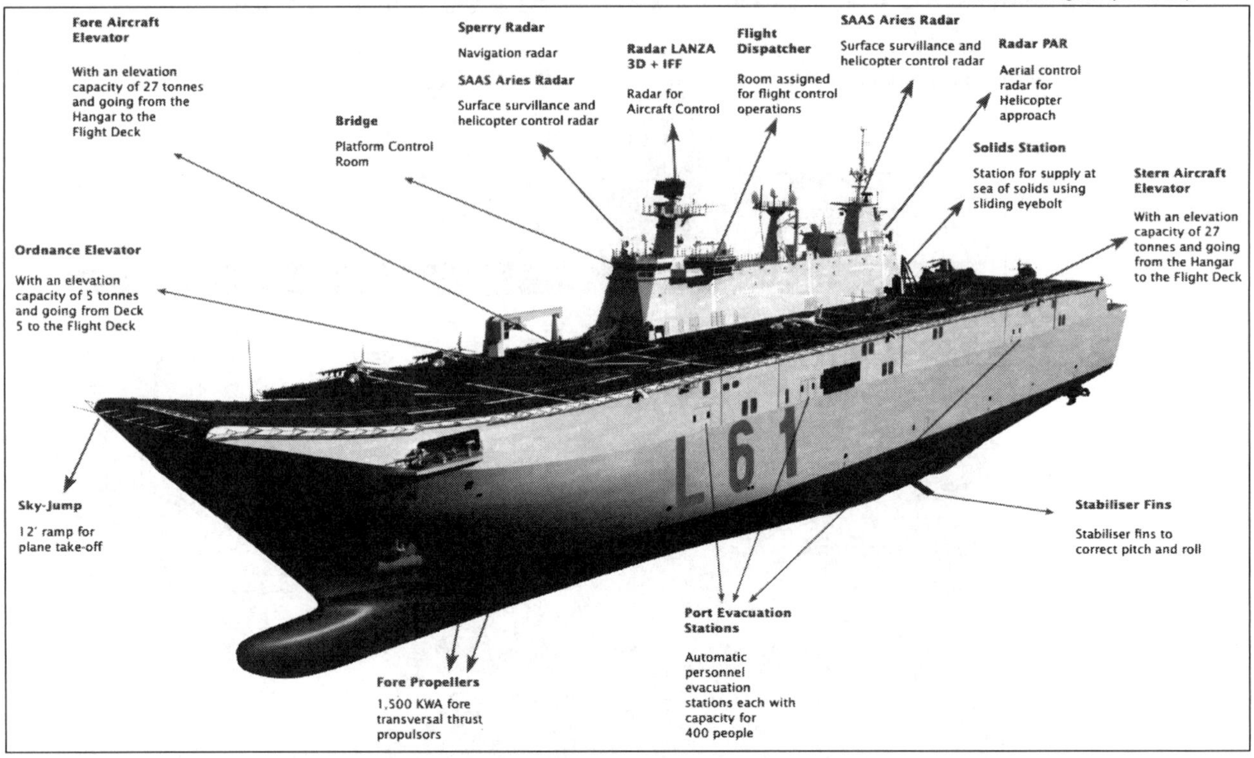

[그림 2-44] 외부의 주요 특징과 명칭

Navantia Strategic Projection Ship

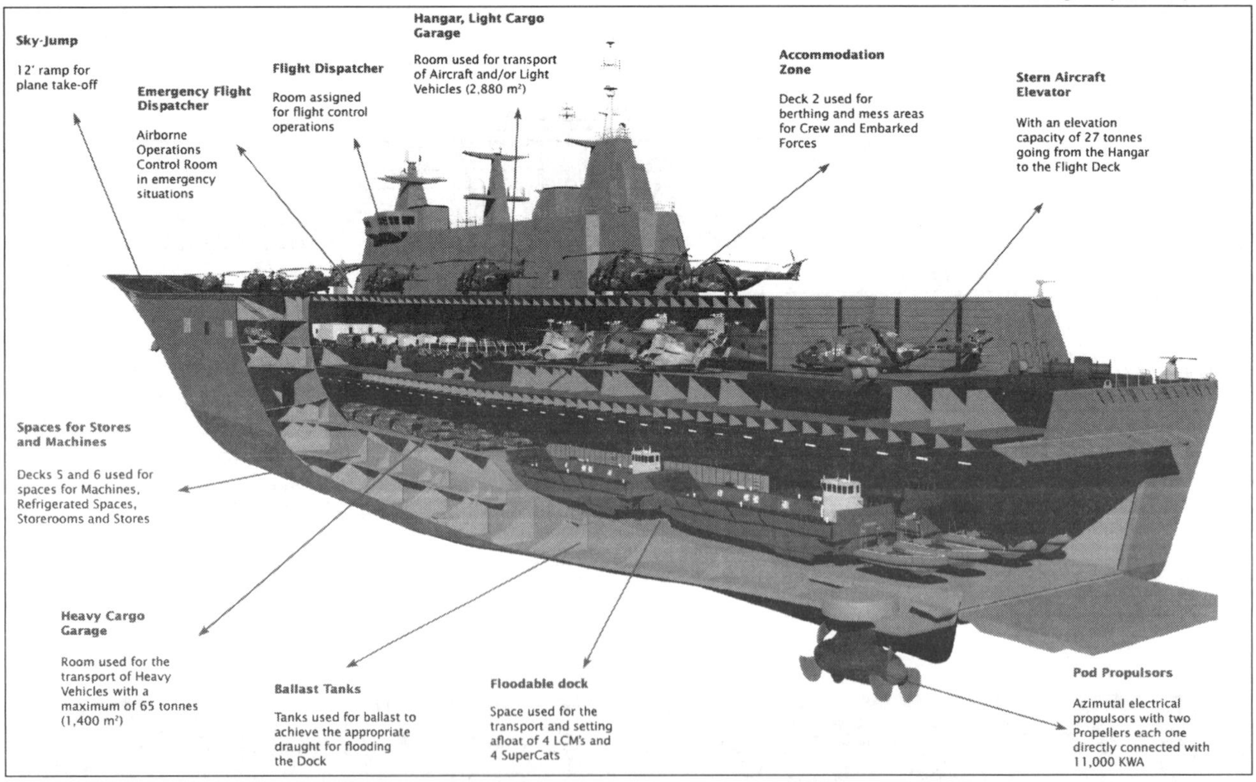

[그림 2-45] 내부의 주요 특징과 명칭

4개의 연속된 [그림 2-46]~[그림 2-49]는 Juan Carlos I 항모의 주된 기능인 Amphibious Assault Ship으로서 다양한 기능을 보여주는 것이다. 또한 각 기능에 맞추어 장비 및 인력 등을 어떻게 배치하는 것이 최적인지에 관한 예를 제시하게 된다. 그 주요 배치 현황을 다음의 4가지 경우에 대하여 배치를 보여주는 것이다.

- 수륙양용 기습
- 전장의 후방 육군 수송
- 항공기 수송
- 민간 지원

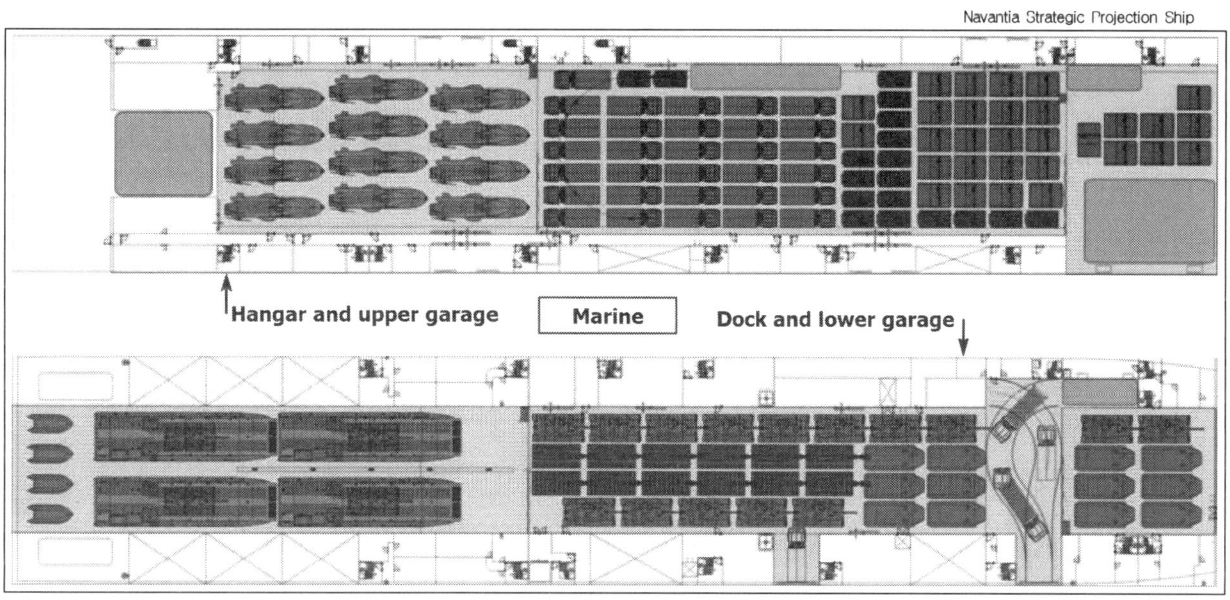

[그림 2-46] 해병대의 상륙 기습 장비 배치

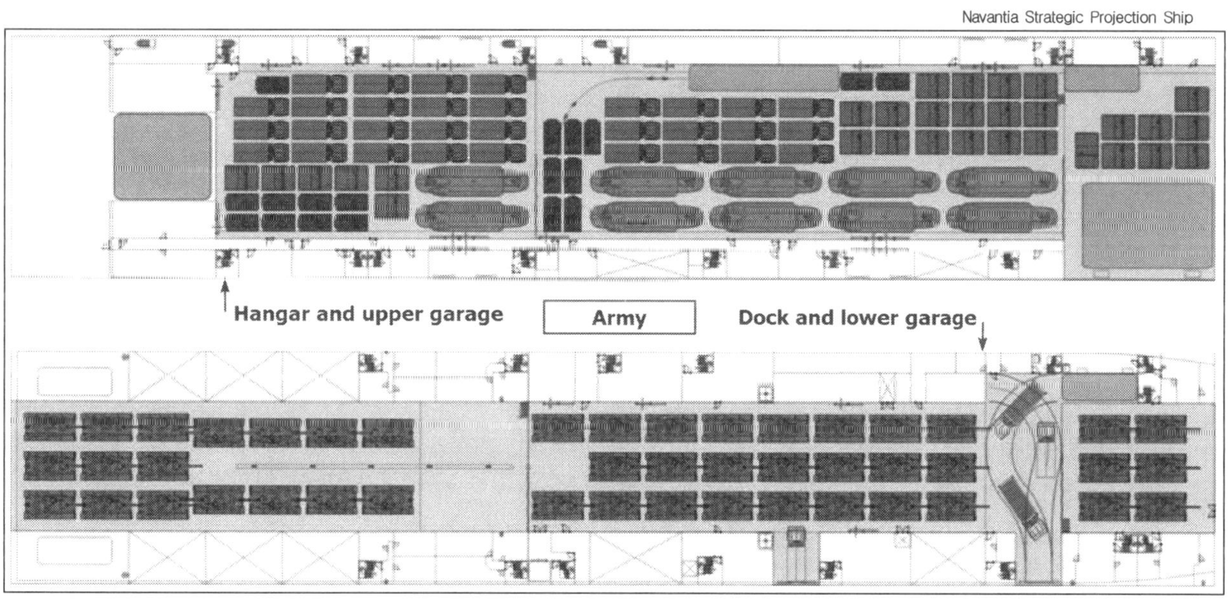

[그림 2-47] 육군 병력 및 장비 배치

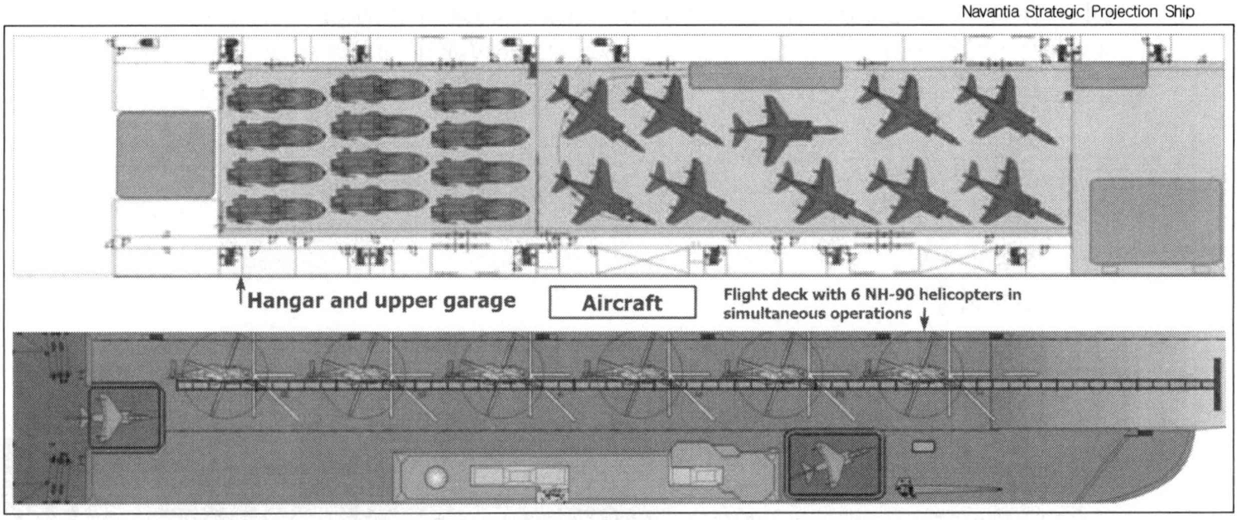

[그림 2-48] 항공기 배치

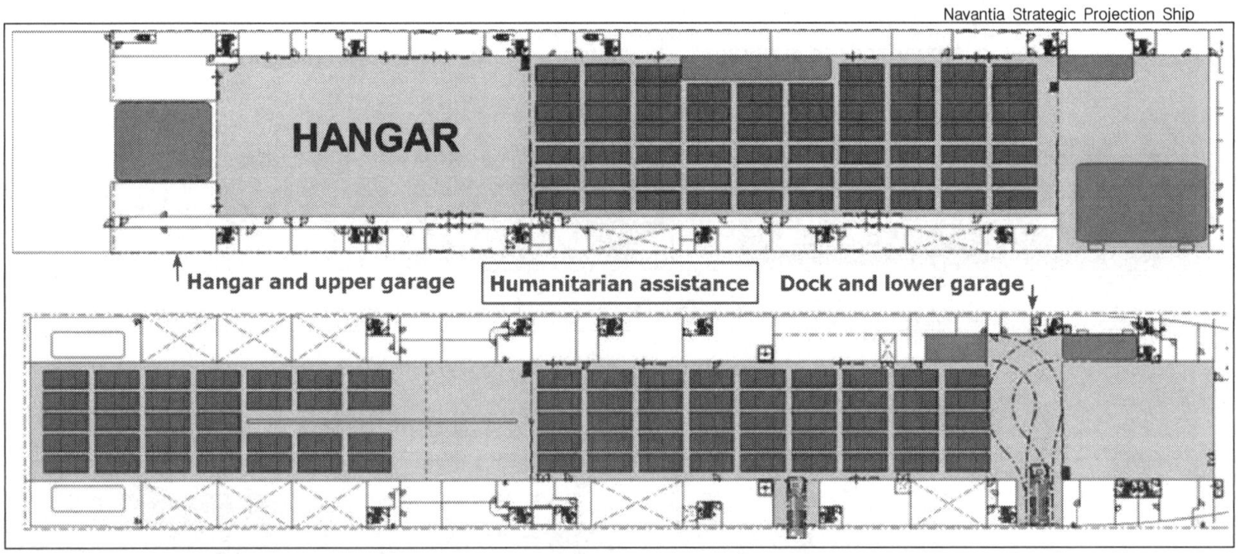

[그림 2-49] 민간 구제 활동용 물품 및 장비 배치

2.3.4 이탈리아

현재 이탈리아는 2대의 항공모함을 운영 중에 있다. 27,910톤의 'Cavour'와 13,850톤의 'Giuseppe Garibaldi'이다. 항모 Giuseppe Garibaldi는 2022년에 퇴역을 하고 LHD 'Trieste '가 그 임무를 대신할 것으로 예정이 되어 있다. 두 항모 모두 스키점프 램프를 가지고 있는 V/STOL용 항모이다.

우선, Giuseppe Garibaldi 항모에 대한 상세한 것은 다음과 같다.

1) 이탈리아에서 제작된 첫 번째의 전체 데크가 스키점프 램프인 'Through Deck' 형태의 항모이다.
2) 이 항모는 Somalia, Kosovo, Afghanistan과 Libya 전투에 참전하였다.
3) 제작은 Monfalcone 조선소가 있는 Fincantieri 사에서 하였다.
4) 1985년 9월 취역을 하여 현재 운영 중이다.

5) 모항은 이탈리아 남쪽 지중해에 있는 이탈리아의 Taranto 이다.
6) 항모의 일련번호는 '551'이다.
7) 주 목적이 대잠 항모이기에 ASW(Anti-Submarine Warfare)형 항모이다.
8) 배수톤수는 13,850톤이고, 길이는 180.2 m, Beam은 33.4 m, 그리고 흘수는 8.2 m 이다. 속도는 30 kt 이고, 최대 항속거리는 13,000 km이다.
9) 추력은 4개의 GE/Avio LM2500 가스터빈 엔진을 사용해 82,000 hp 출력을 만들어 사용하게 되며 또한 6대의 디젤 발전기가 9,360 Kw 전력을 생산한다.
10) 선상 승무원 630명과 항공인력 100명 그리고 100명의 C4(Command, Control, Communi-Cations, Computers)인력이 탑승하게 된다.
11) 레이더 등 센서는 SPS-774 (RAN-10S) Early Warning Radar, AN/SPS-52C Early Warning Radar, SPS-702 CORA Surface Search Radar, SPN-749 Navigation Radar, SPN-728 Approach Radar, RTN-30 Fire Control Radar, RTN-10X Fire Control Radar, DE 1160 LF Hull Sonar 등이 장착이 되어 있다.
12) 전자전 및 디코이는 SLQ-732 Jamming System, SCLAR Decoy Launcher, SLAT Anti-Torpedo System, SLQ-25 Nixie Towed Torpedo Decoy 등을 활용을 하게 된다.
13) 무장은 2대의 Mk.29 Octuple Launcher For Sea Sparrow/Selenia Aspide SAM 미사일과 3대의 Oto Melara Twin 40L70 DARDO, 2대의 324 mm Triple Torpedo Tubes 등이 사용된다.
14) 항공기는 최대 18대의 AV-8B Harrier II Fighter/Bombers, Augusta SH-3D 혹은 Agusta Westland AW101 Helicopters(ASW, ASH and AEW) 탑재할 수 있다.

warships1discussionboards.yuku.com

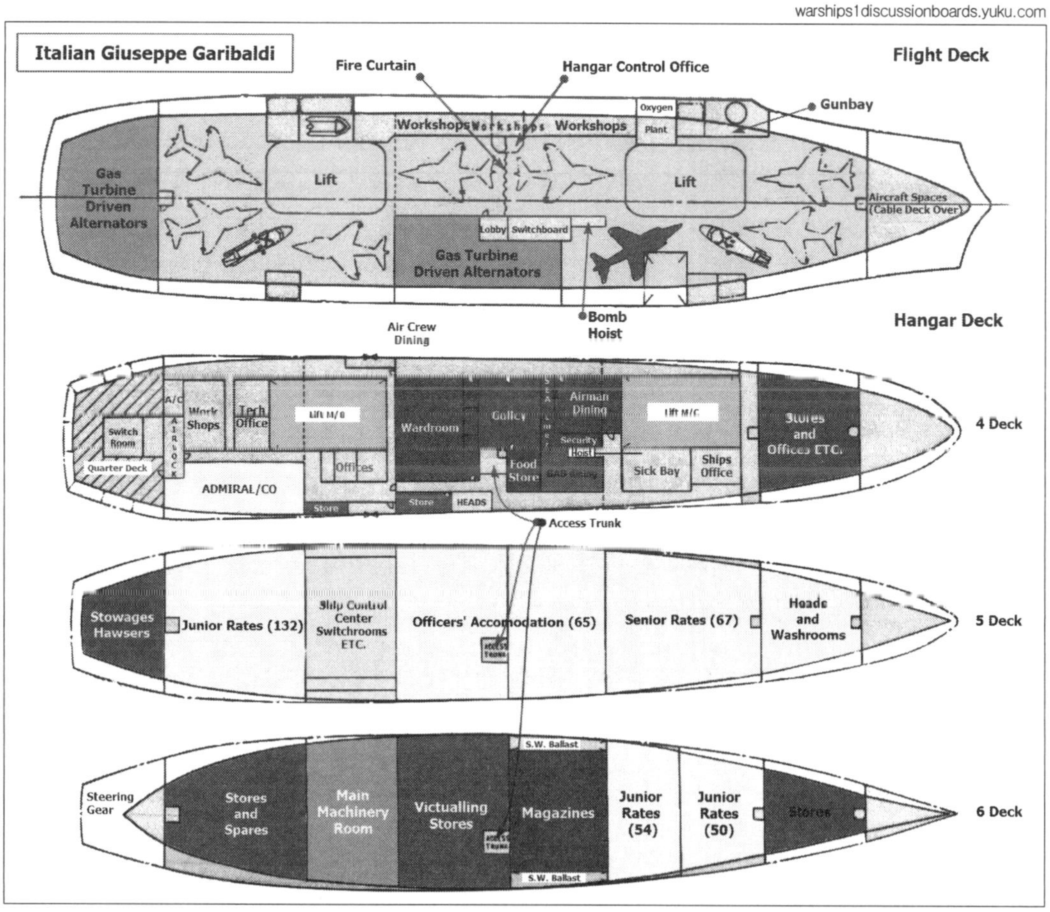

[그림 2-50] 항모 Giuseppe Garibaldi의 각 Deck 별 주요 내용

함모 Cavour는 이탈리아의 기함으로써 이탈리아의 가장 큰 해군 선박이다. 이탈리아의 정치인의 이름을 딴 이 항모에 대한 상세한 내용은 다음과 같이 정리할 수 있다.

1) 제작은 Giuseppe Garibaldi 항모와 같이 Fincantieri 사에서 하였다.
2) 2008년 3월에 취역을 한 후 2009년부터 실전 운영이 되고 있다.
3) 모항은 이탈리아 북부 제노아 항구 동쪽에 있는 La Spezia 이다.
4) 항모의 일련번호는 '550'이다.
5) 제원은 배수톤수 27,100톤이고, 길이는 244 m 이고 Beam은 39 m, 흘수는 8.7 m 이다. 항모의 속도는 28 kt 이고 최대 항속거리는 13,000 km 이다. 배수톤수는 27,900톤이지만 2008년에 수행된 개선사업 후, 전체 배수량은 30,000톤에 도달되는 것으로 확인이 된다.
6) 추력은 4개의 GE/Avio LM2500 가스터빈 엔진을 사용해 82,000 hp 출력을 만들어 사용하게 되며 또한 6대의 디젤 발전기가 13,200 KW 전력을 생산한다.
7) 451명의 선상 승무원과 203명의 항공인력이 탑승하고 또한 140명의 C4 인력이 탑승한다. 또한 해병대 인력 325명도 탑승 가능하다.
8) 센서 장치는 Selex RAN-40L 3D L-Band Long-Range Radar, Selex RAN-30X/I (RASS, Radar Analysis Support System) Surface Radar, Selex EMPAR(European Multifunction Phased Array Radar) Multifunction Radar, SIR-R IFF System 등이 장착되어 있다.
9) 무장으로는 4대의 8-cell A-43 Sylver Launchers Carrying the MBDA Aster 15 Surface-to-Air 미사일과 2대의 Oto Melara 76/62 mm Strales Guns, 그리고 3대의 Oerlikon Contraves 25/80 mm Anti-Aircraft Guns 등이 장착되어 있다.
10) 항공기로는 총 20~30대를 탑재할 수 있고 8대의 AV-8B Harrier IIs와 12대의 Agusta Westland AW101 AEW 등이 기본으로 탑재가 된다. 그리고 다른 헬기 등도 탑재되어 작전을 수행하게 된다.
11) hangar 공간은 길이 134 m 이고, 면적은 2,800 ㎡ 이다. 일반적으로 Ariete 같은 메인 전투 탱크를 24대를 탑재하거나 좀 더 가벼운 차량인 Dardo IFV는 50대, Iveco LMV는 100대 이상을 탑재할 수 있다. 그리고 Hangar 데크는 70톤까지 램프에 액세스할 수 있을 뿐만 아니라 엘리베이터는 최대 30톤의 항공기까지 사용이 가능하다.
12) 이탈리아 해군은 향후 몇 년 내에 원래 계획은 22대였지만 변경이 되어 현재계획은 15대의 록히드 마틴 F-35B 라이트닝 II를 구매하여 16대 해리어를 대체할 계획을 가지고 있다. 개발사인 록히드 마틴에 의하여 F-35B 구매 일정은 불명확하지만 Cavour는 격납고에 10대의 F-35B를 위한 공간이 있고 6대 이상이 갑판에 주차가 가능하다. 이런 모든 계획은 진행이 될 예정이지만 주변 환경을 변화에 따라 계획은 수정이 될 것으로 판단이 된다.
13) 2010년 1월 19일 Cavour는 'Operation White Crane' 작전을 수행하였는데 이것은 2010년 아이티 지진 구호 업무 중 이탈리아의 작업의 일환으로 아이티에 파견되었다. 즉, 이 아이티 지진의 피해자에 대한 구호를 제공하기 위해 국제적인 노력을 수행한 것이 이 항공모함의 첫 번째 임무였다.

[그림 2-51]은 Cavour 항모의 구획별 내용을 상세히 보여주는 것이다.

[그림 2-51] 항모 Cavour의 선미 및 선수 모습과 내부 구획의 주요 내용

2.4 아시아의 항공모함 현황

2.4.1 중국

아시아는 새롭게 등장하는 항공모함 격전지라고 할 수 있다. 경제적 신 부흥기를 맞이하는 거대 국가 중국이 러시아에서 비공식적으로 구입한 항공모함 선체를 다듬어 새 항공모함을 만들어 배치하였고 그 축적된 기술을 바탕으로 새 항모를 전설 중에 있는 상황에 맞추어 인도와 일본이 움직이고 있는 상황이다. 인도가 움직이면 파키스탄이 움직일 수 있고 일본이 움직이면 한국 등 다른 국가들이 새로운 정책으로 대응전략을 마련할 가능이 많아 항공모함의 아시아 전국시대를 맞이할 가능성이 있다. 또한 미국도 아시아 정책의 변화와 함께 아시아 권역의 항공모함 전략도 변화를 근본적으로 취한 상태에서 다각도로 대응전략을 마련하고 있을 것이다.

중국은 1970년대부터 대외적으로 항공모함을 운영에 관심이 있다고 공식 표명을 해왔다. 2011년에 공식적으로 중국이 항공모함을 건조 중이라고 발표를 하였고 2012년 9월에 항모 Liaoning 호가 취역을 하였다. 또한 2015년 12월에는 Liaoning과 다른 중국의 제 2의 항공모함을 전적으로 독자 설계 및 기술로 만들고 있다는 여러 매체를 통해 나왔다. 이는 중국의 오랜 기간 항공모함을 가지려 했던 의도의 결과라고 할 수 있다. 1980년대부터 중국은 퇴역한 항모 4대(HMAS Melbourne, Minsk, Kiev 및 Varyag)를 구입하여 연구를 해왔고 러시아의 Varyag 급에 근거를 둔 60,000톤의 Type 089 항모 2척을 2015년까지 건조 마무리를 한다는 보고가 있어 왔다. 이들 항공모함에는 러시아의 수호이 Su-33 전투기가 탑재가 되어 운영이 될 것이다. 그리고 중국이 수호이 Su-33s를 기반으로 독자 생산한 J-15 다목적 전투기는 보완 대체 항공기로 일단 사용이 될 것으로 판단이 된다.

중국의 항공모함의 개발의 진행과정은 다음과 같다.

- 우선, 중국은 1985년에 호주의 HMAS Melbourne을 취득함으로써 항공모함의 몇 몇 중요한 사실들을 알게 되었다. 그 항모는 2005년까지 수 년 동안 고철 처리가 되지 않고 연구만 되었던 것으로 판단이 된다. 어려운 모험을 통해 중국은 예전의 소련에서 사용이 되던 Minsk와 Kiev 급을 구매하였고 이런 것들은 관광객을 위해 선상 전시장에 있었던 것들 이었다. 그리고 과거에 사용이 되었던 외국의 중고 항공모함을 구매하려는 계획도 가지고 있었다. 예를 들면 중국은 1997년에 프랑스의 은퇴한 항공모함 Clemenceau에 대한 구매 여부를 타진한 적이 있었으나 성사되지는 못하였다.
- 중국은 HMAS Melbourne 항모의 증기 Catapult 및 착륙 시스템을 육지 기반 복제를 하고 역 엔지니어링 기법을 적용하였다. 그리고 중국의 항공기 J-8IIG로 하여금 1987년 4월 육상의 비행갑판에서 이륙 및 착륙 시험을 수행하도록 하였다. 이런 사실은 중국 국영방송국 CCTV-13에 의해 2014년 4월에 공식적으로 확인이 되기까지 27년의 세월이 흘렀다. 이륙과 착륙은 모두 동일한 날에 수행이 되었고 테스트 조종사는 중국 육군해군 항공대 조종사였다. 이 때 얻어진 이와 같은 경험은 차후 J-15에도 적용이 되었다.
- 2011년 8월 구 Varyag 항공모함이 최초의 해상시운전에 간지 며칠 후, 중국에 있는 전 Kiev 호는 약 1천만 불 이상의 비용을 투입해 수리하여 고급 호텔로서의 새로운 역할에 따라 손님을 맞이하였다. 이 선박의 소유자들과 일반인들은 당시 중국이 진행하는 사항을 잘 모르는 상태에서 중국의 해군 확장의 야망뿐만 아니라 항공모함에 대한 일반적인 호기심이 공공의 이익도 가져다 줄 것이라고 가볍게 믿고 있었다.

chinapower.csis.org & www.businessinsider.com

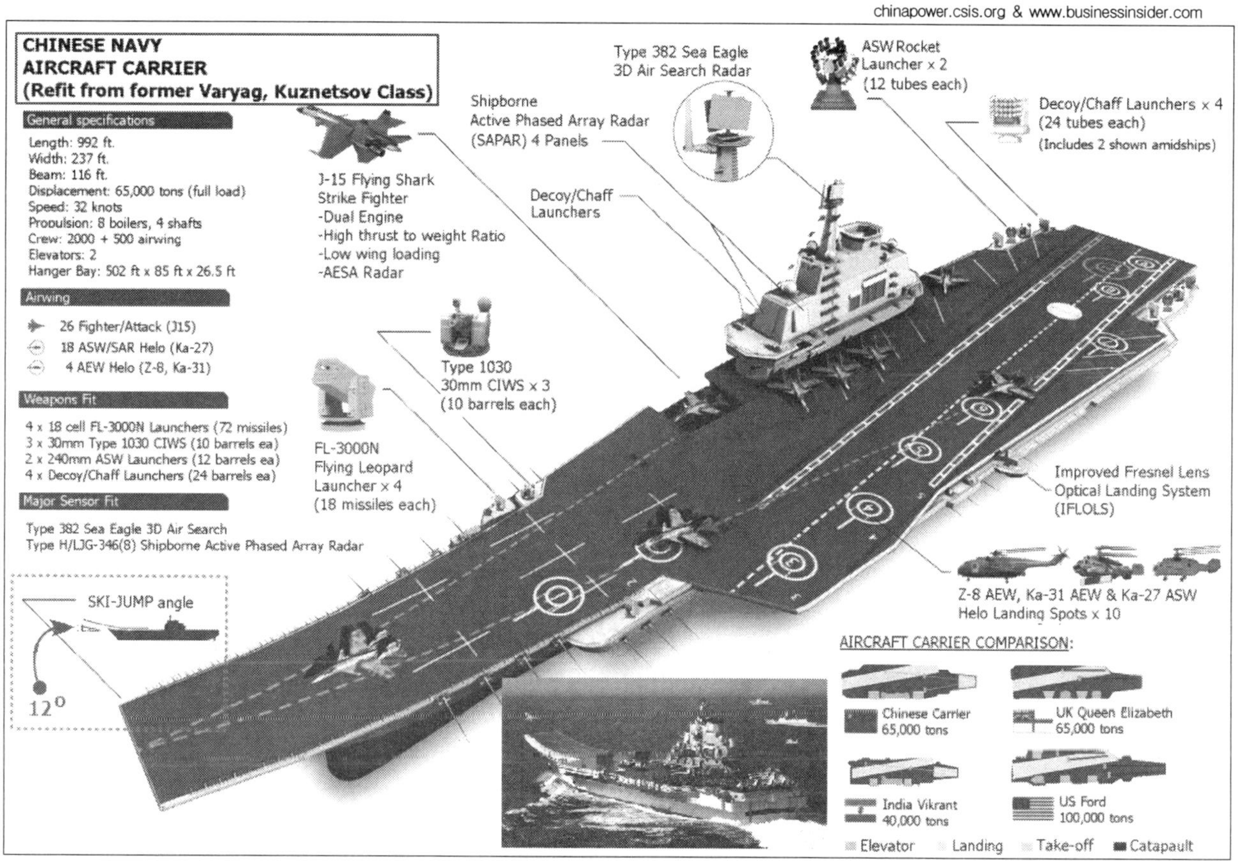

[그림 2-52] 중국 항공모함의 Liaoning 사양

- 소련의 체제 붕괴에 따라 재정적 어려움을 겪고 있던 구소련은 Kuznetsov 급인 Varyag 항모를 계속해서 제작을 할 수가 없었다. 중국은 70%만 완료한 상태에서 우크라이나에 떠 있던 67,500톤의 구소련 항공모함 Varyag을 1998년 개인 마카오 관광 벤처를 통해 구입했다. 대련 조선소에 그것을 견인한 후, 오랜 기간 수리를 받았다. Varyag은 판매를 하려고 부착되어 있던 모든 군사 장비뿐만 아니라 추진 시스템들은 제거되어 없었다. 2007년 어떤 소식통에 따르면 그 항모가 새롭게 운영이 되기 위해 개조되고 의장설치가 되고 있다는 보고가 있었다. 2011년 8월, Varyag의 '보수 공사가 완료되었고 그 이후 해상 시운전을 진행 중이다'라고 발표되었다. 2011년 12월 14일에 미국의 위성 영상 회사인 DigitalGlobe 사는 12월 8일에 촬영된 사진을 검색하는 동안, 그들은 개조된 Varyag 항모가 시운전 중인 사실을 발견했다고 발표했다. 또한 DigitalGlobe는 황해에서 5일간 운영이 되는 항모를 캡처했다고 밝혔다. 2012년 9월, 이 항모는 중국의 요녕성에서 수리 및 개조 작업한 이후, 'Liaoning'이라는 새로운 선명을 가지게 될 것이라고 발표되었다. 2012년 9월 23일에는 Liaoning 항모는 인민 해방군 해군에 인도되었고 당시에는 실질적인 활동은 없는 것으로 판단이 되었다. 2012년 11월에 J-15 항공기의 첫 번째 착륙이 성공적으로 Liaoning 항모에서 실시되었다. 항모의 취역 후 실세 운영은 석게는 1년 많게는 5~6년이 걸리는 경우가 있어 실전 배치는 시간문제로 그러나 중국의 기술적 수준으로 판단하면 곧 실전 배치가 이루어질 것이다.

중국은 항공모함 제작의 전 단계로서 항모 설계를 위해 또는 독자 설계가 불가능 상태에서 외부에서 취득하기 위해 많은 일을 진행시켰다. 그 내용은 다음과 같다.

- 중국은 외국 해군에 소속이 되어 있던 퇴역 항공모함들을 취득하는 것뿐만 아니라, 중국 인민해방군은 외국의 항공모함 설계를 적극적으로 구입하려고 시도를 해오고 있었다. 하나의 예는 스페인 국가 소유의 조선소인 Empresa Nacional Bazan에서 제안된 기존의 이착륙 항공모함에 대한 청사진을 구입하기 위해 노력했다. 그것은 23,000톤급 SAC-200과 25,000톤급 SAC-220의 디자인이었다. 협상은 1995~

1996년 사이에 시작되었지만 실제 구매는 발생하지는 않았다. 그러나 스페인 회사는 일부 디자인 개념을 전송하여 수수료 및 컨설팅 비용으로 수백만 달러를 받았다. 이는 실제 구매는 이루어지지 않았지만 큰 금액이 오고간 정황을 보면 많은 정보가 오고간 것으로 판단이 된다.

- 그 스페인 회사가 그 결과를 제출한 후, 러시아도 중국과의 거래가 있었다. 러시아 군함 디자이너 그룹인 Nevskoye Design Bureau은 중국의 요구사항을 충족하기 위해 1990년대 후반에 중국의 항공모함 설계를 완료하였지만 러시아 나 중국도 이 비용을 공개하지 않았다. 두 나라 중 어떤 나라도 중국의 설계에 대한 만족 여부에 대한 정보를 공개하지 않았다. 사실, 그 디자인을 기반으로 한 어떤 항공모함도 제작이 되지 않았다는 것이 정설이다. 왜냐하면, 1990년대 후반에 중국 산업 기능에 대한 한계가 있었기 때문에 당시 중국이 항공모함의 건설을 시작하는 것은 비현실적이고 불가능했을 것이라는 이유 때문이다. 자료만 축척하고 미래를 대비했을 수 있을 것이라는 예측이 가능하다.
- 퇴역한 소련의 항공모함 Kiev를 구입했을 때 외국 항공모함 디자인의 청사진의 완전한 세트는 중국이 얻은 것은 분명하다. 러시아는 중국에게 더 높은 가격을 요청했을 뿐만 아니라 청사진도 구입하라고 의도를 내비쳤지만 어느 나라도 정확한 금액을 밝히지는 않았다. 그러나 중국 정부가 발표한 항공모함에 대한 공식 정보에 기초하여 그 재래식 설계의 모든 것인 V/STOL 디자인은 중국의 요구 사항에 맞게 표시되지 않았다는 것이다.
- 불완전한 소련 항공모함 Varyag를 구입할 때 완벽하지 않은 설계 도면이었지만 중국이 획득한 외국 항공모함 설계 청사진의 완전한 세트는 가장 최근의 구매에서 이루어졌다. 우크라이나는 원래 제시된 18백 만 불 입찰 금액을 높이기 위해 디자인의 청사진의 완전한 세트의 추가 구입을 포함하는 구매를 할 것을 중국에 촉구하였고, 협상 후, 중국은 청사진의 완전한 세트를 구입하는 조건으로 또 다른 200만 불을 지불하기로 합의했다. 과정에 참여한 중국 대사관 직원의 회고록에 따르면, 청사진은 항모가 도착하기 전에 중국에 도착했고 이것은 종래의 디자인 보다 더 많은 기능들이 제공되었다.

중국의 항공모함 개발 계획은 다음과 같은 공식적 진행 사항에 따라 추진이 되었다.

- 중국의 인민해방군의 항공모함 개발의 첫 번째 공식 계획이 1987년 3월에 국방을 위한 과학, 기술 및 산업의위원회 회의에서 있었다. 기초 연구는 제 7차 5개년 계획 말까지 완료하고, 플랫폼과 항공기의 개발이 제 8차 5개년 계획의 말에 완료하는 것으로 하여 원래 계획은 단계별로 진행하도록 되어 있었다. 2000년 항공모함 주문 시 제작이 시작되었다.
- 미래 항공모함에 필요한 지휘관을 양성하기 위한 준비로 중앙 군사위원회는 1987년 5월에 미래의 조종사가 될 수 있는 교육 프로그램으로 제트 전투기 조종사의 프로그램을 승인하고, 중국 광주 해군사관학교가 있는 곳을 교육지로 선정하였다. 그러나 그 계획은 당시 중국 국내 산업이 계획이 요구하는 목표를 달성할 수 없었기 때문에 너무 무리한 것으로 판명이 되었다. 그 결과로 계획은 기초 연구 수준으로 축소되었고 항공모함이 중국의 인민해방군에 임무를 부여받고 업무에 투입이 되기 시작하는 날짜는 연기가 되었고 나중에는 보류가 되었다. 그런 와중에 항모 비행기 조종사 훈련을 받던 조종사 후보사관생들이 해상 헬기 조종사로 전환이 되는 일이 발생한다. 이것은 더 많은 선박 기반의 조종 경험이 있는 헬기 조종사들이 경험 부족한 육상 제트기 조종사들보다 더 잘 준비되었을 것이라고 여겨지기 때문이었다.
- 중국의 항공모함 개발 상황은 Varyag을 구매하여 Liaoning 항모를 만들었지만 그리고 중국은 체제의 특성상 잘 되고 있다고 이야기를 하고 있지만 다양한 실전 문제는 현재도 해결하려고 노력 중인 것을 파악이 된다. 서양의 100년의 경험이 단 몇 년 사이에 완성이 되기는 쉽지 않을 것이다. 또한 현재는 전자전을 기반으로 하고 있고 항공기 또한 그 기반으로 운영이 되는 것이다. 이것은 많은 시간과 노력이 필요하고 경험에서 나오는 노하우가 필요한 것이다. 그리고 중국이 만든 것은 선체에서 의장품을 장착한 것이지만 이 의장품 역시 서구 선진국에서 구입되거나 러시아에서 구입이 되어야 하는데 쉽지 않은 상황이고 러시아는 항공모함에 대하여 포기한지가 오래되어 현재 새로운 기술을 접목하는 것도 많은 노력이 필요할 것이다.

다음은 현재의 중국의 항공모함 개발에 관한 기사 혹은 정보를 통한 진행사항을 요약한 것이다.

- 2007년 중반에 중국의 국내 소식통에 따르면 중국이 러시아로부터 총 4 세트의 항공모함 착륙 시스템을 구입하였다는 것이다. 이것은 사실로 러시아 제조업체에 의해 확인이 되었다. 그러나 전문가들은 이러한 시스템을 사용하는 것에는 동의하지 않는다. 2008년 8월에 국가 방위를 위한 과학, 기술 및 산업의위원회의 대변인이 중국은 항공모함에 대한 모든 기술을 마스터했다고 기자 회견에서 대중에게 발표하였다.
- 중국이 핵추진 항공모함을 구축이라는 가능성을 언론이 보도하고 있다, 그러나 미 국방부의 중국 군사평가는 아직 가능한 핵추진 항공모함 개발에 대한 언급을 하고 있지 않는다. 이것은 미 국방부의 판단은 아직 중국이 핵추진 항모 개발은 때가 이른 것으로 여겨진다. 새 개념의 항공모함이 진행이 되는 것은 확실하고 어디서 언제 진행이 되는지는 서방이 아니기에 외부 노출이 되지 않은 상태이다. 또한 그것의 추진체가 핵추진인지 여부 또한 미확인된 상태이다.
- 'The Daily Telegraph'의 2011년 2월 보고에 따르면, 중국의 군사 훈련 항모 조종사 및 항모 운영 요원을 위해 사용하는 콘크리트 항공모함의 비행갑판을 구축하고 있고 갑판은 무한 근처에 있는 정부 건물 꼭대기에 건설되었다. 2011년 6 월에 인민 해방군의 발표에 따르며 중국이 자체 항공모함을 구축하는 것이 확인되었다. 2011년 7월에 중국 군사 아카데미의 어느 수석 연구원은 인도와 일본이 2014년도 각각 3척의 항모를 운영할 것이므로 중국도 최소 3척의 항모가 필요할 것으로 내다보았다. 이것이 중국 해양 이익에 부합한다고 보았던 것이다.
- 2013년 12월 중국 중앙 군사위원회는 유형 001A로 지정하고 2020년에 두 척의 Varyag 형 항공모함을 의뢰할 계획이라고 말했다. 두 개의 항모를 구축하는 계약은 중국 조선 공업 주식회사에서 제작되며 비용은 약 90 억불이 될 것으로 예상된다.
- 항모 중간에 위치한 Catapult는 공중 조기 경보용 항공기의 작전 및 항공 제어를 쉽게 하기 위해 하나 또는 두 항모 모두에 장착될 수 있다. 현재 Liaoning은 대잠 및 대공 방어 작업에 헬기와 항공기 이륙을 위한 보조를 받지 않는 스키점프가 있다.
- 중국은 항모 기반의 전투기인 심양 J-15를 개발했다. 2012년 11월 25일, 적어도 두 대의 선양 J-15가 성공적으로 Liaoning에 착륙했다고 발표했다. 중국 언론 보도에 따르면, 2톤을 초과하는 전체 무기와 연료를 탑재한 J-15는 항모의 스키 점프 램프에서 이륙을 할 수 없다. 중국에서 개발 중인 5세대 전투기인 심양 J-31은 미래에 항모에서 사용되기 위해 채택될 수 있을 것이다.

최종적으로 확인된 중국의 항공모함의 개발 계획은 다음 표와 같다. 즉, 2번함은 제작 중으로 Liaoning 급으로 Liaoning을 변경한 정도의 수준이 될 것이며 3번함도 제작 중이긴 한데 '유형 002'로 Liaoning과 다른 급으로 제작이 되는 것으로 판단이 된다. 진수와 취역 예정일이 정해진 것이 아니므로 Liaoning의 운영 결과를 반영하여 새로운 Type으로 제작이 될 것으로 여겨진다.

중국의 현재 운영 중인 Liaoning 항모에 관하여 좀 더 자세히 알아보면 다음과 같이 정리가 될 수 있을 것이다.

1) 구소련에서 우크라이나에 간 후 다시 중국으로 이동이 된 것이다.
2) 최초 제작은 우크라이나 조선소인 흑해의 Mykolaiv이다.
3) 정확하게는 공정 68%가 마친 상태에서 중국 해군으로 넘어간 것이다.
4) 2011년 중국의 대련조선소에서 100% 완성이 되었다.

[표 2-7] 중국의 항공모함 개발 내역

Hull Number	Name	Class	Builder	진수	취역	Home Port	Status
CV-16	Liaoning	Type 001	Mykolaiv Shipyard / Dalian Shipbuilding	1988/12/04	1912/09/25	Qingdao Naval Base	Active
CV-17	-	Type 001A	Dalian Shipbuilding	2016 후반	Estimate 2018	-	제작 중
CV-18	-	Type 002	Jiangnan Shipyard	-	-	-	제작 중

* CV-17은 Typ 001A 형으로 Type 001이 변형 또는 독자개발형으로 판단된다.

5) 배수톤수는 3가지 종류로 구분이 되는데 43,000톤(Light), 53,00~55,200톤(Standard) 그리고 58,600~67,500톤(max)이다.
6) 길이는 304.5 m 이고, Beam은 75 m, 그리고 흘수는 8.97 m 이다.
7) 동력기관은 스팀 방식이고 추력은 스팀 터빈으로 200,000 hp(150 MW)로 터빈 4기가 각각 50,000 hp(37 MW)를 만드는 것이다. 또한 9개의 터빈 제너레이터로 총 1,500 KW의 전력을 생산하고 6대의 디젤 제너레이터를 통해 1,500 KW를 역시 생산한다.
8) 항해 속도는 32 노트 이고 항속거리는 7,130 km 이다.
9) 최대 작전 항해 기간은 45일이며 1,960명의 승조원과 625명의 항공 인력 그리고 Flag 스탭으로 40명이 탑승하게 된다. 최대 총 거주자는 3,857명이다.
10) 무장은 2대의 Type 1030 CIWS와 각 18 cell 미사일 시스템인 HHQ-10이 4대 장착이 되어 있다.
11) 비행기는 24대의 J-15, 6대의 Z-18, 4대의 Ka-31, 2대의 Harbin Z-9으로 총 36대의 고정익과 회전익 비행기를 탑재시킬 수 있다.

중국의 항모 Liaoning은 쉽지 않은 길을 가고 있는 것이 분명하다. 군사적인 문제인 무기체계는 특히 항공모함은 주변국들의 도움을 받을 수 없는 상황이므로 독자적인 운영은 매우 어렵고 험난한 길이 될 것이다. 하나의 예로, Liaoning의 해상 시운전시, 엔진실에 스팀 엔진이 파열이 되어 승무원을 철수시키는 등 동력 손실을 경험하였다. 전원이 복원되었고 궁극적으로 해결되었지만 문제점의 지속시간은 군 관계자가 발표되지 않았다. 이런 공개적인 것 외도 많은 일들이 일어나고 있을 것이다. 그러나 중국의 항공우주 분야에서 보여준 기술력과 능력이 이번 항공모함 건조 및 운영에서도 같은 수준으로 보여줄 것이라고 생각이 되며 다만 그 이후 주변국에 미치는 영향을 정확하게 예측할 수 없어 주변국이 동요하고 걱정스럽게 만든다.

[그림 2-53]는 중국의 2번째 항모가 건설 중인 모습이고 [그림 2-54]는 중국의 Liaoning의 각 부분별 명칭을 구소련(러시아)의 Kuznetsov 급 항모에 견주어 살펴본 그림이다.

www.chiangraitimes.com/china-confirms-building-second-air-craft-carrier.html

[그림 2-53] 건설 중인 중국의 2번째 항모 모습

중국의 Liaoning 항모의 각 부분 명칭

1	Combat Module SPAR	9	AP RADAR	17	CPG SAM
2	PC-2	10	AP Complex	18	Arresting System
3	Cargo Crane	11	Phased Array RADAR System	19	Runway
4	Lift Aircraft	12	AP RADAR	20	Gas Liner Shields
5	Pilot House	13	RBU-1200 Complex	21	Village Rainfall Optical System
6	AP RADAR ALM SAM	14	30 mm AU AK 630M	22	SCRC
7	Phased Array Radar	15	Device for Receiving Goods in Motion System		
8	AP Complex	16	Nose Cone Antenna HOOK		

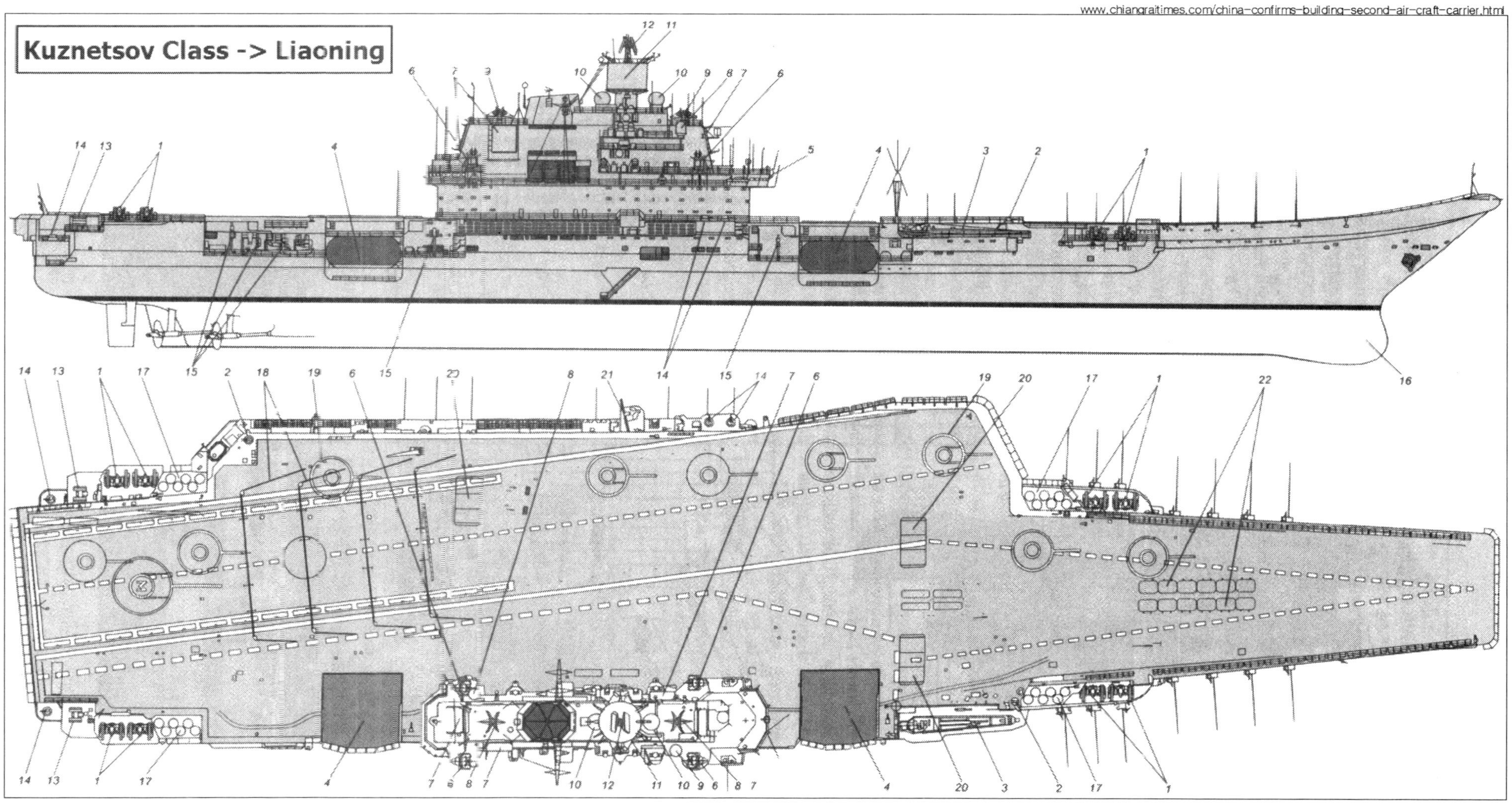

[그림 2-34] 중국의 Liaoning 항모의 각 부분 명칭(Kuzretsov 급 항모에서 유추된 것임)

2.4.2 인도

인도는 주변국 파키스탄과 중국에 대응하여 군사전략을 일반적으로 세우게 된다. 그런 가운데 항공모함에 대해서는 중국의 확장을 저지하는 전략을 구사할 것이고 많은 나라의 도움을 받아 진행이 될 것이다. 현재 인도는 2척을 항모를 운영하고 있지만 2~3년 후 다른 형태의 2~3척(INS Viraat, INS Vikramaditya, INS Vikrant)의 항모를 운영하게 될 것으로 판단이 된다. 이에 따라 대응전략의 차원에서 중국도 최소 3척의 항모를 운영하려고 노력 중에 있다.

INS Viraat 항모는 Centaur 급 항공모함이며 현존하는 항공모함 중에 가장 오래된 것이다. 이것은 본래 1959년 취역한 영국의 HMS Hermes 항모이다. 영국에서 1984년 퇴역한 것을 1987년에 인도에 대여되었고 같은 해에 인도에서 다시 취역을 하였다. 그리고 수차례에 걸쳐 리모델링 개조 작업을 실시하였으며 계획상으로 2017년 3월에 퇴역 하였이다. 이 항모의 주요 내용을 정리하면 다음과 같다.

1) 배수톤수는 23,900톤(Standard)과 28,700톤(Full Load)이며, 길이는 226.5 m, Beam은 24.78 m 이고 흘수는 8.8 m 이다.
2) 추력은 2기의 Parsons Geared Steam Turbine을 사용하고 4개의 보일러를 포함하여 총 57,000 kW의 동력을 생산한다.
3) 속도는 28 노트 이고, 최대 항속거리는 10,500 km 이다.
4) 총 탑승인원은 2,100명이고 선상인력이 1,207명 그리고 항공인력이 143명으로 구성된다.
5) 레이더 등 센서는 1대의 BEL/Signaal RAWL 02 Air Radar, 1대의 RAWS 08 Air/Surface Radar, 2대의 BEL Rashmi Navigation Radars, 1대의 EL/M-2221 STGR Fire Control Radar, 1대의 Plessey Type 904 Radar, 1대의 FT 13-S/M Tacan System으로 구성이 되어 있다.
6) 소나는 1대의 Graseby Type 184M Hull-Mounted 소나가 장착이 되어 있다.
7) 전자전과 디코이 장비는 1대의 BEL Ajanta ESM과 2대 Knebworth Corvus Chaff launchers로 구성이 되어 있다.
8) 무장은 2대의 40 mm Bofors AA Guns, 16대의 Barak SAM VL cells 그리고 2대의 Twin AK-230 CIWS가 있다.
9) 항공기는 총 26대가 탑재될 수 있으며 16대의 British Aerospace Sea Harrier FRS51, 4대의 Westland Sea King Mk.42B-C, 2대의 HAL Chetak 그리고 4대의 HAL Dhruv가 탑재된다.

INS Vikramaditya는 러시아 항모 Kiev의 변형된 형태(Kiev 급)이다. 원래 이 항공모함은 1987년에 Baku란 이름으로 취역하여 구소련과 러시아 해군(당시 선명은 Admiral Gorshkov)에 소속이 되어 운영이 되다가 냉전 이후 러시아 예산에서 운영하기가 너무 비용이 너무 많이 들어 1996년에 퇴역 처리되었다. 이 항모는 인도와 수년간의 협상 끝에 23.5 억불에 최종 가격 협상이 되어 2004년 1월에 인도로 이전이 되었다. 항모는 2013년 9월 7월 해상 시운전과 2013년 9월의 항공 시운전이 성공적으로 완료되었다. INS Vikramaditya의 상세한 내용을 보면 다음과 같다.

1) 제작은 USSR의 Black Sea Shipyard와 러시아의 Sevmash 조선소이다.
2) 배수톤수는 45,400 톤이다.
3) 길이는 283.5 m 이고 Beam은 59.8 m 이며 흘수는 10.2 m 이다.
4) 총 데크 22개로 구성이 되어 있으며 속도는 30 노트 이상이며 최대 항속거리는 25,000 km 이다.
5) 최대 항해 기간은 45일이다.
6) 동력은 6대의 터보 Alternator와 6대의 디젤 Alternatordp 의해서 최대 18 MWe 전력을 생산한다.

www.thehindu.com & stylewhack.com

[그림 2-55] INS Viraat에 관한 기사 내용과 항모 모습

7) 추력은 8대의 터보 압축 보일러와 4대의 기어 스팀 터빈이 180,000 hp(134,225 kW)를 만들어 낸다.
8) 1,500명의 선상인원과 110명의 장교가 있다.
9) 센서는 Long range Air Surveillance Radars, LESORUB-E & Resistor-E Radar Complex, CCS MK II Communication Complex and Link II Tactical Data System 등이 장착된다.
10) 무장은 4대의 AK-630 CIWS, 1대의 Barak 1 ex INS Godavari, 그리고 1대의 Barak 8 (LRSAM, Long Range SAM)이 있다.
11) 비행기는 최대 36대가 탑재되며 26대의 Mikoyan MiG-29K Multi-Role Fighter 와 10대의 Kamov Ka-31 AEW&C and Kamov Ka-28 ASW 헬기가 포함된다.
12) 항공 관련 장비는 14°의 Ski-Jump Ramp와 3개의 30 m Wide Arrester Gear 그리고 3대의 Restraining Gear가 있다.

[표 2-8]은 INS Vikramaditya와 인도의 차기 항공모함 INS Vikrant 그리고 중국의 Liaoning 항모를 스펙 비교를 한 상세한 내용이다. 그리고 그림은 INS Vikramaditya와 인도의 차기 항공모함 INS Vikrant 그리고 중국의 Liaoning 항모를 크기와 모양 비교를 한 것이다.

[표 2-8] 인도 항모(INS Vikramaditya, INS Vikrant)와 중국 항모(Liaoning)의 비교

Name	INS Vikramaditya	인도 Vikrant-class aircraft carrier	Riga(ru)→Varyag(ru)→**Liaoning**
Commissioned	16-Nov-13	Expected 2018 (INS Vikrant)	25-Sep-12
Class and type	Modified Kiev-class aircraft carrier	Vikrant-class Aircraft carrier	Admiral Kuznetsov-class Aircraft Carrier
Displacement	45,400 tons of loaded displacement	INS Vikrant: 40,000 tonnes INS Vishal: 65,000 tonnes; 2nd Vikrant-class	43,000 tonnes, light 53,000~55,200 tonnes, standard 58,600~67,500 tonnes, max
Length	283.5 metres (930 ft) (overall)	262 metres (860 ft)	304.5 m (999 ft) o/a(length overall) 270 m (890 ft) w/l(waterline length)
Beam	59.8 metres (196 ft)	60 metres (200 ft)	75 m (246 ft) o/a 35 m (115 ft) w/l
Draught	10.2 metres (33 ft)	8.4 metres (28 ft)	8.97 m (29.4 ft)
Depth	?	25.6 metres (84 ft)	?
Decks	22	2.5 acres (110,000 ft^2; 10,000 m^2)	?
Installed power	6 turbo alternators and 6 diesel alternators which generate 18 Mwe	?	Steam
Propulsion	8 turbo-pressurized boilers, 4 shafts, 4 geared steam turbines, generating 180,000 horsepower(134,226 kW)	4 General Electric LM2500 + gas turbines, 2 shafts 80+ MW	Steam turbines, 8 boilers, 4 shafts, 200,000 hp (150 MW) 4×50,000 hp (37 MW) turbines 9×2,011 hp(1,500 kW) turbo generators 6×2,011 hp(1,500 kW) diesel generators 4×fixed pitch propellers
Speed	+ 30 knots (56 km/h)	28 kn (52 km/h)	32 knots (59 km/h; 37 mph)
Range	13,500 nautical miles(25,000 km) at 18 knots(33 km/h)	8,000 nmi (15,000 km)	3,850 nautical miles(7,130 km; 4,430 mi) at 32 knots
Endurance	45 days	?	45 days
Complement	110 officers and 1500 sailors	1,400 (incl air crew)	1,960 crew, 626 air group, 40 flag staff 3,857 rooms
Sensors and processing systems	Long range Air Surveillance Radars, LESORUB-E, Resistor-E radar complex, CCS MK II communication complex and Link II tactical data system	1 × Selex RAN-40L L-band early warning	?
Electronic warfare& decoys	?	C/D band early air-warning radar	?
Armament	4×AK-630 CIWS Barak 1 ex INS Godavari Barak 8 (LRSAM)	4×Otobreda 76 mm(3 in) dual purpose cannons Barak 1 & Barak 8 surface-to-air missile launchers (2x32 cells VLS) AK-630 CIWS	2×Type 1030 CIWS 4×HHQ-10(18 Cell Missile system)
Aircraft carried	Maximum of 36 aircraft including 26×Mikoyan MiG-29K multi-role fighters 10×Kamov Ka-31 AEW&C and Kamov Ka-28 ASW helicopters	INS Vikrant: Mikoyan MiG-29K HAL Tejas Kamov Ka-31 Westland Sea King HAL Dhruv	Total of 36 fixed wing and rotary wing aircraft 24 Shenyang J-15 6 Changhe Z-18 4 Ka-31 2 Harbin Z-9
Aviation facilities	8093 m^2 (2 acre) flight deck 14 degree ski-jump ramp 3 30m wide arrester gears and 3 restraining gears.	?	?

defenceforumindia.com

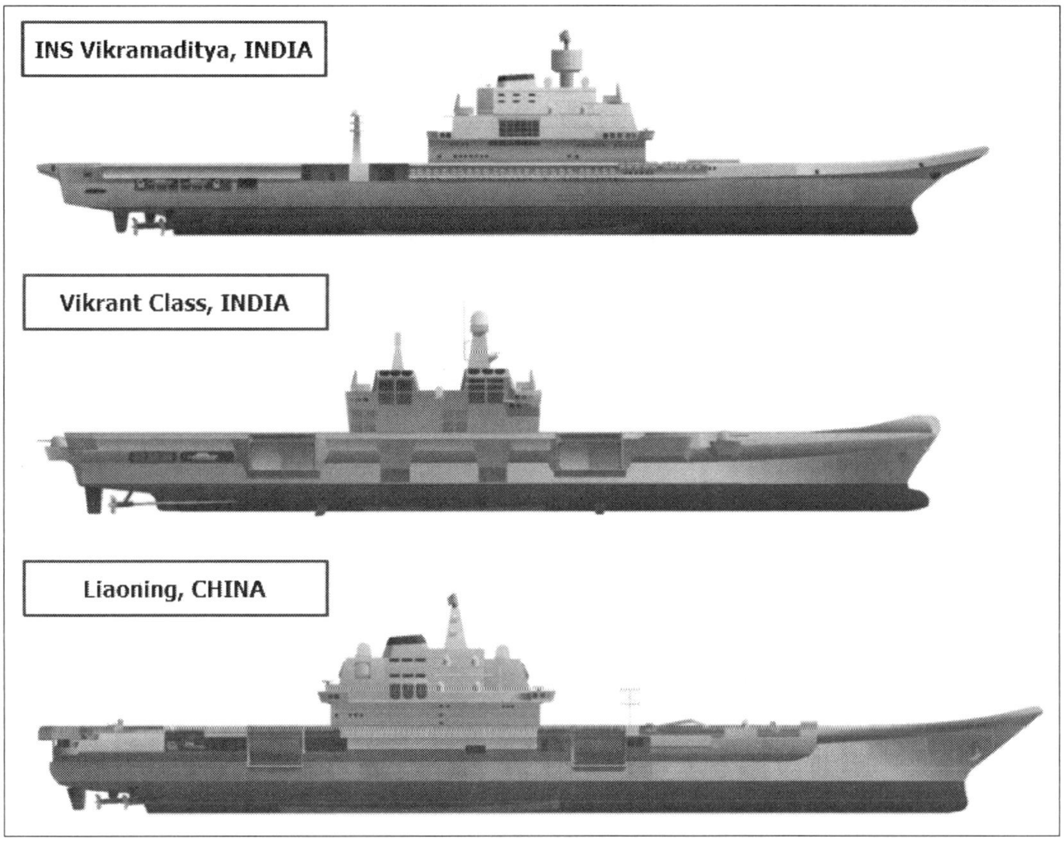

[그림 2-56] 중국과 인도 항모의 모양 크기 비교

인도의 차기 항공모함은 앞서 기술한대로 INS Vikrant이다. 지금까지 알려진 내용을 가지고 그 내용을 요약하면 다음과 같다.

1) Vikrant 급은 2척이 개발 건조될 예정이다.
2) Vikrant는 인도에서 제작되는 가장 큰 함정이고 최초의 항공모함이다.
3) 제작은 Cochin Shipyard에서 하게 된다.
4) 기술적인 문제, INS Vikramaditya의 개조 비용의 증가, INS Vikrant의 제작비용의 초과 등으로 실제 해군에 배치되는 것은 2018년 또는 그 이후에나 가능할 것이다.
5) 배수톤수는 40,000톤(Vikrant 급의 2번함인 INS Vishal은 65,500톤)이다.
6) 길이 262 m 이고, Beam은 60 m, 흘수는 8.4 m 이다.
7) 도크의 10,000 m^{2}이다.
8) 속도는 28 노트 이고 최대 항속거리는 15,000 km 이다.
9) 승조원은 항공인력을 포함하여 1,400명이다.
10) 추력은 4기의 GE LM2500과 가스터빈으로 구성이 되어 있다.
11) 센서는 1대의 Selex RAN-40L, L-Band Early Warning 등이 장착된다.
12) 전자전은 C/D Band Early Air-Warning Radar 등이 이용이 된다.
13) 무장은 4대의 Otobreda 76 mm (3 in) Dual Purpose Cannons, Barak 1 & Barak 8 Surface-to-Air Missile Launchers (2 x 32 cells VLS) 그리고 AK-630 CIWS 등이 설치된다.
14) 항공기는 Mikoyan MiG-29K, HAL Tejas, Kamov Ka-31, Westland Sea King, HAL Dhruv가 탑재될 것이다.

2.4.3 일본

일본의 항공모함 개발 및 운영의 역사는 영국과 미국에 버금갈 정도로 오래되었다. 숫자적인 면에서도 두 나라에 절대 뒤지지 않는다. 일본은 2차 세계 대전까지 총 44대의 항공모함을 만들거나 계획을 했다. 물론 그 중 4대는 종전으로 세상에 빛을 보지 못한 것들도 있지만 당시로서는 세계 최강의 항공모함 운영 대국이었다. 또한 42대의 잠수함 항모도 제작을 하여 운영을 하였다[참조 그림 2-10]. 비록 세계 대전 이후 제한적으로 군비를 구축할 수밖에 없었지만 현재는 중국의 세계무대 등장과 맞물려 미국의 지원 및 묵시적 동의 아래에서 군비를 확장하고 있고 항공모함의 확대 배치도 군비 확장의 하나로 추진이 되고 있다.

최근 전후 일본에서 가장 큰 평판 헬기용 항공모함 '이즈모'가 제작되어 배치가 된 것이 그 모습이라고 할 수 있다. 현재 일본은 항공모함 'Hyuga' 급 2척과 이즈모 1척을 운영하고 있고 2017년 이후에는 추가적으로 이즈모 급 항모 1척이 제작되어 배치되면 총 4척으로 중국과 일본을 넘어서는 숫자가 된다. 다만 일본의 현재 항모는 헬기용 항모로써 고정익 항공기용 항공모함을 가지고 있는 중국과 인도와는 질적인 차이가 있을 수 있다.

[표 2-9]는 2차 세계 대전까지 일본이 가지고 있던 일반 항공모함에 대한 현황 표이다. 또한 [표 2-10]는 2차 세계 대전까지 일본이 가지고 있던 에스코드 항공모함에 대한 현황 표이다. 7만 톤에 가까운 '시나노' 항모에서 1만 톤에도 미치지 못하는 '효쇼'나 'Kumano Maru' 항모에 이르기까지 총 44대의 항모에 관한 것들이다. 물론 에스코트 항모는 수송함을 개조하여 전시에 전용한 것들이 대부분이지만 이 많은 것들이 2차 대전 중에 공격용으로 대량 생산이 된 것을 알 수 있다. 또한 많은 항모들이 태평양 전쟁 당시 미국의 잠수함 또는 항모에서 발진한 비행기에 의해 침몰이 되었다. 침몰된 항모는 6장에서 다시 상세히 기술된다. 다음의 그래프는 [표 2-9] 내용을 비교한 것이다.

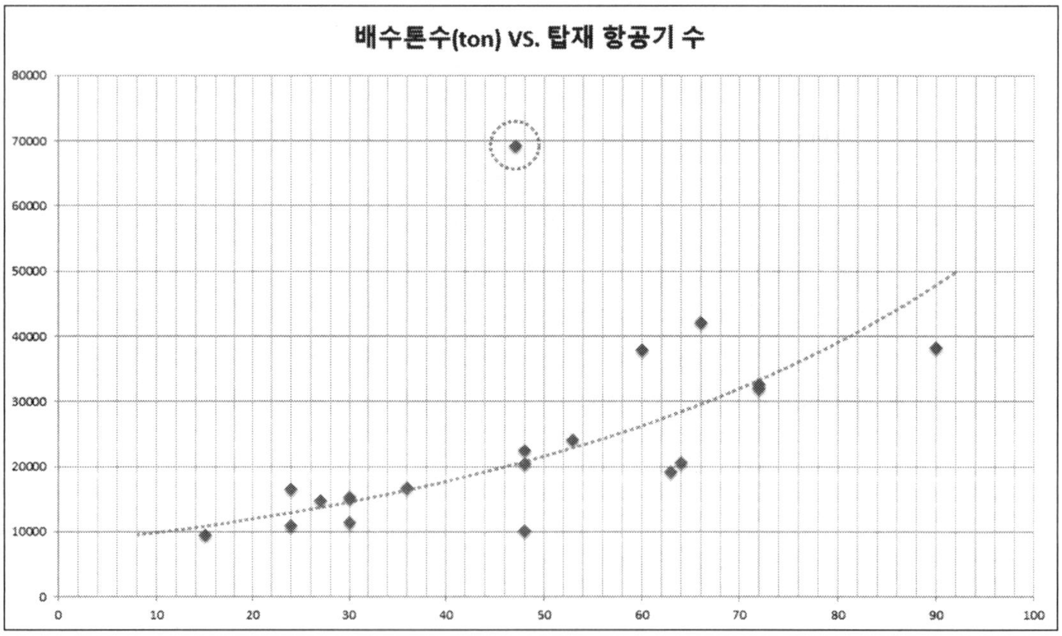

[그림 2-57] 일본의 2차 세계 대전까지 일반 항공모함의 배수톤수와 탑재 항공기 숫자와 관계

[표 2-9] 2차 세계 대전까지 일본 일반 항공모함의 현황 표

선명	탑재기 수	배수 톤수	Propulsion (Boilers/Shafts/Turbines)	Service		
				진수	취역/재취역	Fate
Hōshō	15	9,494	8 Kampon Ro gô small-tube/2/Kampon geared steam	1920	1922	946년 9월 고철로 처리됨
Kaiyo	24	16,483	15 Kampon water-tube/2/2 Kampon geared steam	?	1943	1946년 고철로 처리됨
Kaga	90	38,200	8 Kampon Type E/4/Kampon geared	1920	1928	1942년 6월 미드웨이 해전에서 미국 항공기의 공격 심각한 손상을 입고 침몰함
Akagi	66	42,000	15 Kampon water-tube/4/Kampon geared steam	1925	1927	1942년 6월 미드웨이 해전에서 미국 항공기의 공격 심각한 손상을 입고 일본 구축함에 의해 침몰함
Ryūjō	48	10,150	12 Kampon water-tube/2/geared steam	1931	1933	1942년 8월 솔로몬 제도 동쪽 전투에서 침몰함
Ryūhō	36	16,700	4 Kampon water-tube/2/2 geared steam	1933	/1942	1946년 고철로 처리됨
Sōryū	63	19,100	8 Kampon water-tube/4/4 geared steam	1934	1937	1942년 6월 미드웨이 해전에서 dive bomber에 의해 심각한 손상을 입고 침몰함
Hiryū	64	20,570	8 Kampon water-tube/4/4 geared steam	1936	1939	1942년 6월 미드웨이 해전에서 침몰함
Zuihō	30	11,443	4/2/geared steam	1935	1940	1944년 10월 Battle of Cape Engaño 전투에서 항공기 공격을 받고 침몰함
Shōhō	30	11,443	4/2/geared steam	1934	1941	1942년 5월 항공기 공격을 받고 침몰함
Chitose	30	15,300	/2/2 geared steam	1934	1938	1944년 10월 Battle of Leyte Gulf 전투에서 침몰함
Chiyoda	30	15,300	/2/2 geared steam	1936	1938/1943	1944년 10월 Battle of Leyte Gulf 전투에서 침몰함
Shōkaku	72	32,620	8/4/4 Kampon geared steam	1937	1941	1944년 6월 미 잠수함 uss Cavalla에 의해 침몰함
Zuikaku	72	32,000	8/4/Kampon geared	1938	1941	1944년 10월 Battle of Leyte Gulf 전투에서 항공기 공격에 의해 침몰함
Hiyō	53	24,150	6 Kampon water-tube/2/2 geared steam	1939	1942	1944년 6월 필리핀 해전에서 침몰함
Junyō	53	24,150	6 Kampon water-tube/2/2 geared steam	1939	1942	1946~1947년 고철로 처리됨
Taihō	60	37,870	8 Kampon RO Go boilers/4/4 geared Kampon steam	1941	1944	1944년 6월 필리핀 해전에서 침몰함
Unryū	48	20,450	8 Kampon water-tube/4/4 geared steam	1942	1944	1944년 12월 uss Redfish에 의해 침몰
Amagi	48	20,450	8 Kampon water-tube/4/4 geared steam	1942	1944	1946~1947년 고철로 처리됨

Katsuragi	48	22,534	8 Kampon water-tube/4/4 geared steam	1942	?	1946~1947년 고철로 처리됨(1945년 11월 폐쇄됨)
Aso	65	17,425	8 Kampon RO Go boilers/4/4 geared Kampon steam	?	1944~1945	**not completed**
Ikoma	53	17,425	8 Kampon RO Go boilers/4/4 geared Kampon steam	?	1944~1945	**not completed**
Kasagi	65	17,425	8 Kampon RO Go boilers/4/4 geared Kampon steam	?	1944~1945	**not completed**
Shinano	47	69,151	12 Kampon water-tube/ 4/4 geared steam	1940	1944 Trial	1944년 11월 미 잠수함 USS Archerfish에 의해 침몰함
Mizuho	24	10,930	/2/diesel engines	1937	1939	1942년 5월 침몰 (seaplane carrier)
Ibuki	27	14,800	4/2/2 geared steam	1942	-	1946년 11월에 고철로 처리됨(**not completed**)

[표 2-10] 2차 세계 대전까지 일본 에스코드 항공모함의 현황 표

선명	탑재기 수	배수 톤수	Propulsion (Boilers/Shafts/Turbines)	Service		
				진수	취역/재취역	Fate
Shimane Maru-class	12	11,989	2/1/Steam	1944	1945	Two of 4 were lost. Two of 4 were cancelled.
Taiyō-class	30	20,321	4 water-tube boiler/2/2 Kampon geared steam	1938	1941	All of 3 were lost.
Yamashio Maru-class	8	16,119	2/1/Geared steam	1944	1945	One of 2 were lost. One of 2 were cancelled.
Akitsu Maru	30	11,800	4//2 driving geared	?	1942	1944년 11월 침몰(비행기 페리: 30대, 항모: 8대)
Chūyō	30	20,321	4 water-tube boiler/2/2 Kampon geared steam	1938	1942	1943년 12월 미 잠수함 USS Sailfish에 의해 침몰
Kaiyō	24	16,483	4 water-tube boiler/2/2 Kampon geared steam	1938	1943	1946년 9월 고철로 처리됨
Kumano Maru	37	8,258	4/2/2 geared steam	1944	1945	1948년 고철로 처리됨(비행기 8~37대)
Shin'yō	33	20,586	/2/2 AEG steam turbines & turbo-electric transmission	?	1943	독일 선박으로 일본에 대여 후 에스코트 항모 … 1944년 11월 침몰
Taiyō	27	20,321	4 water-tube boiler/2/2 Kampon geared steam	1940	1941	1944년 8월 미 잠수함 USS Rasher에 의해 침몰
Un'yō	30	20,321	4 water-tube boiler/2/2 Kampon geared steam	1938	1940	1944년 9월 미 잠수함 USS Barb에 의해 침몰

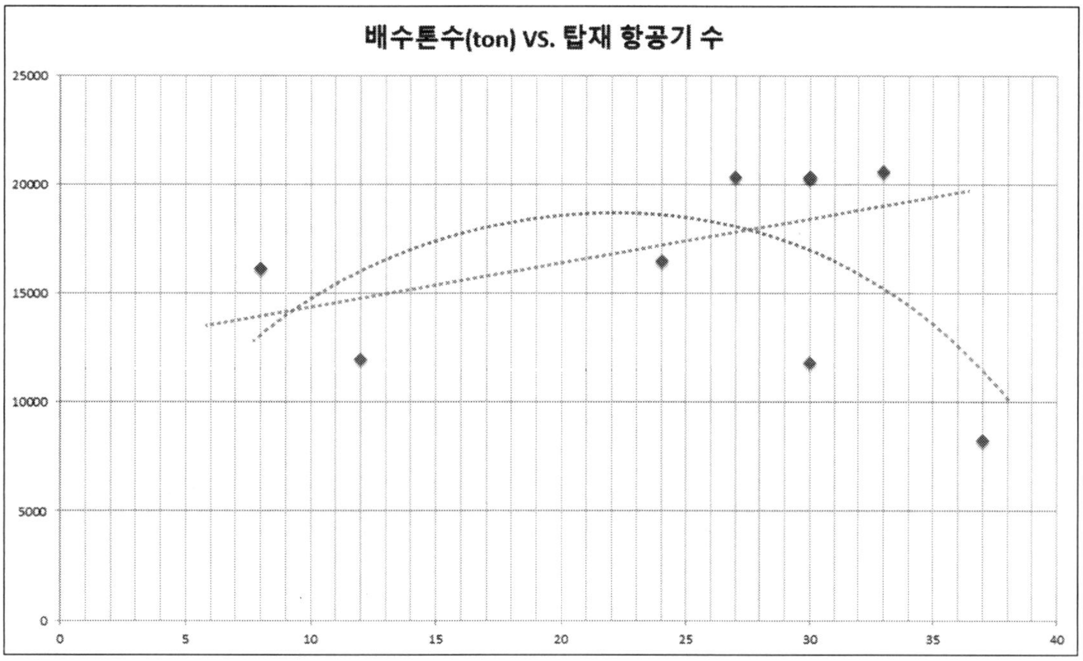

[그림 2-58] 일본의 2차 세계 대전까지 에스코트 항모의 배수톤수와 탑재 항공기 숫자와 관계

[표 2-9]와 [표 2-10]을 보면 시나노 항모를 제외하고는 항모의 크기(배수톤수)와 비행기 적재량은 일정한 비례 관계를 가지고 만들어진 것을 볼 수 있다. 하지만 [그림 2-58] 그래프에서 보듯이 에스코드 항모에서의 항모 크기와 탑재 항공기 숫자는 일정한 패턴을 찾을 수 없어 비례 관계가 없는 것으로 보인다. 이는 비행기를 탑재 수송하는 단순한 역할을 하는 'Ferry' 항모와 운송선을 에스코트 하는 항모의 기능을 동시에 가지고 있는 경우에 따른 것이다.

일본의 현재 운영 중인 항공모함에 관하여 살펴보자. 우선 Hyuga 항모에 관한 것을 요약하면 다음과 같다.

1) 일본의 해병 자위대에 의해 제작된 대잠수함 전용 항모(ASW carrier)이다.
2) Hyuga 동급으로 'Ise' 항모가 있어 총 2척이다.
3) 이것은 항공기 탑재가 가능한 'Shirane' 급 구축함을 대체하기 위해 만들어진 것이다. 기능적으로 이탈리아의 Giuseppe Garibaldi와 유사하다.
4) 배수톤수 19,000톤이며, 길이는 197 m 이고, Beam은 33 m, 흘수는 7 m 이다. 또한 속도는 30 노트 이상이다.
5) 탑승 승무 인원은 Hyuga가 360명이고 Ise는 371명이다.
6) 추력은 COGAS 시스템을 사용하며 4기의 Ishikawajima Harima/GE LM2500-30 Gas Turbine을 사용하며 2개의 샤프트 축에 5개의 브레이드를 역추진 가능한 CP 프로펠러이다. 이것은 100,000 hp(75 MW)의 축마력을 가지고 있다.
7) 레이더 등 센서 장치는 ATECS(Advanced Technology Command System) 시스템을 장착되어 있어 OYQ-10 Advanced Combat Direction System, FCS-3 AAW System, OQQ-21 ASW System, NOLQ-3C EW System, OPS-20C Surface Search Radar 등이 설치되어 있다.
8) 무장은 16개의 셀로 구성된 Mk 41 VLS가 장착이 되어 있어 16개의 ESSM과 12개의 RUM-139 VL ASROC 설치되어 있다. 또한 2대의 20 mm Phalanx CIWS와 2대의 triple 324 mm Torpedo Tubes 12.7 mm MG가 준비되어 있다.
9) 비행기는 3대의 SH-60 K와 1대의 MCH-101이 기본적으로 탑재가 되며 총 18대의 항공기가 탑재될 수 있다. 항공기용 시설로는 비행갑판과 사방에 에워싸인 Hangar Deck가 있다.

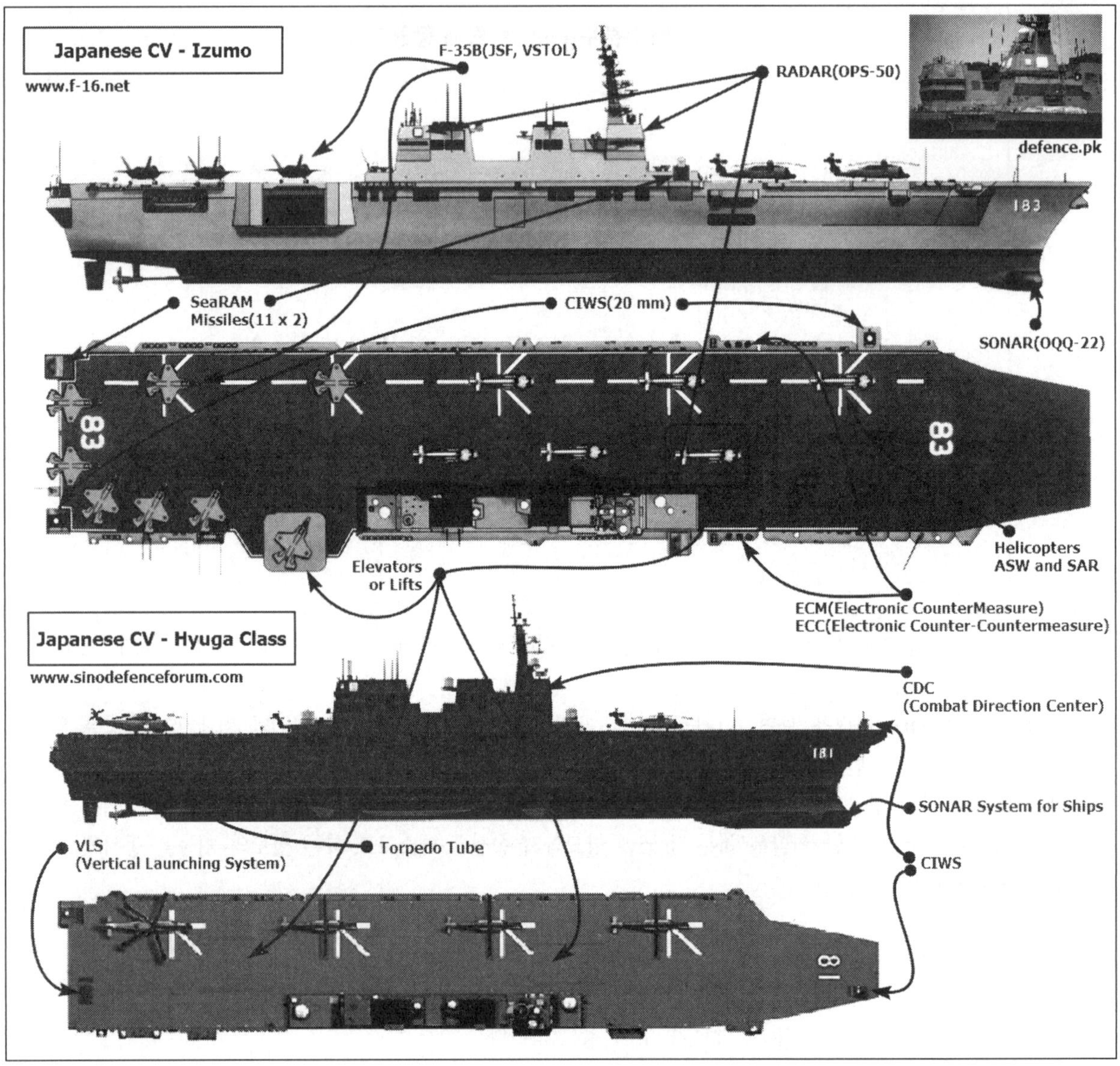

[그림 2-59] 일본의 이즈모 급과 Hyuga 급 항모

[그림 2-59]는 이즈모 급과 Hyuga 급 항모의 주요 명칭을 비교를 통해 간략하게 보여주는 것이다. 다음은 이즈모 항모에 관하여 요약하여 살펴보면 다음과 같이 정리가 될 수 있다.

1) Hyuga 항모와 마찬가지로 일본은 이를 항공모함이라고 인정하지 않고 단지 구축함이라고 정의를 하고 있지만 제인연감 등 주요국가에서 항공모함으로 분류하여 'CVHG'로 명기하고 있어 이는 'Helicopter Carrier with the Guided Missile System'으로 정의가 되어 있다.
2) 명칭은 1898년 일본의 무장 구축함인 'Izumo'의 이름을 이어받은 것이다.
3) 제작은 가와사키 조선소인 'IHI Marine United'에서 만들어졌고 총 제작비용은 약 15억불(1조 8천억 원)로 추정이 된다.
4) 2012년 1월에 진수가 되어 2015년 3월에 취역을 하여 운영 중에 있다.
5) 배수톤수는 27,000톤으로 길이는 248 m 이고 Beam은 38 m 이고 흘수는 7.5 m 이다. 항해 속도는 30노트 이상이다.
6) 탑승인원 승무원과 파병 부대를 포함하여 970명이다.

7) 추력은 COGAS 시스템을 사용하며 4기의 GE/IHI LM2500IEC Gas Turbine을 사용하며 112000 hp(83.5 MW)의 축마력을 가지고 있다. 이것은 Hyuga 항모보다 12% 큰 마력이다.
8) 센서는 OYQ-12 Combat Direction System, FCS-3 Fire Control System, OPS-50 AESA Radar, OPS-28 Surface-Search Radar, OQQ-23 Bow Sonar 등이 사용이 된다.
9) 전자전 장비 및 Decoy로는 NOLQ-3D-1 EW Suite, Mark 36 SRBOC, Anti-Torpedo Mobile Decoy (MOD), Floating Acoustic Jammer (FAJ) 등이 장착되어 있다.
10) 무장은 3대의 Phalanx CIWS와 2대의 Sea RAM CIWS가 설치되어 있다.
11) 비행기는 7대의 ASW 헬기와 2대의 SAR(Search and Rescue) 헬기가 기본 탑재되며 총 28대의 항공기가 탑재될 수 있다.

2.4.4 태국

태국은 세계에서 가장 작은 항모 'HTMS Chakri Naruebet'를 운용하고 있다. 이는 주변에서 태국이라는 국가용 항공모함이 아니라 태국 왕의 개인적인 항모라고 이야기를 하고 있지만 그래도 고정익 비행기용 항모가 분명하다. 그러나 크기가 작아 대양 해군 작전에는 한계가 있는 것은 분명해 보인다. [그림 2-60]은 HTMS Chakri Naruebet 항모의 모습이다.

다음은 HTMS Chakri Naruebet 항모의 상세한 내용을 요약한 것이다.

1) V/STOL 항공기 및 헬기용 항모로 1992년에 주문이 되었다. 그러므로 스키점프 램프를 가지고 있다. 하지만 2006년부터 V/STOL 항공기 편대 업무는 전적으로 하지 않고 있다.
2) Chakri Naruebet 항모는 2004년 인도양 지진과 쓰나미의 여파를 포함하여 여러 재난 구호 활동에 파견되었고 2010년 말과 2011년 초에는 별도의 홍수로 인한 구난활동에도 대응을 하고 있다. 하지만 태국의 왕실 인력 수송을 위한 왕실 요트로 사용되는 등의 재해 구호 등 본래 목적이 아닌 다른 일로 항모 운용되는 경우가 있다는 주장이 있다.
3) 진수는 1994년이고 취역은 1997년 3월이다.
4) 배수톤수는 11,486톤이며, 길이는 182.65 m 이고, Beam은 30.5 m 이고, 흘수는 6.12 m 이다. 비행갑판은 수평으로 164.1 m 이고 곡선으로는 174.1 m 이다.
5) 항해 속도는 25.5노트 이고 최대 항해거리는 19,000 km 이다.
6) 파견 인력은 675명까지 승선 가능하며 승무원은 393명, 항공인력 146명 그리고 장교 62명으로 구성되어 있다.
7) 추력은 2기의 GE LM2500 Gas Turbine으로 22,125 shp(16,499 kW) 축마력을 생산하고 2대의 Bazán-MTU 16V1163 TB83 Diesel Engine으로 5,600 bhp(4,200 kW)을 생산한다. 그리고 5개의 브레이드를 가진 프로펠러를 회전시키기 위한 2개의 샤프트가 있다.
8) 센서는 E/F Band를 사용하는 1대의 Hughes SPS-52C Air Search Radar와 2대의 Kelvin-Hughes 1007 Navigational Radars가 있다.
9) Decoy는 4기의 SRBOC Decoy Launcher와 SLQ-32 Towed Decoy가 방어를 위해 사용된다.
10) 무장으로는 2대의 0.5-Inch Machine Gun과 3대의 Sextuple Sadral Launchers for Mistral Surface-to-Air Missile이 장착되어 있다.

www.reddit.com & www.businessinsider.com.au & thaimilitaryandasianregion.wordpress.com

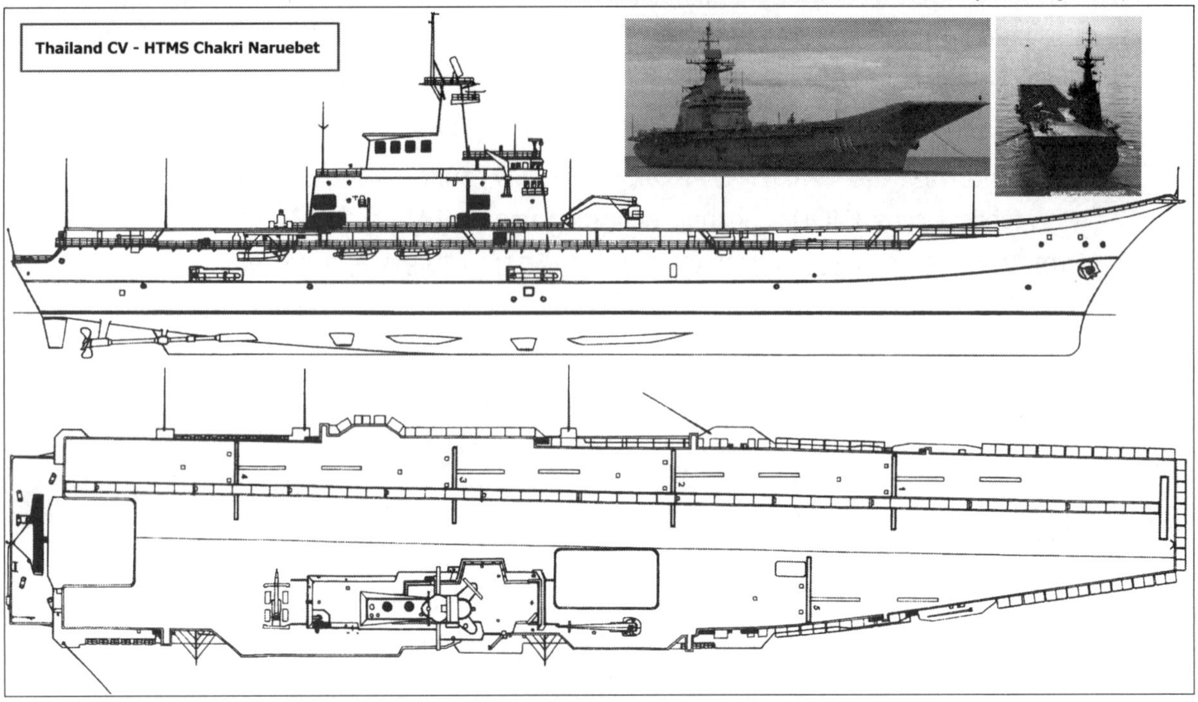

[그림 2-60] 태국의 항공모함 HTMS Chakri Naruebet

11) 비행기는 9대의 AV-8S Matador가 있었으나 2006년부터 탑재되지 않고 있다. 헬기로는 6대의 Sikorsky SH-60 Seahawk 헬기와 최대 6대의 MH-60S Knighthawk가 기본적으로 탑재되며 필요 시 최대 14대의 추가 헬기가 탑재될 수 있다.
12) 항공 관련 시설로는 174.6x27.5 m 비행갑판과 12°의 스키점프 램프 그리고 비행기 10대를 저장할 수 있는 Hangar 데크가 있다.
13) 앞서 언급된 장비들은 제작된 사용으로 실제 장착 여부는 불확실하다. Chakri Naruebet 항모의 목적은 태국 바다에 대한 해양 순찰 및 외력으로부터의 국가를 안전하게 지키는 것이지만, 자금의 부족으로 항모가 Sattahip 해군 기지에 정박하는 시간이 경력의 대부분을 보냈다. 특히 1997년 아시아 금융 위기에 의해 이런 경향은 더욱 심해졌다.

2.4.5 한국

한국의 독도함은 우리나라에서 가장 큰 군함이다. 그리고 이제까지 한국에서 만들어진 군함 중에 가장 크다. 이를 항공모함이라고 불리기에는 많은 부족함 점들이 있다. 실제로 제인연감에서도 일본의 AAS는 항모로 분류를 하고 있지만 독도함은 항모로 분류를 하지 않고 'LPD'로 분류를 하고 있다. 앞서 언급된 미국의 경우는 이런 종류를 모두 제외하고 설명을 하였다. 이는 'Amphibious Transport, Dock with Own LCMs & Helicopter Deck'로 설명하고 있다. 이는 'Assault' 개념보다는 'Transport' 개념에 무게를 둔 것이다. 그러나 독도함은 'Assault'로 전환이 쉬운 형태로 디자인이 되어 있음을 부정할 수 없고 많은 유사한 참고 목록에는 독도함을 Amphibious Assault Ship에 포함을 하고 있어 이곳에서 설명하고자 한다.

한국의 독도함의 상세한 내용은 다음과 같이 요약된다.

sajeevpearlj.blogspot.com & www.naval-technology.com & www.defenseindustrydaily.com

[그림 2-61] 대한민국의 독도(Dokdo)함

1) 독도함은 강습(Assault)과 MOOTW(Military Operations Other Than War) 작전을 수행하기 위해 제작된 군함이다.
2) 제작은 부산의 한진중공업에서 하였다.
3) 제작비용은 약 3258억 원이다.
4) 진수는 2005년 7월 12일이며 취역은 2007년 7월 3일이다.
5) 배수톤수는 19,305 톤이며, 길이는 199 m이고 Beam는 31 m, 흘수는 7 m이다. 항해속도는 23 노트 이다.
6) 해병대원 720명이 승선할 수 있고 함상인원 총 330명이다. 총 인원은 약 1,100명 전후한 것으로 파악된다.
7) 탑승 가능한 보트는 2대의 LCAC (LSF-II) 이다. 최대 200대의 차량을 탑재시킬 수 있으며 이는 6대의 탱크와 7대의 AAV(Assault Amphibious Vehicle) 등이 포함된다.
8) 추력은 CODAD 시스템으로 운영이 되며 4기의 SEMT Pielstick 16PC 2.5 STC Diesel Engine으로 32,000 shp(24 MW)~41,615 shp(30.6 MW)이다.
9) 레이더 등 센서로는 항공기 탐색용으로 SMART-L(3D, D-band) 레이더를 사용하고, 수면에서 함정 등을 탐색하기 위해 Signal MW08(G-band) 레이더를 이용하고, 항해를 위해 SPN-720(I-Band)를 사용하고 TACAN, VAMPIR-MB Optronic Sight 등을 사용하게 된다.

10) 전자전 장비와 Decoy는 ESM/ECM로 SLQ-200(v)5K SONATA와 Chaff Launcher가 장착이 되어 있다.
11) 무장으로는 2기의 Goalkeeper CIWS와 1대의 RIM-116 Rolling Airframe 미사일이 있어 적의 공격에 대한 방어를 담당한다.
12) 항공기는 최대 헬기 10대 가 가능하며 UH-1H, UH-60P, Super Lynx 등이 탑재 되며 VTOL Jets 장치의 지원을 받을 수 있다.
13) 항공용 시설로는 비행갑판이 있고 5대의 비행기 착륙 지점 표시가 있으며 Hangar 데크를 갖추고 있다.
14) 선미에 함정 등의 이출입을 위해 well 도크를 갖추고 있다.
15) 독도함의 2번함인 가칭 '마라도(Marado) '함이 2017년에 해군에 전달이 되는 것으로 예정은 되어 있다. 실제로는 2017년부터 설계를 시작하여 제작이 되는 것으로 이 2번함에는 스키점프 램프를 장착 여부가 최대의 관심사가 될 것이다.

한국은 현재 독도함을 가지고 있지만 현재의 주변국의 정세로 보아 상당한 열세인 것이 분명하다. 주변 강대국은 항모를 가지고 미국과 대응 관계를 유지하는 나라 중국과 과거 가장 많은 항공모함을 운영을 했던 국가 일본이다. 이런 가운데 한국의 현재 상황을 잘 파악하기 위해 우선 다양하고 핵심적인 AAS 항모의 비교를 통해 현재의 독도함의 스펙을 확인한다. 그 내용이 [표 2-11]에 있다.

[표 2-11] 독도함과 주요 Amphibious Assault Ship 비교

내용	Juan Carlos I	Mistral	Ocean	Dokdo	Tarawa	Wasp	America
Country	Spain + Australia	France + Russia	United Kingdom	한국	USA	USA	USA
No. of ships	1+ 2(2대 추가 계획)	2+ 3(프랑스 3+러시아 2)	1	1+ 2(2대 추가 계획)	2	8	1 4(총 5대 운영 계획)
Type	LHD	LHA	LPH	LHA	LHA	LHD	LPH
(최초) Year	2010	2006	1999	2008	1971	1989	2014
Displacement	26,800 t	21,600 t	21,578 t	19,000 t	40,891 t	41,133 t	44,850 t
Length(overall)	231.40 m	199 m	203.4 m	200 m	254.2 m	257.3 m	257.3 m
Beam	32 m	32 m	32.6 m	32 m	40.23 m	42.67 m	59.1 m
Crew	415	177	461	448	1,073	1,082	1,059
Propulsion	-CODAGL -2 diesel -1 gas turbine -2 pods.	-Diesel electric -4 motors -2 pods	-2 diesel -2 propellers	-CODAD -4 diesel -2 propellers	-2 boilers -2 turbines -2 propellers	-2 boilers -2 turbines -2 propellers	-COGES -2 gas turbines -2 propellers
Speed	21 knots	19 knots	19 knots	22 knots	24 knots	24 knots	22 knots
Range of action	9,000 miles	6,000 miles	8,000 miles	10,000 miles	10,000 miles	9,500 miles	9,000 miles
(해병 등) Personnel	1,028	450	526	720	1,703	1,687+184 Surge	1,687+184 Surge
Cargo	-Garage 3,290 m^2 -Expandable	2,650 m^2	Cannot carry heavy cargo	?	?	-Garage 3,134 m^2 -3,311 m^3 of cargo	-Garage 1,115 m^2 -4,530 m^3 of cargo
Dock	-4 LCM-1E+5 RHIB or -2 LCM-8E+1 LCAC	-1 CDIC or -4 LCM(8) or -2 LCAC -885 m^2	No	2 LCAC	-4 LCU or -1 LCAC or -7 LCM 8	-12 LCM or 3 LCAS -Aviation Fuel	No
Ski-jump	Yes	No	No	No	Not necessary	Not necessary	Not necessary
V/STOL Aircraft	Up to 19 AV-8 B or F-35B	No	No	No	24 AV-8 B Harrier II	24 AV-8 B Harrier II	23 F-35B JSF
Air Wing	-6 spots -10 AV-8 B -12 NH90	-6 spots -16 NH90	-6 spots -12 Sea King -6 Lynx	-6 spots -10 EH 101 Marlin	-9 spots -20 CH-46E -10 CH-53E -6 AH-1W -3 UH-1N	-9 spots -20 CH-46E -10 CH-53E -6 AH-1W -3 UH-1N	-9 spots -12 MV-22 Osprey
Hangar	-1,500 m^2 -Expandable	1,800 m^2	Yes	Yes	Yes	Yes	Yes
Elevators	2	2	2	1	2	2	2
Hospital	22 beds	69 beds	?	?	?	587 beds	24 beds

2.5 기타 지역의 항공모함 현황

2.5.1 러시아

러시아의 예 시절인 구소련 시절에는 소련은 세계 최강의 군사 강국이었다. 미국과 2강 체제를 굳건히 지키며 오랜 시절 세상을 양분하여 힘을 가지고 있었다. 그러나 소련은 무너지고 러시아가 등장하면서 상황은 변했고 러시아는 어려운 상황에 직면을 하게 되었다. 당시에도 공군과 육군은 세계 최강이었지만 해군력은 미국에 상당한 격차를 가지고 있던 것은 사실이었다. 그런 점에서 항공모함은 러시아의 과거와 현재의 모습을 반영하고 있다고 할 수 있다. 러시아의 항공모함은 미국, 영국 등과 비교해 상당한 열세를 보인다. 하지만 그 기술력은 최고의 기술력을 가지고 있었고 한 때 핵추진 잠수함을 만들기 시작하였다. 하지만 소련이 붕괴되는 시점과 겹쳐 포기를 하게 되고 전설은 사라지게 되었다.

하지만 러시아는 자체 제작한 항공모함을 수출 아닌 수출을 함으로써 인도와 중국의 항공모함 기술을 도입하도록 큰 밑거름을 제공하게 된다. 그 상세한 내용이 [표 2-11]에 정리가 되어 있다. 그 표에 언급된 것 이외에 러시아는 프랑스의 지원을 받아 생산된 Mistral 급 2척을 가지고 있어 총 3척의 항공모함(1척의 고정익 항공모함 Kuznetsov 1척 & AAS 항모 2척)을 운영하고 있다.

[그림 2-62]의 그래프는 수적으로 많지는 않지만 항공모함의 크기와 탑재된 항공기 수의 관계를 그래프로 나타낸 것이다. 이를 보면 항공모함의 크기와 적재되는 비행기의 수가 거의 일정한 비례 관계를 가지고 있음을 알 수 있다.

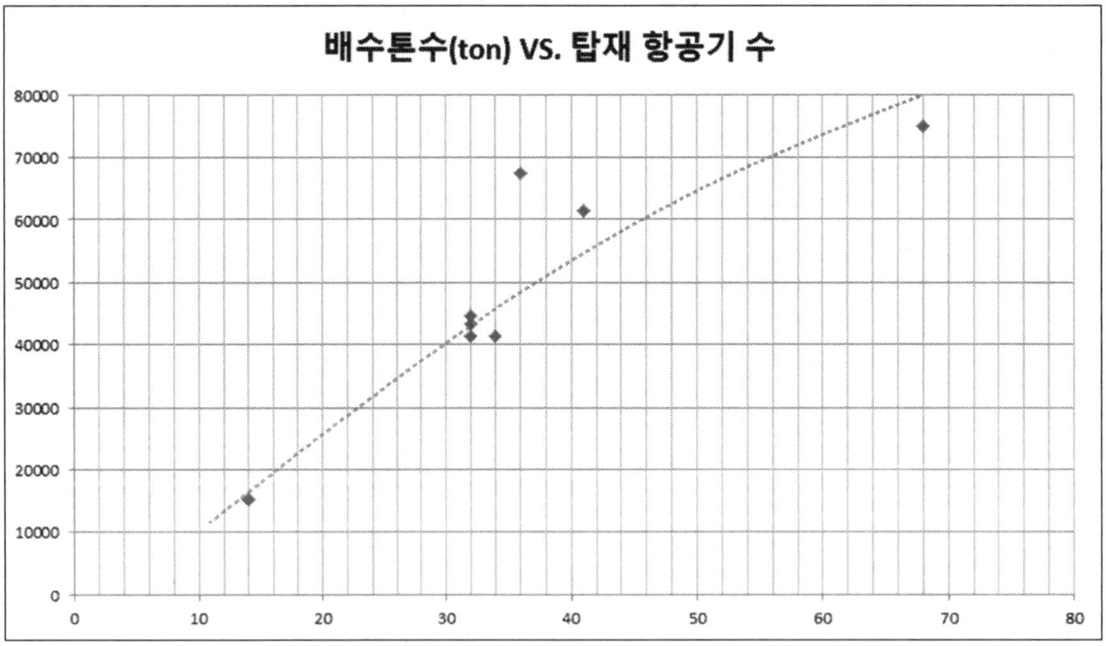

[그림 2-62] 러시아/구소련의 항공모함에서 배수톤수와 탑재항공기의 관계 그래프

[표 2-12] 소련/러시아의 항공모함 현황 표

선명	항공	배수 톤수(ton)	Propulsion (Boilers/Shafts/Turbines)	Service		
				진수	취역/퇴역	운명/기타
<u>Moskva</u>	14	15,280	4 pressure-fired/2/geared steam	?	1967/1996	Helicopter carrier(Ka-27 'Helix'), 고철로 처리됨
Leningrad	14	15,280	4 pressure-fired/2/geared steam	1965	1969/1991	Helicopter carrier(Ka-27 'Helix'), 고철로 처리됨
<u>Kiev</u>	32	41,370	//4 shaft geared steam	1970	1975/1993	중국으로 파린 후 군 관련 테마 파크로 변경이 된 후 그 이후 다시 호텔로 변경됨
Minsk	34	41,380	//4 shaft geared steam	1972	1978/1993	처음에서 고철로 팔렸고 그 이후 다시 중국에 박물관 부품으로 팔렸음
Novorossiysk	32	43,220	//4 shaft geared steam	1975	1982/1993	1997년 한국 포항에 고철로 팔렸음
Admiral Gorshkov	32	44,490	//4 shaft geared steam	1978	1987/1996	개조되었고 그리고 2004년에 인도에 팔렸음. 인도에서 INS Vikramaditya으로 재 취역함. 전 선명은 Baku
<u>Admiral Kuznetsov</u>	41	61,390	8 turbo-pressurised /4/2 Steam	1982	1990/-	사용 중, 2015년에 새롭게 개조했음
Varyag	36	67,500	8 turbo-pressurised /4/4 Steam	1985	2012/-	소련 시절에 68%만 완성이 된 것을 우크라이나가 중국으로 팔았고 중국이 2012년에 Liaoning으로 완성함
<u>Ulyanovsk</u>	68	75,000	/4/4 steam+4 KN-3 nuclear reactors	1988	-	미완성. 소련 시절에 진수된 후 곧 고철로 처리됨

* 굵은 글씨와 밑줄이 있는 선명은 급(Class)을 의미한다.

[그림 2-63] 러시아의 Kuznetsov 항모의 다양한 모습

러시아가 가지고 있는 항공모함 Kuznetsov를 상세히 요약한 것은 다음과 같다.

1) 러시아에서 Kuznetsov 항모는 러시아어로 'TAVKR'로 분류가 되며 이는 '무거운 항공기를 운송할 수 있는 미사일을 갖춘 순양함(Heavy Aircraft-Carrying Missile Cruiser)'의 의미이다.
2) 러시아의 기함이다.
3) 함명은 여러 번 변경이 되었다(Riga→Leonid Brezhnev→Tbilisi→Fleet Admiral of the Soviet Union Nikolay Gerasimovich Kuznetsov). 일반적으로 현재는 간략하게 'Admiral Kuznetsov' 혹은 'Kuznetsov' 라고 한다.
4) 설계는 Nevskoye Planning and Design Bureau에서 하고 제작은 북해 우크라이나 Mykolaiv에 있는 조선소인 Nikolayev South 이다.
5) 1982년 진수를 하고 1990년에 취역을 하였다. 그리고 1995년부터 해군 작전에 참여를 하게 된다.
6) 2015년에는 개조 작업 통해 업그레이드가 되었다.
7) 배수톤수는 61,390톤이며, 길이는 305 m이고, Beam은 72 m이다. 흘수는 10 m 이다. 속도는 29 노트 이고 최대 항속거리는 15,700 km 이다. 또한 최대 운항기간은 45일로 되어 있다.
8) 탑승 선박 승무원은 1,690명이고 항공 인력은 626명, Flag 스탭은 40명이다. 총 거주 가능한 인력은 3,857명이다.
9) 추력은 Steam Turbine에 의해서 발생하며 이는 8기의 Turbo-Pressurized 보일러와 4개의 Shaft가 연동이 되며 총 200,000 hp(150 MW) 축력이 발생된다. 또한 2기의 터빈이 50,000 hp (37 MW) 발생하며, 9대의 터보 제너레이터가 2,011 hp (1,500 kW) 전력을 만들어내며 또한 6기의 디젤 제너레이터가 2,011 hp (1,500 kW)를 생 산한다. 4대의 Fixed Pitch 프로펠러가 있다.

https://www.youtube.com/watch?v=bis-6HK0vSM

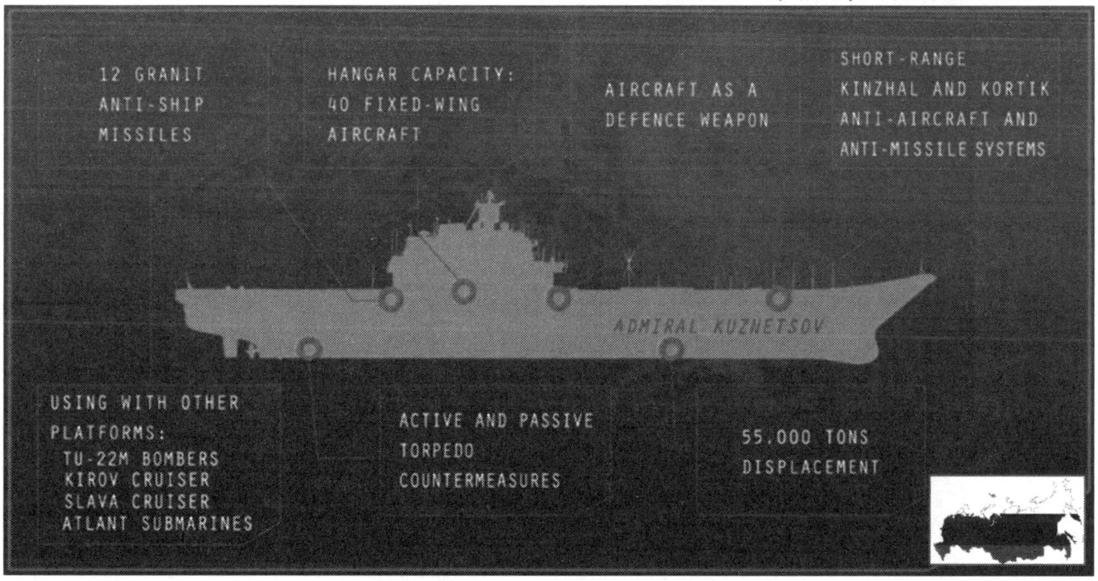

[그림 2-64] 러시아의 Kuznetsov 항모의 특징

10) 무장은 6대의 AK-630 AA Guns(6×30 mm, 6,000 Round/min/mount, 24,000 Rounds)와 8대의 CADS-N-1 Kashtan CIWS(each 2 × 30 mm Gatling AA plus 32 3K87 Kortik SAM), 12대의 P-700 Granit SSM, 24대의 8-cell 3K95 Kinzhal SAM VLS(192 Missiles; 1 Missile Per 3 Seconds) 그리고 RBU-12000 UDAV-1 ASW Rocket Launchers(60 Rockets)가 장착되어 있다.
11) 비행기는 대략 41대가 탑재된다. 고정익은 현재는 12대의 Su-33 Fighter가 탑재되어 있으나 추후 20대의 MiG-29K/KUB Fighter 탑재되며 일반적으로 4대의 Sukhoi Su-25UTG/UBP Trainer도 탑재된다. 회전익 비행기는 4대의 Kamov Ka-27LD32 헬기와 18대의 Kamov Ka-27PL 헬기, 그리고 2대의 Kamov Ka-27PS 헬기가 탑재된다.

[그림 2-64]는 러시아의 항공모함 Kuznetsov의 특징을 나타낸 그림이다.

2.5.2 브라질

남미의 맹주인 브라질은 1960년부터 항공모함을 운용해왔다. Colossus 급인 'Minas Gerais'를 2001년까지 실전에 배치를 하였다. 이 항공모함은 2차 세계 대전 때인 1944년에 진수하여 1945년부터 영국에서 'HMS Vengeance(R71)'로 사용이 되었던 항모로 1956년에 브라질로 대여되었고 브라질에서 개조되어 1960년에 브라질에서 다시 취역하여 2001년 퇴역 후 고철로 처리되었다. 브라질이 2번째 항공모함이 현재 사용 중인 'São Paulo' 항모이다.

항모 São Paulo의 자세한 내용을 요약하면 다음과 같다.

1) São Paulo 항모는 1963년에 취역한 프랑스의 'Foch(R99)' 항모이었다.
2) 2000년에 브라질로 이전이 되어 브라질의 기함이 되었다.
3) 2005년~2010년 사이에 업그레이드 작업이 수행이 되었고 2014년에 브라질 정부의 발표에 따르면 São Paulo 항모는 2039년까지 임무를 수행할 것이다. 약 77년간 임무를 수행하는 최장수 항공모함이 될 것이다.

[그림 2-65] 브라질 항모 Minas Gerais의 퇴역 전 모습

4) 빈번한 수리와 유지보수를 하고 있으며 이에 따라 작전 없이 관리 공백이 발생하고 있다.
5) 일련번호는 'A12'이다.
6) 배수톤수는 32,800톤이며, 길이는 265 m 이고, Beam은 31.7 m 이고, 흘수는 8.6 m 이다. 속도는 32노트 이고, 최대 항속거리는 13,900 km 이다.
7) 총 탑승 인력은 1,920명으로 582명이 항공 인력이고 1,338명이 함상 인력이다. 만약 헬기만 탑재가 되면 함상인력이 984명으로 줄어든다.
8) 레이더는 DRBV-23B Air Sentry Radar, Drbv-50 Low-Altitude or Surface Sentry Radar(추후 a DRBV-15로 대체 됨), NRBA-50 Approach Radar, DRBI-10 Tri-Dimensional Air Sentry Radar, Several DRBC-31 Fire Radar(later DRBC-32C), DRBN-34 Navigation Radars 등이 사용된다.
9) 무장은 4대의 100 mm turret, 2대의 SACP Crotale EDIR System, 5대의 12.7 mm Machine Gun, 4대의 Dual Simbad Launcher가 장착이 되어 있다.
10) 비행기는 총 39대의 비행기를 탑재할 수 있으며 22대의 제트기와 17대의 헬기가 포함된 것이다. 주로 탑재되는 헬기 기종은 A-4KU Skyhawk, AS 532 SC Cougar, HB 350 & HB.355 Ecureuil, 그리고 SH-3 Sea King 등이다.

São Paulo 항모는 프랑스의 Clemenceau 급으로 주요 항모의 장치는 [그림 2-66]과 같다.

en.wikipedia.org

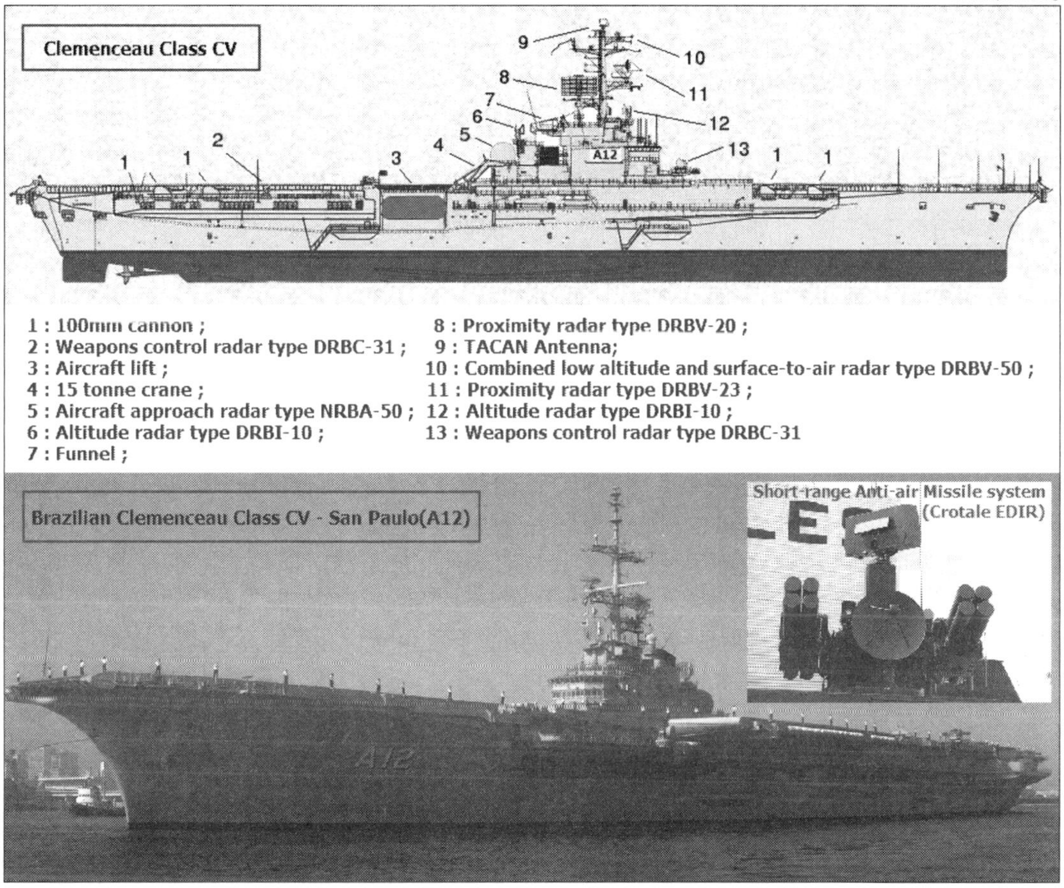

[그림 2-66] 프랑스 Clemenceau 항모 와 브라질 항모 São Paulo의 주요 명칭

2.6 항공모함 기술 변화 방향

항공모함의 미래는 누구도 예측하기 쉽지 않을 것이다. 이 분야는 한 번 제작이 되면 수십 년을 사용하기에 그 기간을 미리 내다보고 사전에 그 기술을 현재 시점에 장착하는 것은 어려울 것이다. 그리고 항모 자체가 복잡하고 무거운 기계가 되어 변경하는 것이 그렇게 만만하지 않을 수도 있다. 하지만 현재의 추세를 보면 미래의 항공모함이 지향해야 하는 면들이 있는 것이 분명하다. 다음의 내용은 미국이 최신 항공모함 Ford 급을 개발하면 고민을 했던 내용과 목표를 정리한 것이다. 이를 통해 미래 항공모함을 투영해볼 수 있다.

- 미국은 처음으로 USS 엔터프라이즈(CVN 65)와 10대의 니미츠 급으로 구성된 총 11대 항공모함의 전력을 독자적으로 핵추진으로 만들었다. 니미츠 급의 마지막 항모로 USS George H. W. Bush(CVN 77) 항모가 2009년 5월 해군에 전달되었다. 전달된 후 그 날에 마지막으로 화석 연료 항모인 USS Kitty Hawk(CV 63)가 48년의 해군 서비스를 마감하고 퇴역을 하였다. USS George H. W. Bush는 많은 업그레이드 및 개선을 하였지만 무게와 무게 중심, 전기 부하 마진, 물품 처리 및 미래 무기 요구 사항 등과 같은 내용 연한 비용이 이 니미츠 급 디자인의 추가 성장을 제한한 것도 사실이다. 따라서 새로운 디자인은 21세기 항모타격여단(Carrier Strike Group)을 중심으로 항공모함의 역할을 보장하기 위해 항모 CV 78부터 적용이 되도록 승인되었다.
- Gerald R. Ford(CVN 78) 항공모함의 새로운 급으로서의 리드 항모를 제작하는 것은 2008년에 시작했다. 니미츠 급이 처음 디자인 된 이후 Ford 급은 40년 만에 처음으로 주요 디자인 업그레이드가 되는 것이다. Ford 디자인은 개선된 원자로와 매우 비용이 많이 드는 증기, 유압 및 공압 배관에 대한 요구 사항을 대폭 감소하기 위해 주 추진 장치 이외의 모든 보조 시스템을 전기를 사용하였다. 개선된 원자로 및 구역별 배전 시스템은 예컨대 전자기 항공 이륙 시스템(EMALS)과 첨단 지휘 통제 시스템과 같은 새로운 기술을 가능하게 거의 3배의 전기 발전 용량을 증가시킬 것이다. 니미츠 급 선체를 기반으로 새로운 항모 설계에는 진보된 Arresting Gear 시스템뿐만 아니라 새로운 비행 격납고 갑판을 포함된다. 새롭게 디자인된 비행갑판에서는 매일 출격 진행속도가 25% 증가가 되고 항공기 턴어라운드 및 착륙 후 재출격하는 복구 주기 동안에 큰 유연성을 가능하게 할 것이다. 또한 Ford 급에서는 니미츠 급 항모에서 더 이상 사용할 수 없었던 전기 마진을 복원을 하고 전력을 증대할 것이다.
- 니미츠 급과 비교했을 때, 포드 급 항모는 승무원 인력 및 탑승 항공인력의 요구사항에 따라 약 1,200명 정도가 감소될 것이다. 향상된 안정성과 캐리어에 대한 감소된 유지 보수 요구 사항 등과 함께 이러한 인력 감축은 각 항모의 내용 연한 기간 동안 50억불 이상의 총 운영비용 절감을 실현 가능하게 될 것이다.
- 21세기 전쟁의 요구를 충족시키기 위해, Nimitz 급과 포드 급 항공모함은 장거리 유인 및 무인 공격 항공기를 배치시킨다. 고속 해상 수송 플랫폼, 틸트-로터 항공기 그리고 첨단 수륙 양용 공격 차량 등과 결합된 첨단 무기와 센서는 보다 유연한 전투 전력을 생성한다. 항공모함을 중심으로 작전의 합동 개념은 전투와 전쟁의 연속성에서 강력하고 잠재적인 시너지 효과를 내도록 협력의 파워를 가져 모든 서비스의 군사적 강점을 활용한다.
- 디자인 접근 방법과 포드 클래스의 나선형 개발은 알맞은 속도로 새로운 기술과 능력을 도입하여 위험을 줄일 수 있다. 기존의 니미츠 급 항모와 함께 F/A-18 E/F 슈퍼 호넷, F-35C Lightning II, EA-18G Growler, 무인 전투 항공 시스템 같은 첨단 항공기들로 탑재된 진보된 항공모함이 미래에 지배적인 해상 전투력을 잘 투영할 수 있을 것이다.

www.xbsoftware.com

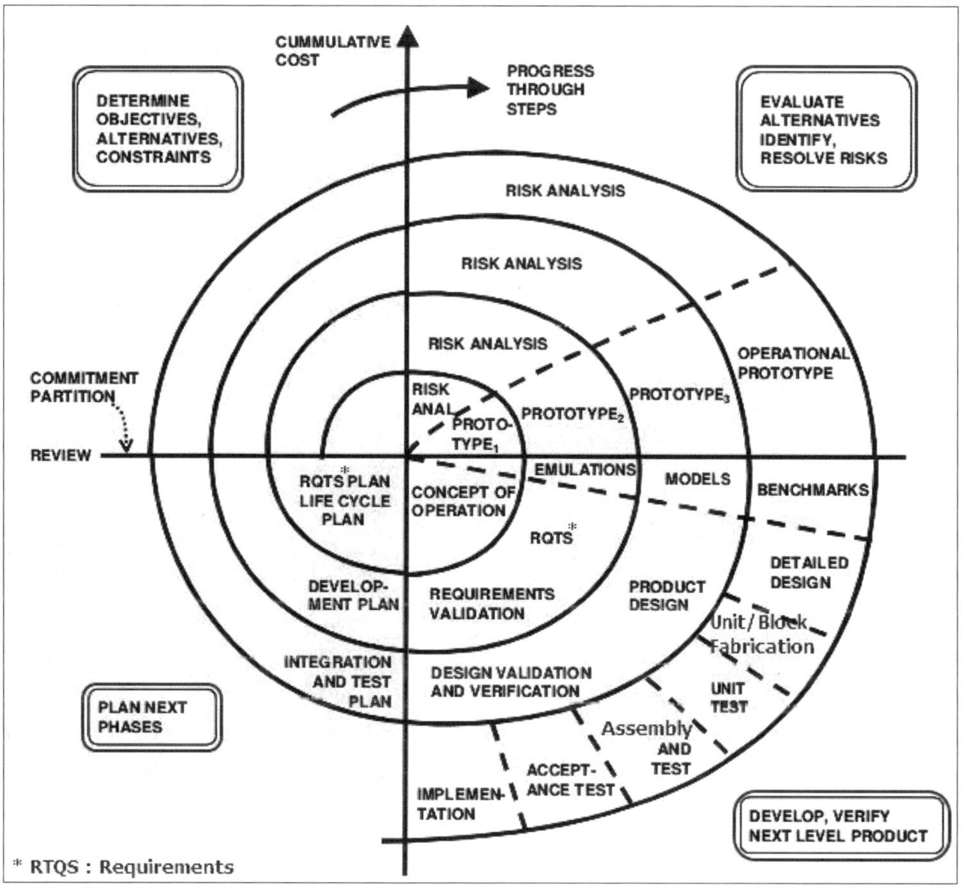

[그림 2-67] 나선형 개발(Spiral Development) 예

또한 항공모함의 기술을 개발하고 변화를 추구하려면 사전에 다음과 같은 내용을 검토해보아야 할 것이다.

- 군사적 역할 : 항공은 한 나라의 '전쟁의 방법'에 있어서 핵심 요소이다. 해상과 육지 기반의 항공 전력은 각각 고유하고, 대부분의 경우처럼, 상호 보완적이고 기능적이어야 한다. 둘 다 예측 가능한 미래에 대한 전력을 반영하는데 있어 중요한 역할을 담당한다.
- 접근성 : 해상 기지화는 작전지대에 대응하는 전투력을 반영하는 것이 중요하다. 선두지역의 육상기지는 중요한 역할을 한다, 그러나 주변 국가나 호스트 국가에 의한 거부 및 적의 공격에 취약할 수 있다 섬을 사전에 파악해야 한다.
- 전투 지역 : 군은 공해와 연안의 전투 능력 사이의 적절한 균형을 해결해야 한다. 일부는 오늘날에도 공해에 대하여 여전히 너무 많이 냉전의 초점을 강조하고 있다.
- 지원되는 항공기 : 미래의 해상기반의 항공 플랫폼은 기존뿐만 아니라 미래의 조종 방식과 무인 항공기를 지원해야 한다.
- 디자인 : 기존 항모 디자인 중에 이제 시대에 뒤쳐진 것을 파악을 해야 한다. 그것에 제한된 무게, 안정성 및 전력 마진뿐만 아니라 새로운 기술의 적용하고 그리고 도입하는 것는 제한적으로 참조되는 선에서 제공하게 된다.
- 기본개념 : 분명히 필요성에 의해 해야 하는 것이지만 군은 조종사에 의해 조종되고 있는 해상기반의 항공기에 의한 무기 전달의 우세를 가정하는 상태에서 대부분 진행이 되는 현재의 디자인에 대한 대안을 제공하기 위한 새로운 해상 항공 또는 지대지 무기 능력을 추구하는데 충분하게 노력하고 있는지 판단을 해야 한다.
- 승무원 규모 : 군은 크게 성능 저하 없이 항모의 운영비용을 낮추기 위해 승무원 규모를 줄일 수 있는지 반드시 검토해야 한다.

www.abovetopsecret.com & s-media-cache-ak0.pinimg.com

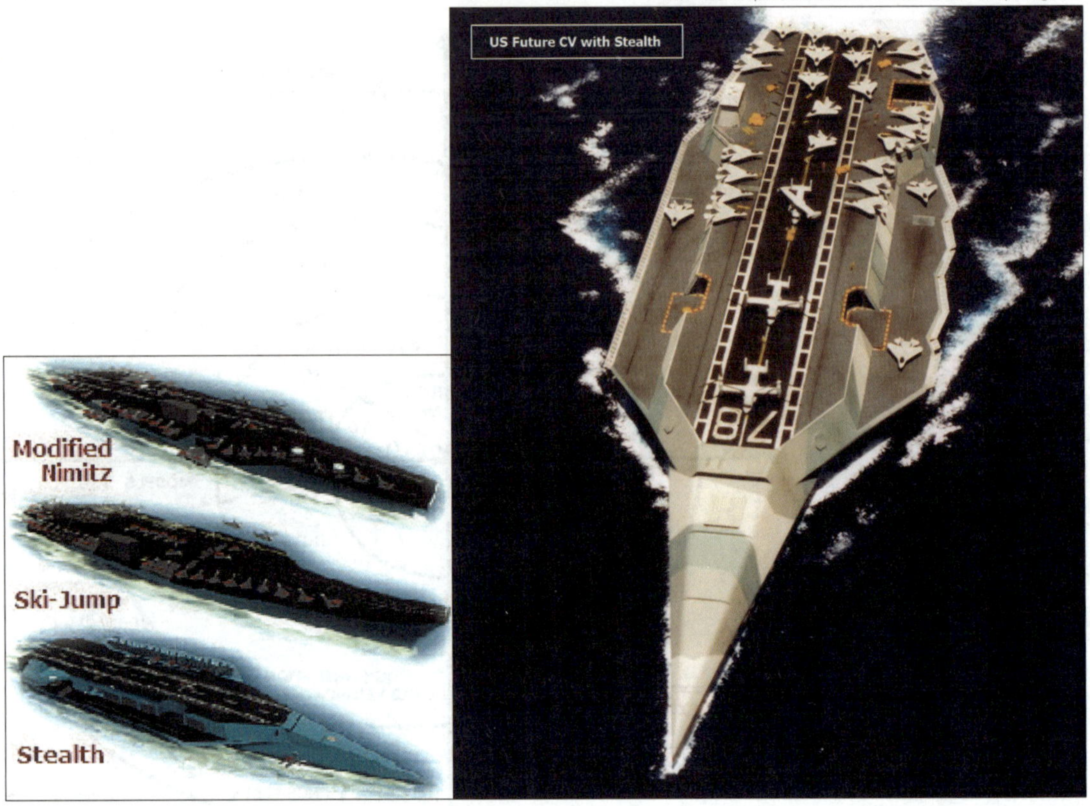

[그림 2-68] 스텔스 기능이 포함된 항모의 콘셉트 디자인

- 추진체계 : 원자력을 비롯한 다양한 추진기관을 군사 효율성의 관점에서 살펴보고 필요 시 추가 투자 가치가 있다고 판단이 되면 항모가 장기적으로 사용된다는 면에서 수용을 해야 한다.
- 전기동력화 : 광범위한 전기사용은 항모 시스템을 단순화하고 임무 유연성을 증가시킬 것이다. 장기적으로 비용 절감의 측면에서 보면 초기 비용은 투자 가치가 있을 것이다.
- 항공(지원)인력 : 추가 작업으로 항모 항공인력은 디코이 및 방어 전술이 크게 복잡할 수 있는 그리고 종종 좌절할 수 있는 대부분의 탐지와 및 타겟팅 업무인 그런 지점에서는 감소될 수 있다는 점을 확인해야 한다.
- 생존력 : 현재의 위협으로부터 항모는 강력하다. 그러나 주어진 미래의 위협에 대하여 항모는 지속적으로 개선해야 하고 현실적인 테스트를 필요로 한다.
- 인프라 : 항모 설계 및 제작 인프라에 대한 것은 국가의 관점에서 보면 그런 인프라는 현재 취소되기 쉬운 상태이다. 군은 국방부와 국회/의회의 도움으로, 지속적인 가용성과 능력을 보장하기 위해 자금 조달 계획을 채택되도록 세심하게 신경을 써야 한다.
- 이용 효율 : 군은 비싼 자원의 오용을 막기 위해 항모의 전개 주기를 하부단위까지 최적화했는지 검토해야 한다. 그런 체크를 한 후에도 군은 항모 활용도를 높이기 위해 지속적으로 혁신해야 한다.
- 자금 조달 전략 : 항모 설계 및 제작에는 많은 국가 예산이 사용되므로 이에 대한 한 해 자금 조달 의무를 가지는 것이 중요하다. 하지만 이 사전에 채택된 조달 의무는 군과 국방부 예산뿐만 아니라 국가의 건설 및 설계 능력을 방해할 수 있다. 그러므로 진보된 세출 프로세스가 보다 응집되고 적게 세분화된 설계 및 시공 사이클에 필수적이다. 즉, 비용이 많이 발생하는 문제로 분산이 필요하지만 필요 시 집중 투자가 요구되는 것이다.

위의 요약된 점들을 우선 검토하면 항공모함의 개선 및 개발이 좀 더 쉽게 접근할 수 있을 것이다. 그러나 당장 해결할 수 없는 문제점들도 많이 있기 마련이다. 현 시점에서 불가능한 것 같은 것이지만 장기적인 관점에서 보면 시간이 해결해줄 그런 것들 몇 가지를 살펴보면 다음과 같이 요약이 될 수 있다.

en.wikipedia.org & www.superyachttimes.com

[그림 2-69] 퇴역한 항공모함을 개조한 요트형 민간 항모

- 효율성 장비가 장착된 항공모함
- 항공모함의 탑재 항공기 무인 항공기로 대체
- 최소 인력으로 운영이 되는 항공모함
- 타겟 중심 연안 항모

비용 절감을 위한 인적 물적으로 적용이 된 항공모함을 요구하고 있는 것이다. 이런 전제로 앞으로는 무인화 및 소형화가 필요 시 적용이 될 것이다. 또한 앞으로 오랜 기간이 지나면 '무인항공 전용 항공모함'이 등장할 수 있다. 무인 비행기가 초소형화 하면서 차후에는 현재 크기의 항모보다 훨씬 작은 '마이크로/극소형 항공모함'의 도래도 예측해 볼 수 있다. 만약에 크기를 유지한다면 스텔스 기술이 적용이 된 항모의 도입도 가능해 보인다. 그런 생각을 구체적으로 한 것이 미국에서 등장을 하였는데 아래와 같은 [그림 2-68]로 대변된다.

BMT의 Nigel Gee는 Sigmund Yacht Design 회사의 파트너로 2014년에 퇴역한 영국 해군의 Invincible급 항공모함인 HMS Illustrious를 재개발하는 대담한 콘셉트 디자인을 구상하고 있다. 이는 요트처럼 편안한 항공모함을 만드는 것인데 이것은 개조를 하는 개념으로 군용은 아니지만 새로운 면에서 퇴역한 항모를 활용하는 안을 제시하고 있다.([그림 2-69] 참조)

[그림 2-70]은 미국인 Jim Oakes의 새로운 개념의 항공모함 콘셉트 디자인이다. 아일랜드가 없는 디자인을 구상하여 스텔스 기능을 극대화 시키려는 것으로 판단이 된다. 또한 모든 비행기에 관한 것을 Hangar Deck에서 처리하도록 하여 상갑판 전부가 활주로로 사용되는 비행갑판을 고려하였다. 전체적인 디자인은 미국의 차세대 스텔스 구축함인 'Zumwalt(DDG-1000)'와 유사하는 느낌을 가지게 된다.

[그림 2-71]은 영국의 새로운 개념의 항공모함 콘셉트 디자인이다. 드론을 주 항공기로 사용하여 인력을 50명 정도로 줄인 저비용 고효율 최신 항공모함의 개념이다. 공중뿐만 아니라 해양에서도 드론을 이용하는 것으로 필요 시 3-D 프린트를 사용하여 추가 드론을 항모에서 언제든지 제작할 수 있는 시스템을 구축하고 있다. Hangar 데크도 구축이 되어 있고 인간이 하는 작업 및 작전은 홀로그램으로 가시화하여 2050년에나 가능할 것을 본 현재 시점에서 앞으로 항모가 지향을 해야 할 최고의 항공모함의 개념이 들어있는 차세대 항공모함이다.

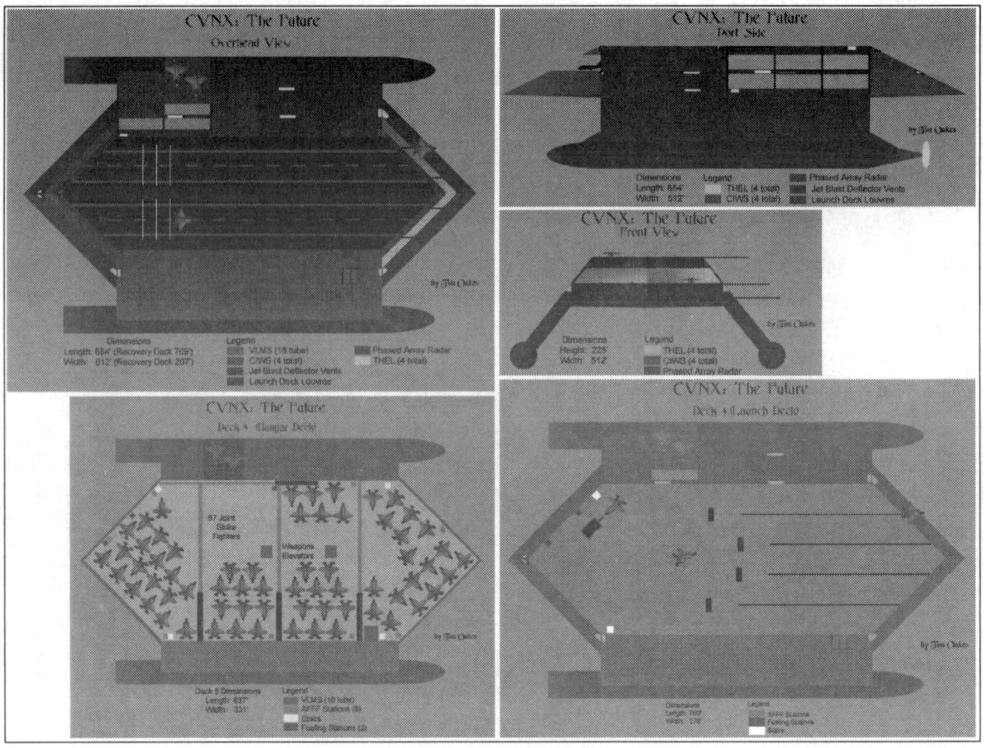

[그림 2-70] Jim Oakes의 콘셉트 항공모함

[그림 2-71] 드론 항공모함의 개념도

[그림 2-72]은 중국의 일반인들이 생각하는 차세대 중국의 항공모함의 콘셉트 디자인이다. 새로운 강국으로 부상하는 중국이 새로운 항공모함 체제의 도입에 따라 일반인 중에 전문가 그룹이 많이 생겨났으며 그런 그룹에서 생각하는 미래의 항공모함을 엿볼 수 있다. 그림의 왼쪽 2개의 설계 개념은 쌍동선처럼 항공모함이 2개의 선체로 구성이 되어 있고 넓은 면적으로 활용성이 강조한 것으로 보인다. 아일랜드가 가운데 위치하고 있

어 선체의 평형을 유지하는데 유리해 보이지만 일반적 항모가 한쪽에 있는 이유가 있고 비행갑판이 넓다고 하더라도 여전히 해결해야 하는 문제점이 될 듯하다. 그림 오른쪽의 설계 개념은 항모의 속도와 안정성에 역점을 둔 콘셉트 디자인으로 판단이 된다.

항공모함에 대하여 다양한 콘셉트 디자인들이 나와 있지만 다음 2가지를 소개하는 것으로 추상적인 디자인 개념을 마무리하려고 한다. [그림 2-73]는 혁신적이고 차후에 도입될 수 있는 개념으로 각각 중국에서 나온 콘셉트 이다. 또한 [그림 2-74]는 미국에서 나온 만화 같은 개념으로 먼 훗날 가능할 수도 개념이다.

[그림 2-72] 중국 민간인의 콘셉트 항공모함 설계

www.sinodefenceforum.com/ideal-chinese-carrier-thread.t2777/page-21

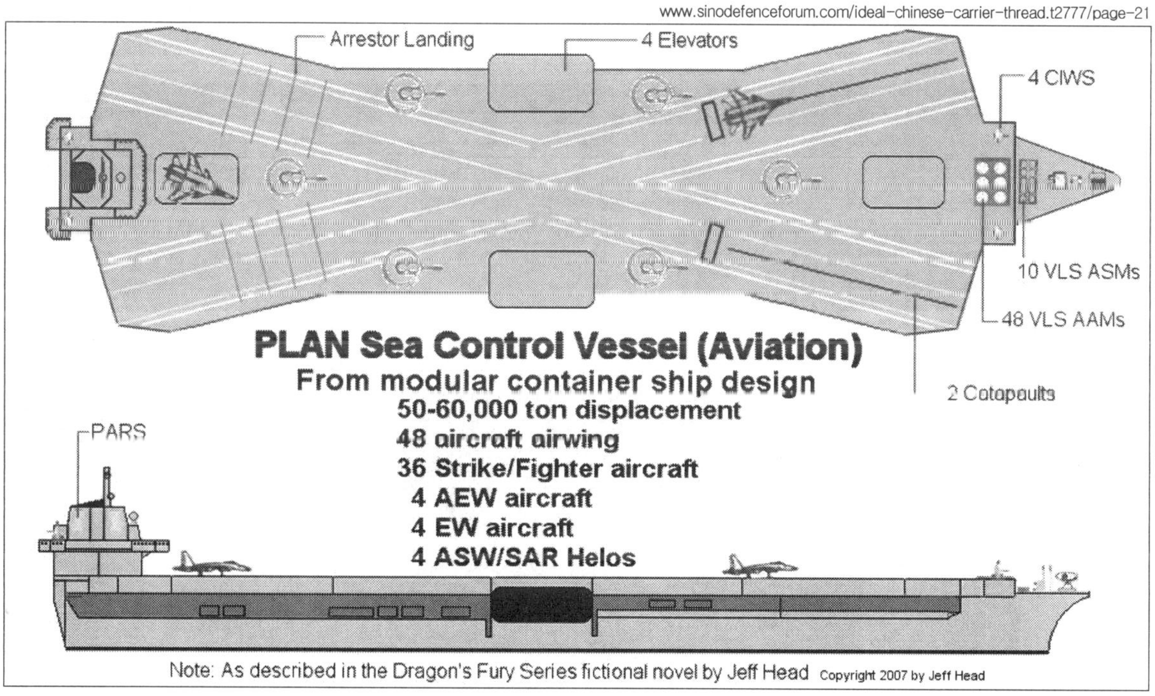

[그림 2-73] 'X'자형 활주로 갖춘 비행갑판 콘셉트 디자인

[그림 2-75]와 [그림 2-76 & 2-77]들은 프랑스, 러시아, 인도의 차세대 항모에 대한 개념을 도형화해서 만든 그림들로 장기적보다 단기적으로 실현 가능한 모습들로 예산만 허락하면 언제든지 구체적으로 제작이 가능할 것으로 보인다. 물론 인도는 제작 중에 있다.

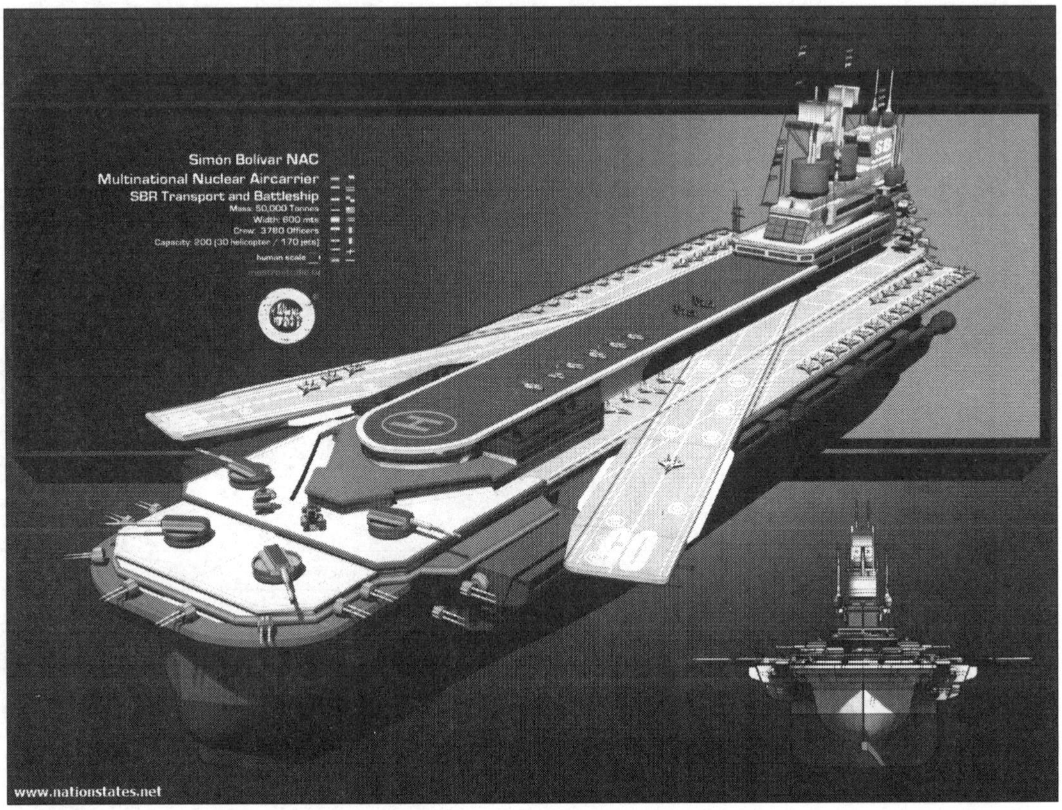

[그림 2-74] Cross-Type 활주로를 가진 항공모함 콘셉트

en.wikipedia.org

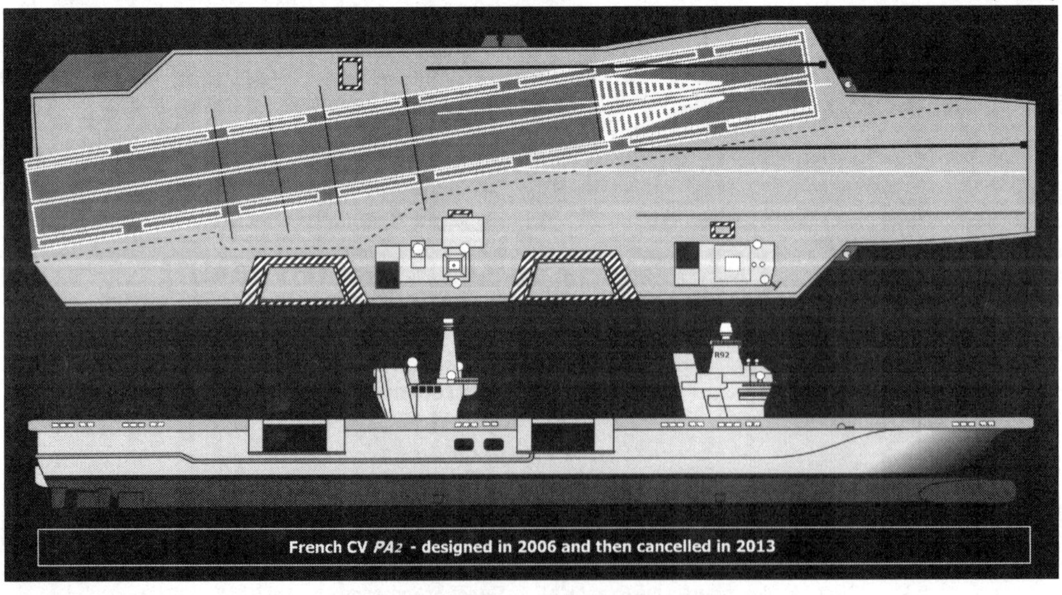

[그림 2-75] 프랑스 PA2 항모의 디자인

www.shipbucket.com

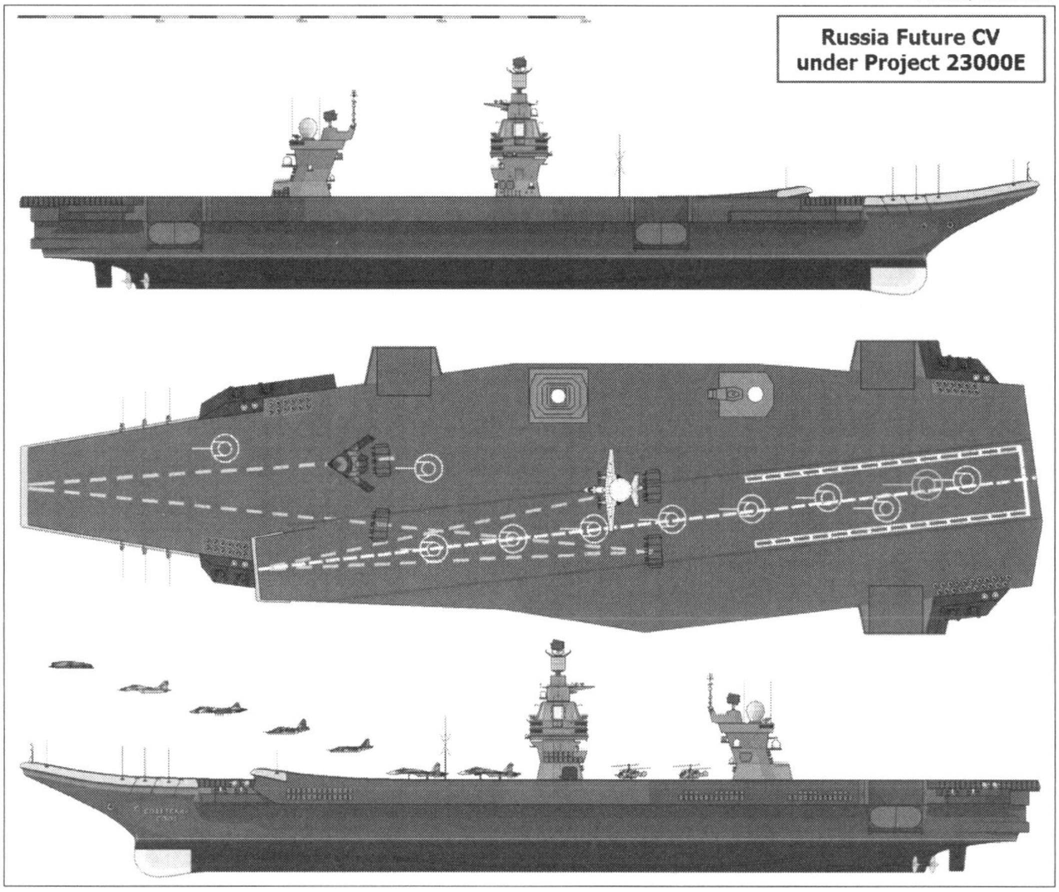

[그림 2-76] 러시아의 미래의 항공모함 콘셉트 디자인

forum.keypublishing.com & sajeevpearlj.blogspot.com

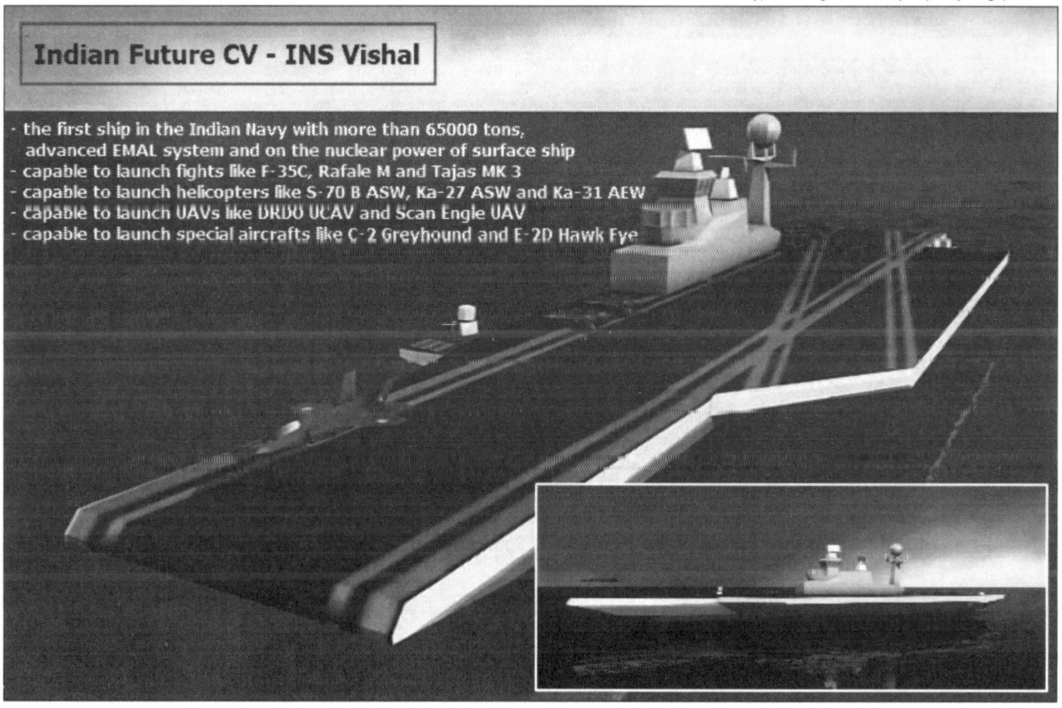

[그림 2-77]인도의 차세대 항공모함 INS Vishal

References

[1] USN JROTC, "Chapter 2 - Naval Aviation" PPT 자료

[2] Daniel L. Haulman, "One Hundred Years of Flight USAF Chronology of Significant Air and Space Events 1903-2002", AIR FORCE HISTORY AND MUSEUMS PROGRAM, 2003

[3] McStravick, "Naval History" PPT 자료

[4] Kapitán József, "Aircraft Carrier Class - CV 2" PPT 자료

[5] Carlo Kopp, "The Collapse of American Air Power: The Global Impact of Anti-Access Weapons", 2009

[6] "The Asian Aircraft Carrier Construction Boom" PPT 자료

[7] Carlo Kopp, "China's advances in submarines and aircraft carriers", Defence Today, 기사

[8] Hayoun Ryou, "Chinese Aircraft Carrier Program Blue water navy on the way", IPCS ISSUE BRIEF, 2009

[9] Francisco Javier Alvarez Laita, "AMPHIBIOUS WARFARE SHIPS. THE NAVANTIA ACHIEVEMENTS Juan Carlos I Class, Galicia Class and Athlas Family", IDS, 2011

[10] XIN Qiang, "Value despite Vulnerability: Strategic Impact of China's Carrier"

[11] John F. Keane, "A Brief History of Early Unmanned Aircraft", JOHNS HOPKINS APL TECHNICAL DIGEST, VOLUME 32, NUMBER 3, 2013

[12] Robert O. Work, "The Unmanned Combat Air System Carrier Demonstration Program: A New Dawn for Naval Aviation?", CSBA

[13] Scot MacDonald, "Evolution of Aircraft Carriers", 1964

[14] "Fate of America's Aircraft Carriers", 2014

[15] Eric Francis Germain, "The Coming Revolution in NATO Maritime Command and Control"

[16] Tomá SCHÓBER, "Present and future of aircraft carriers as a floating diplomatic and military means of deterrence", INCAS BULLETIN, Volume 3, Issue 4, 2011

[17] Thomas C. Hone, "THE DEVELOPMENT OF THE ANGLED-DECK AIRCRAFT CARRIER-Innovation and Adaptation", NAVAL WAR COLLEGE REVIEW

[18] Russia's National Aerospace Magazine "Take-Off", 2013년 2월호

[19] Eric Wertheim, "WORLD NAVIES IN REVIEW", U.S. Naval Institute, 2016

[20] "GRAF ZEPPELIN GERMANY'S ALMOST AIRCRAFT CARRIER" PDF 파일

[21] JPRS Report, "Soviet Union Foreign Military Review", JPRS-UFM-87-002, 1986

[22] An Intelligence Assessment, "The Tbilisi-Class Aircraft Carrier Characteristics, Capabilities, and Limitations", CIA 보고서,

[23] Doug Thomas, "Warship Developments: Soviet Aircraft Carriers Then and Now", CANADIAN NAVAL REVIEW, VOLUME 8, NUMBER 3, 2012

[24] Jan M. VANTOL, "Military Innovation and Carrier Aviation-The Relevant History", JFQ, 1997
[25] Sean P. Higgins, "Future Carrier vs. Super Carrier: New Issues and Technologies", CSC, 2004
[26] William Howard, "Future of the Aircraft Carrier", DoD, 2002
[27] Susan Cianci Salvatore, "AMERICAN AVIATION HERITAGE Identifying and Evaluating Nationally Significant Properties in U.S. Aviation History" A National Historic Landmarks Theme Study, 2011
[28] Jerry Hendrix, "RETREAT FROM RANGE-The Rise and Fall of Carrier Aviation", Center of a New America Security, 2015
[29] James Davies, "FEATURE ARTICLE NAVAL VESSEL TYPES", BACKGROUND DOCUMENT, 2004
[30] "USS Midway History" pdf 파일
[31] USN, "United States Navy Carrier Air Group 12 (CVG-12) History"
[32] Donald T. Schroeder, "USS Sangamon (CVE 26)", 1997
[33] Curtis A. Utz, "Assault from the Sea – The Amphibious Landing at Inchon", Naval Historical Center. 1994
[34] Office of National Marine Sanctuaries & NOAA, "USS Independence (CVL 22)"
[35] John Mueller, "Pearl Harbor, Military Inconvenience, Political Disaster", International Security, Vol. 16, No. 3, 1991
[36] "Chapter Two - AIRCRAFT CARRIERS AND THE CARRIER INDUSTRIAL BASE" PDF 파일
[37] Tom Moore, "Aircraft Carriers - Enduring and Transformational", NAVSEA PPT 자료, 2012
[38] Reuven Leopold, "Sea-Based Aviation and the Next U.S. Aircraft Carrier Design: The CVX", MIT Security Studies Program Occasional Paper, 1998
[39] Bill Lee, "PADDLEWHEEL AIRCRAFT CARRIERS - A Prime Example of Necessity Being the Mother of Invention"
[40] USN, "UNITED STATES NAVAL AVIATION 1910-1995 - PART 5 World War II 1940-1945"
[41] "A Day of Infamy - The Japanese Attack on Pearl Harbor" pdf 파일
[42] Benjamin S. Lambeth, "American Carrier Air Power at the Dawn of a New Century", RAND, 2005
[43] John Gordon IV, "LEVERAGING AMERICA'S AIRCRAFT CARRIER CAPABILITIES - Exploring New Combat and Noncombat Roles and Missions for the U.S. Carrier Fleet", RAND, 2006
[44] Ronald O'Rourke, "Navy Ford (CVN-78) Class Aircraft Carrier Program: Background and Issues for Congress", Congressional Research Service, 2015
[45] "WWII Turning Points - The Battle of Midway" pdf 파일
[46] USN, "Current Tactical Orders Aircraft Carriers US Fleet – USF-77(Revised)", 1941
[47] USS Midway Museum, "USS Midway by the Numbers", 2013

[48] J. David Rogers, "DEVLOPMENT OF THE WORLD'S FASTEST BATTLESHIPS"

[49] Michael Hutchison, "WORLD WAR II LESSON PLANS; Lesson 3-Carrier Pilot Norman Vandivier Aboard the USS Enterprise", Indiana Historical Society

[50] Daniel Warren, "Discovering H.M.S. Ark Royal", Hydro International, 2004

[51] Mark Connelly, "Battleships and British Society, 1920-1960", International Journal of Naval History, Volume 3 Numbers 2/3, 2004

[52] Stuart Young, "UK Warship Procurement Strategies - Accident or Design?", PPT 자료

[53] Ajai Shukla, "India specifies 65,000-tonne aircraft carrier, with catapult", Business Standard, 2015

[54] Ashley J. Tellis, "MAKING WAVES Aiding India's Next-Generation Aircraft Carrier", Carnegie Endowment for International Peace, 2015

[55] Rotem Kowner, "Passing the Baton World War II's Asian Theater and the Coming of Age of the Aircraft Carrier", Maritime Asia, Volume 19, Number 2, 2014

[56] DigitalGlobe Inc., "DigitalGlobe's Coverage of the Varyag Aircraft Carrier, Port Arthur, Dalian, China", 2008

[57] Nan Li, "CHINA'S AIRCRAFT CARRIER AMBITIONS - An Update", NAVAL WAR COLLEGE REVIEW, Vol. 63, No. 1, 2010

[58] J.R.Brown, "Submission to the 2015 Defence White Paper Force Structure and Preparedness", 2015

[59] E.J. L'Heureux, "CANADA AVIATION MUSEUM AIRCRAFT AIRCRAFT CARRIERS ROYAL CANADIAN NAVY (RCN)"

[60] J. D. F. KEALY, "A HISTORY OF CANADIAN NAVAL AVIATION 1918-1962", The Naval Historical Section Canadian Forces Headquarters, 1965

[61] "The French Navy Capability Briefing To Their Lordships, The Board of the Admiralty" pdf 자료

[62] Andrew T Ross, " A Historical Appreciation of the Contribution of Naval Air Power ", Papers in Australian Maritime Affairs, No. 26, 2008

[63] Naval aviation vision Pamphlet, "Aircraft Carrier", 2010

[64] James Paulsen, "IS THE DAY OF THE AIRCRAFT CARRIER OVER?", AIR COMMAND AND STAFF COLLEGE AIR UNIVERSITY, 1998

[65] "NAVY PROGRAMS; CVN 21 Program Next Generation Aircraft Carrier" pdf 자료

[66] Andrew S. Erickson, "BEIJING'S "STARTER CARRIER" AND FUTURE STEPS - Alternatives and Implications", NAVAL WAR COLLEGE REVIEW, Vol. 65, No. 1, 2012

[67] "3 Carrier Groups plus: USS New York" pdf 자료

[68] Denny Dwyer, "Future Carrier Strike Groups", Aircraft Carrier Program Executive Office, 2005

[69] Jason C. Ryan, "Investigating Possible Effects of UAVs on Aircraft Carrier Deck Operations"

[70] Harry Knowles, "The Future Aircraft Carrier Project - A Trade Union Perspective"

[71] USN, "Naval Aviation Vision 2014-2025"

[72] Newport News Shipbuilding, Fact Sheet, Oct. 28, 2015

[73] PATRICK BRATTON, ""Sea Strangulation": HOW THE UNITED STATES HAS BECOME VULNERABLE TO CHINESE MARITIME COERCION"

[74] Robert C. Rubel, "THE FUTURE OF AIRCRAFT CARRIERS", NAVAL WAR COLLEGE REVIEW, Vol. 64, No. 4, 2011

[75] IHS Jane's Fighting Ship, 2014-2015

[76] USS Midway Museum, "Docent Reference Manual", 2013 Edition

[77] Francisco Javier Alvarez Laita, "AMPHIBIOUS WARFARE SHIPS. THE NAVANTIA ACHIEVEMENTS Juan Carlos I Class, Galicia Class and Athlas Family", IDS/Navantia, 2011

[78] Massimo Annati, "Amphibious Assault and Power Projection Platforms", Military Technology - MILTECH - 11/2007

다수의 다른 자료(이곳에 표시하지 않은 인터넷 자료는 6장 뒤에 함께 명시)

항 모 역 학

3 CHAPTER

Thinking Key Points & Lessons Learned

3.1 항공모함의 공학적 변천

3.1.1 갑판에서 비행기 이륙

항공기가 항공모함 갑판에서 이륙을 하는 방법은 2가지로 요약될 수 있는데 그것은 비행기 자체적인 동력의 힘으로 출발해 양력을 받아 이륙을 하는 방법과 다른 힘을 이용하여 이륙하는 방법이다. 첫 번째, 자체 힘만으로 이륙하는 것이 가장 쉽고 효과적인 방법이라고 할 수 있는데 이는 항공모함 비행갑판의 길이가 짧아 충분한 양력을 만들기가 어렵다. 또한 항공모함은 공격용 전투기라 많은 무장을 하고 이륙하는 경우가 많은데 그 무게로 인해서 더 많은 양력을 요구하게 된다. 그리고 항공모함이라는 제한된 공간에 탑재되는 비행기라 제한된 날개를 가지게 되고 Hangar 데크에 들어갈 정도로 날개 크기가 제한이 된다. 이런 상황 하에서 항모의 비행갑판에서 이륙을 위한 양력을 받기가 어렵다.

또한 항공모함이 진행하는 방향으로 전진하면서 이륙하게 되어 맞바람을 받아 상대속도가 커져 양력에 유리한 경우가 일반적이지만 바다에서의 바람 방향은 예측과 다른 방향이 될 수 있어 자력으로 양력을 받아 이륙하는 경우는 위험 부담을 가지고 있다. 이에 2번째 방법인 외부의 도움을 받아 이륙하는 것이 일반적일 수밖에 없게 된다. 항상 빠른 시간 내에 출격을 해야 하는데 바람 등 외부 영향에 이륙이 힘이 든다면 항공모함으로서의 역할에 한계를 가지게 될 것이다. 이에 외부의 힘인 Catapult를 이용을 해야만 안정적으로 이륙을 할 수 있는 것이다.

이 비행기 사출장치는 항공모함에서 비행기 이륙을 돕는 장치이다. 이것은 비행갑판에 트랙이 설치되어 있고 비행갑판에 아래에 큰 피스톤 또는 전투기의 앞쪽 바퀴인 Nose Gear 트랙을 통해 부착된 shuttle 또는 경우에 따라 Catapult의 Bridle라는 Wire Rope가 항공기 및 Catapult의 Bridle에 부착된 내장 트랙으로 구성되어 있다. Catapult를 구동하는 방법은 다음과 같은 종류가 있다.

- 중력을 이용하는 데릭 방법
- 화약을 이용하는 방법
- 플라이휠을 이용하는 방법
- 압축공기를 이용하는 방법
- 유압을 이용하는 방법
- 증기를 이용하는 방법

대부분의 항공모함은 시행착오를 거쳐 압축공기를 이용하던 방식에서 현재는 증기식 Catapult를 사용해오고 있다. 하지만 최근에 미국의 포드 급 항모부터 전자기적 방법으로 비행기를 이륙시키는 새로운 방법을 도입하기 시작하였다. 항공모함에서 Catapult 사용의 역사는 다음과 같다.

- 앞서 기술하였지만 다시 한 번 언급하면, 1912년 7월 31일, Theodore Gordon Ellyson은 실험용 Catapult 시스템을 통해 발사된 첫 번째 사람이다. 미국 해군은 압축 공기 Catapult 시스템을 완성하고 메릴랜드의 Annapolis의 Santee 도크에서 장착을 하였다. 첫 번째 시도에서 측풍을 만나 비행기가 수면으로 쳐 박히는 사고로 중위 Ellyson는 거의 죽을 뻔하였다. Ellyson 중위는 비행기 잔해를 해치고 나와 탈출하였다.
- 1912년 11월 12일, 중위 Ellyson는 고정된 석탄 바지선에서 해군의 최초의 성공적으로 Catapult 이용한 이륙을 성공하는 역사를 만들었다.
- 1915년 11월 5일, 해군 소령 Henry C. Mustin이 운행 중인 배에서 첫 번째 Catapult를 사용한 이륙에 성공을 하였다.

USS Midway Museum, "Docent Reference Manual"

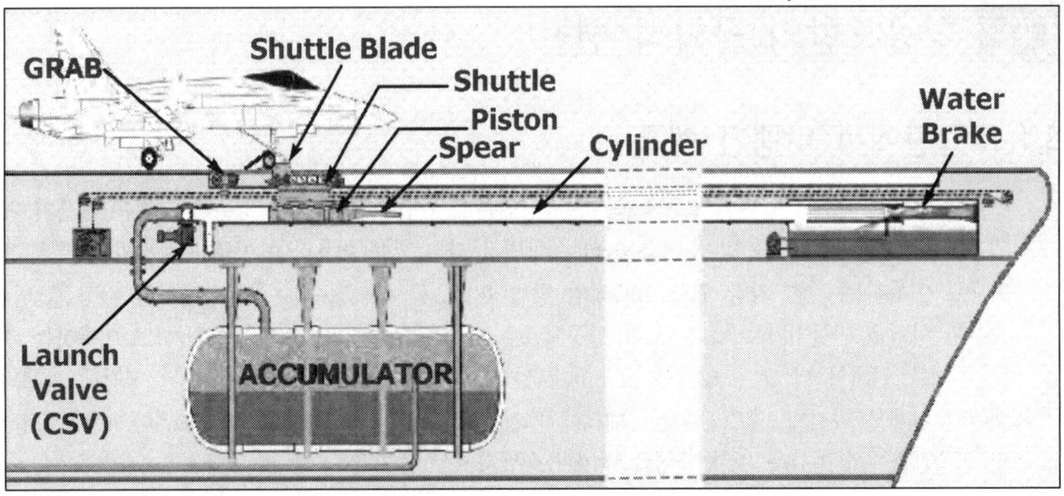

[그림 3-1]Catapult System의 주요 장치의 단면

- 미 해군은 화약 및 플라이휠 변형을 이용하는 Catapult를 포함한 다른 전원 소스 및 모델을 실험했다. 1924년 12월 14일, 중위 L. C. Hayden에 의해 관측기 Martin MO-1은 화약에 의해 구동되는 Catapult를 사용하여 USS Langley 에서 발사되었다. 이번 이륙 성공에 따라 이 방법은 순양함과 전함 모두에 탑재가 되었다.
- 2차 세계 대전 동안 그 이후 한동안 유압식 Catapult가 사용이 되었다. 일부 항모는 Hangar 데크에 선측에서 선측으로 선체를 가로지르며 발사되는 Catapult를 2차 세계 대전 전 그리고 그 전쟁 동안에 설치 완료하였다. 하지만 이것은 짧은 이륙거리, Hangar 데크의 천장 높이가 낮고 항공기의 이륙 속도에 항모의 속도를 추가할 수 없고 바다가 낮은 곳에 있어 일반적이지 않았다. 그래서 거의 실험 목적으로만 사용하고 그 사용은 전쟁의 후반 동안 완전히 중단되었다.
- 2차 세계 대전 동안 많은 선박이 로켓 구동 Catapult를 장착하였다. 영국 해군의 전투함이 최초의 이 방식의 Catapult를 장착한 선박이었고 그 이후 CAM 선박으로 알려진 무장 상선 항모가 장착을 했다.

증기식 Catapult에 관하여 알아보자. 증기식 Catapult는 실험은 미국에서 하였고 실제 운항되는 항모에 장착된 것은 영국이 먼저 시작하였다. 1915년 9월 9일에 플로리다 펜사콜라에서 USS North Carolina가 정지 상태에서 항공기 이륙을 하도록 지원하는 서비스를 통해 해군 항공의 발전에 기여했다. 같은 해 11월 5일, 그 군함이 운항 중인 동안은 Catapult(커티스 모델 AB-2)로 비행기를 이륙하는 최초의 선박이 되었다. 당시 조종사는 Captain Henry C. Mustin로 해군 항공 조종사 3호, 해군 항공인 11호이었다. 실험을 통해 USS North Carolina의 개선사항으로는 수상기를 사용한 것이며 이유는 갑판 착륙이 불가능하고 착륙 후 Lift를 사용해야만하기 때문 이었다. 이 때문에 적의 공격에 노출되는 점 등이 발생하게 되었다. 그러나 이런 실험적인 작업은 세계 대전을 통해 전함과 순양함에 Catapult의 사용을 주도하고 증기를 이용한 오늘날의 항공모함에서 발사에 초석이 되었다.

[그림 3-2]는 당시의 USS North Carolina에 설치된 모습을 보여주는 그림이다.

2차 세계 대전 후 영국의 지휘관 출신의 Colin C. Mitchell이 영국 해군의 새 항공모함에 비행기 발사 체계를 효율적이고 효과적인 증기식을 제안을 하게 된다. 1950년부터 HMS Perseus에서 조종사 Eric "Winkle" Brown에 의해 시도가 되고 효율적이라는 평가를 받게 된다. 그래서 1950년 중반부터 좀 더 무게가 나가는 항공기 발사할 수 있는 증기 Catapult가 등장하기 시작하게 된다. 화약식 Catapult 또한 고려되었고 충분히 강력했다. 하지만 기체에 훨씬 더 큰 응력을 가하는 것과 오랜 기간 사용을 위해 적합하지 않을 수 있다는 인식이 되었다.

en.wikipedia.org & pulsegulfcoast.com

[그림 3-2]USS North Carolina 호에 설치된 최초의 증기식 Catapult

증기 Catapult를 작동하는 것은 증기식 발사기와 같은 방법이다. 증기 압력이 축적이 되는 곳에 비행기를 'Release Bar'에 붙잡아 두고 있다가 놓는 것(Release) 것이다. 물론 오래된 모델은 Shear Pin을 사용해 붙잡아 놓기도 한다. 그 다음이 비행기가 높은 속도로 비행갑판을 따라 피스톤이 자유롭게 끄는 작업을 하면 되는 것이다. 약 2~4초 이내에, Catapult의 작용되는 항공기 속도에 더하기 명백히 추가된 풍속(항모의 속도에 추가 혹은 감소되는 "자연" 바람)에 의해 항공기는 두 개 중 하나의 엔진을 잃은 후 조차 멀리 비행할 수 있다.

미국 해군 및 프랑스 해군 등은 대형 항공모함 및 고성능 CATOBAR (Catapult Assisted Take Off But Arrested Recovery)을 유지한 국가는 여전히 뛰어난 성능과 유연성을 위해 Catapult를 사용한다. 영국 해군은 Catapult의 도움 없이도 이륙이 가능하도록 설계된 HMS Queen Elizabeth 급 항모를 운영하게 되며 항모 원정 스트라이크 그룹에 속해 인바한 경우에는 F-35B를 다른 경우에는 Sea Harrier 또는 AV-8B 해리어 II 등의 STOVL 항공기를 운영한다. 이것은 운영비용이 저렴하고 CATOBAR 캐리어에 비해 크기가 일반적으로 작은 STOVL 구성 항모에서 Catapult 도움을 필요로 하지 않는다.

러시아 Su-33 "Flanker-D"는 감소된 연료와 무장의 부하이기는 하지만 Catapult 없이 항공모함에서 이륙할 수 있다. 미 해군 전술 항공기는 더 무거운 Warload로 이륙하는 것이 일반적이기에 Catapult를 사용한다. 그렇지 않으면 가능한 것보다 무게를 줄여 이륙해야 한다. E-2 Hawkeye 및 S-3 Viking 같은 큰 비행기는 Catapult를 사용한 발사를 필요로 한다. 추력 대 중량 비율이 캐리어 갑판에 기존의 롤링 이륙에 대하여 너무 낮기 때문에 필요한 것이다.

증기식 Catapult의 종류, 사양 및 미국의 항공모함에 적용 및 설치된 내역은 [표 3-1]과 같다.

www.youtube.com/watch?v=bis-6HK0vSM

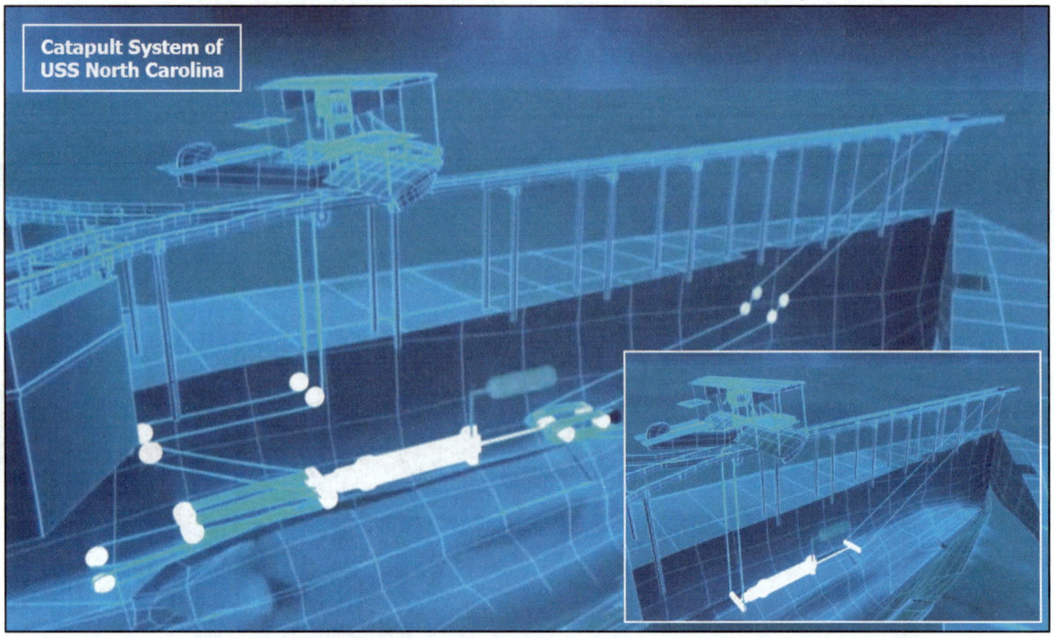

[그림 3-3] USS North Carolina 호에 설치된 증기식 Catapult의 내부 모습

www.youtube.com/watch?v=bis-6HK0vSM

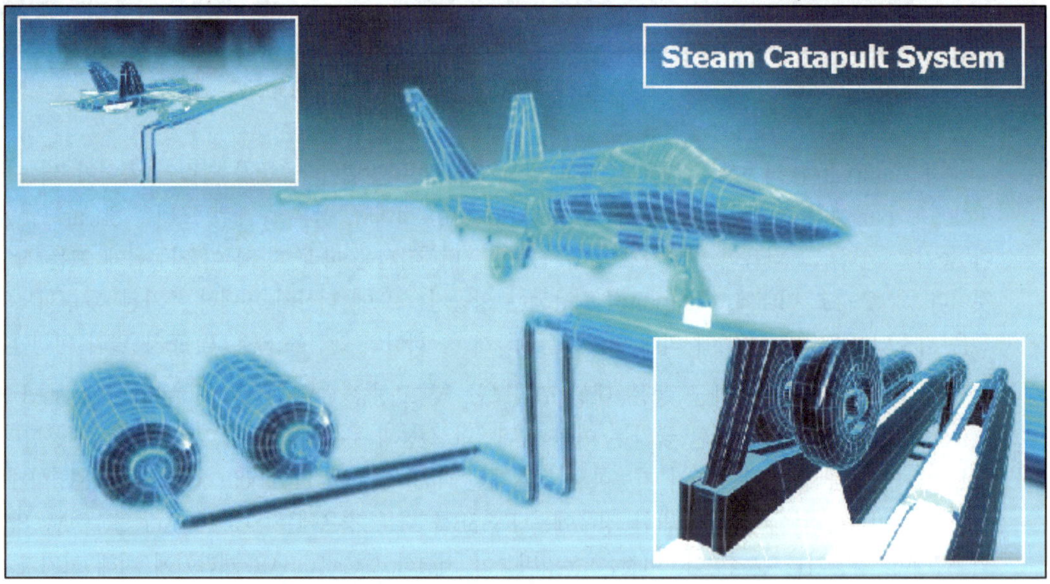

[그림 3-4] 항공모함 내에 설치된 증기식 Catapult의 모습

[표 3-1] Catapult의 종류 및 적용된 미국의 항공모함

Type	Overall length	Stroke	Capacity	Carriers
C-11 & C-11-1	69 m	64 m	8,000 kg @136 knots 32,000 kg @108 knots	• SCB-27C Essex class conversions, USS Coral Sea • bow installations on USS Midway and USS Franklin D. Roosevelt • waist installations on USS Forrestal and USS Saratoga
C-11-2	62 m	46 m	?	• Waist Catapults on USS Midway and USS Franklin Roosevelt

C-7	84 m	77 m	18,000 kg @148.5 knots 32,000 kg @116.0 knots	• USS Ranger, USS Independence • bow installations on USS Forrestal and USS Saratoga
C-13	81 m	76 m	35,000 kg @139 knots	• Kitty Hawk class, USS Midway after SCB-101.66 modernization • USS Enterprise
C-13-1	99 m	94 m	36,000 kg @140 knots	• One installation on USS America and USS John F. Kennedy • All on USS Nimitz, USS Dwight D. Eisenhower, USS Carl Vinson, and USS Theodore Roosevelt
C-13-2	99 m	93 m	?	• USS Abraham Lincoln, USS George Washington, USS John C. Stennis, USS Harry S. Truman

* 자료 : Wikipedia의 'Aircraft Catapult'

증기식 Catapult는 몇 가지 점에서 한계에 도달했다. 증기식은 큰 항공기의 이륙하는데 어려움이 있다. 무엇보다도 현재의 항모를 운영하는 추세는 저비용 고효율을 요구하는데 증기식은 현재에는 고비용으로 판단되고 있다는 것이다. 그러므로 저 비용으로 큰 비행기도 쉽게 이륙하게 하는 새로운 시스템을 요구하고 있는 것이다. 그 요구조건에 부합하는 것이 EMALS(Electromagnetic Aircraft Launch System)이다. 이 시스템은 다음과 같은 장점을 가지고 있다.

- EMALS는 항공기의 동체에 스트레스를 덜 유도하면서 그레이딩 가속(Graded Acceleration, 단계별 가속)이 가능하다는 것이다.
- 증기 Catapult에 비해 EMALS 적은 무게, 적은 공간을 차지하며 적은 유지 보수로 적은 인력이 요구되어 더 신뢰할 수 있으며 더 빨리 충전하고, 더 적은 에너지를 사용한다. 증기 Catapult는 발사 당 약 1,350파운드(610 kg) 힘을 사용하며 광범위한 기계로 작동되는 공압 및 유압 서브시스템을 가지고 있다. 이에 반하여 EMALS는 해군의 계획하는 모든 전기 선박에 적합하게 어떤 증기도 사용하지 않는다.
- EMALS 시스템은 에너지를 많이 소비하게 되는 염분제거의 담수화에 대한 필요성을 감소시켜 담수를 덜 필요로 한다.
- 증기 Catapult에 비해 EMALS는 무거운 전투기에서 가벼운 무인 항공기에 이르기까지 다양한 종류의 항공기가 이륙할 수 있도록 정밀도가 더 높은 이륙발사 성능을 제어할 수 있다.
- EMALS 시스템에서는 4개의 디스크 발전기가 있고 각각은 증기 Catapult의 약 95 MJ(Megajoule)보다 29% 더 많은 에너지를 제공할 수 있다. 즉, 각 디스크 발전기는 121 MJ까지 제공할 수 있다.
- EMALS는 증기 Catapult의 에너지 효율보다 5%의 이상 더 효율적이다.

EMALS의 장점 이외에 다른 점들을 설명하자면 다음과 같다.

- 이 시스템은 미 해군이 새로운 항공모함에 적용하기 위해 위탁한 것으로 미국의 'General Atomics' 사에서 개발한 것으로 1946년에 웨스팅하우스에서 개발된 'Electropult'와 유사하다. 하지만 그것은 개발된 후 실제로 장착은 되지 않았다.
- EMALS는 항공기를 이륙하기 위해 발진하도록 트랙을 따라 캐리지를 추진하는데 필요한 자기장을 생성하기 위해 전류를 사용하는 선형 유도 모터 (LIM, Linear Induction Motor)를 사용한다. EMALS는 [그림 3-5]와 같이 4개의 LIM으로 구성되어 있다. 이 선형 유도 모터는 종래의 전동기의 전기자(Armature)의 기능을 갖는 고정자 코일의 열로 구성되어 있고 전기가 통하게 되면 모터는 트랙을 따라 캐리지를 가속하게 된다. 캐리지 주변 코일의 단면만을 임의의 주어진 시간에 통전시켜 반응성 손실을 최소화한다. EMALS의 91 m LIM은 10만 lb (45,000 kg)의 항공기를 130 KN(240 km/h, 150 mph)로 가속시킬 것이다.

www.core77.com & en.wikipedia.org & www.navair.navy.mil

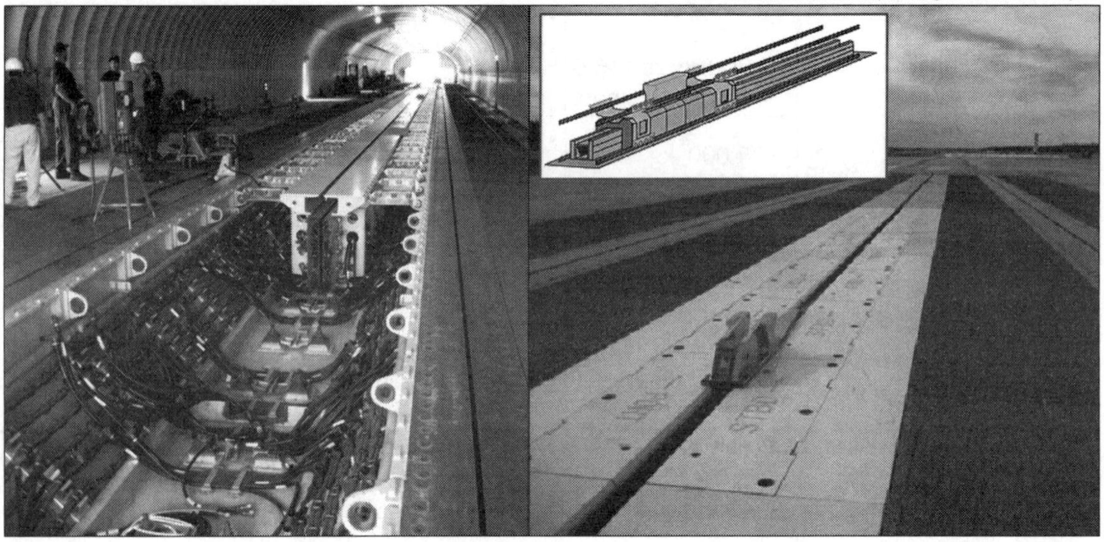

[그림 3-5] 지상에서 실험하는 EMALS

- 발사하는 동안 유도 모터는 항모 자체의 연속적인 전원을 공급할 수 있는 초과 전력의 큰 서지를 필요로 한다. 1994년 부로 EMALS의 에너지 저장 시스템 설계는 45초 재충전 기간 동안 항모로부터 전력을 끌어와 역학적 4개 디스크 발전기의 로터를 사용하여 에너지를 저장함으로써 이를 해결하였다. 그 다음 이 시스템은 다음 2~3초 내에 (484 MJ까지) 에너지를 릴리즈 시킨다. 각 로터는 약 휘발유 갤런 상당하는 에너지인 6400 RPM으로 121 MJ (34 KW)까지 제공하고 발사 45초 이내에 재충전할 수 있다. 이것은 앞서 기술한 것처럼 증기 Catapult보다 빠른 것이다. 각 디스크 교류 발전기에서 나오는 에너지 121 MJ를 사용하여 6400 rpm에서 5205 rpm으로 로터 속도가 줄어든 상태에서 최대 발사가 일어난다.
- 발사하는 동안에 전력 변환 서브시스템이 사이클로 컨버터를 사용하여 디스크 발전기로부터 저장된 에너지를 방출한다. 이 사이클로 컨버터는 임의의 주어진 순간에 발사 캐리지 영향을 주는 고정자 코일의 단지 작은 부분에만 통전을 함으로써 제어된 상승 주파수와 전압을 LIM에게 제공된다.
- 오퍼레이터는 Closed-Loop 시스템을 통해 전력을 제어한다. 트랙 홀 효과 센서는 원하는 가속도를 제공하는 시스템을 보장할 수 있도록 그 동작을 모니터링 한다. 이 Closed-Loop 시스템은 EMALS가 비행기 기체에 발사 시 스트레스를 줄이는데 도움이 되도록 일정하게 끄는 힘을 유지할 수 있도록 한다.

EMALS가 니미츠 급 항모를 개조하여 사용 가능할까? 물론 이 시스템은 포드 급에 설치하려고 디자인 된 것이다. 미국은 니미츠 급에 사용 여부를 검토하였다. 이러한 발사 시스템은 니미츠 급의 항모에 대한 개조로 간주되지만, EMALS의 Catapult의 높은 전력의 요구사항 인해 니미츠 급에 설치된 함 내의 두 웨스팅하우스 원자로는 그 요구사항을 맞출 수 있는 가능성이 없다. 니미츠 급이 직면한 가장 큰 문제는 제한된 전력 생성 기능 및 업그레이드 한다면 항모의 무게를 증가시키고 선박의 안정성을 유지하기 위해 필요한 무게 중심 마진으로 침식이 발생할 수도 있을 것이라는 점이다. 따라서 새로운 포드 급의 항모는 실제로 현재로서는 필요한 것보다 더 많은 전력을 생산하는 발전소가 장착되어 있다. 예상치 못한 기술적 진보가 나중에 구현되면 EMALS의 가능성이 고려될 때 니미츠 급은 불가능하다고 했던 점들의 무언가를 해결할 수도 있을 것이다.

이 EMALS는 영국, 인도, 중국 등에서 관심을 보이고 있다. 영국은 Queen Elizabeth 급 항모에 장착하기 위한 새로운 연구를 General Atomics 사와 시도를 했으나 비용과 시간 등의 문제 일단은 포기를 하였고 인도는 기존 시스템을 대체하는 방안을 강구중에 있다. 중국은 차세대 항모 3번함에 적용을 적극적으로 고려하고 있는 것으로 여겨진다. 그 외에 민간을 포함한 지상 운송의 개념으로 확대가 예측된다는 것이다. 민간 Sector에서 사용하도록 하고 이착륙 모두에 적용하는 방법과 한 단계 더 나아가 전자기 항공기 포함 육상 발사 시스템의 아이디어를 발전시키는 것이다.

3.1.2 비행기의 갑판 착륙

현재의 시점에서 보면 전투기가 쉽게 항공모함에 착륙하는 것을 보고 착륙 하는 것은 쉽게 이루어진 것이라고 생각할 수도 있다. 비행기의 갑판 착륙이 쉽게 이루어진 것은 아니다. 사실 비행갑판에서 비행기가 이륙을 하는 것도 중요하지만 되돌아 온 항공기가 비행갑판에 착륙하는 것도 이륙 그 이상 중요한 문제가 되는 것이다. 비행기가 항공모함 갑판에 착륙 조건은 다음과 같이 정리가 될 수 있다.

- 비행기와 항모 모두의 안전을 고려해야 한다.
- '비행갑판'이라는 제한된 공간과 길이 내에서 착륙을 해야 한다.
- 항공모함의 무게 중심에 문제가 없어야 한다.

이런 조건을 달성하기 위해 세부적으로 많은 고려사항이 존재한다. 비행기가 갑판위에 안전하게 착륙하기 위해서 장애물이 없어야 하는데 아일랜드가 가장 큰 문제였다. 예전의 군함 등 선박은 좌우 균형이 잡혀 있어야 했기에 가운데 있는 아일랜드는 비행기 착륙에 가장 큰 걸림돌이었다. 아일랜드를 없앨 수 없는 상황이면 한쪽 방향에 두어야 한다. 하지만 한쪽에다 둔 다는 것은 항모의 무게 중심을 잡는 것은 쉽지 않을 수 있기 때문이다. 초기의 항공모함들은 상선을 기초해서 만들어 위에다 갑판을 추가로 만들어서 걸림돌이 없었지만 이것은 비행기를 운반하고 이륙시키는 용도이지 항모가 공격받는 경우를 고려되지 않은 상태이다.

비행갑판에 관하여 정리를 하면 다음과 같다.

- 비행갑판은 시대에 따라 변화가 있어 왔다. Eugene Ely가 1910년 11월 14일 USS Birmingham 군함의 첫 번째 고정익 항공기 이륙을 했었던 비행갑판은 군함의 선수 갑판 위에 지어진 나무로 만든 경사가 있는 갑판이었다. 두 달 후 1911년 1월 18일 서커스 공연자이며 비행가인 Hugh Robinson이 디자인해 만든 최초의 Tailhook 시스템을 이용하여 Eugene Ely는 샌프란시스코 만에 정박된 kI
- 호 비행갑판에 비행기 Curtiss(밀어서 이륙하는 비행기)를 착륙시켰다.
- 나중에는 제거할 수 있는 '비행 오프(flying-off)' 플랫폼이 전함과 전투 순양함의 총 포탑 위에 등장한다. 이것은 항공기가 회복의 기회가 없다하더라도 정찰 목적을 벗어나 비행할 수 있도록 HMS Repulse에서 만들어지기 시작되었다. 즉, 이륙할 때만 사용하는 것을 전제로 하는 것이다.
- 1917년 8월 2일 편대장인 Edwin Harris Dunning가 기동훈련 시도를 하던 중 움직이는 HMS Furious에 성공적으로 착륙을 하여 최초의 이동하는 선박에 착륙하는 사람이 되었지만 3번째 시도에서 착륙 중 비행기 바퀴가 터져 비행기가 한쪽으로 쏠려 넘어지면서 사망을 하게 된다. 그는 착륙 중 사망하는 최초의 사람도 되었다. Furious에 착륙하는 준비는 매우 불안하고 불만족스러웠다. 착륙하기 위해서는 항공기는 상부구조물 (Superstructure) 주위에 기동을 해야만 했다. 따라서 Furious는 착륙을 위해 후미에 300 ft(91 m)의 새로운 갑판을 격납고 위에 만들기 위해 조선소로 복귀해야 했다. 하지만, 중앙 상부는 여전히 존재하여 그것에 의해 발생하는 난류가 심해 비행갑판에 착륙에 큰 영향을 미쳤다.
- 현대적인 항모의 구성을 보여주기 시작했던 최초의 항공모함은 정기선에서 개조된 HMS Argus이었다. 이것은 선체의 전체 길이에 걸쳐 있는 대형 평면 나무 데크가 있었다. 상부구조물의 난류에 의해 방해 받지 않도록 탁 트인 갑판으로 이륙과 착륙이 결합된 것이었다. 탁 트인 비행갑판 때문에 HMS Argus는 고정된 지휘사령탑이 없고 연기 배출 굴뚝도 없었다. 오히려, 배기가스는 항모의 측면을 트렁크와 배기가스를 분산하기 위해 준비했음에도 불구하고, 착륙 직전에 항공기에 환영받지 못하는 '양력'을 제공해준 비행갑판의 부채 모양의 꼬리에서 배출되었다. 명령 지휘 거점과 연기 배출 굴뚝이 없다는 것은 불만족스러웠고 그 HMS Argus는 해결책을 만들기 위해 다양한 아이디어를 실험하는 실험선이었다. 1917년도에 그 HMS Argus는 우현에 아일랜드 상부 및 굴뚝의 캔버스 모형으로 보여주게 된다. 아일랜드를 우현에 둔 것은 초기의 항공기 엔진 로터가 코를 왼쪽으로 당기는 것 같이 토크를 만드는데 이것은 이륙할 때 비행기는 자연스럽게 좌현으로 요잉 모멘트를 발생시키는 것을 의미하여 고정식 상부구조물은 왼쪽으로부터 멀리 오른쪽에 설치하게 된 것이다. 이것은 전형적인 항공모함의 구조 배치가 되

었고 그 이후에 캐리어 영국의 HMS Hermes 등에서 적용되었다. [그림 3-6의 ① & ② 참조]

- 아일랜드를 우현에 두는 것이 쉬운 것인가? 설계의 관점에서 보면 쉬운 일은 아니었다. 왜냐 하면 선체 구조의 밸런스를 생각하면 한쪽에 무거운 구조물이 치우친다는 것은 다른 한쪽에는 무엇인가 부족하다는 것이다. 이런 문제를 [그림 3-7]로 보면 다음과 같다. 무게 중심의 문제를 설계 변경으로 해결을 하였다. 즉, 좌현을 확장하는 설계를 도입한 것(진행 [1]→[2]→[3])이다. 이런 설계를 반영한 최초의 선박은 영국 HMS Ark Royal이다. 이로서 제대로 된 상부구조물(Superstructure)이 등장하게 되었다. 그 이후의 모든 항모는 이 형태를 사용하게 된다. 이런 점 때문에 영국 HMS Ark Royal 항모를 항공모함의 어머니라고 부른다. 하지만 아직 해결해야 문제점들이 당시에도 계속 존재하고 있었다. 즉, 이 해결방법이라는 것이 항공기를 더 탑재하려면 '언제까지 늘릴 것인가'에 대한 확장 한계와 착륙의 제동에는 여전히 큰 도움이 되지 않는다는 것이다.
- 1차 세계 대전 이후 Washington 해군 조약에 따라 영국 HMS Furious와 Courageous 급과 미국 USS Lexington 및 Saratoga는 정기선에서 항공모함으로 변경이 되지 않았으면 이 순양 전함들은 폐기되었을 것이다. 그것들은 대형이고 빠르기 때문에 그 역할을 하는데 완벽하게 적합했다. 개조 변환된 전함 Eagle은 무거운 외장 및 Scantling이라는 규정된 크기, 치수, 또는 단면적을 측정하는 것 그리고 낮은 속도로 실전에서는 핸디캡으로 작용이 될 수 있었다. 항공모함의 군사 효과는 당시에는 잘 몰랐기 때문에 초기 항모는 일반적으로 적의 군함과 마주할 경우 자신의 방어에 도울 순양함 구경 총을 비행갑판에 장착했다. 항모의 수상함으로써 아군의 군함을 호위하고 자체 방어라는 2개 임무가 조합이 되는 'Task Force(나중에 소위 '전투 그룹'으로 변화)' 모델이 개발되면서 이러한 총은 일반적으로 2차 세계 대전 때 없어지고 대공포로 교체되었다. [그림 3-6의 ③ 참조]

[그림 3-6] 항모모함 비행갑판의 변천사

www.youtube.com/watch?v=bis-6HK0vSM

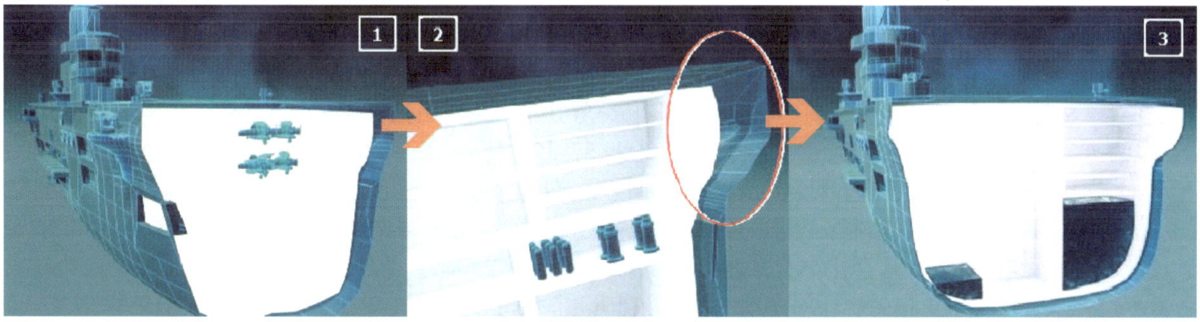

[그림 3-7] 아일랜드가 우현으로 자리를 잡을 때 발생하는 선체 구조의 변경

- 그 당시의 구조를 보면 격납고는 강화된 장갑 데크였고 선체의 통합된 한 부분이었다. 그리고 그 격납고와 경량 강철 비행갑판은 상부구조물의 부분으로 또한 생각을 하였다. 이러한 선박은 여전히 1940년대 후반에도 제작이 되고 있었다. 미 해군의 Essex 및 Ticonderoga 급 항공모함이 고전적인 예라고 할 수 있다. 그러나 영국은 1936년에 Illustrious 급을 제작하기 시작을 했다. 이들 항모는 비행갑판을 강력한 갑판으로 만들었고 선체의 일부로 인식했으며, 주로 자체 항모와 탑재된 항공기 완전하게 보호하기 위해 갑판을 장갑했던 것이다. 이런 강력 갑판 등의 비행갑판은 나중에 제작되는 항모에 채택되었다. 이것은 1922년 13,000 t의 USS Langley에서 최신 포드 급 캐리어에 100,000 t 이상으로 항모가 계속 증가하는 크기에 의해서도 필요로 했던 것이다.[그림 3-6의 ④, ⑤, ⑥ 참조]
- 항공모함이 기본 함대의 주력함으로 전함을 대체할 때 비행갑판에 포함되는 장갑 보호의 문제에 대하여 생각을 가지고 있던 두 그룹이 있었다. 첫 번째 그룹인 미 해군은 처음에 장갑하지 않은 비행갑판을 선호하였다. 장갑하지 않은 갑판이 항공모함 격납고와 비행갑판의 크기를 최대화하고 이런 점이 격납고에 항공기 적재 용량을 극대화 할 수 있고 또한 비행갑판에 영구적인 갑판 주차의 형태로 수송되는 항공기가 큰 비중을 차지하는 점 등등 때문이었다.
- 두 번째 그룹인 1936년 영국 해군은 격납고 측면을 격리하고 장갑으로 마감 처리한 장갑 비행갑판 항공모함을 개발했다. 장갑 처리된 격납고 측면과 끝면이 격납고 내외부의 폭발 또는 화재로부터 데미지와 인명 피해를 최소화하는 데 도움이 되는 동안 비행갑판에 장갑을 추가함으로써 항공기 폭탄에 대한 약간의 보호 아래에 항공기를 두게 된다. 격납고 추가 장갑은 Top Side의 무게를 감소하도록 만들게 되었다. 그것은 격납고의 높이가 감소하게 되었고 그동안 영국 해군의 장갑 항공모함이 격납고의 모든 것을 감안해서 여유를 가져왔었지만 이 새 항모는 수송하는 비행기의 형태의 제한을 가져왔다.

www.youtube.com/watch?v=bis-6HK0vSM

[그림 3-8] 1955년 대대적 개조가 이루어지기 전 USS Midway(CV-41)최초의 장갑 갑판이 설치된 항모

장갑은 또한 장갑 비행갑판 항공모함의 최대 항공기 용량을 감소시켜 비행갑판의 길이를 감소시켰다. 추가로 영국 해군의 항공모함은 대략 1943년까지 장기 주차를 사용하지 않았다. 그 전에는 영국 해군의 항모는 항공기 격납고 용량에 제한을 두었다. 23,000 t 영국의 Illustrious 급은 36대의 Swordfish 크기의 항공기 격납고를 가지고 있었다. 1개의 140 m×19 m×4.8 m의 격납고를 위한 격납고 용량을 가지고 있지만 장기 주차로 57대의 항공기를 주차할 수 있었다. 반면에 23,400 t Implacable 급은 상단에 140 m×19 m×4.3 m 함께 하단에 63 m×19 m×4.3 m 격납고가 있어 52대의 Swordfish 크기의 항공기를 보관할 수 있고 혹은 전쟁 후기에는 48대의 비행기와 24대의 장기 주차 비행기를 혼합하여 보관 및 주차할 수 있었다. 데크 주차는 81대까지 주차가 가능하였다. 27,500 t USN Essex 급은 전쟁 전에 72대의 미 해군 항공기의 혼합을 처리할 수 있도록 설계되었다. 그것의 격납고는 198 m×21 m×5.3 m 크기이다. 격납고 및 장기 데크 주차 모두를 사용할 경우 전쟁 후반에는 104대까지의 항공기를 수송할 수 있었다.

- 2차 세계 대전의 경험이 미 해군으로 하여금 디자인 정책을 변경하여 훨씬 더 큰 선박에 대하여 장갑 비행갑판을 가지는 것에 호감을 가지게 되었다. 엔터프라이즈 항모에서 수행된 주요 장갑이 바로 무거운 장갑 비행갑판이었다. 이것은 1969년에 엔터프라이즈 항모의 비행갑판에 발생한 치명적인 화재 및 대폭발을 통해 중요한 요소를 증명하는 계기가 된 것이었다. 모든 항모가 장갑 격납고만 장갑을 했을 때 미국 해군은 2차 세계 대전 중 힘든 교훈을 통해 배웠다. 미드웨이 급부터 장갑 비행갑판이 설치된 이래로 모든 공격 항모는 그렇게 장갑 갑판을 설치하였다. 이 때 미드웨이에 설치된 장갑 갑판은 90 mm 강철 갑판이었으며 2차 세계 대전이 한창인 1943년이었다. 하지만 여전히 해결되지 못한 문제점은 가지고 있었다. 재래식 프로펠러 항공기는 이착륙이 가능했지만 제트기는 당시에 항공모함에 이착륙이 불가능하다는 것이었다.

3.1.3 비행기 착륙 시 제동장치

비행갑판에 착륙하는 항공기는 제한된 길이 때문에 정상적으로 착륙을 안전하게 완료하기가 어렵다. 하지만 착륙 담당 업무는 근본적으로 원시적인 활동이다. 간단하게 이야기를 하면 비행기가 착륙을 위해 속도를 줄여 비행갑판으로 내려오면 비행기의 일부분을 붙잡아 배행갑판의 비행기로부터 벗어난 지점에 있는 데크 담당 팀원에 의해 착륙하는 비행기를 획득하는 일련의 일이다. 이런 위험한 일은 초기에는 무게가 가볍고 착륙속도도 저속인 비행기만 가능했다. 물론 비행기 구조에 손상을 줄 수 있었지만 착륙에 실패에 때에 사용하도록 그물(Barricade, Barrier)이 준비되어 있다.

그 이후 외부의 도움을 받아 제한된 길이 내에 멈출 수 있는 방법이 개발되었고 이 강제적인 제동장치가 Arresting System이다. 이 장치를 이용하여 비행갑판에 더 크고 더 빠른 항공기를 착륙하더라도 비행갑판과 항공기에 설치된 Tailhook에 설치된 케이블을 붙잡아 강제 착륙이 가능하게 되었다. 초기 항모에는 비행기의 기회를 많이 주기 위해 매우 많은 수의 Arrestor 케이블인 'Wire'가 있었다. 현재 미 해군 항모는 150 mph(240 km/h)에서 착륙하는 비행기도 약 320 ft(98 m)에서 완전히 정지하도록 3 또는 4개의 강철 케이블 20 ft(6.1 m) 간격으로 갑판을 가로 질러 뻗어있다(USS Ronald Reagan 및 USS George H.W. Bush은 3개이고 나머지 니미츠 급은 항모는 4개이며 또한 포트 급은 3개이다). 케이블에 항공기 크기 또는 중량에 관계없이 갑판에 같은 장소에서 모든 항공기를 멈추도록 설정되어 있다. 초기에는 일반적으로 착륙하는 비행기의 속도는 약 140 km/h 전후 하고 8000 kg 중량을 가진 항공기는 45 m 이내에서 제동력에 의해 멈추도록 되어 있었다.

2차 세계 대전 동안 큰 사이즈의 그물 장벽이 비행갑판 끝 쪽에 설치가 되었다. 이를 통해 항공기가 극단적인 상황이 되면 갑판의 전방 부분에서 멈춘 후에 복귀할 수 있게 된다. 이것은 더 늘어난 보상시간을 만들게 되어 결과적으로 그렇게 된 비행기는 이륙과 착륙 운영을 허락하는 항모 주변에 그 비정상적인 비행기가 끼어

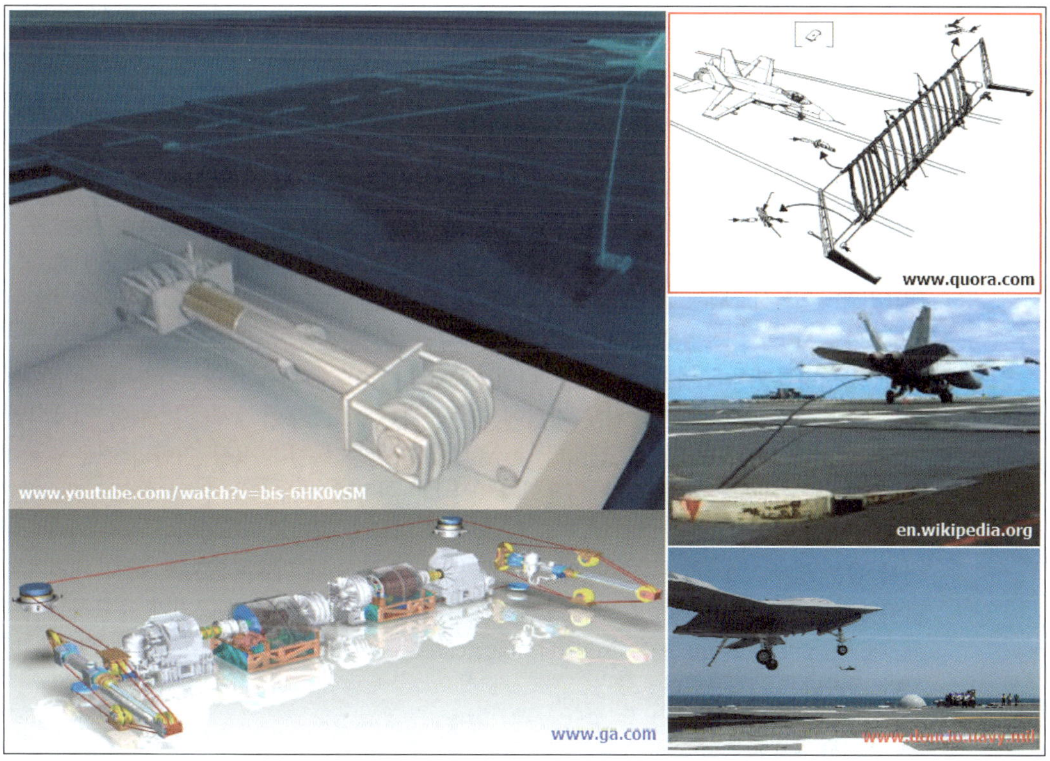

[그림 3-9] Arresting Gear System

들게 되는 결과를 초래하는 것으로 착륙과 회복의 주기 사이클을 늘리는 결과를 초래하게 된다. 이 'Barricade'는 정상적으로 멈출 수 없는 경우에 사용되는 긴급 시스템이다. Barricade의 꼬인 천은 착륙 항공기의 날개를 걸리게 되어 있고, 이를 통해 모멘텀은 붙잡힌 비행기의 엔진에 전달되게 된다.

[그림 3-9]는 착륙 제동장치인 Arresting Gear System에 관한 것이다. 오른쪽 위에서부터 시계방향으로 설명을 하면, 바이케이트의 그림이 있고 비행기가 Arresting Wire에 붙잡혀 멈추려는 모습이 있다. 또한 현재 미국 항모에서 연구 실험이 되고 무인기의 모습으로 무인기도 갑판에서 Arresting Wire를 붙잡으려고 항공기의 Tailhook가 내려진 상태로 착륙을 시도하는 모습이다. 왼쪽 하단에 있는 것은 Advanced Arresting Gear(AAS) 시스템을 보여주고 있다. 이것은 포트 급 항모에 장착이 실제 적용이 되고 있다. 좌측 상단은 증기 제동장치의 모습을 보여주는 것이다.

앞서 언급한 것처럼 현재는 새로운 제동장치 시스템이 포드 급에 장착이 되어 앞으로 새로운 변화가 있을 예정이다. 현재까지 사용되는 시스템은 증기식과 AAS 두 종류로 구분이 될 수 있는데 일반적인 Arresting Gear 시스템에 관하여 설명하면 다음과 같이 요약이 될 것이다.

- 'Arrestor Gear'는 Arresting Gear와 같은 의미로 사용된다.
- 이것은 항공기를 빠르게 함상/시상에서 속도를 감속시키는 기계 시스템이다.
- 항공모함에 Arresting Gear는 해군 항공의 필수 구성요소이며 가장 일반적으로 CATOBAR 및 STOBAR 항공모함에 사용된다.
- 일반적인 시스템은 착륙 지역을 가로 질러 놓여 여러 스틸 Wire Rope로 구성되어 있고 항공기의 Tailhook를 붙잡도록 설계되어 있다.
- 정상적인 진행이 저지되는 동안 Tailhook가 와이어 결합하게 되고 항공기의 운동 에너지는 비행갑판 아래 연결된 유압 제동 시스템으로 전달이 된다.

그 동안의 Arrestor Gear 개발 진행사항 등에 관한 것은 다음과 같다.

- 이 시스템은 저돌적인 조종사이며 발명가인 Hugh Robinson에 의해 1911년에 개발이 되었다. 이것은 무거운 것(모래주머니 같은 것)을 줄 양쪽 끝에 단 것으로 여러 개 줄을 갑판에 놓아 비행기의 Tailhook에 걸리도록 고안된 것이다.
- Eugene Ely가 USS Pennsylvania에 착륙할 때 사용을 하였다.
- 좀 더 현대적인 Arresting Cable은 1931년에 HMS Courageous에서 실시되었다.
- 현대 미 해군 항공모함에는 344 ft(104 m)의 거리에서 130노트(241 km/h)의 접근 속도로 50,000 lb (23,000 kg) 항공기를 2초 내에 제어할 수 있는 능력이 있는 Mark 7 Mod 3 Arresting Gear가 설치되어 있다. 이 시스템은 최대 케이블 run-out(케이블이 풀려나가는 것)에 최대 에너지 47,500,000 ft·lb(64.4 MJ)를 이론적으로 흡수하도록 설계되어 있다.
- Angled 비행갑판이 도입되기 전에는 비행갑판에 더 앞쪽에 주차한 항공기가 움직이는데 착륙하는 항공기를 방해되지 않도록 하기 위해 갑판에 케이블을 추가로 두어 2개 시스템이 사용되었다. 'Barrier'와 'Barricade'가 이 두 개의 시스템이다. Arresting Gear를 특별히 육상 기반의 경우에는 때때로 'Barrier'라고 하지만 Barrier는 더 이상 사용되지 않는다. 항공기 Tailhook가 와이어를 잡으려고 실패하면, 그 랜딩 기어가 Barricade로 알려진 3~4 Ft 높이의 그물에 걸리게 될 것이다. 항공기가 터치다운 시 와이어를 잡은 경우, Barrier는 신속하게 항공기가 그 위에 Texi 할 수 있도록 즉시 내려가도록 설계되었다. 마지막 안전망은 Barricade로 선수에 주차한 다른 항공기와 착륙 항공기가 충돌하는 것을 방지하기 위해 대형 15 ft (4.6 m) 높은 Net이다. Barricade는 항모에서 계속 사용되지만 그것은 단지 비상사태에서만 장착되거나 사용된다.

작동하는 역학 메커니즘에 관한 것을 요약하면 다음과 같다.

www.f-16.net & science.howstuffworks.com & www.flickr.com

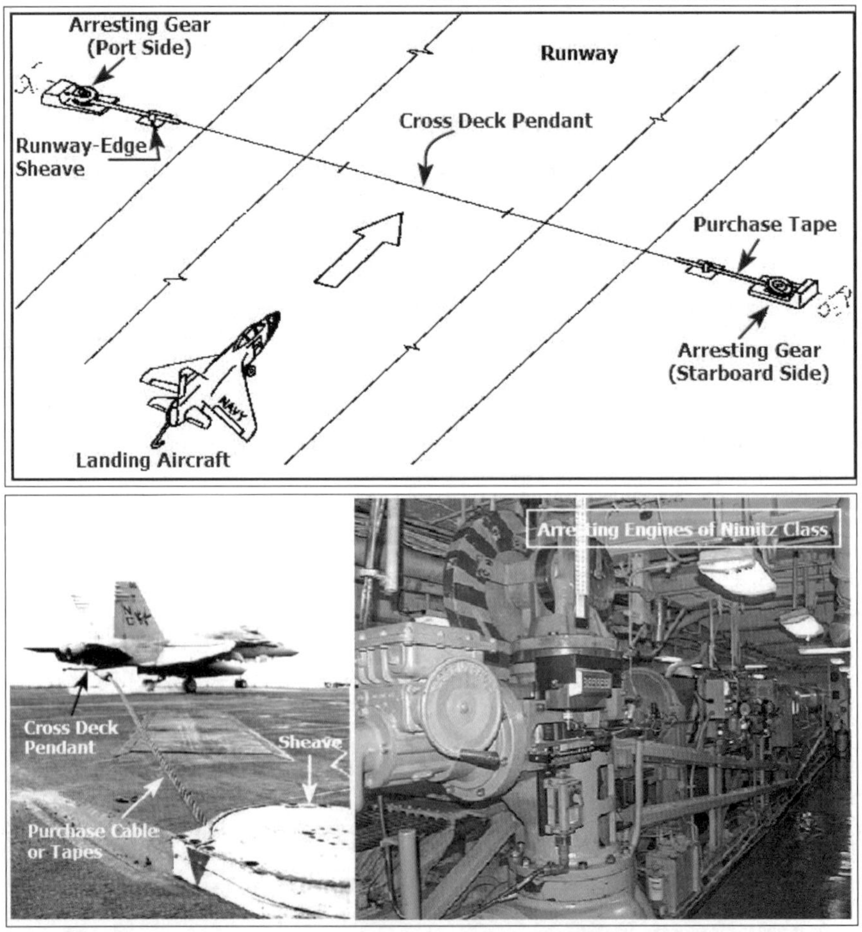

[그림 3-10] Arresting Gear System의 구성

ianztrainz.com

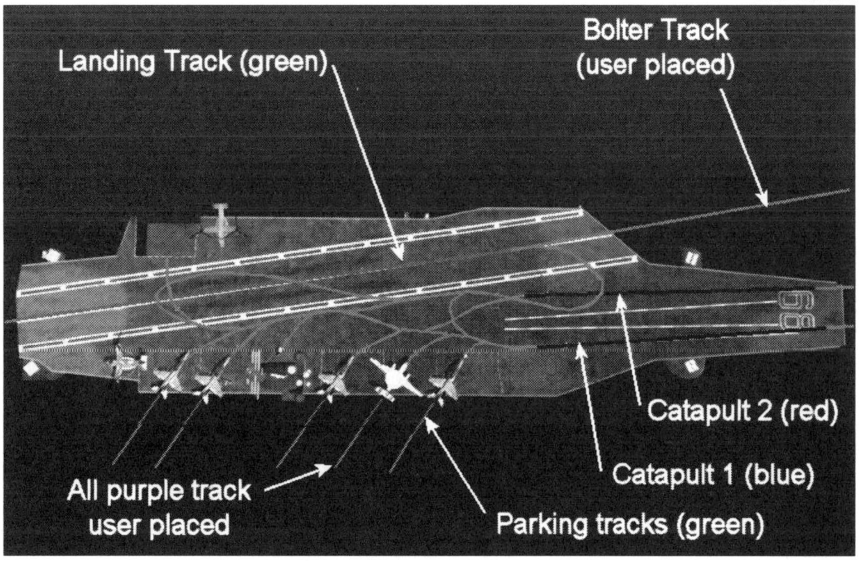

[그림 3-11] Bolter 트랙 등 항모에서 각종 트랙

- 정상 포획은 접근하는 비행기의 Arresting Hook가 데크 케이블(Pendent) 중에 하나에 걸리면 되는 것이다. 착륙 항공기가 데크(갑판) 펜던트와 결합을 하면 착륙 항공기의 전진 운동의 힘은 비행갑판 아래에 기계실에 위치한 또는 활주로 양쪽에 있는 도르래를 통해 Arresting 엔진으로 연결되는 수납(Purchase) 케이블로 전송이 된다.
- 갑판 펜던트 및 수납 케이블은 포획된 항공기에 의해 인출됨에 따라 기체의 운동 에너지는 케이블의 기계적 에너지로 전환되어지고 그리고 Arresting 엔진은 케이블의 기계적 에너지를 유압 에너지로 전달한다.
- 결국, Arresting 엔진은 착륙 항공기의 원활한 제어 정지가 되도록 만들어준다. 힘의 평형이 이루어지면 비행기의 착륙 멈춤이 완료된 것으로 항공기의 Arresting 후크가 데크 펜던트로 부터 분리된 후 데크 펜던트는 정상 위치로 끌어 당겨지면 모든 에너지가 초기화 상태가 되는 것이다.

항모에 착륙하는 비행기에 관한 것을 정리하면 다음과 같다.

- 항모의 갑판 구조에 따라 달라지지만 대개는 조종사는 순간적인 착륙 시도의 위험을 감소하기 위해 2번째 혹은 3번째 Wire를 붙잡으려고 목표를 잡는다.
- 항모 착륙을 위해 진입하는 항공기는 최대 출력의 약 85%인 상태에서 착륙 시도를 시작하게 된다.
- 터치다운 시 조종사는 전체 전력의 출력을 높여 전진한다. F/A-18E/F Super Hornet과 EA-18G Growler 항공기에 있어 그 항공기들은 성공적인 진행 저지의 감속이 감지되어지면 자동으로 70%에 엔진 추력을 감소시킨다. 이 기능은 최대 애프터버너를 선택하여 조종사로 하여금 오버라이드(Override)할 수 있다.
- 항공기가 "볼터(Bolter)"로 알려진 Arresting 케이블을 잡으려다 실패한 경우, 항공기는 Angled 비행갑판을 계속 질주하여 다시 하늘로 날 수 있는 충분한 힘이 있어야 한다. 그러므로 비행기는 터치다운 후에도 전력으로 출력을 높여 전진하는 것이다.
- Arresting 기어가 항공기를 중지시키면 조종사은 스로틀 다시 유휴(Idle) 상태로 하고 후크를 들어 올리고 비행기를 안전하게 몰고(Taxi) 간다.

미국 핵 항공모함뿐만 아니라 프랑스 Charles de Gaulle, 러시아의 Kuznetsov, 브라질 São Paulo, 중국 Liaoning 뿐만 아니라 인도 Vikramaditya 항모들은 Arresting Gear를 실제 운영을 하거나 미래의 자국의 항모에 설치하려고 계획하고 있다.

www.defensenews.com & www.navair.navy.mil

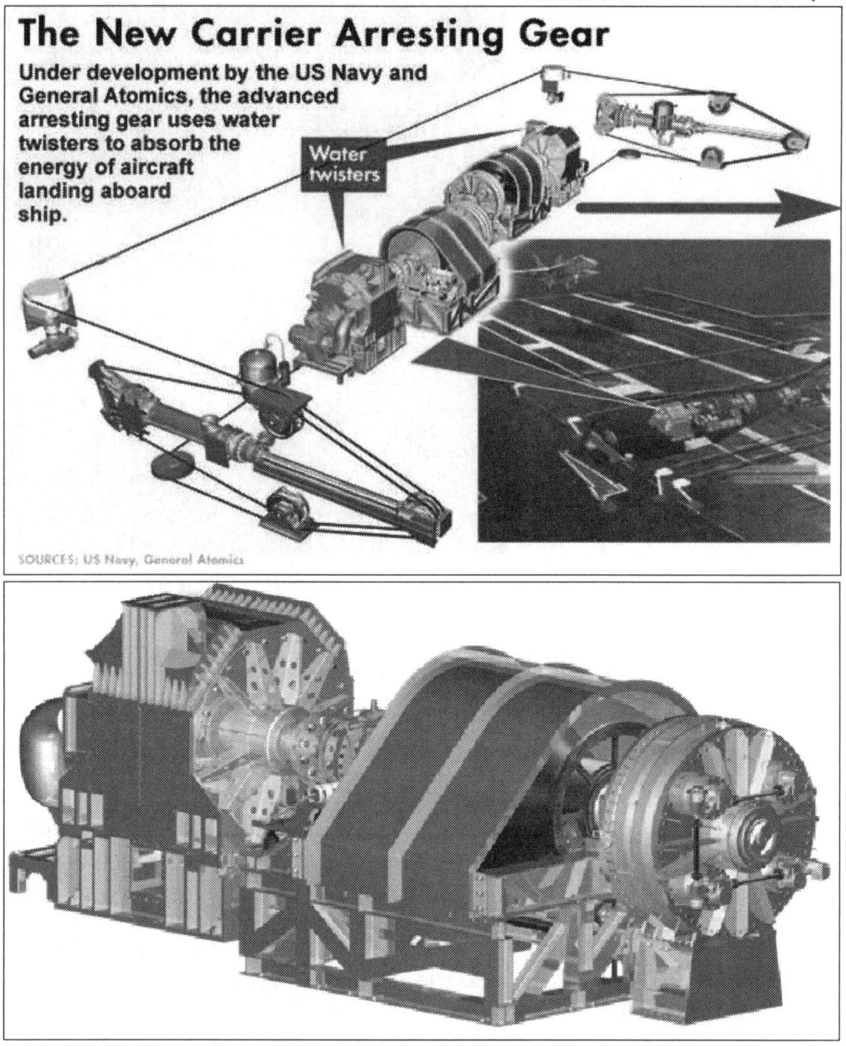

[그림 3-12] Advanced Arresting Gear 시스템

Arresting 기어의 구성과 각 기능은 추후 좀 더 상세히 언급을 하겠지만 일단 구성요소만 나열을 하면 다음과 같은 것들이 있다.

- Cross Deck Pendant
- Purchase Cables Or Tapes
- Sheaves
- Arresting Engines

미국은 포드 급부터 새로운 Arresting Gear 시스템을 구축하여 운영하려고 하고 있다. 그 시스템은 앞서 언급되었던 AAG(Advanced Arresting Gear) 시스템이다. 이 새로운 그리고 진보된 시스템은 과거의 것과 어떤 차이가 있는지 살펴보자. 그 내용은 다음과 같이 요약될 수 있다.

- General Atomics 사에서 개발이 되고 있다.
- 인력 및 유지 보수를 줄이면서 AAG는 무인 항공기를 포함하여 넓은 범위의 항공기들이 사용될 수 있도록 설계되었다.
- 대형 유도 모터에 연결된 간단한 에너지 흡수 물 터빈(또는 Twister)을 사용하는 로터리 엔진이 Arresting 힘의 정밀한 제어를 제공한다.

- 2016년 5월 육상 실험 기지에서 실제 F/A-18E Super Hornet 기를 대상으로 기능 실험을 완수하였다. 2012년에 Twister에 심각한 문제가 발생하여 4년 반 만에 이루어진 실험이었다.
- AAG에 대하여 물 Twister에 의해 가변 에너지 손실이 있다. 물에 많은 저항이 생성되는 방식을 조정하여 물 Twister 내부에 실제 이동판이 있다. 이것은 3차원 유동장이므로 초기 물 Twister 내부 관련된 힘을 과소평가한 면이 있어 한동안 실패를 했었다.
- 물의 힘을 취득한 내부 플레이트는 충분히 강하지 않았고 문제점의 해결책을 찾는데 현재 대부분의 시간을 사용하고 있다. 미 국방부 검사국은 2016년 말까지는 AAG의 검증되지 않은 부분이 있는 것으로 판단하고 있다. 그러므로 실제 항모에 설치하기까지는 시간이 필요할 것이다.

3.1.4 제트기의 착륙 유도 장치

제트기가 함재기로 사용되는 순간부터 속도가 빠른 항공기를 항모에 착륙시키기 위해 Arresting Gear 시스템이 장착이 되어 제한된 길이 내에서 착륙을 가능하게 만들었다. 그러면 Arresting Gear 시스템만 있으면 이런 착륙이 쉽게 안전하게 성공을 거둘 수 있을까? 또 다른 고민을 해결을 해야 한다. 제트기가 어떤 각도에서 접근을 해도 Arresting Gear 시스템의 도움으로 착륙한다면 되는 것이 아니다. 즉, 안전하지 않을 수 있다는 것이다. 착륙의 자세도 중요해서 Arresting Gear에 비행기가 포획이 되어도 자세 문제로 심각한 문제를 유발할 수 있고 또한 진입하는 자세에 따라 비행기 Tailhook가 Arresting Gear Wire를 잡을 수 없는 경우도 발생할 수 있는 것이다. 또한 야간에는 어떻게 착륙이 가능할까? 그러므로 진입 자세를 유도하는 장치가 필요한 것이다.

물론 초기에는 사람(LSO, Landing Signal Officer)의 동작을 보고 판단하여 착륙 자세를 조정하고 안전하게 착륙을 시도할 수 있었다. 물론 그들은 해군 항공 전문가로 항공모함을 타고 해군 항공기의 '안전하고 신속한 복구'를 용이하게 하기 위해 특별한 훈련을 받았다. 원래 LSO는 수신호를 사용하여 항모를 타고 항공기를 착륙시키는데 대한 책임이었다. 제트기의 경우 사람의 수신호만으로 가지고 판단하기에는 너무 빠르고 위험하였다. 새로운 대안이 모색이 필요하였던 것이다. 그래서 제트기 시대인 1950년대에 광학 착륙 시스템의 도입이 되었고 그 이후, LSO를 무선 단말기를 통해 정보를 제공하여 조종사를 지원한다. 다음은 초기에 관한 내용을 정리를 한 것이다.

- 1920년대부터 1950년대까지 미국과 영국 해군의 LSO(영국 및 영연방 국가들은 'Batsman'이라고 함)들은 항공모함을 타고 착륙 조종사를 돕기 위해 다양한 신호를 사용했다.
- 신호는 데크의 라인업, 적절한 글라이드 슬로프에 관련된 높이, 빠르게 또는 느리게 확인되는 빋음각, 그리고 비행기의 Tailhook와 바퀴를 아래로 작동했는지 여부 등에 대한 정보를 제공한다.
- LSO의 마지막 신호는 'Cut'라고 목청껏 외치며 동력을 줄이고 항공기를 착륙하도록 조종사에게 요청을 하였다. 제대로 실행이 된 착륙에서는 항공기의 Tailhook은 Arresting 와이어를 잽싸게 붙잡고 비행기는 멈추게 되는 것이다.
- 'Wave-Off'는 착륙을 중단하고 재시도를 위해 선회하도록 하는 반드시 지켜야 하는 필수 명령이다. 이는 갑판은 랜딩 지역에 항공기 또는 사람이 있어 'Fouled'가 되는 경우, 경우에 따라 충돌 회피의 적절한 방법으로 Wave-Off로 이끌었다.

1950년대 후반부터 항모는 조종사에게 글라이드 슬로프 정보를 제공하는 광학 착륙 시스템(OLS, Optical Landing System)과 함께 Angled 비행갑판에 원래 직선 또는 각도를 가진(Axial-Deck) 활주로 데크를 구성하는 정도로 진화를 하였다. 다음은 광학 착륙 시스템에 관한 내용을 LSO의 관점에서 요약된 내용이다.

thanlont.blogspot.com & www.encyclopediaofalabama.org & commons.wikipedia.org

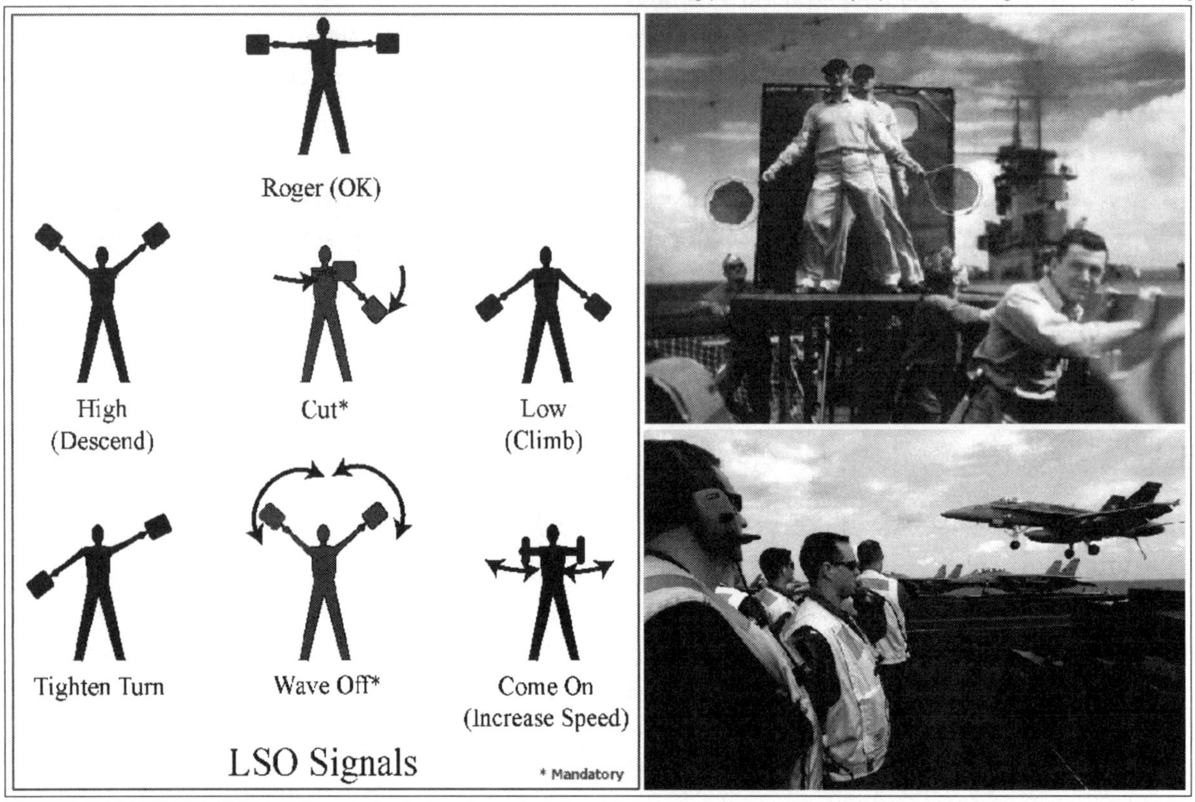

[그림 3-13] LSO의 수신호 내용 및 LSO의 과거와 현재의 모습

aviation.stackexchange.com

[그림 3-14] Axial-Deck의 모습

- 초기에는 장치가 LSO으로부터 방향 지시 없이 조종사에게 착륙을 허용할 것으로 생각되었다. 하지만 사고 비율은 실제 시스템의 초기 도입 시 증가하므로 OLS와 LSO 둘 다 모두를 사용하는 시스템으로 개발되었다.
- 기타 안전 개선과 함께 이 OLS 개발은 1954년에 만 번 착륙 당 35번의 항모 착륙 사고가 1957년에는 만 번 당 7번으로 급락을 하여 항공모함 안전에 큰 기여를 하였다.

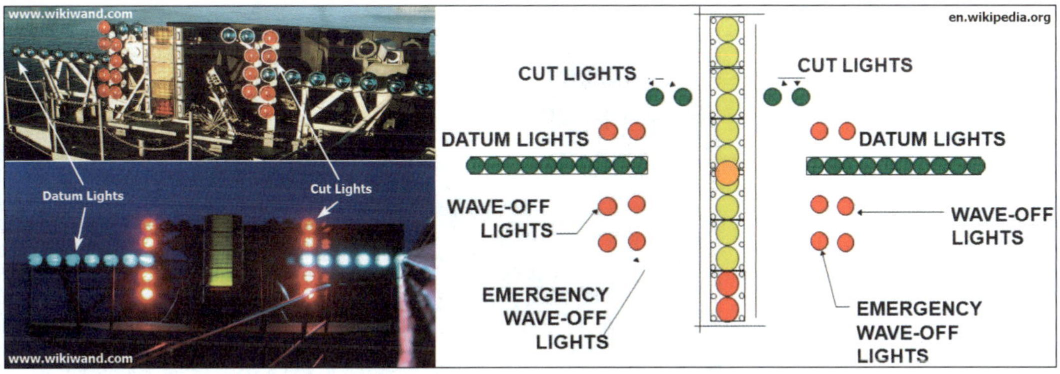

[그림 2-20] 항공모함의 OLS(Meatball)-[참조] 2장에서 다시 불러온 것임

- OLS와 함께 LSO는 전화 수화기 모양의 무선 단말기를 통해 조종사에게 활공하는 경로와 중심선에 대한 상대적인 위치 및 동력 요구사항 등의 조언을 입력 데이터로 제공한다.
- LSO는 또한 밝은 빨간색을 사용하여 빛을 파동을 깜박이는 'Go Around(착륙을 하지 말고 재착륙 시도하기 위해 선회하라는 것)'을 표시하기 위해 OLS에 부착된 조명의 조합을 제어하는 '피클(Pickle)' 스위치를 가지고 있다.
- 예컨대, '착륙 허가(Cleared to Land)', '동력 추가(Add Power)' 또는 '전환(Divert)'과 같은 부가 신호는 녹색 상부 열의 '질단 (Cut)' 또는 이들의 조합을 이용하여 시그널링 될 수 있다. 종종 경우에 따라 LSO는 그들의 머리 위에 피클 스위치를 들고 보여준다. 이 일은 착륙 지역에 있는 항공기 또는 사람과 함께 갑판이 'Fouled'되었다는 점을 LSO에 시각적인 신호로 명심하게 하는 것이다. 갑판은 'Clear'가 되면, LSO는 피클을 자유롭게 낮춘다.

다음은 광학 착륙 시스템에 관한 내용을 시스템의 관점에서 요약된 내용이다.

- OLS은 속칭 'Meatball' 또는 'Ball'이라고 한다.
- 이 장치는 항공모함에 착륙하는 항공기의 최종 단계에서 조종사에게 활공에 필요한 경로 정보를 제공하기 위해 사용된다.
- 1920년대에 선박에 항공기가 착륙하기 시작할 때부터 OLS가 도입되었을 때까지 조종사는 착륙 지점의 시각적 인식과 착륙 신호 장교의 도움에 전적으로 의존했다.
- LSO는 색깔 있는 깃발, 천 패 및 조명 표적판을 사용했다.
- OLS는 2차 세계 대전 후 개발되어 왔고 1955년부터 미 해군 항모에 설치 배포되었다.
- 그 개발 형태에 있어서 OLS는 기준으로 사용된 녹색 빛의 가로 행, 수직 등의 컬럼으로 구성되어 있습니다.
- 수직 조명은 조종사가 갑판을 향해 활강 슬로프를 하강으로 함으로써 항공기가 너무 낮은, 너무 높은, 또는 올바른 높이에 있는지 여부를 신호 시그널을 보낸다. 이것은 '접근각'이라 하고 이상적인 접근각은 일반적으로 3(3.5)~4° 이다. 수직조명이 접근각을 맞추도록 해주는 것이다.
- 기타 조명은 다양한 명령을 주어 착륙을 중단하고 '주변으로 이동/선회하라'고 조종사에게 요구하기 위한 필요로 사용될 수 있다.
- OLS는 라디오를 통해 조종사와 통신할 수 있고 LSO의 통제 하에 있다.

www.youtube.com/watch?v=bis-6HK0vSM

[그림 3-15]
초기 접근각
지원장비에 관한 내용

USS Midway Museum, "Docent Reference Manual"

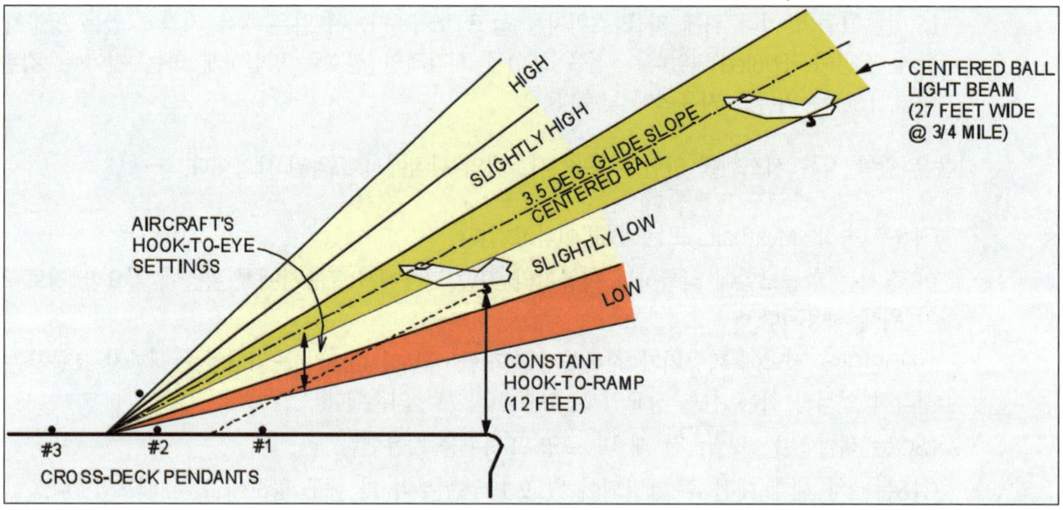

[그림 3-16] 착륙에 관한 Long-Range Lineup System (LRLS) 다이아그램

광학 착륙 시스템을 살펴봤고 이 착륙유도 장치가 당시 항공모함의 모든 문제를 해결한 것이 아니라 또 다른 문제가 등장을 하여 해결할 필요성 느끼고 있었다는 것이다. 그것은 착륙 비행기의 접근각에 관한 것이다. 현재의 항공모함에서 일반적인 사용되는 착륙 지원에 관한 올바른 각도에 관한 것은 위에 나와 있다. 이 각도는 3.5~4.0° 로 이 사이에 있으면 정상적으로 착륙이 실행되도록 장치가 지원이 된다.

USS Forrestal(CV-59)은 만들 때부터 Angled 비행갑판, 증기 Catapult, 광학 착륙 시스템으로 미리 구성하여 설계 및 제작된 미국 최초의 항모이었다. 완벽할 것 같은 USS Forrestal 항모도 세계 곳곳의 임무를 수행하는데 힘든 점이 있었다. 즉, 항모의 연료 공급 문제이다. 당시 3일마다 새로운 항공모함 연료를 주입을 해야 했다. 또한 연료 주입 시 적의 공격에 취약함이 들어나게 되어 있었다. 어떻게든 이 문제를 해결해야 항모의 미래가 있어 보였다. 이 문제를 해결하지 못하면 항모는 임무가 제한적일 수밖에 없었다. 그 해법이 새로운 항모의 변모를 결정하는 것이었다. 다음의 내용이 그 해법을 제시하는 내용이다.

3.1.5 항공모함의 동력 장치

초기 항공모함의 연료는 일반 배와 다를 바가 없었다. 현재도 미국과 프랑스 항모를 제외하고 대부분의 항모는 일반 배와 같은 동력장치를 있다. 그러나 미국에서 비롯한 항공모함의 핵추진장치는 항공모함의 제한 요소인 연료주입의 한계에 따른 작전 반경 제한 및 보급선의 문제점 등을 해결할 수 있는 방법이다. 물론 현재의 핵 추진 항공모함도 연료를 주기적으로 주입하고 있지만 이는 항모 추진기관의 연료가 아니라 항모 내 다른 목적으로 사용되는 연료를 주입하는 것이다. 그럼 항모의 추진기관에 관하여 살펴보자.

[표 3-2]과 [표 3-3]은 항공모함의 엔진에 관하여 정리를 한 것이다. 엔진은 크게 핵추진 엔진, Gas Turbine, Diesel Generator, Motor 그리고 보일러 등이 사용되고 있다. 또한 추력을 만들기 위해 샤프트가 사용이 되는 형태로 이루어진다.

[표 3-2] 항모(CV) 엔진 사양

국가	Class	약어	선명 (1번함~최종함)	Machinery	
				종류	사이즈
브라질	Clemenceau	CVM	San Paulo	-La Velle Boiler -GEC Alstorm Turbine/2-s	6 640psi 2 126000hp(93MW)
중국	Kuznetsov	CVGM	Liaoning	-Boiler -Turbine/4-s	8 4 200000hp(147MW)
프랑스	Charles De Gaulle	CVNM/PAN	Charles De Gaulle	Nuclear: PWR Type K15 GEC Alsthom 61 SW Turbine/2-s	2 300MW 2 83000hp(61MW)
인도	Modified Kiev	CVGM	Vikramaditya	-Kwg4 Boiler -Gtza 674 Turbine/4-S	8 4 200000hp(147MW)
	Hermes	CVM	Viraat	-Admiralty Boiler -Parsons Geared Turbine/2-S	4 2 76000hp(57MW)
	Indigenous	CVM	Vikrant	COGAS: GE LM 2500 Gas Turbine, cp props/2-s	4 120000hp(89.5MW)
이태리	Cavour	CV	Cavour	COGAS: GE/Fiat LM 2500 Gas Turbine, cp props/2-s Wartsila 2.2 MW Diesel Generators	4 118000hp(88 MW) 6 2.2x6=13.7MW
일본	Hyuga	CVHG	Hyuga Ise	COGAS: LM 2500 Gas Turbine/2-s	4 ?
	Izumo	CVHG	Izumo -	COGAS: LM 2501 Gas Turbine/2-s	4 112000hp(83.5MW)
러시아	Kuznetsov	CVGM	Kuznetsov	-Boiler Turbine/4-s	8 4 200,000hp(147MW)
태국	Chakri Naruebet	CVM	Chakri Naruebet	CODOG; GE LM 2500 Gas Turbine MTU 16V 1163 TB83 Diesel LIPS, cp props/2-s	2 44250hp(33 MW) 2 11780hp(8.67MW)
UK	Queen Elizabeth	CV	Queen Elizabeth Prince of Wales	Integrated Full Electric Propulsion: Rolls-Royce MT 30 Gas Turbine Alternator Wartsila Diesel Generator Induction Motor/2-s	2 93870hp(70MW) 4 53064hp(39.6MW) 4 53640hp(40MW)
US	G.R. Ford	CVN	Gerald R Ford J.F. Kennedy Enterprise	Nuclear: AIB Reactors/4-s	2 ?
	Nimitz	CVNM	Nimitz George H.W. Bush	Nuclear: Westinghouse/GE PWR A4W/A1G Reactor, 4 Turbines /4-s Emergency Diesel	2 280000hp(209 MW) 4 10720hp(8MW)

[표 3-3] 항모(AAS) 엔진 사양

국가	Class	약어	선명 (1번함~최종함)	Machinery 종류	Machinery 사이즈
호주	Canberra	LHD	Canberra Adelaide	-GE LM 2500 Gas Turbine Generator -MAN 16V 32/40 Diesel Generator -Siemens Podded Propulsor/2-t	1 25,693hp(19.16MW) 2 19,975hp(14.9MW) 2 29,500hp(22MW)
칠레	Foudre	LSDH	Sargento Alder	SEMT-Pielstick 16 PC2.5 V 400 Diesel, LIPS cp props/2-s	2 20,800hp(15.3 MW)
중국	Yuzhao	LPD	Kunlunshan Changbaishin	CODAD: SEMT-Pielstick 16 PC2.6 V 400 Diesel/2-s	4 47,000hp(35.2MW)
프랑스	Mistral	LHDM/BPC	Mistral Dixmude	Electric Propulsion: Diesel Generators-3 Wartsila 16V32+1 Wartsila 18V200 Alstom Mermaid Podded for Propulsion Trainable through 360°/1-t(Mistral)/2-t(Dixmude)	4 20.8MW 2 19040hp(14MW)
	Foudre	LSDH/TCD90	Siroco	SEMT-Pielstick 16 PC2.5 V 400 Diesel, LIPS cp props/2-s	2 20,800hp(15.3MW)
인도	Austin	LPD	Jalashwa	-Foster-Wheeler Boiler -De Laval Turbine/2-s	2 600psi 2 24000hp(18MW)
이태리	Garibaldi	LPH	Giuseppe Garibaldi	COGAG: Fiat/GE LM 2500 Gas Turbine/2-s	4 81000hp(60MW)
	San Giorgio	LPD	San Giorgio San Giusto	Fincantieri GMT A 420.12 Diesels/2-s	2 16800hp(12.35MW)
일본	Hyuga	CVHG	Hyuga Ise	COGAS: LM 2500 Gas Turbine/2-s	4 ?
	Izumo	CVHG	Izumo -	COGAS: LM 2501 Gas Turbine/2-s	4 112000hp(83.5MW)
한국	Dokdo	LPD	DOKDO	CODAD: SEMT Pielstick 16PC 2.5 STC Diessels/2-s	4 41615hp(30.6MW)
포르투갈	?	LPD	Afonso De Albuqerque	Diesel-Electric; Diessels/2-s	4 18775(14 MW)
러시아	Mistral	LHD	Vladivostok Sevastopol	Electric Propulsion: Diesel Generators-3 Wartsila 16V32+1 Wartsila 18V200 Alstom Mermaid Podded for Propulsion Trainable Through 360°/1-t	4 20.8MW 2 19040hp(14MW)
스페인	Galicia	LPD	Galicia(L51) Castilla(L52)	Bazan/Caterpillar 3612 Diessel LIPS cp props/2-s	2 12512hp(9.2MW)
	Juan Carlos I	LHD	Juan Carlos I	CODAGE; GE LM 2500 Gas Turbine MAN 324016V Siemens-Schottel Podded Propulsor	1 26550hp(19.8MW) 2 21080hp(15.7MW) 2 29500hp(22MW)
UK	Invincible	LPH	Illistrious	COGAG: RR Olympus TM3B Gas Turbine/2-s	4 97200hp(72.5MW)
	?	LPH	Ocean	Diesel : Crossley Pieistick 12 PC2.6 V 400, Kamewa fp Props/2-s	2 18360hp(13.5MW)
	Albion	LPD	Albion(L 14) Bulwark(L15)	Diesel-electric; Wartsila Vasa 16V32E Diesel Generator Wartsila Vasa 4R 32LNE Diesel Generator/2-s	2 17000hp(12.5MW) 2 4216hp(3.1MW)
US	Tarawa	LHDM	Peleliu	-Combustion Engineering Boiler -Westinghouse Turbine/2-s	2 600psi 2 70000hp(52.2MW)
	Wasp	LHDM	Wasp(LHD-1) MakinIsland(LHD-8)	-Combustion Engineering Boiler Westinghouse Turbine(LHD1~7) -GELM 2500+Gas Turbines Alstom Variable Speed Electric Motors(LHD8)/2-s	2 600psi 70000hp(52.2MW) or 70000hp(52.2MW) 10000hp(7.5MW)
	America	LHA	America Tripoli	COGES: GE LM 2500+gAs Turbine Auxiliary Propulsion Motors/2-s	2 70000hp(52.2MW) 2 10000hp(7.46MW)

[표 3-4] GE LM2500 사양

Model	LM2500	LM2500+	LM2500+G4
Output	33,600 shp (25,060 kW)	40,500 shp (30,200 kW)	47,370 shp (35,320 kW)
Fuel Consumption	0.373 lb/shp-hr (227 g/kW-hr)	0.354 lb/shp-hr (215 g/kW-hr)	0.325 lb/shp-hr (214 g/kW-hr)
Heat Rate	6,860 Btu/shp-hr (9,705 kJ/kW-hr)	6,522 Btu/shp-hr (9,227 kJ/kW-hr)	6,469 Btu/shp-hr (9,150 kJ/kW-hr)
Exhaust Gas Flow	155 lb/s (70.5 kg/s)	189 lb/s (85.9 kg/s)	205 lb/s (93 kg/s)
Exhaust Gas Temperature	1,051°F (566°C)	965°F (518°C)	1,020°F (549°C)
Turbine Speed (rpm)	3,600	3,600	3,600
Thermal Efficiency	36%	38%	39%
Weight	4.7 ton	5.25 ton	5.25 ton

[표 3-3]에서 가장 보편적으로 사용이 되는 것은 'GE LM2500' 엔진이다. 이것은 GE(General Electric) 사에서 비행기 엔진인 GE CF6-6을 개조하여 함정용으로 사용하는 Turbo Shaft 가스터빈 엔진이다. 현재 이 엔진은 일반적으로 33,600마력 (25.1 MW)의 출력을 내지만 생산되는 조건에 따라 달라진다. 열효율은 대략 37% 정도가 되는 것으로 알려져 있다. 미 해군 군함에 사용되고 있고 전 세계에서 많은 국가에서 사용되는 것으로 위의 표에서도 알 수 있다. 현재 LM2500은 일본, 이탈리아 등지에서 면허생산이 되고 있다. [표 3-4]는 LM2500의 사양이다.

대체적으로 항모 중 핵추진 기관이 가장 큰 출력을 내고 있지만 미국의 니미츠 급과 프랑스의 드골 항모 중 프랑스 항모가 수치적으로는 더 많은 출력을 생산하는 것으로 되어 있다. CV 항모에서 배수톤수와 출력에 관한 표는 다음과 같이 정리가 될 수 있다.

[표 3-5] 항공모함(CV)의 배수톤수와 출력의 비교표

국가	브라질	중국	프랑스	인도	인도	인도	이태리	일본	러시아	태국	영국	미국
배수톤수	34,213	59,439	43,182	46,129	29,161	40,642	27,535	24,000	59,439	11,669	65,500	103,637
출력(MW)	93	147	361	147	57	89.5	88	83.5	147	41.67	149.6	217

[표 3-5]를 그림으로 그리면 다음과 같이 나타낼 수 있다. 이를 통해 배수톤수의 최대 출력은 일정한 비례가 있음을 확인할 수 있다. 다만 프랑스의 항모와 예외적이라고 할 수 있다. 또한 일본의 항모(?)는 크기와 엔진의 출력 비교에 따른 정상적인 방법으로 보아 항모에 준하는 또는 그 이상인 것으로 확인이 되어 차후 실제 항모로서 활용도 충분하다는 의미를 가질 수 있다. 다만 보편적인 항모 사이즈에서 비교적 작은 편에 속하는 것은 분명하다.

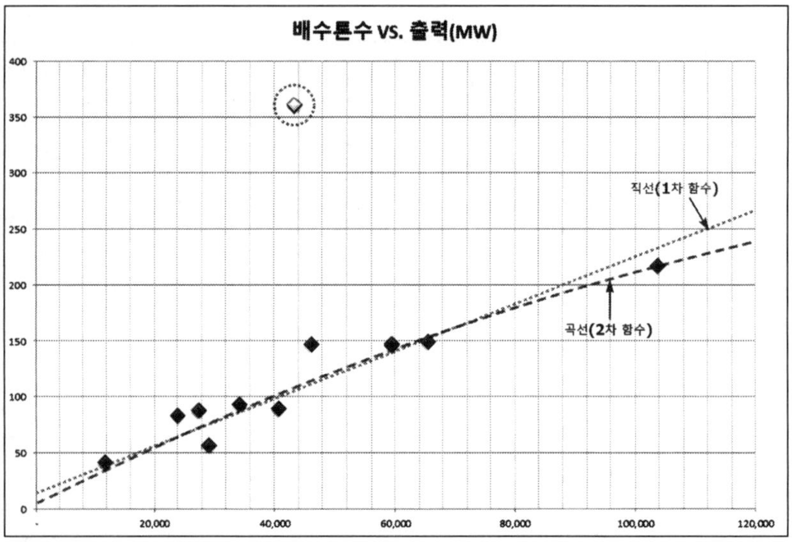

[그림 3-17]
CV 항공모함의
배수톤수와 출력의
비교 그래프

AAS 항모에서 배수톤수와 출력에 관한 표는 다음과 같이 정리가 될 수 있다.

[표 3-6] 항공모함(AAS)의 배수톤수와 출력의 비교표

국가	호주	칠레	중국	프랑스	프랑스	인도	이태리	이태리	일본	한국
배수톤수	26,800	12,599	18,500	21,947	12,599	17,521	14,072	8,128	24,000	19,305
출력(MW)	56.06	15.3	35.2	34.8	15.3	18	60	12.35	83.5	30.6
국가	포르투갈	러시아	스페인	스페인	UK	UK	UK	US	US	US
배수톤수	10,668	21,000	14,037	27,514	20,931	22,107	18,797	40,608	42,330	44,971
출력(MW)	14	34.8	9.2	57.5	72.5	15.3	15.6	52.2	60	59.66

[표 3-6]과 그 내용을 그림으로 그리면 다음과 같이 나타낼 수 있다. 이를 통해 대체적으로 배수톤수와 출력은 일정한 비례가 있음을 확인할 수 있다. 다만 이태리, 일본 그리고 UK는 예외적이라고 할 수 있다. 이것들은 통상 사이즈보다 더 많은 출력을 내고 있음을 알 수 있다.

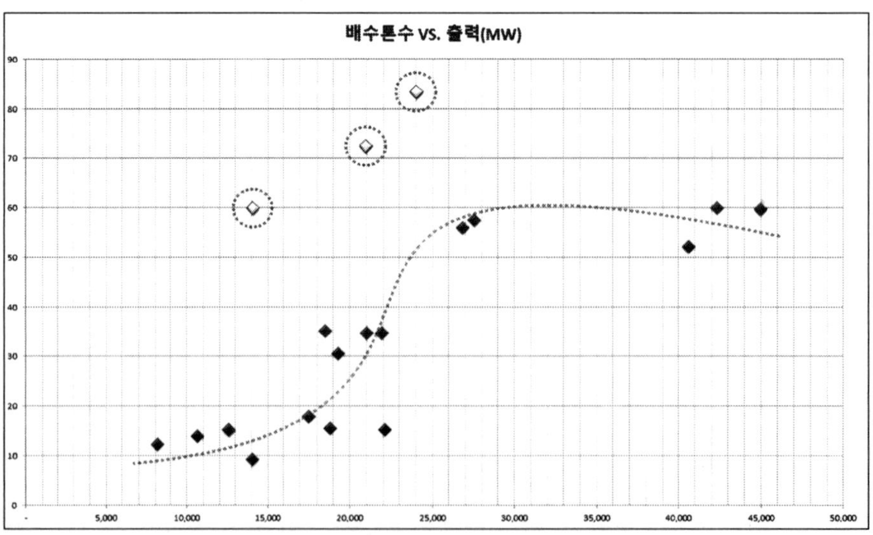

[그림 3-18]
AAS 항공모함의
배수톤수와 출력의
비교 그래프

www.youtube.com/watch?v=bis-6HK0vSM

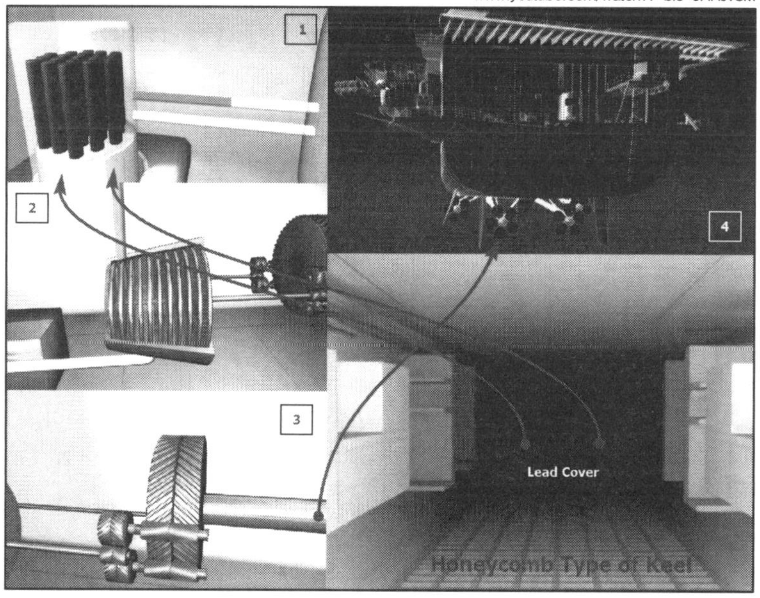

[그림 3-19]
핵추진 항공모함의 추력발생 진행방향의 모습

미국과 프랑스는 핵추진 항공모함을 건조하였고 현재도 운영 중이다. 프랑스는 2001년 Charles de Gaulle (R91) 1척을 만들고 운영하고 있지만 미국은 1962년 USS Enterprise를 시작으로 지금 건조 중에 있는 차세대 니미츠 급인 Gerald R. Ford 급에 이르기 까지 핵추진 항모를 근간으로 한 해군 체계를 운영하고 있다. 니미츠 급은 8개의 원자로를 사용하고 있는데 다수의 원자로를 수용할 수 있는 유일한 항공모함이며 초기에 만들어진 항모에서는 종래의 보일러들 중 하나의 위치에 각 원자로 A2W를 두는 구조를 취하고 있었다.

니미츠 급의 모든 항모는 이 A4W 원자로에 의해 구동되며 별도의 구획에 보관된다 ①. 그들은 네 개의 프로펠러 샤프트에 동력을 공급하고 최대 속도 30노트(56 kmh) 및 26만 마력(190 MW)의 최대 전력을 생산할 수 있다. 원자로는 핵분열을 통해 물을 가열하여 열을 생산하고 있다 ②. 이 후, 두 반응기에서 공유하고 GE 사에서 제조한 4개의 터빈을 통과하게 된다 ③. 터빈은 각각 25 ft(7.6 m)의 직경과 66,000 lb (30 t)의 무게로 4개의 청동 스크루에 전원을 공급한다 ④. 이 스크루 뒤에는 높은 29 ft(8.8 m), 길이 22 ft(6.7 m) 그리고 각각 무게가 11만 lb(50 t)인 2개의 러더(타)가 있다. 원자력 추력을 이용하는 결과로서, 항모의 급유가 없이 20년 동안 지속적으로 작전할 수 있으며 50년 이상의 수명을 가질 것으로 예측된다. 이와 관련된 그림이 위에 있다.

미국 항공모함이 핵추진을 고려했던 것은 앞서 기술한 것처럼 CV-59 Forrestal 이후부터이다. 연구와 실험을 통해 CV-65 Enterprise부터 실제 적용이 되기 시작되었다. 핵추진은 연료문제를 해결할 수 있어 장점은 많지만 초기 개발을 할 때는 많은 고민을 해결해야 했다. 그 중에서 핵추진에 따른 무게의 증가를 해결해야만 했다. 당시 항모의 배수톤수 크기를 살펴보면 CV-59 Forrestal (82,402톤), CV-60 Saratoga (82,402톤), CV-61 Ranger (82,402톤), CV-62 Independence (81,937톤), CV-63 Kitty Hawk (83,301톤), CV-64 Constellation (82,538톤)이었다. 하지만 핵추진을 장착한 CV-65 Enterprise 94,781톤으로 갑자기 증가를 하게 된다. 이것은 그래도 벌집 구조 용골로 원자로 설치를 보완했기 때문에 가능했던 것이다. 그 이후 거의 모든 항모는 10만 톤이 넘는 것도 항모의 원자력 추진과 항모의 무게와의 사투의 결과물 이었던 것이다.

[표 3-7] 미국의 핵추진 항모 제작 전후의 비교

항모	CV-59	CV-60	CV-61	CV-62	CV-63	CV-64	CV-65 (핵추진)
배수톤수 (톤)	82,402	82,402	82,402	81,937	83,301	82,538	94,781
제작비용 (당시, M $)	217	209.7	182	182.3	?	264.5	451.3

USS Ronald Reagan 이후 만들어진 니미츠 급 항모는 파도에 의해 만들어지는 저항을 감소시킴으로써 속도 및 연료 효율을 향상시키기 위한 구상선수가 있다. 즉, 출력의 효율을 극대화 시키려는 노력이 계속되었다. 하지만 그 이후 몇 가지 점에서 핵추진 항모의 개선을 필요로 하고 있다. 첫째는 핵연료에 대하여 Refueling Complex OverHaul(RCOH)의 기간에 대한 확대가 필요하고, 둘째로는 제작기간의 감축을 필요로 한다. 끝으로 제작비용도 과거와 다르게 크게 늘어나게 된다. 그러므로 항모에서 핵추진이 필요하다면 제작비용을 줄이든 운영비를 줄여 상계가 될 수 있는 방안이 필요한 것이다.

3.1.6 항공모함의 제작

현재 선박의 제작은 몇 가지 단계로 나누어 일이 진행이 된다. 그 내용이 [그림 3-20]으로 간단하게 설명이 될 수 있다. 설계(1)를 한 후 철판을 절단(2)하게 되고 절단된 철판을 용접을 통해 조립(3)하는 단계를 거쳐 사전에 의장품을 설치(4)하고 페이팅 작업(5)을 한 후 큰 블록을 세워 조립하는 Election(6) 작업을 한다. 그리고 선체가 완성이 되면 진수(7)를 하게 되고 안벽에 붙여 의장품을 설치(8)하게 된다. 그 이후 선박이 완성이 되면 바다로 나가 성능을 꼼꼼하게 체크를 하여 선주가 요구하는 수준에 적합한지를 검사하게 되고 부족한 점이 있으면 개선하는 시운전(Sea Trial) 업무 수행(9)을 하게 되고 선주가 사전에 요구조건한 만족을 하게 되면 선주가 인수를 하게 되는 과정을 거치게 된다. 즉, 명명식과 선주 측에 인도하는 과정(10)을 수행한다. 물론 인도가 완료가 되어도 일정기간 동안 제작사는 선주와의 밀접한 관계 속에 사후 점검 및 사후지원 등을 수행하게 된다. 이런 과정은 특수선에 해당하는 항공모함 제작도 거의 같은 방식으로 진행이 된다. 다만 항모는 각종 복잡한 시스템이 있고 전자(제어)장비 등이 많아 상선의 시운전보다 훨씬 많은 검토가 이루어져야 하지만 사전 제작단계부터 시운전 관련해 서로 많은 시간을 나누고 있다. 아래 그림에서 위 부분은 핵 항공모함의 Life-Cycle 시간의 한 예를 보여주는 것이다.

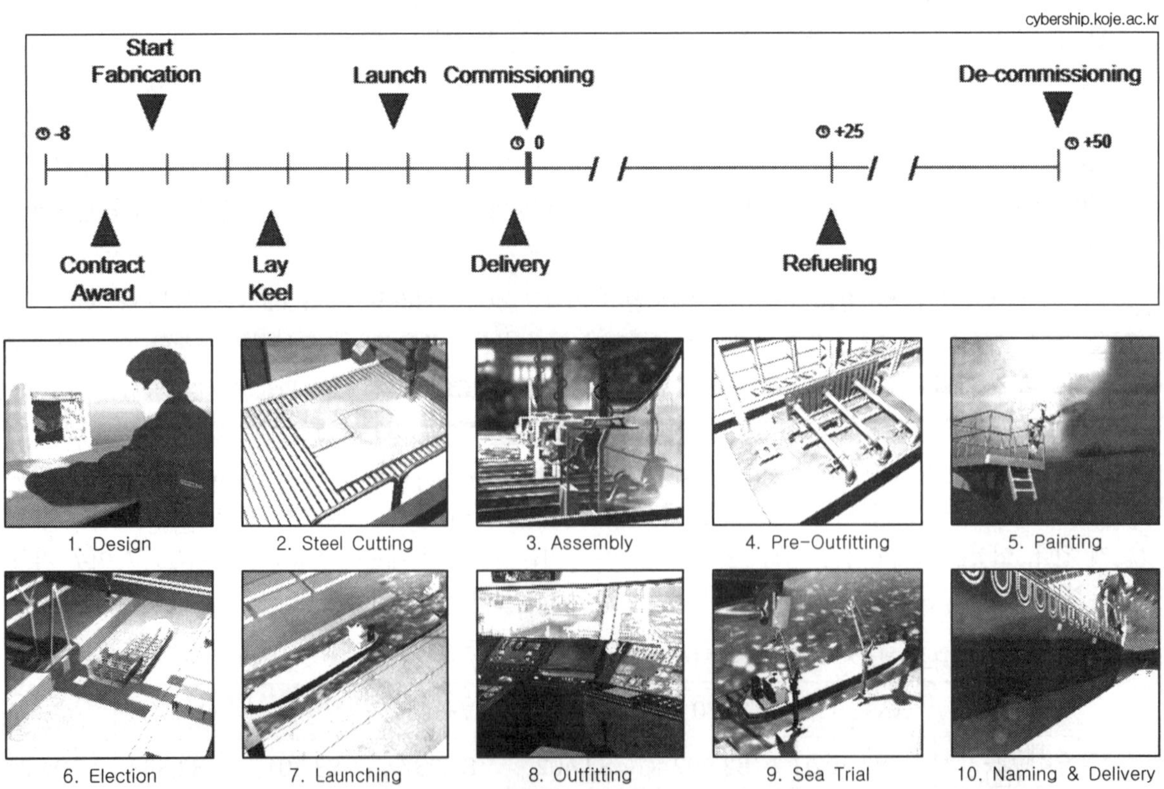

[그림 3-20] 항모의 개발 시간 스케줄 및 선박(항모)이 완성이 되기까지 흐름도

[표 3-8] 미국 니미츠 급 항모 제작비용(일부) 및 제작 시수

	NGNN		GFE($M)
	Planning Hours	Execution Hours	
CV-68 (Nimitz)	705,000	2,492,000	227
CV-69	633,000	2,359,000	353
CV-70	626,000	2,461,000	463
CV-71	636,000	2,564,000	516

* NGNN : Northrop Grumman Newport News

* GFE : Government-Furnished Equipment

하지만 과거에는 좀 더 단순하고 체계적이지 않았다는 것은 분명하다. 용골을 설치한 후 하나씩 작업을 하던 과거 방식에서 몇 개의 소/중 블록을 사전에 다른 곳에서 만들어 조립하는 방식인 블록 공법(또는 모듈 공법)이 항공모함에 적용이 된 것은 USS Nimitz 급이 제작될 때 처음으로 적용이 되었다. 제작비용은 [표 3-8]을 보면 미 정부가 얼마나 항모를 개발하는 줄이려고 노력을 하게 난드는지 일 수 있다.

다음은 초기 독일의 미완성 항공모함인 Graf Zeppelin의 개략도와 제작하던 모습의 사진이다. 이를 통해 현재와 상당한 차이가 있음을 볼 수 있다.

s-media-cache-ak0.pinimg.com

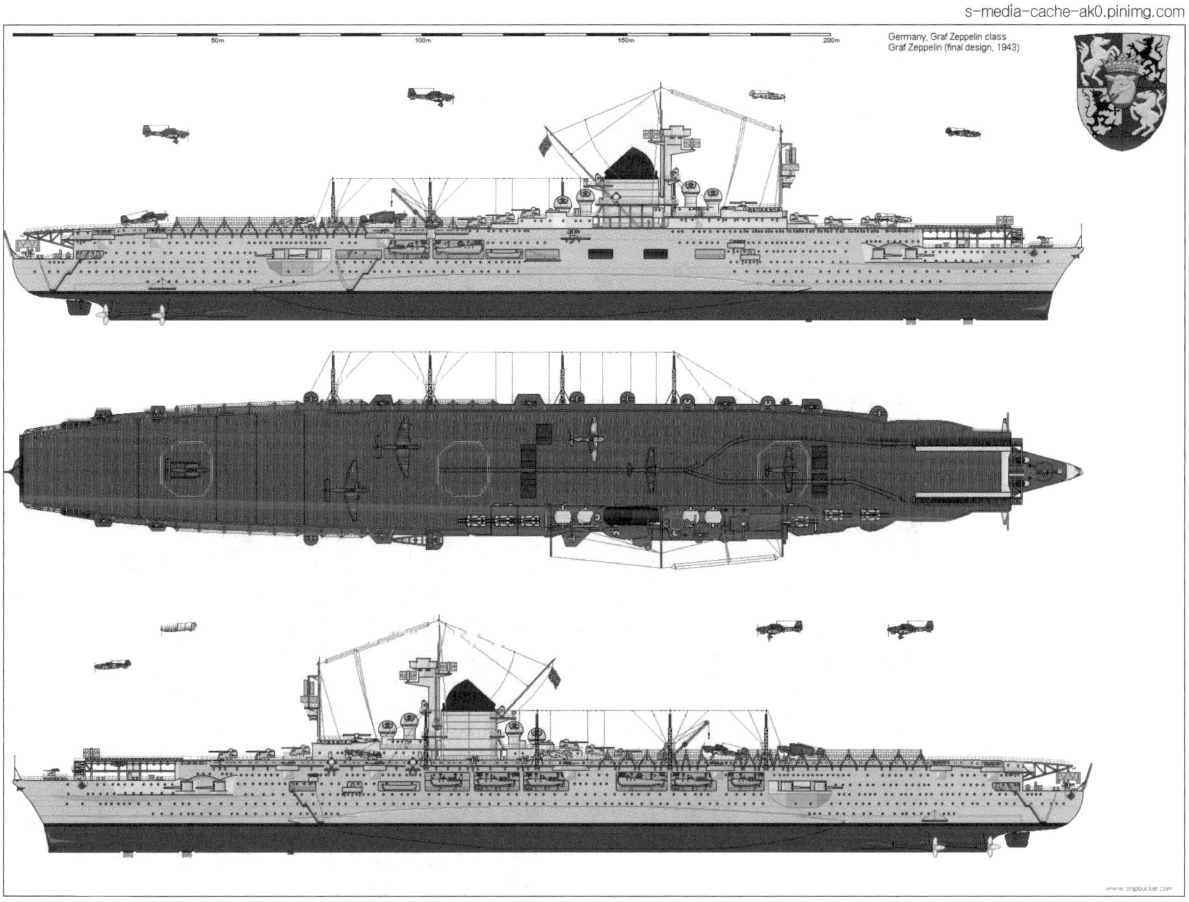

[그림 3-21] 독일 유일의 항모인 Graf Zeppelin의 개략도

[그림 3-22] 독일 항공모함의 제작 진행 내용

[그림 3-23]은 크레인 등을 이용해 중대형 블록을 조립하는 등의 작업을 통해 미국의 니미츠 급과 포드 급 항모를 제작하는 간단한 모습을 보여주는 것이다.

[그림 3-23] 현대의 항모 건조 모습

www.queenelizabethcruises.net

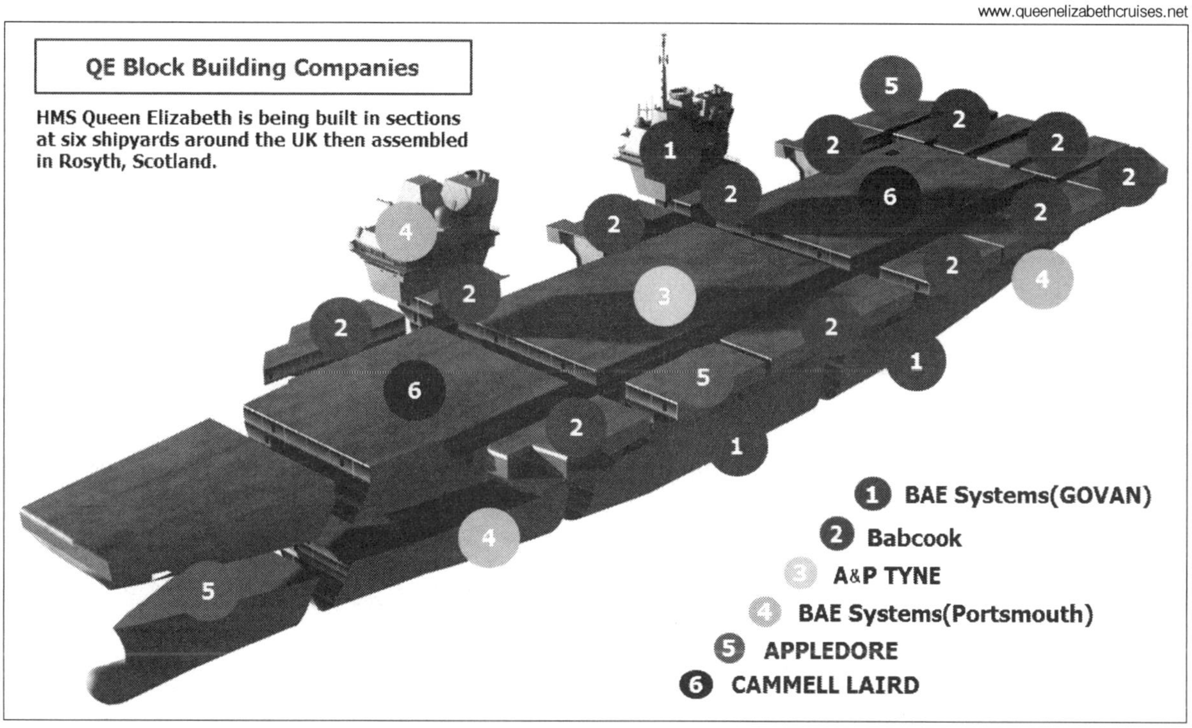

[그림 3-24] HMS Queen Elizabeth 항모의 블록 제작 기업

현대의 항공모함 제작은 근본적으로 조선 해양플랜트 구조물 제작 방식과 같은 블록 공법을 사용하는데 최근 서방의 두 나라에서 제작하는 것을 보면 이해가 될 것이다. 우선 [그림 3-24]는 영국의 HMS Queen Elizabeth 항모 제작에 관한 것으로 항모가 대 블록으로 나누어 6곳의 조선소에서 나누어 제작을 하게 되어 있다. 각지에 있는 조선소에서 제작이 되어 한 곳에 모여 최종 조립하는 과정을 거치게 되어 있다. 5개 회사 6개 조선소가 물량을 나누어 가져 자연스럽게 서로의 제품에 경쟁적 신뢰가 요구되는 구조로 가져가게 된다. 단지 물류의 문제가 발생하는데 이는 그동안의 노하우로 해결이 되는 문제이다.

[그림 3-25]는 위의 중대 블록을 6곳의 각 조선소에서 만든 다음 최종 조립 후 완성하는 과정을 보여주는 것이다. 좌측 상단부터 사진을 보면 블록이 완성이 되면 물류에 의해 운송을 하게 되고 최종 집결지에 모이면 크레인 등을 통해 현장으로 옮기게 된다. 그 이후 드라이 도크에서 선체를 조립하게 된다. 두 블록간의 결합은 각 조선소에서 만든 것을 점검하는 시간으로 오차 없이 일이 진행이 되도록 해야 한다. 그런 블록이 결합이 되면 어느 정도 선체의 형태를 유지하게 되고 야드에서 아일랜드도 장착하게 된다.

하단의 왼쪽 2개 그림은 그런 조선소의 모습을 보여 주는 것이다. 그림을 보면, HMS Queen Elizabeth 항모만 제작하는 것이 아니라 바로 옆에서는 작은 사이즈의 스키점프 램프가 있는 항모가 완성이 되어가는 모습을 볼 수 있다. 하단의 오른쪽 2개의 그림은 의장에 관한 것으로 HMS Queen Elizabeth 항모 내에 설치되는 디젤 발전기의 사진이다. 그리고 스크루가 보이며 사람과의 대조를 통해 그 크기를 짐작할 수 있겠다.

Gerald R. Ford (CVN 78)는 USS Nimitz (CVN 68) 이래로 항공모함에 대하여 새로운 디자인을 적용한 첫 번째 항모이다. 조선사는 선박의 50년 수명에 걸쳐 해군이 소유 기간 비용에 대하여 약 40~50억불을 절약하기 위해 항모의 곳곳의 가치를 평가하였다. 이 새 항모는 새로 디자인 된 2개의 원자로를 장착하고 이전 항모보다 250% 더 많은 전기 용량을 생산할 수 있도록 하였다. 이 개선된 점은 더 무거운 무기를 장착하면서도 전보다 더 빠르게 항공기를 출격시키게 된다. 이런 결과는 항모 내 인력을 감소하게 되고 항모 운영비를 줄일 수 있다. 항공모함은 승선 인원이 많고 고비용 최첨단 기계라는 생각 하에서 더욱 최첨단이면 인력을 줄이고 운용비를 줄이려는 노력이 없이는 현재에는 살아남을 수 없는 상황이 되었다. 이것은 항모제작도 같은 목표를 추구해야 하는 이유가 되는 것이다. 운영비를 줄이려면 제작비를 줄여야 하기 때문이다.

[그림 3-25] 영국 HMS Queen Elizabeth 항모 제작에 따른 다양한 모습

항공모함을 제작한다는 것은 세대를 거친 경험과 수만 시간의 노동력, 수년에 거친 계획 그리고 지속적인 결정을 통해서 얻어지는 것이다. Gerald R. Ford(CVN 78)는 수년간의 제작기간의 결과물이며 그 전에 수년간의 계획과 설계가 있었다. 5천명의 미국 동부 뉴포트 뉴스의 선박 제작 근로자 및 수천의 미국 전역의 공급 벤더 업체들이 포드 급의 첫 번째 항모를 만드는데 기여를 하였다.

Gerald R. Ford (CVN 78)는 완전히 3차원 제품 모델을 사용하여 설계할 수 있는 해군 최초의 항공모함이다. 뉴포트 뉴스 조선소는 설계, 엔지니어링, 계획 및 제작에 있어 시각적 통합을 위한 최고급 컴퓨터의 도구 기능과 함수 등을 활용하였다. 모든 부분은 구조, 다양한 장비, 배관 시스템, 기계, 전기, 전선, 게이지, 펌프, 정박, 의료 및 조리실을 포함하는 풀 사이즈의 3-D 모델 내에서 생성이 된다. 주어진 시간에 수백 명의 디자이너, 엔지니어, 운영 스케줄러 및 제작 대표자들이 미래 선박의 모델을 디자인하고 창조하고 계획을 하였다.

핵 추진 항공모함은 지금까지 인간이 만든 가장 복잡한 것들 중 하나이다. 항공기를 발사시키고 재이륙하도록 하는 전쟁수행의 구성 요소는 충분히 복잡하겠지만 표면 아래에 두 개의 발전소, 식품 서비스, 의료 시설, 폐기물 관리 시스템 및 해수를 담수로 변환하는 담수 플랜트와 같은 복잡하고 분주한 하나의 도시가 항공모함 내에 존재하는 것이다. 이러한 떠 있는 전투함을 만드는 조선소 근로자들은 지금 항공모함의 Gerald R. Ford 급의 새로운 클래스를 구축하고 있다. 새로운 소프트웨어 제어 전자 Catapult와 무기 엘리베이터, 새롭게 디자인된 비행갑판과 아일랜드, 그리고 앞의 클래스의 두 배 이상 전기 용량, 이 모든 것이 이 항공모함이 진정으로 21세기 이후를 준비하도록 설계되었다는 것이다.

포드 클래스는 해군을 위한 21 세기 플랫폼을 제공하는 동시에 운영비용을 절감하도록 설계되었다. 클래스의 두 번째 항모인 John F. Kennedy(CVN 79)를 착공함으로서 앞으로의 과제는 클래스의 증가된 성능을 유지하면서 각각의 클래스에서 연속적으로 비용을 감소시키는 것이다. 조선소는 Gerald R. Ford를 구축하는 다년간의 과정에서 얻은 60,000 여개 이상의 교훈을 얻었고 이를 통해 이미 John F. Kennedy 구축비용 절감에 우선적으로 많은 부분들이 구현되고 있다는 것이다.

[표 3-9] 미국 차세대 항공모함의 2001~2023년 회계연도 예산 책정 내역

Procurement Funding for CVNs 78, 79, 80, and 81 Through FY2021
(Millions of then-year dollars, rounded to nearest tenth)

FY	CVN-78	CVN-79	CVN-80	CVN-81	Total
FY01	21.7 (AP)	0	0	0	21.7
FY02	135.3 (AP)	0	0	0	135.3
FY03	395.5 (AP)	0	0	0	395.5
FY04	1,162.9 (AP)	0	0	0	1,162.9
FY05	623.1 (AP)	0	0	0	623.1
FY06	618.9 (AP)	0	0	0	618.9
FY07	735.8 (AP)	52.8 (AP)	0	0	788.6
FY08	2,685.0 (FF)	123.5 (AP)	0	0	2,808.5
FY09	2,684.6 (FF)	1,210.6 (AP)	0	0	3,895.2
FY10	737.0 (FF)	482.9 (AP)	0	0	1,219.9
FY11	1,712.5 (FF)	902.5 (AP)	0	0	2,615.0
FY12	0	554.8 (AP)	0	0	554.8
FY13	0	491.0 (FF)	0	0	491.0
FY14	588.1 (CC)	917.6 (FF)	0	0	1,505.7
FY15	663.0 (CC)	1,219.4 (FF)	0	0	1,882.4
FY16	123.8 (CC)	1,569.6 (FF)	862.4 (AP)	0	2,555.8
FY17 (requested)	0	*1,291.8 (FF)*	*1,370.8 (AP)*	*0*	*2,662.6*
FY18 (programmed)	0	*2,581.7 (FF)*	*1,779.5 (FF)*	*0*	*4,361.2*
FY19 (programmed)	0	*0*	*1,650.2 (FF)*	*0*	*1,650.2*
FY20 (programmed)	0	*0*	*1,734.5 (FF)*	*0*	*1,734.5*
FY21 (programmed)	0	*0*	*2,126.8 (FF)*	*968.4(AP)*	*3,095.2*
FY22-FY23 (projected)	0	*0*	*3,375.8 (FF)*	*n/a*	*n/a*
Total	12,887.0	11,398.0	12,900.0	n/a	n/a

Source: Table prepared by CRS based on FY2017 Navy budget submission.

Notes: Figures may not add due to rounding. "AP" is advance procurement funding; "FF" is full funding. "CC" is cost to complete funding (i.e., funding to cover cost growth). The $3,375.8 million in full funding for CVN-80 is to be divided between FY2022 and FY2023. Under current plans. CVN-81 would be funded with AP funding in FY2021 and FY2022, and full funding in FY2023-FY2028.

비용 절감 활동이 중요한 이유 현재 미국의 상황과 무관하지 않는다. 미국 의회는 CVN 79 프로그램에 따라 CVN 79 계약은 CVN 78에 비해서 상당한 비용 절감을 요구한다. 해군의 입장에서 보면 항공모함의 운영에 사활이 걸린 문제가 되어 있는 것이다. 이는 기존 항모의 대체를 해야 하고 이는 비용의 문제가 되어 있다. 이를 최신형 항모를 유지할 때 안전을 담보할 수 있는 사활의 문제이다. 또한 미 해군이 가지고 있는 항공력의 유지 여부는 항공모함의 존재에 따라 달라지기에 더욱 그렇다.

[표 3-9]은 미국 2001~2023년까지 차세대 항공모함에 배정되고 책정된 예산 추정액이다. 위의 자료는 미 의회의 자료로 웬만한 한 나라의 전체 국방 예산 이상이 되는 금액이다. 이것은 차후 발생하는 것은 추정치로 되어 있어 이것보다 훨씬 더 많은 예산이 투입되어야 하는 상황이 발생할 수 있다. 이에 따라 미 의회와 국방

[표 3-10] 미국의 항모 건조 예산에 대한 전략적 절감 정책

주요 내용	CVN-78 건조의 예측되는 절감(CVN-77 대비)
재료 및 유용성과 가격결정력 증대	재료비용의 10~20%
제작 전략과 프로세스의 주요 변화	선박 건조에 대한 man-hour 10~15%
생산성 향상을 설계 변경	선박 건조에 대한 man-hour 5~10%
정부 구축 장비	시스템 비용의 5~10%

부 및 해군은 예산을 선제적으로 줄이도록 요청을 하고 있고 그런 방안을 찾고 있다. 그래서 재료 및 유용성과 가격결정력 증가한다는 전제하에서 재료에 관한 비용을 10~20% 절감한다는 전략을 취하고 있다. 전체적인 절감 내용은 [표 3-10]과 같다.

미국의 의회나 국방부의 입장에서 보면 이 문제는 실제적으로 항공모함에 제작하는 문제에 그치지 않는다는 것이다. 이런 점 때문에 어려움이 가중이 되고 있다. 그것은 항공모함의 운영비이다. [그림 3-26]을 보면 상황을 알 수 있다.

[그림 3-26]을 보면 회계연도 98년을 기준으로 각 항모당 유지비가 1억불 정도기 된다. 그런 슈퍼 항모를 10~12척을 유지한다는 것은 그리 간단하지 않을 것이다. 위의 것은 단순한 항모의 관련 비용을 의미하는 것이다. 다른 부분까지 고려하면, 슈퍼 캐리어 유지하는 평균 비용은 인력부분 연간 160 백만 $, 항공기 연료 및 유지 보수 부품을 추가하면 연간 대략 400 백만 $ 이다. 이러한 운영비용은 원자로의 취득 원가와 최종 폐기 및 중간 중간의 현대화 작업 및 연료 재 주입 등이 포함되지 않았다. 또한 항모에 할당된 항모 전투 그룹의 선박들, 함정 승조원 또는 항공기와 관련된 인수 비용 등이 포함되지 않았다. 또한 차후 수리 및 개조 비용은 포함되지 않은 것으로 이를 예측하고 포함하면 엄청난 금액이 될 것으로 판단이 된다.

이것은 CVN 79에 대하여 참여하는 조선소 근로자는 초반부터 CVN 78에서 일을 했던 사람보다 열심히 일하는 것뿐만 아니라 실현 가능한 그리고 좀 더 비용을 줄일 영리함이 확실히 있어야 한다는 것을 의미한다. 미 정부(해군)나 의회는 열심히 또는 영리하게 일을 하지 못한다면, 예산을 삭감하여 일이 힘들어지게 되어있는 구조로 최선의 상태로 일을 해야만 한다. CVN 79에 대하여 뉴포트 뉴스 회사는 회사 전체의 모든 핵심 프로세스에서 찾고 있다. 그 길로부터 항모의 구성 요소를 설치하는 새로운 방법을 통해 비용절감을 할 수 있다. 간단하게 개선할 수 있는 방법을 찾고 있는 것이 아니다. 크게 항모가 제작될 때 방식을 변경하는 방법을 찾고 있다. 이 아이디어를 'Game-Changers'라고 말한다. 그리고 핵심 운영비용을 절감에 대한 아이디어를 제공하는 조선소에서 모든 직원의 문을 개방하고 있다. 항모가 할 수 있는 일에 놀라겠지만 조선소 근로자들은 받는 급여 이상으로 경쟁하고 있고 이런 과정들은 할 수 있는 한 가장 효율적인 것을 만들어야만 생존할 수 있다는 생각으로 노력하고 있고 정부와 의회 그리고 회사는 체계를 만들어 나가고 있다.

RAND report, "The US Aircraft Carrier Industrial Base - Force Structure, Cost, Schedule, and Technology Issues for CVN 77"

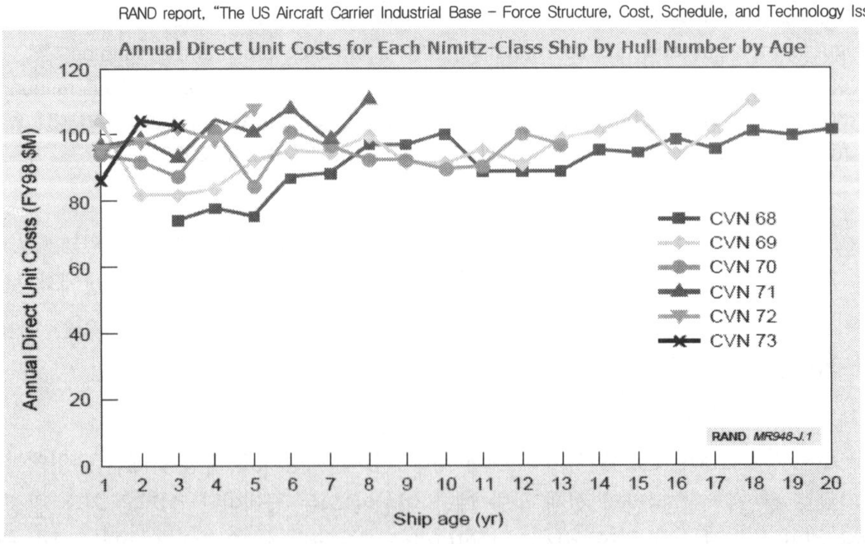

[그림 3-6] 미 항공모함 유지 비용

Ford 급에 대한 자세한 비용 절감을 지원하기 위해 해군은 비용을 절감하기 위한 추가 공정 및 설계 변경에 대하여 '경제성을 위한 디자인(DFA, Design for Affordability)'에 자금을 우선 지원하고 있다. 이것은 제작 시스템에도 그대로 적용이 된다. 각 부분에서 비용 절감 방안을 발견하고 절약해야 그 모든 것을 모아 1억, 10억 달러를 절약할 수 있고 그 내용이 항모를 제작 운영하는 힘이 된다는 것이다. DFA 노력은 상기 Ford 급의 비용을 감소시키는데 중요한 역할을 할 것이다.

뉴포트 뉴스 조선소은 프로그램의 비용 절감 목표를 달성할 수 있도록 새로운 이니셔티브의 호스트를 구현하고 있는 중이다. 하나의 주요 노력은 항모 제작을 위해 실내 공간을 만드는 것이다. 이것은 현재 한국 등 조선강국이 실시를 해오던 방식이다. 그리고 많은 부분들이 한국 조선 회사들이 고민을 이미 해왔던 내용이다. 실내에서는 더 많은 작업을 수행함으로써 날씨로 인해 생산 일정에 위협이 덜되고, 도구 및 장비, 크레인 지원에 더 쉽게 액세스 할 수 있다. Kennedy 항모를 만드는 일은 조립할 수 있는 드라이 도크로 가기하기 전에 슈퍼 리프트에 더 큰, 더 완전한 항모 블록을 제작하고 있다. 조선소는 선박 건조 공정에서의 디지털 데이터의 사용하는 것이 증가하고 있다. 종이 도면을 제거하고 철강에 마킹하는 일을 인텔리젠트하게 작업하기 위해 플라즈마 에칭을 사용하고 증강 현실을 사용하여 공간을 시각화하려는 노력과 다른 선제적 일들이 제작 과정의 주요 효율성을 향상시키려고 반영된다.

John F. Kennedy(CVN 79)는 452회의 크레인 작업에 의해 배의 선체의 Election을 완료하기 위해 현재 진행이다. 이것은 Gerald R. Ford(CVN 78)보다 44회가 적은 리프트 작업이고 마지막 니미츠 급 항모인 George H.W. Bush(CVN 77)보다는 142회나 적은 작업이다. 리프트 작업의 횟수를 줄이는 것이 비용 절감 자체이다.

포드 급 항모를 제작하는데 있어 적은 횟수의 크레인 리프트 작업으로 지원하는 것뿐만 아니라, 들어 올리는 것들이 더 크고 더 완전해 지고 있다. 다음은 초대형 블록 공법에 관한 상세한 내용이다.

[그림 3-27] 미국 포드 급 항모의 초대형 블록 모습

- 큰 Superlift(초대형 블록)는 세 가지 일을 하고 있고 우선 그것은 증가된 선 의장을 허용하는 것이다. 또한 그것은 스틸 작업을 건조 도크에서 전체 비용을 덜 들이면서 작업 센터인 최종 플래튼(Platen)으로 이동하는 것이다. 그리고 이런 작업은 Election 일정을 단축할 수 있는 잠재력을 가지고 있다. 최종 조립 플래튼은 Superlifts가 만들어지고 의장 설치되는 드라이 도크에 인접한 넓은 지역이다.
- 항공모함은 단위 또는 항모의 작은 부분이 Superlifts라는 큰 구조 단위를 형성하기 위해 작은 부분이
- 함께 용접되는 모듈형 제작 프로세스를 사용하여 구축된다. Superlifts는 항모 조립하기 위해 드라이 도크에서 상탑을 하게 된다.
- 모듈형 제작은 10척 니미츠 급 항모의 네 번째 항모인 USS Theodore Roosevelt (CVN 71)에서 이미

사용된 것으로 포드 급에서 처음 적용된 새로운 것이 아니다. 그러나 무엇보다 포드 급에 대한 새로운 것은 그런 모듈형 제작이 드라이 도크로 가기 전에 크기와 Superlifts의 복잡성에 있다.

- 적절한 예를 들면, 클래스 선도하는 항모인 포드 급에 대한 하나의 Superlift 무게는 1,026톤으로 대략 6대의 보잉 747 상업용 항공기의 무게이다. 폭 128 ft, 길이 128 ft의 Superlift는 소방, 제트 연료 시스템, Catapult 시스템, 제트 화염 반사판, 전기 서비스 스테이션의 장비를 포함하는 14개의 작은 강구조물 섹션으로 구성되어 있다.
- CVN 79에 대한 주요 Game-Changers 중 하나는 더 많은 의장을 드라이 도크에서 최종 조립 단계인 플래튼으로 이동하는 것에 초점을 맞추고 있으며 큰 Superlift를 구축하는 것은 그 계획의 중요한 부분이다.
- 더 크고 더 완전한 Superlifts 구축을 지원하기 위해, 조선소는 날씨의 영향을 줄일 수 있도록 최종 조립 플래튼에 커버를 건립하고 있는 중이다. 조선소는 포드 급 항모를 제작하기 위해서 이용하는 다른 관련 조선소를 업그레이드하고 있는 중이다.
- 드라이 도크에 대규모 Superlift를 들어 올리려면, 구조물 무게를 처리할 수 있는 거대한 크레인이 필요하다. 북쪽 야드에 'Big Blue'가 1,050톤 크레인이 있다. 그것이 없이는 항모를 제작할 수 없다. 1976년에 지어진 크레인 Big Blue는 900톤까지만 지원했지만 포드 급 Superlift를 들어올리기 위해 Big Blue의 용량은 1,050톤으로 강화되었다. 포드 급에 맞추어 무거운 초대형 블록 무게를 들어 올리도록 투자가 되었던 것이다.
- 그리고 Superlift는 포드 급의 모든 항모에서 더 크고 그리고 더 적은 수를 가지게 될 것이다. Kennedy 항모에서 하나 Superlift는 포드 항모의 19개를 블록을 결합된 것이고 이는 적은 크레인 리프트 사용과 적은 인력을 사용한다는 것과 동일한 것이다.
- 크기의 증가뿐만 아니라, 항모를 만들기 위해 더 큰 Superlift 블록을 배치하기 전에 의장 또는 장비 설치하는 수준이 증가하고 있다. 사용할 제품 모델 데이터를 사용하여 조선 근로자는 언제 어떤 장비 설치할 것이지? 또한 전기 작업을 할 것인지? 그리고 Superlift가 드라이 도크로 가기 전에 등이 발생할 수 있는 점은 무엇인지? 이런 등등의 것을 확인할 수 있다
- 단위 블록이 야드 공장동 안에 있는 동안 전기 케이블 및 배관에 대한 사전 절단 구멍처럼 간단한 뭔가가 항모를 위해 물류 흐름 방해를 사소하게 해결하면서 거대한 절약으로 옮겨지게 되는 것이다. 포드 급 항공모함 케이블 1천 3백만 ft, 파이프 60만 ft 및 1800번의 주요 파이프 조립 등을 고려할 때, 선박 블록이 Election 전에 사전에 할 수 있는 일이 되어 있음은 정말 필요한 일이었던 것이다.
- 더 큰 블록을 처리하는 것이 더 어렵다고 생각할지 모르지만 더 큰 Superlifts는 항모를 제작하는 것을 더 쉽게 만든다. 왜냐하면 더 많은 작업이 조선소와 떨어져 수행되기 때문에 나중에 블록 결합만 조선소에서 하면 된다.
- 플래튼에 훨씬 쉽게 Superlifts를 준비할 수 있다. 드라이 도크에서 선박이 있을 때 주위를 돌아다니기가 어렵다. 그리고 안전등의 문제로 엄격한 분위기가 그곳에 있게 된다. 플래튼에서 할 수 있는 일이 더 많으면 많을수록 조선 작업은 더욱 더 쉬워진다. 플래튼에서 작업이 이루어진다면 크레인 및 지게차로 쉽게 무거운 작업을 수행한다. 하지만, 배에 있다면 조선 근로자 자신의 근육에 더 의존해서 일을 해야만 한다. 이는 다른 문제점들을 잉태하게 된다. 선박과 공장 안으로 사전 의장품을 옮기는 것은 효율과는 먼 거리에 있는 것이다. 재료에 접근하는 곳, 일하는 곳 그리고 서비스 하는 곳이 더 안전하고 좋으면 좀 더 효과적이다.

뉴포트 뉴스 조선소는 또한 용접 장비의 현대화에 약 5,000만 달러를 투자하고 있다. 2019년 완료하는 단계별 투자는 기계화, 프로세스 효율성과 표준화를 개선함으로써 현대적 기술이 나타날 것으로 기대를 하고 있다. 용접 기술이 아날로그에서 디지털로 이동하고 있고 조선소도 더욱 자동 용접으로 이동하고 있다. 업데이트 된 용접 장비로 조선 구조물 용접, 파이프 용접 등에 더 정확하게 될 것이다.

의장의 일부를 예로 들면, 포트 급은 니미츠 급 항모보다 3배나 더 많은 전력 케이블을 필요하다. 즉, 앞서 언급된 방법 등을 고려해 전기 배선에 대한 도전을 통해 나름의 방법을 생각하고 최적화된 방법을 얻었고 3

배의 전력 케이블 설치가 예전과 같은 일을 양으로 판단되게 되었다.

포드 급 항모 건조 과정에서 또 다른 개선은 정도가 더 비슷한 조립 라인 방식으로 조립될 수 있는 유사한 것을 '가족'이란 단위의 구조 단위로 분류시킨 것이다. 항모를 구성하는 1109개 단위 중에 그것들에게 '가족'이라고 부를 만큼 유사한 단위가 약 140 그룹이 있었다. 뉴포트 뉴스는 이미 이러한 노력의 혜택을 누리고 있다. 예를 들면, 17개 내부 바닥 공사 모임인 첫 번째 케네디 항모 제작 '가족'은 포드 때보다 300일 이상이나 빠르게 완료를 하였다.

앞서 언급한 것이지만 이런 노력과 수년에 거친 6만 가지 이상의 현장에서 취득한 교훈을 통해 케네디 항모를 진수하기에 앞서 더 좋게 만들게 될 것이다. 포드 항모가 진수할 때는 가장 무겁고 가장 복잡한 항모가 되겠지만 케네디 항모는 제작을 시작하는 즉시 바다로 나가기도 전에 효율적인 면에서 더욱 확실하게 반영이 될 것이다.

[그림 3-28]은 위의 언급된 내용을 반영한 미국의 최신 포드 급 항모를 제작하는 사진을 보여주는 것이다. 3D 설계에서부터 초대형 블록 제작과 조립 그리고 조선 근로자의 노력하는 모습을 보여주는 것이다. 그리고 우측 하단의 그림은 항모에서 실시된 Advanced Arresting Gear 시운전 모습을 보여주는 것이다. 실제 항공기로 실험하기 전에 모형 자동차를 발사하여 바다로 날려 보내는 실험을 실시하는 모습이다. 일단 선체는 완성이 되었으나 그 항모에 핵심 의장품인 AAG 같은 장비는 아직 장착을 못하고 시운전 및 검증을 받고 있는 단계이다.

[그림 3-29]부터는 초기부터 현재까지 각 나라별로 항공모함을 제작하는 모습을 보여주는 것이다. 그림만 보여주고 특별히 다시 설명을 하지 않는다. 앞서 그림과 몇 장이 중복이 될 수도 있으나 큰 틀에서 전체적인 항모의 제작 흐름을 파악하기 위해 중복되는 것들을 사용하였고 그림만으로 충분히 그 의미가 있다고 하겠다.

[그림 3-28] 미국 포드 급 항모 제작에 따른 다양한 모습

· 영국

www.the-blueprints.com

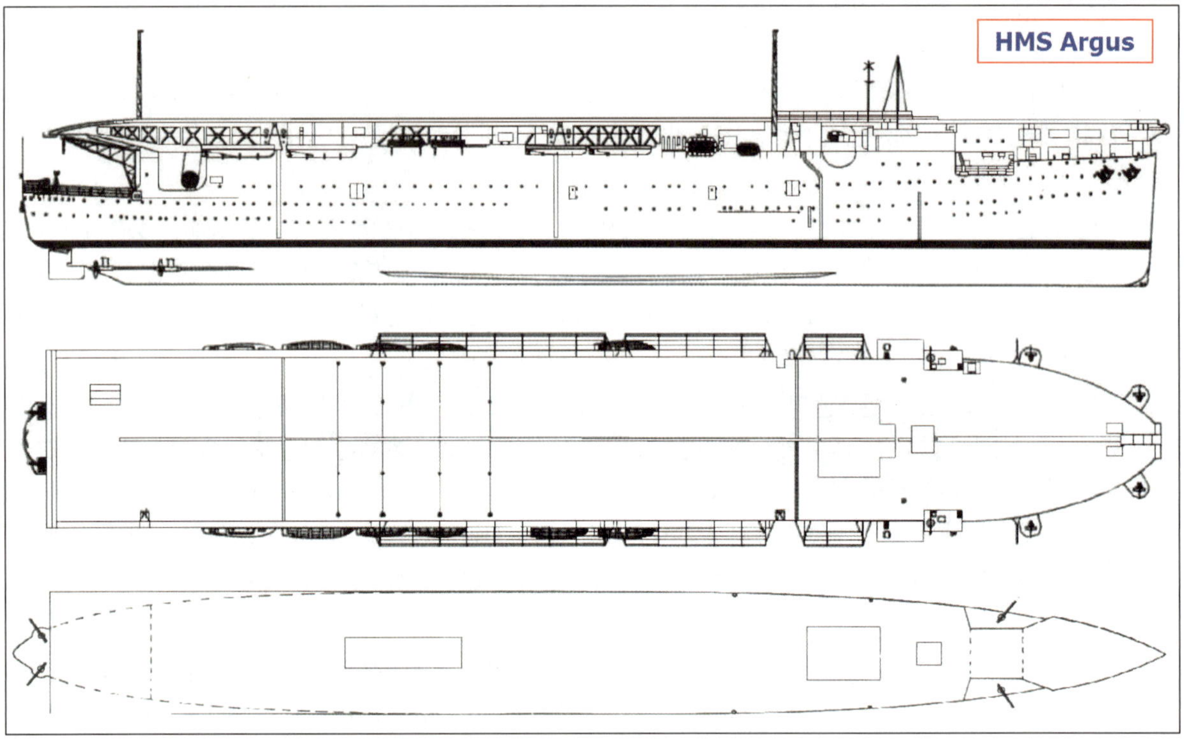

[그림 3-29] 영국의 최초의 항공모함 Argus

i1166.photobucket.com

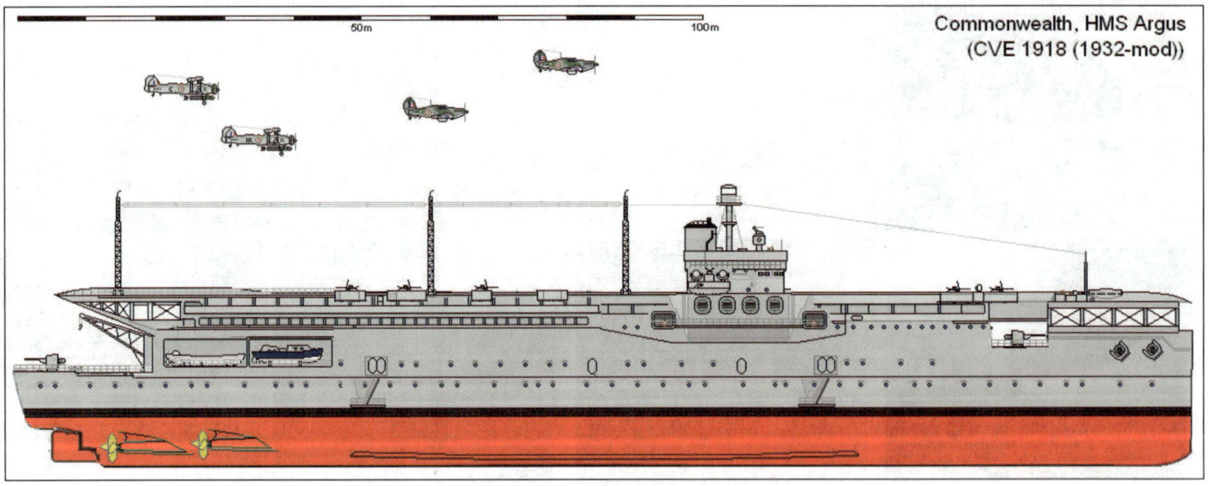

[그림 3-30] 영국의 최초의 항공모함 Argus

media.iwm.org.uk & i.guim.co.uk & uglyships.files.wordpress.com & 4.bp.blogspot.com

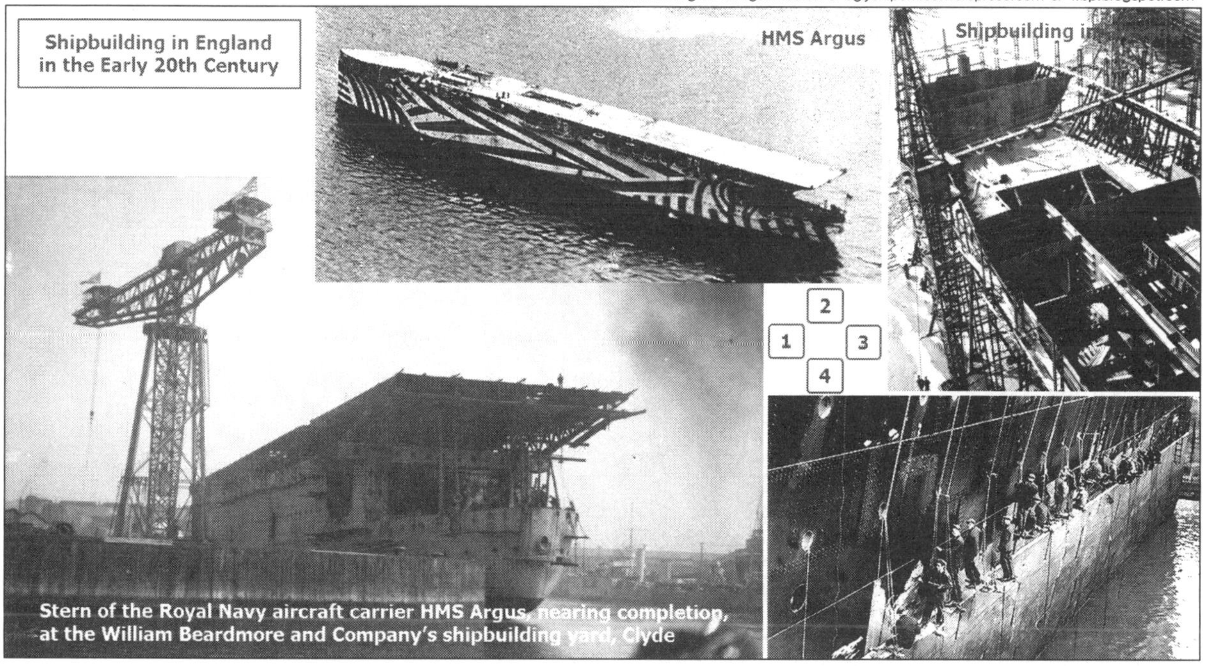

[그림 3-31] 영국의 초기 항공모함 제작과 관련된 모습

www.tynebuiltships.co.uk

[그림 3-32] 영국 최초의 항공모함 Argus를 제작하는 조선소 전경

glasgowliving.today & www.royalnavyresearcharchive.org.uk

[그림 3-33] 영국의 초기 항공모함 제작과 관련된 모습

upload.wikimedia.org & www.fleetairarmoa.org

[그림 3-34] 영국의 초기 항공모함 제작과 관련된 모습

www.marinelog.com & www.queenelizabethcruises.net & i2.wp.com & www.queenelizabethcruises.net & www.bluebird-electric.net & www.bbc.co.uk & s-media-cache-ak0.pinimg.com & www.thetimes.co.uk and so on

[그림 3-35] Queen Elizabeth 항모 세삭과 관련된 모습

· 일본

s-media-cache-ak0.pinimg.com

[그림 3-36] 일본의 초기 항모를 제작과 관련된 모습

65.media.tumblr.com

[그림 3-37] 일본의 초기 항모를 제작과 관련된 모습

upload.wikimedia.org

[그림 3-38]
일본의 초기 항모를
제작과 관련된 모습

upload.wikimedia.org

[그림 3-39]
일본의 초기 항모를
제작과 관련된 모습

s-media-cache-ak0.pinimg.com

[그림 3-40]
일본의 초기 항모를
제작과 관련된 모습

www.ibiblio.org

[그림 3-41] 일본의 2차 세계 당시 항모를 제작과 관련된 모습

www.carrierbuilders.net

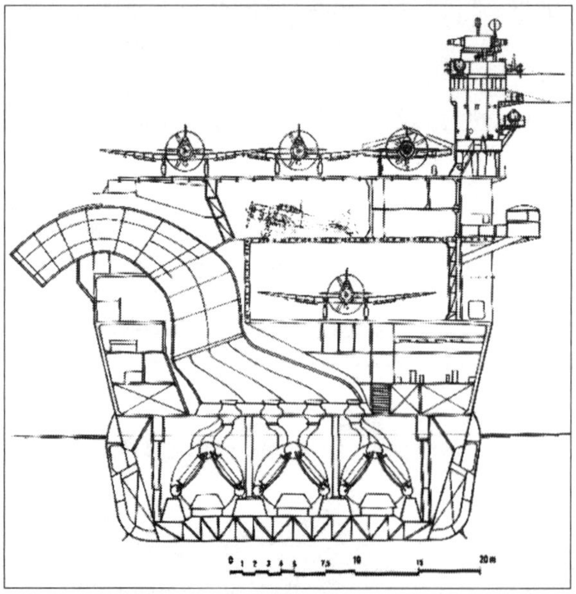

[그림 3-42] 일본의 항모 Akagi

www.carrierbuilders.net

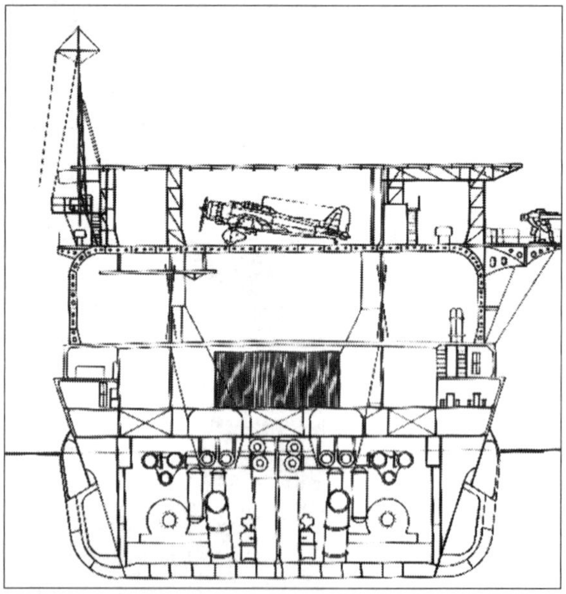

[그림 3-42] 일본의 항모 Akagi

· 독일

www.naval-history.net

[그림 3-44] Graf Zeppelin 항모 제작과 관련된 모습

upload.wikimedia.org & 4.bp.blogspot.com & acepilots.com & s-media-cache-ak0.pinimg.com & s22.photobucket.com and so on

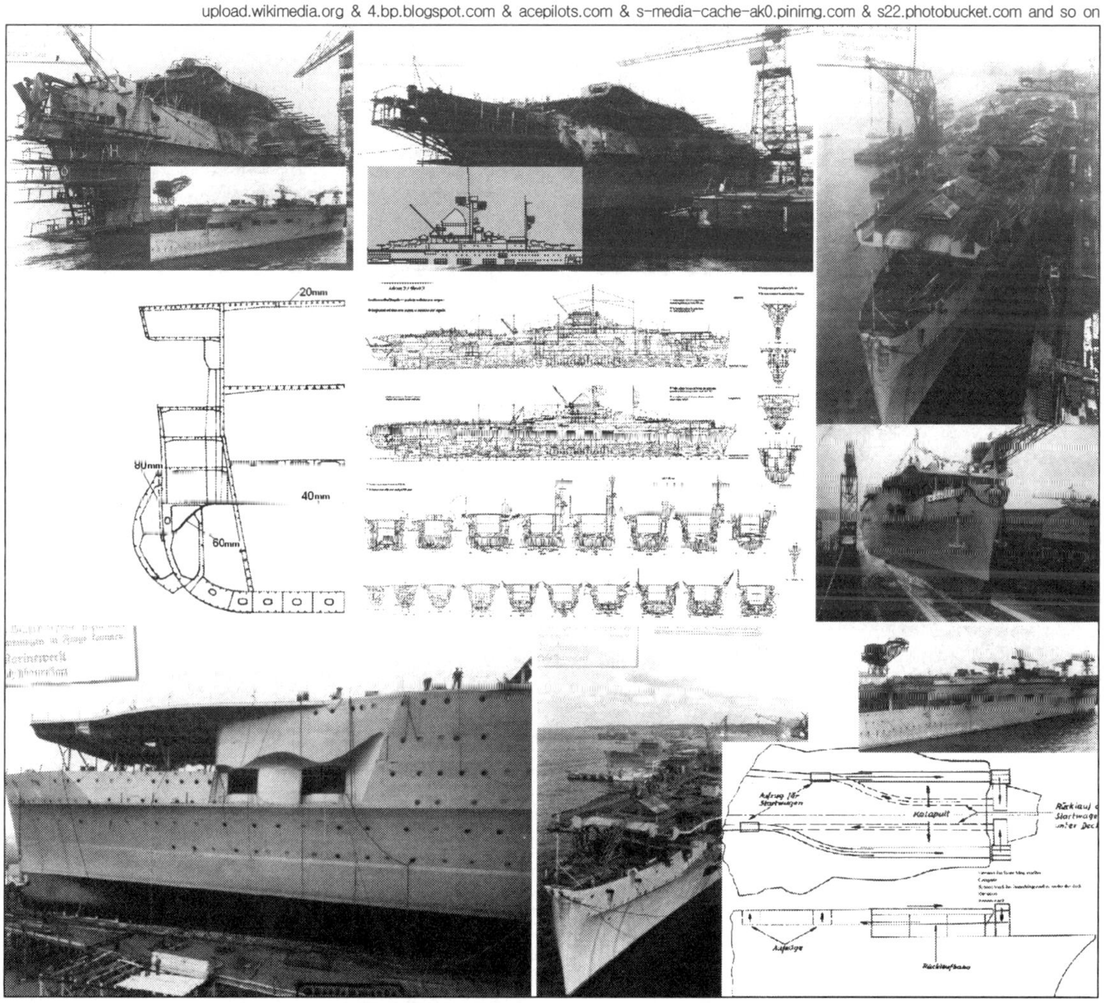

[그림 3-45] Graf Zeppelin 항무 제작과 관려된 모습

www.the-blueprints.com

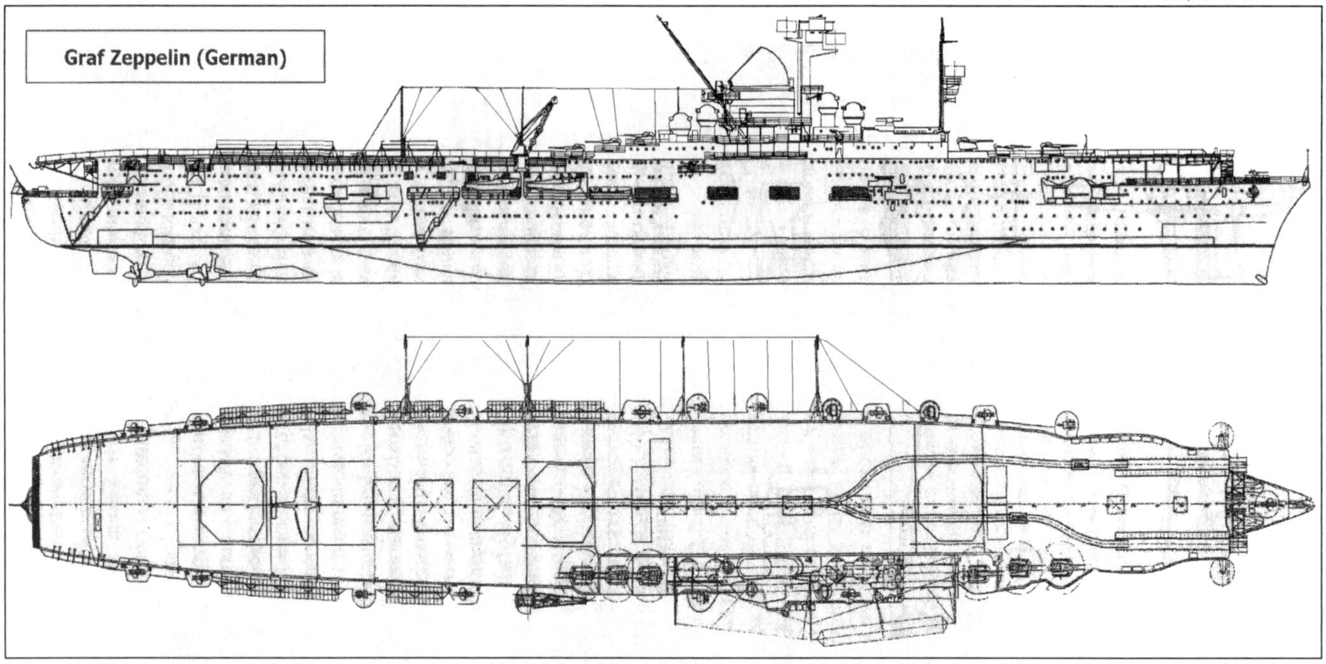

[그림 3-46] Graf Zeppelin 항모

upload.wikimedia.org & www.is-expl.com & www.vintagewings.ca & weaponsandwarfare.files.wordpress.com

[그림 3-47] Graf Zeppelin 항모 제작과 관련된 모습

· 미국

www.trbimg.com & historiccamdencounty.com & www.navy.mil & www.navsource.org

[그림 3-48] 미국의 초기 항모 제작하는 모습

digital.dailypress.com & so on

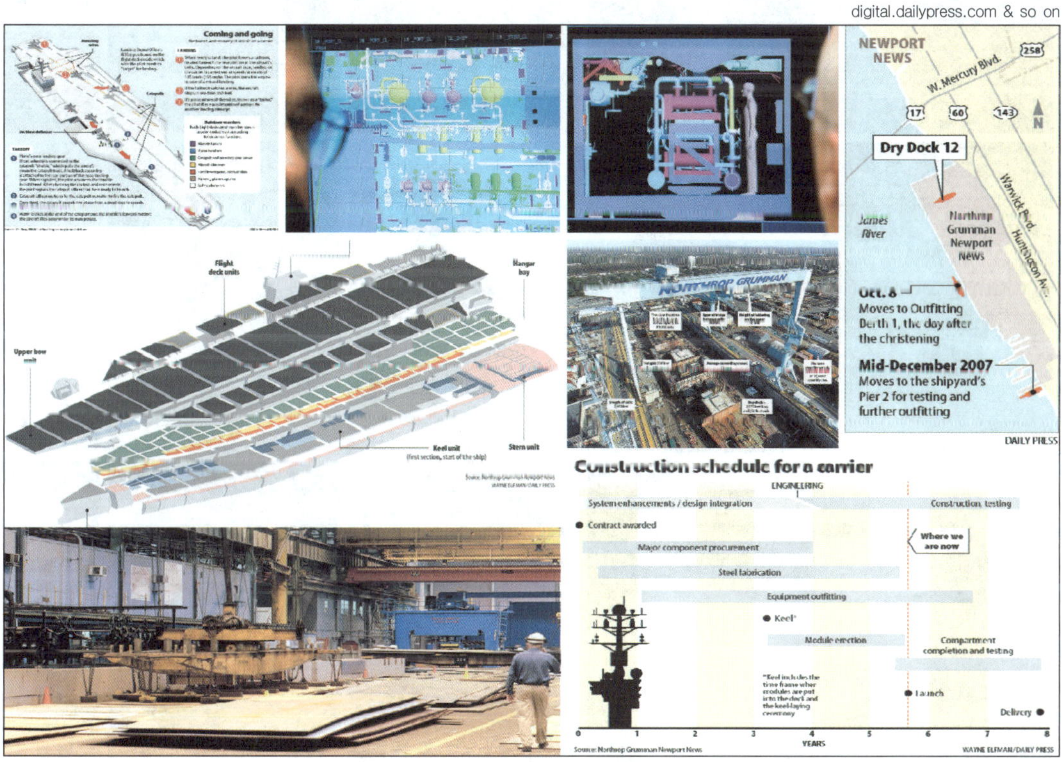

[그림 3-49] CV-77 제작과 관련된 모습

All from www.google.co.kr

[그림 3-50] CV-77 제작과 관련된 모습

All from www.google.co.kr

[그림 3-51] CV-77 제작과 관련된 모습

All from www.google.co.kr

[그림 3-52] CV-77 제작과 관련된 모습

All from www.google.co.kr

[그림 3-53] 포드(CV-78) 급 제작 관련된 모습

3.2 유체역학적 고려사항

3.2.1 항모 유체역학

가. 물리량

우선 물리량에 대하여 알아보자. 다양한 물리량 중 항공모함에서 주요하게 적용이 되는 기본적인 것을 알아본다. 다음과 같은 물리량을 살펴볼 것이다. 이는 항공모함과 항공기에 적용이 가능한 물리량이다.

· 밀도
· 비중
· 비중량
· 온도
· 압력

우선 밀도(ρ)에 관하여 기술하면, 항공모함 자체의 선체와 탑재한 항공기에 관련한 유체역학에서 밀도는 가장 근본적인 기초 물리량으로 대부분의 유체 유동 현상에 기본 변수이다. 밀도는 단위 체적당 질량으로 정의되고 압력과 매우 밀접한 관련이 있다. 비체적(ν)은 밀도의 역수를 나타낸 것이다. 즉, 단위 질량당 차지하는 체적을 표현한 것이 비체적을 의미한다.

$$\nu = \frac{1}{\rho}$$

비중은 같은 부피를 가진 물질의 질량과 표준물질의 질량과의 비율이다. 일반적으로 표준물질은 액체의 경우에는 보통 1atm, 4℃의 물을 취하고, 기체의 경우에는 0℃, 1atm 하에서의 공기를 취한다. 비중은 기체의 경우, 온도와 압력에 따라 달라지며, 대부분의 경우, 밀도와 같은 개념으로 생각해도 무방하나 단위는 비율이기에 무차원이다.

비중량은 단위 체적당 물체가 지니는 중량을 말한다. 중량은 질량x중력가속도로 식으로 W=mg 이므로 비중량은 밀도에 중력가속도를 곱한 값이 된다.

$$\gamma \ = \rho \times g = \rho g$$

온도란 무엇일까? 온도는 에너지와 관련되어 있고 또한 물체의 분자구조 상의 자유도(Degree of Freedom)와 관련되어 있다. 보다 중요한 것은 온도의 변수가 유체역학에 매우 밀접하고 특히 기체를 다루는 학문에는 자유도 때문에 온도는 매우 민감한 변수가 된다. 그러면 온도를 다시 정의 하면 어떤 물체에서 내부에너지의 활성도를 나타내는 수치라고 할 수 있다. 온도가 높다는 의미는 그 만큼 자유도가 높아 분자구조 내부가 활성화되어 있다는 것이다. 유체역학적으로 자유도에 따라 점성, 압축성 효과 등에 영향을 미치는 것이다. SI 단위에서 온도는 K(Kelvin Temperature)를 사용한다.

압력은 매우 중요한 변수로 다음의 그림으로 압력의 종류를 파악할 수 있다.

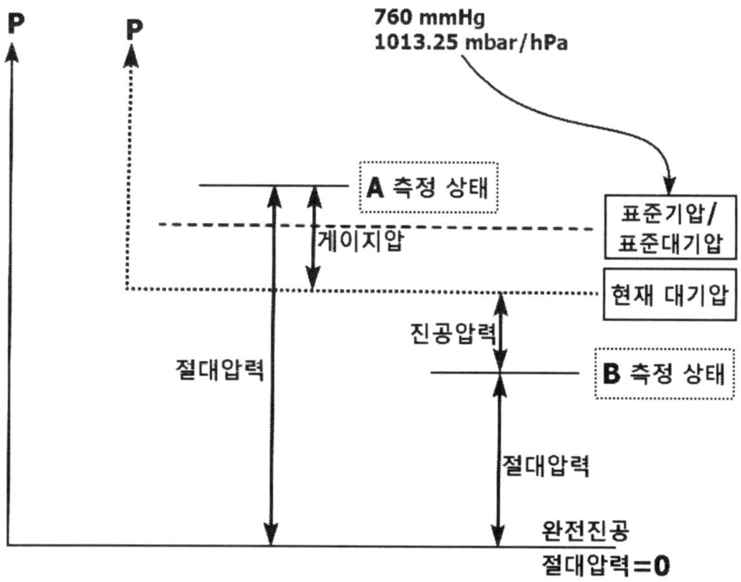

[그림 3-54]
각종 압력의 종류 및 측정 내용

[그림 3-54]에서 보는 것처럼 완전진공 상태를 기준으로 측정하는 압력이 절대압력이다. 그러므로 완전진공은 절대압력이 '0'이 되는 것이다. 또한 어떤 측정기의 값은 현재의 대기압을 기준으로 압력이 어떻게 되는지를 계량화한 것이다. 이 현재의 대기압의 값은 표준대기압보다 큰 값을 가지거나 작은 값을 가질 수 있다. 완전진공 상태를 기준으로 어떤 상태의 절대압력의 값을 구하기 위해서는 현재의 대기압에 게이지압력 혹은 진공압력을 더하게 되는데 진공은 음의 방향이므로 절대압력은 측정 시 대기압에 게이지 압력을 더하면 된다.

압력의 값에 변화를 가져다 줄 수 있는 변수로는 우선 온도와 고도가 있다. 즉 온도에 따라 압력의 값이 달라지고 대기에 대해서는 고도에 따라 또한 압력이 달라진다. 그러므로 어떤 측정값을 정할 때 어떤 온도에서 측정했고 대기인 경우 어떤 고도에서 측정했는지가 중요하다. 고도는 중력가속도의 값을 변경시키는 요소가 된다. 압력의 단위는 각 나라마다 또는 측정 경우에 따라 다양한 것들이 사용된다. 또한 공학단위와 SI 단위가 있어 다양한 형태로 존재하게 된다. [표 3-11]가 그 압력의 단위를 요약한 것이다. 단위환산도 표를 보고할 수 있을 것이다.

[표 3-11] 압력의 단위 변환

종류	내용	비고
Pa	1 Pa =1 N/m^2	1 kgf/m^2=9.80665 Pa
atm	1 atm =760 mmHg	표준기압
mmHg	760 mmHg =1013.25 mbar	0°C, 수은주(수은 기둥 높이)
bar	1 bar =750.5 mmHg = 10^5 dyn/cm^2	0°C
at	1 at =10^4 kgf/m^2 = 10 mAq(4°C)	공학기압

나. 선형 선택의 변수

점성의 개념을 정확하게 알아야 항공모함의 선형을 이해할 수 있다. 점성은 유체학적으로 유동하는 유체의 핵심 성질이며 점도와는 차이가 있다. 점성은 Viscosity로 유체가 유동하는 상태에서 전단응력 하에서 유체가 변형하는 것을 저항력을 측정한 것이다. 이것은 내부 마찰저항에 의해 액체의 서로 다른 부분에서 서로 다른 속도 성분이 나타나는 결과를 만들어 낸다.

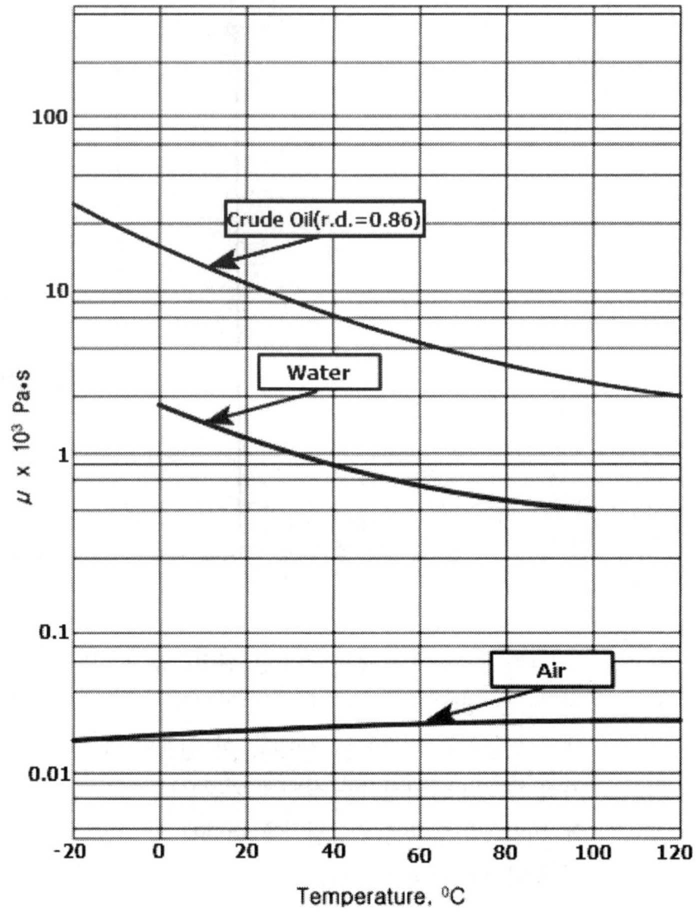

[그림 3-55]
물과 공기의 점성과
온도와의 관계

간단히 생각하면 유체가 경계(Boundary)를 만나 유동이 생길 때 이 흐름이 Boundary의 모양, 속도 등에 따라 흐름의 형태가 생긴다. 이런 흐름 상태와 형태를 좀 더 심도가 있게 살펴보는 계기를 마련한 것이 점성이라고 할 수 있다. 가장 중요한 것인 Boundary 표면 근처의 유동의 변화라고 할 수 있다. 바로 Boundary 표면 근처에서 유동의 속도변화를 통해 Boundary의 존재를 인식한다는 것이다. 점성이란 실제로 보이지 않을 수도 있는 유체흐름의 성질을 정확하게 판단하는 근거가 되고 이를 통해 항공모함 등의 형체를 갖춘 물체의 저항의 정도를 알 수 있는 것이다.

유체의 흐름상에 있어 마찰력(Frictional Force) 혹은 전단력(Shearing Force)이 항상 존재한다. 그러나 객관적 수치를 이해하기 위해 이 힘을 단위 면적당 작용하는 힘으로 나타낸 것이 전단응력(Shearing/ Frictional Stress)이라고 할 수 있다. 이 전단응력은 속도구배(du/dy)와의 관계를 다음과 같이 나타낼 수 있다.

$$\tau \ = \ \mu\frac{du}{dy} \quad .... \quad where \ \mu(\text{점성계수})$$

위의 식에서 μ는 전단응력(τ)이 높이에 따른 속도의 변화라는 속도구배의 비례관계를 연결하는 계수로서 이를 점성에 의하여 발생하는 것이므로 점성계수라고 한다. 사실 항공모함과 항공기 등 유체역학을 적용하는 기계의 많은 부분은 이 점성계수의 값을 구하는 작업을 하게 되고 그만큼 쉽게 해결되는 것은 아니라고 말할 수 있다. 점성계수는 모든 물리량 중에 유체역학적으로 온도와 매우 밀접한 관계를 가지고 있다. 액체와 기체에서 온도의 변화가 점성계수에 미치는 영향은 반대이다. 이는 기본적으로 두 액상의 내부 분자 특성상의 차이에 기인한다고 할 수 있다.

다. 부력

부력(Buoyancy)은 아르키메데스의 원리를 그대로 설명하는 것이다. 유체 속에 잠겨 있어 가라앉지 않은 생태이거나 혹은 유체 속에 일부가 잠겨 있어 일부가 떠 있는 상태에서 개념을 설명하는데 매우 유용한 것으로 이런 경우 부력은 유체로부터 받는 힘을 말한다. 이는 유체가 차지해야 하는 공간을 유체가 차지하지 못하여 이 체적만큼의 유체 무게가 물체에 작용하는 힘이 된다.

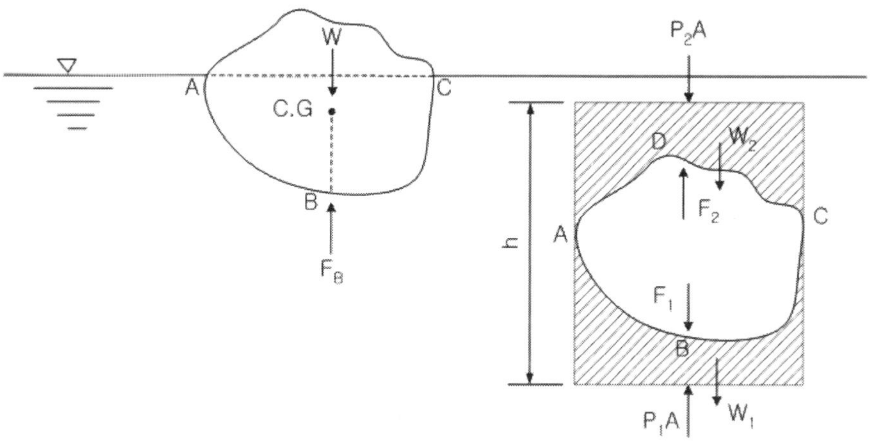

[그림 3-56]
부력의 식 유도하는
관련 그림

우선 [그림 3-56]에서 왼쪽 부분에 해당하는 일부가 떠 있는 경우를 살펴보자. 실제로 부피 ABC가 유체로 채워있어야 하지만 지구 중심방향으로 물체의 무게에 의해 중력 작용을 하고 있어 평형 상태가 되기 위해서는 유체가 물체를 받치는 부력이 존재하게 된다. 이를 수학적으로 표현하면 다음과 같다.

$$F_B = \gamma V_{ABC}$$

물체가 유체 속에 모두 잠겨있는 경우에 대하여 사선으로 된 부분의 Control Volume을 살펴보면 다음과 같은 식으로 표현될 수 있다.

$$\Sigma F_{ABC} = -F_1 - W_1 + p_1 A = 0$$

$$\Sigma F_{ADC} = F_2 - W_2 - p_2 A - 0$$

$$\therefore F_B = F_1 - F_2 = -(W_1 - W_2) + (p_1 - p_2)A = -(W_1 - W_2) + \gamma h A$$

$$= \text{물체의 부피와 같은 유체의 중량} = \gamma V_{ABCD}$$

부위의 두 식에서 보는 것처럼 유체에 일부 혹은 전부가 잠긴 경우 모두 잠긴 부분의 유체의 중량만큼 부력이 작용하는 것을 알 수 있다.

라. 안정성

그러면 유체 위에 존재하는 물체의 안정성은 어떻게 되겠는가? 안정성이란 외부의 변위 또는 교란(Disturbance) 등에 의하여 회복되는 정도를 말하는 것으로 일종의 복원력이라고 할 수 있다. 항모의 경우 외부의 파도나 바람에 의해 항모는 흔들리며 이는 어느 시간 후에 점차적으로 회복되어 돌아오면 안

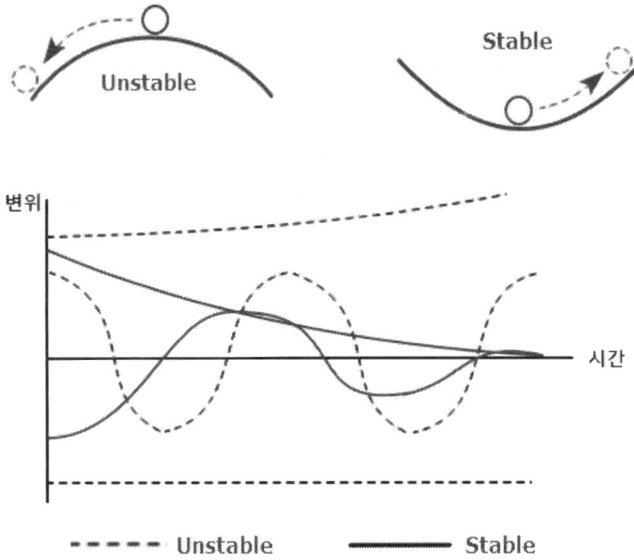

[그림 3-57]
안정성과 불안정성의 상태

[그림 3-58]
항모/부체의 안정성

정성이 있다고 하고 만약 회복되지 않는 경우 안정성이 없다고 할 수 있다. 이 안정에 관한 것을 그림과 그래프로 그리면 위와 같이 나타낼 수 있다.

부체가 외부의 영향에 따라 변위가 생겼을 때 이 영향으로 회복력이 있을 것인가 아니면 회복력이 없어 안정하지 않을지를 판단하는 것은 매우 중요한 문제가 된다. 이에 대한 판단은 [그림 3-58]에서 다음과 같은 순서에 입각하여 결정이 된다.

1) 안정화된 상태에서 물체의 질량 중심 C.G(Center of Gravity)와 부력 중심 B를 일직선상에 일치시키고
2) 외부의 영향에 의한 변위가 $\Delta\theta$만큼의 각도가 발생하고
3) 새로운 부력 중심을 B'를 계산하고
4) B'에서 수직으로 선을 그어 무게 중심선과 외부의 영향이 없을 때 부력 중심선을 연결한 선과 만나는 점을 Metacenter M을 찾아내고
5) 만약 이 M이 C.G 보다 위에 있으면 안정성이 있는 상태고 그 반대의 경우인 M이 C.G 보다 아래 있으면 안정성이 없어 변위에 대하여 되돌아오는 회복력이 없다.

이런 것은 선박의 인위적으로 외부 변위를 주어 어떤 정도까지 안정성이 있는지 확인하는 안정성 실험에 사용되며 선박의 중요한 변수가 된다.

3.2.2 항공기 기본역학

가. Airfoil의 명칭

무거운 항공기가 뜨는 이유는 무엇일까? 항공기 엔진을 장착했기 때문일까? 그러면 자동차에 비행기 엔진을 장착하면 자동차는 비행기처럼 날 수 있는가? 이런 질문에 대답하기 위해서는 항공기의 구조도 잘 알아야 하며 무엇보다도 날개 또는 날개의 단면인 Airfoil 잘 이해를 해야 한다. 이것은 비행기 엔진을 장착한 자동차와 항공기의 차이는 날개가 있고 없고의 문제이다. 비행기가 뜨는 원리의 핵심에는 날개(Wing/Airfoil)에 있다. 다음의 [그림 3-59]은 날개의 2차원적 단면인 Airfoil을 디자인과 명칭을 설명한 것이다.

www.copters.com

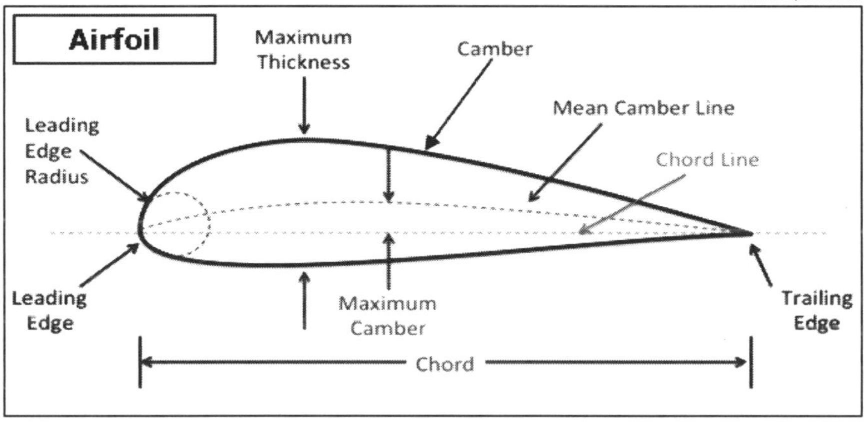

[그림 3-59] 에어포일의 각 부분 명칭

나. 항공기가 뜨는 이유

[그림 3-60]은 항공기의 3차원 날개의 한 부분을 2차원으로 나타낸 Airfoil에서 양력이 발생하는 것을 보여주는 것이다.

[그림 3-60]에서 에어포일을 인식하지 못하는 지점1과 날개의 윗부분에 해당되는 지점2는 압력의 변화가 발생한다. 이유는 날개(에어포일)를 인식한 것으로 점성의 영향을 받아 변화가 발생할 것이고 그래서 위가 볼록한 형태인 날개(에어포일)의 특성 상 넓은 곳(1)에서 좁은 곳(2)으로 통과를 하면서 속도

www.4physics.com

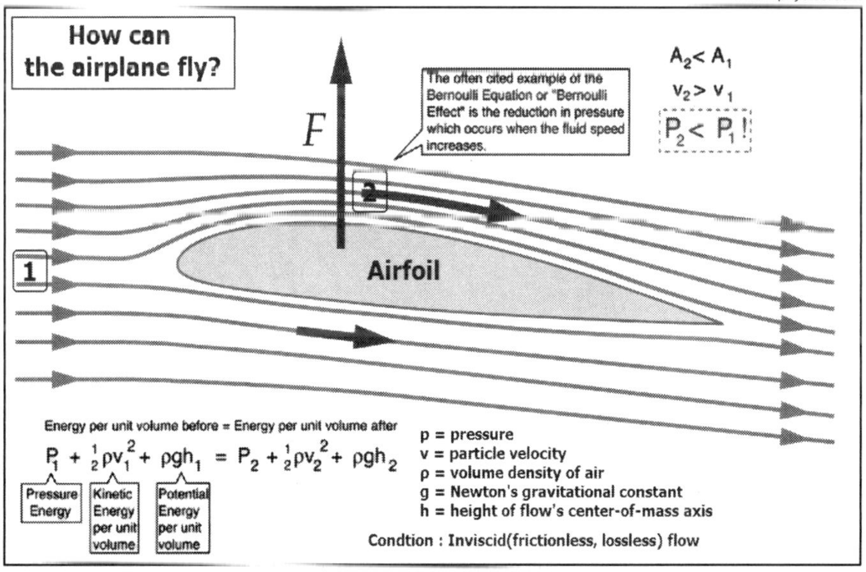

[그림 3-60] 비행기가 뜨는 이유와 양력의 발생 관계를 설명한 그림

hyperphysics.phy-astr.gsu.edu

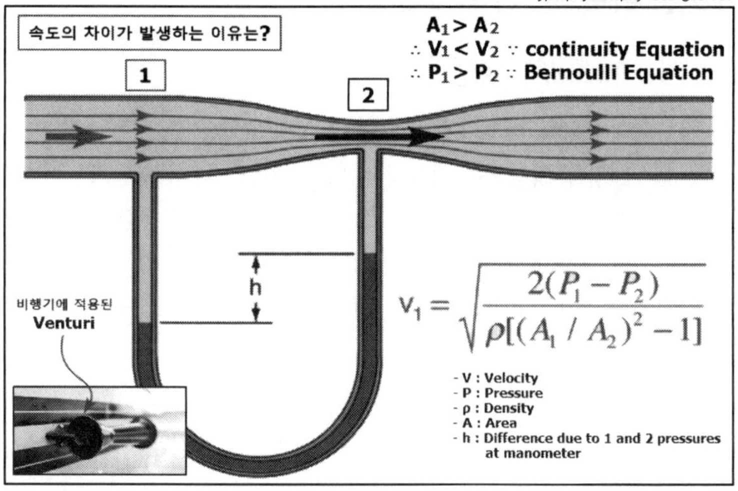

[그림 3-61] 속도와 면적의 관계를 보여주는 벤추리 기관의 모습

가 빨라진다. 반대로 아래쪽은 위보다는 넓은 지역이 되어 속도 변화가 위보다 크지 않게 된다. 즉, 날개의 위·아래의 속도 변화가 생기게 되며 이는 베르누이 방정식에 따라 압력 변화를 가져오고 그 압력은 날개의 안쪽으로 접선의 수직으로 작용한다. 이것들이 모여 아래쪽이 위쪽보다 압력이 커 날개는 양력을 받고 비행기는 뜨게 되는 것이다. 그러므로 자동차에 비행기 엔진을 장착을 했다고 하더라도 날개의 디자인이 받쳐주지 않으면 뜰 수가 없는 것이다.

그러면 왜 면적의 차이에 의해 속도가 발생하는가에 대한 의문은 [그림 3-61]로 설명이 될 수 있다. 즉 에너지 보전의 법칙에 해당되는 연속방정식과 베르누이 방정식을 통해 면적, 압력, 속도의 관계를 알 수 있다. 이런 내용을 기계로 만들면 매우 간단한 개념을 가진 기계로 비행기의 속도를 측정하는데 사용될 수 있다. [그림 3-61]에서 좌측 하단에서 비행기에 장착되어 있는 모습을 볼 수 있다.

다. 비행기 날개의 구조 및 Airfoil의 종류

이런 2차원 Airfoil에 적용이 되는 것을 3차원으로 확대하면 비행기 날개 전체 양력이 되는 것이다.

3차원 날개(Wing)의 명칭은 [그림 3-62]와 같다. 양력의 가장 중요한 요소 중에 하나인 Airfoil 디자인은 종류도 다양하다. 또한 그 특성도 다양하여 항공기의 목적에 따라 맞는 에어포일을 찾거나 새로운 디자인 하여 제작을 하게 된다. [그림 3-63]은 주요 Airfoil 형태와 특징을 설명한 것이다.

s-media-cache-ak0.pinimg.com

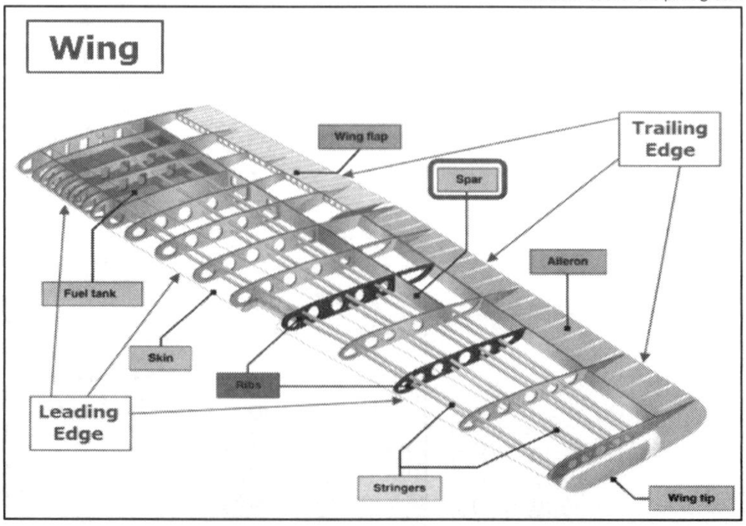

[그림 3-62] 2차원 Airfoil을 3차원으로 적용한 날개의 명칭

www.allstar.fiu.edu

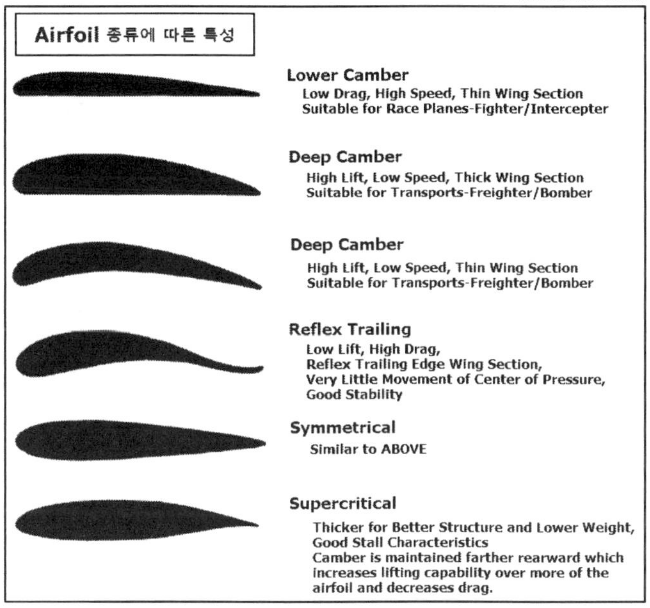

[그림 3-63] Airfoil의 종류에 따른 형태와 특징

라. 항공기에 작용하는 4가지 힘

[그림 3-64]은 항공기에 작용하는 4개의 힘을 표시한 것이다. 그 종류는 다음과 같다.

· 추력(Thrust) : 항공기가 앞으로 나아가는 힘(주로 엔진에 의해 나온다)
· 항력(Drag) : 항공기가 앞으로 전진 못하는 하려는 저항(주로 디자인의 문제)
· 양력(Lift) : 항공기의 뜨는 힘(주로 날개에 의해 발생한다)
· 자중(Weight) : 지구 중심으로 향하는 힘(비행기의 자체 중량)

www.fimfiction.net, www.labspaces.net, www.labspaces.net, www.flightlearnings.com

[그림 3-64] 비행기에 작용하는 4개의 힘

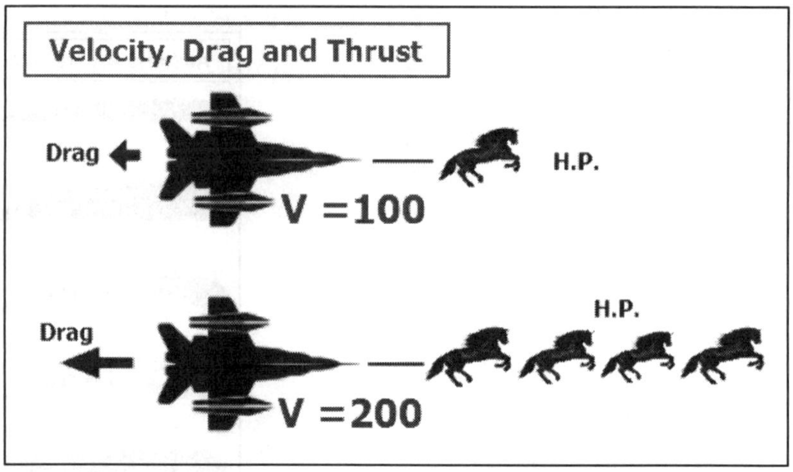

[그림 3-65]
속도 증가에 따른
항력과 추력의 관계

추력에 반하는 것이 항력이며 이는 추력은 항력을 이기고 전진하는 힘을 의미한다. 또한 양력은 자중에 의한 힘을 극복하여 그 결과로 뜨는 힘을 말한다. 비행기는 추력과 양력이 없으면 그 역할을 할 수 없는 것이고 또한 모든 형태를 갖춘 물체는 저항이 있고 비행기의 자체 중량이 없을 수 없으므로 항공기는 이들 4개의 힘의 밸런스를 맞추는 것이 필요하다. 그러므로 추력을 내기 위해 엔진이 중요하고 양력을 내기 위해 항공기 날개의 크기 등이 중요하게 되고 저항을 줄이기 위한 설계도 중요하고 항공기 무게 또한 매우 중요한 요소가 되는 것이다.

[그림 3-64]에서 우측 하단의 그림은 양력과 저항의 합력이 실제 항공기에 작용하는 것을 보여주는 것이며 비행기의 날개의 Chord 라인과 바람의 상대적인 성분의 각을 받음각(α)이라고 표시된 것을 알 수 있다. 이것은 항공역학의 주요 요소이다.

[그림 3-65]는 속도가 2배로 증가한다면 추력은 얼마의 힘이 필요하고 그 때 항력은 어떻게 될 것인가를 보여주는 그림이다. 결론적으로 추력은 4배가 필요하다는 것이고 항력은 2배가 늘어난다는 것을 보여주고 있다.

마. 양력, 항력과 실속의 관계

[그림 3-66]은 받음각의 변화에 따른 양력과 항력을 우선 설명하는 것이다. 그리고 양력이 무한하게 증가할 수 없고 어느 적정한 받음각에서 양력은 갑자기 감소하고 항력은 늘어나는 순간이 발생하는데 이를 실속(Stall)이라고 하며 이런 현상을 그래프로 보여주는 것이다. 그림에서 받음각이 약 18° 가 될 때까지 양력이 증가하는 것을 볼 수 있다. 그 이후 받음각이 올라가면 갑자기 양력이 감소를 한다. 항력은 대략 2차원 곡선 형태로 증가하는 것을 볼 수 있고 특히 받음각 18° 부분에서 줄어든 양력이 항력의 갑작스런 증가로 이어지는 것을 볼 수 있다. 그러므로 이 항공기는 받음각을 18° 이상이 되면 실속이 되는 한계를 가지고 있다는 것이다. 실속에 관한 것은 아래 그림을 통해 좀 더 설명이 될 수 있다.

실속은 꽤나 복잡한 내용이다. 받음각이 커지면 반드시 실속이 생기고 그것은 양력의 급속한 감속을 통해 발생하고 항공기 자체의 제어 불능의 심각한 상태에 놓이게 되므로 조종사는 항상 피해야 하는 것이다. 이런 실속을 방지하는 방법이 [그림 3-67 & 3-68]와 같은 방법을 사용하게 된다.

flyacro.us

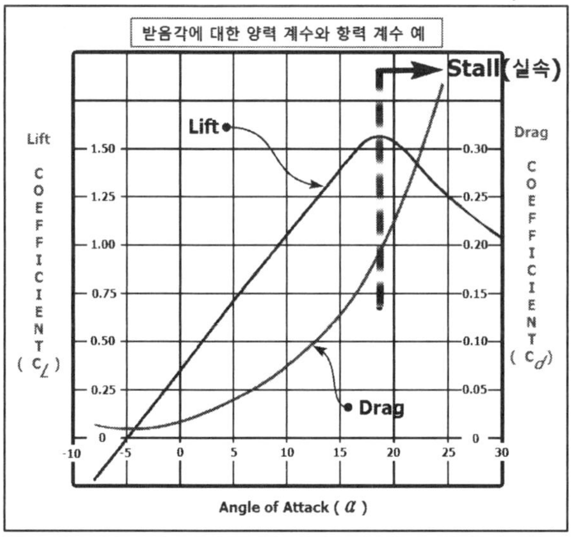

[그림 3-66] 받음각에 따른 양력과 항력 및 실속

www.grc.nasa.gov

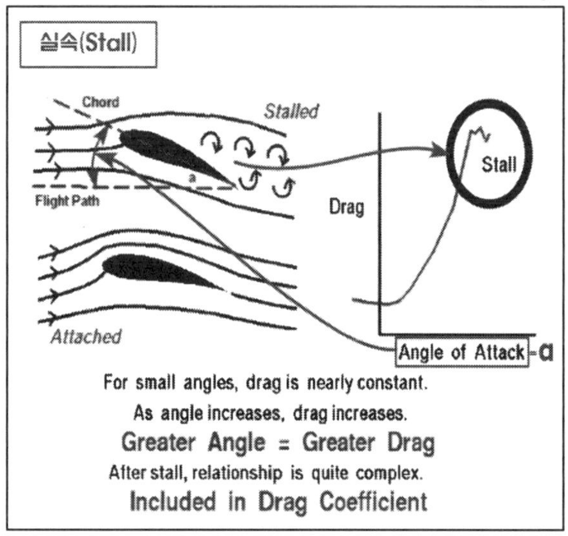

[그림 3-67] 실속의 발생에 관한 설명 내용

gtae6343.wikia.com, www.news.com.au

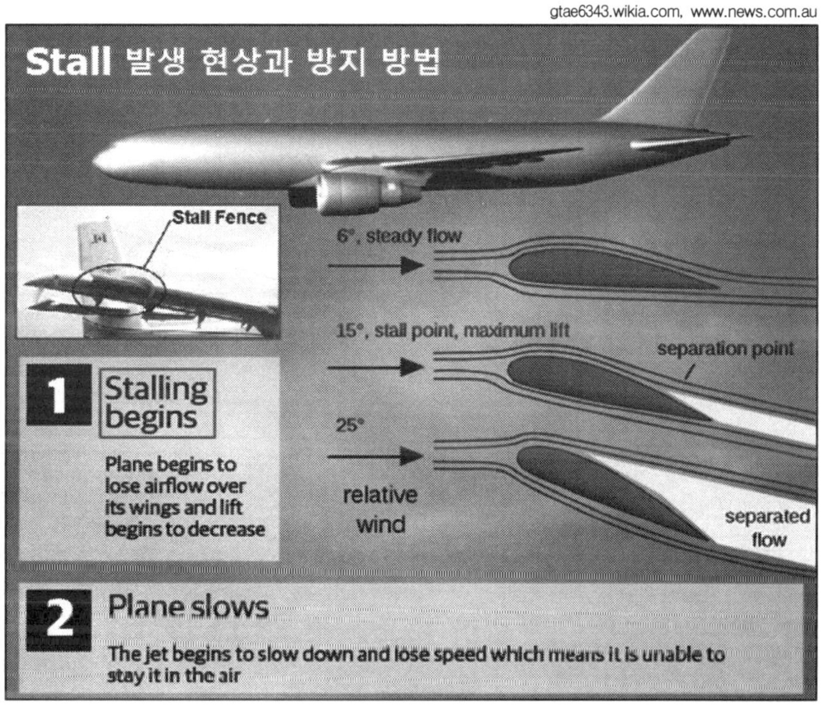

[그림 3-68] 실속방지 방법에 관한 설명

[그림 3-68]에 따르면 이 항공기는 15° 에서 실속이 발생하는 것으로 나타났다. 이는 날개 뒤쪽 끝단에서 박리(Separation)가 발생하기 시작하는 받음각이다. 즉 이 각도에서 최대 양력이 발생한다. 25° 가 되면 날개 앞쪽에서도 박리가 발생하여 양력의 급속한 감소가 발생할 것이다. 이에 따라 속도 감소가 이루어지고 극단적인 경우 제어 불능이 되는 것이다. 이와 같이 실속을 유발하는 박리는 끝에서 발생하여 점점 앞쪽으로 발달하게 되고 이런 것을 방지하는 것이 Stall Fence이다. 또 다른 형태는 날개의 Tip에 Fence를 설치한 것이 있다. 물론 초기에 받음각을 조절하는 것이 우선이 되어야 하지만 이런 것들은 날개 Stall 방지용 날개 디자인이 된다.

바. 항공기 속도 측정

항공기 속도는 어떻게 측정할까? 앞에서 공식과 사진을 설명하면서 일부 언급이 되었던 것이다. 지상의 자동차는 바퀴가 있어 회전수로 오차는 있지만 보다 쉽게 속도 측정이 가능하지만 비행기는 그렇게 측정하기가 어렵다. 가장 간단한 공학적 방법은 베르누이 방정식을 사용한 기계인 피토트 관을 이용하는 것이다. [그림 3-69]가 그 내용이다. 이것은 베르누이 방정식에서 피토트 관 입구가 속도가 '0'이 되는 Stagnation 지점을 고려하여 산출되는 것으로 매우 쉽게 계산이 가능하다. 이를 계산식으로 표현하면 다음과 같이 유도될 수 있다. 아래 식에서 아래 첨자 '0'은 [그림 3-69]의 Static을 표시하는 's'이고 '1'은 [그림 3-69]에서 Total을 의미하게 된다.

$$p+\frac{1}{2}\rho v^2+\rho gh\,|_0 = p+\frac{1}{2}\rho v^2+\rho gh\,|_1$$

$$condition: 1)\,\rho gh\,|_0 = \rho gh\,|_1$$
$$2)\,v\,|_1 = 0 \ \because\ stagnation\ point$$

$$\therefore\ v=\sqrt{\frac{2(p_1-p_0)}{\rho}}$$

www.grc.nasa.gov, en.wikipedia.org, aviation.stackexchange.com

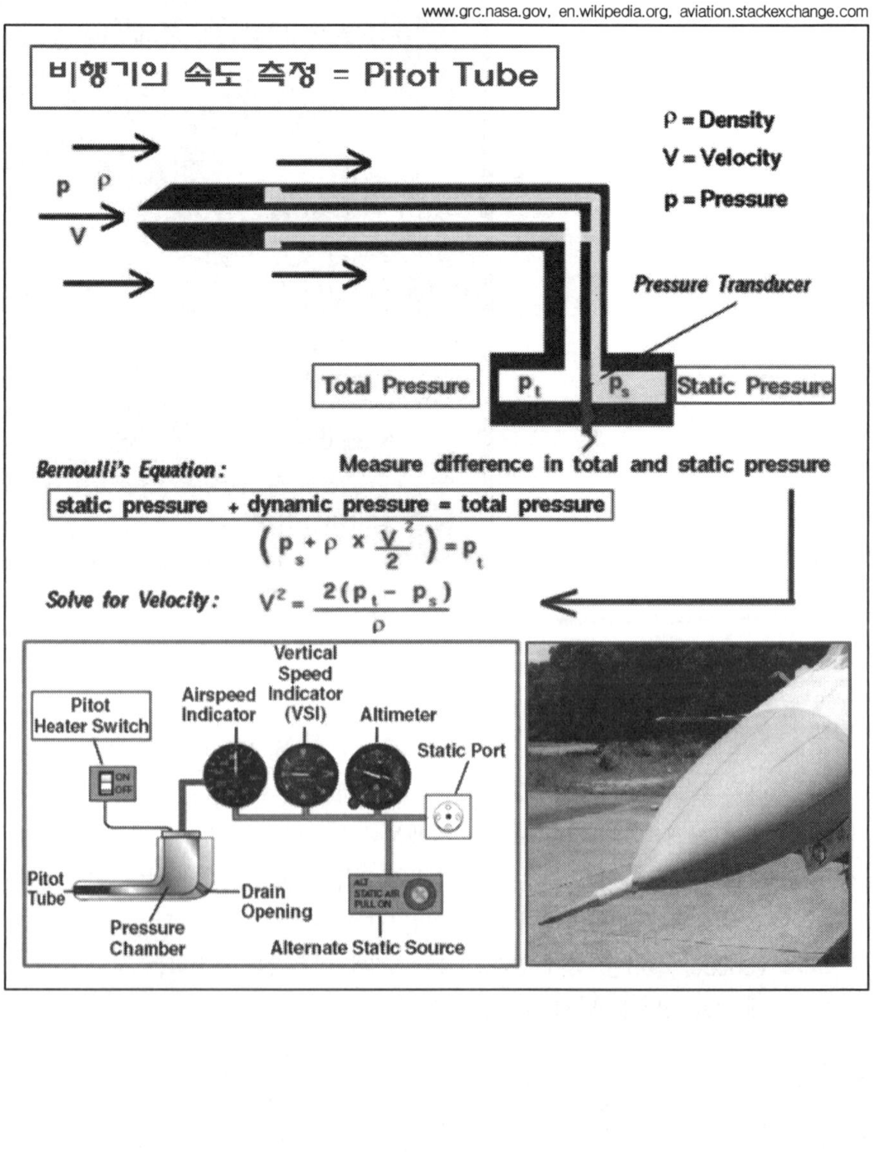

[그림 3-69]
항공기 속도 측정
방법 및 피토트 관

사. 항공기의 선회비행

선회비행에 앞서 비행기의 3차원 운동과 선회를 가능하게 하는 장치들을 알아보도록 하자. 우선 장치들을 살펴보면 그림과 같다.

ww.rcpowers.com

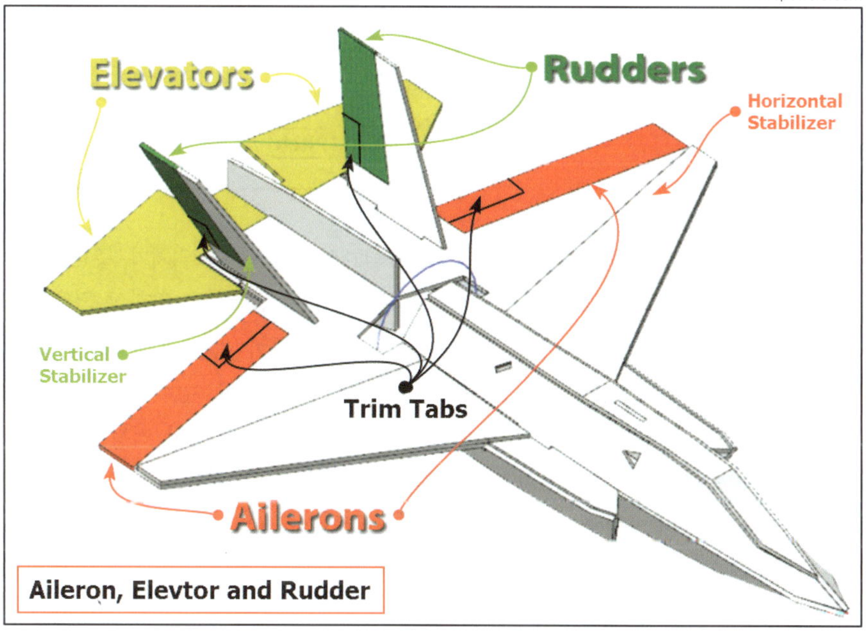

[그림 3-70] 항공기의 3차원 운동을 지원하는 장치들

비행기의 방향을 바꿀 수 있는 장치로는 다음 3가지가 있다.

- Aileron
- Elevator
- Rudder

Aileron은 주 날개의 양쪽 끝단에 있어 선회비행 시 핵심적인 역할을 한다. 이것은 비행기가 Rolling 운동을 하도록 돕는 장치이다. 좌우가 일반적으로 반대 방향을 향하게 되며 이를 통해 양력 변화를 가져와 Rolling 운동을 하게 되는 것이다. Elevator는 맨 뒤쪽에 있는 꼬리 날개의 좌우에 있어 상하로 같이 움직여 Pitching 운동에 관여를 하게 된다. Rudder는 수직 꼬리날개에 있는 것으로 비행기의 좌우로 움직이는 Yawing 운동을 담당한다. 그 외에도 조그만 운동을 조정하기 위해 Trim Tab이 있어 정확하고 미세한 조정이 가능하게 조절하게 된다.

비행기의 3차원 운동은 앞서 기술을 한 것이지만 정리를 하면 다음과 같다.

- Rolling(Aileron)
- Pitching(Elevator)
- Yawing(Rudder)

상세한 내용은 [그림 3-71]과 같이 양력과 항력 등의 힘 발생과 그에 따른 모멘트를 이용하여 회전운동을 발생 또는 제어를 하는 것으로 항공기의 기본적인 3차원 운동을 나타낸 것이다.

www.aerospaceweb.org

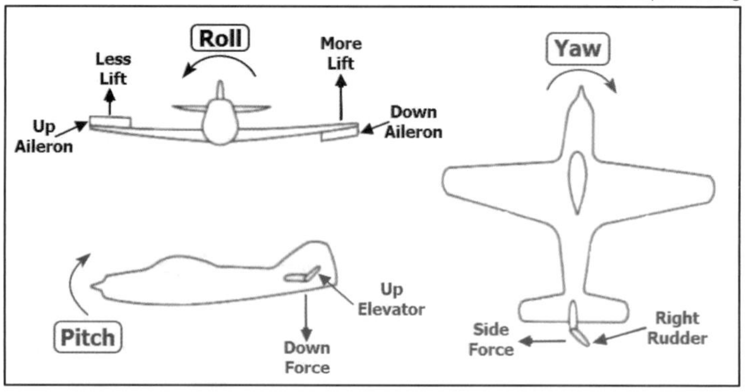

[그림 3-71]
항공기의 pitching, yawing 및 rolling 운동

항공기가 선회비행하기 위해서는 날개의 Aileron의 위치가 중요하다. 우측으로 선회하기 위해서는 좌측의 날개가 양력을 받아야 하므로 우측 Aileron은 위로 향하고 좌측은 그 반대가 되어야 한다.

즉, 선회비행을 하려면 반드시 Aileron의 좌우가 서로 다른 방향으로 향해야 한다. 이 때 동체가 기울어지는 각을 경사각(Bank Angle)이라고 한다. 경사각이 크면 클수록 선회반경이 작아진다. 그러나 경사각이 크면 실제로 항공기가 받는 양력은 작아져 위험할 수 있어 적정한 경사각을 유지해야 한다. 즉, 양력이 모두 수직방향으로 작용하지 않아 측면으로 작용하는 힘이 발생한다. 경사각이 크면 클수록 측면 힘은 커지고 양력의 수직 방향의 힘은 적어지는 것이다. 이런 내용에 대하여 상세한 [그림 3-72]가 아래에 있다.

www.grc.nasa.gov, physics.stackexchange.com

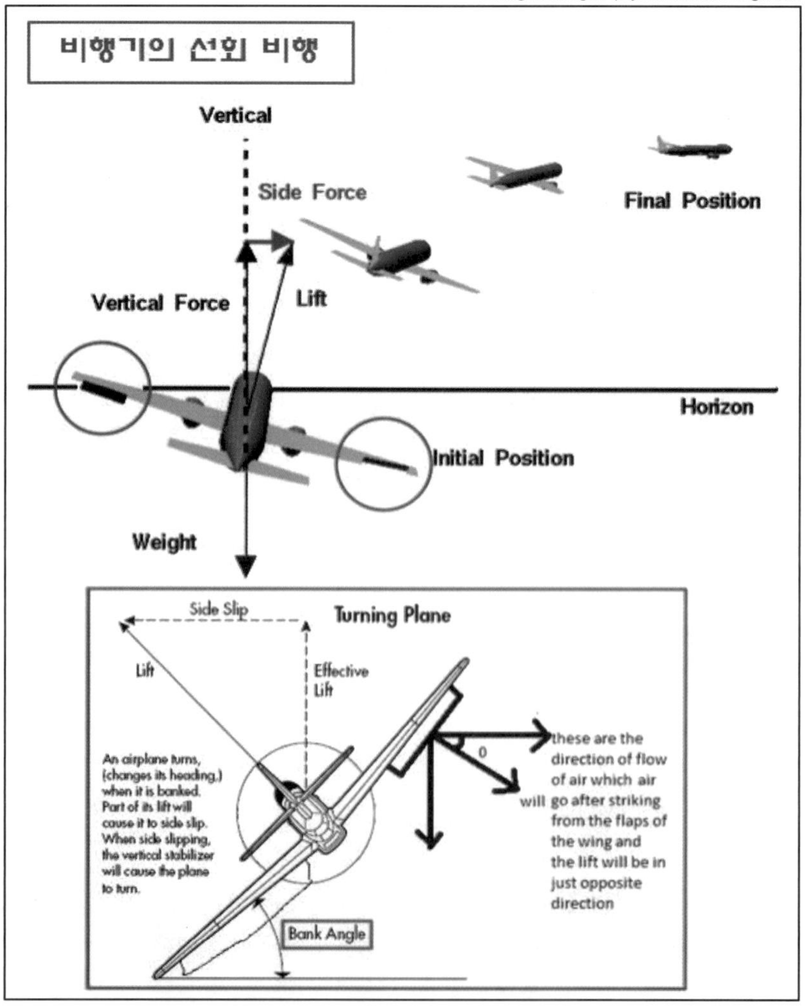

[그림 3-72]
선회비행의 원리

아. 착륙거리

착륙거리는 착륙을 시작하는 거리에서부터 측정이 되는 것이 아니다. 착륙은 하강을 하는 비행기가 고도 50 ft가 되는 지점부터 비행기가 완전히 멈출 수 있는 거리까지의 길이로 정의된다. 그러나 이것은 계산되는 착륙거리이고 일반적으로 활주로는 이런 길이보다 훨씬 길게 만들어진다. 날씨에 의한 변동 사항, 기종에 따른 차이, 그리고 비행기 상태를 고려한 사항 등을 종합적으로 감안하게 된다. 활주거리에는 LDR(Landing distance Required)과 LDA(Landing distance Available)있다. LDA은 만들어진 활주로의 최대 길이를 말하는 것이고 LDR은 비행기가 멈춘 길이에 안전거리를 추가하여 정해진 거리이다. 이것을 결정하는 요소는 다음과 같다.

- 비행기의 착륙 시 질량
- 활주로 표면에서의 바람과 온도
- 활주로 위치한 곳의 표고와 경사
- 활주로의 표면상태(건조나 젖은 정도 혹은 오염 정도)
- 항공기의 브레이크 시스템

조종사의 능력만으로 착륙하는 것은 쉽지가 아닌 작업이다. 특히 탑재가가 항모에 착륙하는 것은 더욱 그릴 것이다. 조종사는 다음의 작입 및 내용을 반드시 확인을 해야 한다.

- 활주로 시작 지점에 50 ft 위에 있는지
- 랜딩장치 (착륙 장치, 플랩 및 slat 등)에 대한 체크
- 올바른 속도와 그 속도를 유지하고 있는지
- 올바른 하강율과 그 율을 유지하고 있는지
- 정확한 동력으로 세팅되어 있는지
- 날개의 자세가 바른지

www.skybrary.aero

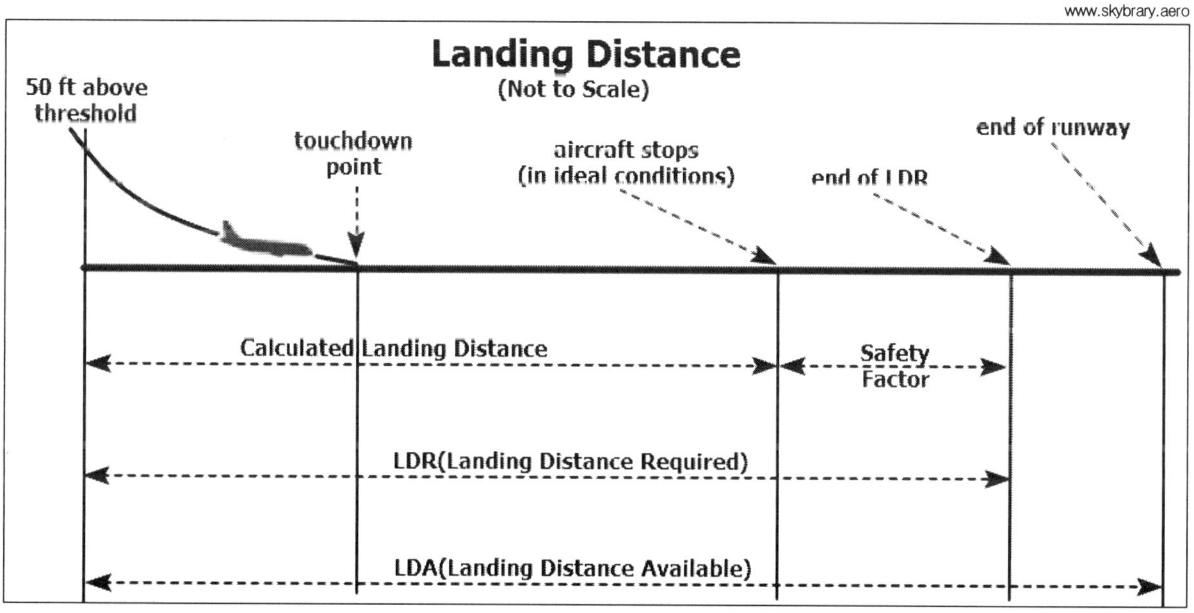

[그림 3-73] 활주거리에 대한 종류 및 내용

en.wikipedia.org, www.avionale.com

그리고 착륙을 했을 때도 다음을 체크해야 한다.

· 추가적인 장치(추력 역류장치, Lift Dump, 지상 스포일러 등)는 작동되고 있는지
· 방향 제어는 유지되고 있는지
· 필요 시 브레이크를 작동여부
· 필요 시 동력 감소여부

추력 역류장치의 작동 방법으로는 [그림 3-74 & 3-75]와 같은 다양한 방법이 있다. 이는 엔진의 종류 등에 의해 사전에 사용 방법이 결정이 되어 있는 것이다.

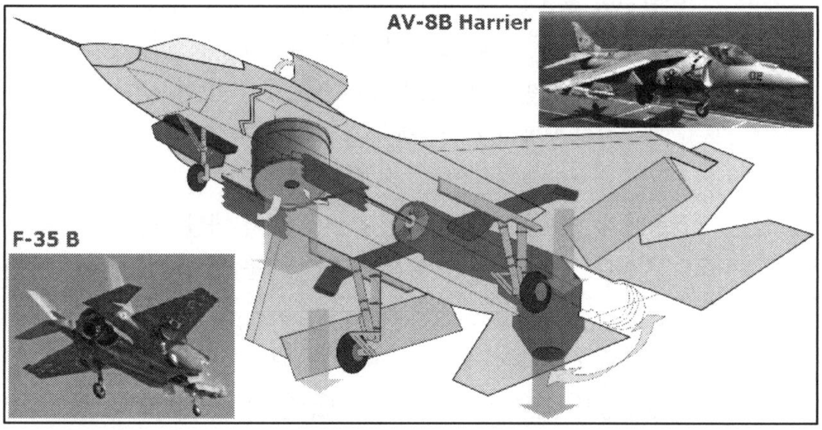

[그림 3-74]
F-35B & 해리어기의
Thrust Reverser의
모습

aviation.stackexchange.com

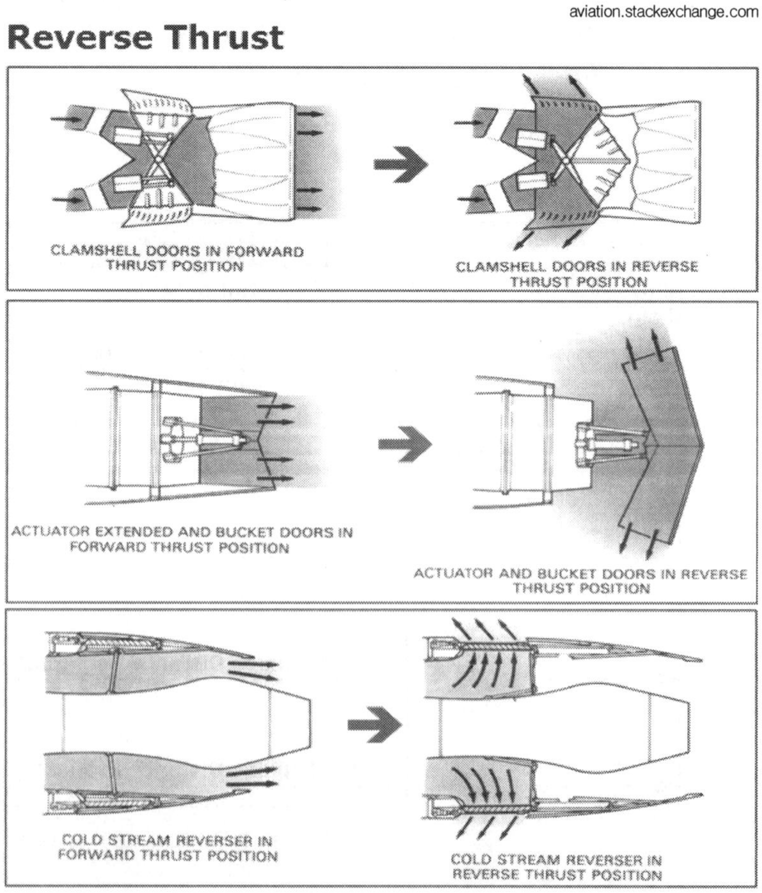

[그림 3-75]
다양한 Thrust
Reverser의 모습과
방법

자. 헬리콥터

헬기는 현재 항모에서는 일반적으로 모두 탑재가 되어 있다. 헬기 전용 항모가 있는 정도로 앞으로는 더욱 헬기의 수요가 늘어날 것이다. 또한 고정익 항공기도 해리어 기종과 F-35 기종 등과 같이 헬기의 기능을 수용한 많은 비행기가 만들어지고 있다. 그만큼 헬기는 장점이 많이 있다. 또한 현재 미국이 생각하는 연근해용 항공모함의 개념에서는 F-35가 주종을 이루겠지만 많은 부분에서 헬기의 역할이 커질 것은 분명하다.

www.wired.com, science.howstuffworks.com, en.wikipedia.org, www.slideshare.net, combatsop.tripod.com, courses.me.berkeley.edu

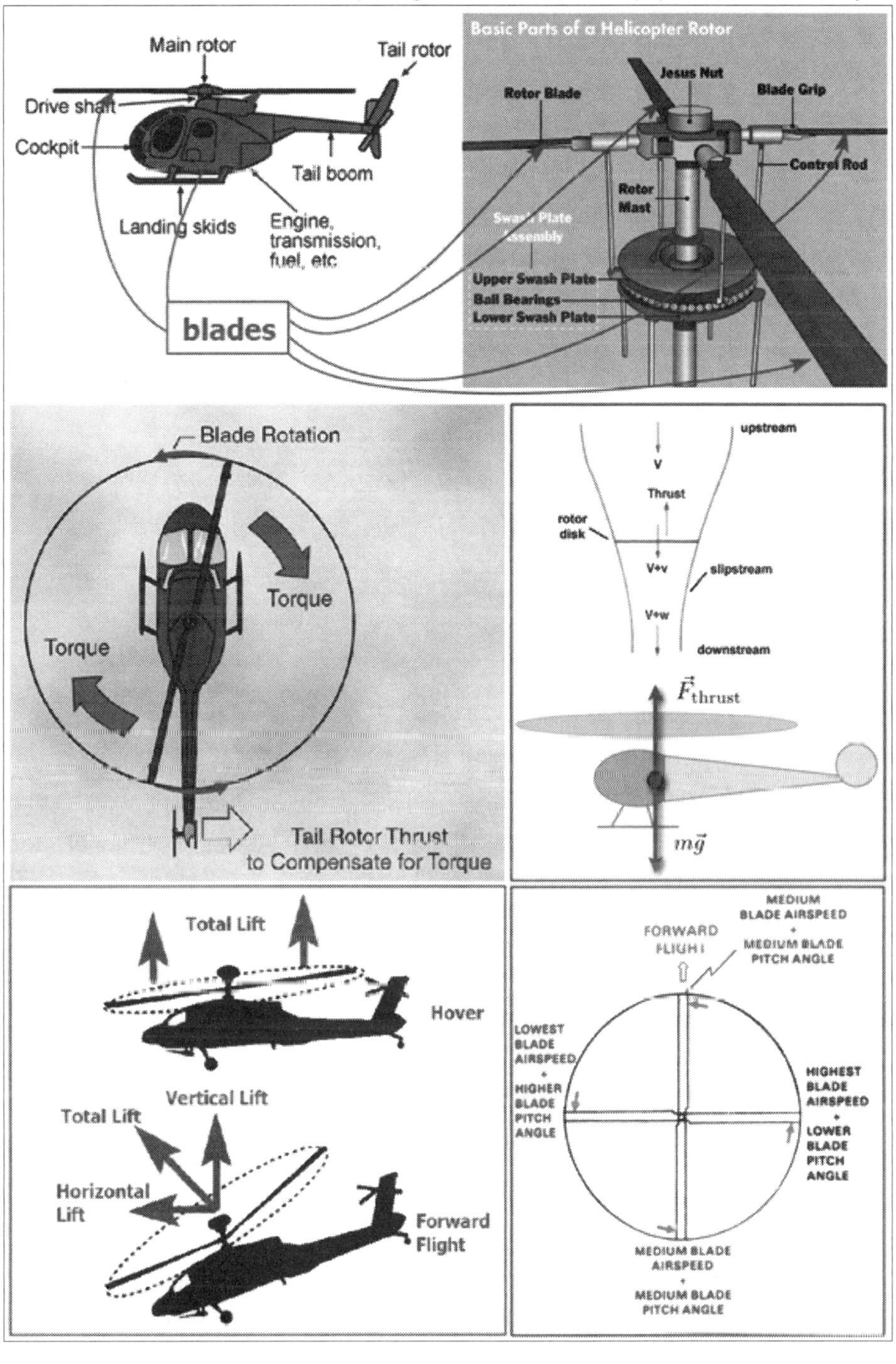

[그림 3-76] 헬기의 비행 원리와 명칭

[그림 3-77] 다양한 헬기의 토크 제어 방법

[그림 3-76]은 헬기의 각종 명칭과 헬기 로터에 의해 발생하는 양력을 보여주고 있다. 이는 헬기의 로터의 각도를 변경하여 양력의 부분을 수직과 전진을 동시에 수행할 수 있는 독특한 특성을 볼 수 있다. 즉 Horizontal Force가 추력으로 작용하는 것으로 속도에는 제한이 있지만 양력과 추력이 헬기의 로터에 의해서 만들어지는 것이다.

헬기는 회전체 기계이다. 이런 회전체는 고정이 되어 있지 않으면 회전하는 물체로 인해 토크가 크든 적든 발생을 하여 동체에 영향을 미치게 된다. 헬기는 양력과 추력을 로터라는 회전체로부터 받게 될 정도로 강력한 회전이 있고 그에 따른 토크도 발생한다. 이 토크를 제어하지 못하면 헬기의 제어는 불가능하다. 그러면 어떻게 헬기의 토크를 잡는 것일까? 헬기는 꼬리 날개가 망가지만 동체도 돌아가게 되는 상태가 발생하는데 이것이 헬기의 토크가 있는 것을 알게 해준다. 그러므로 일반적으로 꼬리날개에 그 해답이 있다. 위의 그림에서도 볼 수 있지만 꼬리 날개의 로터가 양력을 발생시키는 원리와 같이 힘을 발생시켜 토크를 제어하게 된다. 만약 꼬리 날개의 로터가 없는 경우는 일반적으로 다음 3가지 방법으로 토크 문제를 해결하게 된다.

· 주 날개를 2개 가지고 있고 회전은 서로 반대 방향
· 주 날개 1개에 로터를 2층으로 가지고 있고 회전은 서로 반대 방향
· 가스 터빈 엔진 등의 외기 출구 Duct 방향을 조절하는 방법

차. 구조강도

상용화 된 대부분의 재료를 포함하여 특정 재료의 응력-변형 곡선(Stress-Strain Curve)은 특정한 물질의 특성을 나타내는 응력와 변형 사이의 관계를 표시하는 것으로 알려져 있다. 각 재료에 대해 고유하다고 하는 것은 인장 또는 압축 하중(이를 응력이라고 함)의 서로 별개의 변형의 양을 기록함으로써 발견된다. 이러한 곡선은 탄성 계수를 설정하는 데이터를 포함하는 재료의 특성을 많은 부분에서 밝혀지게 된다.

구조용 강재 등의 금속의 여러 합금을 포함하는 연성 재료는 상온에서 항복하는 능력을 특징으로 한다. 저탄소강은 일반적으로 잘 정의된 항복점까지 매우 선형적인 응력-변형 관계를 나타낸다. 곡선의 선형 부분은 탄성 영역이며, 기울기는 탄성 또는 Young의 계수이다. 영의 계수는 길이 변형에 대한 압축 응력의 비율이다. 항복점 후 곡선은 코트렐 대기로부터 탈출하려는 전위 때문에 일반적으로 약간 감소한다. 변형이 계속됨으로서 최고점의 인장 응력에 도달할 때까지 변형 경화로 인하여 응력은 증가한다. 이 시점까지, 포아송 수축으로 인해 균일하고 무작위로 단면적이 감소한다. 실제 파단 지점과 시각적 파괴 지점이 동일한 수직선상에 있다. 파괴가 일어나는 이런 관련내용의 재료에 관한 것이 아래 [그림 3-78]에 나타나 있다.

항공기는 구조강도를 높이기 위해 다양한 방법을 활용하는데 그 중에서 가장 보편적인 것이 벌집(Honeycomb) 구조를 활용하는 것이다. 이는 무게는 가볍게 하고 강도를 높이는 방법 중에 하나이다.

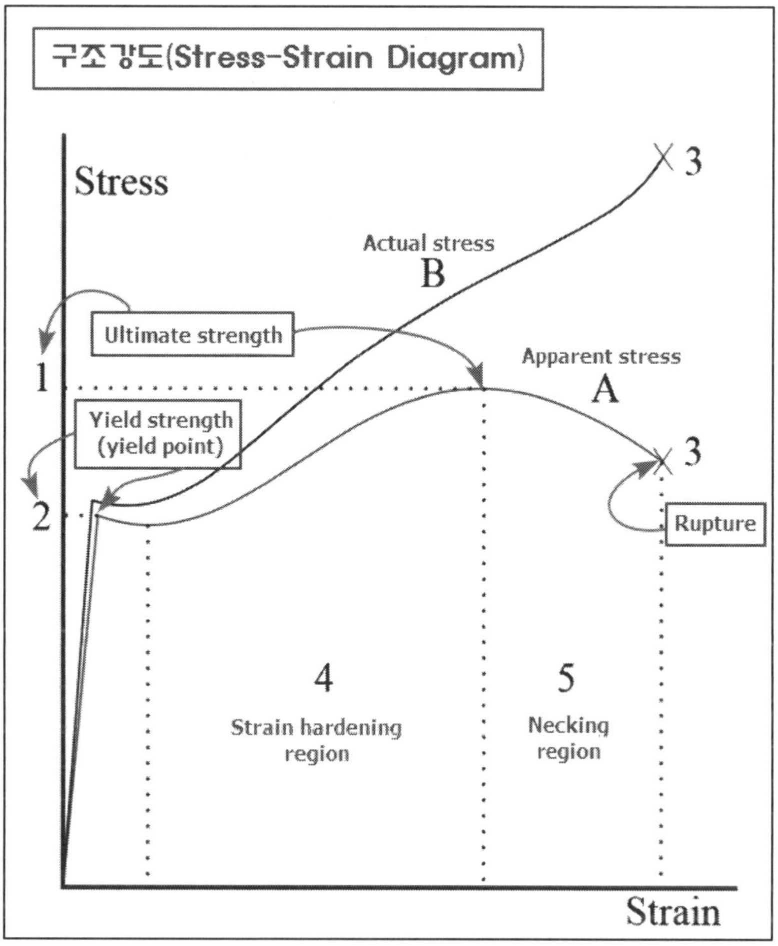

[그림 3-78]
재료의 Stress-Strain 그래프

카. 항공기의 착륙

항공기의 착륙에 필요한 기계적 장치는 랜딩기어이다. 랜딩기어는 비행기 이착륙의 핵심 장치로써 앞쪽에 있는 것이 'Nose Gear'이고 뒤쪽에 있는 것이 'Main Gear'이다.

Main Gear는 항공기 이착륙에 핵심으로 사용이 되기 때문에 'Main'이 되며 또한 무게 중심의 밸런스를 유지하는 랜딩기어라고 알 수 있다. 아래 [그림 3-80]은 랜딩기어에 관한 주요 내용을 보여주는 것이다. 우선 랜딩기어가 이륙을 한 후 접이 올린 후 보관을 하게 되고 나중에 또한 내려 보내게 되는 Uplock 시스템이 있다. 그리고 랜딩기어와 연결된 부분의 명칭을 표시하였고 랜딩기어의 브레이크 시스템을 3차원으로 내부를 보여주었다. 맨 아래 부분은 Nose Gear와 Main Gear의 유압장치와 연동이 되는 시스템을 보여주는 것이다.

www.naval-technology.com

[그림 3-79]
랜딩기어의 모습과 항모에 착륙 시 사용하는 Hook의 모습

www.f-15e.info, www.youtube.com, navyaviation.tpub.com

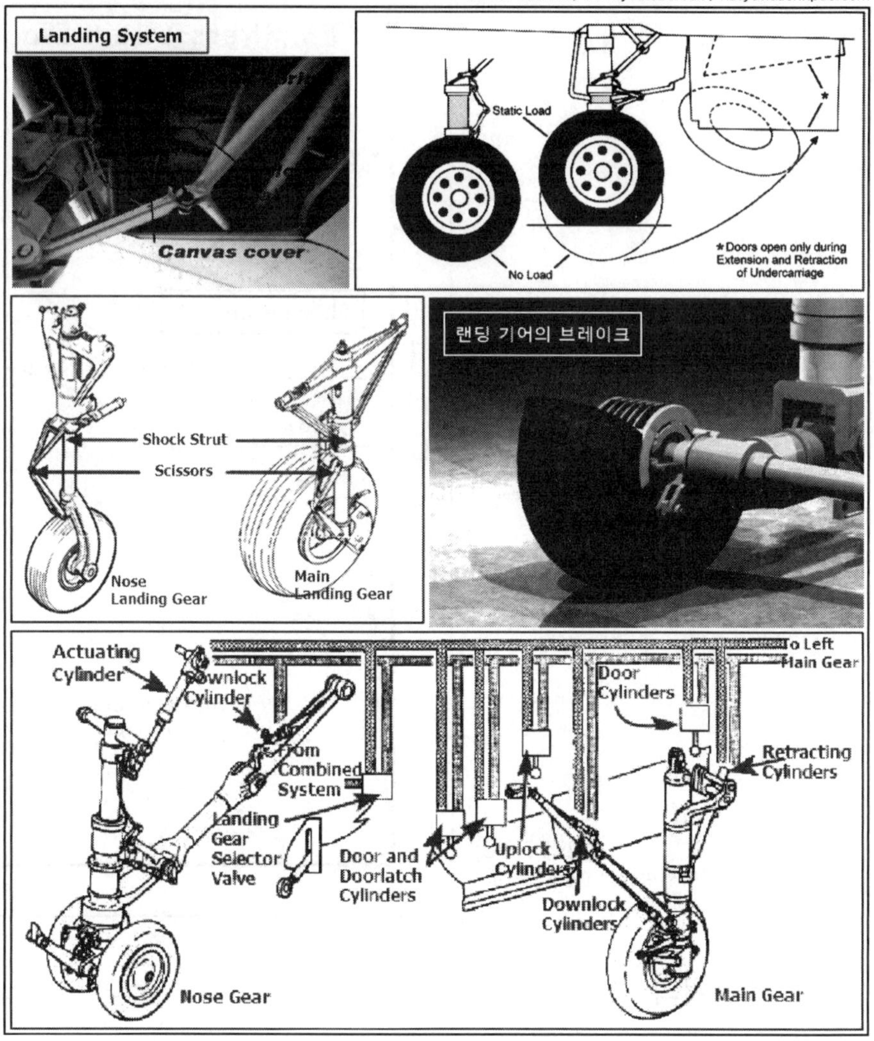

[그림 3-80]
랜딩기어 시스템의 전반적인 모습

타. 항공기 엔진

현재의 항공모함에 탑재되는 항공기는 대부분 큰 틀에서 가스터빈 엔진을 사용한다. 이곳에서는 다양한 가스터빈 엔진이 있지만 포괄적으로 가스터빈 엔진에 대하여 기술을 할 것이다. 우선 가스터빈 엔진은 다음과 같은 종류가 있다.

· Turbojet
· Turbofan
· Turboprop
· Turboshaft

가스터빈 엔진은 들어오는 공기를 압축기에서 압축하여 밀도가 높은 공기를 대량으로 연소기(Combustion Chamber)에서 보낸 후 연소기에서 연료를 주입하여 폭발을 시키면 고밀도 공기와 연료가 혼합하여 폭발을 일으키고 그 에너지를 이용하는 기관이라고 할 수 있다. 대체적으로 터빈을 돌리게 되고 그 터빈이 다른 에너지로 전환이 되는 구조로 되어 있다.

upload.wikimedia.org

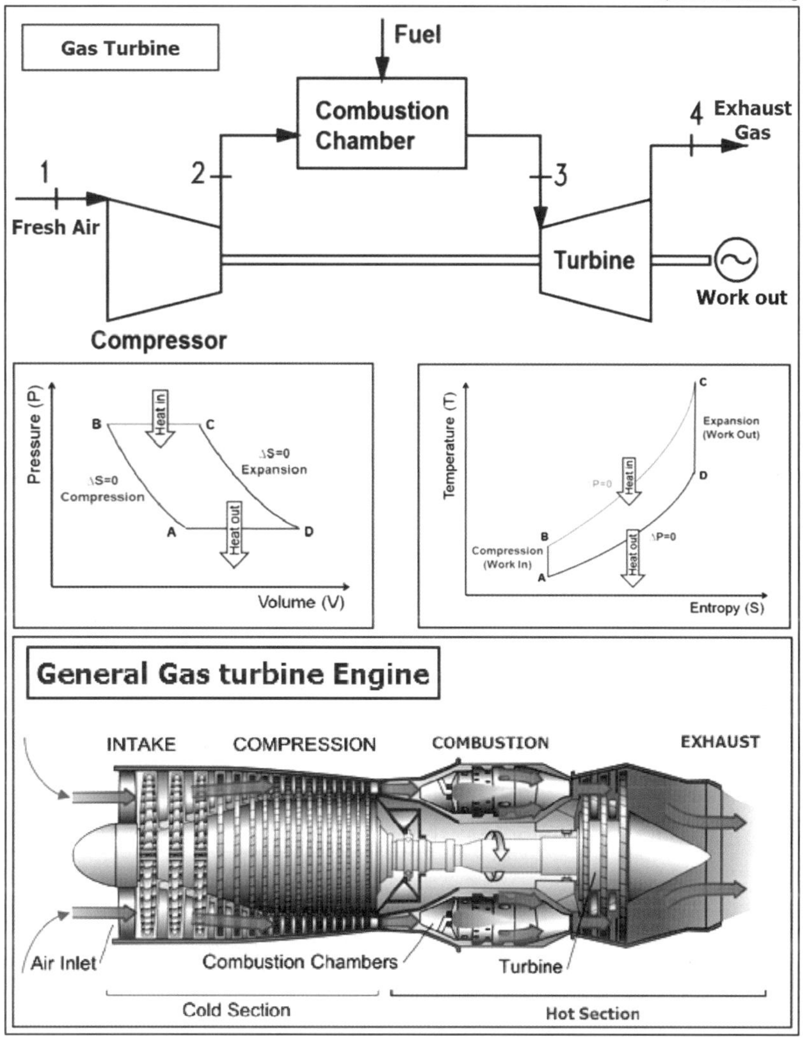

[그림 3-81] 가스터빈 엔진의 개략적 시스템

열역학적으로 살펴보기 위해 p-v 선도나 t-s 선도를 살펴보면, A(1)→B(2)로 갈 때 압력은 올라가고 체적은 줄어드는 압축과정을 보여준다. 이 과정에서 엔트로피는 그대로 이지만 온도는 증가하게 된다. B(2)→C(3)로 갈 때 압력은 유지되지만 체적은 늘어가는 과정으로 이 때 연소기에서 에너지가 주입되는 것이다. 엔트로피가 증가하고 온도도 급격히 증가하는 것을 알 수 있다. C(3)→D(4) 진행 과정은 압력은 내려가고 작동 유체의 체적이 증가하는 과정이다. 그러므로 엔트로피는 일정하지만 온도는 떨어지는 것이다. 즉, 고온 고압의 작동유체가 터빈을 통과하면 터빈이 회전하도록 하는 과정이다. D(4)→A(1) 과정은 터빈을 통해 에너지가 방출되는 것으로 압력은 일정하고 체적은 줄어드는 과정이다. 또한 엔트로피가 급격히 감소하고 온도도 원래대로 떨어지는 과정으로 처음 상태로 돌아와 Cycle 순환 과정의 시작으로 되돌아 다음 단계를 반복하게 된다.

가스터빈 엔진의 절단면을 보면, 공기가 흡입구(Intake) 쪽으로 들어와 압축기로 들어가게 된다. 그림에서 보면 3단 정도의 로터의 회전을 통해 많은 양의 공기를 빨아들이고 이 들어온 공기가 다시 14단의 Stator를 통해 실질적인 압축을 하게 된다. 이것은 자동차가 평지를 달릴 때는 차량 간격이 유지되더라도 언덕을 넘을 때 정체가 되어 차량 밀도가 높은 것처럼 이 단계의 압축기를 통해 공기의 압축을 하게 된다. 그 이후 연소기 안으로 들어간 압축 공기는 연료를 만나 폭발을 하게 되고 그 폭발 에너지가 면적이 좁은 출구를 통해 나가면 터빈을 만나게 된다. 그러므로 그 에너지가 터빈을 회전하게 만들고 그 터빈의 회전하는 것이 동력이 되는 것과 터빈을 통과한 작동유체가 다시 좁은 출구(Exhaust)를 통해 나아갈 때 '작용과 반작용의 법칙'에 따라 비행기 동체를 전진하게 힘 즉 추력을 발생하게 된다.

upload.wikimedia.org www.grc.nasa.gov

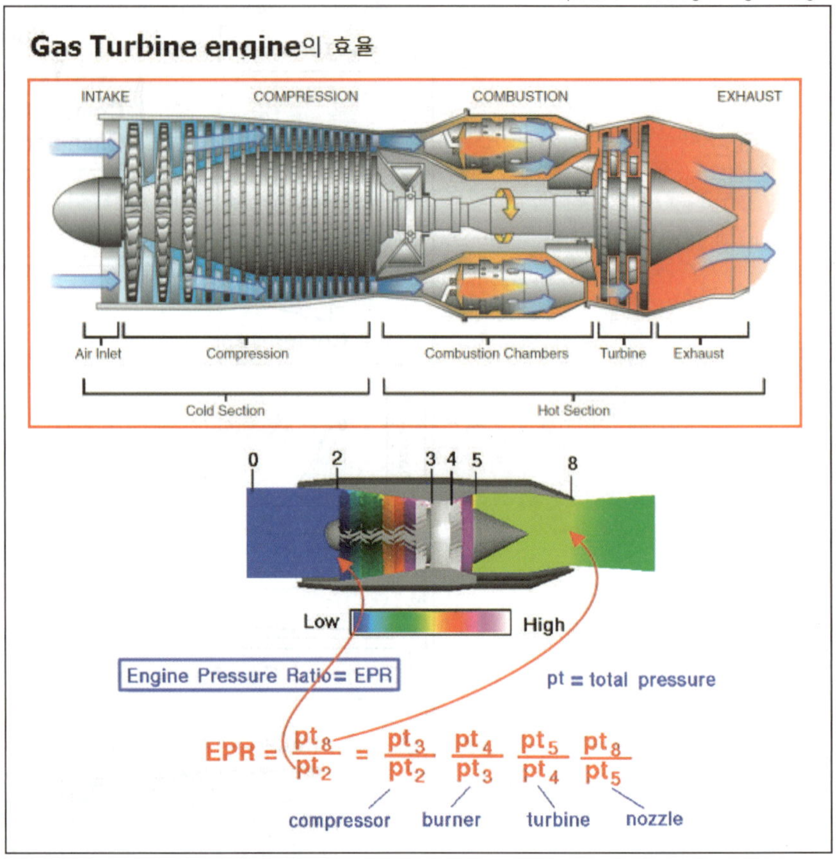

[그림 3-82]
가스터빈 엔진의 효율

엔진의 효율은 압력 차 또는 온도의 차로 확인이 가능하다. 2지점과 8지점에서의 차이가 크면 클수록 엔진의 효율이 좋은 것이다. 가스터빈 엔진의 효율은 대략 35% 정도 되며 효율을 높이기 위한 다른 방안들이 엔진에 적용이 된다. 그 중에 하나가 출구로 나가기 전에 에너지를 활용하는 방안으로 After Burner를 사용하는 방법도 그 중에 하나이다.

헬기에 적용되는 방법은 Turboshaft 이다. 이 방법은 가스터빈 엔진의 한 형태이다. 그리고 그것은 출구에서 jet 추력보다는 샤프트 에너지를 극대화 시키는데 초점이 맞추어져 있다. 개념적으로는 터보 샤프트 엔진은 배기가스로부터 열에너지를 추출하여 출력축 힘으로 변환하기 위해 추가의 터빈 팽창을 가진 터보 제트와 매우 유사하다. 그것들은 심지어 사소한 차이 때문에 터보프롭 엔진에 더 유사하여 하나의 엔진은 종종 두 가지 형태로 만들어 판매가 되기도 한다. 터보 샤프트 엔진은 일반적으로 지속적인 고출력, 높은 신뢰성, 작은 크기, 가벼운 무게를 필요로 하는 애플리케이션에 사용된다. 이들은 헬기, 보조 전원 장치, 보트 및 선박, 탱크, 호버 크래프트 및 고정된 곳에서 필요한 장치 등에 활용이 된다.

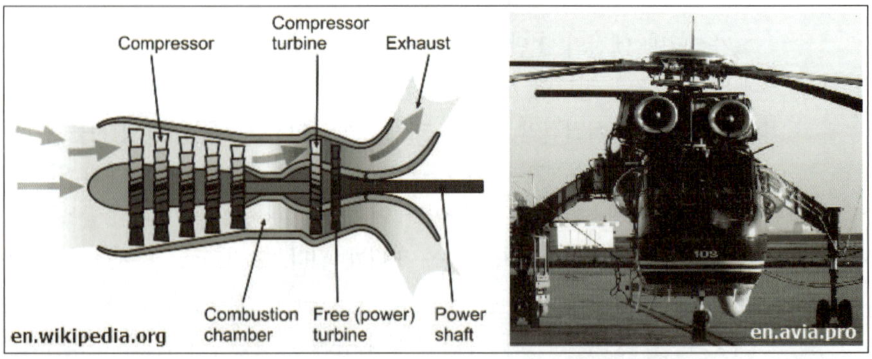

[그림 3-83]
turboshaft 엔진

3.2.3 항공기 이착륙 운동학

고정익 항공기의 이착륙은 매우 중요하고 공학적으로 매우 어렵고 힘든 것이다. 이것과 관련된 것으로는 제한된 길이 내에서 이착륙해야 하는 비행기의 속도나 무게 등에 대해서도 심각한 영향을 미치게 된다. 최근에 중국의 스키점프 램프를 갖춘 항공모함에서 항공기 이륙에 관한 다음과 같은 사실을 보더라도 얼마나 중요한지 알게 될 것이다.

중국은 J-15 전투기를 항모용으로 사용하려고 하고 있다. 이 항공기는 사실 러시아에서 항공모함에 사용하기 위해 시도되었지만 결국 무게 문제로 인해 취소된 SU-33의 복사 버전이었다. 러시아와 마찬가지로 중국도 시운전을 하면서 J-15의 한계와 스키점프 항공모함에서 운영의 중량 제한을 이해하기 시작했다. 무게 제한 문제는 항공모함에서 비행을 위한 최소한의 비행기 속도 요구사항에 의해 발생한다. 스키점프 항공모함은 항공모함의 갑판에서 그리고 스키점프 램프에서 지원받아 이 이륙 거리에서 자신의 비행 속도를 만들어낸다. 하지만 Catapult 항공모함은 훨씬 높은 최종 속도를 생성하기 위해 증기 피스톤 시스템을 이용하면서 항공기에 장착된 셔틀을 가속시킨다. 항공기 무게가 최종 지점의 종말 속도에 영향을 미치기 때문에 항공기가 더 무거우면 무거울수록 더 낮은 종말 속도가 생성이 된다. 즉, 무거운 항공기는 종말 속도가 낮아 이륙이 불가능할 수도 있는 것이다. 이 최소 항공기 속도 요구사항을 도달하기 전에 예를 들면, J-15는 중국 항모 Liaoning에서 단지 무장의 4,000 파운드를 실고 날 수 있고, 역으로 F/A-18E 슈퍼 호넷은 Catapult 항공모함에서 무장 12,000 파운드 이상을 싣고 이륙을 수행할 수 있다. 두 항공모함 사이의 큰 차이는 확실히 임무 계획 및 출격 생성 속도에 내한 전술적 고려 사항에 영향을 미칠 수 있는 것이다. 그러면, 이착륙에 관한 자세한 내용으로 스키점프 램프와 착륙 패턴에 관하여 아래에 기술되어 있다.

가. 스키점프대 이륙

평갑판을 가진 항모에서 고정익 항공기를 이륙시키는 작업은 대부분 Catapult에 의존하기 때문에 이 부분에서는 설명을 생략하고 스키점프 램프를 갖춘 항모에 대해서만 기술을 한다. 다음은 영국의 스키점프 램프의 해리어 기의 이륙에 따른 연구의 결과를 설명한다.

선박에서 VSTOL 비행기를 이륙시키기 위해 일반적으로 '스키점프대/스키점프 램프'라고 불리는 곡면(Curved) Ramp를 사용하는데 이 원리는 1976년 11월 20일 영국 항공잡지 'Flight'의 1468쪽에 처음으로 간단히 묘사되어 있다. 이것은 Hawker Siddeley Kingstone 사의 실무 디렉터이며 Harrier 기의 설계채임자인 John Fozard가 그 해 영국 왕립 항공학회의 R. J. Mitchell 기념 강연에서 한 것을 요약한 것을 잡지에 실었다. 사실 항공모함이 스키점프대를 제안한 것은 1973년 영국 해군 소령 D. R. Taylor이었다. 이것은 예전의 매우 익숙한 생각을 취한 것이다. 즉, 초기 Upward 모멘텀을 증가시키기 위해 발사하는 물체의 비행시간을 증가시키는 것이 필요하다는 것이다. 이것을 항공모함의 데그에서 출발하는 VSTOL 비행기의 이륙에 적용한 것이다. 초기 Upward 궤적에 따라 가속하기 위해 충분한 추력을 항공기에 제공하기 위해 매우 낮은 양력과 무게 비를 가진 비행기를 낮은 속도에서 추진시켜 증가된 비행시간을 가지도록 하는 것이 가능할 것이라는 점을 Taylor는 인지하였다. Downward 방향만큼 Upward 방향 부분의 탄도 궤적을 통해 비행기 속도(Airspeed)를 생성함으로써 비행기가 비행하는 기본이 마련되어지는 것이다.

Taylor의 연구는 Harrier 디자인 팀의 항공역학 및 동력에 의한 양력 비행에 대한 복잡한 운동학 분야 전문가들의 일부에 의해 지지를 받았다. 하지만 당시 해군과 고정익의 평판 데크 비행을 시도하려던 의도를 가진 그룹은 매우 신중하고 조심스러운 입장이었다. 스키점프대에서 이륙하는 방식의 이해를 높이기 위한 내부 연구가 있었고 1974년 중순경에 그것을 지지하는 면면이 등장하게 되었고 1975년에는 그 아이디어가 매우 유용하다는 결과에 도달하게 되었다. 데크에 따라 상대적이기는 하지만, 전통적인 평판 활주로 STO(Short Take-Off)에서 Harrier 기는 90 노트의 이륙최종속도가 되어야 한다. 그러므로 항공모함에 대한 바람의 상대속도인 WOD (Wind-Over-Deck)가 20 노트라면 비행기 속도는 110 노트가 된다. 활주거리(Deck-Run) 끝에서 조종사는 노즐을 아래쪽으로 하고 즉, 동체에 대하여 상대각도를 전통적으로 50°로하고 받음각(Angle of Attack, AOA)을 4~5° 보다 크게 비행기를 만든다.

이륙 상태는 무게중심 (Center of Gravity, CG)에 대한 모든 모멘트가 0(zero)이 되게 맞춘다. 비행기의 무게는 이륙 후에 즉시 제트 추진에 의해 지원을 받는다. 일단 항모의 선수에 수직 방향 가속이 없이 비행할 수 있도록 설치되면 조종사는 완전한 비행 준비를 위해 노즐 회전을 시작할 수 있다. 이륙 최종(종말) 속도(Endspeed), 이륙 활주거리(Deck-Run), 데크로 불어오는 바람 속도(Wind of Deck, WOD)와 기타 변수들이 이륙에 필요한 데이터를 생성하게 되고 이를 통해 이륙 전에 결정이 된다. 이 변수들에는 비행기 중량, 비행기 선형, 동력, 주변 대기력 및 온도 등이 있다. 평판 데크 이륙에서 STO 중량은 VTO(Vertical Take-Off) 중량의 20~30% 더 크고 약 25만 lb 정도로 한정이 된다.

[그림 3-84]는 위에서 언급한 동일 중량의 해리어 기에 관한 것이다. 그림에 나타난 것은 평판 데크의 STO의 속도보다 상당히 작은 속도에서 경사 램프의 꼭대기에서 노즐이 회전한다는 것이다. 스키점프대 출구에서 결과적으로 생긴 앞쪽 방향/아래쪽 방향의 가속이 0.25 g가 있다. 그리고 비행기는 이 지점에서 아직 분명하게 비행을 하지 않는다. 그러나 추가적으로 속도가 늘어나 수직방향 가속과 함께 양력과 항력이 증가한다. 덜 나간 하중은 지지받지 못하고 하향의 비행 궤적이 감소하는 커브를 만든다. 가속의 증가된 비행 궤적 성분은 더 좋은 비행속도 증가비를 제공한다. 즉, 그림을 통해 항모의 선수 끝단에 있는 경사 램프로부터 Sea Harrier 스키점프대의 STO를 보면 낮은 이륙 속도가 확인된다.

이 궤적대로 진행이 되는 동안 동체에 대한 노즐의 각도는 고정이 되었다. 초기 목적은 조종사가 데크를 떠나 조종사가 초기 비행 변경, 노즐 다운을 만든 후 가장 간단한 비행 임무를 수행하기를 원했다. 그림의 왼쪽에 비행 상태는 평판 데크를 이륙할 때 비행기의 상태와 똑 같다. 바다로 약 200 ft 더 나간 후 평화로운 마음을 가지고 조종사는 노즐을 뒤쪽 방향으로 회전시키기 시작할 수 있다. 이것은 비행기의 모든 하중을 날개에 전환시켜 양력과 하중의 균형을 맞추기 위해서다. 기본 전환 비행 후 15초 추가 시간 이후 날개에 전달이 되었다.

가장 극적이고 즉각적인 장점의 증거가 되는 변화는 스키점프대에서 수행된 것이 훨씬 감소된 이륙 속도로부터 더 짧은 Deck-Run이라는 점이다. 이륙속도 당 66 lb의 적재 하중의 균형을 적용하면 그것은 주어진 60노트 출구속도에 Deck-Run으로부터 20°의 스키점프대가 설치되면 같은 이륙속도를 가진 평판 데크의 같은 활주거리보다 2000 lb 더 많은 짐을 싣고 이륙할 수 있다는 것이다.

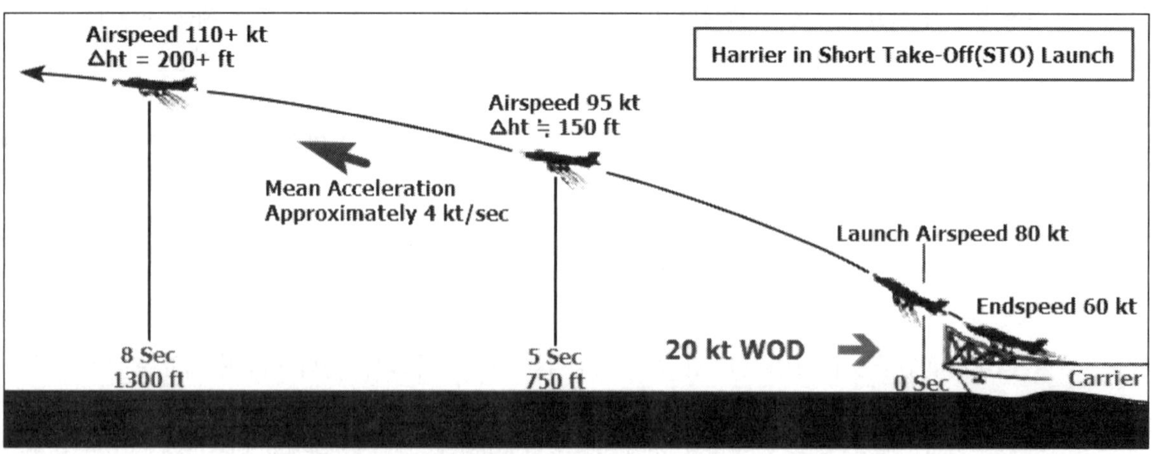

[그림 3-84] 해리어 기종에 스키점프 램프 이륙 정보

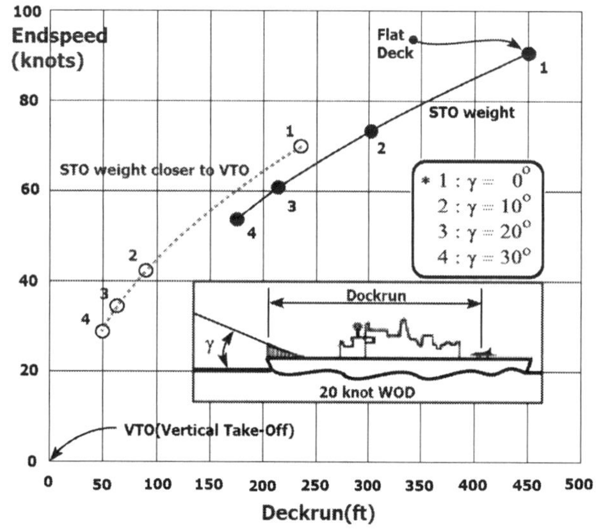

[그림 3-85]
활주거리와 종말
속도의 관계 그래프

확장된 최대 이륙중량보다 적은 총중량으로 이륙하는 수많은 경우에 대하여 이 스키점프대를 갖춘 항모는 바람이 없는 날씨에 속도를 높이려는 스팀 장치가 필요하지 않다. 왜냐 하면, 그 경사 램프가 약 30노트 WOD와 같은 효과이기 때문이다. 그러므로 평균적으로 10% 이상 항모의 연료를 절약할 수 있을 것이다.

Pitching Deck로부터 이륙하는 고정익 비행기는 바다로부터 비행경로와 떨어져 있어 선회하기 위해 추가 이륙속도를 요구한다. 해리어 기의 Deck-Roll 자세변경을 하여 STO을 하는 것은 전통적인 Catapult 이륙보다 상당한 시간을 필요로 한다. 그리고 이륙을 위해 그 항공기의 Bow 위치를 예측하고 결정하는 것은 더욱 어렵다. 분명한 것은 약 20도 Upwind 궤적으로 출발하는 것은 이륙 데크의 실제 핸들링과 상관없이 해리어 기는 출발 명령이 떨어질 것이라는 것이다. 비교해 보면, 큰 전통적인 항모는 평시에 데크 피치가 ±1.5°를 초과하면 이륙이 금지된다. 이것은 Bow와 Stern의 수직 운동 ±10 ft 가 된다.

Deck-Run은 이륙 Kinetic 에너지의 선형 함수이다. 그러므로 그 활주거리는 특정 중량에 대하여 STO 최종 이륙속도와 관련이 되고 그 내용은 [그림 3-85]의 그래프를 보면 알 수 있다. 스크점프대의 끝부분의 각도가 증가함으로써 감소된 이륙속도를 분명하게 보여준다. STO 중량이 VTO 중량과 가까울 때 10°경사 램프에 대한 Deck-Run의 감소가 시작된다.

줄어든 성능을 제외하고도 경사가 급한 스키점프대는 다른 단점이 있다. 100노트까지의 데크 속도에 따른 램프에 잘 맞추어 비행하는 항공기는 더 큰 이착륙장치의 하중을 견뎌야 한다. 예전 해리어 기종의 랜딩 기어를 설계 변경이 없다면 원형 램프(Circular Arc-profiled Ramp)에 승가된 수직방향 가속이 약 0.5 g로 제한이 될 것이다. 그러므로 랜딩 기어의 Strut는 위 보다는 바닥에 있어야 한다.

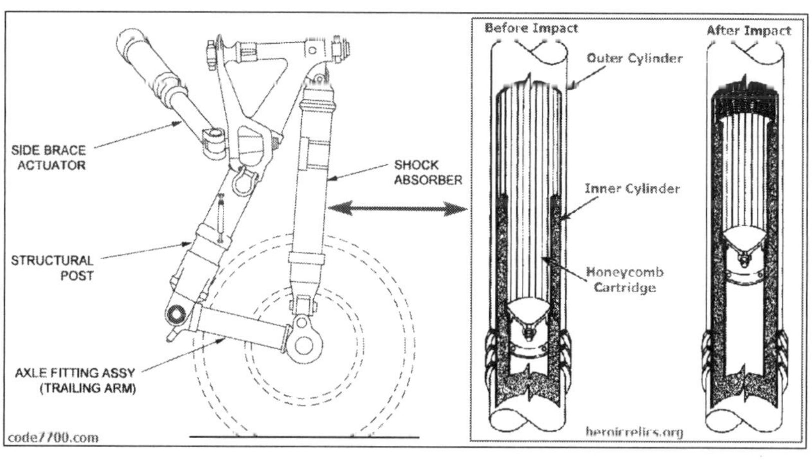

[그림 3-86]
랜딩 기어의 Strut

스키점프대를 통과하는 시간이 통상 0.5초가 된다. 모든 랜딩 기어 Strut의 강도에 늘 영향을 주는 랜딩 충격을 흡수하는데 0.05초인 것과 비교된다. 완충, 강직성, 반동식 리코일 등등이 스키점프대가 STO 중량을 가지고 사용되는 동안 증가된 수직 하중의 비교적 긴 주기에 대하여 최적화가 되어야 한다. 극도로 길지만 않다면 20° 보다 큰 출구 각도를 가진 스키점프대는 존재하는 이착륙 장치의 내부 오일/Gas 유압 성능의 간단한 재 최적화 이상의 것들을 요구될 것이다.

이런 모든 이유에 대하여 20°를 넘지 않는 출구 각도를 가진 스키점프대에 주의 깊게 초점을 맞추어야 한다. 해리어 기의 STO 활주로의 폭 보다 더 넓을 필요가 없고 이것은 항모의 중심선에 비대칭이므로 선박의 선수에 70~80 ft 정도의 완전한 이착륙 데크이면 될 것이다. 단지 20° 윤곽선으로 된 앞쪽의 30 ft 정도는 데크 파킹을 전적으로 할 수 없는 것이고 데크 공간의 부족함이 그리 심각한 편은 아니다. 사실, 램프의 앞쪽 30%는 곡면 데크 판 아래 추가적인 저장 공간이 제공된다.

5/8 인치 두께의 전통적인 데크를 가진 90 ft 길이와 80 ft 폭의 스키점프대를 추가로 설치한다면 약 80톤의 추가적인 하중을 항모는 가지게 될 것이다. 이 곡면 데크 아래에 지지 구조물에 2배의 안전하중이 고려된다면 추가 시스템이 없이 그리고 부품을 옮기는 것 없이 비용 절감 차원으로 보면 용접 작업 등으로 200톤 이하로 그 불이익은 잘 처리될 것이다. 만약 새로운 항모를 고려하면 그 램프는 평판 데크를 대체하는 것이고 추가적인 철 작업은 100톤보다 작은 것을 가지고 구조물의 증가된 지지하는 상태가 될 것이다.

안전은 전시나 비전시에도 최상으로 중요한 것이다. 조종사에는 더 말할 것도 없다. Catapult 이륙 또는 STO 이륙 하자마자 이륙 실패는 평판 데크에서는 가장 심각한 상태가 될 것이다. 해리어 기 조종사가 오작동이 된 노즐의 구동 시스템을 노즐을 후면에서 50° 아래쪽으로 선택하는 것이 유일한 희망이다. 이런 경우는 10만 번의 해리어 기의 STO 이륙 중 단지 1번만 발생하는 두문 경우이다.

만약 평판 데크에서 STO 하중에 조종사의 명령에 노즐이 작동을 하지 않는다면 바다에 충돌하기 전에 지지를 받을 수 있는 상황이 아니기에 그 비행기는 회복 불가능한 상태이다. 유효 수직 힘은 하중의 1/3 보다 작은 힘으로 처음에는 지지를 받는다. 50 ft 높이의 평판 데크에 벗어난 결과 궤적과 연관된 가장 중요한 숫자는 아래 [그림 3-87]에 있다. 비행기는 2,5초 후에 바다와 만나게 될 것이다, 그리고 항공 의학 기관들이 조종사가 주요 위험 상황을 인지하고 성공적으로 사출기(Ejector)를 발사하는데 2초가 최소 시간이라는데 동의를 한다. 20° 스키점프대의 60노트 이륙 최종 속도에 같은 비행기가 노즐 회전에 실패를 하는 경우가 아래 [그림 3-87]의 중간에 보여준다. 비행기 고도 때문에 추력(Thrust) 성분에 날개 양력을 더하여 하중의 약 60%가 초기에 지지된다. 스키점프대 때문에 나온 위쪽 방향 모멘텀이 다시 증가된 시간을 제공한다. 그리고 조종사가 경고를 인지하고 비행기의 날개 저장기름(STO 비행에서 수천 파운드)을 버리면 노즐을 그대로 유지하고 날개로 양력을 받아 비행하여 공적인 업무를 수행을 하는데 문제가 없을 것이다. 칠흑같이 어두울 때 이륙 시 노즐 작동 실패 등 이중으로 오작동이 발생하는 등 어떤 경우에도 조종사는 충분한 시간을 가지게 될 것이다.

비행기가 스키점프대 끝부분을 떠날 때를 기억해야 한다. 그 비행기는 실제적으로 아직 비행하는 것이 아니다. 130노트 이상의 비행속도가 되어야 한다. 램프 출구 속도는 80노트 정도이다. 그 출구 속도가 이착륙 제한에 의해 결정이 되기 때문에 더 긴 활주거리가 필요한데 공간상 제한적이다. 램프의 경사 각도를 높이면 랜딩기어에 많은 압력을 가하게 된다. 더 많은 하중의 비행기는 더욱 큰 압력을 받게 된다. [그림 3-87]는 영국 Invincibles 항모의 주어진 하중에서 필요한 램프로부터 활주거리를 보여준다.

램프를 떠한 항공기는 아직 비행에 필요한 충분한 양력을 아직 생성하지 못하였고 그 비행기의 날개가 어느 정도 양력을 발생시킬 수 있는 만큼의 시간이 필요하다. 비행기는 지속적으로 가속하는 시간을 가지는 동안 탄도 방향 모멘텀 성분을 가지게 될 것이고 그것이 위쪽 및 앞쪽 방향으로 움직이는 것을 유지시킬 것이다. 그것이 정점에 도달하기 전까지 그리고 다시 떨어지기 시작할 때까지 130 노트 이상의 날개에 의한 양력이 발생하여 비행할 것이고 최소 200 ft 이상의 고도에 도달할 것이다. Catapult에 의

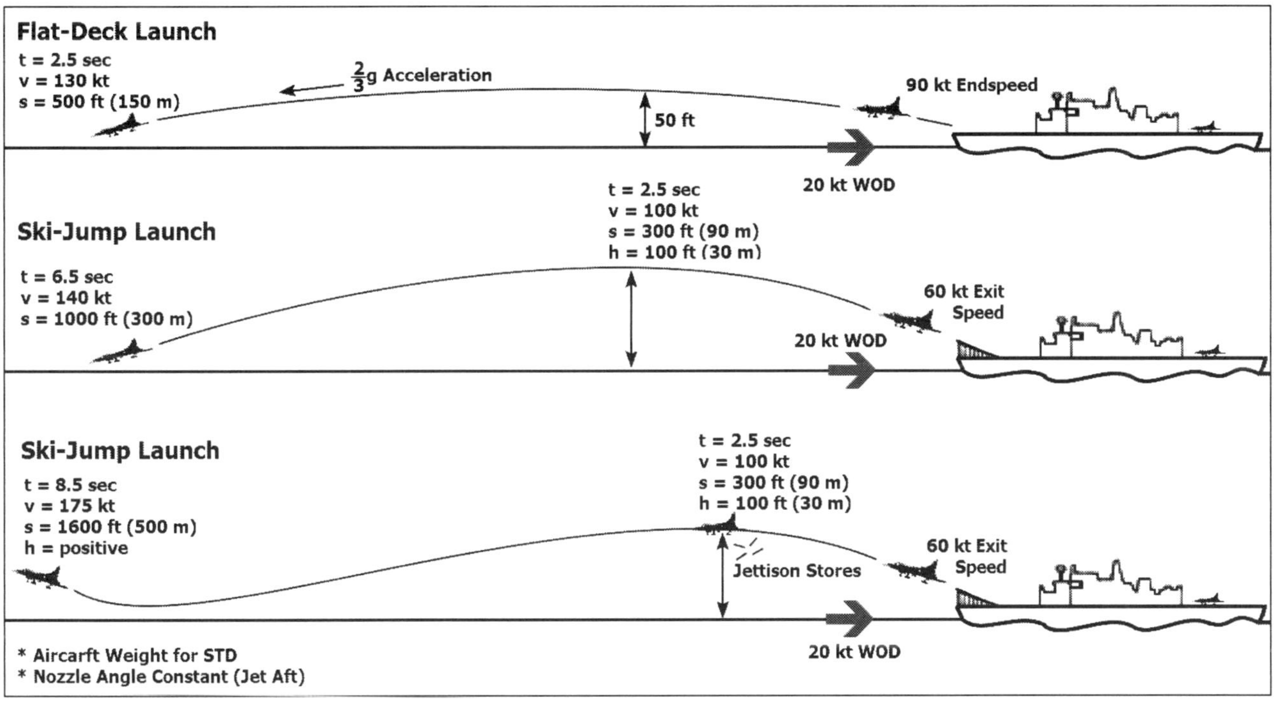

[그림 3-87] 이륙 속도에 따른 스키점프 램프 이후 항공기 궤적

한 비행 또는 평갑판을 가진 LHD(Landing Helicopter Dock)에서 자유 이륙하는 해리어 기 등의 비행은 수초 후에 60 ft 고도를 일반적으로 가지는 것과 비교하면 매우 높아 앞서 이야기를 한 것처럼 안정적으로 비행기를 조종할 수 있는 것이다.

[그림 3-88] 일반적인 활주로 이륙을 보여주는 것이다. 항공기는 완전히 날개 양력을 통해 비행할 수 있는 속도인 대략 130노트까지 활주로에서 가속한다. 그것은 비행기 날개가 중력을 이겨내 충분한 양력을 만들어내도록 하는 것이다. 그 이후 지면을 이륙하게 된다. 육지에서는 TO는 시멘트 활주로의 경우 예를 들어 1500 ft 될 수 있고 만약 Catapult의 도움을 받는 경우라면 250 ft 정도가 될 것이다. 이 두 경우 모두 지점 B에서 비행기가 이륙하여 비행한다는 것이다.

[그림 3-89] 이 경우는 항모 또는 지상에 스키점프대가 있는 것으로 TO의 길이는 위와 같다. 하지만, 비행기는 매우 짧은 거리의 활주로 네크를 떠난나. 그리고 Catapult의 지원이 없이 이륙하는 것이다. 비행기는 램프의 끝부분인 B 지점을 떠나게 된다. 이 지점은 단지 부분적으로만 비행기 날개의 양력에 의해 지원을 받는다. 양력의 부족한 부분은 해리어기 또는 F-35B 엔진에서 변환된 추력으로 보상된다.

해리어기에서는 램프를 떠날 때 노즐이 45~50° 아래쪽 방향으로 회전을 한다. 만약에 램프를 떠난 이후 비행기가 계속해서 가속을 하지 못한다면 그것은 위쪽 방향으로 포물선을 그리며 그런 다음 항모의 수백 피드 앞에서 지상으로 떨어질 것이다. 조종사는 반응하고 필요 시 사출기를 작동하여 안전하게 탈

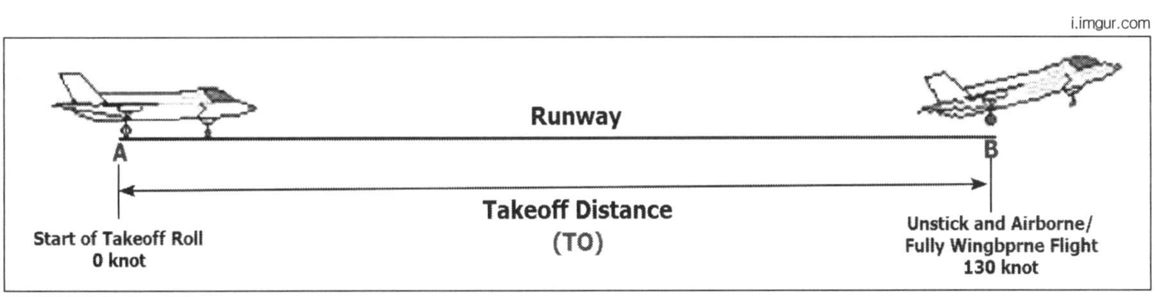

[그림 3-88] 일반 활주로 이륙

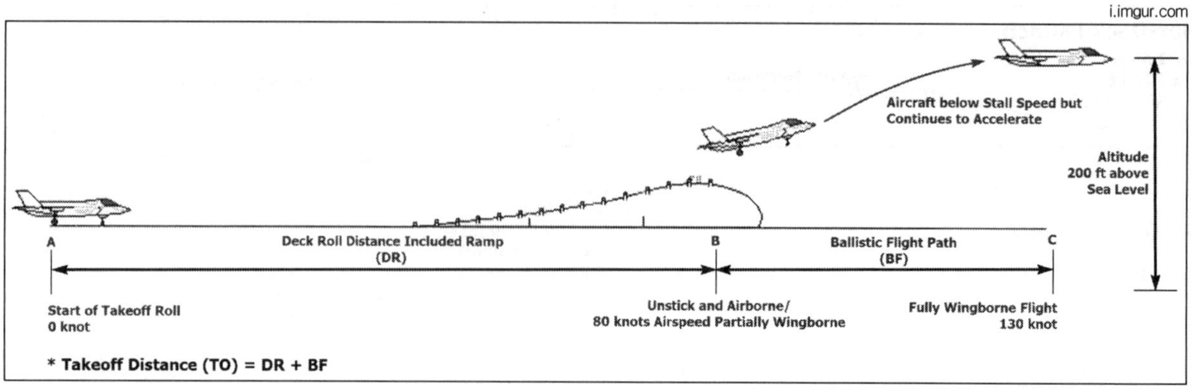

[그림 3-89] 스키점프 램프 이륙

출할 수 있는 추가적인 시간을 가지게 될 것이다. 그렇지 않으면 비행기는 포물선을 그리고 계속해서 가속하여 온전히 날개에 의한 양력이 이루어지는 지점 C까지 가속을 해야 한다. 이 이후부터 정상적으로 비행기는 비행을 하는 것이다.

중요한 것은 STO 하중이 더 나가면 나갈수록 스키점프대로 이륙하는데 있어 고정식 노즐 비행기의 이륙 탄도 시간은 더 길어진다는 점이다. 왜냐하면, 이륙 시 더 많은 하중의 항상 훨씬 위험한 상황이 될 수 있고 요구되는 비상사태 상태를 가져올 수 있다는 점으로 조종사의 정상적인 경험에 반하기 때문에 더 시간이 긴 것이 조종사에게는 좋은 것이다.

그 시간은 주어진 램프에 의해 전해진 수직 방향 모멘텀은 높은 하중을 가진 높은 이륙 속도에 대하여 상당히 커지기 때문에 시간은 증가된다. 하지만, 평갑판 이륙에 있어 바다와 부딪히는 시간은 거의 이륙 하중과는 독립적이다.

스키점프대에서 조종하는 요구조건은 어떠한 외부의 가시적 신호 없이 한밤중에 이륙을 통과해야 하고 비행 업무는 평갑판 STO 이륙 비행 업무를 초과하지 말아야 한다.

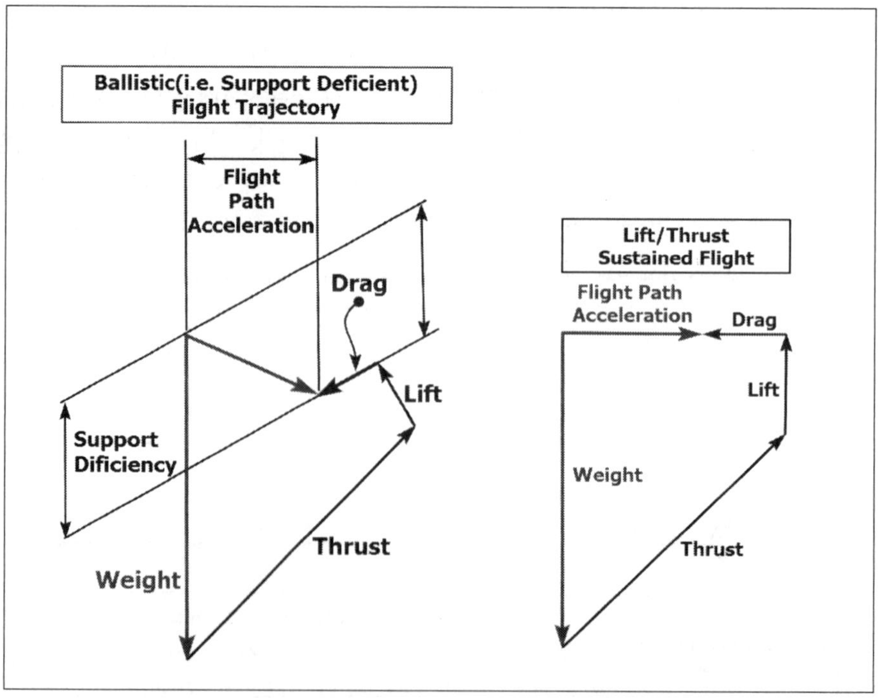

[그림 3-90] 스키점프 램프 이륙에 의한 힘의 성분 분석

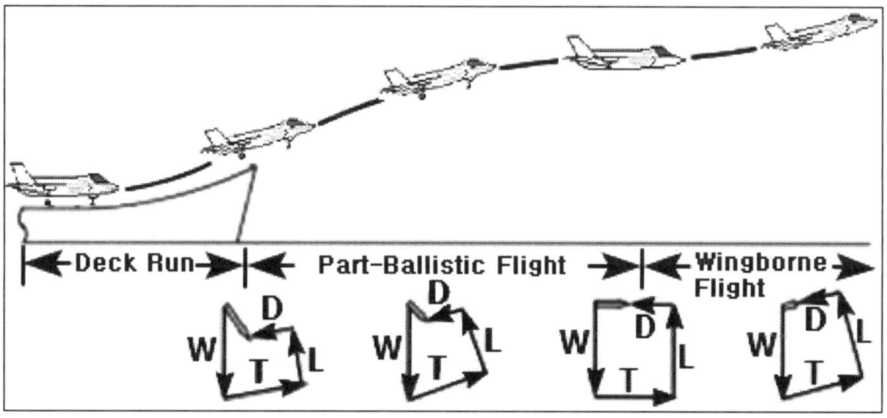

[그림 3-91] 스키점프대에서 이륙하는 비행기의 단계별 힘의 성분 분석

해리어기는 3축 자동 안정판을 가지고 있지만 각 축은 단일 채널을 가지고 있어 제한된 인가가 되어진다. Taylor에 의해 상상되는 것으로 원래 스위치백 탄도 스키점프대를 통해 비행기를 이륙하기 위한 자동 컨트롤 시스템이 당시 시점에서 보면 가능하지도 경제적이지도 않겠지만 통제와 불필요한 중복의 레벨을 정할 필요가 없어지는 장점이 있는 것이다. 이륙 시 실제적인 여유 폭을 가지고 비행기는 궤도의 최고점을 벗어나 날 수 있는 것이다. 그러므로 파도타기와 비슷한 것으로 턱거리까지 확장된 공중에서 활주를 피할 수 있는 것이다. 낮은 고도에서 바다로 향하는 수직 속도 성분은 항상 나쁘다는 것이다.

조종사의 업무 경감에 대하여 같은 이유로 이륙 후 즉시 어떠한 속도와 고도에 따른 노즐 각도 변경이 없이 고정된 비행을 벗어날 것인지 이 변화가 시작 시점에 수직으로 가속이 없는 비행을 이룰 때까지 결정을 해야 한다. 결과적으로 이 궤도 중에 가장 중요한 상황은 매우 짧은 시간이고, 조종사는 쉽게 그리고 준비된 오작동에 흠뻑 젖은 미리 프로그램대로 타성에 젖은 매너리즘의 행위가 아니라 업무에 충실하고 능력 있는 직진 앞쪽 방향 Stick-and-Rudder-Bar를 수행하는 사람으로서 기능 조작을 요구받게 된다.

스키점프대 비행을 하는 조종사는 어떻게 자신의 비행기가 반 탄도식 궤적을 그리며 나는 비행기가 이륙하고 비행하는지 상세히 알아야 한다. 특별히 비행 고도, 비행기의 받음각, 헤드업 디스플레이의 지시계 등을 정확하게 파악을 해야 한다. 이런 것의 첫 번째 해답은 시뮬레이터를 통해 충분히 교육받고 정보를 제공받을 것이다. 그 이후 활주로에 만들어진 램프에 시범 비행을 실시가 될 것이다. 이 때 안전을 위해 필요 시 2인승 해리어 기가 사용될 것이다.

스키점프대의 개념을 가지고 시범 비행에 이르기까지 최소 1~2년 이상 필요할 것으로 판단이 되며 만약에 Catapult가 사용된다면 Catapult에 따라 달라지며 이 사출기의 성능과 신뢰성이 중요하다. 스키점프대 기술이 증명이 된 이후 평갑판의 500 ft 이상 요구되었던 활주거리를 250 ft인 반으로 줄여 이륙 가능한지 비행기 기종에 따라 특별히 해리어 기 같은 기종에서 검증을 하게 된다.

해리어 기는 작은 각도의 램프에서 이륙은 매우 쉽게 가능한 것으로 평가가 되어 있다. 그런 기술과 진행과정은 평갑판 이륙과 크게 변화가 없이 같을 것이고 실제적으로 6° 램프는 어떤 변경도 없이 해리어기는 사용이 가능하다. 6° 램프는 최소한 15노트 WOD 혹은 이륙 최종 속도에 해당된다. 그리고 고정된 WOD에서 주어진 활주거리 라면 1000 lb의 추가 하중으로 이륙할 수 있는 것이다. 이 6° 램프는 ±2° 까지 데크 피치 운동에 STO 이륙 위험을 추정할 수 있다.

램프가 있는 항모의 경우 비행갑판에 의해 선박의 크기가 결정이 된다. 선박의 선폭(Beam)은 탑재기의 활주 폭에 비행기의 정차 시 필요한 폭과 여유를 더해 결정이 된다. 길이는 최대중량 탑재기의 이륙 시 필요한 활주거리에 따라 결정이 된다. 그리고 램프가 있으면 몇 도의 램프인지, 비행기를 뒤쪽으로 보내야 할 필요가 있는지, 중간 혹은 뒤쪽에 비행기 회전을 시키기 위해 턴테이블(Turntable)이 있는지 이륙 간격이 어떻게 되는지가 중요한 변수가 될 것이다. 일반적으로 비행갑판에 턴테이블이 있으면 데크를 가로지르는 택싱(Taxiing)에 문제가 있어 피하는 것이 좋다.

만약 해리어기 항모가 25노트로 운항하도록 설계되었으면, 통상 효과적인 15노트 WOD에 램프가 운영이 된다면 바람이 없는 상황 하에서도 420 ft STO를 만들어 낼 수 있다. 이 비행갑판은 통상 비행기 해상에서 작전 비행하지 않으면 24시간 보관하여 정비되는 격납고인 Hangar 데크 위에 만든다. 상선의 개조도 고민을 해 볼만 가치가 있지만 평시에는 선택되지 않을 것으로 판단된다.

아주 작은 램프를 가진 것을 포함하여 스키점프대는 항모의 효율적인 면에서 중요한 실제적 진보가 있어 왔다. 이 개념은 간단하면서도 효율적이다. 몇 가지 문제점이 있지만 심각한 것은 없는 것으로 판단이 되며 이것들도 시간을 가지고 해결이 되어 왔고 계속 개선이 되고 있다. 특히 기존 해리어기는 낮은 램프 각도에서는 변경 사항이 없이 사용도 가능하다. 스팀 Catapult, Angled 데크 그리고 착륙용 미트볼 등이 초기의 어려움을 극복하고 정착 단계에 들어간 것처럼 스키점프대도 미국을 제외한 각 나라의 항공모함에 정착이 되어 가고 있다.

나. 착륙 패턴

수평 착륙하는 경우 초기 접근에서 고도를 낮추며 어프로치를 우선하게 된다. 1000 ft 고도에서 하강을 시작하게 되는 것으로 되어 있고 200 ft 고도로 낮춘 뒤 항모로 접근을 하게 된다. 이것은 그 고도에서 안정기(Plateau)를 유지하며 착륙 준비하기 위한 것이다. 이후 착륙 허락이 되면 최종적으로 항모에 착륙하기 위한 하강을 하게 된다. 스키점프 램프가 있는 항모의 경우 수직 하강 착륙을 하게 되는데 이 경우 움직이는 항모의 뒤편에서 접근을 하게 되고 항모의 진행하는 상황에 의해 착륙을 고려하게 된다. 착륙 목표 지점이 존재하지만 상황에 따라 앞쪽 또는 뒤쪽에 착륙할 수 있어 그 이후 활주로로 활주하는

www.f-16.net

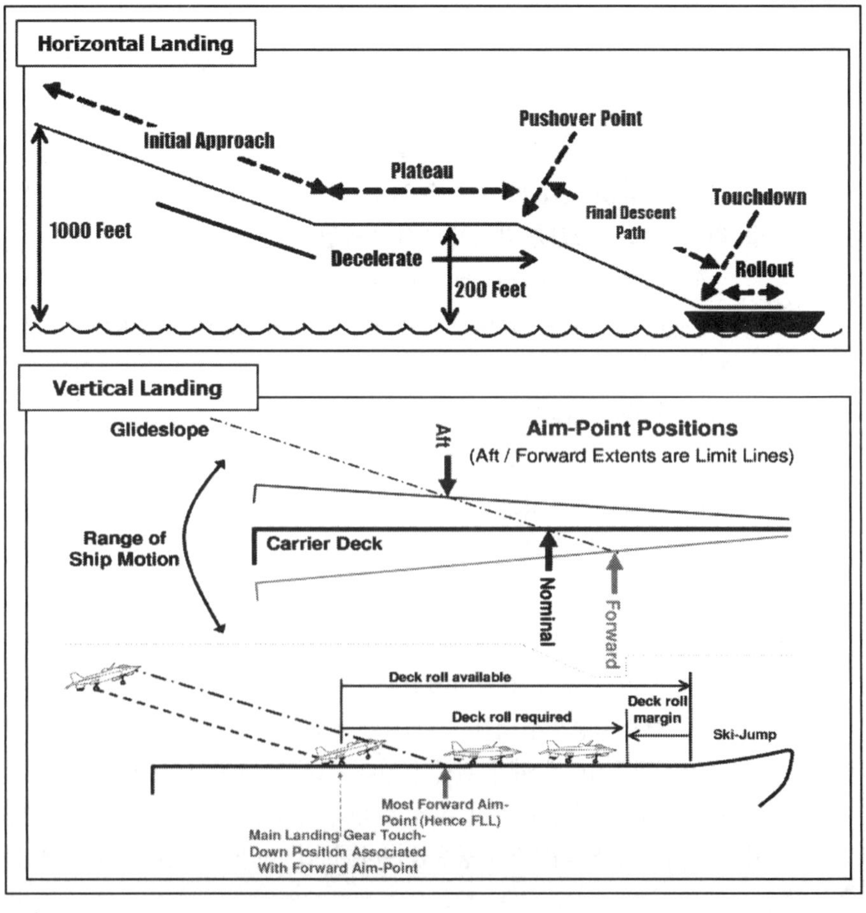

[그림 3-92] 랜딩의 종류에 따른 항모 접근 방식

경우 마진을 넘지 않는 지점에서 멈출 수 있어야 한다. 평판 갑판의 고정익 항공기 착륙은 Arresting 시스템에 도움을 받지만 수직 착륙은 그런 점에서 어렵다고 할 수 있다.

선상 롤링 수직 착륙(SRVL)은 날개의 제트 엔진과 리프트 등 수직 추력을 모두 사용하는 V/STOL 항공기가 착륙하는 데 사용되는 방법이다. V/STOL 항공기는 일반적으로 선상에서 수직으로 또는 활주로에서 기존 방법으로 착륙을 한다. 수직 착륙을 위해 리프트 팬, 회전 제트 노즐을 아래쪽으로 하여 추력을 사용한다. 한편 활주로 착륙을 위해서는 제트 노즐을 후방으로 한다. 롤링 수직 착륙하기 위해 항공기가 날개 양력을 생성할 만큼 충분히 빠르게 이동하는 동안 호버링 하며 추력을 아래 방향으로 사용한다. 이것은 크게 감소된 접근 속도 및 착륙 거리와 함께 롤링 착륙할 수 있다. SRVL 기동과 더불어, V/STOL 항공기는 항공모함에 롤링 착륙을 할 수 있고 이 때 랜딩 기어의 디스크 브레이크를 사용함으로서 효과적인 정지를 한다. 항모 상에 종래의 롤링 착륙과 달리 이 SRVL은 Arresting 와이어와 Tailhook의 사용을 필요로 하지 않는다. 이 기술의 적용하는 장점은 그것이 수직 착륙할 때 제한될 수 V/STOL 항공기의 착륙 적재량을 증가시킬 수 있다는 것이다. 또한 양력에 사용되는 엔진의 마모 정도를 줄이고 작동 수명을 연장할 수 있다. 마찬가지로 수직 착륙하려는 하방 제트 배기 장치에 의한 항모의 데크 표면에 마모의 양을 감소시킬 수 있다.

[그림 3-93]은 F-35B에 대한 것으로 Lockheed Martin은 영국을 대신하여 F-35B가 STOVL로 SRVL 할 수 있는 능력을 가지도록 개발하기 위해 계약을 하였다. 영국과 미국에 의해 개발된 이 SRVL 기술은 F-35B를 사용해 수직 착륙을 할 때 가능한 것보다 더 많은 무기나 연료를 운반하는 항공모함의 갑판으로 돌아가도록 하는 것이다. 접근 방법은 일반적으로 60~70노트(111~129 km/h)에서와 6~7°의 비행경로 각도로 비행할 것이다. 6°의 접근각과 70노트의 속도 30노트의 WOD과 활강을 가정하면, 대략의 경험적으로 보면 사전에 6.7 fps의 하강 속도로 접근을 해야 할 것이다.

가장 착륙하기 좋은 포인트에 데크 조명을 이용하여 강조될 것이지만 하나의 알고리즘이 주어진 해상 상태에 대한 최적의 접근 프로파일을 계산하는데 사용된다. 영국의 연구 시뮬레이터가 65,000 t Queen Elizabeth 급의 미래 항공모함 설계와 F-35B의 SRVL 성능을 모델링하는 데 사용되었다. 미국 해병대에는 잠재적으로 자신의 F-35B 함대와 SRVL 기술을 사용하는데 관심을 가지고 있다.

1.bp.blogspot.com

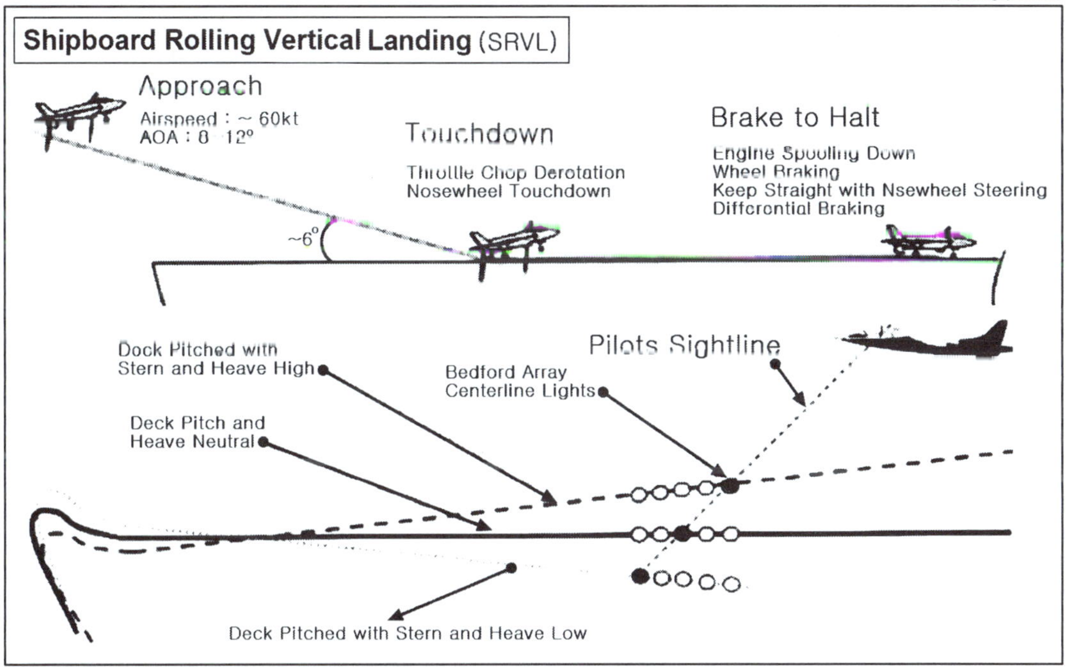

[그림 3-93] 수직 착륙에 관한 상세한 그림

[그림 3-94]는 항모에 착륙하는 패턴을 그림으로 보여주는 것이다. 진입하기 위해 항모의 뒤쪽에서 앞쪽으로 한번 돌아 서로 인지하는 시간을 가진다. 항공모함에서 1마일 벗어난 정우현 방향이 되면 통신 'Abeam Call'을 하고 항모의 뒤편에 도착하면 'Ball Call' 통신을 하여 하강 궤도 및 하강률을 대략 3/4 마일 정도로 선회(🄰)를 하게 된다. 그 이후 항모 뒤편에서 전형적인 방식으로 15~18초간 비행을 하며 접근을 하게 된다(🄱). 이후 착륙을 시도하게 되며 만약 'Bolter' 상황이 되면 [그림 3-94]의 점선으로 표시된 것처럼 재 시도를 하게 된다. 그림의 항모의 굵은 점선은 진행방향을 표시한 것이다.

www.fsdreamteam.com

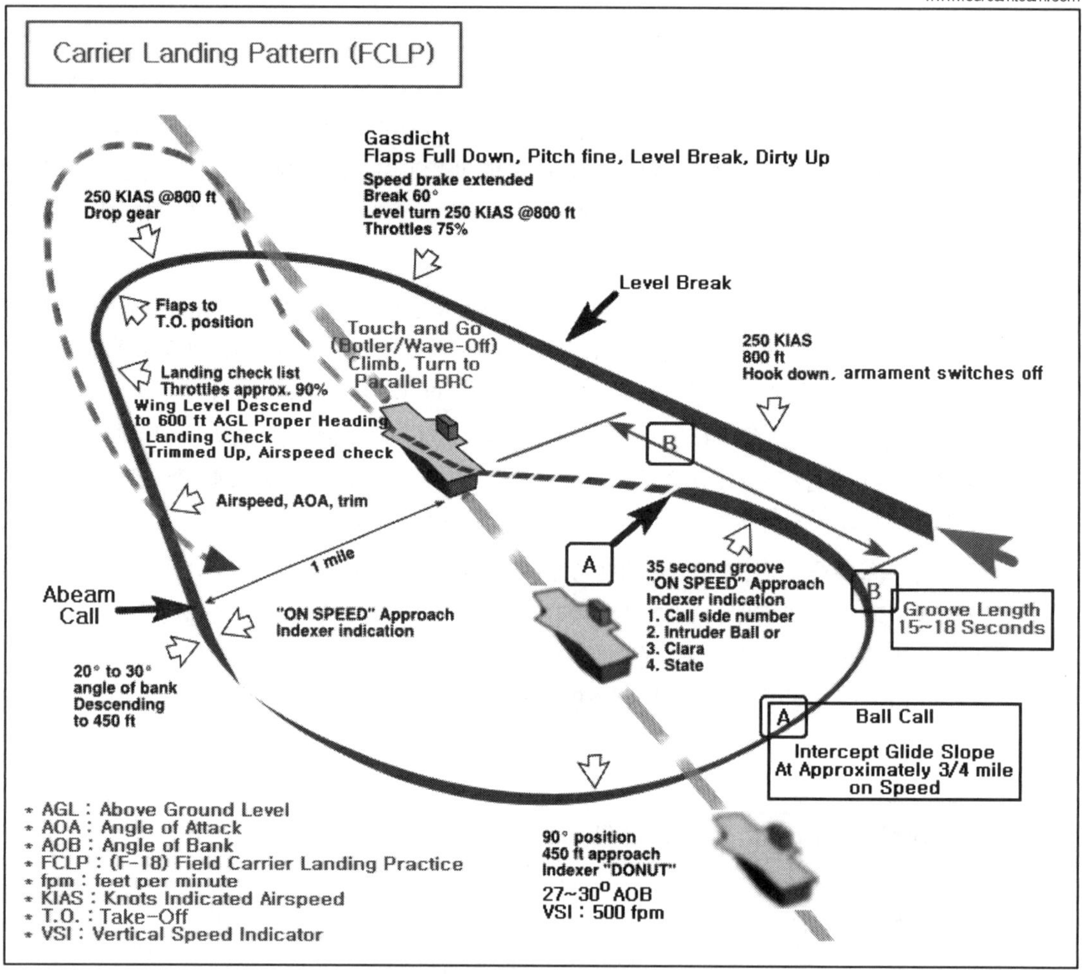

[그림 3-94] 항모에 착륙 패턴을 도식화한 그림

3.3 항모역학 실전 연습문제

3.3.0 기본 공식

- 공식 1] 등가속도 운동 : $\Delta v = at$ where Δv=속도변화량, a=가속도, t=시간
- 공식 2] 등가속도 운동 : $v_2^2 - v_1^2 = 2aS$ where S=길이
- 공식 3] 등가속도 운동 : $\Delta S = vt + \frac{1}{2}at^2$
- 공식 4] 힘의 합력 : $\sum \vec{F} = m\vec{a}$ where $\vec{a}$=가속도(벡터)
- 공식 5] radial coordinate의 속도 : $\dot{r} = \frac{dr}{dt}$
- 공식 6] 각의 길이 속도 : $v_\theta = r\dot{\theta}$ where $\dot{\theta} = \frac{d\theta}{dt}$=각속도
- 공식 7] 에너지 식 : $E_{KE} = \frac{1}{2}mV^2$ where m=질량, V=속도
- 공식 8] 항공기의 양력 계산식 : $L = C_L\frac{1}{2}\rho v^2 S$ where C_L=양력계수
- 공식 9] 항공기의 항력 계산식 : $D = C_D\frac{1}{2}\rho v^2 S$ where C_D=항력계수

3.3.1 엘리베이터

문제 1 항공모함에는 많은 Elevator가 사용되고 있다. 만약에 항공모함 내의 어느 한 Elevator가 0.5 m/s²로 가속을 하여 4초 후에 최대 속도가 된다고 하면, 이 Elevator가 정지 상태에서 시작을 했다면 최종 속도는 어떻게 되겠는가?

[풀이 1] 속도, 가속도, 시간과의 관계식을 사용하여 해결을 하면,

$$\Delta v = v_{final} - v_{initial} = at$$

최종 속도 = (0.5) x (4) = 2 m/s

문제 2 항공모함의 어떤 Elevator의 질량이 15 ton 이고 일정한 속도 3 m/s로 30 m 내려가서 멈춘다. 이 때 Elevator의 Wire의 장력을 계산하시오.

[풀이 2] 우선, 다음의 식을 가지고 가속도를 구한다.

$$v_f^2 - v_i^2 = 2aS$$

$$\therefore a = \frac{v_f^2 - v_i^2}{2S} = \frac{(0-3^2)}{2\times 30} = 0.15\ m/s^2$$

wire의 장력을 구하기 위해 다음과 같은 방법으로 문제를 해결한다.

$$\Sigma F = F_{gravity} + F_{wire} = ma$$

$$\therefore F_{wire} = ma - F_{gravity}$$

$$= 15000\times 0.15 - (15000\times(-9.8)) = \underline{149,350}\ N$$

위의 식에서 사용한 중력가속도는 기준 방향에 반대방향으로 작용하기에 때문에 "-"가 적용된 것이다. 또한 이것은 Elevator의 중력에 의한 작용은 $F_{gravity} = mg = 147,100\,N$이 되어 장력은 중력에 의한 것보다 큰 힘이 작용하는 것이 당연한 것이다.

문제 3 항공모함에서 15 ton의 전투기가 탑재된 Elevator가 있다고 가정한다. 이 경우에 [그림 3-95]를 참조하여 다음의 문제를 해결하자.

(1) 등속으로 올라가는 경우 Elevator에 걸리는 힘
(2) 등속으로 내려가는 경우 Elevator에 걸리는 힘
(3) 1.5 m/s^{2}의 가속도로 올라가는 경우 Elevator에 걸리는 힘
(4) 1.5 m/s^{2}의 가속도로 내려가는 경우 Elevator에 걸리는 힘

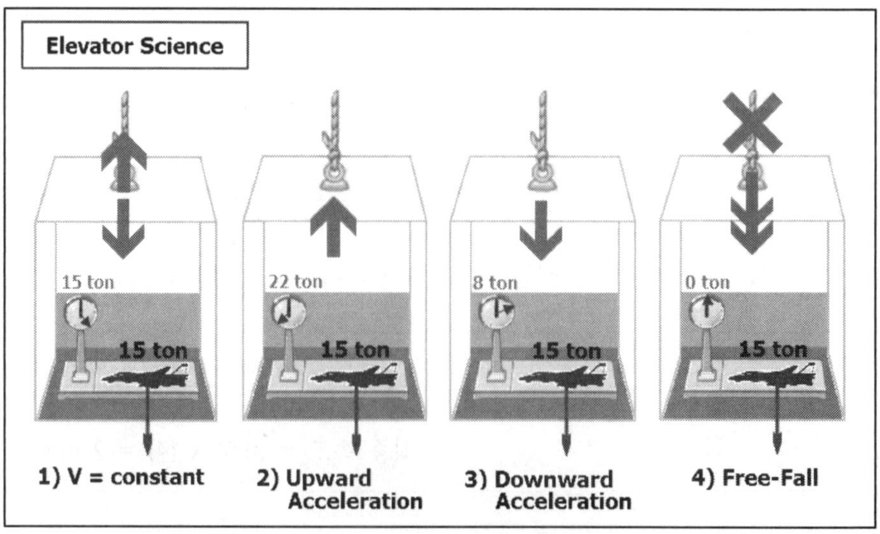

[그림 3-95] 항모에서 비행기용 엘리베이터

[풀이 3] (1) & (2)의 경우는 가속도=0 이므로 추가적인 힘이 발생할 수 없어 중력가속도만 발생하므로 두 경우 똑같이 다음과 같이 계산할 수 있다.

$$F = mg = 15000 \times \text{중력가속도} = \underline{176{,}520}\, N$$

(3)의 경우는 올라가는 경우이므로

$$\Sigma F = F_{garvity} + ma = 15000 \times (\text{중력가속도} + Elevator\text{가속도}) = \underline{203{,}520}\, N$$

(4)의 경우는 내려가는 경우이므로 다음과 같이 계산된다.

$$\Sigma F = F_{garvity} + ma = 15000 \times (\text{중력가속도} - Elevator\text{가속도}) = \underline{149{,}520}\, N$$

3.3.2 레이더

문제 1 아래 그림과 같이 항공모함에서 이륙한 전투기가 레이더에 잡히는 상황에 관한 것이다. A 지점에서 속력은 234 km/h 이고 가속도 0.8 m/s^2 로 상승각 12° 로 상승한다. O 지점에서 레이더에 의해 모니터링을 하는 상황 하에서 다음의 문제를 구하라. 항공모함 레이더가 있는 기준점 O에서 비행기의 체크 포인트 시작점인 A까지는 3,456 m 이다. 정지 항모에서 체크한다고 가정한다.

(1) A 지점에서 60초 이후 원통좌표계(cylindrical coordinate) 상의 비행기 P의 속도

(2) 원통좌표계 상의 $\dot{r} = \dfrac{dr}{dt}$, $\dot{\theta} = \dfrac{d\theta}{dt}$ and $\dot{z} = \dfrac{dz}{dt}$

(3) A 지점에서 60초 이후 구면좌표계(spherical coordinate) 상의 비행기 P의 속도

(4) 구면좌표계 상의 $\dot{R} = \dfrac{dR}{dt}$, $\dot{\theta} = \dfrac{d\theta}{dt}$ and $\dot{\phi} = \dfrac{d\phi}{dt}$

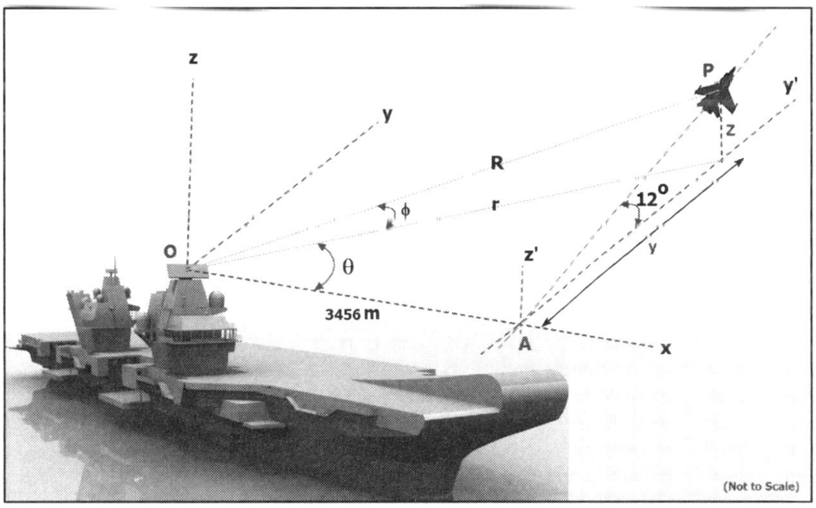

[그림 3-96] 항모에서 이륙한 전투기가 레이더에서 인식이 되어 항모와의 거리 계산하는 방식

[풀이 1] 우선 지점 A에서 비행기 속도를 단위에 맞게 구한다.

$$v_A = 234km/h = 234/3.6\ m/s = 65\ m/s$$

그림 (2)의 y'- z'평면에서 살펴보자. 우선 주어진 60초후에 비행기 속도와 비행거리를 계산하면 다음과 같다.

$$v_{60} = v_A + at(60)$$
$$= 65 + 0.8 \times 60 = 113\ m/s$$
$$S_{60} = S_A + v_A t(60) + \frac{1}{2}a[t(60)]^2$$
$$= 0 + 65 \times 60 + \frac{1}{2} \times 0.8 \times 60^2 = 5{,}340\ m$$

A에서 60초 후 도달한 직선거리 y를 구하면,

$$y = S_{60}\cos\theta = 5340 \times \cos(12^o) = 5{,}223.31\ m$$

그러므로 그림 (2)를 참조하여 각도 Θ를 구하면 다음과 같다.

$$\theta = \arctan\left(\frac{y}{3{,}456}\right) = \arctan\left(\frac{5{,}223.31}{3{,}456}\right) = 56.5094^o$$

이를 x-y 평면에 적용하여 r과 v 값을 구하면 다음과 같다.

$$r = \sqrt{\overline{OA}^2 + y^2} = \sqrt{3456^2 + 5223.31^2} = 6263.14\ m$$
$$v_{xy} = r\cos(12^o) = \underline{110.531}\ m/s$$

또한 이 결과를 통해 다음과 같이 아래 원통좌표계의 속도 성분을 구할 수 있다.

$$v_r = \dot{r} = v_{xy}\sin\theta = 110.531 \times \sin(56.5094^o) = \underline{92.18}\ m/s$$
$$v_\theta = r\dot{\theta} = v_{xy}\cos\theta = 110.531 \times \cos(56.5094^o) = 60.9908\ m/s$$

그러므로 원통좌표계의 각속도는 다음과 같다.

$$\dot{\theta} = \frac{v_\theta}{r} = \frac{60.9908}{6{,}263.14} = \underline{0.00974}\ rad/s = \underline{0.55795}\ {}^o/s$$

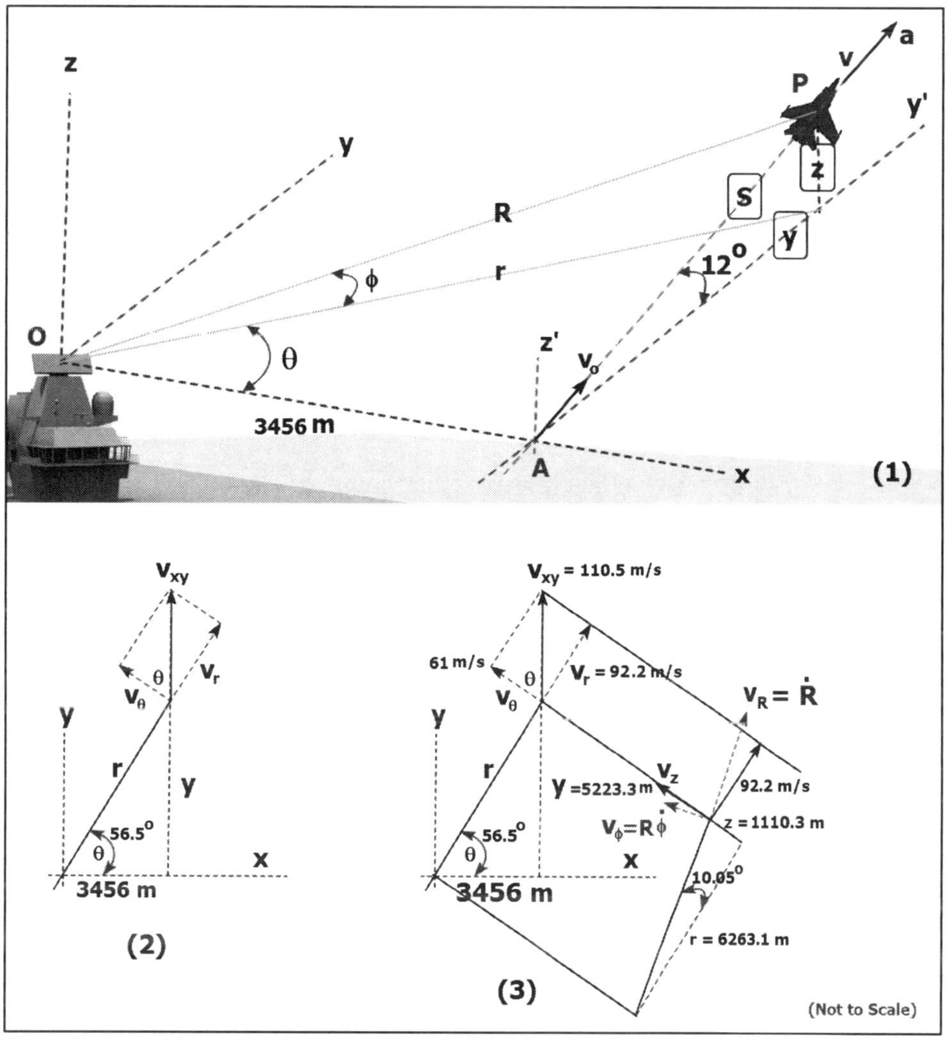

[그림 3-97] 좌표에 따른 계산

또한 원통좌표계의 z 방향 속도는 다음과 구한다.

$$v_z = \dot{z} = v_{60}\sin(12^o) = 113 \times \sin(12^o) = \underline{23.494}\ m/s$$

그림 (3)에 따라 구면좌표계에 해당하는 계산을 해보자. 우선 z 값을 구하려면 다음과 같은 식을 통해 해결할 수 있다.

$$z = y\tan(12^o) = 5{,}223.31 \times \tan(12^o) = 1110.25\ m$$

그러므로 φ와 R은 다음과 같이 구할 수 있다.

$$\phi = \arctan\frac{z}{r} = \arctan\frac{1{,}110.25}{6263.14} = 0.17544\ rad = 10.05223^o$$

$$R = \sqrt{r^2 + z^2} = \sqrt{6{,}263.14^2 + 1{,}110.25^2} = 6{,}360.78\ m$$

이를 사용하여 R에 대한 속도를 계산하면 다음과 같다.

$$v_R = \dot{R} = (v_r\text{의 }R\text{방향 속도성분}) + (v_z\text{의 }R\text{ 방향 속도성분})$$
$$= v_r\cos(\phi) + v_z\sin(\phi)$$
$$= 92.18\times\cos(10.05223^o) + 23.494\times\sin(10.05223^o) = \underline{94.8657}\ m/s$$

$v_\theta = r\dot{\theta}$ 이므로 앞에서 구한 것과 같은 값을 가진다. 즉,

$$\dot{\theta} = \frac{v_\theta}{r} = \frac{60.9908}{6,263.14} = \underline{0.00974}\ rad/s = \underline{0.55795}\ ^o/s$$

φ 방향의 속도 성분은 다음과 같이 해결할 수 있다.

$$v_\phi = R\dot{\phi} = (v_r\text{의 }R\text{방향 수직 속도성분}) + (v_z\text{의 }R\text{ 방향 수직 속도성분})$$
$$= -v_r\sin(\phi) + v_z\cos(\phi)$$
$$= -92.18\times\sin(10.05223^o) + 23.494\times\cos(10.05223^o) = \underline{7.04373}\ m/s$$

위의 식에서 negative(-)는 기준 방향에 대하여 반대 방향이기 때문이다. 같은 방법으로 $v_\phi = R\dot{\phi}$ 이므로 $\dot{\phi}$는 다음과 같이 구한다.

$$\dot{\phi} = \frac{v_\phi}{R} = \frac{7.04373}{6,360.78} = \underline{0.00111}\ rad/s = \underline{0.063448}\ ^o/s$$

3.3.3 비행기

문제 1 항공모함에서 발진한 비행기가 아래 그림과 같이 등속 수평 비행을 한다고 가정하자. 추력(T)는 105,000 N 이고, 이 전투기의 자중(W)은 88,000 N 이라면, 양력(L)과 저항(D)은 어떻게 되겠는가?

[풀이 1] 등속 수평 비행하기 때문에 좌표 상 평형상태라고 할 수 있다. 이 문제를 해결하기 위해 직각 좌표계를 사용할 수 있는데 그 좌표를 D-T 선을 통상 x 축으로 L-L'를 y축으로 하여 계산을 하면 보다 쉽게 해결할 수 있다.

$$\Sigma F_{D-F} = T - D - W\cos 60^o = 0$$
$$\therefore D = T - W\cos 60^o$$
$$= 105,000 - 88,000\cdot\cos 60^o$$
$$= \underline{61,000\,N}$$

$$\Sigma F_{L-L'} = L - W\sin 60^o = 0$$
$$\therefore L = W\sin 60^o$$
$$= 88,000\cdot\sin 60^o$$
$$= \underline{76,210.2\,N}$$

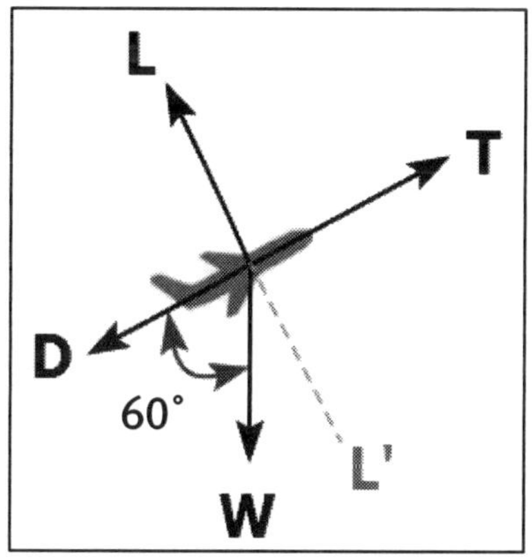

[그림 3-98] 항공기의 4가지 힘

문제 2 활주거리가 95 m 인 항공모함에 전투가가 Landing을 하는 경우로 Landing 시 234 km/h 속력으로 착륙을 시작하고 3초 후 완전 정지가 된다고 하면 다음의 문제를 풀어라.

1) Landing 시 가속도는 어떻게 되는가?
2) 멈춘 거리는 어떻게 되는가?(마찰저항 등 다른 변수는 고려하지 않음)
3) 만약 멈춘 거리가 항모의 활주거리보다 길면 어떤 변수를 어떻게 해야 제한된 항모 활주거리 내에서 안정적으로 착륙이 가능한 것인가?

[풀이 2] 우선, Landing 시 속도에 대하여 단위를 다음과 같이 일치시킨다.

$$234\ km/h = \frac{234}{3.6}\ m/s = 65\ m/s$$

최종적으로 멈추는 것이므로 가속도는 감속이 되므로 negative(-)될 것이며 그 내용은 다음과 같다.

$$\Delta v = at \quad \Rightarrow \quad a = \frac{\Delta v}{t} = \frac{0-65}{3} = \underline{-21.67}\ m/s^2$$

멈춘 거리는 다음과 같은 계산식을 사용하여 구한다.

$$S = \frac{1}{2}at^2 = \frac{1}{2}\times(abs(-21.67))\times 3^2 = \underline{97.5}\ m$$

위의 식에서 가속도를 절대값을 사용한 것우 거리를 계산하는 것이므로 양의 수를 사용한 것이다. 그리고 활주로 길이가 95 m 이므로 97.5 m 가 필요한 현재의 경우는 문제가 발생한다. 그 해결방법은 다음과 같은 내용으로 제안할 수 있다.

제안 1) 착륙속도를 234 km/h 를 228 km/h 이하로 줄이는 것
제안 2) 착륙시간을 줄이는 것으로 2.92초 이하로 줄이는 경우(이것은 감속을 크게 하는 효과와 같은 것으로 3초의 -21.67 m/s^{2}를 2.92초 한 경우는 -22.26 m/s^{2}으로 더 큰 감속하는 것)

문제 3 항공기 P의 조종사가 항공모함에 착륙하기 위해 접근을 하고 있다. 바람의 상대속도로 표시되는 비행기 속도는 수평비행에서 일정한 절대 속도를 유지하며 하강을 시작하였다. 이 때 속도는 234 km/h, 하강 각도(Θ)는 10도이고 항모의 절대 속도는 27 km/h 이다. 그림과 같이 그 당시 바람의 속도는 36 km/h 이다. 이 경우, 이 순간에 항모에서 관찰되는 비행기 하강 글라이딩의 수평방향 각도는 어떻게 되나?

[풀이 3] 주어진 정보 데이터의 단위를 환산하면 다음과 같다.

$$전투기\,속도 = 234\,km/h = 234/3.6\,m/s = 65\,m/s$$

$$항모\,속도 = 27\,km/h = 27/3.6\,m/s = 7.5\,m/s$$

$$바람\,속도 = 36\,km/h = 36/3.6\,m/s = 10\,m/s$$

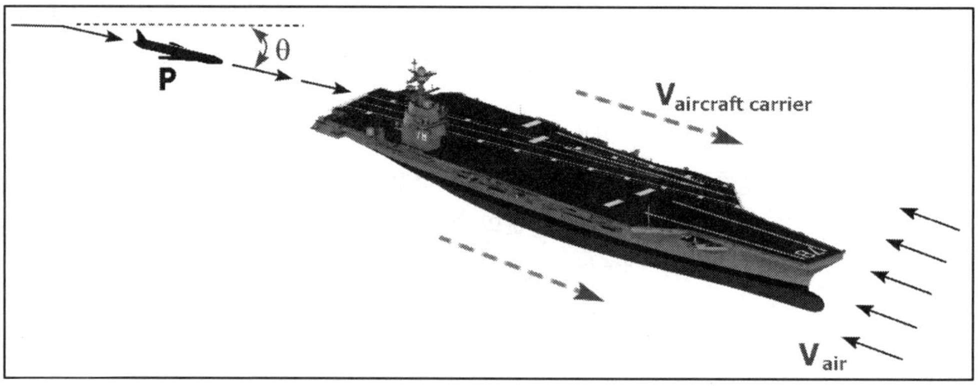

[그림 3-99] 항공모함에서 착륙하는 항공기

전투기의 수평 속도와 상대 속도는 다음과 같이 계산된다.

$$\begin{aligned}&전투기의\,수평\,속도\\&\quad = 전투기\,속도 \times \cos(gliding\,각도) = 65 \times \cos(10^0) = 64.0125\,m/s\end{aligned}$$

$$\begin{aligned}&전투기의\,상대\,속도\\&\quad = 전투기의\,수평\,속도 - 바람의\,속도 = 64.0125 - 10 = 54.0125\,m/s\end{aligned}$$

상대 속도에 따른 고도속도를 계산하면,

$$고도\,속도 = 전투기\,상대속도 \times \tan(10^0) = 9.52386\,m/s$$

그러므로 항모의 속도에 따른 관찰자로서 새로운 하강 각도는 다음과 같이 계산이 된다.

$$각도 = \arctan\left(\frac{고도\,속도}{전투기의\,상대속도 - 항모속도}\right) = \underline{11.57^o}$$

비행기 속도가 항모 속도보다 빨라 하강각 10°보다 큰 값을 가지게 된다.

문제 4 항공모함 Catapult에서 발진하는 전투기가 있다. 이 전투기의 이륙 속도가 400 km/h 이고 활주거리 300 m라면, 이륙까지 걸리는 시간을 계산하라. 단, 항공모함은 정박되어 있고 가속도는 일정(Constant)하다고 가정한다.

[풀이 4] 위에서 사용된 계산 방법에 따라, 이륙속도는

$$V_{final} = 400\,km/h = 111.11\,m/s$$

초기속도

$$V_{initial} = 0\,km/h$$

계산을 하면

$$V_{final}^2 = V_{initial}^2 + 2aS$$

$$\therefore a = \frac{V_{final}^2 - V_{initial}^2}{2S}$$

대입을 하면

$$a = 20.58\,m/s^2$$

식 $V_{final} = at$ or $S = \frac{1}{2}at^2$ 을 사용하면

$$t = \underline{5.4}\ sec$$

문제 5 F/A-18 Hornet 항모 탑재기가 무장하고 연료를 가득 채워 질량 20톤이 되었다고 하자. 이 상태에서 151.62 knot 속도로 비행을 하려면 얼마만큼의 에너지(Kinematic Energy)가 필요한지 계산해보시오.

[풀이 5] 에너지의 식은 다음과 같다.

$$E_{KE} = \frac{1}{2}m\,V^2$$

$$m = 20{,}000\ kq$$

그리고 속도 1 knot = 0.514444 m/s 이므로

$$151.62\ kn = 78\ m/s$$

고로, 에너지는

$$0.5 \times 20{,}000 \times 782 = 60.84\ \mathrm{MJ}$$

3.3.4 Catapult

문제 1 항공모함의 Catapult의 최종속도가 189 mi/h 이고 활주거리는 345 ft 라면 이 Catapult의 가속도를 중력가속도와 비교하시오.

[풀이 1] 우선, 다음과 같이 단위를 변환시킨다.

$$v_f = 189\ mi/h = 80.4672\ m/s$$

$$S_{takeoff} = 345\ ft = 105.156\ m$$

그러므로 가속도는 다음과 같은 식으로 구한다.

$$v_f^2 - v_i^2 = 2aS$$

$$\therefore a = \frac{84.49056^2 - 0}{2 \times 105.156} = 33.94\ m/s^2$$

그리고 중력가속도와 비교를 하면 다음과 결과를 얻는다. 이 Catapult는 중력의 3.46배의 중력을 가지고 이륙하는 비행기에 그 힘을 전달하게 된다.

$$33.94/9.8 = 3.46\ g$$

문제 2 항모가 일정한 속도로 전진을 하고 있다. 이 항모에 있는 Catapult가 질량 13,000 kg의 비행기를 이륙시킨다. 활주거리(S)는 75 m 이고 비행기 이륙 속도는 234 km/h 이고 추력은 42,000 N 이면, Catapult가 가하는 힘은 얼마인가?

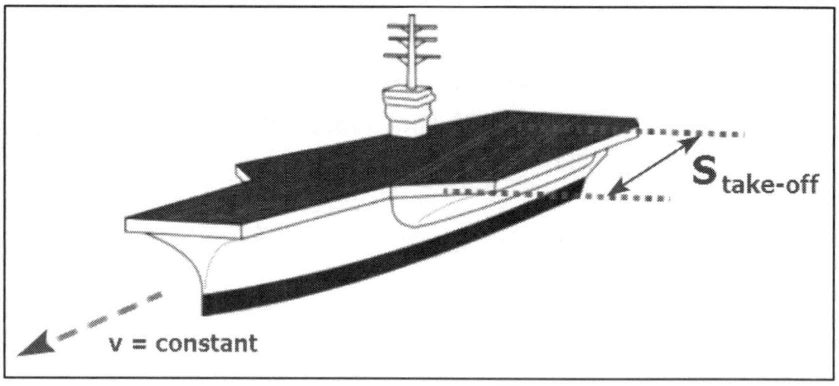

[그림 3-100] 항모에서 catapult 에 관한 문제

[풀이 2] 우선, 비행기의 이륙속도에 대하여 단위를 환산하면 65 m/s 이다. 그러므로 가속도를 계산하면 다음과 같다.

$$v_f^2 - v_i^2 = 2aS$$

$$\therefore a = \frac{v_f^2 - v_i^2}{2S} = \frac{65^2 - 0}{2 \times 75} = 28.167\ m/s^2$$

그러므로 Catapult의 힘은 다음과 같이 계산이 된다.

$$F = F_{\text{비행기 가속에 의한 힘}} - F_{\text{추력}} = 28.167 \times 13{,}000 - 42{,}000 = \underline{324.167}\ N$$

문제 3 그림과 같이 경사(Angled) Take-Off Deck를 가진 항공모함이 있다. 이 항모의 Catapult가 질량 10,000 kg 비행기를 이륙시키려 한다. 활주거리는 100 m 이고, 비행기의 절대 이륙속도는 90 m/s이고, Θ=9°이다. 항모는 정속주행으로 15 m/s 속도로 운항 중이면 비행기에 의해 공급되는 Net Force를 구하시오.

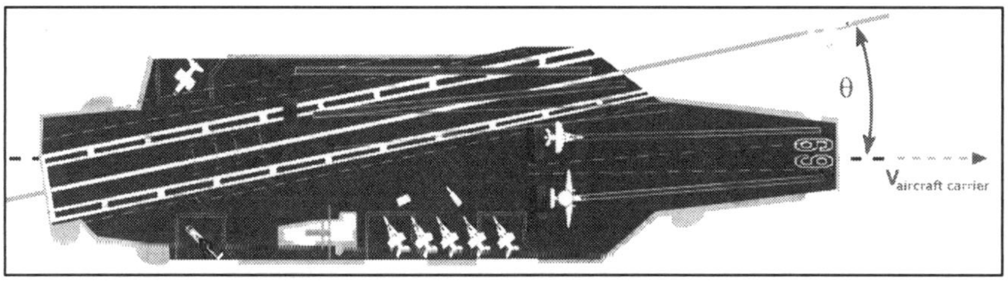

[그림 3-101] 항모의 Angled deck에 관한 문제

[풀이 3] 우선 항모 속도에서 경사 이륙 램프 성분을 계산하면

$$v_{\angle 9^o} = \text{항모속도} \times \cos(\angle 9^o) = 14.815\ m/s$$

그리고 비행기가 내야 할 실제 속도는 다음과 같다.

$$\text{비행기 실제 이륙속도} = \text{이륙 절대속도} - v_{\angle 9^o}$$

$$= 90 - 14.815 = 75.185\ m/s$$

이륙 시 가속도는 다음과 같이 계산된다.

$$v_f^2 - v_i^2 - 2aS$$

$$\therefore a = \frac{v_f^2 - v_i^2}{2S} = \frac{75.185^2 - 0}{2 \times 100} = 28.264\ m/s^2$$

그러므로 비행기에 의해 공급되는 Net Force는 다음과 같다.

$$\Sigma F = ma = 10{,}000 \times 28.264 = \underline{282.64}\ kN$$

문제 4 항공모함에서 전투기의 이륙 속도가 288 km/h 이고 활주거리가 91.428 m 라면, 이 때 Catapult의 가속도(Constant Acceleration)를 계산하라. 그리고 상대적인 중력 가속도의 값을 계산하라. 단, 항공모함은 정박되어 있다고 가정한다.

[풀이 4] 이륙속도는

$$V_{final} = 288\,km/h = 80\,m/s$$

초기속도는

$$V_{initial} = 0\,km/h$$

계산을 하면

$$V_{final}^2 = V_{initial}^2 + 2aS$$

$$\therefore a = \frac{V_{final}^2 - V_{initial}^2}{2S}$$

대입을 하면

$$a = 35\,m/s^2 = \underline{3.57}\,g$$

문제 5 F/A-18 Hornet 전투기는 무장을 하지 않고 연료만 가득 채운 상태가 되면 질량 40,000 lb가 된다. 이 상태에서 이륙을 하려면 Catapult는 어떤 속력이 되어야 하는지 계산하시오. 단, 공기의 밀도는 1.225 kg/m^3이고 F/A-18 Hornet에서 사용되는 SC_L = 47.45 m^2 이다.

[풀이 5] 양력계수(C_L)를 사용해 양력을 구하는 식을 사용한다.

$$L = C_L \frac{1}{2}\rho V^2 S = \frac{1}{2}\rho V^2 SC_L$$

속도에 관한 식으로 다시 정리를 하면,

$$V = \sqrt{\frac{2L}{\rho SC_L}}$$

1 lb = 0.453592 kg 이므로 전투기 무게(Weight)는

$$L = 40{,}000 \times 0.453592 \times 9.80665 = 177{,}928.86\ kgf$$

위의 식을 사용해 Catapult 속도를 구하면

$$V = 78.24\ m/s$$

문제 6 (위와 연속되는 문제) 항공모함의 Shooter로서 어떤 Catapult 담당자가 잘 못 계산을 하여 속도를 80%만 적용하였다. 이 경우 이 F/A-18 Hornet 전투기의 엔진이 물에 빠지지 않고 이륙할 수 있는 충분한 추력을 생산할까? 이 전투기의 2개의 엔진은 Afterburner를 사용하지 않은 상태에서 97,900 N 이다. 그리고 통상, 이륙 시 비행기는 최대 추력을 생산한다. 이 항공모함 데크의 활주거리는 24.38 m 이다. 단, 활주로에서 가속은 일정하다고 가정한다.

[풀이 6] 앞의 문제에서 구한 40,000 lb의 F/A-18 Hornet 전투기의 Catapult의 속도는 78.24 m/s 이므로 80% 적용을 하면,

$$80\%\text{적용속도} = 78.24 \times 0.8 = 62.59\ m/s$$

이 경우의 양력을 계산하면,

$$80\%\text{적용양력} = 0.5 \times 58.127 \times 62.59^2 = 113{,}874.47\ N$$

몇 %의 중력가속도 적용이 되는지 알기 위해,

이륙 후 80% 적용 Lift/Weight 비율
$$= 113{,}874.47/177{,}928.86\,(40{,}000lb) = 0.64\%$$

그리고 상승 가속도 감소 정도는

상승 가속 감시 정도 비율 = 1 - 0.64 = 0.36%

그러므로 감쇠에 따른 실제 중력의 영향은

80%에 따른 실제 적용되는 중력 = g x 0.36 = 3.53 m/s^2

활주거리가 24.38 m 이므로 활주거리까지 주행시간은

$$S = \frac{1}{2}at^2 \Rightarrow t = \sqrt{\frac{2 \times S}{a}} = 3.72\ \text{sec}$$

이 구간에서 발생하는 평균 가속도 차이는

$$\Delta V = at \Rightarrow a = \frac{V_{100\%} - V_{80\%}}{t} = (78.24-62.59)/3.72 = 4.21\ m/s^2$$

F=mg 사용하여 100% 때 mass를 구하면

$$m = F/g = 177{,}928.86/9.80665 = 18{,}143.69\ kg$$

다시, F=ma 식을 사용하여 80% 때의 힘을 구하면

$$F = 18{,}143.69 \times 4.21 = 76{,}398.48N$$

고로, 엔진의 최대 추력이 97900 N이므로 80%를 적용한 경우 보다 더 큰 추력을 가지므로 문제없이 이륙 가능하다!

문제 7 (이전 문제들과 연결되는 문제) 최대 추력 상태에서, 상승을 시작할 때 물에서 얼마나 멀리 있는지 계산하라. 단, 상승을 시작할 때 모든 양력 요소가 발생한다고 가정한다.

[풀이 7] 우선, 최대 추력에서 가속도를 구하면,

$$a = F/m = 97{,}900/18{,}143.69 = 5.4\ m/s^2$$

이에 따른 양력이 발생할 때 까지 시간을 구하면

$$\Delta V = at \Rightarrow t = \frac{\Delta t}{a} = \frac{V_{100\%\,이륙속도} - V_{80\%\,이륙속도}}{a} = 2.9 \text{ sec}$$

이때의 이륙 지점을 계산하면

$$S = \frac{1}{2}at^2 = 0.5 \times 3.53 \times 2.92 = 14.85\ m\ \ldots$$

where a=80%에 따른 실제 적용되는 중력

고로, 활주거리가 24.38 이므로 24.38-14.85=9.53 m 전에서 이륙이 발생한다.

문제 8 (위의 문제들과 연결되는 문제) Steam Catapult의 길이가 94.2 m 이다. 이륙 직전에 Pilot가 느끼는 'g Force'는? 또한, 그 때의 시간은? 단, 비행기는 정지 상태에서 출발을 하고 Catapult는 비행기에 항상 일정한 힘을 가하는 것으로 가정한다.

[풀이 8]

$$\Delta V = at\ \ \ldots\ 식\ 1$$

$$S = \frac{1}{2}at^2\ \ldots\ 식\ 2$$

$t = \Delta V/a$ 를 식2에 대입을 하면

$$S = \frac{1}{2}a\left(\frac{\Delta t}{a}\right)^2 = \frac{1}{2}\frac{\Delta t^2}{a}$$

$$고로,\ a = \frac{1}{2}\frac{\Delta t^2}{S} = 0.5 \times \frac{(78.24)^2}{94.2} = 32.45\ m/s^2$$

그러므로 32.45/9.8=3.31 ... 중력의 3.31 배의 g-Force를 느낀다.

또한 시간은

$$t = \frac{\Delta V}{a} = (78.24 - 0)/32.45 = 2.41 \text{ sec}$$

3.3.5 항모 정박

문제 1 항공모함이 12 m/s 속도로 정박을 시도를 하고 있다. 가속도는 -0.345 m/s^2 이라면 이 항공모함의 정지 시간은 어떻게 되나?

[풀이 1] 다음과 같은 식으로 간단히 계산이 된다.

$$\triangle v = at$$

$$\therefore t = \frac{0-12}{-0.345} = \underline{34.8}\ s$$

References

[1] Yue Kuizhi, "Analysis of the Flow Field of Carrier-Based Aircraft Exhaust Jets Impact on the Flight Deck", Int'l J. of Aeronautical & Space Sci. 16(1), 1-7, 2015

[2] IHS Jane's Fighting Ship, 2014-2015

[3] Wolf Krüger, "Integrated Design Process for the Development of Semi-Active Landing Gears for Transport Aircraft", Institute for Flight Mechanics and Flight Control at the University of Stuttgart, 2000

[4] André Bakker, "Lecture 2 - Flow Fields: Applied Computational Fluid Dynamics", http://www.bakker.org, 2006

[5] Dianna Wolfson, "A Solution to the Inherent List on Nimitz Class Aircraft Carriers", MIT, 2004

[6] "6. CAVITATION", http://160.75.46.2/staff/emin/Lectures/Ship_Hydro/SHIP%20HYDRODYNAMICS_LECTURE_NOTES_PART_6_CAVITATION.pdf, pdf 자료

[7] James Pazun, "Fluid Mechanics", 2008, 강의 pdf

[8] CMS, "Ship Design and Optimisation With Computational Fluid Dynamics", CMS Ship 홍보물, 2013

[9] José-Luis Hernando, "CARRIER SUITABILITY OF LAND-BASED AIRCRAFT", 28TH INTERNATIONAL CONGRESS OF THE AERONAUTICAL SCIENCES, 2012

[10] J. VALLE, "AN ASSESSMENT OF THE HULL FORMS OF THE SHIPS OF TRAFALGAR USING CFD CODES", International Conference on Technology of Ships of Trafalgar, Spain, 2005

[11] Carl Schaschke, "Fluid Mechanics: Worked Examples for Engineers", Institution of Chemical Engineers, 1998

[12] Laurent Coutard, "Visual Detection and 3D Model-Based Tracking For Landing On An Aircraft Carrier"

[13] J. THOMLINSON, "A Study of the Aircraft Arresting-Hook Bounce Problem", HER MAJESTY'S STATIONERY OFFICE of LONDON, 1957

[14] I.J.M. Besselink, "Shimmy of Aircraft Main Landing Gears", Delft University, 2000

[15] USN, "CHAPTER 2: DAMAGE CONTROL ORGANIZATION, COMMUNICATION, AND INFORMATION"

[16] Zhenxing Ding, "FLIR/INS/RA Integrated Landing Guidance for Landing on Aircraft Carrier", International Journal of Advanced Robotic Systems, 2014

[17] Katrien Eloot, "Ship behaviour in Shallow and Confined Water: an Overview of Hydrodynamic Effects through EFD". NATO OTAN

[18] V. Slapničar, "Aircraft Carrier Stability In Damaged Condition"

[19] USN/DoD, "F-35 Noise Measurement Executive Summary", 2014

[20] Benjamin Milwitzky, "Analysis of Landing-Gear Behavior", NACA TN 2755, 1952

[21] John W. Lincoln, "AIRCRAFT LANDING DYNAMIC ANALYSIS - VOLUME 1 EQUATIONS OF MOTION", AERONAUTICAL SYSTEMS DIVISION AIR FORCE 6YSTEMS COMMAND WRIGHT-PATTERSON AIR FORCE BASE, 1987

[22] Charles N. Calvano, "A Short Take-OftfVertical Landing (STOVL) Aircraft Carrier (S-CVX)", NAVAL POSTGRADUATE SCHOOL, 1998

[23] "Mitigating the Risks of a Runway Overrun Upon Landing", Federal Aviation Administration, 2014

[24] Brett Wyrick, "Acceleration in Aviation: G-Force", FAA Civil Aerospace Medical Institute

[25] Robert L. Darwin, "Aircraft Carrier Flight and Hangar Deck Fire Protection: History and Current Status", NAVAL AIR WARFARE CENTER WEAPONS DIVISION, 2005

[26] BRADLEY E. CHERRY, "The Burble Effect: Superstructure and Flight Deck Effects on Carrier Air Wake", United States Naval Academy, 2010

[27] KNNAV UD E. HANSEN A/S, "ADVANCED ENGINEERING ANALYSIS DRIVING YOUR ENGINEERING FROM CONCEPT TO PRODUCTION : CFD AND SHIP DYNAMICS", 회사 홍보물

[28] FAA, "Chapter 12 Aircraft Landing Gear Systems", FAA 교재

[29] Russell Still, "The Art and Science of Better Landings", Gold Seal Ventures, 2007

[30] "CHAPTER 4 AIRCRAFT BASIC CONSTRUCTION", USN/USAF 교재, ppf 파일

[31] Thomas J. Cutler, "The Bluejacket's Manual", Naval Institute Press, 2002

[32] Northwestern University의 2002년 겨울학기 Naval Ship Systems I 과목의 Syllabus

[33] Robert L. Mott, "Applied Fluid Mechanics" Chapter 5 pdf 파일

[34] Tomasz Wierzbicki, "Aircraft Impact Damage", MIT

[35] Mohammad Sadraey, "Chapter 9 Landing Gear Design", Daniel Webster College

[36] E.G. Tulapurkara, "Flight dynamics-I Prof. E.G. Tulapurkara Chapter-10 Lecture 34 Performance analysis VI - Take-off and landing - 3 Topics", pdf 파일

[37] David Vacanti, "Computational Fluid Dynamics - or How to Make a Good Boat Fast", http://www.sname.org

[38] SIREHNA, "Ship Motion stabilisation: Advanced Ship Motion Stabilisation Control Systems", SIREHNA 회사 홍보물

[39] Frank H. Sellars, "Selection and Evaluation of Ship Roll Stabilization Systems", Marine Technology, Vol. 29, No. 2, pp. 84-101, 1992

[40] USS Midway Museum, "Docent Reference Manual"

[41] MAKOTO NISHIGAKI, "Ship Design Technology with CFD - Improvement of Propulsive Performance -", Mitsubishi Heavy Industries, Ltd. Technical Review Vol. 44 No. 3, 2007

[42] NAVAL SERVICE TRAINING COMMAND, "NAVAL SHIPS SYSTEMS I ENGINEERING", NAVAL RESERVE OFFICERS TRAINING CORPS, 2005

[43] Nicola PAROLINI, "COMPUTATIONAL FLUID DYNAMICS FOR NAVAL ENGINEERING PROBLEMS", FEDERAL INSTITUTE OF TECHNOLOGY IN LAUSANNE, 2004

[44] Salina Aktar, "DRAG ANALYSIS OF DIFFERENT SHIP MODELS USING COMPUTATIONAL FLUID DYNAMICS TOOLS", The International Conference on Marine Technology, 2010

[45] Steven L. Fischer, "Ship Suitability Test and Evaluation - Preparing for the Future", NAVAIR, 2007

[46] L. K. Kokate, "FLUID MECHANICS LABORATORY MANUAL", JAWAHARLAL NEHRU ENGINEERING COLLEGE, 2010

[47] "Fluid Mechanics" pdf 파일

[48] "Fluid Mechanics Submarine Design", Australian Maritime College, 2011

[49] Syed Ahmed Amin Shah, "DEMONSTRATION OF VARIOUS PARTS OF HYDRAULIC BENCH"

[50] "Today's Lecture: Archimedes' Principle, Continuity-Conservation of mass, Bernoulli's Principle", pdf 파일

[51] "Fluid dynamics - Equation of continuity and Bernoulli's principle", http://www.physics.usyd.edu.au/teach_res/jp/fluids/wfluids.htm

[52] Petter Olav Vangbo, "CFD IN CONCEPTUAL SHIP DESIGN", NTNU, 2011

[53] "The History and Physics of Flight", http://www.mnaero.com/aved

[54] David G. Hull, "Fundamentals of Airplane Flight Mechanics", Springer, 2007

[55] TryEngineering, "Hull Engineering", www.tryengineering.org

[56] Luke Berry, "Computational Fluid Dynamics for ship design and optimisation", Marine Hydrodynamics, 2012

[57] M. F. PERUTZ, "A DESCRIPTION OF THE ICEBERG AIRCRAFT CARRIER AND THE BEARING OF THE MECHANICAL PROPERTIES OF FROZEN WOOD PULP UPON SOME PROBLEMS OF GLACIER FLOW", Paper read at Meeting of the Society, 1946

[58] NAVAL SERVICE TRAINING COMMAND, "INTRODUCTION TO NAVAL SCIENCE", NAVAL RESERVE OFFICERS TRAINING CORPS, 2005

[59] Robert Stengel, "Aircraft Flight Dynamics, MAE 331", 2014 ppt 자료

[60] W.S. Atkins, "BEST PRACTICE GUIDELINES FOR MARINE APPLICATIONS OF COMPUTATIONAL FLUID DYNAMICS"

[61] Cüneyt Sert, "ME 306 Fluid Mechanics II Part 1 Inviscid Flow over Immersed Bodies", Middle East Technical University, 강의용 ppt 자료

[62] J. M. McDonough, "LECTURES IN ELEMENTARY FLUID DYNAMICS: Physics, Mathematics and Applications", University of Kentucky, 2009

[63] Martin A. Abkowitz, "Stability and Motion Control of Ocean Vehicle", MIT, 1969

[64] Paul D. Selavounos & Sungeun Kim, "Tank Testing VS Computational Fluid Dynamics(CFD) In Ship Design", MIT

[65] Thomas Rudowsky, "REVIEW OF THE CARRIER APPROACH CRITERIA FOR CARRIER-BASED AIRCRAFT PHASE I; FINAL REPORT", DEPARTMENT OF THE NAVY NAVAL AIR WARFARE CENTER AIRCRAFT DIVISION, 2002

[66] N Sezer-Uzol, "Computational fluid dynamics simulations of ship airwake", Proc. IMechE Vol. 219 Part G: J. Aerospace Engineering, 2005

[67] MARINTEK, "Computational Fluid dynamics(CFD) as a performance evaluation tool at MARINTEK", Norwegian Marine Technology Research Institute REVIEW, 2012

[68] FLORIDA STATE COLLEGE AT JACKSONVILLE의 Naval Ships Systems I 과목 COURSE OUTLINE

[69] Jacob Ijff, "Analysis of dynamic aircraft landing loads, and a proposal for rational design landing load requirements"

[70] A Francescutto, "Buoyancy, stability, and subdivision: from Archimedes to SOLAS 2009 and the way ahead", Proc. IMechE Vol. 225 Part M: J. Engineering for the Maritime Environment, 2010

[71] Volker Bertram, "Practical Ship Hydrodynamics", Butterwofth Heinemann, 2000

[72] Landrum & Brown, Inc., "RUNWAY LENGTH REQUIREMENTS ANALYSIS", 2005

[73] NTNU, "General Modelling and Scaling Laws", TMR7 Experimental Methods in Marine Hydrodynamics - lecture in week 34, ppt 자료

[74] J.M.J. Journée, "INTRODUCTION INSHIP HYDROMECHANICS", Delft University of Technology, 2002

[75] Don Bass, "SIMULATING WAVE ACTION IN THE WELL DECK OF LANDING PLATFORM DOCK SHIPS USING COMPUTATIONAL FLUID DYNAMICS"

[76] Karol Sugalski, "Fishing vessel hull design and towing resistance calculation by the CFD methods", Scientific Journals Zeszyty Naukowe Maritime University of Szczecin, 40(112) pp. 27-30, 2014

[77] "Fluid Mechanics Tutorial No. 3: Boundary Layer Theory", ppt 자료

[78] "Performance: 15. Takeoff and Landing", ppt 자료

[79] DoD, "UNIFIED FACILITIES CRITERIA (UFC) - DESIGN: MOORINGS", 2012

[80] Arthur Prickett, "Analysis of the Instrument Carrier Landing System Certification Process for Amphibious Assault Ships", University of Tennessee, 2003

[81] Gabriel David Weymouth, "RANS Computational Fluid Dynamics Predictions of Pitch and Heave Ship Motions in Head Seas", Journal of Ship Research, Vol. 49, No. 2, 2005

[82] A. Fry, "CVF ski-jump ramp profile optimisation for F-35B", THE AERONAUTICAL JOURNAL, VOLUME 113, NO 1140, 2009

[83] Roger J. Furey, "Short Takeoff Performance Using a Gravity Assist Ski-Jump", David W. Tayor Naval Ship Research And Development Center, 1983

[84] "Naval Aviation Firsts", pdf 파일

[85] Greg Imhof, "Using Simulation to Optimize Ski Jump Ramp Profiles for STOVL Aircraft", AIAA Modeling and Simulation Technologies Conference, 2000

[86] Michael C. Grubb, "A Comprehensive Survey of China's Dynamic Shipbuilding Industry", U. S. NAVAL WAR COLLEGE CHINA MARITIME STUDIES, Number 1, 2008

[87] USN, "Damage Controlman", NAVEDTRA 14057, 2001

[88] "Position Classification Standard for Production Control Series, GS-1152", 1992

[89] Patrick Thomas Baker, "A STUDY OF THE RUSSIAN ACQUISITION OF THE FRENCH MISTRAL AMPHIBIOUS ASSAULT WARSHIPS", NAVAL POSTGRADUATE SCHOOL, 2011

[90] USN, "A Cooperative Strategy for 21st Century Seapower", 2015

[91] Bureau Veritas News, "BUREAU VERITAS TO CLASS SECOND ANGLO-FRENCH AIRCRAFT CARRIER", 2007

[92] Scot MacDonald, "EVOLUTION of AIRCRAFT CARRIERS", USN, 1964

[93] John Birkler, "Options for Funding AIRCRAFT CARRIERS", RAND, 2002

[94] John Schank, "Rebuilding Naval Fleet: Lessons Learned from the UK Experience", RAND/ NPS Institutional Archive, 2011

[95] Dmitry Gorenburg, "Russia's State Armaments Program 2020 IS THE THIRD TIME THE CHARM FOR MILITARY MODERNIZATION?", PONARS Eurasia Policy Memo No. 125

[96] NRK Today, "Big Projects, Bigger Solutions", Vol. 2

[97] Hampton Roads Planning District Commission, "ECONOMIC IMPACT OF THE DEPARTMENT OF DEFENSE IN HAMPTON ROADS", DoD, 2013

[98] "Design for Productivity: Shipbuilding Productivity and Compatitiveness", ppt/pdf 자료

[99] Daily Press, "CVN: Gerald R. Ford", Special Commemorative section, 2013

[100] Martin, "The National Shipbuilding Procurement Strategy: A Five-Year Assessment", Publication No. 2015-35-E, 2015

[101] Ronald O'Rourke, "Navy Force Structure and Shipbuilding Plans: Background and Issues for Congress", CRS Report for Congress, 2006

[102] Maritech ASE Project #10, "Lean Manufacturing Principles Guide Version 0.5: Develop and Implement a 'World Class' Manufacturing Model for U.S. Commercial and Naval Ship Construction", University of Michigan, 2000

[103] Fene-Ferrol Shipyard, "Strategic Projection Ship LHD " Juan Carlos I"

[104] "The Apprentice School Newport News Shipbuilding - Course Descriptions", Curriculum pdf 자료

[105] GAO, "Navy Aircraft Carrier Program Investment Strategy Options", US General Accounting Office, 1995

[106] Roland J. Yardley, "A Methodology for Estimating the Effect of Aircraft Carrier Operational Cycles on the Maintenance Industrial Base", RAND, 2007

[107] "Case Study 3: Shipbuilding", Assessing the Potential for Civil-Military Integration: Selected Case Studies

[108] E.J. L'Heureux, "CANADA AVIATION MUSEUM AIRCRAFT: AIRCRAFT CARRIERS ROYAL CANADIAN NAVY (RCN)"

[109] Harold Kennedy, "New Navy Flattop Heralds Next Carrier Class", National Defense Magazine

[110] DAN FONTAINE, "A Carrier Team One Risk Management Success Story", ASK Magazine

[111] John Ainslie, "An alternative future for the Scottish shipbuilding and aerospace industries" pdf 자료, 2014

[112] USN, "THE UNITED STATES NAVAL NUCLEAR PROPULSION PROGRAM", 2013

[113] "Huntington Ingalls Industries (HII) Update", Industry DATA, 2014

[114] "Designed for Efficiency", Huntington Ingalls Industries- Fact Sheet, 2013

[115] Office of Shipbuilding and Marine Technology, "REPORT ON SURVEY OF U.S. SHIPBUILDING AND REPAIR FACILITIES", DoT, 2004

[116] "The Future Aircraft Carrier Project - A Trade Union Perspective", pdf 자료

[117] Irin P. Hall, "Nuclear Aircraft Carrier Inactivation - Approach for Waste Management and Exposure Reduction - 14201", WM2014 Conference, 2014

[118] John Birkler, "Differences Between Military and Commercial Shipbuilding", RAND, 2004

[119] CBO, "An Analysis of the Navy's Fiscal Year 2016 Shipbuilding Plan", CONGRESSIONAL BUDGET OFFICE, 2015

[120] Ronald O'Rourke, "Navy Force Structure and Shipbuilding Plans: Background and Issues for Congress", Congressional Research Service, 2016

[121] American Iron & Steel Institute, "The New Steel, Backbone Industry In National Defense", www.steel.org

[122] Tomá SCHÓBER, "Present and future of aircraft carriers as a floating diplomatic and military means of deterrence", INCAS BULLETIN, Volume 3, Issue 4, 2011

[123] BAE System, "QE Class Aircraft Carrier", www.baesystems.com/maritimenavalships

[124] ACA Monthly News, "HMS PRINCE OF WALES' Aft Island lifted into place", January 2016

[125] M. F. PERUTZ, "A DESCRIPTION OF THE ICEBERG AIRCRAFT CARRIER AND THE BEARING OF THE MECHANICAL PROPERTIES OF FROZEN WOOD PULP UPON SOME PROBLEMS OF GLACIER FLOW", Paper read at Meeting of the Society on 28 November 1946. See Vol. I , No. 2, 1947

[126] "UNITED STATES DEPARTMENT OF DEFENSE FISCAL YEAR 2016 BUDGET REQUEST overview", DoD, 2015

[127] Ashley J. Tellis, "MAKING WAVES: Aiding India's Next-Generation Aircraft Carrier", Carnegie south asia Program, 2015

[128] "GRAF ZEPPELIN GERMANY'S ALMOST AIRCRAFT CARRIER", pdf 자료

[129] William Howard, "Future of the Aircraft Carrier", Defense Science Board, 2002

[130] CBO, "Inflation in the Costs of Building Aircraft Carriers", 2016

[131] Andrew S. Erickson, "BEIJING'S "STARTER CARRIER" AND FUTURE STEPS - Alternatives and Implications", NAVAL WAR COLLEGE REVIEW, Vol. 65, No. 1, 2012

[132] GAO, "FORD-CLASS AIRCRAFT CARRIER: Congress Should Consider Revising Cost Cap Legislation to Include All Construction Costs", Government Accountability Office, 2014

[133] GAO, "DEFENSE ACQUISITIONS: Navy Faces Challenges Constructing the Aircraft Carrier Gerald R. Ford within Budget", Government Accountability Office, 2007

[134] Lexington Institute, "AIRCRAFT CARRIER (IN)VULNERABILITY: What It Takes To Successfully Attack an American Aircraft Carrier", 2001

[135] "The National Shipbuilding Research Program, 1993 Ship Production Symposium Paper No. 18: Implementation of HSLA-100 Steel in Aircraft Carrier Construction - CVN 74", Naval Surface Warfare Center CD Code 2230, 1993

[136] John F. Schank, "Changing Aircraft Carrier Procurement Schedules", RAND, 2010

[137] John F. Schank, "MODERNIZING THE U.S. AIRCRAFT CARRIER FLEET Accelerating CVN 21 Production Versus Mid-Life Refueling", RAND, 2004

[138] Yardlines "Ford Reaches 50% Structural Completion", Sep. 2011

[139] Ronald O'Rourke, "Navy Shipboard Lasers for Surface, Air, and Missile Defense: Background and Issues for Congress", Congressional Research Service, 2015

[140] GAO, "DEFENSE ACQUISITIONS Assessments of Selected Weapon Programs", Government Accountability Office, 2015

[141] Senator John McCain, "America's Most Wasted: CAPSIZING THE DEFENSE BUDGET: $4.7 BILLION WASTED ON COST OVERRUNS FOR THE NAVY'S FIRST TWO NEW FORD-CLASS AIRCRAFT CARRIERS"

[142] Ronald O'Rourke, "Navy Ford (CVN-78) Class Aircraft Carrier Program: Background and Issues for Congress", Congressional Research Service, 2015

[143] GAO, "Navy Aircraft Carriers: Cost-Effectiveness of Conventionally and Nuclear-Powered Carriers", Government Accountability Office, 1998

[144] Henry J. Hendrix, "At What Cost a Carrier?", Center for a NewAmerican Security, 2013

[145] "NIMITZ-CLASS AIRCRAFT CARRIER OPERATING AND SUPPORT COSTS", pdf 자료

[146] "Chapter 2 AIRCRAFT CARRIERS AND THE CARRIER INDUSTRIAL BASE", pdf 자료

[147] MJS Design, "Navy Deck Lamp", 회사 홍보 pdf 자료

[148] Amy Lockwood, "Evaluation of Corrosion and Wear of Non-Skid Deck Surfaces in Marine Environments", WORCESTER POLYTECHNIC INSTITUTE, 2010

[149] iMAST, "Long Life Nonskid Coatings", PENN STATE Unoversity, 발표 pdf 자료

[150] ENECON News, "U.S. Aircraft Carrier Seals Leaking Hatches on Flight Deck", MT-063, 2005

[151] Flight Deck Awareness Basic Guide, 5th Edition, 2008

[152] National Academy of Sciences, "Assessment of Corrosion Education", 2008

[153] Tom Moore, "Aircraft Carriers - Enduring and Transformational", NAVSEA, 2012

[154] R. J. Mosborg, "ULTIMATE STRENGTH OF AIRCRAFT CARRIER FLIGHT DECKS", University of Illinois Civil ENGINEERING STUDIES STRUCTURAL RESEARCH SERIES NO. 169, 1959

[155] Newport News Shipbuilding 2015 Investor Day, 발표 pdf 자료, 2015

[156] USN, "CARRIER QUALIFICATION FLIGHT PROCEDURES", FLIGHT SUPPORT LECTURE GUIDE, 2001

[157] USN, "CV NATOPS MANUAL", NAVAIR 00-80T-105, 1997

다수의 다른 자료(이곳에 표시하지 않은 인터넷 자료는 6장 뒤에 함께 명시)

항모모함 설계

4.1 설계 시 고려 사항
4.2 항모 개발 시 설계 제안사항
4.3 주요 기종별 특징과 설계도면
4.4 항모 디자인 비교

4
CHAPTER

Thinking Key Points &
Lessons Learned

4.1 설계 시 고려사항

4.1.0 항모 설계의 기본

항공모함의 기본 설계는 다른 함정 설계와 유사하다. 다만, 크고 복잡해 다양성에서 오는 문제들을 해결하는 것이 중요하다. 특히 비행갑판의 존재와 항공기와 연관되어 고려되어야 할 것들이 많이 있다는 것이다. 설계는 분명하게 사용자의 필요한 요소를 담아 고려되어야 하는 것들을 바탕으로 큰 밑그림을 그리며 설계 철학을 담는 것이다.

항공모함을 설계하는 것은 그것을 운영하는 쪽에서 보면 아래와 같은 방법으로 접근을 할 수 있을 것이다. 모든 경우에 설계가 필요하지만 1)번이 가장 어려운 일이 될 것이고 4)번이 그래도 쉬운 선택이 될 것이다. 그래서 중국은 4)번을 사용해 3)번 2)번 그리고 1)번으로 가고 있는 중이다. 인도도 비슷한 길을 가고 있다고 할 수 있다.

1) 전적으로 새로운 디자인으로 새롭게 만드는 것(시행착오)
2) 현재 있는 기종을 구입하는 것
3) 과거의 class(급)를 모방 제작하는 것
4) 과거의 사용했던 것을 구입하여 자신의 것으로 하는 것(리모델링 포함)
5) 기타

필요성은 부족한 자원과 제한된 이전의 경험에도 불구하고, 진화된 디자인을 포기하고 자신의 길을 걸어 여러 장애물을 극복하고 성공적으로 건조 프로그램을 관리하면서 계속 진행하도록 만들었다.

영국 프로그램은 원래 앵글로-프랑스 프로젝트로 실질적으로 공통의 디자인으로, 영국 2척, 프랑스 1척을 건조하는 CVF(영국)/PA2(프랑스)로 생각하고 있었다. 그러나 프랑스는 2008년에 프로젝트 협력을 중단하였고 2009년에 다른 항모의 구조 및 대체 추진 시스템에 대한 연구를 주문하였다. 미래 프랑스 항모 디자인은 진화되었고 Charles de Gaulle 항모의 운영 중에 얻은 경험을 고려하여 더 높은 능력 항공기와 더 큰 정도의 자기 보호 능력을 가진 CVF보다 더 큰 크기의 새로운 항모가 될 것으로 예상된다.

새롭게 항모를 개발하지 않는 경우는 몇 가지 장점이 있다. 낮은 기술적 위험, 사용했던 항모로부터 배운 교훈을 가지고 일을 진행해 나가가 쉽고, 유영 절차와 장비와 시스템 운영의 표준화가 쉽고 그리고 해외 지원 시설의 공동 사용이 가능하다. 그러나 새로운 디자인은 미래의 과제를 해결하기 위해 전투 능력 및 항모의 작전 효율을 향상시키는 새로운 기술을 통합할 수 있는 기회를 제공할 것이다. 모두 보기에는 논리적 매력을 가지고 있다. 만약 새로운 디자인을 통해 항모를 제작하려고 하면 다음의 내용을 고려해보아야 한다.

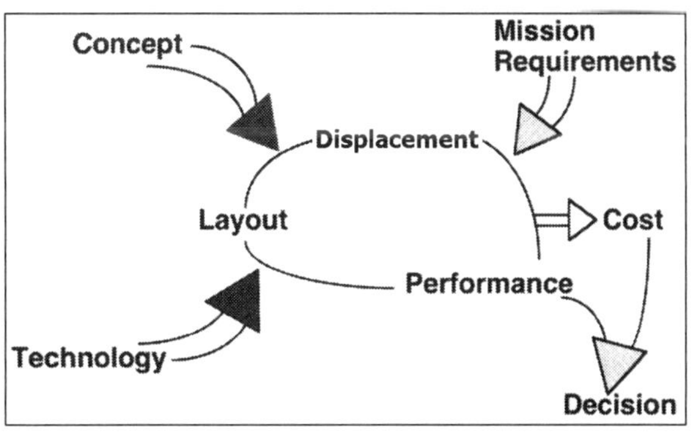

[그림 4-1] 항모 제작에 사전 결정 모형

[그림 4-1]에서 보는 것처럼 항모의 미션 요구사항과 컨셉트 등을 결합하여 항모의 크기(Displacement)를 결정하게 되고 이것에 그동안 기술과 현재의 경향과 앞으로 발전 내용 등을 파악하여 레이아웃을 어느 정도 결정하고 이런 결정을 바탕으로 성능 분석을 예측하게 된다. 예산과 다양한 외부 환경 조건들을 결합하여 최종 결정하는 방향으로 가져가야 한다. 이런 결정 후 설계 및 제작을 하게 되면 다음 [그림 4-2]에서처럼 다양한 고민과 처리 방안을 가지고 해결을 해야 한다.

높은 비용 및 프로젝트의 긴 진행 기간의 관점에서 보면 이것이 최종적으로 현명한 결정이 되기 위해 현재 개발되고 있는 항모들의 디자인을 파악하여 새로운 개념 및 설계에 통합되는 기술을 검토하기 위해 각 요소들을 조사하는 것이 적합할 것이다. 항공모함의 설계 및 공사는 복잡하고 도전적인 노력이다. 설계는 구조적 강도, 안정성, Seakeeping, 생존, 전원 및 추진, 전력 생산 및 배분, 항공 작전 및 항공기 지원, 유지 보수, 인체공학, 각종 보급 및 거주 등의 서로 다른 요구 사항이 종종 충돌하는 경우 이런 것들을 균형 잡아야 한다. 항모 제작 활동은 조선에 대한 도전을 제시하고 지속적인 적응과 혁신이 필요하다.

항모는 항공기가 2 또는 3 '세대' 변화를 겪을 수 있는 동안 50년 이상의 운용수명을 위해 설계된다. 무인전투기 UCAV(Unmanned Combat Air Vehicle)도 항모 운용 능력을 확장하기 위해 항공모함에 일반화 할 것으로 예상된다. 효과적인 면에서 처음 탑재되는 것과는 상당히 다를 수 있는 항공기를 운영하는데 있어 항모가 적응 가능하도록 항모의 디자인은 특히 항공 시설 및 업무 시스템에 대하여 충분히 적응해야 한다. 따라서 현재 적용되며 진행 중인 두 개의 가장 큰 항공모함 프로그램인 미국 CVN-21과 영국의 CVF에서 드러난 기술을 살펴보고 장점에 대한 진지한 연구와 고려가 필요하다. 당연한 이야기이지만 비용 문제를 해결하고 시행착오를 줄이기 위해 충분한 CFD(Computational Fluid Dynamics) 기법을 활용해야 한다.

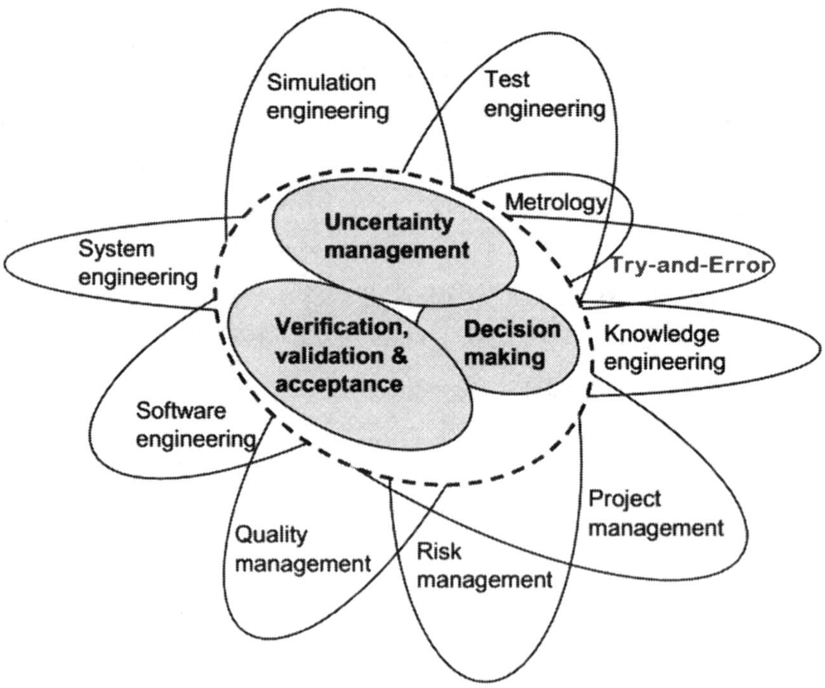

[그림 4-2]
불확실성에 대한
해결하는 방안

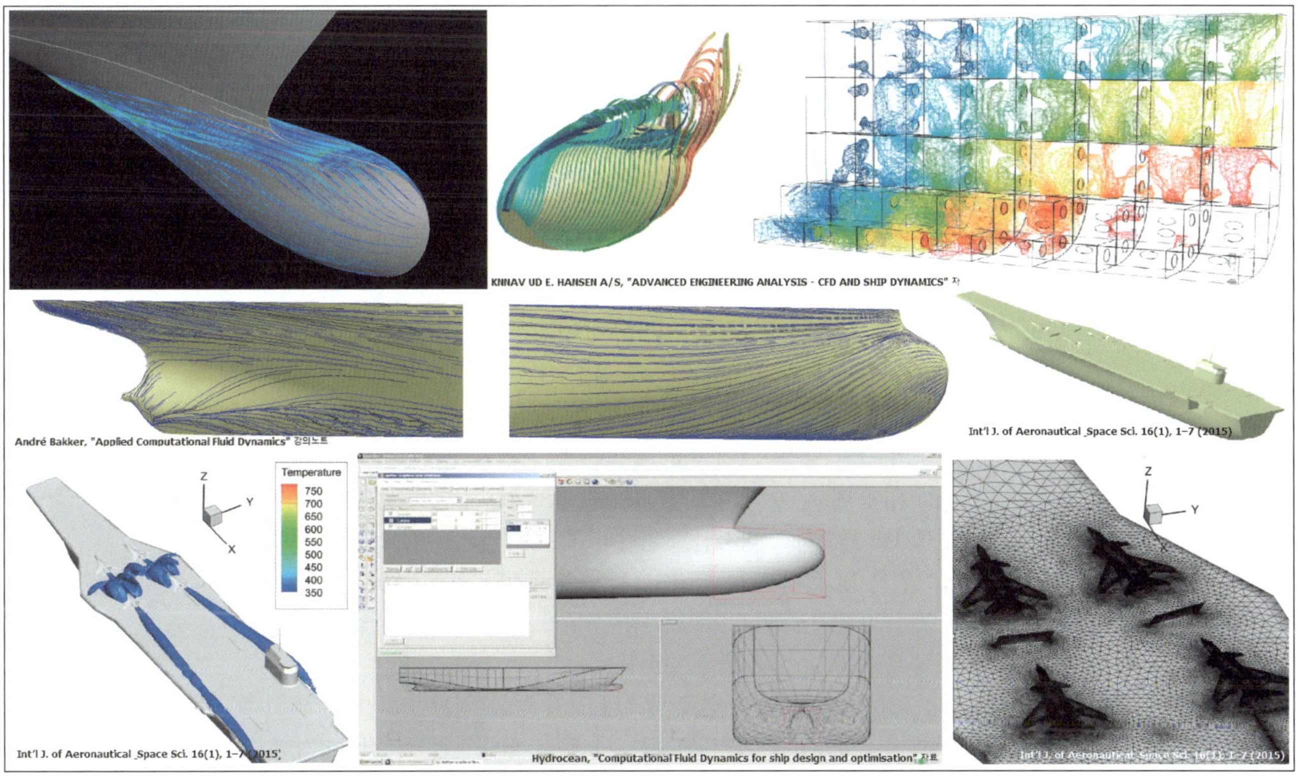

[그림 4-3] 항공모함 선박에 관한 CFD 예

RAND, globalsecurity.org

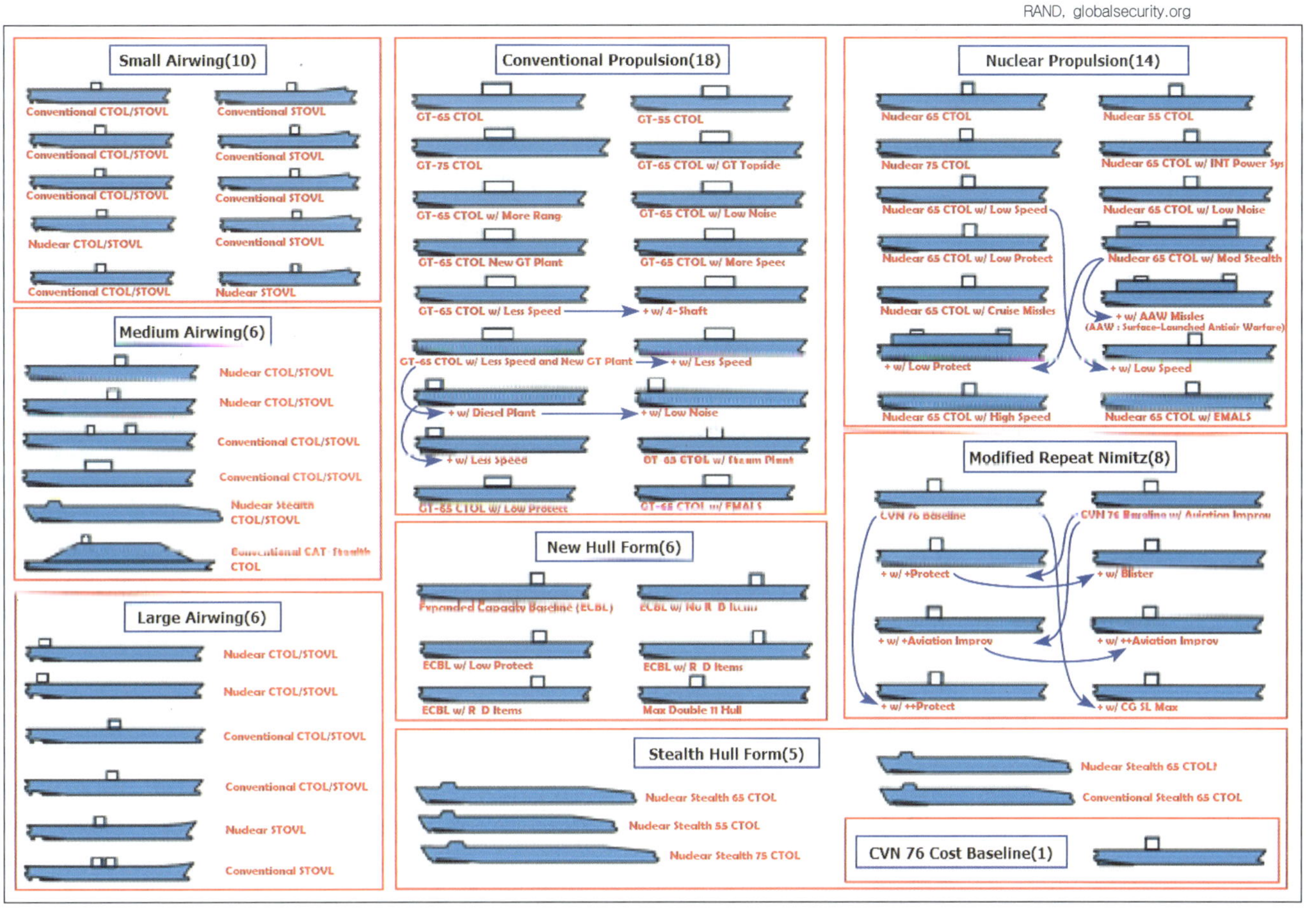

[그림 4-4] 여러 가지 목적에 따른 다양한 항모 선형과 아일랜드 형태

항모 디자인의 수용할만한 장점의 모습은 항공기 '출격속도(Sortie Rate)'이다. 항공기가 임무를 시작하고 완료 한 후 그것들을 다시 출격할 수 있도록 복구하는 속도이다. 재무장, 급유 후에 다시 임무를 시작하고 필수적으로 유지 보수/준비 완료하는 과정을 거치는 반복을 빠르게 하는 것이 필요하다. 항공기 임무 시작 및 복구 시스템, 항공기 무기고에서 무기의 이동을 위한 시스템이 원활하게 달성될 수 있도록 출격속도에 큰 윤활유가 필요한 곳이다.

현실적으로 좀 더 들어가서 자세히 살펴보면 다음과 같은 점들을 면밀히 사전에 충분히 검토가 되어야 한다.

- 목적: 설계하려는 항모의 핵심 방향을 결정하는 것. 우선 CV/AAS 선택함
- Class: 과거의 디자인에서 나온 것이라면 Class를 선택하고 아니면 신설 Class
- 제작수량: 1척만 만들 것인지 아니면 시리즈로 할 것인지? 비용의 문제와 연관 됨
- Load(ton): 항모의 크기 결정. 그에 따른 수많은 변수(인원, 장비, 무장, 탑재기, 비용, 등등)가 발생함
- Dimension(m): 유사 배수톤수의 항모를 파악해 참조해 3차원 크기 결정
- Fight Deck: 크기도 중요하고 디자인을 평갑판 혹은 스키점프 램프 등을 선택
- Hangar Deck: 위치 및 크기가 중요 요소. 탑재 항공기와 연관된 것
- Aircraft Lift: 개수와 위치 그리고 적재 가능한 무게 등도 주요 사항임
- 항모 속도: 대략 25~30 knot 정도로 결정됨
- 최대 운항거리: 보급 등의 문제와 연료 탱크의 크기 등과 연관됨
- 승선인원: 함정인원, 항공인력 그리고 작전 시 추가 탑승인원 및 장교, 사병, 남여 등을 고려해야 함. Accommodation과 밀접한 관계
- Lift: 무장을 어떻게 이동할 것인가? Aircraft Lift를 이 목적으로 사용할 것인가? 위치와 크기 수량이 검토되어야 함
- Machinery: 항모의 크기와 속도 등으로 엔진의 크기와 방식. 기존에 사용화된 엔진 스펙을 확인하고 유사 기종의 내용 파악
- Missile: 방어용 종류 및 위치 그리고 수량 고려
- Guns: 방어용 미사일의 종류 및 위치 그리고 수량 고려
- AS(Anti Submarine) Mortars: 구축 여부 판단. 만약 구축하지 않을 경우 함대의 다른 함정의 근접 지원 가능성 파악
- Physical Countermeasures: Decoy의 종류 및 수량 그리고 설치 장소 등 고려
- Electronic Countermeasures: ESM/ECM 설치 여부 혹은 2개중 1개만 설치 여부
- RADAR: Air Search, Surface Search, Heightfinder, Navigation, Fire Control, Landing Approach Control, CCA, Tacan, IFF 등에 대하여 어떤 사양 어떤 기종을 사용할 것인가 선택해야 함
- SONAR: 어떤 사양 어떤 기종을 사용할 것인가 선택해야 함
- Combat Data Systems: SATCOM, Links 등을 고려하여 어떤 사양 어떤 기종을 사용할 것인가 선택해야 함
- Weapon Control System: Optical System 및 Electro-Optic System 등을 고려하여 어떤 사양 어떤 기종을 사용할 것인가 선택해야 함
- Fixed-Wing Aircrafts: 고정익 항공기를 탑재한다면 어떤 사양 어떤 기종을 사용할 것인가 선택해야 함
- Helicopters: 회전익 항공기를 탑재한다면 사용 목적이 무엇이며 어떤 사양 어떤 기종을 사용할 것인가 선택해야 함
- Structure Design: 아일랜드 및 갑판의 위치와 크기, 데크의 종류, 크레인의 존재여부 및 사이즈 및 설치 장소 등을 전반적인 내용을 파악해야 하고 새로운 기술을 접목할 것인지, 안전규정에는 적합한지 파악을 해야 됨
- Well Dock: AAS 항모인 경우 웰 도크의 사이즈, 위치 등을 고려해야 함
- etc.

그러면 설계 시 고려가 되어야 하는 시스템은 어떤 것이 있을까? 일반 함정 또는 상선에 비해 비행기와 관련되는 것이 많아 고려해야 되는 것도 많다. 여기서 모든 것을 상세히 기술할 수 없지만 다음의 것들은 그 중에서 주요한 것을 나열한 것이다.

- Propulsion System
- Navigation System
- Communication System
- Sea Setection System
- Damage Control System
- Fuel Storage System
- Self Defense Dystem
- Ejection System
- Transport Dystem
- Combat Personnel Preparation System
- Aircraft Lift System
- Personnel Operating System
- Flight System
- Landing Aid System
- Rescue System
- Fuel System
- Gas Supply System
- Aerial Detection System
- Parking Control System
- Landing Operating System
- Deck Control System
- Hangar Control System
- Vehicle Operating System
- Parking System
- Photographic Processing System
- Ventilation System
- Goods Operating System
- Cleaning System
- Personnel Command System
- Passive Protection System
- Ammunition System
- Electrical System
- Medical System
- Life Service System
- Personnel Training System
- Fresh Water Production System
- Air Conditioning System
- Staffing System
- Accident Control System
- Lubrication System

- Astronomical Observation System
- Environmental Management System ... 등등

4.1.1 Decks 및 공간 배치

가. 비행갑판

항공모함에서 공간배치의 핵심을 이루는 것은 비행갑판이 될 것이다. 어떤 형태로 비행갑판을 구성하느냐에 따라 다른 부분들이 전반적으로 결정이 된다. 앞서 잠시 소개가 된 부분도 있지만 전반적인 비행갑판의 종류를 이곳에서 설명한다.

비행갑판에는 크게 다음과 같이 항공기 이륙과 착륙 방법으로 나눈 세계 해군의 서비스되고 있는 항공모함의 4가지 종류의 주요 종류가 있다.

- CATOBAR(Catapult-Assisted Take-Off But/Barrier Arrested-Recovery)
- STOBAR(Short Take-Off But Arrested-Recovery)
- STOVL(Short Take-Off Vertical-Landing)
- 헬기용 갑판

우선 CATOBAR에 대하여 설명하면, 이것은 항공모함의 갑판에서 항공기의 출시 및 복구에 사용되는 시스템이다. 이 기술 하에서, 복구 단계를 포함한 Catapult를 이용하여 항공기를 이륙하고 Arrestor 와이어를 사용하여 착륙을 하도록 한다. 이 시스템은 다른 방법보다 비용이 많이 드는 것은 사실이지만 STOVL 또는 STOBAR 방법 등으로 발사 및 복구하는 방법보다 고정익 항공기에 덜 부담스러운 디자인 요소를 가지고 있기 때문에 이것은 캐리어 운영에 더 큰 유연성을 제공한다. 작은 CATOBAR 항모는 항공기 엘리베이터의 무게 용량 제한 등 다른 제한을 가질 수 있지만, 이 종류의 항모는 일반적으로 가장 크고 무거운 중무장한 항공기를 이륙시킬 수 있다. 미 해군은 리니어 모터 드라이브를 사용하는 Catapult 대신 EMALS를 항모에서 실행하는 시스템을 개발하고는 있는 중이다. 항모를 운영하는 총 10여개 국가 중 프랑스와 브라질에 의해 한 척씩 각각을 가지고 있고 미국은 10척 이상을 이런 유형의 항모를 운영하고 있다.

STOBAR는 CATOBAR와 함께 짧은 이륙 및 수직 착륙(STOVL) 모두의 요소를 결합하여 항공모함의 갑판에서 항공기의 출시 및 복구에 사용되는 시스템입니다. 그러나 STOBAR 항모는 일반적으로 더 제한된 하중을 적재한 가벼운 고정 날개 항공기로 제한된다. 대부분의 항모가 사용하는 Catapult 같은 것을 사용하여 이륙하기보다는 스키점프대를 사용하여 자신의 동력에 따라 항공기를 발사하는 것이다. 그러나

[그림 4-5] 항공기 이륙에 따른 비행갑판의 종류

이것은 오히려 STOVL 항공기보다 전통적인 것이며, 따라서 항모에 착륙할 때에 Arrester 와이어를 필요로 한다. STOBAR 시스템은 CATOBAR 보다 구축하는 것이 간단하다. 또한 일반적으로 중량 대비 추력이 높은 비를 가진 항공기에 대해서 운영이 된다. 그것은 Admiral Kuznetsov 항모의 Su-33과 미래에 사용하게 될 MiG-29K 항공기 같은 STOBAR 항모의 항공기는 종종 주로 폭탄과 공대지 미사일 같은 무거운 페이로드를 필요로 하는 공격/전력에 사용하기보다는 제공권과 함대 방어 역할을 하는데 사용이 되도록 준비되어 있다. 현재 러시아, 중국 그리고 인도가 이런 형태의 항모를 운영 중에 있다.

STOVL는 짧은 활주로에서 이륙하거나 무거운 하중이 없는 경우 수직으로 이륙하는 비행기와 예를 들면 활주로가 없는 경우 수직으로 착륙할 수 있는 고정 날개 항공기에 대한 것이다. 공식적으로 NATO의 정의는 'STOVL 항공기는 이륙을 실행을 시작하여 450 m 내에서 15 m 장애물을 제거할 수 있고 수직 착륙할 수 있는 고정 날개 항공기'이다. 항공모함에서 Catapult의 보조를 받지 않고 고정익의 짧은 이륙 활주로인 스키점프대와 함께 사용될 수 있는 것으로 추력 벡터링을 사용함으로써 달성된다. STOVL 항모는 항공기 작전 및 운용에 제한적이다. 다양한 해리어 기종과 Yak-38 등의 STOVL 항공기는 일반적으로 매우 제한된 하중, 낮은 성능, 기존의 고정익 항공기에 비해 높은 연료 소비의 문제점을 가지고 있다. 그러나 현재 F-35B 이루어진 STOVL 항공기의 새로운 세대는 매우 성능이 개선되었다. 그러므로 STOVL의 사용은 여전히 짧은 활주로를 요구하면서, 항공기 VTOL의 사용 시에 비해 더 큰 하중을 운반할 수 있도록 하는 경향이 있다.

해리어는 항공 기술적인 면에서 보면 VTOL 항공기이지만, 연료와 무기에 대한 제한적 이륙에서 수행되는 실제 운영 체제는 STOVL 항공기이다. 동일한 운영 체제인 F-35B 라이트닝 II는 시험 비행에서 VTOL 능력을 증명했지만 실제 운영에서는 STOVL의 항공기인 것도 사실이다. 이런 형태의 항모는 이탈리아가 운용 중이다. 전체 3척의 운용 중인 항모 중에 스페인도 STOVL 항공모함으로 한 수륙 양용 강습 항모를 운영하고 있다. 태국은 1척의 STOVL 항모를 운용 중이나 현재는 STOVL 항공기가 없는 상태이다. 일부에서는 전체 13척을 STOVL 항모로 분류하기도 하는데 2차적으로 경 항공모함으로 끌어올릴 수 있는 9척의 미국 강습 상륙함을 계산에 넣기도 하기 때문이다.

헬리콥터 항모는 다른 항공모함과 유사한 모양을 가지고 정규 고정익 항공기 운용을 할 수 있다. 일부의 헬기 항모는 스키점프 램프가 있어 STOVL 작업을 허용하고 또는 STOVL 항공기가 퇴역하기 전에 다시 용도 변경하여 설치되지 않은 스키점프대를 가질 수 있다. 추후 추가를 위한 설계를 사전에 고려된 것들이 포함될 수 있다. 과거에는 전통 항모가 이런 형태로 변환되었고 이를 특공대 항모라고 했다. 항공기 공격에 저항할 수 있는 일부 헬리콥터 항모는 VTOL 전투기를 운용할 수 있다. 현재 헬리콥터 항모의 전부는 아니지만 대부분은 강습 상륙함으로 분류되어 있고 헬기를 착륙시키고 적의 영토에 지상군을 지원하는 임무가 주 업무이다. 미국은 이러한 유형의 항모가 9척 있고, 프랑스와 일본은 3척, 호주는 2척, 영국, 스페인 그리고 한국은 1척을 보유하고 있다. 미국과 스페인의 강습 상륙함은 STOVL 전투기를 정상 전개 임무를 하도록 운영하고 있다.

나. Hangar Deck

비행갑판에는 항공기가 많다고 하더라도 일정한 숫자를 유지할 수 있지만, 일반적인 탑재하는 항공기 모두를 둘 자리로 항모 비행갑판에는 거의 충분한 공간이 없다. 항공기들이 사용되지 않은 경우, 대부분은 '항공모함의 차고'라고 불리는 격납고에 보관이 된다.

격납고는 비행갑판 2개의 데크 아래, Galley 갑판 바로 아래에 일반적이다. 니미츠 급 항모의 격납고 자체는 209 m x 34 m x 8 m이고 항모 전체 길이의 2/3 이상이 된다. 그곳은 화재 확산을 방지하기 위해 안전 예방 조치하는 슬라이딩 문으로 나눈 4개의 영역에서, 60대 이상의 항공기뿐만 아니라 예비 제트 엔진, 연료 탱크 및 기타 무거운 장비를 보관할 수 있다. 격납고는 3개 데크의 높이이고 그 양측에 다양한 단일 데크 구획이 옆에 존재하게 된다. 항공기를 격납고에서 비행갑판으로 이동하기 위해 격납고 주변에 거대한 1~4개의 엘리베이터가 있다. 고속 알루미늄 유압 엘리베이터는 충분히 크고 30~40 톤 전투기를 들어 올릴 수 있을 만큼 강력해야 한다.

선박의 선미에 해당되는 격납고의 선미에는 항공기중간정비부서(AIMD, Aircraft Intermediate Maintenance Division) 숍이 있다. 이 숍에서는 근무자가 지속적으로 수리하고 작전 비행 편대를 유지하기 위해 항공기 장비를 테스트를 하게 된다. 항모의 맨 끝에서 있는 AIMD 숍 한쪽에는 항모의 부채꼴 모양(Fantail)의 야외 엔진 테스트 영역으로 이어진다. 이곳은 유지보수 담당자가 항공기 엔진이 안전하게 제대로 작동하고 있는지 확인하기 위해 항공기 제트 엔진 폭발 실험할 수 있는 항모의 유일한 장소이다.

aerospaceweb.org & www.dtic.mil

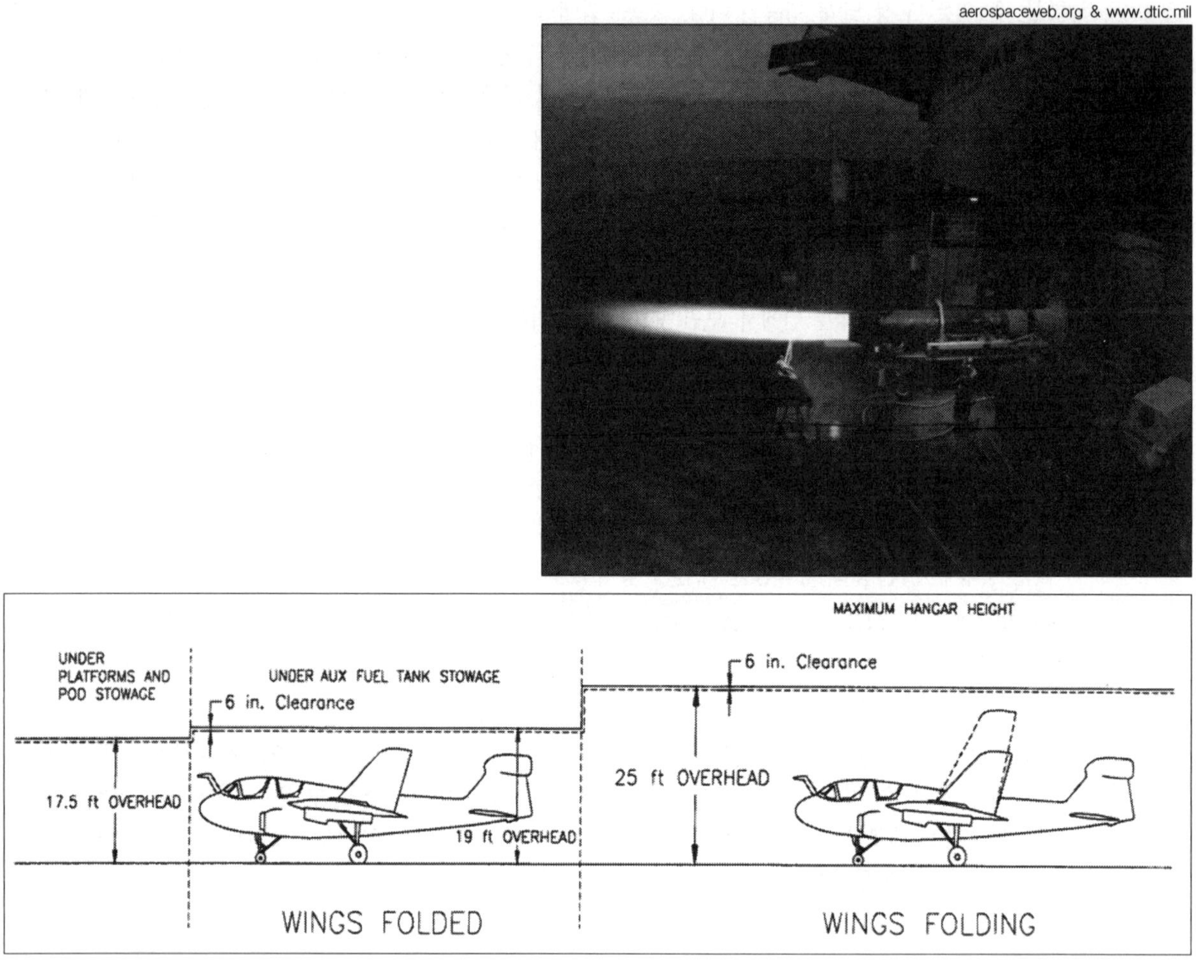

[그림 4-6] 항모 Fantail에서 Super Hornet Engine 테스트 모습과 항공기에 따른 Hangar 데크의 높이

모든 항공모함의 주요 부분은 논리적으로, 항모에 있는 항공기이다. 항모는 끊임없이 계속하는 Catapult의 이륙과 Arresting 와이어 착륙의 사용을 견딜 수 있도록 특별히 설계되어진 다른 수 십대의 항공기도 탑재될 수 있다. 미국 항모 비행단은 일반적으로 총 70~80 항공기로 9개의 비행중대로 구성되어 있다. 주목할 만 한 탑재 항공기는 다음과 같다.

- F/A-18 호넷 - 지상 목표물뿐만 아니라 적의 항공기를 공격하도록 설계된 1인승 스트라이크 전투기
- F-14 톰캣 - 제공권에 최적화 된 2인승 전투기로 항모의 F-14 비행 중대는 항모 전투 그룹을 보호하는 중요한 무기

- E-2C 호크 아이 - 전술 경고 및 통제 시스템을 갖춘 항공기로 항공기의 첨단 레이더 시스템이 아군의 항공단이 적 활동에 대한 업데이트 된 정보를 아군 전투기에 제공하여 전력을 유지하도록 함
- S-3B 바이킹 - 주로 적의 잠수함을 파악하는 데 사용되는 아음속 제트 항공기
- EA-6B Prowler - 전자전 항공기이며 임무는 적의 레이더를 방해하고 적의 통신을 가로채기 하는 것이 주 임무
- SH-60 Seahawk - 트윈 엔진 헬리콥터는 주로 적의 잠수함을 공격하고 수색 및 구조 작업에 사용

미국은 과거부터 단일 격납고를 설계 운영을 하고 있다. 아래와 같이 대부분의 다른 항모는 이중 격납고를 사용하여, 왜 미 해군은 항모에 어떤 2중 격납고를 만들지 않았던 것일까?

- UK: 3척의 Illustrious급을 제외한 전 항모
- Germany: 유일한 항모인 Graf Zeppelin
- Italy: 항모 Aquila
- Japan: 거의 모든 항모
- France: 항모 Bearn

여러 가지 이유가 있겠으나 그 이유의 대부분은 전체 함정에 대한 미국의 설계 철학이 반영된 것이다. 미 해군이 항모 레인저 CV-4를 시작으로 항모 디자인의 기본 운용의 핵심은 항공기 처리 및 운용을 근본으로 했다는 것이다. 그래서 그들의 선택은 다른 나라는 덜 중요하다고 생각했던 것을 더 중요한 것으로 생각하여 '선박의 질'을 넣어 다른 나라와 다른 특징을 정했던 것이다. 그것이 항공기 취급 및 운용 특성을 전적으로 고려한 것이다.

위에 기술된 오래된 항모들 대부분은 비행갑판을 가지고 있고 선체의 주요 구조 요소와 같이 측면에 격납고가 있다. 그래서 격납고 측면은 고체 및 강성의 특징을 가지고 있다. 이 격납고 측면과 비행갑판의 중앙이 장갑 처리되도록 하였고 이로 인해 각 격납고의 크기 및 용량이 줄어들게 되었다. 당시 이것은 항공기 공격을 받고, 항공기의 대부분을 격납고로 이동하고 선박의 AA(Anti-Aircraft) 총에 의존하여 항공기 공격에 대한 방어를 하는 항공기 공격에 대항하는 갑옷으로 판단하고 내린 의도적인 결정의 일부였다.

미 해군은 선체의 강도에 작은 기여를 하는 것으로 상부구조물, 격납고 측면과 비행갑판을 가지고 있었나. 이것은 단일 격납고의 크기 및 용량이 '2-level' 항모의 작은 격납고 2개 모두이 전체 평면 면적과 비교하여도 큰 공간을 확보할 수 있었다.

images.yuku.com.s3.amazonaws.com

[그림 4-7]
Ark Royal R09's
Double Hangers

미 해군 항모는 통풍을 위해 대형 측면 개구를 가진 격납고를 가지고 있다. 이것은 항공 승무원과 근로자가 일산화탄소 중독 없이 다수의 항공기 엔진이 격납고에서 작동될 수 있도록 했기 때문이다. 이와 같이 시동이 허락된 항공기는 격납고에서 비행을 위한 완벽하게 준비했고, 즉시 비행갑판에 이륙 준비를 시작한다. 이것은 다수 항공기 단시간에 이륙할 수 있도록 하는 것이다. 즉, 적 공격을 허락하며 항모가 생존하길 바라기 보다는 적의 항공기가 공격 범위에 들어오기 전에 빨리 출발해 공격하는 것이 더 좋겠다는 결정의 일부이다.

개구는 롤업 도어를 장착하고 있지만, 이들은 방수되지 않는다. 그래서 수선 또는 물에 너무 가까우면 거친 바다에 격납고를 두는 것이므로 미국은 그렇게 하지 않았다. 이것은 격납고를 1개 층으로 하고 위치를 비행갑판에 좀 가깝게 위로 하도록 USN 항모에서 제한하는 또 다른 이유였다.

2층 구조 격납고를 가지고 있었던 나라는 적어도 낮은 격납고가 있고, 일반적으로 모든 격납고에 송풍기를 설치해 이를 통해 모든 환기와 '폐쇄'를 했다. 그것들은 직접 측면 구멍이 없었다. 그래서 격납고에 물을 밀어 파도에 대해 걱정할 필요가 없어 낮은 격납고가 바닥 수선에 더 가까이 할 수 있도록 되어 있었다. 이것은 소수의 엔진만 유지되는 목적으로 격납고에서 작동될 수 있음을 의미한다. 따라서 피스톤 항공기 엔진의 요구 사항인 항공기 엔진의 비행하기 전에 '예열'이 되기도 전에 비행갑판으로 이동을 해야만 했다. 이것은 모두 '스트라이크 그룹'의 크기 및 항모를 보호를 위해 '오버 헤드' 전투기의 상당수를 유지하는 능력 둘 다를 제한하게 된다. 합리적인 기간에서 내보낼 수 있는 항공기의 수를 감소시키고 작전용 이륙의 둔화를 가져오게 된다.

또한, 몇 몇 초기의 이중 격납고 항모는 엘리베이터 셋업을 하는데 미숙하였다. 영국의 Ark Royal(91) 항모, 일본의 Kaga와 Akagi 항모는 2층 엘리베이터를 가지고 있었다. 낮은 격납고에서 높은 격납고 비행기를 가져오기 위해 낮은 엘리베이터 수준을 통해서 했다. 그 엘리베이터는 더 낮은 곳으로 가야만 했다. 그런 다음 비행기는 위 엘리베이터를 레벨을 사용을 해 위쪽 격납고에서 비행갑판으로 갔다. 복잡하게 움직여야 하는 구조였던 것이다. 또한, 이중 격납고 항모는 격납고 바닥에 '비행 준비'된 항공기가 많아 대기 정체될 수 있어 '예비'된 거의 항상 낮은 오버 헤드 높이를 가지고 있는 항공기의 수를 제한하는 것이었다. 2차 세계 대전 중반까지 비행기가 격납고에 맞추는 제한이 발생하였다. F4U Corsair 항공기는 영국 해군 격납고에 딱 맞추려고 그것들의 날개가 접혀 낮은 오버 헤드 몇 인치의 날개 끝에 '클립(약간 자른 것)'을 가해 격납고에 맞게 해야만 했다.

다. 공간 배치

앞에서 이미 보여주고 언급한 항공모함의 내부 모습에 관한 목록은 다음과 같다. 아래 정리된 그림과 내용을 살펴보면 대략적인 공간배치의 내용을 파악할 수 있다. 사실 공간배치는 적에게 노출될 경우 심각한 문제도 발생할 수 있어 명확한 내용을 파악하기는 어렵다. 다만, 여러 그림 등에서 조합을 하고 부족하고 생략된 것들은 유추해 볼 수 있을 것이다.

- Cavour : [그림 2-51]
- Ford : [그림 2-24]
- Giuseppe Garibaldi : [그림 2-50]
- HMS Queen Elizabeth : [그림 1-8], [그림 2-32]
- Juan Carlos I : [그림 2-42, 45~49]
- Liaoning : [그림 1-7]
- Mistral AAS : [그림 1-10], [그림 2-38]
- Nimitz : [그림 1-4], [그림 1-12], [그림 1-15], [그림 1-16]
- San Antonio AAS : [그림 2-29]

· Wasp : [그림 1-9]
· Yorktown : [그림 1-6]

[그림 4-8]은 니미츠 급의 마지막 항모 블록을 보여주는 것이다. 이를 통해 니미츠 급의 내부 공간배치를 짐작할 수 있다. 이제 좀 더 상세한 내부 배치를 보도록 한다. 앞서 기술을 했지만 다시 언급을 하면, 내부 배치를 보는데 제한된 정보와 자료로 인하여 모든 것이 명확하지는 않다. 그러므로 참고가 되는 자료는 좀 더 정확하게 보기 위해 본 책이 가지고 있는 한도 내에서 최대로 크게 보도록 노력하였다. 앞으로 나올 항모의 내부 모습은 생략하고 이곳에서 몇 가지 나와 있는 자료를 다시 함께 모아 정리를 함으로서 설명보다는 서로 비교를 하고 전체를 파악하도록 할 것이다.

www.dailypress.com

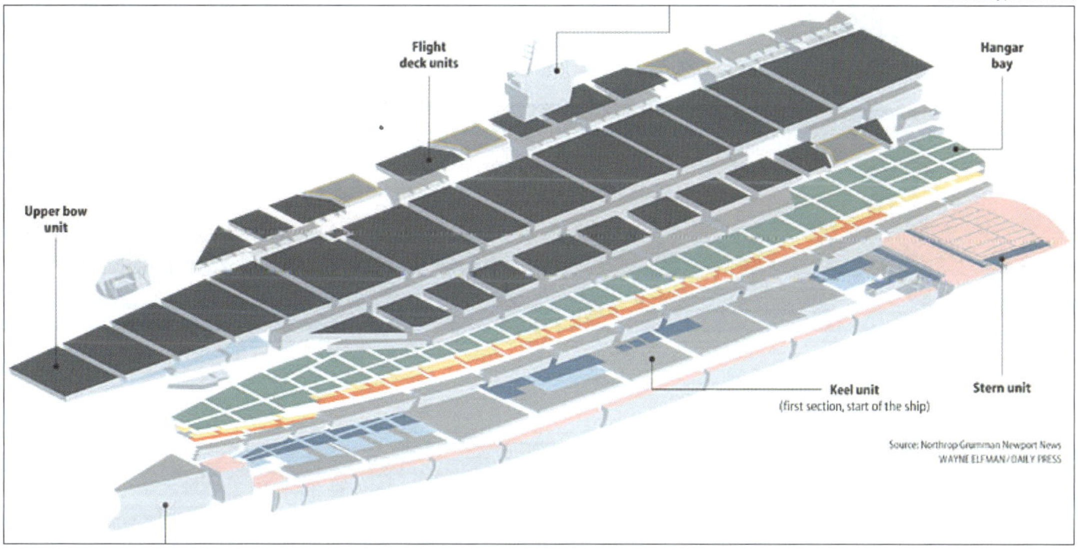

[그림 4-8] 니미츠 급의 블록화 된 모습

www.turbosquid.com

[그림 4-9] 니미츠 급의 아일랜드와 그 하부의 내부 배치

patrickturner.com

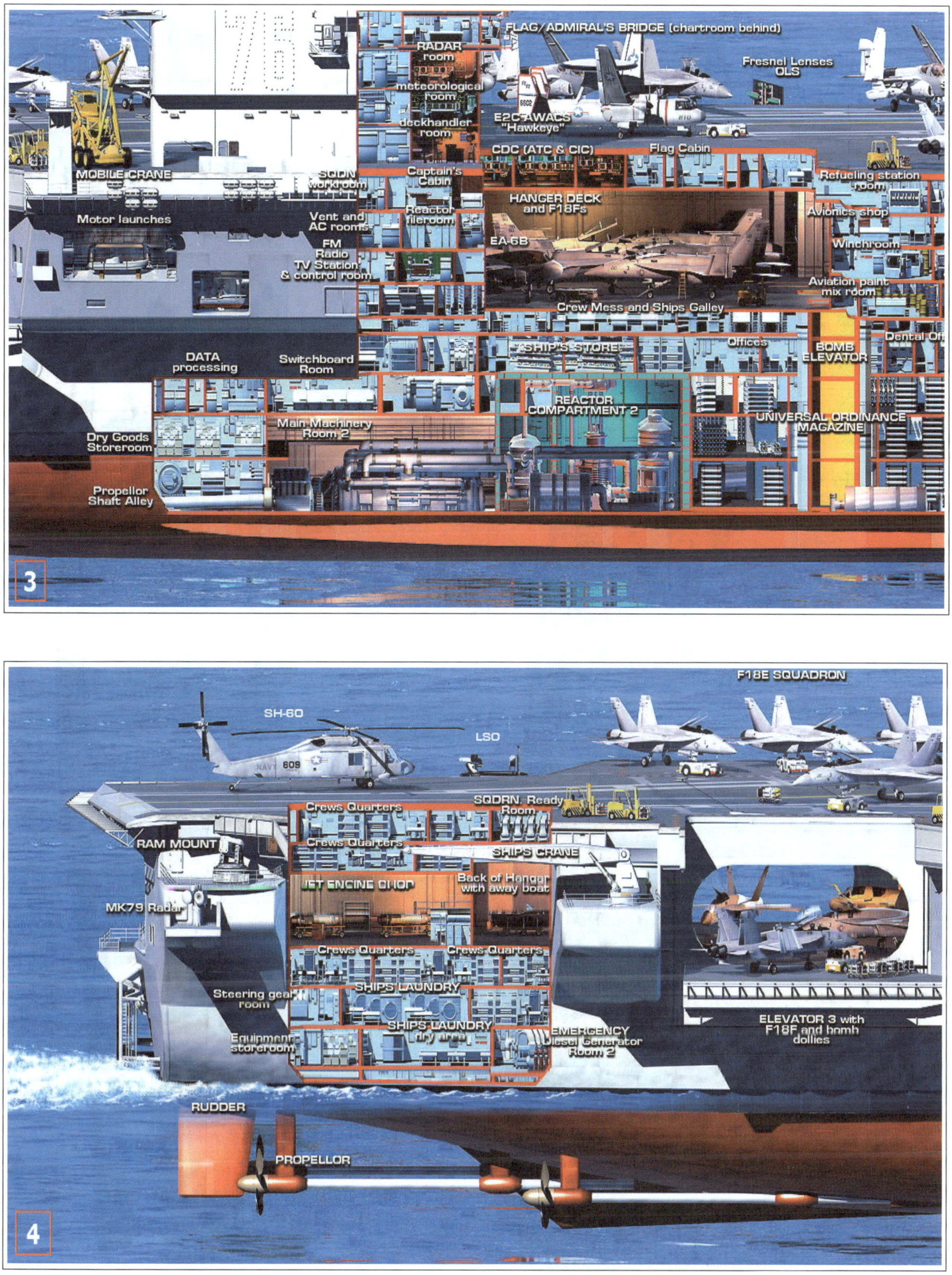

[그림 4-10] 니미츠 급 항모의 내부 배치(위의 4개의 그림을 선수 ①부터 선미 ④까지 연결하면 하나의 큰 그림이 됨)

[그림 4-11] 니미츠 급 항모의 내부 배치와 일부 명칭

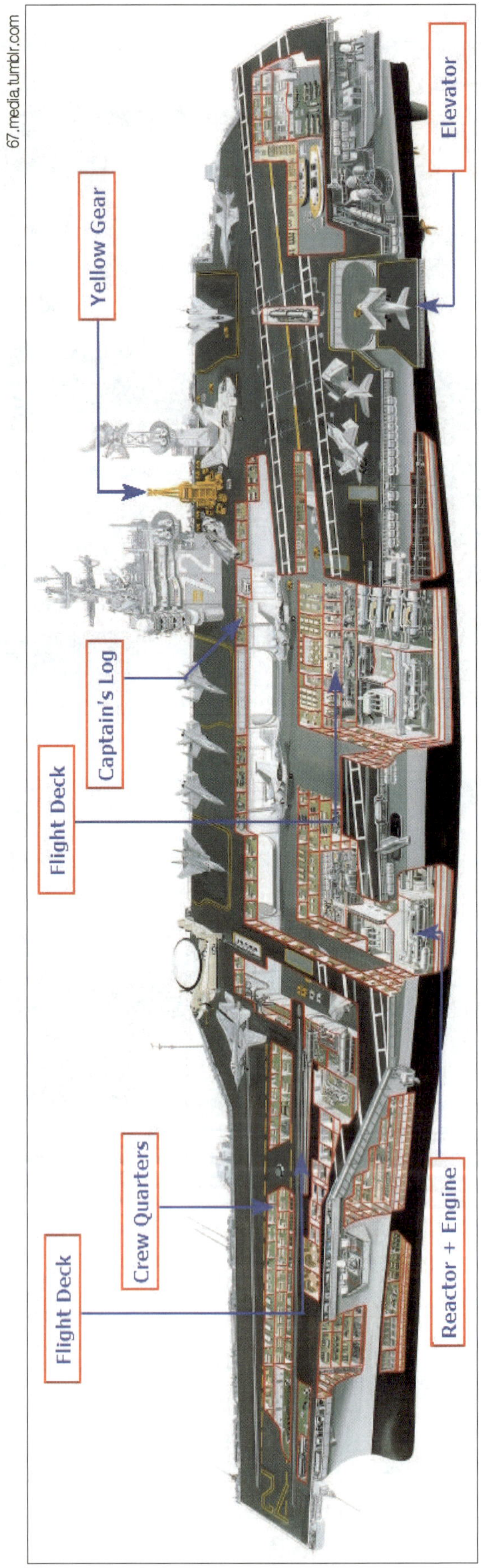

[그림 4-12] 영국의 항모 HMS Illustrious의 내부 배치

thehelpfulengineer.com

[그림 4-13] 미국의 Amphibious Assault Ship (LHD 5)의 내부 배치를 보여주는 나무 제품

www.oocities.org

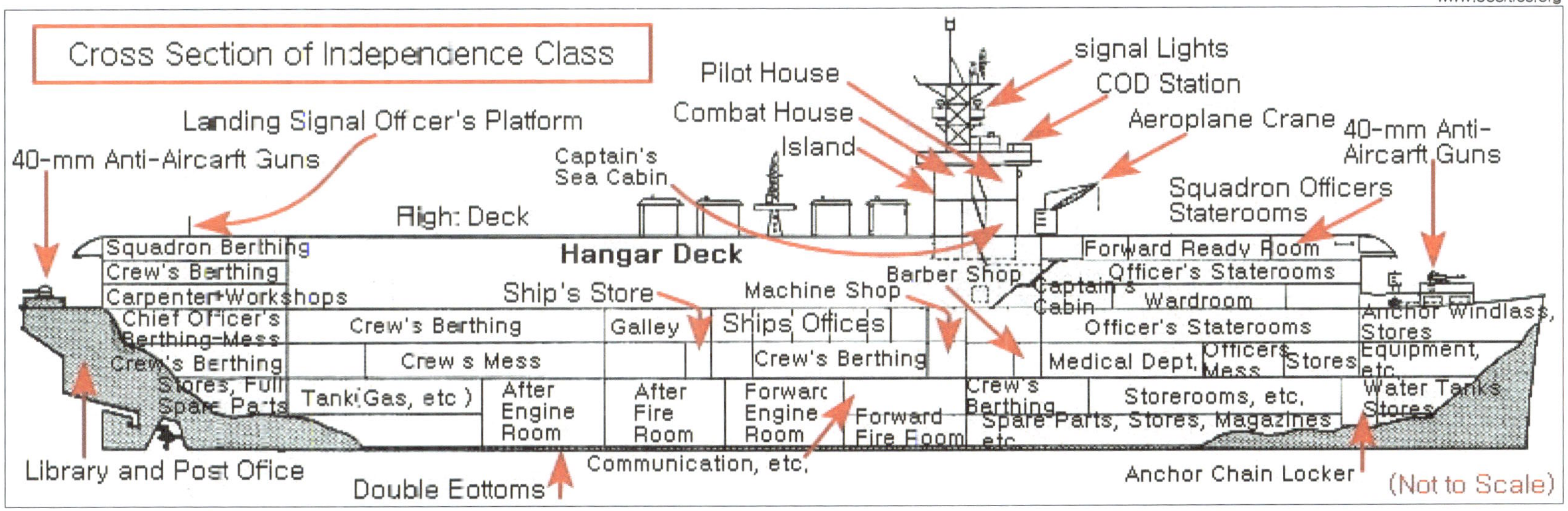

[그림 4-14] Independence 급의 내부 배치

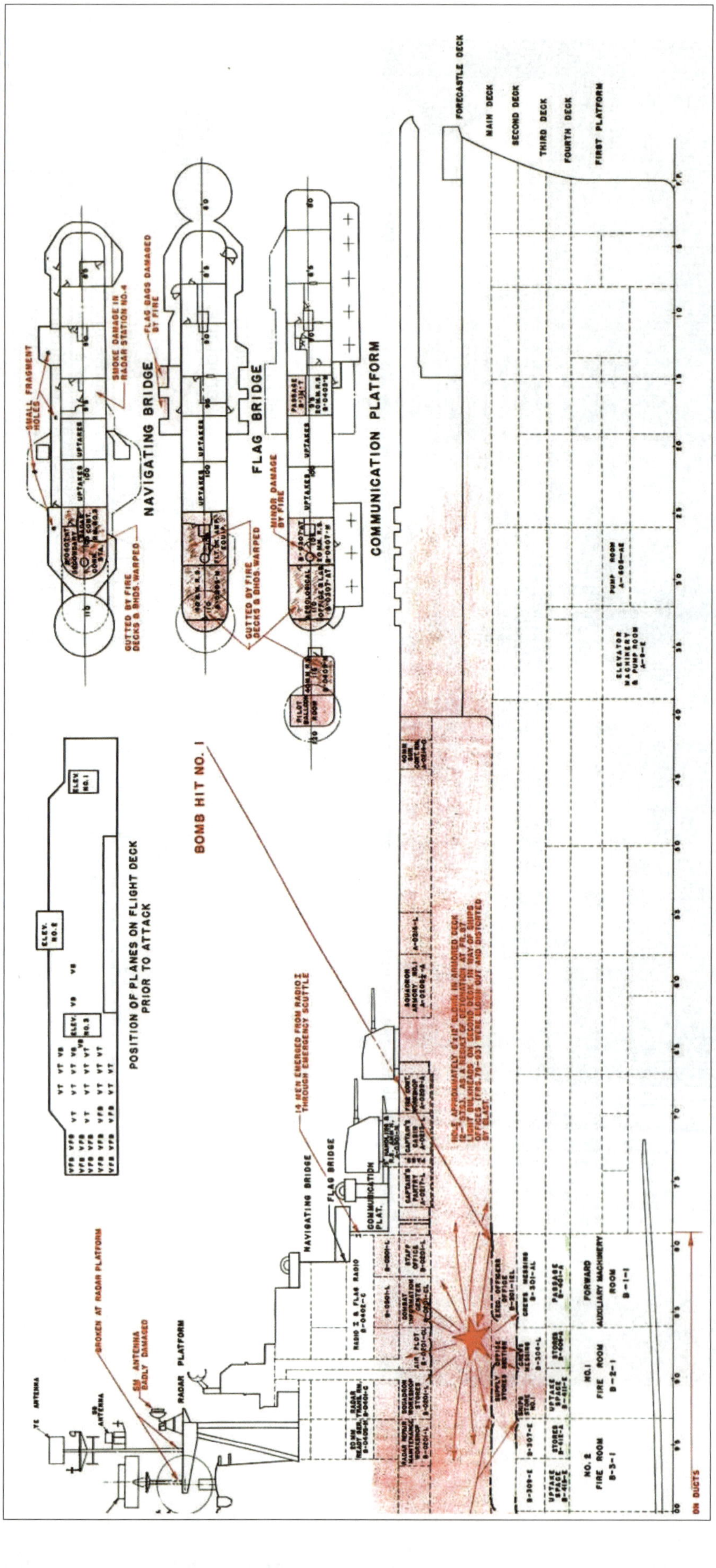
BOMB HIT NO. 1
NAVIGATING BRIDGE
FLAG BRIDGE
COMMUNICATION PLATFORM
POSITION OF PLANES ON FLIGHT DECK
PRIOR TO ATTACK
FORECASTLE DECK
MAIN DECK
SECOND DECK
THIRD DECK
FOURTH DECK
FIRST PLATFORM
RADAR PLATFORM
SM ANTENNA BADLY DAMAGED
BROKEN AT RADAR PLATFORM
SMALL FRAGMENT HOLES
GUTTED BY FIRE DECKS & BHDS. WARPED
MINOR DAMAGE BY FIRE

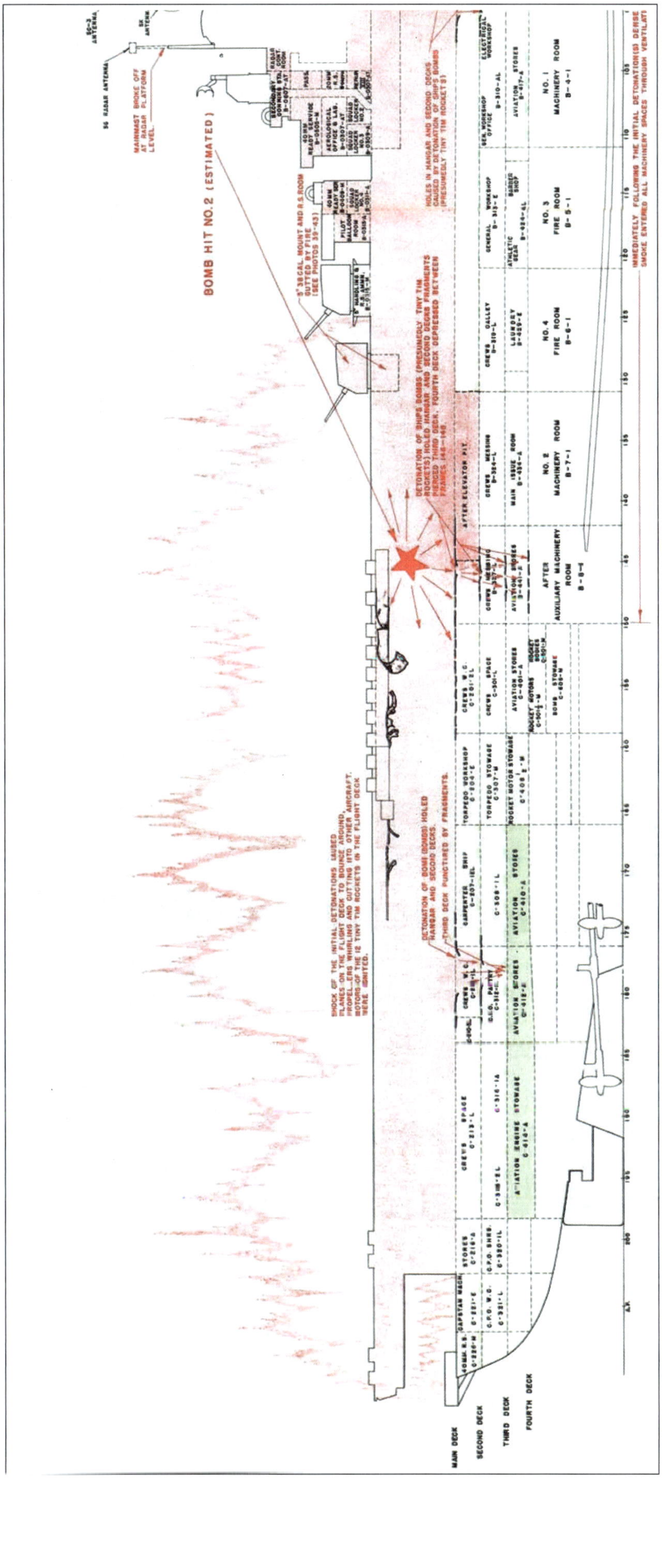

[그림 4-15] USS Franklin(CV-13)이 1945년 3월 19일 일본 근해에서 일본 항모 Honshu에서 발진한 항공기 등의 공격을 받고 피해를 입은 모습
(위의 2개의 그림을 선수부터 선미까지 연결하면 하나의 큰 그림이 됨)

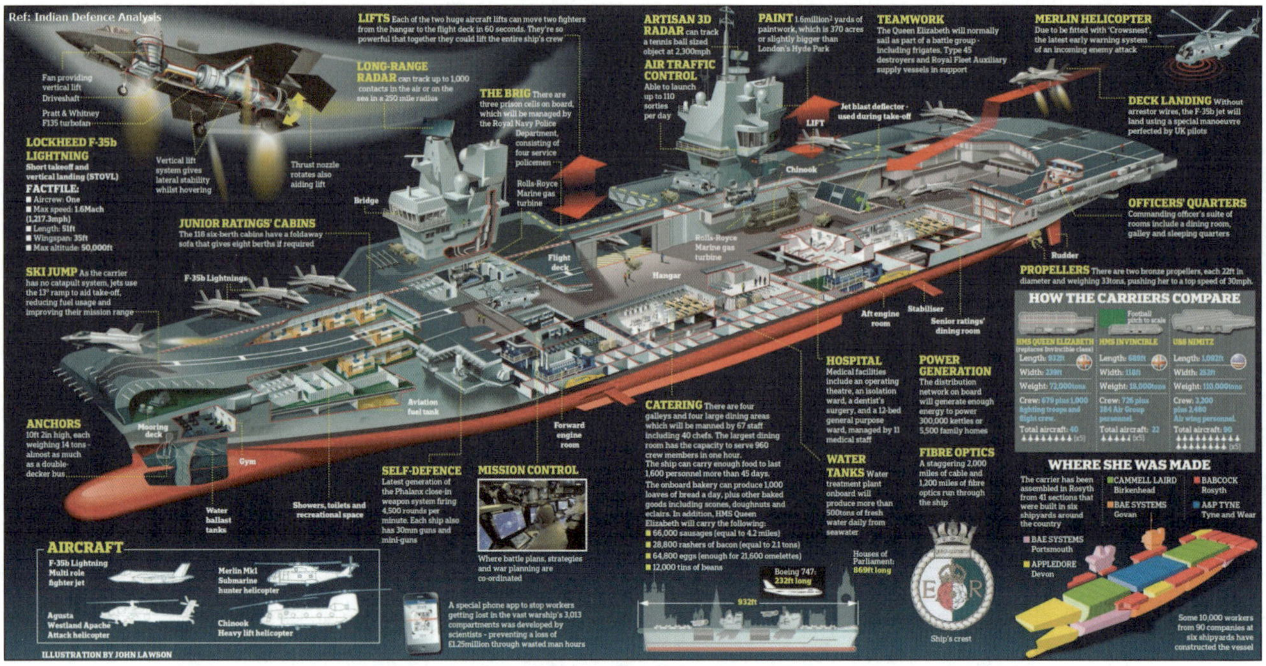

[그림 4-16] 영국의 최신 항모 HMS Queen Elizabeth의 내부 배치 모습과 다양한 항모 사양

static1.squarespace.com

[그림 4-17] 1930년대 영국 Audacious 급 항모의 내부 배치도

4.1.2 의장품과 추진 기관

본 항에서는 설계 시 필요한 주요 의장품에 대한 사양과 추진기관 사양에 대하여 살펴보게 될 것이다.

가. 의장품

우선 스팀 Catapult에 관하여 알아보자. 무기와 탐지장비 부분을 제외하고 Catapult와 Arresting Gear에 관하여 설계의 관점에서 의장품을 보게 될 것이며 우선 Catapult를 보면 다음과 같은 종류와 사양 현재 및 과거에 Steam 기반 Catapult로 사용이 되어 왔다. 사양 중에서 가장 크게 변한 것은 Capacity 이다. 이는 탑재기들이 점차 무장을 많이 하게 되고 이에 따른 빠른 이륙 속도를 요구하기에 이에 맞추어 개선이 되었다고 할 수 있다.

증기와 독특한 특성 덕분에 최신 초음속 제트 항공기가 무장하고 연료를 가득 채운 상태에서 항공모함의 짧은 갑판에서 이륙할 수 있다. 그렇지 않으면 긴 활주로가 필요할 것이다. 증기 Catapult는 공중 조기 경보와 같은 무거운 프로펠러기도 항공모함에서 이륙할 수 있다. 미 대통령이 위기 시에 "그럼, 우리 항공모함은 지금 어디에 있지요"라고 물어보는 것을 보면 항모의 중요성을 짐작하게 된다. 현재 미국이 스팀 Catapult를 사용하는 항공모함 10척을 운영하며 전 세계를 커버하고 있다. 증기 Catapult를 사용하지 않는 다른 항공모함도 물론 있다. 앞서 기술한 것처럼 항모의 이러한 유형은 STOVL 또는 STOBAR 같은 유형으로 구분될 수 있다.

증기 Catapult의 역사는 제트기가 해군 항공의 전면에 등장할 때인 2차 세계 대전 시대로 돌아간다. 해군의 항공모함의 중요성의 증가는 2차 세계 대전 이전에 시작하고 전쟁말기에 큰 전함의 충돌이 기하급수적으로 증가하면서 더욱 중요해졌다. 가장 빠른 피스톤 엔진을 가진 항공기의 이륙 속도는 항모 이륙에 대한 큰 문제가 되지 않았다. 전체 해군 항공기가 제트기로 대체가 되면서 모든 것이 바꾸었다. 제트기는 무거웠고 빠른 속도로 발사할 필요가 있었다.

현대의 증기 Catapult는 영국에 의해 1950년대에 발명되었고 항공모함 HMS Perseus에 최초로 시도가 되었다. 항공모함 니미츠 급 같은 오늘날의 슈퍼캐리어는 갑판에서 고정 날개 항공기를 이륙시키기 위한 네 개의 증기 Catapult가 있다. 이 중 두 개는 'Bow(선미)', 그리고 두 개는 'Waist(허리)'부분 갑판에서 발사한다. 핵 추진 항공모함에서 증기는 핵 원자로의 열에서 생성된다. 증기 Catapult에 증기는 항모의 앞부분 갑판 아래의 위치한 파이프로 전달이 된다.

증기 Catapult는 안전하게 항모 갑판에서 밤이나 낮이나 날씨 등 상관없이 거의 모든 종류의 항공기를 이륙시킬 수 있다. 증기 투석기는 바람 부는 방향으로 향하는 항모에 항공기를 이륙하도록 설계하지만, 앵커 상태에서 잔교 사이드에 바람 부는 방향으로 항공기를 이륙할 수도 있다. 그러나 날개 위에 바람의 도움을 받고 항공기가 이륙할 수 없는 상황이 되면 연료 또는 발사 무기를 감소시켜 항공기 부하를 줄여 이륙을 하는 경우가 있다.

[표 4-1] 스팀 catapult를 사용하는 운용중인 CATOBAR 항공모함

항모	척수	추진	배수톤수	운용 기관	탑재기
Nimitz	10	Nuclear	100,020 ton	United States Navy	- F/A-18 Hornet - C-2 Greyhound - E-2 Hawkeye
Charles de Gaulle	1	Nuclear	37,085 ton	French Navy	- Rafale M - Super Étendard - E-2 Hawkeye
Clemenceau-class	1	Conventional	24,200 ton	Brazilian Navy	- A-4 Skyhawk

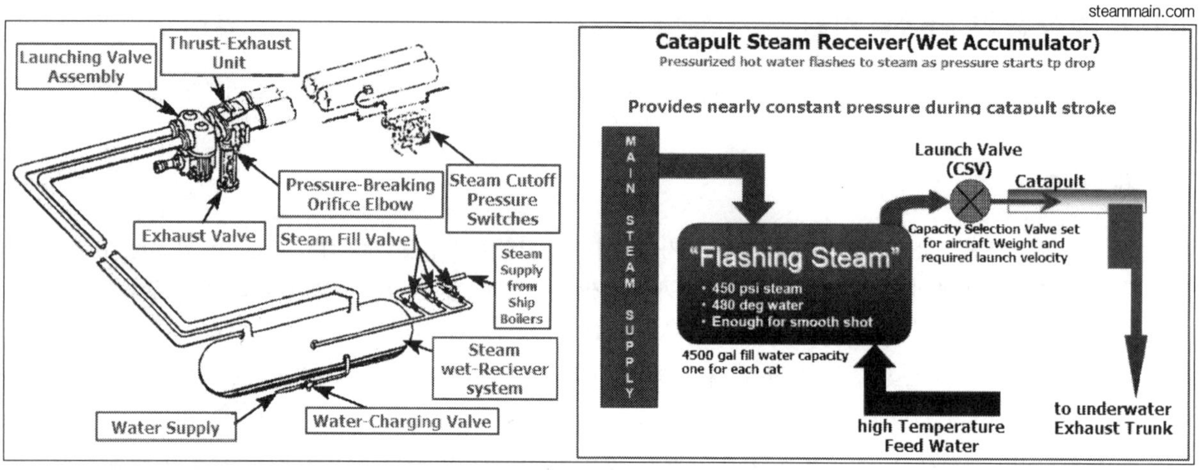

[그림 4-18] 스팀 catapult의 시스템 및 작동원리

증기 Catapult는 증기 축적기/리시버, 갑판에서 비행기를 매달고 달리게 되는 원통형 튜브 2개, 이 튜브 내에서 움직이는 2개의 피스톤, 비행갑판에서 볼 수 있는 것으로 항공기에 부착되는 셔틀 및 발사 밸브, 물 브레이크 및 다시 회수하는 시스템 등으로 구성되어 있다. 그 작동원리를 살펴보면 [그림 4-18]과 같다. 그리고 항모 전체에서 살펴보면 [그림 4-19]와 같다.

시작 시점에 급수 탱크에서 온 뜨거운 급수가 증기 축적기/리시버로 들어가도록 한다. 이것은 초기 작동 수준으로 증기를 채우도록 하기 위한 것이다. 발사 밸브는 리시버에서 나온 공기를 제거하기 위해 열고 항모 보일러에서 나온 증기는 온도를 상승하기 위해 리시버에 있는 물에 천천히 들어간다. 물의 온도가 약 225℃에 도달하면 발사 밸브 폐쇄되고 리시버는 스팀으로 계속 가열된다. 리시버 내의 물의 온도가 소정 온도까지 상승하도록 스팀 압력은 점차 증가된다.

일단 리시버가 충전이 되고 온도가 최고도로 올라가면 발사 밸브 어셈블리에 대한 압력 하에서 발사를 위한 스팀의 양을 제공되게 된다. 발사 밸브 어셈블리는 증기 리시버/축적기에서 두 증기 라인과 스러스트 배출부 사이에 위치한다. 증기 밸브가 열리고 Catapult 작동 중에 작동 실린더로 가는 증기의 흐름을 차단한다. Catapult가 발사되었을 때 증기 발사 밸브의 개방은 수초에서 수백 초의 시간이 된다.

버터플라이 배기 밸브는 추력 배기 장치의 바닥을 장착하고 발사 후 갑판 아래 원통형 튜브에 소요 증기를 방출하기 위해 사용된다. 증기는 Catapult 자체 원동력에 사용되는 것뿐만 아니라, Catapult 통을 가열하는데 사용하고 화재 시 증기 차단 시스템에서 사용된다.

Catapult 담당 장교는 신중하게 특정 비행기와 갑판 조건에 대해 비행기 이륙 가능 여부를 판단하기 위해 증기 압력 레벨을 모니터링 한다. 압력이 너무 낮으면, 항공기는 충분히 이륙할 정도로 속도가 나오지 않게 되며 Catapult는 비행기를 바다에 던져 버리는 결과가 될 것이다. 또한 너무 많은 압력이 있다면, 갑작스런 반사 운동으로 항공기의 Nose 기어를 부러트릴 수도 있다.

적절한 압력 레벨로 충전된 경우, 조종사는 비행기의 엔진을 풀파워로 증가시킨다. 엔진이 이륙에 필요한 상당한 추력을 생성하는 동안 홀드 백은 비행기에 셔틀을 붙잡은 상태를 유지한다. Catapult 장교는 피스톤을 이완시킨다. 그 힘이 홀드 백을 해제하게 되고 증기 압력이 셔틀과 비행기를 앞으로 세차게 밀어 붙이게 된다. Catapult의 끝에서 견인 바는 비행기를 놓아주고 셔틀을 잡아당기게 된다.

qph.ec.quoracdn.net & Daily Mail & Air Space Magazine & www.sammyboy.com

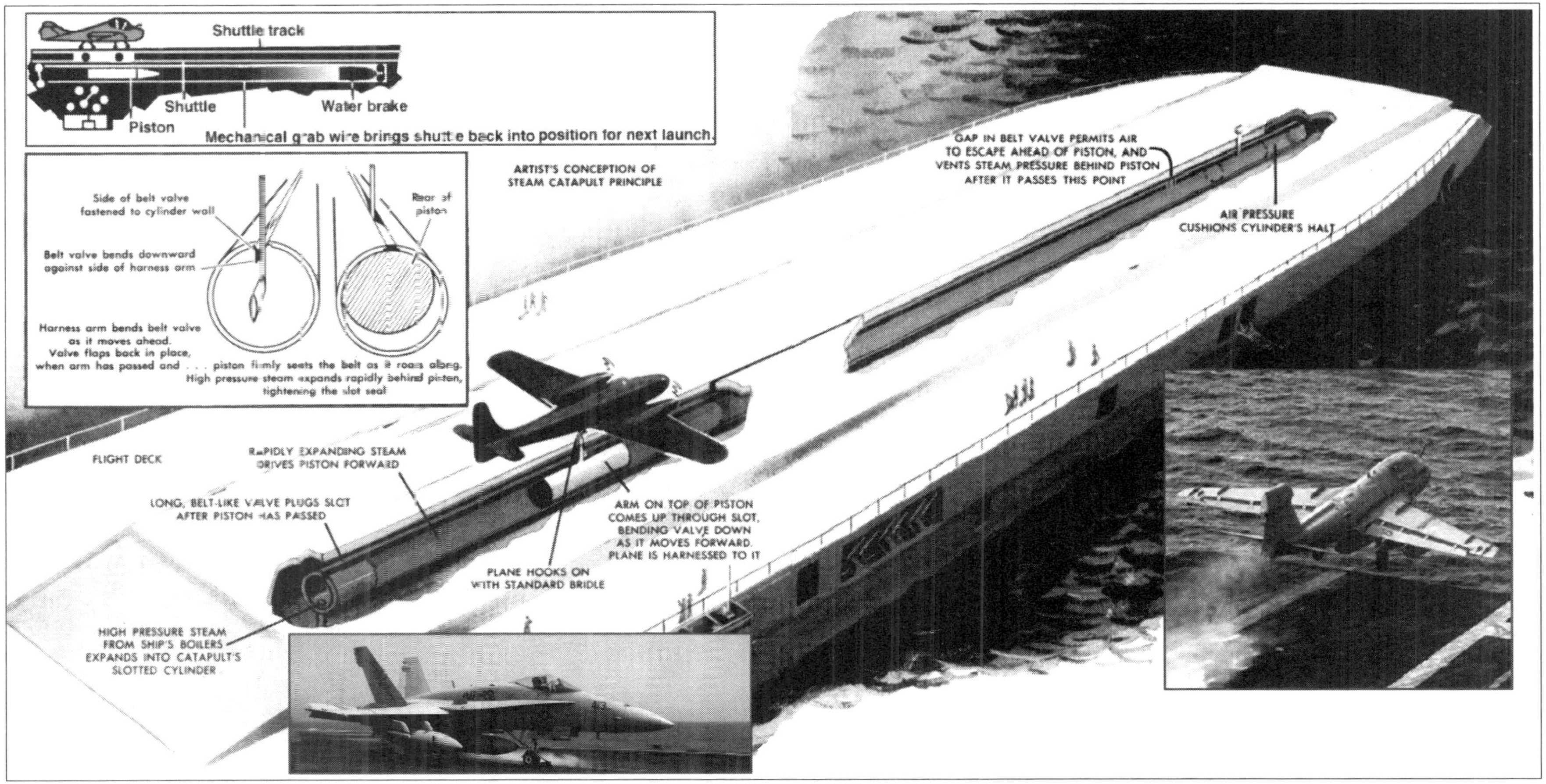

[그림 4-19] 비행갑판에서의 전반적인 증기 Catapult 시스템

USS Midway Museum "Docent Reference Manual"

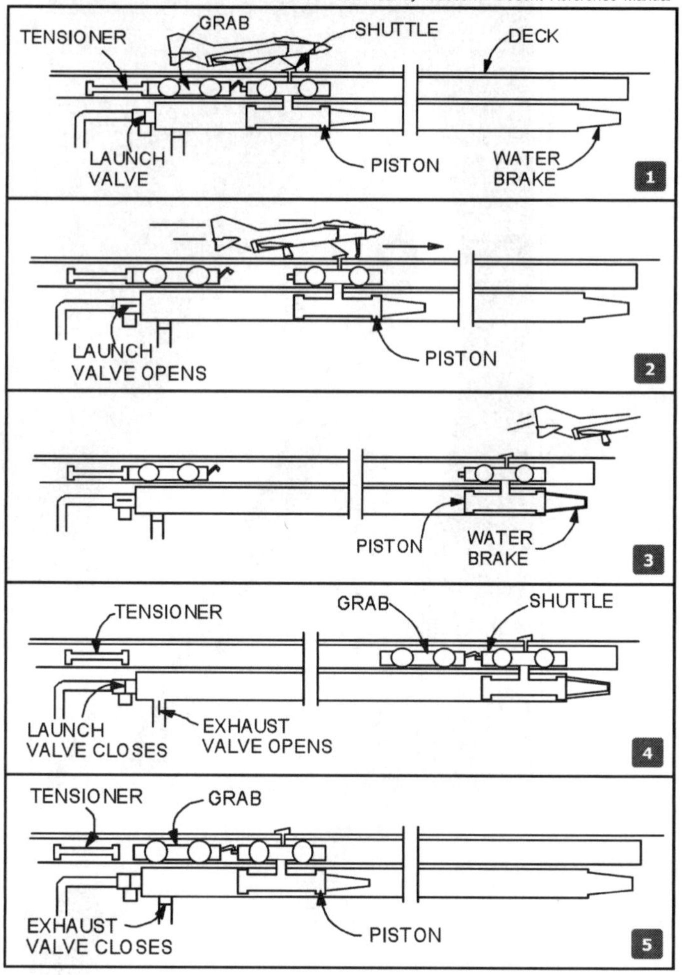

[그림 4-20] 증기 Catapult 구동의 순서

[그림 4-20]은 증기식 Catapult의 사용하는 순서를 요약한 그림이다. 앞의 내용을 좀 더 상세하게 단계별로 설명을 하면 다음과 같다.

1 단계(발사를 위한 준비 단계)

· Shuttle은 준비 단계인 'Battery(충전)' 위치에 있게 된다. 발사 밸브에 속해 있는 CSV(Capacity Selector Valve)는 이륙하는 항공기 종류와 하중에 맞추어 세팅이 된다.
· 비행기는 이륙 준비 위치로 자체 동력으로 이동(Taxi)하고 Shuttle과 'Holdback' 장치와 결합한다.
· 장력 장치인 'Tensioner'와 'Grab'은 장력을 이용하기 위해 Shuttle에서 압력을 앞쪽으로 밀어내기 위해 전력을 다한다.
· Tensioner와 Grab은 Shuttle로부터 잠겨있지 않게 되어 있다.

2 단계(Catapult 발사 단계)

· 발사 밸브 어셈블리를 개방함으로서 Catapult 발사를 시작한다.
· 축적기(Accumulator)에서 나온 증기는 발사 밸브를 통해 실린더로 밀어닥친다. 그 증기의 힘이 세차게 피스톤을 앞으로 밀게 된다.
· 그 다음 증기는 Shuttle과 항공기를 끊임없이 증가하는 속도로 피스톤을 앞으로 가게하게 만드는 힘을 만들어 낸다.

3 단계(Shuttle이 멈추는 단계)

· Shuttle의 전진 방향 운동은 피스톤 앞쪽에 부착된 테이퍼(점점 작아지는 것) 된 Spear가 워터 브레이크의 물이 채워진 실린더에 들어가면 멈춘다.
· 비행을 위한 이륙 속도를 도달한 항공기는 갑판의 끝에 도달하여 공중으로 비행한다.

4 단계(Grab을 앞쪽으로 보내 Shuttle을 붙잡는 단계)

· 발사 밸브가 닫히고 실린더의 증기가 배기 밸브를 통해 항모 밖으로 배출된다.
· Grab은 유압으로 앞으로 보내지고 셔틀의 뒤쪽에서 빗장을 걸게 된다.

5 단계(Shuttle을 되돌려 끌어당기는 단계)

· Grab은 Shuttle을 끌어당기고 Catapult는 다음 발사를 위해 다시 준비 단계인 'Battery(충전)' 위치로 되돌아오게 된다.

이 완전한 증기 구동 시스템은 2초 만에 시속 0에서 165마일로 20~40 톤의 비행기를 발사할 수 있다. 그런 다음 피스톤은 물 브레이크에 의한 튜브의 끝으로 천천히 되돌아간다. 발사와 함께 피스톤 다시 다음 항공기 발사 준비의 시작 위치로 이동할 수 있다. 셔틀은 두 개의 피스톤에 연결될 수 있도록 그 원주의 상부에 각각의 실린더 튜브의 길이를 따라 간극 갭이 있다. 이것은 셔틀이 갑판의 가장자리에 항공기 발사 위치로 이동할 수 있도록 허락하는 것이다. 그 증기 튜브의 각각의 상단에 있는 갭에서 누출되지 않도록 셔틀이 함께 이동하고 셔틀 후에 격차를 닫고 여는 밀봉 스트립이 있습니다. 분명한 것은 왕복 이동과 함께 일부 증기 누출이 있다는 것이다.

www.hnsa.org

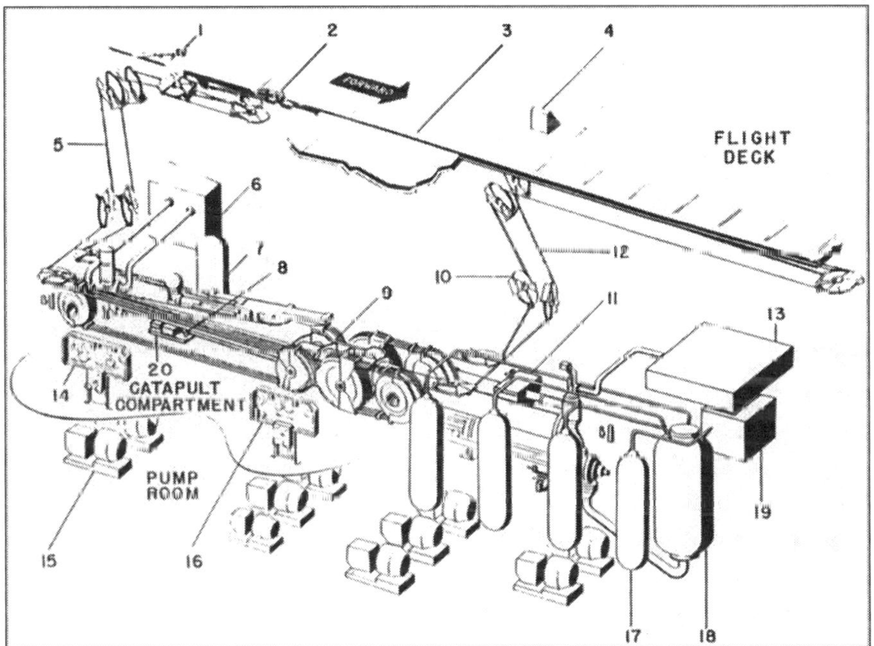

Catapult System
1. Holdback Release 2. Shuttle 3. Shuttle Track 4. Deck Edge Controls
5. Drive System Retrieving End 6. Retracting Gravity Tank
7. Retracting Accumulator 8. Mechanical Cutoff 9. Engine 10. Sheave
11. Runaway Shot Preventor 12.Drive System, Towing End
13. Launching Gravity Tank 14. Retracting Control Panel
15. Pump Unit 16. Firing Control Panel 17. Air Flash
18. Launching Accumulator 19. Sump Tank 20. RSP Valve and Switch

[그림 4-21]
Catapult System 명칭

[그림 4-21]은 증기 Catapult의 각 부분의 명칭을 나타낸 것이다. 앞장에서 본 'Shuttle' 등이 있을 것을 볼 수 있다. 20 여개의 크고 작은 아이템이 사용되고 있으며 각 부분에서 또한 더욱 상세한 부품들이 존재한다.

증기 Catapult의 종류와 사양에 관한 것은 3장의 [표 3-1]을 참조하길 바란다.

이상으로 증기 Catapult의 내용을 좀 더 상세히 살펴보았다. 증기 Catapult는 전투기에게 이륙하는 데 필요한 여분의 부스터를 사용하여 불어 넣을 수 있지만, 항공기가 무겁다는 점과 전투기의 시스템에 스트레스를 야기할 수 있는 것으로 새로운 방안을 생각하게 되었다. 그래서 60년 만에 투석기가 새롭게 연구되는 단계에 있다. 그 새로운 투석기인 EMALS는 아직 완전한 단계가 아니고 시행착오가 있고 해결을 하고 있어 장착은 진행이 되고 있으나 최종적으로 미국 최신 항모에 사용하기까지는 시간이 좀 더 필요할 것이다. 그 이후에도 한동안 그 기술을 보호를 받기에 정보나 기술적 상세한 내용을 파악하기는 쉽지 않을 수 있다. 이에, 본 내용에서는 알려진 몇 가지 내용만 기술하면 아래와 같이 요약할 수 있겠다.

· 매 45초마다 항공기를 이륙시킬 수 있다.
· 매 3초마다 이륙을 위해 100만 와트를 전력을 소모한다. 이것은 작은 도시 전체가 사용하는 만큼의 전기량이다.
· 전자 투석기용으로 개발된 항모 발전기에서 전력은 6,400 rpm으로 회전하는 로터에 의해 역학적으로 저장된다.
· 발사 순서가 주어 졌을 때, 전력은 풍선이 순간적으로 터지는 것처럼 2~3초 펄스로 순간적으로 발전기에서 가져온다.
· 전원이 사용되어 떨어진 것과 같이 발전기도 느려지고 그들이 생산 전력의 양은 점차 떨어진다.
· 다음 발사 시간까지 42초 만에 에너지의 또 다른 폭발을 통해 자신을 준비하고 용량에 백업하기 위해 로터는 회전하게 된다.
· 최종 목표는 240 mph로 80000 lb 비행기를 이륙시키는 것이다.
· 그러므로 60,000 lb 최대 이륙 중량을 갖는 F-35 항공기에 덜 손상을 초래하며 매끄러운 가속을 제공할 것을 기대하고 있다.

MiGFlug.com

[그림 4-22] EMALS 시스템을 설치하는 모습

· 안정된 가속도를 제공할 수 있는 것은 종래의 증기 피스톤 구동 대신에 리니어 모터 드라이브를 사용하기 때문이다.
· EMALS 시스템은 두 부분으로 구성된다. 긴 고정 빔 또는 고정자와, 캐리지로 앞뒤로 슬라이드 될 수 있는 2개의 빔(캐리지) 사이에 샌드위치(고정자)처럼 위치해 있다.
· 각각의 빔은 그들에 활력을 불어 캐리지를 추진하는 전자기력으로 설정하는데 필요한 배선을 포함하는 세그먼트로 구성되어 있다.
· 캐리지를 연결한 후 항공기는 전자기 추진이며 항공기가 비행할 때까지 투석기를 당기게 된다.
· 기존의 증기 시스템보다 가볍고 유지 보수의 횟수가 줄 것으로 기대된다.
· 증기 투석기의 배관, 펌프, 모터 및 제어 시스템이 필요하지 않기 때문에 적은 공간을 필요로 한다.

나. 추진기관

엔진은 전체 항모의 중심 동력을 담당한다. 호스트 엔진인 디젤 엔진, 가스 터빈, 스팀 터빈 그리고 원자로 등은 일반적인 형태도 중요하고 중량과 부피도 중요하다. 항모는 크기 때문에 디젤 엔진만 사용할 수 없다. 또한 가스터빈 엔진은 연료 소모율이 높다. 그래서 현재의 많은 항모들은 두 가지를 혼합한 추력 시스템을 가지고 있다. 가스터빈 엔진에 추가적으로 디젤 엔진을 장착하는 경우도 있고 이륙과 착륙을 위해 스팀 터빈 엔진을 추가한 것들도 있다. 또 다른 경우는 핵 추진을 기본으로 하고 스팀 터빈 엔진에 추가 추력을 위해 제너레이터를 장착하는 경우도 많아. 이런 내용에 대하여 이미 3장의 [표 3-2]와 [표 3-3]에서 상세히 살펴보았다.

핵 추진 항모의 큰 장점인 1 g 우라늄이 2톤의 중유와 같은 일을 한다는 에너지 효율만이 아니라 설계의 관점에서 많은 다른 장점이 있다. 우선 연소를 필요로 하지 않아 굴뚝이 필요 없고 이에 따른 많은 파이프라인이 또한 필요가 없다. 또한 공간을 절약할 수도 있다. 항모의 구조 강도를 감소시킬 수 있지만 이것은 설계의 복잡성이 단순화 될 수 있다는 것으로 핵반응기의 안전을 위해 항모의 구조를 보강해야 문제점은 논외로 하고 이야기를 하는 것이다. 그리고 또 다른 장점은 장비의 부식 문제, 근무자의 안전 문제, 이착륙의 빈도에 해당되는 RCS(Recovery Control System)가 증가하는 점, 비행기 착륙 시 위험을 초래할 수 있는 열방전 수가 감소하는 점 등이 핵 항공모함의 추가적인 장점이라고 할 것이다. 하지만 재래식 항모는 적외선 유도 미사일을 타겟이 되기 쉬운 단점도 있다.

www.pinterest.com

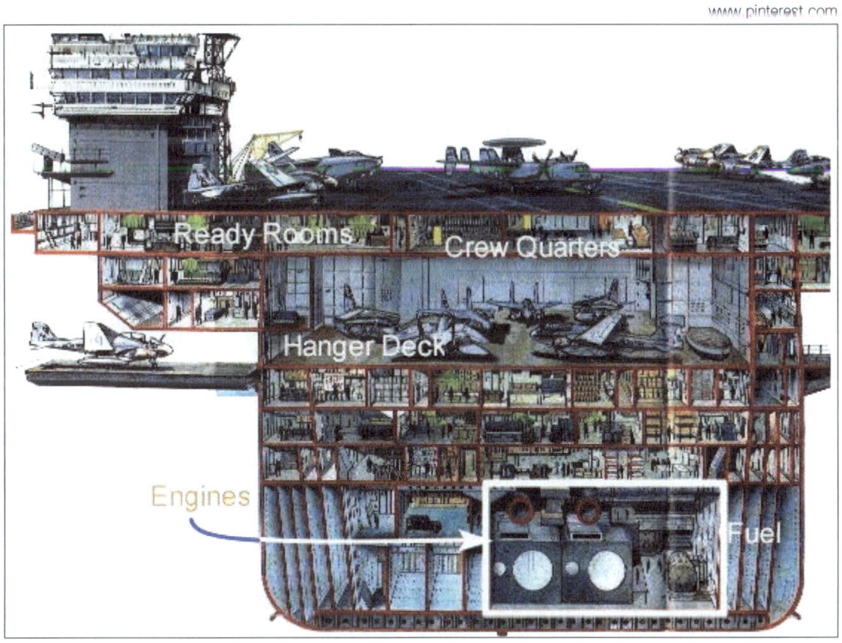

[그림 4-23]
항모에서 엔진이
일반적으로 있는 위치

핵 항모의 다른 장점들은 풍부한 청수 및 풍부한 많은 에너지를 생산할 수 있고 그에 따라 많은 탑승자의 생활환경을 개선하기 위해 에어컨, 대형 가전제품에 사용될 수 있다. 또한 배관과 오일 저장 때문에 어려웠던 실내 공간에 항공 연료, 소모품 및 폭탄을 실을 수 있어 보급의 관점에서 보면 전투 능력이 향상 될 수 있을 것이다. 단점으로 비용의 문제가 있다는 것이다. 제작비용도 많이 들지만 유지비도 많이 든다. [그림 4-24]는 항모의 일반적인 추력 관련 시스템을 도식화 하여 보여주는 그림이다.

[그림 4-24] HMS Queen Elizabeth의 추력 기관 배치

www.pinterest.com

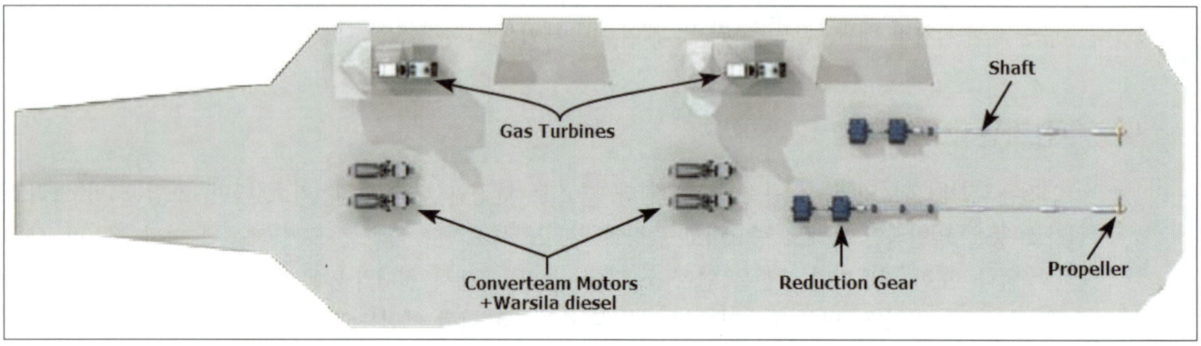

www.fincantieri.com

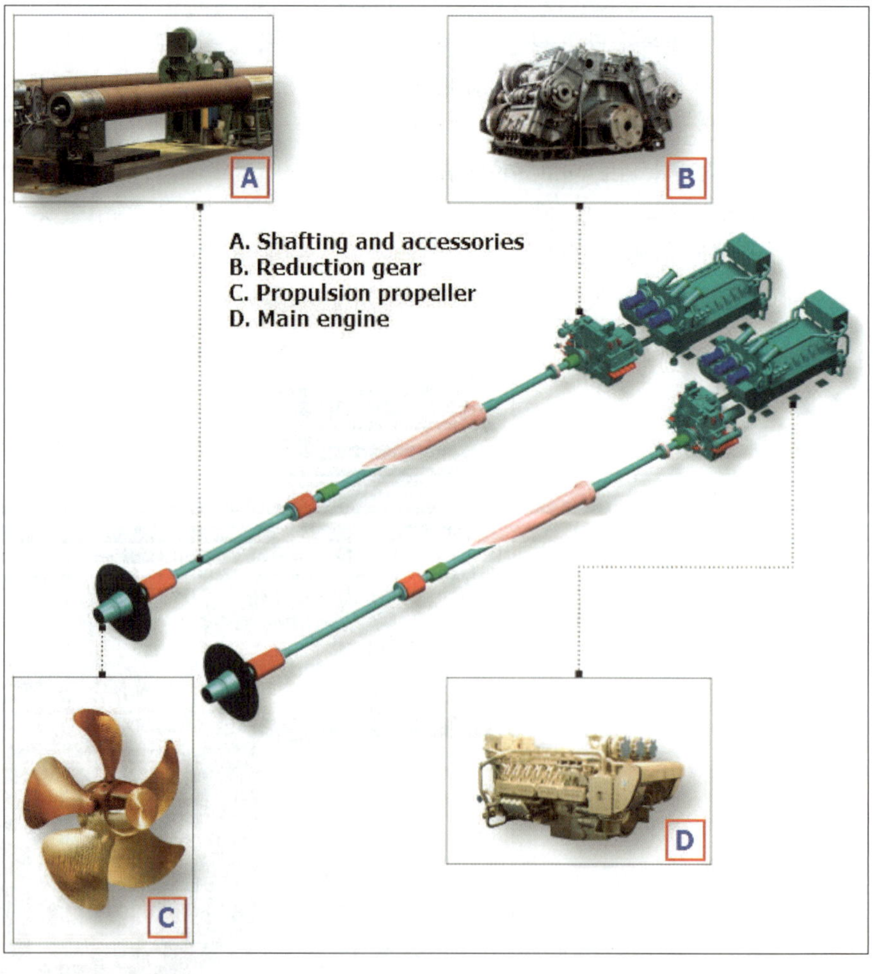

[그림 4-25]
항모의 개략적인 추진 체계도

영국 HMS Queen Elizabeth 항모의 추진기관에 대하여 살펴보자. 이 항모는 2020년에 실전에 배치될 것으로 판단이 된다. 영국은 처음에는 미국과 프랑스처럼 핵추진 항모를 고려하였다. 하지만 비용의 문제로 포기를 하고 다음과 같은 추력 기관을 선택하였다. 그 항모의 사양은 다음과 같다.

· Integrated Full Electric Propulsion(IFEP) 시스템
· Gas Turbine: 2대의 Rolls-Royce Marine Trent MT30 - 36 MW(48,000 hp)
· Diesel: 4대의 Warsila diesel - 2x9 MW(12,000 hp)+2x11 MW(15000 hp)
· Motor: 4xConverteam 20 MW Advanced Induction Motors

Gas Turbine과 디젤의 조합이다. 그동안 영국 해군에 공급한 것들 중에 가장 큰 사이즈이다. 2개의 고정 피치 프로펠러를 구동하는 4대의 GE Power Conversion's 20 MW Advanced Induction Motor와 결합이 되어 그 가스터빈과 디젤의 결합은 저전압 전력 시스템에 전력을 공급하게 된다. 이 가스터빈은 21 세기의 해군을 위해 설계된 MT30은 중량 대비 동력비가 높아 효율성과 신뢰성 그리고 유지비용 최소화 등을 줄 것으로 기대가 된다. 그리고 IFEP 시스템은 4개의 모터를 위해 운용이 되며 그리고 각 사프트당 2개씩 모터가 할당되어 추력을 만들어 낸다. Converteam VDM 25000펄스 Width 모듈 컨버터가 모터를 구동하게 된다. 이것은 최대 운용 범위를 넘어 제어되는 샤프트 속도를 낼 수 있게 하기 위해 다양한 주파수 출력을 만들어 낸다. 이를 위해 기어박스를 제거를 하였다. 4개의 모터는 더 좋은 데미지 제어 및 생존력을 위해 3개의 독립된 격리실 안에 두어 보호를 받는다.

L-3 통신이 플랫폼 관리 시스템을 제공하고 그 시스템에는 전체 통합 추력 관리 시스템를 포함하고 있다. 이 통합 시스템은 최적화된 효율을 내기 위해 터보와 디젤 제너레이터 세트의 운영을 제어한다. 안정성에서 이 디젤 제너레이터는 항모의 아래쪽에 위치하게 되고 항모 제작 단계 초기에 장착이 된다. 그리고 Converteam 제너레이터는 4대의 Warsila Diesel에 의해 전력 공급을 받는다. 또한 상대적으로 가벼운 2대의 Rolls-Royce Marine Trent MT30 가스터빈과 GE 교류발전기는 공기의 하향 통풍과 배기가스 통로를 짧게 하기 위해 항모의 좀 더 위에 항모의 한쪽 아일랜드 하단에 장착이 된다. Trent MT30에는 유압 스타트 스키드 방식을 적용하고 화재 보호 시스템이 되어있으며 UPS (Uninterruptible Power Supply)을 갖추고 있다.

QE 급에 대하여 Rolls-Royce는 두 개의 스티어링 기어 로터리 베인 액추에이터를 통합하여 전체 스티어링 기어 시스템을 설계하고 제조하였다. 모든 스티어링 기어는 유압 동력 장치, 제어 및 경부 시스템을 포함하는 하나의 완벽한 시스템으로 선달된다. 운영 측면에서 부면 이 로디리 Vanc 디자인은 전체 토크가 모든 방향타 각도에 유효하도록 보장한다. 스티어링 기어가 사용되는 러더의 모든 디입에 맞게 최적화 되어 있는 것처럼 기어는 좀 더 플렉시블하다. 그리고 트위스트된 러더 블레이드는 캐비테이션이 최소가 되도록 설계가 되었다.

[그림 4-26] HMS Queen Elizabeth에 장착된 추력장치(Trent MT30, Warsila Diesel 및 Converteam)

4개의 Neptune 인입식(Retractable) Fin이 QE에 설치되어 있다. 이것은 선체의 슬롯 구멍으로 그것을 접어 들여보낼 수 있고 내볼 수도 있다. 이 한 개로 구성된 핀은 부력/양력을 최대로 하고 항력을 최소로 하도록 설계되어 있다. 그 사양은 다음과 같다.

· 11.2 m^2의 핀 면적
· 앞쪽 뒤쪽 각 2쌍으로 총 4개 장착
· 18 노트 속도에서 79% Rolling 감소
· 운항 중 항모 안전 향상에 도움이 되지 않는다면 인입됨

프로펠러는 2개의 고정식 피치 형식이다. 이것은 진동과 소음 그리고 최소의 캐비테이션을 추구하면 만들어졌다. 또한 저전압 전력 분배 시스템을 갖추고 있다. 이 시스템은 최상의 성능을 제공하기 위해 최적화된 시스템 효율 공급하기 위해 통합된 것이다. 이 시스템 장비는 QE에 맞게 설계 제작이 되었다.

미국의 핵 항공모함의 추진기관에 대하여 디자인 관점에서 살펴보자. 최초의 핵추진 항모는 USS Enterprise(CVN-65)이다. 닉네임은 'Big E'로 현재까지 만들어진 어느 항모보다도 가장 큰 항모로 342 m이다. 현재의 Nimitz 급 항모나 Ford 급 핵 항공모함이 333 m인 것으로 봐 제작 당시로 너무나 큰 것으로 생각되어 닉네임이 붙여진 것으로 판단이 된다. 94,781톤으로 Beam 87.4 m, 흘수는 12 m 이다. 추력기관은 8기의 Westinghouse A2W Nuclear Reactor를 가지고 있었고 Catapult와 연동이 되게 4개의 Westinghouse Geared 스팀 터빈을 갖추고 있었고 4개의 샤프트와 Rudder가 있었다. 총 동력은 280,000 shp(210 MW)이다. 속도는 33.6노트로 시운전에서 35노트가 될 정도로 이 핵 항공모함의 추력의 능력을 상상 이상이었다.

[그림 4-27] HMS Queen Elizabeth의 추력과 관련된 디자인 구조물(1 인입식 Fin, 2 Rudder 3 Rudder 장착 4 Propeller와 Rudder 같이 장착된 모습 5 Bulbous Bow)

현재까지 2개보다 많은 핵 추진 기관(반응기)을 가진 것은 이 Enterprise 항모가 유일하다. 또한 4개의 Rudder을 장착한 항모는 유일하다. 그러므로 항모 Enterprise는 순양함처럼 빨리 기동을 할 수 있었다.

미국은 선박에 핵 추진을 생각한 것은 1940년대부터이다. 항공모함에서 수년간 재연료를 주입할 필요가 없는 핵추진은 매우 매력적인 고려사항이었을 것이다. 실제로 Enterprise 항모는 Forrestal 급의 항모 선체 디자인을 유지한 상태에서 핵 추진기관을 탑재한 것으로 선체 디자인은 구형, 추진체계는 혁신을 한 매우 드문 결과물이었다. 하지만 결과는 매운 좋아 미국의 차후 모든 항모를 핵추진으로 가져가게 된 것도 Enterprise 항모의 우수한 결과 때문일 것이다. 항모 Enterprise는 35,000축마력을 가진 8개의 원자로를 추력으로 하여 95,000 톤에 가까운 항모를 33노트 이상으로 전진시킬 수 있었다.

[표 4-2] 미 해군에서 개발된 핵 반응기 디자인 동력비

원자로 형식	축마력		비고
	shp*	MW*	
A2W	35,000	26.1	항모 Enterprise(8기)
A4W/A1G	140,000	104.4	항모 Nimitz 급(2기)
C1W	40,000	29.8	
D2G	35,000	26.1	
S5G	15,000	11.2	
S5G	17,000	12.7	
S6W	35,000	26.1	
S8G	35,000	26.1	
S9G	40,000	29.8	
A1B	40,230**	300**	항모 Ford 급(2기)

* 1 shp = 745.6999 Watt = 0.7456999 kW

** 신문지상 발표된 것으로 문서화된 공식적인 것은 아님

A2W Nuclear 원자로에 관하여 살펴보면, 이것은 미 해군이 사용하는 핵 반응기 원자로이며 이것을 통해 항모의 전력 공급 및 추력을 얻게 된다. 명칭의 'A'은 항공모함(Aircraft Carrier)을 의미하며, '2'는 원자로를 개발한 제작사의 2번째 버전을 말한다. 또한 'W'는 디자인 회사인 Westinghouse를 표현한 것이다. 참조로 만약 앞의 첫 글자가 'C'는 Cruiser, 'D'는 Destroy 그리고 'S'는 Submarine이다. 또한 맨 마직 회사 명칭은 'B'는 Bechtel, 'C'는 Combustion Engineering, 그리고 'G'는 General Electric 회사를 의미한다. 이 A2W 원자로는 최초로 핵추진 항모인 CVN-65에 사용되었고 4개의 추력장치에 각 2개씩 반응기가 배정이 되었다. 각 추진 장치는 33 노트를 초과하는 속도로 항모를 추진하는 데 필요한 전력 범위의 대부분을 하나의 원자로로 작동할 수 있었다. 두 원자로는 동시에 최대 항모의 속도와 항공기를 배행갑판에서 Catapult를 사용해 이륙 발사하는 능력을 제공하는 통합 라인으로 사용되었다.

원자로는 고농축(최대 93%) 연료인 우라늄 235에 의해 경수로에서 가압이 되어 진다. 경수는 중성자 감속재와 원자로 냉각재로써 모두로 사용된다. Hafnium 제어봉을 원자로의 동작을 제어하기 위해 사용된다. 계산된 높이로 그 봉들을 추출하면 원자로가 핵분열 반응이 자체 유지 수준에 도달하는 지점인 임계점에 도달할 수 있다. 그 후 증기 발생기에서 나온 증기 흐름은 원자로 출력을 조절한다. 제어 막대는 안으로 또는 밖으로 하여 평균 냉각수 온도를 조절하기 위해 틈을 메우는(Shimmed) 방식 혹은 원자로를 종료하기 위해 제어 막대를 원자로 용기 바닥에 내려는 방식이 있다. 이것은 느리게 제어하는 방식으로 'SCRAM'(Safety Control Rod Axe Man)이라고 하는 것으로 긴급 상황에서 반응기를 즉시 종료하기 위해 갑자기 떨어뜨리는 것을 말한다. [그림4-28]은 가압 경수로 방식에 대한 흐름도 이다.

jefferyrdavis.com

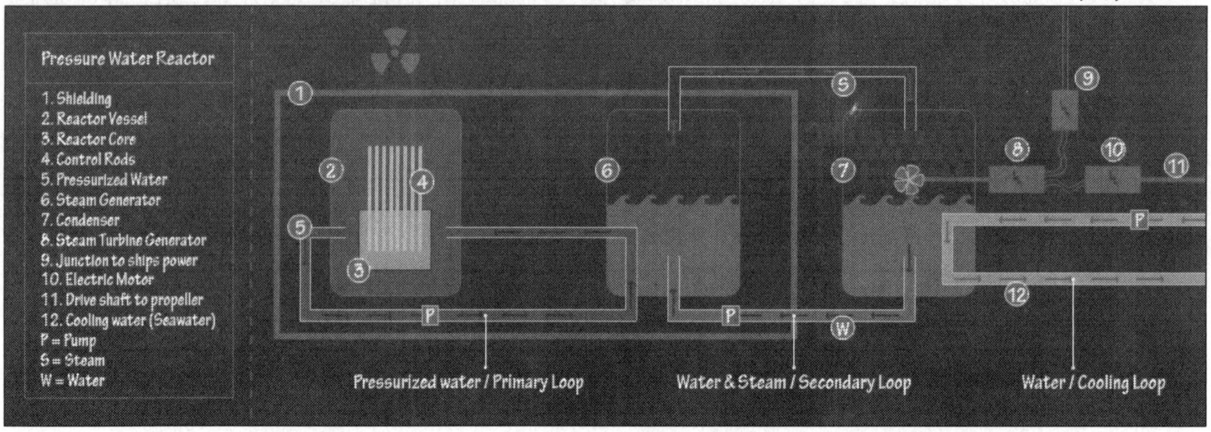

[그림 4-28] PWR 방식의 흐름도

정상 상태 동작 동안 반응기 전력 제어의 대부분은 냉각수의 음 온도 계수의 결과로 온다. 반응기의 전력은 연료에서 일어나는 핵분열 이벤트의 순간 속도에 의해 결정된다. 물이 가열되므로 해서 그것은 확장되고 밀도가 더 낮아지게 되고, 따라서 중성자를 완화하기 위해 볼륨 당 더 적은 분자를 제공한다. 이렇게 되어 더 적은 수의 중성자가 열 핵분열을 유지하는 데 필요한 열에너지로 천천히 변하는 것이다. 반대로 냉각수의 온도가 감소할 때, 그 밀도가 증가하고, 중성자들의 많은 수는 단위 시간당 핵분열의 수를 증가하여 더 많은 열을 생성하여 필요한 열에너지에 도달하게 된다. 이는 항모의 조작에 의해 요구되는 전력의 변화에 대하여 원자로를 조작하는 근무자가 조금씩 개입하여 반응기 전력을 제어하기 위해 '증기 요구'를 허용하는 효과를 갖게 된다.

반응기로부터의 나온 온수는 증기 발생기라는 열교환로 큰 파이프를 통해 전송된다. 가압 후 초 가열된 원자로 냉각수의 물로부터 나온 열은 튜브 벽을 통해 전송되어 별도의 피드 시스템에 있는 증기 발생기로 물의 형태로 공급된다. A2W 시스템에서는 원자로 냉각재 물은 274~285℃ 온도를 유지한다. 스팀 발생기에서는 공급 시스템으로부터의 나온 물은 279℃ 및 약 600 PSI (4 MPa)의 압력인 증기로 변환된다. 원자로 냉각수가 증기 발생기에서의 열을 준 후에는 주기를 반복하는 원자로로 대형 전기 펌프 (원자로 당 4개)를 통해 반환된다.

GlobalSecurity.org

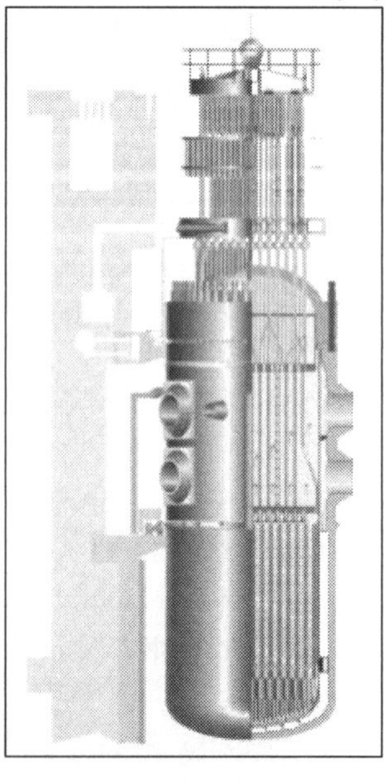

[그림 4-29]
항공모함에서 사용되는 원자로 반응기의 모습

www.peacelink.it

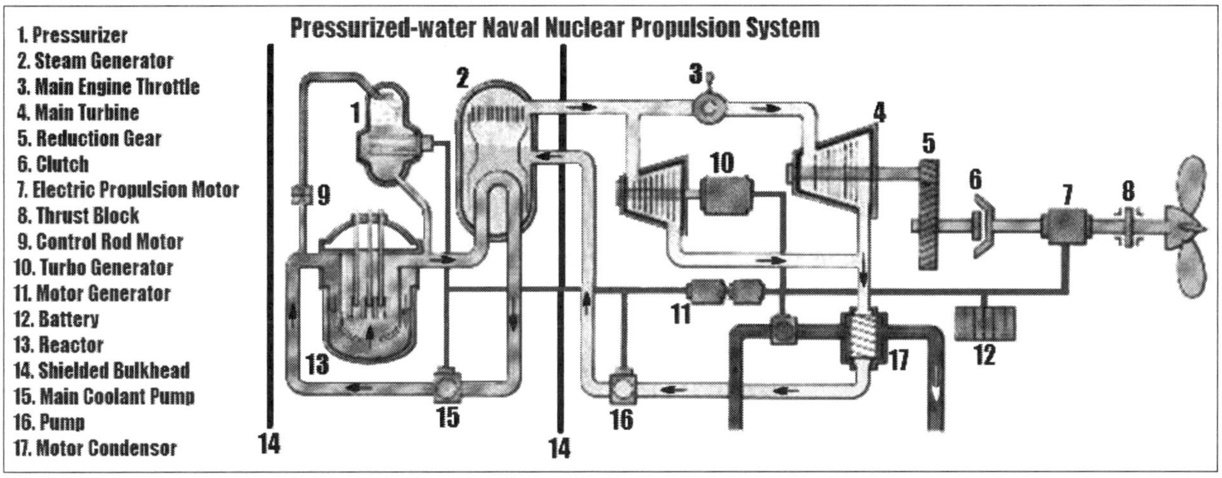

[그림 4-30] 해군 함정에서 사용되는 핵 추진 기관의 PWR 개략도

600 psi에서 초 과열된 증기는 증기가 그 다음에 보내지는 주 엔진, 전기 발전기, 항공기 Catapult 시스템, 각종 보조제로 전송되는 곳인 공통 헤더로 각각의 스팀 발생기에서 전달되어진다. 메인 추력 터빈은 양 극단이 된다. 그 스팀이 중앙에 들어가서 2개의 스팀으로 나누어지고 그것이 실제적으로 터빈 휠에 들어감으로서 터빈을 고속으로 회전시키면서 그 에너지를 팽창하고 사그라지고 하여 일을 하게 된다. 메인 샤프트는 터빈 샤프트의 높은 회전 속도는 항모 추진하기 위한 가능한 회전율을 조절하는 감속 기어와 연결이 되어 있다. 주 엔진 및 기타 보조제로부터 나온 증기는 액체 물로 냉각시키고, 이송 시스템으로 재순환 되도록 응축기로 들어가게 된다.

4.1.3 장갑 갑판 디자인

설계에 있어 재료나 재질은 매우 중요하다. 특별히 항공모함에서는 비행갑판이 이륙과 착륙으로 사용빈도가 높고 적의 공격 대상이 되는 넓은 지역으로 재료나 재질에 있어서도 매우 민감하고 중요하다. 그러므로 이 부분에 관하여 이해가 필요하다. 장갑 비행갑판은 그것의 디자인에 관하여 실질적으로 장갑이 된 항공모함의 비행갑판이다.

미국과 영국의 해군은 항공모함을 설계하는데 종종 차이점이 발견된다. 그런 차이점 중에 하나가 장갑 비행갑판이다. 앞서 언급한 것처럼 미국과 영국은 비행갑판의 장갑 처리 사용을 놓고 서로 다른 철학에 따라 항공모함을 설계해왔다. 시작은 영국의 Illustrious 급에서 했고 미국은 그것을 받아들여 Midway 급에서 도입을 하였다. 가장 쉽게 비교가 되는 클래스는 영국의 Illustrious 급과 Implacable 급 그리고 미국의 Yorktown과 Essex 급이다. Illustrious 급은 Yorktown을 따랐지만 Essex 보다 앞서 있었다. 하지만 Implacable 급의 디자인은 시기적으로 Essex 보다 앞서 있었지만 이들 항모들은 Essex 급 보다 늦게 완성이 되었다. 중요한 것은 영국의 항모 Illustrious 급과 Implacable 급은 장갑 비행갑판이었지만 동시대의 미국의 Yorktown과 Essex 급은 비행갑판을 장갑하지 않았다는 것이다.

장갑 비행갑판을 가진 항모의 개발은 2차 세계 대전이 끝나기 전 세계 대전 동안 진행이 되었다. 1945년 9월에 취역한 USS Midway를 가진 미 해군과 Taiho와 Shinano를 가진 일본 해군은 장갑 비행갑판을 갖춘 항모를 취역하였다. 하지만 미 해군 편대 소속 항공모함은 장갑 비행갑판을 가진 항모를 1945년 이후 만들었다. 2차 세계 대전 동안 일본 해군 항모 전력 이외는 그냥 미 해군의 Yorktown과 Essex 급과 같은 항모는 장갑 되지 않은 미 장갑 비행갑판을 가지고 있었다.

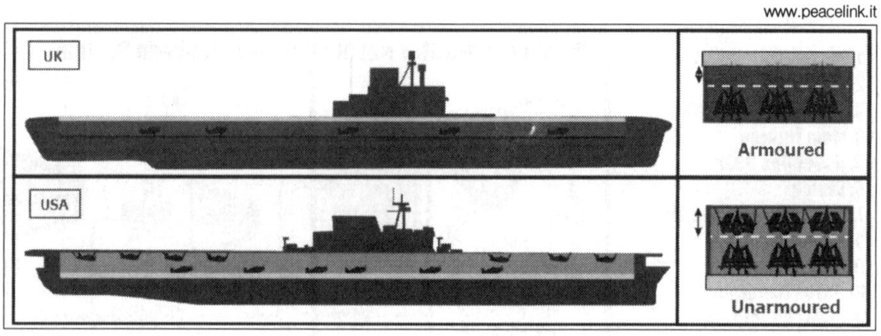

[그림 4-31] 영국과 미국의 장갑갑판 vs. 미장갑갑판 비교

영국은 자국의 항모에 가장 적합한 디자인을 선택하는데 있어 격납고 설계의 장점과 단점을 고려해야만 했다. 격납고를 개방하는 것과 폐쇄하는 것 그리고 장갑의 위치 사이의 선택의 여지가 있었다. 강력한 점을 갑판에 둔다면 그것은 선체의 강도에 영향을 미쳤다. 갑판 및 용골을 더 차이 나게 하면 할수록, 디자인이 더 강력해지는 것이다. 주갑판 위에 비행갑판을 배치한 경우는 확장 섹션으로 이동 가능하도록 구축되어야만 했다. 폐쇄 격납고 설계는 구조적으로 가장 강한 것이었고, 가벼운 선체를 위해 만들어졌다. 영국 해군은 한 걸음 더 나아가 이 개념을 수행함으로써 기본 도금하지 않고 또한 강력 갑판의 역할을 할 수 있는 장갑 비행갑판 설계를 하였다. 그러므로 가장 적은 배수톤수가 가능한 상태에서 장갑 비행갑판을 달성할 수 있었다.

장갑 갑판의 2가지 종류가 있다. 비행갑판을 장갑하여 격납고를 보호하는 것과 항모의 낮은 level 즉, 전형적으로 격납고만 장갑하는 것으로 나눌 수 있다. 다음의 표는 초기 장갑 비행갑판의 여부를 알 수 있는 항모들의 사양이다.

[표 4-3] 2차 세계 대전 중의 항공모함의 장갑 상황

항모 급 (배수톤수)	취역 (국적)	비행갑판	격납고	데크 보호	Side belt
Hiryū (17,800 tons)	.1939~42 (일본)	n/a		25.4~55.9 mm	90~150 mm
Yorktown class (19,875 tons)	1937 (미국)	n/a		38 mm	64~101 mm
Ark Royal class (22,000 tons)	1938 (영국)	19 mm		89 mm	114 mm
Illustrious class (23,000 tons)	1940 (영국)	76 mm		51 mm	114 mm
Shōkaku class (25,600 tons)	1941 (일본)	n/a		150~220 mm	46 mm
Essex class (27,200 tons)	1942 (미국)	n/a	63.5 mm	38 mm	121 mm
Taiho (29,770 tons)	1944 (일본)	80 mm		32 mm	56 mm
Implacable class (23,500 tons)	1944(?) (영국)	76 mm	38.1~63.5 mm		114 mm
Shinano (64,800 tons)	1944(?) (일본)	80 mm	190 mm		127 mm
Midway (45,000 tons)	1945 (미국)	89 mm	51 mm		200 mm

비행갑판을 장갑하는 것은 격납고를 보호하고 대부분의 폭탄에서 이 저장되어 있는 항공기를 보호하기 위한 것이다. Illustrious 급의 장갑은 1,000 lb 폭탄에 안전하도록 고려되었다. Illustrious 급에서 장갑 비행갑판은 장갑을 하지 않은 2곳의 항공기 엘리베이터를 묶어 항모 길이의 약 3분의 2까지 확장되어 있다. Hagar 데크는 110 mm 장갑을 측면과 격벽을 하여 장갑형 박스를 폐쇄되어 있다. 그 격벽의 항공기 엘리베이터와

Hangar 사이는 출입을 하도록 슬라이딩 장갑 도어를 설치하였다. 격납고 측벽의 기준에서 메인 측면 벨트의 맨 위에까지 확장된 메인 데크 장갑의 측면에 76 mm의 외판이 있었다. 메인 측면 벨트의 맨 윗부분은 기계류, 군수품 저장고, 항공기 연료와 무기 저장고를 보호한다. 영국 해군의 항모의 폐쇄식 장갑 격납고는 환경적으로 화학 무기 공격에 대한 보호하기 위해 밀폐될 수 있었다.

장갑 디자인이란 장갑 관통(AP, Armour Piercing) 폭탄의 공격을 염두에 둔 것이다. 이것은 약 2배의 폭탄의 양을 가지고 더 높은 능력의 범용 목적(GP, General Purpose) 폭탄보다 더 작은 폭발이 발생하는 효과를 가지는 것이다. GP 폭탄은 그 선체 근처 물 가까이에서 폭발하는 경우 심각한 선체 손상의 원인을 가져왔던 것으로 AP 폭탄은 훨씬 덜하다. 미 해군의 USN 오픈 격납고 설계는 많은 항공기를 허용하고 이론적으로 이동거리 및 타격 출발하는 데 필요한 시간을 줄이고, 내부에 있는 동안 예열을 할 수 있다. 하지만 미 장갑 격납고에서 연료와 무장 항공기의 적재는 매우 위험했다. 전쟁 중에 영국은 비행갑판에 도달할 때 최소한의 예열이 필요해 항공기의 오일 탱크에 침지 히터를 장착하였다.

렉싱턴 급 이후 미국의 항모와 초기 일본 항모는 격납고에 장갑을 하였다. 이것은 특별히 상부구조물로서 격납고 공간과 비행갑판을 안전하게 처리하는 것이었다. GP 폭탄 및 기타 폭발에 매우 취약한 이 지역을 영국 해군 디자인에 비해 한 차례 대규모 사상자가 발생하여 장갑으로 보강한 것이다. 비행갑판을 때린 폭탄이 격납고 까지 침투하여 폭발할 가능성이 있지만 장갑을 하면 여전히 항모의 치명적인 것을 보호할 수 있고 특히 엔진 공간과 연료 저장을 포함한 지역을 보호할 수 있다. 또한 비행갑판은 신관점화 폭탄에 의해 공격도 사전에 처리할 수 있어 격납고로 관통해 들어가는 기회를 줄이게 될 것이다. 이러한 디자인은 더 크고 오픈된 양면 격납고 베이 및 갑판 가장자리에 엘리베이터 설치하도록 허용되었다. 개방식 베이는 화학 무기 공격에 매우 취약 항모를 자연 환기하여 개선하도록 만들었다.

단지 격납고만 장갑을 했던 미 해군 항모는 통상 나무로 밑에 마루처럼 깐 후 위에 두껍지 않은 철판을 덮은 것이어서 쉽게 수리가 가능했다. 미 해군은 그 구조물을 제거해 비행갑판 강도 보강을 했고 밀폐된 격납고를 가졌던 Forrestal 급 항모에서 시작하여 개조를 하였다. 항공 연료 공급 및 적재 시스템은 매우 취약했다. 영군 해군은 원통형 탱크에 항공 연료를 적재하고 다시 바닷물로 둘러쌓다. 영국 해군은 항공 연료 라인에 이산화탄소를 사용하지 않고 치환하였다. 미 해군은 영국 해군과 1940에서 정보를 교환하기 시작 후 더욱 개선된 유사한 시스템을 사용하였다. 2차 세계 대전 전 미 해군과 일본 해군 항모 디자인은 그 영국 해군에 의해 사용하는 것만큼 안전하지는 않았지만 훨씬 더 큰 적재 용량이 허용하는 연료 적재 시스템을 사용했다. 여러 척의 미 해군 및 일본 항모는 항공 가스 연기 폭발로 인해 분실되었다.

www.timesofmalta.com & enwikipedia.org

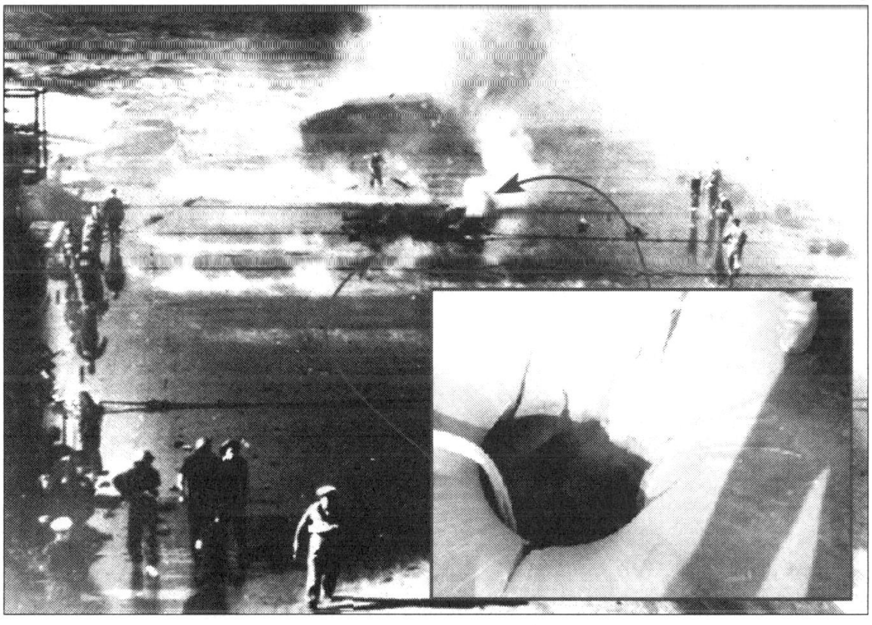

[그림 4-32] 독일 항공기의 고습으로 영국의 HMS Illustrious 장갑 갑판이 관통이 된 모습

2차 세계 대전에서 실제 예를 통해 장갑 갑판의 내용을 살펴보자. HMS Illustrious 같은 항모에 대항하여 만들어진 거대한 독일이 장갑 관통 방화 및 폭파 폭탄을 만들었다. 그것은 말 그대로 실제로 폭발하지 않고 자신의 무게와 질량을 가지고 관통 파괴를 목적으로 했다. 실전에서 폭탄이 관통해 HMS Illustrious 의 장갑 비행갑판에 구멍을 만들어 냈다. 1942년 1월에 지중해 말타 인근에서 독일의 공격이 있었다. 아마도 이 특정 폭탄과 다른 유사한 폭탄은 독일이 항모를 침몰시키려던 이전 공격의 실패 후 독일이 이 정도면 되겠지 하고 만든 것으로 판단되었다. 이 폭탄으로 장갑된 갑판을 뚫고 들어가 격납고 10 ft 위에서 폭발을 하여 큰 인명 사고가 발생하였다. 그러나 항모는 자신의 힘으로 움직일 수 있는 상태였다. 독일은 '보통' 500kg 폭탄이 HMS Illustrious로는 충분하지 않다는 것을 그 때 또 다시 알게 되었을 것이다. 그 항공모함은 어둠을 틈 타 수리해야 하는 단계의 상태로 자신의 동력으로 몰타를 벗어나 이동을 했다. 미국이 있는 알렉산드리아로 향하였다. 그것은 그곳에서 전체 수리를 받았다. 전쟁에서 작전에 참여할 수 없는 상황인데도 시칠리아 침공을 위해 1943년 몰타로 복귀하였다.

4.1.4 효율성과 비용

항공모함 설계 및 제작 시 고려가 되어야 하는 것은 효율성과 비용의 문제가 있다. 물론 항모 제작비용은 상상을 초월한다. 또한 운영비는 상상 그 이상이 될 것이다. 그러므로 최대 50년을 유지해야 할 수도 있기 때문에 유지비를 줄이는 것이 무엇보다 중요할 수 있다. 이런 점에서 태국의 항공모함에서 항공기가 제대로 배치가 되지 않는 상황은 시사하는 바가 크다. 이런 운영비에는 유지비에 포함이 되는 것이지만 위기 상황 하에서 유사 시 사용하는 것이 문제가 발생하여 정작 필요 시 사용을 하지 못한다면 그 또한 항모의 존재 가치를 무의미하게 만들게 될 것이다. 미국을 제외한 다른 나라들도 1척의 실제적 운영이 이루어지고 있는 실정이다. 몇 년 내에 영국, 중국, 일본 정도가 2~3척으로 순환적으로 운영이 된다고 하더라고 주기적이 유지보수를 위한 정비로 인해 실제 운영은 1~2척에 그칠 것이다. 즉, 유지보수 비용도 크다는 것이다. 그리고 모든 것은 장기 계획에 따라 실행이 되고 실천되어야 제대로 유지되는 것이다. 특히 항공모함처럼 고제작비에 고비용 유지비를 투입해야 하는 것은 더욱 그렇다. 다음의 사항은 미국의 사례로 이를 통해 이해를 돕고자 한다.

미국 해군은 항공모함 함대의 운영, 교육 및 유지 보수 일정에 더 많은 다양성을 허용하도록 함대 대응 계획(FRP, Fleet Response Plan)을 구현했다. 항공기 모함의 작전투입 가능성을 향상하여, FRP 방어 요구 사항을 충족시키기 위해, 캐리어 스트라이크 그룹의 강화된 순간 강화 능력을 허용한다. 정기적 6개월 작전 투입이 여전히 발생하지만, 항공모함은 유지 보수 및 교육주기 동안 다른 시간에 작전에 투입하도록 또한 요구될 수 있다.

[표 4-4] 미국의 항공모함 운영 유지를 위한 유지 보수 스케줄

기간 (총 개월 수)	개월 수	내용	비고
~6	6	작전 투입	
7~12	6	모항에서 차기 작전 준비	
13~18	6	작전 투입	
19~21	3	3-m SRA(Selected Restricted Availability)	
22~39	18	작전 투입 ◄ ► 모항에서 차기 작전 준비	
40~44.5	5.5	5.5-m SRA	
44.5~62.5	18	작전 투입 ◄ ► 모항에서 차기 작전 준비	
62.5~65.5	3	3-m SRA	
65.5~83.5	18	작전 투입 ◄ ► 모항에서 차기 작전 준비	
83.5~101.5	18	Complex Overhaul	

* SRA(Selected Restricted Availability) : 미 해군 함정의 정기적인 유지보수, 업그레이드 등을 도크에서 실시하는 것

GlobalSecurity.org

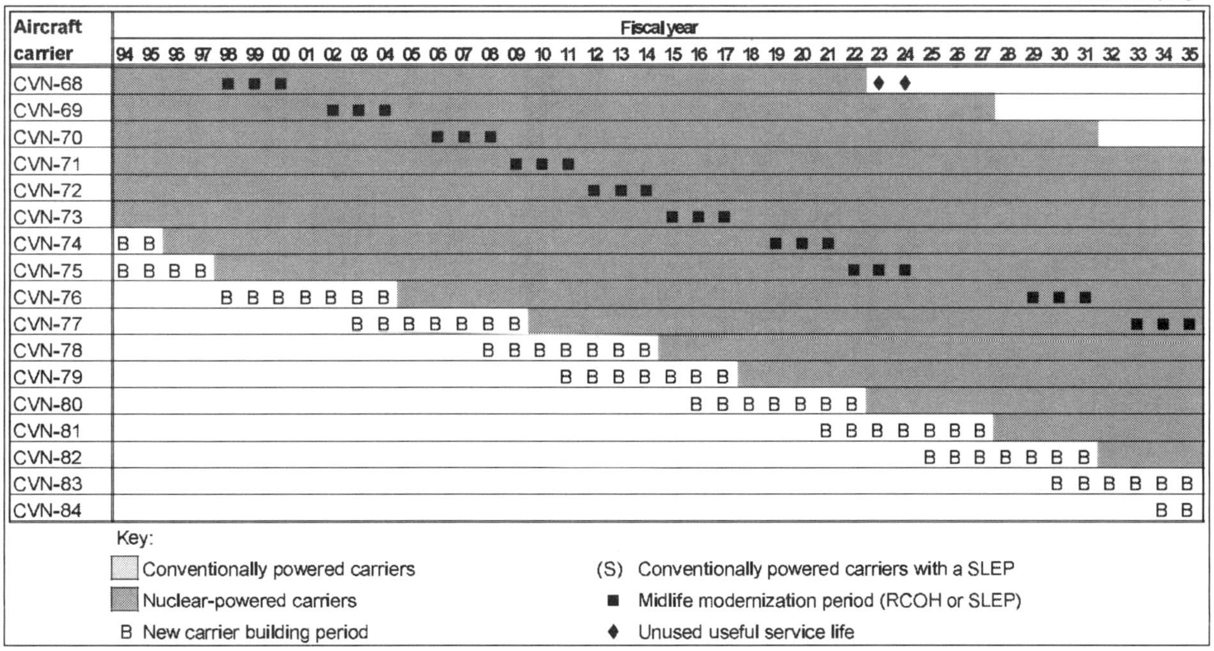

[그림 4-33] 미국의 1994년부터 2036까지 핵 항공모함 제작 및 RCOH 계획 스케줄

항공모함은 유지보수가 강화되어 있다. 그리고 그 유지보수는 함대의 다른 선박에 수행되는 것처럼 지속적으로 항모도 수행된다. 항공모함 승무원은 정기적으로 예방 및 교정 유지보수를 수행한다. 선박은 모항에 있는 동안만 수행이 되지만 항모의 경우는 도중에도, 조선소뿐만 아니라 다른 기술 기관은 정기적으로 항공모함 해결 수리, 장비를 교체해야 하기에 인력을 가지고 있다. 항공모함에서 유지 관리를 실행하기 위한 가장 효과적 전략은 기간이 길고 서비스가 되지 않는 것에 대하여 유지 보수 기간을 필요로 하는 유지보수의 재고 관리 업무를 방해하는 추후 유지보수를 연속 유지관리 (CM, Continuous-Maintenance) 프로세스를 통해서 실행하는 것이다. 운영 요구가 증가함에 따라, 지속적으로 유지 보수를 수행하고 추후 재고관리를 방지해야 할 필요성은 그 어느 때보다 중요하다. 항공모함은 함대 운영 요구사항을 지원하기 위해 자원 준비의 수준으로 유지해야 한다.

최근 수십 년, 미 해군은 세 가지 주요 해외 운영 지역에서 지속적 또는 거의 지속적으로 전진 배치를 유지하고 있다. 그 3곳은 지중해, 인도양 및 페르시아만 지역 그리고 서부 태평양 지역이다. 그것은 항모 스트라이크 그룹(CSG)이 6개월 작전 투입를 통해 그렇게 했다. CSG는 운영 영역으로 이전하고 다른 CSG에 의해 완화될 때까지 그 지역에서의 작전을 수행하고 그리고 나서 모항으로 귀환한다. 작전에 투입되지 않은 CSG는 다음 작전 투입 준비까지 다른 단계가 된다. 즉, 유지보수, 교육 및 후속 지원 기간이다.

해군은 작전에 투입하는 것을 6개월 한정으로 고려하고 있었고 마찬가지로 승무원/직원 모집 및 유지 목표를 달성하는 동안 앞으로 항모를 유지에 CSG의 다음 차례를 예측하는 것도 6개월로 제한하고 있다. 2003년 해군 당국은 보다 동적인 접근 방식은 많은 수의 전력을 신속 투입할 필요가 있다는 것이고 혹은 새로운 통합 운영 요구 사항에 유연하고 신속하게 대응할 필요하다고 결론을 내렸다.

그 결과, 해군은 항모 작전 투입 일정에 더 많은 다양성을 허용하도록 하는 함대 대응 계획(FRP)를 구현했다. FRP의 현재 목표는 빠르게 6개 CSG의 30일 이내에 그리고 추가로 1개 CSG의 90일 ('6+1 구조') 내에서 작전에 긴급 투입하는 것을 해군이 허용하는 것이다. 6개월 작전 투입 기간의 표준이 남아 있지만, 일부 CSG는 운영 요구를 충족하기 위해 더 길거나 짧은 기간 동안 작전 투입할 수 있다. 작전 투입에서 돌아온 CSG는 높은 준비 수준을 유지하고 약간의 시간 이후 다시 작전 투입할 준비가 유지된다. 예약 작전 투입을 위해 훈련하는 CSG는 초기에 준비를 달성하고 짧은 시간에 작전 투입할 수 있도록 예약 작전 투입하기 전에 준비 상태를 유지한다.

Huntington Ingalls Industries

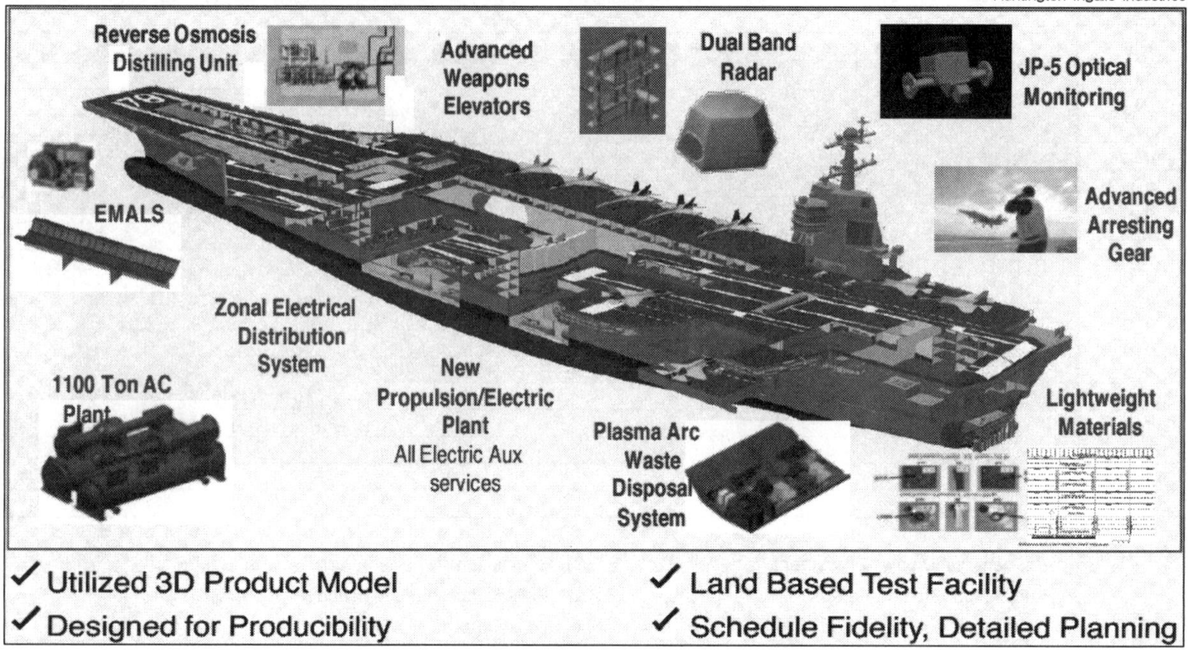

[그림 4-34]미 항공모함 Vendor의 관련 내용

이것은 타이밍, 템포, 그리고 작전 투입 기간뿐만 아니라 구축 준비 수준의 변화를 초래하였다. 항모 유지 보수 산업 기지에 새로운 요구를 하게 되었다. 특히, 운영 가용성을 증가시키는 것은 여전히 기존의 회계 제약 조건 내에서 수행해야 하는 타이밍 및 유지 보수 방법, 새로운 요구 등을 하게 된다. 계속해서 변화가 있어 왔고 현재는 다른 변경이 고려되거나 구현되고 있었다. 즉, 유지 보수 산업 기지와 항공모함 함대의 조성 및 유통 모두에 다음과 같은 영향 요소가 포함이 되었다.

- 예약된 유지보수가 조선소 및 주요 변경하에서 수행하는 등의 예로 저장 수준의 이용 가능성이 27개월에서 32개월 사이로 기간 연장
- 6년에서 8년으로 도크 점검 기간의 증가
- CM의 이용 가능성에 대한 강조
- 항모 12척으로부터 11.5척으로 전력 감소

이상과 같이 예산의 효율성과 관리의 효율성을 위해 설계 철학이 반영이 되어야 하고 이를 위해 무엇을 할 것인가를 면밀히 검토를 해야 한다. 특히 장기적인 유지보수를 위한 계획을 사전에 수립하고 그 내용을 설계에 담아야 한다.

4.2 항모 개발 시 설계 제안사항

4.2.1 STOVL 항모 개발 사례

항공모함 개발에는 어느 다른 것보다 많은 고려 사항이 있다. 특히 새로운 설계를 전제로 일을 추진한다면 이는 더욱 복잡하고 힘든 일들이 될 것이다. 앞서 기술이 되었지만 현재 미국은 기존의 항공모함의 효율을 비용을 대비하여 효율성을 찾으려고 노력 중에 있다. 이런 가운데 미국이 현재 가지고 있는 정도의 큰 규모의 항모보다는 연한 접근해서 항모 활용을 극대화 시키려는 새로운 대안을 찾으려고 하고 있다. 특히 큰 땅을 차지해 대서양과 태평양을 끼고 있는 입장에서 연안용 항모를 고민하는 것은 어쩌면 당연한 것인지 모르겠다. 사전에 수많은 연구와 시간이 투자되어야 만들어지는 미국의 프로젝트의 특성상 이런 연안 항모의 개발은 1990년대부터 시작이 현재까지도 계속이 되고 있다. 그런 내용을 중심으로 어떻게 개발 철학을 담고 있는지 설계 상 어떤 점을 살펴보는지 파악하는 것은 항모의 부족한 정보 하에서 유용한 항모 설계의 길잡이가 될 것이다. 이에 아래 내용은 1998년 5월에 California Monterey에 있는 NAVAL POSTGRADUATE SCHOOL에서 발표된 289쪽의 Robert C. Harney의 "A Short Take-Off Vertical Landing (STOVL) - Aircraft Carrier (S-CVX)"내용을 설계의 관점에서 몇 가지 점을 요약 설명한 것이다.

가. 초안

2차 세계 대전 이후 시대에, 항공모함은 틀림없이 최소한의 혁신을 겪고 있는 해군 전투 무기의 종류이다. 냉전의 종막과 함께 대양과 관련된 업무로부터 연안작전, 재정 보수주의의 굳어지는 현실, 기본 설계에 대한 새로운 개념, 그리고 현대적 항공모함의 운영으로 초점이 이동했다는 것은 확실하다. 또한, 컴퓨터 및 정보 시스템, 짧은 이륙 및 수직 착륙 (STOVL) 항공기, 자동화 처리 시스템 및 로봇 등의 주요한 발전이 항공모함의 기본 형태와 기능에 새로운 도전과 기회를 제공하고 있다. 여기에 보고된 디자인 연구에 있어서 종종 충돌 제약과 기술을 검사하고 시스템 엔지니어링 접근 방식을 통해 차세대 항공모함을 위해 주어진 가장 적합한 요구사항이라고 느끼는 완전히 새로운 캐리어 디자인을 제공하는데 목적을 두고 있다. 이 디자인에 나타내는 핵심목표는 수명주기 비용이 큰 폭으로 저렴하게 하는 플랫폼에서 기존 니미츠 급 항모의 현재 임무 요구 사항을 모두 충족할 수 있는 항모를 제공하는 것이었다. 이런 노력의 결과는 '슈퍼 아일랜드'라고 부르는 개념을 기반으로 한 항모이다. 이것은 다른 주요 기능뿐만 아니라 항공기 급유 및 재무장에 대한 Drive-Through 식의 '피트 스톱(연료나 바퀴 정비 등을 위한 정차)'를 제공할 수 있는 큰 아일랜드 구조이다. 다른 주요 혁신 분야는 무기 처리, 정보 처리 및 보급과 전투 배치, 엔지니어링 레이아웃과 인원배치 등이다.

소개에 이어, 이 보고서 문서의 첫 번째 부분은 이 디자인을 제약하는 요구사항을 설명한다. 이러한 요구사항은 미션 요구사항 명세서 (MNS, Mission Need Statement) 및 기타 요구 사항 문서의 검토를 통해 생성된 파생 요구사항 목록뿐만 아니라 MNS에 규정된 요구사항 둘 다가 포함된다. 보고서의 두 번째 부분은 초기 설계 결정과 제안된 항모로 이끄는 트레이드 오프(서로 대립되는 요소 사이의 균형을 맞추는) 분석을 설명한다. 보고서의 마지막 부분은 선택된 디자인 분야의 세부적인 논의뿐만 아니라 주요 항모 시스템의 개요를 제공한다. 그러나 현재 제시된 선택한 영역은 이 디자인 목표를 달성하는데 가장 영향을 미쳤던 그러한 시스템을 제시하기 위한 시도이다.

나. 목차

4.1.5 Bridge and Primary Flight Control and Engineering Operating Station (EOS) Arrangements

Engineering Operating Station (EOS) Layout

Carrier Information Center (CVIC) Layout

4.2 Hull Design

4.2.2 Signature Reduction Efforts

4.2.2 Passive Protection Systems

4.2.3 Magazine Design

4.2.4 Tankage Design

4.3 Ordnance Handling System

4.3.1 Assumptions

4.4 C4 ISR Systems Descriptions

4.4.1 Antenna Arrays

4.4.2 External Connectivity

4.4.3 Defense Systems

4.4.4 Decoy and Deception Systems

4.4.5 Mine Avoidance Sonar

4.4.6 Computer and Communications Architecture

4.5 Hull, Mechanical and Electrical (HM&E) Systems Design

4.5.1 Integrated Power System

4.5.2 DC Zonal Electrical Distribution System

4.5.3 Auxiliary Systems

4.5.4 Propulsor System

4.5.5 Power Analysis

4.5.6 Resistance Analysis

4.6 Damage Control Design Efforts

4.6.1 Overview

4.6.2 Fire Suppression Systems

4.6.3 DC Deck Location and Flooding Concerns

4.6.4 Chemical, Biological and Radiological Defense Systems

4.7 Manning Analysis

4.8 Weight Reports

4.9 Naval Architecture Analysis

4.9.1 Body Plan

다. 주요 본문 내용

2.1 요구사항(Mission Need Statement for a Tactical Aviation Ship(CVX)

1. Mission
   (a) 현재 니미츠 급에서 부여 받은 임무를 그대로 수행되어야 한다. 어떤 전투에서는 니미츠 급과 교체될 수 있어야 한다.
   (b) 주요 갈등 지역에서 마주치는 혹은 전투보다는 다른 작전(OOTW, Operations Other Than War)에 맞추어 연안 전투 환경에 더 적합하도록 해야 한다.
   (c) 전진 해상 시설로서 육상 시설처럼 모든 임무가 독자적으로 수행되어야 한다.

2. Threat
   이 CVX 전투 그룹은 다음과 같은 위협에 직면할 것이다.
   (a) 원자력 잠수함과 디젤 잠수함
   (b) 장거리 육상 항공기, 해군 항공, 전역 탄도 미사일, 해양 스키밍 미사일, 고속 고고도에서 순항 미사일 및 기뢰. (화학, 생물, 방사선 탄두와 핵 또는 기존의 EMP가 가능성이 있지만 로켓과 미사일은 핵무기를 휴대하지 않는 것으로 가정한다.)
   (c) 순양함 형 선박에서 미사일 경비정과 작은 선박에 이르기까지 수상함(위협 선박의 조직은 아마도 STOVL에 항공기에 장착된 항모를 포함하여 훈련받은 수상 작전 그룹에서부터 가미카제 형 개별 소형 선박까지 아마 다양할 것이다.)
   (d) 해군의 특수 부대

3. Capability

CVX의 주요 기능은 주거, 교통, 이륙, 복구 및 유지 보수, 전술 항공기 멀티 미션이다. 필요한 핵심 역량은 다음과 같다.

(a) 전략적 이동 - 필요한 곳으로 공동 해상 원정대 운영을 수행할 수 있는 언제든지 어느 곳이든 독립으로 신속하게 작전 투입/대응하고 충분한 전술적 유연성으로 작동할 수 있는 능력. 항속 속도는 25노트가 될 것이다.

(b) 지속 가능성 - 그것은 해안시설에 액세스하지 않고 확장된 기간 동안 자체 항공기 및 호위를 유지 할 수 있는 능력이 있어야 한다. 항모는 20 노트에서 16000 nm의 최대 항속거리에 추가적으로 니미츠 급 항모에 의해 탑재된 항공유에 2배의 충분한 연료를 선적할 수 있어야 한다. 항모는 비상사태 시 바다의 상태를 4 이하로 제한이 되긴 되지만 상업용 유조선에서 제한속도로 연료를 보급을 받을 수 있어야 한다. 식품 등 저장할 수 있는 지구력은 니미츠 클래스와 동일하다. 하지만 30일 동안 2500명분의 비상식량은 추가로 저장을 해야 한다. 병기 저장 용량은 핵을 저장할 수 있는 하나의 군용 창고를 포함하여 니미츠 급보다 50% 커야 된다.

(c) 생존 - 적대적 환경에서 항공기를 운항할 수 있어야만 하고 위협 무기의 공격으로부터 항모 자신을 보호할 수 있어야 하고, 만약 공격받아 타격이 된 경우, 정상적으로 저하 생존해야 한다. 항모는 큰 피해나 근무자의 심각한 고통 없이 허리케인 태풍인 해상 상태를 포함하여 그런 바다 상태를 통해 통과할 수 있어야 하고 니미츠 급 항모와 동일한 조건에서 항공기를 이륙시키고 복구할 수 있어야 한다. 항모는 최소한 하나의 기뢰, 하나의 어뢰 공격 또는 두 개의 Harpoon에 상응하는 미사일에 대하여 항공기 운영에 방해가 되는 손상 없이 견딜 수 있어야 한다. 항모는 침몰하지 않고 이러한 위협 또는 이 공격 위협의 적절한 비율이 되는 조합의 두 배 수 정도의 적의 공격을 견딜 수 있어야 한다.

(d) 능력 - 정확한 대용량 화력을 제공한다. 그것은 약 45대의 STOVL, 10대의 Tiltrotor 그리고 5대 회전익 항공기로 구성된 총 60 항공기를 운영할 수 있어야 한다. 병기는 단일체계, 대장갑 자탄 및 클러스터 탄두를 가진 Joint Standoff Weapon(JSOW), 통합 직격탄 (JDAM), HARM(High-speed Anti-Radiation Missile), Harpoon, Sidewinder와 AMRAAM(Advanced Medium-Range Air-to-Air Missile)을 포함하여 현재 프로그램이 2015년도에서 사용할 수 있는 버전으로 구성된다. 무인기는 일부 임무 기능을 수행하는 데에 이용될 수 있다.

(e) 통합 명령 및 제어 - 그것은 상호 운용해야 하고 통신 제품군은 다른 해군, 원정, 부서 간, 군대 간 공동 및 연합군과 호환되어야 한다. 추가적으로 그것은 명령과 제어 센터로서 운영이 되어야 하고 연합 부대, 전투 부대, 전투 그룹과 항공 계획 부서 등을 지원하기 위한 간섭성 있는 전략 사진을 개발하기 위한 정보를 통합해야 하고 다른 전력과 조율을 해야 하고 그리고 해당 지휘관에게 전투력의 작전을 상호교신을 해야 한다. 항모는 합동 군사령관(JFC)을 완전히 지원하는 기능을 가져야만 하고 제한된 상황 하에서 탑승한 JFC를 호스팅 할 수 있어야 한다. 연결은 군 전력이 반영되는 작전에 대한 유기적이고 항모를 벗어난 센서 입력자원 모두의 원활한 통합을 포함해야 한다.

(f) 유연성과 성장 잠재력 - 그것은 현재와 미래의 해양 기반의 STOVL 항공기를 지원하는 다양한 기능이 있어야 한다. 그것은 동시 다중 임무 태스킹을 수행하고 쉽게 운영 요구의 변화에 적응하는 능력이 있어야 한다. 또한, 미래의 위협이 되는 임무 및 기술의 변화에 적응할 수 있는 유연성을 가져야 한다.

(g) 인도주의 운영 및 OOTW - 항모는 비상시에 2,500명 이상 비전투원을 수용하기 위한 빈 쉼터 공간을 제공할 것이다. 이 공간은 승무원 휴양 또는 향상된 생존을 위해 사용될 수 있다. 추가 승객 하중으로 정상적인 기능을 수행할 수 있어야 하며 선박의 능력을 방해해서는 안 된다. 음용수와 위생 시스템은 30일 기간 동안 대원 플러스 비전투원을 지원해야 한다. 식사는 앞서 언급된 요구되는 긴급 비상식량으로부터 처리될 수 있다.

4. Constrains

(a) 구조물 - 항모 설계 수명주기 비용과 성능을 최적화하는 항공기 및 무기 체계 아키텍처/엔지니어링을 하나의 항모 전체로 취급하는 접근 방식을 채택해야 한다. 운영 요구 사항의 진화에 대한 응답의 빠른 업그레이드 및 변경을 허용해야 한다. 수치해석 및 통신 자원은 상업 기능과 기술 속도를 유지하고 전사(C4IFTW) 개념에 대한 명령, 제어, 통신, 컴퓨터 및 정보 (C4I)의 완전한 실현을 가능하게 해야 한다. 생존하고 법과 적과 싸우는 능력을 제공해야 한다. 좀 더 구체적으로 물리적 요소의 모듈화를 의미한다. 모든 서비스에서 하드웨어의 기능 공유하고 시스템 정보 아키텍처를 개방하고 전체 항모에서 사용하는 자원 관리 시스템을 구축하고 C4I, 전투, 항공기 지원, 무장 처리, 관리의 자동화를 추구하고 자동화 및 유지 보수 및 관리 기능을 최소화 하고 통합 시스템 보안을 유지하고 훈련을 포함하는 것이다. 접근 방식은 다른 함정 디자인과 공통성을 촉진해야 한다. 이 항모는 모든 범위에서 해상 스키밍 미사일을 그리고 50 킬로미터 거리에서 16대의 고고도 미사일을 갖춘 DD963 클래스 배보다 더 크지 않는 레이더 사인, 적외선 사인 및 음향 사인이 관찰 크기가 작게 관찰될 수 있는 디자인을 가지고 있다. 디자인 교류 연구는 아일랜드가 없는 적어도 하나의 개념이 포함된다.

(b) 디자인 - 고려되는 것은 항모의 인프라에 대한 모듈식 건축 설계를 최대한 사용하도록 제공되어야 한다. 새로운 공학기술은 개발 단계에서부터 고려되어야 한다. 현대적인 유연한 정보 처리는 새로운 무기 체계에 내장되어 있어야 한다. 통신 및 데이터 시스템은 성장의 큰 잠재력 때문에 노후화에 대한 큰 부담을 가지고 있기에 설치는 향후 업그레이드를 허용하는 최대한 모듈화 해야 한다. 온보드 시스템 중 표준 인간 대 머신 인터페이스, 즉, 인간과 기계가 상호작용이 가능한 시스템을 사용한다.

(c) 인적 시스템 - 이 플랫폼은 중요한 엔지니어링 인력 감축, 손상 제어, 전투 시스템, 항모 지원 및 조건 III 보초(Watchstanding)의 요구사항을 실현하기 위해 충분한 정도로 자동화해야 한다. 또 다른 점에서 해군에 의해 사용되는 인원감축의 개념은 선상 인원의 요구사항을 최소화하기 위한 노력의 일환으로 첨단 기술과 미래의 첨단 기술 개념을 활용하여 검토되어야 한다. 예비 정비 인력 요구가 장비의 설계에 자기 분석 기능을 통합하여 부식을 최소화하는 재료 및 방부제를 선택하여 감소되어야 한다. 인력, 인사 및 교육(MPT, Manpower, Personnel and Training) 요구사항을 감소하는 트레이드오프는 설계 및 개발 과정에서 선호된다. 특히 비행갑판 인력에 대한 필요성을 최소화하거나 완전히

제거하는 것이 바람직하다. 항공 지원 인력을 포함하여 전체 승무원의 크기는 항공 지원 인력이 포함된 니미츠 급 항모의 절반 이하로 줄어야 한다. 항모에는 현금 및 종이 없는 시스템이 구축되어 있어야 한다.

(d) 항공기 - 항공기는 계획된 JSF STOVL 항공기와 기존의 V-22, SH-60 항공기에 필적할 만한 것이 되어야 하고 연료 소비도 그렇다. CVX은 항공기를 사용하여 위에 언급된 3(b)을 사용하여 모든 임무를 수행할 수 있어야 한다. 새로운 개념은 AEW 등 수용하는 일부 임무 기능을 허용하도록 개발되어야 한다. 추가적인 유인 항공기는 어떤 기능을 수행하는 것이 허용되지 않을 것이다.

(e) 출격 - 적어도 40회 가치 있는 비행과 정규 조종사의 수는 적어도 2배인 것을 감안하여 CVX 무기한 고정익 출격을 160회/일 그리고 비상 시 48시간 동안 240출격/일 급증할 수 있는 상황에 출격을 유지할 수 있어야 한다. CVX은 Taxiing, 모든 전자 고장 수리, 재급유, 재무장, 사전 비행 검사 및 이륙을 위해 준비 같은 것으로 주위를 배회할 수 있어야 하고 어떠한 경우에도 서지 출격 생성 속도에서 자신의 터치다운 한 후 1시간 내의 모든 고정 날개 항공기는 재이륙 가능하다. 항모는 동시에 2대 이상의 항공기를 발사할 수 있고 십 분 이내에 8대의 준비가 된 항공기를 발사할 수 있어야 한다.

(f) 기타 - CVX는 긴급 시 어떤 항공기를 사출기를 씨 이륙 가능하게 해야 하고 항공기 연료 및 일회성 이륙 기능을 제공할 수 있어야 한다. 항공기와 선박 추진에 대해 동일한 연료를 사용하고 항모는 가스 터빈 추진을 한다.

5. Operational Constrains

(a) CVX는 시간에 관계없이 심각한 날씨 또는 독립적인 작전이든 아니면 부대 작전이든 전자기, 생물, 화학 오염, 핵 및 기존 무기의 충격 효과의 존재에서 여부에 상관없이 모든 환경에서 완벽하게 작동하고 계속 작동을 해야 한다.

(b) OPNAVINST 9070.1에 정의된 CVX 레벨 III의 생존의 요구 사항을 충족해야 한다. 톱사이드 시스템 구성요소는 시스템 및 휴대용 오염 제거(DECON) 방법 및 제거 대책의 활용하여 오염을 제거해야 한다.

(c) CVX는 필요한 항공 자산의 운영 지원에 대한 착륙 및 격납고 시설, 탄약 저장을 제공해야 한다.

(d) 항모는 존재하는 미국 및 국제 오염 방지 법률 및 규정 준수하여 미국, 외국, 국제 바다에서 운용할 수 있어야 한다.

(e) 모든 항모 및 전투 시스템 요소는 표준 서브시스템을 사용하고 필요한 개발 규정을 충족해야 한다. 예를 들어, 진장 방공 아키텍처와 같이 CVX는 결합되고 조정된 작업에서 다른 미국 해군, 해병대, 합동 및 연합군, 그리고 다른 기관과 완전히 통합되어야 한다. 예를 들어, 국방 매핑 기관 (DMA)에서 표준 데이터베이스와 연동하는 것은 부수적인 비용을 최소화하고 넓은 수의 무기와 센서 시스템이 최대한 상호 운용성을 가지도록 촉진될 것이다. 표준화 및 상호 운용성을 위한 공동 목표는 최대 가능한 정도까지 달성될 것이다.

(f) 항모는 선택한 임무에 필요한 경우 특수 작전 부대(SOF, Special Operations Forces) 및 합동 부대를 탑승할 수 있어야 한다.

(g) 전투 그룹의 일부 CVX는 적어도 2개의 이지스 급 순양함이나 구축함, 하나 이상의 핵 공격 잠수함 및 기타 수상함 등을 동반한다.

보충 Guidance

1. 여기에 제공된 지침은 보완 또는 같은 날짜의 초안 미션 필요에 규정된 정보를 확장하기 위한 것이다.
2. MNS의 대략적인 내역으로 60대의 항공기의 항공대를 지정한다. 해야 할 연구 중 하나는 이 기종 간의 최적의 조합을 결정하는 것이다. 무인 비행체를 사용하는 경우가 수적으로 10대를 초과하거나 훨씬 더 큰 갑판 공간을 필요로 하지 않는 한, 이들은 60에 추가 될 수 있다. 관련된 절충은 항공기 믹스 연구에 포함되어야 한다.
3. CVX는 트랩(사출기를 사용해 이륙)할 수 있어야 하고, 비상시에 어떤 함대 항모의 항공기도 이륙을 해야 한다. 본질적으로 STOVL 항모가 될지의 설계에 대한 영향을 최소화하는 이러한 필요성을 충족하는 옵션을 확인한다.
4. 필요한 출격 비율을 검사할 때 출격이 2.5시간 동안의 이륙-착륙(take-off-to-touch-down) 시간으로 구성되어 가정해라.
5. 인력을 최소화 할 수 있는 방안을 검토하는데 있어 비행 중대보다, 항모 에어 윙에서 조직된 모든 항공기 물류 및 유지보수 기능 등을 포함하여 레벨을 "Wing-Level"의 유지 보수의 개념을 탐구한다.
6. 아일랜드가 없는 선박 설계를 검토함에 있어 비행갑판 작업 모니터링, 높은 교통 상황 하에서 네비게이션, 통신 및 레이더/전자전 작전에서 실행 가능한 개념을 개발해야 한다.

위의 내용은 앞서 기술한 내용과 매우 유사한 것을 확인할 수 있다. 추진 계통 등의 차이가 있지만 이와 같은 내용을 바탕으로 현재 포드 급 항모 개발이 진행이 된 것이 분명하다. 핵 추진 기관을 제외하고 여러 가지 내용에서 포드 급이 추구했던 내용과 매우 유사한 것은 이를 확인할 수 있다. 아래 내용은 요구 사항에 맞추어 비행기 출격을 시뮬레이션 한 결과를 보여주는 하나의 표이다. 보고서도 정확하게 설명이 나와 있지 않지만 이런 결과를 통해 항공기 종류의 조합을 결정하는데 큰 역할을 할 수 있을 것으로 판단되며 항공모함을 신규 개발하는 쪽에서는 좋은 참조사항이 될 것이다.

[표 4-5] Sortie Rate Requirements by Aircraft for S-CVX Defining Scenario

Tactical Operations

		ASW							OCA		SS	ASUM		Mobile Missle Strike		Prelanding OPS				D - Day	Post Landing Operation				
	Days	-18	-17	-16	-15	-14	-13	-12	-11	-10	-9	-8	-7	-6	-5	-4	-3	-2	-1	0	1	2	3	4	5
JSF (45)	Strike	-	-	-	-	-	-	-	100	38	12	26	12	101	101	79	79	79	79	35	35	35	35	35	35
	EOM	-	-	-	-	-	-	-	8	4	4	4	4	-	-	8	8	8	8	-	-	-	-	-	-
	Hlghter Escort	-	-	-	-	-	-	-	16	8	4	4	4	-	-	-	-	4	4	-	-	-	-	-	-
	Tanker	16	16	16	16	16	16	16	-	-	-	-	-	4	4	4	4	4	4	4	4	4	4	4	4
	Photo	-	-	-	-	-	-	-	8	4	2	2	2	2	2	4	4	4	4	4	4	4	4	4	4
	CAP	32	32	32	32	32	32	32	32	32	32	32	32	32	32	32	32	32	32	48	48	48	48	48	48
	Total	48	48	48	48	48	48	48	164	86	54	68	54	139	139	127	127	131	131	91	91	91	91	91	91
	Sortie/Plane	1.1	1.1	1.1	1.1	1.1	1.1	1.1	3.6	1.9	1.2	1.5	1.2	3.1	3.1	2.8	2.8	2.9	2.9	2.0	2.0	2.0	2.0	2.0	2.0
V-22 (10)	ASW	28	28	28	28	28	28	28	8	8	16	16	16	16	16	16	16	16	16	16	16	16	16	16	16
	EW(3)	8	8	8	8	8	8	8	10	10	8	8	8	8	8	8	8	8	8	8	8	8	8	8	8
	Tranker	-	-	-	-	-	-	-	16	16	8	8	8	8	8	8	8	8	8	8	8	8	8	8	8
	COD	1	1	1	1	1	1	1	1	1	1	1	1	1	1	1	1	1	1	1	1	1	1	1	1
	Total	37	37	37	37	37	37	37	35	35	33	33	33	33	33	33	33	33	33	33	33	33	33	33	33
	Sortie/Plane	3.7	3.7	3.7	3.7	3.7	3.7	3.7	3.5	3.5	3.3	3.3	3.3	3.3	3.3	3.3	3.3	3.3	3.3	3.3	3.3	3.3	3.3	3.3	3.3
SH-60 (5)	ASW	12	12	12	12	12	12	12	8	8	8	8	8	8	8	8	8	8	8	8	8	8	8	8	8
	Plane Guard	8	8	8	8	8	8	8	8	8	8	8	8	8	8	8	8	8	8	8	8	8	8	8	8
	SAR	0.5	0.5	0.5	0.5	0.5	0.5	0.5	0.5	0.5	0.5	0.5	0.5	0.5	0.5	0.5	0.5	0.5	0.5	0.5	0.5	0.5	0.5	0.5	0.5
	Total	20.5	20.5	20.5	20.5	20.5	20.5	20.5	16.5	16.5	16.5	16.5	16.5	16.5	16.5	16.5	16.5	16.5	16.5	16.5	16.5	16.5	16.5	16.5	16.5
	Sortie/Plane	4.1	4.1	4.1	4.1	4.1	4.1	4.1	3.3	3.3	3.3	3.3	3.3	3.3	3.3	3.3	3.3	3.3	3.3	3.3	3.3	3.3	3.3	3.3	3.3
Total Sortie Per Day		105.5	105.5	105.5	105.5	105.5	105.5	105.5	215.5	137.5	103.5	117.5	103.5	188.5	188.5	176.5	176.5	180.5	108.5	140.5	140.5	140.5	140.5	140.5	140.4

* ASW : Anti-Submarine Warfare, ASUW : Anti-SUrface Warfare
* CAP : Combat Air Patrol, COD : Call Of Duty,
* EOM : Election Observation Mission, EW : Electronic Warfare, SS : SAM Suppress
* OCA : Offensive Counter-Air

보고서의 3장의 초기 디자인 결정하는 부분은 매우 간략하게 되어있지만 디자인 철학이 포함되어 있어 이곳에서 간략히 소개한다.

3.1 Design Philosophy
이 프로젝트의 최상위 목표는 합동 타격 전투기 (JSF)의 구체적 STOVL 버전으로 설계된 미국 해군 전술 항공 선박의 가능성을 탐구하고 개념 설계를 수행하는 것이다. 항공모함 설계의 복잡성과 이 프로젝트의 제한된 인원 및 시간 프레임 때문에 모든 영역의 세부 동일한 수준으로 조사할 수 없을 것이다. MNS를 검토한 후, 다음과 같은 문제에 대하여 디자인 노력을 집중하기로 결정하였다. 1. Improved Flight Deck Operations : 현재 비행갑판 작업은 매우 인력 집약적이고 사고 위험을 내포하고 있으며 분명하게 효율적이지 않는다는 것이다. 비행단에 합동 타격 전투기 (JSF)의 도입으로 별도의 안전 위험(과도한 엔진 소음 등)은 이제 극복해야 한다. 이 새로운 위험이 기존의 비행갑판의 작업을 완료해야 하는 과도한 안전 요원에 대한 부담과 효율성이 괴롭게 만들고 있다고 생각된다. 이러한 이유로, 주요 설계 전략 중 하나는 비행갑판의 노출 인력에 대한 필요성을 제거하는 것이다. 2. Automated Aviation Weapons Handling : 비행갑판 작업 외에도, 항공모함에 다음으로 인력 집약적인 활동은 항공 무기의 처리이다. 우리 인력 감소 요건을 달성하기 위해, 이는 해결해야 할 영역이다. CVN 76 업무 부담 분석 및 CVX 기준 분석 초기 인력규모 평가가 무기를 처리하는 과정을 자동화하는 방법에 대하여 몇 가지 전략을 제안했다. 프로젝트를 위해 인원 및 전술 운영에 그것들의 가능한 영향을 평가하기 위해 이러한 자동화된 시스템의 더 나은 정의를 만드는 일을 착수했다. 3. Increased Sortie Rate : 현재의 군사 계획자들과 가능한 미래가 그들의 계획에 항공모함의 요소를 분해할 때 그들은 니미츠 급의 기능을 갖춘 하나의 항모를 가정을 하였다. CVX와 확장에 의한 것인 S-CVX은 은퇴 대형 갑판 항공모함의 일대일 교체가 될 예정이므로 니미츠의 출격율와 일치하거나 그 이상 초과할 수 있어야 한다. 4. Reduced Signatures : 현대화된 첨단 기술의 대함 미사일, 기뢰 및 어뢰는 제 3 세계 국가에서 소유가 점점 가능한 상태가 되고 있다. 연안 환경에서 잠재적인 위협의 대부분을 대표하는 이들 국가들과 함께 더 많은 것들이 이러한 위협에 대한 항모를 보호하기 위해 요구될 수 있다. MNS에 요구 사항에 따라, 레이더, 적외선 및 음향 등의 사인을 줄이기 위해 노력하고 기존 Spruance 급 구축함의 수준으로 만드는 것이다. 이 선박은 디자인의 예상 변위에 1/10 수준인 선박이다. 5. Life Cycle Affordability : 예산 삭감의 새로운 시대의 모든 선박 설계에 대한 입력되는 핵심 인수는 수명주기 경제성이다. 이 CVX 프로그램에 대하여 그것은 특히 사실이다. 니미츠 급 항공모함은 입증된 것으로 효과적인 디자인이지만 그들은 또한 제작 및 운영이 매우 비싸다. 그러므로 S-CVX 에 대한 디자인 노력은 라이프 사이클 비용을 절감하고 보다 저렴한 항모를 생산하려고 노력을 한다는 것이다.

3.3 Design Trade Spaces/Feasibility Studies

3.3.1 Flight Deck Studies

1. 1,000×250 ft 사각형 (니미츠 해당하는 비행갑판 크기)로 시작하는 모든 디자인이 공통적으로 가지고 있는 것들의 특징을 레이아웃 시작하여 다음과 결론에 도달하였다.
   - Take-off Area JSF : two 450 ft Runs, one 750 ft Run
     V-22/SH-60 : 100 ft Diameter Dedicated VTOL Area
     CTOL : 850-1000 ft w/ski Jump (JATO Assist as Required)
   - Landing Areas JSF : 60 ft Diameter Jet Blast Collectors (see below)
     V-22/SH-60 : 100 ft Diameter Dedicated VTOL are
     CTOL : 800 ft Run-Out w/three Arresting Engines
   - Pit Stops JSF : Five Required
     V-22/SH-60 : One Required
   - Gas Turbine Inlet/Exhaust Locations
     Four Gas Turbines
   - Elevators 60 ft x 70 ft, Handles All Aircraft (see below)
   - Ski-Jump
2. 위의 결과를 가지고 다음의 내용을 좀 더 조사할 필요성 확인하였다.
   - Longitudinal Super Island
   - Athwartships Island
   - Island-Less
3. Longitudinal Super Island
   - Design Features
     1) 비행갑판 : 1000 ft x 250 ft
     2) 슈퍼 아일랜드 : 680 ft x 80 ft ... 선수 후미 300 피트에서 시작하고 적절한 CTOL 착륙 영역을 수 있도록 좌 현 20 피트 오프셋 (Offset) 되어 있음
     3) 총 4개의 엘리베이터가 있고 격납고과 분리가 된 각 측면 2개는 선미와 선수에서 접근이 됨
     4) 아일랜드의 우현은 2개의 450 ft 와 750 ft 활주로가 있고, JBD에 의해 뒷받침 해주는 모든 STOVL 이륙 영역 그 중심에 정렬된 활주로에 모든 이륙과 함께하는 12° 스키 점프대가 선수에 있음
     5) 우현은 3개 Arresting 와이어 및 엔진이 있는 선미에는 착륙용 활주로 800 ft × 100 ft 의 CTOL 착륙 지역. 1,000 ft의 긴 갑판 활주로와 스키 점프는 CTOL 항공기를 발사하는 Catapult의 필요하지 않고 필요한 부가 추력은 JATO (Jet-Assisted Take-Off) 로켓에 의해 제공될 수 있음
   - Design Advantages
     1) 아일랜드에서 완전히 Pit-Stop을 둘러싸는 것은 재무장, 연료 보급, 비행 라인 수리 및 작전에 따른 파일럿 교체하는 동안 심각한 날씨, 음향 감지 및 무기/제트 폭발

보호 기능을 제공한다. 어떤 것은 비행갑판에서 필요로 하지 않는다. 추가 첨부 포함되는 것은 연료 및 서비스에 대한 오버 헤드 갠트리 크레인을 사용하는 기능을 제공하는 것이다. 착륙 지역에서 연료를 보급/재무장하기 위해 그리고 이륙하기 위해 항공기의 원활한 흐름이 허락된다.

2) 중앙 라인을 따라 피트 스톱을 정렬하면 피트 스톱 바로 아래에 있는 무기 갤러리 갑판에 레이스 트랙 스타일의 무기 분배 시스템의 사용을 향상시킨다. 무기는 그 아래에서 항공기에 탑재된다.

3) 발전기의 넓은 분산, 분리된 격납고 그리고 여러 엘리베이터의 각 격납고를 서비스를 통해 생존력을 향상시킨다.

4) 아일랜드에 발전기를 위치하면 내부 용적을 많이 소비하고 엔진 성능 손실의 원인이 되는 긴 흡기 및 배기 덕트 런을 제거합니다. 배기가스 및 음향 발생량까지 항공기와 사람들로부터 멀리 있는 방향으로 자리 잡게 된다.

5) 폐쇄된 엘리베이터는 레이더 사인을 감소시킨다.

6) 항공기의 동시 발사와 회복은 쉽게 편의가 제공된다.

7) 항모 전체 뷰와 항공기 제어 진화의 클리어 뷰는 여유를 가지게 된다. 안테나는 아일랜드의 상단에 높은 곳에 설치하여 자기 방어 무기에 대하여 방해되지 않게 한다.

- Design Drawbacks

1) 아일랜드 큰 크기 때문에 레이더 사인이 증가한다.

2) 높이 솟았고 노출된 곳에 있어 생존력이 감소할 것이다.

3) 초기 비용과 생애 사이클 유지하는 비용을 높게 만드는 추가 구조물이다.

4. Athwartships Island

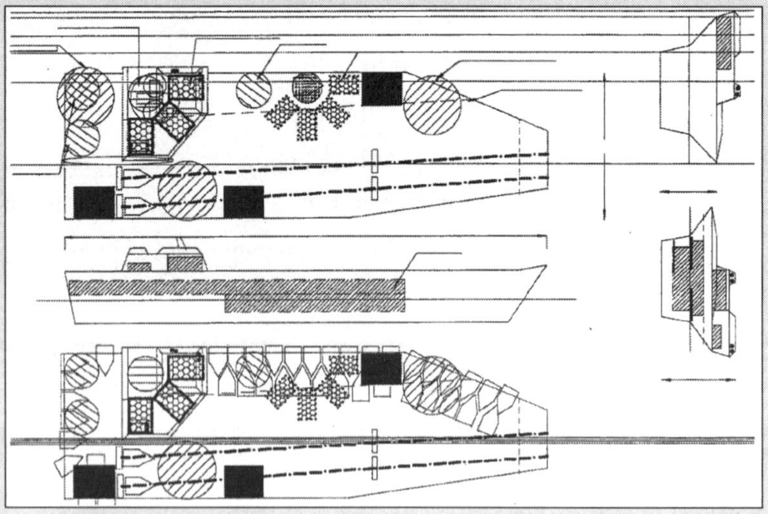

[그림 4-34]
Athwartships Island

5. Island-less

아일랜드가 없는 디자인은 현재 해군 디자인에 사용된 아일랜드를 제거하여 레이더 단면을 줄일 수 있다. 아일랜드를 제거하기 위해 4가지 주요기능을 이전해야 했다. 4가지 주요 기능은 선박 제어, 안테나 팜, 비행갑판 제어/관찰 및 엔진 유입/배출 이다. 부록에 이 지역과 잠재적인 대안의 분석에 대한 자세한 정보를 제공한다. 아일랜드가 없는 디자인에 대한 추진하려는 디자인 요소는 그 Pit-Stops가 갇혀지지 않게 하기 위해 그것들은 JSF가 이륙 및 착륙 존에 있는 엔진을 작동하는 어떤 장소에서 150 ft 떨어진 곳에 위치할 필요가 있다는 것이었다. 이것은 150 피트 반경 내 장갑에 대한 요구 때문이다. Pit-Stops을 150 ft 벗어난 곳에서 유지함으로써 Pit-Stops을 약간의 수리 및 파일럿 변경 등이 발생할 수 있다. 우리의 연구는 아일랜드가 없는 항모의 두 가지 측면을 분석하였다. 그 두 가지는 니미츠 급 항모의 크기와 오래된 미드웨이 급 항모의 크기와 대략 같은 작은 항모에 대한 것이다.

- Design Features
  1) Flight Deck : 대략 1000 ft x 300 ft
  2) 4개의 가스 터빈 입구는 포트 측 후방, 배기는 선미.
  3) 6곳의 Pit-Stops가 좌현에 있고 갑판 세척은 되고 폐쇄되어 있지 않음
  4) 4개의 엘리베이터로 좌현과 우현에 각각 2개씩
  5) 4곳의 JSF 착륙 지점이 있고 2곳의 V-22/Helicopter 지점이 있음
  6) 밀폐 안테나 마스트 (친화적 레이더 단면적 - SC-21 고려하여 유사한 것) 포트 측에 후방에 있음
  7) 카메라는 비행갑판 작업을 볼 수 있게 선미 중앙부를 탑재
  8) 파일럿 하우스는 항모의 선수에서 중심선에 위치해 있음
  9) 격납고 갑판 면적은 91,000 ft^2
  10) 경 JSF 항공기를 위한 2개의 400 ft 활주로
  11) 중 JSF 항공기를 위한 1개의 750 ft 활주로
  12) CTOL 항공기 착륙을 위해 800 ft x 120 ft 공간 지원
- Positive Aspects of Design
  1) 아일랜드가 없다는 것은 작은 레이더 단면을 의미
  2) 6곳의 Pit-Stops 및 4곳의 JSF 착륙지점은 다른 디자인의 대안 그 이상임
  3) 1곳의 격납고
- Negative Aspects of Design
  1) JSF는 Pit-Stops로 끌어들인 후 완료되면 밖으로 다시 TowBots를 사용해야 한다. 항공기기를 위한 원활한 흐름은 아니다.
  2) 좌현의 거주구역은 비행갑판 카메라와 함께 매우 취약하다. 엔진 유입/배출 및 안테나 마스트가 거기에 있다.
  3) 사람들은 비행갑판 작업을 모니터링 하는 카메라에 의존적이고 익숙해야 한다.
  4) 엔진, 사람에 대한 바다 물 섭취의 위험을 만들지 않고 엔진 입구와 배기가스 위치를 두는 것은 어려운 일이다.

위의 내용 중 TowBot에 관한 설명은 다음 그림을 보면 이해가 쉬울 것이기에 추가적인 설명을 하지 않는다.

www.aviatorshotline.com

[그림 4-35]
TowBots의 예

3.3 Design Trade Spaces/Feasibility Studies

3.3.2 Combat System Studies

[표 4-6] Combat System Mix Analysis

Threat	Low Capability	Medium Capability	High Capability	S-CVX Recommendation
Kamikaze	AAW Picket CAP	+ ESSM	+ AEGIS	Medium
A/C using Bombs/rockets	AAW Picket CAP	+ ESSM	+ AEGIS	Medium
IR missiles	AAW Picket CAP Torch	+ ESSM	+ AEGIS	Medium
HARM missiles	AAW Picket CAP	+ ESSM	+ AEGIS	Medium
Active missiles	AAW Picket CAP NULKA,Chaff	+ ESSM	+ AEGIS	Medium
Theater ballistic missiles(TBM)	AAW Picket		+ AEGIS	Low
Ships/small boats	Surf Picket SUCAP	+ ESSM		Medium
Active torpedoes	SSN ASWa/c NIXIE		+ Anti-torpedo torpedo	Low
Wake homing torpedoes	SSN ASWa/c		+ Anti-torpedo torpedo	Low
Magnetic mines	Main sweeps		+ Mine avoid sonar	high
Acoustic mines	Main sweeps		+ Mine avoid sonar	high
Limpet	Divers		Non-adhere surf Minedetect	Low
Small force take-over	SSDF		Marine Detachment	Low

다음 내용은 이 보고서에 나오는 주요 그림을 소개하여 이해를 돕고자 하였다. 그림이 많은 것을 함축하고 있음을 우리는 늘 알고 있다.

4.1 Arrangements of Selected Areas

4.1.1 Flight Deck Layout and Operations

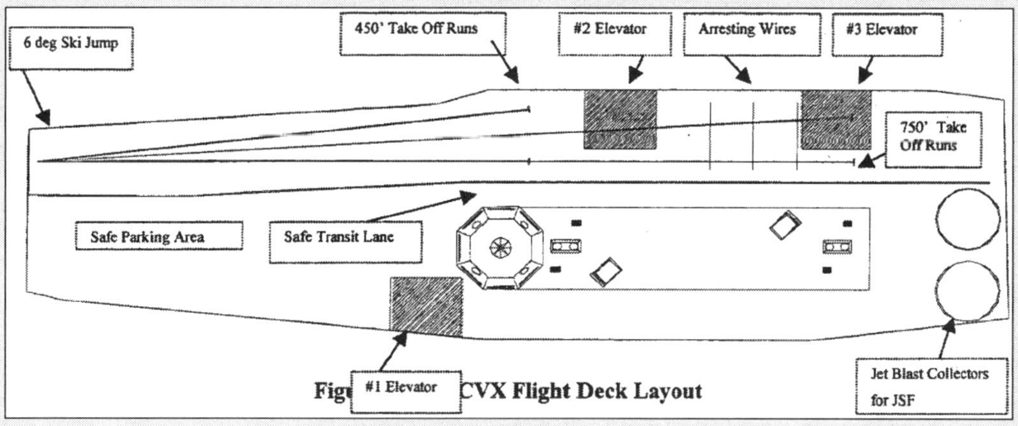

[그림 4-36] S-CVX Flight Deck Layout

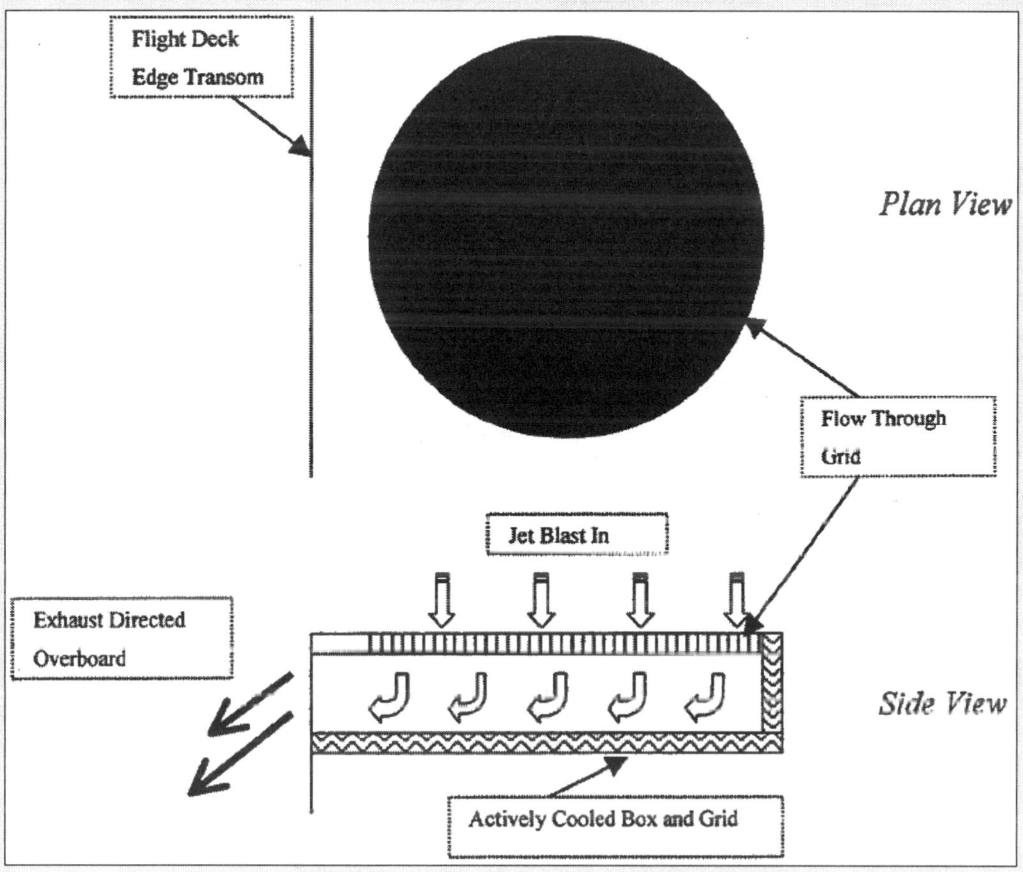

[그림 4-37] S-CVX Jet Blast Deflector

[표 4-7] S-CVX sustained sortie rate & S-CVX surge sortie rate

Sustained Sortie Generation Rate = 160/Day		Surge Sortie Generation Rate = 240/Day For 48 Hours	
Evolution	Time Required (hours)	Evolution	Time Required (hours)
Launch Support Aircraft	0.25	Launch Support Aircraft	0.25
Launch Attack Aircraft	0.50	Launch Attack Aircraft	0.50
Mission	2.50	Mission	2.50
Recover Support Aircraft	0.25	Recover Support Aircraft	0.25
Recover Attack Aircraft	0.50	Recover Attack Aircraft	0.50
Service Support Aircraft	0.50	Service Support Aircraft	0.50
Service Attack Aircraft	1.00	Service Attack Aircraft	1.00
Total	5.50 hrs/cycle	Total	5.50 hrs/cycle
160 sortie/day, 55 A/C → 3 cycle/AC/day 5.5 hrs/cycle x 3 cycle/AC/day→16.5 hrs of flight ops per day to meet requirement.		240 sortie/day, 55 A/C=4.3 cycle/AC/day 5.5 hrs/cycle x 4.3 cycle/AC/day=23.5 hrs of flight ops per day to meet requirement.	

4.1 Arrangements of Selected Areas

4.1.2 Hangar Deck Layout

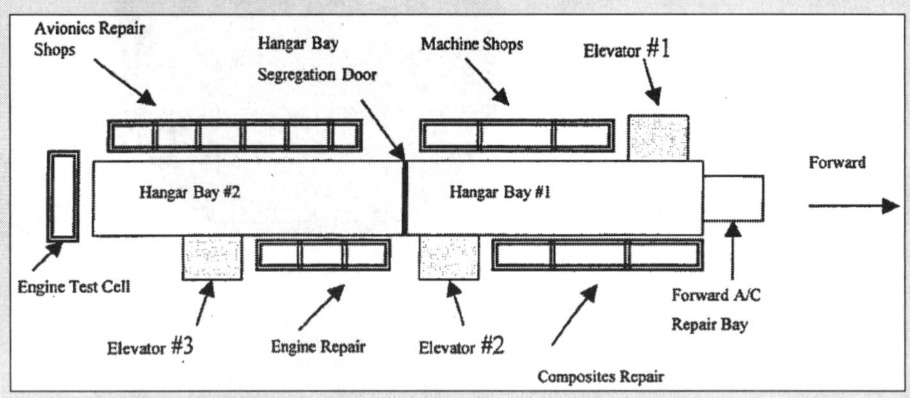

[그림 4-38] S-CVX Hangar Deck Layout

Dimensions	Hangar Bay #1	Hangar Bay #2	Forward A/C Repair
Length	78.70 m	78.70 m	25.02 m
Width	27.43 m	27.43 m	20.00 m
Area	2158.7 m^2	2158.7 m^2	500.4 m^2
Total Area	4817.8 m^2		
Aircraft Capacity	12 JSF 2 V-22 2 SH-60	12 JSF 2 V-22 2 SH-60	2 JSF 2 V-22 5 SH-60
Total Aircraft Capacity	32(hangar)+2(fwd repair)+4(pits)=38 aircraft		

	Total percentage aircraft in covered packing = 63%
Elevators: 3 each, 19.8 m x 16.7 m Capacity: 2 each JSF or SH-60 1 each V-22 on diagonal	

[표 4-8] Overview of S-CVX Hangar Facilities

4.1 Arrangements of Selected Areas

4.1.3 Super-Island Arrangements

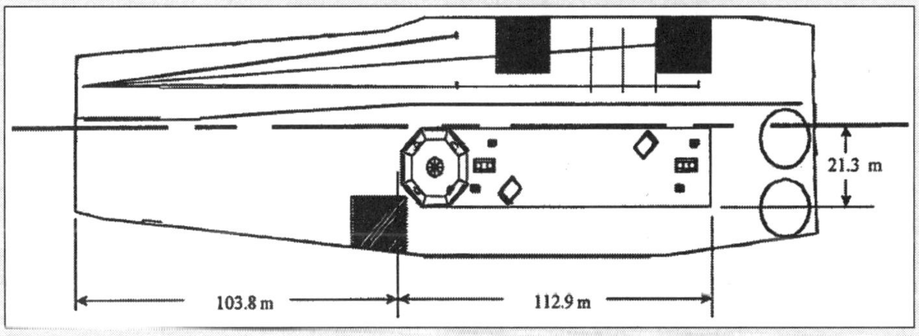

[그림 4-39] Super-Island Location

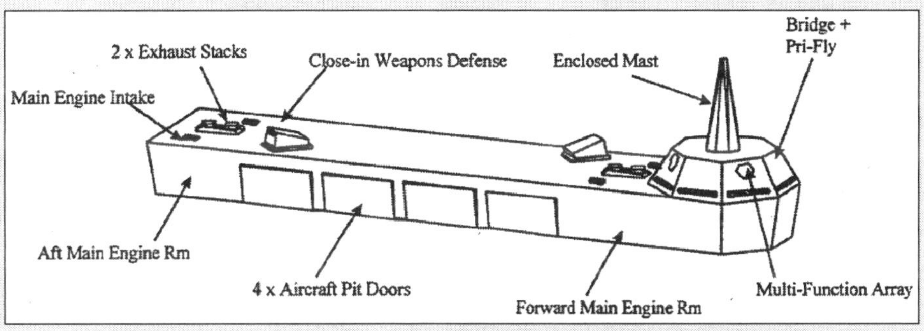

[그림 4-40] Super-Island Layout

4.1 Arrangements of Selected Areas

4.1.6 Engineering Operation Station(EOS) Layout

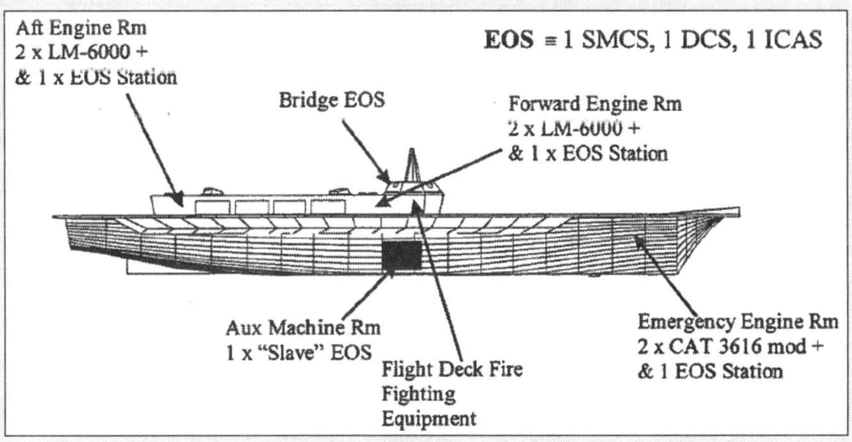

[그림 4-41] Engineering Operation Station(EOS) Location

4.1.7 Carrier Information Center(CVIC) Layout

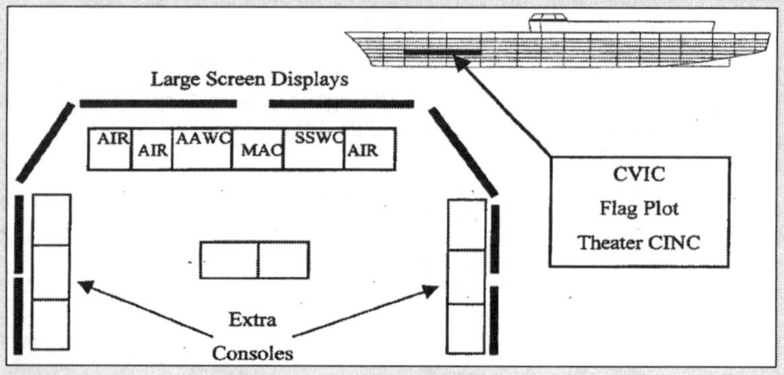

[그림 4-42] S-CVX CVIC Layout

4.2 Hull Design

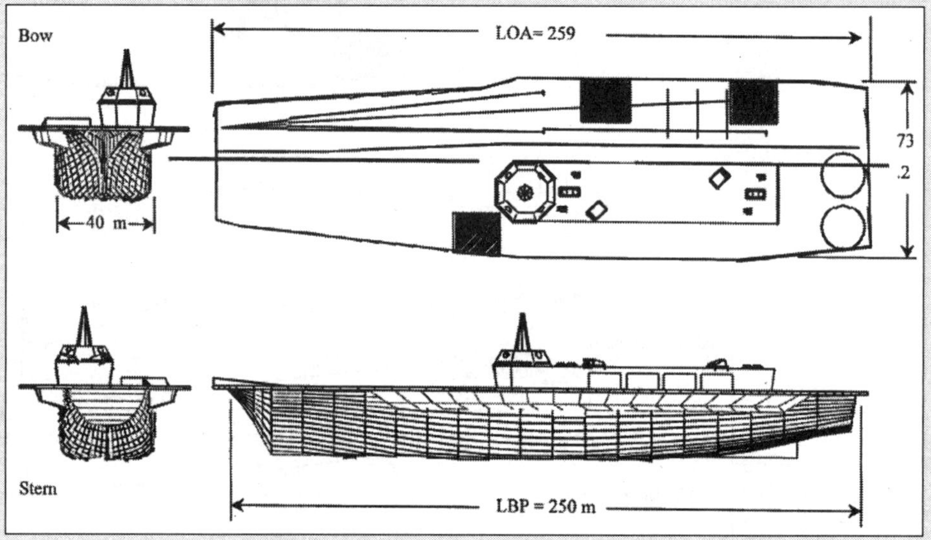

[그림 4-43] S-CVX Hull Plan, Profile, and End Views

4.3 Ordnance Handling System

4.3.1 Assumptions

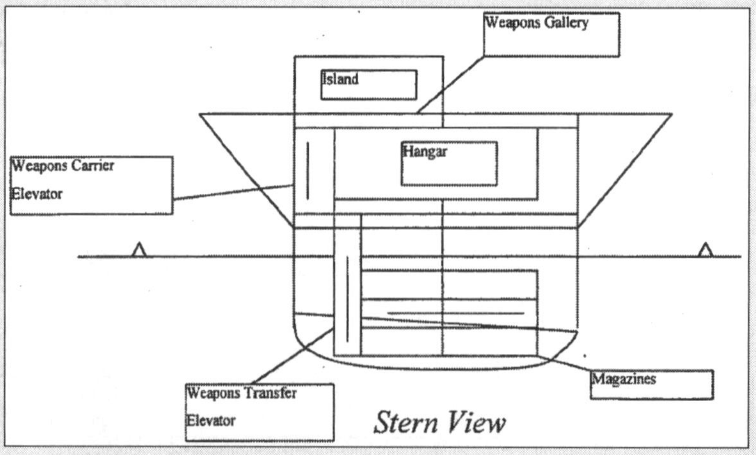

[그림 4-44] S-CVX Ordnance Handling System(Stern View)

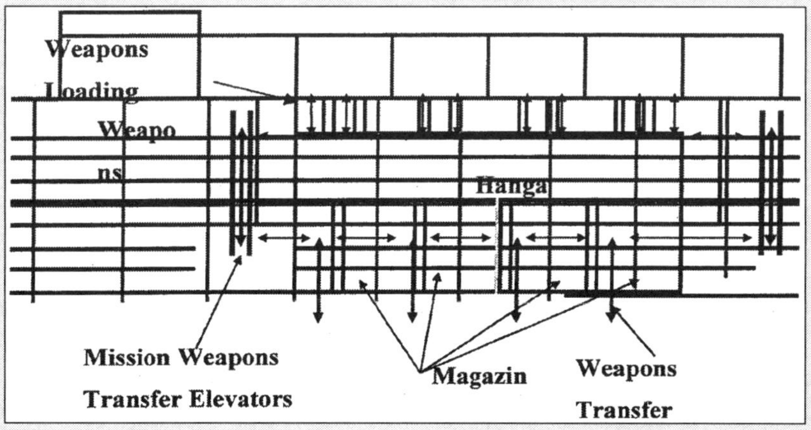

[그림 4-45] S-CVX Ordnance Handling System(Profile View)

4.4 C^4ISR System Description

4.4.1 Antenna Arrays

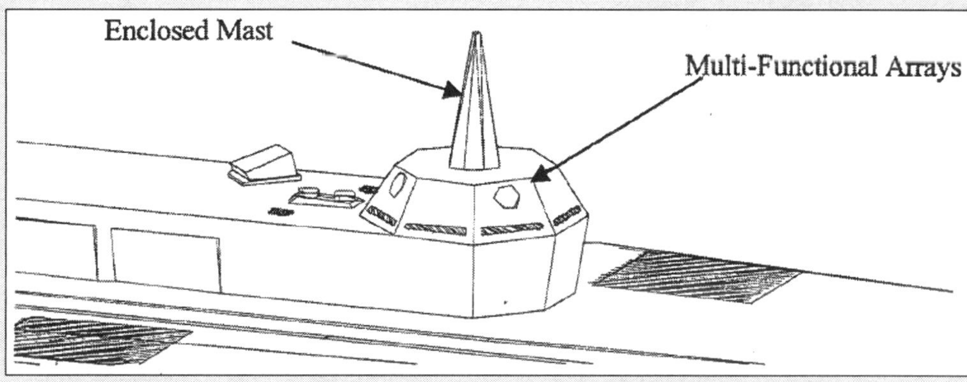

[그림 4-46] S-CVX Antenna Layout

4.4 C^4ISR System Description

4.4.2 External Connectivity

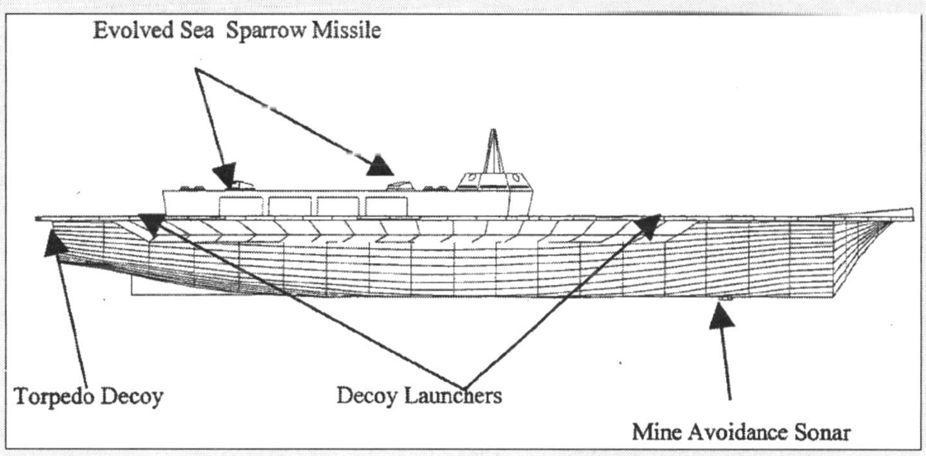

[그림 4-47] S-CVX Defensive Systems Layout

4.5 Hull Mechanical and Electrical(HM&E) Systems Design

[표 4-9] S-CVX General Characteristics

S-CVX General Characteristics	
Displacement	80,374 LT
LBP	250 m
Max Beam	40 m
Draft	13.2 m
Flight Deck Dimensions	262.2 x 72.2 m
Hangar Area	4820 m^2
Max Speed	28 knots
Endurance Speed	20 knots
Range @ Endurance Speed	16,000 nm

4.6 Manning Analysis

[표 4-10] Top-Level S-CVX Manning Comparisons

Platform	Officers	Enlisted	Total
CVN-76	411	4,796	5,207
CVX B/L	311	3,715	4,026
S-CVX (Proposed)	322	2,123	2,445

4.7 Manning Analysis

[표 4-11] CVX Baseline Manning Study Comparison

Departments	Enlisted		Officers	
	CVX B/L	S-CVX	CVX B/L	S-CVX
Operations	321	223	20	19
Air	583	160	19	11
Weapons	146	124	8	7
Supply	272	180	8	8
Engineering(+Reactor)	567	189	29	11
Legal	3	3	2	2
Chaplain	4	4	3	3
Maintenance Mgmt.	11	11	2	2
Safety	7	7	2	2
Navigation	10	10	1	1
Medical	31	31	9	6
Dental	13	13	5	5
Communication	38	14	3	1
Deck	99	99	5	5
AIMD	199	113	6	6
Air Wing	1,369	918	186	229
Command/Admin	42	24	6	4
Totals	3,715	2,123	311	322

4.9 Naval Architecture Analysis

4.9.1 Body Plan

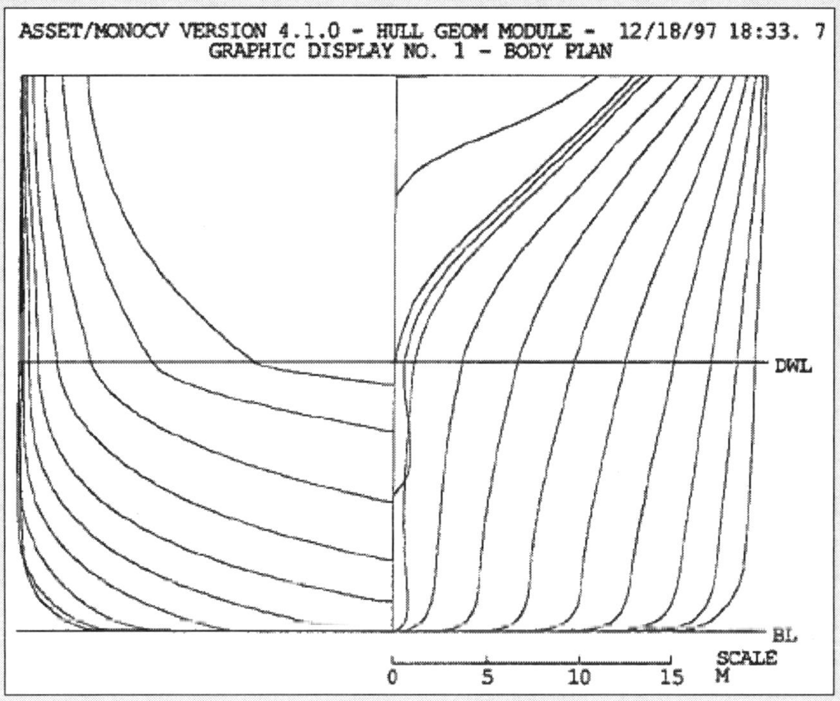

[그림 4-48] S-CVX Body Plan

4.9 Naval Architecture Analysis

4.9.2 Isometric View

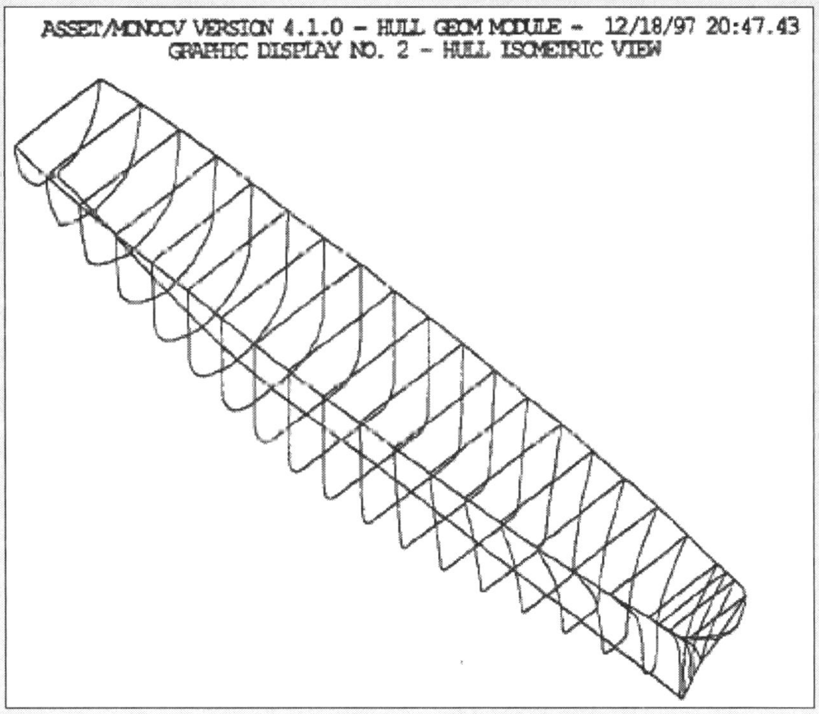

[그림 4-49] S-CVX Isometric View of Hull

4.9 Naval Architecture Analysis

4.9.5 Floodable Length Curve

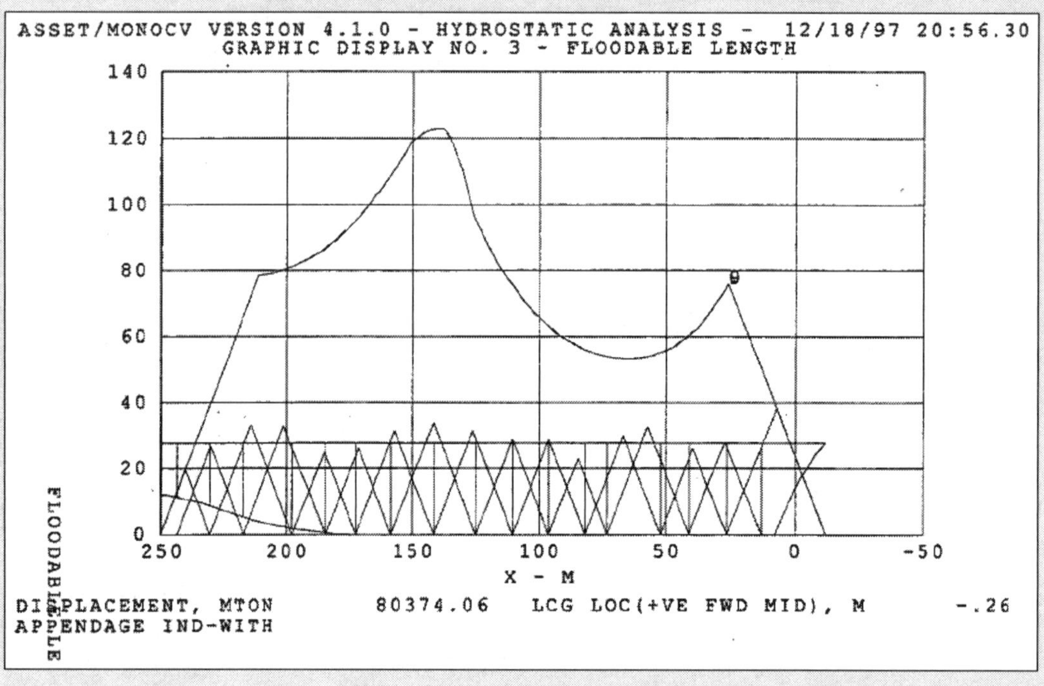

[그림 4-50] Floodable Length Curve

라. 결론

4.11 Conclusions

이 보고서에 기재되어 포함된 디자인은 미 해군과 국가의 미래 항공모함의 요구에 대하여 고려가 된 가치 있는 대안이라고 믿는다. 이번 연구는 우리의 디자인에 부과된 고유한 요구사항을 충족시키는 인원을 줄이고, 기능을 추가하는 많은 혁신적인 접근 방식(예를 들어 STOVL, 가스 터빈, 인도주의/OOW 작전 등)을 결합하여 현재 니미츠 급 항공모함 보다 상당한 수명주기 비용 절감을 보여준다. 본 노력이 진정한 디자인 과정에서 첫 번째 순환 반복을 나타낸 것으로 디자인의 많은 부분이 추가 작업을 필요로 하다는 것을 이해하고 있다. 이것은 제안하는 아이디어와 혁신의 대부분은 실현 가능한 것을 매우 확신했다. 적어도 노력의 일부가 실제 CVX 디자인 프로그램에 유용할 수 있다는 것이 희망이다.

언급된 희망이 실제 포드 급 항공모함에서 적극적으로 반영이 되었으며 무엇보다 중요한 것은 항공모함 설계의 제안을 전반적인 것을 살펴볼 수 있고 검토가 되었으며 새로운 제안들이 만들어졌다는 것이 상당한 의미를 가진다. 그러므로 새로운 항모를 개발하거나 개조를 또는 업그레이드 하는 경우 분명히 이런 검토를 진행이 되어야 한다는 것이다.

4.2.2 항공기 관점에서 항공모함 함재기 고려 기준

항공모함 개발은 항공기 개발과 함께 한다. 이는 서로 중요한 관계가 되며 항공기 없는 항공모함도 존재할 수 없고 항모가 없는 해군 항공단도 존재할 수가 없는 것이다. 미국 현재 새로운 포드 급 항모에 맞추어 무인 항공기나 F-35 항공기가 트림되고 있는 것이다. 다음의 내용은 항공모함에서 필요한 항공기에 관한 것이다. '어떻게 항모에 맞는 항공기가 될 수 있는가'는 많은 연구를 통해서 결정된 사항이다. 항공모함도 하드웨어적인 면에서 보면 쉽게 제작이 가능할 수 있다. 그냥 함정이라는 관점에서 보면 좀 더 쉬워진다는 것이다. 하지만, 항모에 항공기를 탑재하고 이착륙하는 행위를 하게 될 공간으로서 항모를 보면 매우 복잡해지는 것이다. 아래 연구 보고서는 2002년에 미 해군에서 발표된 "REVIEW OF THE CARRIER APPROACH CRITERIA FOR CARRIER-BASED AIRCRAFT, PHASE I; FINAL REPORT"로 이를 통해 항모에 맞는 항공기의 모습을 간략하게 살펴본다.

가. Summary

합동 타격 전투기 (JSF) 프로그램 부서는 기존의 항모 접근 기준 (CAC, Carrier Approach Criteria)을 검토하는 연구를 후원했다. 이러한 조건은 일반적으로 접근 속도 기준 또는 V_{PA} 조건으로 언급된다. 연구의 동기가 접근 속도의 예측을 위한 설계 도구로서 지난 30여 년에 걸쳐 진화해 온 CAC의 적용을 둘러싼 질문에 기초하였다. 이 기간 동안 상당한 기술의 발전과 함께 기준의 가정 및 적용이 여전히 디자인을 위해 유효한지 그것에 대한 의문을 제기되어졌다. 이들 기준은 상당히 해군 함재기 설계 공간에 영향을 미치고 다른 미션 임계 요구사항을 만족시키기 위한 설계자의 유연성을 줄일 수 있음을 알 수 있다. 이러한 이유로, 해군은 이러한 기준이 디자인에 미치는 영향의 완전한 이해를 명확히 하고 예측되는 V_{PA}의 적용을 정당화 하는 것이 필수적이다.

공동 규격 서비스 가이드 (JSSG, Joint Service Specification Guide) 기준 정의가 본 연구를 하는데 기초로 사용되었다. CAC에는 글라이드 슬로프 이송 (팝업) 기동, 크고 작은 스로틀 반응, 시야 (FOV, Field Of View), 1 단계 비행 특성 (FQ, Flight Qualification)(주로 Roll 제어 및 Flightpath 안정성), 스톨 마진 그리고 비행 제어 제한 속도가 포함된다. Waveoff과 볼터 성능 또한 V_{PA} 정의의 고려사항이었고, CAC의 한 부분으로 포함되어 있다.

이 보고서에 설명된 결과는 여러 가지 계획 단계의 첫 번째를 나타낸다. 이 단계의 초점은 JSSG 기준 뒤에 존재하는 가정을 연구하고 분석하였다 JSSG 정의 변화가 JSF 조인트 모델 사양에 사용되어지고 또한 그것들의 변형들이 논의되는 것이 인정된다. 기존의 기준에 대한 단점을 파악하고 분명히 불충분으로 보일 수 있는 낮은 위험, 높은 보수 영역에 대한 기준 개발을 위한 분석 및 연구를 수행하고, 향후 연구 및 평가 영역을 식별하는 것이 이 단계의 목적이었다. 이 기준의 새로운 세트가 이 단계에서 나타나는 것은 의도하지 않았다. 어쩌면 제공받은 배경 정보를 가지고 디자이너 및 취득 커뮤니티가 개별 기준의 중요도 정보를 프로그램에 대해 결정을 내리는데 더 좋은 위치에 있을 것이다. 추가 조사가 새로운, 개선된 기준을 만들어 낼 것을 의도하고 있다.

이번 연구는 각 기준의 적절성과 타당성을 평가하기 위해 공식적인 정의를 발전시켰다. 일반적으로, 기준이 어프로치 태스크에 대하여 추적할 수 있는 것은 없는 것으로 밝혀졌다. 이러한 정의에 기초하여, FOV 기준은 적절한 것으로 밝혀졌다. 그러나 실속 속도 마진, 글라이드 슬로프 이송 (팝업) 기동, 작은 스로틀 응답이 불충분 한 것으로 평가되었다. 나머지 기준은 소폭 적절한 것으로 평가되었다.

이 단계 조사에서 나온 중요한 결론은 다음과 같다 :

(a) 기존 기준의 대부분은 잘 나타나 있지 않는다. 기준 중 대부분은 항공기 설계로부터 나온 경험적 데이터를 기초하였고 몇 몇 경우는 40년이나 지난 것이었다.

(b) V_{PA}를 정의하기 위`해 CAC의 현재 적용 부분은 CAC 개발의 초기 개척자의 의도와 일치하지 않는다.

(c) 해군 안전 센터의 1980년 1월부터 2001년 5월까지 데이터를 분석한 것에 따르면 검토된 항공기의 범위 내에 사고비율과 V_{PA}간에 신뢰할만한 상관관계가 더 이상 없기 때문에 안전성의 지표로 사용되어서는 안 된다는 결론이다.

(d) 해군 항공기 프로그램은 거의 항상 둘 이상의 디자인 개념 사이의 경쟁을 수반하기 때문에, 산업 관점은 시스템 개발 및 시범 (SDD, System Development and Demonstration) 이전에 V_{PA}요건을 충족시키는 CAC 중 하나를 충족하지 못하게 되어 매우 곤란해진다. 따라서 실제로 구체적 요구사항으로 정의되지는 않았지만 기준은 디자이너에 '하드 요구사항'이 되는 것이다.

(e) 개별적으로 제한 V_{PA}, Arresting 기어 제한 속도, 그리고 갑판 바람 한도를 개별적으로 정의하는 규정은 문제를 과도한 세분화 한 것이다. 이것은 호환되지 않는 요구사항에 이르게 하는 문제를 가지고 있다.

이 단계 조사에서 핵심 권고 사항은 다음과 같다 :

(a) II 단계 조사는 접근 작업을 추적할 수 있는 기준을 개발하기 위해 수행되어야 한다.

(b) NAVAIRSYSCOM는 주기적인 검토 및 정부와 업계 두 기관을 포함 CAC 평가하는 방법을 정의해야 한다.

(c) 주요 성능 파라미터 (KPP, Key Performance Parameter) 선택의 추가 분석이 단계 II 연구에서 수행되어야 한다. 이 KPP가 접근 작업에 대해 보증하는 것이 바람직 경우 프로그램 관리자, 요구사항 커뮤니티 및 엔지니어링 사이의 추가 논의는 KPP 선택을 통해 해결해야 한다.

* V_{PA} : 항모 접근 속도, Waveoff : 항모에서 착륙 재시도 지시 및 신호

나. 주요 내용(사진)

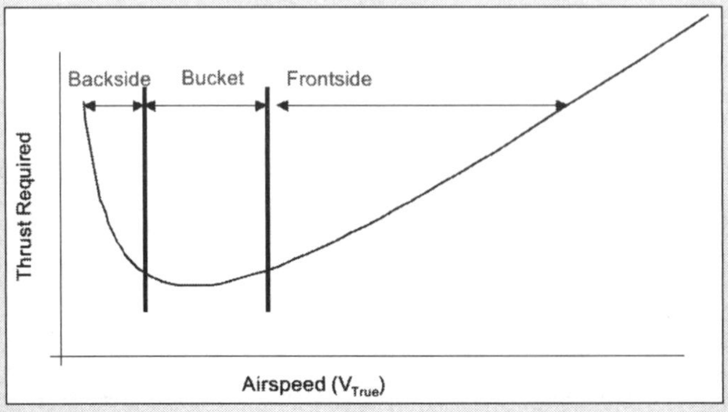

[그림 4-51] Illustration of Three Regions of the Thrust Required Curve

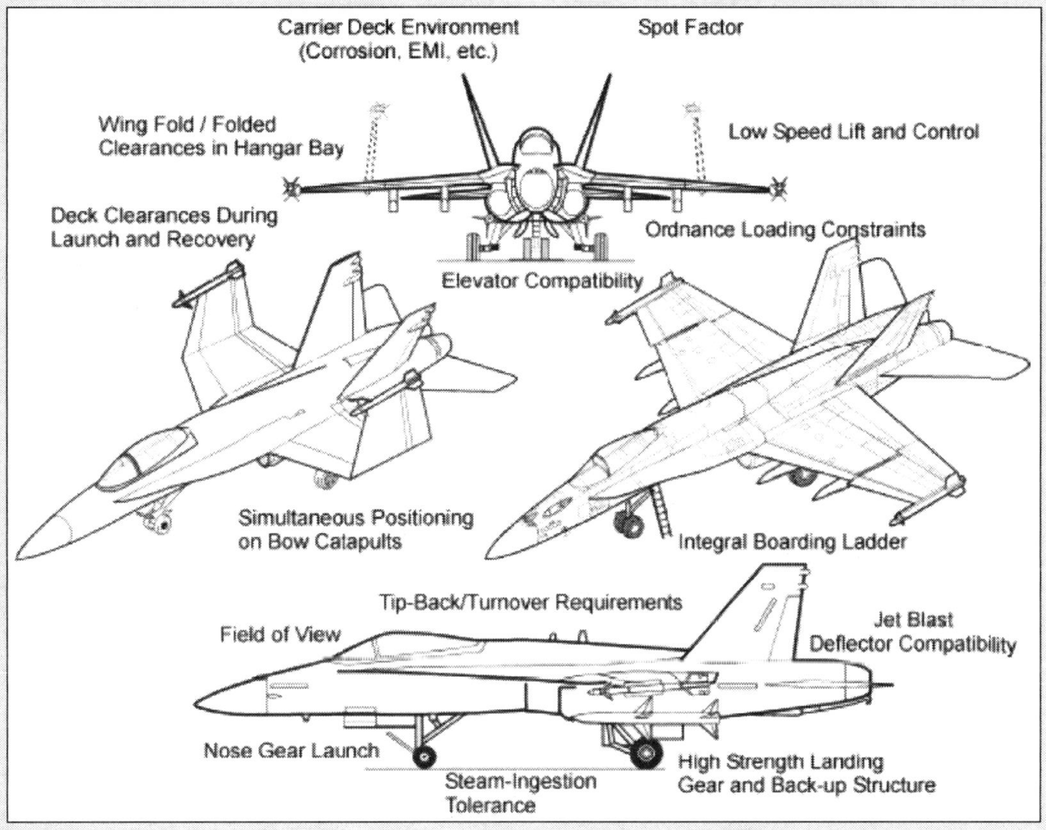

[그림 4-52] CVS Design Constraints

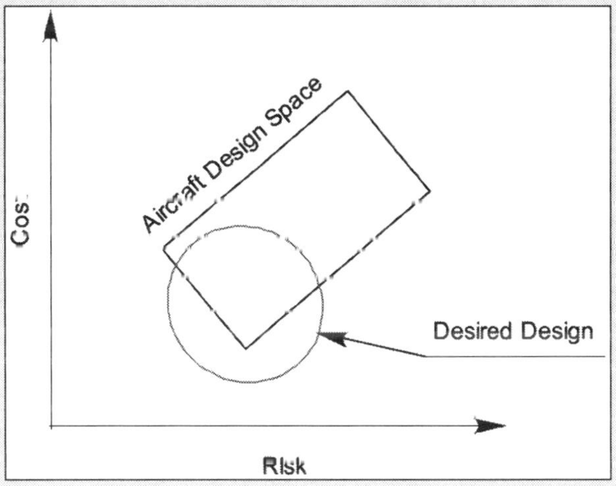

[그림 4-53]
Design Space

[표 4-12] Arresting Systems Characteristics

			Mk 7 Mod 3	Mk 7 mod 3 with Service Change 428
Limitations	Max Energy Absorption at Service Stroke (ft-lb)		43.5 x 10^6	43.5 x 10^6
	Max Allowable Cylinder Pressure (psi)		10,000	10,000
Engine	Two-Blocking Stroke (ft)		195	195
	Constant Runout Service Stroke (ft)		183	183
Cables	Purchase Cable	Diameter (ft)	1-7/16	1-7/16
		Rope Lay	6 x 25	6 x 31
		Breaking Strength (lb)	195,000	215,000
	Cross-Deck Pendant	Diameter (ft)	1-3/8	1-7/16
		Rope Lay	6 x 30	6 x 30
		Breaking Strength (lb)	188,000	205,000
Service Runout	Deck Pendants (ft)		340	340
	Barricades (ft)		388	388

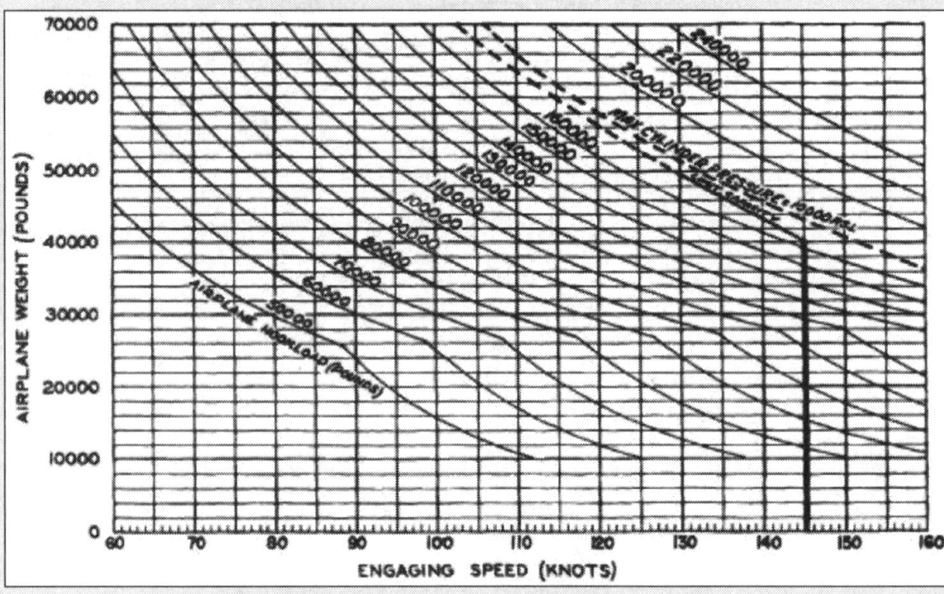

[그림 4-54] MK 7 Mod 3 Arresting Gear Performance

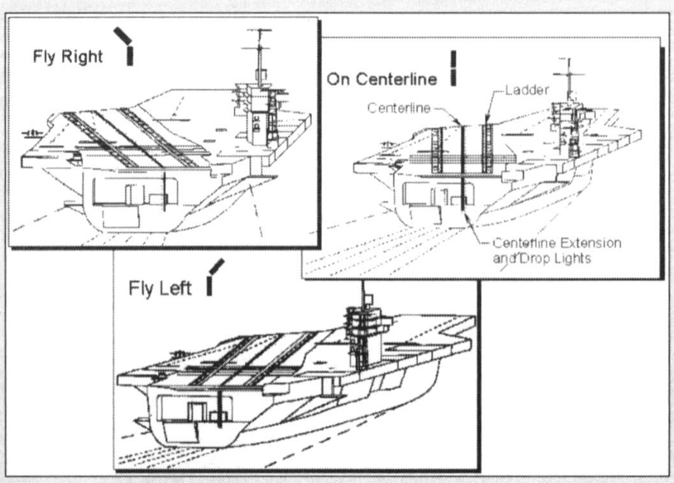

[그림 4-55] Drop Light and Flight Deck Lighting Indications

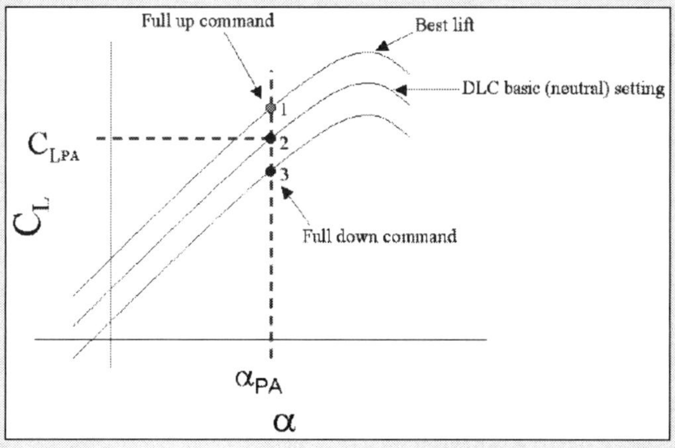

[그림 4-56]
Direct Lift Control

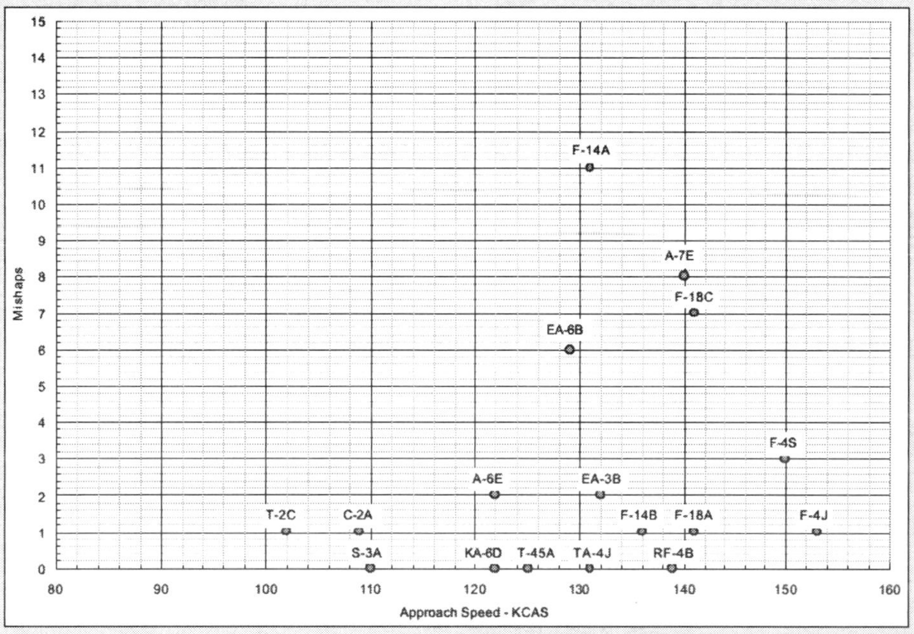

[그림 4-57] Mishaps versus Approach Speed (January 1980 - May 2001)

[표 4-13] GS Transfer (Popup) Performance of Legacy Aircraft (Analytical)

Aircraft	Comment	CG (% MAC)	Weight (1000 lb)	V_{pa} (KTAS)	Popup (ft)
Meet Criterion					
A-3B		20.0	50.0	135.8	68.5
A-6E		28.0	38.0	129.2	82.3
A-6E		28.0	36.0	125.8	81.5
EA-6B		28.0	45.5	131.8	58.0
F/A-18A Interdiction (postflight test)	No Tanks	24.4	30.5	142.0	77.0
F/A-18A Interdiction (postflight test)	No Tanks	24.4	30.5	128.9	52.9
F-14A PA1 Configuration		16.2	54.0	138.0	62.8
F-14D PA1 Configuration	DLC Engaged	16.2	54.0	138.4	63.8
F-8J	BLC	30.0	22.5	132.3	51.7
RA-5C		31.0	50.0	140.5	58.7
T-45A	No Slat	25.0	12.7	122.1	57.8
T-45A	Slat	20.0	13.5	121.5	55.4

Do Not Meet Criterion					
F-4J		33.0	40.0	145.6	49.1
F-14D PA2 Configuration		16.2	54.0	132.0	46.4
F/A-18E/F Interdiction Return	Spec.	25.0	42.9	142.0	45.3
F/A-18E/F I Interdiction Return		25.0	44.0	139.7	45.0
F/A-18A Interdiction (postflight test)	No Tanks	24.4	30.5	128.8	41.9
F-111B		35.5	56.0	112.2	39.8
F/A-18C Fighter Escort Configuration	No Tanks	25.0	33.0	140.4	39.7
F/A-18E/F Fighter Escort Configuration		25.0	44.0	137.8	38.7
F/A-18C Fighter Escort Configuration		25.0	33.0	137.3	32.4
F-8C		30.0	22.5	136.9	31.8

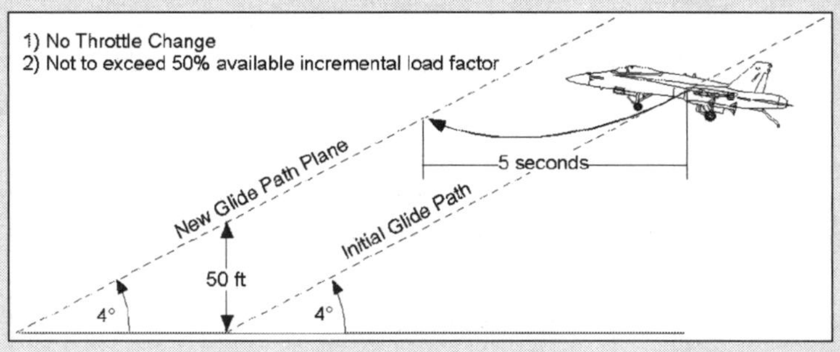

[그림 4-58] Glide Sliding (GS) Transfer Maneuver

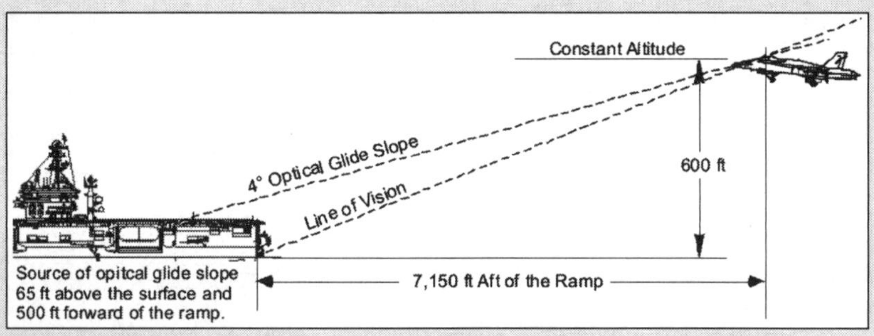

[그림 4-59] FOV Geometry

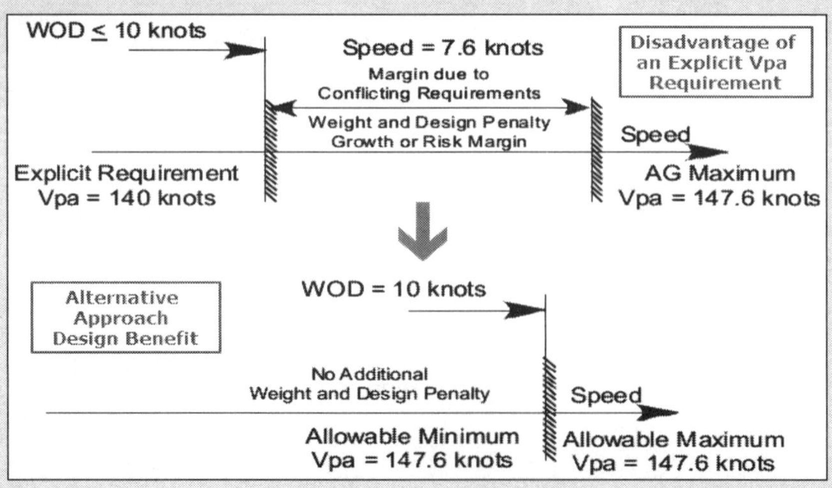

[그림 4-60] Disadvantage of an Explicit Vpa Requirement & Alternative Approach Design Benefit

4.3 주요 기종별 특징과 설계도면

4.3.1 Amphibious Assault Ships

AAS 항모의 경우는 직접적으로 고정익 항공기를 동원하여 공격을 하는 경우는 적다. 하지만 F-35 항공기가 수직 이착륙 기동의 신뢰성을 확보하게 되면 AAS 항모에서도 고정익 항공기의 활동을 더 활발해질 것이다. 전통적으로 AAS는 [그림 4-61]과 같이 대규모 수송, 근접 공격을 지원하는 수륙양용차 탑재 및 배포, 보급선, 지휘 통제선으로서 역할도 하고 함 내 병원/병실을 이용한 의료지원, 헬기 등을 항공기 지원 및 재난 구조 업무를 담당하게 된다. 요약을 하면 다음과 같이 크게 3가지 임무를 수행한다.

- Support Humanitarian
- Combat Operation
- Flag Ship

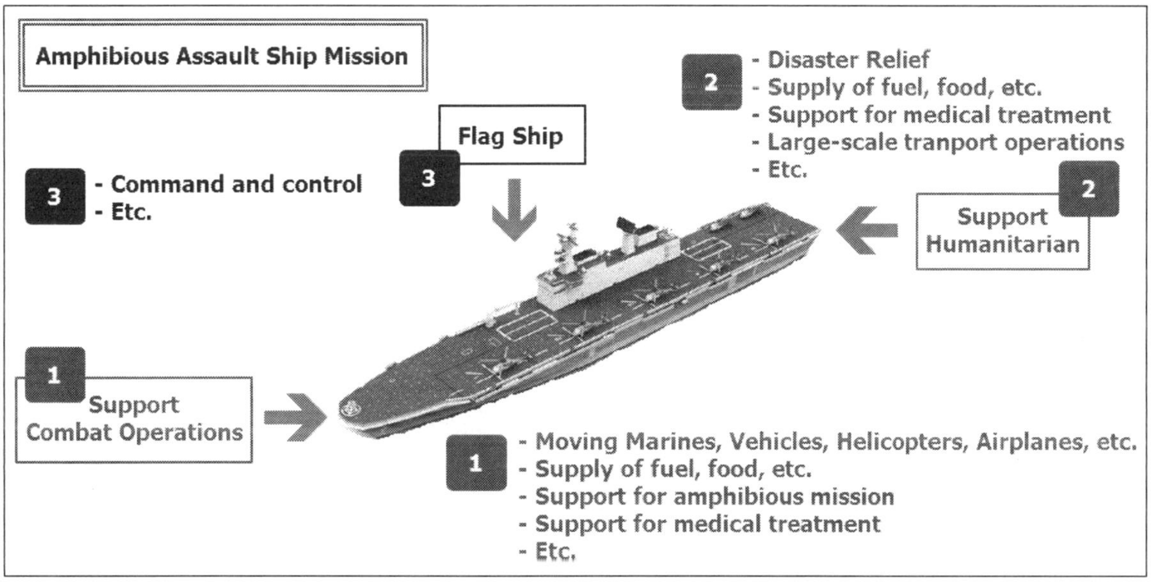

[그림 4-61] AAS의 업무

다음은 주요 AAS의 종류별 내용을 사진으로 보여준다.

가. 미국 AAS

미국의 AAS는 다른 국가의 CV 항모 보다 다양하고 탑재 항공기 숫자도 많다. 이는 미국의 CV 항모에는 포함되지 않았지만 개조를 통해 즉시 CV 형 항모로 변경이 가능하다. 또한 미국이 개발하는 F-35를 탑재를 통해 구조를 변경하지 않아도 CV 항모로 변경이 가능하다. 아래 그림을 보고 다양한 미국의 AAS의 변천 및 내부 구조 등을 파악할 수 있다.

public.navy.mil

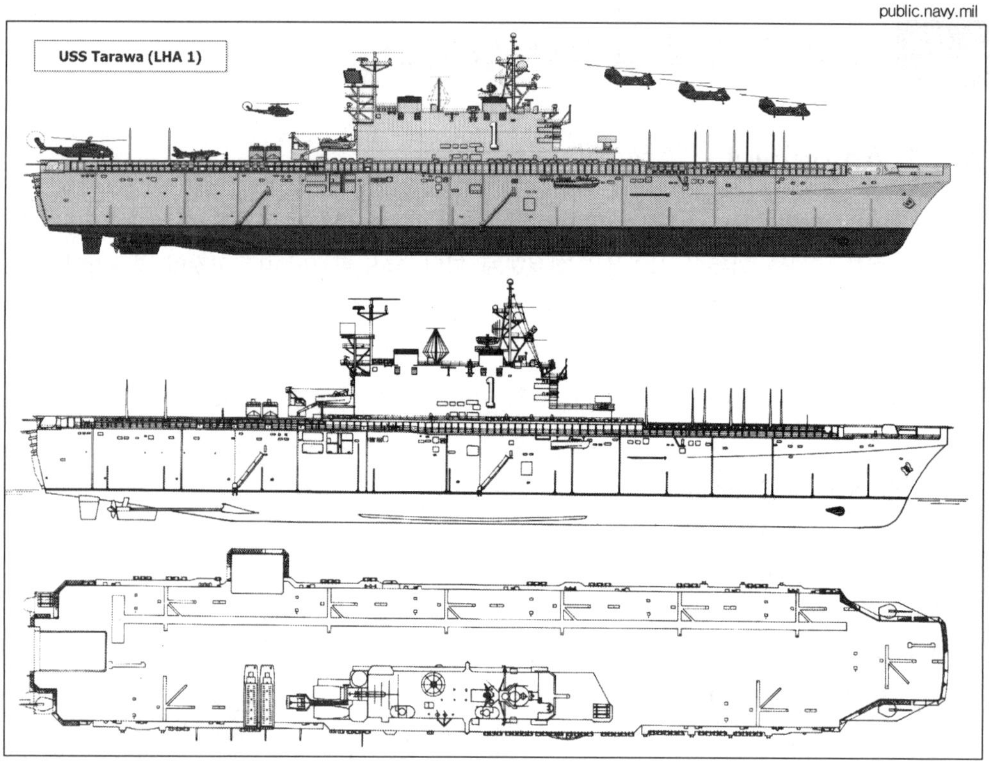

[그림 4-62] LHA 1 (설명) 배수톤수 38900톤, 길이 250 m, 속도 24노트, 탑재 항공기 35대 헬기+8대 VSTOL 비행기, 2000명 이상 해병수송가능, 2009년 퇴역

pinterest.com

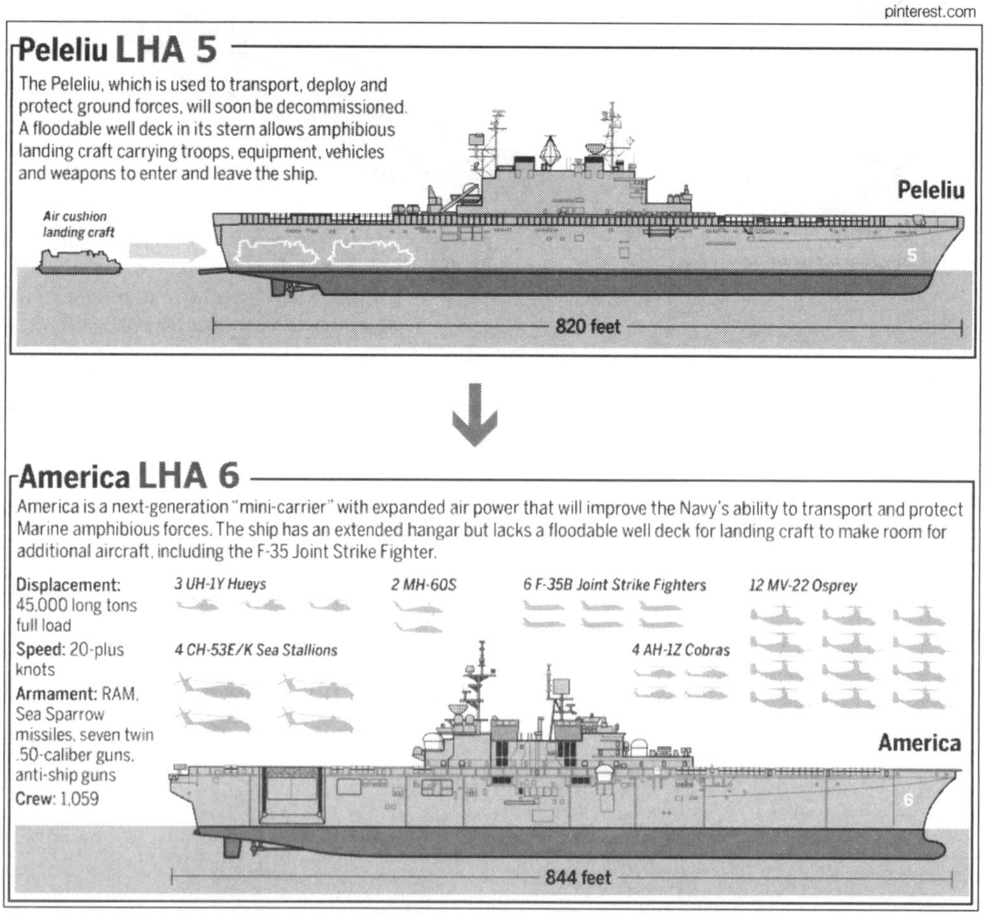

[그림 4-63] LHA 5 & 6 (LHA 5 설명) 배수톤수 39438톤, 길이 250m, 속도 24노트, 탑재 항공기 31대 헬기+6대 VSTOL 비행기, Hangar 데크, 2015년 퇴역 (LHA 6 설명) 배수톤수 45693톤, 길이 257m, 속도 22노트, 1687명 해병 수송 가능, 탑재 항공기 13대 헬기+6대 VSTOL+12대 MV-22 비행기, 2014년 취역

thetattoohut.com

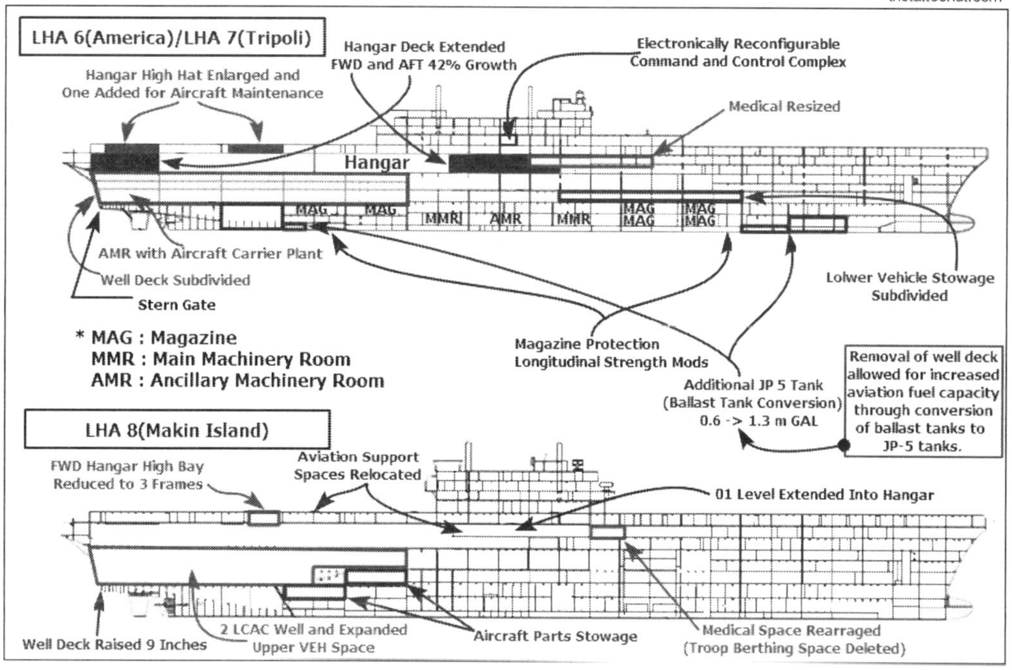

[그림 4-64]
LHA 6, 7 & 8
(LHA 7 설명) 현재 제작 중, 엔진 2대 GT, 2대 Shaft, 7만 bhp + 2x5천 hp, 994 승무원(65 장교)
(LHA 8 설명) 현재 진행 중, 2 Rolling Airframe Missiles + 2 Sea Sparrow + 2 CIWS + 7 Twin .50 BMG

f-16.net

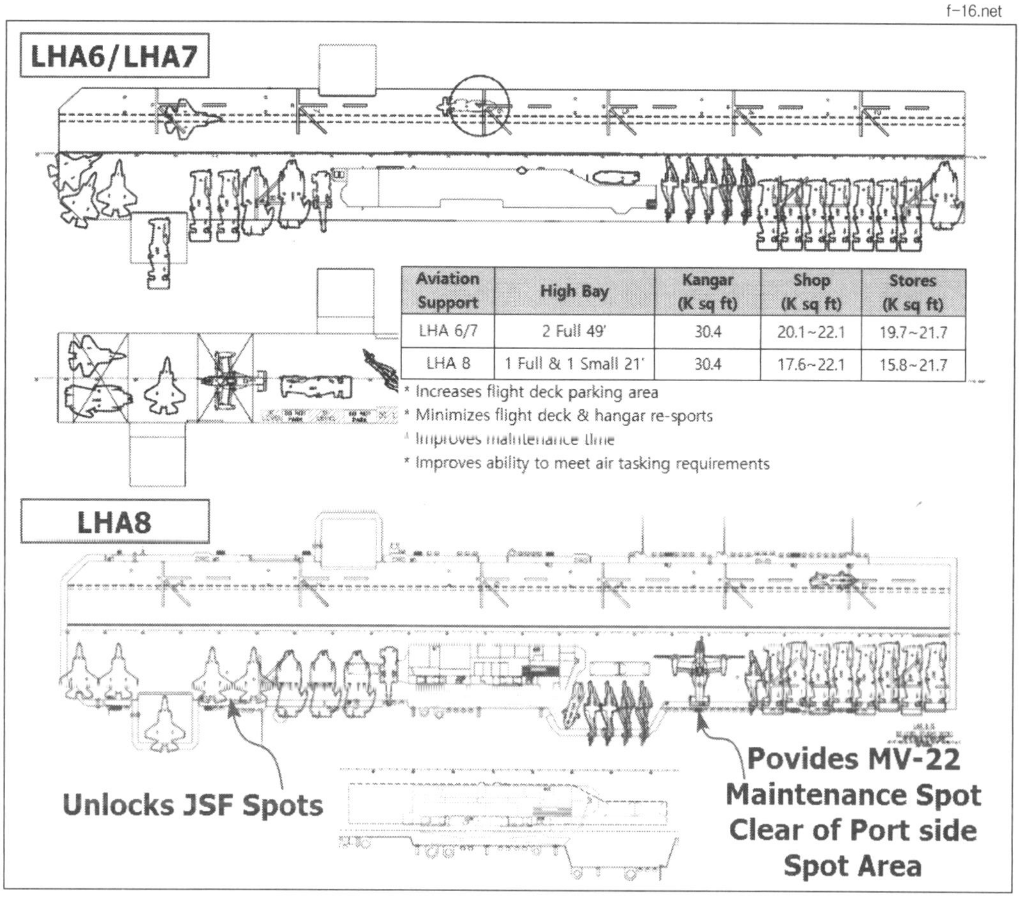

Aviation Support	High Bay	Kangar (K sq ft)	Shop (K sq ft)	Stores (K sq ft)
LHA 6/7	2 Full 49'	30.4	20.1~22.1	19.7~21.7
LHA 8	1 Full & 1 Small 21'	30.4	17.6~22.1	15.8~21.7

[그림 4-65]
LHA 6, 7 & 8
(설명) LHA-8은 JSF에 염두에 두고 제작 진행이 되고 있음

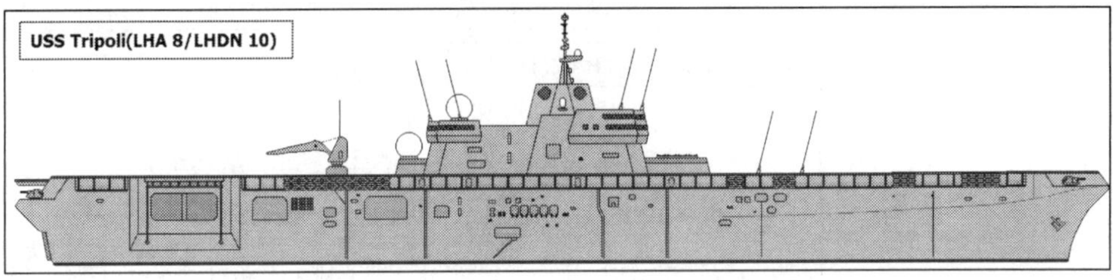

[그림 4-66]
LHA 8 & 10

et97.com

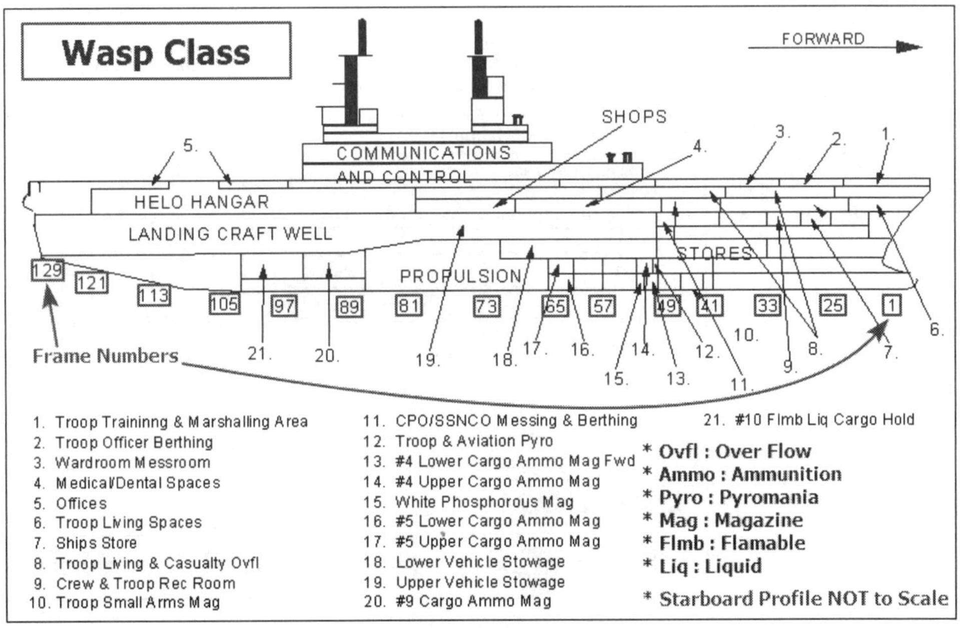

[그림 4-67]
Wasp 급
(설명) 1989년 취역, 41182톤, 길이 257m, 속도 23노트, 2200명 해병 수송 가능, 14대 헬기 + 6대 AV-8B + 다수의 MV-22

vsgram.net

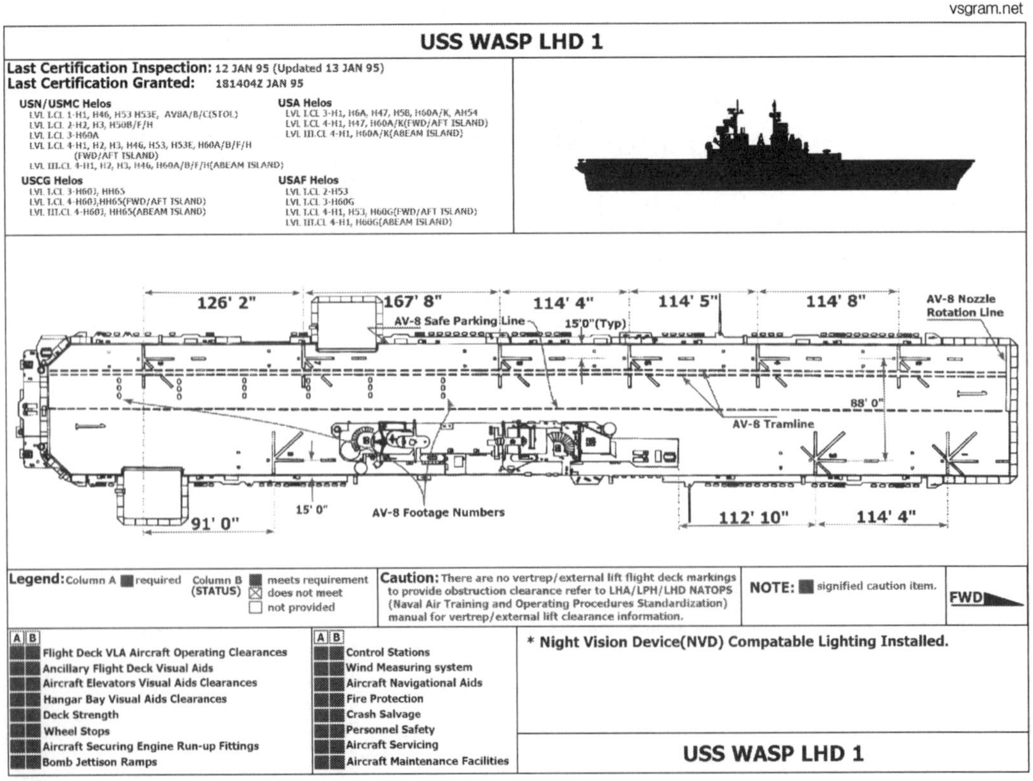

[그림 4-68]
Wasp 급
(설명) Steam Turbine 52 MW + 2 Boiler (600 psi), 2 Shaft, 왼쪽 하단에 나와 있는 사양을 요구사항과 결과가 모두 만족시킨다는 것.
(부연 설명) LHA(Amphibious Assault Ship General Purpose With Fooded Well) & LHD(amphibious Assault Ship Mult-purpose, can operate VSTOL)

pinterest.com

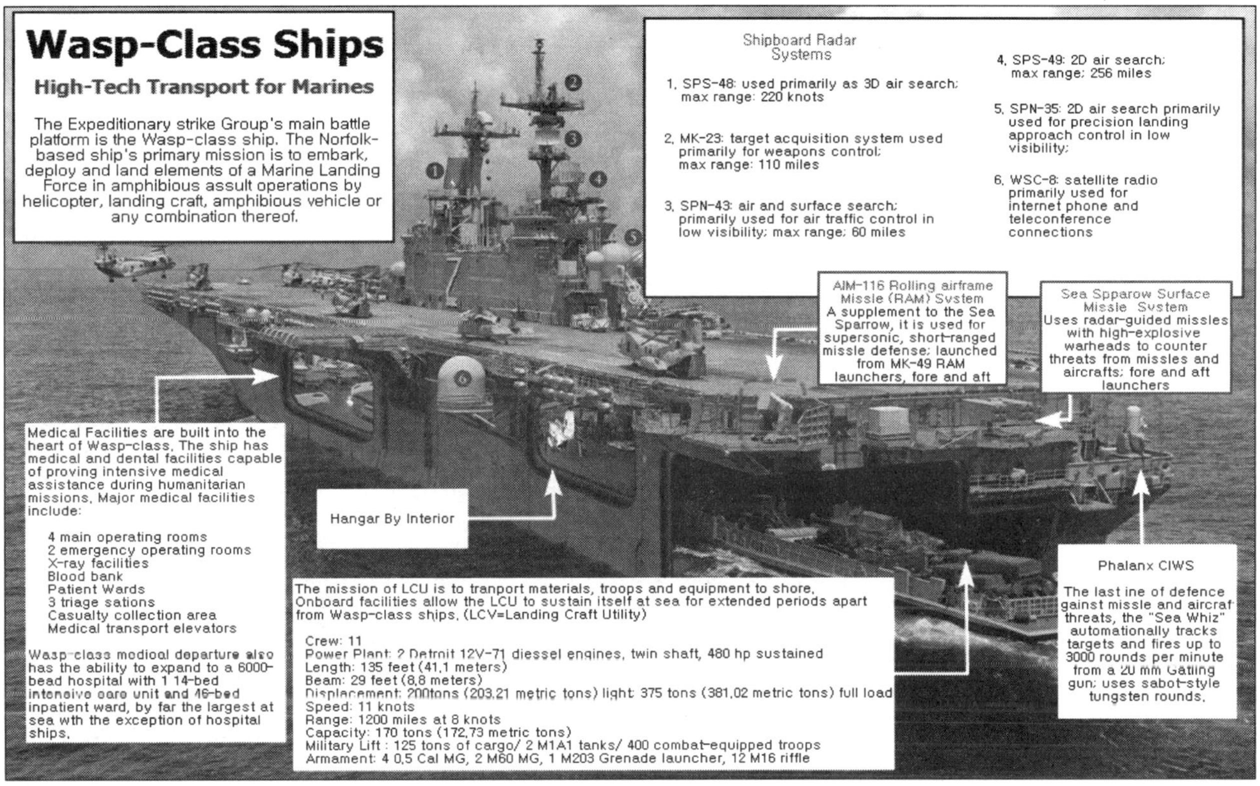

[그림 4-69] Wasp 급 (설명) 원정 타격부대의 수송의 핵심으로 Wasp 급 항모 설명과 함께 상세한 내부와 무장 등이 설명되어 있다.

나. Mistral 급

pinterest.com

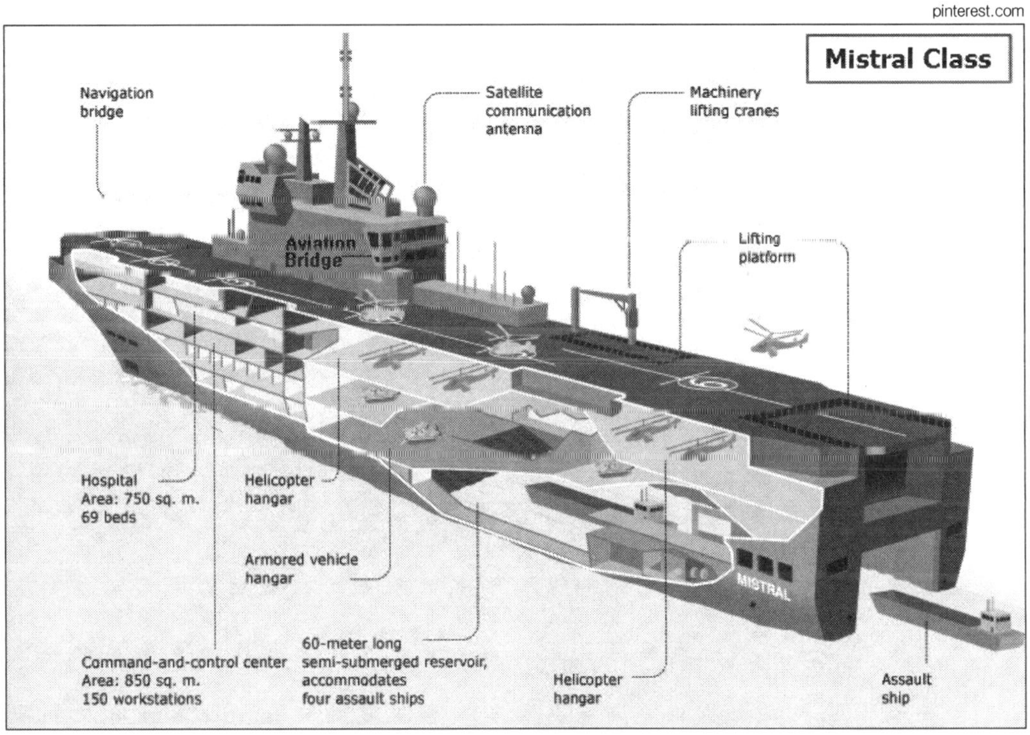

[그림 4-70] Mistral 급

(설명) 제작 STX 유럽, 제작비 600만$(2012년 기준), 프랑스 3척 운영, 이집트 1척 운영, 러시아 2척은 시운전 중

pinterest.com

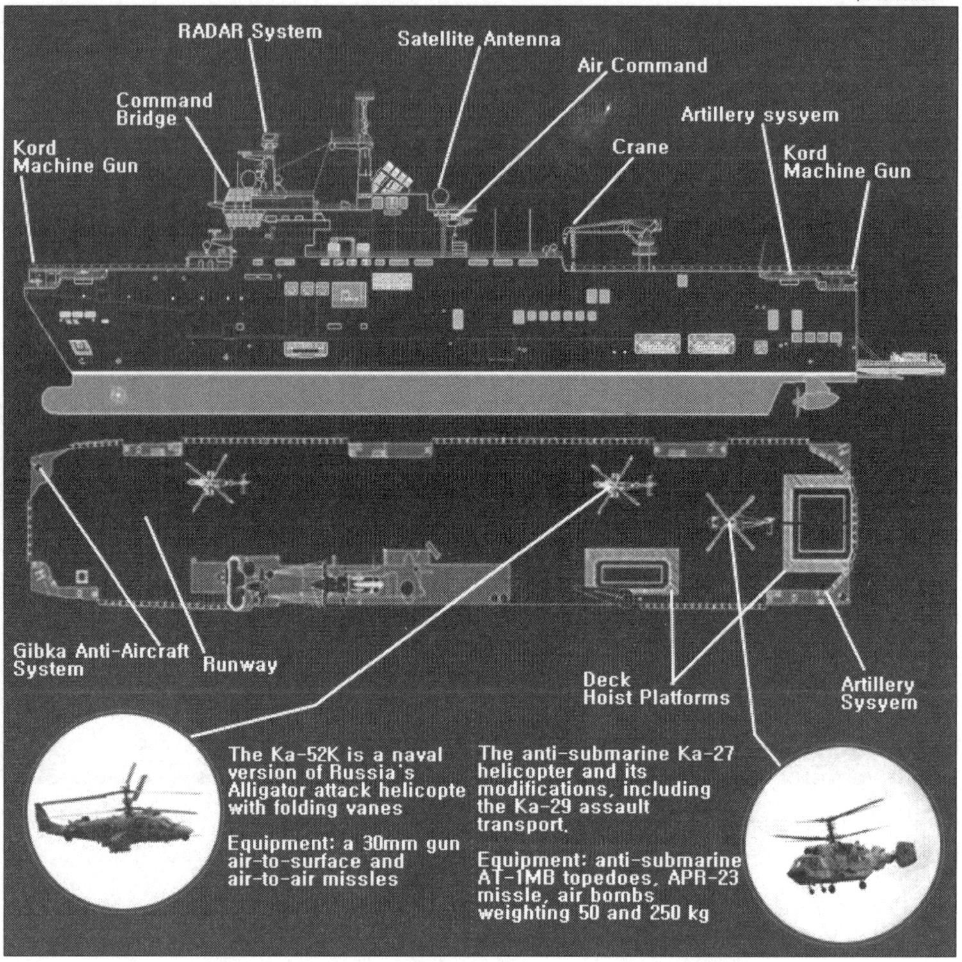

[그림 4-71]
Mistral 급
(설명) 배수톤수 21300톤, 길이 199m, 속도 18.8노트, 항속거리 19800km, 최대 59대 Vehicle 탑재 가능, 최대 900 Troop 수송가능, 160명 승무원(20 장교), 16~35 헬기, 6곳 헬기 착륙지점 표시

pinterest.com

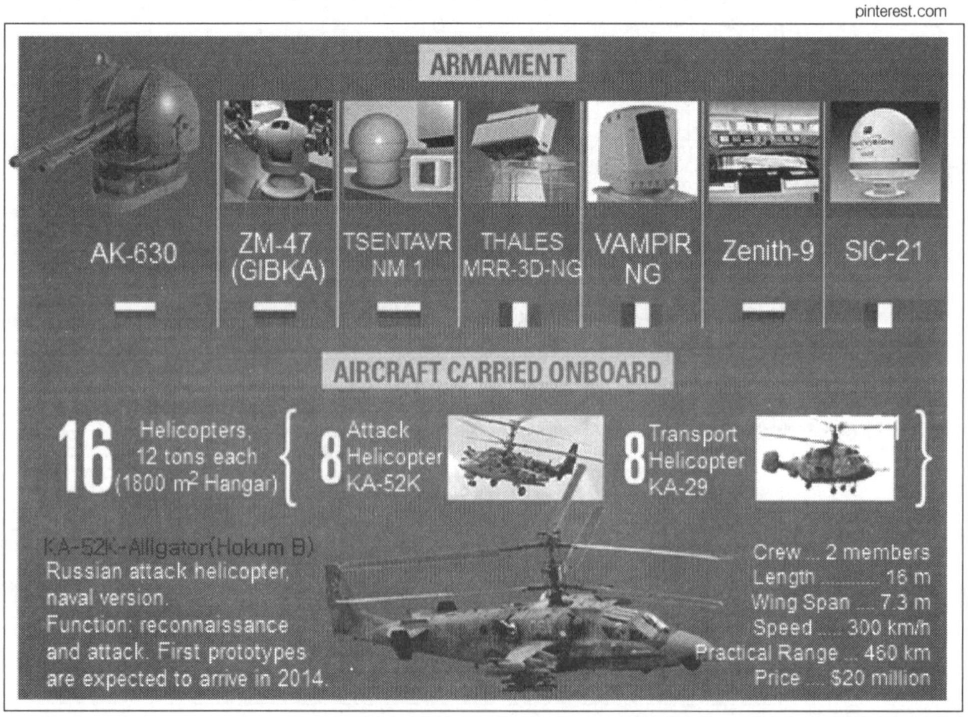

[그림 4-72]
Mistral 급(러시아)
(설명) 2× Simbad 시스템 4×12.7mm M2-HB Browning MG

dailyinfographics.eu

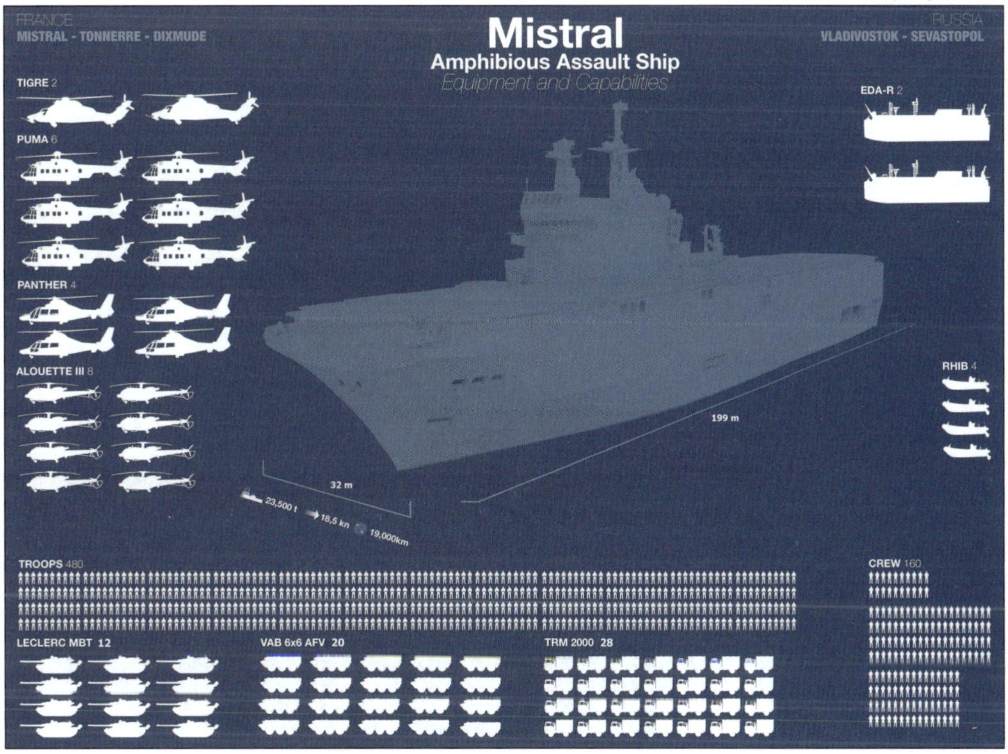

[그림 4-73] Mistral 급(러시아)

(설명) 3 Wärtsilä Diesel-Alternators 16 V32 (6.2 MW) + 1 Wärtsilä Vaasa Auxiliary Diesel-Alternator 18V200 (3 MW), 2 Rolls-Royce Mermaid Azimuth Thrusters (2 × 7 MW)2 Five-Bladed Propellers

marinebuzz.com

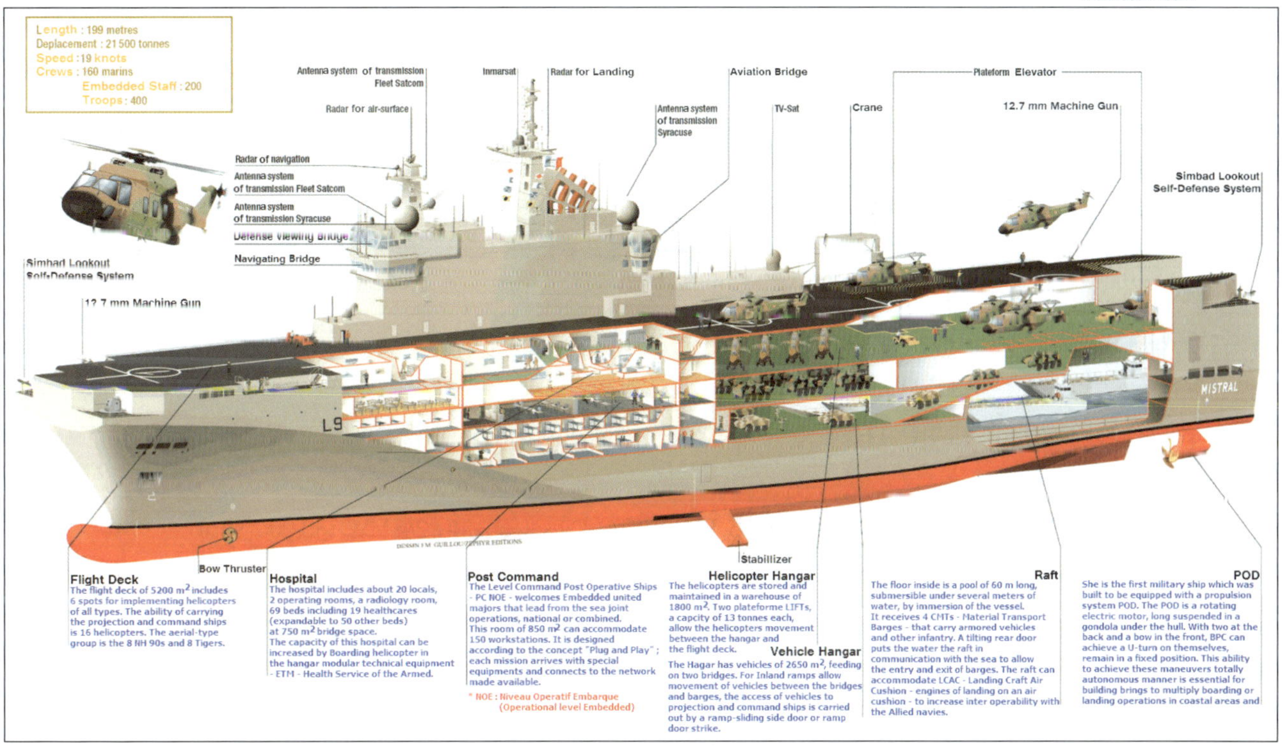

[그림 4-74] Mistral 급

(설명) 비행갑판의 크기가 5200m^2 이고 헬기용 Hangar Bay는 1800m^2 이라는 내용 등 상세한 내부 모습과 설명이 있다.

다. 한국의 독도 급

wikivisually.com, the-blueprints.com, shipbucket.com

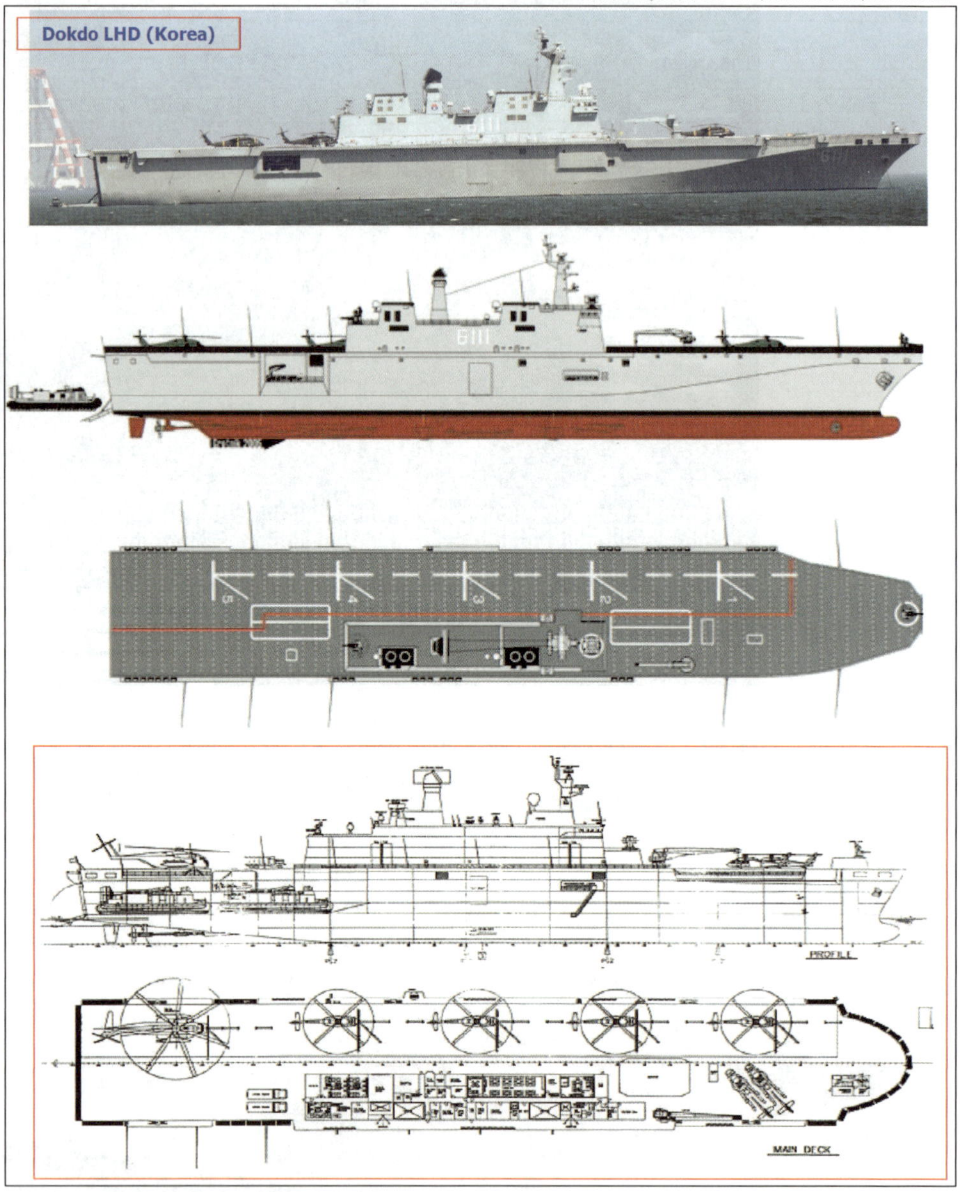

[그림 4-75] 독도 급
(설명) 제작비 288M$, 현재 1척 운행, 2척의 추가 제작의 계획을 가지고 있음, 배수톤수 18800톤, 길이 199m, 속도 23노트, 탑재 보트 2척 LCAC, 92대 탱크 포함하여 최대 200대 vehicle 탑재 가능, 7대의 AAV 탑재 가능, 720명 해병 수송 가능, 승무원 330명, 최대 10대의 헬기 탑재(VTOL 항공기 지원 가능), 5곳의 헬기 착륙지점 표시, Hangar 데크 있음

한국의 독도함은 다음과 같이 추력과 센서, 전자전 장비 및 Decoy, 그리고 무장용 장비를 갖추고 있다.

- 추력 : 4 SEMT Pielstick 16 PC2.5 STC Diesel Engine 24 MW (32,000 shp)
- 레이더/센서 : SMART-L Air Search Radar, MW08 Surface Search Radar, AN/SPS-95K Navigation radar, TACAN, VAMPIR-MB Optronic Sight
- 전자전 장비/Decoy : ESM/ECM:SLQ-200(v)5K SONATA, Chaff Launcher
- 무장 : 2 × Goalkeeper CIWS, 1 × RIM-116 Rolling Airframe Missile

라. 일본의 이즈모 급

navyrecognition.com

[그림 4-76]
일본의 이즈모 급
(설명) 제작비 12억$, 2척이 제작이 되어 1척은 실전 배치되어 있음, 배수톤수 27000톤, 길이 248m, 속도 30노트

jeffhead.com

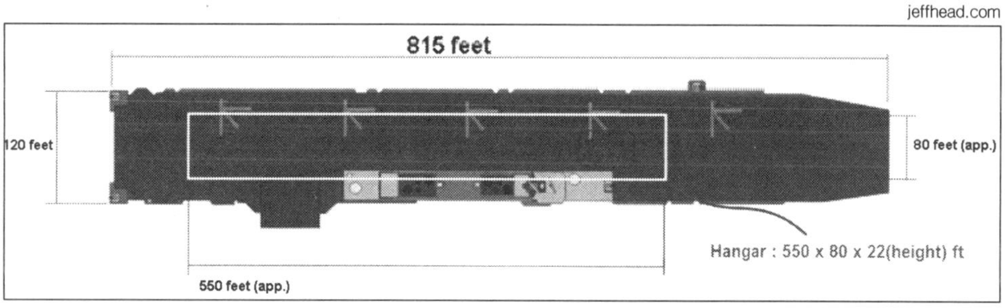

[그림 4-77]
일본의 이즈모 급
(설명) 최대 970명의 승무원과 Trooper 수송 가능

pinterest.com

[그림 4-78]
일본의 이즈모 급
(설명) 7 ASW + 2 SAR Helicopter, 총 28대의 항공기 탑재 가능, 전자전 장비 : NOLQ-3D-1 EW suite, Mark 36 SRBOC, Anti-Torpedo Mobile Decoy (MOD), Floating Acoustic Jammer (FAJ)

pinterest.com & the-blueprints.com

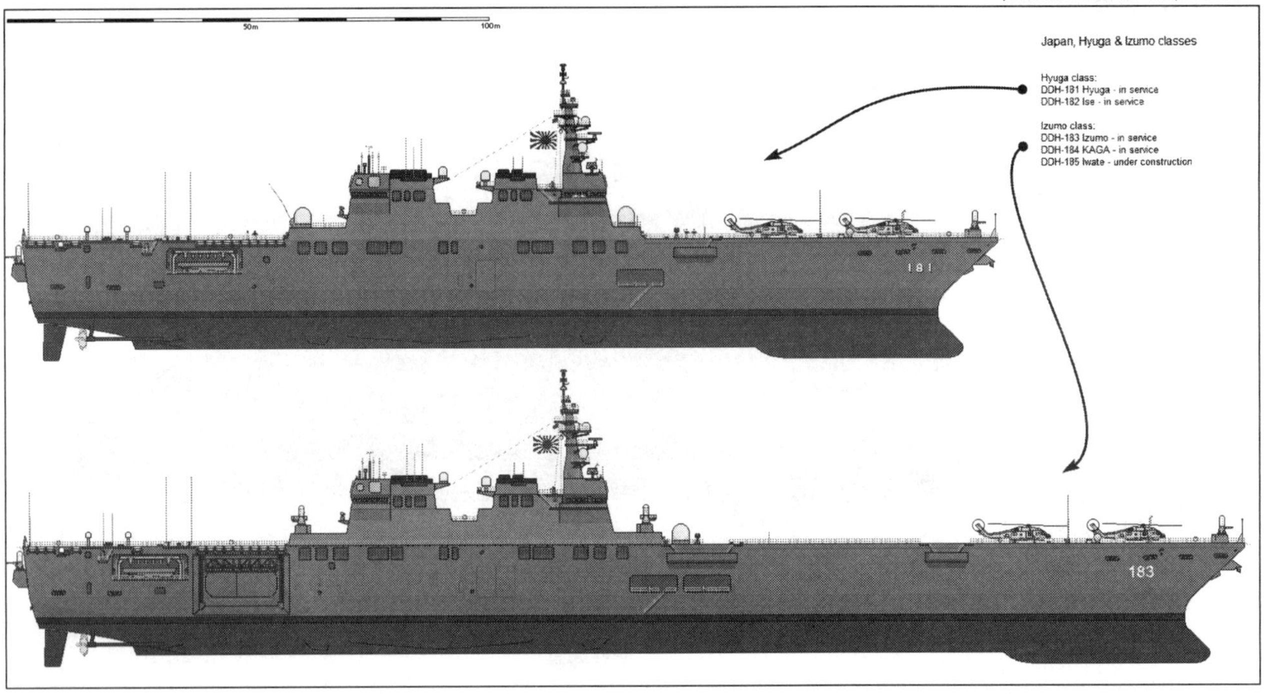

[그림 4-79] 일본의 항모 (설명) 레이더 및 센서 : ATECS (Advanced Technology Command System), OYQ-12 Combat Direction System, OPS-50 AESA Radar, OPS-28 Surface-Search Radar, OQQ-23 Bow Sonar

jeffhead.com

[그림 4-80] 일본의 항모 (설명) 엔진 : COGAG, Two Shafts, 4 × GE/IHI LMK2500IEC Gas Turbine

4.3.2 Kuznetsov Class

beforeitsnews.com

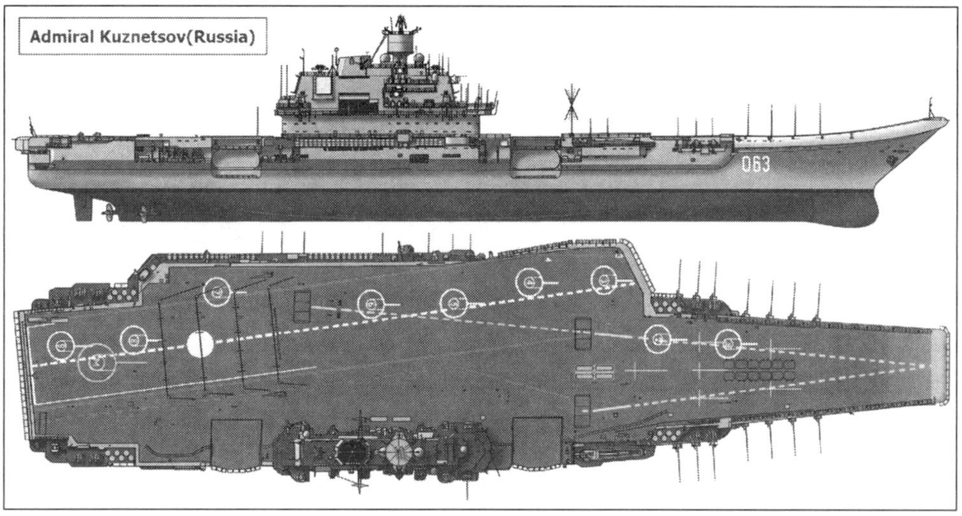

[그림 4-81]
Kuznetsov CV
(설명) 1990년 12월에 취역하여 1995년부터 실전에 투입됨, 2015년에 개조(Refit) 작업함

pinterest.com

[그림 4-82]
Kuznetsov CV
(설명) 배수톤수 61390톤, 길이 305m, 폭 72m, 속도 29노트, 최대 항속거리는 15700km, 지속작전기간 45일

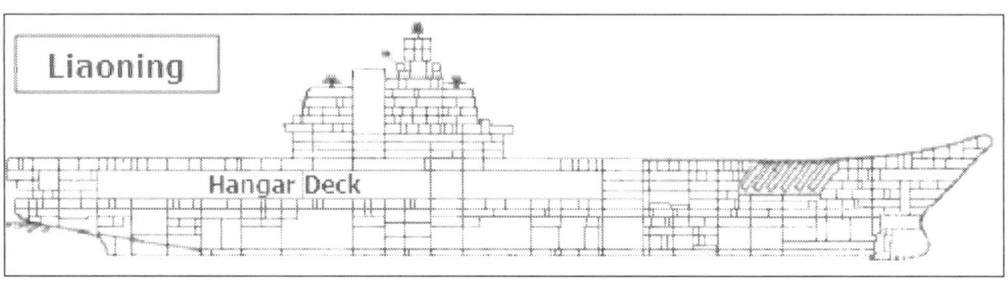

[그림 4-83]
Kuznetsov Class
(설명) 3857개의 Rom을 가지고 있고 1690명(항공 626 + Fag 40 포함) 승무원 탑승

migflug.com

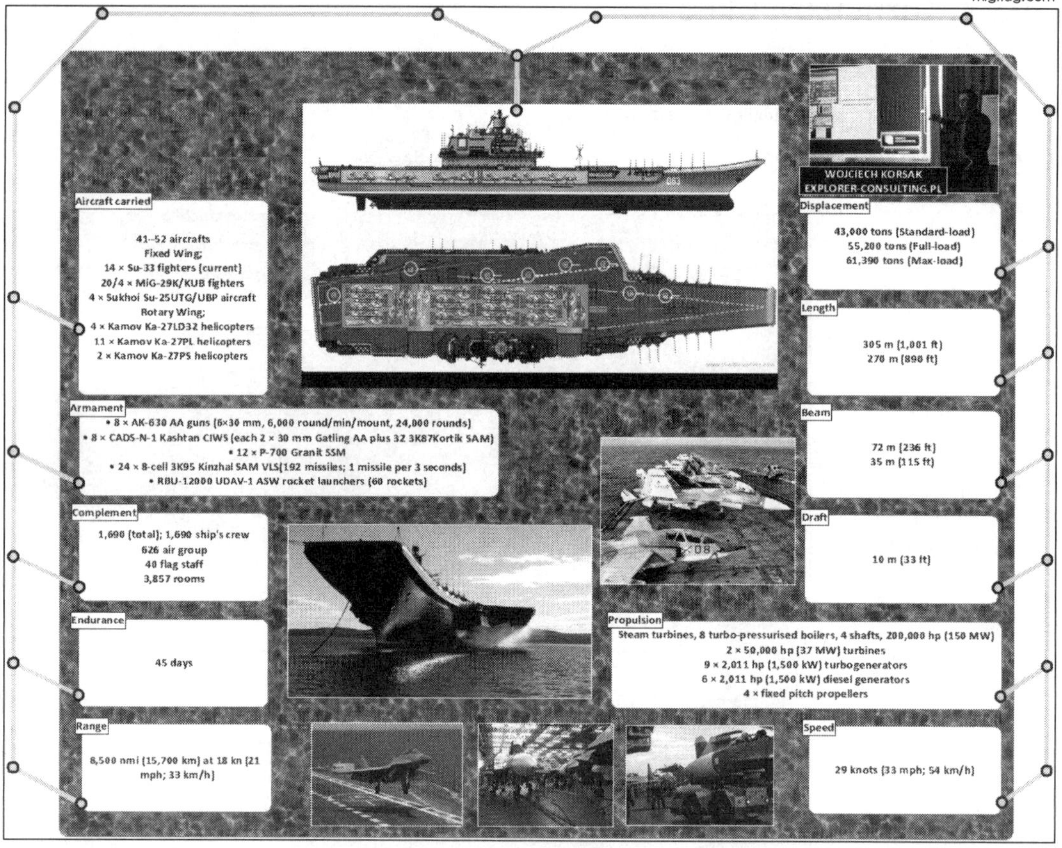

[그림 4-84] Kuznetsov Class (설명) 중국이 러시아에서 항모 선체를 구입하여 제작할 때 전문가를 초청하여 내용 파악을 하는 것

naval-technology.com

[그림 4-85] Kuznetsov Class (설명) 탑재 항공기는 대략 총 41대

- 항공기구성: 고정익 12×Su-33 Fighters(Current)+20×MiG-29K/KUB Fighters (Future)+ 4×Sukhoi Su-25UTG/UBP Trainers
  회전익 4×Kamov Ka-27LD32 Helicopters, 18×Kamov Ka-27 PL Helicopters, 2×Kamov Ka-27PS Helicopters

warships1discussionboards.yuku.com

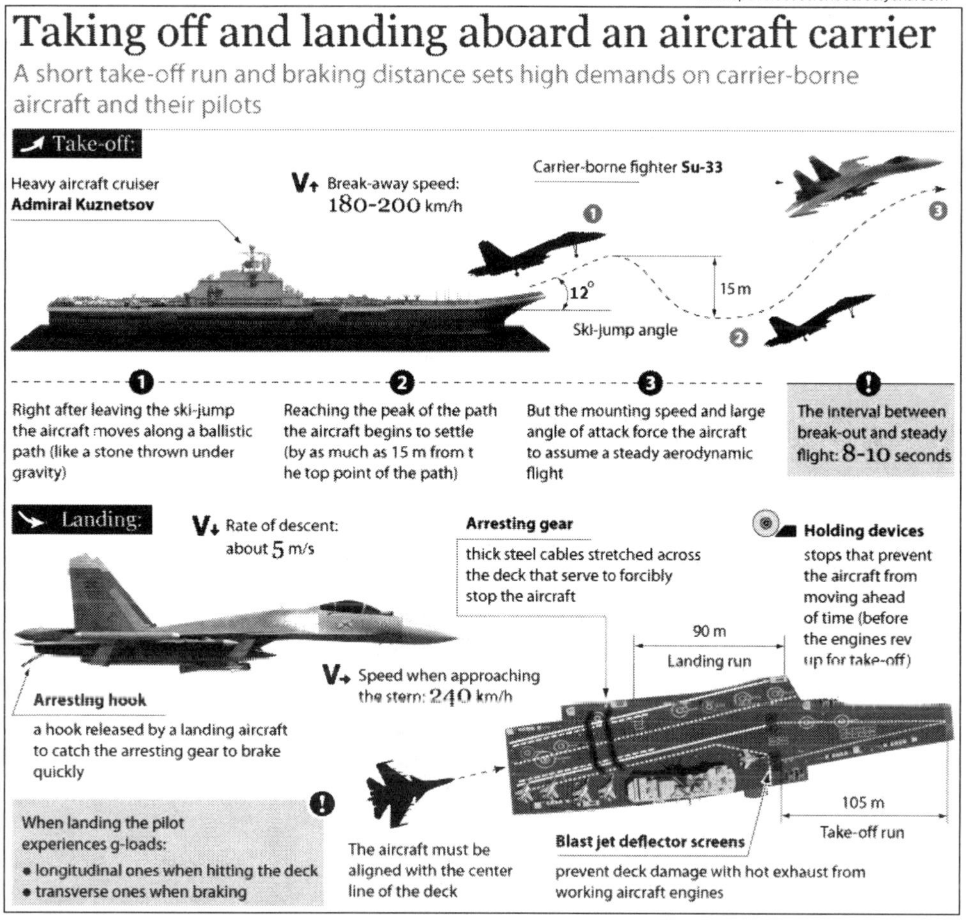

[그림 4-86] Kuznetsov Class (설명) 스키점프 램프를 사용하는 항모인 Kuznetsov 항모는 각 단계별 이륙에 관한 내용을 상세히 설명하고 있음. 착륙에 관한 것도 자세한 설명이 되어 있음

businessinsider.com

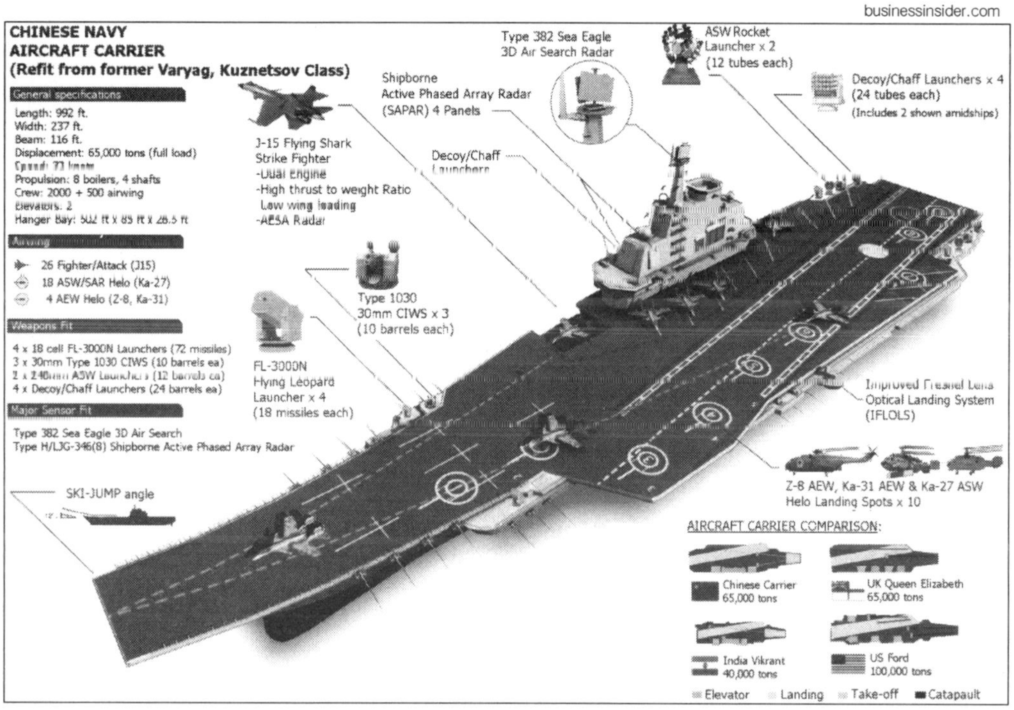

[그림 4-87] Kuznetsov Class

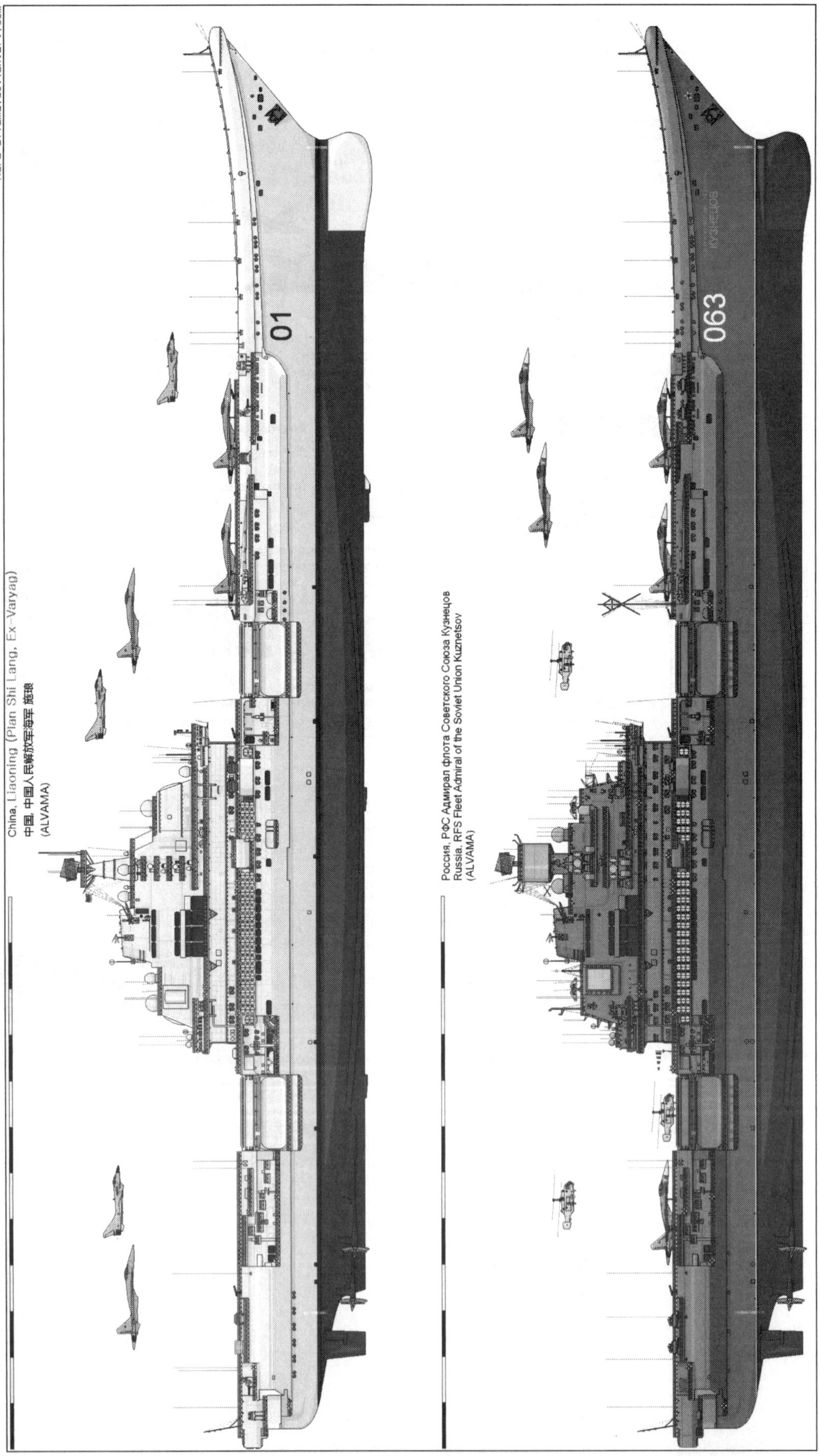

[그림 4-88] Kuznetsov Class

Longitudinal section and Island at the top of heavy aircraft carrying cruiser TBILISI(Admiral Kuznetsov)

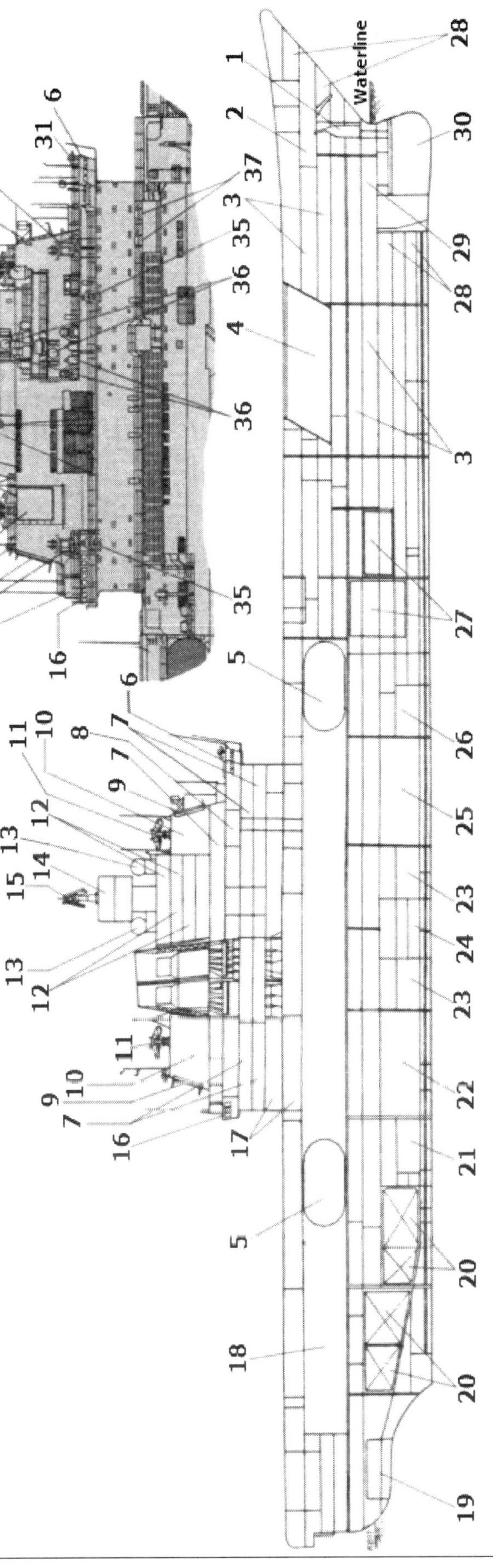

1-Chain Box, 2-Anchor-Mooring Space, 3-Team of Cockpit, 4-Special Block(PU SCRC, Granite), 5-Aircraft Lift, 6-Pilot House, 7-Officers Cabins, 8-Chart Room, 9-Far RADAR Station(Mars-Passat), 10-Battle Stations and Computing Center RADAR Room Blocks, 11-AP RADAR(Jams), 12-Battle Stations and Facilities of Computing Center CID Units, 13-AP Complex(Crystal-BK), 14-Phased Array RADAR System(Resistor-K4), 15-AP RADAR(Fregat-MA), 16-Command Point for Management Flight, 17-Hangar for Maintenance and Stock Aviation Equipment, 18-Hangar for Aircraft, 19-Steering Compartment, 20-Aviation Fuel Tanks, 21-aft feed energy/fuel Tank, 22-Aft Storage, 23-Middle Energy/Fuel Tank, 24-Auxiliary Machinery, 25-Bow Storage, 26-Bow Energy/Fuel Tank, 27-Cellar Aircraft ammunition, 28-Stowage for Various Purposes, 29-Space for SONAR(Polynomial), 30-SONAR (Polynomial), 31-AP RADAR, 32-AP RADAR for SAM(Dagger), 33-AP Complex(Coral-BN), 34-Instrument of Glide Path Spotlights System(Resistor-K4), 35-Stabilized Surveillance System outside in Middle, 36-AP Complex ECM

[그림 4-89] Kuznetsov Class

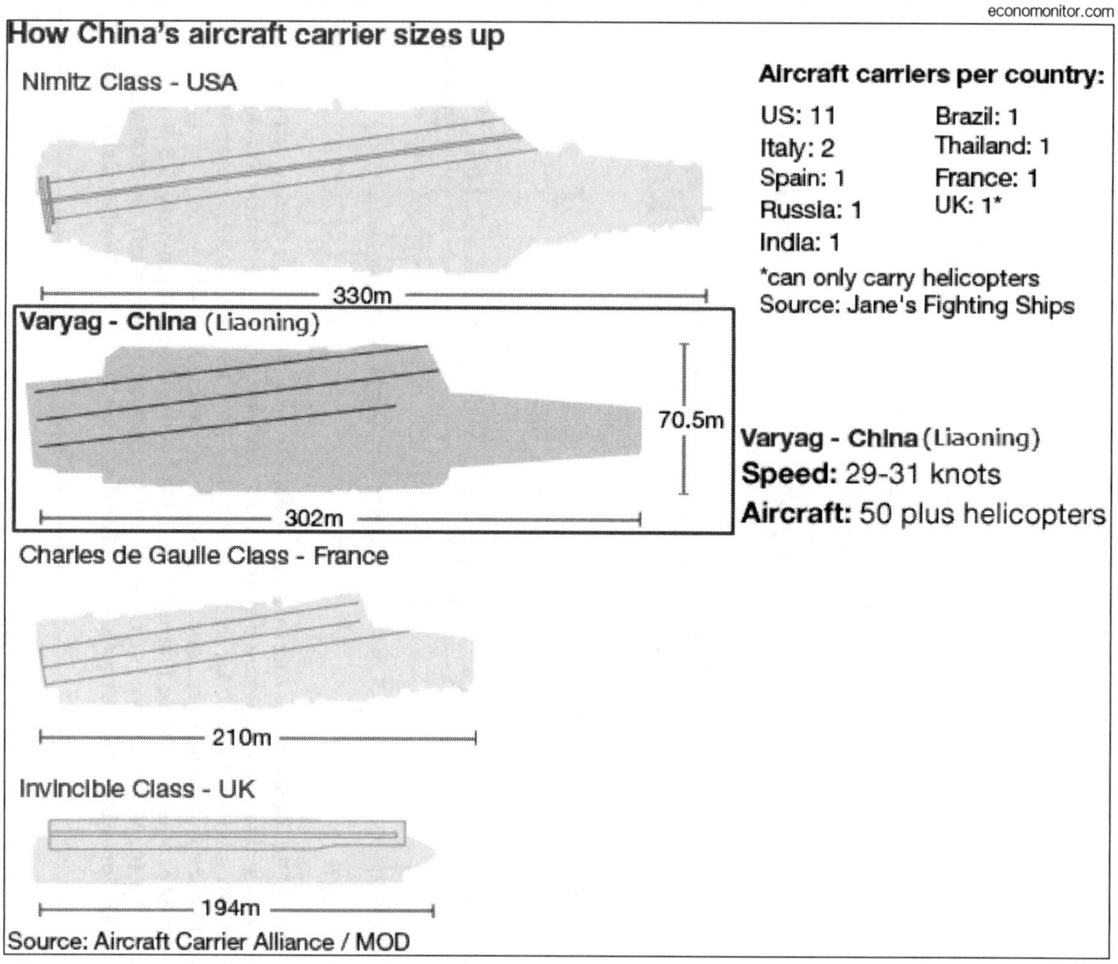

[그림 4-90] Kuznetsov Class

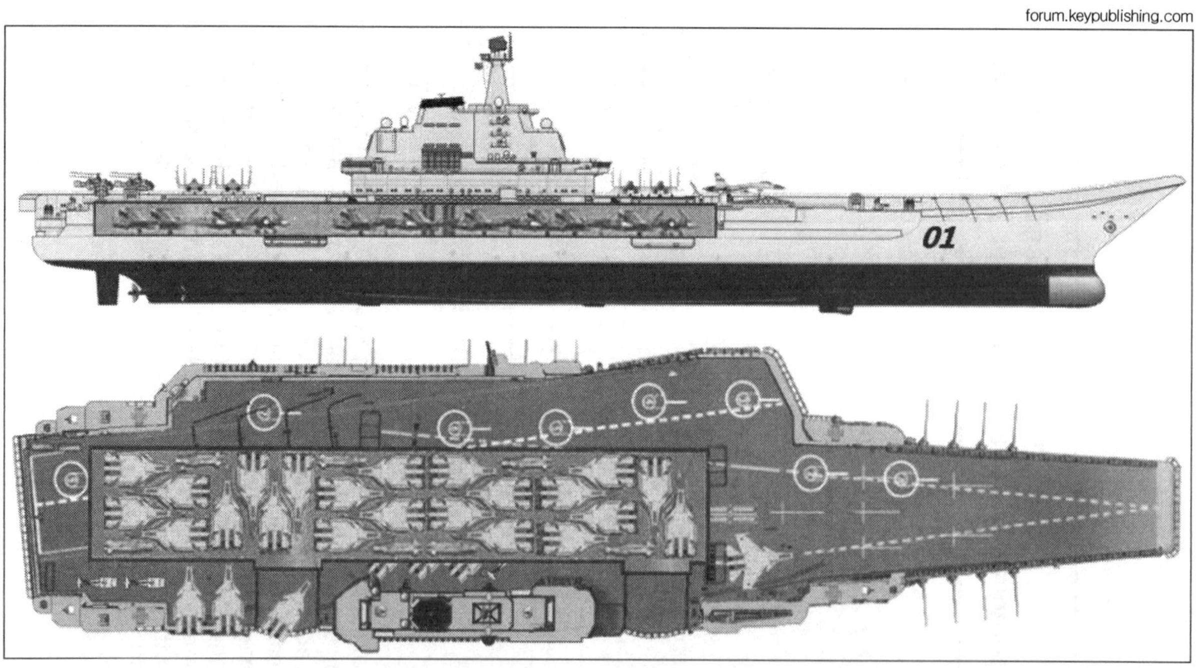

[그림 4-91] Kuznetsov Class의 격납고 비행기 배치 모습

jamiiforums.com

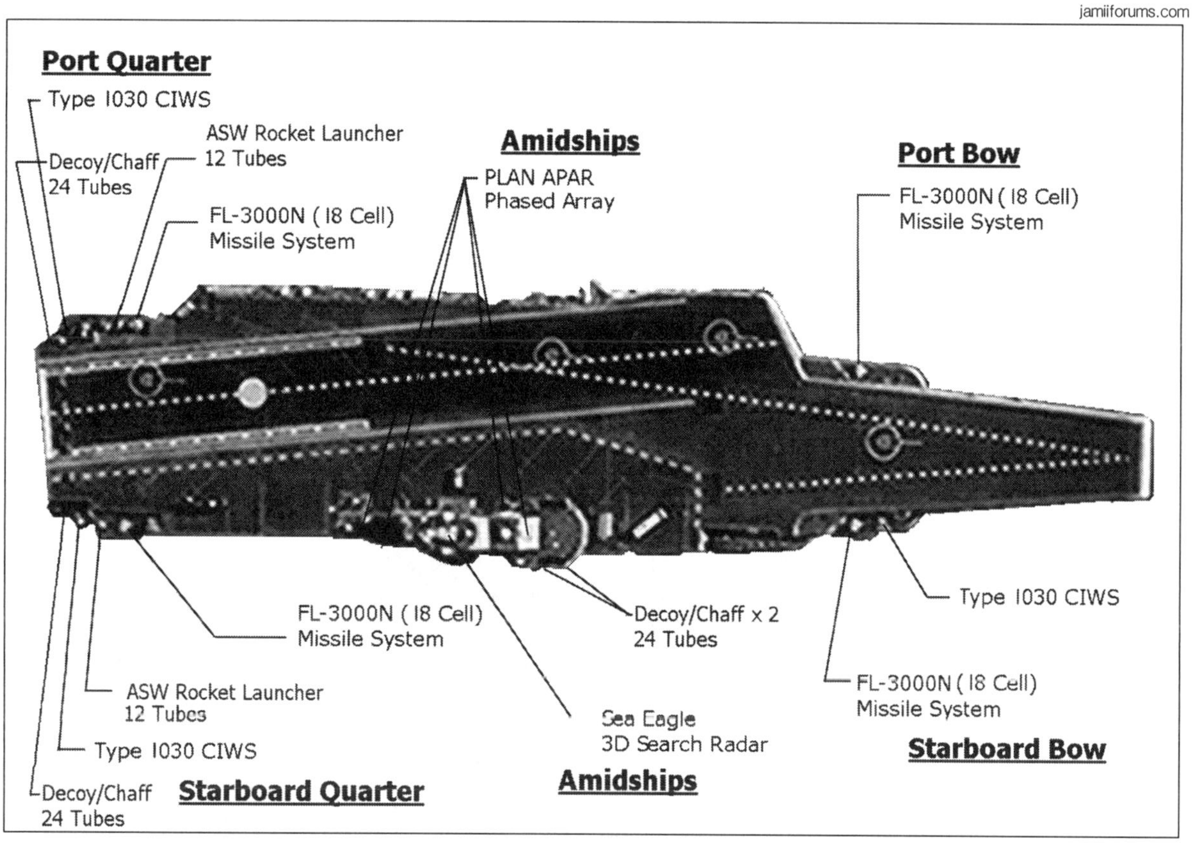

[그림 4-92] Kuznetsov Class

eddit.com, generaltate.deviantart.com, businessinsider.com, scmp.com

[그림 4-93] Kuznetsov Class

Kuznetsov Class의 일반적인 무장은 다음과 같다.

- 6×AK-630 AA Guns (6×30 mm, 6,000 Round/min/mount, 24,000 Rounds)
- 8×CADS-N-1 Kashtan CIWS (each 2 × 30 mm Gatling AA plus 32 3K87 Kortik SAM)
- 12×P-700 Granit SSM
- 24×8-cell 3K95 Kinzhal SAM VLS (192 Missiles; 1 Missile per 3 seconds)
- RBU-12000 UDAV-1 ASW Rocket Launchers (60 Rckets)

4.3.3 Essex Class

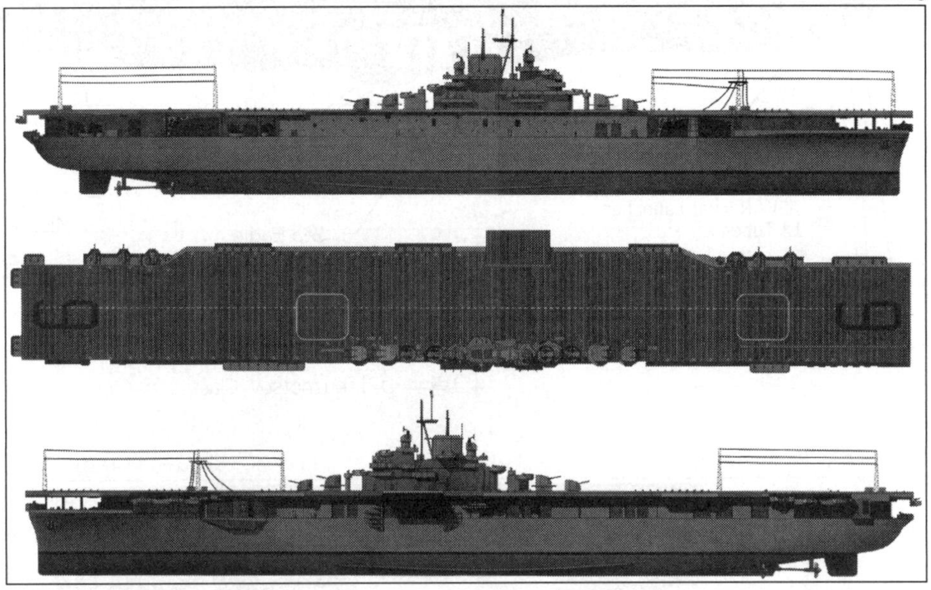

[그림 4-94] Essex Class
(설명) 항모 Essex는 1942년에 처음 취역을 하여 1947년에 퇴역을 하였다가 다시 1951년에 재취역을 하였고 1969년 완전히 퇴역하였다.

아래 표는 Essex가 최초 개발될 당시 고려가 되었던 7가지 종류의 디자인으로 최종적으로는 CV 9F 디자인이 선택이 되었다.

[표 4-14] Essex-Class 디자인 시 고려된 다양한 사양

	CV 9A	CV 9B	CV 9C	CV 9D	CV 9E	CV 9F	CV 9G
Standard Displacement(t)	26,200	25,300	23,900	23,300	24,250	26,000	27,200
Trial Displacement(t)	31,270	30,860	29,100	28,700	30,900	32,200	33,400
LWL(ft)	856	836	820	820	820	820	830
Beam(ft)	88.0	87.5	88.0	86.0	88.0	91.0	96.3
Draft(ft)	26.0	26.4	25.2	25.5	25.9	26.5	26.0
Machinery Type	TE	GT	TE	GT	GT	GT	GT
SHP	170,000	170,000	120,000	120,000	150,000	150,000	150,000
Speed Ahead(Kts)	35.0	35.0	33.0	33.0	34.0	33.0	33.0
Speed Astern(Kts)	25.0	20.0	25.0	20.0	20.0	20.0	20.0
Depth(main deck) (ft)	54.5	53.5	54.5	52.5	53.5	54.0	53.5
Width(mach spaces) (ft)	60.0	60.0	58.0	58.0	57.5	57.5	57.5
Depth(torp pro) (ft)	14.00	13.75	15.00	14.00	15.00	16.80	19.40
FD(in)	-	-	-	-	-	-	2.5
HD(in)	-	-	-	-	-	2.5	-
AD(in)	1.5	1.5	1.5	2.5	2.5	1.5	1.5

Raven, 'Essex-class Carriers'

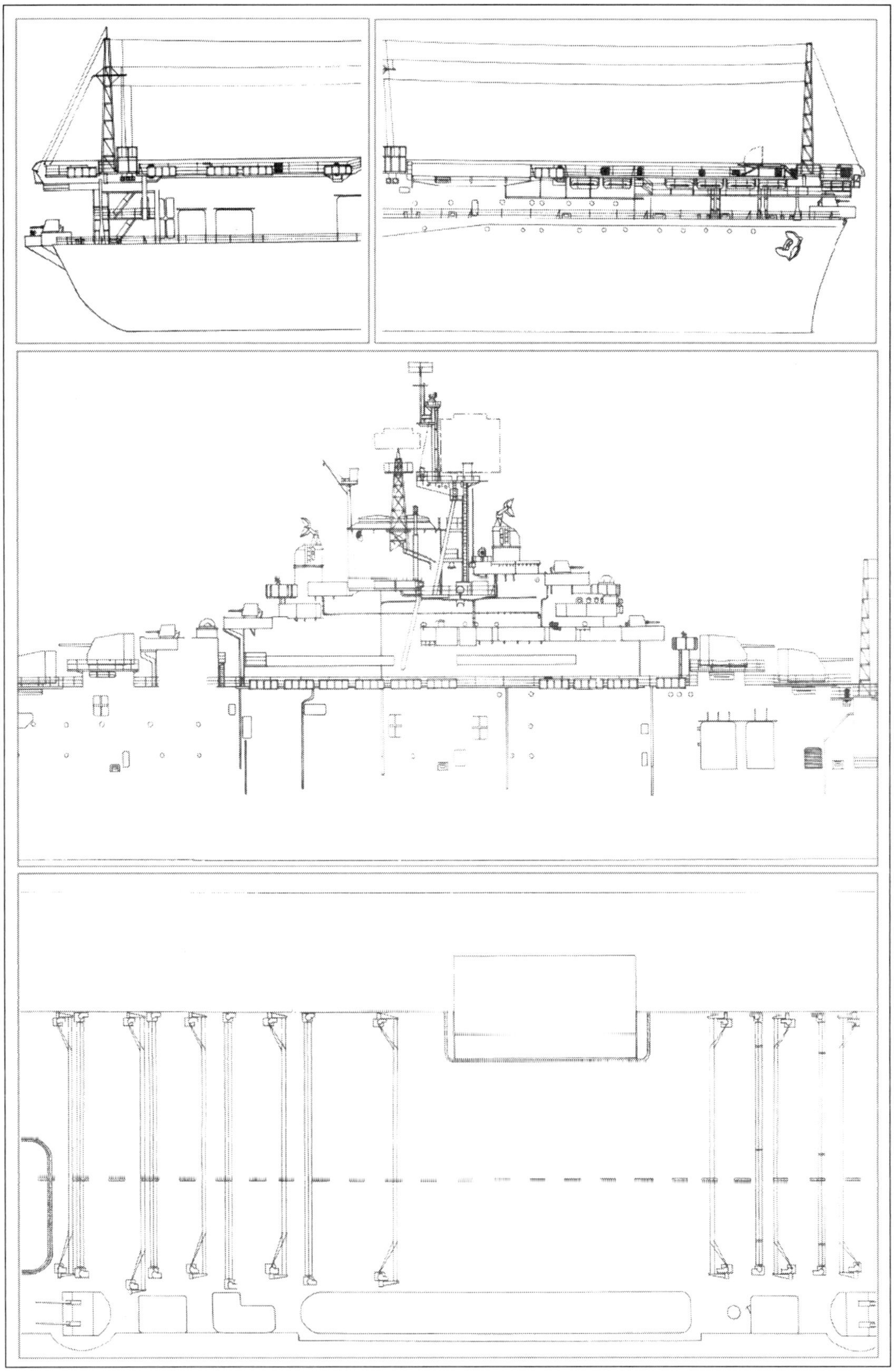

[그림 4-95] Essex Class
(설명) 배수톤수 36380톤, 길이 250 m, 선폭 45 m, 흘수는 10.41 m, 속도는 33노트, 최대 항속거리는 37000km, 2600명의 승무원 탑승

Essex Class의 무장과 장갑은 다음과 같다.

- 무장 : 4 × Twin 5 inch (127 mm) 38 Caliber Guns
- 무장 : 4 × Single 5 inch (127 mm) 38 Caliber Guns
- 무장 : 8 × Quadruple 40 mm 56 Caliber Guns
- 무장 : 46 × Single 20 mm 78 Caliber Guns
- 장갑 : 2.5 to 4 inch (60 to 100 mm) Belt
- 장갑 : 1.5 inch (40 mm) Hangar 및 보호 Decks
- 장갑 : 4 inch (100 mm) 격벽
- 장갑 : 1.5 inch (40 mm) Sensor-To-Shooter(STS)의 천장 및 Pilot House 측면
- 장갑 : 2.5 inch (60 mm) 조타실의 천장

Raven, 'Essex-class Carriers'

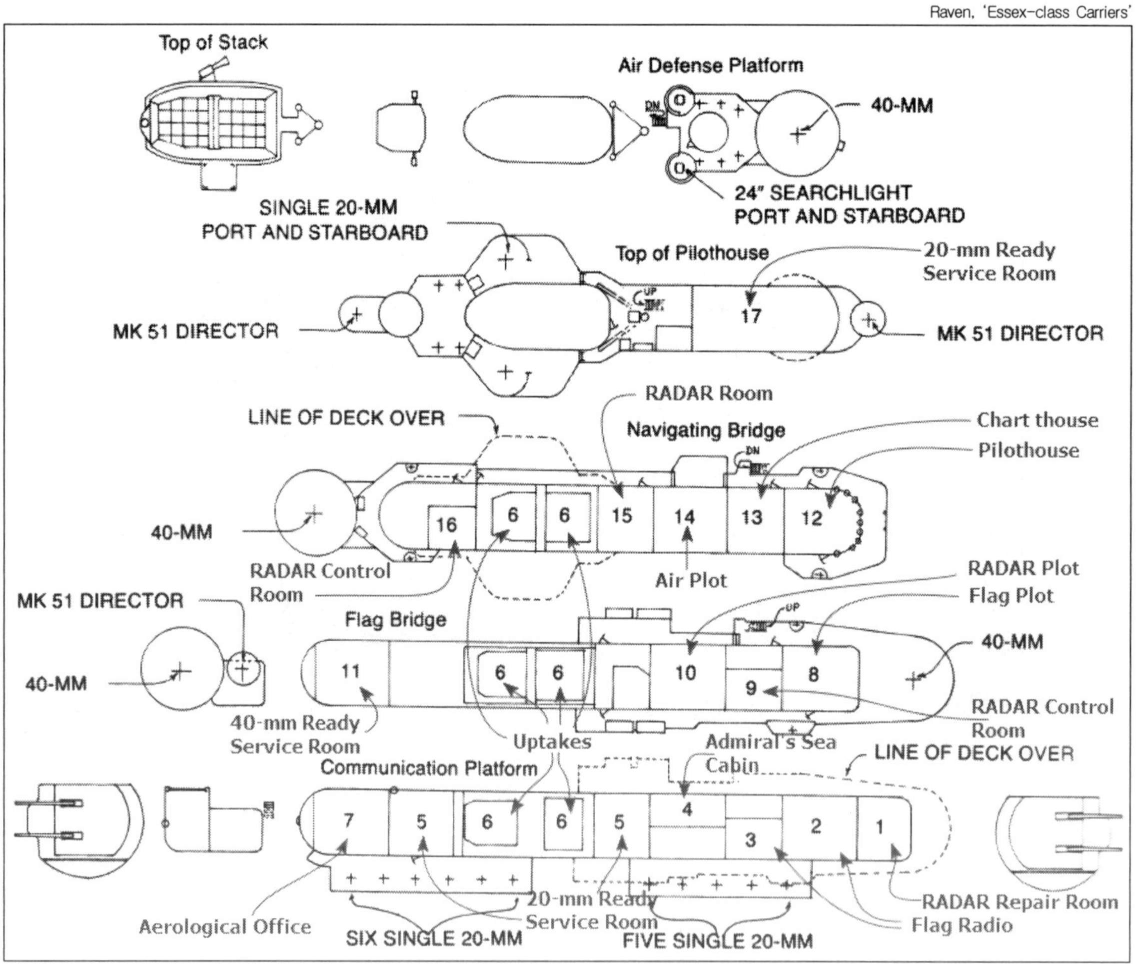

[그림 4-96] Essex Class
(설명) 항공기 90~100대 탑재, 1×Deck-Edge Elevator 및 2×Centerline Elevators

Raven, 'Essex-class Carriers'

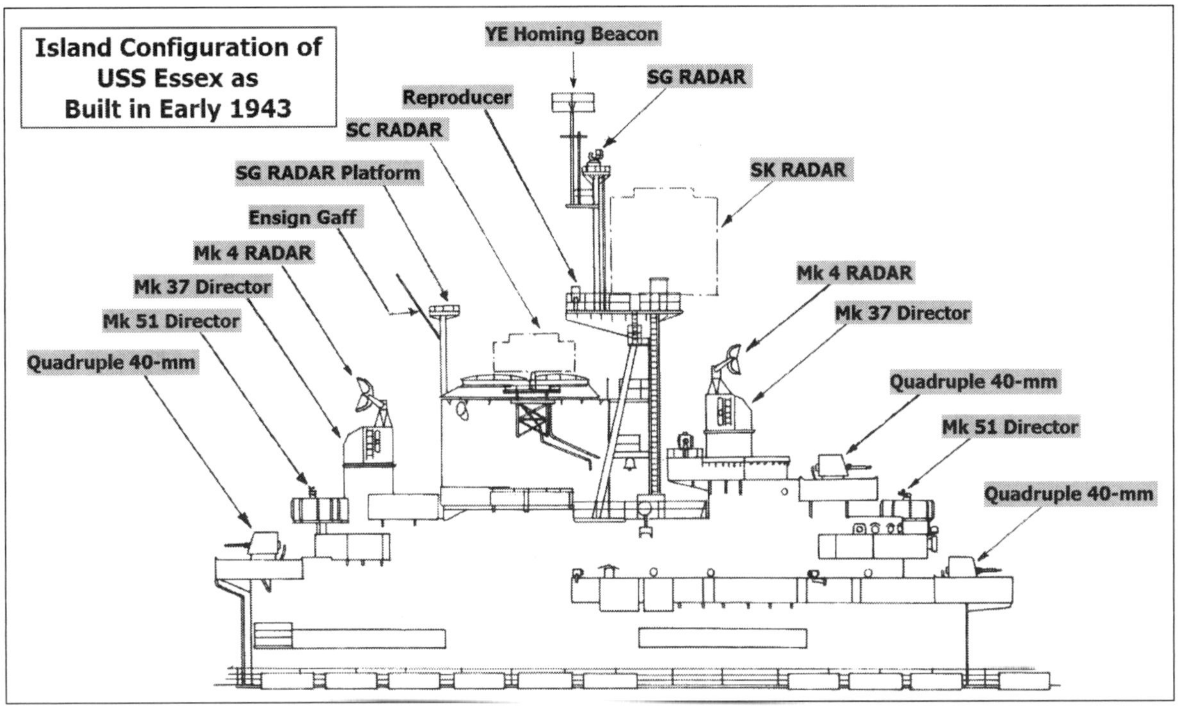

[그림 4-97] Essex Class
(설명) 연도별 서로 다른 아일랜드에 장착된 각종 레이더 및 센서

Raven, 'Essex-class Carriers'

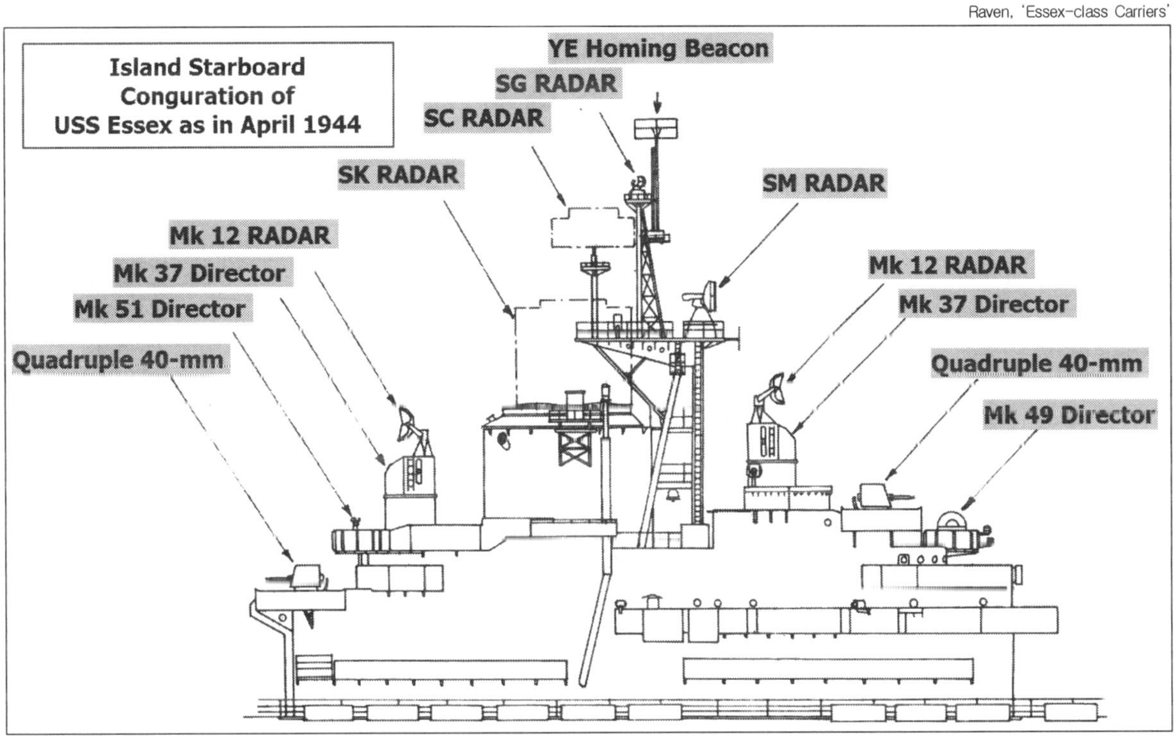

[그림 4-98] Essex Class
(설명) 연도별 서로 다른 아일랜드에 장착된 각종 레이더 및 센서

Raven, 'Essex-class Carriers'

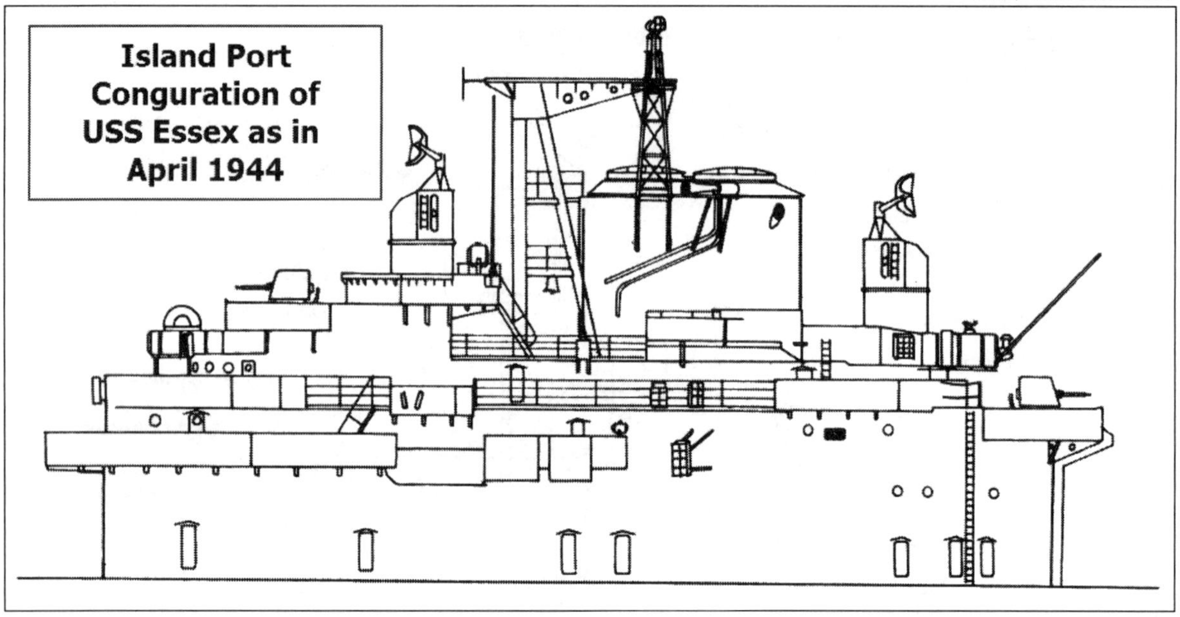

[그림 4-99] Essex Class
(설명) 좌현 아일랜드 모습

Raven, 'Essex-class Carriers'

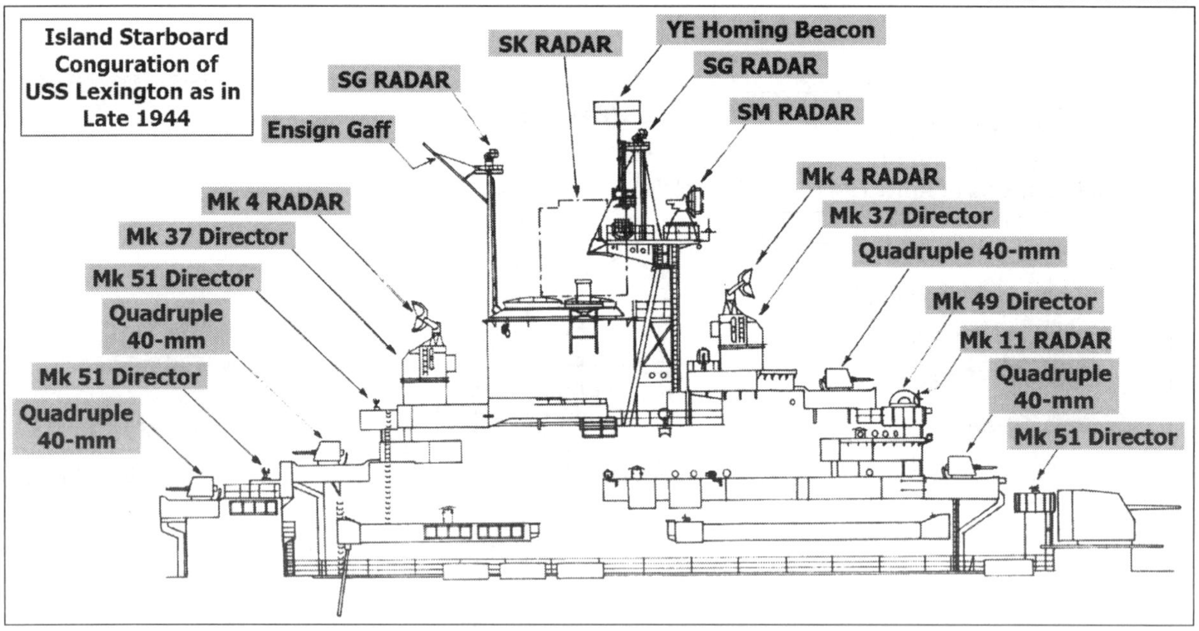

[그림 4-100] Essex Class
(설명) Lexington 항모의 아일랜드의 레이더 및 센서

Raven, 'Essex-class Carriers'

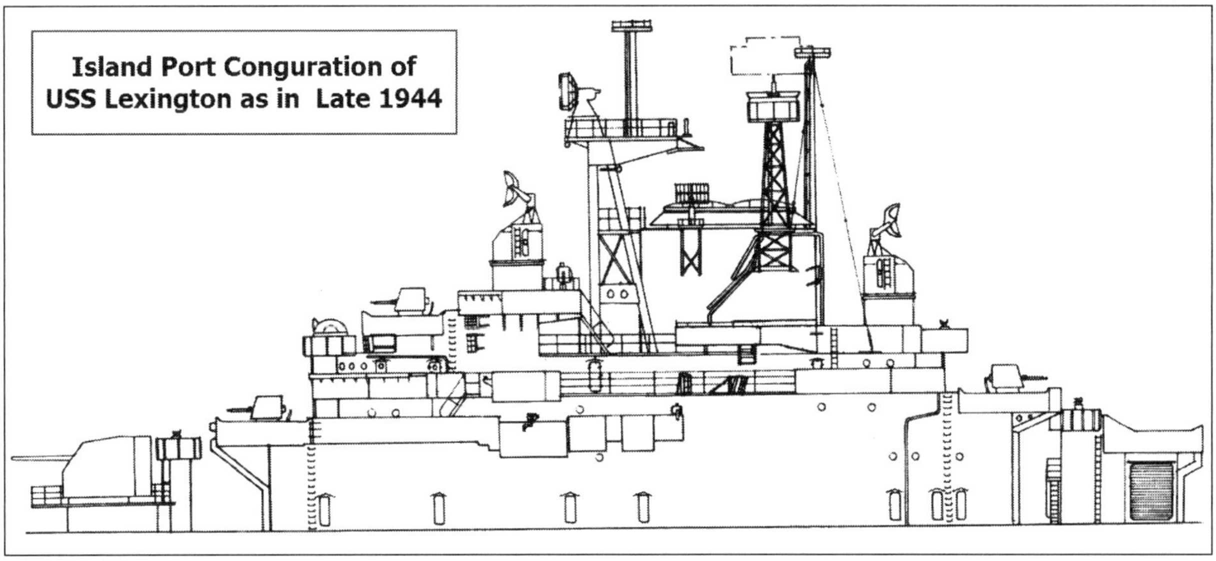

[그림 4-101] Essex Class
(설명) Lexington 항모의 좌현 아일랜드 모습

warships1discussionboards.yuku.com, vintagewings.ca, uscs.org

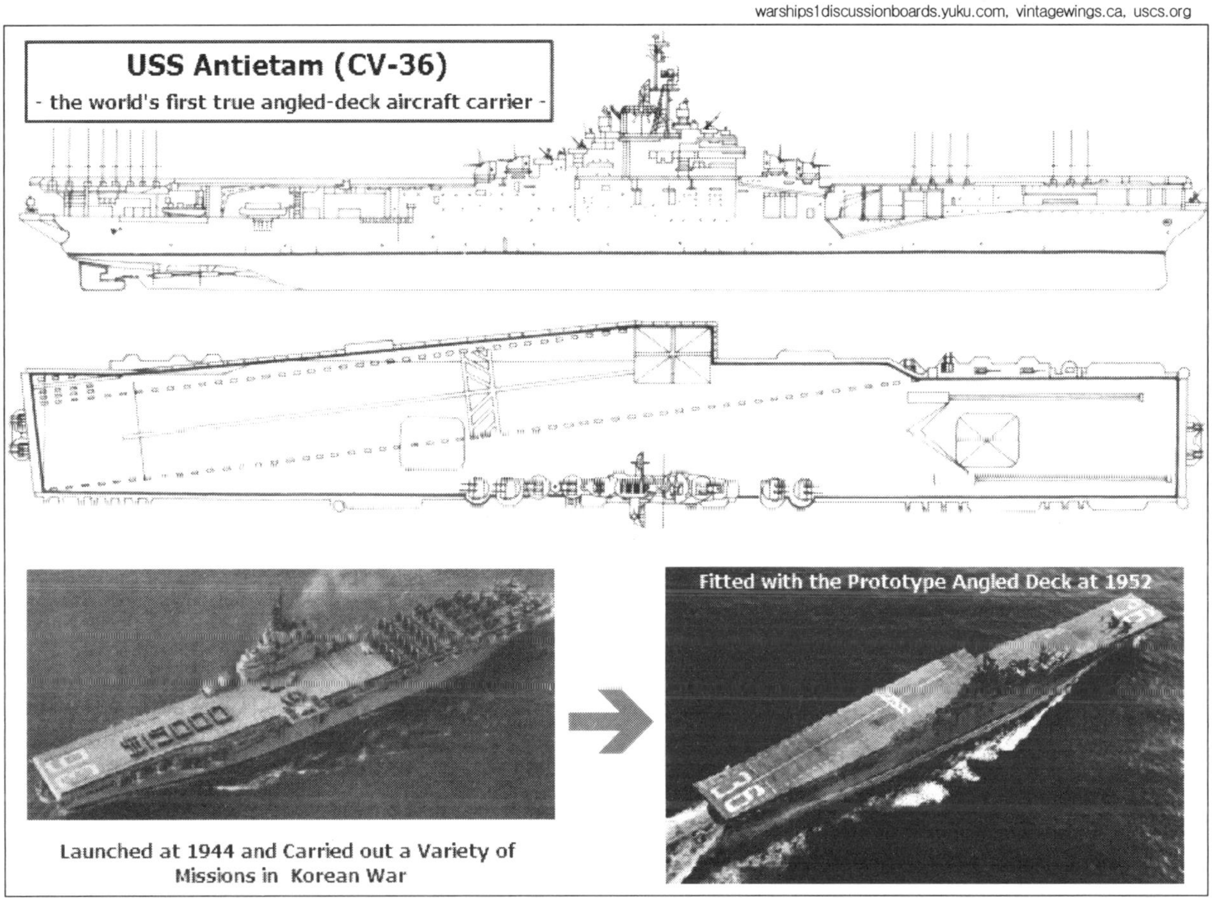

[그림 4-102] Essex Class
(설명) Antietam CV의 Angled 데크로 개조되기 전후의 모습

lakeexpo.com

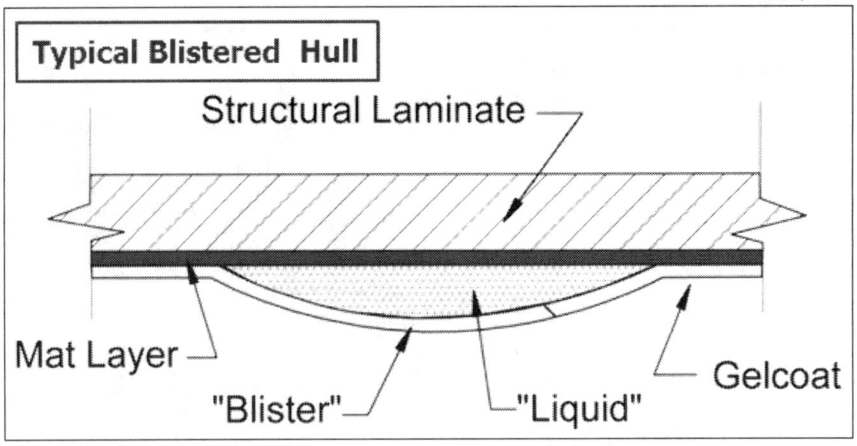

[그림 4-103]
전형적인 Blistered Hull의 모양

Essex 급은 2차 세계 대전 이후 개조를 하였다. 'SCB-27A'로 알려진 Refit 작업은 1948년에 시작이 되어 8척의 Essex 급을 1950년까지 하였다. 그 내용을 보면 다음과 같다.

- 4개의 트윈 5인치 마운트를 제거
- 매우 높은 연도 구조물을 사용해 크기를 줄이고 간소화된 아일랜드
- 삼각형 지주의 앞쪽 마스트와 레이더를 제거하여 크고 무거운 원통형 마스트 설치
- 40-mm MG 제거하고 트윈 3인치 자동 포대 설치
- 모든 20-mm 마운트를 제거
- Mk 37로부터 Mk 12/22 화력 통제 레이더를 제거하고 Mk 25 레이더를 장착
- 비행갑판의 착륙장 길을 보강
- H4 Catapult를 제거하고 H8 Catapult를 장착
- 항공기용 가스를 저장을 위해 탱크를 확장
- 항공기의 재급유 시설을 확대
- 증가된 탑사이드 하중 문제로 발생한 손실된 부력을 해결하기 위해 Blistered 선체로 함
- 항공기 추적, 높이 추적, 수상물체 추적 그리고 비행기 마셜링 기능을 하는 새로운 레이더 설치
- 더 커진 비행갑판 중심라인의 엘리베이터 설치
- 수면에 따라 설치된 측면 장갑 제거

1951년부터는 6척의 Essex 급의 항모 현대화 작업을 실시하였다. 이 작업은 'SCB-27C'로 알려진 것으로 4개의 주된 내용은 다음과 같다.

- Angled 데크 설치
- 증기 Catapult 설치(C11형)
- 핵폭탄 조립 공간 제공
- 선미 비행갑판에 있는 엘리베이터 제거하고 2nd 데크 구석의 엘리베이터를 선미 우현 사이드에 맞게 추가

Raven, 'Essex-class Carriers'

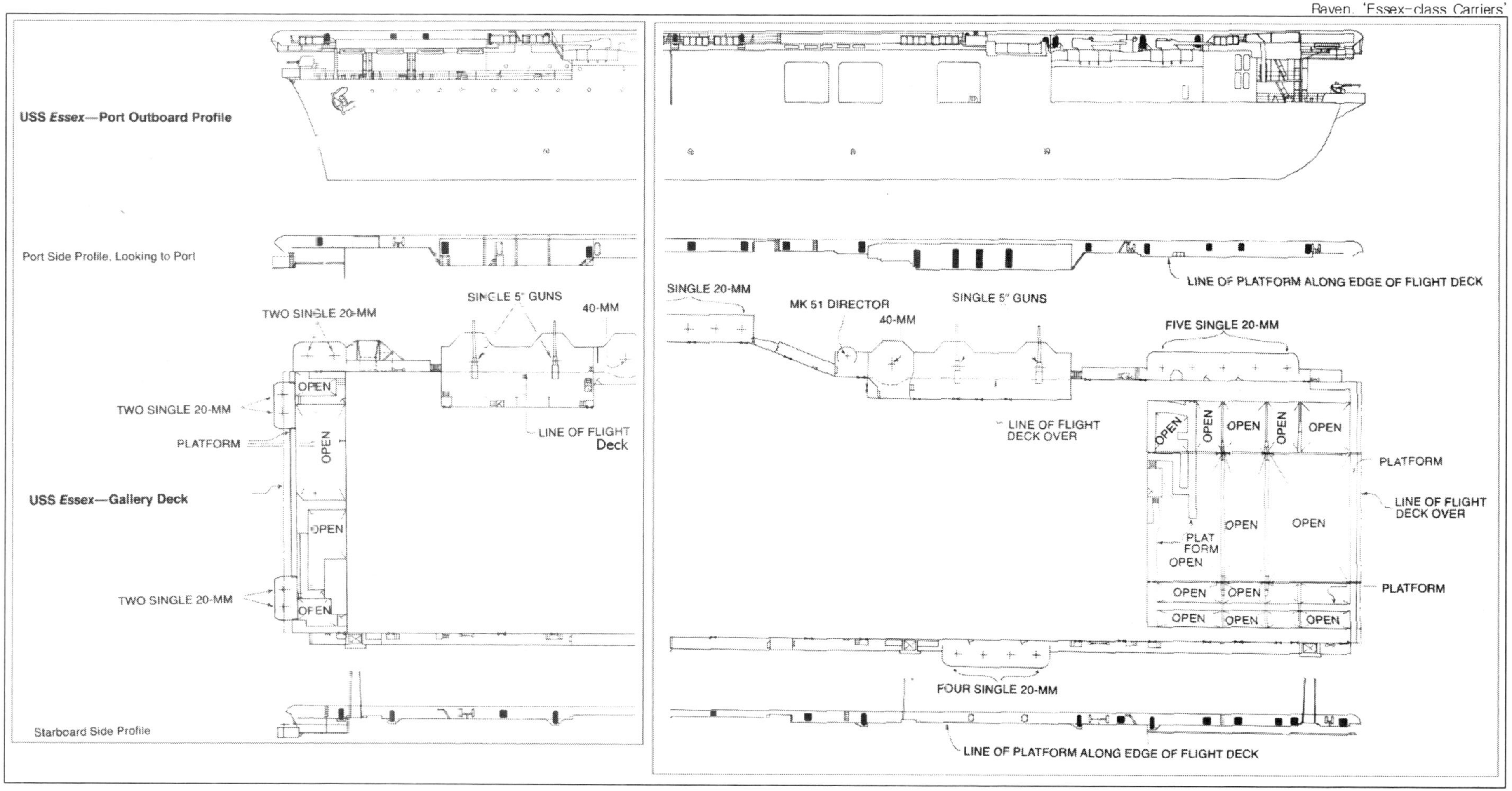

[그림 4-104] Essex Class

Raven, 'Essex-class Carriers'

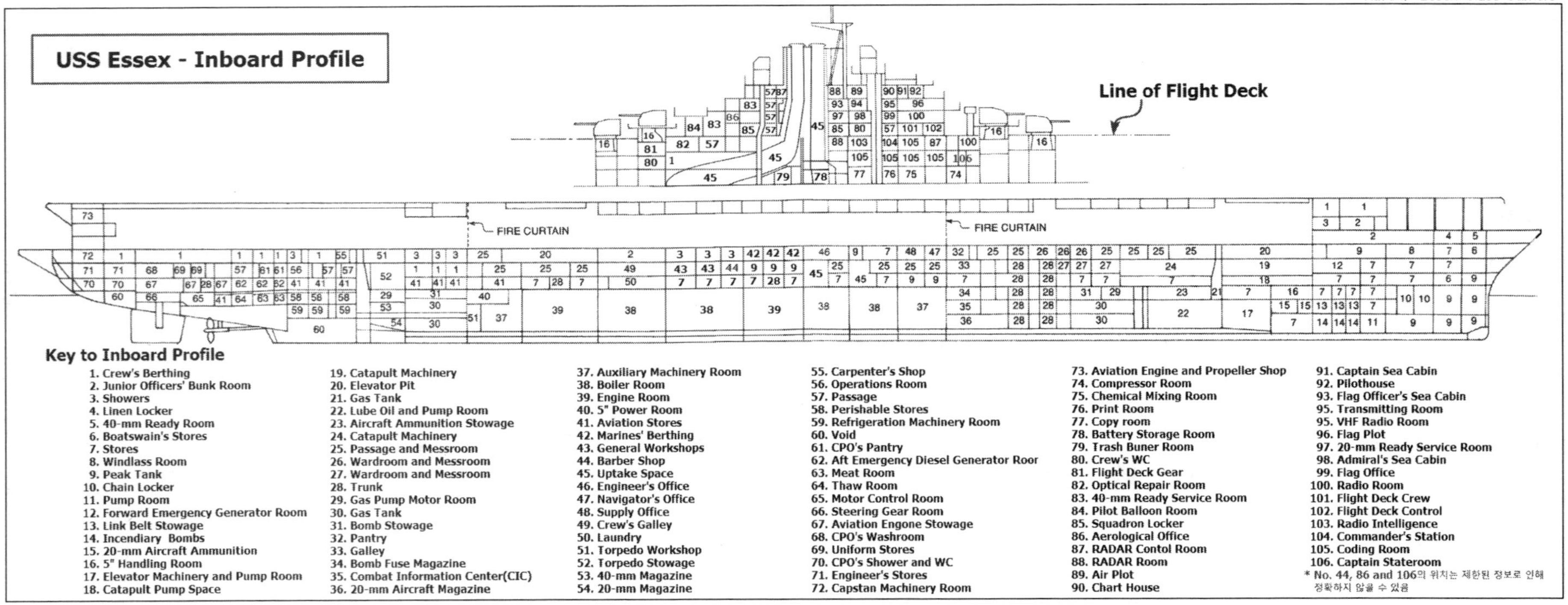

[그림 4-105] Essex Class

Raven 'Essex-class Carriers'

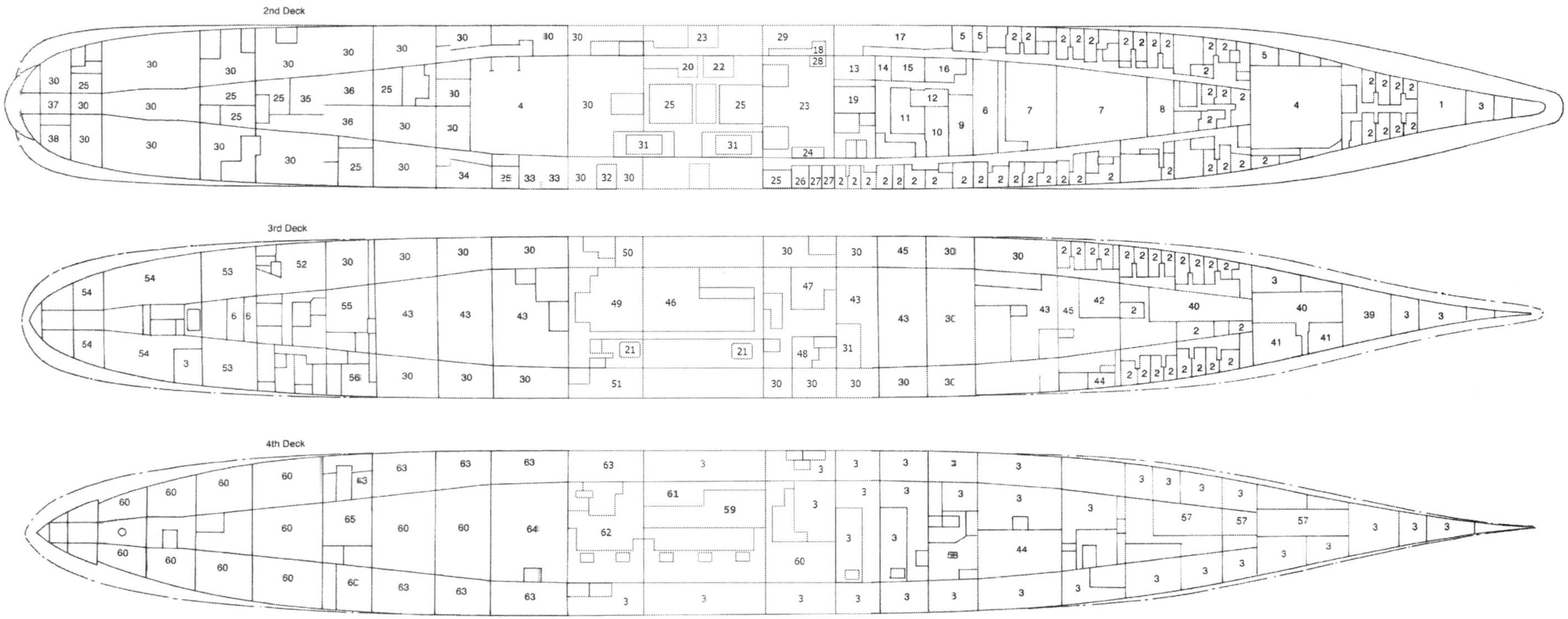

Key to 2nd. 3rd and 4th Decks

1. Windlass Room
2. Cabin
3. Stores
4. Elevator Pit
5. Fan Room
6. Pantry
7. Wardroom and Messroom
8. Wardroon Lounge
9. Navigator's Office
10. Flag Office
11. Supply Office
12. Supply Office
13. Executive Officer's Office
14. Captain's Office
15. Gunnery Office
16. Damage Control Office
17. Elevator Machinery Space
18. Vent Trunk
19. Engineer's Office
20. Trash Burner
21. Uptakes
22. Officers' WC
23. Marines' Berthing
24. Uniform Locker
25. Crew's WC
26. Marines' WC
27. Marines' Store
28. Repair Locker
29. Coal Locker
30. Crew's Berthing
31. Uptakes
32. Garbage Disposal
33. 5" Handling Room
34. Crew's Library
35. Carpenter's Shop
36. Torpedo Workshop
37. Capstan Room
38. Inert Material
39. Emergency Diesel Generator Room
40. Catapult Machinery
41. Canvas and Fabric Workshop
42. Warrant Officer's Messroom
43. Crew's Mess
44. Bomb Vane Stowage
45. Pantry
46. General Workshop
47. Print Shop
48. Electrical Workshop
49. Crew's Galley
50. Butcher Shop
51. Bakery
52. Sick Bay
53. CPO's Mess
54. CPO's Berthing
55. Torpedo Stowage
56. Dental Office
57. Catapult Pump Space
58. Armory
59. Pump Room
60. Aviation Stores
61. Barber Shop
62. Laundry
63. Dry Provisions
64. Main Issue Room
65. Torpedo Stowage

* No. 20, 22, 59, 61의 위치는 정보의 제한으로 올바른 곳이 아닐 수 있음

[그림 4-106] Essex Class (설명) 불명확 곳들(3. 20. 22. 23. 59. 61 등)이 있음

Raven, 'Essex-class Carriers'

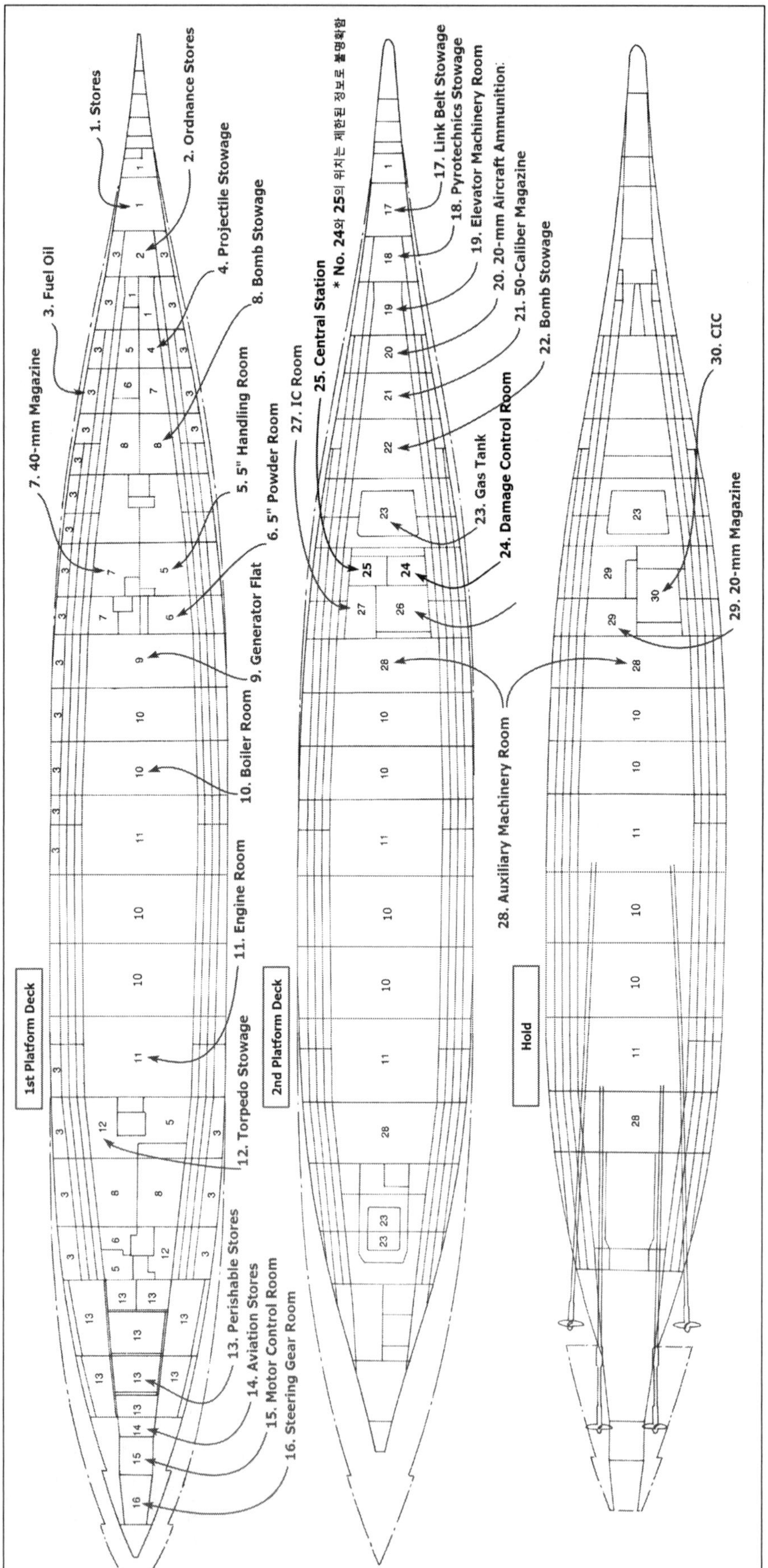

[그림 4-107] Essex Class

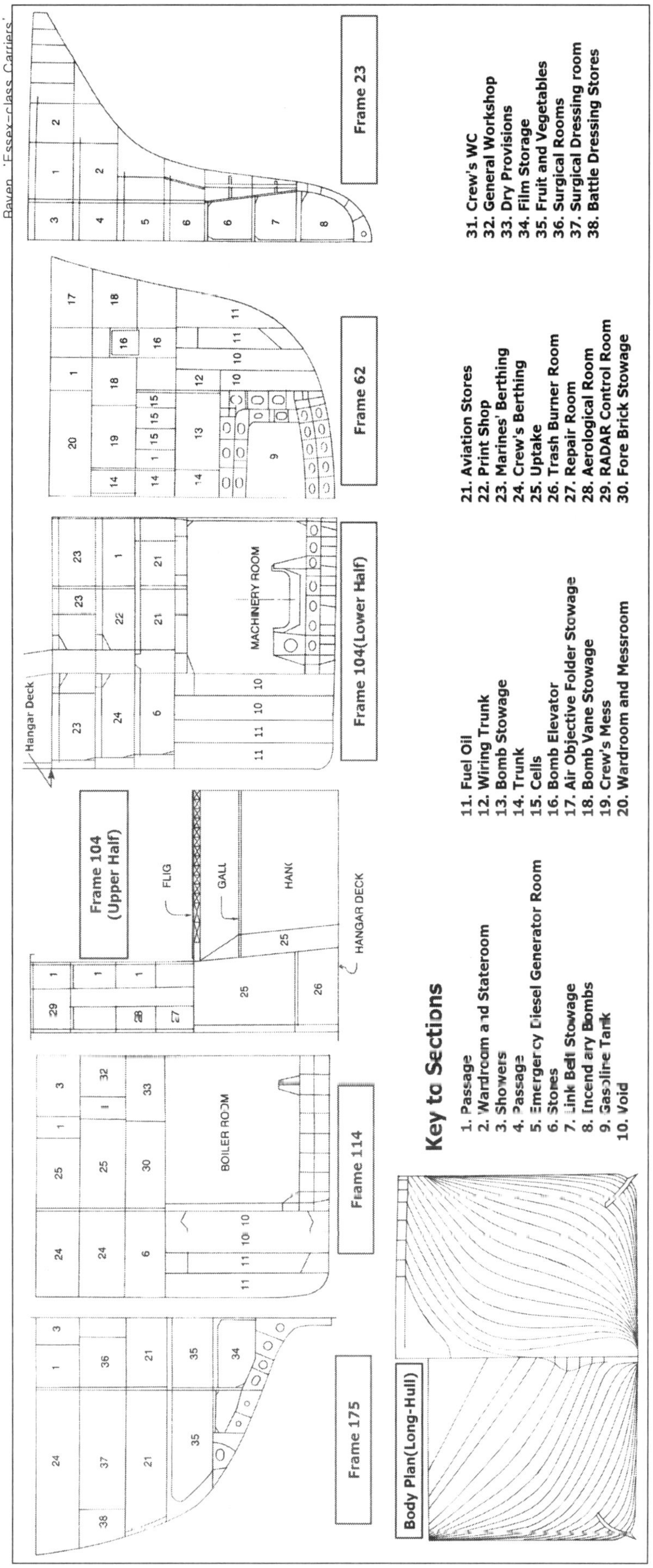

[그림 4-108] Essex Class

Raven, 'Essex-class Carriers'

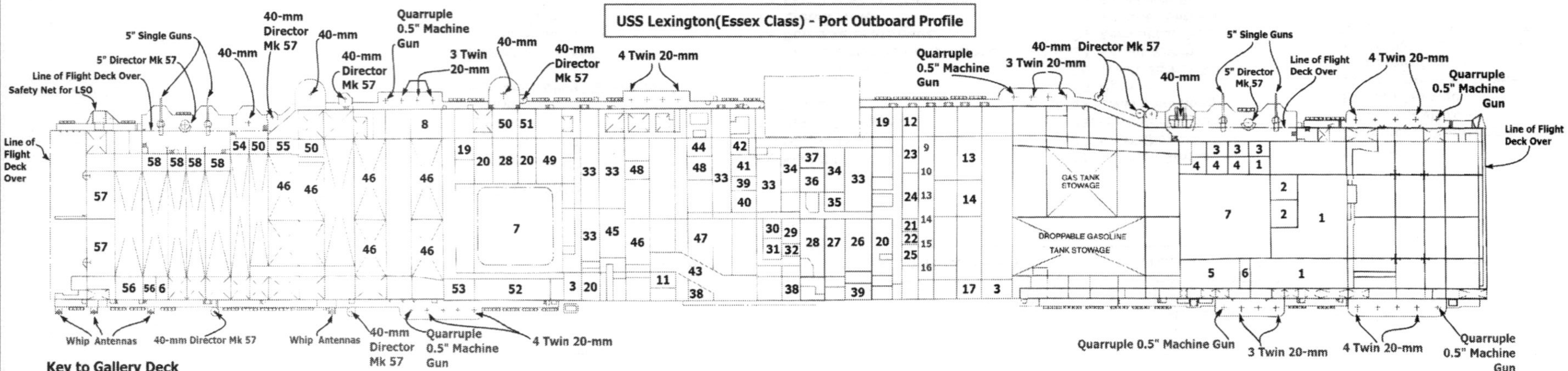

Key to Gallery Deck

1. Crew's Berthing
2. Crew's Washroom and WC
3. 5" Handling room
4. Crew's Locker room
5. Radio Transmitter Room
6. Radio Workshop
7. Elevator Trunk
8. Aircraft Ammunition Stowage
9. 20-mm Ready Room
10. Captain's Cabin
11. Passage
12. Admiral's Cabin
13. Admiral's Stateroom
14. Galley
15. Gas Line Gear Locker
16. Mk 29 RADAR Room
17. Stores
18. Gun Cleaning room
19. Flight Deck Lighting Control
20. Squadron Armory
21. Captain's Pantry
22. Staff Office
23. Senior Staff Office
24. Captain's Office
25. Captain's stateroom
26. CIC
27. Air Plot
28. Squadron Workshop
29. RADAR Room
30. Aviation RADAR Room
31. Tool Issue Room
32. Electric Service Station
33. Squadron Ready Room
34. Squadron Office
35. Squadron Service Room
36. Air Intelligence Room
37. Elevator Stowing Machinery
38. RADAR Room
39. Lobby
40. Air Group Commander's Ready Room
41. WCs
42. Lockers
43. Uptakes
44. 20-mm Ready Room
45. Tool Room
46. Drop Tank Stowage
47. RADAR Bomb Stowage Rack
48. Air Conditioning Equipment Room
49. Air Ammunition Belting Room
50. 40-mm Ready Room
51. 20-mm Workshop
52. Parachute Packing Space
53. Stowage
54. 40-mm Workshop
55. 40-mm Gun Control and Mk 29 RADAR
56. aft Radio Station
57. Aviation Engine Repair Shop
58. Arrester Gear Spare Parts and Repair Shop

* No. 9, 10, 13, 14, 15, 16의 위치는 제한된 정보로 불명확함

[그림 4-109] Essex Class

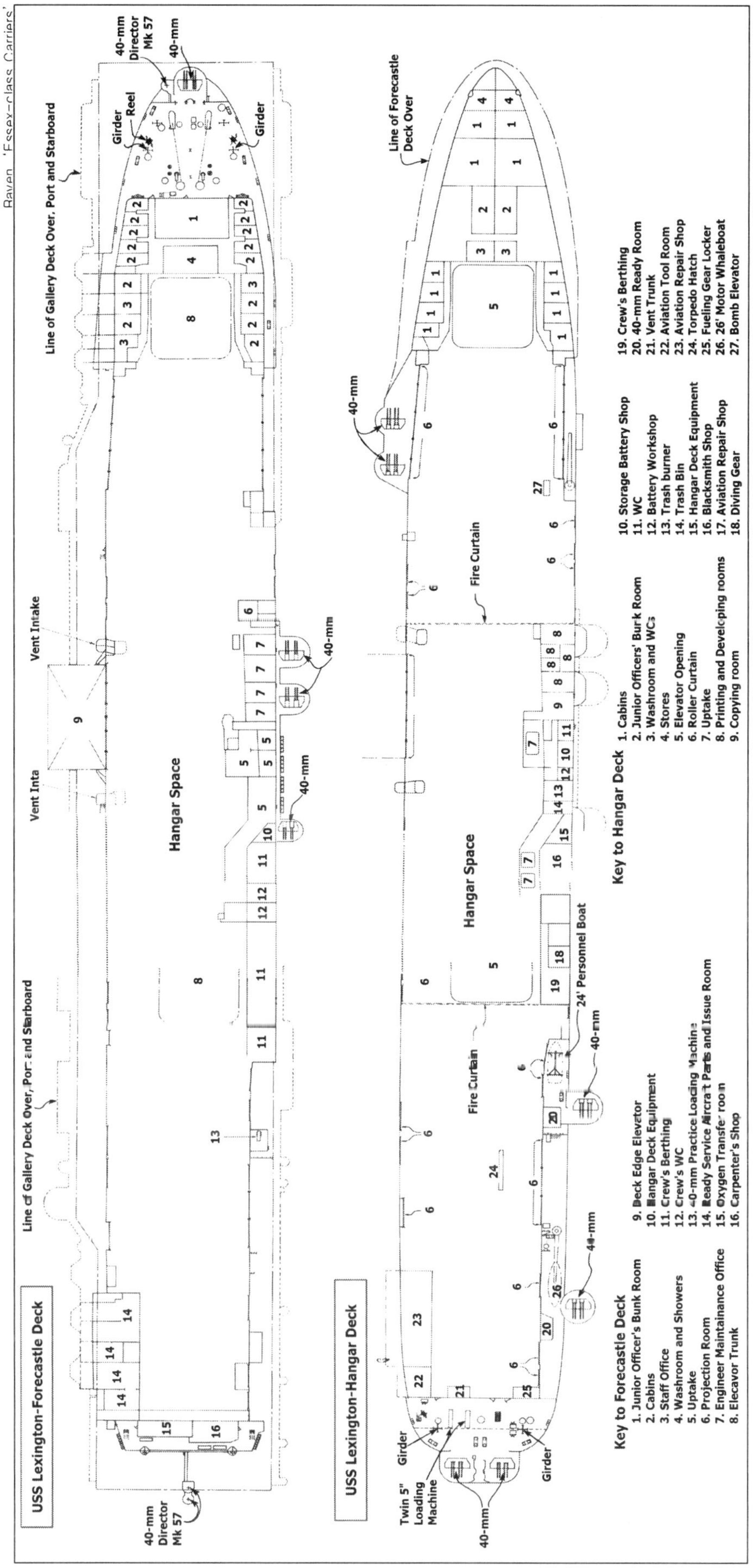

[그림 4-110] Essex Class

4.3.4 CVNM(Nimitz Class)

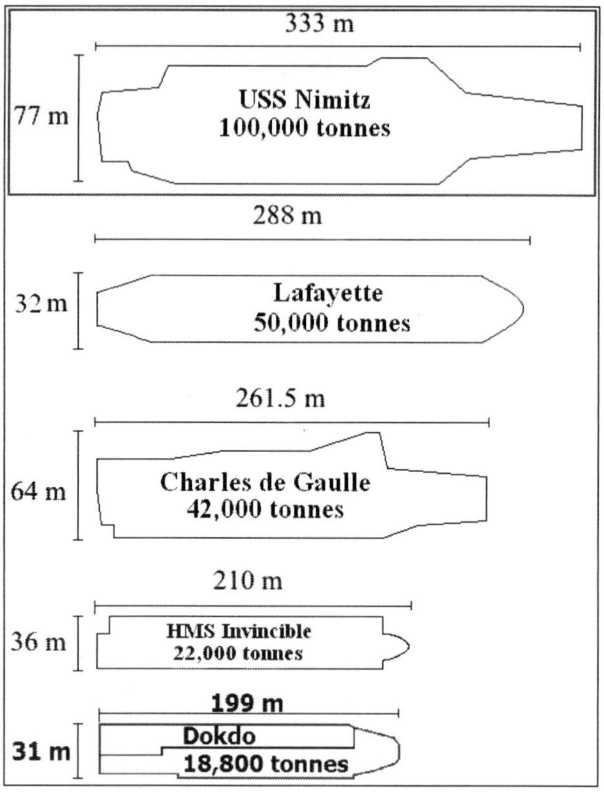

[그림 4-111]
Nimitz Class
(설명) 니미츠 급은 현존하는 가장 큰 항모이다. 물론 포드 급이 실전에 배치가 되면 달라지겠지만 맨 아래에 있는 독도함과 비교를 하면 어느 정도 크기가 차이가 나는지 알 수 있다. 참조로 니미츠 급은 333m, Ford 급은 337m 이고 CV-65인 엔터프라이즈 항모는 342m이었다.

pinterest.com

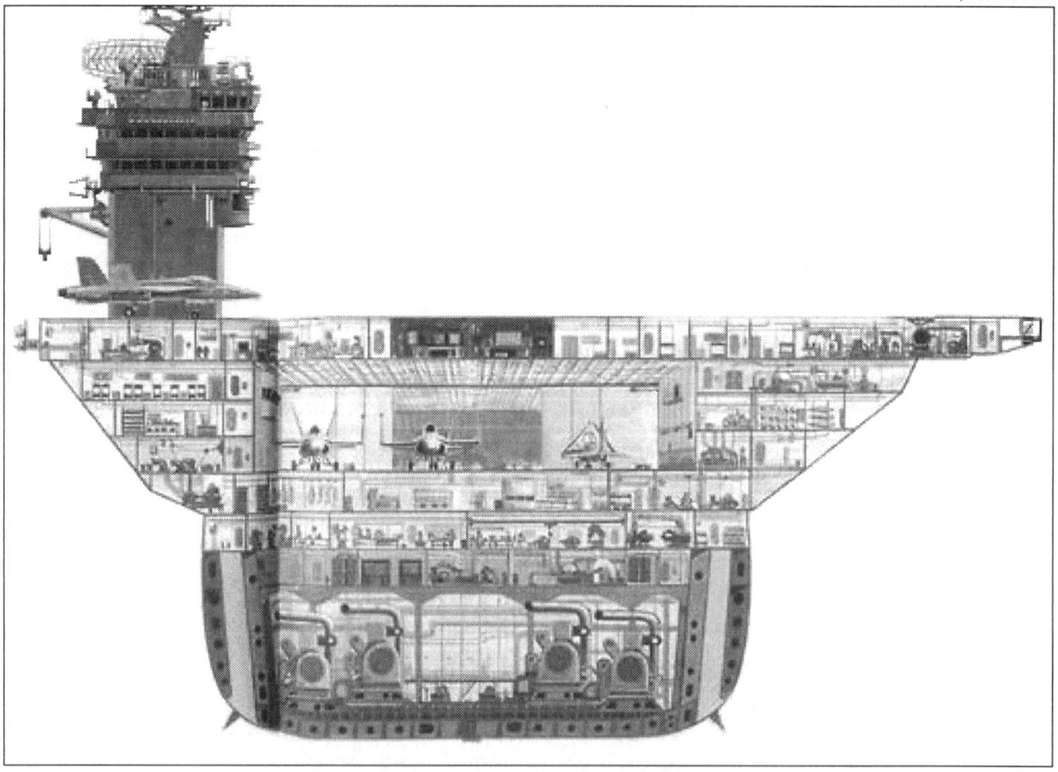

[그림 4-112]
Nimitz Class
(설명) 니미츠 급 항모의 내부 모습을 볼 수 있다. hangar 데크가 비행갑판 아래쪽에 있고 가장 밑 하단에는 핵추진 엔진룸이 있는 것을 볼 수 있다.

digital.dailypress.com

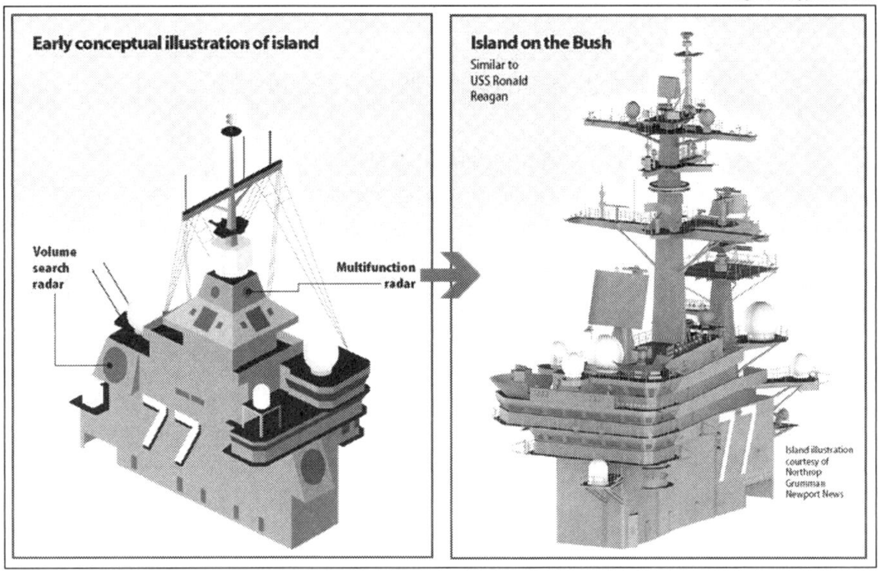

[그림 4-113] Nimitz Class
(설명) 가장 최근에 만들어진 니미츠 급의 마지막 항모인 Bush 항모의 초기 단계의 아일랜드의 디자인과 최종 결정된 디자인의 차이. 아일랜드가 작은 크기로 처음에는 계획되었으나 비용문제와 제작단계에서 장착해야 할 것이 많아서 생긴 것으로 판단됨

mywiringdiagram.blogspot.com, foxtrotalpha.jalopnik.com, sinodefenceforum.com

[그림 4-114] Nimitz Class
(설명) 최신 니미 급의 항모의 내외부의 모습

니미츠 급의 내용과 사양은 다음과 같다.

- 제작회사 : Newport News Shipbuilding Company
- 계승 : Kitty Hawk 급과 Enterprise 급을 이어받았고 최신의 항공모함인 Gerald R. Ford 급으로 계승이 되었다.
- sub 급 : Theodore Roosevelt 급과 Ronald Reagan 급이 있다.
- 취역 : 최초의 니미츠 항모인 CV-68은 1975년 5월이다.
- 10척 제작을 계획하였고 최종적으로 10척이 모두 제작이 되었다.
- 제작비용 : 대략 45억$ 정도이다.
- 배수톤수 : 각 항모마다 조금씩 다르며 대략 101600~106300톤이다.

- 길이 : 332.8 m
- beam : 76.8 m
- 흘수 : 최대 운항 흘수 11.3 m(제한은 12.5 m)
- 속도 : 30+ 노트
- 최대 운항거리 : 무제한(20~25년 운항 가능)
- 최대 승무원 : 함정 3200명 + 항공인력 2480명
- 탑재 항공기 : 85~90대의 고정익+회전익 항공기
- 추력 기관 :
  - 2 × Westinghouse A4W Nuclear Reactors
  - 4 × Steam Turbines
  - 4 × Shafts
  - 총 260,000 shp (194 MW)
- 센서 & 레이더
  - AN/SPS-48E 3-D Air Search Radar
  - AN/SPS-49(V)5 2-D Air Search Radar
  - AN/SPQ-9B Target Acquisition Radar
  - AN/SPN-46 Air Traffic Control Radars
  - AN/SPN-43C Air Traffic Control Radar
  - AN/SPN-41 Landing Aid Radars
- 4 × Mk 91 NSSM Guidance Systems
  - 4 × Mk 95 Radars
- 전자전 및 decoy 장비
  - SLQ-32A(V)4 Countermeasures Suite
  - SLQ-25A Nixie Torpedo Countermeasures
- 무장
  - 16-24 × RIM-7 Sea Sparrow or NATO Sea Sparrow Missiles
  - 3 or 4 × Phalanx CIWSs or RIM-116 Rolling Airframe Missiles
- 장갑 : 적의 공격을 받았을 때 치명적인 공간이 되는 곳에 2.5 인치 Kevlar

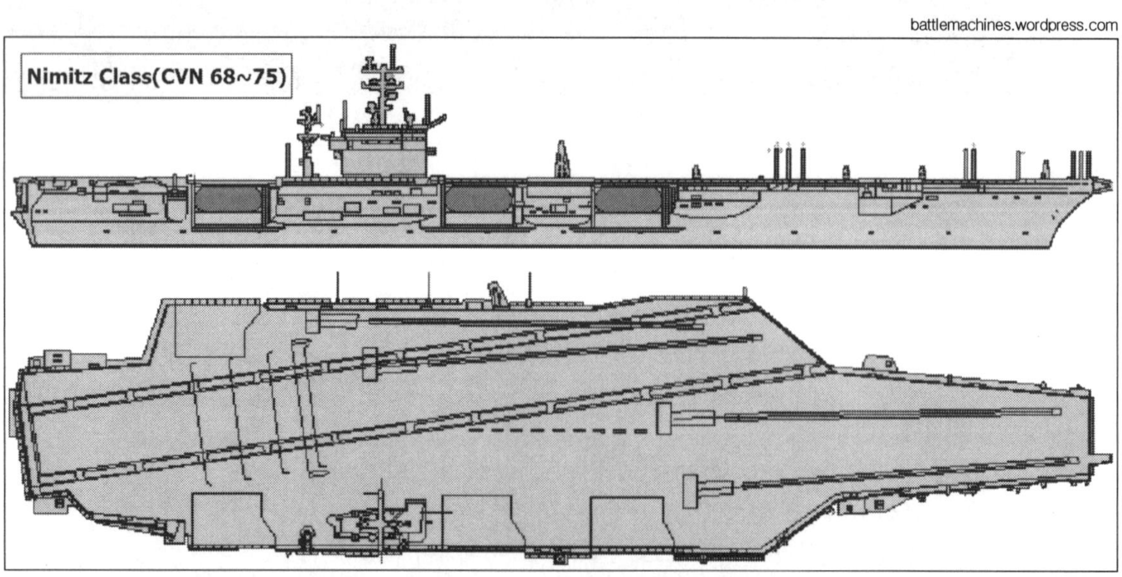

[그림 4-115] Nimitz Class의 개략적인 비행갑판과 우현 모습 (설명) 아래 CV-76과 CV-77과는 아일랜드 모양이 다르고 갑판의 설치물이 다르다.

macrossworld.com

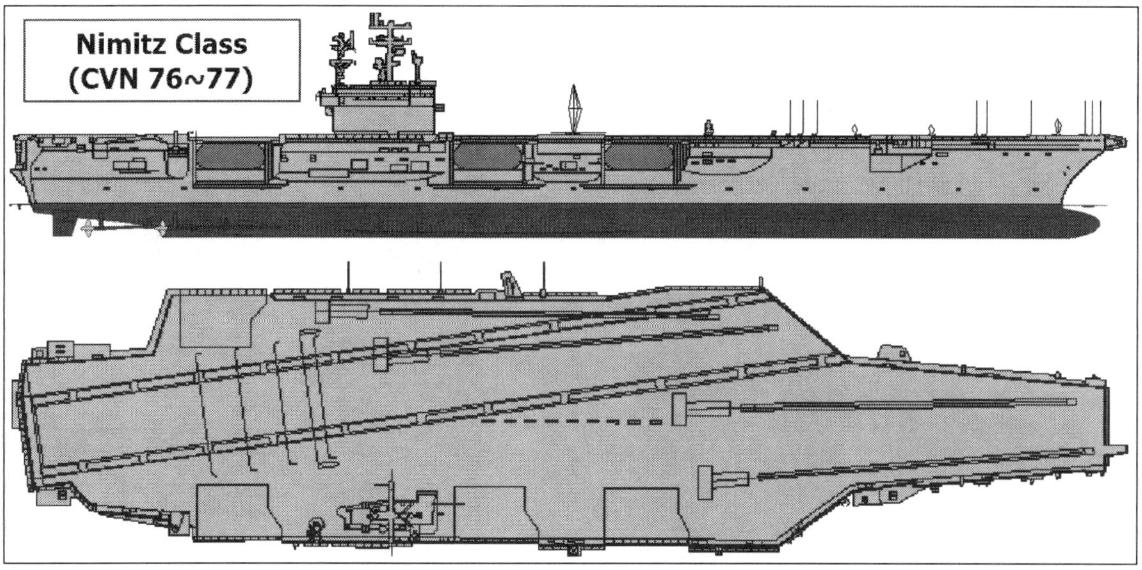

[그림 4-116] Nimitz Class의 개략적인 비행갑판과 우현 모습

forum.worldofwarships.eu

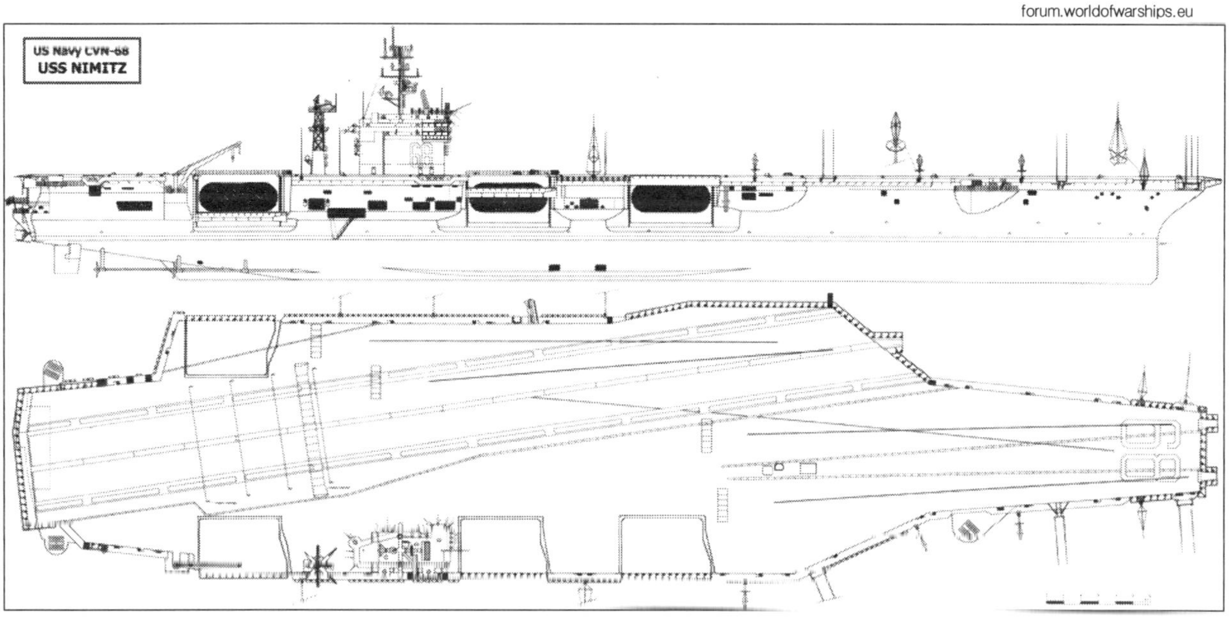

[그림 4-117] 최초의 니미츠 급인 Nimitz 항모의 모습 (설명) 위의 있는 그림들과 상당한 차이가 있음을 알 수 있다. 실제 크기에서도 최초 니미츠 항모는 다른 니미츠 급보다 배수톤수에서 작았다.

fas.org/irp/doddir/navy/rfs/part01.htm

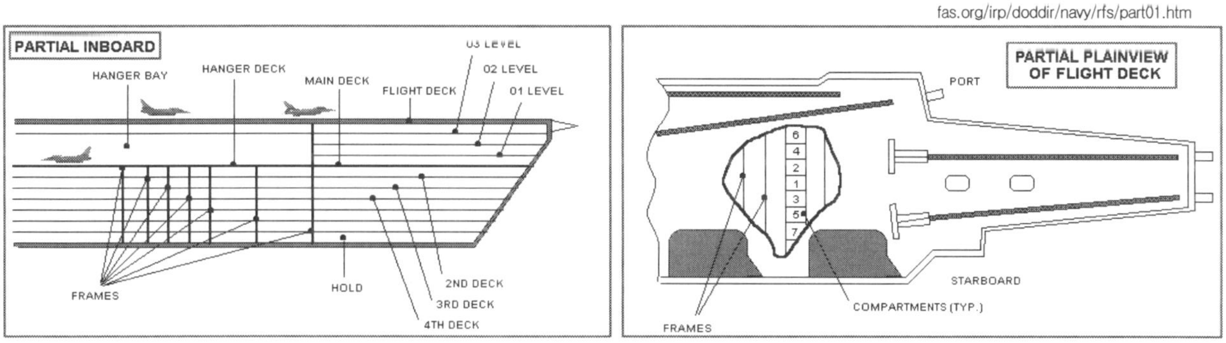

[그림 4-118] Nimitz Class의 내부 구분

sinodefenceforum.com

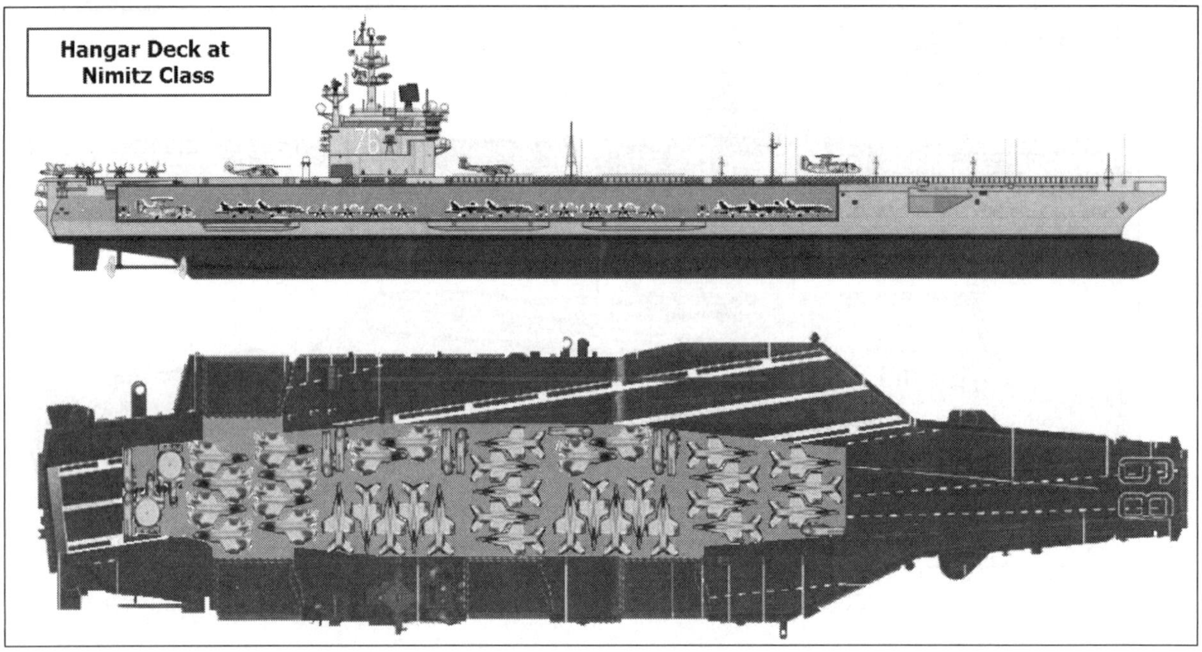

[그림 4-119] Nimitz Class의 격납고 비행기 배치에 관한 모습

i98.photobucket.com

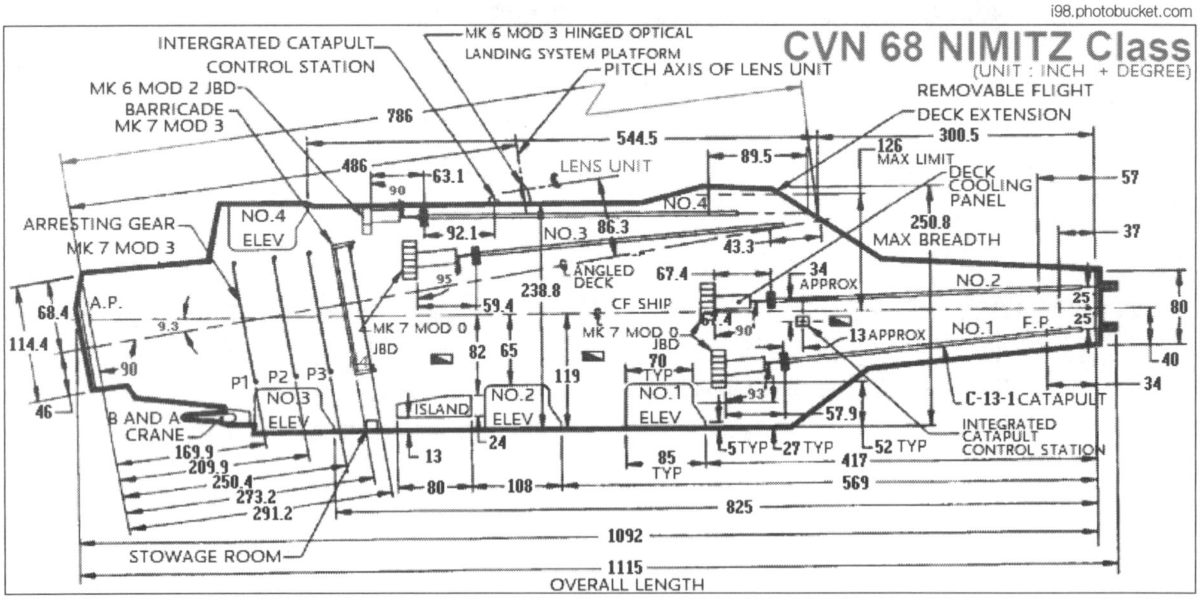

[그림 4-120] Nimitz Class의 각종 거리와 각도 사양

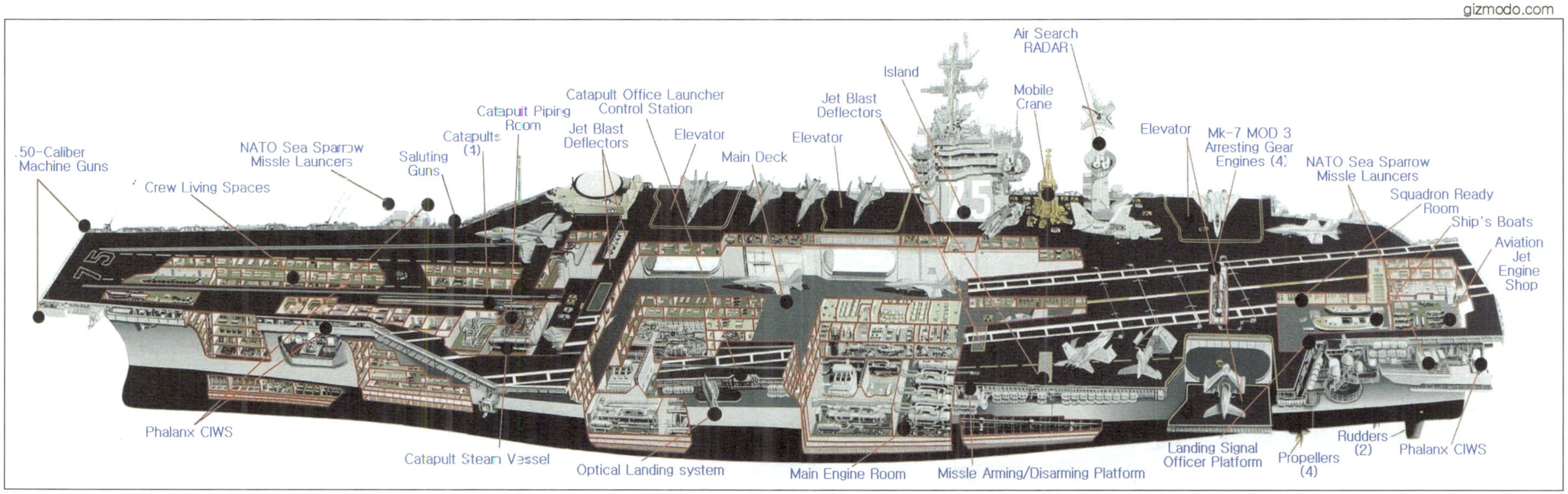

[그림 4-121] Nimitz Class의 내부 모습과 외부의 각종 무장 및 센서 모습 (Ref:gizmodo.com)

[그림 4-122] Nimitz Class의 상세한 내부 모습 (설명) 4장 1절 '설계 시 고려사항'에서 4쪽짜리 [그림 4-10]을 합쳐 하나의 그림으로 만든 것이다.

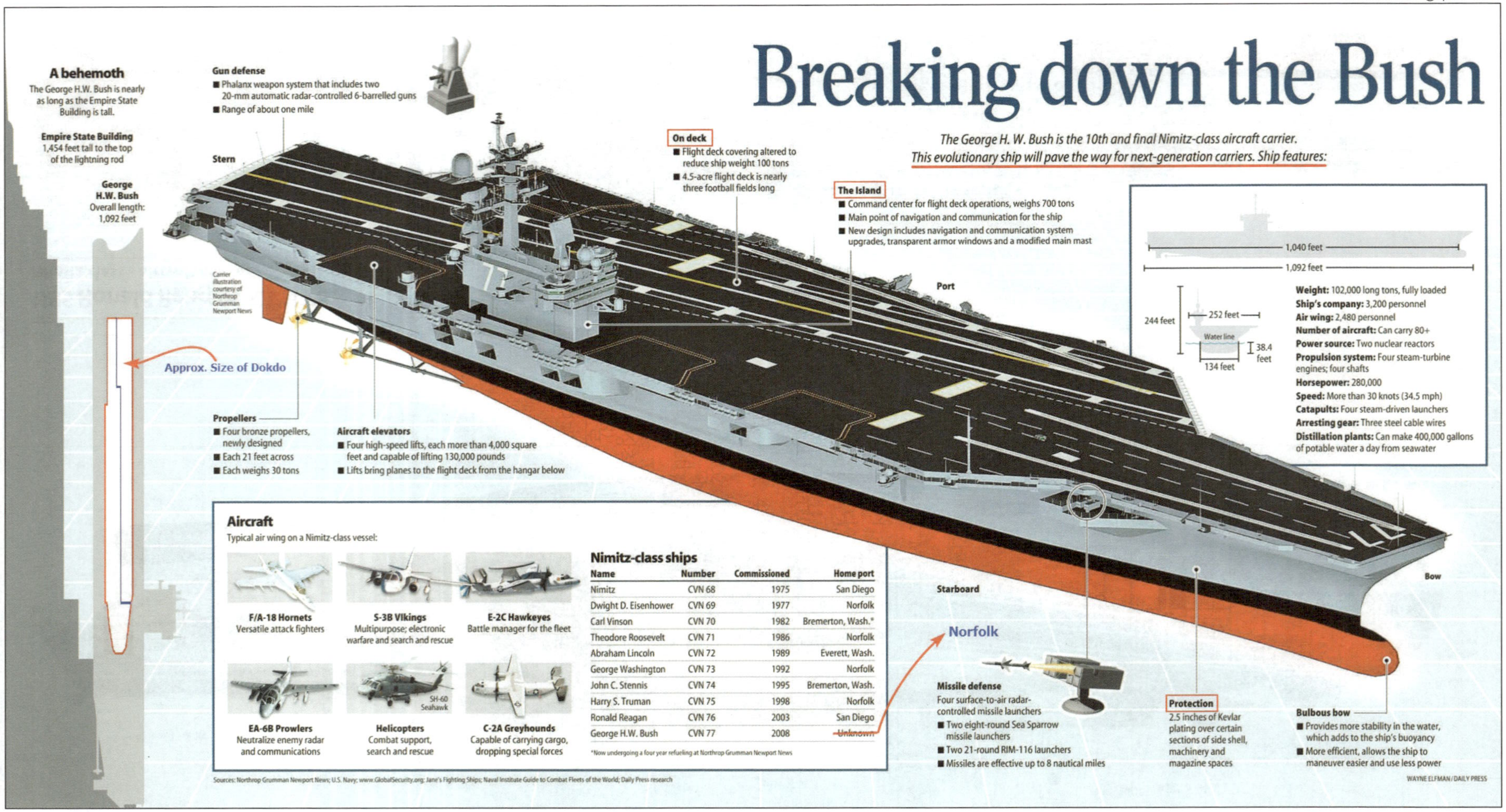

[그림 4-123] Nimitz Class 중 최종함인 항모 부시의 상세한 내용
(설명) 좌측에 엠파이어스테이트 빌딩과 비교가 되어 있고 도한 독도함과도 비교가 되어 있다.

4.3.5 CVN(Gerald R Ford Class)

defence.pk

[그림 4-124] Ford Class
(설명) 포드 급 항의 기본적인 사양이 정리가 되어 있다. 특히 니미츠 급보다 길이가 길고 하루당 출격이 25% 증가하는 것을 목표로 한다.

breakingdefense.com, Tom Moore 'Carriers-The 21st Century' PPT file

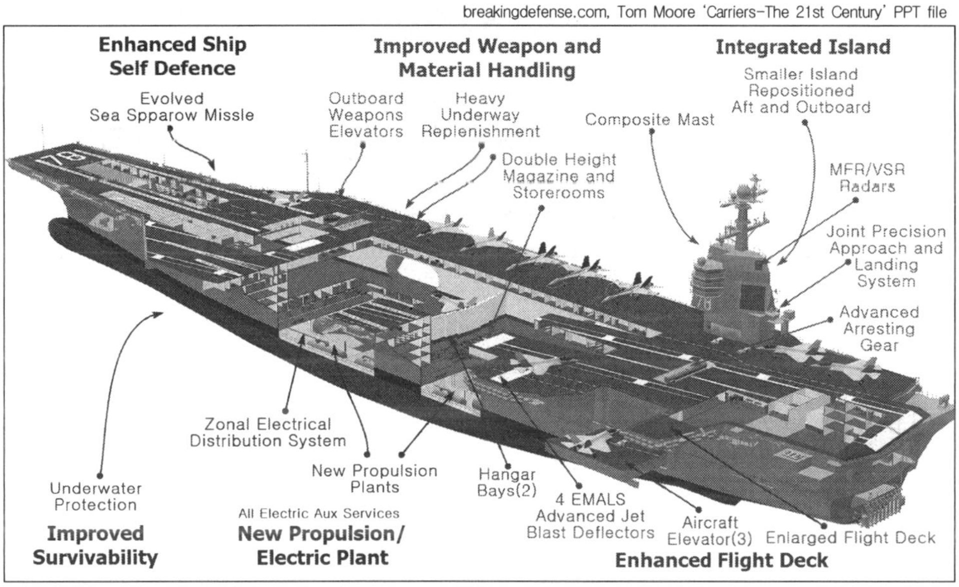

[그림 4-125] Ford Class
(설명) 포드 급의 각 부분의 초점을 맞추어 향상되는 점을 표시하였다. 1)아일랜드가 작아지고 2)비행갑판에 EMALS가 도입되고3)비행갑판 자체가 커지고 새로운 핵원자로와 전력 시스템을 구축하고 4)수면 하에서 방어시스템을 구축하여 생존력을 향상시키고 5)진화된 SSM을 장착하고 6)무기와 보급 시스템 등이 향상이 되었다. 하단의 그림은 그런 내용의 포드 급 제작기간 동안 계획이 표시되어 있다.

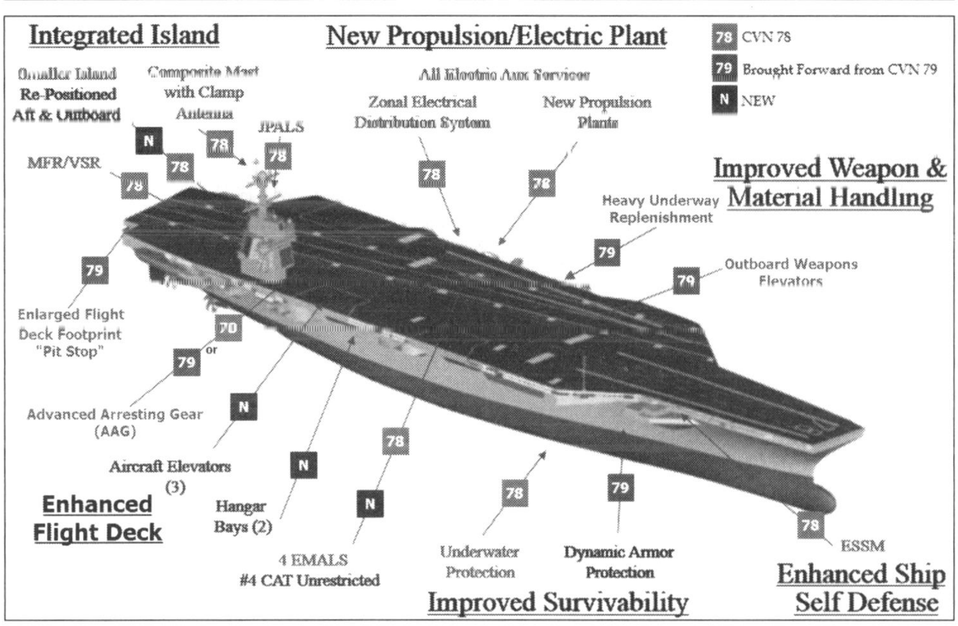

thaimilitaryandasianregion.wordpress.com

[그림 4-126]
Ford Class
(설명) 비행갑판의 변경 개선된 내용이 정리가 되어 있다. 1)니미츠 급보다 8000ft^2 더 크다. 2)아일랜드는 니미츠 급보다 높이 20 ft 작고 그리고 140ft 뒤에 있다. 3)EMALS 발사 시스템으로 하루에 220대 비행기 이륙 가능하다. 4)3개 엘리베이터가 있고 5)5곳의 재급유 시설이 있고 6)3개의 무기용 엘리베이터가 있다.

operationnels.com

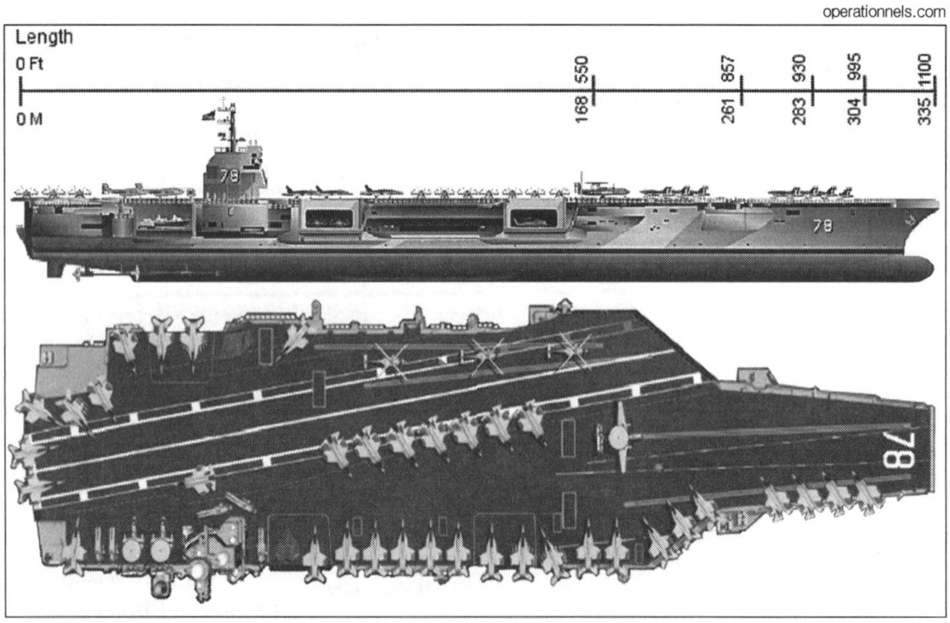

[그림 4-127]
Ford Class
(설명) CV-78 항모의 비행갑판과 측면을 보여준다.

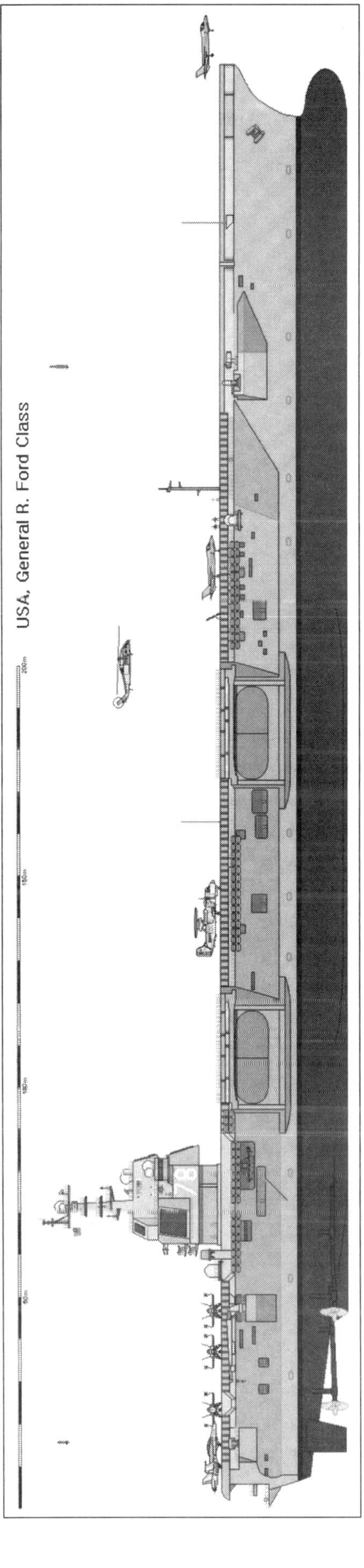

[그림 4-128] Ford Class

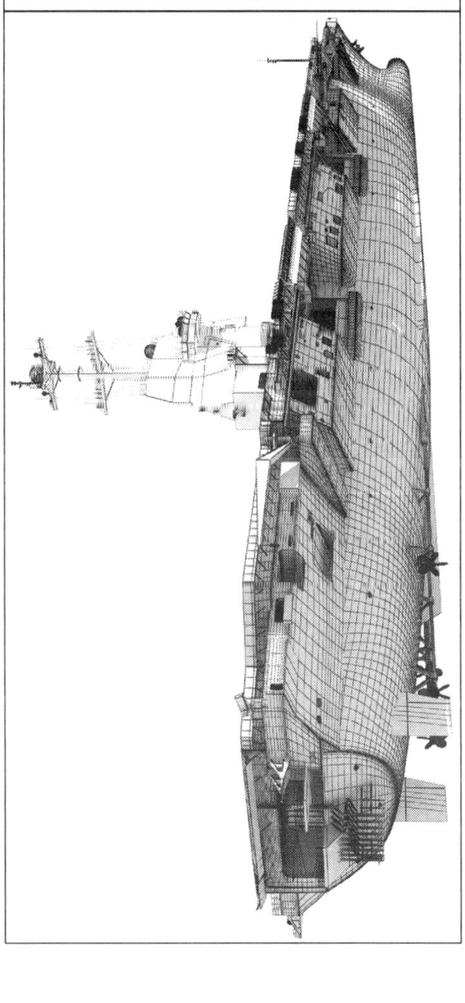

[그림 4-129] Ford Class

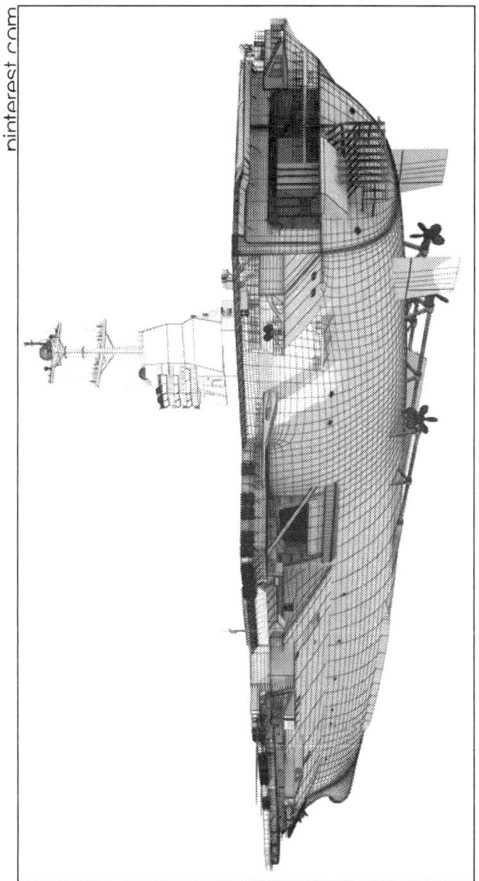

[그림 4-130] Ford Class

Pinterest.com

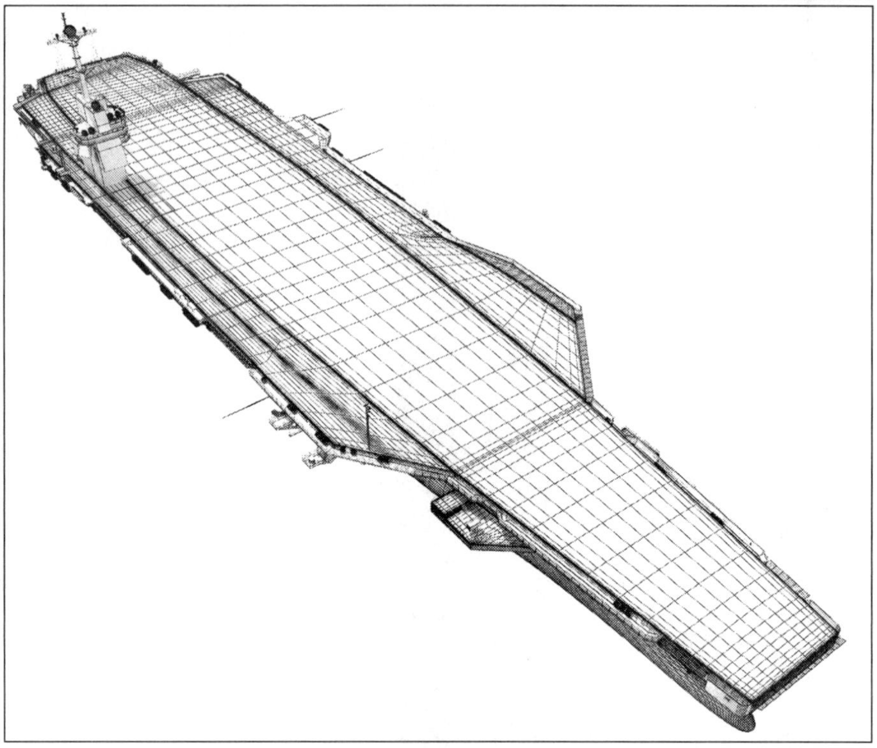

[그림 4-131] Ford Class

Pinterest.com

[그림 4-132] Ford Class

Pinterest.com

[그림 4-133] Ford Class

Pinterest.com

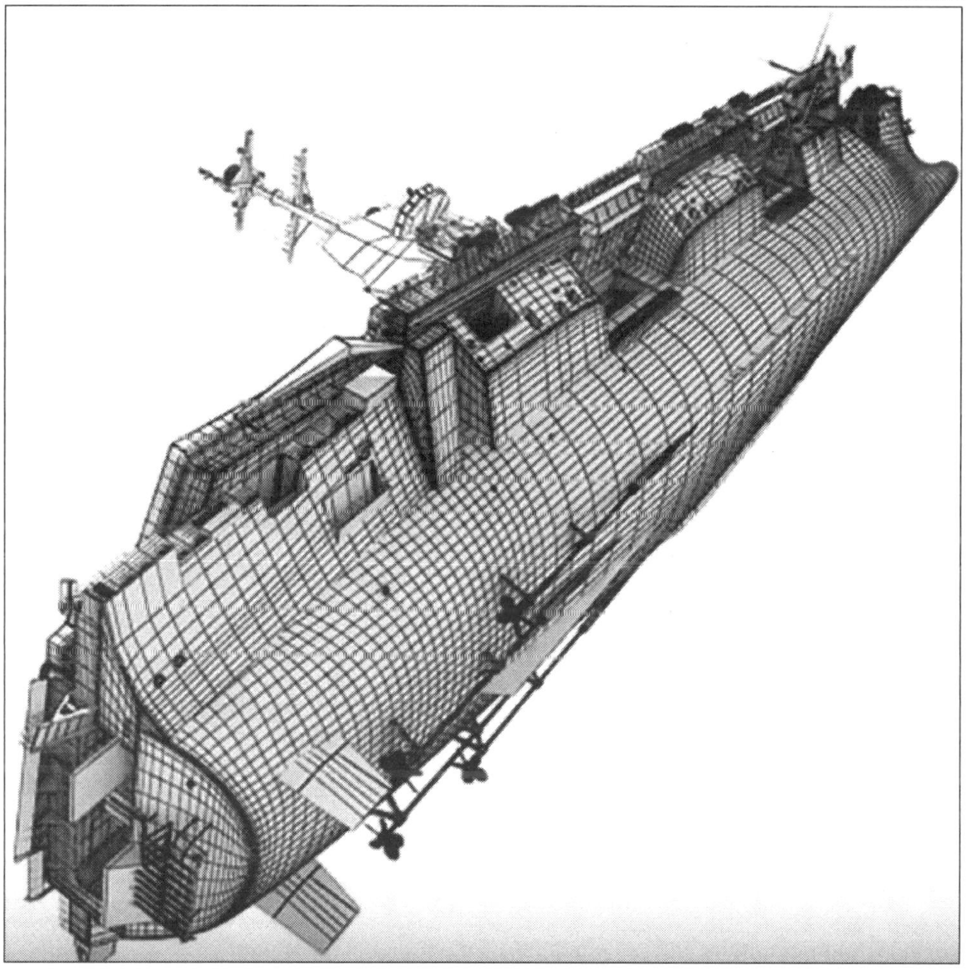

[그림 4-134] Ford Class

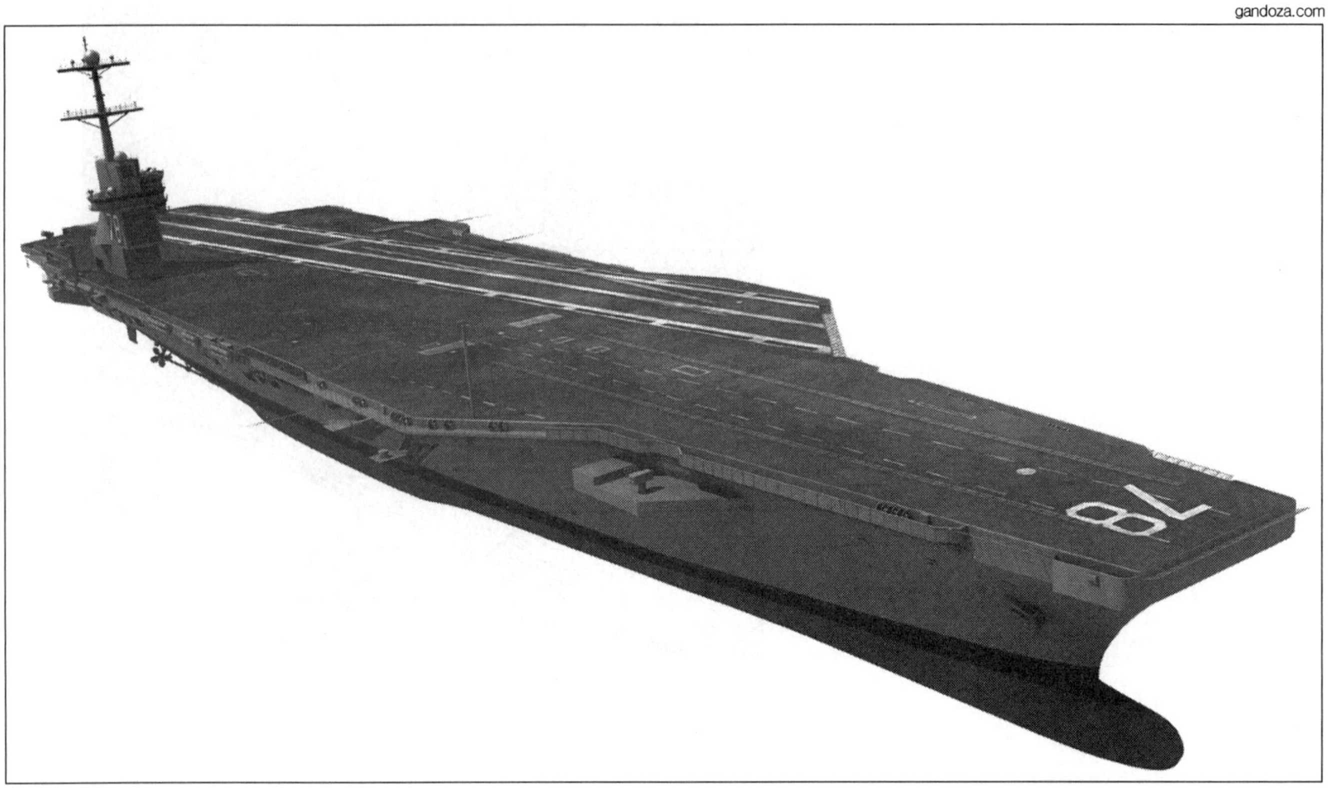

[그림 4-135] Ford Class

[그림 4-136] Ford Class

gandoza.com

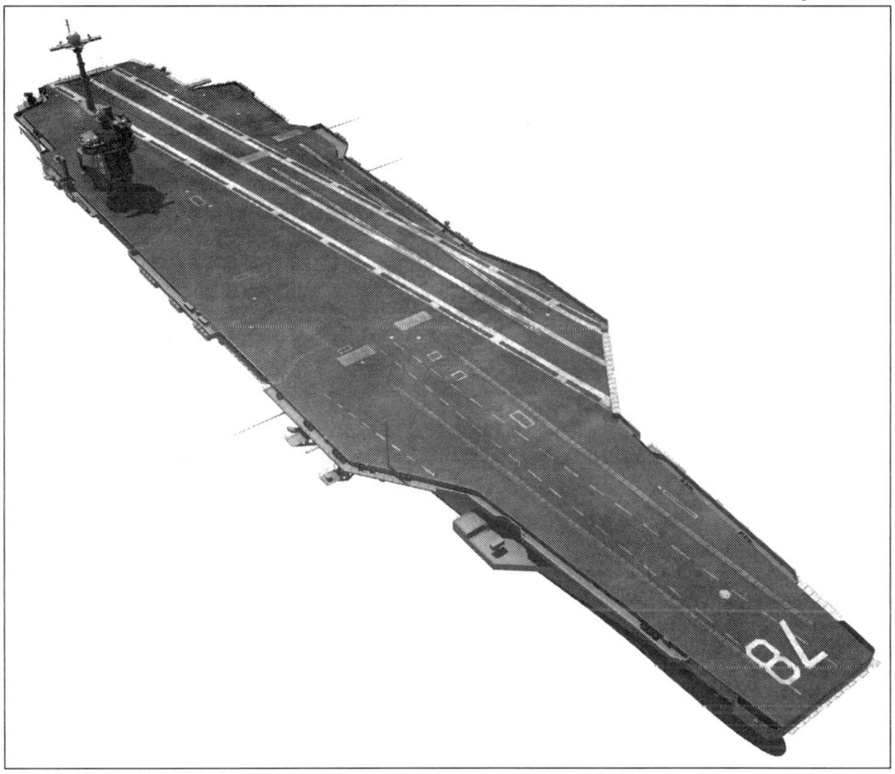

[그림 4-137] Ford Class

gandoza.com

[그림 4-138] Ford Class

[그림 4-139] Ford Class

[그림 4-140] Ford Class

[그림 4-141] Ford Class

[그림 4-142] Ford Class

[그림 4-143] Ford Class

[그림 4-144] Ford Class

[그림 4-145] Ford Class

[그림 4-146] Ford Class

[그림 4-147] Ford Class

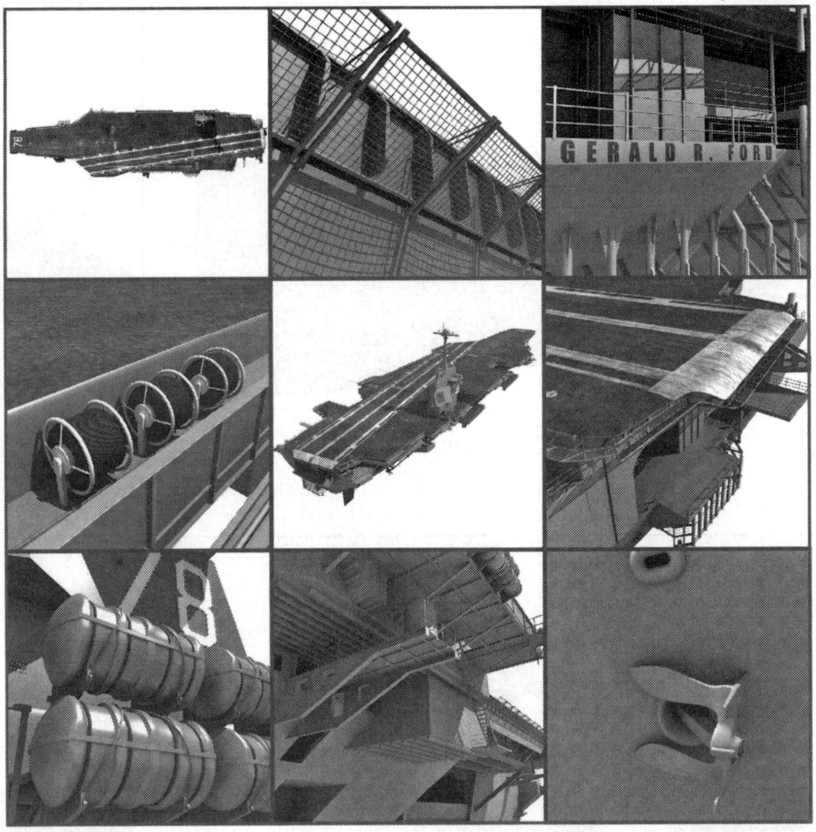

[그림 4-148] Ford Class

[그림 4-149] Ford Class

4.4 항공 디자인 비교

4.4.1 선체

항공모함 특징을 결정하는 설계의 3가지 부분에 대하여 기존에 나와 있는 그림을 통해 비교를 하는 것도 매우 중요하다. 3가지지 부분은 선체, 비행갑판 및 아일랜드가 될 것으로 이들을 비교하는 것은 변천사를 살펴보는 것과 같은 의미가 될 것이다. 이를 통해 새로운 디자인 또는 기존 디자인 변경 등을 할 수 있는 상황 등이 만들어질 수 있다. 선행 연구의 관점에서 과거의 깃을 살펴보는 것은 매우 의미가 있는 것이다. 우선 선체에 관하여 살펴볼 것이다. 이 부분은 특별한 설명이 없이 사진으로 보여주는 것으로 한다.

가. 미국

shipbucket.com

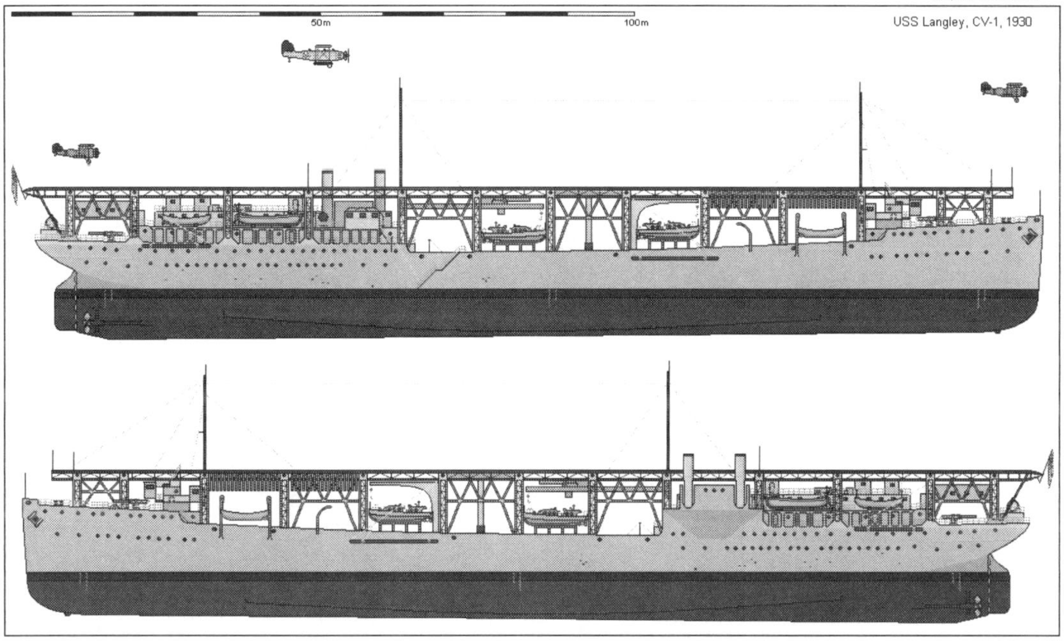

[그림 4-150] CV-1

the blueprints.com

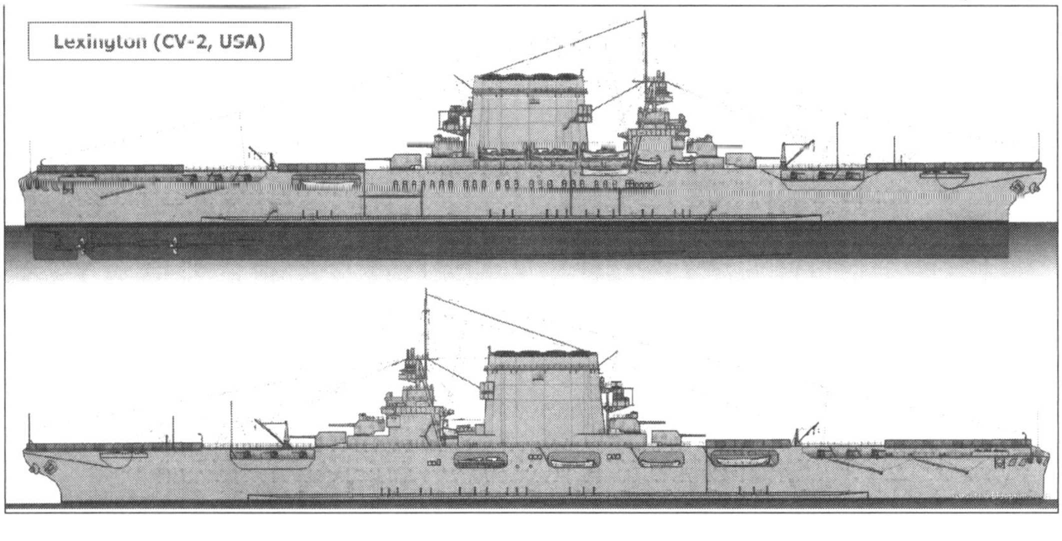

[그림 4-151] CV-2

the-blueprints.com

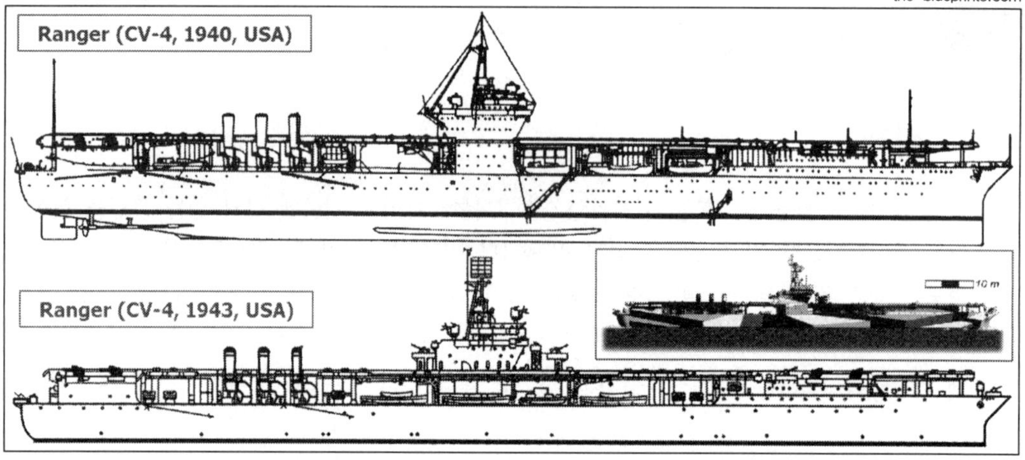

[그림 4-152] CV-4

pwencycl.kgbudge.com, pinterest.com

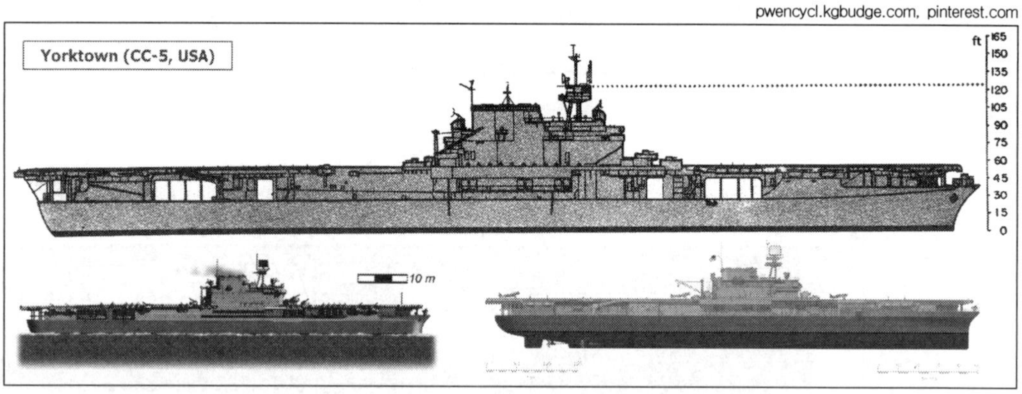

[그림 4-153] CV-5

z11.invisionfree.com

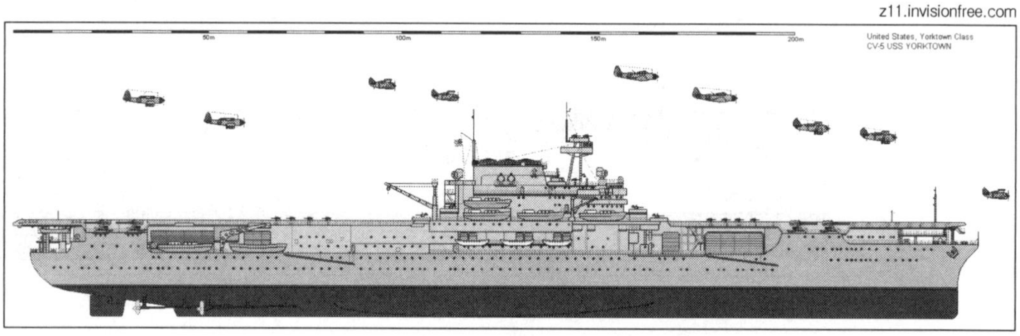

[그림 4-154] CV-5

the-blueprints.com

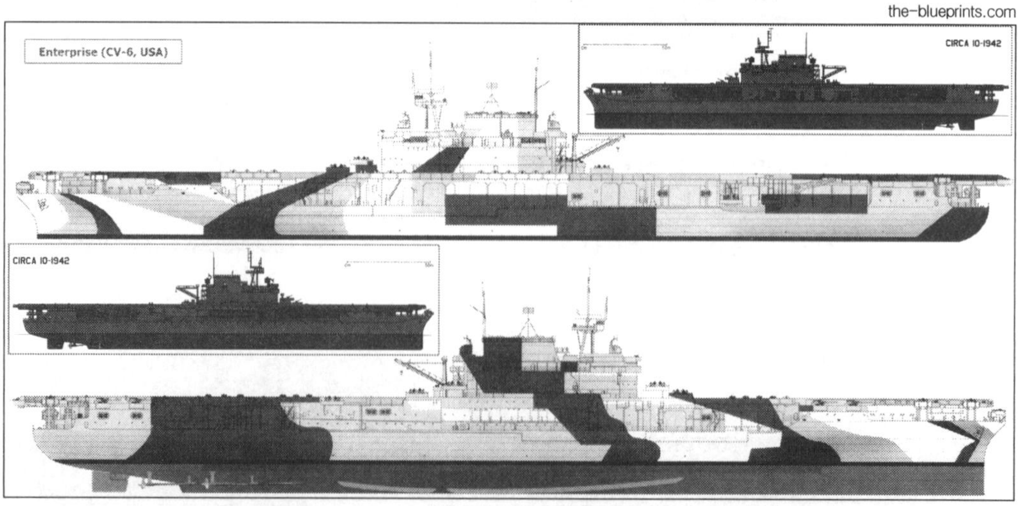

[그림 4-155] CV-6

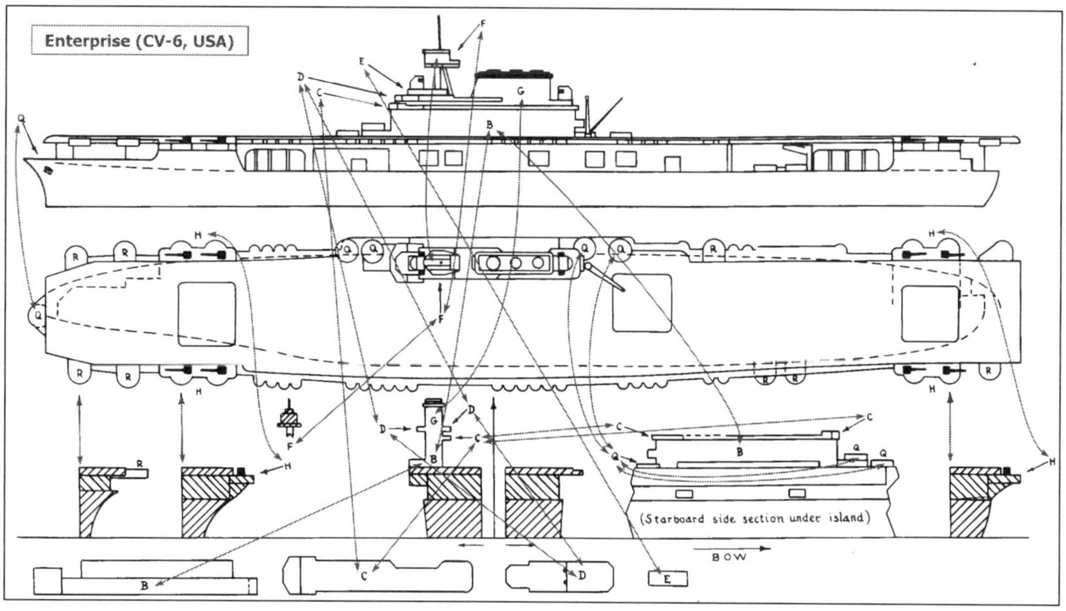

[그림 4-156]
CV-6

Maquetland.com

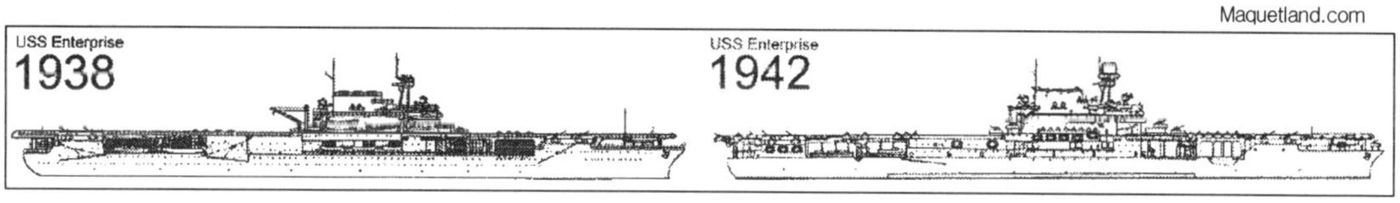

[그림 4-157]
CV-6

wardrawings.be, uswarships.jounin.jp, the-blueprints.com, pinterest.com

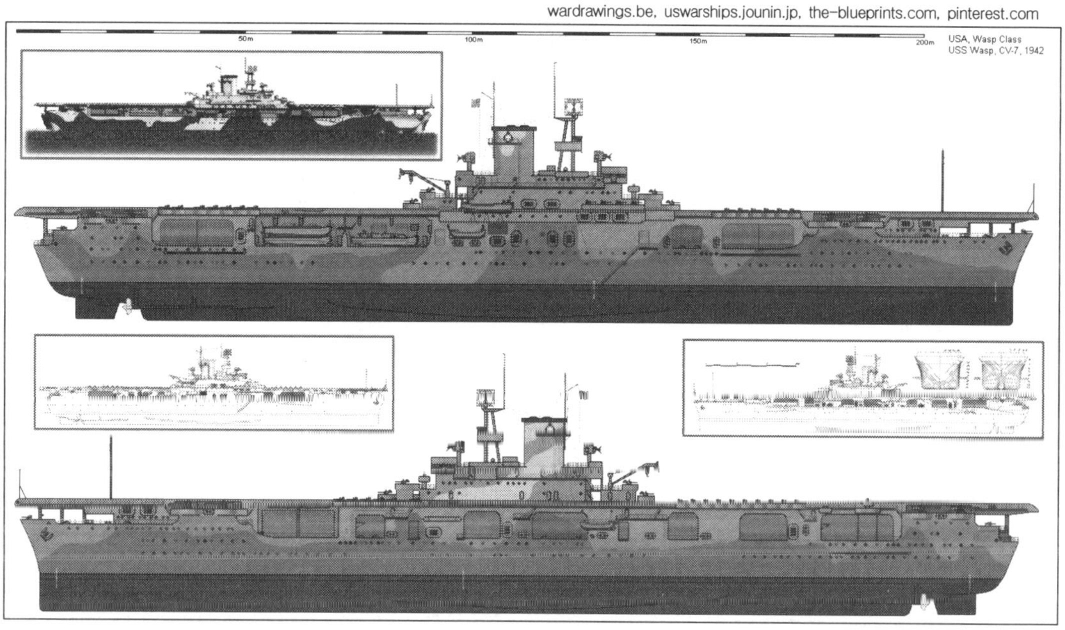

[그림 4-158]
CV-7

militaryhistory.x10.mx

[그림 4-159]
CV-8(Ref.)

the-blueprints.com

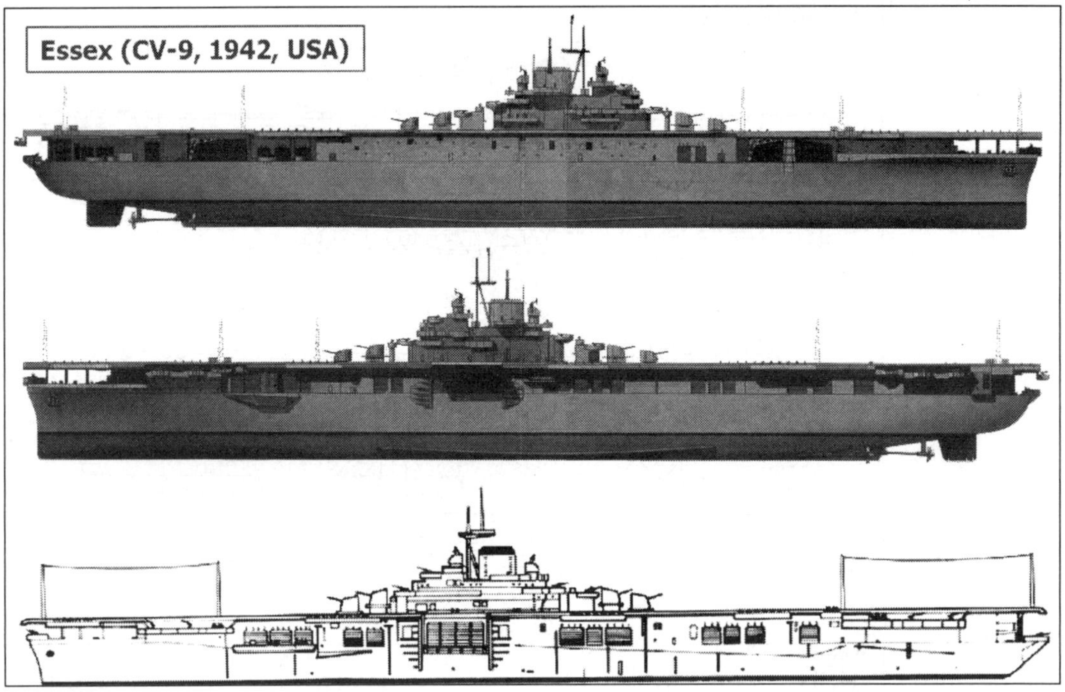

[그림 4-160]
CV-9

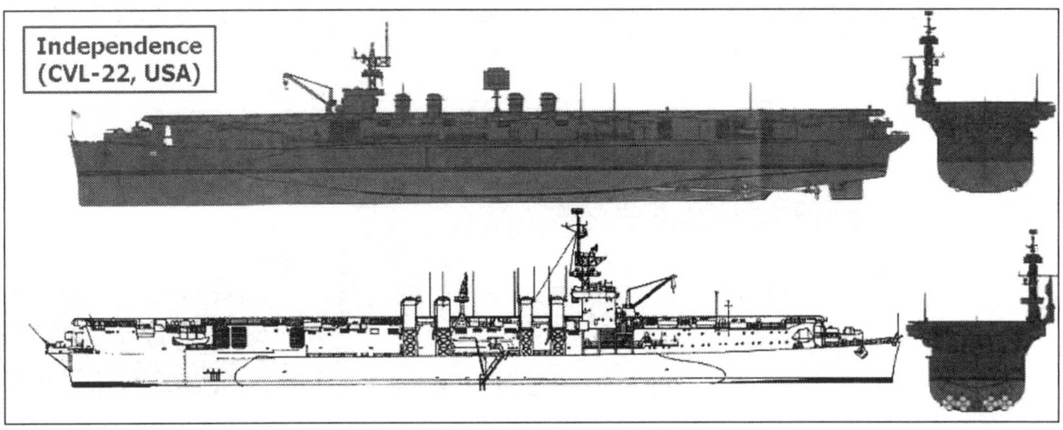

[그림 4-161]
CV-22

the-blueprints.com

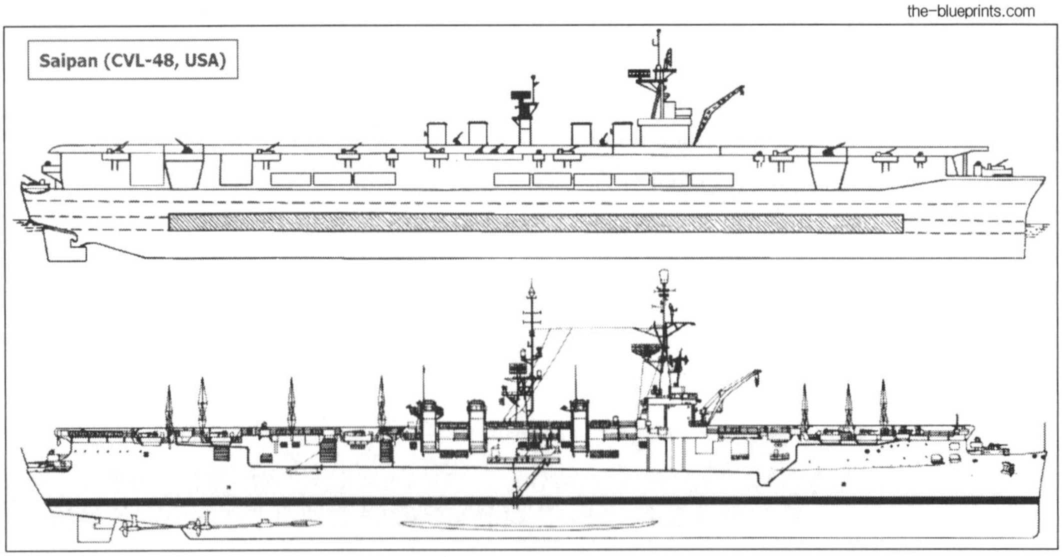

[그림 4-162]
CV-48

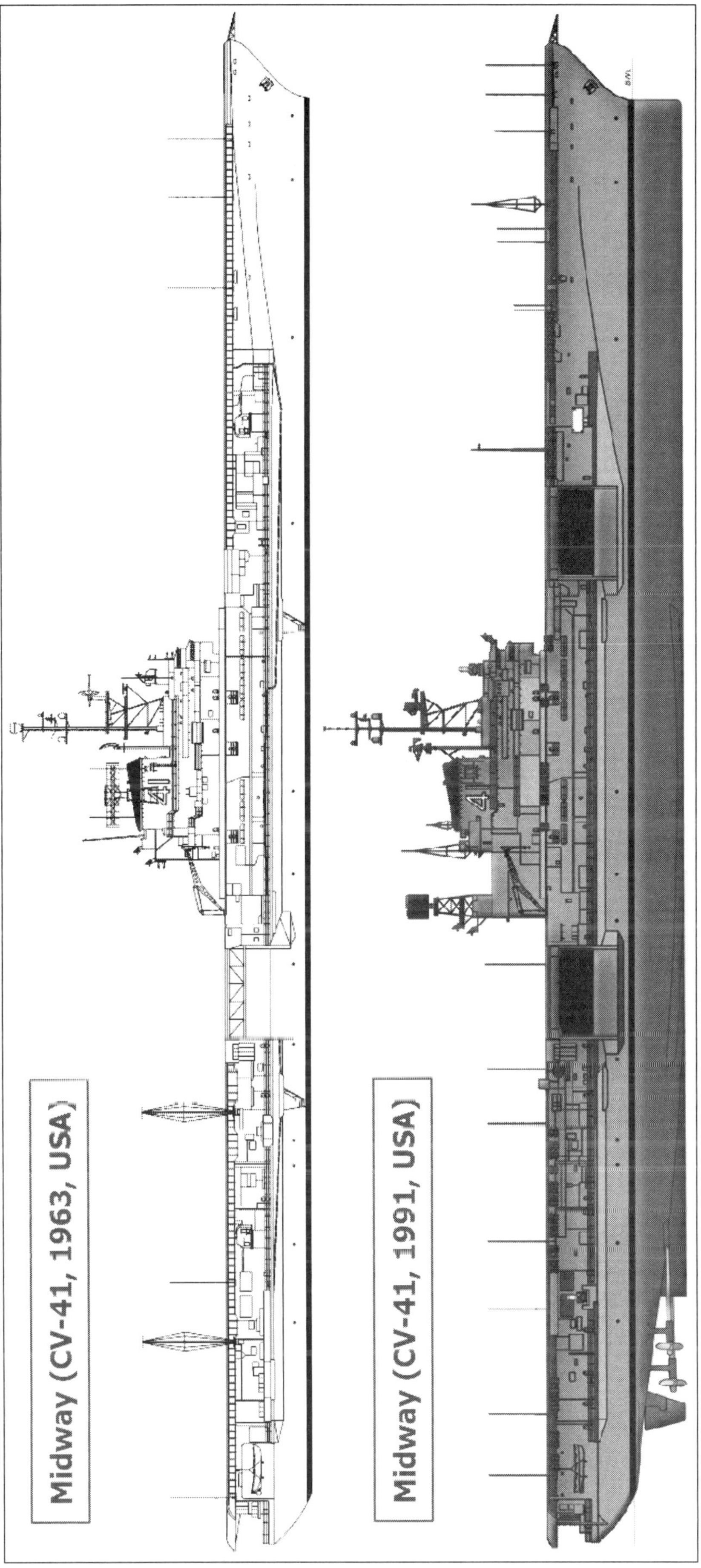
the-blueprints.com
Midway (CV-41, 1963, USA)
Midway (CV-41, 1991, USA)

[그림 4-163] CV-41

wunderwaffe.narod.ru, z11.invisionfree.com

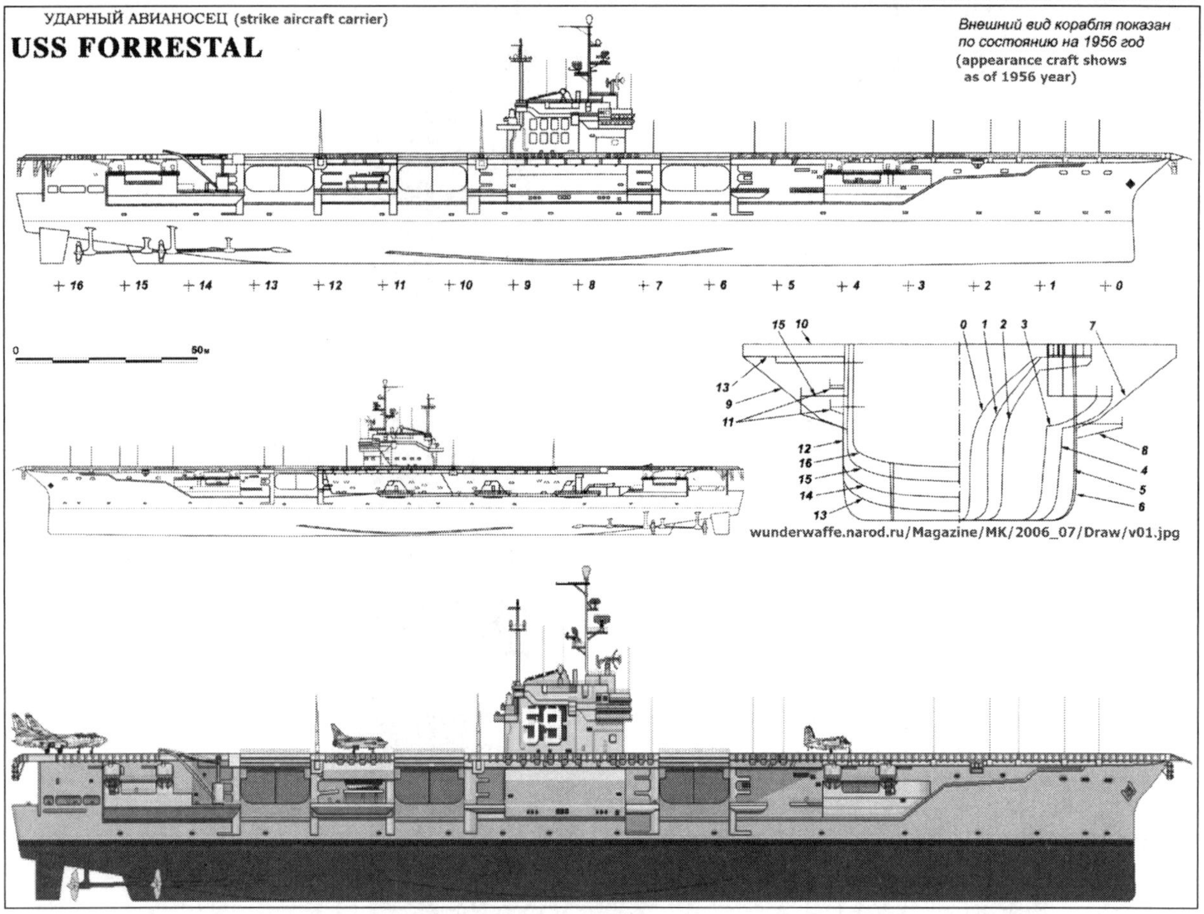

[그림 4-164] CV-59

the-blueprints.com

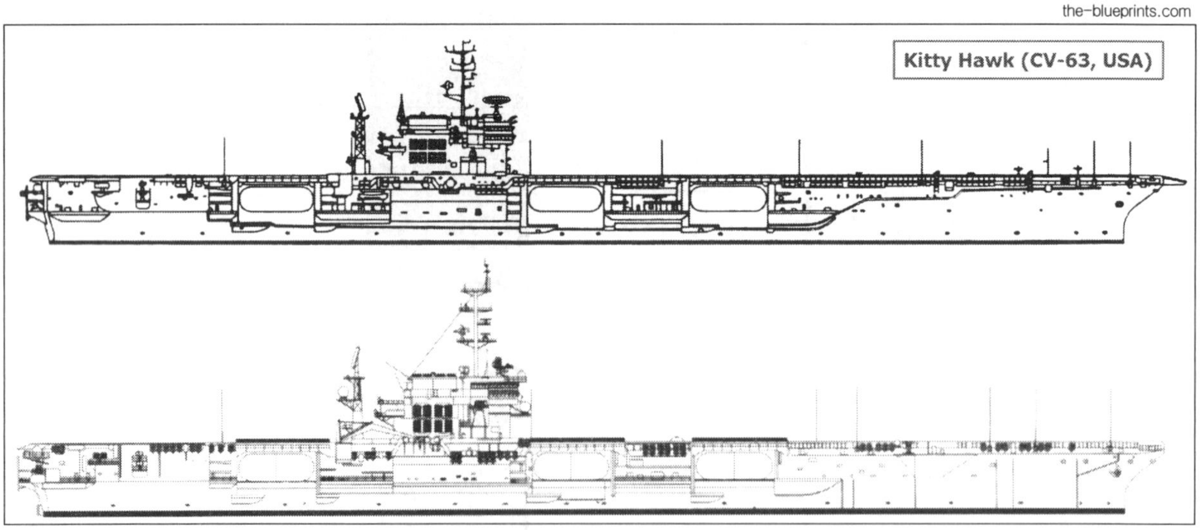

[그림 4-165] CV-63

he-blueprints.com & usmilitaryart.com

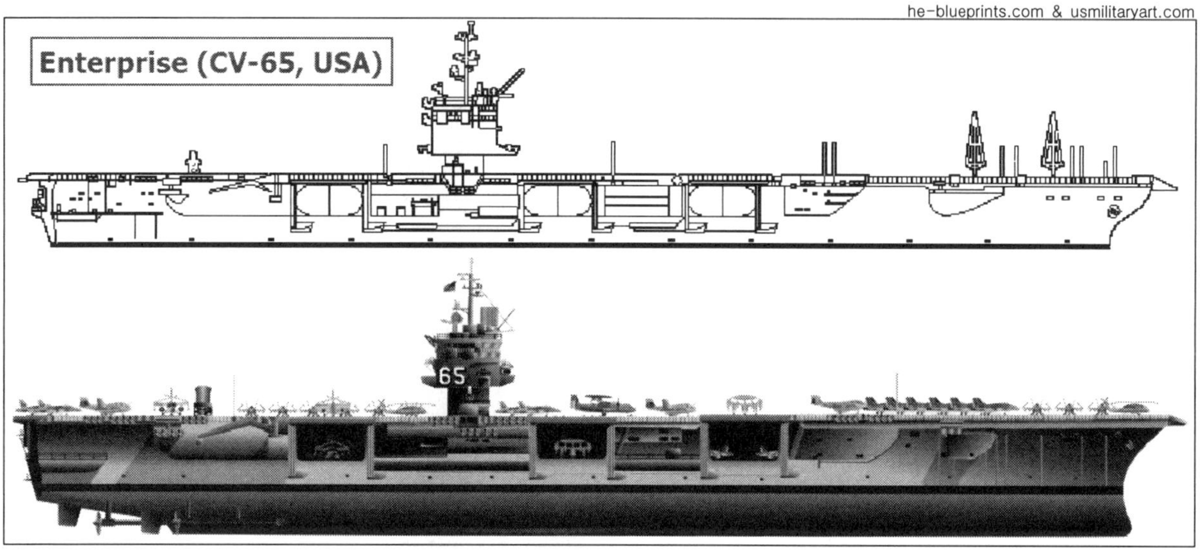

[그림 4-166] CV-65

the-blueprints.com & usmilitaryart.com

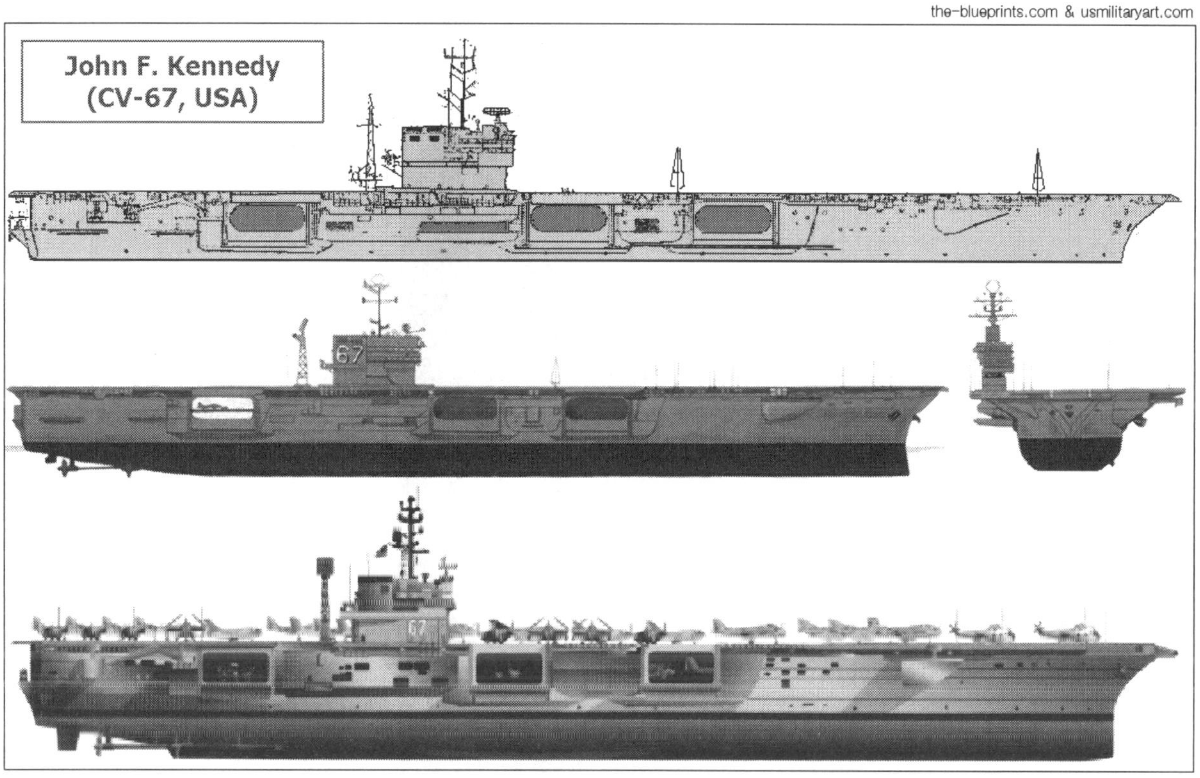

[그림 4-167] CV-67

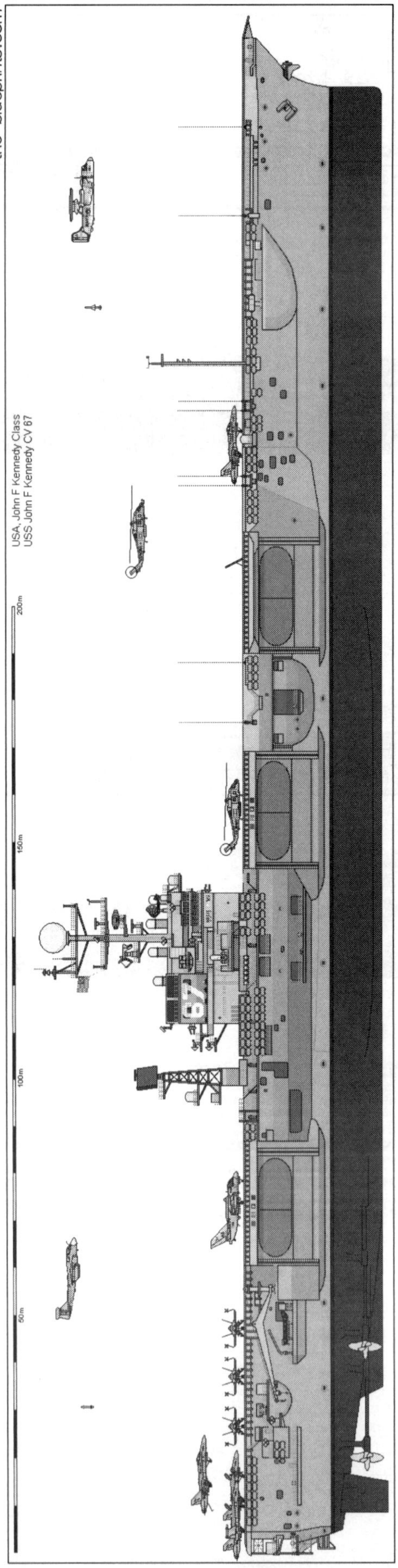

[그림 4-169] CV-67(미국)

나. 영국

forum.worldofwarships.eu, homepages.slingshot.co.nz

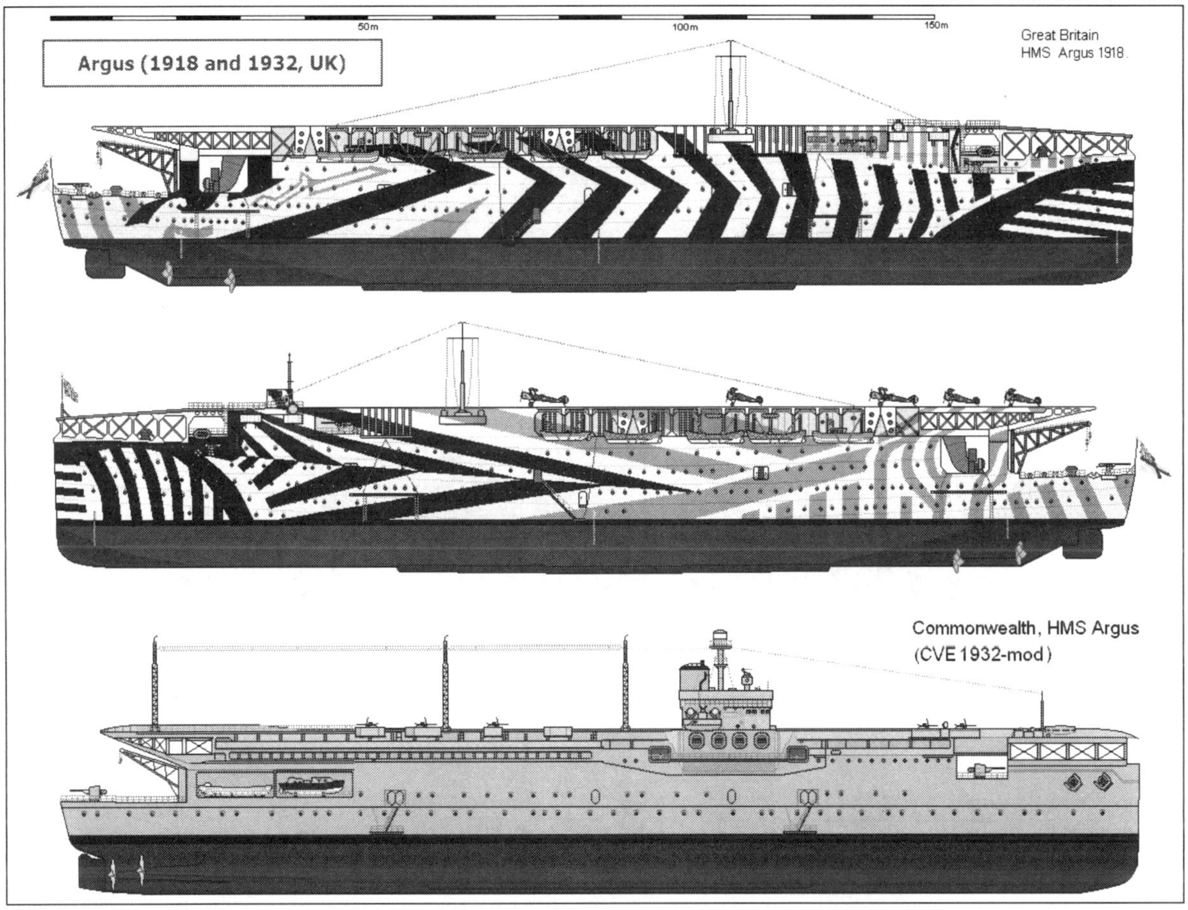

[그림 4-168] Argus

the-blueprints.com

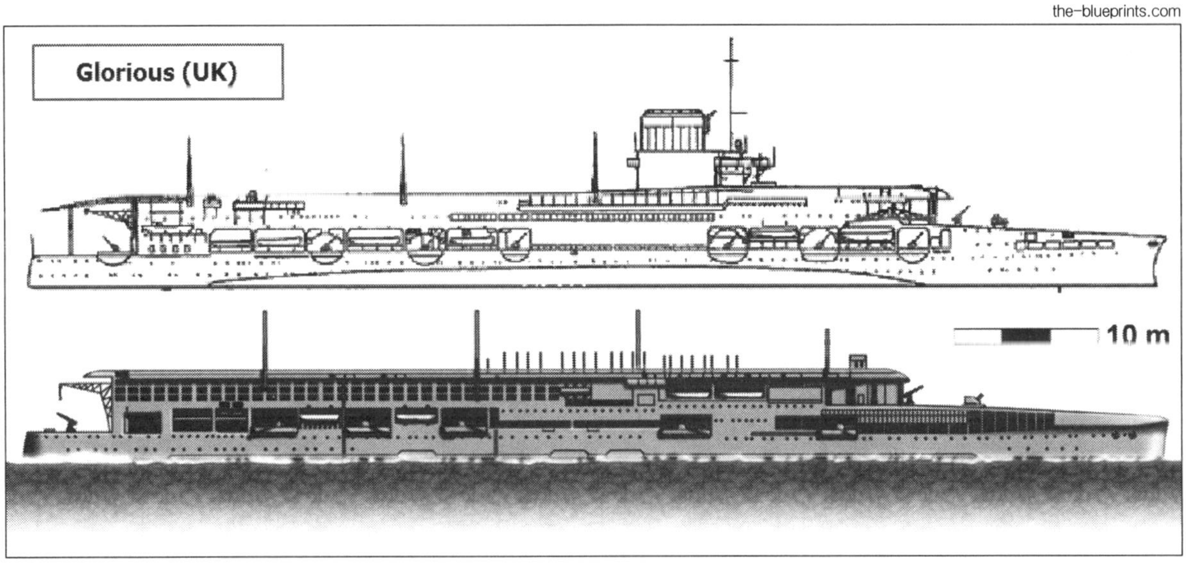

[그림 4-170] Glorious

the-blueprints.com

[그림 4-171]
Eagle

forum.worldofwarships.com

[그림 4-172]
Hermes

Pinterest.com

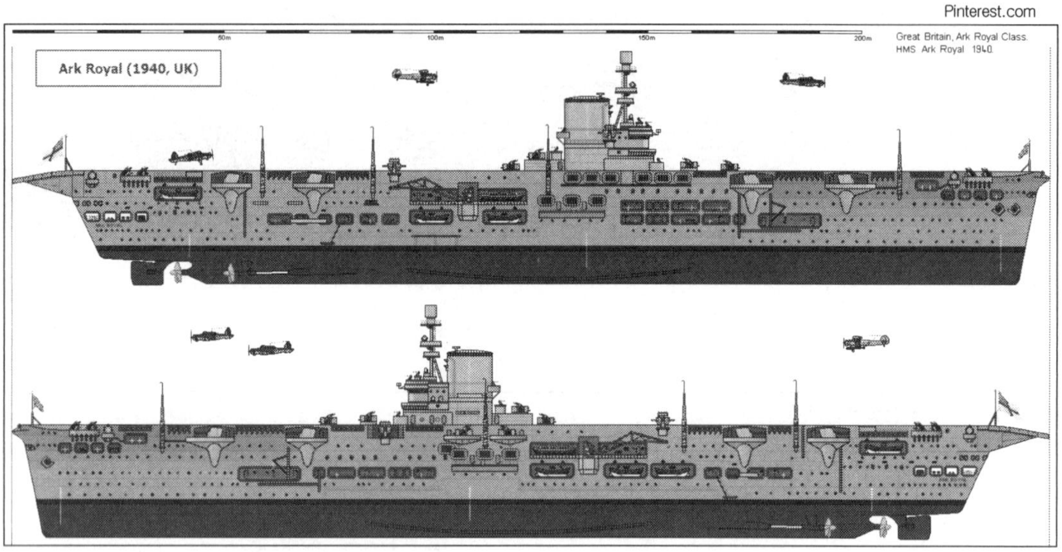

[그림 4-173]
Ark Royal

Pinterest.com

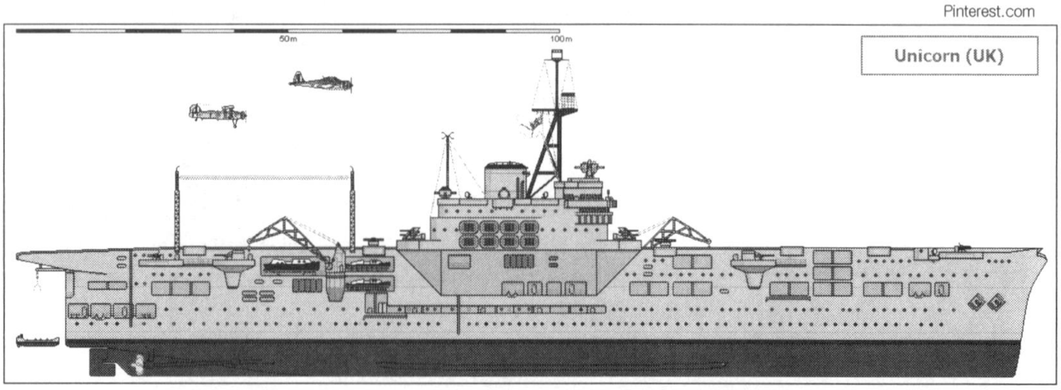

[그림 4-174]
Unicorn

Pinterest.com

[그림 4-175]
Ark Royal

wesworld.jk-clan.de

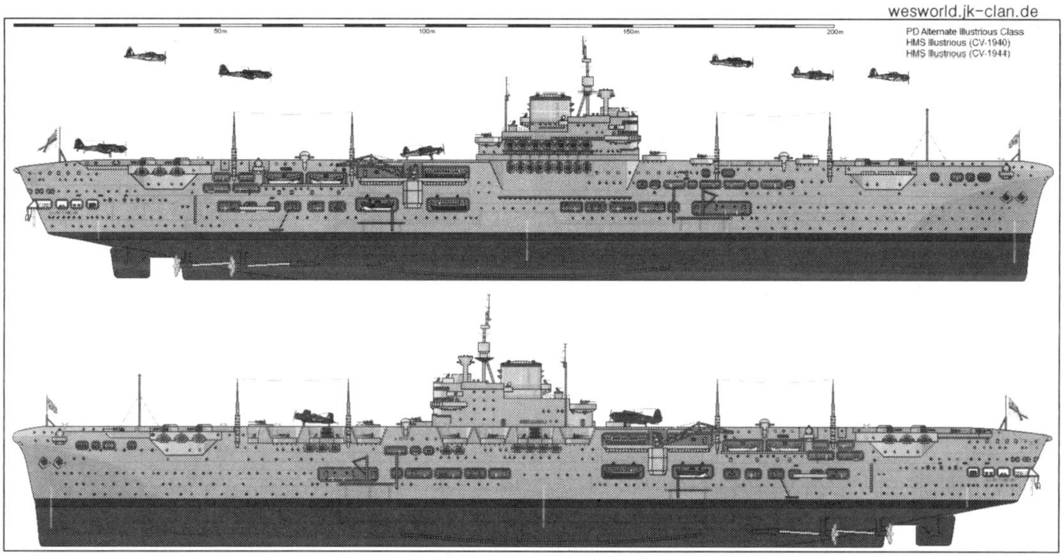

[그림 4-176]
Illustrious

egloos.zum.com

[그림 4-177]
Implacable
(호주)

homepages.slingshot.co.nz

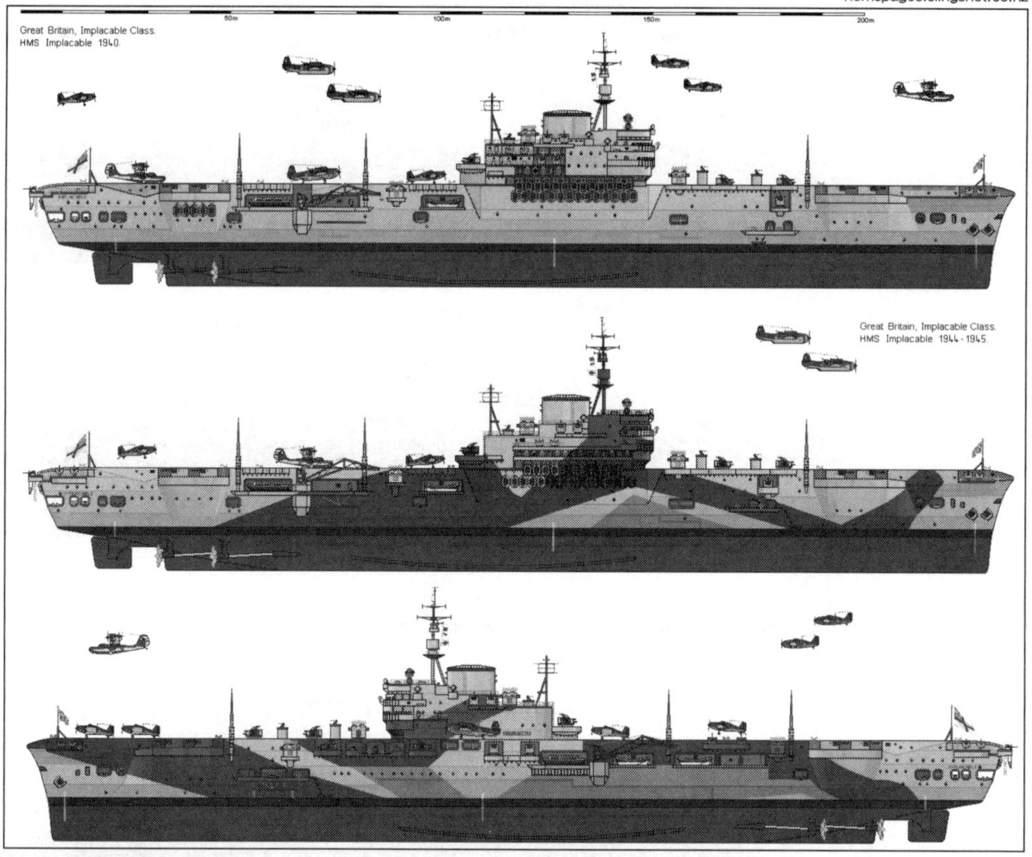

[그림 4-178]
Implacable

the-blueprints.com

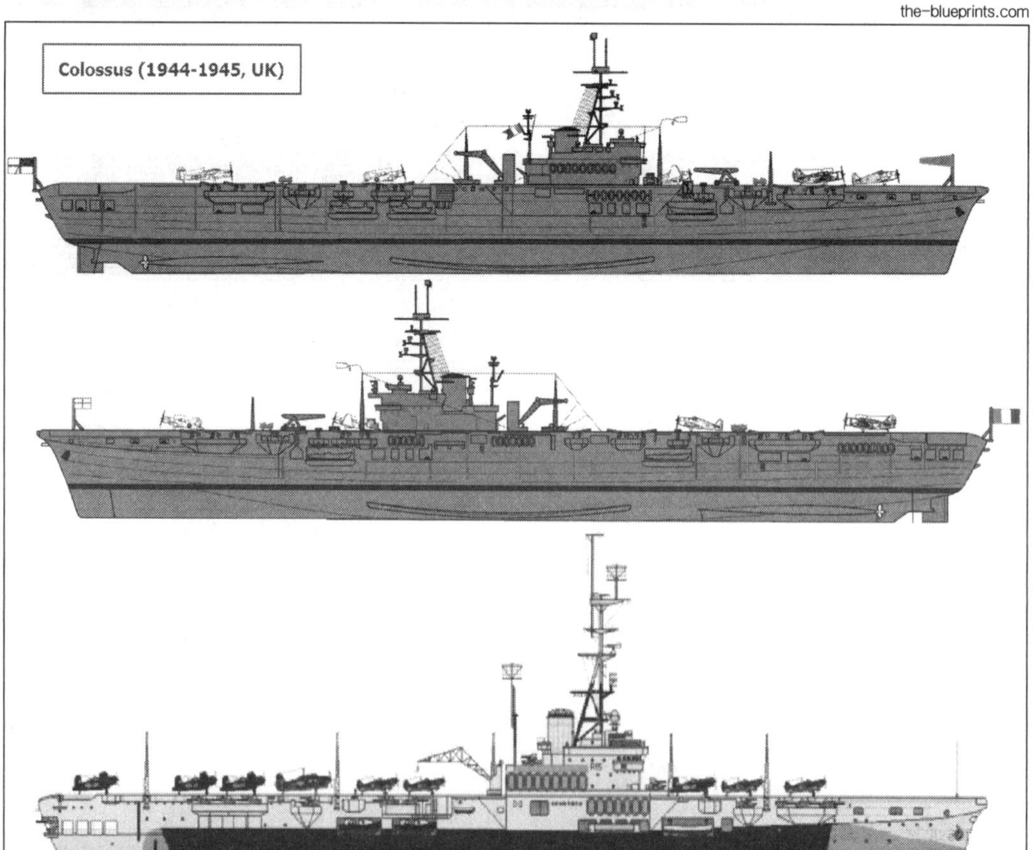

[그림 4-179]
Colossus

the-blueprints.com

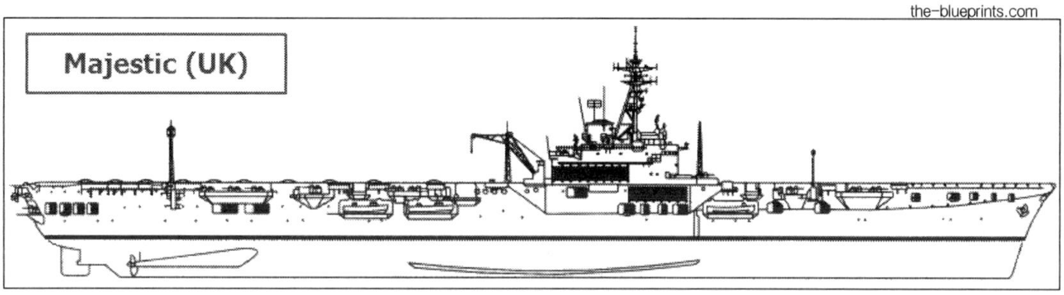

[그림 4-180]
Majestic

shipbucket.com

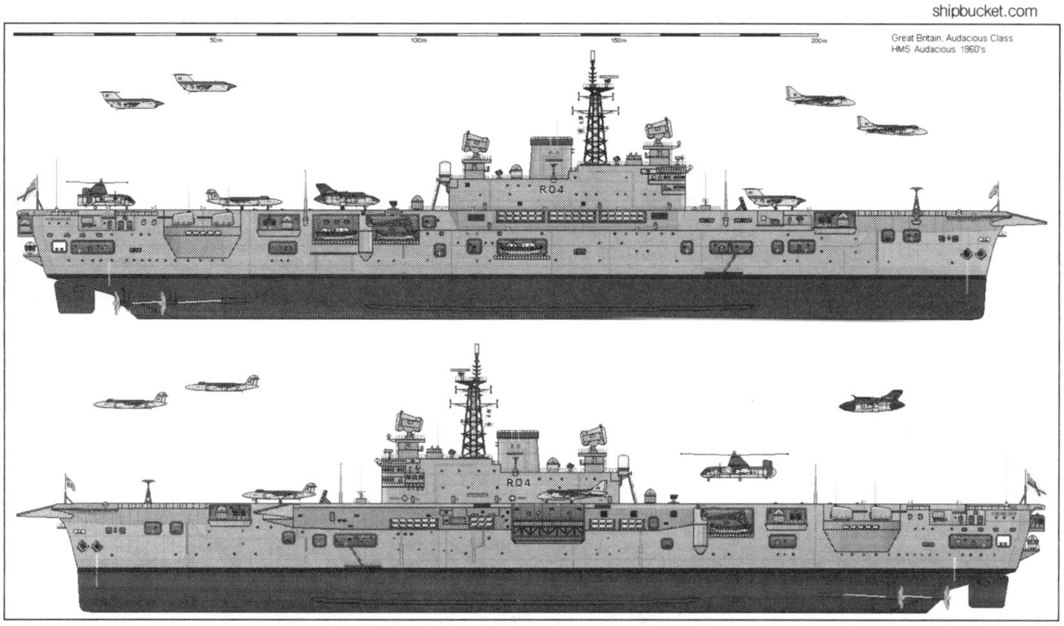

[그림 4-181]
Audacious

shipbucket.com

[그림 4-182]
Audacious
(호주)

forum.keypublishing.com

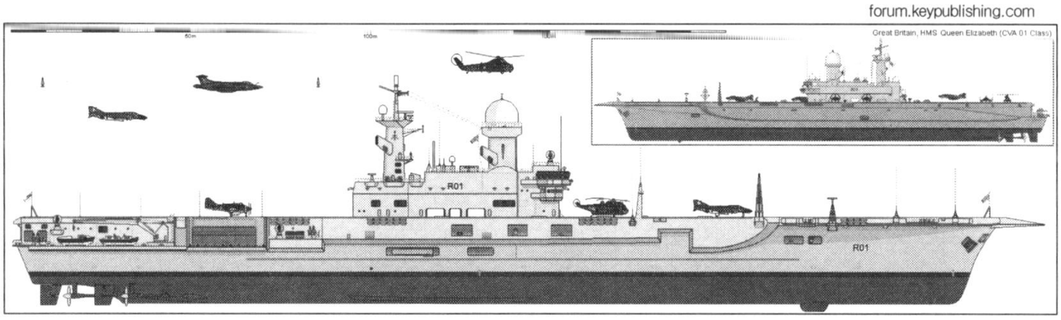

[그림 4-183]
Queen
Elizabeth Ⅰ

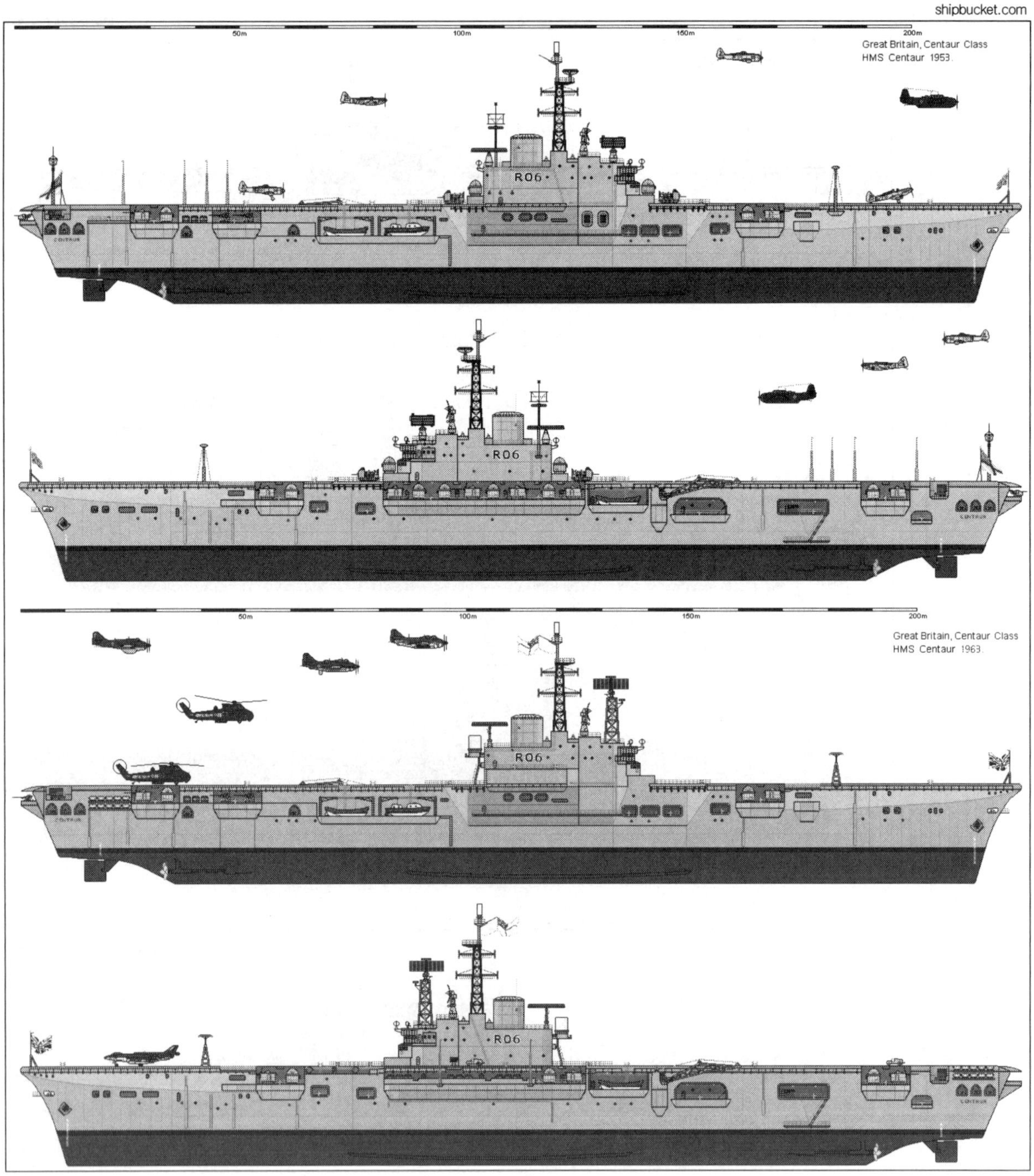

[그림 4-184] Centaur

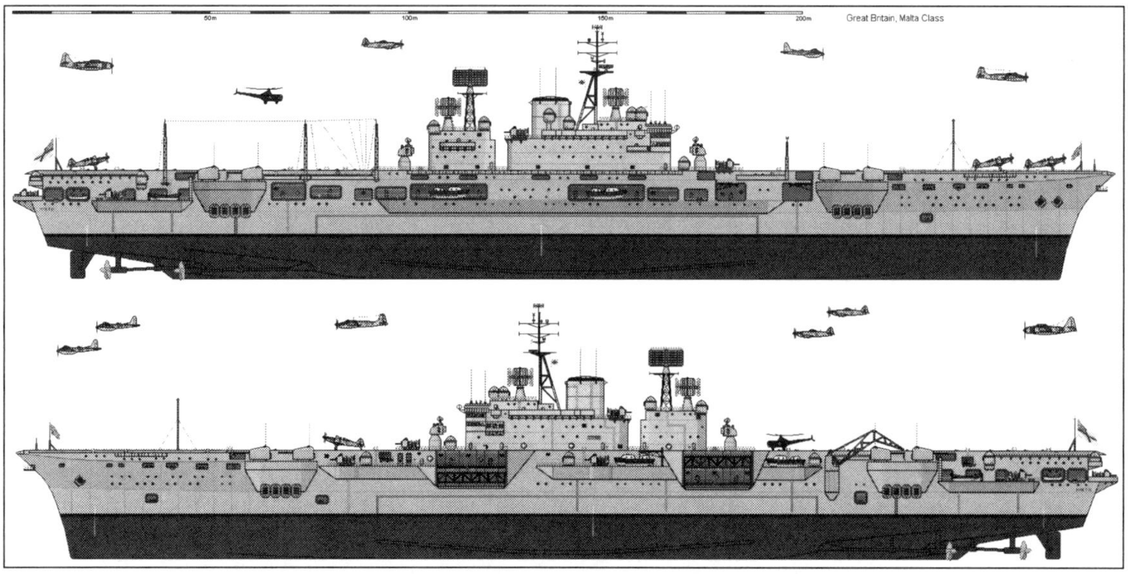

[그림 4-185] Malta

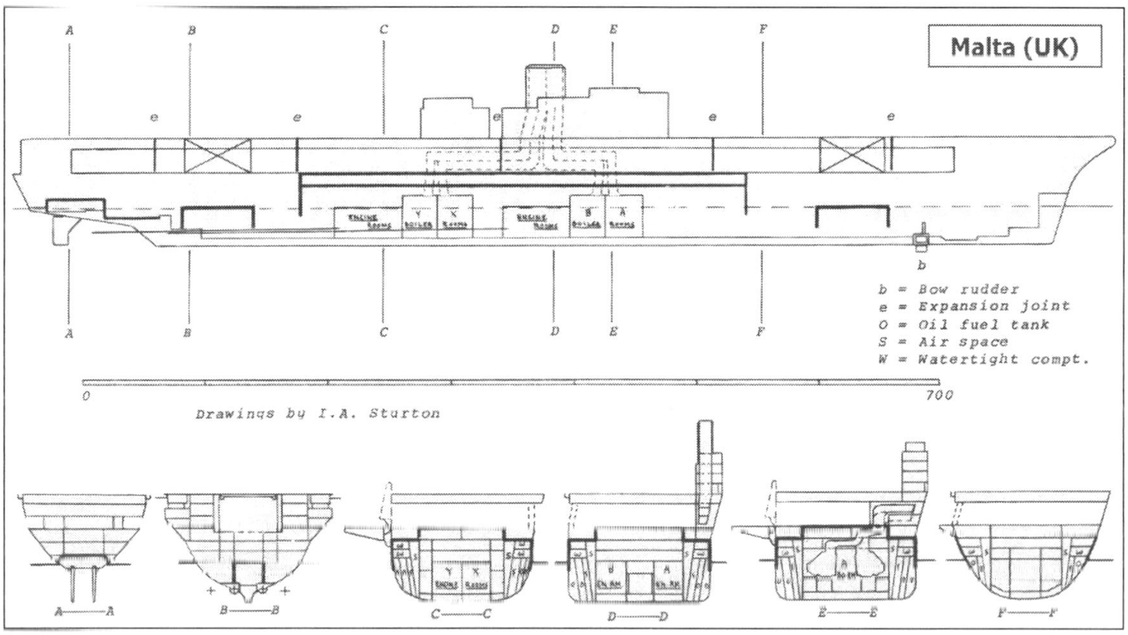

[그림 4-186] Malta

aaminis.myfastforum.org

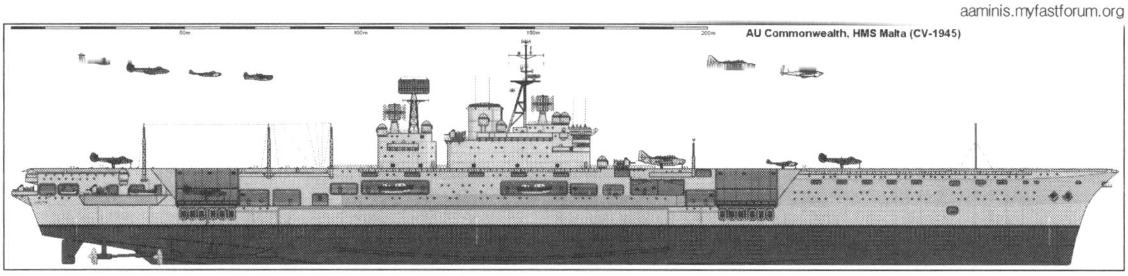

[그림 4-187] Malta(호주)

The-Blueprints.com

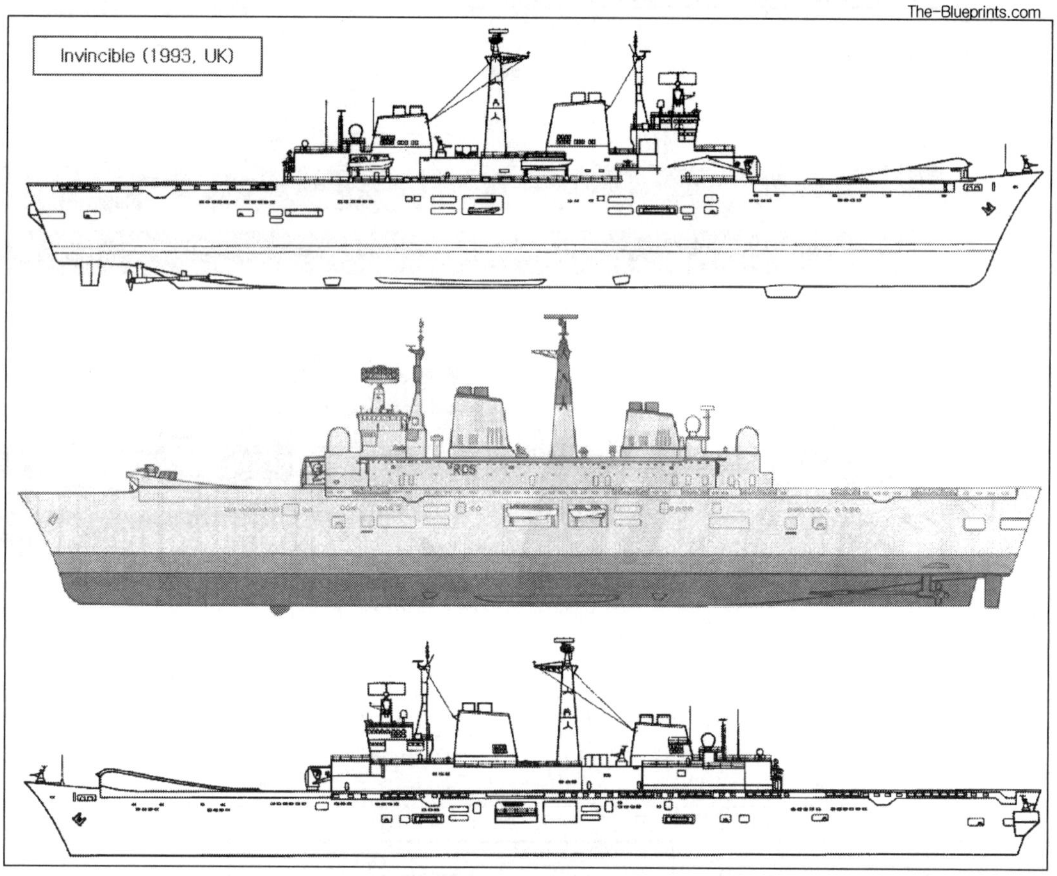

[그림 4-188]
Invincible

다. 러시아

weaponsandwarfare.com

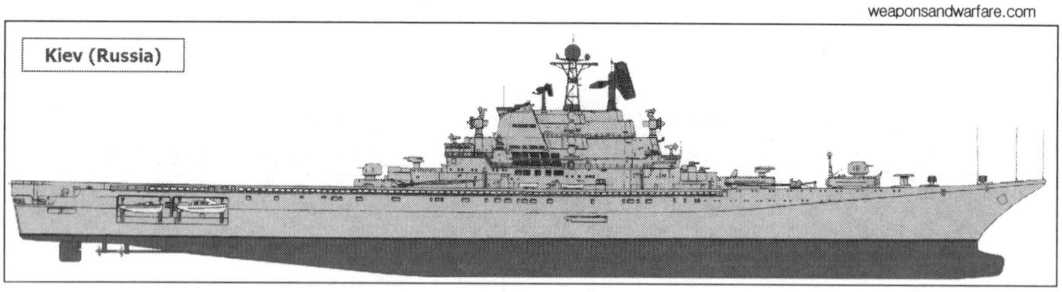

[그림 4-189]
Kiev class

shipbucket.com

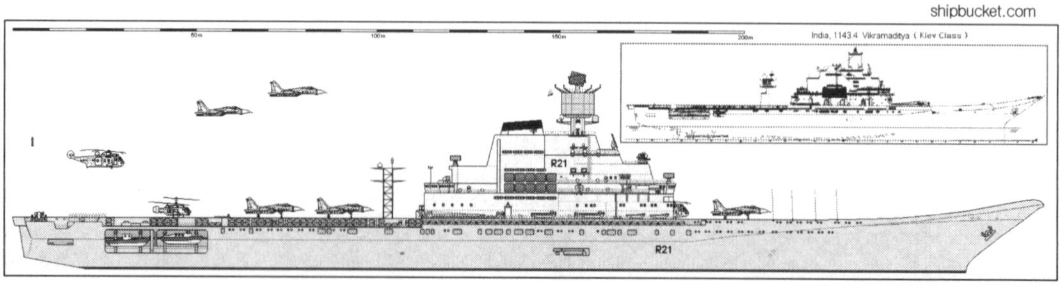

[그림 4-190]
Vikramaditya

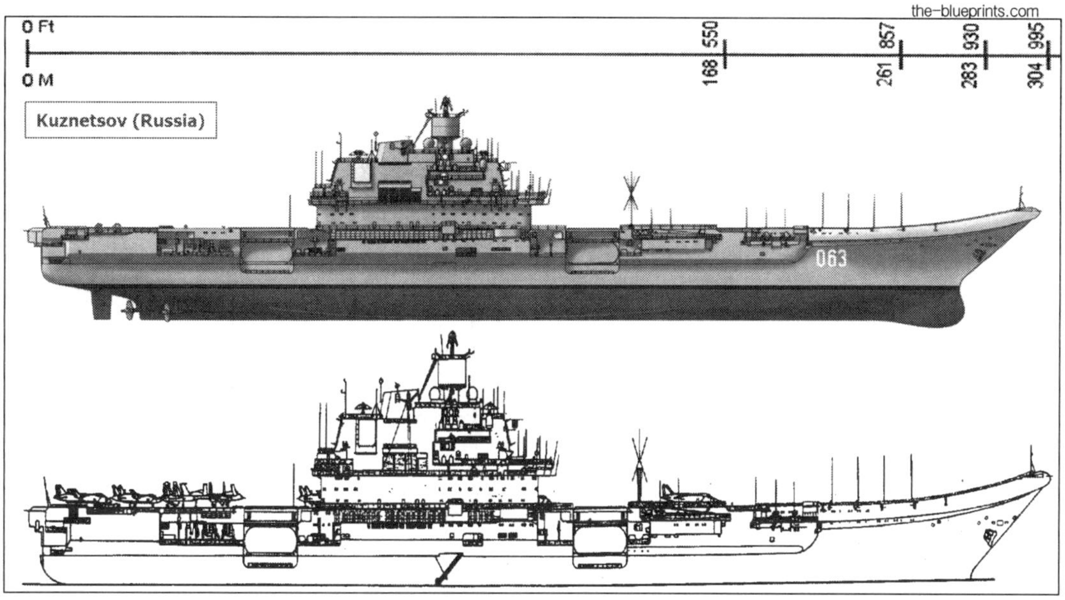

[그림 4-191] Kuznetsov

4.4.2 비행갑판

가. 미국

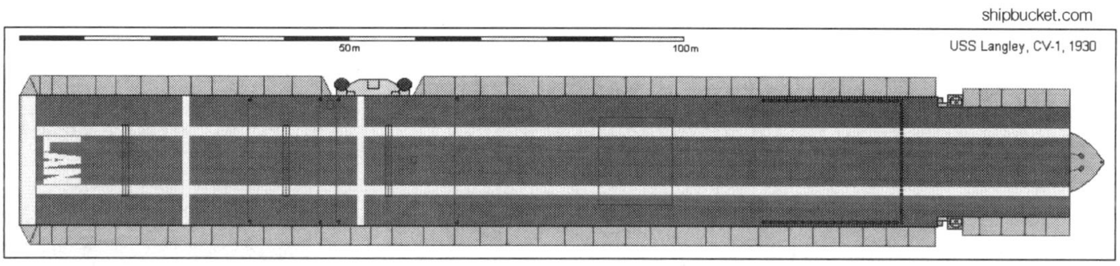

[그림 4-192] CV-1

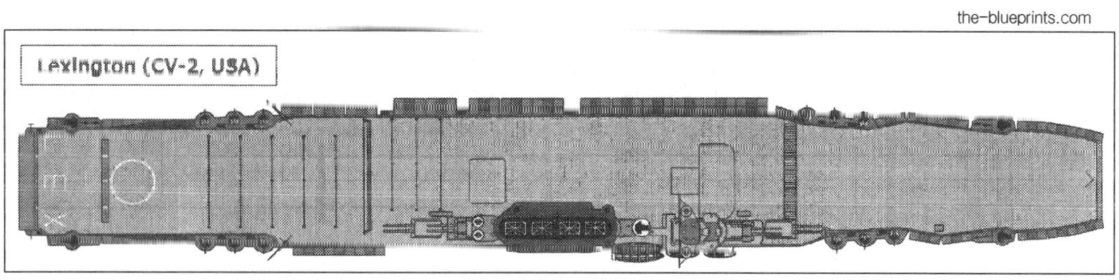

[그림 4-193] CV-2

the-blueprints.com

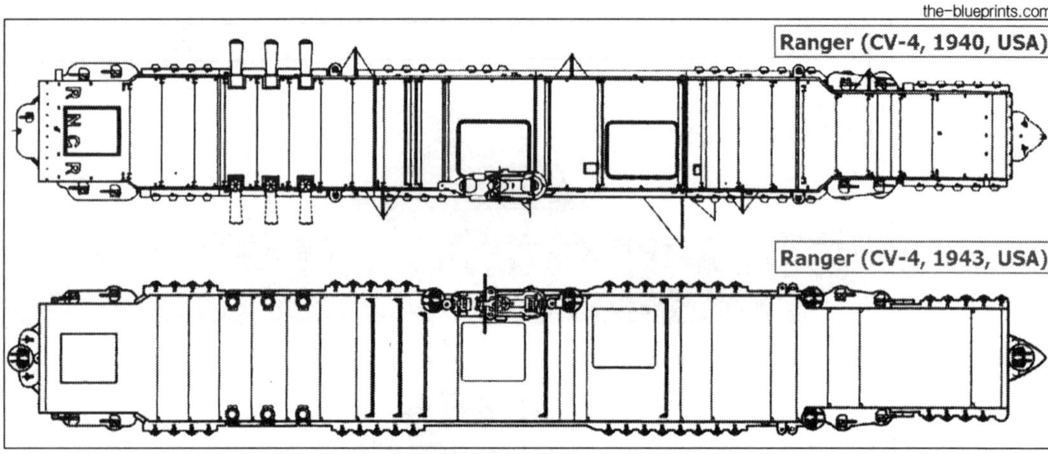

[그림 4-194] CV-4

pwencycl.kgbudge.com & pinterest.com

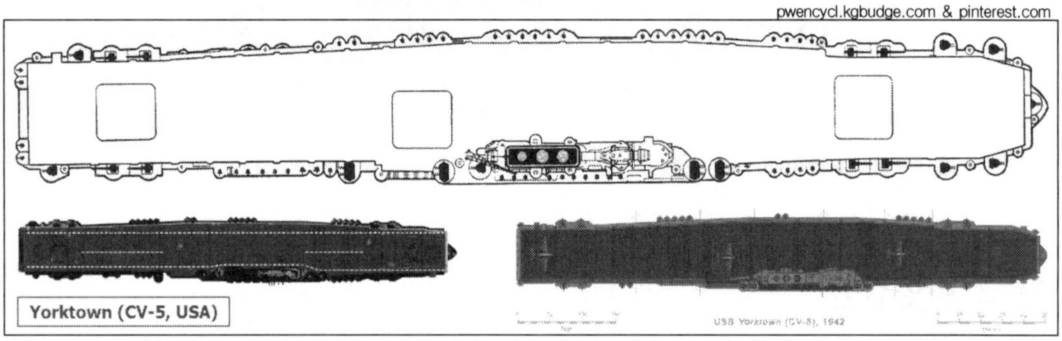

[그림 4-195] CV-5

Maquetland.com

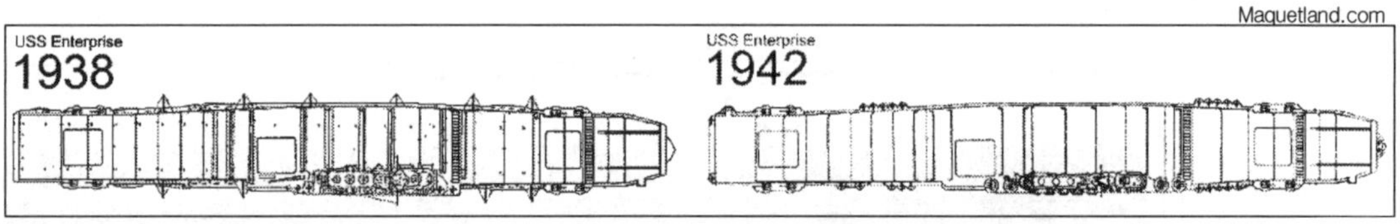

[그림 4-196] CV-6

pinterest.com

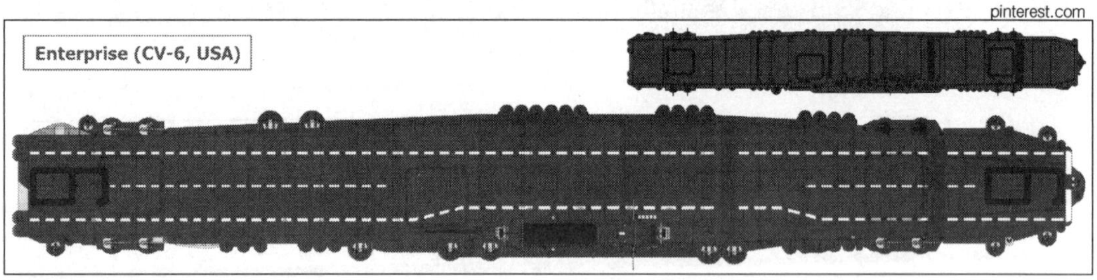

[그림 4-197] CV-6

uswarships.jounin.jp & wardrawings.be

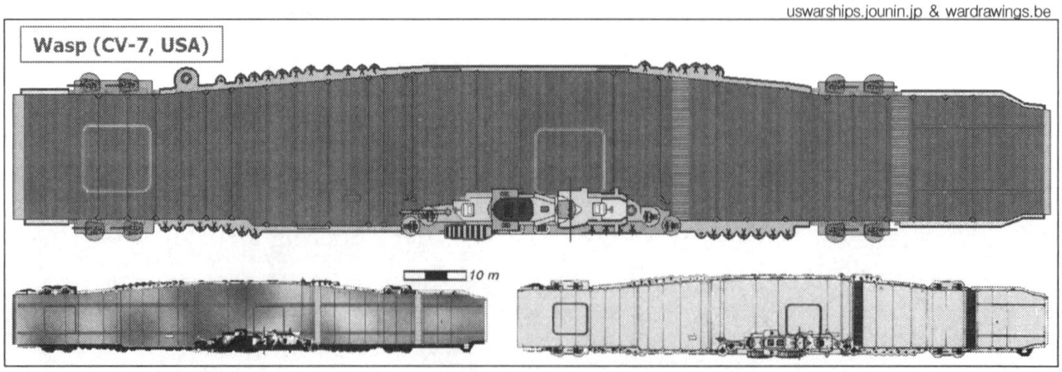

[그림 4-198] CV-7

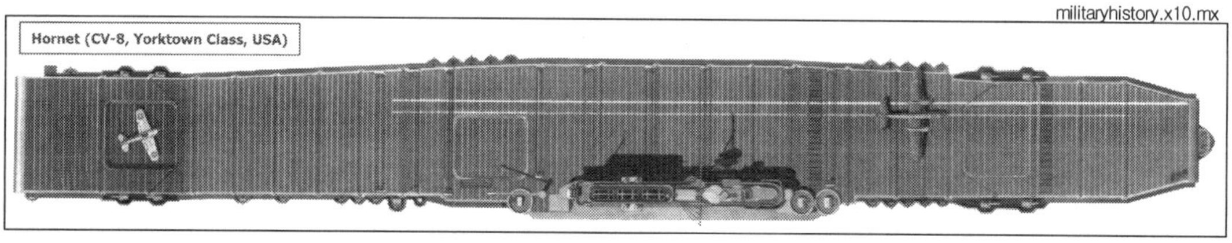

[그림 4-199]
CV-8

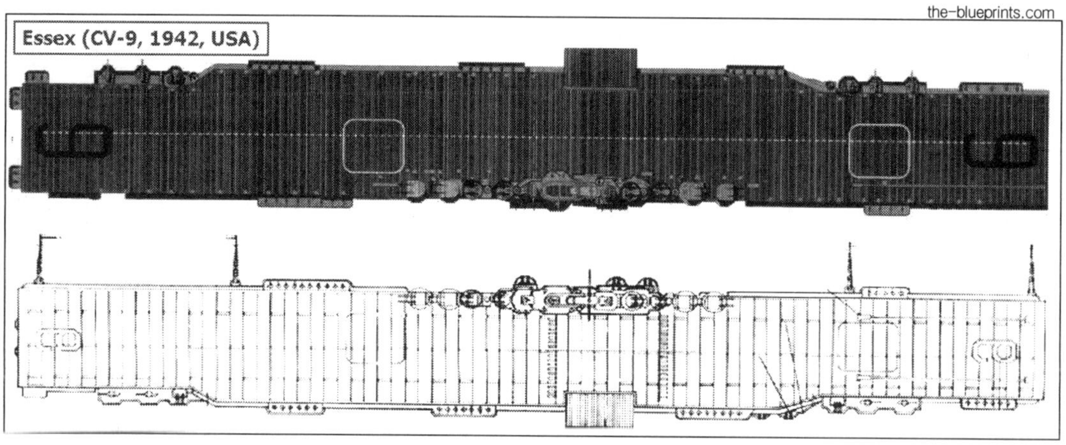

[그림 4-200]
CV-9

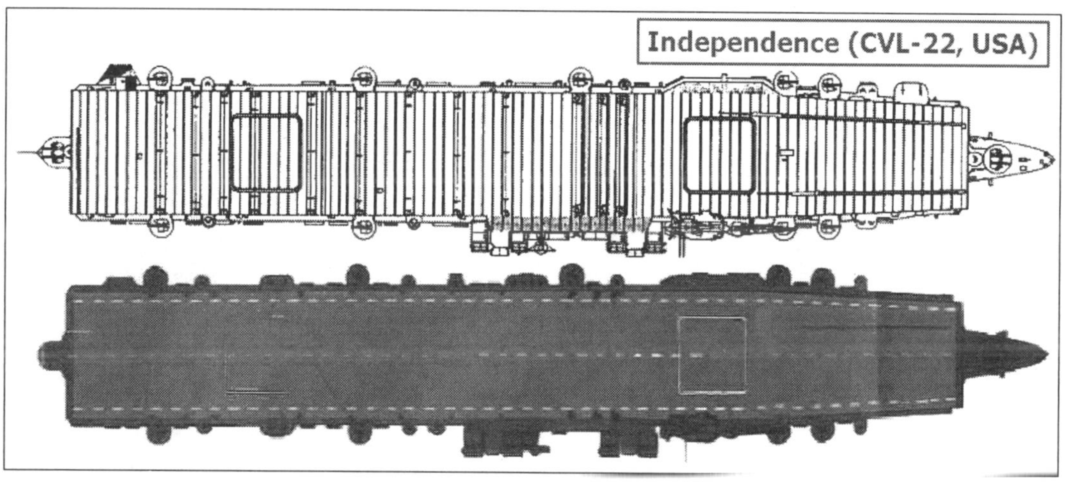

[그림 4-201]
CV-22

* CV-41은 긴 그림으로 다음 쪽에 있음

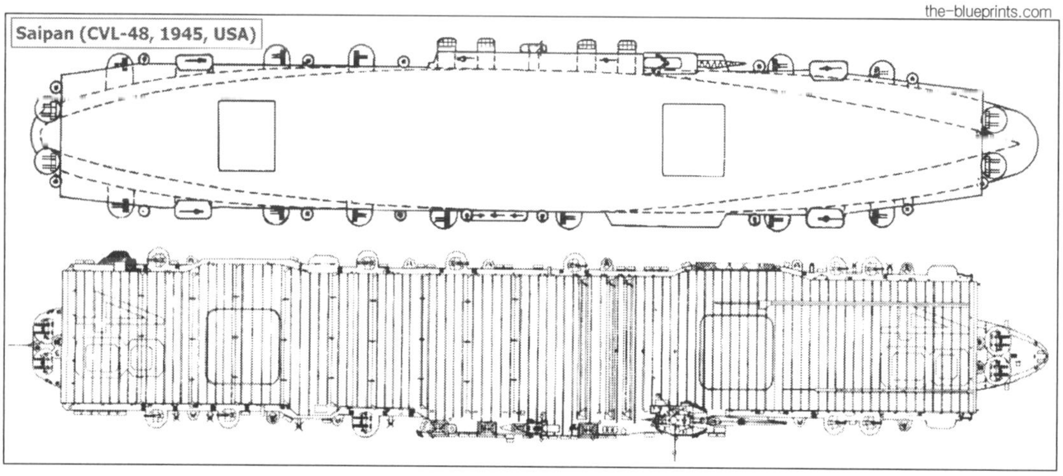

[그림 4-202]
CV-48

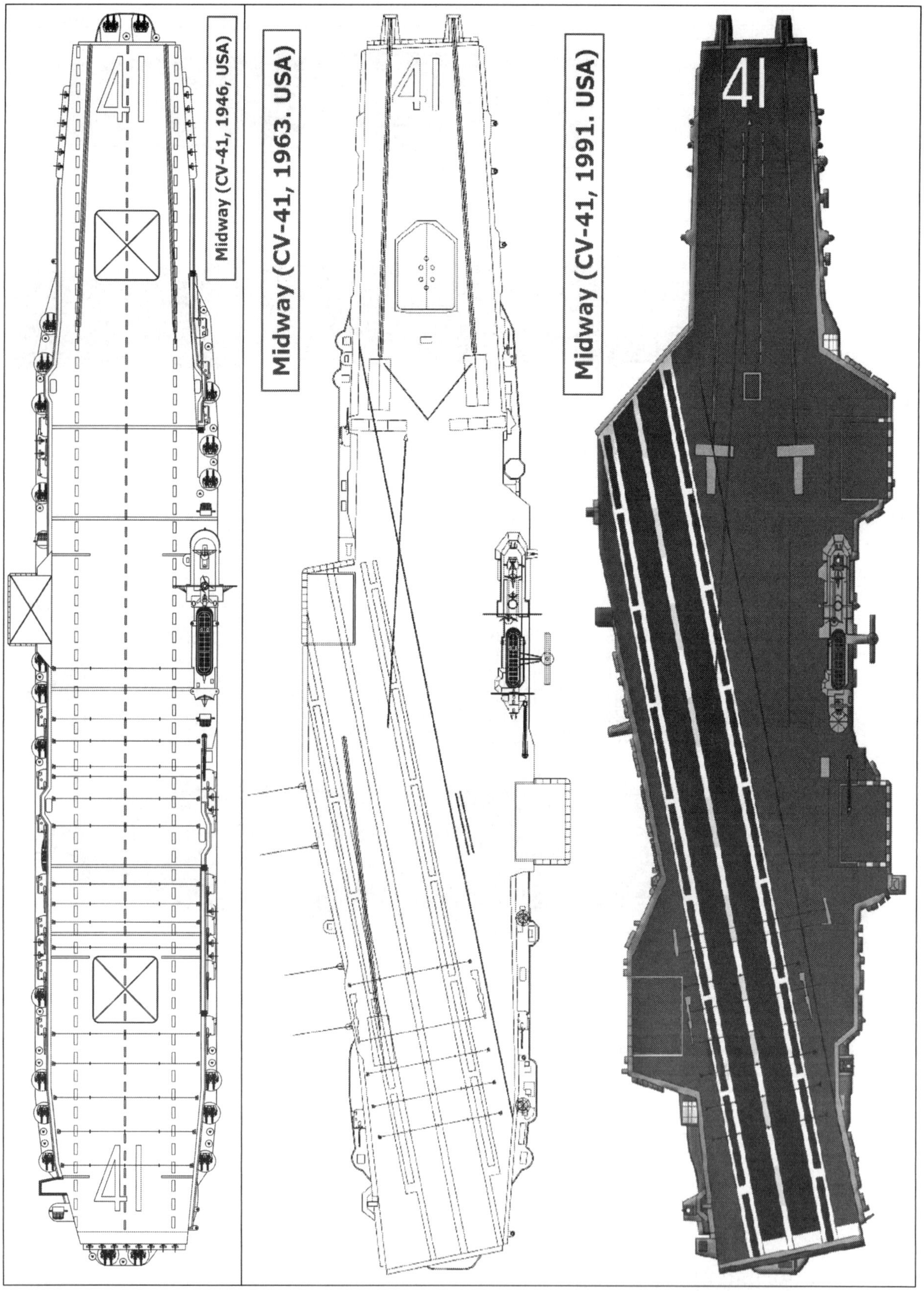
Midway (CV-41, 1946, USA)
Midway (CV-41, 1963. USA)
Midway (CV-41, 1991. USA)

[그림 4-203] CV-41

the-blueprints.com & wunderwaffe.narod.ru

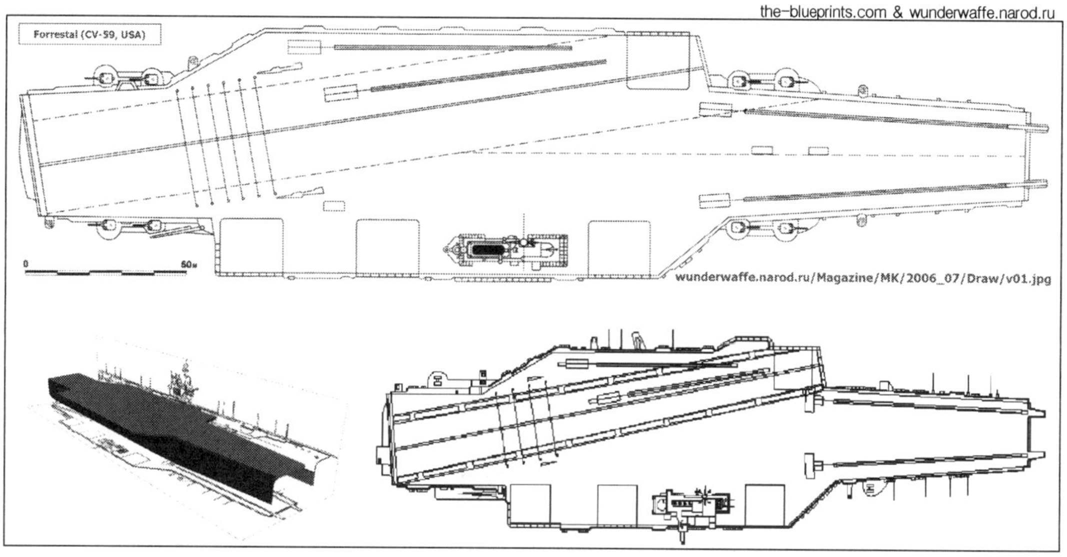

[그림 4-204] CV-59

the-blueprints.com

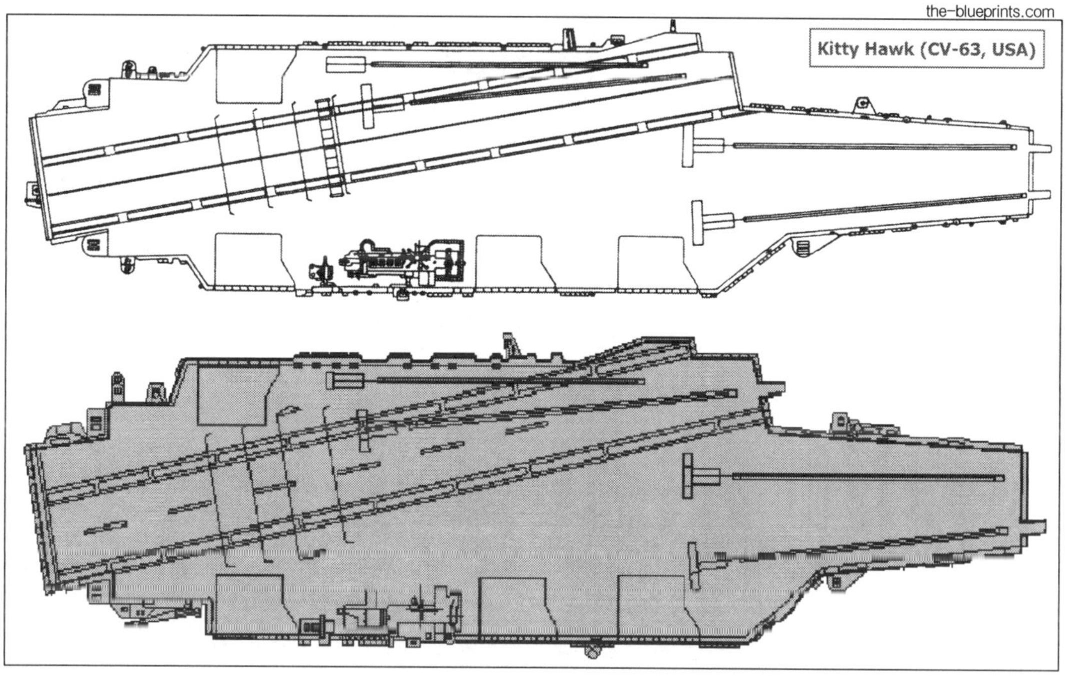

[그림 4-205] CV-63

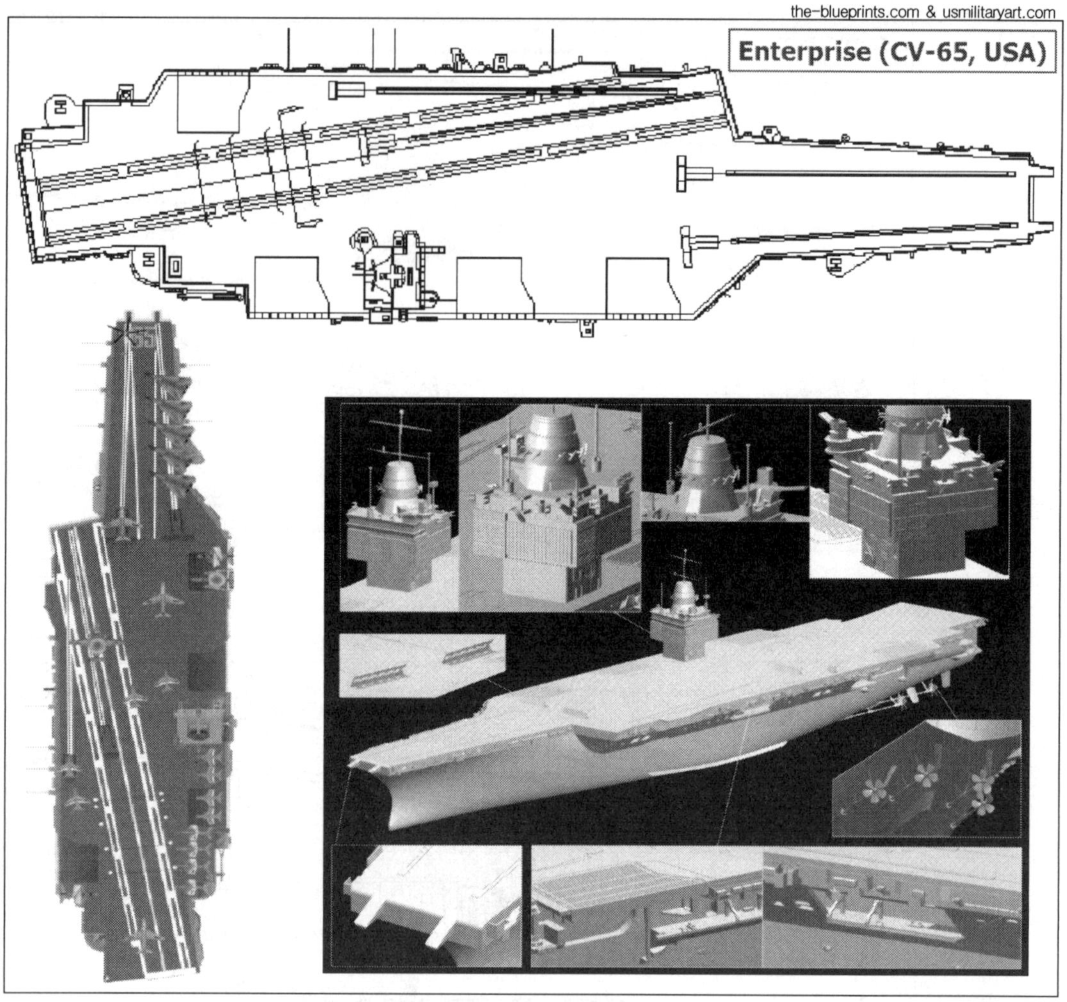

[그림 4-206]
CV-65

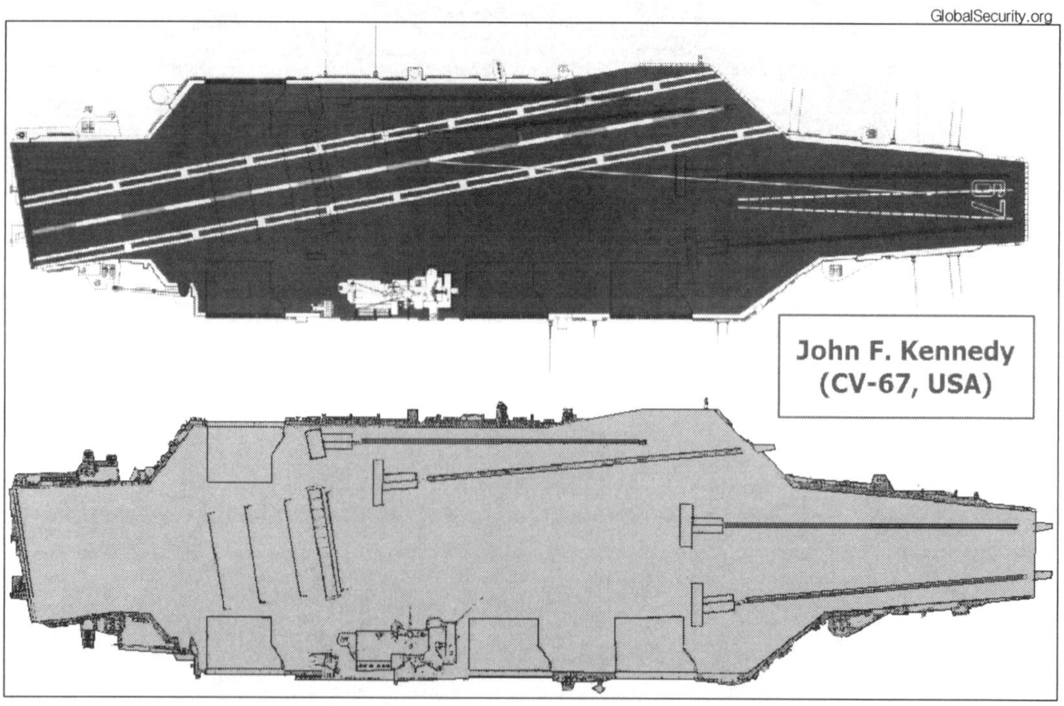

[그림 4-207]
CV-67

나. 영국

forum.worldofwarships.eu

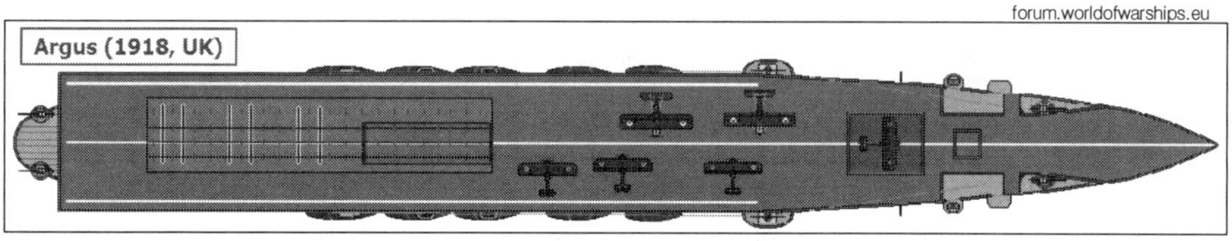

[그림 4-208] Argus

the-blueprints.com

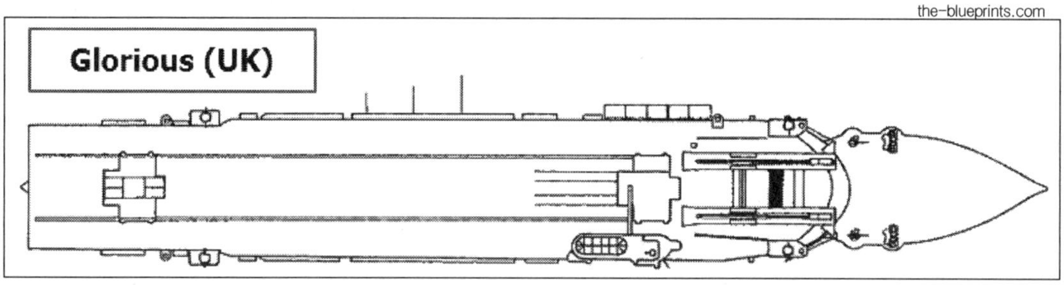

[그림 4-209] Glorious

the-blueprints.com & forum.worldofwarships.com

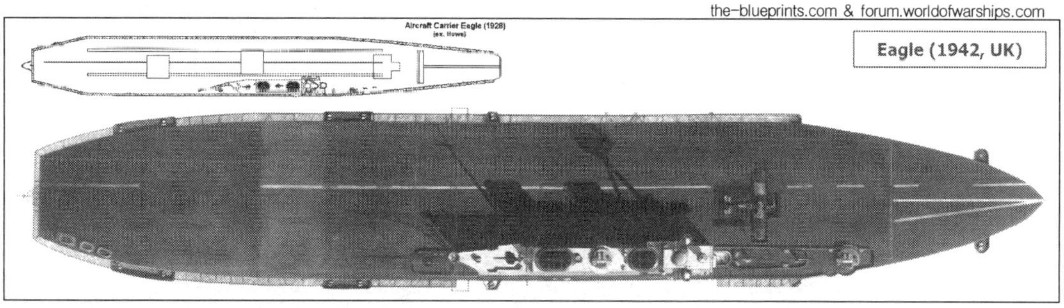

[그림 4-210] Eagle

Pinterest.com

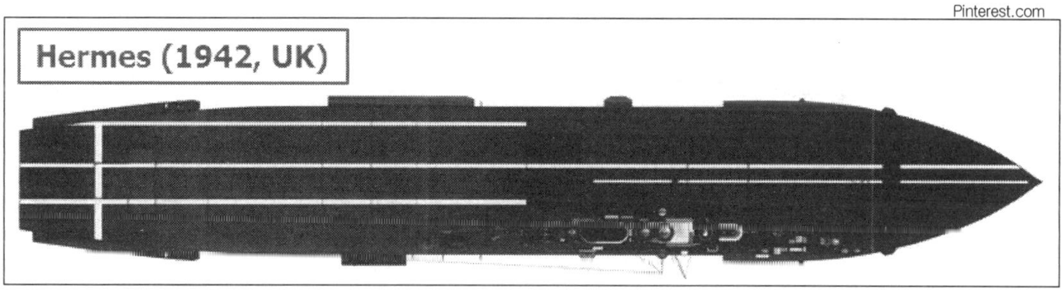

[그림 4-211] Hermes

Pinterest.com

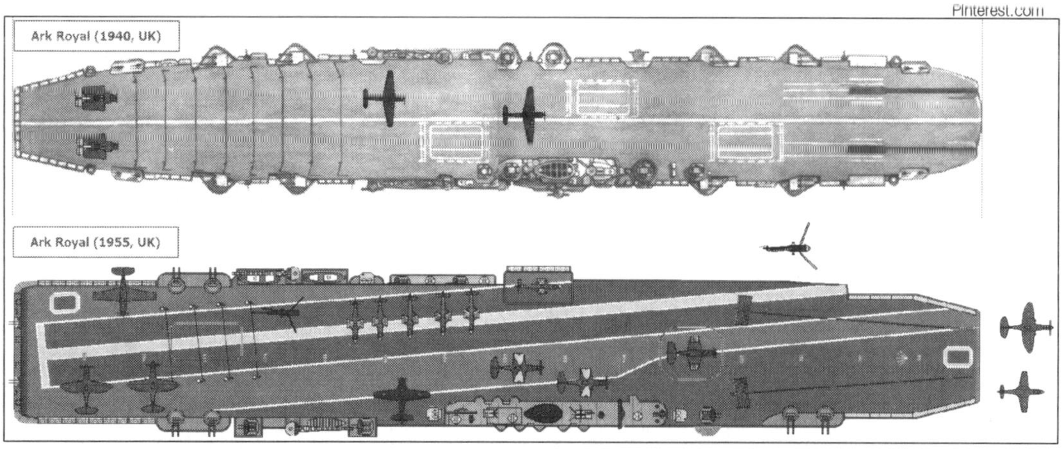

[그림 4-212] Ark Royal

Pinterest.com

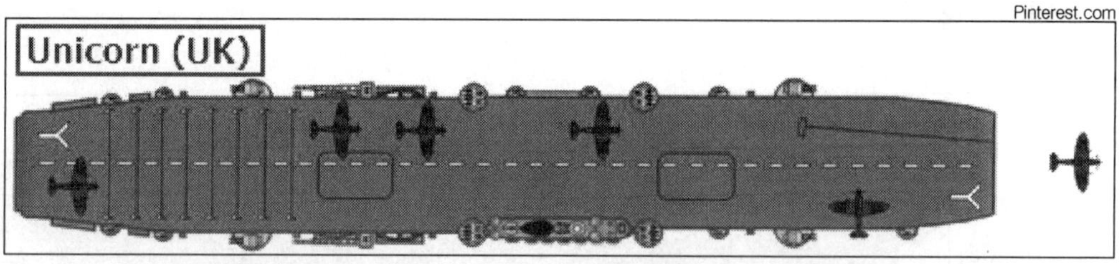

[그림 4-213]
Unicorn

homepages.slingshot.co.nz

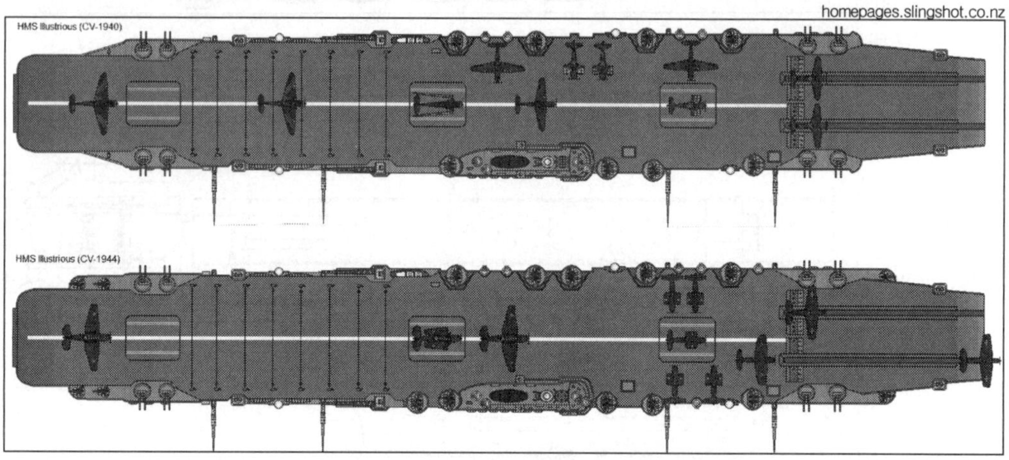

[그림 4-214]
Illustrious

the-blueprints.com & forum.egloos.zum.com

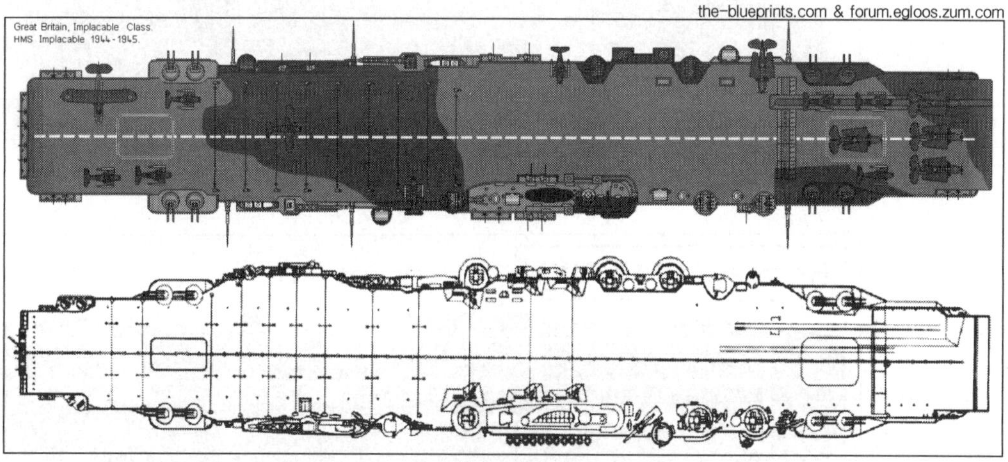

[그림 4-215]
Implacable

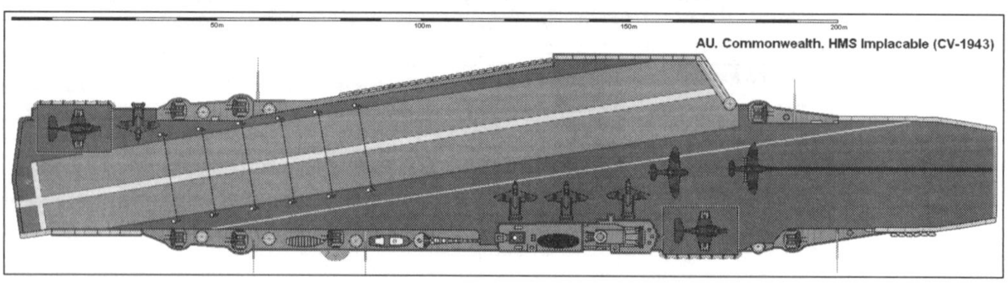

[그림 4-216]
Implacable
(호주)

the-blueprints.com

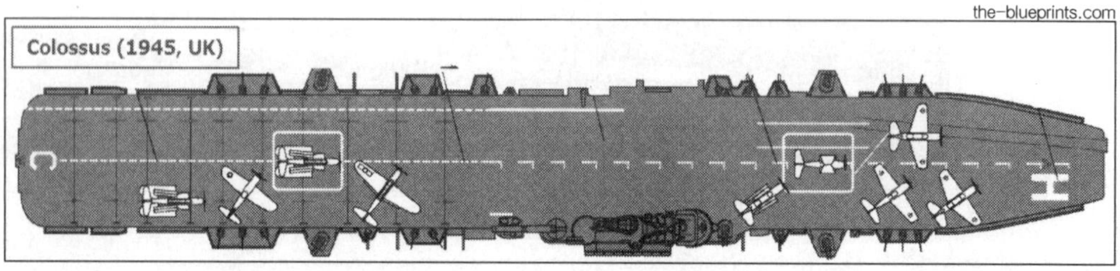

[그림 4-217]
Colossus

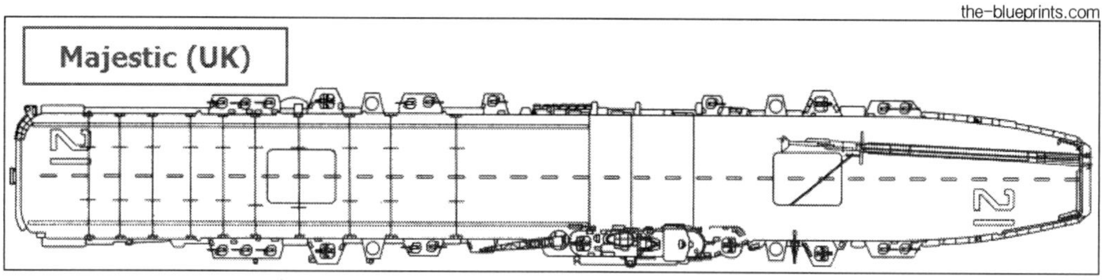

[그림 4-218]
Majestic

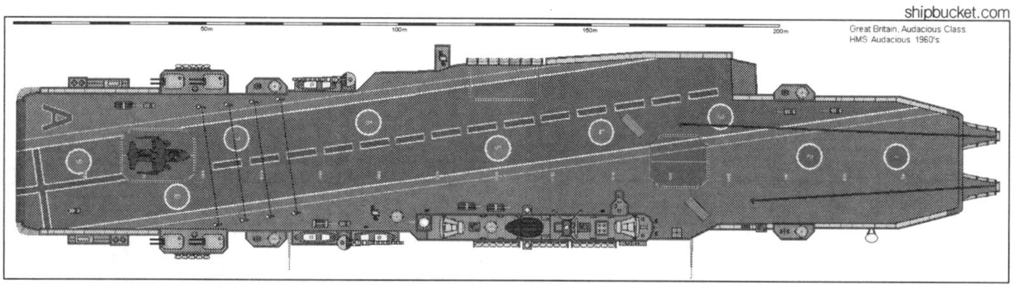

[그림 4-219]
Audacious

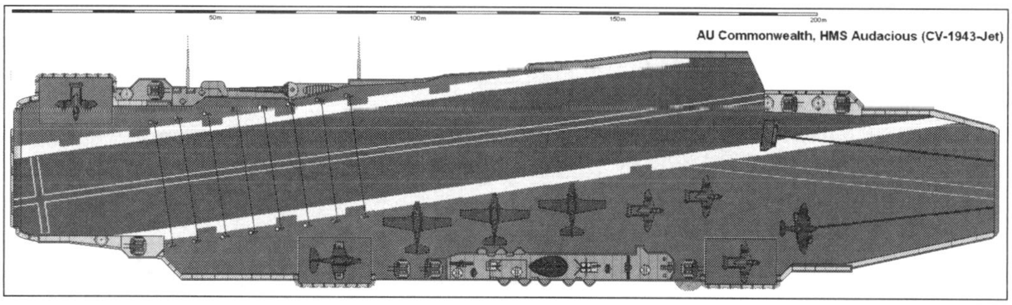

[그림 4-220]
Audacious
(호주)

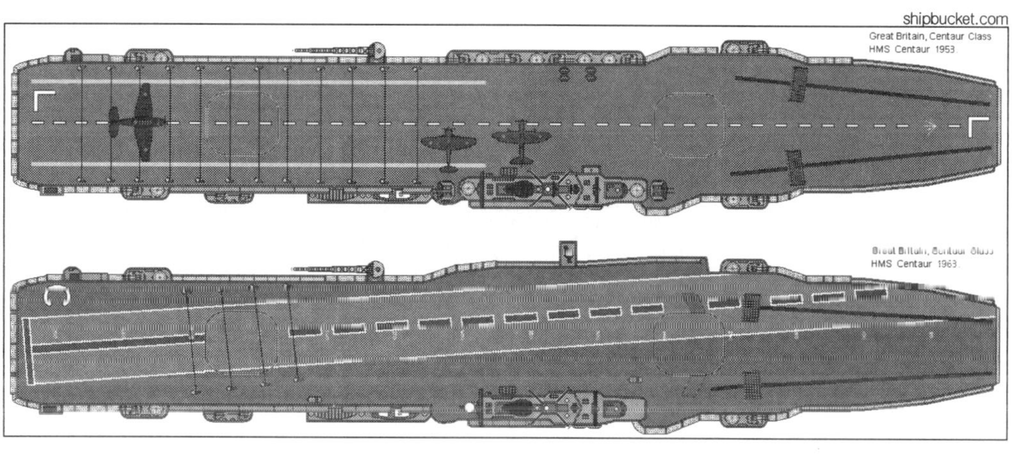

[그림 4-221]
Centaur

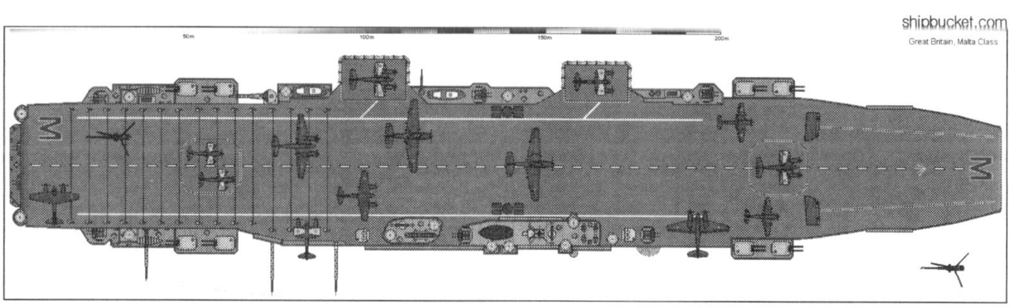

[그림 4-222]
Malta

[그림 4-223]
Malta(호주)

smg.photobucket.com

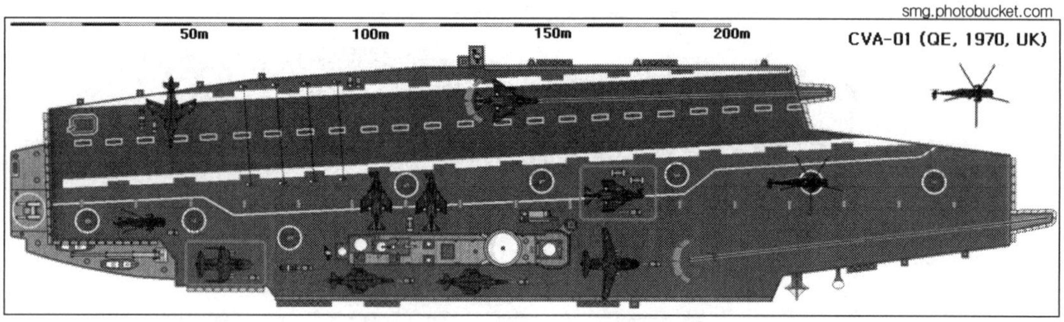

[그림 4-224]
QE I

the-blueprints.com

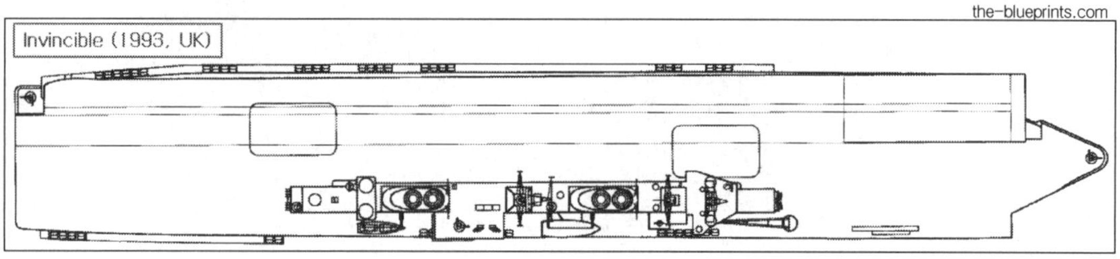

[그림 4-225]
Invincible

다. 러시아

weaponsandwarfare.com

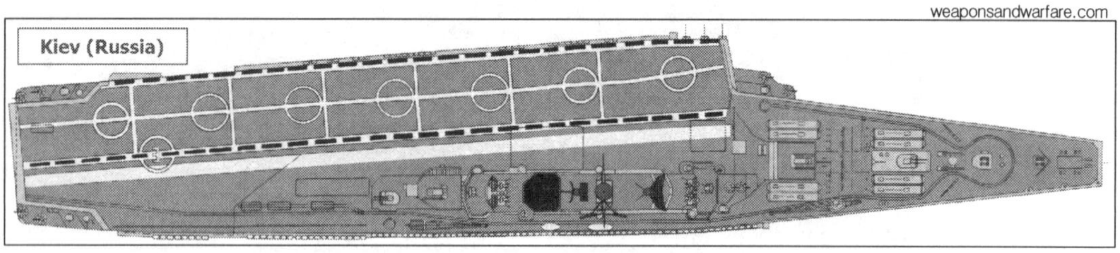

[그림 4-226]
Kiev class

defenceforumindia.com

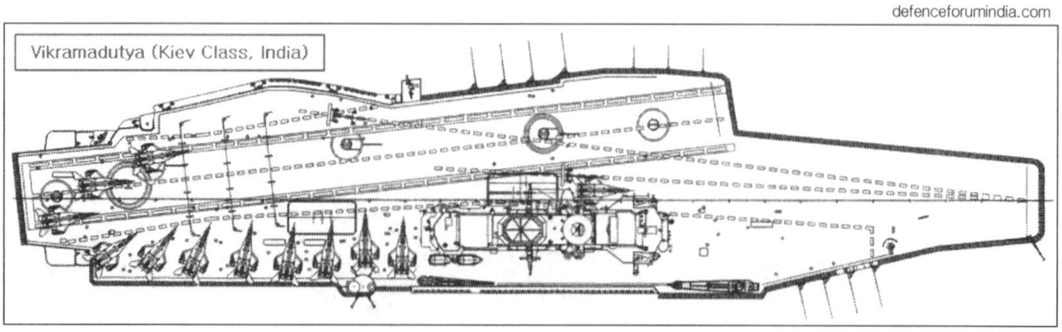

[그림 4-227]
Vikramadutya

forum.idws.id

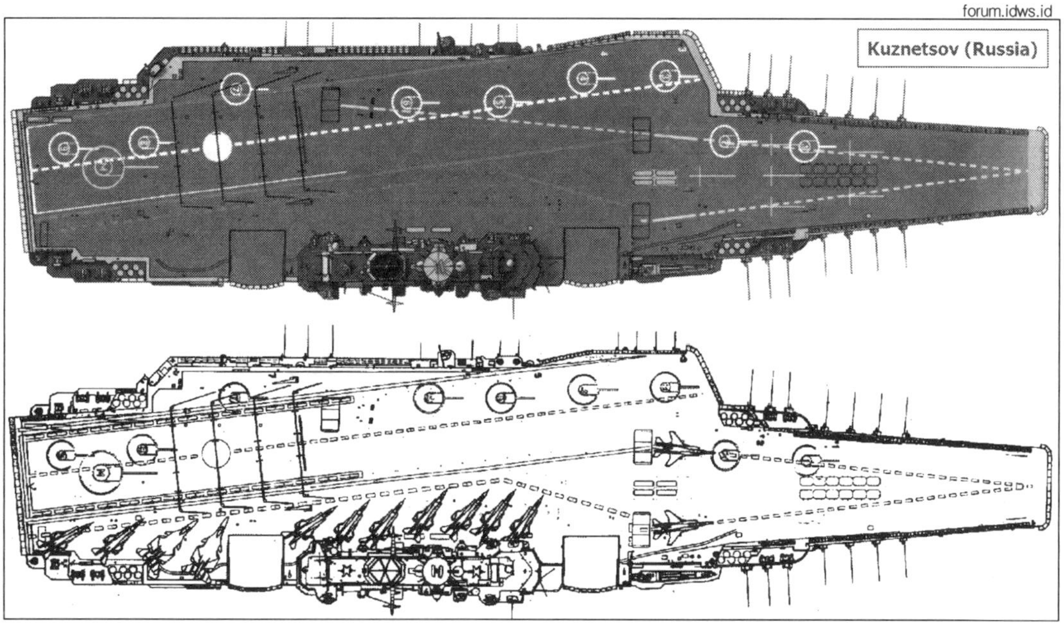

[그림 4-228] Kuznetsov

라. 전체 비교

Pinterest.com

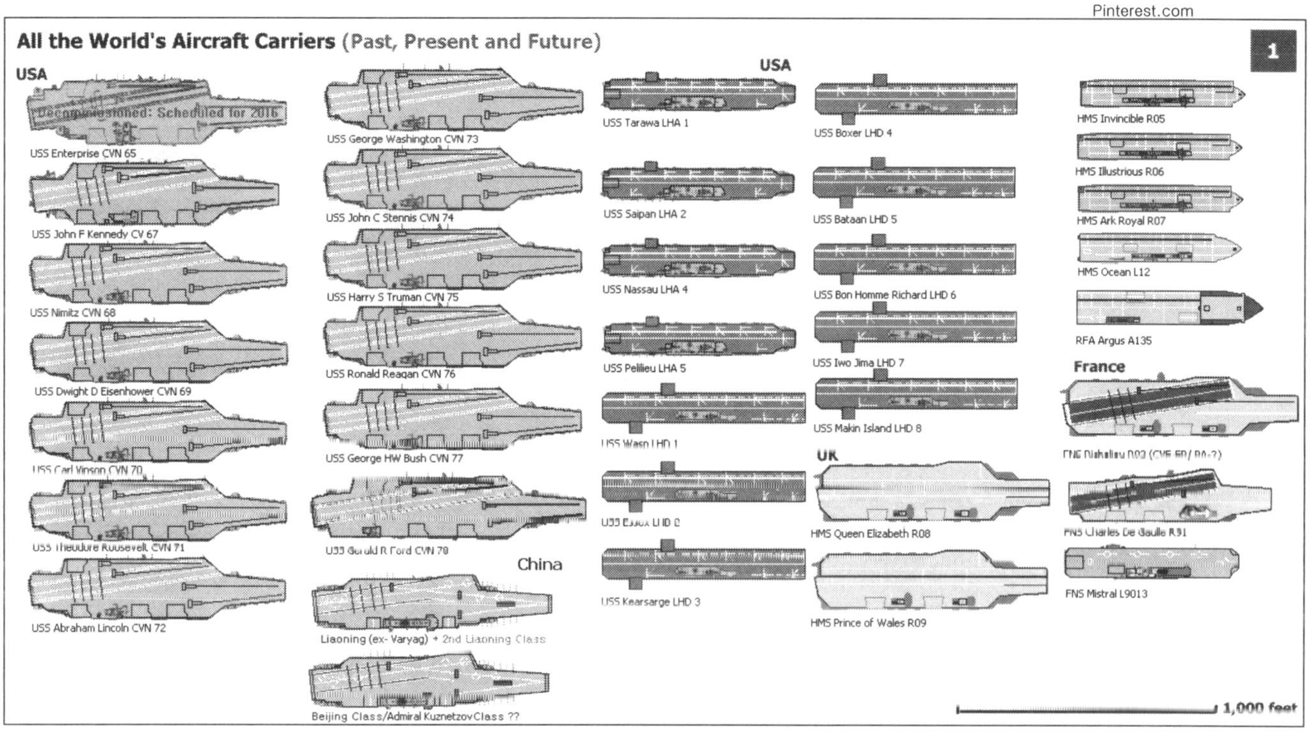

[그림 4-229] 세계 항모 비교 (1+2)

[그림 4-230] 세계 항모 비교 (1+2)

4.4.3 아일랜드

함교인 아일랜드는 레이더나 센서가 장착이 되어 같은 급이라고 해도 최신 기종을 장착을 하면 서로 다를 수 있게 된다. 또한 개조 작업 등을 통해 오래 사용하던 것을 해체하고 새로 장착하는 경우도 있다. 그리고 함교의 크기도 조금씩 변경이 되어 온 것을 살펴보면 시대의 흐름을 알 수 있다. 대부분의 아일랜드 사진은 위의 그림 중에 아일랜드 부분을 캡처한 것이다.

가. 미국

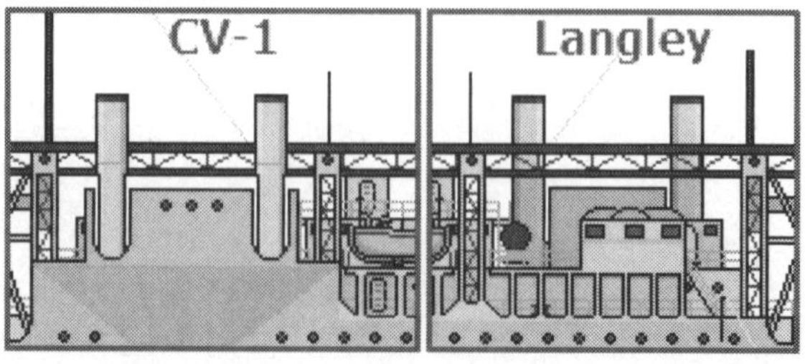

[그림 4-231] CV-1

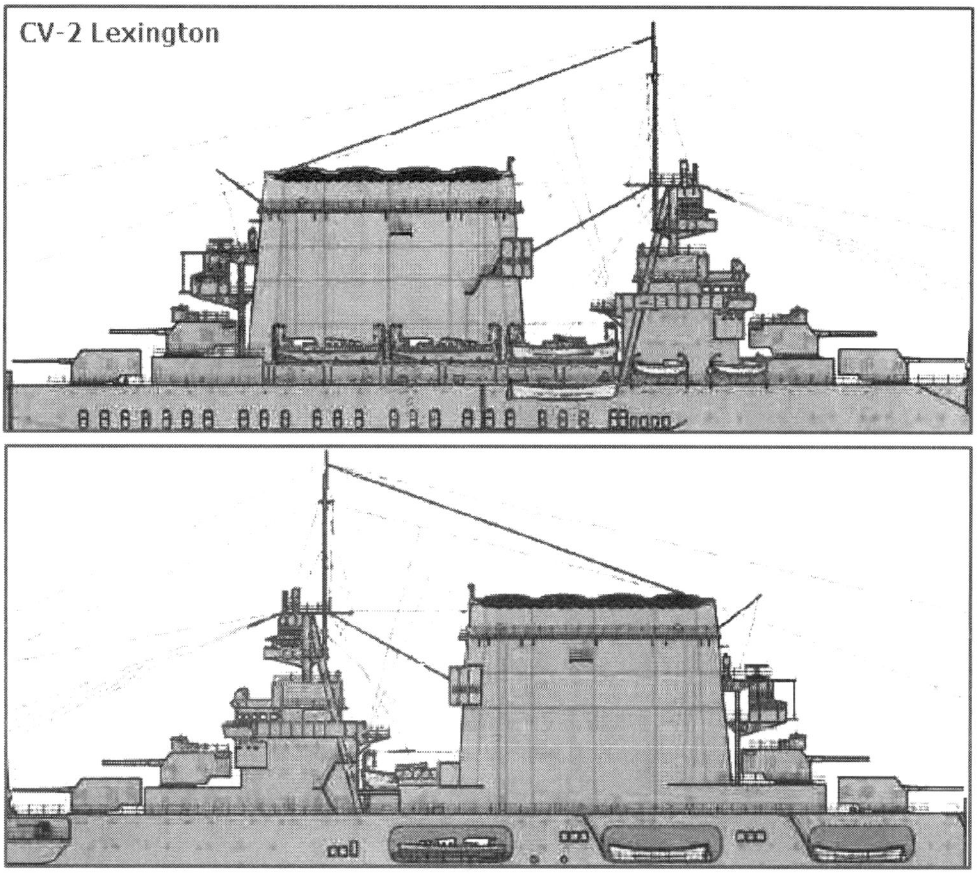

[그림 4-232] CV-2

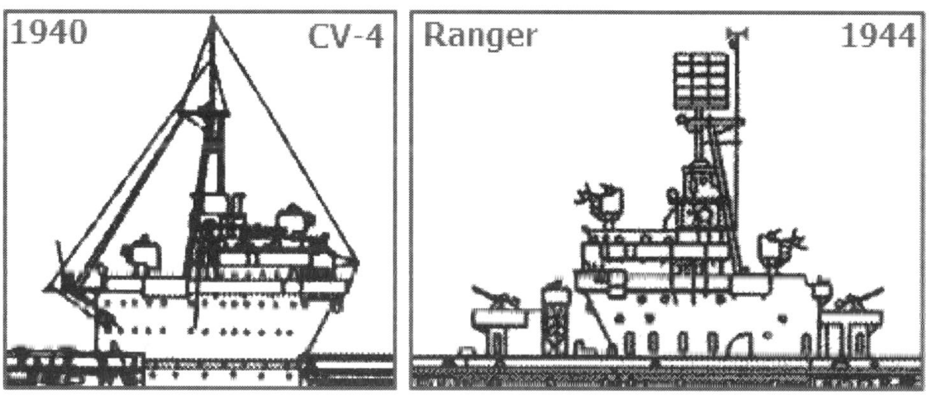

[그림 4-233] CV-4

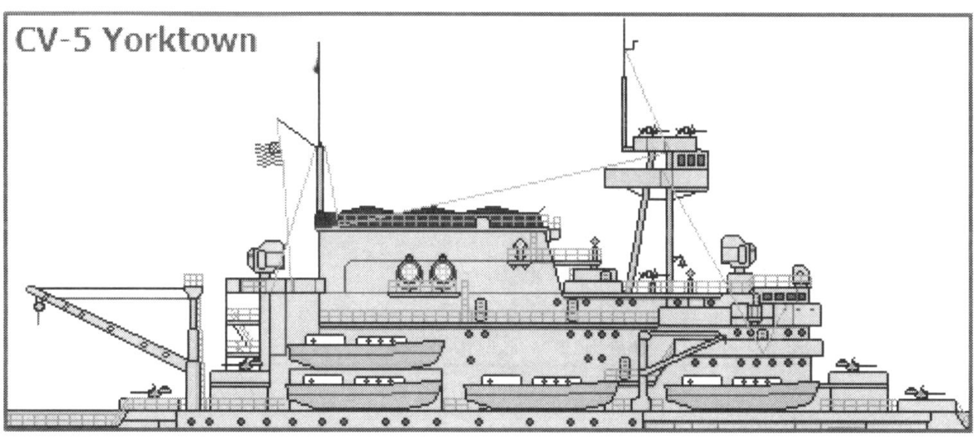

[그림 4-234] CV-5

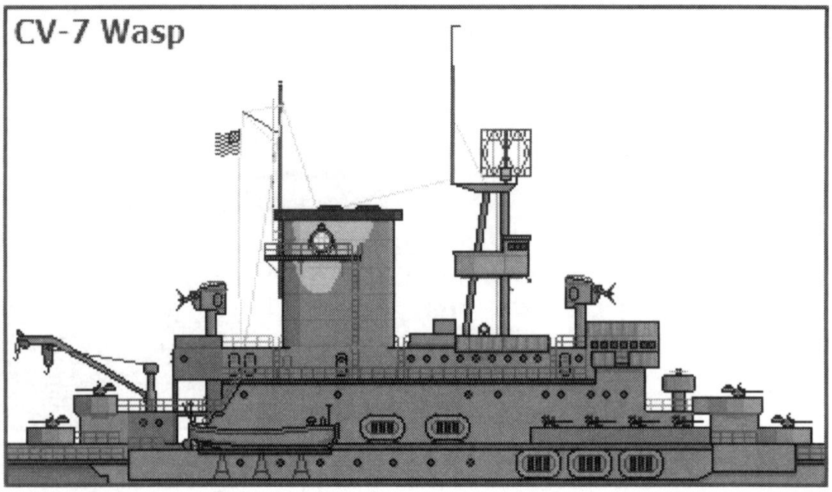

[그림 4-235]
CV-7

[그림 4-236]
CV-9

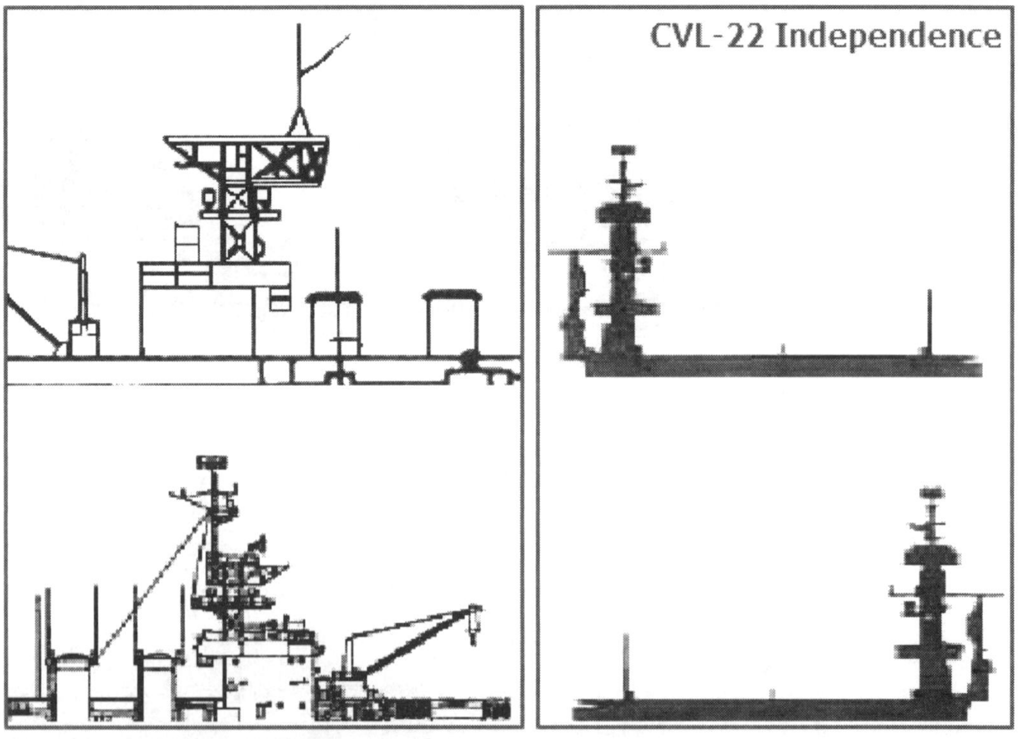

[그림 4-237]
CV-22

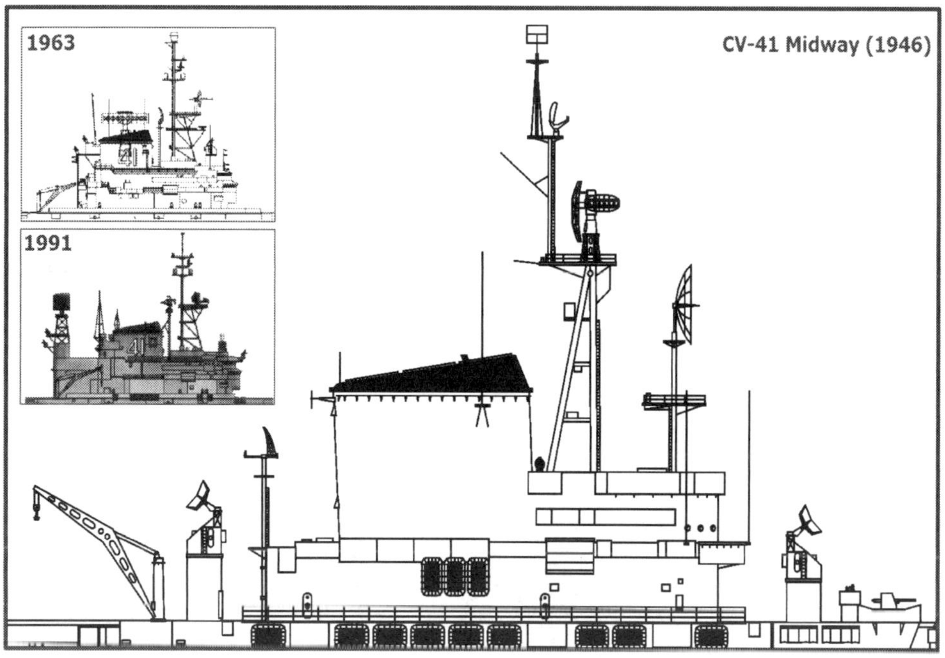
1963
1991
CV-41 Midway (1946)

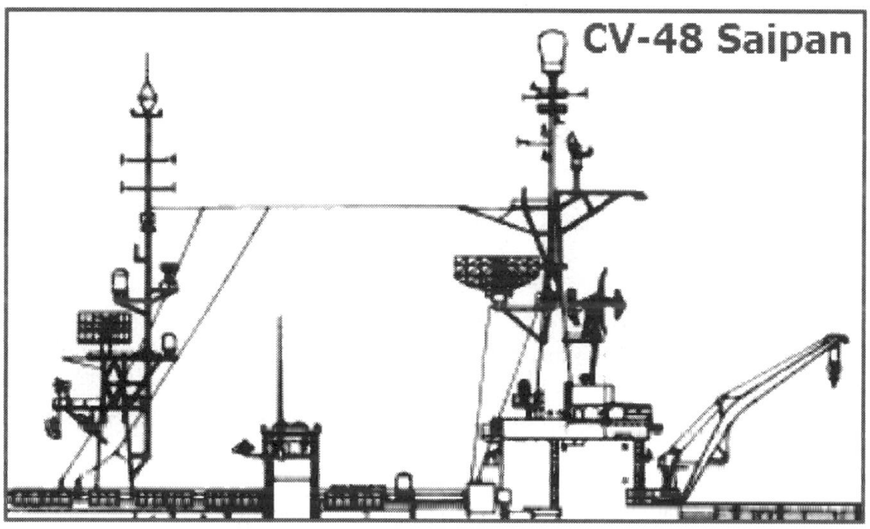
CV-48 Saipan

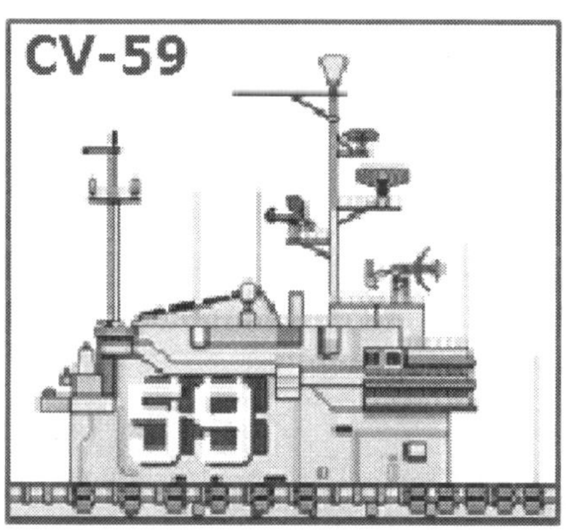
CV-59

Forrest

[그림 4-241] CV-63

[그림 4-242] CV-65

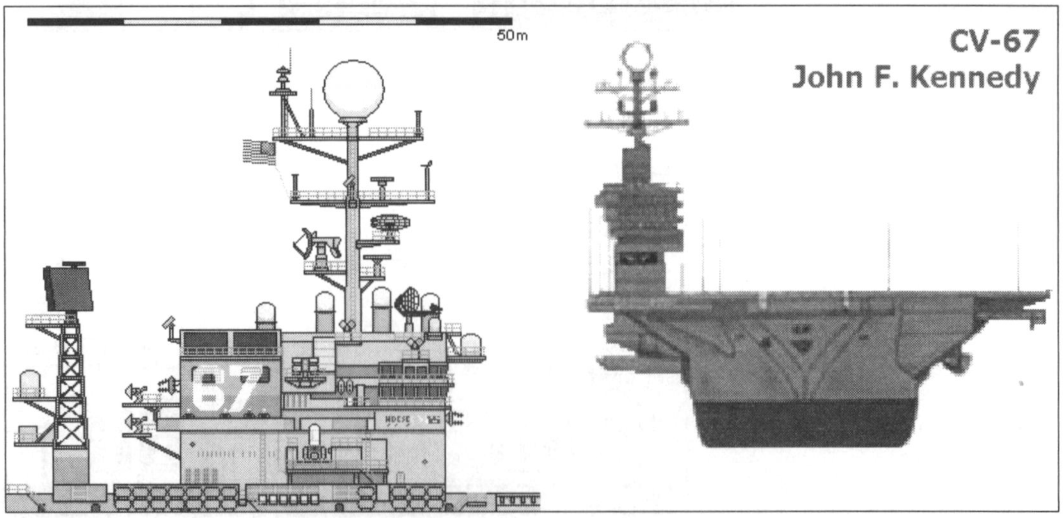

[그림 4-243] CV-67

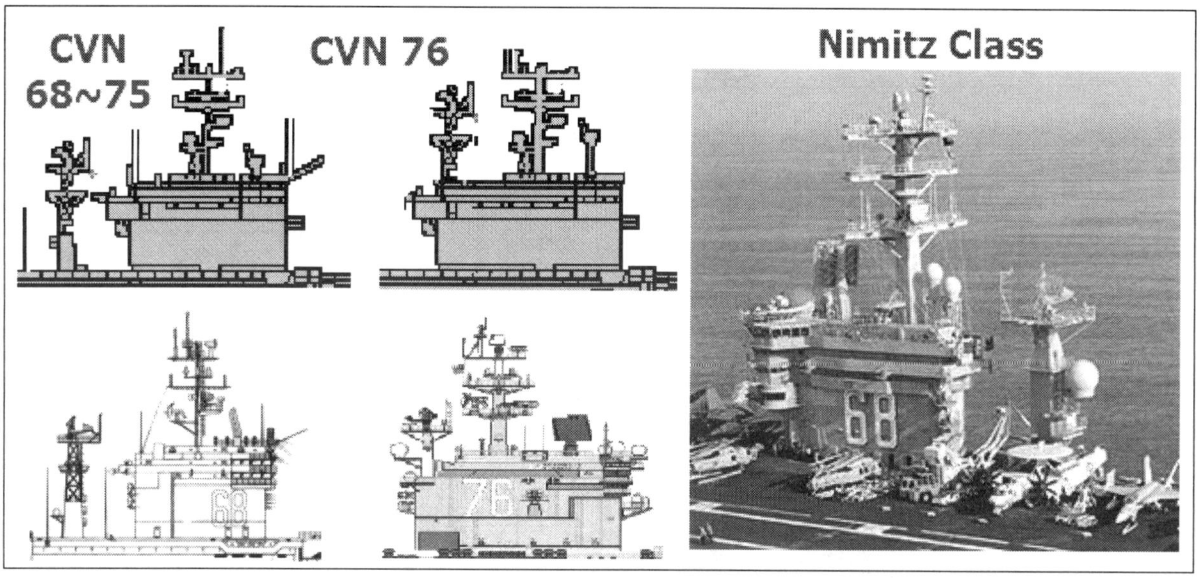

[그림 4-244] 니미츠 급

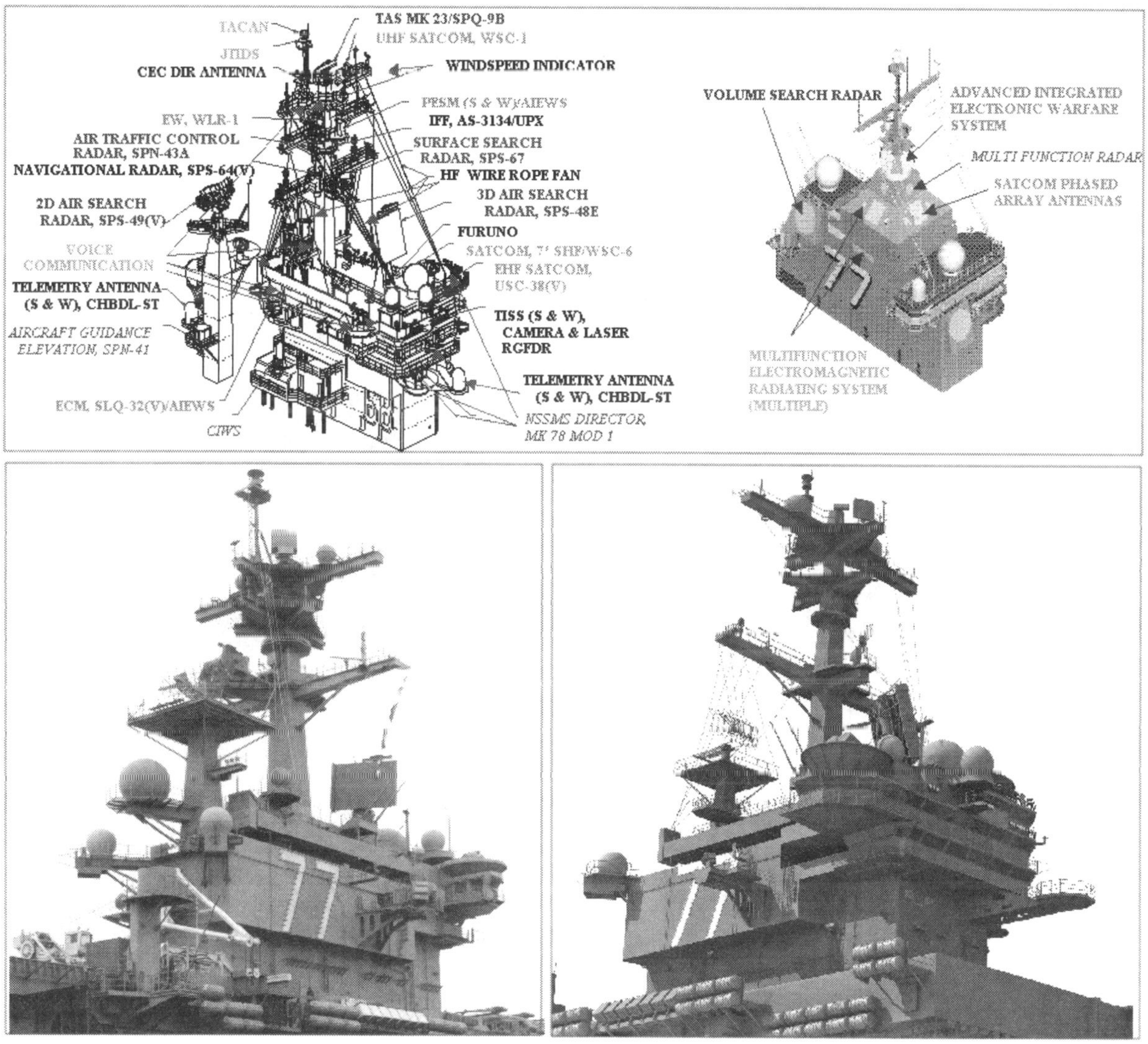

[그림 4-245] CV-77(니미츠 급 최종함)

[그림 4-246] CV-78

나. 영국

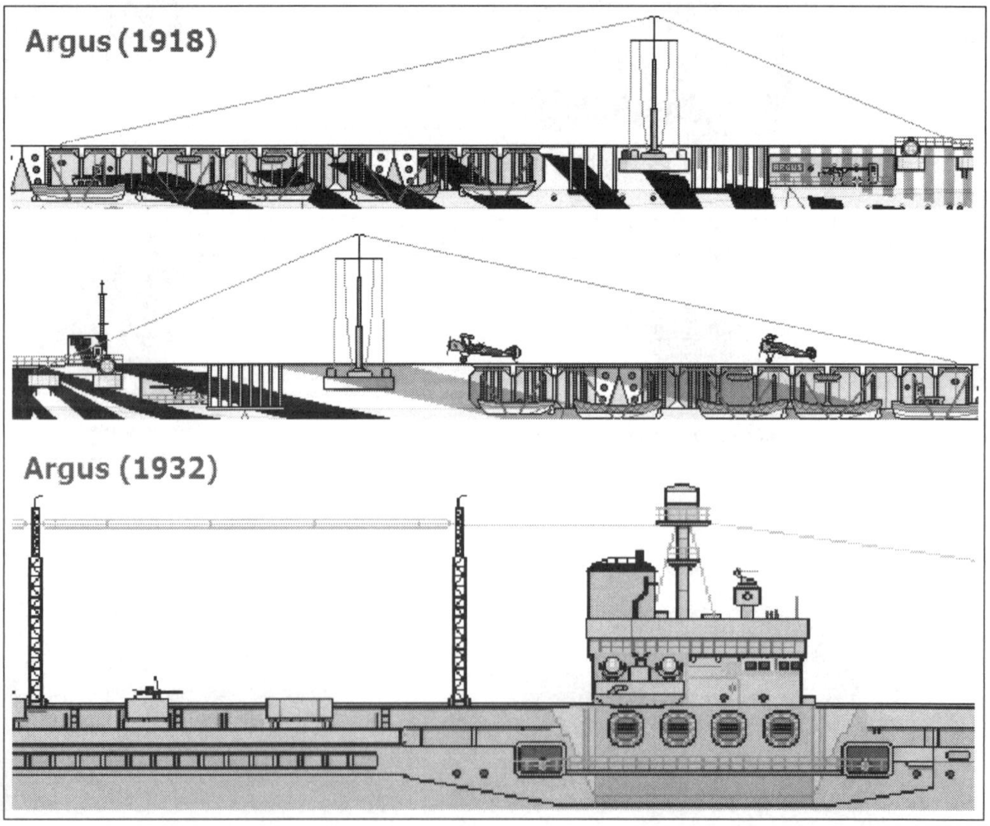

[그림 4-247] Argus

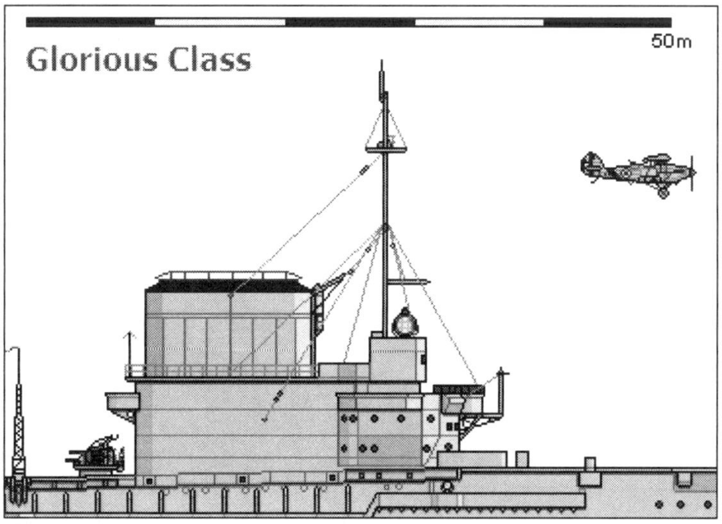

[그림 4-248]
Glorious

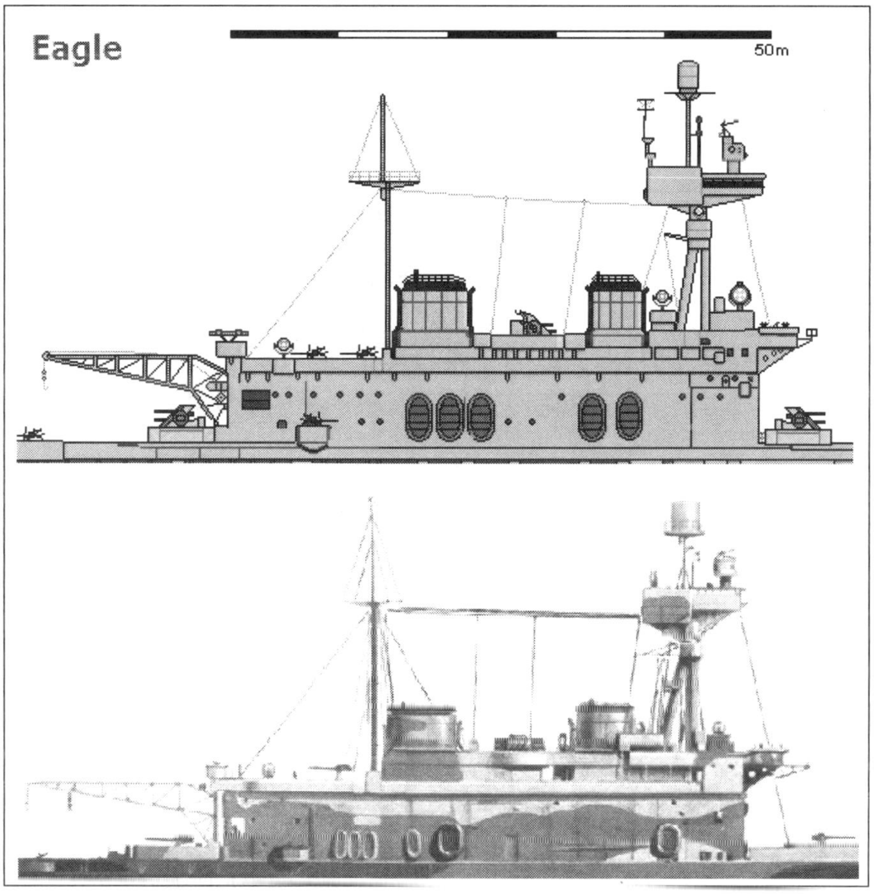

[그림 4-249]
Eagle

[그림 4-250]
Hermes

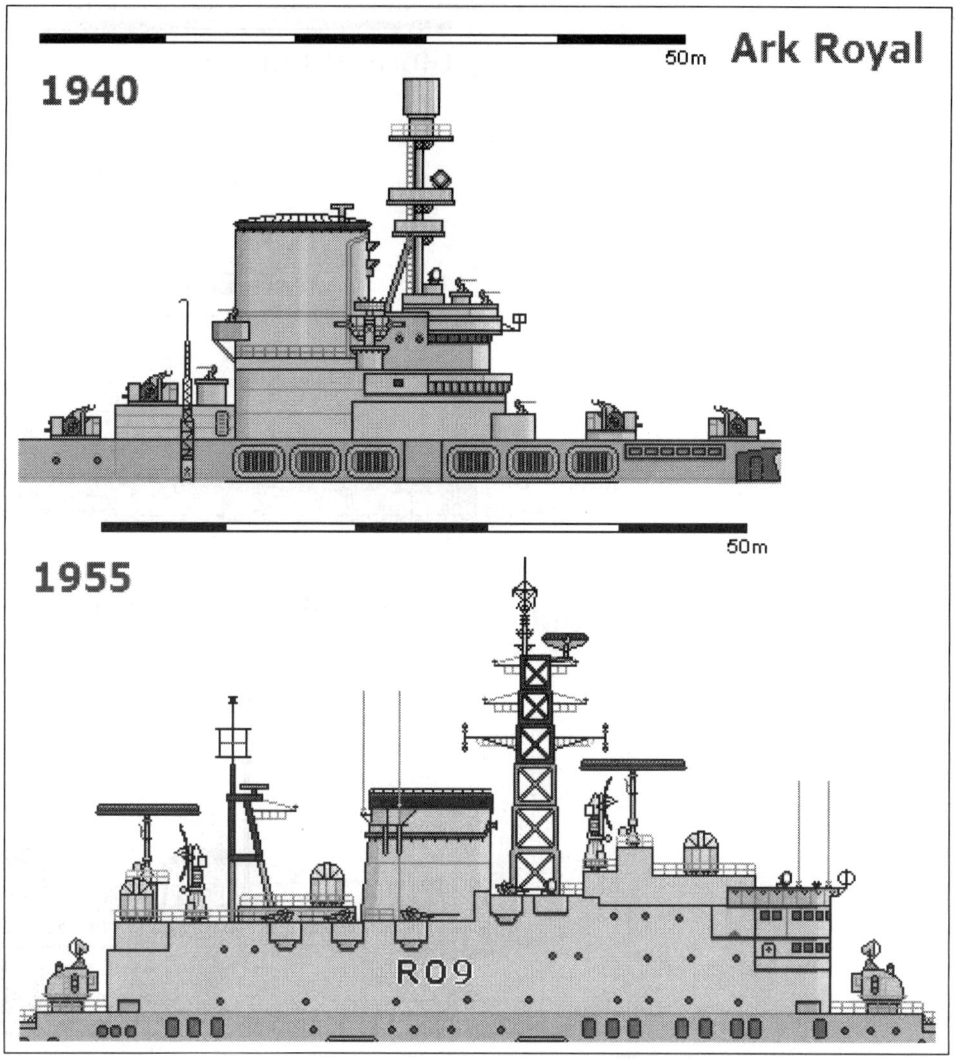

[그림 4-251]
Ark Royal

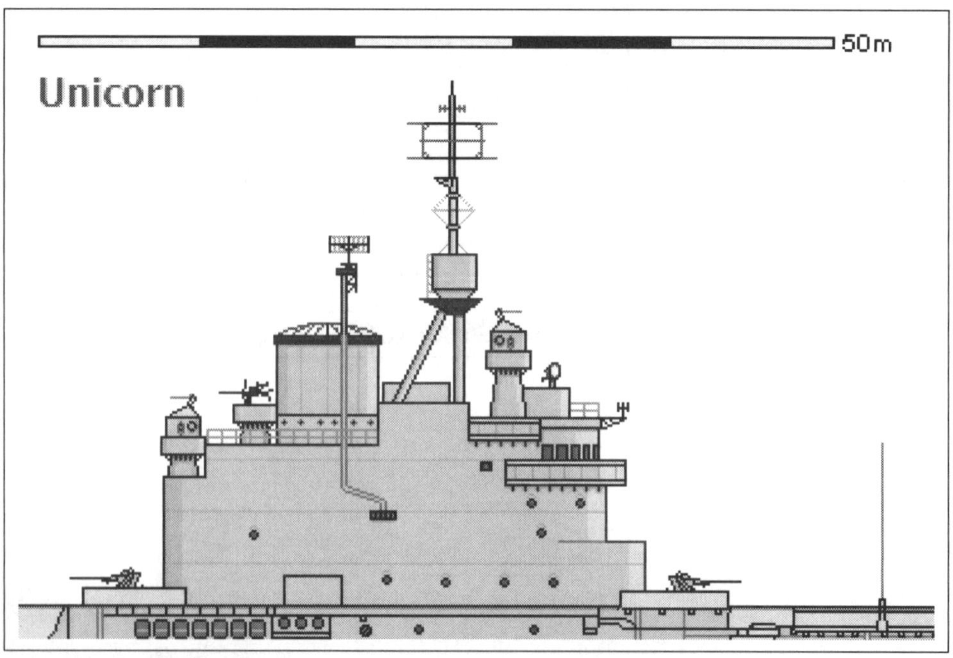

[그림 4-252]
Unicorn

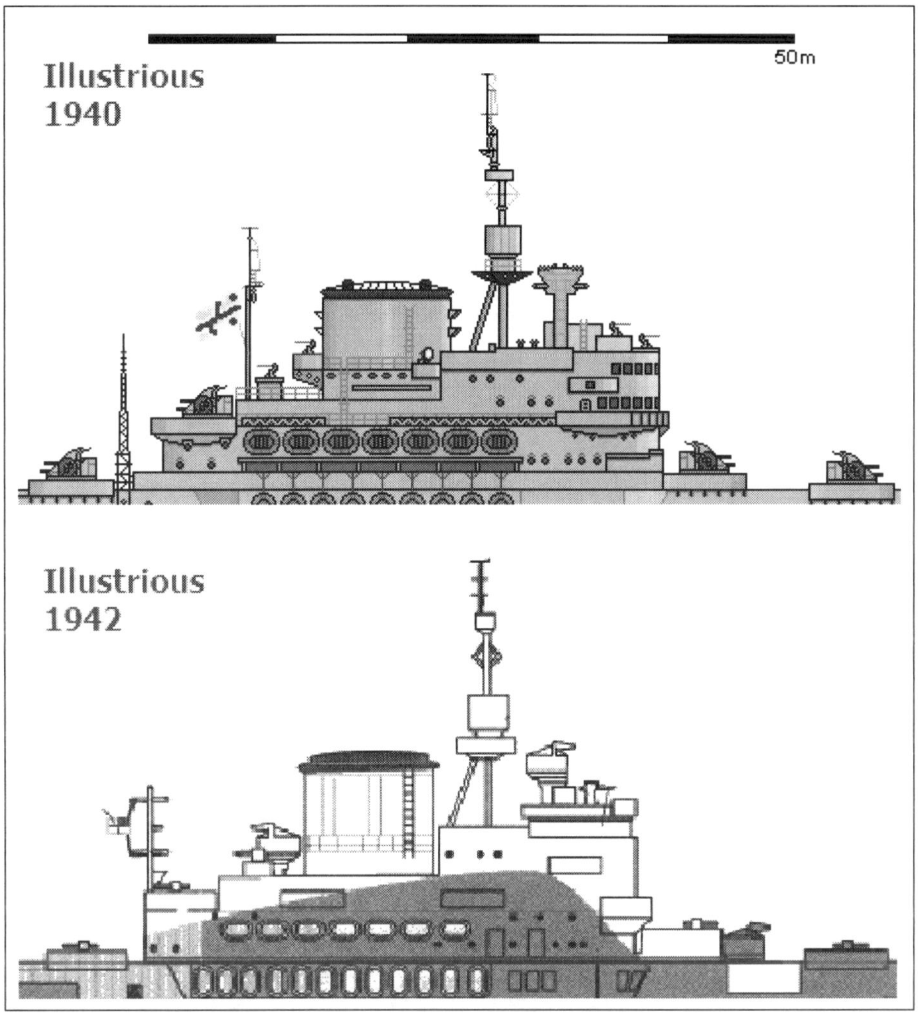

[그림 4-253] Illustrious

[그림 4-254] Implacable

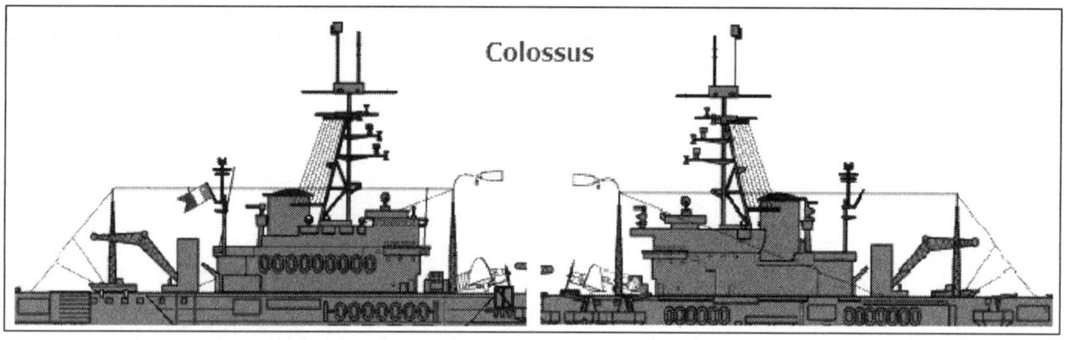

[그림 4-255]
Colossus

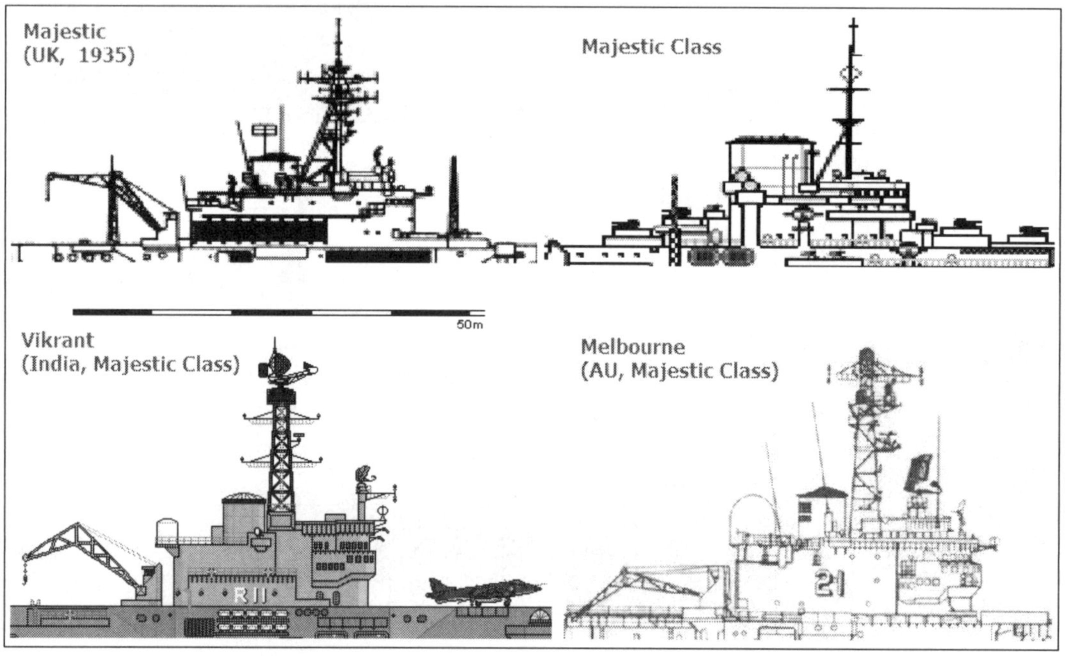

[그림 4-256]
Majestic

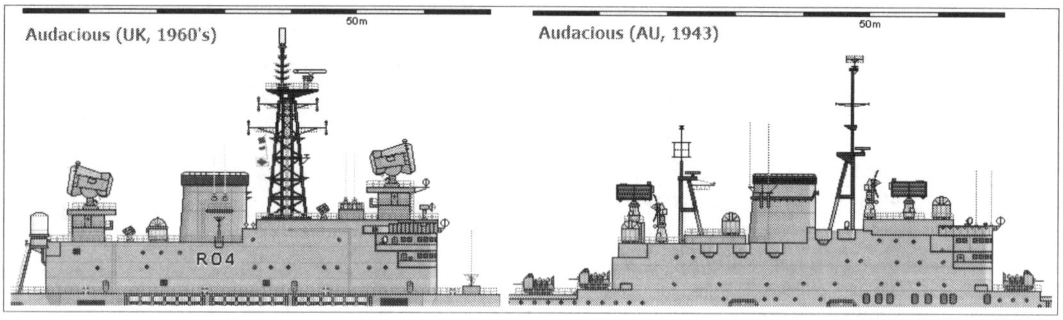

[그림 4-257]
Audacious

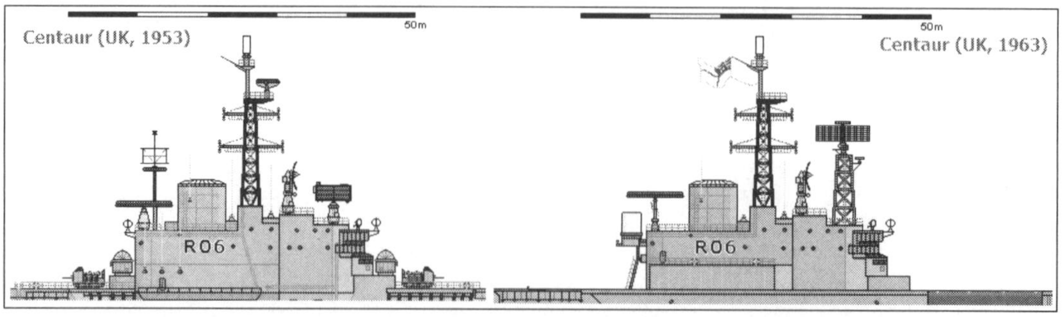

[그림 4-258]
Centaur

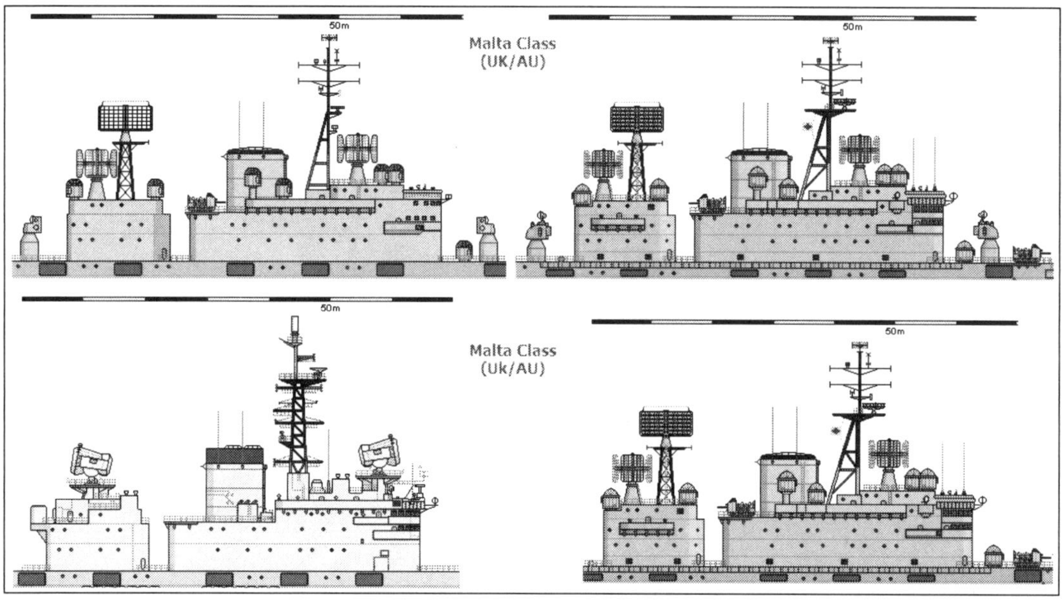

[그림 4-259] Malta

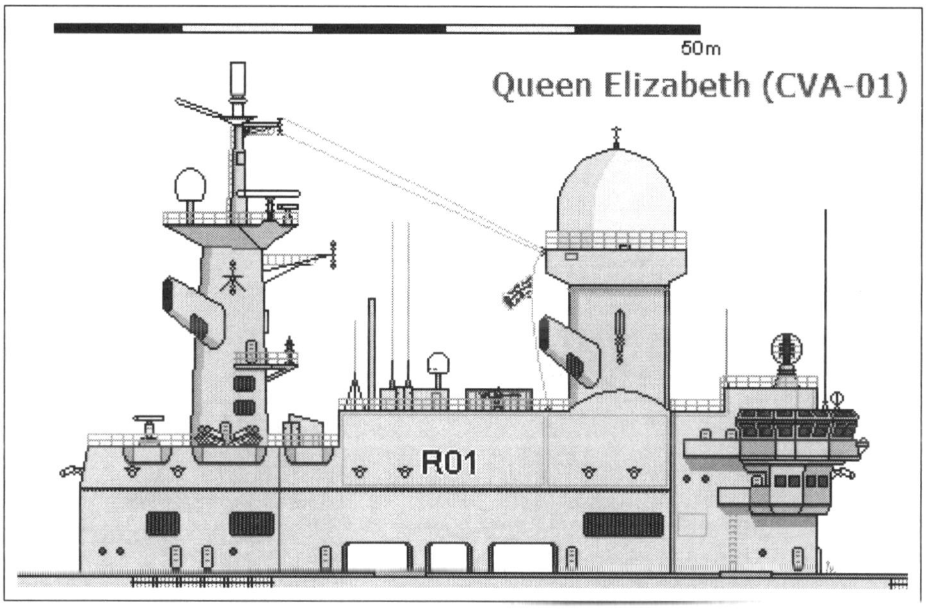

[그림 4-260] QE I

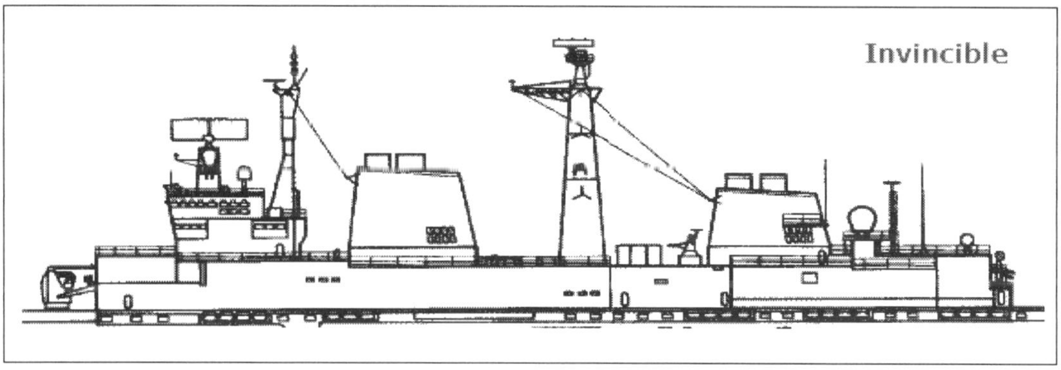

[그림 4-261] Invincible

다. 러시아

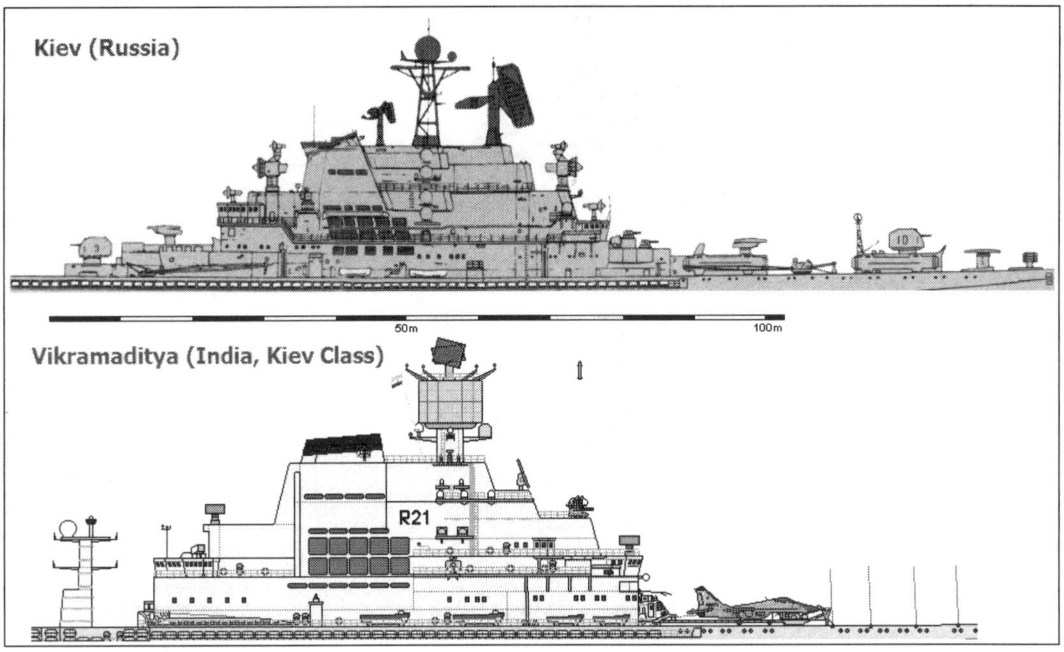

[그림 4-262] 러시아 초기 항모

[그림 4-263] 러시아 항모 Knznetsov

4.4.4 항모 내부

항공모함의 내부의 모습은 비교보다는 미 항모 USS Midway의 몇 곳을 특징적으로 보여주는 모습을 보여 줄 것이다. 내부에 어떤 장비가 있고 어느 위치에 있는지 확인을 하면서 이해를 돕고자 한다.

- 엔진 룸

USS Midway Museum, "Docent Reference Manual"

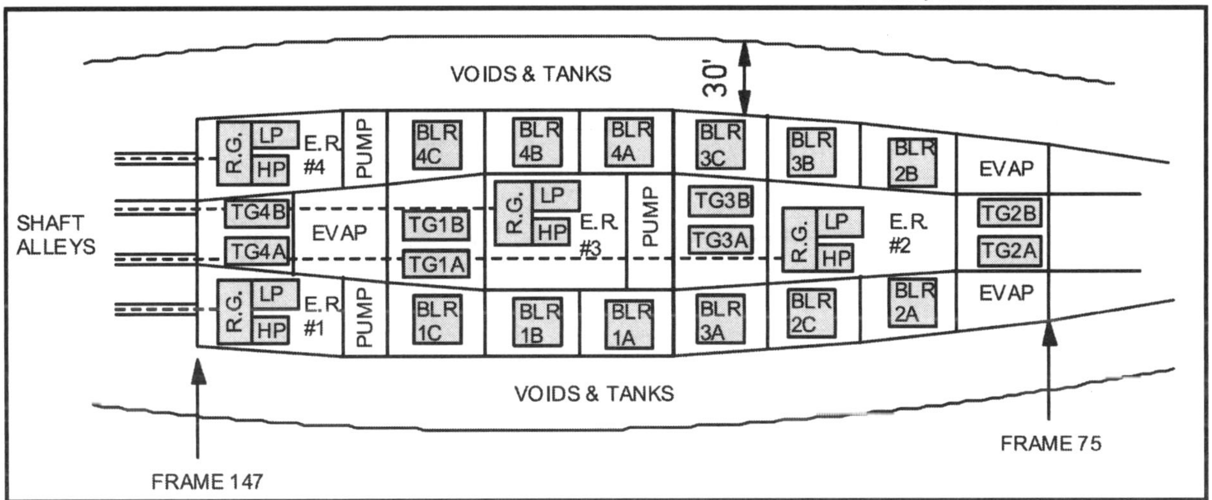

Engineering Machinery Space

E.R. : Engine Room(4), R.G : Reduction Gear(4), LP : Lower Pressure, HP : High Pressure
TG : Turning Gear/Jacking Gear(8), BLR : Boiler/Fireroom(12, 4 groups of 3 each)
EVAP : Evaporator(4 at 3 rooms), PUMP : Pump(3)- Condensate, Feed Booster, Main Feed

[그림 4-264] 엔진룸이 포함된 Engineering Machinery 공간

USS Midway Museum, "Docent Reference Manual"

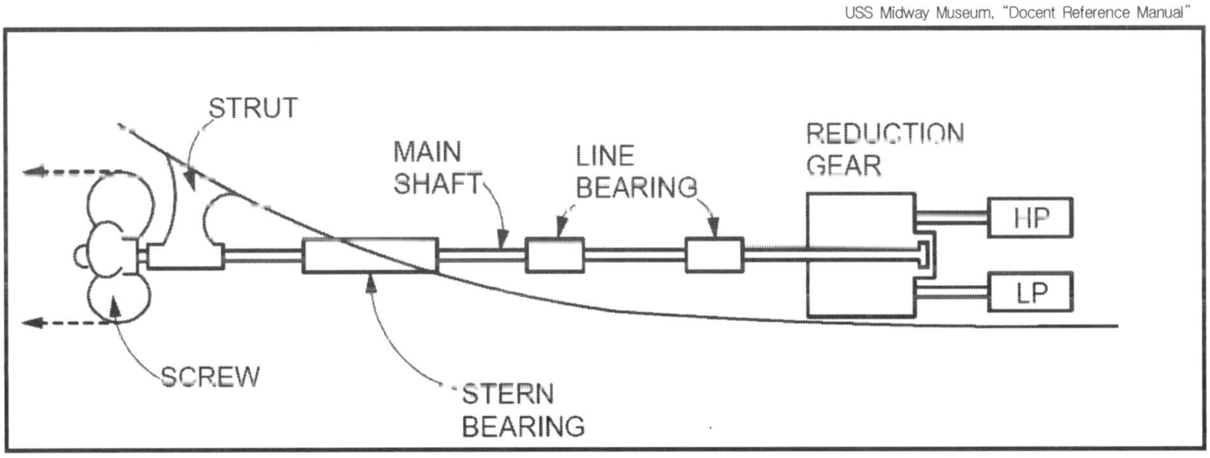

[그림 4-265] 엔진과 연결된 스크루

- Bridge

USS Midway Museum, "Docent Reference Manual"

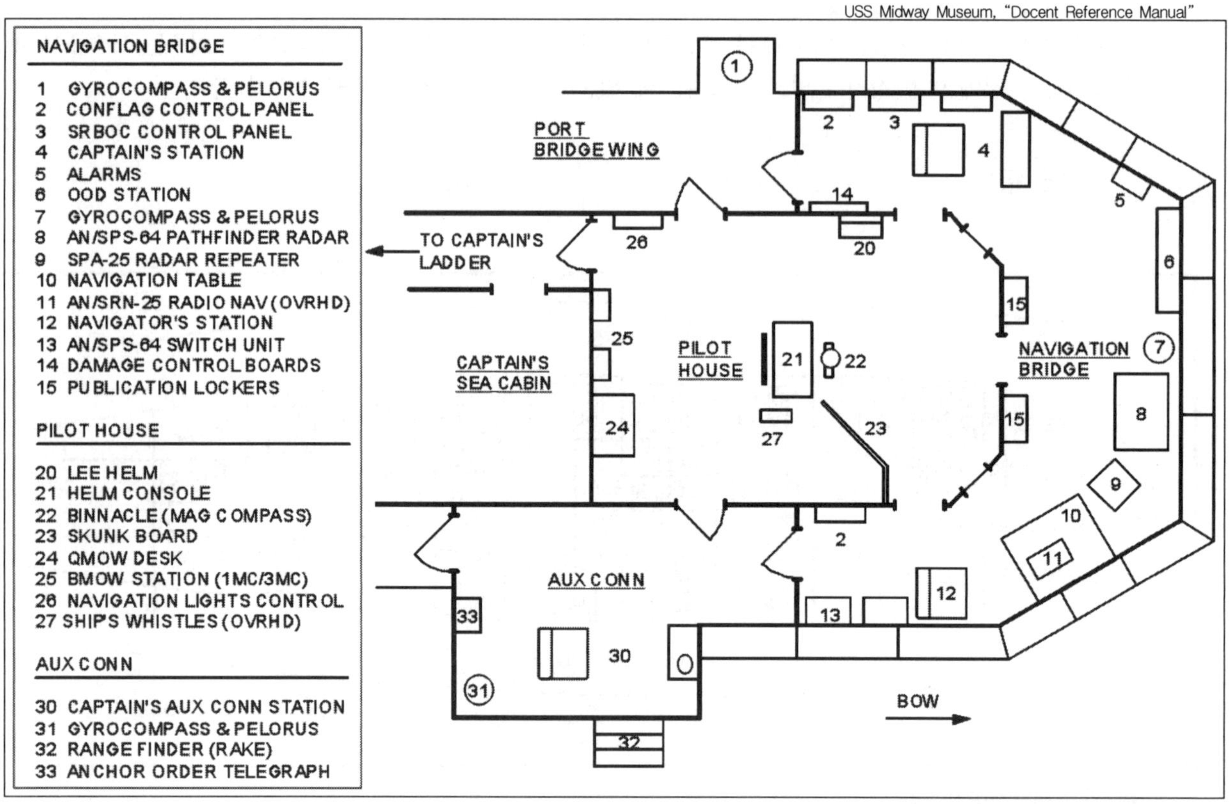

[그림 4-266] Navigation Bridge, Pilot House & AUX Connection

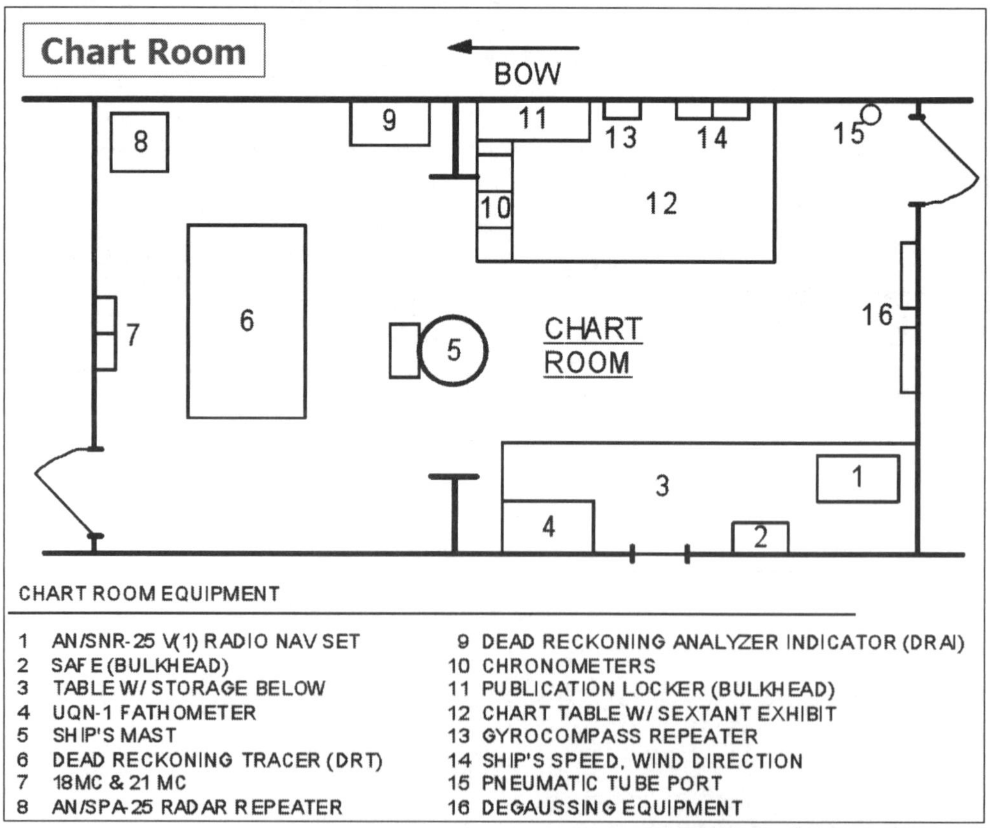

[그림 4-267] Chart Room

USS Midway Museum, "Docent Reference Manual"

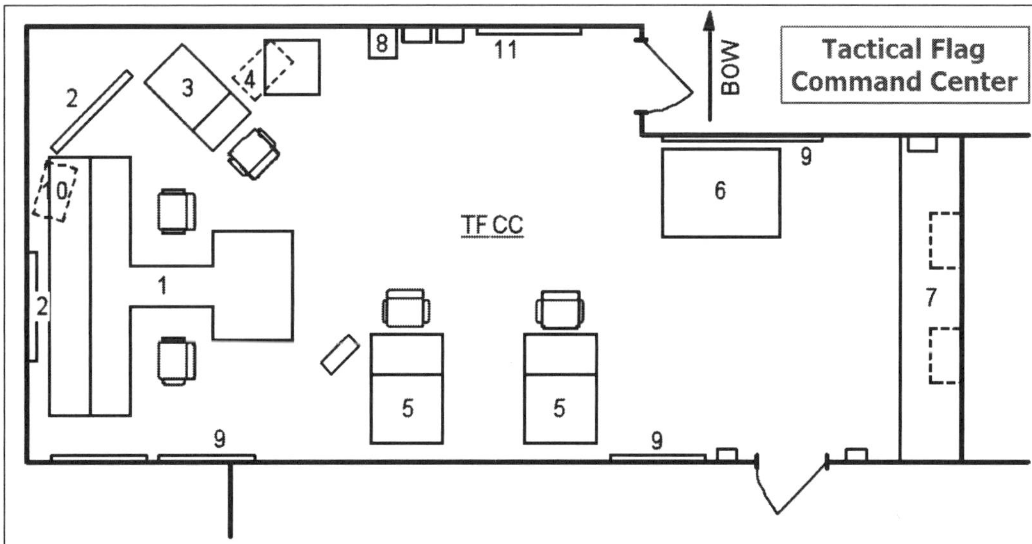

1 BATTLE WATCH COMMANDER'S (BWC) STATION
2 COMMAND/EVALUATOR DISPLAY
3 JOTS TERMINAL
4 TELEVISION MONITOR
5 NTDS TERMINAL
6 CHART TABLE (DRT)
7 COMMUNICATIONS & MESSAGE CENTER
8 SAFE
9 MANUAL STATUS BOARD
10 PLAT MONITOR
11 COMMUNICATIONS EQUIPMENT

[그림 4-268] Tactical Flag Command Center

USS Midway Museum, "Docent Reference Manual"

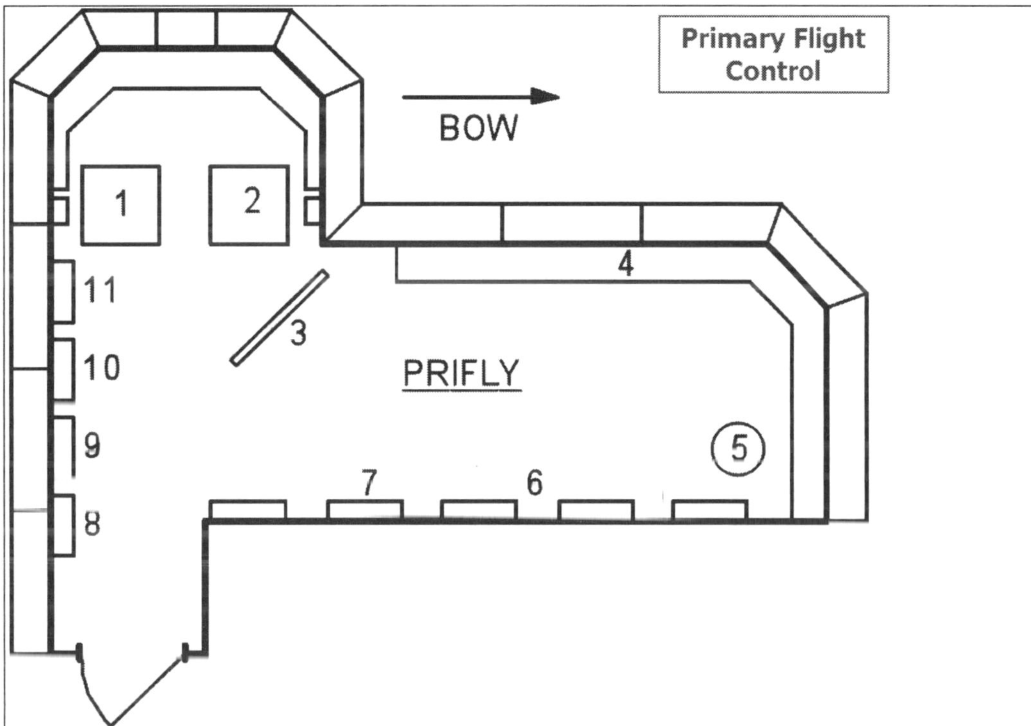

PRIMARY FLIGHT CONTROL EQUIPMENT

1 AIR BOSS STATION
2 MINI-BOSS STATION
3 LAND/LAUNCH STATUS BOARD
4 SQUADRON OBSERVERS STATION
5 ESCAPE SCUTTLE
6 POWER SUPPLY & FUSE PANELS
7 DECOY LAUNCHER ALARM PANEL
8 DECK LIGHTING CONTROL PANEL
9 ARRESTING GEAR MONITOR PANEL
10 FRESNEL LENS CONTROL PANEL
11 FRESNEL LENS LIGHT CONTROL PANEL

[그림 4-269] PRIFRY(Prime Flight Center)

USS Midway Museum, "Docent Reference Manual"

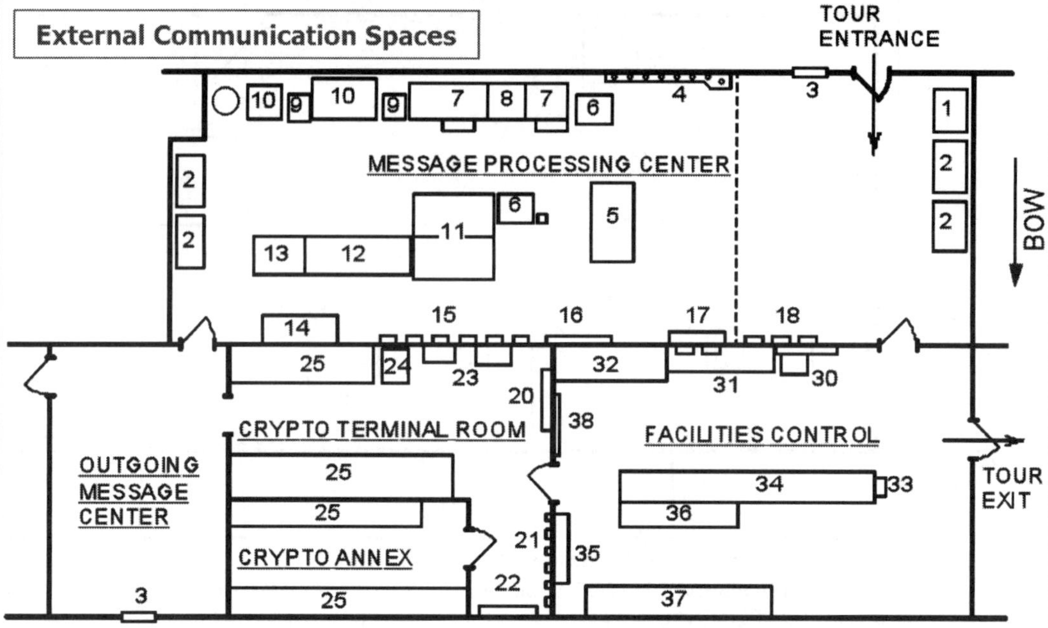

MESSAGE PROCESSING CENTER

1 TELETYPE (MODEL 28)
2 TELETYPE W/ PERFORATOR
3 MESSAGE SERVICE WINDOW
4 PNEUMATIC TUBES
5 COPY MACHINE (REMOVED)
6 TELEPRINTER (TT-624)
7 NAVMACS SYSTEM
8 (3) NAVMACS COMPUTERS (UYK-20)
9 PERF. TAPE READER (TT-192)
10 TELEPRINTERS
11 WORK DESKS
12 TELEPRINTERS
13 PERFORATOR (TT-332) & DISTRIBUTOR/TRANSMITTER (TT-333)
14 STORAGE CABINET
15 POWER DISTRIBUTION
16 STATUS BOARD
17 MESSAGE DISTRIBUTION BOX
18 MC INTERCOMS

CRYPTO TERMINAL & ANNEX ROOMS

20 DC (RED) PATCH PANEL (SB-1210)
21 CRYPTO SWITCHBOARD
22 POWER DISTRIBUTION
23 CRYPTO EQUIPMENT
24 SAFE
25 CRYPTO EQUIPMENT RACKS

FACILITIES CONTROL

30 HF RECEIVE ANTENNA PATCH PANEL
31 MC INTERCOMS & WORKTABLE
32 QUALITY MONITORING SET (SSQ-88)
33 SECURE (RED) TELEPHONE (TA-970)
34 LF/HF RECEIVERS (R-1051)
35 DC (BLACK) PATCH PANEL (SB-1203)
36 RECEIVER SWITCHBOARD (SB-973)
37 TRANSMITTER SWITCHBOARD (SB-863)
38 COMMUNICATIONS STATUS BOARD

[그림 4-270] 외부와의 통신을 위한 공간

USS Midway Museum, "Docent Reference Manual"

References

[1] IHS Jane's Fighting Ship, 2014-2015

[2] Dianna Wolfson, "A Solution to the Inherent List on Nimitz Class Aircraft Carriers", MIT, 2004

[3] Ivan Villescas, "FLOW FIELD SURVEYS IN A TRANSONIC COMPRESSOR PRIOR TO INLET STEAM INGESTION TESTS", NAVAL POSTGRADUATE SCHOOL, 2005

[4] USN, "CHAPTER 2 DAMAGE CONTROL ORGANIZATION, COMMUNICATION, AND INFORMATION"

[5] Seth Cropsey, "Sharpening the Spear: The Carrier, the Joint Force and High-End Conflict", Hudson Institute, 2015

[6] V. Slapničar, "Aircraft carrier stability in damaged condition"

[7] National Academies Press, "Assessment of Corrosion Education", http://www.nap.edu/catalog/12560.html

[8] A. P. Fraas, "ORNL AIRCRAFT NUCLEAR POWER PLANT DESIGNS", AIRCRAFT REACTOR ENGINEERING DIVISION, 1954

[9] Charles N. Calvano, "A Short Take-Off Vertical Landing (STOVL) Aircraft Carrier (S-CVX)", Naval Postgraduate School, 1998

[10] Robert L. Darwin, "Aircraft Carrier Flight and Hangar Deck Fire Protection: History and Current Status", NAVAL AIR WARFARE CENTER WEAPONS DIVISION, 2005

[11] BRADLEY E. CHERRY, "The Burble Effect: Superstructure and Flight Deck Effects on Carrier Air Wake", United States Naval Academy, 2010

[12] BMT Group, "Independent centre of excellence for naval design and support", 회사 홍보물

[13] USN, "CHAPTER 8 SHIP/AIRCRAFT CHARACTERISTICS"

[14] Bureau of Naval Personnel, "Principles of Naval Engineering", USN, 1970

[15] FLUME® Stabilization System 홍보물

[16] Jeffrey M. Komrower, "Shipboard Noise Control on US Navy Aircraft Carriers", NHCA Conference, 2013

[17] Thomas Rudowsky, "REVIEW OF THE CARRIER APPROACH CRITERIA FOR CARRIER-BASED AIRCRAFT PHASE I; FINAL REPORT", Naval Air Systems Command, 2001

[18] Newport News Shipbuilding, Fact Sheet, May 2016

[19] USN, "Ship Shapes", ONI 223, 1942

[20] Reuven Leopold, " Sea-Based Aviation and the Next US Aircraft Carrier Design: The CVX", MIT Security Studies Program Occasional Paper, 1998

[21] Edward V. Lewis, "Principles of Naval Architecture - Vol. 1, Second Revision", the Society of Naval Architects and Marine Engineers, 1988

[22] Edward V. Lewis, “Principles of Naval Architecture – Vol. 2, Second Revision”, the Society of Naval Architects and Marine Engineers, 1988

[23] “RCOH Infographic” 팜플릿

[24] Gene I. Rochlin, “The Self-Designing High-Reliability Organization: Aircraft Carrier Flight Operations at Sea”, 1987 issue of Naval War College Review

[25] R DEREK SCOTT, “SHIP TO SHORE POWER: US NAVY HUMANITARIAN RELIEF?”, MIT, 2006

[26] Thomas C. Hone, “THE DEVELOPMENT OF THE ANGLED-DECK AIRCRAFT CARRIER: Innovation and Adaptation”, NA VA L W A R COLLEGE REVIEW

[27] USN, “CVN FLIGHT/HANGAR DECK NATOPS MANUAL”, NAVAIR 00-80T-120, 2010

[28] USN, “ Aeronautic Targets: Aircraft Arrangement and Handling Facilities in Japanese Naval Vessels”, 1946

[29] Dong M. Chance, “The Effect of aviation Disasters on the Air Transport Industry”

[30] ENES 489 Exercises Homework 3, pdf 파일

[31] Raven, “Essex-Class Carriers”, Naval Institute Press, 1988

[32] USS Midway Museum, “Docent Reference Manual”, 2013

[33] Friedman, “U.S. Aircraft Carriers”, Naval Institute Press, 1983

[34] John F. Schank, “Changing Aircraft Carrier Procurement Schedules”, RAND National Defense Research Institute, 2011

[35] 노가미 아키토, “도해 항공모함”, AK Trivia Book, 2014

[36] John F. Schank, “CVX Propulsion System Decision – Industrial Base Implications of Nuclear and Non-Nuclear Options”, RAND National Defense Research Institute, 1999

[37] Jacquelyn K. Davis, “A Smart Carrier for the New Era”, The Institute for Foreign Policy Analysis, 1998

[38] Rick Morgan, “Tip of The Spear – U.S. Navy Carrier Units and Operations 1974-2000”, A Schiffer Military History Book, 2007

[39] Rahmi Allamadani, “Electromagnetic Aircraft Launching Unit (EMALU)”, ASEE 2014 Zone I Conference, 2014

[40] Spencer Ackerman, “Video: Navy’s Electromagnetic Plane Launch

[41] US Environmental Protection Agency, “Phase I Final Rule and Technical Development Document of Uniform National Discharge Standards (UNDS) Appendix A Catapult Water Brake Tank and Post Launch Retraction Exhaust: Nature of Discharge”, 1999

[42] US Environmental Protection Agency, “Phase I Final Rule and Technical Development Document of Uniform National Discharge Standards (UNDS) Elevator Pit Effluent: Nature of Discharge”, 1999

[43] J. THOMLINSON, “A Study of the Aircraft Arresting-Hook Bounce Problem”, HER MAJESTY'S STATIONERY OFFICE, 1957

[44] “CHAPTER 4 STEAM-POWERED CATAPULTS”, pdf 자료

[45] "CHAPTER 2 AIRCRAFT HANDLING EQUIPMENT, NONSKID, AND MARKINGS", pdf 자료

[46] "CHAPTER 9 E-28 SHORE-BASED EMERGENCY ARRESTING GEAR AND RELATED EQUIPMENT", pdf 자료

[47] Nick Voss, "U.S. Navy Adopts V-Cone Flow Meter For EMALS Duty on Next-Generation Carrier", McCrometer, Inc., 2015

[48] Wenhou Shen, "Modeling and Simulation of Arresting Gear System with Multibody Dynamic Approach", Hindawi Publishing Corporation, Mathematical Problems in Engineering, Volume 2013, Article ID 867012, 12 pages

[49] Bill Solitario, "AEM/S … Stepping Stone To Stealth", 발표 pdf 자료, 2003

[50] Dwight Snowberger, "Aircraft Carrier Catapult" Ernesto Gutierrez-Miravete 교수 AEM2 과목 보고서, 2006

[51] HPS Sodhi, "ELECTRO MAGNETIC AIRCRAFT LAUNCH SYSTEM", CAPS In-Focus, http://www.capsindia.org, 2015

[52] Michael R. Doyle, "Electromagnetic Aircraft Launch System - EMALS"

[53] USN, "NAVAL SHIPS' TECHNICAL MANUAL CHAPTER 588 AIRCRAFT ELEVATORS", 1997

[54] USN, "NAVAL SHIPS' TECHNICAL MANUAL CHAPTER 722 Cargo and Weapon ELEVATORS", 1998

[55] "Chapter 11 MLS Microwave Landing System", ppt 자료

[56] "OVERSIGHT OF THE ELECTROMAGNETIC AIRCRAFT LAUNCH SYSTEM (EMALS)", HEARING BEFORE THE SEAPOWER AND EXPEDITIONARY FORCES SUBCOMMITTEE OF THE COMMITTEE ON ARMED SERVICES HOUSE OF REPRESENTATIVES, 2009

[57] Jim Davies, "CONTROLLING THE ROYAL NAVY'S QUEEN ELIZABETH CLASS AIRCRAFT CARRIERS"

[58] Bill Schweber, "Electronics poised to replace steam-powered aircraft launch system", EDN Network, 2002

[59] James G. Wieler, "Linear Synchronous Motor Elevators Become a Reality", Elevator World, May 2012

[60] D. Patterson, "Design and Simulation of an Electromagnetic Aircraft Launch System"

[61] SCOTT KARIYA, "A High-Tech Launch System for Carriers", IEEE Spectrum, 2004

[62] General Atomics, "electromagnetic aircraft launch system System Development & Demonstration Phase", 회사 자료

[63] "Fact Sheet on U.S. Nuclear Powered Warship (NPW) Safety" pdf 자료

[64] Ajai Shukla, "India specifies 65,000-tonne aircraft carrier, with catapult", Business Standard, July 17, 2015

[65] Peijun Wu, "Magnet Assisted Take-off: An innovative way of taking to the skies", Leonardo Times, 2012

[66] "Linear Actuators Support Weapons Elevator", Curtiss-Wright Exlar Actuation Solution

[67] "A/S32A-31A US Navy – Aircraft Towing Tractor", www.tankograd.com

[68] Gaetan P. Mangano, "NAVAL AIR SYSTEMS COMMAND - LAKEHURST, NJ CAPSTONE PROJECT & DESIGN CLINIC PROGRAM", Capstone Project Topics List Contents

[69] M. Ragheb, "Nuclear Marine Propulsion", pdf 자료

[70] Glenn Shevach, "Towards Performance Prognostics of a Launch Valve", ANNUAL CONFERENCE OF THE PROGNOSTICS AND HEALTH MANAGEMENT SOCIETY, 2014

[71] 'Velan High Capacity Piston Operated Steam Trap' 자료

[72] USN, "LANDING SIGNAL OFFICER REFERENCE MANUAL (REV. B)", http://63.192.133.13/VMF-312/LSO.pdf

[73] "Submarines and Aircraft Carriers: The Science of Nuclear Power Science Topic: Physics and Social Science", STEM for the Class

[74] ANDREW LORING, "AN ELECTRO-MAGNETIC CATAPULT FOR THE FUTURE CARRIER?", J. Nav. Eng., 44(1), 2007

[75] Arthur Prickett, "Analysis of the Instrument Carrier Landing System Certification Process for Amphibious Assault Ships", University of Tennessee, http://trace.tennessee.edu/utk_gradthes/2153, 2003.

[76] USN, "CV NATOPS MANUAL", NAVAIR 00-80T-105, 1997

다수의 다른 자료(이곳에 표시하지 않은 인터넷 자료는 6장 뒤에 함께 명시)

비행역학 & 항모 탑재기

5
CHAPTER

Thinking Key Points &
Lessons Learned

5.1 항공기와 비행역학

5.1.1 항공기

가. 항공기 분류 및 종류

항공모함에서 탑재 항공기의 중요성을 아무리 강조를 하여도 지나치지 않는다. 그 만큼은 항공기를 위한 항모가 될 수밖에 없는 상황이다. 항공모함이 주도적으로 공격을 하는 것보다는 항공기를 통해 그 목적을 달성을 하게 된다. 항공모함에 탑승된 항공 인력도 상상을 초월할 정도로 많다. 니미츠 급의 경우 전체 인력 중 30~40% 정도가 된다. 그리고 장교 인력은 60~70%가 된다. 앞으로 항모 인력을 재배치하는 과정에서는 더욱 집중도가 높을 수도 있다. 그만큼 항공기와 관련된 업무나 담당 인력이 중요한 업무를 수행을 하게 되어 있다. 아래 그림은 항공모함에서 탑재기의 항공기 업무를 범위를 보여주는 내용이다. 항공기 관련 업무는 구조, 시스템, 미션 등의 업무와 관련이 되고 이들의 관계로 서로 어떤 연관 관계가 있는지를 살펴볼 수 있다.

항공기에 관하여 상세히 알아보도록 한다. 특별히 군에서 사용하는 항공기는 다음 표와 같이 분류가 된다. [표 5-1]에서 미션 분류에 드론이 이미 체계적인 분류 시스템이 포함이 되어 있으며 다만 실용적인 면에서 살펴보는 기본적인 미션에는 아직 분류가 없어 추후 항공모함에서 탑재되어 적절한 시기가 되면 추가적인 분류가 이루어질 것으로 판단이 된다. 또한 기본 미션과 미션의 구분에서 'H'는 서로 다르게 적용이 되고 있다는 점을 확인할 필요가 있겠다. 전투기 등에 붙여 있는 연속번호는 순차적인 것을 의미하고 숫자 뒤에 오는 알파벳은 모드 변경 등을 따른 순서를 의미하는 것이다.

[표 5-1] 미국의 항공기 모델 명칭 분류

Mission/ Type modification symbol		Basic Mission/ Type symbol		항공기 시리얼 숫자	모델 시리얼 글자
A	Attack	A	Attack	이 숫자는 각 기본 임무 범주 내에서 순차적으로 할당된다. 수는 대시를 사용해 기본 임무 기호에서 분리된다.	일련번호에 추가된 이 글자는 기본 모드의 개선 또는 변경을 나타낸다. 알파벳 순서대로 할당이 된다. 예를 들면 다음과 같다. F-4A, F-4B, F-4C 등등
C	Cargo/Transport	B	Bomber		
D	Drone Control	C	Cargo/Transport		
E	Special Electronics	E	Special Electronics		
H	Search and Rescue	F	Fighter		
K	Tanker	H	Helicopter		
L	Cold Weather Operation	K	Tanker		
M	Missile Capacity	O	Observation		
O	Observation	P	Patrol		
Q	Drone	S	Antisubmarine		
R	Reconnaissance	T	Trainer		
S	Antisubmarine	U	Utility		
T	Trainer	V	VTOL/STOL		
U	Utility	X	Research		
V	Staff Transport				
W	Weather Reconnaissance				

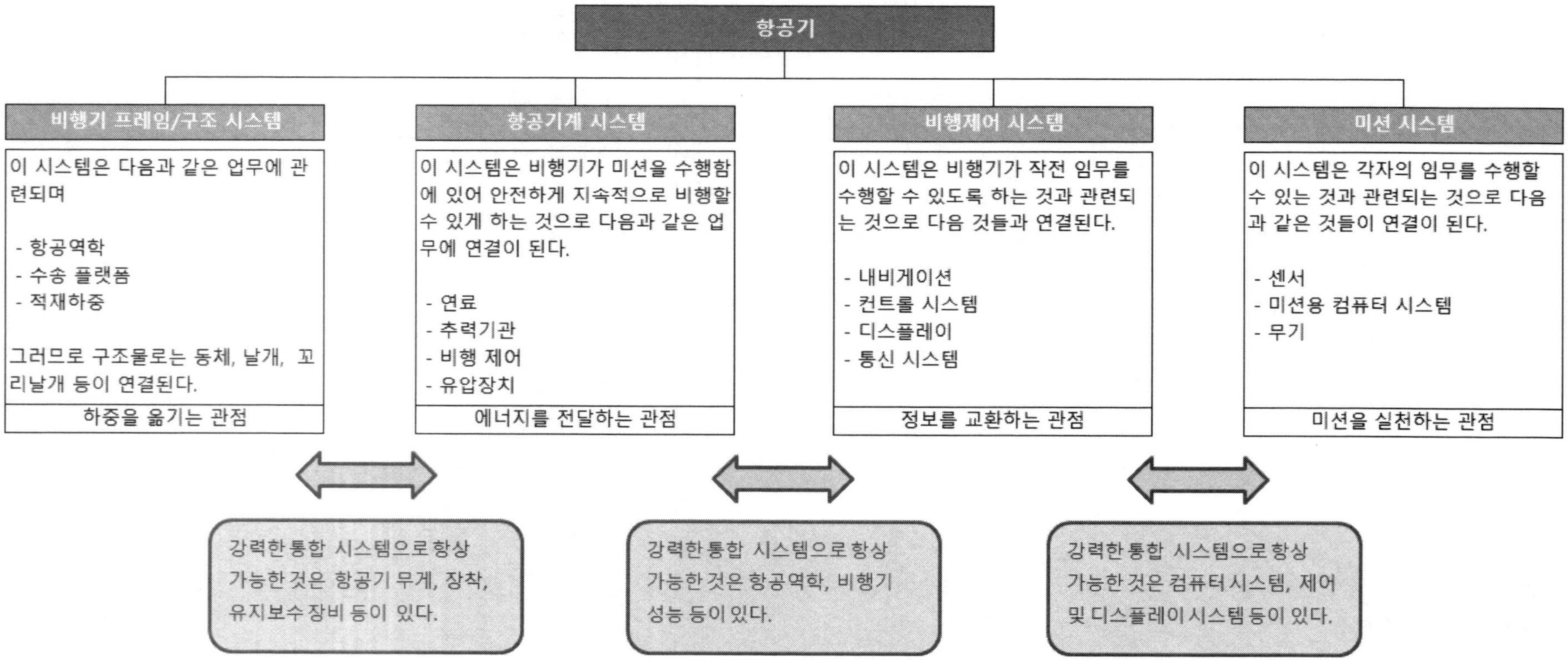

[그림 5-1] 항공기 기초 업무 내용

functionspace.com

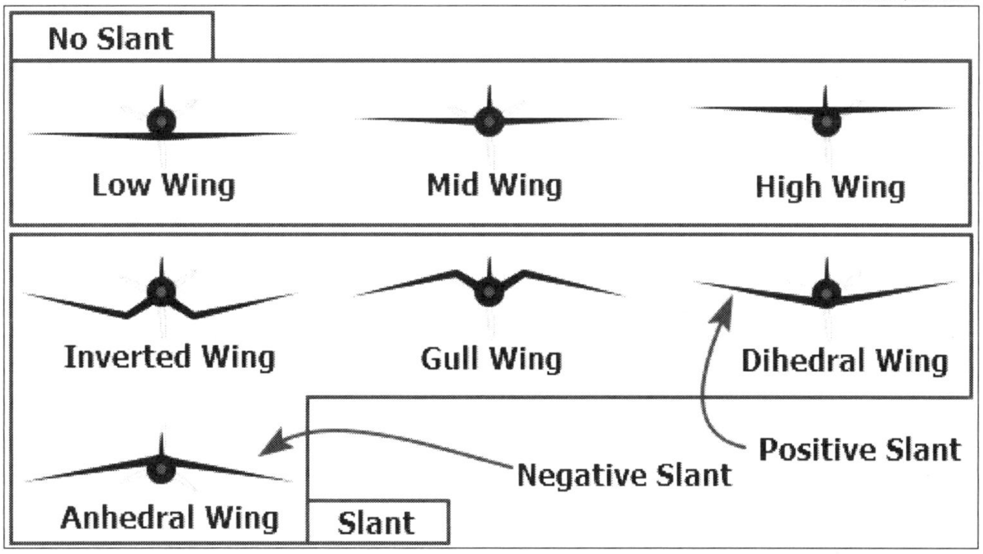

[그림 5-2] 비행기 날개의 위치에 따른 항공기 종류

wfis.uni.lodz.pl

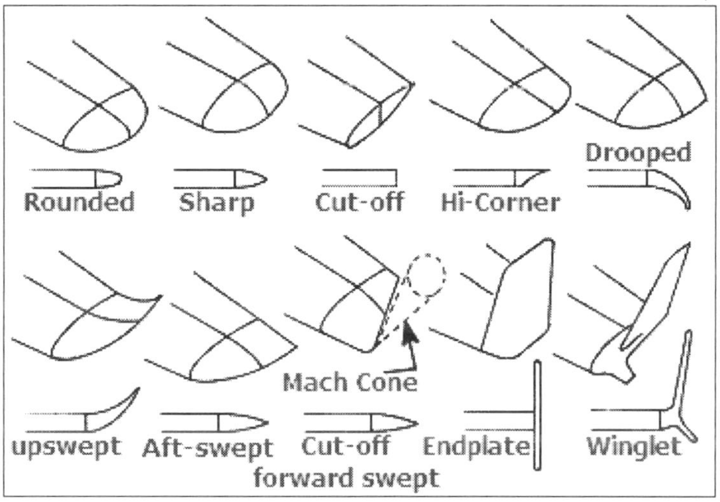

[그림 5-3] 비행기 날개의 끝단(Wing Tip) 따른 항공기 종류

항공모함에서 항공기를 구분하는 것도 매우 의미가 있다. 오래된 이야기이지만 예전에는 눈으로 적의 항공기기를 식별하던 때도 있었고 현재도 비상 시 구분을 할 수 있어야 하고 현재 미국의 해군의 항공모함 근무자에게 항공기 식별을 위한 특징을 교육하고 있다. [그림 5-2] ~ [그림 5-4] 는 항공기의 형태로 특징을 구분하는 것을 보여준다.

항공기의 날개 위치가 어디에 있는지에 따라 비행기의 목적이 다를 수 있다. 일반적으로 'High Wing' 또는 'Anhedral Wing'은 수송기에 해당이 되며 이는 비행역학적인 측면이 고려된 것이다.

항공기의 디자인은 모든 점에서 항공역학적인 면에서 고려되어 그 목적에 맞게 설계가 된 것이다. 날개 끝단도 예외가 아니다. 'Winglet' 형태 또는 'Endplate' 또는 'Upswept' 형태 등은 비행기의 실속(Stall)을 방지하기 위해 최적화 설계로 제작이 된 것이다.

항공기 양력을 받는 가장 큰 부분이 주 날개이다. 그 다음이 꼬리 날개인데 그 형태가 의미하는 것은 그 비행기의 전체적인 특징을 나타내게 된다. 'Delta', 'Sweptback' 혹은 'Variable Angle' 날개는 속도를 중요시 여기는 초음속 전투기에 적합한 형태가 된다. 이것은 속도가 빠른 항공기 일수록, 속도가 증가하면 할수록 항공기에 저항을 많이 발생시킨다. 특히 초음속 항공기의 경우는 더욱 많은 항력을 발생하는 충격파가 발생을 하게 되는데 이를 발생을 늦출 수 있거나 크기를 줄이는 방안으로 사용을 하게 된

okigihan.blogspot.com & skyhighhobby.com

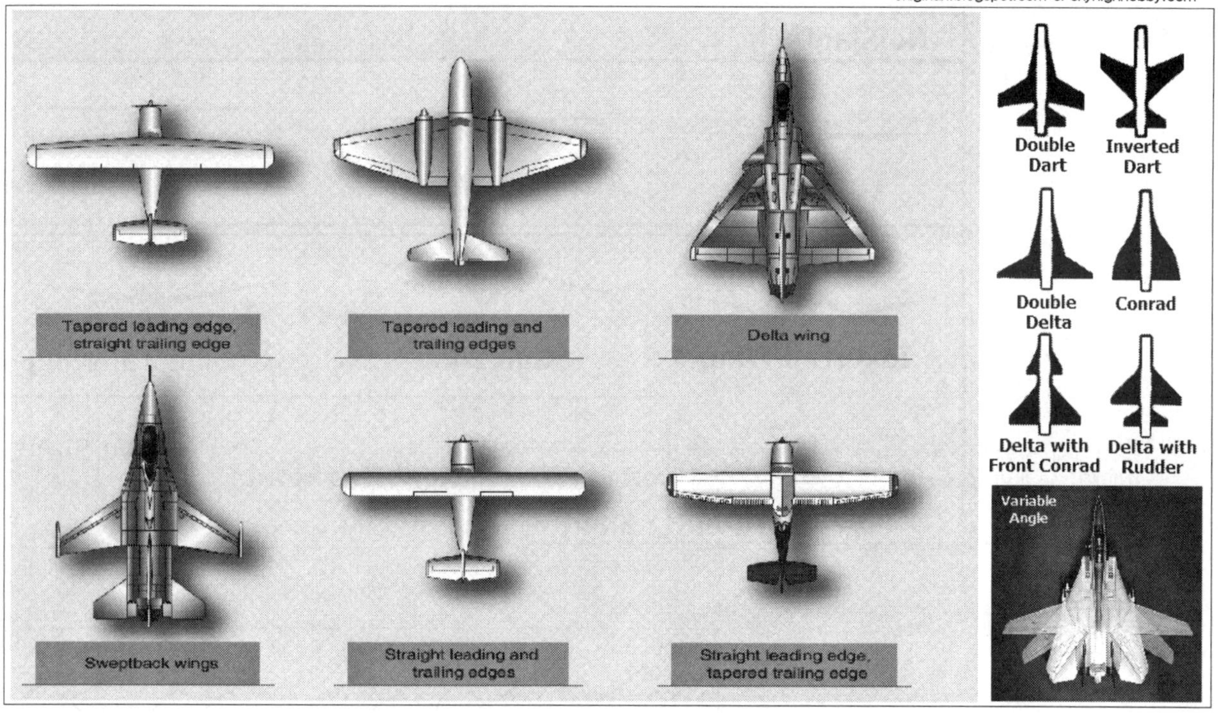

[그림 5-4] 비행기 날개의 형태에 따른 항공기 종류

lissys.demon.co.uk & USN 자료(73NP0106)

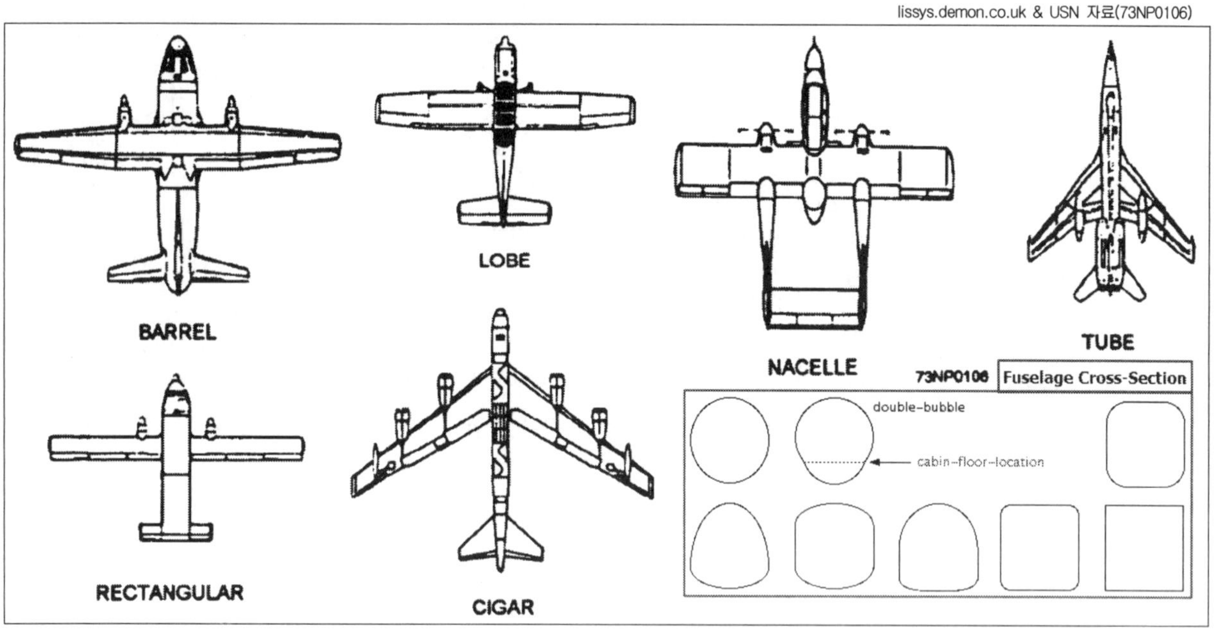

[그림 5-5] 비행기 동체의 형태에 따른 항공기 종류

다. 미국의 'X-29' 항공기가 대표적인 'Inverted Dart' 날개를 가진 항공기이며 'Conrad' 날개를 가진 대표적인 전투기는 유럽의 유로파이터 'Typhoon'과 '사브 37 Viggen' 등이다.

항공기의 동체는 위의 그림과 같이 다양한 형태를 가지고 있다. 또한 동체 단면을 보면 원통형, 이중 버블형, 삼각형, 사각형 등 다양하다. 이는 항공기의 미션에 따라 선택을 하게 된다. 하지만 외형은 곡면을 가진 형태를 유지하는 것으로 전체 형태를 가지게 된다.

USN 자료(73NP0107)

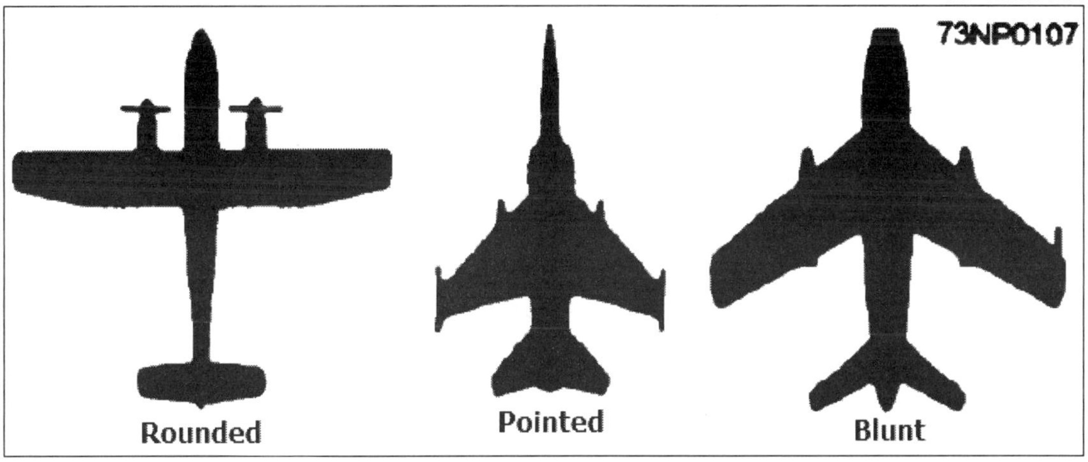

[그림 5-6] 비행기 Nose에 따른 항공기 종류

virtualskies.arc.nasa.gov

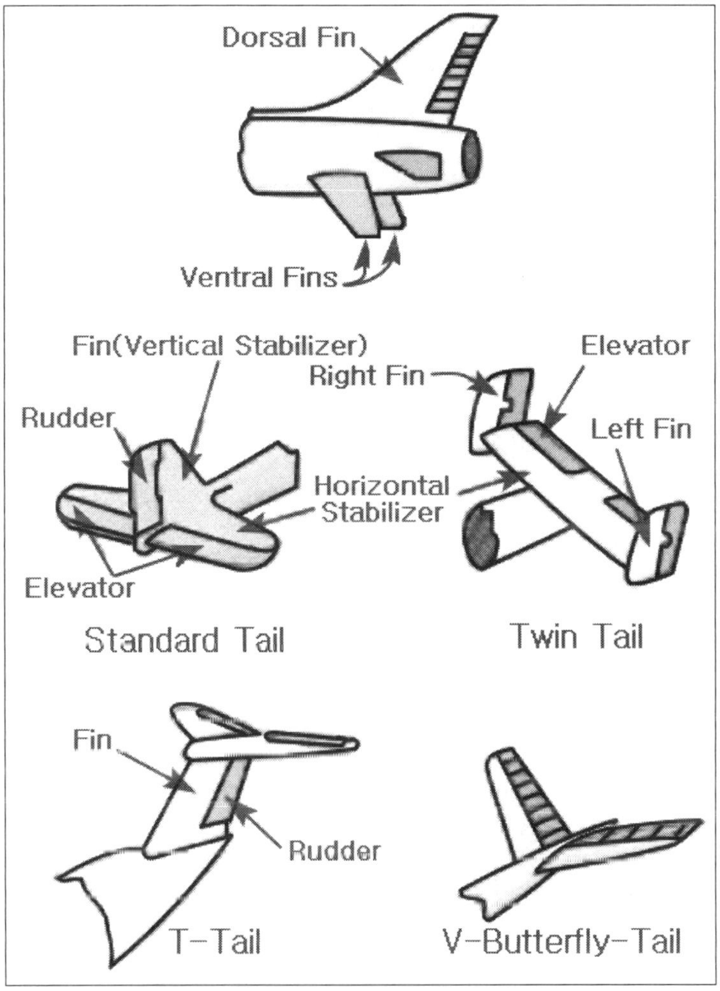

[그림 5-7] 비행기 꼬리 날개 형태에 따른 항공기 종류

항공기의 앞부분의 형태는 위에서 언급한 둥근 'Rounded' 형, 뾰족한 'Pointed' 형 그리고 뭉뚝한 'Blunt' 형으로 구분할 수 있고 'Pointed' 형은 다시 곡선이 있는 형과 직선으로 된 'Cone' 형으로 구분이 된다. 이것은 항력을 줄이려면 'Rounded' → 'Ogive' → 'Cone' → 'Blunt' 형 순서로 영향을 미치게 되므로 대도록 'Blunt' 형은 제외하는 것이 좋다.

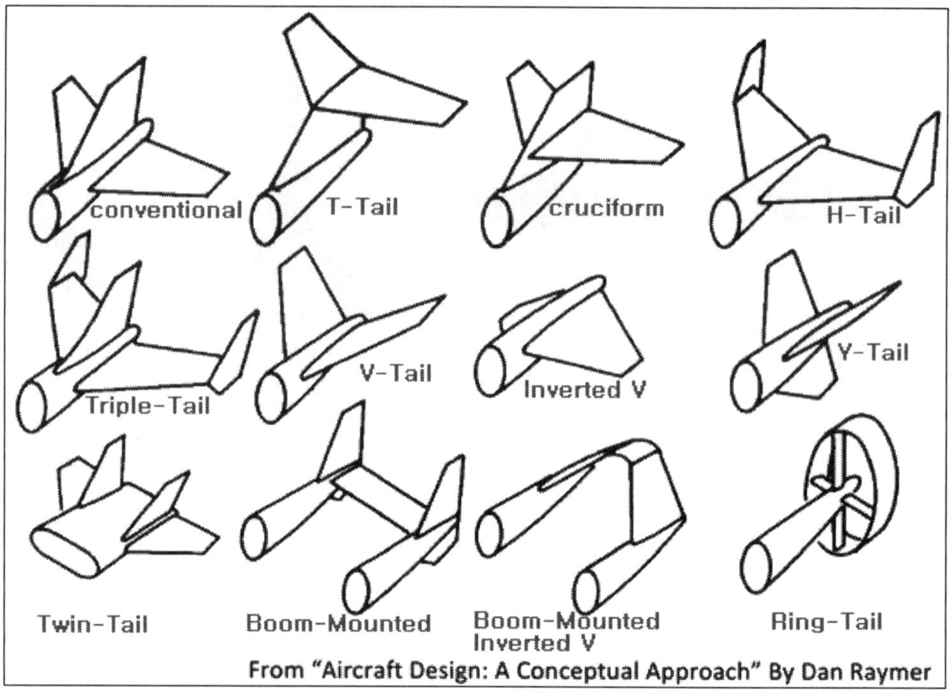

[그림 5-8] 비행기 꼬리 날개 형태 종류

USN 자료(73NP0108)

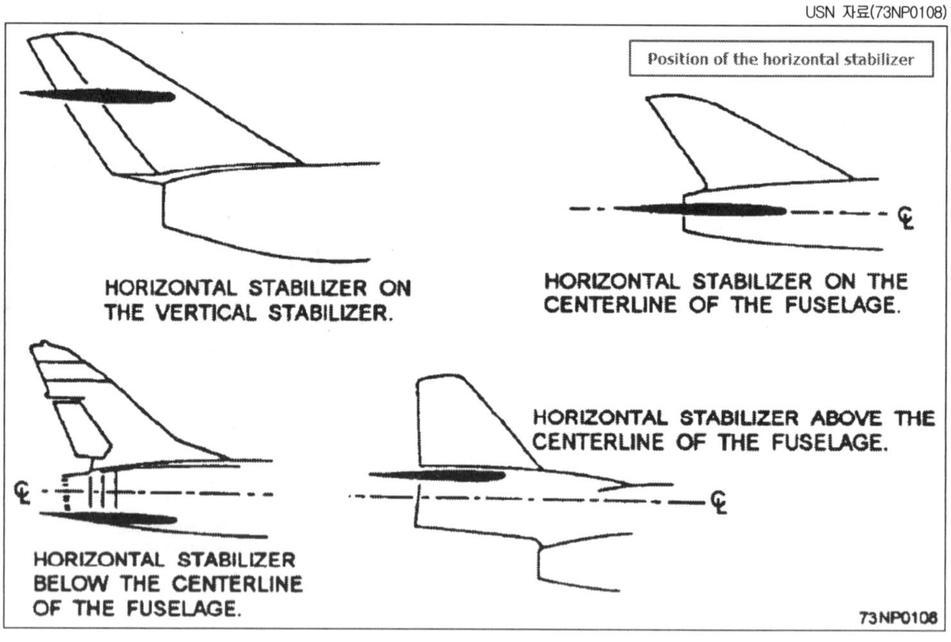

[그림 5-9] 비행기 꼬리 날개 위치에 따른 항공기 종류

꼬리 날개는 비행기의 안정성의 핵심 부분이다. 꼬리 날개 부분에는 수평 꼬리 날개와 수직 꼬리 날개로 크게 나눌 수 있고 그 구성은 Fin, Rudder, Elevator 그리고 Stabilizer 등이 있다. 비행기의 3차원 Moment 중 Rudder는 Yawing에 관여를 하게 되고 Elevator는 Pitching 모멘트에 영향을 주게 된다. 참조로 Rolling 모멘트는 주 날개에 있는 Aileron이 담당하게 된다.

또 다른 항공기의 특징은 '랜딩기어'이다. 이미 기술을 하였지만 항모에서는 특히 중요한 요소이다. 일반 랜딩기어와 다른 비행기의 랜딩의 종류는 다음의 그림과 같다. 헬기에서 주로 사용하는 'Skid', 해상에서 주로 이용하는 'Ski', 'Air Cushion' 그리고 수상기에서 사용하는 'Floater' 등이 있다.

Gerd Roloff, Airbus PPT "Aircraft Landing Gear"

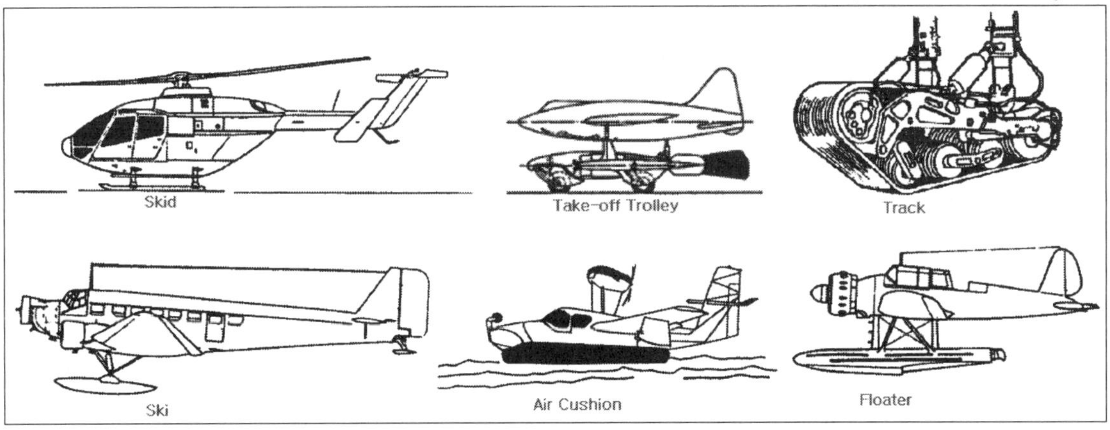

[그림 5-10] 랜딩기어와 같은 기능을 하는 다양 한 비행기

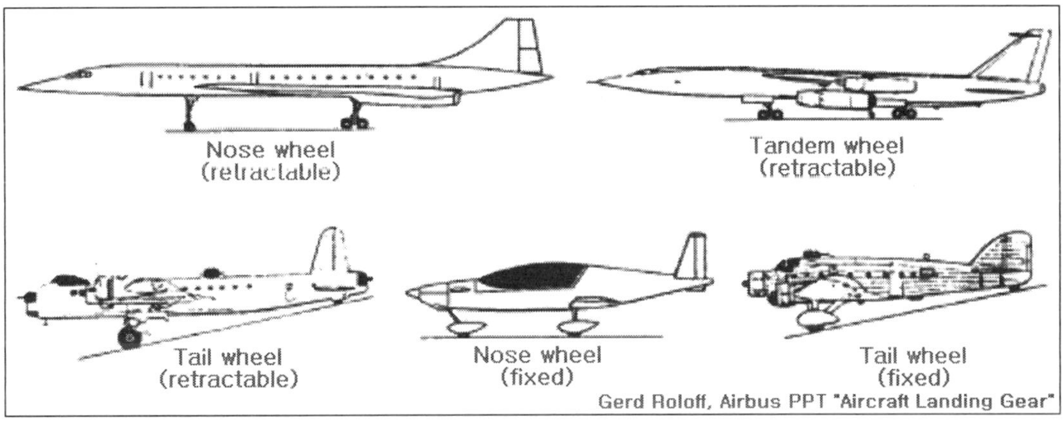

[그림 5-11] 비행기의 랜딩기어 형식

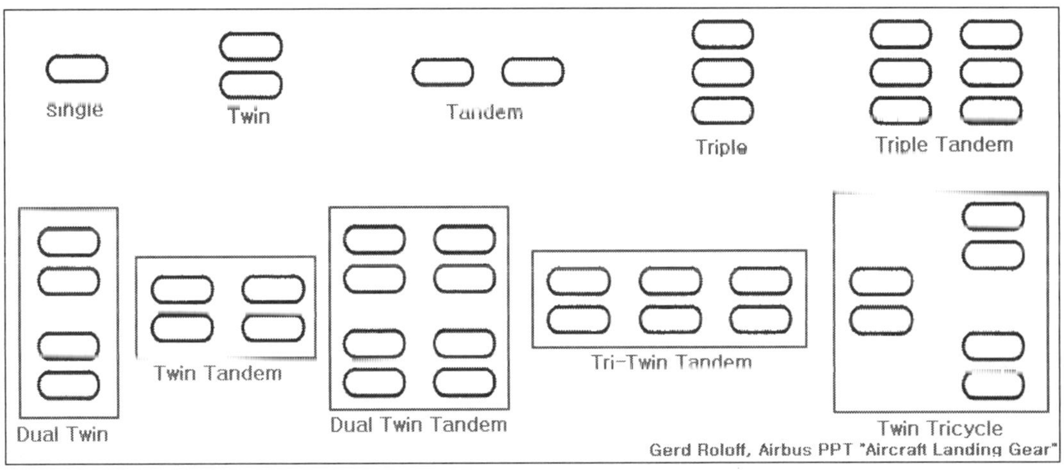

[그림 5-12] 다양한 비행기의 랜딩기어 비치 및 형식

비행기의 랜딩기어의 종류는 크게 고정식과 이착륙 시에만 사용하고 비행 중에는 인입시키는 것이 있고 앞쪽 'Nose Wheel' 방식과 뒤쪽 'Tail Wheel' 방식이 있다. 그리고 앞 뒤 병렬로 되어 있는 방식은 'Tandem' 방식이라고 한다. 이런 것들을 조합한 다양한 방식이 존재를 하는데 이는 [그림 5-12] 바퀴 배시를 보고 판단힐 수 있다.

나. 항모에 탑재되는 항공기

모함에 탑재되는 항공기에 대해서는 다양한 항공기가 사용이 된다. [표 5-2]는 미국의 항공모함에 이용이 되는 항공기 목록이다.

이 중에서 가장 대표적인 것인 F/A-18와 F-35 기종에 관해서 간략하게 살펴보기로 한다. 우선, F/A-18은 다목적 항공기이다. 즉, 'F'의 Fight 기능과 'A'의 Attack 기능을 가진 것으로 '다목적'이란 좋은 의미도 있지만 특화가 되지 않은 단점도 가지고 있는 것이다 .그래서 항모에 관련되는 일부에서는 실패한 기종으로 보고 있지만 현재까지 1500여대 비행기가 생산이 되었다. 항모의 관점에서 보면 그 단점이 크게 부각이 되는데 무장을 많이 한 상태에서는 짧은 활주로인 항모에서 이륙이 쉽지 않다. 그리고 항속거리도 기존의 항공기에 비해 짧아 문제가 되고 있는 것이다. 현재 항공모함에서 적용이 되는 기종은 F/A-18E/F Super Hornet 이다.

F-35 기종은 1996년에 컨셉트 디자인이 시작되어 2006년부터 부분 양산이 되고 있다. 사실 대한민국도 60대의 구매를 계획하고 있는 5세대 최신 전투기이다. 다음과 같은 내용으로 F-35를 요약한다.

- F-35는 합동 타격 전투기 (JSF) 프로그램에 따라 디자인되었던 X-35의 차세대 항공기이다.
- 록히드 마틴 F-35 라이트닝 II는 미국과 파트너 국가에 대한 최종 개발 및 테스트를 받고 있는 중이며 단일 좌석, 단일 엔진, 어떤 날씨에도 운행 가능한 스텔스 다목적 전투기이다.

[표 5-2] 미국 항모에서 탑재되는 비행기

기본 임무	제작사	일반 명칭
AV-8	McDonnell-Douglas	Harrier
C-2	Grumman	Greyhound
C-9	McDonnell-Douglas	Skytrain II
C-12	Beechcraft	Kingair
C-20	Gulfstream-Aerospace	Gulfstream
C-130	Lockheed	Hercules
E-2	Grumman	Hawkeye
E-6	Boeing	Mercury
EA-6	Grumman	Prowler
F-14	Grumman	Tomcat
F/A-18	McDonnell-Douglas	Hornet
F-35	Lockheed Martin	Lightning II
P-3	Lockheed	Orion
S-3	Lockheed	Viking
T-2	North American	Buckeye
T-34	Beech	Mentor
T-45	McDonnell-Douglas	Goshawk
OV-10	North American	Bronco
HH-1	Bell	Iroquois/Huey
AH-1	Bell	Corbra
SH-2	Kaman	Seasprite
SH-3	Sikorsky	Sea King
CH-46	Boeing-Vertol	Sea Knight
H-57	Bell	Jet Ranger
SH-60	Sikorsky	Sea Hawk
RH-53	Sikorsky	Sea Stallion
V-22	Bell-Boeing	Osprey

· 3가지 종류가 있다. F-35A는 재래식 이착륙(CTOL, Conventional Takeoff and Landing)을 위한 것이다. 즉, 기존 육상 활주로에서 이착륙하는 기종이다. F-35B는 짧은 활주로(STOVL, Short Take-Off and Vertical Landing)용으로 개발된 것이다. 이것은 주로 해병대에서 사용되는 AAS(Amphibious Assault Ship)에 탑재가 될 것이다. 마지막으로 F-35C는 CV 항공모함용으로 개발된 것이다.
· F-35C의 엔진은 항공모함용으로 제작이 되어 소금에 의한 부식을 특별히 방지하는 재료를 사용했다는 점만 F-35A와 다르다.
· 3개 기종 모두 엔진의 최대 추력은 43,000 lb이다.
· 미국 해군 항공 역사상 처음으로, 레이더 회피 스텔스 기능을 가지고 있다
· F-35C는 바다에서 진정한 다목적 전력 능력을 가지고 무기 시스템 통합, 치명적 공격, 유지 보수, 전투 반경과 페이로드 등의 새로운 기준을 제시한다.
· F-35C는 네트워크 기반 업무 시스템, 안정성 및 상호 운용성의 주요 진보된 기술과 함께 5세대가 요구하는 생존력을 가지고 있다.
· 간단하게 유지보수 할 수 있는 유지보수의 용이성이 항공기에 설계에 적용되었으며, 지지 장치에 대한 필요성이 감소되었다. F-35C는 기존 전투기에 의해 요구되는 것보다 물류 간소화 및 자동화를 통해 그리고 더 적은 지원으로 그 임무를 수행할 수 있어 비용을 절감하는 목표를 달성할 수 있다.
· 이착륙의 노이즈를 줄이기 위해 많은 노력을 하고 있다. 아래 그림은 각종 소음에 대한 비교를 나타낸 것으로 추력은 더 크나 소음은 감소된 결과를 볼 수 있다. 이는 이착륙 근무자의 환경을 고려한 소음 감소를 향한 노력의 결과이다.

[표 5-3]은 F/A-18E/F와 F-35 두 기종의 항공기 사양을 비교한 표이다. 아래 표를 보면 F-35가 대체적으로 앞선 5세대 전투기임을 보여주는 사양으로 추력에서 상당한 차이를 보이고 있으며 또한 이륙중량에서 차이가 있다. 다만, 속도는 F/A-18E/F가 앞서는 것을 되어 있다. 스텔스 기능 등을 포함하면 F-35가 F/A-18E/F를 상당히 앞설 것으로 판단이 된다.

"F-35 Noise Measurement Executive Summary", 보도자료, 28 October 2014

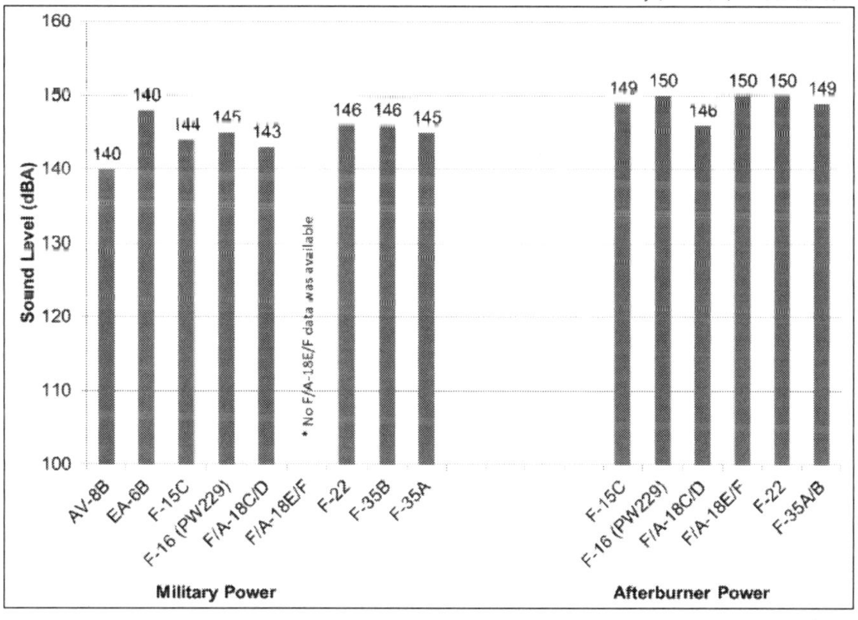

[그림 5-13]
각종 항공기 Ground 소음 측정 비교

[표 5-3] F/A-18E/F 및 F-35A/B/C 사양 비교

사양	F/A-18E/F	F-35A/B/C	비고
길이	18.3 m	15.4/15.4/15.67 m	
날개길이	13.62 m	10.7/10.7/13.1 m	F-35C가 길다.
높이	4.88 m	4.33/?/? m	
날개 면적	46.5 m^2	42.7/42.7/62.1 m^2	F-35C가 크다.
중량(Empty)	14,552 kg	13,199/14,700/15,800 kg	F-35C가 무겁다.
무장 중량	21,320 kg	22,470/?/? kg	
최대 이륙 중량	29,937 kg	31,800/27,200/31,800 kg	
속도	Mach 1.8	+ Mach 1.6	'+' : 시운전 시 1.61
작전반경	722 km	1,158/1,670/1,167 km	연료 1회 적재량
작전거리	2,346 km	2,220/1,670/2,220 km	연료 1회 적재량
Ferry range	3,330 km	?	
Service ceiling	+ 15,000 m	?	
상승률	228 m/s	?	
날개 하중	459 kg/m^2	526/?/? kg/m^2	F-35A 최대 745
T/W (Thrust/Weight)	(1.1 with loaded weight & 50% internal fuel)0.93	(100% fuel)0.87/0.90/0.75 (50% fuel)1.07/1.04/0.91	
내부 연료 적재량	(E) 6,780 kg (F) 6,534 kg	8,382/6,045/8,708 kg	E : 1인승 F : 2인승
외부 연료 적재량	7,381 kg	?	
Max g-rating	7.6	9/?/7.5	
무기 적재량	6,768 kg	8,160 kg	=~~무장중량-중량~~(empty)
추력기관	GE F414	F135-PW-100	
추력	22,000 lb 13,000 lb	43,000/43,000/43,000 lb 28,000/?/25,000 lb	Max(with afterburner) Mil(without afterburner)

* 각 발표 기관에 따라 약간의 차이가 있을 수 있으나 최대한 공식적 발표 내용으로 작성된 자료임.

현재 전세계의 항공모함에서 운영이 되는 항공기 현황을 요약한 것이 [표 5-4]에 상세하게 정리를 하였다. 이는 고정익과 헬기로 구분하여 사용 중인 기종과 수량을 상세히 표로 만든 것으로 각 나라 비교가 가능하다.

[표 5-4] 전세계 항공모함에서 사용되는 항공기 내역(2015년 기준)

국가	구분	Class	약어	Fixed-wing Aircraft		Helicopters	
				종류	수량	종류	수량
Australia	Amphibious	Canberra	LHD	-	-	?	6
Brazil	CV	Clemenceau	CVM	- A-4 Skyhawks - Tracker/Trader	10~15 2	- Agusta SH-3A/D Sea Kings - Aerospatiale UH-12/13 - UH-14 Cougar	3 3 2
Chile	Amphibious	Foudre	LSDH	-	-	- AS 532 UL Cougar or - SA 330B Puma	4
China	CV	Kuznetsov	CVGM	J-15	18	To be announced	?
	Amphibious	Yuzhao	LPD	-	-	Z-8 Super Frelon	4
France	CV	Charles De Gaulle	CVNM/PAN	- Super Etendard - E-2C Hawkeye - Rafale F2 & F3	12-16 2 10-14	- AS 565 Panther or AS 322 Cougar or Puma/Super Puma Plus Dauphine SAR	2 2
	Amphibious	Mistral	LHDM/BPC	-	-	Attack helicopter: NH 90 or SA 330 Puma or AS 532U2 Cougar or AS 665 Tigre	16
	Amphibious	Foudre	LSDH/TCD90	-	-	- AS 532UL Cougar or - SA 330B Puma	
India	CV	Modified Kiev	CVGM	Mig 29K	12	Helix 27/28/31	6
	CV	Hermes	CVM	Sea Harrier FRS MK51	8 (Capacity 30)	Sea King Mk 42B/C ASW/ASV/Vertrep & Ka-27 Helix Ka-31 Helix	7
	CV	Indigenous	CVM	Mig 29K	20	Ka-31 & HAL Dhruv	10
	Amphibious	Austin	LPD	-	-	- Sea King UH-3H can be carried - Hangar for only 1 light	6 1
Indonesia	Amphibious	?	LPD/APCR	-	-	Super Puma	2
Italy	CV	Cavour	CV	AV-8B Harrier II or JSP	8	EH 101 (Fitted also for AB212, NH90 and SH-3D)	12
	Amphibious	Garibaldi	LPH	-	-	- SH-3D Sea king or EH 101 Merlin Helicopter (12 in hangar, 6 on the deck) Total capacity is 18, but this leaves no space for movement	18

Italy	Amphibious	San Giorgio	LPD	-	-	- SH-3D Sea king or EH 101 Merlin or AB 212 Helicopter	3 3 5
	Amphibious	?	LHD	-	-	depending on mix	12 - 15
Japan	CV	Hyuga	CVHG	-	-	SH-60K + SH-60K or SH-60K + MCH-101	3+7 3+7
	CV	Izumo	CVHG	-	-	SH-60K MCH-101	7 7
Korea	Amphibious	?	LPD	-	-	UH-60	10
Portugal	Amphibious	?	LPD	-	-	Landing Spots for EH-101 or Lynx	4 6
Russia	CV	Kuznetsov	CVGM	Su-33 Flanker D Su-25 UTG Frogfoot	18 4	Ka-27 Helix Ka-31 RLD Helix AEW	15 2
	Amphibious	Mistral	LHD	-	-	KA-52K	16
Singapore	Amphibious	Endurance	LPDM	-	-	Super Puma	2
Spain	Amphibious	Galicia	LPD	-	-	AB 212 or SH-3D SeaKing or Eurocopter Tiger	6 4 4
	Amphibious	Juan Carlos I	LHD	-	-	6 landing spots for helicopters or AV-8 operations	6
Thailand	CV	Chakri Naruebet	CVM	AV-8S Matador (Harrier)	6	S-70B-7 Seahawk(Chinook capable)	6
	Amphibious	Endurance	LPD	-	-	Platform for 2	2
UK	CV	Queen Elizabeth	CV	- Up to 36 F-35B Lightning II & 4 Crowsnest -Typically a mix of between 12 & 24 F-35B & a mix of helicopters, which might include Chinook, Merlin(Mk 2-Puma and/or Mk 4-Sea King) & Apache, depending on mission.	Approx. 40	Westland Merlin	?

UK	Amphibious	Invincible	LPH	-	-	Sea King HC Mk 4 Lynx Mk7 Chinook (up to 20-numbers depend on task)	?
	Amphibious	?	LPH	-	-	Sea King HC Mk 4/ Lynx Mk7/AH-64/CH-47 (numbers depend on task)	?
	Amphibious	Albion	LPD	-	-	Platform for 3 Sea King Mk 4 (Chinook capable)	3
US	CV	Gerald R Ford	CVN	Composition will depend on mission but will comprise 75+ aircraft(F-35C, F/A-18E/F, EA-18G, E-2D, MH-60R/S, J-UCAS)	75+	MH-60R/S	?
	CV	Nimitz	CVNM	Composition of air-wing depends on mission and typically includes: 44 F/A-18C/E/F Hornet, 4 EA-6B Prowler, 4 E-2C Hawkeye	52+	a mix of SH-60F, HH-60F & MH-60S (or a mix of MH-60R & MH-60S)	?
	Amphibious	San Antonio	LPDM	-	-	1 CH-53E Sea Stallion or 2CH-46ESeaKnightor 1MV-22Osprey	1 or 2
	Amphibious	Tarawa	LHDM	- Harrier AV-8B VSTOLaircraft in place of some helicopters as required - MV-22 Osprey Squadron can replace CH-46D/E	?	CH-53D Sea Stallion or CH-46D/E Sea Knight UAV in due course	19 or 26
	Amphibious	Wasp	LHDM	- 6~8 AV-8B Harrier or up to 20 in secondary role - Capability to support Osprey in LHD 1, 3, 4, 5, 6, & 7(LHD 2 & 8 in 2013) & F-35B(LHD 1 2014)	6~8	- Capacity for 42 CH-46E Sea Knight but has the capability to support. - AH-1W Super Cobra or AH-1Z Viper, CH-53E Super Stallion, CH-53-D Sea Stallion, UH-1N Twin Huey, AH-1T Sea Cobra & SH-60B Seahawk helicopters. - UAV in due course	42
	Amphibious	Austin	LPD	?	?	- Up to 6 CH-46D/E Sea Knight can be carried. - Hangar for only 1 light	6
	Amphibious	America	LHA	Similar to Wasp class with improved facilities to operate and support MV-22 Osprey and up to 23 F-35B Joint Strike Fighter(JSF)	23+	?	?

다. 무인기

사이즈가 큰 군사 무인 항공기 관련하여 개발 방향은 경쟁지역 또는 거부된 영공(A2/AD, Anti-Access/Area Denial)에서 작동하도록 설계된 플랫폼이 아닌 경쟁 지역 영공에서만 작동하도록 플랫폼에 초점이 대부분 맞추어 있다. 무인기의 이 유형 초점이 틀림없이 다른 국가의 A2/AD 기능의 발전에 따라 많은 진척이 있었다. A2/AD 기능은 잠재적으로 전략적으로 중요한 지역을 접근하는 항공기와 항모 함대의 잠재적 위험을 방지할 수 있는 대공 및 대함 미사일 시스템을 포함하게 될 것이다. 이러한 새로운 무인 플랫폼의 일부는 적은 노출, 높은 기동성, 극초음속 비행 및 원격 운영에서 자율성의 증가 수준에 의존한다. 예를 들어, 영국 국방부와 BAE 시스템이 협력 하에 만들어지고 있는 Tarnis 무인 전투 항공기(UCAV, Unmanned Combat Aerial Vehicle)는 스텔스 기술을 통합하고 장거리 임무를 위해 설계되었다. Tarnis는 '완전 자율적' 요소를 갖는 것으로 묘사될 수 있다. 마찬가지로 미 해군과 노드롭 사의 X-47B는 항공모함에서 발사할 수 있도록 설계되었고 스텔스에 초점을 맞춘 UCAV 플랫폼이란 것이다.

미 해군이 항공모함에 사용하기 위한 만들고 있는 무인기에 관하여 개발 프로그램은 UCLASS(Unmanned Carrier-Launched Airborne Surveillance and Strike)이고 무인기는 UCAS(Unmanned Combat Aerial System) 혹은 UCAV이다. 이 UCLASS 프로그램은 미국 해군의 무인 항모에서 이륙하여 항공 감시 및 타격을 할 수 있는 무인기를 개발하는 프로그램으로 무인 정보를 제공하고 함대에서 적의 자산을 공격할 수 있는 자율적인 항공모함 기반 무인 전투 항공기를 개발하는 것이다. UCLASS은 주로 은밀하게 폭탄 투하나 정찰에 집중해야하는지 여부에 관한 통해 논의를 한 후, 미 국방부는 그 임무 대신에 유인 전투기의 범위를 확장하기 위해 UAV를 만드는 항모 기반 공중 급유 임무 시스템(CBARS, Carrier-Based Aerial-Refueling System)으로 전체 프로그램을 변경하였다. 사실 무인 공중 급유기 개발은 진행 중으로 아직 정확한 성과가 나오고 있지는 않고 있다.

이런 가운데 이 프로그램은 'MQ-25 Stingray' 프로그램으로 개명이 되었다. 이 MQ-25 Stingray는 무인 항모 항공 에어 시스템(UCAAS, Unmanned Carrier Aviation Air System)을 의미하는 것으로 이전 CBARS 프로그램의 새 버전으로 무인 항모 이륙 항공 감시 및 타격 프로그램에서 결과로부터 계획된 무인 전투 공중 시스템 (UCAV)을 만드는 것이다. UCLASS가 공격이나 지능, 감시 및 정찰 (ISR, Intelligence, Surveillance and Reconnaissance) 역할에 관하여 전문으로 수행할 것인지 많은 논의를 통해 지연이 되어 왔고 그것은 UCLASS 노력의 상당 부분이 항공기의 미래 버전과 충돌로 인해 연기될 것이라는 보고도 있었지만 2016년 7월에 공식적으로 'MQ-25 Stingray'로 지명이 되었다.

DOD Textbook, Chapter 2 of "Unmanned Aerial Vehicle"

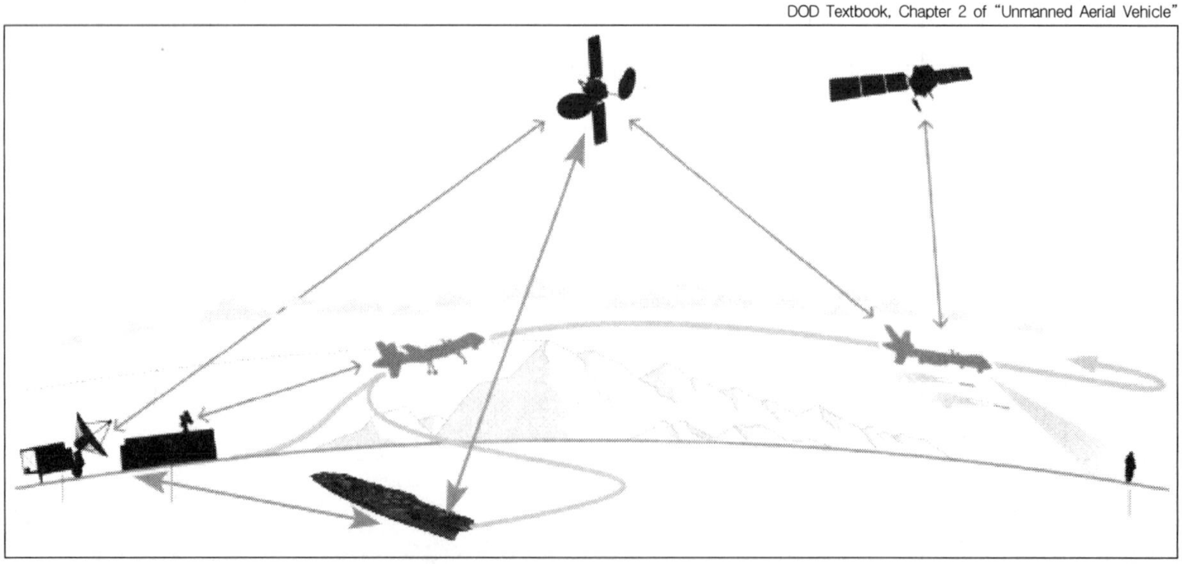

[그림 5-14] 항모에 이륙한 무인기의 정보 체계 가상도

[그림 5-15] X-47B의 항모 이륙과 공중 급유 장면

현재 항모에 적용이 되는 무인기는 X-47B가 가장 활발하게 진행이 되고 있다. 미 해군의 X-47B 무인 전투 항공 시스템 (UCAS) 프로그램은 육지와 바다에서 진행하는 동안 가장 어려운 환경 속에 있었지만 미 해군 항공모함의 비행갑판에서 이륙할 수 있는 전투기 크기의 무인 항공기의 능력을 입증하기 위해 설계 되었다. 이 무인기는 2대 시제작품으로 만들어졌고 다음의 내용에서 최초의 업무를 수행하였다.

· 항공모함의 갑판에서 최초 catapult 이용하여 이륙 성공한 무인기
· 항공모함의 갑판에 최초로 arresting 착륙 성공한 무인기
· 최초로 자율 무인 항공기가 공중에서 연료 보급 성공

X-47B는 CVN 75 USS Harry S. Truman, CVN 77 USS George H.W. Bush와 CVN 71 USS Theodore Roosevelt 등 서로 다른 항모에 탑재되어 실험을 실시하고 있다. 항모에서 시연 외에도 X-47B 성공적 자율 공중 급유를 실시하여 이 혁신적인 기술은 작전범위의 확장과 미래의 무인 및 유인 항공기 플랫폼의 유연성을 증가시킬 것으로 보인다. X-47B는 정밀한 착륙 및 탐색 성능을 달성함으로써 항모 제어 환경 하에서 디지털화 된 갑판 핸들링 솔루션을 입증하였고, 작전의 개념을 구체화하여 미래 해상 무인 항공기 시스템을 위한 기반을 마련하고 있다. X-47B의 사양은 다음과 같다.

· 날개길이 : 62.1 ft
· 길이 : 38.2 ft
· 최대 고도 : 40,000 ft
· 직진거리 : 2,100 nm
· 최대 이륙중량(MGTOW, Max Gross Takeoff Weight) : 44,000 lb
· 최대 속력 : High Subsonic
· 엔진 : Pratt & Whitney F100-PW-220U
· 무장 : 4,500 lb(2개 무장 bay)

X-47B의 무장은 [그림 5-17]과 같은 것들로 구성이 될 것으로 판단이 된다. 이것은 최대 무장 중량이 4500 lb라는 고려 하에서 작성이 된 것이다.

미국 무인기를 항모와 결합하여 활용하는 것은 다양한 방법이 가능할 것이다. 하지만 미 항모가 가장 두려워하는 것은 중국이 가지고 있는 'Carrier Killer'라는 'DF-21D' 미사일이다. 이것은 ASBM (Anti-Ship Ballistic Missile) 계열의 미사일로 미 항공모함에 대항하기 위한 만든 탄도 미사일로 수평거리 1,500~1,700 km를 가지고 있다. 이에 대응한 미국의 전략은 전자 레일건과 전자 전파 방해와 기만

기술을 활용하는 방안을 강구하고 있다. 무인 항공기도 그 대응 전략에 하나이다. [그림 5-18]에서 보는 것처럼 가상 적국 주변에 다수의 항모를 배치하고 무인항공기를 가지고 공격을 하는 전략을 구사하는 방법이다.

Northrop Grumman, "X-47B UCAS - Unmanned Combat air System"

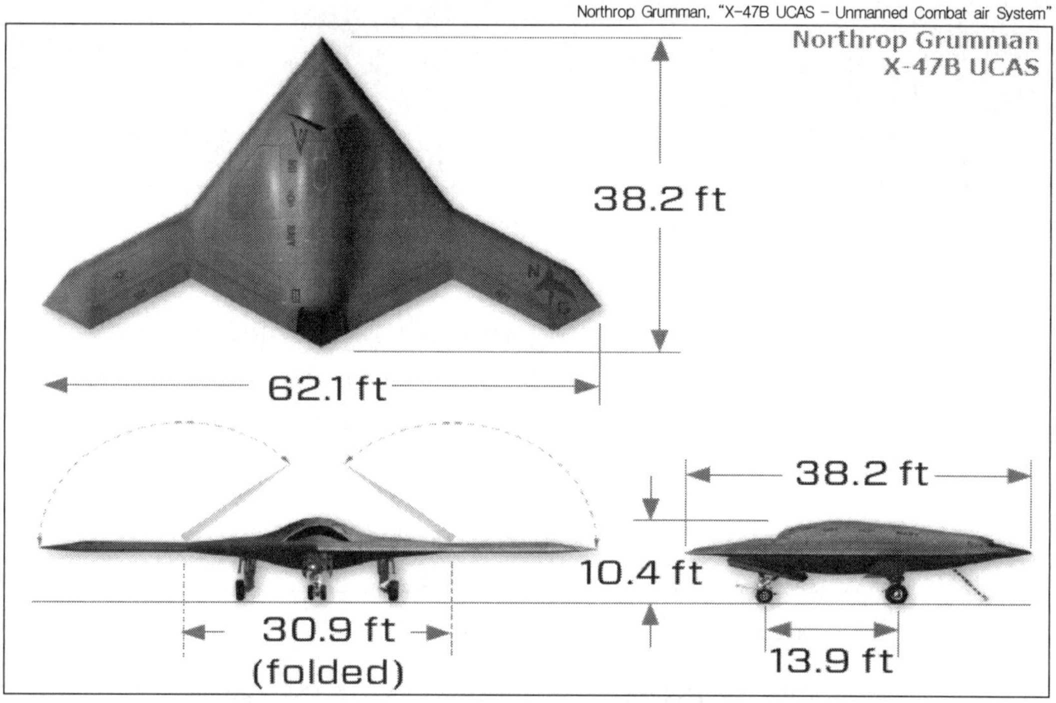

[그림 5-16] X-47B 외형 사양

Robert O. Work, "The Unmanned Combat Air System Carrier Demonstration Program: A New Dawn for Naval Aviation?"

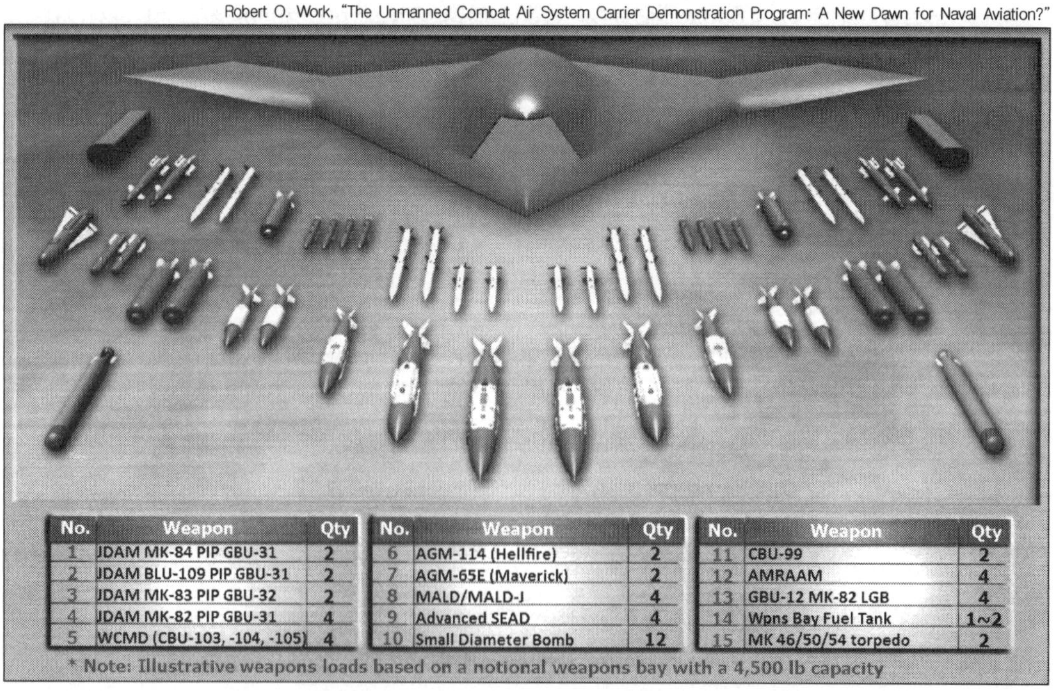

No.	Weapon	Qty	No.	Weapon	Qty	No.	Weapon	Qty
1	JDAM MK-84 PIP GBU-31	2	6	AGM-114 (Hellfire)	2	11	CBU-99	2
2	JDAM BLU-109 PIP GBU-31	2	7	AGM-65E (Maverick)	2	12	AMRAAM	4
3	JDAM MK-83 PIP GBU-32	2	8	MALD/MALD-J	4	13	GBU-12 MK-82 LGB	4
4	JDAM MK-82 PIP GBU-31	4	9	Advanced SEAD	4	14	Wpns Bay Fuel Tank	1~2
5	WCMD (CBU-103, -104, -105)	4	10	Small Diameter Bomb	12	15	MK 46/50/54 torpedo	2

* Note: Illustrative weapons loads based on a notional weapons bay with a 4,500 lb capacity

[그림 5-17] X-47B에 장착될 수 있는 무기들

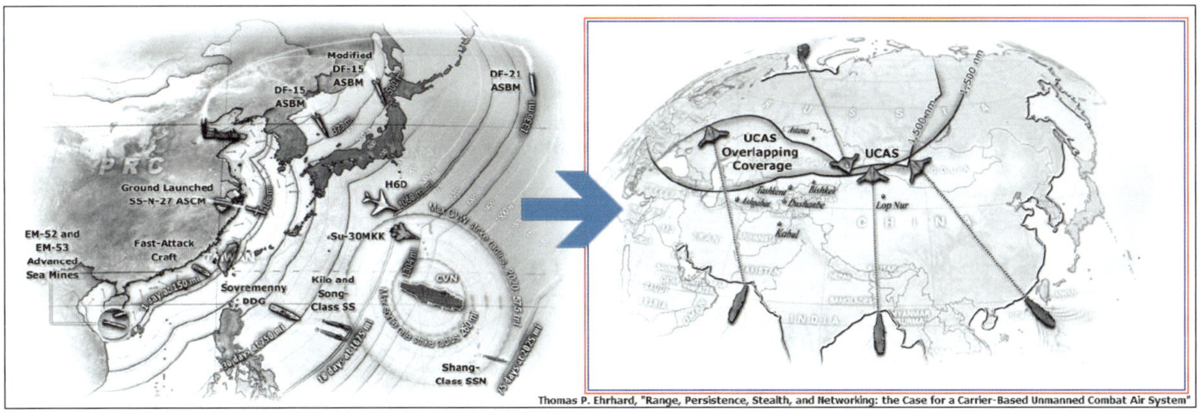

[그림 5-18] 중국과 미국의 무인기 가상 전략 체계도

5.1.2 비행역학

가. 양력과 항력

앞에서 간단하게 기술한 것이지만 모든 비행역학의 내용은 '어떻게 무거운 비행기가 뜨는지'에 대한 해답을 찾아가는 과정이라고 할 수 있다. 지금 부분에서는 앞서 내용보다 좀 더 구체적으로 접근을 하면서 '어떻게 잘 뜨는지', '어떻게 효율적으로 뜨는지', '어떻게 지속적으로 뜨는지'에 대한 답을 찾는 것이다.

양력의 식은 다음과 같이 비행역학에서 정의를 한다.

$$L = C_L \frac{1}{2}\rho V^2 S \approx [\, C_{L_o} + \frac{\partial C_L}{\partial \alpha}\alpha] \frac{1}{2}\rho V^2 S$$

where C_L = 양력계수

C_{L_o} = 받음각이 '0'일 때 양력계수

여기서 양력은 주 날개, 동체 그리고 꼬리날개에서 양력을 받게 된다. 그러므로 다음과 같은 식으로도 가능하다.

$$L = C_L \frac{1}{2}\rho V^2 S \approx (C_{L_{wing}} + C_{L_{fuselage}} + C_{L_{tail}}) \frac{1}{2}\rho V^2 S \approx [\, C_{L_o} + \frac{\partial C_L}{\partial \alpha}\alpha] \frac{1}{2}\rho V^2 S$$

중요한 것은 '받음각(α)은 어떤 관계를 가지고 있는가' 이다. 즉, $\frac{\partial C_L}{\partial \alpha}\alpha = ?$

[그림 5-19] 글라이더의 받음각(α, AOA)에 대한 양력 계수와 항력 계수 그리고 양한비(L/D)를 비교한 그래프

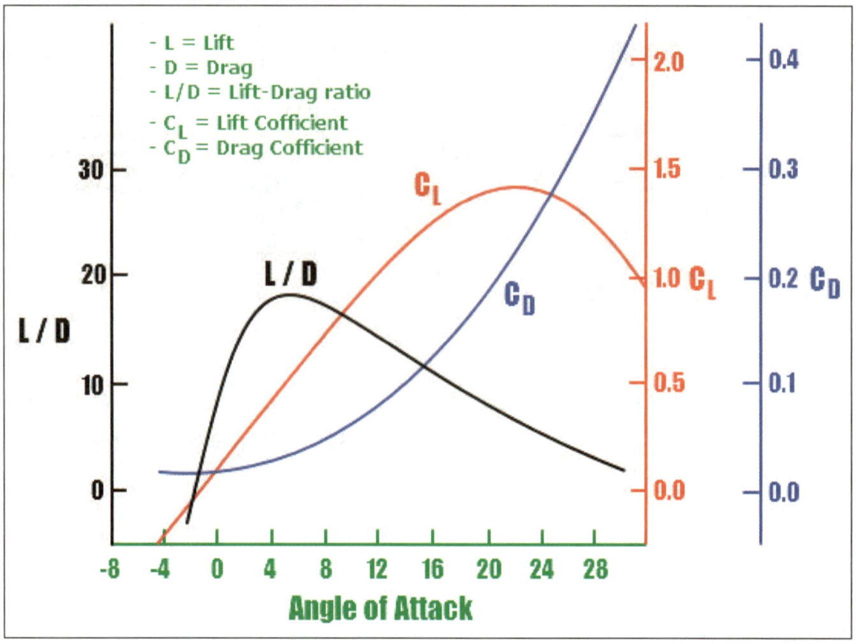

Robert Stengel, MAE 331 pdf, 2014

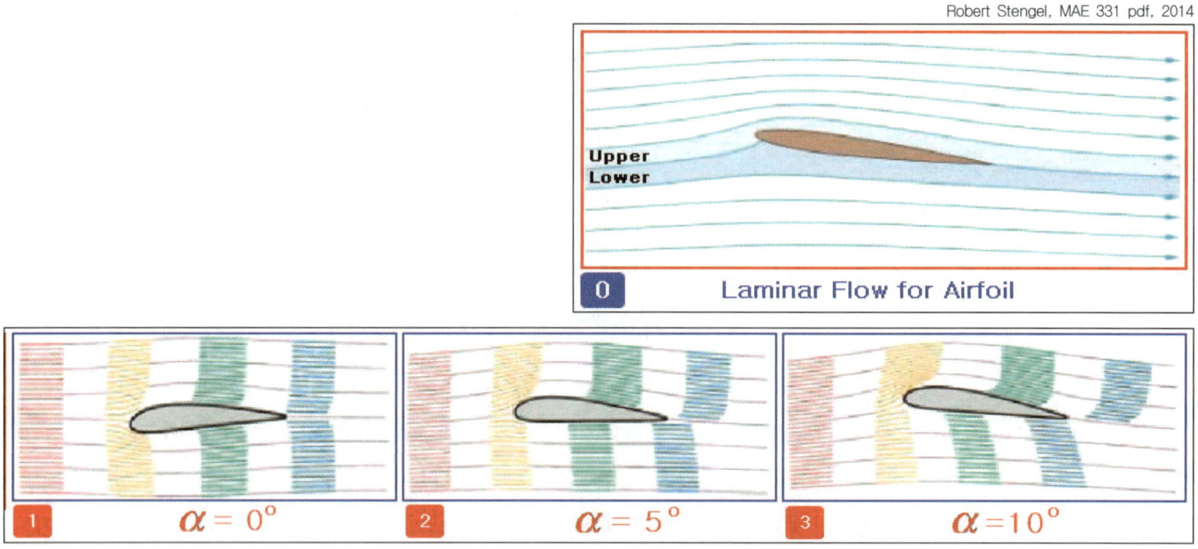

[그림 5-20] 받음각에 따른 에어포일 주변 유체 유동하는 모습

[그림 5-19]는 3장에서 [그림 3-66]을 글라이더에 대상으로 하여 변경한 것으로 양항비(L/D)를 추가로 함께 그린 것이다. 그림의 결과에 따라 $\frac{\partial C_L}{\partial \alpha}$은 대략적으로 $C_{L_{\max}}$가 되기 전까지의 기울기임을 알 수 있다. 2차원 airfoil에서 위 그림을 통해 양력을 살펴보자. [그림 5-20]은 받음각의 차이에 따른 Airfoil 주변의 흐름을 가시성을 가지게 그린 그림이다.

[그림 5-20]에서 0은 기본적으로 날개 단면인 에어포일의 주변에서 층류의 흐름을 보여주는 것이다. 받음각의 변화하면서 흐름의 변화가 위아래에서 발생한다. 위의 빠른 속도의 공기 흐름과 아래의 느린 속도의 공기 흐름은 평균 공기 속도와 비교하면 무엇인가 다른 것이 있다. 그것이 Circulation이 발생한다는 것이다. 위와 아래의 속도 차이는 받음각과 어떤 관계가 있겠는가? 그림에서 보듯이 받음각이 커지면 속도차도 커진다. 이 속도차가 Circulation을 발생시키는 것이다. 2차원에서는 현재 그림으로는 확인을

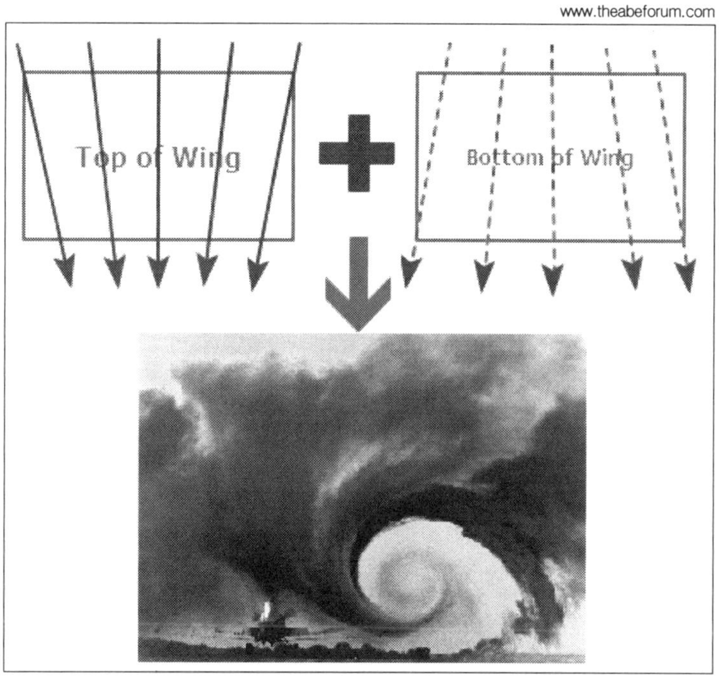

[그림 5-21]
Wing Tip Vortex
발생하는 이유 및
현상

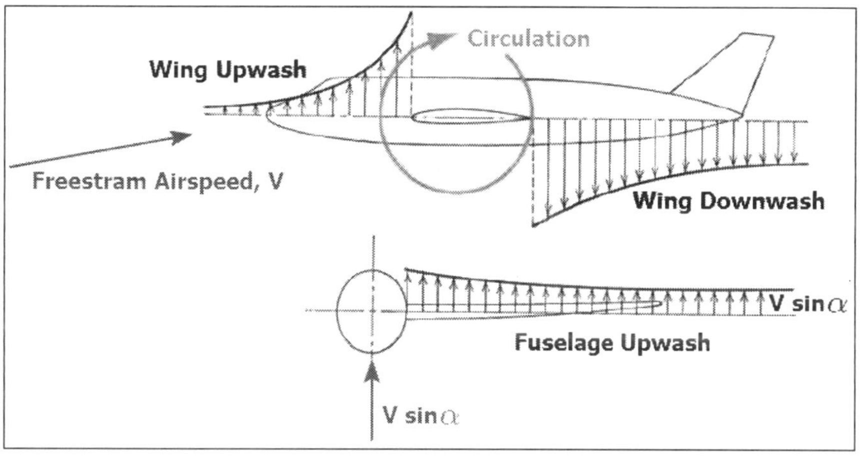

[그림 5-22]
Circulation이 발생하는
Upwash, Downwash에
관한 설명 그림

할 수가 없다. 그리고 위아래 시작하는 지점과 끝나는 시점은 Stagnation Point가 되어 속도가 '0'이 되는 곳이 존재하게 된다. (참조: [그림 5-22])

2차원 airfoil과 3차원 wing의 받음각에 대한 양력의 차이는 어떻게 되겠는가? 3차원 공간에서 보면, 위에서 기술한 Circulation이 날개 전체적인 흐름 속에서 속도가 빠른 곳과 느린 곳의 차이에 의해 Wing Tip Vortex로 발생하게 된다. 이는 위쪽은 빠른 흐름에 따라 면적이 좁은 지역을 통과하게 되고 아래쪽은 느린 속도에 따라 넓은 지역으로 확산되는 경향의 위아래가 만나 Tip vortex가 발생한다. (참조 : [그림5-21])

[그림 5-23]에서 같은 받음각에 대하여 3차원이 실제적으로 양력의 값이 2차원보다 작은 것을 알 수 있다. 이런 것은 Aspect Ratio(AR)의 값이 어떻게 되는가에 따라 3차원 날개도 달라질 수 있다.

일반적으로 항공기는 양력을 증가시키기 위해 날개의 면적(S)을 늘이는 방법을 쓴다. 이것은 함수에서 보듯 면적은 양력에 비례한다. 날개 면적을 늘리는 2가지 방법은 Leading Edge를 키우는 방법과 Trailing Edge를 키우는 방법이 있다. Leading Edge를 늘리는 방법은 'Slat'을 사용하는 것으로 앞으로

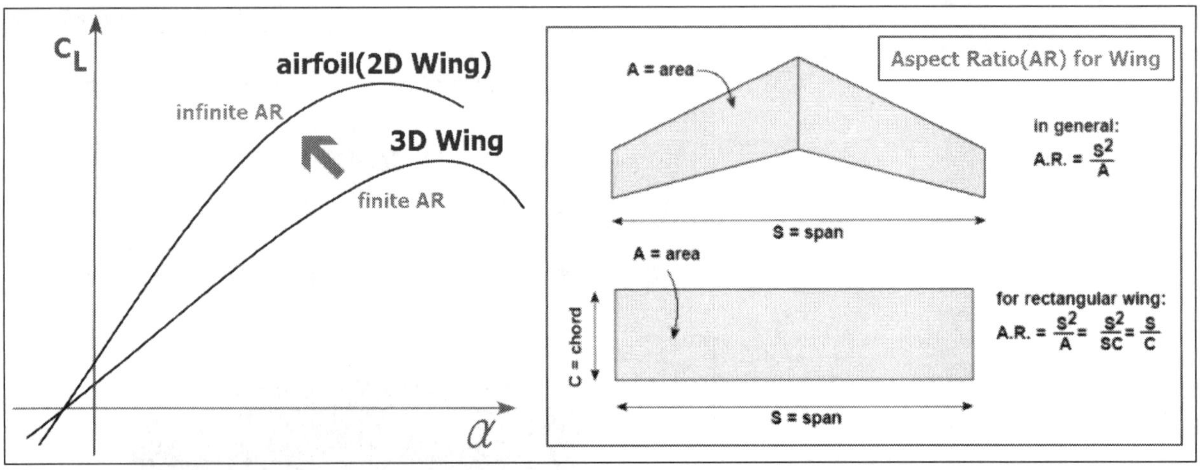

[그림 5-23] 2차원(Airfoil)과 3차원(Wing) 양력의 비교 및 날개에 대한 Aspect Ratio(AR)

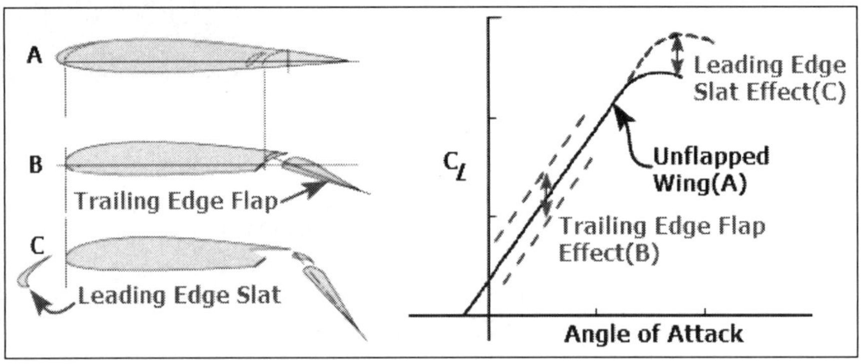

[그림 5-24] 양력계수 곡선과 Flap과 Slat의 관계

확장이 된다. 이 때 날개와의 틈을 'Slot'이라고 하고 실속을 제어하는 방법으로도 활용이 된다. 가장 보편적인 방법으로 Trailing Edge를 키우는 방법으로 플랩(Flap)을 사용하는 것이다. 받음각과 C_L 곡선에서 Slat은 곡면 부분인 곳을 증가시켜 양력 증가와 실속을 늦추는 효과를 만들고 플랩은 곡선의 직선부분을 이동시켜 양력의 증가를 만들어 낸다. (참조 : [그림5-24])

그러면, 항력은 어떻게 되겠는가? 실제적으로 거의 모든 유체기계의 디자인은 항력을 줄이는 방향으로 설계를 하게 된다. 항력은 비효율적인 면을 살펴볼 수 있는 내용인 것이다. 특히 항공기에서는 뜨는 것은 기본이 되고 항력을 줄이는 방안을 고심하게 된다. 항력의 계산식은 다음과 같이 양력과 유사하다.

$$D = C_D \frac{1}{2}\rho V^2 S \approx [\, C_{D_o} + \epsilon C_L^2 \,] \frac{1}{2}\rho V^2 S$$

where C_D = 항력계수

C_{D_o} = 받음각이 '0'일 때 항력계수

항력의 종류에는 다음 3가지로 구분할 수 있다.

· 표면 마찰 항력
· 기본적인 압력 차이에 의한 항력
· Shock-Induced 항력

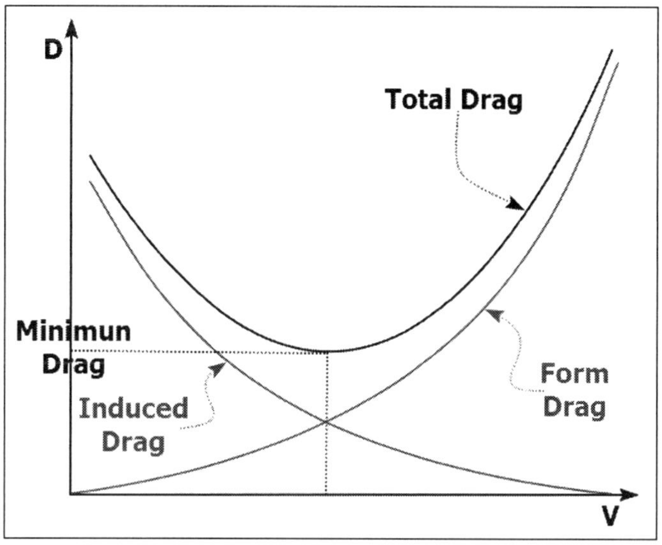

[그림 5-25] 유도 항력, Form 항력과 전체 항력과의 관계

위의 충격파에 의한 유도 항력은 충격파에 의해 발생하는 압력 차이를 일반적으로 의미하는 것으로 마하수(M, Mach)가 1보다 큰 경우에 생기는 것이다. 또 다른 종류로 항력을 구분하면 다음과 같이 나눌 수 있다.

· Parasite Form 항력 : 마찰, 간섭/방해, 압력차 등에 의한 항력
· Induced 항력 : 양력 발생에 따른 항력
· Wave 항력 : 충격파에 의해 발생하는 압력 차이 발생한 후 항력

위의 식에서 ϵC_L^2은 어떻게 되는 것인지 살펴보아야 한다. [그림 5-25]는 항력과 속도의 관계를 내타낸 것으로 각 종류의 항력과 전체 항력을 나타낸 것이다. 그림에서 Parasite(Form) 항력은 (속도)^{2}에 비례하고 Induced 항력은 (속도)^{2}에 반비례하는 것을 볼 수 있다. 이 두 개의 항력을 합쳐 전체 항력을 살펴보면 전체 항력이 어떤 속력에서 최소 항력이 된다는 것이다. 이 속도에서 항공기는 비행을 하는 것이 바람직한 것이다.

위의 식에서 C_{D_o}는 어떻게 구하는지 설명을 한다. 우선, Reynolds Number(Re)와 Boundary Layer(BL)를 이해할 필요가 있다. 평판에서의 표면 마찰항력은 다음과 같다.

$$C_f = \frac{Friction\ Drag}{\frac{1}{2}\rho v^2 S_{wet}}$$

where S_{wet} = Wetted Area

여기서 'Wetted Area'는 표면마찰에 의해 영향을 받는 날개 또는 항공기의 총 표면적을 말한다. Re와 BL를 구하는 것은 층류와 난류로 구분이 되어 구하게 되는데 이 층류와 난류를 구분하는 무차원수가 Reynolds Number(Re)이다. Reynolds Number의 정의는 다음과 같다.

$$Re = \frac{\rho V\ell}{\mu} = \frac{V\ell}{\nu}$$

where μ = 점성계수, $\nu = \frac{\mu}{\rho}$ = 동점성계수

[표 5-5] 각 항공기에 대한 표면 마찰항력

$C_{D_o} = C_f \frac{S_{wet}}{S_{ref}}$	C_f for subsonic
Bomber & civil transport	0.0030
Military cargo	0.0035
Air force fighter	0.0035
Navy fighter	0.0040
Clean supersonic cruise aircraft	0.0025
Light aircraft with single engine	0.0055
Light aircraft with twin engine	0.0045
Prop seaplane	0.0065
Jet seaplane	0.0040

마찰항력을 Reynolds Number를 가지고 개략적으로 구하면 다음과 같다.

$$C_f \approx 1.33\, Re^{-1/2} \quad \textit{for Laminar Flow}$$

$$\approx 0.46(\log_{10} Re)^{-2.58} \quad \textit{for Laminar Flow}$$

최종적으로 마찰항력을 가지고 C_{D_o}을 다음과 같이 개략적으로 구할 수 있다. 물론 상세한 값은 복잡한 방법으로 구하게 되겠지만 이곳에서는 근사치를 구하는 방법을 설명한 것이다.

$$C_{D_o} = C_f \frac{S_{wet}}{S_{ref}}$$

몇 가지의 경우에 해당되는 C_{D_o}를 구한 결과값이 [표 5-5]에 예시가 되어 있다.

나. 4가지 기본 비행

전반적인 양력과 항력의 개념을 가지고 항공기의 비행에 관한 측면을 보면 비행기는 일반적으로 다음 4가지 비행을 하게 된다. 물론 실제에서는 가속 및 감속이 발생하는 많은 비행이 존재하지만 여기서는 기본적인 아래 4가지 비행만을 살펴본다.

· Steady and Level Flight(등속 수평비행)
· Climbing Flight(상승비행)
· Declined Flight(하강비행)
· Circular Flight(선회비행)

우선, 등속 수평비행에 관하여 살펴보면 이 비행은 순항 비행 상태이다. 이 조건은 다음의 식으로 표현될 수 있다.

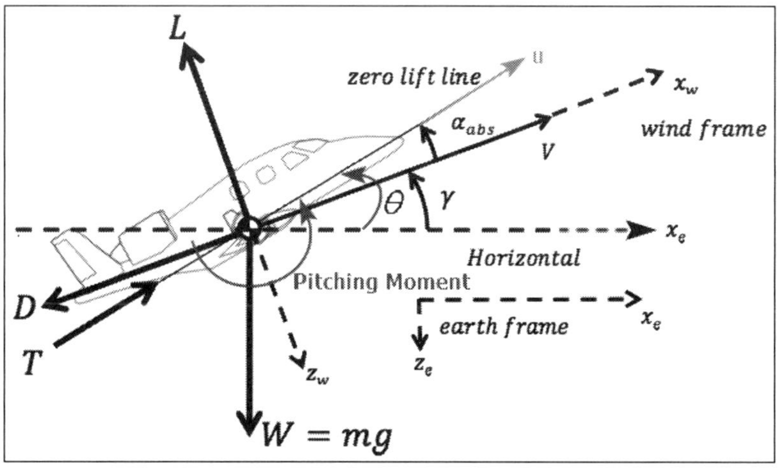

[그림 5-26]
항공기 비행에 따른 힘의 균형

$$\dot{x} = v_x \text{ and } \dot{z} = 0$$

$$L = W \text{ and } T = D$$

이 등속 수평비행은 말 그대로 등속이고 고도의 변화가 없는 상태로 이때의 항공기에 작용하는 4개의 힘은 평형상태가 된다. 즉, 양력은 자중에 의한 크기가 되고 추력은 항력의 크기와 같게 되는 것이다. 이것은 전진하는 측면에서 보면 추력이 작용하는 만큼 항력도 발생한다는 개념을 가지고 있다. 이와 관련된 [그림 5-26]이 있다. 지구 중심축에 관한 좌표와 바람의 방향에 따른 좌표를 기준으로 서로 달라지는 것을 한 그림에 표시하여 복잡하지만 비행 중 다양한 방향과 힘이 존재한다는 것을 보여주는 그림이다.

[그림 5-27]은 상승비행에 관해 이해를 돕기 위한 그림으로 비행 방향과 바람의 방향이 같은 선에 존재하는 경우에 관한 것이다. 그러므로 추력과 항력이 같은 선상에 존재하고 양력의 반대 반향에는 벡터로 판단되어 자중(Weight)의 한 성분 만큼을 가지게 된다. 또한 추력과 항력에도 자중의 성분이 추가가 된다.

www.tamericanflyers.net

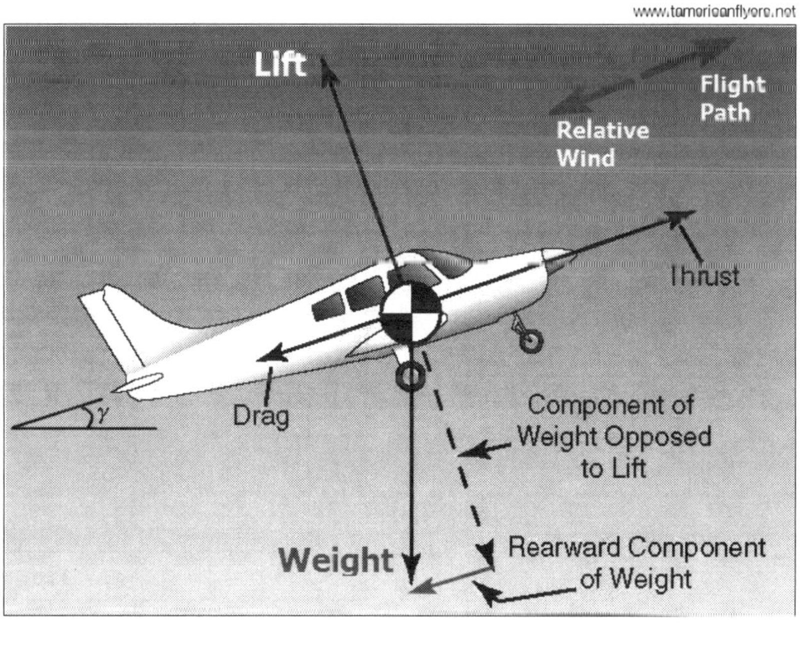

[그림 5-27]
상승비행과 관련된 힘의 성분을 표시한 것

상승비행에 관한 내용을 식으로 표시하면 다음과 같다.

$$T-D=W\sin\gamma$$

$$\gamma=\sin^{-1}\left(\frac{T-D}{W}\right)$$

$$\text{상승률} = \dot{z}=V\sin\gamma=V\frac{T-D}{W}=\frac{P_{Thrust}-P_{Drag}}{W}$$

$$\text{Specific Excess Power} = SEP=\frac{Excess\ Power}{Unit\ Weight}=\frac{P_{Thrust}-P_{Drag}}{W}$$

상승비행에서 중요한 변수인 SEP에서 잉여마력(Excess Power)은 비행 시 요구되는 동력에 실제 사용하는 동력의 차이를 말하는 것으로 이를 단위 무게 당으로 계산하기 위해 자중을 나눈 것이 '비잉여마력(SEP)'이다. 이것은 항공기의 단위 무게당 얼마만큼의 마력을 낼 수 있는지에 관한 항공기 성능 사양에 해당된다. 이 초과된 잉여마력이 상승하는 원동력이 되는 것이다. [그림 5-28]은 그 내용을 개략적으로 보여주는 그래프이다.

상승비행에서 SEP와 비슷한 개념으로 '비에너지'양이라는 것이 있다. 이것은 단위 무게 당 항공기가 얼마만큼 에너지를 낼 수 있는지 알아보는 것이다. 즉, 항공기의 에너지는 위치에 따른 Potential 에너지와 동적 작용에 의한 Kinetic 에너지를 합한 것을 비행기 자중으로 나눈 값이다. 이를 'Energy Height'라고도 한다. 그 식은 다음과 같다.

$$\text{Specific Energy} = \frac{Total\ Energy}{Unit\ Weight}=\frac{mgh+\frac{1}{2}mV^2}{mg}=h+\frac{1}{2}\frac{V^2}{g}$$

하강비행은 활공비행에 관한 것으로 이에 관한 참조는 [그림 5-29]이다. [그림 5-29]에서 하강각을 'γ'하고 상승비행과 유사하게 각 성분이 힘의 평형에 추가가 된다. 하강비행의 식은 다음과 같이 정의가 된다. 다음 식을 보면 하강속도는 양항비(L/D)에 반비례하는 것을 볼 수 있고 자중에 대하여 $\sqrt{W}$에 비례하는 것을 알 수 있다. 그리고 $\sqrt{C_L}$과 $\sqrt{S}$는 반비례를 한다.

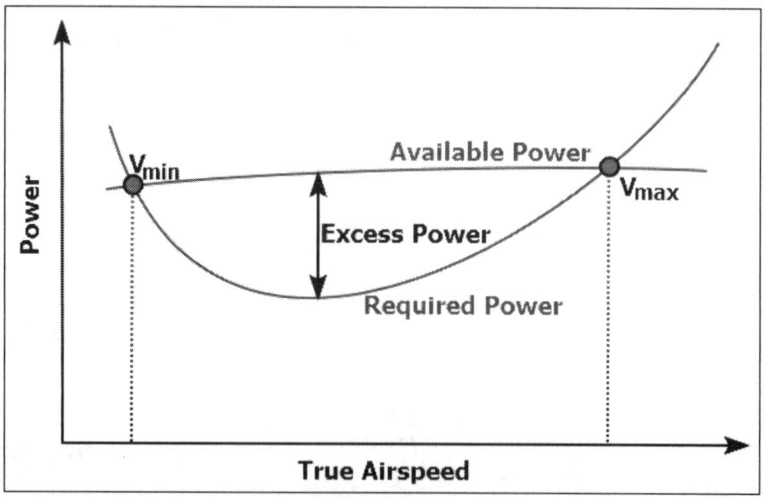

[그림 5-28]
속도와 마력의
관계에 관한 그래프

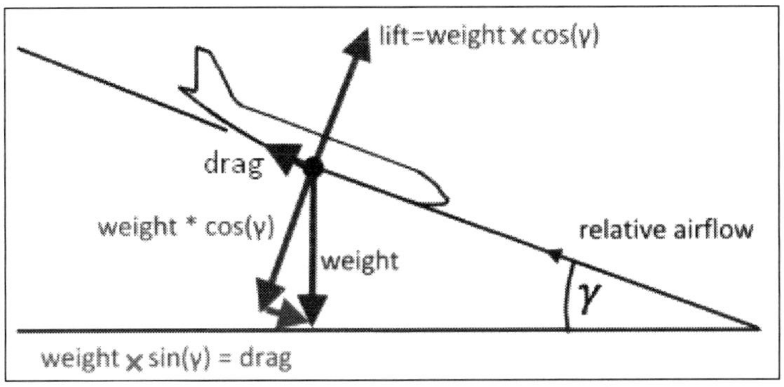

[그림 5-29]
하강비행 상태의 그림

$$L = C_L \frac{1}{2} \rho V^2 S = W\cos\gamma$$

$$D = C_D \frac{1}{2} \rho V^2 S = -W\sin\gamma$$

$$\dot{z} = V\sin\gamma \quad \& \quad \dot{x} = V\cos\gamma$$

하강속도(Sink Rate) = $\dot{z} = V\sin\gamma$

$$= -\sqrt{\frac{2W\cos\gamma}{C_L \rho S}} cos\gamma \left(\frac{D}{L}\right)$$

선회비행의 관련된 그림은 아래와 같다. 선회각을 'Φ'로 표시하였다. 이 선회비행은 고도를 유지한 상태에서 선회하는 비행을 의미하는 'Level Turning Flight'이다. 또한 측면 미끄럼이 발생하지 않는 'Sideslip Angle = 0'의 경우이다.

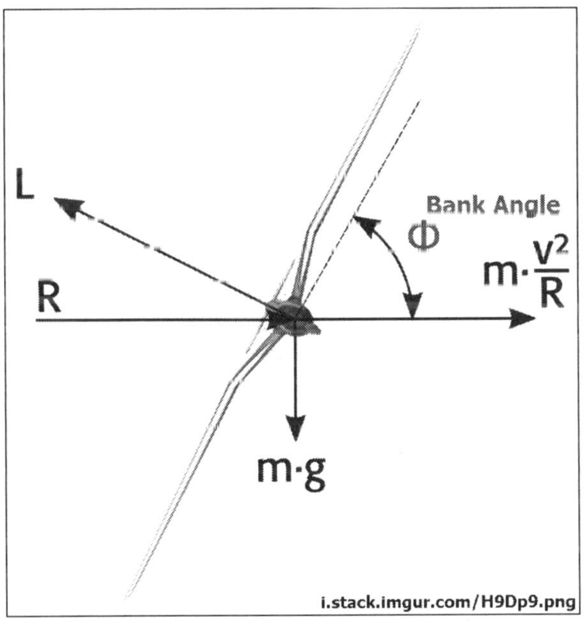

[그림 5-30] 선회비행의 모습

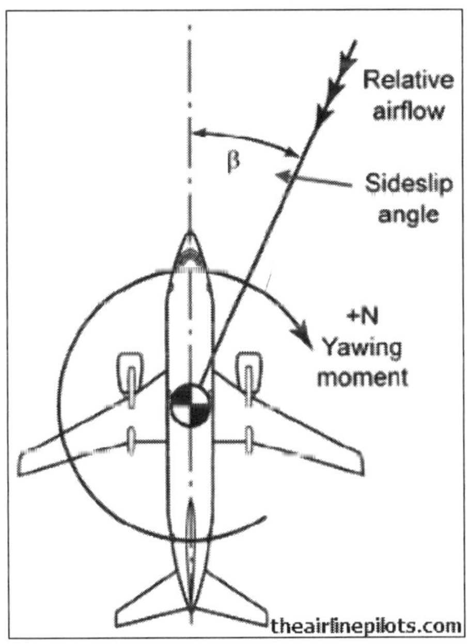

[그림 5-31] Sideslip의 모습

선회비행의 관련된 식들은 다음과 같다.

$$L\cos\phi = W$$

$$\text{하중계수 } n = \frac{L}{W} = \frac{L}{L\cos\phi} = \frac{1}{\cos\phi} = \sec\phi$$

선회비행의 Level Turning Flight의 선회(Bank) 각도는 $C_{L_{\max}}$, $T_{\max}$ 그리고 $n_{\max}$에 제한을 받는다. 선회반경에 관한 식은 다음과 같다.

$$R_{turn} = \frac{V^2}{g\sqrt{n^2 - 1}}$$

다. 비행기 성능

비행기의 추력에 관한 식은 양력과 항력 식과 유사하고 다음과 같다.

$$\text{Thrust} = C_T \frac{1}{2}\rho V^2 S$$

$$\text{where } C_T = \text{추력 계수}$$

C_T는 프로펠러 비행기의 경우는 Throttle Setting, Fuel Flow Rate, Blade Angle, Mach Number 등에 의해 결정이 되지만 Turbojet 엔진은 좀 더 복잡하고 Thrust가 비행기 속도에 독립적이다.

비행기 마력은 다음과 같은 식으로 표현된다.

$$P = \text{Thrust x velocity} = C_T \frac{1}{2}\rho V^3 S$$

Power의 식에서 보면 속도 3승에 비례를 하지만 프로펠러 비행기의 경우 Power가 비행기 속도에 독립적이다. 아래 그림은 각종에 엔진의 마하수와 관련되어 사용 범위를 정해진다는 그래프이다. 예를 들면 터보제트는 마하수가 1~5 범위에서 사용이 되고 스크램제트 엔진은 마하 5~6 이상의 극초음속용으로 사용이 된다.

[그림 5-32]에서 나오는 비역적(Specific Impulse) 또는 비추력은 단위 무게 당 추력을 의미하는 것으로 단위는 시간으로 표시되며 식은 다음과 같다.

$$I_{sp} = \frac{Thrust}{\dot{m}g}$$

$$\text{where } \dot{m} = \text{Mass Flow Rate}$$

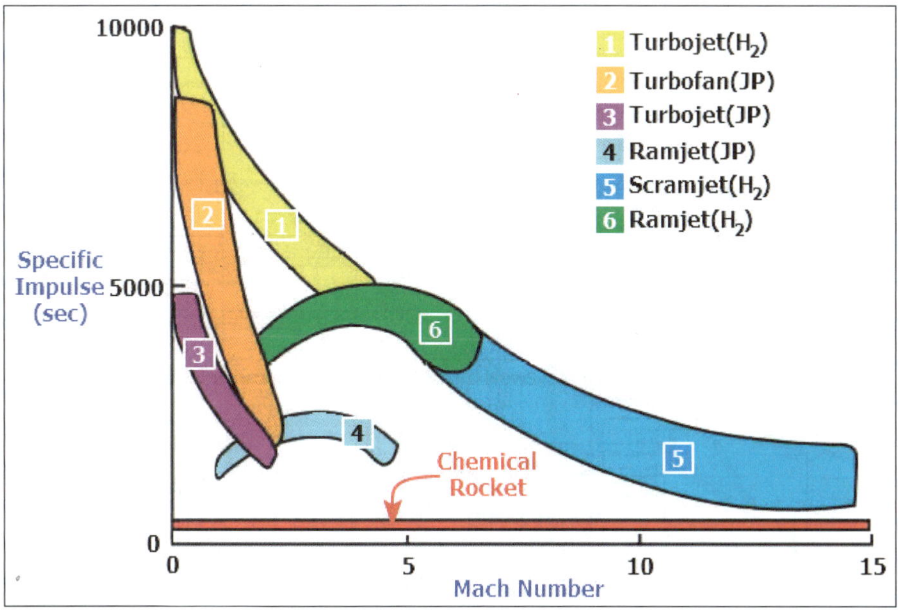

[그림 5-32] 각종 터보 엔진의 마하수에 따른 비교

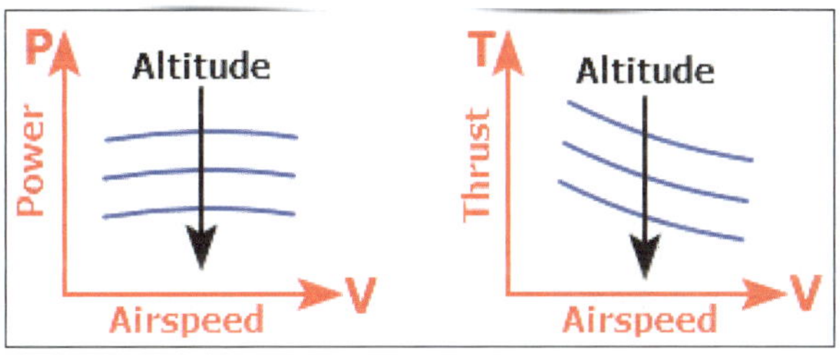

[그림 5-33] 프로펠러 비행기의 고도에 따른 마력-속도 및 추력-속도의 관계

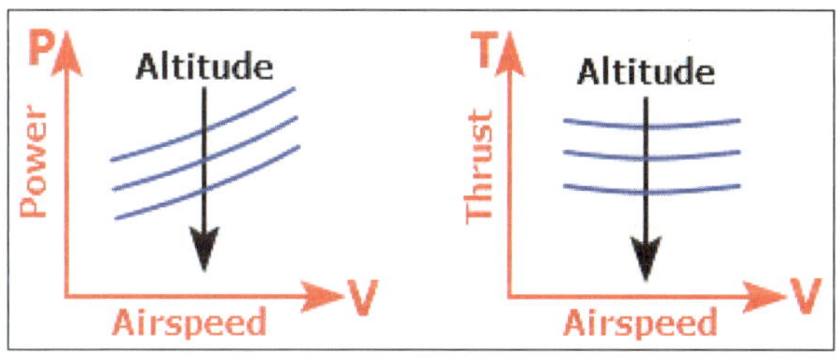

[그림 5-34] 터보제트 비행기의 고도에 따른 마력-속도 및 추력-속도의 관계

프로펠러 비행기와 제트기의 속도에 따른 추력과 마력을 고도에 따라 어떻게 변화가 있는지를 보여주는 것이 위 2개의 그림이다. 첫 번째 그림은 프로펠러 비행기의 경우로 고도가 올라가면 올라갈수록 같은 속도에서 동력과 추력이 떨어지는 것을 보여준다. 동력보다 추력이 더 많이 내려가는 것을 알 수 있다. 터보제트기인 경우에는 추력은 급하게 하락하지만 마력은 천천히 하락하는 것을 두 번째 그래프에서 볼 수 있다.

비행기 성능에 관한 주요 변수는 다음과 같다. 아래 날개하중은 단위 면적당 힘의 단위를 가지게 되어 일종의 압력과 같은 의미와 같은 단위이다. [그림 5-35]는 엔진의 계통도 샘플을 보여주는 것이다.

· 양항비 : L/D
· 하중계수 : n = L/W = L/mg
· 추력대하중비 : T/W = T/mg
· 날개하중 : W/S ... 날개 단위 면적당 하중

Sören Steinkellner., "Aircraft Vehicle Systems Modeling and Simulation under Uncertainty"

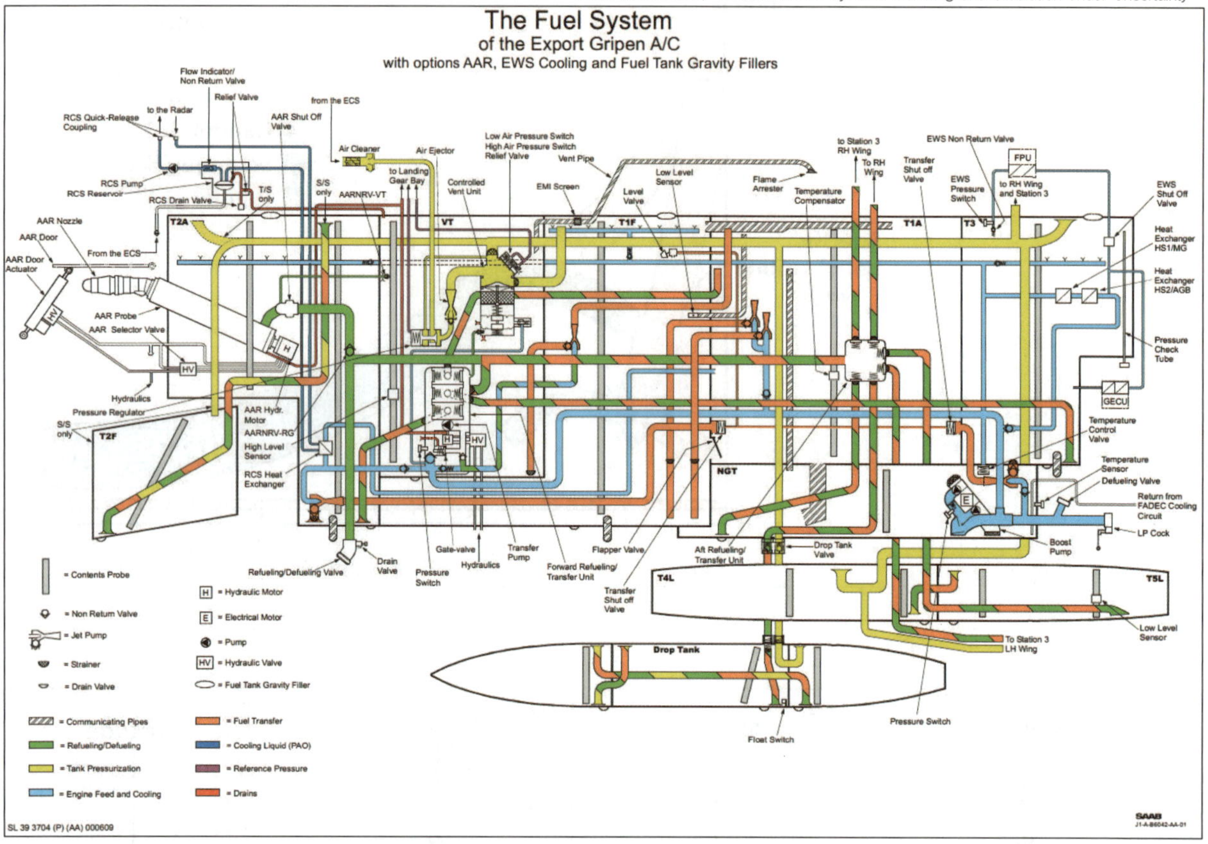

[그림 5-35] 비행기 엔진 계통도 샘플

라. 초음속 비행

초음속이란 일반적으로 Mach 수가 1 이상이 되는 것을 말한다. Mach 수는 소리 속도에 대한 물체의 속도 비를 말한다. 그래서 차원이 없는 무차원 수이다. 그러므로 물체의 크기나 무게에 상관이 없는 비례가 되는 수이다. 아래 그림에서 볼 수 있듯이 여럿 구간을 나누어 각각의 명칭을 사용한다.

위의 구간 중 가장 의미 있는 구간은 '천이(Transonic)' 지역이 될 것이다. 이 지역은 마하수가 대략 0.8~1.2 구간으로 매우 독특한 유동 현상을 가지고 있다. 우선 [그림 5-37]에서처럼 갑자기 항력이 증가한다. 항력이 증가하는 이유는 [그림 5-38]에서처럼 항상 마하수가 1 이상일 때 충격파가 발생하지 않고 이 천이 지역에서 충격파가 발생을 한다. 이는 에어포일 앞전에 공기 흐름은 마하수가 1보

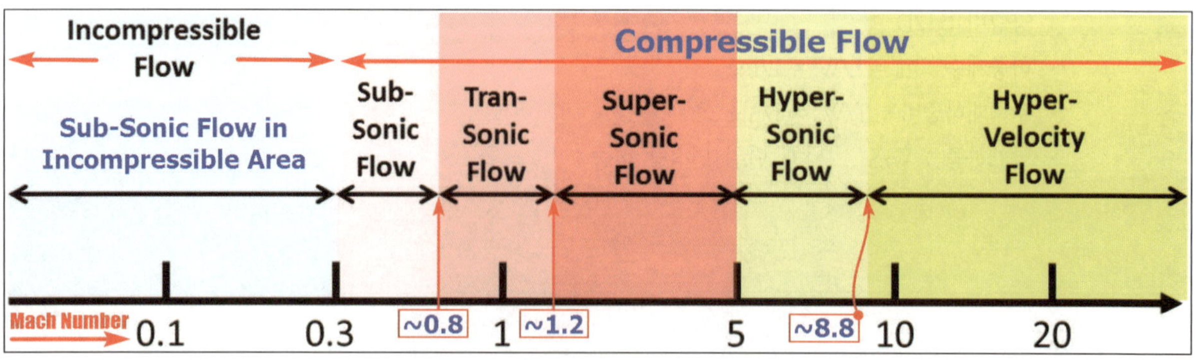

[그림 5-36] Mach Number의 각 구간별 명칭

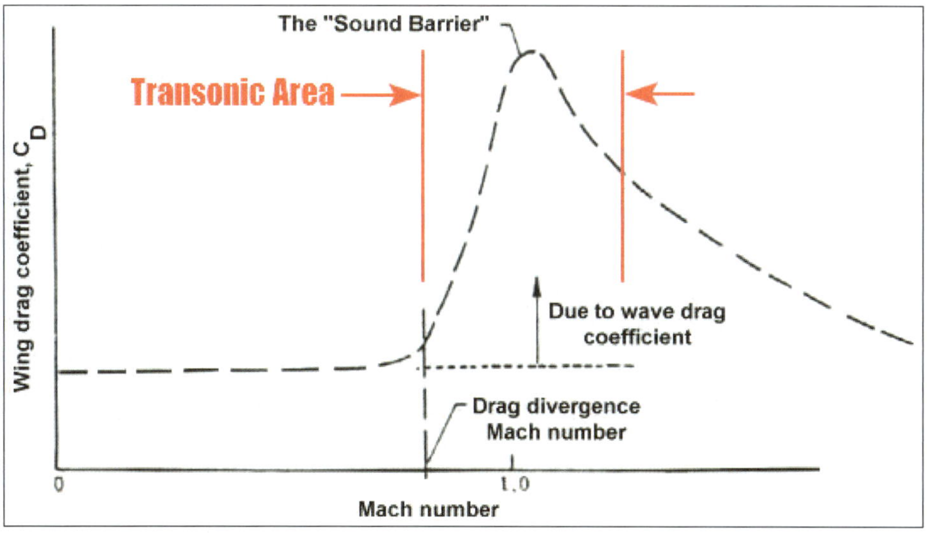

[그림 5-37] 마하수에 따른 항력계수의 분포를 보여주는 그림

I.stack.imgur.com

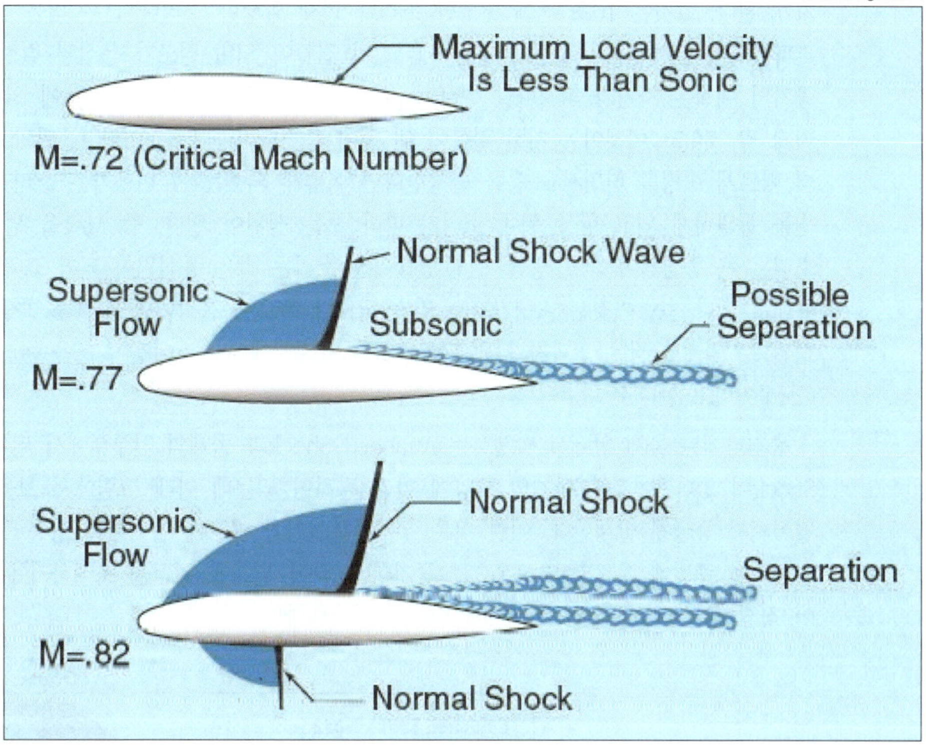

[그림 5-38] M=0.77에서 충격파가 발생하는 그림

다 작지만 날개 위 표면을 지날 때 속도가 빨라져 마하수가 1이 되는 지점이 생기고 이를 통해 충격파가 발생을 한다. 이 충격파로 상당한 항력이 증가하는 것이다. [그림 5-38]에서는 M=0.77에서 충격파가 윗면에 생기고 M=0.82가 되면 아랫면에서도 충격파가 발생하는 것을 보여준다. 마하수가 언제 충격파가 발생하는지는 에포일 디자인에 따라 달라진다.

충격파는 공기의 매질에 대한 밀도를 나타낸 것이라고 할 수 있다. 또한 압력의 변화를 만들어 내고 여러 가지 다양한 물리적 현상을 만들어낸다. 아래 그림은 충격파 발생의 진행 과정을 보여주는 그림이다. 비행기가 정지했을 때 소리의 속도는 동심원을 그리며 일정하게 시간별로 퍼질 것이다①. 만약에 비행기가 느린 속도(Subsonic)로 움직이면서 소리를 낸다고 가정하면 먼저 발생한 소리는 큰 동심원을 그리고 나중에 발생한 소리는 상대적으로 작은 동심원을 그리게 될 것이다. 비행기는 소리 속도보다 느리기 때문에 항상 원 안에 비행기가 자리를 잡게 된다②.

aviation.stackexchange.com

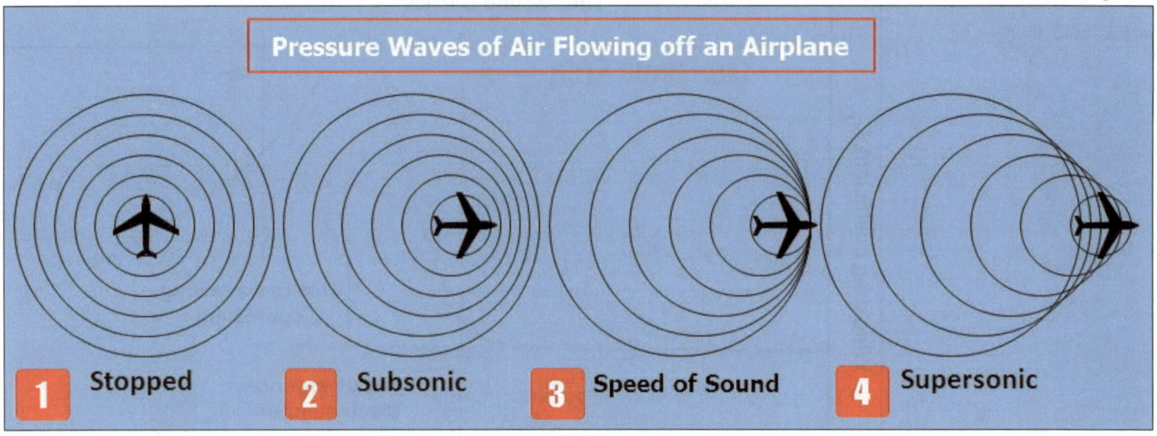

[그림 5-39] 아음속과 초음속 변화에 따른 소리 전파 모양

만약 비행기가 소리 속도와 같이 움직이면서 소음을 발생한다면 이 비행기는 소리의 벽과 함께 나아가게 된다. 그것은 10초 전에 발생한 소리나 현재 발생한 소리나 같은 벽을 공유하게 된다. 이 벽이 충격파가 되는 것이다. 이것은 엄청난 에너지의 집합이 되며 밀도가 응집된 결정체가 될 것이다. 움직이는 공기의 매질은 자기가 펴져나갈 수 있는 속도보다 빠르게 달려오는 물체에 의해 정체가 되는 현상을 가지게 될 것이고 이것이 뭉쳐서 결합이 된 것이 충격파가 되는 것이다[3]. 만약 비행기가 소리의 속도보다 더 빠르게 비행을 하면서 소음을 발생한다면 어떻게 되겠는가? 비행기는 소리가 퍼지면서 만들어낸 동심원을 통과하게 되고 항상 뒤에 소리가 따라 오는 상황이 된다. 즉 M=1을 넘어서서 오래전에 만들어진 소리는 큰 동심원이 되고 방금 전에 만들어진 소리는 작은 동심원이 되어 그 크기가 과거의 원을 벗어난 형태가 되다. 즉, 이것은 비행기가 소리 속도보다 빠르게 움직이면 소리를 발생하기 때문이다. 이렇게 생성된 큰 원에서 작은 원까지가 원추형 모양을 유지하게 된다. 이것이 초음속에서 발생하는 'Shock Wave Corn'이라고 한다[4].

충격파에는 물체 앞에서 발생하는 Attached Shock과 물체의 앞부분에서 떨어져서 발생하는 Detached Shock이 있다. 이것은 물체의 모양에 따라 결정이 되는데 아래 그림에서 보듯이 둥근 물체는 충격파가 떨어져서 둥글게 발생한다. 이런 것은 우주왕복선처럼 빠르게 움직이는 항공 물체는 직접 물체 표면에서 발생하면 주변에 온도가 초고온으로 증가하게 되어 물체에 위험을 초래하기에 곡면을 가진 형태로 만들어 직접적인 접촉을 피해 충격파가 발생하도록 한다.

ngpdlab.engin.umich.edu/hypersonics/mars-entry

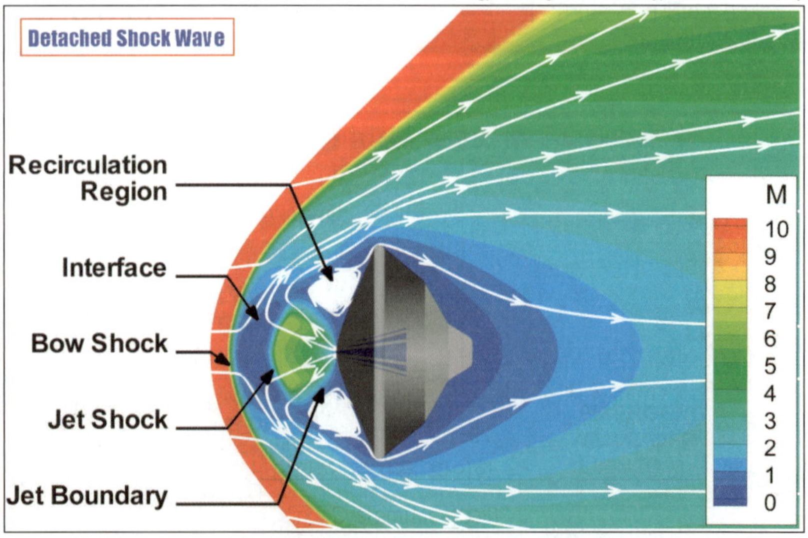

[그림 5-40] Detached 충격파의 예

avstop.com/ac/Aviation_Maintenance_Technician_Handbook_General/3-50.html

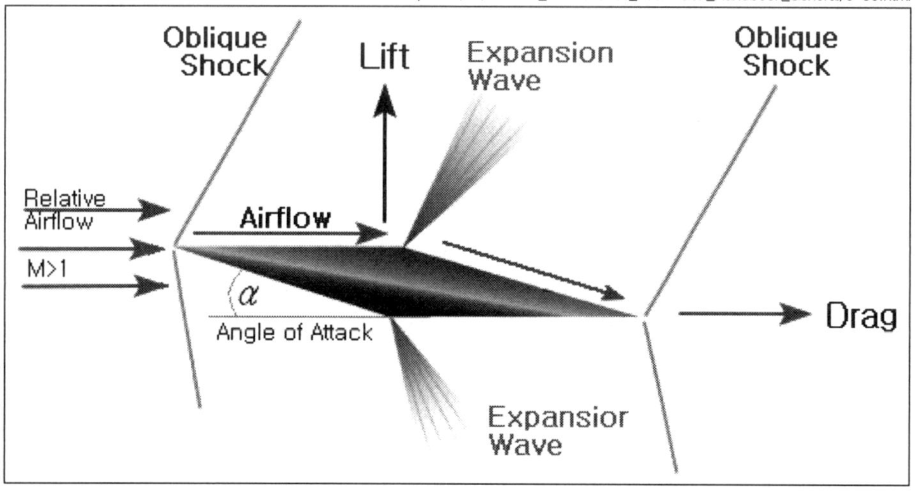

[그림 5-41] Oblique Shock wave와 expansion wave의 발생하는 예

Attached 충격파에 관한 것은 [그림 5-41]에 있다. 처음에 충격파가 발생하면 사각(Oblique) 충격파가 발생하고 이것은 수직(Normal) 충격파와 유사한 것으로 경사를 가진 형태이다. 이런 형태의 충격파는 이 충격파를 통과하면 아음속으로 바뀌게 되고 다시 공간이 확장되는 공간을 만나면 Dave가 한 곳에서 분산되는 확장파(Expansion Wave)를 만들어지게 된다. 이곳에서 다시 에너지 집중 현상이 발생하고 다시 M=1이 되는 공간을 형성이 되어 2차 충격파가 발생을 하게 된다. 아래 그림에서처럼 1차 충격파는 물체의 시작점이 되고 2차 충격파는 물체의 끝단이 된다.

[그림 5-42]의 왼쪽은 일반적인 초음속 비행기(그림은 F-22)의 동체와 날개에서 충격파가 발생하는 모습을 그림으로 보여주는 것이고 오른쪽은 실제 초음속 비행기가 초음속 배행을 할 때 Expansion Wave에 의한 소닉 붐을 보여주는 사진이다.

real-world-physics-problems.com & pinterest.com

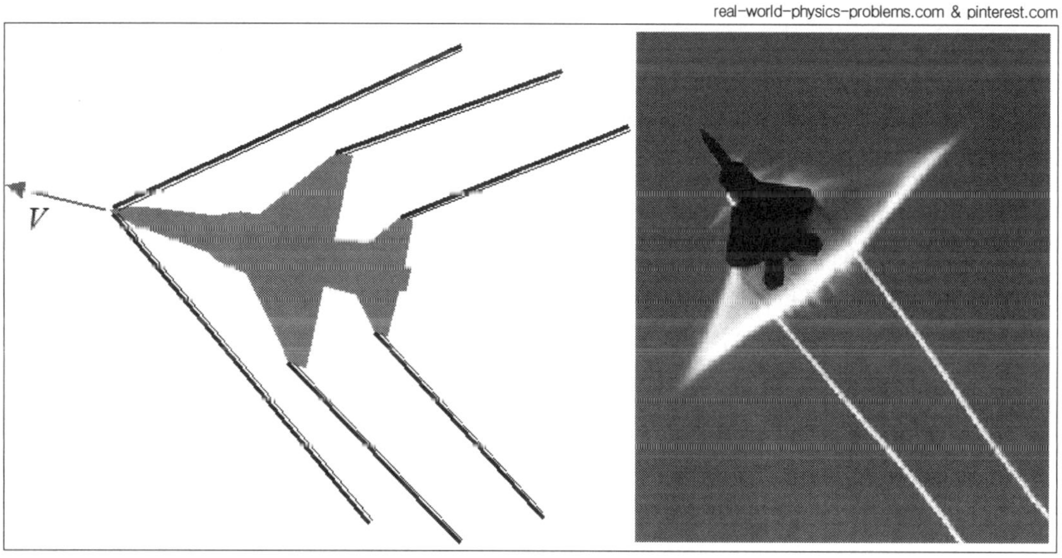

[그림 5-42] F-22에서 소닉붐 발생하는 모습

5.2 항공모함과의 항공기

5.2.1 항공기와 항공모함 관계

항공모함에서 항공기의 역할은 절대적이다. 하지만 모든 항모에서 똑 같은 항공기를 탑재하는 것도 또한 최신 기종을 항공기를 탑재하는 것도 올바른 것이 아니다. 항모의 목적에 맞는 항공기를 탑재했을 때 그 목표를 달성할 수 있는 것이다. 그래서 항공기에 맞는 항공기 탑재가 필수이다. 그러면 어떻게 알맞은 항모와 항공기를 조합할 수 있을까? 다음의 그림은 그 퍼즐을 답을 찾는 방법을 시스템적으로 보여준 것이다.

첫 번째 질문은 항모에 Recovery 장비를 갖추고 있는지에 대한 질문이다. Recovery 장비는 이미 기술을 하였지만 크게 2가지로 항공기 추진을 지원하는 장치인 Catapult와 착륙 지원 장치인 Arresting Gear 시스템을 말한다. 이것들이 없으면 이 항공모함은 STOVL(Short Take-Off and Vertical Landing) 항모이거나 V/STOL(Vertical/Short Take-Off and Landing) 항모이다. 이것들은 비슷하지만 차이는 STOVL은 짧은 활주거리에서 이륙하고 착륙은 수직으로 하는 것이고 V/STOL은 이착륙을 짧은 활주거리를 이용하거나 수직으로 이착륙하는 것을 의미하는 것으로 V/STOL이 STOVL을 포함할 수 있는 개념이다. 이런 목적에 부합하는 항공기는 Harrier, Yak-38 Forger(러시아), V-22 Osprey 등이 있다. 영국의 차세대 항공모함인 Queen Elizabeth는 처음에는 CATOBAR(Catapult Assisted Take-Off But Arrested Recovery) 항모를 고려했다가 비용의 문제 2012년 현재의 항모로 변경을 하였다. 또한 스페인의 Juan Calos I, 이태리의 Giuseppe Garibaldi 그리고 호주의 Canberra 급이 여기에 속한다.

만약 항모에 Recovery 장비가 장착이 되어 있으면 다음의 질문은 항공기 이륙을 지원하는 Catapult 시스템이 있는지를 묻게 된다. 없다면 이것은 Arresting Gear만 갖추어 착륙을 돕게 되는 항모이다. 이런 항모를 STOBAR(Short Takr-Off But Arrested Recovery)라고 한다. 이 항모에 Angled Deck가 있는 것과 없는 것이 있다. 이런 항모는 대부분 최초로 러시아에서 만들어진 것들이다. 현재 러시아의 Kuznetsov 항모, 중국의 Liaoning, 인도의 Vikrant과 Vikramaditya가 있다. Catapult가 없는 대신 이륙을 위해 스키점프 램프를 가지고 있다. 이에 맞는 대표적인 전투기는 러시아의 MiG-29K, Su-33 그리고 Su-33 설계를 바탕으로 한 중국의 J-15, 인도의 HAL Tejas 등이 포함이 된다. 이 STOBAR용 전투기는 Thrust/Weight 값이 큰 기종만 가능하다. 참조로 Su-33은 0.83이고 F-35C는 100% 연료를 채웠을 때 0.75, 50% 채웠을 때 0.91이 된다. 그 비행기의 추력이 일정하다면 무게를 줄이는 방법밖에는 없게 된다. 그래서 이륙 비행하기 위해서 항공기는 항공기의 이륙 중량을 줄이기 위해 그 무기 및 연료 패키지를 제한이 필요할 수 있다. 짧은 활주 이륙용 스키 점프 따라서 STOBAR 항공모함에 빠른 출격을 수행할 수 있는 능력을 제한하게 되면 항공기의 기체에 대한 스트레스로 이어지게 된다. 또한 STOBAR 항모에서는 항공기 이륙 작업을 수행하기 위한 필수적인 갑판에서 필요한 바람 속도를 생성하기 위해 항모 속도를 20~30노트의 속도로 유지해야 한다.

위의 두 번째 질문인 '항공기 이륙을 지원하는 Catapult 시스템이 있는지'에 대답이 '있다'라면 그 항모는 CATOBAR(Catapult Assisted Take-Off But Arrested Recovery, 혹은 Catapult Assisted Take-Off and Barrier Arrested Recovery) 항모가 된다. 이 항모에도 Angled Deck가 있는 것과 없는 것이 있다. 이 항모는 갖출 것을 다 갖춘 진정한 항모라고 할 수 있다. 미국의 전체 핵추진 항모와 프랑스의 핵추친 항모인 Charles de Gaulle 그리고 브라질의 항모인 São Paulo 등이 있다. 또한 현재 디자인 단계인 인도의 차세대 항모인 Vishal은 CATOBAR 항모를 계획하고 있다. 인도가 개발하는 것은 EMALS(ElectroMagnetic Aircraft Launch System)를 염두에 두고 개발을 하는 것이다. 앞서 언급한 것처럼 이 시스템은 미국의 새로운 항모인 포드 급에서 장착되는 것으로 이를 통해 증기식 Catapult를 사용해 이륙시키지 못했던 AEW(Airborne Early Warning) 항공기나 무인전투폭격기인 UCAV(Unmanned Combat Aerial Vehicle)를 이륙시킬 수 있을 것이다.

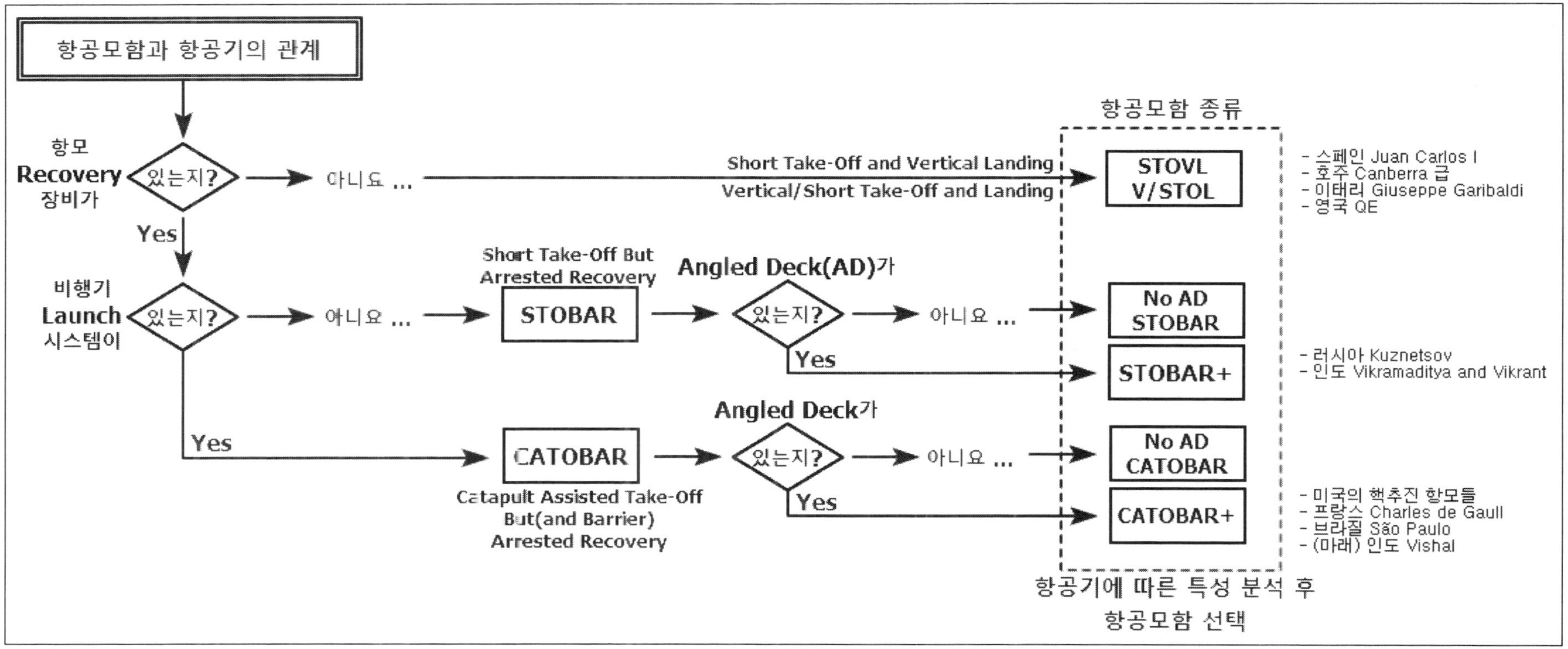

[그림 5-43] 항공모함과 항공기 조합 방법의 체계

[그림 5-44] Harrier, Yak-38 Forger, V-22 Osprey

[그림 5-45] MiG-29K, J-15, HAL Tejas

증기식 Catapult를 사용해서도 앞서 언급된 다른 종류의 항모보다 훨씬 다양한 항공기를 이륙시킬 수 있다. 그러나 비용의 문제에서 다른 것들보다 자유롭지 못한 것도 사실이다. 그래서 미국은 비용을 경감하는 새로운 형태의 CATOBAR 항모를 포트 급부터 실현하려고 하고 있다.

각종 항모에 적합한 항모를 요약을 하면 다음과 같다.

[표 5-6] 항모에 따른 적합 전투기

항모	적합 기종	T/W	비고
STOVL V/STOL	- Hawker Siddeley Harrier		- 영국
	- Sea Harrier		- 영국
	- AV-8B Harrier II		- 미국
	- Yak-38 Forger	1.00+	- 러시아
	- V-22 Osprey		- 미국
	- F-35B	0.90	- 미국
STOBAR	- HAL Tejas	1.07	- 인도
	- Mikoyan MiG-29K	0.97	- 러시아
	- Shenyang J-15		- 중국
	- Sukhoi Su-33	0.83	- 러시아
CATOBAR	- F/A-18E/F	0.93	- 미국
	- F-35C	0.75	- 미국
	- Rafale M	0.988	- 프랑스
	- A-4 (A4D) Skyhawk	0.51	- 브라질

5.2.2 항공모함 내의 항공 조직

5000명 이상 거주하는 니미츠 급 항모는 항공모함은 하나의 군사 도시처럼 운영이 된다. 그러므로 조직도 구체적으로 구성이 되어 있다. 상당한 인력이 있는 항공 분야도 그 조직의 하나이다. 그 조직 내용을 살펴보면 하는 일의 체계를 파악하는데 도움이 될 것이다. 항공 분야는 항공기를 조종사와 정비 업무와 항공기 운영 업무 등으로 구분을 할 수 있다. 미국을 중심으로 항공모함 내의 항공 조직은 아래 [그림 5-46]과 같은 체계를 갖추고 있다. 아래 기술된 상세한 내용은 미 해군 NAVAL EDUCATION AND TRAINING PROFESSIONAL DEVELOPMENT AND TECHNOLOGY CENTER에서 작성된 AIRMAN(2000, NAVEDTRA 14014)에 근거하여 미국의 항공모함 조직을 살펴본 내용이다. 사용된 그림도 그 내용에서 발췌한 것이다.

우선 전반적인 항공모함 조직을 보면 아래와 같다. 약 10개의 큰 부서(Department)가 있다. 그것은 다음과 같다.

많은 부분에서 각 부서는 항공 파트와 연관을 가지고 있지만 특별히 3개 부서에 직접적인 연관이 있다. 즉, 'Carrier Air Wing Dept.', 'Air Dept.' 그리고 'Aircraft Intermediate Maintenance Dept.(AIMD)'이다. 이 중 Carrier Air Wing Dept.와 AIMD은 항공단 소속으로 명령 체계도 다르다. 그리고 상시 조직이 아니라 작전 중 항모에 배속이 되었을 때 가동이 되는 조직이다. 물론 AIMD는 일부 조직은 항상 항모 내에 주둔을 하지만 작전 시 추가 보강이 되는 형식을 취하게 된다. 각 부서의 업무는 위의 [표 5-7]에서 상세하게 기술을 하였다. 다만 AIMD는 정비 업무를 담당하는 부서로 O-level 및 I-level을 항모 내에서 유지하도록 되어 있다. 그 내용은 아래 정비부서 설명 시 설명할 예정이다.

NAVAL EDUCATION AND TRAINING PROFESSIONAL DEVELOPMENT AND TECHNOLOGY CENTER, AIRMAN(2000, NAVEDTRA 14014)

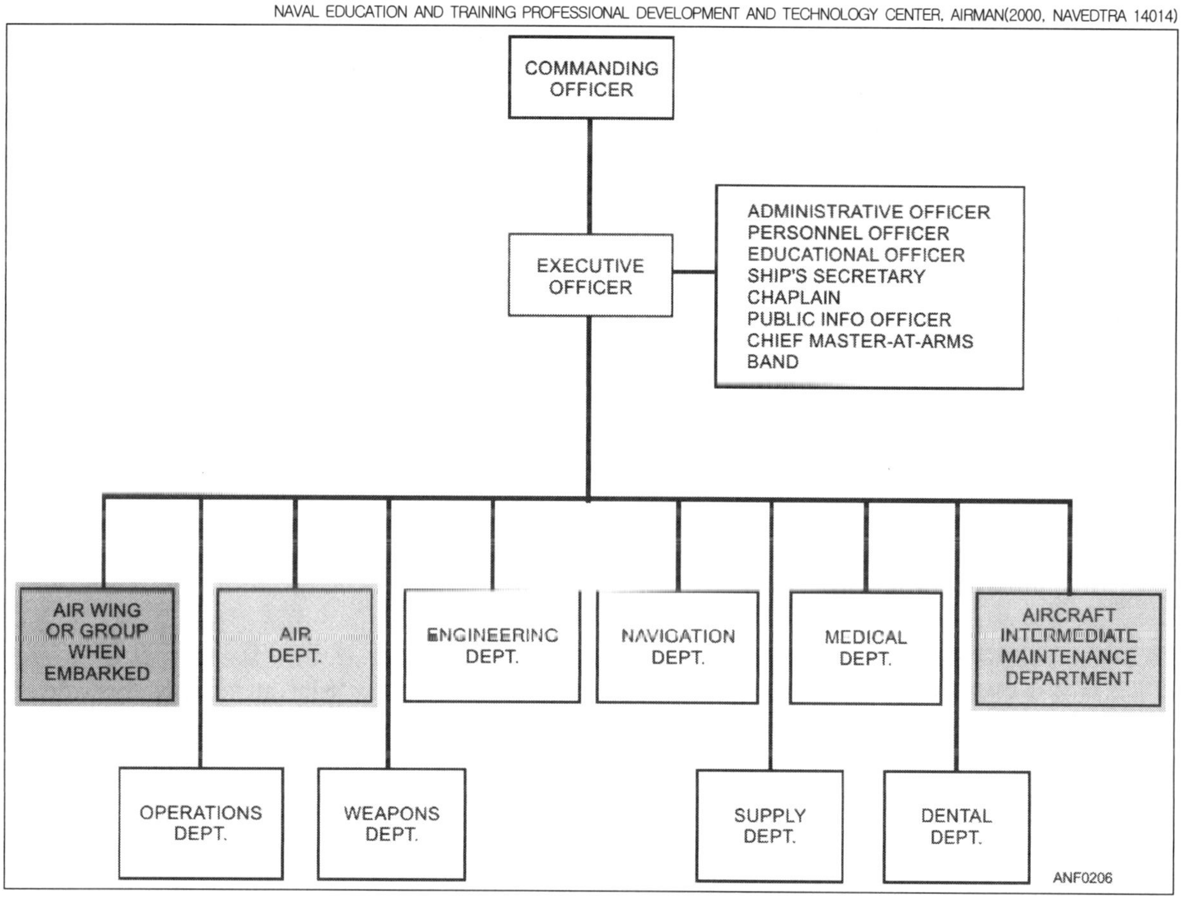

[그림 5-46] Typical Aircraft Carrier Organizational Chart

[표 5-7] 항모의 조직 및 업무

부서 (Dept.)	업무	소속 (Ship/Air Wing)
(Carrier) Air Wing	· 항공 작전 중에 항공 전술의 명령 전달 및 수령 · 항공단 근무자의 내부 관리 · 할당된 공간과 항공기 관련 물품 보수	Air Wing (When Embarked)
Operations	· 항공기 운영 · 전투 정보 센터(CIC, Combat Information Center) · 항공 정보, 사진, 기상, 전망대, 인지, 항공 지도를 포함한 연합 부문	Ship
Air	· 이착륙 운영 · 항공기 조작 및 서비스 · 업무를 위해 필요한 장비 유지보수	Ship
Weapons	· 항공기 gun 및 액세서리, 탄약 취급 장비, 항공기 무장, 완충장치, 발사 및 해제 장비를 포함한 공중/지상과 sub surface 미사일, 폭탄, 로켓 및 구성 요소 등과 같은 무기를 요청, 접수, 검사, 해체, 재고에 대한 계정, 저장, 조립과 선적 과정 등 처리 · 탑재 및 항공 탄약의 fuse 작업 및 선상 무기 엘리베이터, 탄약고, 스프링클러 시스템, 탄약 저장 시설을 유지	Ship
Engineering	· 모든 기계, 추진, 환기, 물 공급, 배관 시스템, 전기 시스템, 함정 내 전자 기기	Ship
Navigation	· 안전한 항공모함의 항해와 조종 · 갑판 감시 요원 및 관리자 교육 · 항모에 필요한 항해 장비 주문 및 장비 유지	Ship
Supply	· 선박의 작업에 필요한 모든 소모품에 대한 주문, 수신, 저장, 실행 및 회계	Ship
Medical	· 모든 항모 내 인원의 건강을 유지하고 위생과 위생의 문제에 대하여 지휘관에게 조언	Ship
Dental	· 탑승 인원의 치과 치료와 구강 위생	Ship
Aircraft Intermediate Maintenance	· 항모 내에서 항공기 중간 단계의 유지 노력 · 할당 항공기의 O- 및 I-수준의 유지 보수를 제공	Air Wing (Temporarily)

가. 항공비행단(Air Wing)

항공모함 내의 항공단(Air Wing) 조직을 살펴보면 다음 그림과 같다. 주요 조직은 Squadron(통상 비행기 12~24대 정도로 구성됨) 단위로 구성이 되어 진다. 그 내용은 다음과 같다.

· Fighter Squadron Visual(VF)
· Fighter Squadron All Weather (VF)
· Attack Squadron Jet (VA)
· Anti Submarine (HS/VS)

Carrier Air Wing 부서 내의 대잠수함 부서는 헬기(HS)나 초계기(VS) 등을 운영할 수 있다. 또한 특수 목적 이무에 따라 Photo Reconnaissance, Airborne Early Warning, Night Attack, Hellicoper Sea-Air Rescue 등의 부서를 추가적으로 둘 수 있다. 참모 조직으로는 운항과 안전 담당 장교, 비행 정보 장교, 군의관, 항공기 유지보수 담당 장교, 전자장비 정비 담당 장교, 행정인력, 착륙 시그널 담당 장교 등이 있다.

NAVAL EDUCATION AND TRAINING PROFESSIONAL DEVELOPMENT AND TECHNOLOGY CENTER, AIRMAN(2000, NAVEDTRA 14014)

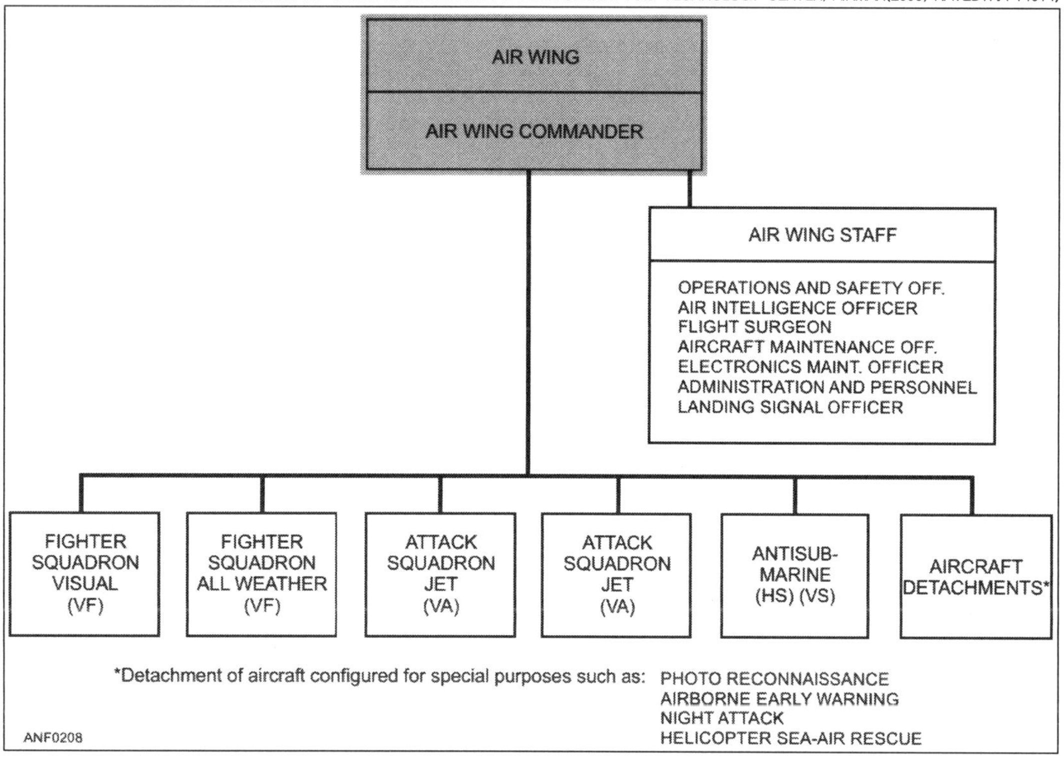

[그림 5-47] Administrative Organization of a Typical CV Air Wing

나. 비행(Air)

Air Department는 [그림 5-48]과 같은 조직으로 구성이 되어 있다. 이 조직은 평시에는 4개 하위 조직으로 구성이 되어 있지만 전시가 되면 7개로 확대가 된다. 이것은 항공기 핸들링과 유지보수라는 큰 틀에서 조직이 세부화 하게 된다. 주요 Division 별로 하는 일은 아래 표와 같다.

NAVAL EDUCATION AND TRAINING PROFESSIONAL DEVELOPMENT AND TECHNOLOGY CENTER, AIRMAN(2000, NAVEDTRA 14014)

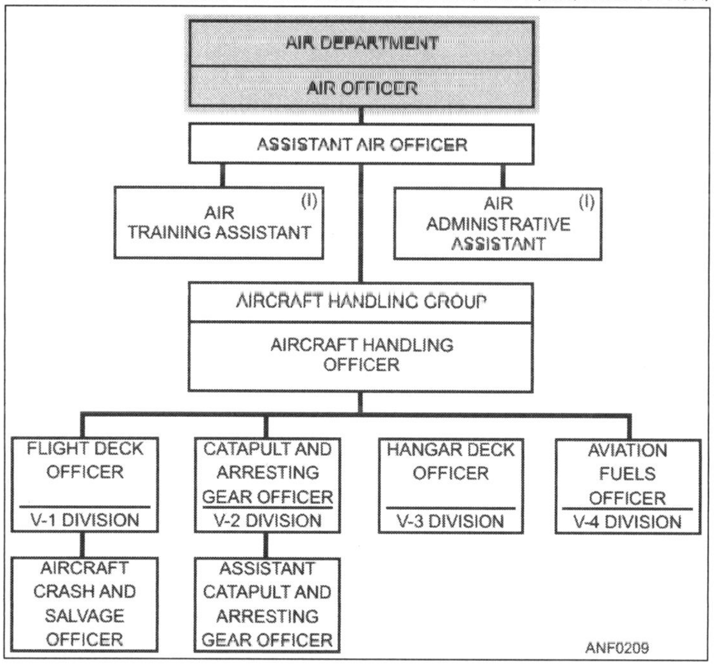

[그림 5-48] Administrative organization of an air department

[표 5-8] Air Department의 각 Division 업무

구분 (Division)	명칭	업무
V-1	Flight Deck Div.	- 비행갑판의 비행기 핸들링 1) 비행기의 방향 및 정차 지점 결정 2) 트랙터 크레인 등 비행기 핸들링 장비 운영 3) 항공기 충돌, 화재 및 구조 등과 관련된 장비 관리 및 사후처리
V-2	Catapult & Arresting Gear Div.	- 각각 임무(Catapult/Arresting Gear) 부여 - Catapult : 관련 기계 관리, 운영 및 유지보수 - Arresting Gear : Arresting Gear & Barricade 관리, 운영 및 유지보수 - 항공기 충돌, 화재 및 구조 등 업무 지원
V-3	Hangar Deck Div.	- 격납고에 있는 항공기 핸들링 - 항공기 엘리베이터, 격납고 bay 창 및 롤러 커튼 운영 - 화재 진압 장비(스프링쿨러, 물커튼, Form 모니터 등) 관리 - 격납고 앞쪽에 있는 'Repair 1A' 운영
V-4	Aviation Fuel Div.	- 항공유, 윤활유 이송 시스템(기름 유입 장비 및 배송 장비 포함) 운영 및 유지 - 비행기 항모 탑재 시 깨끗하고 오염이 없는 항공유 및 윤활유의 항모 보충

비행 편대의 비행기를 유지보수 관리하는 담당 장교는 [그림 5-49]와 같은 업무를 수행을 하게 된다. 우선 QA(Quality Assurance) 담당을 참모로 두어 품질관리를 보장하게 되고 유지보수 컨트롤 업무와 항공기 물품/재질을 컨트롤하는 업무를 수행한다. 이를 수행하기 위해 항공기 부서, 항공장비/무장 부서, 라인 부서 등을 가지고 있다. 엔진과 비행기 구조 및 검사 업무는 항공기 부서에서 관리를 하고 전자장비, 정찰/사진 및 무장은 항공장비/무장 부서에서 그리고 비행 조종사, 문제해결 및 장비 지원은 라인 부서에 담당을 하여 체계화를 갖추고 있다. 그리RH 작전에 관련되고 정비 업무가 확대가 되면 타겟 Division을 추가할 수 있다.

다. 정비(maintenance)

우선, 앞서 기술했던 Aircraft Intermediate Maintenance의 정비 수준을 요약하여 설명하면 다음과 같다.

- O-level : 조직(Organizational) 또는 O 수준의 유지보수는 항공단의 일환으로 단일 유지보수 비행중대(Squadron)에 의해 진행이 되는 것으로 단위 조직 수준에서 처리되는 유지보수이다. O 수준의 유지보수는 일반적 작동 가능성을 향상시키기 위해, 신속한 Turn-Around에 최적화 되어있다. 이 레벨의 유지보수 관리는 일반적으로 보유 물품으로 사용 가능한 여유 자산을 가지고 교체하는 것으로 사용 불가능한 라인 대체 물품(LRU, Line Replaceable Unit)을 즉시 제거하고 교환하는(R&R, Remove and Replace) 작업을 말한다. 그 장소에서 복구(RIP, Repair-In-Place)절차도 일반적이다.
- I-level : 중간(Intermediate) 또는 I 수준 유지보수는 통상적으로 하나의 작전기지 내에서 전체 또는 다수의 항공대가 포함되는 경우로 특별한 항공 정비창에서 수행된다. 이것은 더 특별한 경우이므로 I 레벨의 유지보수는 일반적으로 수리하는데 있어 O 수준에서 제거하는데 실패한 항목을 지원하기 위해 더 철저하고 시간이 소요되는 진단 테스트 및 복구 절차를 수행해야 한다. 수리를 하는데 테스트 장비 사용이 이 수준에서 일반적이며 많은 테스트 과정이 자동화 하여 사용된다. 이 수준의 수리에서 유지보수 되는 예비 부품은 벤치 재고(Bench Stock)로 알려져 있다.
- D-level : 창(Depot) 또는 D 수준의 유지보수는 일반적으로 고도의 전문 정비창 또는 원래 장비 제조업체(OEM, Original Equipment Manufacturer) 시설에서 실시된다. 이런 장소는 작동 위치 및 폭 넓은 진단 장비 및 제조 가능 기능이 존재하지만 일반적으로는 하지 않는다. 장비 정밀검사 및 수정은 일반적으로 이 보수 수준에서 실행된다.

NAVAL EDUCATION AND TRAINING PROFESSIONAL DEVELOPMENT AND TECHNOLOGY CENTER, AIRMAN(2000, NAVEDTRA 14014)

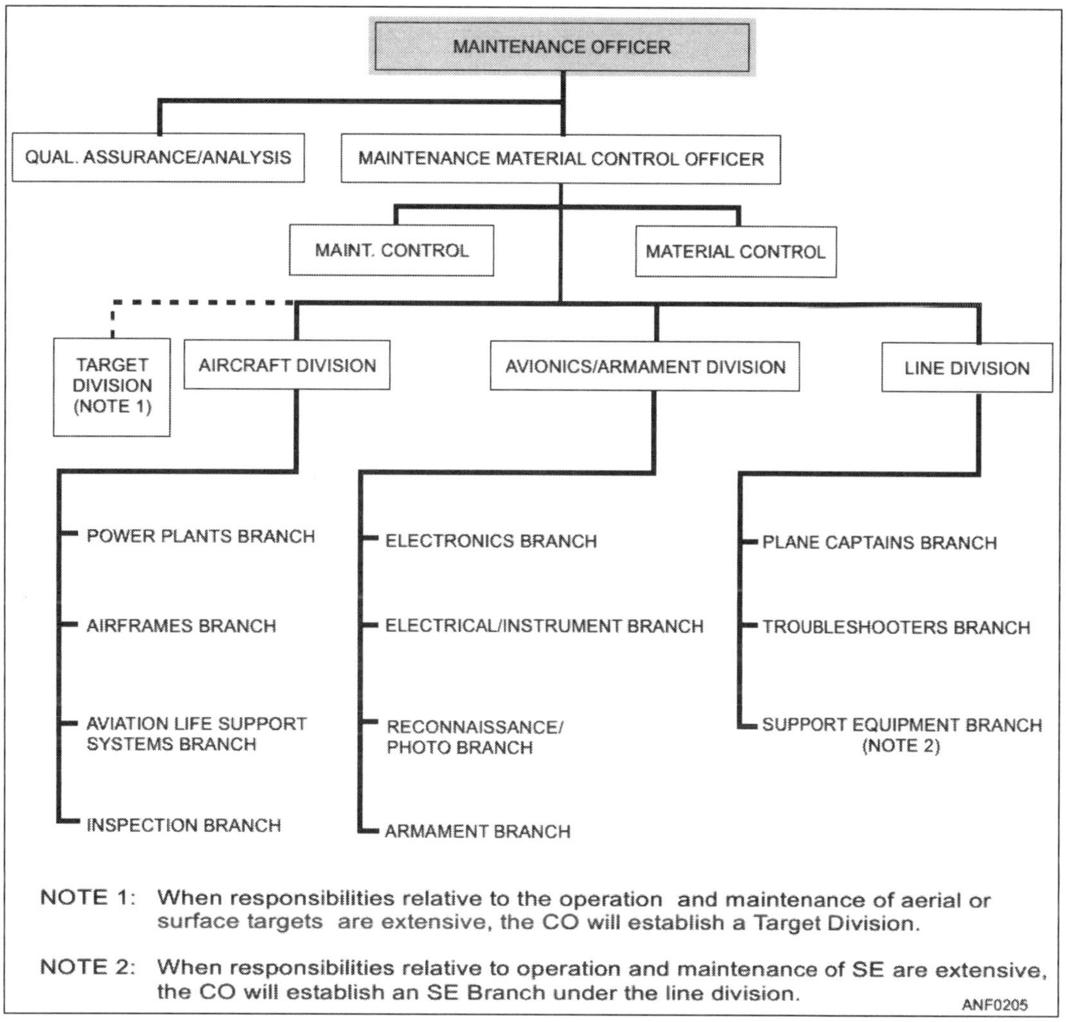

[그림 5-49] Squadron Aircraft Maintenance Department Organizational Chart

유지보수 부서는 항공모함에서 수행할 때와 육지 항공단에서 수행할 때와 다른 조직을 가동하게 된다. 이는 앞서 기술한 정비의 수준과도 관련이 된다. 항모에 있을 때에서는 간소화된 조직을 운영을 하게 되고 항공모함에 비행기가 탑재가 되지 않는 육상에 주둔할 때에는 항공단이 확대되어 빈번한 항공기 유지보수가 이루어져 작전에 투입될 준비를 하게 된다.

항모에 있을 때 중간 단계 유지보수 조직은 [그림 5-50]과 같다. QA(Quality Assurance) 담당을 스텝 조직으로 갖추게 되고 생산/항공기 물품 및 재료를 담당하는 부서에 전반적인 유지보수를 운영하게 된다. 하위 조직인 '일반 유지보수 Division'에서 O-단계 유지보수, 항공기 엔진, 항공기 기체, 항공기 생애 지원 장비 등의 업무를 수행하게 된다.

항모가 아닌 육상에 있을 때 중간 단계 유지보수 조직은 [그림 5-51]과 같다. 다른 점은 여러 참모 조직이 확대 운영이 되고 있고 물품 및 재료 컨트롤 부서는 공급 부서와 유기적인 관계를 유지하도록 할 수 있는 조직이다. 그리고 무장 장비 부서를 두어 활용할 수 있게 되어 있다. 또한 교육 부서를 두어 재교육 등을 통해 작전 투입 시 항모에 적응할 수 있도록 하였다. 중간 단계 정비와 오퍼레이션 정비 Division(OMD)을 조합하여 특별 권한을 부여받을 수 있도록 하여 O-수준 정비의 신뢰성을 확보할 수 있는 조직을 구성하여 운영이 된다. 그 내용의 상세한 내용이 [그림 5-51]에 있고 특별히 'Note' 부분을 참조하면 된다.

NAVAL EDUCATION AND TRAINING PROFESSIONAL DEVELOPMENT AND TECHNOLOGY CENTER, AIRMAN(2000, NAVEDTRA 14014)

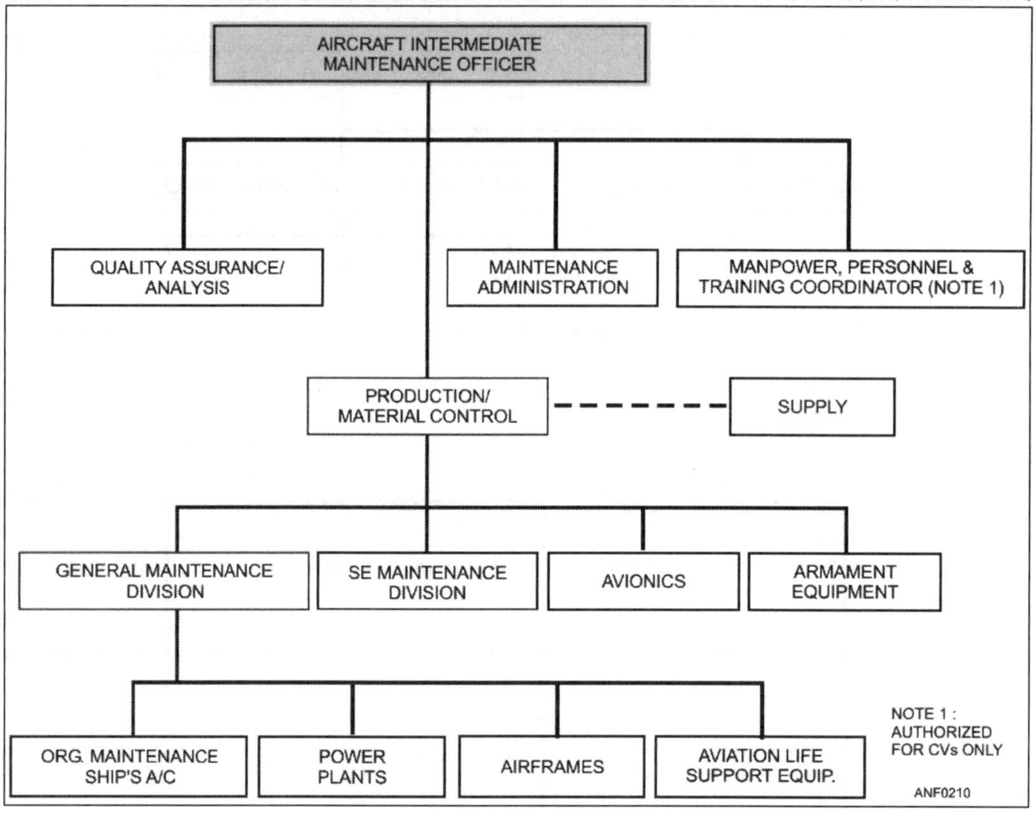

[그림 5-50] Aircraft Intermediate-Level Maintenance Department (Afloat) Organizational Chart

NAVAL EDUCATION AND TRAINING PROFESSIONAL DEVELOPMENT AND TECHNOLOGY CENTER, AIRMAN(2000, NAVEDTRA 14014)

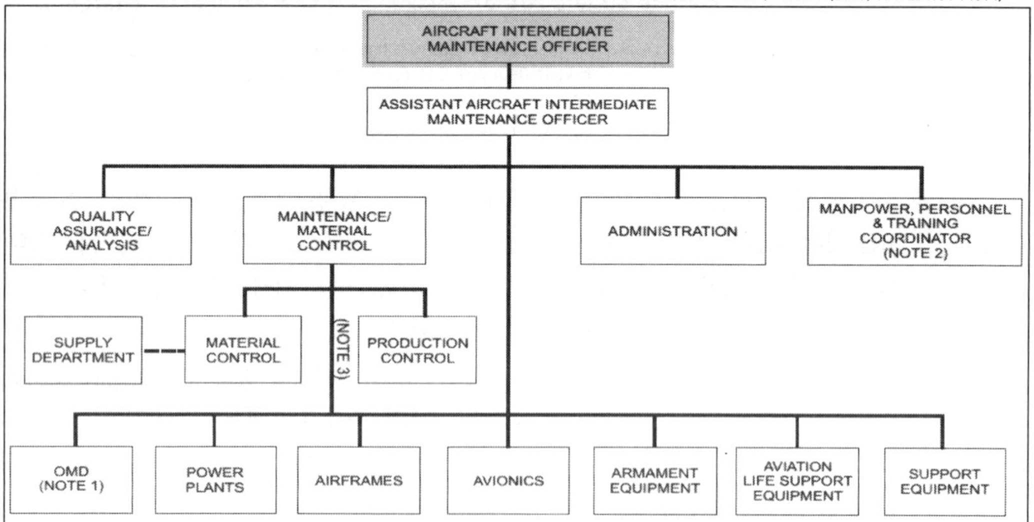

Breakdown beyond the basic divisions are not illustrated because of the variety of branches possible. Activities will be required to establish the necessary branches in accordance with their individual requirements. Volume V, Appendix D will be used as a guide to establish branches/work centers within the respective divisions. Branches should be established only when more than one work center is involved, for example, Jet Engine Branch with work centers forJ79 engine and J52 engine.

NOTE 1: When specific authority has been granted to combine the operations maintenance division (OMD) and IMA, an organizational maintenance division will be established.

NOTE 2: For AIMDs not large enough to rate the E-9 billet associated with this function, and in those cases where full E-9 and E-8 manning is not available, this separate organizational position is not required.

NOTE 3: Direct authority for production matters only.

Anf0203

[그림 5-51] Aircraft Intermediate-Level Maintenance Department (Ashore) Organizational Chart

5.2.3 항공모함에서 항공기 야간 이착륙

항공모함에서 야간 이착륙은 가장 난이도가 높은 어려운 것이다. 이것은 전 세계 항공모함 중에 미국만이 상시적으로 훈련과 실전을 실시하고 다른 많은 나라는 필요시에만 실시를 하는 것으로 봐 그 사고 위험이 매우 크다고 하겠다. 사실 항모의 야긴 이륙은 그래도 야간 착륙에 비해 상황은 좋은 편이다. 미리 예측 가능한 상황 하에서 일어나는 것과 예측이 불가능한 상황 하에서 착륙하는 것은 위험도 다를 것이다. 다음의 내용은 항공모함에서 야간 이착륙에 관한 역사를 간략하게 정리를 한 것이다.

- 최초의 야간 착륙은 1925년 4월에 미국 San Diego 앞 바다에서 USS Langley (CV-1/AV-3)에서 실시되었다.
- 1929년부터 모든 항모 탑재기 조종사는 야간 착륙 훈련을 하였다. 당시 4번/년 하였으며 너무 위험해서 보름달 혹은 해질녘에 하였다.
- 야간 착륙의 위험 부담 때문에 2차 세계 대전 동안 해군은 가급적 야간 착륙을 하지 않도록 조치하였다. 당시 새벽이 되기 전이 이륙은 했지만 야간 착륙만큼 위험하지 않았다.
- 2차 세계 대전 중 필리핀 해전에서 일본의 항모 Hiyō를 침몰시키는데 20대의 항공기를 잃었다. 하지만 침몰시킨 후 돌아오는 항공기들이 야간 착륙을 시도하다가 72대의 항공기를 잃었다.
- 한국동란 중에는 야간 착륙이 일상이었다. 야간 공격에 특화된 조종사들이 있었다. 하지만 여전히 위험한 상황이었다.
- 야간 착륙에 대한 광범위한 연구는 베트남 항모 비행사를 대상으로 수행되었다. 조종사는 심선노 검사 장치를 매고 자신의 심장박동수와 호흡 속도를 측정 하였다. 시험 결과는 충격적이었다. 항모 탑재기 조종사들은 전투를 수행할 때보다 모든 임무를 마치고 야간에 도착에 항모 착륙을 준비할 때 더 높은 펄스와 혈압을 나타냈다.

현재의 항공모함은 안전을 최우선으로 하는 변화를 가져왔다. 물론 조종사는 야간 투시경을 가지고 있고 비행기에는 계기 착륙 시스템이 있다. 하지만 야간에 이런 계기 시스템만으로 모든 것을 해결할 수 있는 것은 아니다. 항모는 주야간 착륙을 위한 착륙 시그널 장교(LSO, Landing Signal Office)를 배치하고 있다. LSO는 비행기의 불빛 그리고 엔진 소리를 듣고 또한 다양한 정보를 가지고 착륙하려는 항공기의 비행자세 및 접근 속도 등을 결정해야만 한다. 항공기의 비행자세에 따라 불빛의 색깔을 초록, 노란, 빨간 색들로 변경하면서 LSO는 너무 높거나, 너무 낮거나 너무 빠른 사실 등의 정보를 제공한다. 사실 LSO의 능력이 사고를 줄이는 역할을 해왔다. 위에서 기술한 필리핀 해전에서 Yorktown 항모에서는 1대의 손실도 없었다. 이유는 LSO인 Lt. Dick Tripp의 업무 능력으로 판단이 되고 있다.

USN, "2016~2026 Naval Aviation Vision"

[그림 5-52]
함상에서 야간 헬기비행 준비 모습

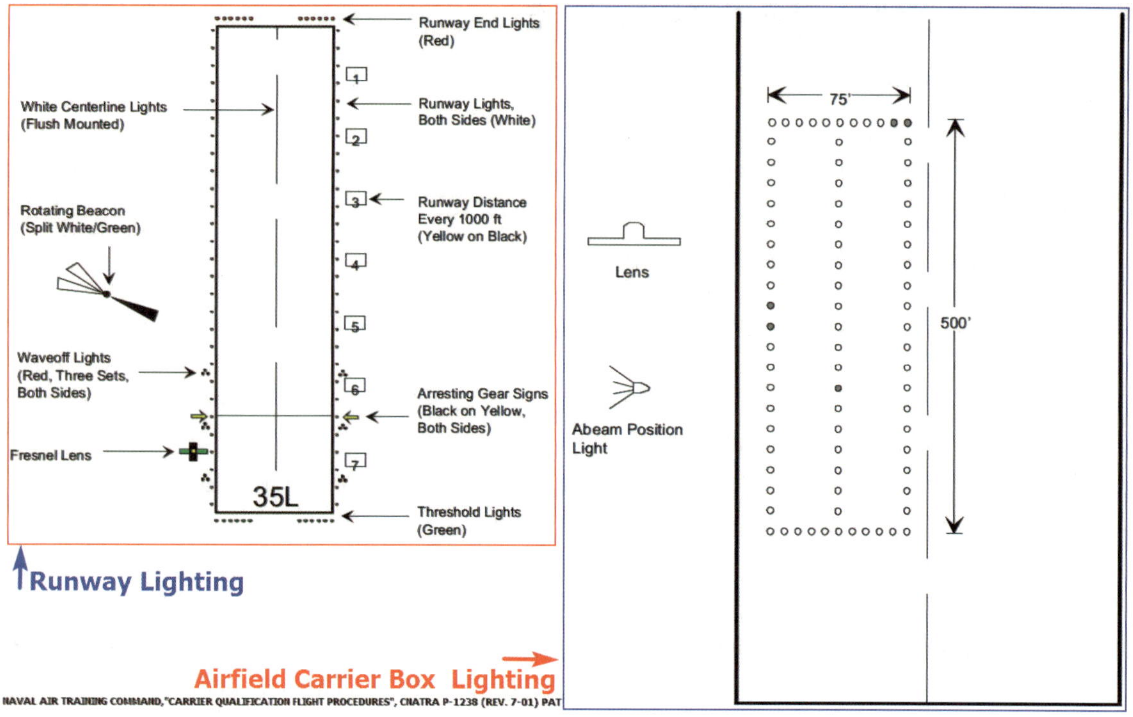

[그림 5-53] 실제 항모 활주로의 조명과 FCLP 조명

항모 탑재기 조종사는 어떤 훈련을 받아 이런 위험한 야간 항모 이착륙이 가능할까? 조종사는 처음에는 일반적으로 육지에서 2주를 보내게 것입니다. 그곳에서 유지 항모 착륙 연습(FCLPs, Field Carrier Landing Practice)을 하게 되고 이곳은 FCLP 기반 시설로 착륙 신호 책임자(LSO)의 엄격한 감독 하에 다수의 '바운스(Bounces)'라는 'Touch-and-Goes' 훈련을 밤낮으로 하게 된다. 다음은 미국의 FCLP에 관한 주요 내용을 요약한 것이다.

- 교육 내용은 다양하게 많이 있지만 야간 이착륙에 관한 이론 교육(Night FCLP Procedures)은 다음 4가지로 구성이 되어 있다.
  1) Night FCLP Lighting
  2) Night FCLP Pattern
  3) Night FCLP Differences
  4) Radio Difficulties in the Pattern

- 일반 필드 조명은 밤에 익숙하도록 야간 상황과 동일하며 다만 조종사가 보는 높은 강도의 빛은 소멸되어 훈련을 받게 된다.
- 영구 육상 항모 데크에서의 야간 FCLP 조명은 실제 비행갑판 조명과 유사하며 붉은 빛으로 표시된 지각 방향 위치는 착륙이 의도된 지점에 수직 방향으로 배치되어 있다. (참조: [그림 5-53])
- 비행기의 외부 조명은 몇 가지 점에서 차이가 나지만 실제 상황과 같도록 했다.(참조: [그림 5-54])
- 활주로 패턴에 진입하는 것에 관하여 배우면서 통신과 관련 규정을 배우게 된다. 또한 이륙 후 패턴에 재진입 및 착함 재시도(Waveoff)에 관하여 'Touch-and-Go'를 배운다.(참조: [그림 5-55])
- 주간과 야간의 활주로 패턴 학습은 다음과 같은 점에서 차이가 있다.
  1) 시각적 단서의 부재 때문에 장비 검사는 반드시 필수
  2) Meat Ball을 취하지 않고 300 ft AGL(Above Ground Level) 이하로 내려가지 말 것
  3) 항모 상자에 있는 모든 풀 정지 착륙을 수행하거나 LSO의 지시에 따를 것

Naval Air Training Command, "Carrier Qualification Flight Procedure"

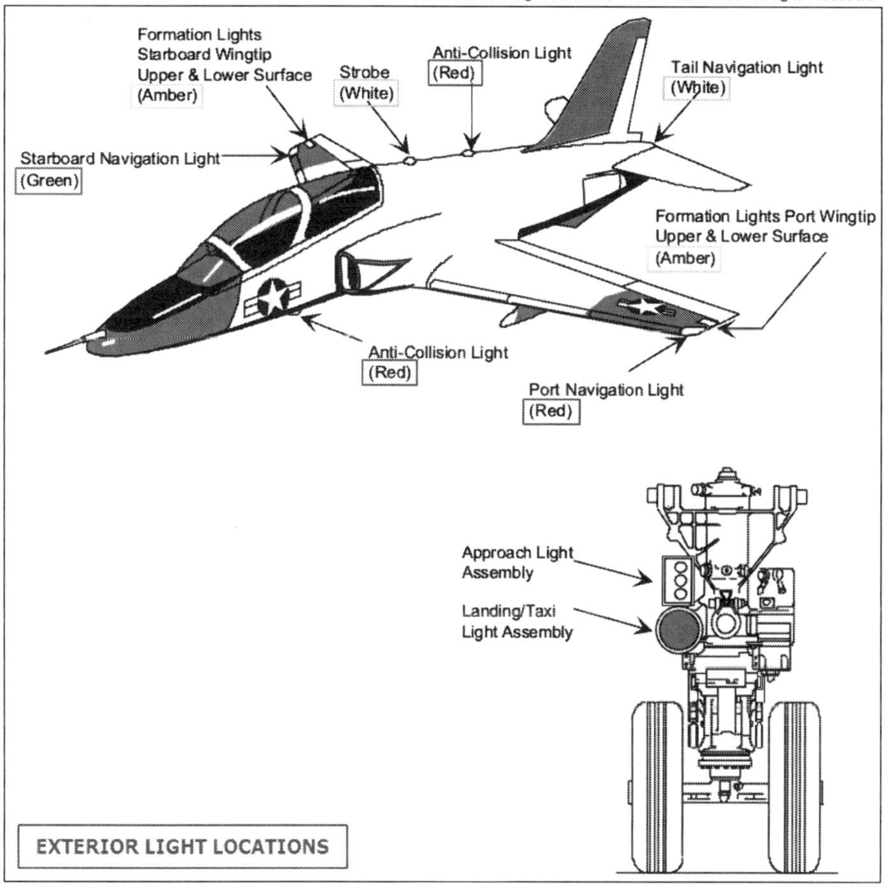

[그림 5-54]
비행기 외부 조명

항모 탑재기 조종사는 만족할 때까지 연습을 완료해야 한다. 그리고 LSO가 허락할 때까지 실제 항모에서는 비행운항할 수 없다. 교육을 통과하지 못하면 짧은 휴가가 있지만 돌아와서는 다시 육지 훈련을 하게 되며 육지 훈련을 벗어나도록 해야 한다. 따라서 그는 다시 육지로 가서 그가 자신의 경험이나 순위에도 불구하고, 다시 항모에서 비행이 허용되기 전에 FCLP을 완료해야 한다. 일단 항모에서 탑재기를 비행하도록 허락을 받는다고 모든 1인 비행은 착륙 신호 장교(LSO)에 의해 비행에 관하여 비판받게 되고 브리핑을 받게 된다. 계급이나 경험 레벨 등급이 상관이 없는 것이다. 이런 학습의 문화가 항모 항공의 특징이다. 비행하기 전에도 학습하고 비행동안에도 학습을 하게 되며 이런 학습의 결과가 안전을 보장하고 해군 항공의 목표를 달성하게 된다. 이것은 무엇이 잘못되었는지, 바로 무슨 일이 있었는지 이해하고 성공적으로 급변하는 환경에 조정할 수 있는 것이다.

야간 착륙을 하는 조종사는 어떤 느낌이고 어떤 상황일까? 그것은 어둡고 갑판 Pitch 및 Heave 모션이 때로는 1번에 최대 30 피트 오르고 내려가는 상황에서 조종사는 매 순간 집중할 수 있는 것은 그동안 스킬에서 연습한 것으로 이것이 안전하게 갑판에 착륙하게 할 것이다. 눈은 어두워 아무 것도 볼 수 없을 것이고 귀는 위에서 선회하는 다른 비행기의 높은 우는 소리를 들을 수 있다. 조종사가 맡는 냄새는 우선 제트 연료이고 제트 배기가스의 간헐적인 파열과 함께 산재된 바람의 돌진을 느끼게 된다. 항공모함에 착륙하는 것은 주간에도 매우 어렵다. 그것보다 훨씬 더 어려운 심한 파도의 바다 또는 궂은 날씨이다. 그러나 야간은 기하급수적으로 더 어렵게 만든다. 그럼에도 불구하고, 보름달 밤은 정말 도움이 된다. 높은 지위에 있는 조종사가 보름달에 비행예약하기 때문 '지휘관의 달'이라고 했다. 많은 후배들에게 훈련을 시킨다는 입장에서 더 고생을 하게 되어 있다. 야간 항모 착륙을 'Trap(올가미)'라고 알려져 있는 정도이다. 그렇게 아주 특별한 집중 훈련과 재능을 필요로 한다. 충분히 준비하지 않을 경우 심각한 위험에 처할 수 있다.

Naval Air Training Command, "Carrier Qualification Flight Procedure"

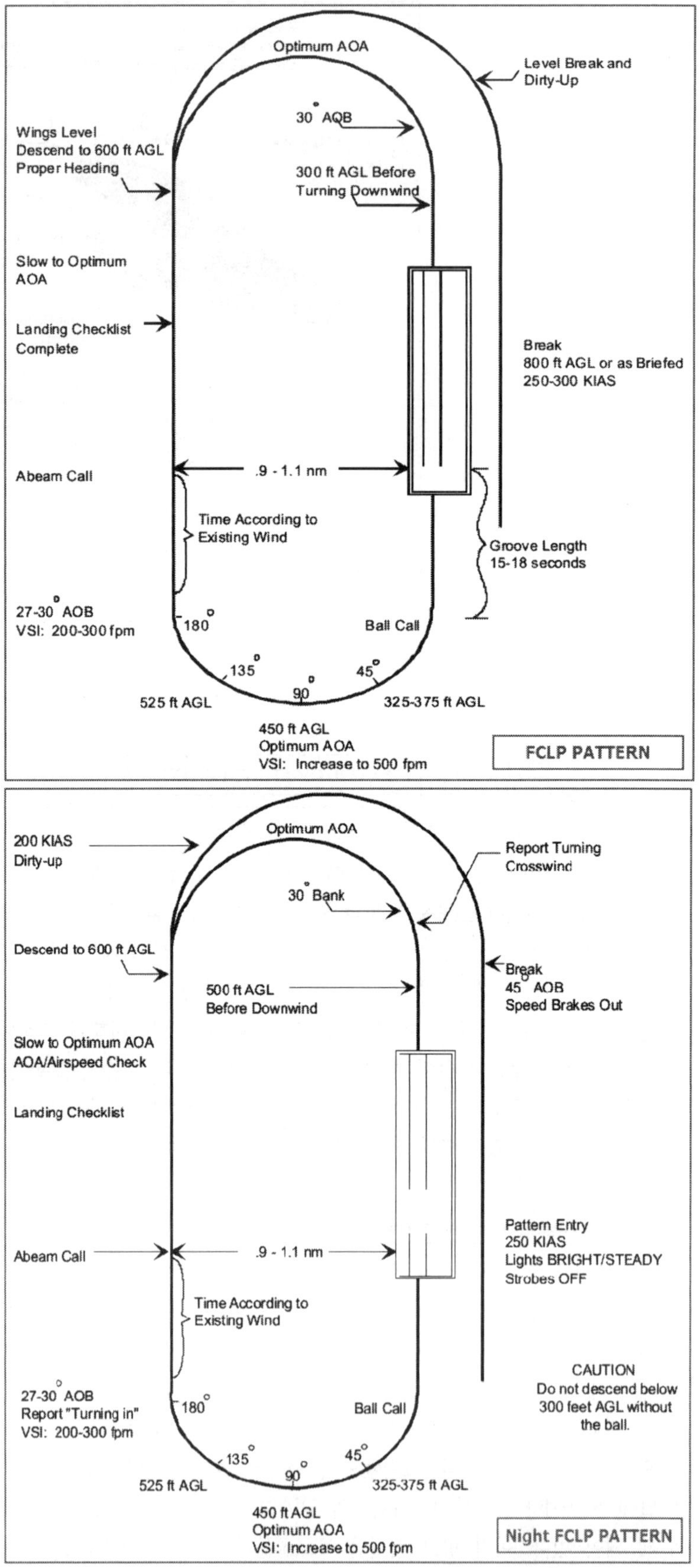

[그림 5-55] 항공모함 활주로 이착륙 주야간 패턴

theaviationist.com

[그림 5-56] 야간 이륙을 하는 전투기 모습

해군 항모 탑재기 조종사는 어떤 사람이 되어야 할까? 항모를 타고 착륙 비행하는 것만큼 정밀도를 요구하는 항공에서 더 큰 것은 아마 없을 것이다. 그러나 물리적인 어려움과 함께 또한 정신적인 어려움이다. 정신적인 어려움에 추가되는 것은 비행갑판에서 충돌하는 항공기에 관한 많은 동영상을 시청하는 것이 될 수도 있다. 155노트 전후 착륙 속도로 2초 만에 정지하는 것은 상상을 초월하는 것이다. 야간 착륙의 기본은 비행기 자세이다. 해군 항공기 조종사로서 특히 야간에 항모에 착륙을 하는 것은 긍정적인 미음을 가지고 두려움을 이기는 태도는 성공을 보장하지만, 부정적인 사람은 거의 적응하지 못하는 것으로 성공을 보장하지 못한다. 심지어 불안과 두려움을 활용하고 생산적인 무언가로 바꾸려는 것이 중요하다. 진짜 승리하는 태도는 해군 항공 조종사로서 우수성의 기준을 설정하고 격동적인 순간에 긍정적인 생각으로 침착함을 유지해야 한다.

실전에서 야간을 포함하여 이착륙에 관하여 좀 더 면밀하게 살펴보자. 항모에서 비행기 이착륙은 다음 3가지 경우를 전제로 운영이 된다.

- Case Ⅰ : 주간 및 좋은 날씨 이착륙(VFR, Visual Flight Rules)
- Case Ⅱ : 주간 및 중간 정도 날씨에서 이착륙
- Case Ⅲ : 야간 또는 나쁜 날씨 이착륙(IFR, Instrument Flight Rules)

야간은 'CASE Ⅲ'에 해당되는 것이다. 'Case Ⅱ'는 Ⅰ과 Ⅲ의 중간으로 판단하면 되는 것이다. CASE Ⅰ의 이륙/회수(또는 복구, Recovery)는 이륙 또는 하강, 틈(Break, 사이) 및 착륙 패턴 중 어느 때라도 비행이 날씨 조건에 의해 심각하지 않을 것으로 예상될 때 일반적으로 사용된다. 이것은 낮 시간에 시계 비행 규정(VFR, Visual Flight Rules)에 의한 복구할 수 있는 동안 사용되는 일반적인 접근 방법이다. 1,000 ft 상승고도 한계 및 가시거리 5 mi이 요구된다. 편대장은 다른 항공기와의 적절한 항법 및 이탈에 대한 전적인 책임을 지니게 된다. Case Ⅱ 이륙/회수는 상승하거나 하강하는 동안 기상 조건 등으로 항공기가 장비 상태이 문제점을 겪을 수 있지만 적어도 항모에 볼 때 1,000 ft 상승고도 한계 및 5 mi 가시성의 시각 조건이 존재할 때 사용된다. 이것은 구름 차폐물 또는 흐린 곳을 통해 레이더가 관통하는 것을 허용된다. Case Ⅲ 이륙/회수는 계기 비행 규칙(IFR, Instrument Flight Rules)에 따라 진행이 되는 것으로 선박의 기존 날씨가 Case Ⅱ 최저점 미만이고 모든 야간 비행 운항 중에 항상 사용된다. CaseⅢ 회수는 단일 항공기로 이루어진다. 즉, 비상 상황을 제외하고는 구성된 편대가 없이 진행이 된다.

다른 유형의 복구보다 Case I 복구의 장점은 항공기가 훨씬 더 가깝고 더 단단한 고정 패턴으로 항공기 캐리어 위에 직접 유지된다는 것이다. 조종사는 편대 내에서 분리를 유지할 책임이 있으므로 착륙 간격을 평균 45초로 줄일 수 있다. 비행기가 항모에서 10 마일 이내에 있고 비행 편대장이 보면서 항모에 'See you'라고

보고하면 비행 집행 컨트롤러(Marshal Controller)는 Air Boss 타워에서 제어가 되도록 비행기가 착륙/이륙 주파수로 전환하도록 만든다. 기상 조건이 악화된 경우, 항공기의 LSO(Landing Signal Officer) 전송을 비롯한 항공기의 나머지 무선 전송은 항모의 항공 교통 관제 센터 (CATCC) 접근 관제사가 무선 및 레이더에서 모니터링 한다.

침묵(Zip-Lip) 운항 중에는 정상적인 통신 제어가 포기되고 항공기, 조종사, 타워 및 LSO 간의 무선 전송이 최소로 유지된다. Zip-Lip은 비행 안전 문제가 발생할 때마다 깨질 수 있다. 일반적으로 항모로 돌아오는 항공기는 브리핑된 복구 (Charlie) 시간 전에 항모 머리 위에 존재(Overhead)하고 있어야 한다. 이것은 그들이 회복을 위해 늦지 않았는지 심각한 상황인지(Cardinal Sin) 확인하는 것이다. 'Ready Deck' 신호가 제공될 때까지 모든 되돌아오는 항공기는 'Stack'이라고 하는 항모 위에 왼손의 홀딩 패턴에 진입하게 된다. 단일 및 편대 비행기 모두에 대한 각각의 항공기는 보통 고도가 1000 ft 고도 단위로 2000 ft에서 6000 ft 고도까지 지정된 고도에서 고도 유지를 하게 된다. 고도 할당은 Air Wing의 Recovery 명령 교범에 의해 수립된 여러 유형의 항공기의 연료 상태와 관련이 있다. 전투기는 상대적으로 낮은 연료 상태인 경우 낮게 할당된 고도유지 패턴이 되게 된다. 비행이 스택에 설정될 때까지, 비행중인 각 항공기는 꼬리 고리인 Tail Hook을 낮추어 내밀게 되어 있다.

스택의 가장 낮은 항공기는 예정된 "Charlie"시간을 만족시키기에 충분한 시간 내에 착륙 패턴으로 내려와야 한다. 하강은 항모가 전진하는 방향으로 항모 기지 회복 코스(BRC, Base Recovery Course)와 평행 하게 고도 800 ft의 3 mi 후방으로 정의된 초기 지점의 항모 폭의 후미에 도착할 때 시작하게 된다. Stack 맨 아래의 항공기가 패턴으로 내려가면서 Stack의 나머지 항공기는 1000 ft 아래로 내려가게 된다. 2000 ft에 도달한 후, 항공기는 패턴에 여유가 있을 때까지 고도를 유지할 것이다. 최대 6대의 항공기가 대기상태로 허용이 된다.

고도가 1200 ft에서 항모에서 3 mi 이내의 원형 패턴인 스핀 패턴은 항공기가 2000 ft를 벗어났지만 800 피트 패턴 틈(Break)으로 진입할 수 없는 경우에 사용된다. 이것은 일반적으로 패턴이 가득 찼거나 준비한 비행갑판 이전에 도착하는 경우가 되었기 때문에 사용된다. 항공기가 선회해야하는 경우, 1200 ft로 상승하고 착륙 패턴 틈에 들어갈 수 있을 때까지 항모 주위를 돌게 된다.

다음의 프로시저는 CASE I 착륙 패턴에 적용이 된다.

- 조종사는 항공기 성능에 비례하여 대개 250에서 350노트 사이의 속도로 800 ft의 고도에서 항모의 코스와 평행하게 항공기의 우현 옆쪽으로 내려가야 한다.
- 항공기가 "Charlie on Arrival" 착륙 허가를 받았거나 항공기 복구 준비가 되었음을 시각적으로 확인할 수 있는 경우 비행 조종사는 전방을 가로 질러 들어가 항모 코스 반대편으로 향하는 역풍 방향으로 향하게 된다. 같은 고도에 있는 나머지 비행기는 비행 조종사에게 약 15초 간격을 두고 45초의 착륙 시간을 달성하기 위해 순서대로 끼워 들어가기가 진행이 된다.
- 순풍(맞바람)이 진행되는 동안 속도 브레이크를 늘리고 적절한 'G'힘을 가함으로써 조종사는 동력을 줄이게 된다. 충분히 느려지면 항공기는 기어 다운, 플랩 다운, 훅 다운, 낙하산 멜빵인 Harness 잠김 등 최종 착륙 형태로 전환되어 고도 600피트로 내려간다.
- 조종사는 최적 착륙 각 (AOA, Angle of Attack)에 해당하는 속도에 도달할 때까지 항공기를 계속 감속시킨 다음 적절한 고도와 AOA를 유지하는 데 필요한 전력을 조정하게 된다. 정확한 순풍 설정은 항모로부터 600 ft에서 AOA 속도까지의 적절한 거리(1~1.5 mi)로 정의된다.
- LSO 플랫폼에 직각인 180 포지션에서 조종사는 얕은 내리막 선회를 시작하여 선미 속도의 약 0.5~0.75 mi 떨어진 지점에 도달하기 위해 선회율과 하강률을 조정하고 고도 약 375 ft의 착륙 지역과 일직선상에 놓여있게 맞추게 한다.
- 착륙 지점과 정렬되도록 45도의 선회가 남아 있는 상태에서 조종사는 프레넬 렌즈 광학 착륙 시스템 'Meatball' 정보를 받기 시작한다. 이 시점에서 조종사는 'Calling the Ball'이라고 하는 Meatball을 시각적으로 확인하고, 측 번호 및 항공기 유형 등 항공기 정보와 연료(단위는 천 파운드)를 알려주기 위해

보통 랜딩 시그널 장교(LSO)에 전화가 걸린다. 예를 들면 '101 Phantom Ball, 5.2'라고 통신한다. 이 경우에는 LSO는 'Roger Ball'이라고 응답한다. 조종사가 미트볼을 보지 못하면 그는 'Clara'라고 부르게 될 것이다. 이 경우 LSO는 조종사에게 그가 높거나 낮을 지 조언하거나 조종사에게 착함 재시도하도록 'Wave-Off'를 지시한다.

- 최종적으로 착함 활주를 하기 위해 조종사는 센터링 된 미트볼을 이상적으로 가지고 착륙장의 중앙 스트라이프에 맞춰야 하며 속도 AOA에 있어야 한다. 일반적으로 조종사는 제대로 되면 흔들리는 날개 수준에서 최종 터치다운까지 15~20초 동안의 시간을 가지게 것이다. 이 시간 동안 조종사는 미트볼, 라인업 및 AOA를 모니터링 하여 필요에 따라 수정하여 이 3가지 매개 변수를 제어해야 한다.
- 조종사는 미트볼, 라인 업 및 AOA 수정을 터치다운까지 계속하게 되며 조종사는 착륙 지점을 예상하거나 접근 매개 변수를 변경하기 위해 갑판을 보지 않아야 한다. 조종사는 착륙 충격을 완화하기 위해 항공기를 '섬광'을 발생하지 않도록 한다. 항모 착륙에 대한 정상적인 하강률은 초당 10~12 ft 이다.
- 터치다운 시, 조종사는 후크 건너뛰기가 있거나 마지막 전선을 지나쳐 감에 따라 항공기가 Bolter를 할 경우를 대비하여 항공기 엔진의 최대 전력을 사용한다.

Case II 동안, 조종사가 10 mi 이내에 가시거리 내 항모에 보고를 할 때까지 CATCC는 긍정적인 레이더 제어를 유지한다. 항모가 보이는 10 mi 이내에 들어오면 비행편대가 타워 컨트롤로 옮겨지고 그 다음은 CASE I 절차에 따라 진행된다. 추가 정보는 해당되는 CASE I 및 CASE III의 내용을 참조하면 된다.

Case III 접근법의 장점은 Case I 회수와 관련된 위험한 고속, 저고도 선회를 제외한다는 것이다. 사례 III의 복구는 본질적으로 레이더가 통제하는 하강 프로파일을 사용하여 접근하거나, 바다 가까운 고도가 낮은 곳에서 항공기의 하강률을 낮추도록 설계되었다는 것이다. 항공기는 긍정적인 CATCC 통제 하에 유지되며, 조종사는 0.75 mi까지 계측기 접근 비행을 한다. 이 때 제어가 LSO로 전달되고 조종사가 조종실 장비 스캔에서 미트볼, 정렬, AOA 등의 비주얼 스캔으로 전환하고 볼을 호출한다.

모든 항공기는 일반적으로 항모의 최종 방위각에서 약 180° 지점에서 고도 1,000 ft 마다 15 mi을 더한 간격으로 개별적으로 확정 정리 고정(Marshal Fix) 배치된다. 예를 들어, 'Angel 20'의 마샬 고도를 지정한 항공기는 전술 항공기 내비게이션 TACAN 장비에 의해 정의된 35 마일 (Angel 20 + 15)의 유지 고정을 갖게 된다. 마샬 홀딩 패턴은 항공기가 유지 고정을 통과할 수 있도록 인바운드 Leg가 있는 왼손 방향의 6분 길이의 경마장 패턴이다. 지정된 마샬 패턴으로 설정되고 나서 하강을 시작하기 전에 조종사는 꼬리 고리 Tailhook를 내린다. 항공기는 라디오가 작동하지 않는 경우 NORDO(Nonoperational Radio)가 아닌 한 각 고정에는 단 하나의 항공기만 보유한다. 만약 NORDO 경우에는 NORDO 항공기가 다른 항공기의 날개를 잡고 착륙을 하게 된다.

각 조종사는 할당된 5초 이내 접근 시간에 정확하게 마샬 할 수 있도록 그의 유지 패턴을 조정한다. 항공기 출발 마샬은 일반적으로 1분 간격으로 분리된다. 필요한 경우, 적절한 분리를 위해 항모의 CARCC(Carrier Air Traffic Control Center)가 조정할 수 있다. 특정 간격이 발생하는 경우로는 출발하는 항공기들 사이의 더 큰 시간적 분리가 항공기를 재착륙 시도 패턴으로 맞추기 위해 사용된다. 항공기의 적절한 분리를 유지하기 위해 마샬의 특성 시간에 끼어드는 것은 정확하게 비행이 이루어져야 한다. 항공기는 'Patform' 이라는 5,000 ft까지 250노드와 4,000 ft로 하강하며, 이 지점에서 하강은 분당 2,000 ft로 감소한다. 항모에서 10 mi 떨어진 지점에서 랜딩바퀴와 플랩 다운 등 착륙 준비상태로 항공기가 전환된다.

항공기는 착륙 시 착륙 준비상태에서 1,200 ft 고도, 150노트의 속도로 6 mi 고정 지점을 통과하고 최종 접근 속도를 도달할 때까지 속도를 늦추기 시작한다. 3 mi 지점에서 항공기는 활공 하강을 취하게 되고 터치다운까지 점진적으로 500~700 ft/min 하강률을 가지고 하강한다. 0.75 mi 지점에서 최종 컨트롤러는 조종사에게 'Call the Ball'이라고 지시하게 된다.

USS Midway Museum, "Docent Reference Manual"

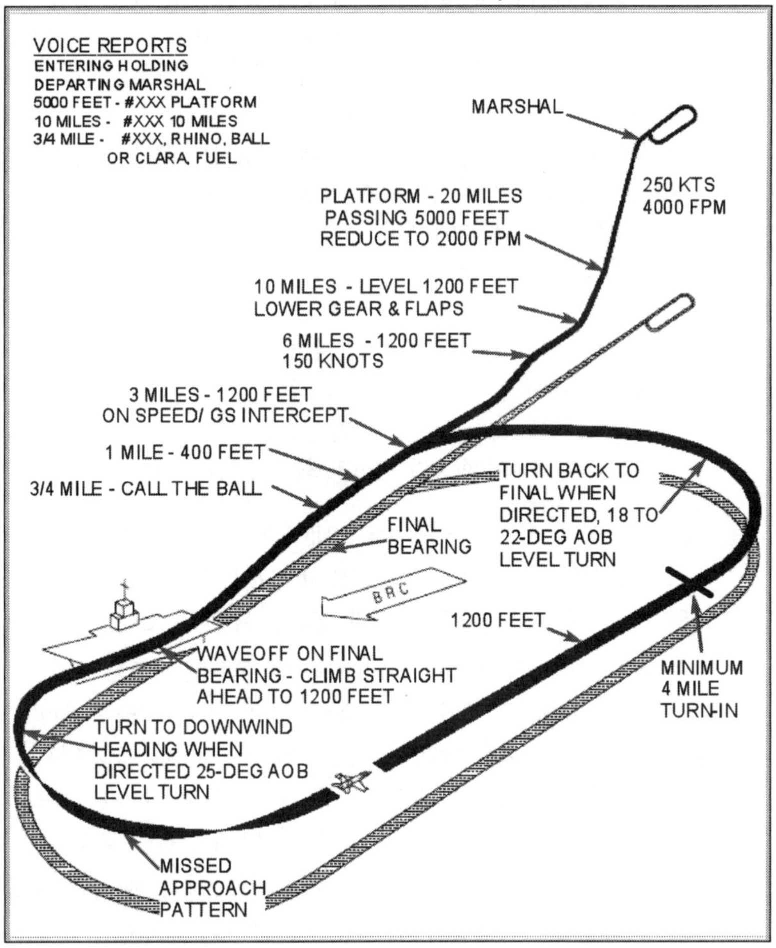

[그림 5-57]
야간 항모 착륙 실전 패턴

5.2.4 미국 탑재기의 미래

다음은 미국 해군의 미래 항공기 전략을 살펴보면 항모모함에 적용이 되는 항공기의 미래전략도 대략적으로 살펴볼 수가 있다. 그림은 미 해군/해병대가 가지고 있는 2025년 항공 분야에 대한 것들이다.

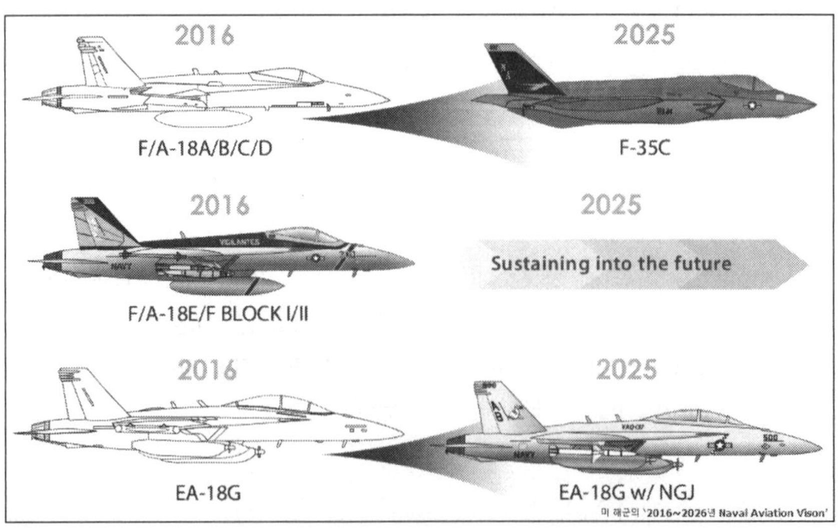

[그림 5-58]
미 해군/해병의 2026년까지 전투 항공기 운영 전략

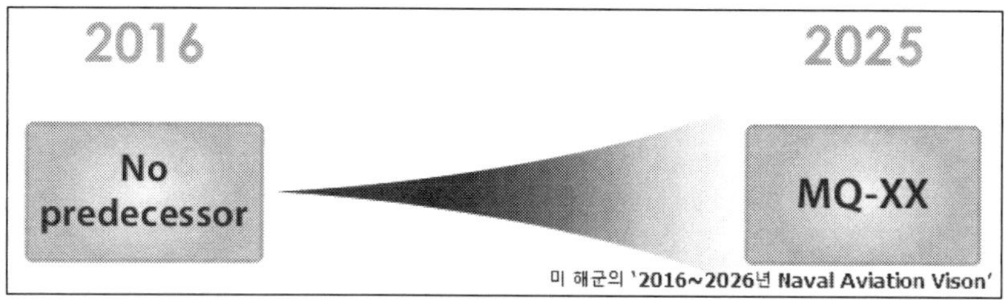

[그림 5-59] 미 해군/해병의 2026년까지 무인 항공기 운영 전략

미 해군/해병대에서 사용 중인 F/A-18A/B/C/D 항공기는 F-35C로 대체를 하겠다는 전략이고 항모에서 사용하는 F/A-18E/F는 지속적으로 운영을 할 것이다. 또한 EA-18G Growler는 새로운 버전으로 운영될 것이라는 것이다.

미 해군은 2026년에는 현재 진행 중이 무인기를 업그레이드된 기종을 실존에 배치할 것이다. 'MQ' 기종으로 이것은 미사일을 발사(M)할 수 있는 드론(Q)임을 알 수 있다. 현재에도 많은 드론을 항모에서 실험을 하고 있고 대표적인 것이 'X-47B' 기종이다.

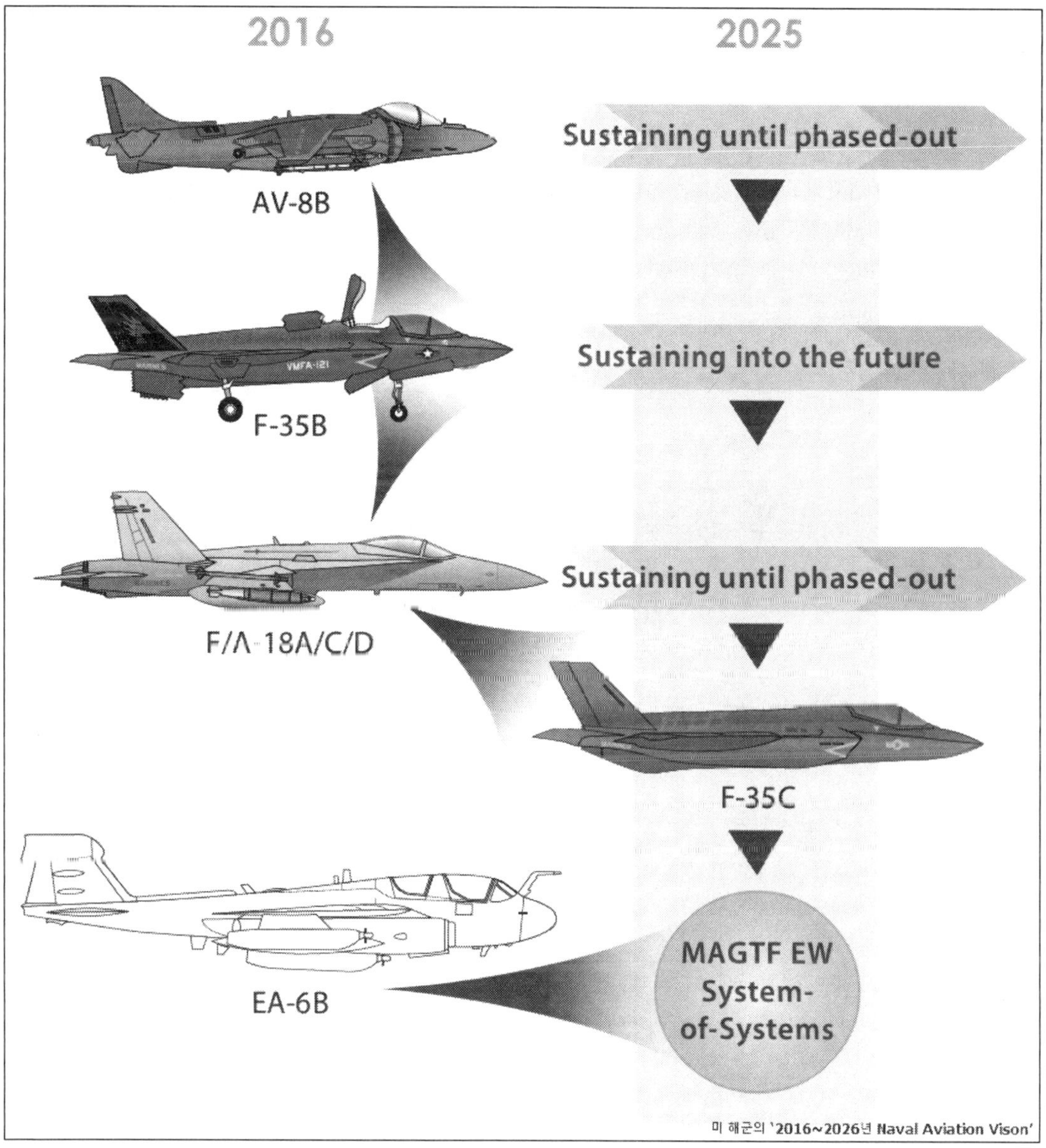

[그림 5-60] 미 해군/해병의 2026년까지 항공기 운영 전략

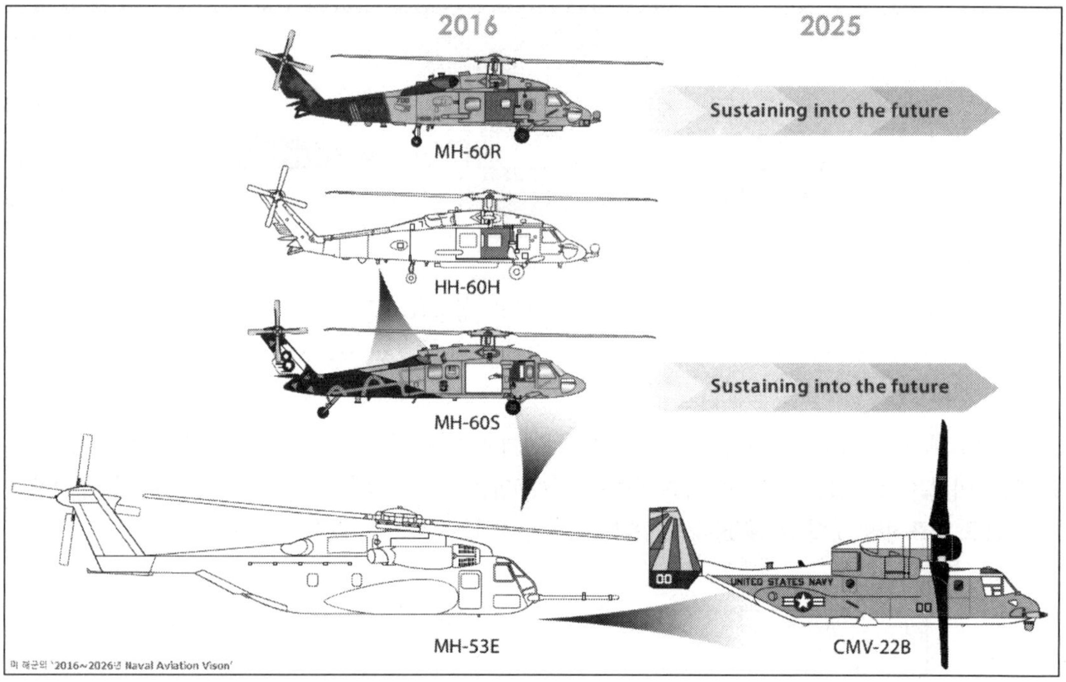

[그림 5-61] 미 해군/해병의 2026년까지 헬기 운영 전략

[그림 5-60]과 [그림 5-61]은 해리어 기 등은 유지는 되겠지만 주력은 F-35C로 통합이 되어 해병 항공의 전자전 업무(MAGTF EW, Marine Air Ground Task Force Electronic Warfare)를 맡게 될 것이다. 또한 헬기는 60 시리즈는 일부 유지가 되고 '53E'는 CVM-22B'라는 MV-22B Osprey 기종과 유사한 Tiltrotor 방식을 도입할 것이다.

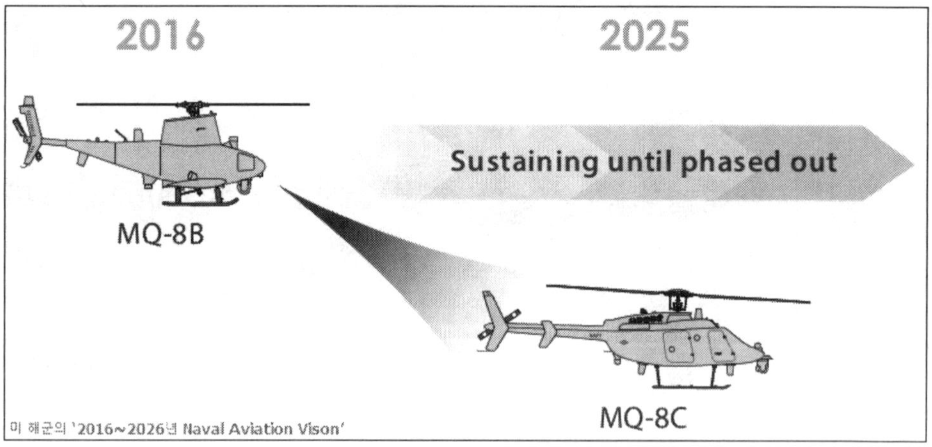

[그림 5-62] 미 해군/해병의 2026년까지 무인헬기 운영 전략

무인 헬기를 운영하여 현재 사용 중이 'MQ-8B'를 업그레이드 한 'MQ-8C'를 개발해 실전에 배치가 된다.

현재 미국 해군/해병에서 가장 활용도 높게 사용하고 있는 MV-22B Osprey는 2026년에도 지속적으로 사용이 될 것이다. 이상과 같이 대략적으로 2016년부터 2026년까지 미 해군이 운영을 하게 될 항공 부분을 살펴보았다.

[그림 5-63] 미 해군/해병의 2026년까지 MV-22B 운영 전략

5.2.5 항공기의 항모 배치(안)

항공모함의 항공기 배치는 매우 중요한 문제다. 많은 항공기를 탑재하고 작전을 하면 좋은 효과를 볼 것이라는 의미에서 그렇다. 하지만 많이 탑재하다고 항공기가 공격을 위한 출격횟수에 제한이 되면 그 효과는 없어지기 때문에 효율적인 배치가 이루어져야 한다. 이동 중에는 큰 문제가 없겠지만 작전 중에는 많은 것은 또 다른 문제를 야기할 수 있을 것이다.

항공모함을 제작하면 고려되는 사항 중에 하나가 항공기 배치이다. 항공기가 위치하는 곳은 비행갑판과 격납고이고 그 중에서도 비행갑판의 배치가 효율성에 많은 영향을 미친다. 이는 비행기의 크기와 종류에도 영향을 받게 되며 다양한 안들이 나올 수 있다. 아래에 있는 [그림 5-65]는 니미츠 급의 항모에 항모를 배치한 형태의 샘플을 보여주는 것이다. 그러나 항모의 특성을 고려하여 탑재된 항공기의 종류를 고려한 배치는 좀 더 복잡하고 많은 고민의 결과로 만들어진다. 다음의 것은 미국의 차세대 포드 급 항공모함 비행갑판의 항공기 배치에 관한 3가지 안을 소개하는 것이다. 그 3가지 안은 [표 5-9]와 같고 그 내용은 [그림 5-66]으로 표시한 것이 그 아래에 있다.

우선 차세대 항공기는 무인기를 포함하여 이 항공기 질량/무게 범위, 페이로드 용량, 이전보다 낮은 식별 관측 특성으로 보완하고 강화하는 것으로 모두 항모 항공기 측면에 새로운 중요한 특성을 가지길 원하고 있다. 항모의 새로운 특징은 지속성을 가지게 될 것이고 베이스 라인 디자인은 내부 연료를 충분히 탑재하여 매우 긴 임무 기간과 전투 범위를 모두 가질 것이 될 것이다. 이런 점에서 미국의 차세대 항모와 차세대 항공기의 결합은 시사하는 바가 크다고 하겠다.

[그림 5-64] 항모의 비행갑판에 배치된 항공기

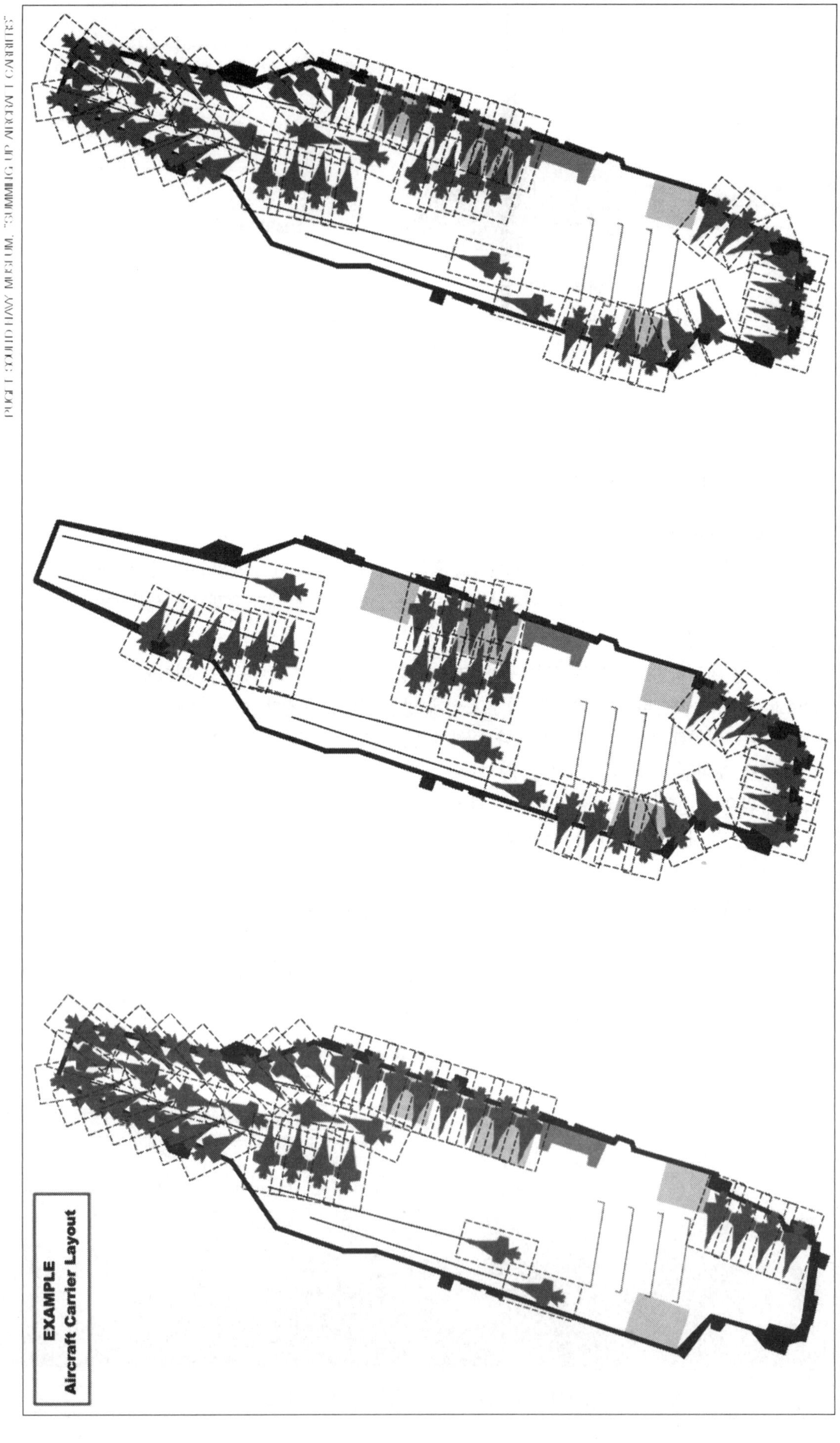

[그림 5-65] 항공모함 갑판에 비행기 배치 예

[표 5-9] 차세대 항모와 차세대 항공기의 배치 안에 대한 요약

	1안	2안	3안
Average Range (nm)	725	789	902
Average Payload Capacity (t)	8,443	15,920	11,845
Years to Regain Range (years)	Never	15	5

미 해군 항공은 미래에 관한 옵션을 가지고 있다. 이 모두 것은 기술의 성숙과 예산 회계 환경에 의해 제한된다. 해군은 분명히 항모의 고유한 기능을 목표로 하고 있다. 이 고유 기능이 증가된 경쟁에 직면하여 재정 지원 프로그램으로 항모의 생존 능력의 계속 유지될 수 있는지 또한 이러한 방향이 맞는지 의문을 유발할 것이라는 것이다. 계획된 현재 방향은 모든 상황을 고려해 유지해야 하는 것이 맞지만 항공단 내 항공기의 범위에 제한해야 한다는 의견이 많아지고 있다. 아래 두 번째 옵션은 현재의 항모 비행단 프로그램의 방향에 있어 핵심을 유지하는 방안을 탐구하는 것이다. 다만, UCLASS 프로그램을 개정하면서 A2/AD 환경에서 타격 대 정찰 임무에 초점을 다시 방향 설정하는 것이다. 세 번째 옵션 방향은 현재와 미래의 위협을 해결하기 위해 새로운 항공단의 개발을 가속화하기 위한 자원을 확보하기 위해 현재 항공모함 항공단 구조를 무너뜨리는 것을 추구하게 된다.

[표 5-9]는 주요 안에 대한 요약을 정리한 것이다. 아래 설명이 되는 1~3안의 평균 항송거리, 최대 탑재무장 및 사용되는 지속연한을 정리한 것이다.

[제안 1]

옵션 1은 각 12대 항공기의 2개 Super Hornet 비행 중대, 각 10대 JSF 항공기 2개 중대 그리고 주로 각 항모 항공단에 대하여 감시 및 정찰에 초점을 맞춘 6대로 구성된 UCLASS 비행 1대 중대 규모로 반영하는 것이다. 해군 항공은 또한 은퇴 할 때까지 Super Hornet을 사용하고 차후 대체할 6세대 FA-XX 항공기의 개발을 추구할 것이다. 이 옵션은 이미 확인된 어려움과 장애의 대부분을 해결하고 큰 놀라움이 없이 구축된 조달 계획을 계속 진행할 수 있는 장점이 있다.

그러나 이 방향은 질량(비행기 수량), 작전 운항 범위, 지속성, 항공기의 생존성 측면에서 몇 가지 옵션을 제공합니다. 질량이란 양의 관점에서 보면 항모 항공단의 62대의 항공기로는 책임 영역을 커버한 정도로 많지 않다 것이고 Unrefueled 되는 평균 범위가 약 500 nm로 남아 있다. Hornet과 JSF는 지속성을 가지고 있지 못하고 오랫동안에 작전 지역을 유지하려면 연료보급을 지원받아야 한다. Hornet는 현대 IADS(Integrated Air Defence Systems, 통합 항공방어 시스템) 네트워크에서 안전하게 작전할 수 없다. 정책 입안자는 완전하게 개발하려는 A2/AD 인프라를 가진 적이 증가할 때 힘든 결정에 직면하게 될 것이다. 그들은 적의 A2/AD 내에서 전력을 반영한 임무에 항모와 항공대를 투입하여 5000명 이상의 미국 해군의 생명과 현재 포드 급 캐리어의 비용인 140억$ 자산을 위험에 쳐하게 되는지 또는 천천히 장시간에 거쳐 적의 해군과 상대 함대를 파괴하려는 길고 비용이 많이 드는 바다 제어 전투를 추구해야 하는지 선택해야 한다. 어느 대안도 현재 미국의 전쟁의 방법과 양립될 수 있는 것은 아니다.

이라크와 아프가니스탄에서 장기간 전투에서 해군 항공의 참여는 전력에 예상치 못한 압력에 놓이게 되었다. 항공기 수명은 비행시간에 의해 산정이 된다. 많은 기존의 F/A-18C/D Hornet는 예상도 하기 전에 운영 수명의 8,600시간을 태워 버렸던 것이다. 해군 항공의 전력은 현재의 계획 재고 상 140대 항공기 부족으로 나타난다. 그러나 작전 전개 및 훈련은 항공기를 점점 더 요청하게 된다. 이것은 프로그래밍화 되어 있는 특징으로 '죽음의 소용돌이'이다. 재고 부족한 항공기는 주어진 나머지 전력 장소에 참가할 것을 계속 요구받게 되고 부족분을 보충하기 위해 계획한 것보다 더 많은 시간을 비행하여 원래 자

Jerry Hendrix, "Retreat from Range – The Rise and Fall of Carrier Aviation", Center for a New American Security

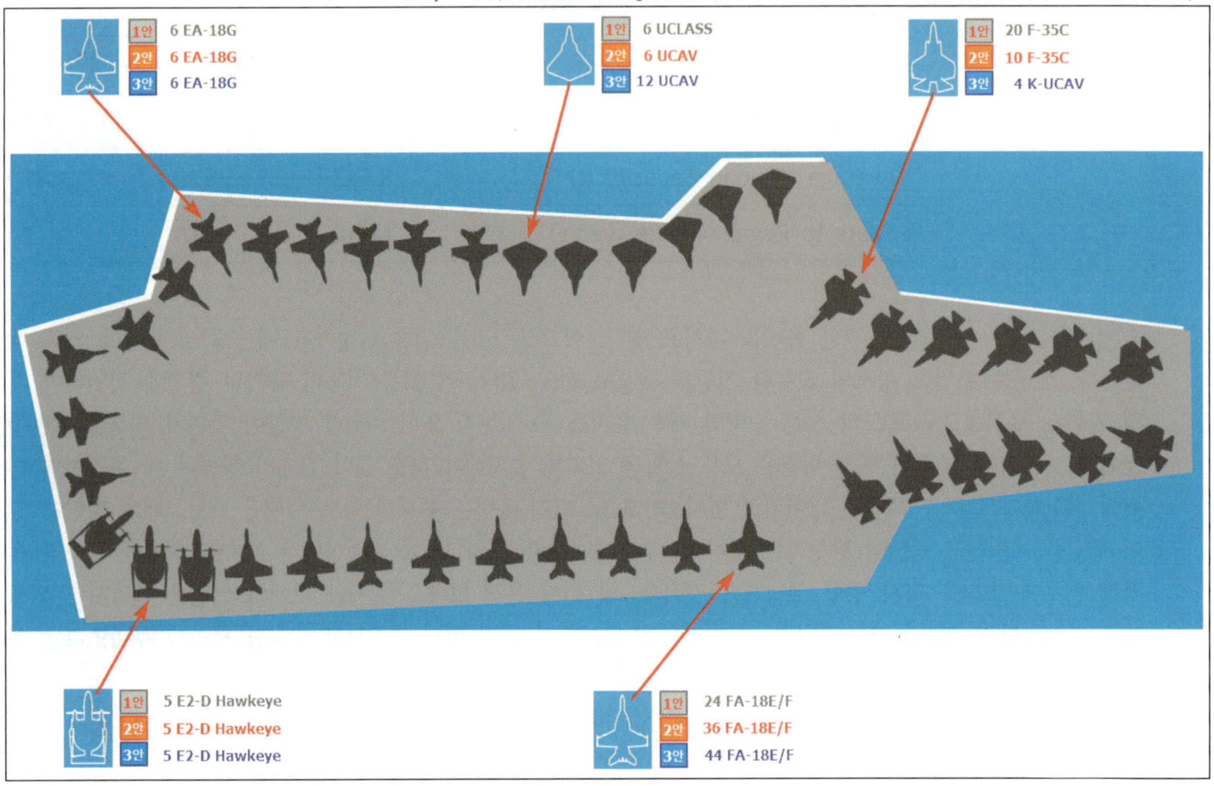

[그림 5-66] 각 옵션에 따른 항모의 배치 모습

Jerry Hendrix, "Retreat from Range – The Rise and Fall of Carrier Aviation"

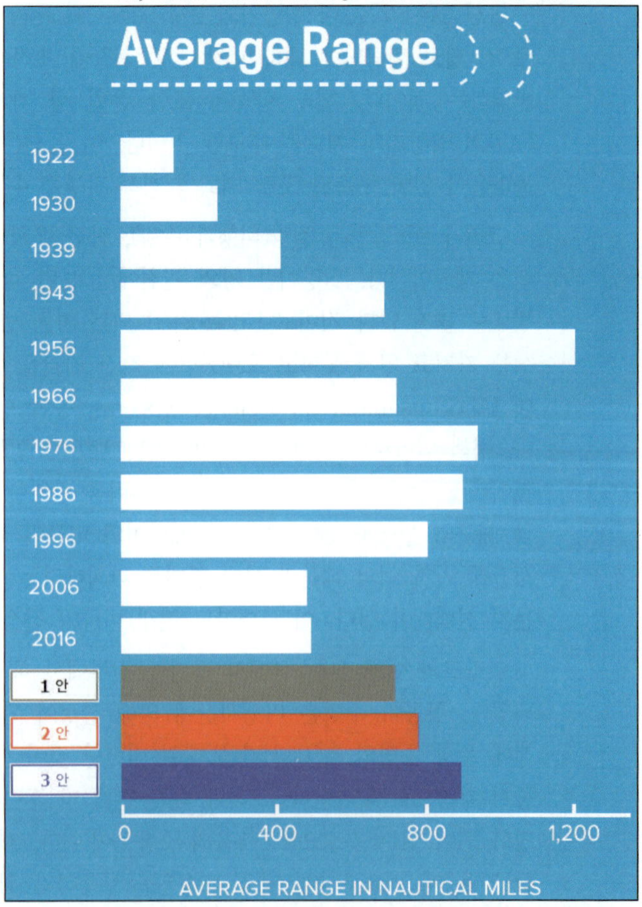

[그림 5-67] 연도별 및 3개 제안에 따른 평균 작전 비행거리 비교

신의 죽음을 가속화 하는 것이다. 이러한 환경 하에서 대체 항공기인 JSF가 곧장 함대에 투입될 수는 없는 것이다. 개당 130백만$인 JSF의 해군에 맞춘 변형과 관련된 비용 등을 고려할 때 기존의 항공기 은퇴로 해군은 기존 Hornet 항공기를 1대 1로 JSF로 교환하려는 계획을 달성하기는 쉽지 않을 것 같다.

이러한 압력은 의회가 재고 적자를 보상할 수 있는 Super Hornet 생산 라인을 확장할 필요성을 제안하고 있다. 항공기 성능을 향상시키려는 연료 탱크, 보다 효율적인 엔진 및 기타 전자 센서 등의 통합 발전에 대한 내용이 계속이 등장함으로서 계속 강한 유혹이 있게 될 것이다. 이 추론의 확장은 해군을 제한된 예산이 예상 비용 개당 약 100백만$인 주어진 UCLASS 프로그램의 취소하도록 하려는 경향으로 제안하도록 강요받는 것도 사실이었다. 해군은 ISR(Intelligence, Surveillance, and Reconnaissance) 요구 사항을 충족할 수 있는 육지 기반 MQ-4C Triton이 넓은 지역 해양 감시 항공기로서 충분한 항모 기반이 아닌 무인 감시 및 정찰 능력을 가지고 있다는 사실로 받아드리는 분위기이었다.

[제안 2]

옵션 2은 옵션 1의 결과를 이끌었던 기본 요소의 필연성을 받아 합동 전폭기 구입에 'Slip and Trim' 절삭 조정의 적당히 보수적인 접근을 제안한다. 그것은 단지 10대로 구성된 1개의 JSF와 총 36대 항공기로 구성된 3개의 비행 중대를 제공하여 Super Hornet 생산을 확장하여 부족분을 보충하고 해군 F-35C의 초기 구매를 나중에 하고 구입할 F-35의 총 수를 소종하는 것이나. 이 계획은 Super Hornet의 구입될 수 있는 상대적으로 낮은 비용 때문에 따라서 많은 수 구입이 가능하고 JSF의 고급 침투, 센서 및 네트워킹 기능에 대한 필요성 사이의 균형을 유지하는 것이다. 한 대의 JSF의 비용으로 2대의 Super Hornet 구입될 수 있음을 감안할 때 이 계획은 현재의 예산 환경의 재정적 제약 안에서 해군 항공기 재고 부족량을 줄일 수 있는 것이다. F-35의 해군용 기종은 초기 함대 작전 능력을 가지는데 3년 지연되었고 공군 및 파트너 국가의 주문에 F-35A의 생산 규모에 대한 일정 때문에 해군 기종의 실제 구매는 더욱 늦어질 것이다. 프로그램 성숙의 관점에서, 옵션 2는 Super Hornet의 잘 확립된 낮은 단위 비용과 최상의 유지 보수 기록과 항공기의 더 큰 수에 구입을 강조된다는 점에서 옵션 1에 비해 장점이 있고 증가된 안정성과 해군 미래를 돕는 결과가 될 것이다.

JSF의 첨단 센서를 가지고 네트워크화 될 때 이 시나리오에서는 Hornet은 또한, 비외부 저장에 남아저 관측 구성에 남아 있을 수 있도록 하면서 JSF의 격납고를 확장함으로써 새로운 항공기의 'Missile Trucks' 역할을 할 수 있다. 그 폭탄 베이에서 4개의 미사일을 장착한 각 JSF는 최소 동반될 수 있는 3대의 F/A-18E/F Super Hornet과 함께 JSF 센서를 통해 확인되고 공유한 적 대상에 발사될 수 있는 가시거리 넘어 6대의 AIM120 AMRAAM 미사일을 운송할 수 있다. 이 Hornet가 관통하고 조밀한 대공 방어 환경에서 살아남을 수 없다는 것을 이해하지만, JSF와 호넷 사이의 연결은 Hornet이 위협되는 반경 외부 궤도에 데이터를 제공하면서 JSF가 낮은 관찰 생존과 전진하기 위한 기능을 제공할 수 있다.

옵션 2는 주 임무로 스트라이크 타격을 강조하기 위해 현재 감시 요구 사항에 대해 한 줄로 줄을 세우려고 했던 UCLASS 프로그램을 재강조하고 가속화하기 위해 감소된 JSF 프로그램에서 보충할 재원을 마련해 사용한다. 각 항모 비행단에 이 무인 전투 비행기(UCAV) 6대를 구입할 수 있다. 15년 내에 장거리 타격 부족을 해결하기 위해 36대의 Super Hornet, 10대의 JSF, 그러나 이것은 중간단계 항공단 새롭게 등장한 A2/AD 위협과 관련된 800~1,400 마일 범위에서 충분한 작전범위 및 질량(물량)이 없는 것처럼 향후 10년간 큰 위험을 수용하게 된 것이고, 옵션 1과 같이 전시에 같은 두 가지 옵션(위험한 항모 또는 장기 전투 수행)의 의사 결정은 남아 있다. 그러나 옵션 2는 주어진 더 작아진 항공기 보완으로 해서 항모 제작 계정에서 상당한 비용 절감 효과가 발생할 수 있는 70,000톤 범위에서 작은 따라서 저렴한 항공모함의 구입에 대한 기회의 문을 열어 놓았다.

Jerry Hendrix, "Retreat from Range – The Rise and Fall of Carrier Aviation"

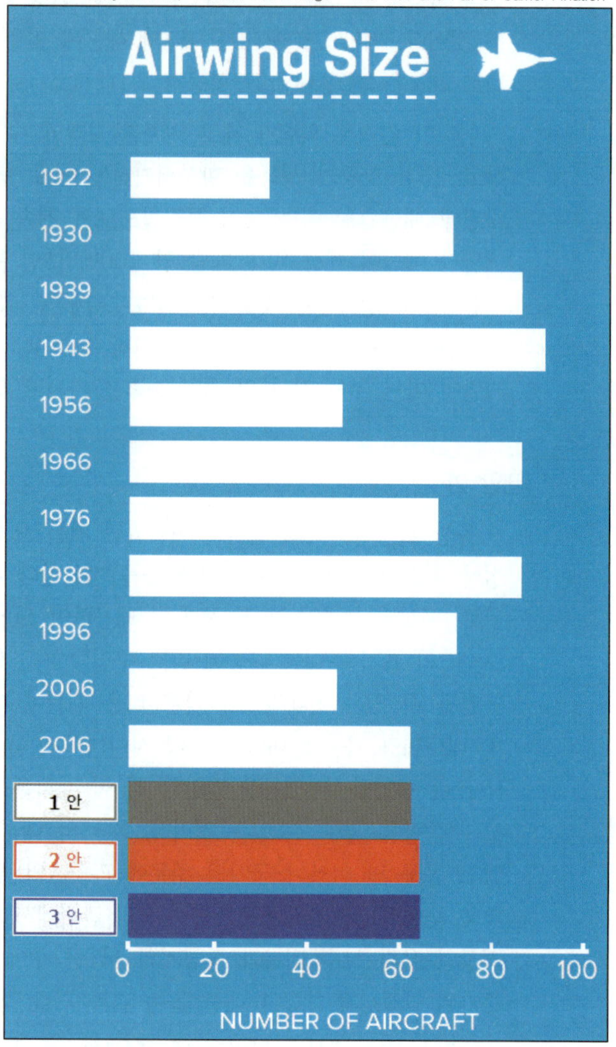

[그림 5-68] 연도별 및 3개 제안에 따른 평균 탑재 항공기 수 비교

[제안 3]

옵션 3은 현재 항모 비행단의 개발 계획을 제쳐두고 고민하는 방법이다. 옵션 3은 범위, 지속성 및 캐리어는 가능한 한 빨리 깊은 타격 임무를 수행하는 데 필요한 낮은 관측을 관통하는 관점들에 다시 구매의 목표를 향해 앞으로 정신없이 빠져들게 하여 실질적인 혁신 위험을 받아들이는 것이다. 이를 위해 재정 자원이 필요하다. 자금 조달 가능한 소스는 돈을 확보하기 위해 항공기 조달 예산의 증액을 통해 또는 삭감 또는 현재 프로그램의 취소를 통해 수행될 수 있다. 옵션 3은 후자의 경우를 선택하고 Super Hornet 생산을 연장하여 항공기 재고 단기적 부족을 커버하면서 F-35 해군 변형 프로그램을 취소하는 것이다.

Hornet과 F-35C JSF가 사이의 1대당 항공기 비용 85백 만 불은 16대로 구성된 진정한 무인 전투기 6개 공격 비행 중대, 12대 낮은 관찰 스트라이커 항공기, 그리고 4 항공기 탱커/

플랫폼 (스텔스 기능을 뺀 것) 구성하는데 가속 생산에 투자 될 것이다. 이 UCAV의 디자인은 낮은 관찰과 위협의 자율 회피를 통해 범위, 병기 운송 및 생존성을 강조하게 된다. MQ-9 리퍼, MQ-4C 트리톤, 그리고 RQ-4 글로벌 호크와 같은 운영 플랫폼에서 얻은 경험뿐만 아니라 이러한 접근 방식은 필요성에 의해 이미 X-47B 같은 프로그램에 완성된 연구를 활용하게 될 것이다. 공공의 연구를 통해 얻은 정보는 공정 경쟁을 확립하기 위해 모두에게 제공해야하지만, 강조해야 하는 것은 향후 5년 이내에 가속 생산 및 초기 운영 능력의 전망에 주어져야 한다는 점이다.

Jerry Hendrix, "Retreat from Range – The Rise and Fall of Carrier Aviation"

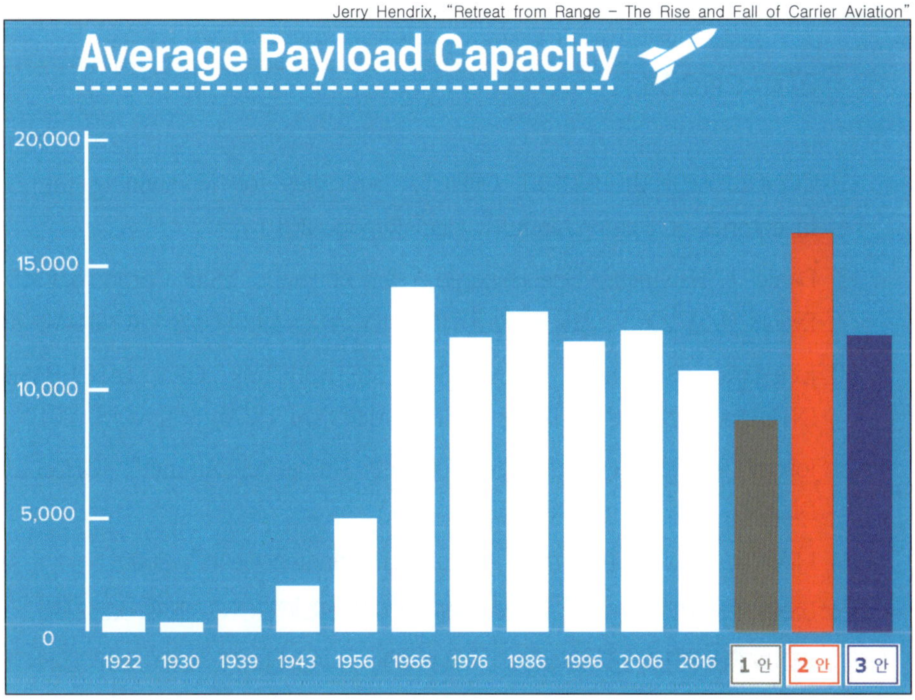

[그림 5-69] 연도별 및 3개 제안에 따른 평균 부하중량 비교

옵션 3은 Super Hornet/UCAV의 High-Low 혼합 항공단의 고유의 장점을 활용하고 추가 Super Hornet의 구입을 통해 물량을 확보하고 UCAV를 통해 작전범위 크게 하는 방안으로 구매할 수 있는 기회를 제공한다. 해군은 F-35 프로그램의 해당 부분을 종료하면, 10대로 구성된 F-35C의 2개의 비행 중대를 12대 Super Hornet의 2개의 비행 중대로 교체하고 16대 UCAV로 구성된 6개 비행 중대를 구축할 수 있는 여유가 있을 수 있다. 이것은 이미 존재하는 Super Hornet 비행 중대에 추가가 되는 것이며 16대 UCAV는 12대의 공격용 스트라이커이고 4대는 탱커 무인 항공기이다. E-2D Hawkeyes과 EA-18G Growlers에 더하여 헬리콥터와 결합하면, 이 high-low 혼합 옵션은 84대 항공기가 탑재되는 것으로 1980년대 이후 보이지 않는 다수의 물량 기능에 의한 항모 항공단으로 성장할 것이다. 심지어 4개의 전용 항공모함 기반의 무인 ISR 플랫폼을 위한 여유 공간이 될 것이다.

옵션 3의 단점은 새로운 프로그램의 연구, 개발 및 초기 생산 비용에 있다. 기지에서부터 1,000 nm의 타켓 대상을 공격할 것이 내장되어 있고 크고 무인 자율 공격 항공기 등에 관한 공격적이고 진보적인 새로운 디자인이 특별한은 기술적 도전이 된다. 또한 단가 수준에서 비용이 발생될 것이다. 통신은 재밍 환경에서 위성 통신 및 탐색의 잠재적 손실이 예측되는 상황 하에서 임무 프로파일을 유지하는 기능을 포함하여 플랫폼의 성공에 매우 중요할 것이다. 항공기와 자율성의 양성과 치명적인 측면 모두에서 구축하는 소프트웨어에 대한 위협을 탐지하고 추적할 수 있는 센서도 필요하다. 항공기에 대한 위협을 탐지하고 추적할 수 있는 센서와 자율성의 부드럽고 치명적인 2가지 측면 모두를 구축하는 소프트웨어가 필요할 것이다. 이러한 과제의 내용도 용이하지 않을 것이겠지만 주어진 X-47B 테스트 프로그램의 성숙한 상태를 통해 그것들은 극복되지 못할 것은 아니다.

References

[1] CONGRESSIONAL BUDGET OFFICE, "Strategies for Maintaining the Navy's and Marine Corps' Inventories of Fighter Aircraft", CBO Report, 2010

[2] Daniel L. Haulman, "One Hundred Years of Flight: USAF Chronology of Significant Air and Space Events 1903-2002", AIR FORCE HISTORY AND MUSEUMS PROGRAM, 2003

[3] José-Luis Hernando, "CARRIER SUITABILITY OF LAND-BASED AIRCRAFT", 28TH INTERNATIONAL CONGRESS OF THE AERONAUTICAL SCIENCES, 2012

[4] John F. Keane, "A Brief History of Early Unmanned Aircraft", JOHNS HOPKINS APL TECHNICAL DIGEST, VOLUME 32, NUMBER 3, 2013

[5] I.J.M. Besselink, "Shimmy of AircraftMain Landing Gears", 2000

[6] USN, "CHAPTER 4 AIRCRAFT BASIC CONSTRUCTION", 교재 pdf 자료

[7] USN, "CHAPTER 13 AIRCRAFT CHAPTER 13 AIRCRAFT AND SHIP IDENTIFICATION", 교재 pdf 자료

[8] Zhenxing Ding, "FLIR/INS/RA Integrated Landing Guidance for Landing on Aircraft Carrier", International Journal of Advanced Robotic Systems, 2015

[9] Donald L. Mallick, "The Smell of Kerosene: A Test Pilot's Odyssey", NASA SP 4108, 2003

[10] "F-35 Lightning II Program", Public Affairs Release, 2011-11-28

[11] "F-35 Noise Measurement Executive Summary", 보도자료, 28 October 2014

[12] Randall E. Bailey, "Concept of Operations for Integrated Intelligent Flight Deck Displays and Decision Support Technologies", NASA/TM-2011-217081

[13] Elijah W. Turner, "Aircraft Operation From Runways with Inclined Ramps(Ski-jump)", FLIGHT DYNAMICS DIRECTORATE WRIGHT LABORATORY AIR FORCE SYSTEMS COMMAND, 1991

[14] John W. Lincoln, "AIRCRAFT LANDING DYNAMIC ANALYSIS VOLUME 1 EQUATIONS OF MOTION", DEPUTY FOR ENGINEERING AERONAUTICAL SYSTEMS DIVISION AIR FORCE SYSTEMS COMMAND, 1987

[15] Brett Wyrick, "Acceleration in Aviation: G-Force", FAA Civil Aerospace Medical Institute

[16] Ramsey, "CARRIER SUITABILITY TESTS OF THE MODEL A-6A AIRCRAFT", NAVAL AIR TEST CENTER, 1967

[17] Joseph F. Sweger, "Design Specifications Development for Unmanned Aircraft Carrier Landings: A Simulation Approach", United States Naval Academy, 2003

[18] William Schneider Jr., "Defense Science Board Task Force on Future Need for VTOL/STOL Aircraft", DoD, 2007

[19] "Tejas: The Indian Light Combat Aircraft" 팜플릿

[20] Rick Colella, "Overweight landing? fuel jettison? What to consider", aero quarterly qtr_03, 2007

[21] Forrester T. Johnson, "THIRTY YEARS OF DEVELOPMENT AND APPLICATION OF CFD AT BOEING COMMERCIAL AIRPLANES, SEATTLE", American Institute of Aeronautics and Astronautics

[22] Stephen C. McParlin, "Taxonomy of Flight Mechanics Issues for Aircraft, and underlying Fluid Dynamics Phenomena", AIAA 2009-744

[23] NMT, "Naval air POWER", Navy Military Training Heritage, PPT 파일

[24] "air Cadets the next generation: flight volume 4-airframes", air cadet publication ACP 33

[25] USN, " Airman", NAVEDTRA 14014, 2000

[26] FAA, "Chapter 8 Aircraft Painting and Finishing"

[27] FAA, "Chapter 13 Aircraft Landing Gear Systems"

[28] LM Corporation, "Design of UAV Systems", ppt 자료, 2003

[29] Susan Cianci Salvatore, "American Aviation Heritage: Identifying and Evaluating Nationally Significant Properties in U.S. Aviation History", The National Historic Landmarks Program, 2011

[30] Thomas P. Ehrhard, "THE UNMANNED COMBAT AIR SYSTEM CARRIER DEMONSTRATION PROGRAM: A NEW DAWN FOR NAVAL AVIATION?", CSBA, 2007

[31] "CHAPTER 4 AIRCRAFT BASIC CONSTRUCTION", pdf 자료

[32] Shannon P. Ackert, "Basics of Aircraft Maintenance Programs for Financiers", 2010

[33] "Chapter 2 Background", pdf 자료

[34] Mohammad Sadraey, "Chapter 9 Landing Gear Design", Daniel Webster College

[35] E.G. Tulapurkara, "Flight dynamics-I Chapter-10 Lecture 34 Performance analysis VI - Takeoff and landing - 3 Topics", Dept. of Aerospace Engg., Indian Institute of Technology, Madras

[36] USN, "CHAPTER 8 SHIP/AIRCRAFT CHARACTERISTICS", 교재 pdf 자료

[37] "UNMANNED CARRIER-LAUNCHED AIRBORNE SURVEILLANCE AND STRIKE (UCLASS) REQUIREMENTS ASSESSMENT", COMMITTEE ON ARMED SERVICES HOUSE OF REPRESENTATIVES, HEARING 자료, 2014

[38] Jerry Hendrix, "RETREAT FROM RANGE The Rise and Fall of Carrier Aviation", Center of New America Security, 2015

[39] Tim Benbow, "The interoperability of future UK air power, afloat and ashore: a historical analysis", The Corbett Centre for Maritime Policy Studies at King's College London, 2014

[40] "Effect of Sea State on Carrier Flight Operations" pdf 자료

[41] "F-35 Joint Strike Fighter (JSF)", FY15 DOD PROGRAMS

[42] "F-35 Lightning II Joint Strike Fighter (JSF)", DOD PROGRAMS

[43] C. P. Senn, "Evaluating Fixed Wing aircraft In The Aircraft Carrier Environment", http://www.dtic.mil/cgi-bin/GetTRDoc?AD=ADA244869&Location=U2&doc=GetTRDoc.pdf

[44] Defense Acquisition Management Information Retrieval, "F-35 Joint Strike Fighter Aircraft (F-35) As of FY 2015 President's Budget", Selected Acquisition Report (SAR)

[45] "F-35C - Bringing 5th Generation Capability to the Carrier" 홍보물

[46] FAA, "Overview - Title 14 of the Code of Federal Regulations (14 CFR)"

[47] Technology Focus, " LCA Technologies", vol. 19, No. 1, 2011

[48] Douglas A. Joyce, "Flying Beyond the Stall", NASA, 2014

[49] "U-2 Aircraft Carrier Operation Project "White Tale", CIA, 1964

[50] Sören Steinkellner, "Aircraft Vehicle Systems Modeling and Simulation under Uncertainty", LINKÖPINGS UNIVERSITET, 2011

[51] "The History and Physics of Flight", Minnesota Department of Transportation Office of Aeronautics Aviation Education Section

[52] Robert Murray, "CANADA AVIATION MUSEUM AIRCRAFT SIKORSKY HO4S-3 (S-55) HORSE ROYAL CANADIAN NAVY (RCN)"

[53] JOHN HUTCHINSON, "Going vertical Development a short take-off, vertical landing system", ingenid

[54] MARK. G. PETOVELLO, "Measuring Aircraft Carrier Flexure in Support of Autonomous Aircraft Landings", IEEE, 2009

[55] Jonathan Dansie, "Model Aircraft Design: A teaching series for secondary students"

[56] USN, "Joint Tactics, Techniques, and Procedures for Shipboard Helicopter Operations", Joint Pub 3-04.1, 1997

[57] Jason C. Ryan, "Investigating Possible Effects of UAVs on Aircraft Carrier Deck Operations"

[58] Frank E. Dully, Jr., "The Life Style Keys to Flight Deck Performance of the Naval Aviator - Another Window"

[59] Allen C. Haggerty, "AIRCRAFT SYSTEMS ENGINEEERING LIFECYCLE CONSIDERATIONS", MIT, 2004

[60] Robert Stengel, MAE 331 강의용 pdf 자료, 2014

[61] U.S. Marine Corps, "Aviation Operations", MCWP 3-2, 2000

[62] SOLOMON WIENER, "Military Flight Aptitude Tests 6th Edition", Thomson Peterson's, 2005

[63] Daniel P. Raymer, "Next-Generation Attack Fighter: Design Tradeoffs and Notional System Concepts", RAND, 1996

[64] Thomas Rudowsky, "REVIEW OF THE CARRIER APPROACH CRITERIA FOR CARRIER-BASED AIRCRAFT - PHASE I; FINAL REPORT", NAWCADPAX/TR-2002/71, 2001

[65] USN, "Naval Aviation Vision 2016-2025"

[66] USN, "Naval Aviation Vision 2014-2025"

[67] USN, "Program Guide bookable014"

[68] Jacob Ijff, "Analysis of dynamic aircraft landing loads, and a proposal for rational design landing load requirements"

[69] USN, "FLIGHT TRAINING INSTRUCTION: CV PROCEDURES (UMFO) T-45C", 2014

[70] PIO FITZGERALD, "FLIGHT CONTROL SYSTEM DESIGN FOR AUTONOMOUS UAV CARRIER LANDING", Cranfield University, 2004

[71] Rosny Daniel, "Take Off!!!", ppt 자료

[72] Dassault Aviation, "RAFALE THE OMNIROLE FIGHTER", 2015

[73] Daniel P. Raymer, "ENHANCING AIRCRAFT CONCEPTUAL DESIGN USING MULTIDISCIPLINARY OPTIMIZATION", Royal Institute of Technology Sweden, 2002

[74] "Flight Manual: Harrier Gr. 7 & 9", RAZBAM

[75] Massachusetts Institute of Technology Team Concrete, "Aircraft Design Report", 2007/2008 AIAA Cessna/Raytheon Design/Build/Fly Competition

[76] FAA, "RUNWAY SAFETY: A Best Practices Guide to Operations and Communications", www.faa.gov/go/runwaysafety

[77] Landrum & Brown, Inc, "RUNWAY LENGTH REQUIREMENTS ANALYSIS DAYTON INTERNATIONAL AIRPORT MASTER PLAN UPDATE", 2005

[78] Robert O. Work, "The Unmanned Combat Air System Carrier Demonstration Program: A New Dawn for Naval Aviation?", CSBA

[79] Robert F. Stengel, "Flight Dynamics", Princeton University Press, 2004

[80] W.H. Mason, "Introduction to Airplane Design: Builds on the General Engineering Design Process", VT Aerospace and Ocean Engineering 강의용 pdf, 2008

[81] Gene I. Rochlin, "The Self-Designing High-Reliability Organization: Aircraft Carrier Flight Operations at Sea", Autumn 1987 issue of Naval War College Review

[82] Richard Brabin-Smith, "Jump jets for the ADF?", Strategic Insight Asia, 2014

[83] Louisa Brooke-Holland, "The UK's F-35 Lightning II Joint Strike Fighter", 2015

[84] NASA, "Celebrating a Century of Flight", 2002

[85] Daniel B. Coltey, "Conceptual Design of a Submersible Tactical Insertion Aircraft", AIAA, 2009

[86] Airbus, "Aircraft Landing Gear: The Evolution of a System", 2002

[87] Northrop Grumman, "X-48B UCAS: Unmanned Combat Air System"

[88] C. G. Grimes, "U.S. Naval Technical Mission To Japan", 1946

[89] Arthur Prickett, "Analysis of the Instrument Carrier Landing System Certification Process for Amphibious Assault Ships", University of Tennessee, 2003

[90] Robert A. Richards, "Application of Multiple Artificial Intelligence Techniques for an Aircraft Carrier Landing Decision Support Tool"

[91] "World Air Force 2015", Flight International

[92] Michael Byers, "The Worst Procurement in the History of Canada: Solving the Maritime Helicopter Crisis", Canadian Centre for Policy Alternatives, 2013

[93] IHS Jane's Fighting Ship, 2014-2015

[94] PUGET SOUND NAVY MUSEUM, "SUMMING UP AIRCRAFT CARRIERS", pdf 자료

[95] USN, "CARRIER QUALIFICATION FLIGHT PROCEDURES", FLIGHT SUPPORT LECTURE GUIDE, 2001

[96] Cayle Bradley, "Light UAV Support Ship (ASW)(LUSSA)", Naval Surface Warfare Center, NSWCCD-CISD-2011/006

[97] USN, "CV NATOPS MANUAL", NAVAIR 00-80T-105, 1997

다수의 다른 자료(이곳에 표시하지 않은 인터넷 자료는 6장 뒤에 함께 명시)

항공모함의 무기체계와 전투작전

6

CHAPTER

Thinking Key Points &
Lessons Learned

6.1 항공모함의 무기 및 체계

항공모함의 무기체계를 확실하게 알 수는 방법은 많지 않을 것이다. 그것은 소유 국가의 비밀에 부쳐있고 외부에 안 알려지는 것이 차후 실제 전투작전에 절대적으로 필요하기 때문에 제한된 정보만이 존재하는데 기인할 것이다. 그러므로 확실하게 이해하는 것은 어려울 것이고 이에 따라 각종 자료를 통해 대략적으로 유추해볼 정도가 될 것이다. 아래의 내용은 각종 자료를 정리를 하여 그 추측의 단서를 제공하는 것을 목표로 기술이 되었다. 즉, 무기체계를 이해하기 위해 다음의 몇 가지 주된 내용을 통해서 그 방법을 찾으려고 정리를 하였다.

- Missile
- Guns
- Physical Countermeasures
- Electrical Countermeasures
- RADAR
- Combat Data Systems
- Weapon Control Systems

6.1.1 Missiles

미사일은 자체 추력에 의한 정밀 유도탄을 의미한다. 미사일은 통상 4개의 시스템으로 구성이 되어 있다. 폭탄에 해당하는 탄두, 추력을 담당하는 엔진, 날아가는 비행시스템, 그리고 목표까지 유도하는 유도시스템이 그것이다. 또한 미사일을 종류는 다음 몇 가지로 나눌 수 있다.

- Surface-to-Surface 미사일(SSM) : 지대지 미사일
- Air-to-Surface 미사일(ASM) : 공대지 미사일
- Surface-to-Air 미사일(SAM) : 지대공 미사일
- Air-to-Air 미사일(AAM) : 공대공 미사일
- Anti-Satellite 미사일 : 인공위성 격추 미사일

항공모함에서 주로 장착이 되는 미사일은 SAM과 SSM 이다. 이것은 항공모함으로 공격해오는 적의 항공기나 함정을 대상으로 방어를 하는 것을 주목으로 사용하게 된다. 하지만 몇 몇 항공모함은 수비형 미사일뿐만 아니라 적의 핵심기지를 공격할 수 있는 공격형 미사일을 탑재한 경우도 있다. 미사일은 현재의 무기에서 핵심적인 공격 무기이다. 사실 현재의 기술로 제작된 미사일은 공격뿐만 아니라 수비도 가능한 정도가 되었다. 적의 공격용 미사일을 격추하는 시스템으로 진보하여 운영이 되고 있는 것이다. [그림 6-1]은 현재 몇 몇 항모들이 장착을 한 'Sea Sparrow RIM-162 ESSM' 미사일을 무기체계를 보여주는 그림이다. 적의 미사일이 함정을 향해 공격해올 때 방어 수단으로 저의 미사일을 격추하도록 디자인 되어 있다.

미사일은 어떻게 유도를 하는 것일까? 목표를 추적하는 방법은 다양하다. 가장 보편적인 방법은 적외선, 레이저 또는 전파 등의 방사 형태를 추적하는 것이다. 이 방사는 예를 들어 적 레이더로부터 나오는 전파나 엔진의 열 등으로 타겟으로 부터 발산할 수 있다.

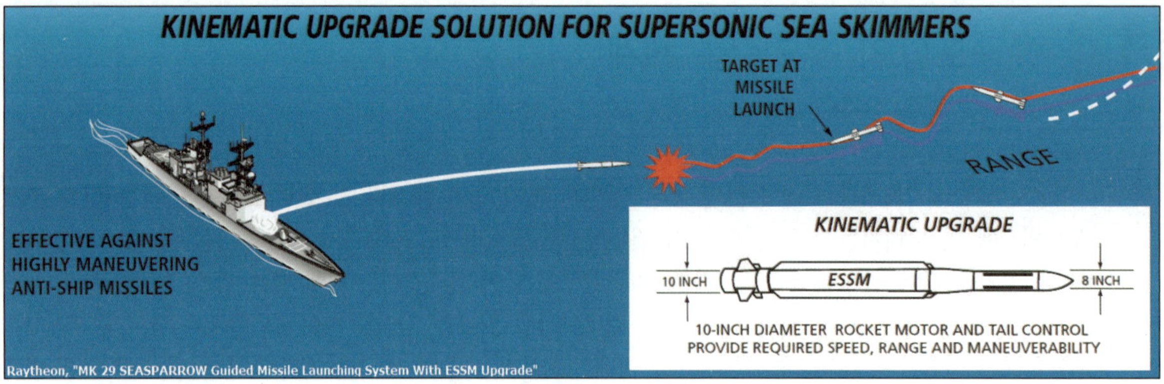

[그림 6-1] Sea Sparrow RIM-162 ESSM 미사일 방어 체계

레이더 등과 같이 그것은 미사일 자체가 제공할 수도 있다. 발사체/플랫폼의 레이더 또는 우군의 보병 부대에 의해 운영되는 레이저 지정자 등과 같이 우군의 제삼자에 의해 제공될 수 있다. 또 다른 방법은 타겟을 보기 위해 가시광선 또는 적외선 중 하나를 사용하는 것으로 TV 안내 방법을 사용하는 것이다. 또 다른 방법은 타겟의 위치를 알고 그러한 INS(Inertial Navigation System), TERCOM(Terrain Contour Matching) 또는 위성 지침으로 유도 시스템을 사용하여 미사일을 타겟팅 하는 것이다. 이 유도 시스템은 미사일의 현재 위치와 목표의 위치를 알고 그들 사이 코스를 계산함으로써 미사일을 유도하게 된다. 많은 미사일은 정확도를 높이기 위해 상기 방법 중 2종 이상의 조합하여 성공적인 결합을 하기도 한다.

[표 6-1]은 현재 항공모함에서 사용 중인 항모별로 미사일을 요약한 것이다. 표 내용 중에 '?'은 확인이 불가능하여 확인할 수 없는 내용을 표시한 것이다.

[표 6-1] 항모별 탑재된 미사일 내역

국가	구분	Class 함명	약어	Missile		
				종류		개수
Australia	Amphibious	Canberra	LHD	?		-
Brazil	CV	Clemenceau Sao Paulo	CVM	SAM:	Matra Sadral;Mistral	2
Chile	Amphibious	Foudre Sargento Aldea	LSDH	SAM:	MBDA Matra Simbad twin launcher	3
China	CV	Kuznetsov 라오닝	CVGM	SAM:	FL-3000N 24-cell launchers	4
	Amphibious	Yuzhao Kunlunshan	LPD	?		-
France	CV	Charles De Gaulle	CVNM / PAN	SAM	1) EUROSAAM SAAM/F system with DCN Sylver A43 Octuple VLS launcher 2) Matra Sadral PDMS sextuple launcher	4 2
	Amphibious	Mistral	LHDM / BPC	SAM:	MBDA Matra Simbad twin PDMS launcher	2
	Amphibious	Foudre Siroco	LSDH/ TCD90	SAM:	MBDA Matra Simbad twin launcher	2
India	CV	Modified Kiev Vikramaditya	CVGM	SAM:	Barak 1(to be confirmed)	?
	CV	Hermes Viraat	CVM	Octuple IAI/Rafael Barak 1 VLS		2
	CV	Indigenous Vikrant	CVM	SAM:	IAI/Rafael Barak 2/8	?
Italy	CV	Cavour	CV	SAM:	32(4-8 cell sylver VLS) Aster 15	32
	Amphibious	Garibaldi	LPH	SAM:	2 Selenia Elsag Albatros octuple launchers	2

Japan	CV	Hyuga	CVHG	SAM :	1) Lockheed Martin Marietta Mk 41 Mod 5 sixteen Cell Vertical Launcher 2) Raytheon Sea Sparrow RIM-162 ESSM 16 Missiles	16
	CV	Izumo	CVHG	SAM:	2 Raytheon Sea RAM RIM-116	2
Korea	Amphibious	DOKDO	LPD	Raytheon Mk 49 Laucher RAM 116		1
Portugal	Amphibious	?	LPD	SAM:	2 RAM 21-cell MK49 Launchers	2
Russia	CV	Kuznetsov	CVGM	SSM:	12 Chelomey SS-N-19 Shipwreck (3M-45) Launchers	12
				SAM:	4 Altair SA-N-9 Gauntlet (Kinzhal) sextuple Vertical Launchers	4
	Amphibious	Mistral Vladivostok	LHD	SSM:	8-cell UKSK for SS-N-27 or SS-N-30	?
				SAM:	2 Gibka(Igla-1M)	2
Singapore	Amphibious	Endurance	LPDM	SAM:	1) 2 Matra Simbad twin Launcher for Mistral 2) 2 Barak octuple Launchers may be fitted in due course	2 2
Spain	Amphibious	Galicia	LPD	?		?
	Amphibious	Juan Carlos I	LHD	?		?
Thailand	CV	Chakri Naruebet	CVM	SAM:	1) 1 MK41 LCHR 8 cell VLS Launcher 2) 4 Matra Sadral sextuple Launchers for Mistral	1 4
	Amphibious	Endurance Angthong	LPD	?		?
UK	CV	Queen Elizabeth	CV	?		?
	Amphibious	Invincible Illustrious	LPH	?		?
	Amphibious	? Ocean	LPH	?		?
	Amphibious	Albion	LPD	?		?
US	CV	Gerald R Ford	CVN	SAM:	1) 2 Raytheon GMLS Mk 29 Launcher for Raytheon Evolved Sea Sparrow RIM-7 2) 2 GMLS Mk 49 RAM RIM-116	4
	CV	Nimitz	CVNM	SAM:	1) 2~3 Raytheon GMLS Mk 29 Octuple Launchers ESSM in due course 2) 2 GMLS Mk 49 RAM RIM-116 Launchers	4~5
	Amphibious	Tarawa	LHDM	SAM:	2 GDC Mk 49 RAM RIM-116	2
	Amphibious	Wasp	LHDM	SAM:	1) 2 Raytheon GMLS Mk 29 octuple Launchers ESSM in due course 2) 2 GDC Mk 49 RAM RIM-116 Launchers	4+
	Amphibious	America	LHA	SAM:	1) 2 Raytheon GMLS Mk 29 octuple launchers 2) 2 GDC Mk 49 RAM RIM 116 Launchers	4

[그림 6-2]는 해당되는 미사일을 모습을 보여주는 것이다. 수직 발사대가 있어 수직으로 발사를 것으로부터 통인 canister가 있어 이 통 속에 미사일이 있는 형태도 있다. 또한 발사대도 여러 가지 형태를 가지고 있음을 알 수가 있다. 크기도 다양하고 근거리에서 장거리 타켓을 목포로 하는 것까지 무수한 많은 변수를 고려하여 항모에서 미사일을 선택하고 장착을 해야 하는 것이다.

[표 6-2]는 항모에서 사용되는 대부분의 미사일을 기준으로 각종 미사일을 사양을 정리한 것이다. 우선 대상 미사일은 현재의 항모에서 장착된 모든 미사일에 해당이 되는 것이다. 또한 다음과 같은 몇 가지 사양을 살펴보았다.

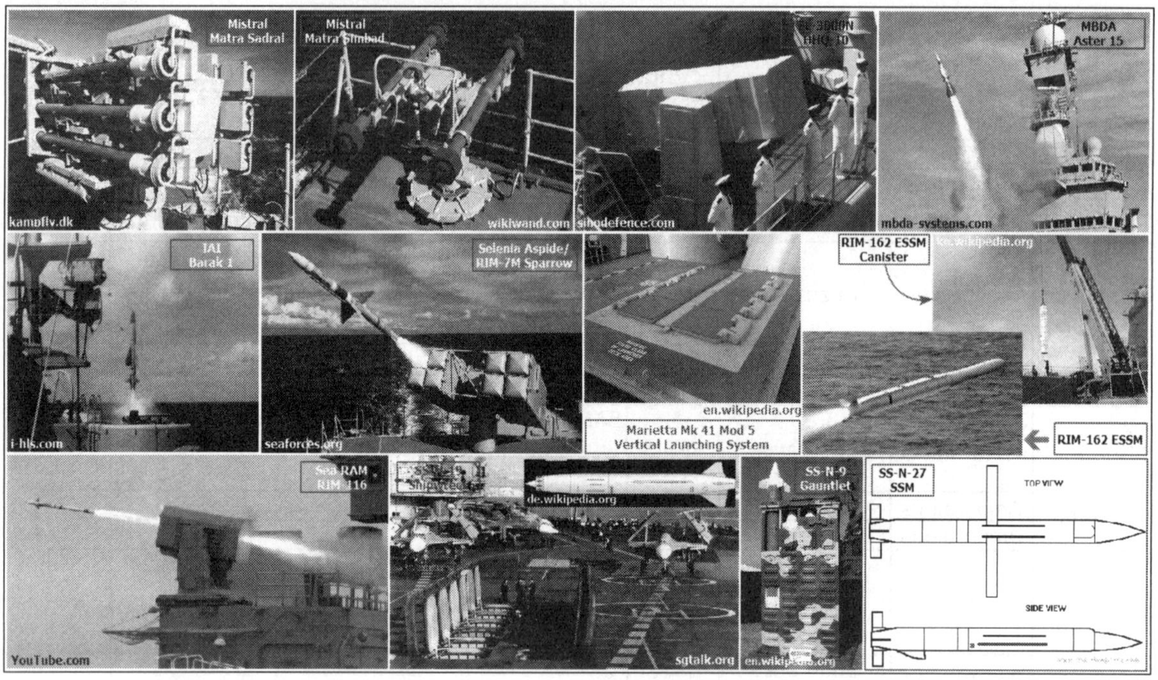

[그림 6-2] 항모에 장착된 다양한 미사일

- 미사일 종류
- 디자인/제작사 및 국적
- 미사일을 맞는 발사장치
- 미사일 길이
- 미사일 무게
- 미사일 직경
- 미사일 무게 및 탄두 무게
- 유효 사정거리
- 비행 속도
- 미사일 유효 고도
- 기폭장치
- 엔진
- 유도장치
- 단가
- 장착된 항모

몇 가지만 소개를 하면 러시아 항모에서는 핵탄두까지 장착을 할 수 있는 것으로 탄두가 매우 큰 공격용 미사일을 장착을 하였고 다른 나라는 주로 지대공 미사일(SAM) 위주로 탑재하였으나 러시아는 지대지 미사일(SSM)도 장착한 것으로 확인할 수 있다. 중국과 러시아는 자국 미사일을 개발하여 장착이 되어 있다. 항모는 외국에서 제작 또는 구입을 하였다고 하지만 미사일은 자국산을 장착한 것이다. 그것은 중국의 라오닝 항모와 러시아의 Mistral 급 AAS 항모인 Vladivostok에서 확인이 가능하다.

[표 6-2] 미사일 사양 및 사용하는 항모

Missile	Mistral Matra Sadral	Mistral Matra Simbad	FL-3000N	Aster 15	Barak 1	Barak 8	Selenia Aspide/ RIM-7 Sparrow	Sea Sparrow RIM-162ES SM	Sea RAM RIM-116	SS-N-19 Shipwreck	SA-N-9 Gauntlet	SS-N-27 Klub	Igla-1M (or S)
종류	SAM	SAM	SAM	SAM	SAM	SAM	SAM	SAM	SAM	SSM	SAM	SSM	SAM
회사명/국적	MBDA/ France	MBDA/ France	CAIC/ China	M3DA/ France	IAI/Israel	IAI+Rafael/ Israel+India	Selenia/ Italia US	Raytheon/ US	Raytheon/ US	Chelomey/ 러시아	Altair/ 러시아	UKSK/ 러시아	Gibka/ 러시아
Launcher	man-portable, vehicles, ships or helicopters	man-portable, vehicles, ships or helicopters	Air & surface, 8-cell launcher and a quadruple launcher	8 cell A-43 Sylver launchers	Surface Ship	8 cell VLS module	Selenia Elsag Albatros/2 × Mk.29 octuple launcher	Marietta Mk 41 Mod 5, Mk 41 VLS (RIM-162A/B), Mk 48 VLS (RIM-162C), Mk 56 VLS, Mk 29 box launcher (RIM-162D)	Mk 144 Guided Missile Launcher (GML) of the Mk 49 Guided Missile Launching System (GMLS)	Admiral Kuznetsov class ships	9A331 combat vehicle	naval ships, submarines, containers, airplanes, TEL	Ground Power Supply Source (GPSS), Launching Tube, Launching Mechanism & Missile (9M 313-1)
Length(m)	1.86	1.86	2	4.2	2.1	4.5	3.7	3.66	2.79	10	2.9	6.2~8.9	1.574
Diameter (mm)	90	90	120	180	170	225	200	254	-	850	235	533	72
Effective range/(km)	6	6	9 6	1.7~30	0.5~12	0.5~90	19	50+	-	625	12	220~300	6
Flight altitude(km)	-	-	-	13	5.5	16	-	-	-	-	6	15	-
Warhead	High Explosive with high density Tungsten balls	High Explosive with high density Tungsten balls	-	Directed fragmentation	blast fragmentation	-	Annular/ High explosive blast-fragmentation	blast-fragmentation	blast fragmentation warhead	High explosive or nuclear	Frag-HE	or Nuclear	Directed-energy blast fragmentation
Warhead weight(kg)	2.95	2.95	3	(전체)310	(전체)98 22	(전체)275 60	(전체)230 41	(전체)280 39	(전체)73.5 11.3	(전체)7000 750	(전체)167 15	전체13-23t 500	(전체)11.7 2.5

Detonation	Laser proximity or impact triggered	Laser proximity or impact triggered	impact/ proximity	Direct contact or proximity	Proximity fuze	Proximity	-	Proximity fuze	-	-	RF Proximity	-	Delayed impact, magnetic and grazing
Engine	Solid Rocket Motor	Solid Rocket Motor	solid-fuel rocket motor	Solid propellant two-stage rocket	-	Two stage, smokeless pulsed rocket motor	Hercules MK-58 solid-propellant rocket motor	Mk 143 Mod 0 solid fuel rocket	solid	ramjet	Solid-fuel rocket	Turbojet engine	-
Speed (Mach)	2.6	2.6	2	3.5	2.1	3	2.5~4	4+	2+	1.6~2.5+	2.5	08/2.5/2.9	-
Guidance	infrared homing	infrared homing	passive RF+ImIR or ImIR only	Inertial guidance Active RF seeker	Radar CLOS	Two way data link Active RF/IIR seeker	semi-active radar homing, monopulse	Terminal semi-active radar homing	passive radio frequency/infrared homing	Inertial guidance, active radar homing with home-on-jam	Radio command	Active radar homing	FM-modulated
가격/대 (M $)	-	-	-	-	-	-	0.1654	1.447 (2014년)	0.998 (2014년)	-	-	-	-
탑재된 항공모함	-Clemenceau -Charles De Gaulle -Chakri Naruebet	-Foudre -Mistral -Endurance	-중국 라오닝	-Charles De Gaulle -Cavour	-Hermes -Vikramadtya -Endurance	-Indigenous	-Garibaldi -Gerald R Ford	-Hyuga -Nimitz -Wasp	-Izumo -DOKDO -Gerald R Ford -Nimitz -SanArtonio -Tarawa -Wasp -America	-Kuznetsov	-Kuznetsov	-러시아의 Mistral 항모	-러시아의 Mistral 항모

* 'FL-3000N' 미사일은 유효 사정거리는 타겟의 비행속도가 아음속일 때는 최대 9 km 되고 초음속 타겟인 경우는 6 km가 된다.
* 'Barak 8' 미사일의 디자인 및 개발은 이스라엘과 인도가 합작하여 하지만 제작은 Rafael 사에서 담당을 하고 있다.

6.1.2 Guns

이곳에서 기술되는 'Gun'은 항모에서 사용이 되는 CIWS(Close-In Weapon System)으로 자동화된 시스템을 의미한다. 사실 앞에서 언급이 된 'Sea RAM RIM 116' 같은 미사일도 크게 보면 CIWS이라고 할 수 있다. CIWS의 영어식 발음으로 'Sea Wiz'라고도 발음을 하여 '바다의 귀재' 정도로 의미와 역할을 하고 있다. 이것은 항모 등 함의 외부에 장착이 되어 방어 체계를 뚫고 들어오는 적의 항공기와 미사일 등을 근접에서 파괴 및 격추시키는 포인트 방어 무기 시스템이다. 현재 거의 모든 현대적 군함에는 이 시스템이 장착이 되어 있다. 시스템 종류는 2가지로 다음과 같다.

- Gatling/Gun Type6
- Missile Type

Gun 타입의 CIWS은 레이더, 컴퓨터, 총열, 그리고 회전 순환식 Gun 마운트를 두는 회전식 신속 발사포 등으로 구성이 된다. 미사일 타입은 대상이 되는 적 항공기 나 다른 위협에 미사일을 유도하기 위해 적외선, 수동 레이더/ESM 또는 반 능동 레이더 터미널 유도장치를 사용한다. 몇 몇 경우에는 함정에서 사용하는 것이 아니라 군 기지를 방어하기 위해 육상에 설치하기도 한다. 하단의 표는 현존하는 항모들에서 사용되는 'Gun' 종류와 개수에 대하여 상세하게 정리한 것이다.

[표 6-3] 현재 각 항공모함에 설치된 Gun System

국가	구분	Class 함명	약어	Guns	
				종류	개수
Australia	Amphibious	Canberra	LHD	◆ Rafael Typhoon 25 mm ◆ 6~12.7 mm MGs	4
Brazil	CV	Clemenceau Sao Paulo	CVM	◆ 5~12.7 mm MGs	
Chile	Amphibious	Foudre Sargento Aldea	LSDH	◆ Breda/Mauser 30 mm ◆ 4~12.7 mm MGs	3
China	CV	Kuznetsov 라오닝	CVGM	◆ 2-30 mm type 1030	4
	Amphibious	Yuzhao Kunlunshan	LPD	◆ 1-76 mm ◆ 4-30 mm/65 AK 630	
France	CV	Charles De Gaulle	CVNM/PAN	◆ Giat 20F2 20 mm	4
	Amphibious	Mistral	LHDM/ BPC	◆ Breda Mauser 30 mm ◆ 4-12.7 mm MGs	2
	Amphibious	Foudre Siroco	LSDH/ TCD90	◆ Breda/Mauser 30 mm ◆ 4-12.7 mm MGs	3
India	CV	Modified Kiev Vikramaditya	CVGM	◆ 4-30 mm AK 630 (to be confirmed)	
	CV	Hermes Viraat	CVM	◆ 1-40 mm ◆ 4-30 mm/65(2 twin) AK 230	
	CV	Indigenous Vikrant	CVM	◆ CIWS: 1-76 mm	
Italy	CV	Cavour	CV	◆ Oto Melara 3 in(76 mm)/62 super Rapid Strales ◆ Oto Melara KBA 25/80 mm	2 3
	Amphibious	Garibaldi	LPH	◆ 6 Breda 40 mm/70(3 twin) MB [Torpedo] 6-324 mm B-515(2 triple) tubes Honeywell Mk46(Being replaced by new MU 90)	3

Japan	CV	Hyuga	CVHG	• Raytheon 20 mm/76 Vulcan Phalanx Block 1B • 7-12.7 mm MGs [Torpedo] 6-324 mm(2 triple) HOS-303 tubes	2
	CV	Izumo	CVHG	• GE 20 mm/76 Mk 15 Vulcan Phalanx [Torpedo]to be announced	2
Korea	Amphibious	DOKDO	LPD	• TNNL Goalkeeper	2
Portugal	Amphibious	?	LPD	• Medium calibre & CIWS	-
Russia	CV	Kuznetsov	CVGM	• 6-30 mm/65, 3M87 "Kortik"	3
	Amphibious	Mistral Vladivostok	LHD	• 4-30 mm/65 AK 630	
Singa pore	Amphibious	Endurance	LPDM	• Otobreda 76 mm/62 super Rapid • 2-25 mm Bushmaster(can be fitted) • 5-12.7 mm MGs	1
Spain	Amphibious	Galicia	LPD	• Bazan 20 mm/120 12-barelled Meroka(fitted for) • Oerlikon GAM-B01 20 mm	1 2
	Amphibious	Juan Carlos I	LHD	• 4-25 mm • 2-12.7 mm MGs	
Thailand	CV	Chakri Naruebet	CVM	• 2-30 mm(To be fitted)	
	Amphibious	Endurance Angthong	LPD	• Oto Melara 3 in(76 mm)/62 Super Rapid • MSI DS-30MR 30 mm • 2-12.7 mm MGs	1 2
UK	CV	Queen Elizabeth	CV	• Raytheon 20 mm Phalanx Block 1B • 4-30 mm • Miniguns	3
	Amphibious	Invincible Illustrious	LPH	• Signaal/GE 30 mm 7-barrelled Gatling Goalkeeper • Oerlikon/BMARC 20 mm GAM-BO1 • M323 Mk44 7.62 mm Miniguns	3 2 4
	Amphibious	? Ocean	LPH	• 4-30 mm • Raytheon 20 mm Phalanx Block 1B • M323 Mk 44 7.62 mm Miniguns • 4-7.62 mm MGs	4 3 4
	Amphibious	Albion	LPD	• 2-20 mm • Sigaal/General Dynamics 30 mm 7-barrelled Goalkeeper • M323 Mk44 7.62 mm Miniguns • 4-7.62 mm MGs	2 4
	CV	Gerald R Ford	CVN	• Raytheon 20 mm Vulcan Phalanx Block 1B Mk 15 barreled	3
US	CV	Nimitz	CVNM	• Raytheon 20 mm Vulcan Phalanx Mk 15 6-barreled (2개:CVN-70/71/73, 3개 : CVN-72/74/75)	2~3
	Amphibious	Tarawa	LHDM	• Raytheon 20 mm/76 6-barreled Vulcan Phalanx Mk 15 • Mk242 25 mm automatic cannons • 8-12.7 mm MGs	2 6
	Amphibious	Wasp	LHDM	• Raytheon 20 mm 6-barreled Vulcan Phalanx Mk 15 • Boeing Bushmaster 25 mm Mk38 • 4-12.7 mm MGs	2 3
	Amphibious	America	LHA	• Raytheon 20 mm 6-barreled Vulcan Phalanx Mk 15 • 2-25 mm Mk38 Mod 2 chain guns • 14-12.7 mm MGs(7 twin)	2 2

현재 상용화되어 있는 CIWS은 다음과 같은 것들이 있다.

- AK-630
- DARDO
- Denel 35 mm Dual Purpose Gun
- Goalkeeper CIWS
- Kashtan CIWS
- Meroka CIWS
- Myriad CIWS
- Oerlikon Millennium 35 mm Naval Revolver Gun System
- Phalanx CIWS
- Sea Zenith
- Type 730 CIWS

[그림 6-3]과 [그림 6-4]는 주요 CIWS의 모습을 보여주는 것이다.

[그림 6-3] 항모에 장착된 각종 CIWS

[그림 6-4] 독도함에 장착된 'Goalkeeper' 및 미국 CIWS 제품인 Phalanx

[표 6-4] 주요 항모에서 사용되는 CIWS의 사양 비교

	AK-630	AK-630M1-2	Phalanx CIWS	Goalkeeper	DARDO
개발국	러시아	러시아	미국	네덜란드	이탈리아
종류	Gatling	Gatling	Gatling	Gatling	함포+Gatling
Mass	9,114 kg	11,819 kg	6,200 kg	9,902 kg	5,500 kg
Armament	- 30 mm - 6-barreled - GSh-6-30[4]	- 30 mm - 2x6-barreled - GSh-6-30	- 20 mm - 6-barreled - M61 Vulcan	- 30 mm - 7-barreled - GAU-8 Avenger[5]	- 40 mm - 2-barreled - Bofors
Rate of fire[1]	5,000	10,000	4,500	4,200	600/900
Range[2]	4,000 m	4,000 m	3,600 m	2,000 m	4,000 m
Ammunition storage (rounds)	2,000	4,000	1,550	1,190	736
Muzzle velocity[3]	900 m	900 m	1,100 m	1,109 m	1,000 m
Elevation	-12 ~ 88°	-12 ~ 88°	-25 ~ 85°	-25 ~ 85°	-13 ~ 85°
Traverse	360°	360°	360°	360°	360°

1) Rate of Fire : 단위는 Rounds Per Minute
2) Range : 이것은 효과적인 수평거리를 의미한다.
3) Muzzle Veocity : 단위는 Per Second
4) GSh-6-30 : Gryazev-Shipunov GSh-6-30로 '6'은 6-barrel(총신이 6개),'30'은 구경 30 mm를 의미한다.
5) GAU : 'Gun, Aircraft Unit'의 약어로 처음에 항공용으로 개발이 되었다.

[표 6-4]는 전 세계 주요 함정에서 사용 중에 CIWS의 성능을 비교한 표이다. 미국에서 주로 사용되는 'Phalanx', 독도함에 장착된 'Goalkeeper' 그리고 가장 사양이 우수한 것으로 평가받는 러시아의 'AK-630M' 등이 비교되어 있다. 그 비교 내용은 무게, 무장, 발사속도, 발사 유호 거리, 탄약 저장 능력 등이다.

모든 무기가 만능의 도구가 될 수 없다. 공격용 무기가 진보하면 방어용 무기 또한 진보하는 것처럼 공격하는 쪽과 방어하는 쪽은 항상 서로를 살펴보고 틈새를 발견하려고 한다. 이 CIWS는 다음과 같이 몇 가진 단점을 가지고 있다.

- 짧은 사거리 : 20 mm 탄환을 가진 Phalanx는 사거리가 4500 m 이다. 30 mm인 AK-630M은 5000 m 이다. Goalkeeper의 경우 30 mm 탄환이며 유효 사거리가 4200 m 이다. 가벼운 탄환은 멀리 가지 못하는 특성상 근접에서만 사용이 가능하다. 현대전에서 매우 먼 거리에서 발사하는 미사일 등을 근접에 도착했을 때만 사격권 내에 들어와 만약에 실패를 할 경우 심각한 경우가 발생하게 된다. 대함 미사일을 경우 500 m 이내에서 폭발을 할 경우 어느 정도 피해를 받을 수 있게 된다. 초음속 비행으로 오는 미사일을 4500~500 사이에서 격추시키려면 2~3초의 여유밖에 없는 것이다.
- 제한된 격추 확률 : 이 CIWS의 작은 탄환으로 정확하게 명중을 하였다고 해도 완벽한 파괴가 될 수 있는지는 의문이다. 미사일이 명중하고 일부 손상된 경우에도 완전히 파괴하는데 더욱 시간이 필요하고 이를 실시할 시간과 차단 거리가 짧다. 특히 의도된 목표를 타격에서 그것에서 미사일의 조각을 방지하기 위해 충분한 시간과 공간을 확보하는 것이 충분하지 않을 수 있다. 항모 같은 넓은 물체에서는 더욱 그렇다. 그리고 탄환이 운동 에너지 전용 발사체를 사용하여 발사하는 경우 특히 어렵다. 특수 M240 탄약을 사용하는 육상 Vulcan CIWS 경우 탄환 개체의 80%만 비활성화 할 수 있었다. 20%는 CIWS을 뚫고 관통할 수 있다는 것이다.
- 한 번에 하나의 타겟을 향해 발사를 한다. 만약 다른 공격이 있으면 방향을 틀어야 하고 이 때 걸리는 시간이 1초가 필요하다.

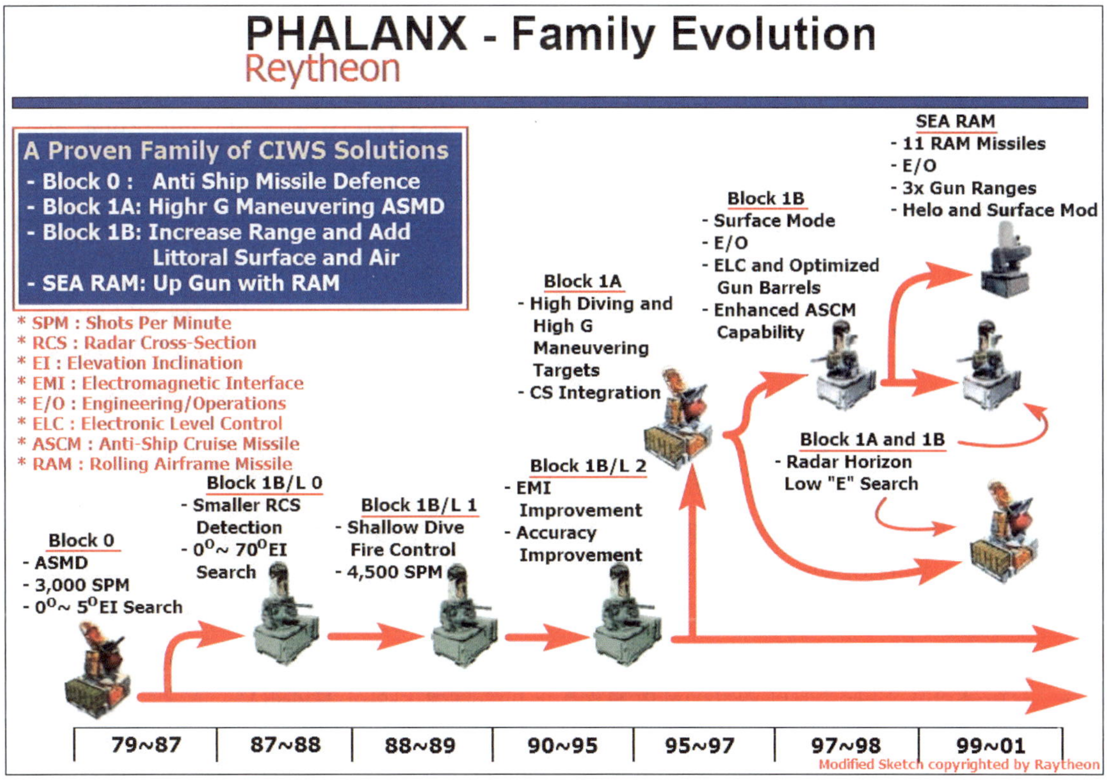

[그림 6-5] 미국 Reytheon 사의 CIWS Phalanx의 진보 및 개선 내용

- 타겟 대상의 코스를 예측해야 하고 예측된 위치에서 목표로 해야 한다. 하지만 현대적인 대함 미사일은 유도되는 발사체에 의해 명중될 확률을 감소하기 위해 격추되기 전에 상대가 의도하지 못하게 의도적으로 엉뚱한 쪽으로 이동하도록 만들어져 있다.

CIWS는 개선된 무기체계를 만들기 위해 많은 노력을 해왔다. [그림 6-5]는 미국의 Phalanx가 진행해온 20년간의 CIWS 개선 내용을 요약한 것이다. 첫 번째는 대대함 미사일의 방어용을 개발이 되었고 고 중력 가속도를 가지는 대함 미사일 방어용을 개선이 되었고 추후 사정거리를 늘이고 연안 수상선과 항공기의 공격을 방어하는 내용이 포함이 되었다. 그리고 위에는 발칸 포를 가지고 기존 CIWS 업무를 수행하고 하단에는 가볍고 근거리 RIM 116와 같은 Rolling Airframe Missile (RAM)을 두어 위에서 언급한 CIWS 단점을 보완하고자 하였다.

항모에서 어뢰를 갖추는 경우는 많지 않다. 항모 자체가 공격용 어뢰를 탑재하는 경우는 많지 않아 외부적으로 알려진 것은 일본과 이탈리아 항모 정도만 있다. 다만 상대의 어뢰를 기만하기 위한 것은 많이 갖추고 있다. 물론 항모는 항모전단을 이끌고 있어 다른 함정에서 충분한 숫자의 어뢰를 가지고 있겠지만 Amphiboius Assault Ship은 다른 문제가 된다. 그래서 이탈리아와 일본의 항모도 AAS 이거나 AAS에 가까운 항모가 어뢰를 준비하고 있는 것이다. 공표된 어뢰의 내용은 이탈리아 AAS Garibaldi 항모로 내용은 다음과 같다.

- 튜브 : 6-324 mm B-515(2 triple)
- 발사체는 'Honeywell Mk46'이지만 현재 'MU 90'로 교체 작업 중

6.1.3 Physical Countermeasures

'Physical Countermeasures'는 물리적 대응으로 항모의 대한 어뢰 공격을 방어하는 것을 의미한다. 이것은 기만기인 'Decoy'에 관한 것이다. 즉, 이곳에서 항공모함에서 어떤 기만기가 준비가 되어 있는지 살펴보는 것이다.

미 해군은 다가오는 어뢰의 위치를 추적 및 차단하는 항공모함을 보호하기 위해 설계된 첨단 시스템인 수상함 어뢰 방어 시스템(SSTDS, Surface Ship Torpedo Defense System)을 배포하기 위해 박차를 가하고 있다. 테스트는 예전에 USS George H.W. Bush 등 항모에서 실시되었다. 해군은 2035까지 SSTD 시스템을 모든 항공모함을 장착할 계획이다. 센서, 프로세서와 작은 요격 미사일로 구성 SSTD 시스템은 어뢰를 파괴하도록 설계된 함정 및 항공모함을 위한 최초의 것으로 "Hard Kill" 종류의 대책이다. 참조로 'Hard Kill'은 대상 물체를 직접 파괴하여 방어하는 직접적 방어를 의미하는 것이고 'Soft Kill'은 기능을 파괴하여 대상 물체는 그대로 두는 것으로 간접적 방어의 개념이다.

함정은 이미 센서, 레이더 및 범위의 다양한 대형 및 중소 규모의 위협을 차단하기 위한 몇 가지 요격 기술이 포함되어 있어 방어의 계층화 된 시스템을 가지고 있다. 예를 들어, 앞서 이야기를 한 것처럼 대부분의 항공모함은 현재 Phalanx 근접 무기 시스템(CIWS) 및 들어오는 항공기와 수면 위협을 처리하도록 설계된 Sea Sparrow 요격 미사일 등으로 구성되어 있다. CIWS는 빠른 공격 보트와 같은 항모/군함 가까운 수면의 위협으로부터 항모/군함을 보호하기 위한 지역 단위의 무기이다.

그러나 어뢰방어는 위협 범위에서 다른 부분을 포함하고 있어 또 다른 문제이다. SSTD 시스템은 신속하게 이 문제를 해결하기 위해 개발되었던 것이다. 이 시스템은 선박의 끝에서 윈치에서 발사된 어뢰 경고 시스템 수신 어레이로 구성이 되어 있다. 본질적으로 이 견인 센서 또는 수신기는 수신 어뢰 발사의 존재를 감지하도록 설계되어 있다. 수신 어레이는 프로세서에 정보를 전송하고 그 다음 주요 정보를 계산하고 요격 발사체로 데이터를 전송하게 된다. 이 요격 발사체는 선박의 측면에 부착되어 있는 CAT

defenceforumindia.com

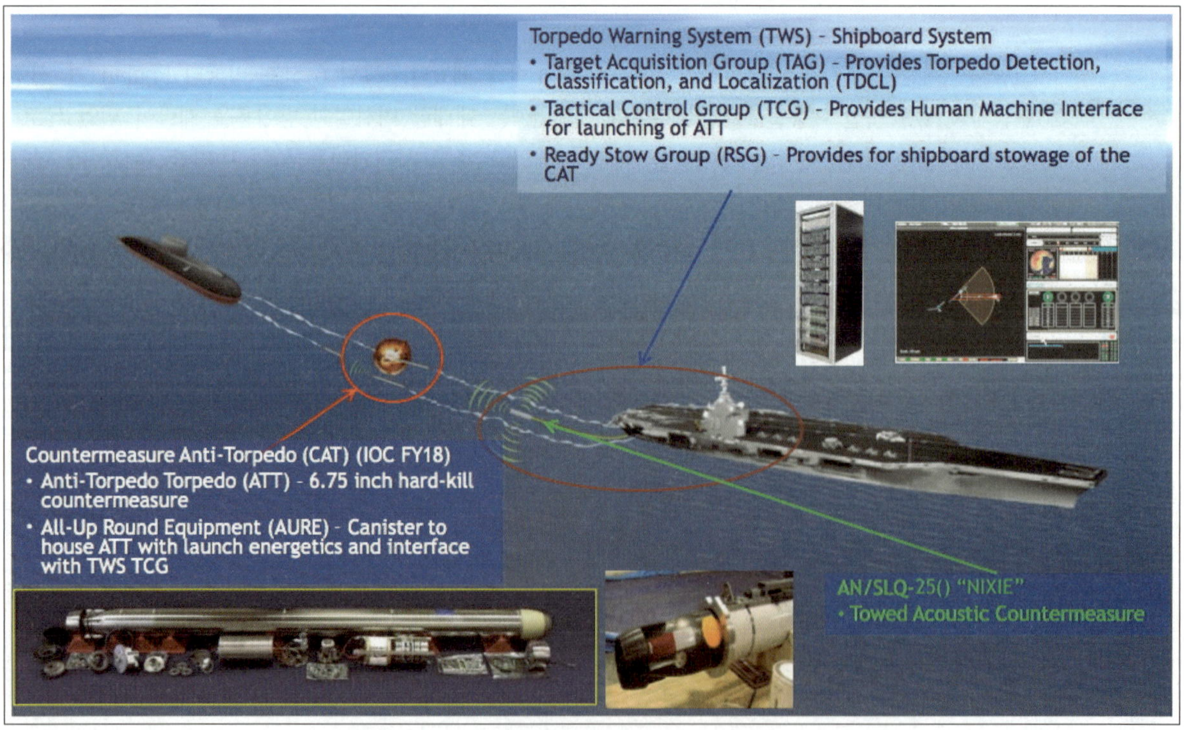

[그림 6-6] 미국의 항모에 설치되는 새로운 어뢰 대응 시스템

(Countermeasures Anti-Torpedo)이다. 견인 어레이(예인 소나 등)는 소음을 찾아내고 프로세서는 그것을 필터링하고 결과를 담당자에게 알려준다. 그 다음 CAT를 발사 여부에 대한 결정을 내리게 된다. CAT는 항모의 'Sponson'에 장착되어 있다. Sponson는 안정성 또는 무기의 장착을 위해 설계된 선박의 측면에 보호대이다. 이 CAT는 펜실베니아 주립대학교의 응용 연구소에 의해 개발되고 있다.

SSTD 시스템의 개별 기술의 조각은 매우 짧은 시간 내 다가오는 어뢰를 찾아 파괴하기 위해 함께 작동하도록 설계되었다. 선박의 브릿지에 전술 표시 화면은 이 시스템의 운영에 대해 지휘관을 알리기 위해 역시 설계되었다. 구축함과 같은 일부 작은 선박에서 테스트 한 후, SSTD는 2011년에 항공모함에 사용이 승인되었다. SSTD 노력은 기술의 빠른 트랙 발전에 설계된 신속한 프로토타입의 결과이다. 사실, 어뢰 경보 시스템은 최근 이러한 신속한 일정에 USS Bush에 TWS(Torpedo Warning System)을 제공하는 등 성공적인 인수 사례에 뽑히고 있으며 TWS는 '3 Phoenix' 사에 의해 제작이 된다. 지금까지는 미국의 대 어뢰에 대한 대응 전략에 관한 것으로 그 자세한 내용은 [그림 6-6]에 요약되어 있다.

[표 6-5]는 현재의 모든 항모에 구축되어 있는 Physical Countermeasures 시스템을 정리한 것이다.

[표 6-5] 현존하는 항모의 물리적 대응 장비

국가	구분	Class 함명	약어	Physical Countermeasures
Australia	Amphibious	Canberra	LHD	Decoy: 1) SLQ-25C towed torpedo decoy 2) 4 BAE Nulka decoy launchers
Brazil	CV	Clemenceau Sao Paulo	CVM	Decoy: 1) 2 CSEE AMBL 2A Sagai 2) 10 barrelled trainable launchers; chaff & IR flares
Chile	Amphibious	Foudre Sargento Aldea	LSDH	Decoy: SLQ-25 Nixie towed torpedo decoy
China	CV	Kuznetsov 라오닝	CVGM	Decoy: 4 Type 726 chaff launchers
	Amphibious	Yuzhao Kunlunshan	LPD	Decoy: 2 Launchers
France	CV	Charles De Gaulle	CVNM/PAN	Decoy: 1) 4 CSEE Sagaie AMBL-2A 10-barrelled trainable launchers 2) Dassault LAD offboard decoys 3) SLAT torpedo decoys from 2006
	Amphibious	Mistral	LHDM/BPC	Torpedo defence: SLAT system
	Amphibious	Foudre Siroco	LSDH/TCD90	Decoy: SLQ-25 Nixie towed torpedo
India	CV	Modified Kiev Vikramaditya	CVGM	Decoy: 1) 2 PK2 chaff launchers 2) 2 towed torpedo decoys
	CV	Hermes Viraat	CVM	Decoy: 2 Knebworth Corvus chaff launcher
	CV	Indigenous Vikrant	CVM	?
Italy	CV	Cavour	CV	Decoy: 2 Breda SCLAR-H 20-barrel trainable chaff/decoy launchers
	Amphibious	Garibaldi	LPH	Decoy: 1) SLQ-25 Nixie; noisemaker 2) 2 Breda SCLAR 105 mm 20-barrelled launcher 3) SLAT in 2002

Japan	CV	Hyuga	CVHG	Decoy: 4 Hycor Mk 137 sextuple RBOC chaff launchers Torpedo: 6-324 mm (2 triple) HOS-303 tubes
	CV	Izumo	CVHG	to be announced
Korea	Amphibious	DOKDO	LPD	?
Portugal	Amphibious	?	LPD	?
Russia	CV	Kuznetsov	CVGM	Decoy: 10 PK 10 & 4 PK 2 chaff launchers
	Amphibious	Mistral Vladivostok	LHD	?
Singapore	Amphibious	Endurance	LPDM	?
Spain	Amphibious	Galicia	LPD	Decoy: 4 SRBOC chaff launchers
	Amphibious	Juan Carlos I	LHD	Decoy: chaff launchers
Thailand	CV	Chakri Naruebet	CVM	?
	Amphibious	Endurance Angthong	LPD	?
UK	CV	Queen Elizabeth	CV	Torpedo defence: Type 2170(SLQ-25A)
	Amphibious	Invincible Illustrious	LPH	-Decoy : Outfit DLH -Torpedo defence: Prairie Masker noise suppression system. Type 2170(SLQ-25A)
	Amphibious	? Ocean	LPH	-Outfit DLH; 8 Sea Gnat 130 mm/102 mm launchers -Type2170(SLQ-25A)
	Amphibious	Albion	LPD	-Decoy: 8 Sea Gnat launchers & DLH offload decoys -Torpedo defence: Type 2170(SLQ-25A)
US	CV	Gerald R Ford	CVN	Decoy: SLQ-25C
	CV	Nimitz	CVNM	Decoy: SLQ-25 Torpedo Countermeasures Transmitting Set (Nixie)
	Amphibious	Tarawa	LHDM	Decoy: 1) 4 Loral Hycor SRBOC 6-barreled fixed Mk 36 2) SLQ-25 Nixie acoustic torpedo decoy system 3) NATO Sea Gnat 4) SLQ-49 chaff buoys 5) AEB SSQ-95
	Amphibious	Wasp	LHDM	Decoy: 1) 4 or 6 Loral Hycor SRBOC 6-barreled fixed Mk 36 2) SLQ-25 Nixie acoustic torpedo decoy system 3) NATO Sea Gnat 4) SLQ-49 chaff buoys 5) AEB SSQ-95
	Amphibious	America	LHA	Decoy: 1) Mk 53 Mod 63 NULKA DLS 2) SLQ-25 Nixie acoustic torpedo decoy system

가장 보편적으로 사용이 되는 어뢰용 기만기인 'SLQ-25'에 관하여 설명은 하면 다음과 같다.

- 일명 'Nixie'라고 한다.
- 많은 변종들이 존재한다.
- 이것들은 미국과 연합국에서 해군에서 사용하는 어뢰 기만기(Decoy)이다.
- 유도 Decoy 장치(Towed Decoy Device) TB-14A와 함 내에 있는 시그널 발생기로 구성이 된다.

[그림 6-7] SLQ-25

- 목표는 시그널(거짓 주파수)을 발생하여 발사된 어뢰를 의도된 타켓으로 유도하도록 하는 것이다. 즉, 닉시는 함정 어뢰의 센서보다 더 매력적으로 프로펠러와 엔진 소음과 같은 선박 소음 등을 시뮬레이션으로 발산하도록 하여 어뢰의 수동 수중 음파 탐지기를 물리치도록 시도를 하는 것이다.
- AN/SLQ-25A 닉시는 AN/SLQ-25 닉시에 비해 다소의 문제점을 해결한 Clean-Sheet 디자인이다. AN/SLQ-25A는 광섬유 견인 케이블 (FOTC, Fiber Optic Tow Cable)과 10마력 RL-272C 더블 드럼 윈치를 사용한다. AN/SLQ-25A의 진단 프로그램은 로컬 또는 원격 제어 스테이션에서 시작할 수 있고 모든 전자 기능을 테스트할 수 있다.
- AN/SLQ-25B는 AN/SLQ-25A의 장치를 포함하고 또한 잠수함 어뢰 수신을 검출하는 견인 어레이 센서를 포함한다. AN/SLQ-25B는 수신 증폭 및 어뢰에서 'Ping'을 반환함으로써 어뢰에 너 큰 거짓 목표를 제시하여 추가 활성 수중 음파 탐지기 미끼를 포함한다.
- AN/SLQ-25C 시스템은 AN/SLQ-25A 시스템의 업그레이드를 한 것이다. AN/SLQ-25C는 더 길고 더 많은 기능 견인 케이블을 포함하여 새로운 대책 모드의 추가함으로써 개선된 수상함 어뢰 대책을 포함한다.
- 작은 함정은 단지 하나의 시스템을 가질 수도 있지만 일반적으로 항모 같은 큰 함정은 단독으로 또는 쌍으로 작동을 허용하는 후방에 장착된 2개의 닉시 시스템을 가질 수 있다.

[그림 6-7]은 SLQ-25에 관한 것이다.

비행기용 기만기에서 관하여 알아보자. 개념은 [그림 6-8]과 같다. 함에서 비행기용 Decoy를 발사하고 이를 상대 미사일이 인지하여 Decoy에 공격을 하도록 하는 것이다. 가장 보편적인 항공기용 Decoy 중에 하나로 사용되는 것은 'Nulka'로 이 주요 내용은 다음과 같다.

thinkdefence.co.uk

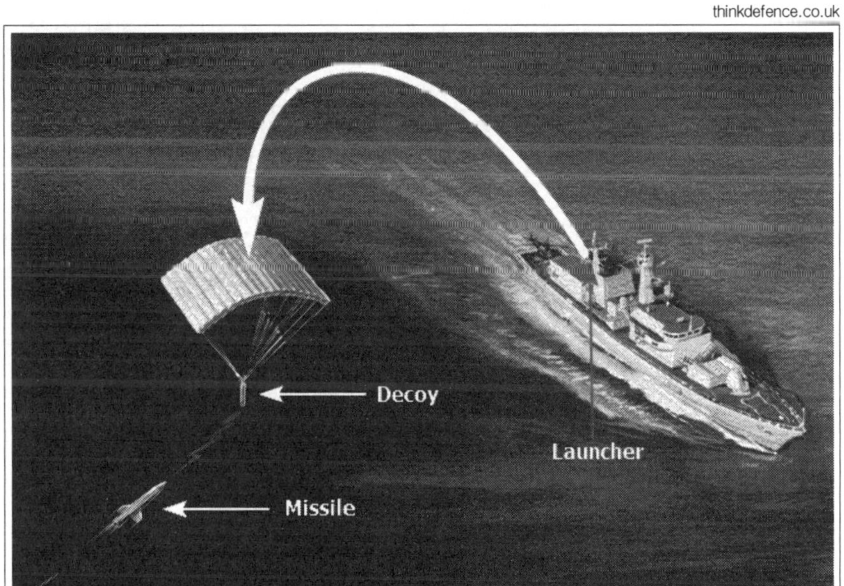

[그림 6-8] 비행기용 decoy의 개념도

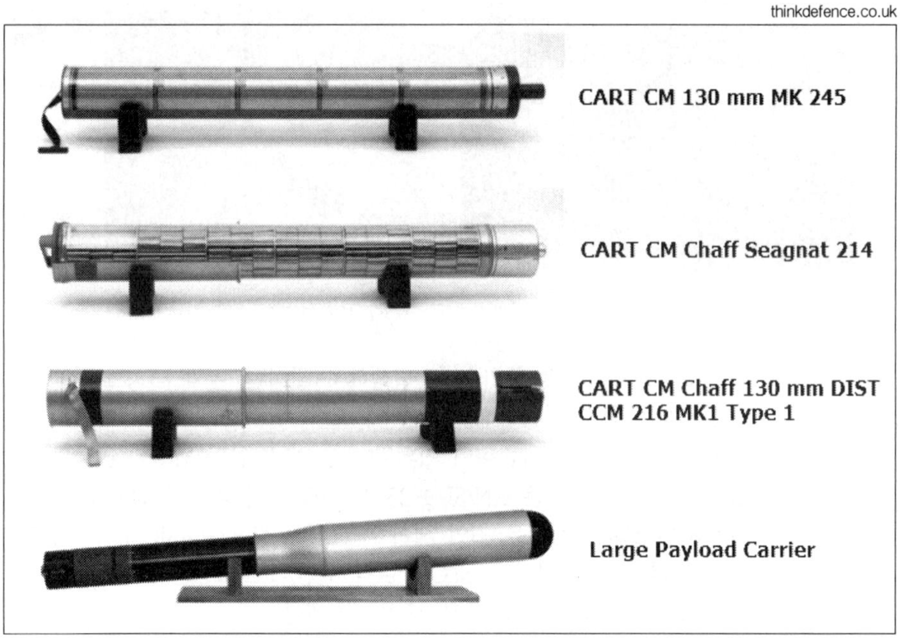

[그림 6-9] 다양한 Decoy

[그림 6-10] Decoy 발사 및 Launcher의 모습

- 개념은 호주인에 의해 디자인되었다.
- 능동 미사일 Decoy는 미국과 호주의 협력 하에 개발이 되었다.
- 단어 'Nulka'는 호주 원주민 언어로 '빨리 해'라는 의미를 가지고 있다.
- 목적은 멀리 있는 대함 미사일을 '유혹'하기 위해 설계된 로켓 추진이 되며 일회용으로 함 외부에서 사용되는 능동 Decoy를 말한다.
- 특징으로는 다가오는 대함 미사일을 유혹하면서 공중에서 공중 선회하는 독특한 디자인에 있다.
- 유혹 로켓의 개념은 국방 과학 기술기구 (DSTO, Defence Science and Technology Organisation)에 의해 호주에서 시작되었고 시스템은 지금 호주의 BAE 시스템인 'AWA 방위 산업 (AWADI, AWA Defence Industries)'에 의해 설계/개발하고 제조된다.
- Nulka는 자체가 밀폐 용기(Canister)에 포함된 미사일로 구성되어 있다. 이 용기는 호주해군과 USCG(United States Coast Guard) 선박 장착에 적합한 발사 모듈을 포함되거나 USN 선박에 장착된 것과 같은 Mark 36 혹은 Mark 53 발사기가 포함된다.
- 2010년 10월부로 Nulka는 150개 이상의 호주, 캐나다와 미국 군함에 장착되었으며 1000개의 Decoy가 생산되었다. 시스템은 미 해군의 니미츠 급 항공모함뿐만 아니라 호주의 미래를 구축함에 장착될 것으로 예상된다.
- 2012년 록히드 마틴이 성공적으로 Nulka에 대한 새로운 확장 런칭 시스템 ExLS(Extensible Launching System)을 테스트하였다.

Mark 53의 시스템 체계는 [그림 6-11]과 같다. 또 다른 Decoy System인 'Mark 36 SRBOC'에 관한 주요 내용은 다음과 같다.

- 제작사는 BAE System 회사이다.
- 정식 이름은 'Mark 36 Super Rapid Bloom Offboard Countermeasures Chaff and Decoy Launching System'이다.
- 약어는 SRBOC이고 일명 'Super-Arboc'이라고 한다.
- 대함 미사일을 물리치기 위해 해군 함정에서 속임 또는 적외선 교란을 목표로 Decoy를 발사하는 단거리 박격포를 말한다.
- 각각의 발사대는 3개 1세트로 45° 혹은 60°로 세팅된다.
- 미사일을 방출 무선 주파수를 물리칠 수 있도록 Decoy의 효과적인 확산 및 대응방법을 제공한다.

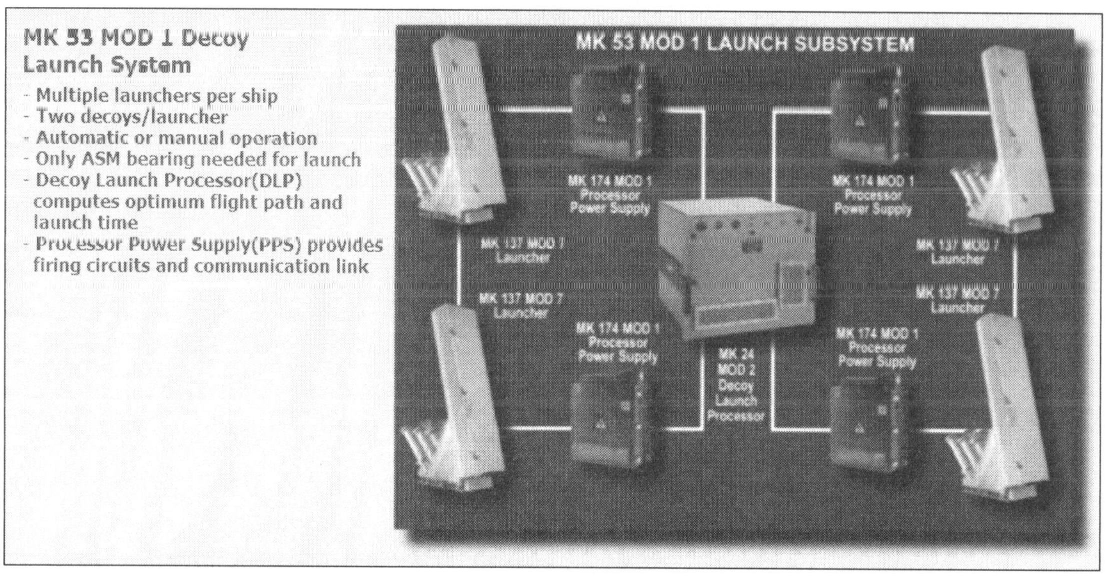

[그림 6-11] MK 53 MOD 1의 발사 시스템의 계통도

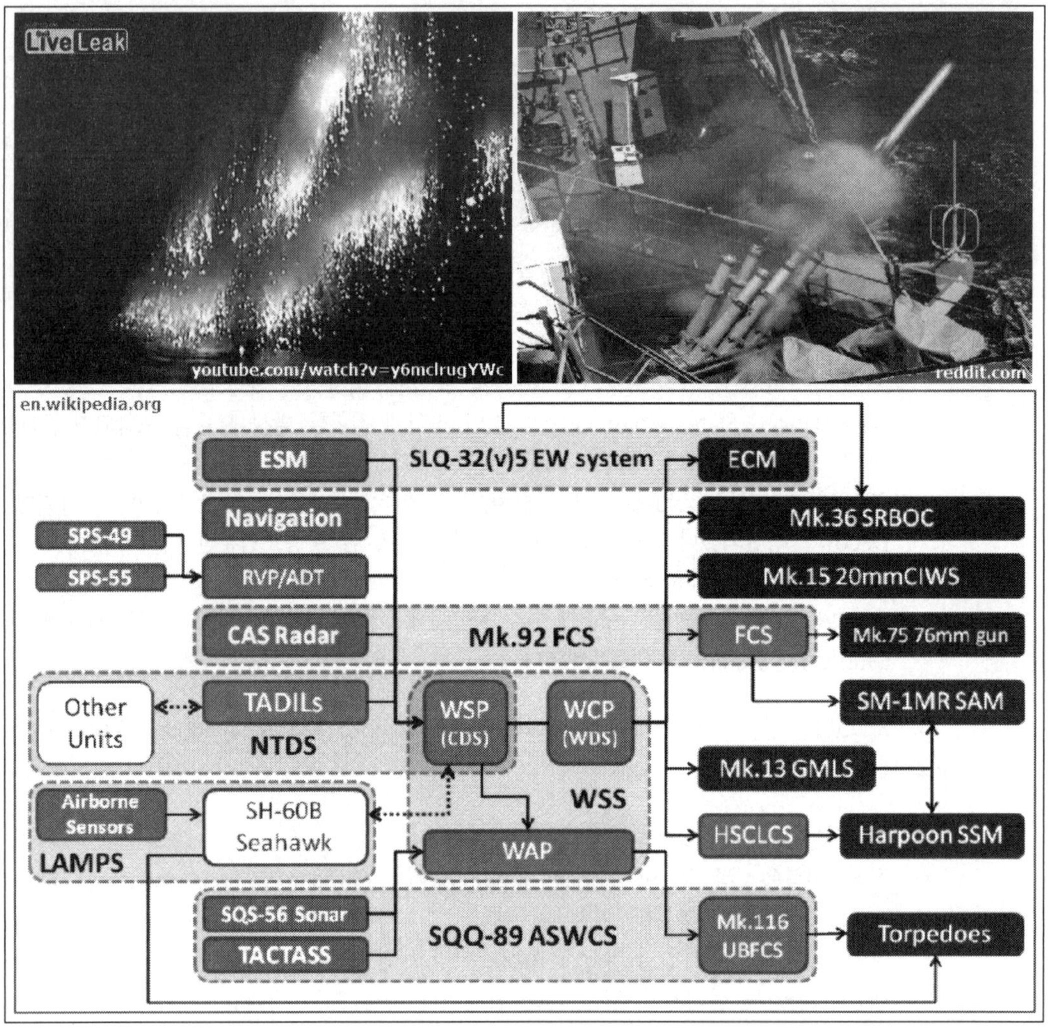

[그림 6-12] Mark 36의 'Flare' 및 발사 모습 & 작전 체계도의 예

- SRBOC는 'TORCH'라는 적외선 'Flare' Decoy을 장착할 수 있다.
- 일반적인 함정에는 각 발사대 당 20~35 발을 발사할 수 있는 양을 탑재한다.
- 2010년부로 MK 36 SRBOC는 전 세계 19개국 해군에 의해 사용된다.
- 이것은 NATO 'Sea Gnat' 시스템과 유사하다.

[그림 6-12]는 Mark 36의 SRBOC 발사 모습과 'Flare' 그리고 전투체계 시스템의 체계도 예를 보여주는 것이다.

6.1.4 Electrical Countermeasures

Electrical Countermeasures를 줄여서 'ECM'이라고 한다. 이 ECM은 적외선 (IR, Infrared)이나 레이저 같은 레이더, 수중 음파 탐지기 또는 다른 감지 시스템을 속이기 위해 설계된 전기 또는 전자 장치이다. 적에게 대한 정보를 대상으로 공격적으로 그리고 방어적으로 거부하기 위해 둘 다를 사용할 수 있다. 이 시스템은 많은 별도의 목표물이 적에게 보이게 하거나 또는 실제 대상이 사라지거나 무작위로에 이동되도록 표시할 수 있다. 유도 미사일로부터 아군의 항공기를 보호하기 위해 효과적으로 사용된다. 대부분의

www.radartutorial.eu/16.eccm/ja05.en.html

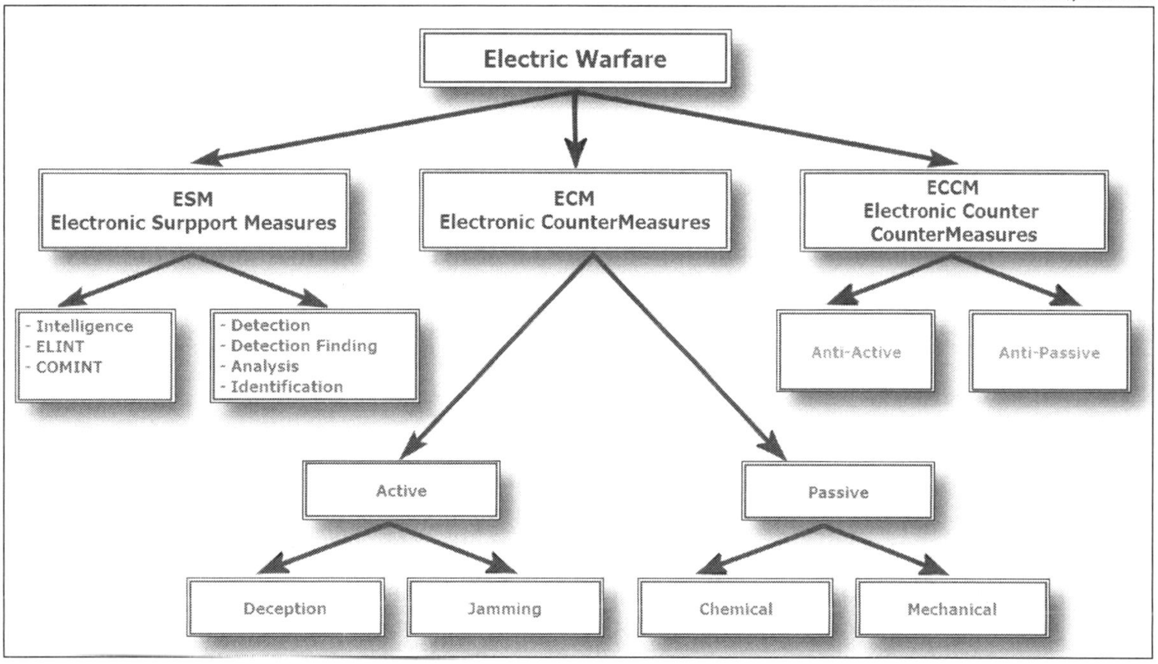

[그림 6-13] 전자전의 종류

군은 공격으로부터 자신의 군자산을 보호하기 위해 ECM을 사용합니다. 이것은 스텔스 기술과도 연결이 된다. 공격용 ECM은 종종 전파 방해의 형식을 취하게 된다. 그리고 방어 ECM은 'Blip(레이더 스크린에 갑자기 나타나는 빛나는 점)' 향상을 사용하고 미사일 터미널에 있는 자동유도 장치의 방해를 이용하는 것들을 포함한다. [그림 6-13]은 전자전의 종류 및 방법을 보여준다.

이 ECM은 대상에 따라 다음 몇 가지로 나눌 수 있다.

- 레이더 ECM
- 통신 ECM
- 항공기 ECM
- 함성 ECM
- IR 및 음파 변조

함정에 사용되는 ECM은 Raytheon 사의 SLQ-32 선상 ECM 패키지가 많이 사용이 되어 왔다. 이것은 3개 버전을 가지고 있고 레이더 유도 순항 미사일에 대하여 정보를 경고, 식별 및 방위각 등을 제공하고 있다. SLQ-32 V3는 대부분의 수상함에서 발견되는 RBOC(Rapid Blooming Off-board Chaff) 발사기 외에 순양함 및 대형 수륙 양용 선박 및 보조 선박에 대해 신속한 ECM을 포함한다. 'BLR-14' 잠수함 음향 전투 시스템(또는 SAWS, Submarine Acoustic Warfare System)은 통합 수신기, 프로세서, 디스플레이 그리고 잠수함에 대한 대응 발사 시스템 등을 제공한다.

[표 6-6]은 현재 항공모함에서 탑재된 ECM에 관한 내용을 총 정리한 것이다.

[표 6-6] 현재의 항공모함에 탑재된 ECM 장비

국가	구분	Class 함명	약어	Electrical Countermeasures
Australia	Amphibious	Canberra	LHD	?
Brazil	CV	Clemenceau Sao Paulo	CVM	?
Chile	Amphibious	Foudre Sargento Aldea	LSDH	ECM: 2 Thales ARBB 36A jammers
China	CV	Kuznetsov 라오닝	CVGM	ESM/ECM: To be announced
	Amphibious	Yuzhao Kunlunshan	LPD	?
France	CV	Charles De Gaulle	CVNM/PAN	ESM : 1) Thomson-CSF ARBR 21 2) 1 DIBV 2A Vampir MB EDM: 2 ARBB 33B; jammers
	Amphibious	Mistral	LHDM/BPC	ESM: ARBR 21; intercept
	Amphibious	Foudre Siroco	LSDH/TCD90	ECM: 2 Thales ARBB 36A jammers
India	CV	Modified Kiev Vikramaditya	CVGM	ESM/ECM: Bharat intercept & jammers
	CV	Hermes Viraat	CVM	ESM/ECM: SEWS V5 with C Pearl
	CV	Indigenous Vikrant	CVM	?
Italy	CV	Cavour	CV	ESM/ECM: MM/SLQ-750
	Amphibious	Garibaldi	LPH	ESM/ECM: Elettronica Nettuno SQL-732; integrated intercept & jamming system
Japan	CV	Hyuga	CVHG	ESM/ECM: NOLQ-3C
	CV	Izumo	CVHG	ESM/ECM: NOLQ-3C
Korea	Amphibious	DOKDO	LPD	?
Portugal	Amphibious	?	LPD	to be announced
Russia	CV	Kuznetsov	CVGM	ESM/ECM: 1) 8 Foot Ball 2) 4 Wine Flask(Intercept) 3) 4 Flat Track 4) 10 Ball Shield A & B
	Amphibious	Mistral Vladivostok	LHD	?
Singapore	Amphibious	Endurance	LPDM	?
Spain	Amphibious	Galicia	LPD	ESM: Intercept
	Amphibious	Juan Carlos I	LHD	ESM/ECM: Indra Rigel
Thailand	CV	Chakri Naruebet	CVM	?
	Amphibious	Endurance Angthong	LPD	?

UK	CV	Queen Elizabeth	CV	?
	Amphibious	Invincible Illustrious	LPH	ESM: Thales UAT Mod 1; intercept
	Amphibious	? Ocean	LPH	Thales UAT Mod 1; intercept
	Amphibious	Albion	LPD	ESM/ECM: Thales Thorn UAT Mod 1
US	CV	Gerald R Ford	CVN	ESM/ECM: SEWIP Block 2/3
	CV	Nimitz	CVNM	ESM/ECM: SLQ-32(V)4 intercept & jammers
	Amphibious	Tarawa	LHDM	ESM/ECM : SLQ-32(V)3 intercept & jammers
	Amphibious	Wasp	LHDM	ESM/ECM : 1) SLQ-32(V)3/SLY-2 intercept & jammers 2) Raytheon ULQ-20
	Amphibious	America	LHA	ESM/ECM: SLQ-32B(V)2

6.1.5 RADAR

어떤 단일 레이더 세트도 전투 선박에 필요한 레이더의 모든 기능이 수행될 수 있도록 생성되지 않는다. 이것은 다른 목적으로 설계된 파라미터에 기인된다고 할 수 있다. 그 결과로 현대 군함 각각은 특정 기능을 수행하는 여러 개의 레이더 세트를 갖는 형태로 되어 있다. 함상 레이더 설치하면 해수면 탐색, 내비게이션, 항공기 탐색, 높이 탐색, 각종 화력 제어 레이더 등을 포함할 수 있다. 예를 들면 가장 높은 곳을 탐색하는 레이더는 이차적으로 항공기 탐색 레이더로서 사용될 수 있고 비상시에는 화력 제어 레이더는 해수면 저공비행하는 물체나 수상기를 탐색하는 레이더로서 역할을 하게 된다. [그림 6-14]는 참조를 하기 위해 항공모함에 설치된 대표적인 레이더의 몇 가지 안테나를 보여주는 것이다.

레이더의 원리의 무엇일까? 안테나 자체가 이동함으로서 이동한 로브에서 레이더가 에너지를 방출할 수 있도록 대부분의 레이더의 안테나가 설계되어 있다. 로브의 형상은 에코 신호 강도가 축 근처보다 로브 양쪽 방위각의 변화에 보다 신속하게 변화되도록 되어 있다. 그러므로 안테나가 회전함에 따라 에코 신호는 진폭이 변화한다. 한 곳의 안테나 시점에서는 에코가 비교적 작지만 로브 축이 직접 대상으로 하는 목표로 방향을 돌린 다른 위치에서는 에코 강도가 최대가 된다 따라서 타겟의 방위각은 에코가 최대가 되는 위치에 안테나를 겨냥함으로써 얻을 수 있다. 실제 상황에서는 이러한 방식으로 안테나의 조작을 통해 원격 감지 표시를 검색 목적으로 레이더를 사용했는지 거부한 적이 있는지 적의 유닛에게 알릴 수 있는 것이다. 이 기술은 광범위 수동 및 자동 모드에서 무기 제어 및 유도 레이더 시스템에서 사용된다.

연속파 (CW, Continuous Wave) 방법은 도플러 효과를 사용하여 타겟을 검출하는 것이다. 타겟이 레이더 송신기에서 가까이 또는 바깥쪽으로 이동하는 경우에는 레이더 에코의 주파수를 변경한다. 주파수의 변화는 도플러 효과로 알려져 있다. 다가오는 기차의 기적 소리가 경사도가 증가할 때 잘 들리는 것처럼 가청 주파수의 효과도 이와 유사하다. 경사각이 감소하는 반대 효과는 열차가 사람으로부터 멀리 이동할 때 발생한다. 이 효과에 관한 레이더 응용은 움직이는 타겟의 존재 및 속도 모두를 결정하기 위해 전송된 레이더 반사 빔 사이의 주파수 차이를 측정하는 것을 포함한다. 이 방법은 느리게 이동하거나 고정인 것보다 빠르게 움직이는 타겟 대상에 좀 더 정확하다.

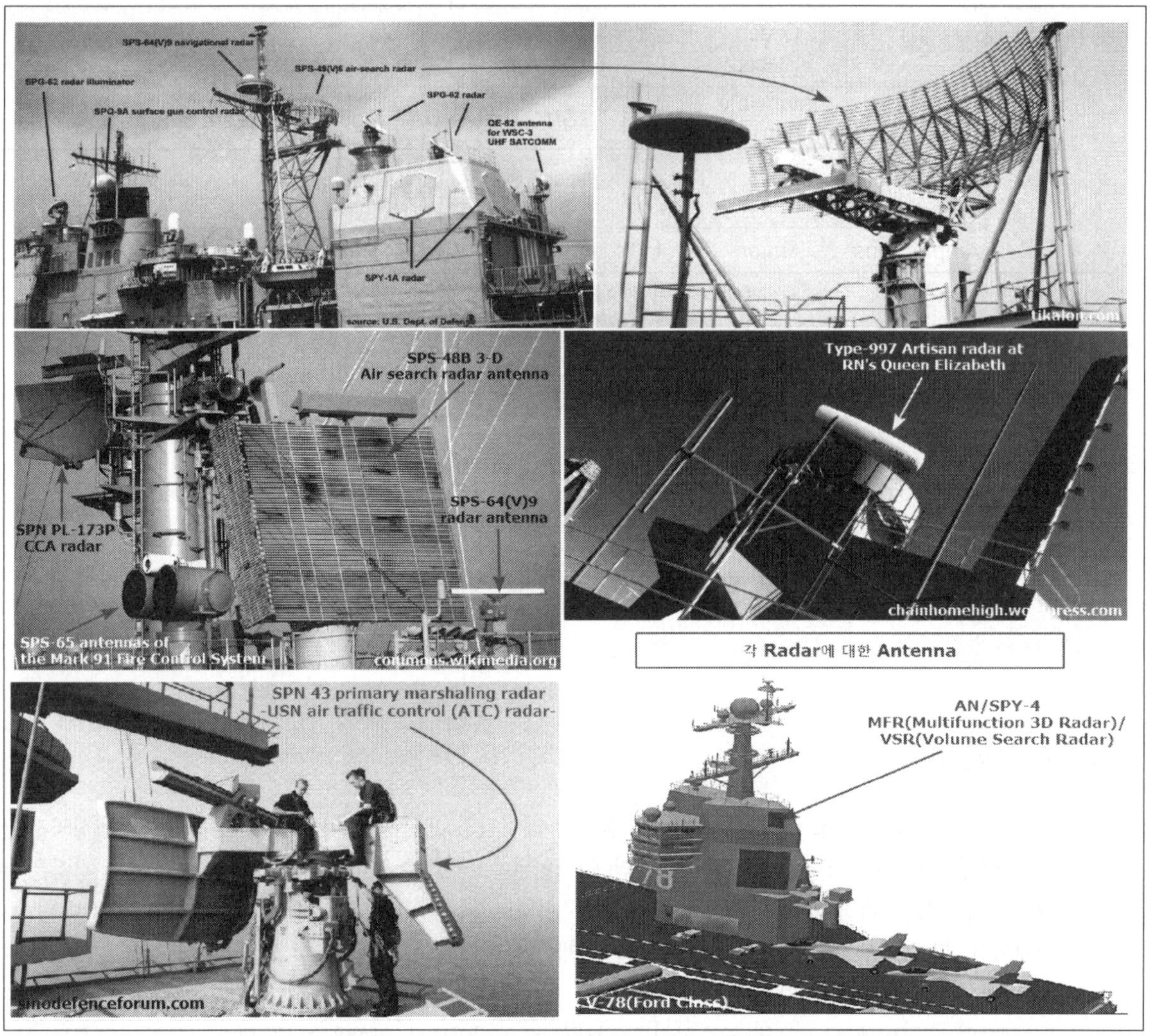

[그림 6-14] 항공모함에 설치된 레이더용 안테나

주파수 변조(FM, Frequency Modulation)에서 송신 주파수는 주파수의 특정 대역에 걸쳐 지속적으로 그리고 주기적으로 변화된다. 임의의 주어진 순간에 송신 안테나로부터 방사된 에너지의 주파수는 타겟으로부터 반사된 주파수와 다르다. 이 주파수 차이는 범위를 결정하는데 사용될 수 있다. 그러나 타겟 이동은 도플러 효과로 인해 리턴 신호의 추가 주파수 시프트를 생성하게 된다. 이 추가적인 주파수 시프트는 범위 측정의 정확도에 영향을 미치게 되고 따라서 이 방법은 정지 또는 천천히 움직이는 대상보다 빠르게 움직이는 대상에 대하여 더욱 잘 작동하는 것이다.

레이더의 종류에 따라 다르지만 펄스 변조를 사용하는 레이더는 1~200 마이크로 초(10^{-6}초=1/1000000초)보다 더 짧은 시간 사이에 다양한 짧은 펄스의 전송 에너지를 송출한다. 에코는 증폭되어지고 에코 펄스의 전송과 수신 사이의 시간 간격을 측정하는 지표로 적용이 된다. 시간 간격의 절반이 타겟까지의 거리를 계산하는 사용된다. 이 방법은 리턴 신호 또는 대상의 움직임에 대해 주파수에 의존하지 않기 때문에 CW 및 FM 방식을 가지고 경험했던 문제점은 현재 존재하지 않는다. 변조된 펄스 방법은 군사 및 해군 응용 프로그램에서 거의 보편적으로 사용된다. 따라서 본문에서 상세하게 설명할 수 있는 유일한 방법인 것이다.

일반적으로 지표를 측정할 수 있는 최대 범위의 펄스 반복률(PRR, Pulse Repetition Rate)에 의해 제한된다. 이것은 각 송신 펄스 표시기가 제로의 범위로 리셋되기 때문이다. 따라서 전송 펄스 사이의 시간이 목표물에 도달하고 반환 송신 펄스 걸리는 시간보다 짧은 경우에는 그 표시기는 리셋되어 또 다른 새로운 한 번의 방출을 시작하게 된다. 따라서 에코의 수신시 허위(False) 범위를 나타내게 된다. 펄스폭(PW, Pulse Width)도 최대 감지 범위에 영향을 미친다. 펄스폭이 더 크면 클수록 평균 동력이 더 많이 사용되는 것이다. 하지만 이를 통해 더 작은 물체에 대하여 더 넓은 범위에서 탐색할 수 있는 것이다. 항공기 탐색 레이더는 일반적으로 해수면 탐색 레이더보다 훨씬 더 큰 PW를 가지고 있다. 더욱 더 민감한 수신기라면 타겟의 표시를 생성하기 위해 요구되는 에코는 더욱 더 약해도 될 것이다. 더 높은 최소 식별 신호(MDS, Minimum Discernable Signal)가 반영이 되어 수신기 감도가 증가됨으로써 특정 대상을 검출할 수 있는 범위는 증가된다. 대상의 크기도 최대 범위에 영향을 미친다. 일반적으로 타겟이 클수록 넓은 범위에서 그것을 검출할 수 있는 것이다.

펄스 변조 레이더 시스템의 성공적인 사용은 주로 시간에 대비하여 거리를 측정할 수 있는 능력에 달려 있다. 우주 공간으로 방사된 전자파 에너지는 빛의 속도로 이동을 한다. 이것이 반사 물체에 충돌할 때, 그것은 시간의 손실 없이 재 반사된다. 타겟으로 간 후 되돌아오는 이런 이동하는 펄스에 필요한 시간을 측정함으로써 범위를 결정하기 위해 레이더에서 무선 주파수 에너지의 등속이 사용된다. 예를 들어, 펄스를 방출한지 200마이크로 초 만에 되돌아 왔다고 가정을 하면 그 타겟 물체와의 거리는 어떻게 되겠는가? 시간의 반인 100마이크로 초 동안 펄스가 타겟 물체를 향해 이송을 한 것이다. 펄스의 속도는 빛의 속도와 같아 0.3 km/1 마이크로 초 속도이므로 100 x 0.3 = 30 km가 된다. 즉, 이 물체는 레이더에서 펄스가 방사되는 곳에서 30 km 밖에 있는 것이다.

USS Midway Museum, "Docent Reference Manual", 2013 Edition

[그림 6-15] 미 항모 Midway에 상착된 레이더

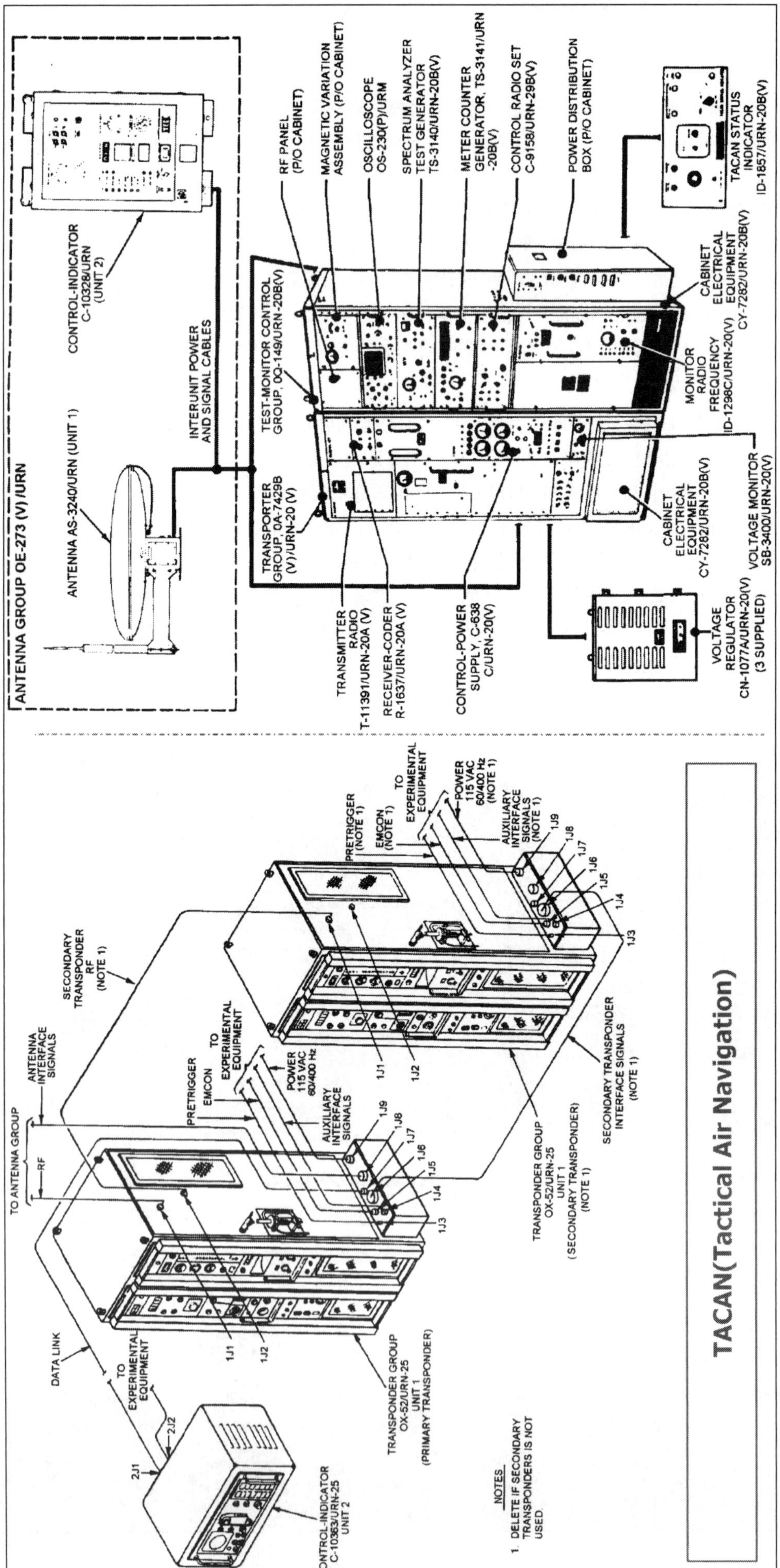

[그림 6-16] TACAN H/W 및 계통도

[표 6-7]은 현재 운영 중인 전 세계 모든 항공모함의 전투 데이터 시스템 즉 레이더를 정리한 것이다. 너무 많은 데이터가 있어 각별히 최선을 다해 항모별로 정리를 하였다. 그리고 그 표에서 나오는 약어를 우선 소개하면 다음과 같다.

- TACAN: TACtical Air Navigation, 단거리 항법 장치(참조: [그림 6-16])
- CCA : Carrier Controlled Approach 레이더, Air Traffic 용
- PAR : Precision Approach Radar, Flight Inspection 용
- TAS : Target Acquisition System
- Radar Beacon : 일명 'Racon'이라고 하고, 레이더에 의해 트리거 될 때, 자동으로 트리거 레이더 화면에 표시할 수 있는 범위 방위 및 식별 정보를 제함으로써 독특한 신호를 반환하는 고정 탐색 표시와 관련된 송수신 장치

[표 6-7] 현재의 항공모함에 탑재된 레이더 장비 목록

국가	구분	Class 함명	약어	Combat Data systems
Australia	Amphibious	Canberra	LHD	-Air/Surface Search: Saab Sea Giraffe, G/H-band -Navigation: To be announced
Brazil	CV	Clemenceau Sao Paulo	CVM	-Air Search: Thomson-CSF DRBV 23B, D-band -Air/Surface Search: Thomson-CSF DRBV 15A, E/F-band -Heightfinder: 2 DRBI 10, E/F-band -Navigation: Racal Decca 1226, I-bend -Fire Control: 2 Thomson-CSF DRBC 32C -Tacan: NRBP-2B -Landing Approach Control: NRBA 51, I-band
Chile	Amphibious	Foudre Sargento Aldea	LSDH	-Air/Surface Search: Thomson-CSF DRBV 21A Mars, D-band -Surface Search: DRBN 34, I-band -Navigation: DRBN 34 APP, I-band Sperry Bridgemaster, I-band
China	CV	Kuznetsov 라오닝	CVGM	-Air Search: Type 381B Top Plate(Fregate MAE-3), 3D, E/F-band -Air Search/Fire Control: Type 346(Dragon Eye), 3D, G-band -Surface Search: To be announced -Fire Control: 2 Band Stand(Mineral ME), I-band -Navigation: To be announced CCA(carrier controlled approach): To be announced -Tacan: To be announced -IFF: To be announced
	Amphibious	Yuzhao Kunlunshan	LPD	-Air Search: Type 363(Sea Tiger), E/F-band -Air/Surface Search: Type 364 Seagull C, G-band -Fire Control: Type 347G(2) (LR66), J-band for 76mm Type 347G(1) (Rice Ball), J-band for AK 630 -Navigation: Type NR 2000, I band
Chile	CV	Charles De Gaulle	CVNM/ PAN	-Air Search: Thomson-CSF DRBJ 11B, 3D, E/F-band Thales DRBV 26D Jupiter, D-band -Air/Surface Search: Thomson-CSF DRBV 15C Seatiger Mk2, E/F-band -Navigation: 2 Racal 1229(DRBN 34A), I-band -Fire Control: Thomson-CSF Arabel 3D, I/J-band -Tacan: NRBP 20A
France	Amphibious	Mistral	LHDM/ BPC	-Air/Surface Search: Thales MRR 3D, G-band -Navigation: 2 Racal-Decca Bridgemaster E 250 (DRBN 38A), I-band

France	Amphibious	Foudre Siroco	LSDH/ TCD90	-Air/Surface Search: Thomson-CSF DRBV 21A Mars, D-band -Navigation: 2 Racal-Decca DRBN 34A, I-band (1 for hero control)
France	CV	Charles De Gaulle	CVNM/ PAN	-Air Search: Thomson-CSF DRBJ 11B, 3D, E/F-band Thales DRBV 26D Jupiter, D-band -Air/Surface Search: Thomson-CSF DRBV 15C Seatiger Mk2, E/F-band -Navigation: 2 Racal 1229(DRBN 34A), I-band -Fire Control: Thomson-CSF Arabel 3D, I/J-band -Tacan: NRBP 20A
	Amphibious	Mistral	LHDM/ BPC	-Air/Surface Search: Thales MRR 3D, G-band -Navigation: 2 Racal-Decca Bridgemaster E 250 (DRBN 38A), I-band
	Amphibious	Foudre Siroco	LSDH/ TCD90	-Air/Surface Search: Thomson-CSF DRBV 21A Mars, D-band -Navigation: 2 Racal-Decca DRBN 34A, I-band (1 for hero control)
India	CV	Modified Kiev Vikramaditya	CVGM	-Air Search: Flat screen(Podberyozovik-ET2), 3D, E/F-band -Air/Surface Search: Top Plate(Fregat MAE-3), 3D, E/F-band -Surface Search: 2 Strut Pair, F-band -Navigation: Sperry Bridgemaster E, E/F/I-band
	CV	Hermes Viraat	CVM	-Air Search: Bharat RAWL-02 Mk 3(LW08), D-band -Air/Surface Search: Bharat RAWL(PFN 513), E/F-band -Fire Control: IAI/Elta EL/M-2221, Ka-band -Nevigation: 2 Bharat Rashmi, I-band -Tacon: FT 13-S/M
	CV	Indigenous Vikrant	CVM	-Air Search: Selex RAN-40L, 3D, D-band -Air/Surface Search: EL/M-2248 STAR, S-band -Surface Search: To be announced -Navigation: To be announced
Italy	CV	Cavour	CV	-Long-range Air Search: SPS 798(RAN-40L), D-band -Air Search & missile guidance: Alenia Marconi EMPAR(European Multifuntion Phased Array Radar), G-band -CCA: SPN-41,J-band, Finnemeccanica SPN 720(V)5, I-band -Surface Search: SPS-791(RAN-30X/I), I-band -Fire Control: 2 Alenia Marconi NA 25XP, I-band -Navigation: SPN-753G(V), I-band -Tacan: SRN-15A
	Amphibious	Garibaldi	LPH	-Long-range Air Search: Hughes SPS-52C, 3D, E/F-band -Air Search: Selenia SPS-768(RAN 3L), D-band -Air/Surface Search: Selenia SPS-774(RAN 10S), E/F-band -Surface Search/target Indication: SMA SPS-702 UPX, 718 beacon, I-band -Navigation: ARPA SPN-753G(V), I-band -Fire Control: 3 Selenia SPG-75(RTN 30X), I/J-band 3 Selenia SPG-74(RTN 20X), I/J-band -CCA: Selenia SPN-728(V)1, I-band -IFF: Mk XII -Tacan: SRN-15A
Japan	CV	Hyuga	CVHG	-Air Search/Fire Control: Melco FCS-3, G/H/I-band -Navigation: JRC OPS-20C, I-band
	CV	Izumo	CVHG	-Air Search: OPS-50 -Surface Search: OPS-28

Korea	Amphibious	DOKDO[1]	LPD	-Air Search: Thales SMART(Signaal Multibeam Acquisition Radar for Tracking) L, 3D, L-band -Surface Search: Signaal MW08, G-band -Navigation: To be announced -CCA: Galileo Avionica SPN-720, I-band
Portugal	Amphibious	?	LPD	-Air/Surface Search: 3D radar to be announced -Surface Search: to be announced -Navigation: to be announced
Russia	CV	Kuznetsov[2]	CVGM	-Air Search: Sky watch; 4 Planar phased arrays, 3D -Air/Surface Search: Top plate B, D/E-band -Navigation: 3 Palm Frond, I-band -Fire Control: 4 Cross Sword(for SAM), G/K-band 8 Hot Flash, J-band -Aircraft Control: 2 Fly Trap B, G/H-band -Tacan: Cake Stand -IFF: 4 Watch Guard
	Amphibious	Mistral Vladivostok	LHD	-Air/Surface Search: Thales MRR-3D NG, G-band -Navigation: To be announced
Singapore	Amphibious	Endurance	LPDM	-Air/Surface Search: Elta EL/M-2238, E/F-band -Navigation: Kelvin Huges Type 1007, I-band
Spain	Amphibious	Galicia	LPD	-Surface Search: TRS 3D/16(L 52), G-band -Surface Search: Kelvin Hughes ARPA, I-band -Navigation/helo control: I-band
	Amphibious	Juan Carlos I	LHD	-Air Search: Indra Lanza, D-band -Surface Search/Navigation: 3 Indra Aries, I-band -Navigation: Sperry Marine Vision Master, I-band
Thailand	CV	Chakri Naruebet	CVM	-Air Search: Hughes SPS-52C, E/F-band -Surface Search: SPS-64,I-band(To be fitted) -Fire Control: To be fitted -Navigation: Kelvin Hughes, I-band -Aircraft Control: Kelvin Hughes, E/F-band -Tacan: URN 25
	Amphibious	Endurance Angthong	LPD	-Air/Surface Search: Scanter 4100, I-band -Navigation: To be announced
UK	CV	Queen Elizabeth	CV	-Air Search: Thales Type 1046(S 1850M), D-band -Air/Surface Search: BAE Insyte Type 997(ARTSAN, Advanced Radar Target Indication Situational Awareness and Navigation), 3D, E/F-band -Navigation: Sperry Marine VisionMaster -PAR: Selex Galileo SPN-720, I-band
	Amphibious	Invincible Illustrious	LPH	-Air Search: Marconi/Signaal Type 1022, D-band -Air/Surface Search: BAE Insyte Type 996, E/F-band -Navigation:2 Kelvin Hughes Type1007,I-band 1 Racal Decca 1008, E/F-band -CCA: Finmeccanica SPN720 (V)5, I/J-band -Tacan: TRN 26(M)
	Amphibious	? Ocean	LPH	-Air/Surface Search: BAE Insyte Type 997(ARTISAN), E/F-band -Surface Search: Racal Decca 1008, E/F-band -Surface Search/aircraft control: 2 Kelvin Hughes Type 1007, I-band -IFF: Type 1016/1017
	Amphibious	Albion	LPD	-Air/Surface Search: BAE Insyte Type 996, E/F-band -Surface Search: Racal Decca 1008, E/F-band -Surface Search/aircraft control: 2 Kelvin Hughes Type 1007, I-band -IFF: Type 1016/1017

US	CV	Gerald R Ford	CVN	-Air Search: Dual Band Radar(DBR); Raytheon SPY-3, 3D, X-band Lockheed Martin SPY-4 Volume Search Radar(VSR), 3D, E/F-band -Navigation: SPS-73V(18) -Fire control: 4 Mk95, I/J-band (2 per GMLS 29 launchers) -Tacan: URN-25
	CV	Nimitz	CVNM	-Air Search: 1) ITT SPS-48E, 3D, E/F-band 2) Raytheon SPS-49(V)5, C/D-band(CV-71/72/75) or SPS-49A(V)1, C/D-band(CV-68/69/70/73/74/76/77) 3) Hughes Mk 23 TAS, D-band(CV-71/72/75) or SPQ-9B(CV-68/69/70/73/74/76/77) -Surface Search: Norden SPS-67(V)1, G-band -CCA: SPN-41, SPN-43C, 2 SPN-46, J/F/K-band TPX-42A Direct Altitude and Identity Readout(DAIR) -Navigation: Raytheon SPS-64(V)9(CV-71/72/75) or SPS-73(V)12(CV-68/70/73/74) or SPS-73(V)17, I/J-band(CV-69/76/77) -Fire control: 4 Mk 95, I/J-band(2 per GMLS 29 launchers) -Tacan: URN-25
	Amphibious	Tarawa	LHDM	- Air Search : ITT SPS-48E, E/F-band Lockheed SPS-40E, B-band Hughes Mk 23 TAS, D-band -Surface Search: Raytheon SPS-67(V)3, G-band -Navigation: Raytheon SPS-73, I-band -CCA: SPN-35A, SPN-43B -Tacan: URN25 -IFF: CIS Mk XV/UPX-36
	Amphibious	Wasp	LHDM	- Air Search : ITT SPS-48E, 3D, E/F-band Raytheon SPS-49(V)9, C/D-band Hughes Mk 23 TAS, D-band SPQ-9B(LHD 8 on build LHD 7 in 2007) -Surface Search: Norden SPS-67, G-band -Navigation: SPS-73, I-band -CCA: SPN-35B(LHD1~7), SPN-35C(LHD8) & SPN-43C -Fire control: 2 Mk 95, I/J-band. SPQ-9B(LHD8) -Tacan: URN25 -IFF: CIS Mk XV UPX-29
	Amphibious	America	LHA	- Air Search : ITT SPS-48E(V)10, 3D, E/F-band Raytheon SPS-49A(V)1 SPQ-9B -Surface Search/Navigation: 2 SPS-73, I-band -CCA: SPN-35C, SPN-41A & SPN-43C -Tacan: URN25 -IFF: CIS UPX-29

* 1) 독도함의 'MW08' 레이더는 'SPS-540K'로 교체될 예정임.
2) 러시아의 Kuznetsov의 'Cross Sword(s)' 레이더는 Jane's에는 'K-band'이지만 wikipedia는 'G/K-band'로 되어 있음. 즉, G-band는 최대 45 km 거리의 타겟 취득을 위해, K-band는 최대 15 km 거리의 타겟을 실제 속행을 핸들링하기 위해 사용이 된다.

다음으로 레이더의 종류는 어떤 것들이 있을까? [표 6-7]에서도 분류를 대략으로 하였지만 대략 다음과 같은 것들이 있다.

- 해수면/표면 탐색용
- 항공기 탐색용
- 사격 통제용

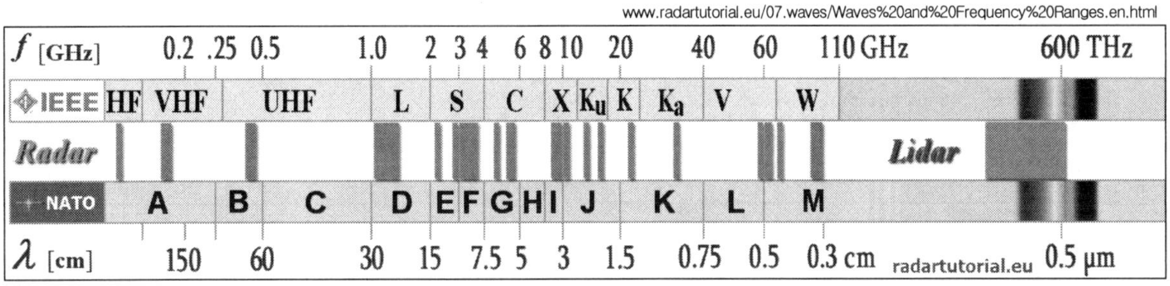

[그림 6-17] Band의 종류와 영역

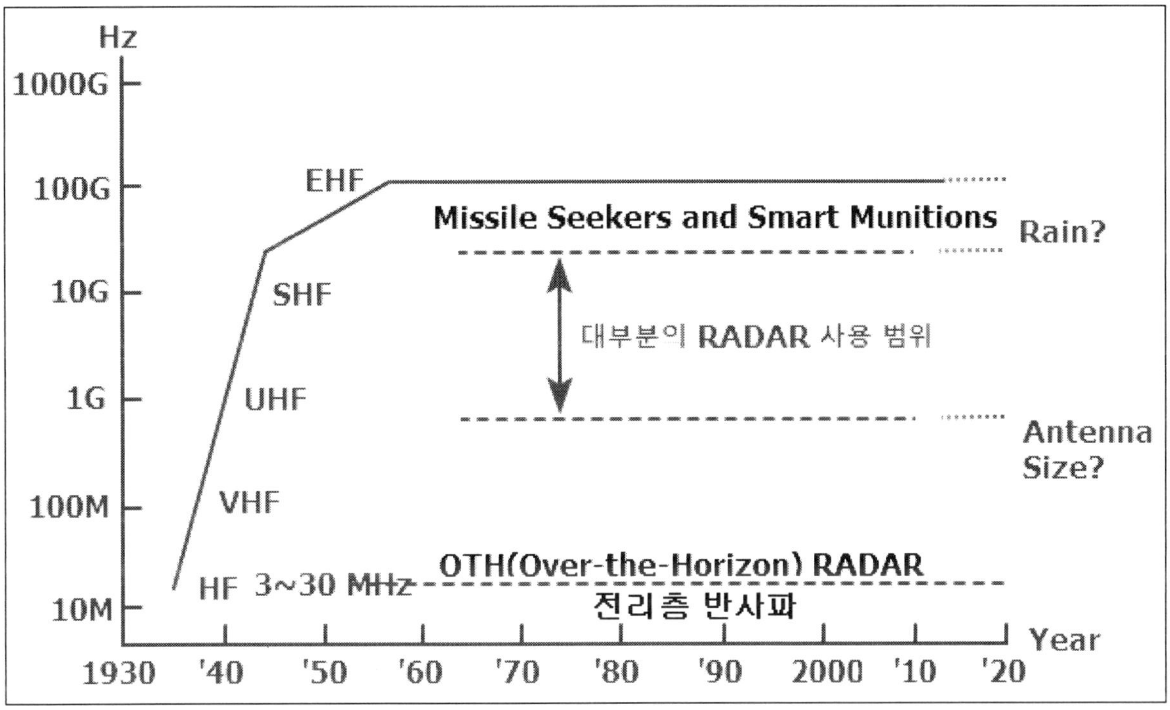

[그림 6-18] 레이더 주파수의 사용 범위

- 다기능용
- CCA 용 : 항모 제어 접근(CCA, Carrier Controlled Approach)
- 함정/선박 내비게이션용

이런 종류는 기능적으로 분류가 되었지만 이것은 주파수 Band 등과 매우 밀접한 관계가 있다. 우선 주파수에 관하여 살펴보면 그 Band는 [그림 6-17]과 같다. 그림에서 보듯이 IEEE(Institute of Electrical and Electronics Engineers)와 NATO에서 정의한 것이 다르다.

그러므로 정의를 한 것이 어떤 기준에서 정의를 했는지 먼저 살펴볼 필요가 있다. 군에서 사용하는 레이더를 중심으로 정리를 하면 다음과 같이 [그림 6-18]과 [표 6-8]로 정리가 될 수 있다.

[표 6-8] 각 Band의 물리적 특성과 적용

band 구분						
	NATO	D-	E/F-	G- or G/H-	I/J-	K-
	IEEE	L-	S-	C-	X- & Ku-	K- & Ka-
Frequency		1GHz~2GHz	2GHz~4GHz	4GHz~8GHz	8GHz~12GHz	20GHz~40GHz
Attenuation 감쇠		Small <--->Large				
Transmitting power		Small <--->Large				
Antenna 크기		Large<-->Small				
대표 Radar		-Air Traffic Management (ATM); long-range surveillance -Air Route Surveillance Radar(ARSR); long-range surveillance	-Medium Power Radar (MPR) -Special Airport Surveillance Radars(ASR)	-mobile military battlefield surveillance -missile-control -ground surveillance	-airborne radars for performing the roles of interceptor, fighter, and attack of enemy fighters and of ground targets -military navigation -Synthetic Aperture Radar(SAR); military electronic intelligence	-Surface Movement Radar (SMR) -Airport Surface Detection Equipment (ASDE)
항모 적용		-long-range air-surveillance; ~400 km	-meadium-range air-surveillance; ~100 km	-air-surveillance radars use an antenna feed with circular polarization often	-	-

그럼, 해수면 탐색 레이더부터 차례로 살펴보도록 한다.

해수면 탐색 레이더의 주요 기능은 정확한 거리 범위 및 수면에 있는 타켓의 방위를 탐색하고 결정하는 것이다. 또한 그 대상은 낮게 나는 항공기도 포함이 된다. 그리고 이 레이더는 안테나로부터 시선(LOS, Line-Of-Sight) 거리 내의 모든 대상에 대해 360° 탐색을 유지하는 것이다. 해수면 탐색 레이더의 최대 거리범위 요구 사항은 주로 레이더 수평선에 의해 제한되어 있기 때문에 고주파수가 이러한 선박 마스트 헤드 구조와 잠수함의 잠망경 작은 목표를 사하는 영역에서 최대 반사를 얻어내기 위해 사용된다. 좁은 펄스폭이 짧은 거리에서 다양한 해상도의 높은 수준을 취득하고 더 큰 범위의 정확도를 달성하기 위해 이용된다. 고 펄스 반복 속도가 최대 목표 탐색 크기를 정의하기 위해 사용된다. 중간 피크 전력은 LOS 거리에서의 작은 타겟을 탐색하기 위해 사용할 수 있다. 넓은 수직 빔 폭은 제 함정의 파도에 의한 피칭과 롤링에 대한 보상으로 또한 낮은 고도에서 비행하는 항공기를 탐색하는데 사용된다. 좁은 수평 빔폭은 방위에 대한 정확한 탐색과 좋은 해상도를 위해 사용된다.

대표적인 해수면 탐색 레이더는 AN/SPQ-9, AN/SPS-10, AN/SPS-55, AN/SPS-60, AN/SPS-64, AN/SPS-67, AN/SPS-73 등이 있다.

항공기 탐색 레이더의 기본 기능은 항공기 타겟을 탐색하고, 표면으로부터 고도까지 전체 360° 감시를 유지하면서 상대적으로 큰 영역에 걸쳐 범위 및 방위를 결정하는 것이다. 이 레이더는 최소 반향 감쇠를 가지고 장거리 전송을 용인하면서 상대적으로 낮은 레이더 주파수를 가지고 있다. 이 레이더들은 넓은 펄스폭과 장거리에서 작은 타겟을 탐색하는데 도움이 되는 높은 피크 파워와 측정 가능한 최대 거리 범위를 더 크게 허용하도록 낮은 펄스 반복 속도를 사용한다. 넓은 수직 빔폭은 상대적으로 높은 고도에 해수면에서 표적의 탐지를 확인하고 함정의 피치와 롤을 보상하는 데 도움이 되며 중간 수평 빔폭은 360°의 검색 범위를 유지하면서 상당히 정확한 방위 해상도를 위해 사용된다.

높이를 찾는 고도 레이더는 목표물을 정확하게 탐색하기 위해 전자적 또는 기계적으로 상하로 이동하는 매우 좁은 수직 빔을 사용한다. 전자 방법은 수직면을 따라 주파수 주사 패턴을 생성한다. 안테나에서 발생한 라인은 전체 커버리지를 보장하기 위해 필요한 빔 위치의 수를 나타낸다. 각 빔 위치는 안테나의 베이스에 관련하여 특정 각도 또는 단계로 설정된 약간 다른 방사 주파수에 대응하도록 되어 있다. 안테나 베이스가 안정되면, 초기 방사 주파수는 상부 빔을 설정한다. 주파수의 미세한 변화를 줘 제 2의 빔을 활성화하는 작업을 실시하고 전체 면을 커버할 때까지 이런 과정은 계속된다. 안테나 베이스가 불안정한 경우에는 Error 신호가 시스템의 구성 요소들에 의하여 나타나게 된다. 변화 결과는 선박의 피치와 롤 보상을 하면서 수직면의 전체 탐색을 보장하는 전송 주파수에서 일어난다.

높이를 찾는 고도 레이더는 항공기의 고도, 앙각 및 기울기 범위를 결정하는 데 사용되는 두 개의 수학적 요소를 제공한다. 항공기의 경사 범위는 레이더 빔을 따라 측정이 되는 레이더 안테나로부터 항공기의 거리이다. 상승각(앙각)과 경사 범위 모두가 확인되면 항공기 고도를 알아낼 수 있다. 계산 방법은 계산에 의해서 하거나 도표를 참조하거나 또는 레이더에 내장된 컴퓨터에 의해서 할 수 있다. 계산에 의한 고도를 찾으려면 경사 범위에 고도 각도의 sin을 곱하면 쉽게 해결이 된다. 계산된 값은 지구가 평평하다는 전제로 계산되었기 때문에 이 방법으로 발견한 고도는 지표에서 항공기의 실제 높이가 아니다. 그러나 대부분의 고도 레이더 지구의 곡률 오차 때문에 이를 보정하여 계산하는 회로를 가지고 있다.

이 레이더의 대표적인 기종은 AN/SPS-40, AN/SPS-48, AN/SPS-49, AN/SPS-52 등이 있다.

사격 통제 레이더는 타겟에 지속적으로 위치 데이터를 제공하는 레이더로 일명 '추적(Tracking) 레이더'라고도 한다. 군대에서 사용하는 대부분의 추적 레이더 시스템은 사격 통제 레이더이고 이 두 이름은 같은 의미로 사용되는 것이다. 사격 통제 레이더 시스템은 일반적으로 매우 좁은 원형 빔을 만들어 낸다. 사격 통제 레이더는 좁은 빔 패턴 때문에 원하는 타겟 대상이 있는 그 일반적인 위치로 레이더를 이동해야 한다. 이 장비 운영의 지정(Designation) 단계라고 부른다. 레이더 빔이 타겟의 일반적인 부근에 있을 때 레이더 시스템은 획득(Acquisition) 단계로 전환된다. 획득 단계 동안에 타겟을 찾을 때까지 레이더 시스템은 사전에 조정된 패턴에 따라 공간의 작은 부피를 검색한다. 타겟이 있는 경우에 레이더 시스템은 운영의 트랙(Track) 단계로 들어간다. 여러 가지 스캔 기술 중 하나를 사용하여 레이더 시스템은 자동으로 모든 대상 움직임을 따라 가게 된다. 즉, 레이더 시스템은 추적 단계에서부터 대상에 고정될 수 있는 것이다. 대부분 사격 통제 레이더의 타깃 처리 시퀀스에 공통으로 되어 있어 작동 운영 동작의 세 단계들은 순차적 모드로 하고 있다. 전형적인 사격 통제 레이더 특성은 매우 높은 PRF(Pulse Repetition Frequency), 매우 좁은 펄스 폭, 그리고 매우 좁은 빔폭을 가지고 있다. 극단적인 정확도를 제공하는 이러한 특성은 범위를 제한하고 초기 타겟 탐색하는 것은 어렵게 되는 것이다.

적대적 대상의 미사일을 유도하기 위해 사용되는 정보를 제공하는 사격 통제 레이더는 유도 레이더라고 한다. 미사일은 세 가지 기본 방법 중에 타겟을 가로채기 하기 위해 레이더를 사용한다. 빔 라이더(Beam-Rider) 미사일은 원하는 타겟에 지속적으로 지적 상태를 유지하는 레이더 에너지 빔을 따라간다. 호밍(자동 유도) 미사일은 타겟으로부터 반사되어 나온 레이더 에너지를 탐지하고 자동 유도한다. 반사된 에너지는 미사일 내 또는 발사 지점에 설치되어 있는 레이더 송신기에 제공되며 미사일에서 있는 수신기에 의해 검출된다. 수동 호밍 미사일은 타겟 대상에 의해 방사되는 에너지에 의해 자동 유도하게 된다.

대상의 위치를 항상 알 수 있어야하므로 유도 레이더는 일반적으로 사격 통제 추적 레이더의 일부가 되거나 또는 연관이 된다. 예들을 들면, 세 개의 레이더 빔이 미사일 전체 유도하기 위해 제공되어야 한다. 빔 라이드 미사일은 빔으로 발사되어야 하고 이것은 타겟에 빔을 타야만 한다. 처음에는 넓은 빔이 미사일 관리 권한을 가지기 위해 캡처 레이더에 의해 방사된다. 미사일이 캡처 빔 범위 내로 들어가게 되면 타겟에 미사일을 유도하기 위해 유도 레이더에 의해 좁은 빔이 방사된다. 캡처 및 유도 단계 등 2개 단계 모두 동안 추적 레이더는 표적을 추적하게 된다.

대표적인 레이더로는 AN/SPG-51D Missile Director, AN/SPG-60, AN/SPG-62 Illuminator, AN/SPN-35 Aircraft Control 등이 있다.

다기능 레이더 (MFR, Multifunction Radar)는 때때로 대공 방어와 같은 일부 응용 프로그램에 사용되는 레이더의 한 모음에 해당한다. 그 목적을 달성하기 위해 그 이전에 많은 다른 전용 레이더에 의해 수행되어 왔던 것들인 몇 가지 다른 기능을 수행한다. 수행되는 정확한 기능은 적용되는 것에 의존하지만, 최소한으로 다기능 레이더는 다수 타겟을 탐색하는 확대 적용범위와 동시 추적하는 기능 등을 제공한다. 하나의 센서는 단점이 있지만 능력이 있다면 여러 기능을 하나로 수행할 수 있는 것이다. 특히, 이 하나의 센서로부터 레이더의 총 시간 분배는 각 기능 사이에 공유해야 한다. 이 레이더 시간이 프리미엄에 있고 많은 실제 상황에서 적은 레이더 시간이 이상적으로 필요한 것보다 유용할 수 있음을 의미한다. 레이더 시간의 사용에 대하여 효율적 레이더 기술과 작업의 개발은 매우 중요하여 따라서 이 작업의 주요 초점을 형성한다.

MFR는 그러한 적응 PRF 파형 부호화, 전력 및 신호 처리와 같은 파라미터의 범위를 변화시키는 컴퓨터 제어를 사용하는 능력을 가진 안테나 빔의 전자 조향 등과 결합된다. 이것은 Volume 감시, 다중 타겟 추적, 미사일 통신 및 항공기 지원 및 탐색을 동시 수행할 수 있기 때문에 적용되는 기능은 종래의 다수 레이더를 MFR로 교체할 수 있는 것이다. 따라서 MFR은 특정 기능을 수행하기까지의 시간을 모두 투자하여 많은 수의 센서들을 대체하도록 시도한다. MFR이 기능의 효율적 활용이 달성될 경우에 그 다음 단계로 시간 관리의 문제가 매우 중요하다. 이 분야는 활발한 조사 및 연구가 진행이 되고 있고 시간 관리는 MFR 디자인에 있어서 두 번째로 중요한 요소인 것이다. 주파수의 선택, 충분히 좁은 트래킹 빔을 제공하기에 충분히 높은, 레이더 불요 반사파 구동 체적 탐색 모드의 제거를 허용한다. 그래서 낮은 레이더 등 레이더 시간의 배분은 검색 및 추적 모드 모두에서 레이더의 불요 반사파 제거에 필요한 지체할 시간을 제공하게 된다. **레이더는 '어디에 어떻게 장착하는지'에 따라 성능이 달라질 수 있다. 이에 우선 앞서 4장항**

Raven, 'Essex-class Carriers'

[그림 6-19] Essex Class 레이더와 안테나

공모함 설계 부분에서도 Island나 Mast에 레이더가 장착된 그림을 보여주었지만 오래된 사진이기는 하나 [그림 6-19] ~ [그림 6-25]와 같이 이곳에서 몇 장을 그림들을 통해 다시 한 번 강조를 하고자 한다.

Raven, 'Essex-class Carriers'

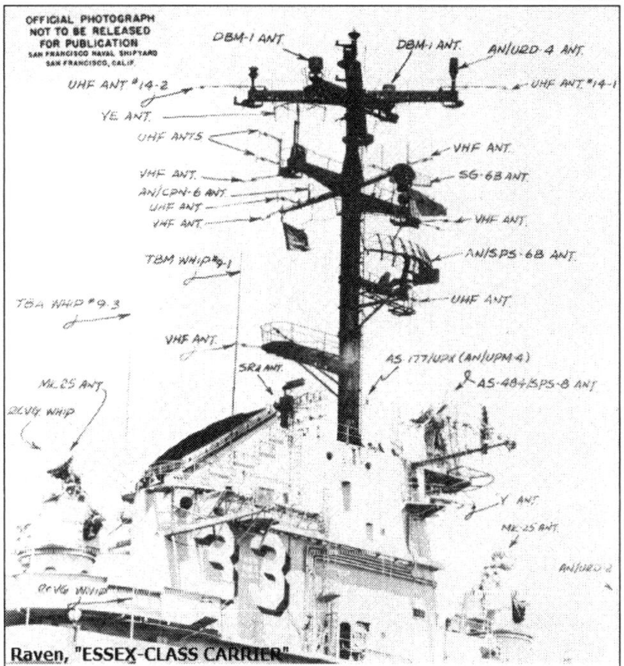

Raven, "ESSEX-CLASS CARRIER"
The island of the Keaysayge in January 1954. Of interest is the installation of the SRa radar. It was originally planned to fit paired SPS-6b radars for complete air search coverage, but as production was not able to meet this requirement, the second outfit became SR, which happened to have a detection range of 100 nautical miles as opposed to about 80 for the SPS-6b.

[그림 6-20]
Essex Class 레이더와 안테나

[그림 6-21]
Essex Class 레이더와 안테나

Raven, 'Essex-class Carriers'

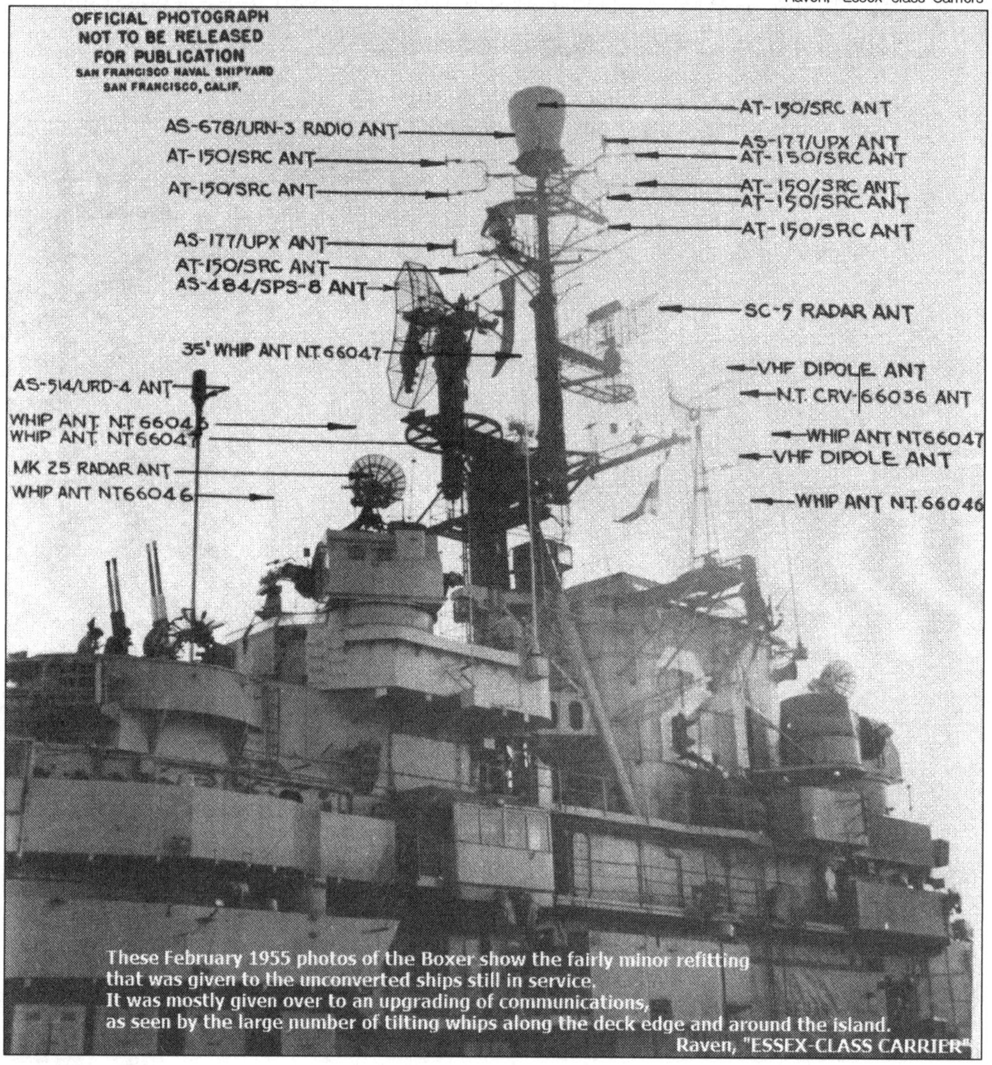

[그림 6-22] Essex Class 레이더와 안테나

Raven, 'Essex-class Carriers'

[그림 6-23] Essex Class 레이더와 안테나

Raven, 'Essex-class Carriers'

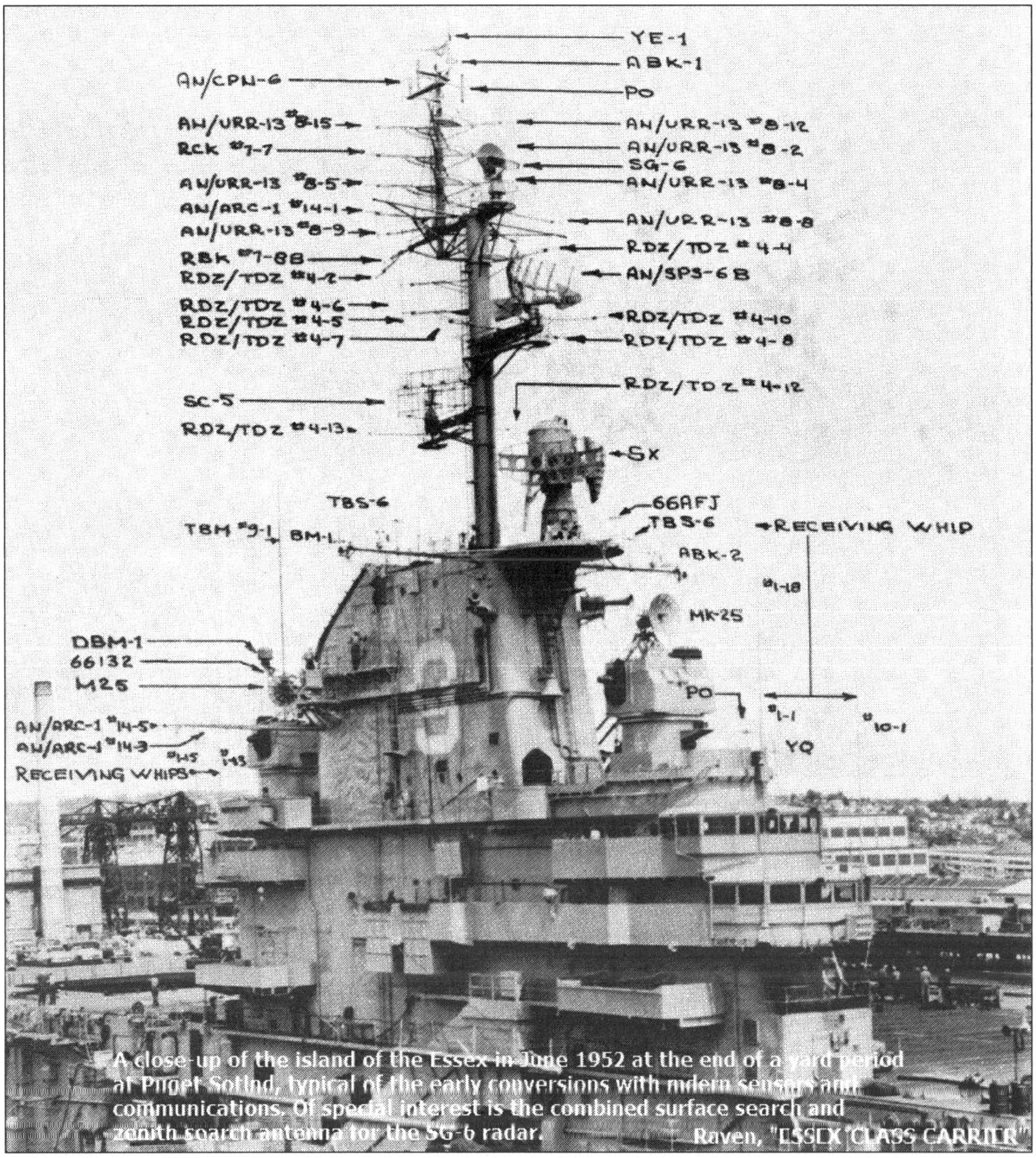

[그림 6-24] Essex Class 레이더와 안테나

함상 레이더에 대해 최적의 높이에 대하여 가장 최근의 아이디어는 아래쪽 16 m 지점에 S 밴드 Volume 검색 레이더(VSR, SPY-2)를 두고 높은 곳에 25 m에 X 밴드 다기능 레이더(MFR, SPY-3)를 두는 것이다. 이것은 SPY-2로 탄도 미사일 표적하고 SPY-3로 대함 미사일 대상에 탐색을 하면 최적의 기비리지를 제공할 것으로 판단이 된다. 아래쪽 낮은 곳에 S-band 대역 전파를 선호되는 것은 2차 세계 대전 때 S 대역의 전파 발해 Jammer 및 갑판 수준에 가까이에 둔 중국 인민 해방군의 해군 선박을 보면 그 이유를 알 수 있을 것이다. NTU(New Threat Upgrade) 함정에서 레이더 SPS-48E가 높은 마운팅 된 것을 SPY-1보다 낮은 데이터 레이트를 보상하기 위해 그 레이더 수평선을 증가시키려고 했던 시도가 있었다. SPY-1와 함께 사용하면서 최적의 장거리 탐지 및 추적을 위해 유리한 전송에서 많은 성능을 얻기를 원했던 것이다. 높은 데이터 레이트는 짧은 레이더 수평선을 보상한다. 즉, 16 m 높이에 있는 SPY-1는 우선 높이 있는 SPS-48E보다 짧은 거리에서 바다에서 레이더 등에 탐색되지 않게 낮게 나는 타겟(Sea Skimmer) 대상을 확인 인식할 수 있다. 빠른 스캔 속도가 SPY-1로 하여금 탐색하고 더 빨리 목표를 추적

Raven, 'Essex-class Carriers'

[그림 6-25] Essex Class 레이더와 안테나

하고 여전히 타겟를 끌어들이는 충분한 경고 시간을 제공할 수 있을 것이다. 낮은 데이터 속도로 높은 SPS-48E가 고 위험 바다 Skimmer를 탐색할 더 좋은 기회를 가지기 위해 고 각도 타겟에 대한 장거리 탐색 기능을 버리고 균형에 맞게 밸런스 맞추는 것이다. 도입 당시 SPS-48E의 처리는 실제로 우수한 SPY-1A를 위해 낮은 각도 타겟의 탐색에 사용이 되었다.

대표적인 레이더는 AN/SPY-1, AN/SPY-2 VSR, AN/SPY-3 MFR, AN/SPY Solid State, AMDR, DBR, HPDR, IROS3 등이 있다.

항모 제어 접근(CCA, Carrier Controlled Approach)과 지상 제어 접근(GCA, Ground Controlled Approach) 레이더는 본질적으로 같은 기반 버전 레이더이다. 다만, 대상만 다른 함정과 육지 차이이다. 전체 GCA 기능은 무선 통신 장치와 정밀 접근 레이더 장치 이외에 탐색 레이더를 포함한다. 함정 CCA 레이더는 함정의 움직임과 매우 복잡한 착륙 때문에 통상 GCA보다 훨씬 더 복잡한 시스템이다. 그러나 두 시스템은 제로 가시성에도 착륙하는 항공기를 안전하게 유도한다. 항공기가 최종 접근 및 착륙 순서가 진행되는 동안 탐색되고 관찰된다. 한 무리의 레이더들이 지상 제어 방식의 최종 중요한 단계에서 착륙 활공 경로에 해당하는 하강 라인 아래 및 그 과정을 따라 접근하는 항공기를 추적한다. 레이더는 교대로 하강 물론 접근하는 항공기의 라인을 추적하기 위해 모두 수직 및 수평면으로 스캔한다. 관제사는 안전한 착륙을 달성하는 데 필요한 활공 경로 또는 코스 변경에 관하여 무선으로 파일럿에게 조언을 한다. 안내 정보는 음성 무선 지시 또는 자동조종으로 파일럿에게 제공될 수 있다.

이 종류의 레이더 중 대표적인 것으로 AN/SPN-35, AN/SPN-41, AN/SPN-42, AN/SPN-43, AN/SPN-44, AN/SPN-45, AN/SPN-46 등이 있다.

선박용 탐색 내비게이션 레이더는 해안 지역과 가까운 부두에서 탐색할 수 있도록 하기 위해 큰 함정에는 장착이 되어 있다. 2900~3100, 5460~5650 및 9300~9500 MHz의 주파수 대역이 이 목적을 위해 할당된다. 9300~9500 MHz 대역은 매우 높은 해상도를 제공할 수 있고 고 기능 레이더를 사용하기가 적합하기 때문에 가장 많이 사용되는 주파수 대역이다. 더욱 9300~9500 MHz의 레이더는 여러 레이더가 동일한 지리적 영역에 동일한 주파수에서 또는 근처에서 동작되더라도 작동하기 위해 유해한 간섭을 제거하는 간섭 제거 회로를 적용한다. 해상 무선 내비게이션 레이더에 대한 요구 사항은 SOLAS(International Convention for the Safety of Life at Sea) 조약의 IMO(International Maritime Organization) 안전 규정에 포함되어 있다. 이 레이더는 다음 세기에서도 잘 작동하는 것으로 판단이 되며 따라서 장거리 스펙트럼 사용 요구는 계속될 것으로 예상된다.

내비게이션용 레이더의 대표적인 것으로 AN/BPS-15과 AN/BPS-16 등이 있다. 그리고 아래 표들은 레이더 용도별로 비교할 수 있도록 좀 더 상세하게 정리를 한 것이다. '-' 표시는 내용이 없거나 확인할 수 없어 공난을 대신하여 표시를 한 것이다.

[표 6-9] Air/Surface 탐색 레이더

레이더	SEA GIRAFFE AMB	Thomson-CSF DRBV 15	Thomson-CSF DRBV 21	Thales MRR	PFN 513	EL/M-2248	EL/M-2238	SPS-774	Artisan
제작사	Saab	Thales	Thales	Thales	Thales/India	이스라엘	이스라엘	미국	BAE Systems
3D 여부	3D	-	-	3D	-	-	3D	-	3D
Target 높이(km)	20	-	-	-	30.48	-	-	10	-
Elevation(°)	70	-	-	70	-	-20~80	-	60	-
Range(km) for $2m^2$ target	180	110	110	180	185.2 or 130[1)]	250	350	170	200
# of Targets	-	-	-	-	-	-	-	-	900
band 형식	G/H	E/F	D	G	E/F	S	S	E/F	E/F
병식 (같은 종류 레이더)	AN/SPS 77	-Thomson-CSF TSR 3004 -Sea Tiger -Type 363	-TRS-3015 -Mars	-	Bharat RAWL	MF-STAR	STAR	-RAN 10S -Seagull S -Type 360	Type 997
탑재 항모	Canberra	Sao Paulo Kunlunshan	Sargento Aldea	Mistral	Viraat	Viraat	Endurance	Garibaldi	QE

* 1) 사이트 별로 차이가 있음

[표 6-10] Air 탐색 레이더

레이더	Type 381B	Type 346	Type 364	DRBJ 11B	DRBV 26D	Podberyozovik-ET2	Selex RAN-40L	Alenia Marconi EMPAR	AN/SPS-52	SPS-768	FCS-3/ OPS-50
제작사	China	China	China	Thales	Thales	India	이탈리아	이탈리아	미국	미국	일본
3D 여부	3D	-	-	3D	-	3D	3D	-	3D	-	-
Target 높이(km)	8	-	-	-	-	40	-	-	-	-	-
Elevation(°)	-	90	-	-	-	30	-	-	-	-	-
Range(km) for $2m^2$ target	100	400	300	366	280~370	500	400	170	370	220	450
# of Targets	-	-	-	-	-	-	-	300	-	-	300
band 형식	C	S/C	G/H	E/F	D	C	D L	G	E/F	D	E/H/I C/X
명칭 (같은 종류 레이더)	-Sea Eagle -RICE SHIELD -RICE SCREEN	Dragon Eye	-Seagull-C -SR64-C	-	Jupiter ER	-	-	-	-	RAN 3L	-OPS-50은 FCS-3의 제한된 버전
탑재 항모	라오닝	라오닝	Kunlunshan	Charles De Gaulle; SMART-S Mk2로 변경 중	Charles De Gaulle	Vikramaditya	Viraat	Cavour	Garibaldi	Garibaldi	Hyuga Izumo

레이더	SMART L	Lanza-N	S 1850M	SPY-3	AN/SPS-48E	AN/SPS-49	AN/SPS-49A (V)1	AN/SPS-49A (V)9	Mk 23 TAS	SPQ-9B	SPS-40E
제작사	Thales	인도	Thales	Raytheon	ITT Exelis	Raytheon	Raytheon	Raytheon	Hughes	미국	Lockheed
3D 여부	3D	3D	-	-	3D	-	-	-	-	-	-
Target 높이(km)	-	10	-	-	30	45.72	45.72	45.72	-	-	-
Elevation(°)	-	30(TBM)	-	-	65	-	-	-	75	-	-
Range(km) for $2m^2$ target	400~600	470	400	320	460	474	474	474	185	74	470
# of Targets	1000	-	1000	-	-	-	-	-	54	-	-
band 형식	D L	D	D	I X	E/F	L	L	C/D	D	X	B
명칭 (같은 종류 레이더)	-	Banda D	-SMART-L (개선된것) -Type 1046	-Dual Band Radar(DBR)	-	-	-	-	-	-	-
탑재 항모	Dokdo	Juan Carlos I	QE	Ford-class	니미츠 Wasp-class Tarawa-class	니미츠	니미츠	Wasp	니미츠	니미츠	Tarawa

[표 6-11] Surface 탐색 레이더

레이더	MW08	RAN-30X	TRS 3D	SPS-64	SPS-67(V)1	SPS-67(V)3	SPS-73(V)12
제작사	Signaal→ Thales	이탈리아	Airbus	Raytheon	Norden	Raytheon	Raytheon
3D 여부	3D	-	3D	-	-	-	-
Target 높이(km)	-	-	-	-	-	-	-
Elevation(°)	-	-	-	-	12	31	-
Range(km) for $2m^2$ target	32	200	200	93	104	104	-
# of Targets	20	-	-	-	-	-	200~300
band 형식	G	X	G	E/F or I/J	G(NATO) C(IEEE)	G(NATO) C(IEEE)	I
명칭 (같은 종류 레이더)	-	SPS-791	AN/SPS-75	-	-	-	-
탑재 항모	DOKDO	Cavour	Galicia	Chakri Naruebet	니미츠	Tarawa	America

[표 6-12] Fire Control 레이더

레이더	Type 347G	Thomson-CSF	EL/M-2221	Cross Swords
제작사	China	Thales	IAI/Elta	러시아
3D 여부	-	3D	-	-
Range(km) for $2m^2$ target	12	70	30	45
band 형식	I/J	I/J	X/Ka	G/K
명칭 (같은 종류 레이더)	-Rice Bowl -TR47C	Arabel	-STGR(Search Track & Guidance)	-
탑재 항모	Kunlunshan	Charles De Gaulle	Viraat	Kuznetsov

6.1.6 Combat Data systems

미 해군은 NTDS(Naval Tactical Data System)을 가지고 있다. 이것은 1950년대 미 해군에서 개발되고 1960년대에 실전에 적용이 된 하나의 컴퓨터하된 정보 처리 시스템이다. 서로 다른 함정들과 그들의 센서로부터 취득된 다양한 정보를 통해 전장에서 하나의 통일된 지도 등을 만들기 위해 고안이 되었고 그 정보가 각 함정과 무기에게 전달되어 활용이 될 수 있게 했던 것이다. 이 NTDS 시스템을 항공모함에 맞게 업그레이드 한 것이 ACDS(Advanced Combat Direction System)이다. 이것은 항공모함 버전에 맞게 전투 정보를 모으고 상관관계를 파악하여 중앙에서 자동으로 명령 및 제어하는 시스템이다.

비 Aegis 시스템의 핵심으로 이것은 타겟의 인지와 분류할 수 있는 능력을 제공하고, 교전의 우선순위를 정하고 실행하도록 하고, 비행기로 하여금 타켓을 인터셉트 하도록 진로를 정하고, 타겟의 정보를 교환하고, 그리고 연합전투 상황 하에서 서로 진행 중인 부대 사이에 또한 전투 부대 그룹 내에서 교전 명령을 내리는 등의 일을 하도록 돕게 된다. 이 ACDS는 각 함정의 센서, 무기 그리고 기밀 정보를 통합하여 전투 그룹의 전략 작전에 대하여 명령을 내리고 통제하도록 한다.

ACDS의 업그레이드 버전이 'Block 0'과 'Block 1'이다. Block 0 시스템은 완벽하게 NTDS 컴퓨터를 대체하여 현대적인 디스플레이 장비를 활용하는 것이고 새롭고 업그레이드 된 NTDS S/W와 연동이 되도록 한 것이다. Block 1은 ACDS Block 0 하에 있는 장비를 가지고 작동이 되며 S/W 능력이 한층 향상된 것이 탑재가 되어 있다. 이 Block 1은 개정된 교리에 따라 통합전략정보배포 시스템인 JTIDS(Joint Tactical Information Distribution System)가 포함이 되었다. 이것은 통합군과 연합군 사이에 상호정보교환이 가능하도록 하는 것이다. 또한 이 시스템에는 확대된 작전반경 및 추적 능력을 포함하였고 다양한 소스의 식별이 가능하도록 하였으며 디지털 지도를 활용하기 위해 국립지리정보국(NGA, National Geospatial-Intelligence Agency)과 연동이 되며 내장된 전투 훈련 시스템을 갖추고 있다.

그 내용이 정확하게 알려진 것은 많지 않지만 다른 항공모함을 보유한 국가들도 유사한 시스템을 가지고 있다. 다만 이름은 좀 더 다양하게 불리고 있다. 그리고 어떤 기업에서 개발이 되어 어떤 나라가 사용하는지에 따라 그 명칭도 차이가 나게 된다. 예를 들면, 해군의 군 작전 통합 시스템인 CMS (Combat Management System) 등은 Thales에서 개발이 되었으며 미 해군이 사용하는 ACDS 시스템은 Raytheon에서 개발하였다. 아래 표는 전 세계의 항공모함에서 사용되는 전투데이터 시스템을 요약 정리를 한 것이다.

[표 6-13] 항공모함에 적용된 Combat Data System

국가	구분	Class 함명	약어	Combat Data systems
Australia	Amphibious	Canberra	LHD	-Saab 9 LV Mk 3E -Link 16
Brazil	CV	Clemenceau Sao Paulo	CVM	-IPqM/Elebra SICONTA Mk 4 tactical system; -Links YB & 14. -Inmarsat
Chile	Amphibious	Foudre Sargento Aldea	LSDH	-STIDAV/SENIT 8-01 for close range air defence -Link 11(receive only) -INMARSAT
China	CV	Kuznetsov 라오닝	CVGM	?
	Amphibious	Yuzhao Kunlunshan	LPD	?
France	CV	Charles De Gaulle	CVNM/ PAN	-SENIT 8-05; Links 11, 14, & 16 -Syracuse 3 & FLEETSATCOM -AIDCOMER & MCCIS command support systems
	Amphibious	Mistral	LHDM/ BPC	-SENIT 9 combat data system -SIC 21 command support system for joint operation -Syracuse III, FLEETSATCOM & Inmarsat -Links 11, 16
	Amphibious	Foudre Siroco	LSDH/ TCD90	-STIDAV/SENIT 8-01 for close range air defence; Syracuse SATCOM -OPSMER command support system -Link 11(receive only) -INMARSAT
India	CV	Modified Kiev Vikramaditya	CVGM	Lesorub E
	CV	Hermes Viraat	CVM	-CAAIS action data automation -SATCOM
	CV	Indigenous Vikrant	CVM	?
Italy	CV	Cavour	CV	-'Horizon' derivative flag and command support system -Link 11 & 16; provision for Link 22 -Satcom.
	Amphibious	Garibaldi	LPH	-IPN 20 (SADOC 2) action data automation including Link 11 & 16. -SATCOM
Japan	CV	Hyuga	CVHG	Link 16
	CV	Izumo	CVHG	to be announced
Korea	Amphibious	DOKDO	LPD	Based on Tacticos
Portugal	Amphibious	?	LPD	to be announced
Russia	CV	Kuznetsov	CVGM	?
	Amphibious	Mistral Vladivostok\]	LHD	To be announced
Singapore	Amphibious	Endurance	LPDM	?
Spain	Amphibious	Galicia	LPD	SICOA(L 52); SATCOM; Link 11
	Amphibious	Juan Carlos I	LHD	-SCOMBA -SICOA(Amphibious command) -SATCOM -Link 11,16

Thailand	CV	Chakri Naruebet	CVM	Tritan derivative with Unisys UYK-3 & 20 computers
	Amphibious	Endurance Angthong	LPD	Terma C-Flex
UK	CV	Queen Elizabeth	CV	-BAE CMS-1 -Link 16
	Amphibious	Invincible Illustrious	LPH	-ADAWS 20 Ed 3; Link 11 & Siemens Plessey JTIDS Link 16 -JMCIS -SCOT 5 SATCOM -WECDIS -AIS -CSS -BOWMAN
	Amphibious	? Ocean	LPH	-Surface Ship Command System(DNA 2);Link 11 & 16 SAC -BOWMAN
	Amphibious	Albion	LPD	-ADAWS 20 Ed 3.1.2 -Thomson-CSF/Redifon/BAeSEMA/CS comms system -Marconi Matra SCOT 5 SATCOM -BOWMAN -Link 16 SAC -Link 11
US	CV	Gerald R Ford	CVN	CEC; USG-2A; Link 4, 11, 16
	CV	Nimitz	CVNM	-ACDS Block 0(CV-71/72/75) naval tactical & advanced combat direction systems; Links 4A, 11, 16 and Satellite Tadil J. GCCS (M) SATCOMs; SSR-1, WCS-3A(UHF DAMA), WSC-6(SHF), WSC-8(SHF), USC-38(EHF), SSR-2A(GBS) -SSDS Mk 2(CV-68/69/70/73/74/76/77) -To be back-fitted in all as part of the CAPSTONE combat system upgrade
	Amphibious	Tarawa	LHDM	-ACDS Block 0 -Advanced Combat Direction System to provide computerised support in control of helicopters and aircraft, shipboard weapons and sensors, navigation, landing craft control and electronic warfare. -Links 4A, 11 & 16 -SATCOM SRR-1, WSC-3(UHF), USC-38(EHF) -SMQ-11 Metsat
US	Amphibious	Wasp	LHDM	-ACDS Block 1 Level 2(LHD 1 & 7) & Block 0(LHD 2~6) -SSDS Mk2(LHD8,7,1(2014)) -Marine Tactical Amphibious C2 System(MTACCS) -Links 4A, 11(modified) & 16 -SATCOM SRR-1, WSC-3(UHF), USC-38(EHF) -SMQ-11 Metsat -Advanced Field Artillery TDS(LHD6~8)
	Amphibious	America	LHA	-SSDS Mk 2 Mod 4B, CEC USG-2A, Links 4A, 11(Modified) 16 & 22 -SATCOMS: SSR-1, SRC-xx(UHF), USC-38(EHF), URC-131(H)(HF), URC-139(VHF), CBSP & 1 WSC-6C(V)9(SHF) -SMQ-11 Metsa -Advanced Field Artillery TDS

US	Amphibious	Wasp	LHDM	-ACDS Block 1 Level 2(LHD 1 & 7) & Block 0(LHD 2~6) -SSDS Mk2(LHD8,7,1(2014)) -Marine Tactical Amphibious C2 System(MTACCS) -Links 4A, 11(modified) & 16 -SATCOM SRR-1, WSC-3(UHF), USC-38(EHF) -SMQ-11 Metsat -Advanced Field Artillery TDS(LHD6~8)
	Amphibious	America	LHA	-SSDS Mk 2 Mod 4B, CEC USG-2A, Links 4A, 11(Modified) 16 & 22 -SATCOMS: SSR-1, SRC-xx(UHF), USC-38(EHF), URC-131(H)(HF), URC-139(VHF), CBSP & 1 WSC-6C(V)9(SHF) -SMQ-11 Metsa -Advanced Field Artillery TDS

[표 6-14]는 [표 6-13] Combat Data System에서 나오는 'link'에 관한 내용을 도표로 정리를 한 것이다.

[표 6-14] 항모에서 주로 사용하는 NATO의 표준 TDL(Tactical Data Link)

Link No	STANAG[1]	Working Title	Final title/ description	통신	세대	Comments
4	5504	Ground to Air Data Link	Link4-TDL for the Control of Military aircraft	Point to Point	1st C/R-Series	Compatible to US TADIL C to be operated in NATO UHF (225-400 MHz) RF band
11	5511	Fast HF Automatic Link	Link11-Maritime Tactical Data Exchange	Broadcast	2nd M-Series	Compatible to US TADIL-A to be operated in the HF & NATO UHF RF bands
11B	5511 (Vol. II)		Link 11B-Tactical Data Exchange	Point to Point	2nd M-Series	Compatible to the US TADIL-B Ground to Ground TDL
14	5514	Slow Semi-Automatic Link	Link 14-Maritime TDL	Broadcast	1st D/M/S/E-Series	Ship-Ship & Ship-Shore (only few applications)
16	5516	High Capacity, ECM Resistant, Multifunctional, TDMA Link	Link16-ECM Resistant Tactical Data Exchange	Broadcast	3rd J-Series	Compatible to US TADIL-J (STANAG 4175-Technical Characteristics of MIDS)
22	5522 (Draft)	NATO Improved Link 11-(NILE)	Link22		3rd J-Series	Under development (planned to replace Link 11)

* 1) STANAG : 나토 규약서

[표 6-15]는 [표 6-13]Combat Data System을 좀 상세하게 설명한 것으로 각 시스템 별로 정리를 하여 비교를 할 수 있게 하였다.

[표 6-15] Combat Data System의 요약

명칭	주요 내용	대상 항모
Saab 9 LV Mk 3E	-회사:Saab -Combat Management System -hardware for maritime security missions -Communication solutions, video surveillance and designation of threats to a remote weapon station	Canberra
IPqM/Elebra SICONTA Mk 4	-회사:EMGEPRON -a tactical and weapons control system -installed in nearly any kind of ship or submarine, according to the user's requirements -small size and simple operation	Sao Paulo

STIDAV/SENIT 8-01	-for close range air defence	Sargento Aldea Siroco
SENIT 8-05	-회사:DCNS -프랑스의 CMS -2000개 목표 동시 추적 기능	Charles De Gaulle
AIDCOMER & MCCIS	-회사/기관:DIGINEXT -command support systems -AIDCOMER:Naval Programming Centre as Head of Development of Naval Command Systems -MCCIS:Maritime Command and Control Information System	Charles De Gaulle
SENIT 9	-회사:Thales -to centralize all data from the ship's sensors in the ship's command center -derived from the US Navy's Naval Tactical Data System (NTDS) -based on the tri-dimensional MRR3D-NG multi-role radar -operates on the C Band and incorporates IFF capabilities -connected to Link 11, Link 16, and Link 22 NATO communications systems	Mistral
SIC 21 command support system for joint operation	-회사:DGA, Thales -Operational command & control in joint and international contexts -Shipborne and land-based deployments -Worldwide networked users with other CCIS interoperability -A common technical core to federate maritime information applications	Mistral
OPSMER	-회사:Thales -command support system	Siroco
Lesorub E	-회사:AGAT -Automated Combat Management System -computer-aided processes of decision-making on combat employment of shipborne and tactical formation weapons	Vikramaditya
CAAIS	-computer-assisted action information systems	Viraat
Horizon	-derivative flag and command support system	Cavour
IPN 20 (SADOC 2) action data automation	-SADOC 2:Version 2 of the original SADOC system(the original naval command system developed by AMS for the Italian Navy) -IPN 20:Export designation for SADOC-2	Garibaldi
Tacticos	-회사:Thales -One CMS for Warfighting and Maritime Security Operations -TACTICOS combines Combat Operations and Maritime Security Operations in one CMS -Set up networks in coalitions with secure internet access with ease -Quickly recognize traffic trends and anomalous behaviour -Discover relations between contacts of interest emitting AIS and ADS-B -See compact and light-weight consoles fitting large and small naval vessels -Apply 3D net-centric training integrated in TACTICOS	DOKDO
SICOA	-	Galicia Juan Carlos I
SCOMBA	-회사:SCOMBA -flexible and scalable Combat System -the solution required by a wide range of different warships	Juan Carlos I
Tritan	-derivative with Unisys UYK-3	Chakri Naruebet
Terma C-Flex	-회사:Terma -Situational Awareness and Track Management ->500 tracks with multiple sources fusion and correlation -HELO and RHIB control features	Angthong

BAE CMS-1	-회사:BAE -integrator of combat management systems (CMS) for the UK Royal Navy's surface and sub-surface fleet	QE
ADAWS 20 Ed 3	-Action Data Automation Weapons System -a computer system designed to coordinate the ship's weapons and sensors -based on two Ferranti FM1600 computers -integrated the identification, tracking and engagement of targets into a single system	Illustrious Albion
Siemens Plessey JTIDS	-회사:Siemens -Joint Tactical Information Distribution System -an L band TDMA network radio system	Illustrious
JMCIS	-Joint Maritime Command Information System -single integrated Command, Control, Communications, Computers and Intelligence (C4I) system	Illustrious
Marconi Matra SCOT 5	-satellite communications system	Illustrious Albion
WECDIS	-회사:Lockheed Martin -Warship Electronic Chart Display And Information System -the way warships, supply and support ships and submarines plan their routes	Illustrious
AIS	-Association for Information Systems -Marine Traffic, Global Ship Tracking	Illustrious
CSS	-Combat service support -미 국방부 시스템 -a subset of military logistics -supporting readiness for combat operations	Illustrious
BOWMAN	-영국군이 사용하는 tactical communications system -C4I system of of HF radio, VHF radio and UHF radio sets	Illustrious Ocean Albion
Surface Ship Command System(DNA 2)	-회사:BAE Systems -Royal Navy's newest command system	Ocean
Thomson-CSF/Redifon/BAeSE MA/CS comms system	-Cooperative Engagement Capability -Redifon:distributed radio and TV signals in UK -MA/CS:Multi-Agency Coordination System	Albion
CEC USG-2A	-selected Aegis cruisers and destroyers, LPD 17/LHD amphibious ships, and CVN 68 class aircraft carriers.	Gerald R Ford America
SSDS Mk 2	-Ship Self-Defense System -a combat system specifically designed for anti-air defense of aircraft carriers, and most other non-Aegis United States Navy combat ships	Nimitz Wasp
CAPSTONE	-Capstone Requirements Document for Combat Identification	Nimitz
MTACCS	-Marine Tactical Amphibious C2 System -Tactical Combat Operations System (TCO) for ground command and control (C2)	Wasp
Advanced Field Artillery TDS	-Advanced Field Artillery Tactical Data System (AFATDS)	Wasp America
SSDS Mk 2 Mod 4B	-SSDS Mod 4:for LHA-6 class amphibious ships -automated fire-support Command and Control (C2) system	America
SMQ-11 Metsa	-Advanced Field Artillery TDS	America

[표 6-16]은 현재의 항공모함에서 사용되는 무기통제시스템을 정리한 것이다.

[표 6-16] 각 항공모함의 Weapon Control System

국가	구분	Class 함명	약어	Weapon Control Systems
Australia	Amphibious	Canberra	LHD	?
Brazil	CV	Clemenceau Sao Paulo	CVM	2 Sagem DMa optical directors
Chile	Amphibious	Foudre Sargento Aldea	LSDH	2 Sagem DIBC-2A VIGY-105 optronic systems
China	CV	Kuznetsov	CVGM	To be announced
	Amphibious	Yuzhao Kunlunshan	LPD	?
France	CV	Charles De Gaulle	CVNM/PAN	?
	Amphibious	Mistral	LHDM/BPC	?
	Amphibious	Foudre Siroco	LSDH/TCD90	2 Sagem DIBC-2A VIGY-105 optronic systems (for 30 mm guns)
India	CV	Modified Kiev	CVGM	?
	CV	Hermes	CVM	?
	CV	Indigenous	CVM	?
Italy	CV	Cavour	CV	-Galileo Avionica SASS optronic director -2 Alenia NA25XP
	Amphibious	Garibaldi	LPH	-3 Alenia NA 30E electro-optical back-up for SAM -3 Dardo NA21 for guns
Japan	CV	Hyuga	CVHG	?
	CV	Izumo	CVHG	?
Korea	Amphibious	DOKDO	LPD	?
Portugal	Amphibious	?	LPD	to be announced
Russia	CV	Kuznetsov	CVGM	-3 Tin Man optronic trackers -2 Punch Bowl SATCOM datalink -2 Low Ball SATNAV -2 Bell Crown & 2 Bell Push datalinks
	Amphibious	Mistral Vladivostok	LHD	To be announced
Singapore	Amphibious	Endurance	LPDM	CS Defence NAJIR 2000 optronic director
Spain	Amphibious	Galicia	LPD	?
	Amphibious	Juan Carlos I	LHD	?
Thailand	CV	Chakri Naruebet	CVM	?
	Amphibious	Endurance	LPD	Terma C-Flex
UK	CV	Queen Elizabeth	CV	?
	Amphibious	Invincible	LPH	Rademec optronic director
	Amphibious	?	LPH	?
	Amphibious	Albion	LPD	2 Ultra UECCS EOSS optronic directors(L15)
US	CV	Gerald R Ford	CVN	SSDS Mk II
	CV	Nimitz	CVNM	3 Mk 91 Mod 1 MFCS directors(part of the NSSMS Mk 57 SAM system0
	Amphibious	Tarawa	LHDM	?
	Amphibious	Wasp	LHDM	-2 Mk 91 MFCS(LHD 1~6) -2 Mk 9 MFCS(LHD7~8)
	Amphibious	America	LHA	2 NSSMS Mk 132 Mod 2 with 2 Mk 9 MFCS

[표 6-17] Weapon Control System의 요약

명칭	대상 항모
Sagem DMa optical director	Sao Paulo
Sagem DIBC-2A VIGY-105 optronic system	Sargento Aldea Siroco Charles de Gaulle
Galileo Avionica SASS optronic director	Cavour
Alenia NA25XP	Cavour
Alenia NA 30E electro-optical back-up for SAM	Garibaldi
Dardo NA21 for guns	Garibaldi
CS Defence NAJIR 2000 optronic director	Endurance
Tin Man optronic trackers	Kuznetsov
Punch Bowl SATCOM datalink	Kuznetsov
Low Ball SATNAV	Kuznetsov
Bell Crown & 2 Bell Push datalinks	Kuznetsov
Terma C-Flex	Endurance
Rademec optronic director	Invincible
Ultra UECCS EOSS optronic directors(L15)	Albion
SSDS Mk II	Gerald R Ford
3 Mk 91 Mod 1 MFCS directors(part of the NSSMS Mk 57 SAM system0	Nimitz
Mk 91 MFCS	Wasp(LHD 1~6)
Mk 9 MFCS	Wasp(LHD 7~8)
NSSMS Mk 132 Mod 2 with 2 Mk 9 MFCS	America

6.2 항공모함의 작전

6.2.1 항공모함의 작전

실제 전투 작전에서 승리를 하려면 다양한 요소가 있어야 하고 이를 통합적으로 운용이 될 때만이 그것이 가능하다. 이런 점에서 항공모함은 무엇보다도 중요한 시스템을 갖추고 있다. 하드웨어로서 항공모함과 각종 기기 및 장비들과 이를 운용할 수 있는 소프트웨어 그리고 이를 실제적으로 운용하는 지휘관과 장병들이 제대로 결합이 되었을 때 그 목적을 달성할 수 있는 것이다. 운용하는 시스템은 체계화 되어 있어야 하고 하드웨어를 잘 처리를 해야 하는 것이다. 이런 점에서 항공모함의 작전은 우수한 하드웨어를 목적에 맞게 통제하는 방안이 우선이 되어야 한다. 소프트웨어가 독립적이기보다는 하드웨어와 결합된 하나의 시스템인 것이다.

항공모함은 항공모함 전단으로서 집단적/집합적으로 작전을 수행하게 된다. 또한 현대전은 통합군을 통해 다양한 방안에서 협력을 해야 승리를 할 수 있는 것이다. 전쟁의 양상에 따라 1개 국가의 전투력이 아니라 연합군의 성격도 포함이 되는 경우가 많다. 특히 항공모함이 출격을 했을 때는 상당한 효과를 기대하게 되는데 이런 상황을 효과적으로 만들기 위해 통합군, 연합군 등 다양한 결합의 형태를 유지하게 되는 것이다. 통합군으로 참여하는 항공모함은 다음과 같이 통상적인 최종의 목표를 정하게 된다.

통합군은 타격, 공중전, 감시(Surveillance)를 수행하기 위해 해상 중심 공군력을 요구한다. 해상 중심 공군력은 제해 및 전력 배치를 하는 재래식 해군 기능을 제공할 뿐만 아니라 최고 수위 전투/갈등 상황 하에서 승리를 위해 필요한 통합군 요소들의 핵심 능력으로서 역할을 수행한다.

- 항모타격전단(CSG, Carrier Strike Group)은 전력의 규모가 커 작전의 핵심으로 군의 선택의 폭을 넘어 다양한 능력을 제공하기 위해 가장 효과적이고 효율적인 수단을 제공한다.
- 이런 요구되는 능력을 제공하기 위해 해군은 일련의 개념, 능력, 항모, 항모 항공단 그리고 CSG의 능력 향상 등을 추구한다.

Lexington Institute, " Aircraft Carrier (In)Vulnerability"

[그림 6-26] 해군의 항공모함에서 작전 계획 중인 모습

"NOBLE MARINER 2011"

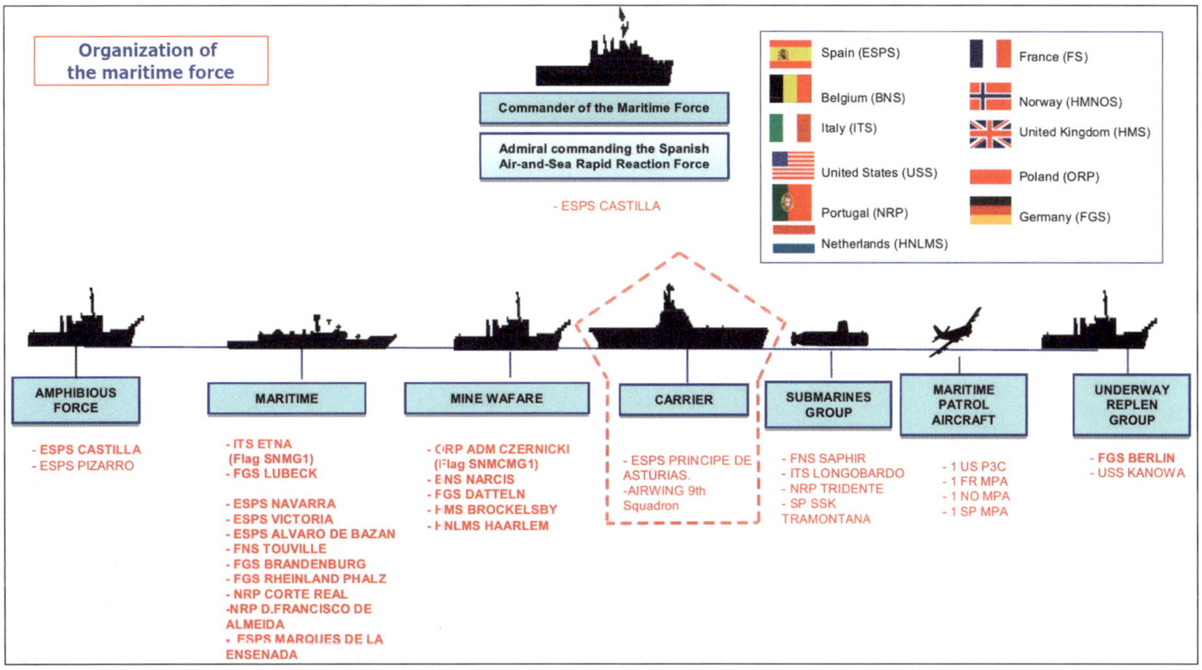

[그림 6-27] 2011년 유럽의 NATO Response Force (NRF 17)의 조식표

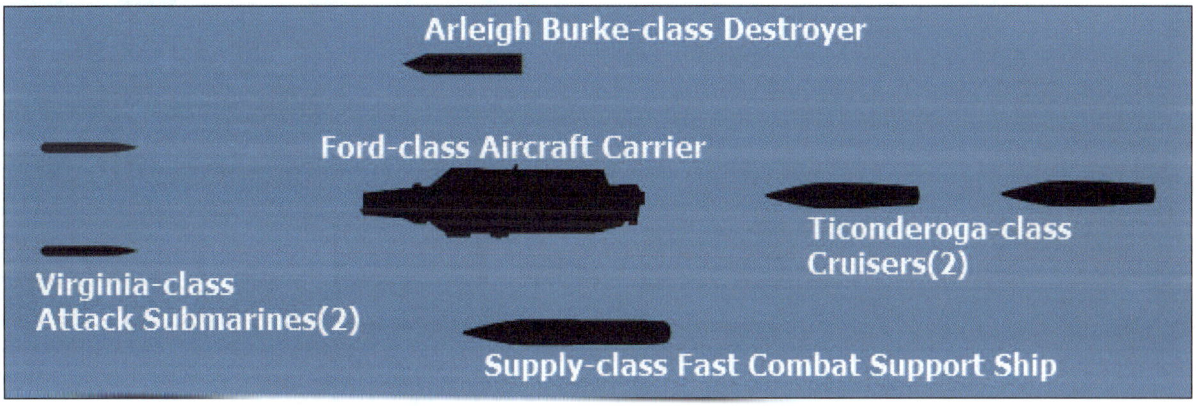

[그림 6-28] 미국의 포드 급 항모의 예측되는 항모전단의 구성

[그림 6-28]은 미국의 새로운 항모의 최소 항모전단의 모습이다. 또한 선투 상황에 따라 추가적으로 함대에 투입되는 함정이 있게 된다. 니미츠 급도 이와 유사하게 운영이 되고 있다. [그림 6-29]은 미 해군의 항모전딘의 내용을 요약한 것이다. 인원은 7500명, 항공기는 75대, 순양함 4~6척, 구축함 1척 등으로 구성이 되어 있다는 것을 볼 수 있다. 그리고 항공기는 5대의 E-2D, 5대의 EA-18G Growler, 44대의 F/A-18E/F/C, 19대의 MH-60 헬기 그리고 2대의 C-2A 수송기로 구성이 된 것을 알 수 있다. [그림 6-30]은 작전에 투입되는 니미츠 급 항모의 모습이다.

현재 항공모함이 필요로 하는 전투 상황은 다양하게 변화가 되어 왔다. 근본적으로 국가대 국가의 전투에서 바다를 사이에 두고 하는 전쟁은 다음과 같이 항공모함이 참여를 하게 하는 요소들이 있다.

[공중]

· 제공권의 우위 확보 및 제공권 패권 필요
· 영공에 대한 영역 확대 필요

· 시간의 제약이 있는 곳
· 속도론적으로 비대칭 전력이 존재하는 곳
· 작전 기지가 필요한 곳

[해양]

· 해양 환경이 해저, 수면 아래, 수면, 그리고 공중이 모두 관여가 되어 있는 곳
· 특히 연안 지역이 전장의 핵이 되는 곳
· 공해상에서 전투가 있을 수 있는 곳
· 해양 환경이 국제적인 조직과 이해관계가 맞물려 있는 곳

www.reddit.com

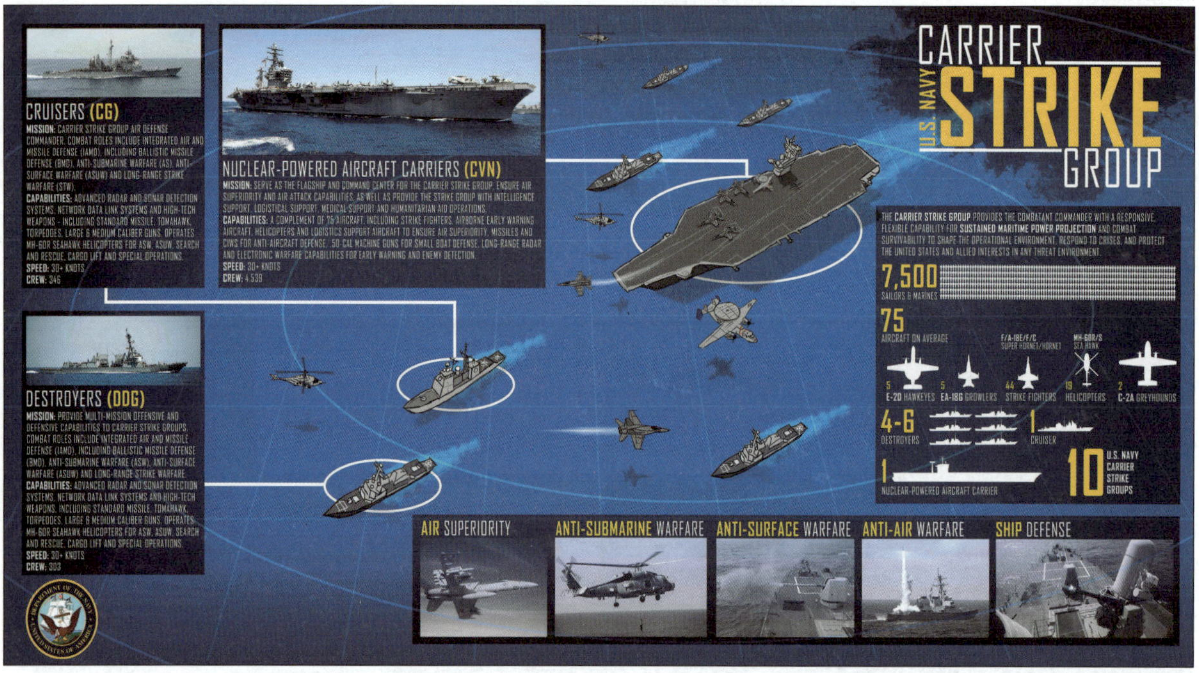

[그림 6-29] 미 해군의 항모전단(Carrier Strike Group)의 전력 구성

quora.com

[그림 6-30] 항모전단이 이동하는 모습

[지상]

· 육상 지역을 탈취하여 점유하고 있는 곳
· 국가간 경계지역
· 중립적 성향의 국민성이 있는 지역
· 인프라가 구축된 지역
· 평화를 위해 전쟁을 치르는 곳
· 작전 (육상)기지가 필요한 곳

이런 지역의 해결방법은 다음과 것들이 있을 수 있다.

[공중]

· 명령을 넘어서서 통제를 해야 하고
· 집중화된 계획에 따라 실행을 해야 하고
· 단일 전장 스탭에 의한 지원이 필요하고
· 기술적 우위가 확보가 되어야 하고
· 항공작전센터(AOC, Air Operations Center)의 프로세스가 선형화되어야 하고
· 정보, 감시, 정찰(ISR, Intelligence, Surveillance and Reconnaissance)과 화력에 집중을 해야 하고
· 기동하는 것이 적어야 하고
· 육상처럼 영토를 붙잡을 수는 없지만 제공권에 집중하고
· 항공 분야에 성숙한 프로세스가 갖추어져 있어야 한다.

[해양]

· 무엇보다 전방에 존재를 해야 하고
· 제지를 할 수 있어야 하고
· 제해권을 가지고 있어야 하고
· 전력 투사를 해야 하고
· 해양의 전 부분에서 안전이 확보가 되어야 하고
· 인도적 재난구호(HA/DR, Humanitarian Assistance/Disaster Relief) 작전도 수행 가능해야 하고
· 전진 배치를 하면서 독자 생존이 가능하고 임무에 충실하게 조직이 되어야 하며
· 투사된 전력이 작전 기능면에서 일치화가 되어 있어야 하고
· 단일 군, 연합군, 연합체 등 가용할 수 있는 조직을 운영할 수 있어야 하고
· 다수의 임무를 동시에 수행할 수 있어야 한다.

[지상]

· 명령과 통제(C2, Command and Control)의 폭과 깊이가 있어야 하고
· 지휘관의 의도와 명령을 체계적으로 수행되어야 하고
· 집중된 계획에 따라 실행이 되어야 하고
· 작전 실행은 다양성을 유지해야 하고
· 조직은 다양한 스탭이 존재하여 결정의 신뢰를 확보해야 하고
· 전력의 양과 보급의 중요성을 가지고 접근을 해야 하고
· 작전의 도달 정도를 쉽게 파악이 되어야 하고
· 교범의 중요성을 인식하여 전투를 수행하여야 한다

Hudson Institute, "Sharpening the Spear: The Carrier, the Joint Force, and High-End Conflict"

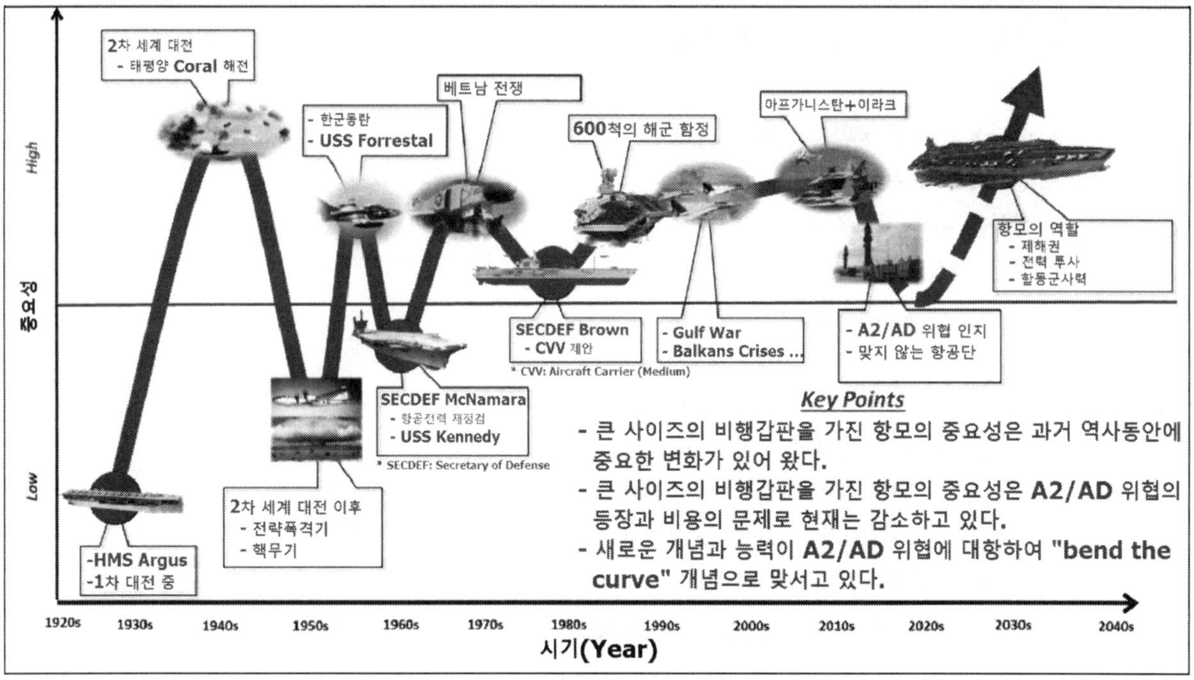

[그림 6-31] 항공모함의 변화에 따른 중요성의 변화 추이

앞서 언급된 다양한 공중, 해양 및 육상 전투에 관한 내용을 종합하여 이를 수행할 수 있는 것은 항공모함이 유일할 것이다. 해군이 항공모함을 가지고 있다는 것은 독자적인 항공력을 유지하고 있고 해병대와 함께 하여 위의 내용에서처럼 다양한 해양 환경을 중심으로 한 상황에서 전투를 수행하게 되는데 이것을 수행할 수 있는 것은 항공모함을 중심으로 한 것이 전적으로 유일한 군 체계가 되는 것이다.

앞서 언급된 것처럼 항공모함의 다양한 면에서 진화를 해왔다. 특히 항공모함이 등장한 이후에 계속해서 항공모함의 전투를 수행하는데 있어 변화를 추구하였다. 그 내용이 [그림 6-31]로 나타난다. 2차 세계 대전 중 태평양 전투에서 보여준 항공모함의 필요성은 대전이 종전이 되었을 때 핵무기와 전략폭격기의 등장으로 항공모함의 중요성이 낮아지게 되었지만 한국동란과 베트남 전쟁으로 다시 항공모함의 필요성이 대두하게 된다. 하지만 이 두 전쟁에서 미국은 우수한 항공모함의 전력을 가지고도 완벽한 승리를 가져가지는 못하였다. 그래서 새로운 개념의 좀 더 우수한 항공모함의 개발을 요구하게 되었던 것이다. 이런 목표에 맞추어 니미츠 급의 등장은 제해권을 가진 국가가 세계를 주도할 수 있는 국가가 될 수 있다는 생각을 가지게 되었고 실제도 한동안 그렇게 유지가 되었다. 그 이후 중국의 등장으로 새로운 국면을 맞이하게 된다.

미국의 제해권을 당분간 넘어설 수 없는 중국의 전략은 앞에도 잠시 기술한 'A2/AD(Anti-Acess/Area Denial)' 전략을 구사하게 된다. 이것은 '접근 금지와 국지(전) 거부'를 의미하는 것으로 미 해군력의 접근을 못하게 하면서 육상에서 적의 항모를 공격할 수 있는 방안을 찾겠다는 것이다. 이에 대항을 하여 항모의 모습도 변화를 추구하게 된 것이다. 사이즈의 항공모함이 아니라 다른 방안으로 연안 공격의 가능성을 찾겠다는 것이다. 이와 같은 항공모함의 전략 전술의 변화 바탕 위에서 항공모함이 변천을 거듭해왔다는 내용이 [그림 6-31]에 있다.

미국이 추구하는 항공모함의 전투 작전을 개념적으로 표현한 것이 [그림 6-32]이다. [그림 6-32]를 보면 알 수 있겠지만 항공모함 그룹과 연합군 그룹 그리고 상륙기습용인 AAS 항모 그룹을 통해 전반적인 해양에서 연안 작전(Littoral Combat)을 수행하는 모습을 보여주고 있다. 전장의 모습에서 크게 2개 지역으로 구분이 된다. 지역방위 라인과 전장(Theater)방위 라인으로 이 전장 방위 라인은 전장의 후방까지 전투지역으로 보는 것이다. 그림 상에 있는 함정의 동그라미는 자체 방어를 강조하는 것으로 독자적인 방어 기술을 가지고 스스로 방어할 수 있는 능력을 갖추어야 한다는 것을 의미한다. 해안선 후방에서 공격하는 곡사포 등에 관한 것들도 타겟 고려 대상이 되는 것과 항공 감시를 위해 E2-C 항공기와 AWACS 시스템이 활용이 되는 것도 알 수가 있다. 또한 잠수함에서 발사되는 미사일도 타겟 대상이 되는 것을 볼 수 있다.

항공모함의 전투 작전을 어떻게 계획하고 준비하여 실전에서 실행을 하는 것일까? 항모의 작전 계획은 해군의 작전 계획 프로세스에 따르게 된다. 명령체계와 작전 계획을 설정하게 되는데 이는 사전 또는 현재의 전장에서 상황을 모니터링 하여 성공 또는 승리를 하려는 범위를 설정하는 것과 작전행동방침(COA, Course Of Action) 등에 따라 다르게 된다. 준비는 감시 업무를 수행하고 안전을 확보하는 방안을 강구하고 전력을 어떻게 보호할 것인지 검토하고 계획을 개정 및 수정을 하게 된다. 전력과 장비 등을 편성하는 것을 검토하고 연락방안을 강구하고 주요 전투나 상황을 리허설을 하고 태스크 조직을 구성하고 업무 훈련을 시킨다. 필요한 경우 이동을 하게 되고 사전 전투 점검사항을 검토하고 검사를 수행한다. 보급 준비를 하고 새로운 조직 단위를 통합하는 업무를 수행하게 된다. 이런 준비 단계에도 모니터링을 하고 평가를 할 수 있어야 한다.

실행단계는 실행을 결정하는 것이고 또한 그 결정을 약간씩 수정해 나가는 과정을 진행하는 것이다. 이 실행과정에서는 작전의 모니터링이 필수이고 진행과정의 평가가 이루어져야 한다. 이 모든 과정 중에서 지속적으로 현재의 상황에 대한 이해의 인식을 확고히 해야 하고 이는 전장 및 그 주변 환경에서 나오는 소스를 가지고 문제해결 방안을 강구해야 한다. 또한 모든 과정에서 모니터링을 해야 하고 이것은 전쟁/전투/작전의 범위에 부합하는 것인지에 대한 답을 찾아야 하는 것이다. 그리고 평가는 앞으로 전투 추이, 우선권에 획득한 것인지, 잡고 있는지 또는 추구하는 것인지에 대한 변동 사항을 파악하는 것이 되어야 한다.

항모의 항모항공단의 타격기동부대로서 작전 수행 방법은 [그림 6-33]로 설명이 될 수 있다. 이 그림은 항모 항공단이 타격 업무를 수행하는 과정을 순서적으로 보여주는 것으로 'LSP'는 전격적인 공습에 따른 보호해야 하는 대상을 사전에 확인하는 차원에서 결정이 되는 것이다. 또한 'Kneeboard Cards'는 항공조종사가 가지고 있는 무릎에 차고 있는 노트 같은 것을 말한다. 그리고 '타겟팅 수행'은 공격하는 것을 의미하는 것이 아니라 타겟 대상을 결정하는 작업을 수행하는 것을 말한다.

Raytheon, "Ship Self Defence System MK2 and Data Distribution Standard(DDS)"

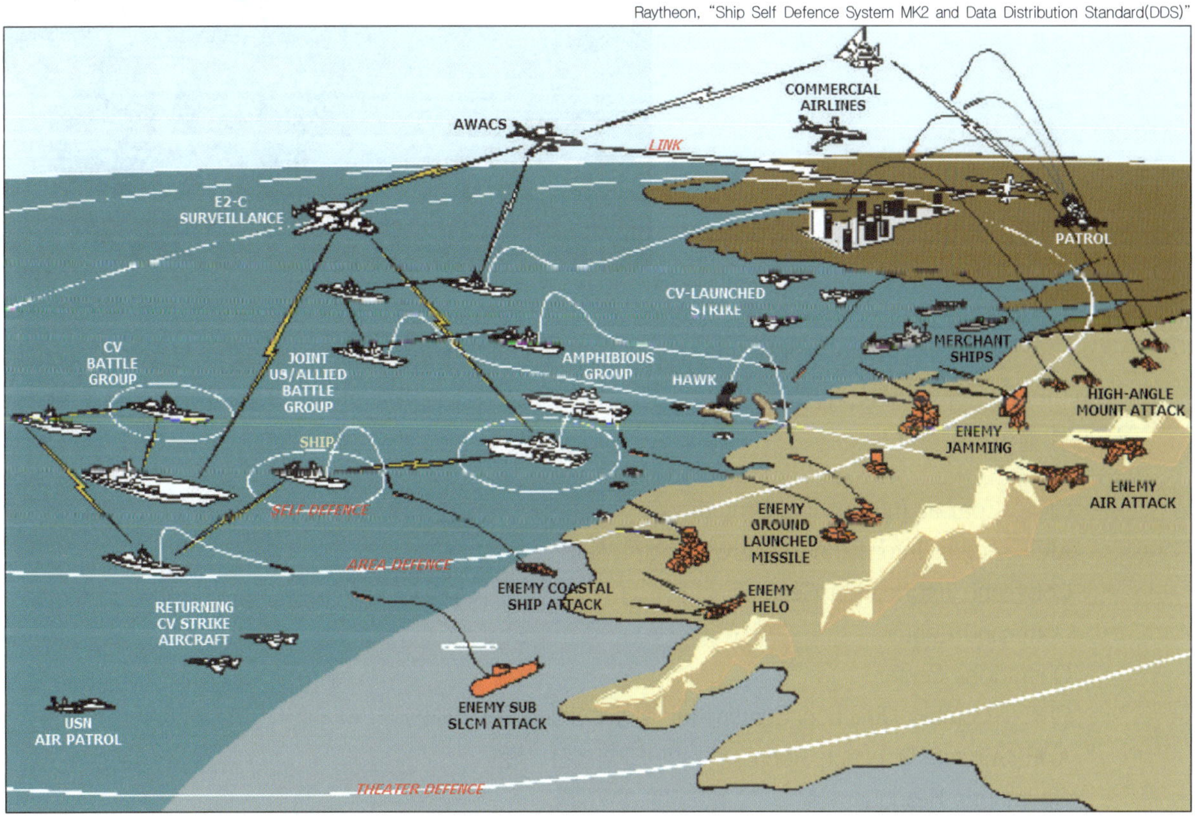

[그림 6-32] 다양한 연안 작전 수행의 모습

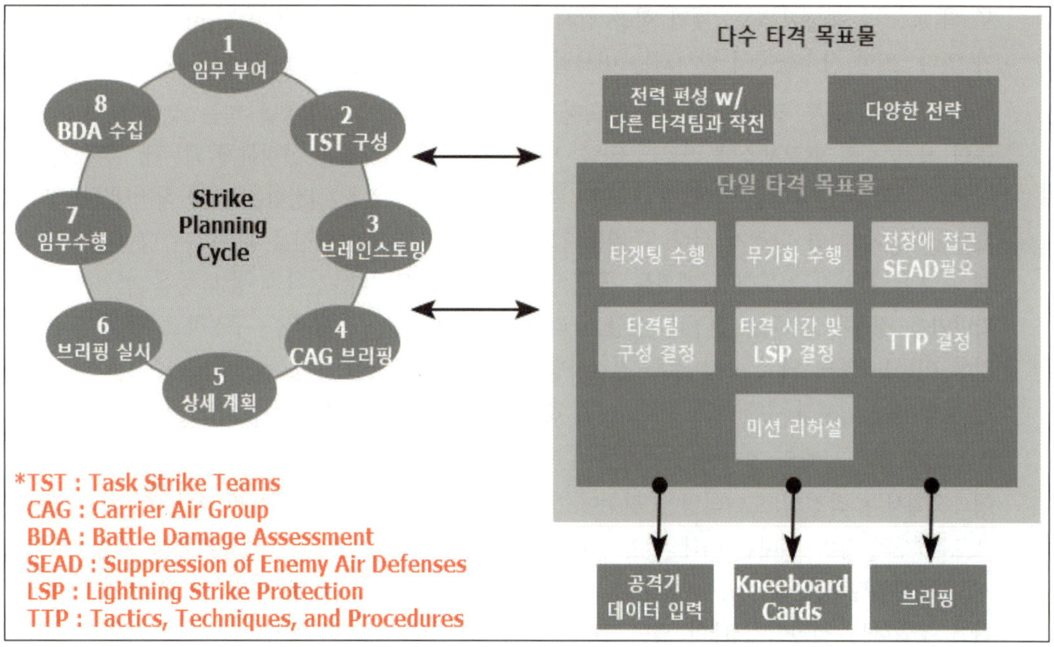

[그림 6-33] 항모 항공단의 작전 수립 과정

USN, "Navy Programs-Cooperative Engagement Capability(CEC)"

[그림 6-34] CIC의 모습

실제 작전은 '작전실'이라는 곳에서 명령이 가고 전반적인 작전이 컨트롤이 된다. 이곳의 명칭은 'Operation Room'이라고도 하지만 다음과 같이 나라마다 또는 우스운 이야기 거리의 하나로 또한 유사한 의미로 다양한 이름으로 불리기도 한다.

- CIC : Combat Information Center
- AIC : Action Information Centre(영국에서 사용)
- Command Information Center
- Command Center
- Operations Center
- CDC : Combat Direction Center(미국 항공모함에서 주로 사용)
- ADR :Aircraft Direction Room(영국 항공모함에서 사용)
- Operations Headquarters

William D. O'Neil, "The Cooperative Engagement Capability (CEC)- Transforming Naval Anti-air Warfare"

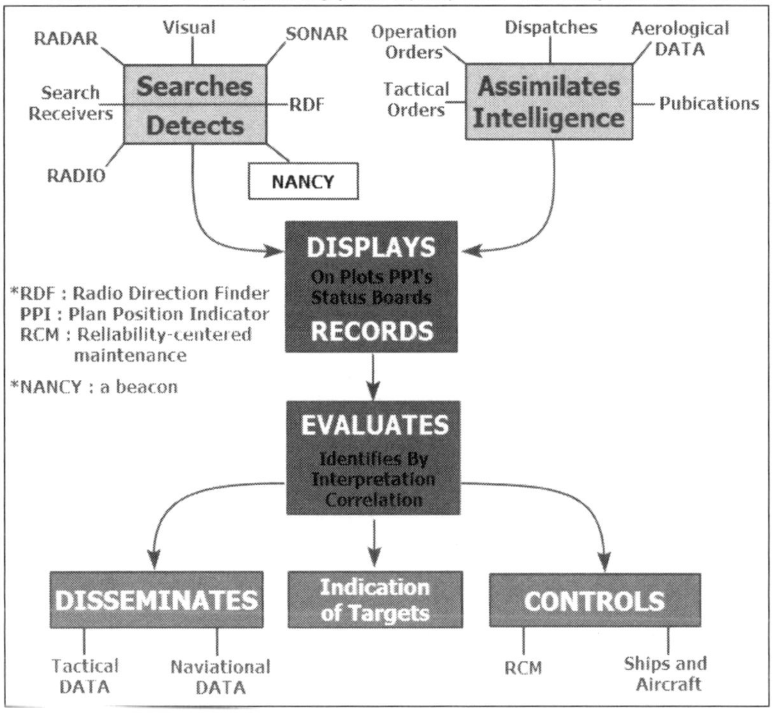

[그림 6-35] CIC의 기능

미국과 영국은 이 장소에 대한 명칭도 차이가 있고 쓰이는 용도도 차이를 보인다. 따라서 내부에 장착된 기계들도 차이가 있지만 큰 의미에서 같은 의미로 사용된다고 할 수 있다. 농담으로 CIC를 'Christ I'm Confused'라고 표현하기도 하지만 이것은 장소의 중요성을 감안하여 결정의 어려움을 표현한 것이라고 할 수 있다.

CIC의 기능은 [그림 6-35]로 설명될 수 있다. 앞에 기술된 각종 CIC 명칭에서도 확인이 된 것이지만 레이더, 라디오 수신기 등등 각종 기기를 사용하여 통신 및 정보를 찾고 감지하는 것이다. 이런 유용한 정보를 가지고 작전에 활용하기 위해 데이터로 사용하는 것으로 정보의 유용성과 보안에 각별한 신경을 쓰게 된다. 즉, 타겟을 공격하는데 또는 각종 컨트롤을 하는데 정보를 수집하고 배포를 하는 것이다.

William D. O'Neil, "The Cooperative Engagement Capability (CEC)- Transforming Naval Anti-air Warfare"

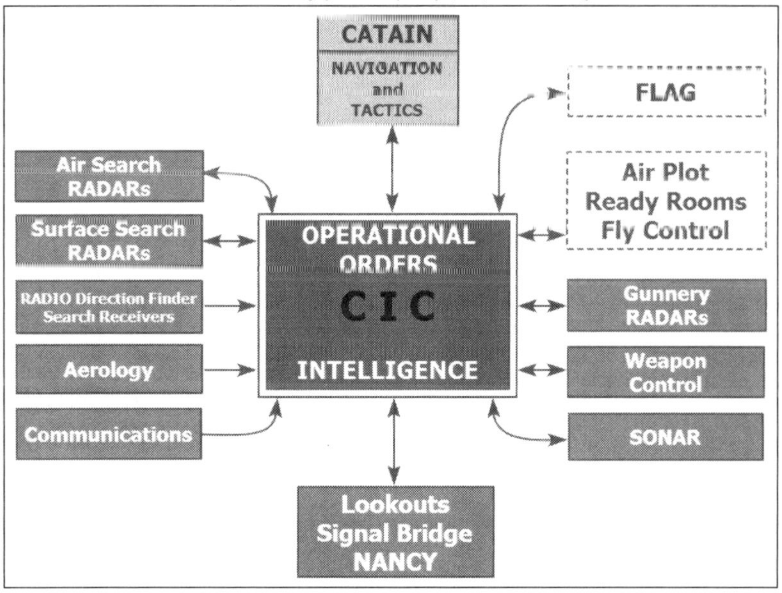

[그림 6-36] 항공모함 내 CIC 내부 정보 흐름

William D. O'Neil, "The Cooperative Engagement Capability (CEC)- Transforming Naval Anti-air Warfare"

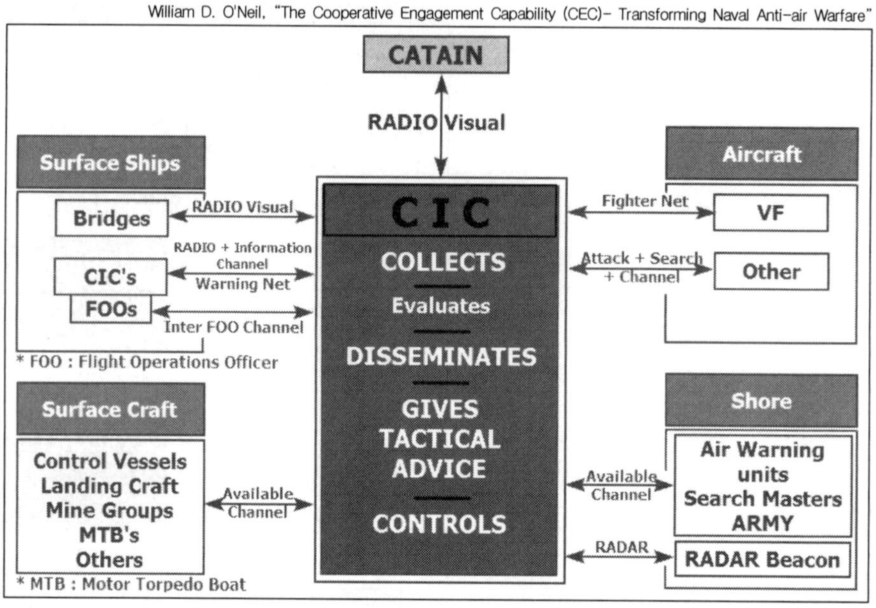

[그림 6-37] CIC와 다른 부대/기관/장비와의 정보 흐름

[그림 6-36]과 [그림 6-37]은 CIC의 내부 정보 흐름을 보여주는 것이다. 항공용 및 수상용 레이더 정보를 받고 레이더를 통제하게 되고 라디오 수신 장치로부터 수신 정보를 받고 기상정보를 받아 활용하며 통신을 활용하며 무장 시스템 레이더를 통해 제어를 하고 소나 등을 사용하여 적의 바다 속 공격을 대비하게 된다. 또한 NANCY 비컨을 사용하여 외부의 항공통제용을 활용을 하게 된다. 이 모든 것은 함장과 정보를 교환하며 기함과도 정보를 공유하게 되며 출격을 준비하는 항모 항공단과도 정보를 주고받으며 작전을 수행하게 된다.

다른 부대, 장비 및 기관과의 정보 교환은 [그림 6-37]과 같은 내용으로 수행을 하게 된다. 보안이 된 각종 채널을 통한 서로 다른 수상함과 항공기 및 육상에 있는 기관과 정보를 주고받게 된다.

CIC의 업무는 각종 하드웨어와 소프트웨어를 결합하여 가능한 것이다. 앞서 언급된 많은 물리적 대응 장치, 전자전 장비, 레이더 및 전투 데이터 시스템과 무기 통제 시스템이 함께 가동을 하여 관리 및 통제가 되는 것이다. 이런 전투 시스템은 앞에서 기술된 내용 등을 종합하여 다음과 같은 내용으로 요약이 될 수 있다.

- CS(Combat System)
  = CMS(Combat Management System) +
  Effectors(Hard and Soft Kill Weapons) +
  Sensors +
  Internal and External Communication Systems +
  Navigation System
- CMS(Combat Management System)
  = CDS(Combat Direction System) +
  CSS(Combat Support System)

[그림 6-38]과 [그림 6-45]는 항공모함에서 사용이 되는 하드웨어와 소프트웨어가 결합된 주요한 시스템을 보여주는 것들이다. 이를 통해 항모 작전의 체계를 이해하는데 도움이 될 것이다.

William D. O'Neil, "The Cooperative Engagement Capability (CEC)- Transforming Naval Anti-air Warfare"

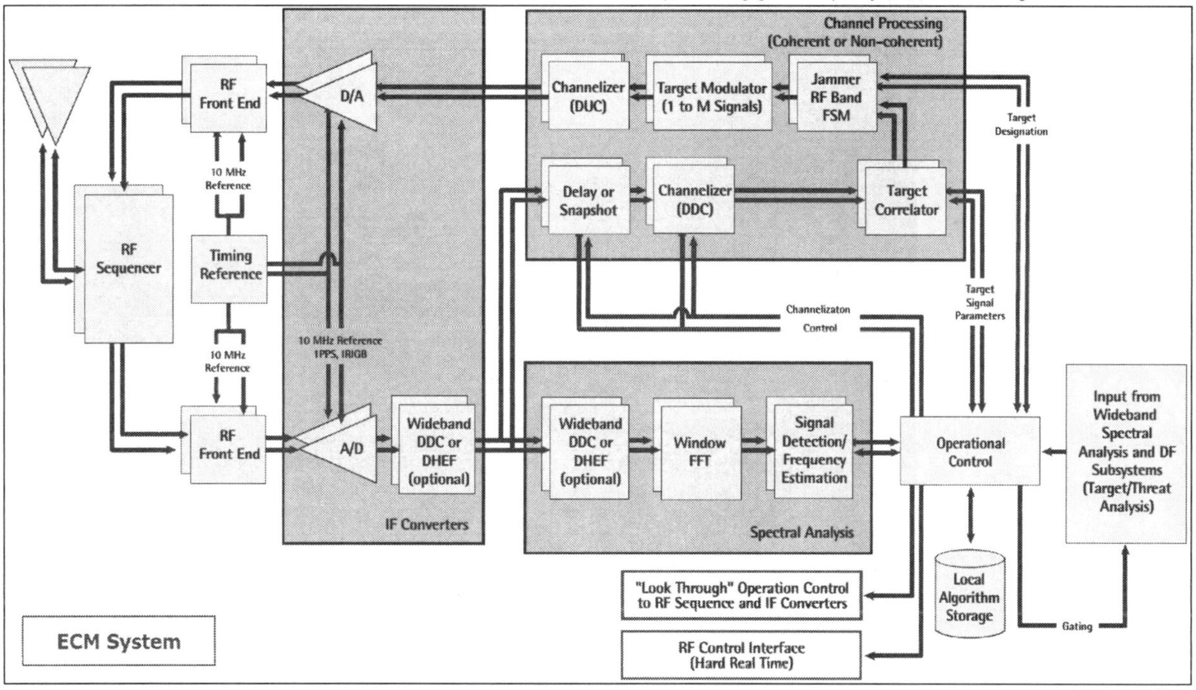

[그림 6-38] ECM 시스템의 예

Raytheon, "Ship Self Defence System MK2 and Data Distribution Standard(DDS)"

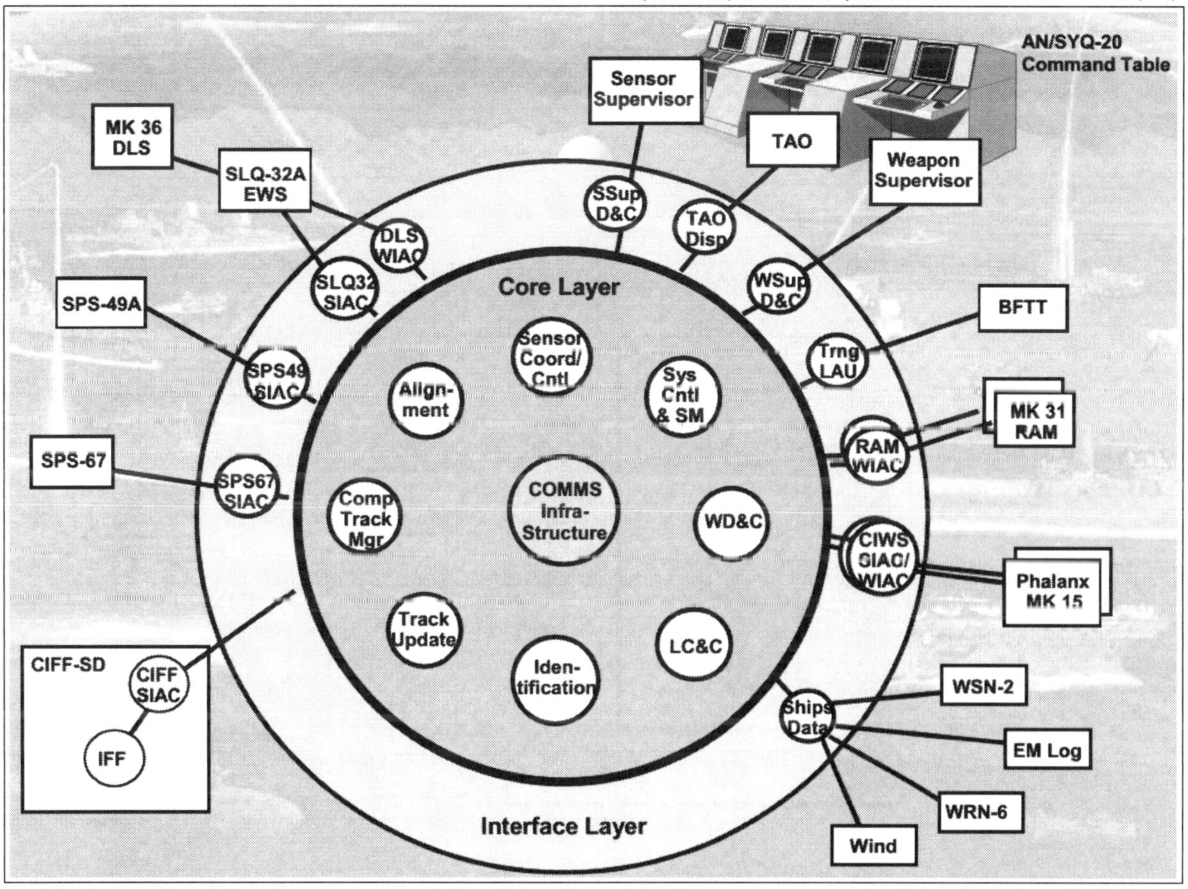

[그림 6-39] 통합 방어 시스템의 계층 분산 아키텍처의 예

Reytheon, "Seapower"

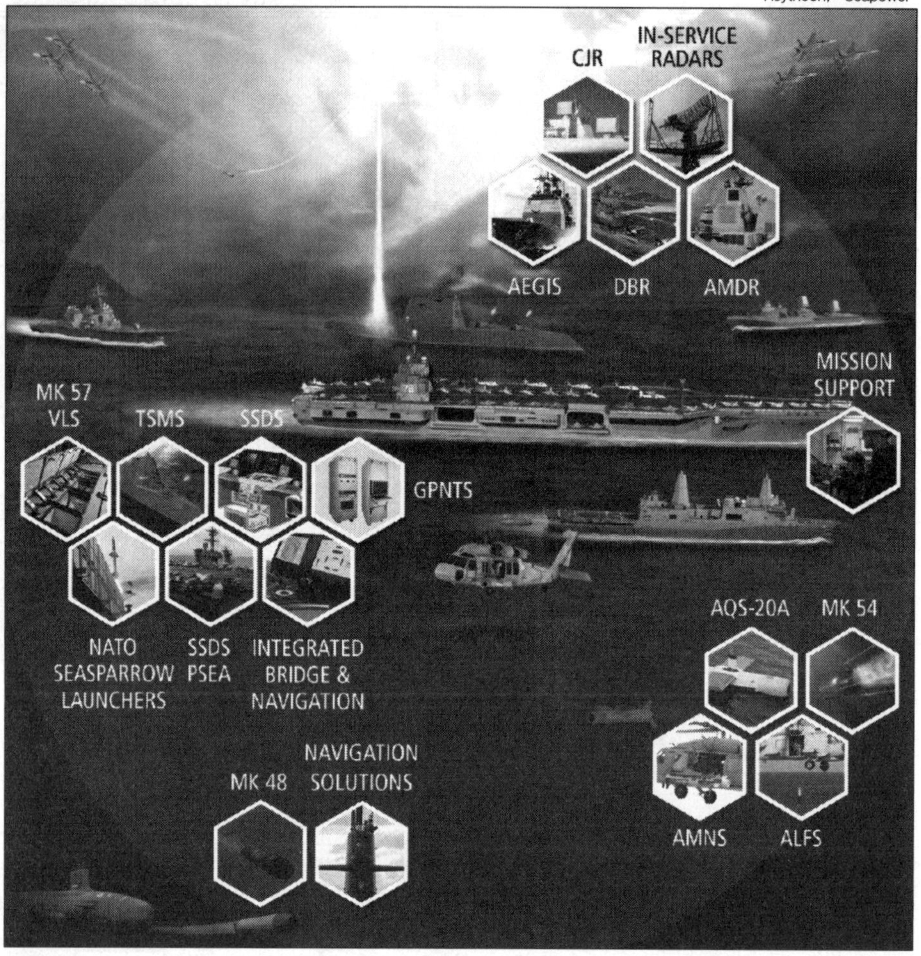

[그림 6-40]
해군 전력의 종합
성능 시스템의 예

Thomas, "SSDS Mk 2 Combat System Inegration"

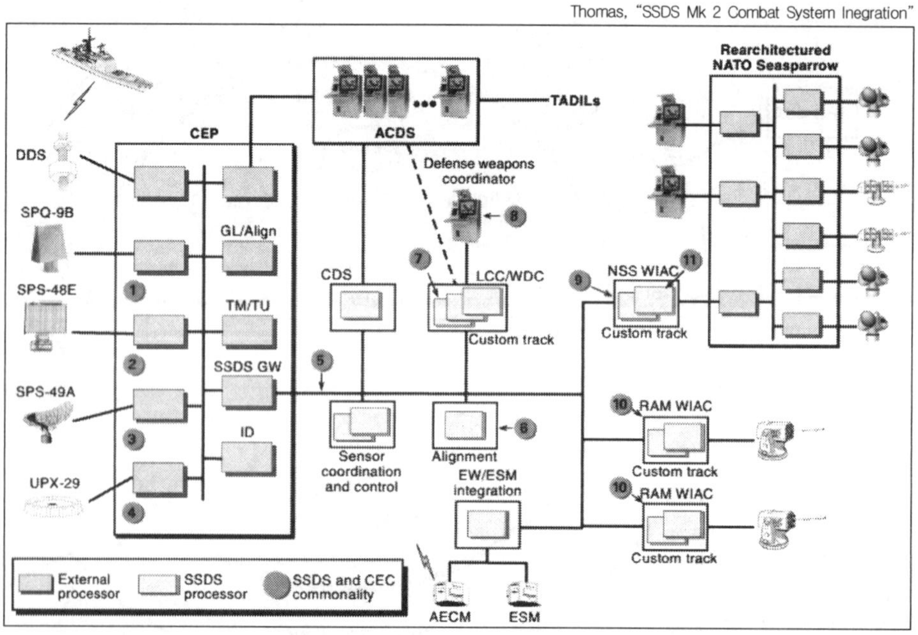

[그림 6-41]
센서, 무장 시스템과
CEC를 갖춘 SSDS
플랫폼

"Terma SKWS Decoy Launching System"

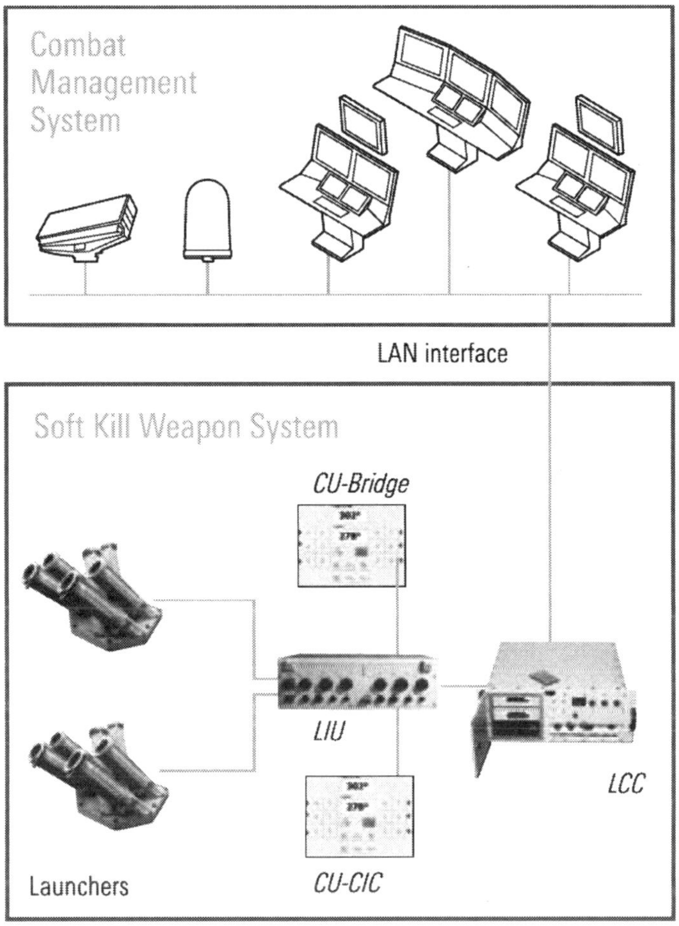

[그림 6-42]
48개의 tube, 3개의 컨트롤 유닛, 그리고 2개의 발사 인터페이스 유닛이 2중 네트워크 시스템에 맞물려 최적의 환경을 만들어내는 Decoy 발사 시스템 구성의 예

"Terma SKWS Decoy Launching System"

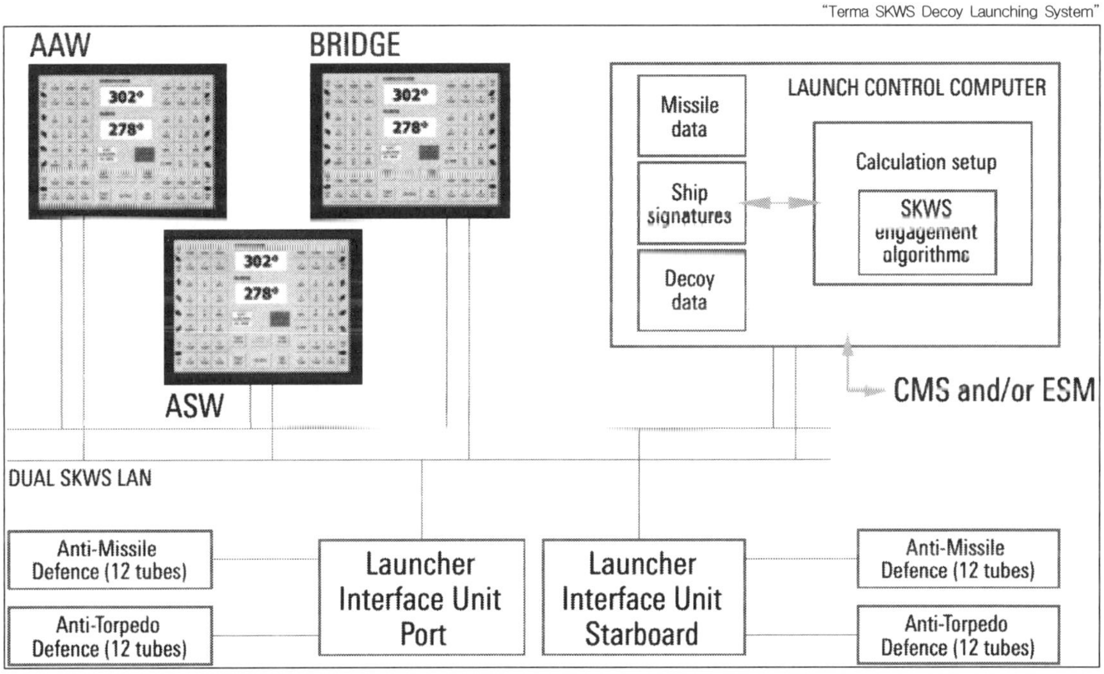

[그림 6-43] [그림 6-42]에서 나타낸 환경을 만들어내는 Decoy 발사 시스템 구성 모드의 예

Larry S. Norcutt, "Ship Self-Defense System Architecture"

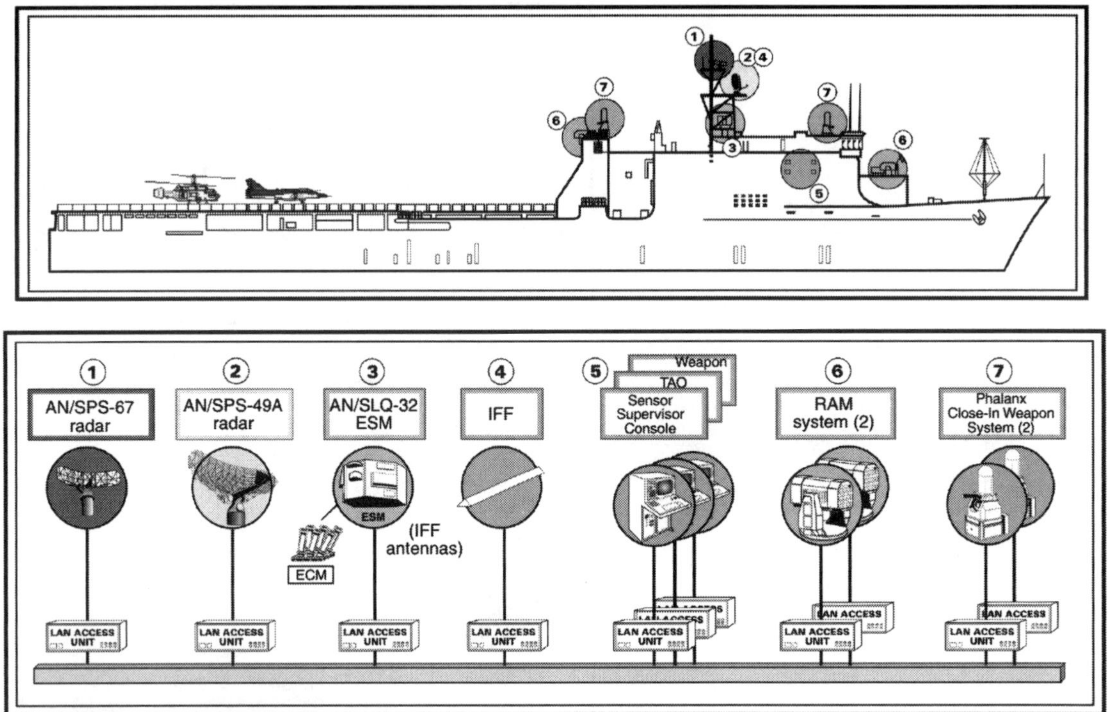

[그림 6-44] 전투 시스템은 각종 센서와 SSDS 시스템, 그리고 무기 시스템 등으로 구성이 되어 있으며 이 모든 것은 일반적으로 광섬유로 통신 LAN을 사용하여 연결이 서로 연결이 되어 있다.

William D. O'Neil, "The Cooperative Engagement Capability (CEC)- Transforming Naval Anti-air Warfare"

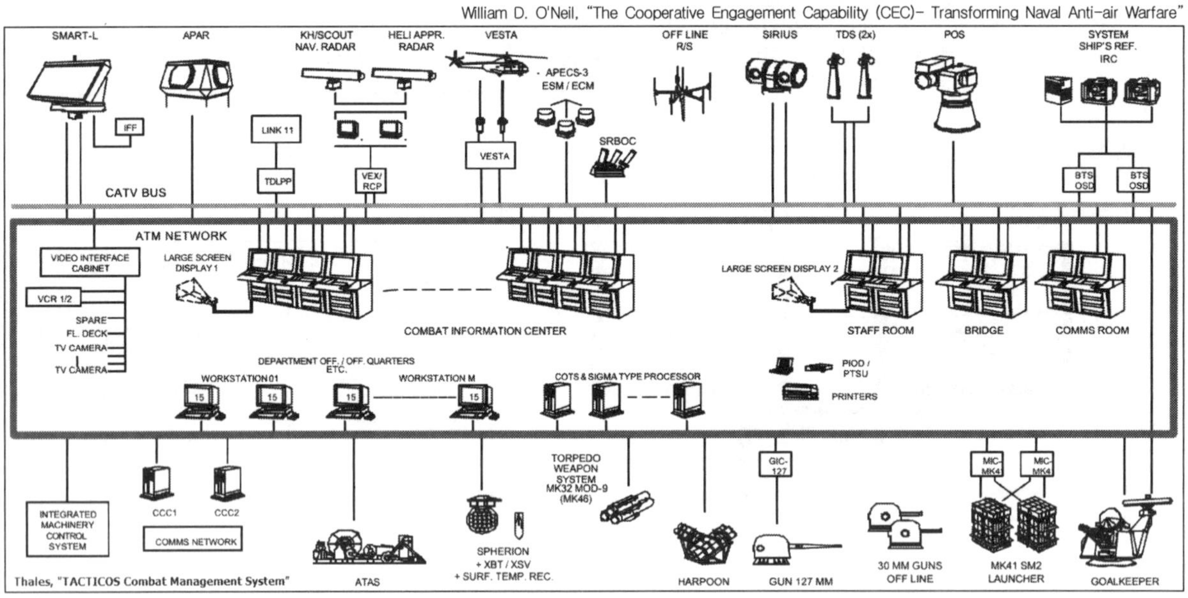

[그림 6-45] 함정에서 통합 전산망을 갖춘 전체 Combat Management System의 예

위에서 H/W와 S/W의 결합을 통합 시스템으로 설명을 하였고 다음으로는 합동교전능력(CEC, Cooperative Engagement Capability)에 관하여 설명을 한다. CEC는 상당한 정도로 해군의 수상 전쟁을 변화를 가져왔고 또한 앞으로도 가져올 것이라고 약속되는 시스템이다. 정의적으로 기술한다면, CEC는 하나의 통합된 항공사진을 전체 전투 그룹을 제공하기 전에 센서 데이터를 통해 취득한 것을 전투 그룹의 함정과 항공기들과 공유할 수 있게 하여, 신속하게 본적이 없는 데이터를 제공함으로서 작전의 효과를 극대화 하는 것이다. 이 혁신적인 기능은 추가 레이더나 무기를 필요로 하지 않고 대신 기존 시스템과 정보를 공유하여 작전을 하도록 하는 것이다.

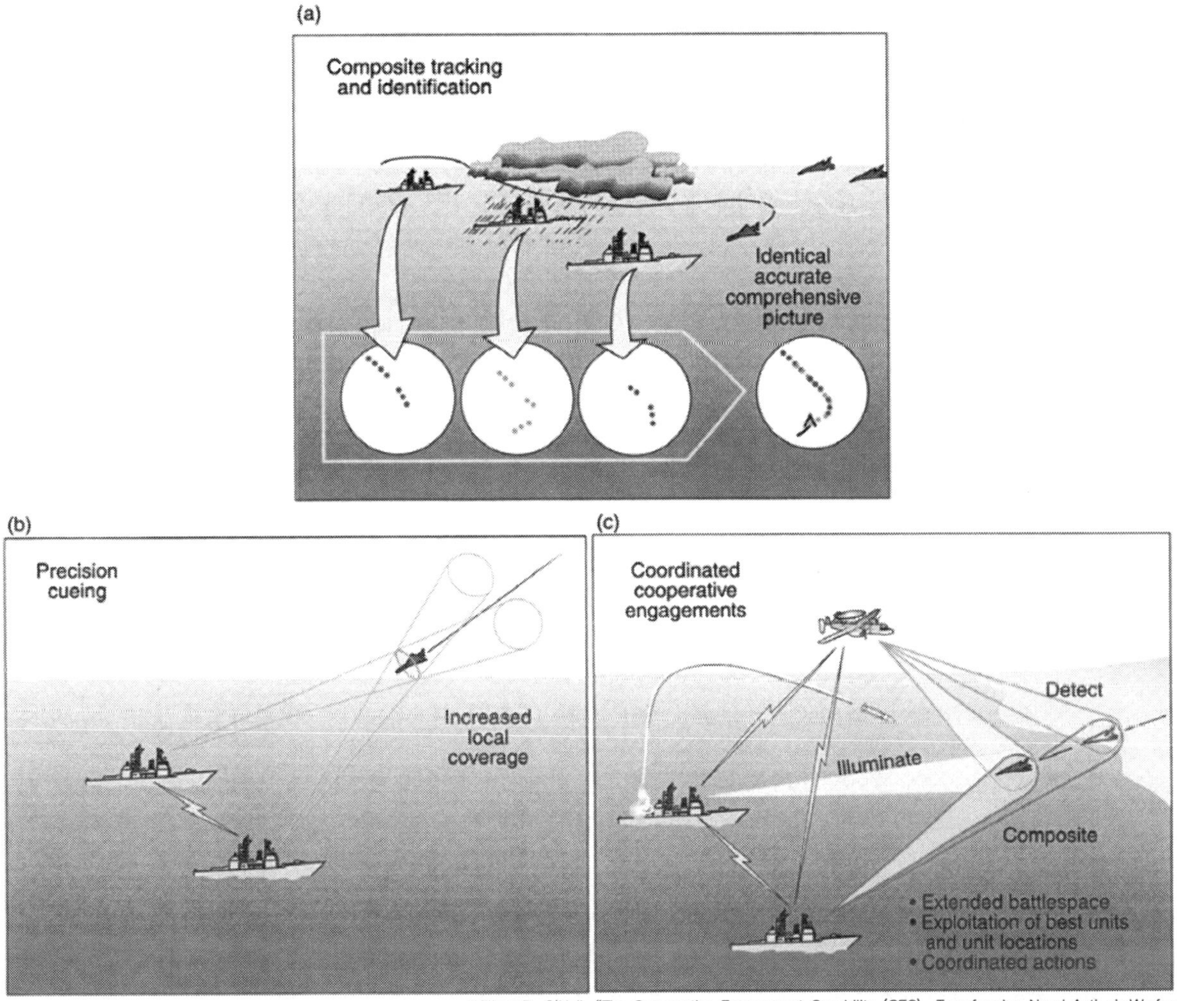

William D. O'Neil, "The Cooperative Engagement Capability (CEC)- Transforming Naval Anti-air Warfare

[그림 6-46] 합동교전능력의 주요 기능들

CEC는 여러 분야에서 상당한 개선을 제공한다.

- 항공기 접촉 추적 정밀도
- 추적의 지속성
- 항공기 접촉식별 일관성

전투기를 통하여 수집되고 공유된 자산인 이들 정보는 전투 방지 공간의 크기를 증가시킨다. 전투 그룹을 위협하기 전에 더 정확하게 항공기 접촉을 식별할 수 있다. 일단 CEC는 모든 전투 그룹에 설치되면, 전투 그룹의 모든 선박 및 호크 아이 등은 여러 마일 떨어진 같은 대상을 볼 수 있을 것이다.

전투 그룹의 모든 자산에 대하여 마이크로 초 내에 전투 그룹 작동 영역 및 디스플레이 화력 제어에 관한 정제된 데이터에 걸쳐 수상함과 항공기에 탑재된 센서로부터 CEC는 데이터를 추출한다. 이렇게 접근함으로서 타겟에 화력 제어에 질적 추적을 갖게 되고 전투 그룹이 최대 요격 범위에 모든 선박 교전할 수 있도록 한다. 그런 것이 가능한 것은 미사일의 각각의 성능 특성을 고려될 수 있기 때문이다. CEC는 군 사령관에게 전투 그룹의 모든 함정과 항공기를 보호하기 위한 우산을 제공하고 전투 그룹의 외곽 센서 이상 보호의 우산을 확장하는 것이다. 이 시스템의 기본 기능이 [그림 6-46]에 나타난다.

CEC의 핵심은 레이더가 머무를 때(Dwelling)마다 추적을 통해 알아내는 것에서부터 완전한 레이더 데이터를 전송하는 것까지 이동하는 기능이다. 대체로, 머무르는 것은 연속으로 빠르게 발생하지만 같은 빔 위치에서 여러 펄스를 포함할 수 있는 타겟에게는 단일 레이더 '모양'이다.

- 레이더 데이터를 실측 디지털 형태로 처리되도록 빠른 디지털 구성 요소인 레이더 수신기가 점차 디지털화되었다. 따라서 디지털 데이터 링크를 통하여 송신을 위한 데이터를 추출하기 쉬워졌다.
- 컴퓨터의 디지털 통신 시스템은 물리적 대역폭이나 송신 전력의 큰 증가없이 훨씬 더 빠른 전송 속도를 허용한다.
- 고속 컴퓨팅을 할 수 있는 널리 사용되는 각 장치는 개별적으로 레이더가 머무르는 것의 모든 데이터를 처리할 수 있다. 동일한 알고리즘을 사용하여 각각의 유닛은 동일한 결과를 얻고, 다른 모든 것과 동일한 화상을 보는 것을 보장한다.

유닛의 개수로부터 레이더 데이터를 조합하여 많은 중요한 이익이 될 수 있는 다음과 같은 것들이 있다.

- 레이더의 정확성에 따라 각각의 데이터는 포인트 가중하는 레이더 데이터의 동적 "지능형 평균화"에 의해 개별 레이더가 제공할 수 있는 것보다 더 정확하고 완전한 트랙을 얻을 수 있다.
- 레이더 유닛이 아직 보유하지 않는 다른 것들로부터 나온 정확한 데이터와 함께 레이더 가시성의 매우 제한적인 상황 하에서 심지어 그것을 꼭 집어낼 수 있게 타겟이 레이더에 정확하게 존재하고 가리킬 수 있다.
- 매우 정확한 데이터와 함께 한 유닛는 자신의 레이더에 추적을 유지되지 않는 타겟과 교전할 수 있다.

디코이 작전 운영에 관하여 설명을 하지면, 올바른 위치에서 특정 회피 기동과 함께 조합하여 적절한 때에 올바른 디코이 유형을 발사하는 것이 성공적인 디코이 교전의 핵심 요소이다. 그러므로 각 제작회사마다 저마다의 알고리즘을 가지고 이러한 중요한 기준을 더욱 보장하려고 한다. 발사 제어 컴퓨터는 RF 위협의 혼란뿐만 아니라 IR, RF, 그리고 듀얼 모드 위협의 유혹을 처리하는 알고리즘을 갖추고 있다. 이 알고리즘은 해군, 연구 기관, 디코이 제조 업체와 포괄적인 협력을 기반으로 만들어진다.

발사 제어 컴퓨터는 알고리즘을 실행하고 바람의 방향과 속도뿐만 아니라 지속적으로 함정의 방향은 물론, 속도, 롤과 피치의 최신 데이터를 수신한다. 현재 위협 데이터 및 데이터베이스와 결합하여 이러한 데이터는 알고리즘에 기본 입력된다. 강제 컴퓨터 계산 기법인 무차별 계산 규칙 및 조건을 찾아내는 방법인 Look-Up 데이터 대응 제안들의 조합에 근거 하에 현재 모드(자동, 반자동 또는 수동 모드 중 하나)에 따라 계산이 실행된다. 성공적인 방어는 동시에 최대 4개에서 들어오는 위협에 대응하여 얻을 수 있다. 이 제한된 능력 구성(LCC, Limited Capability Configuration)에 대한 최신 카고 하역 및 수송 시스템(COTS, Cargo Offload and Transfer System) 하드웨어에 의해 제공하는 중량 의무 프로세스가 필요하다. 또한 미래 알고리즘의 통합이 용이하도록 구현되어야 한다. 알고리즘이 수정될 수 있으며, 새로운 알고리즘은 제작사에 의한 개입 없이 시스템 소프트웨어의 통합을 위해 해군 또는 제작사가 아닌 타사에서 설계되고 프로그래밍 할 수 있어야 한다. (참조: [그림6-47] 1, 2, 3)

알고리즘은 사용자에 의해 컴파일 된 데이터와 함께 데이터베이스의 세트를 사용한다. 이러한 것들에는 탐색기(Seeker, 시커) 데이터 및 미사일 속도 등과 같은 위협에 대한 특정 데이터, 레이더 단면 데이터 및 기동 기능 등에 관한 함정 데이터 및 디코이 유형, 디코이 개화 시간 및 범위 등 사용할 수 있는 디코이 데이터 등이다. 이러한 데이터는 일반적으로 컴파일 되고 EW-센터에 배포된다. (참조: [그림6-47] 1, 2, 3)

디코이의 교전 모드는 몇 가지가 있다. 미사일이 자신의 함정에 레이더에 의한 자동 추적(Look-On)이 확인되었을 때 이 모드를 사용합니다. 탐색기 유형에 따라 알고리즘은 아래와 같은 다수의 주요 조건이 제안에 부합되는 것을 보장하게 된다.(참조: [그림6-47] 4, 6)

"Terma SKWS Decoy Launching System"

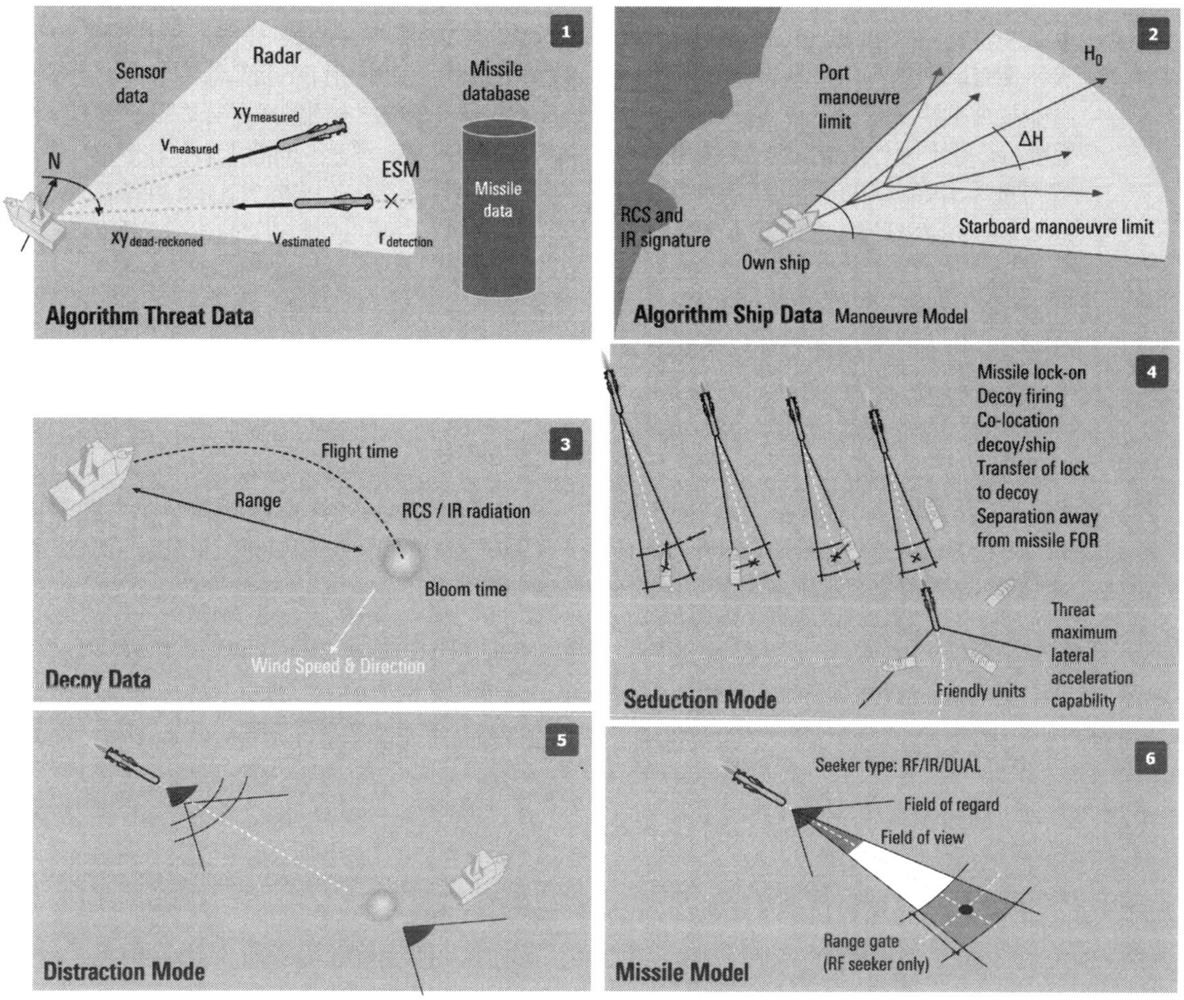

[그림 6-47] Decoy 발사 시스템의 알고리듬

- 공동 위치 : 미사일에 영향을 미치게 하기 위해, 발사 디코이는 미사일 시커의 시야 내부에 와야 하고, 만약 RF 유도 미사일의 경우에는 범위 게이트에 있어야 한다. 함정에 의해 형성된 중심점과 게이트에서 디코이 사인은 미사일 방향에 대한 결정이 되는 것이다.
- 추적의 전송 : 어떤 시간에 어떤 시섬에서 미사일이 그 디코이 니무 가까이 오게 되면 함정은 더 이상 시야 및 거리 게이트로도 볼 수 없다. 두 사인의 위치와 비율은 미사일이 디코이 또는 함정 어느 것을 따라 가는지 여부를 결정하게 될 것이다.
- 분리 : 디코이에서 먼 함정으로 이동하면 그것은 또한 미사일에 의해 재취득을 피해야 할 것이 확실하다.
- 산만 모드 : 미사일이 목표에 자동 추석(Look-On)을 취득하기 전에 이 모드를 사용한다. 심지어 검색 난세를 시작하지 않을 수 있다. 신빈 디고이 발사의 목적은 자동 추적(Look-On)을 하는 함정을 대신하여 디코이가 미사일을 유혹하는 것이다. 주의 산만의 디코이가 효력을 가지려면 그것은 미사일 시커의 관련 필드 내에 있어야 하고 시야의 직선 라인에는 벗어나지만 미사일 추적 및 미사일과 자신의 함정 사이에 위치해야 한다. 디코이가 개화될 때 디코이는 미사일을 유도/유혹하고 시커는 시야로 이동을 하고 디코이 홈의 필드로 직접 이동한다. 디코이 채프 떼를 통과할 때 자신의 함정은 재취득을 방지하기 위해 관련의 미사일 시커의 필드 밖에서 있어야 한다.(참조: [그림6-47] 5, 6)

항모의 이용에 대한 새로운 운용 개념은 해군과 통합군에게 좀 더 효과적으로 현재의 시스템을 사용할 수 있도록 새로운 능력을 개발하는 것이다. 그것은 다음과 같다.

- 전력의 파동: 해군은 전두력을 꾸준하게 지속적으로 지원하는 것을 대신하여 파동처럼 꿈틀거리는 전투

력을 만드는 새로운 작전 개념을 수용해야 한다.

- 통합 다기능 CSG 작전: 해군은 교범을 개발하고 그것이 가능하도록 훈련을 시켜야 한다. 단순하게 수치상 합산을 하여 수적으로 많다는 개념으로 CSG를 운영하는 것이 아니라 항모의 항공력의 잠재력을 최대로 끌어올리는 완전히 통합된 다기능 항모 CSG 작전을 수행하는 능력이 요구되고 있는 것이다.
- 제해권에 관한 개선된 CSG 강조: 작전 개념은 아니라고 할지라도 해군은 비평가적인 입장에서 제해권에 대하여 급변하는 미래의 요구사항을 조사 및 검토해야 한다. 그리고 이런 위협들과 마주할 때 미리 프로그래밍 된 포트폴리오를 통해 자연스럽게 실천하도록 이 포트폴리오를 점검하고 바르게 수정을 해야 한다.
- 단일 해군 전투를 발전시키는 것: 단일 해군 전투의 목표를 유지하는 선에서 작전의 목표를 달성하기 위해서 또한 해군 해병대 통합은 특별히 제해권 요구사항을 다루기 위해 해병대의 항공단과 수륙양륙 전력의 이용하는 각각 전략을 더욱 향상시켜야 한다.
- 다른 작전 수행과 함께 해군은 고정 그리고 유동 첨단 중간단계의 기지를 운용하는 능력을 발전시켜야 한다.
- 공군과 해군의 전장 타격: 공군과 해군은 공군은 폭격기, 해군은 전투기와 같은 양립과 같은 면에서 서로 보완하는 능력을 사용하는 개념과 능력을 지속적으로 발전시켜야 한다. 이것은 발전된 A2/AD 위협에 대항하는 타격을 포함하여 통합된 작전을 수행하기 위한 것이다.

항공모함을 포함하여 CSG의 능력 향상시킨다는 것은 다음의 내용을 함께 향상시켜야 그 효과를 볼 수 있는 것이다. 그 중에 하나만 부족해도 그것이 약점이 되어 작전에 효과는 반감이 되거나 CSG 전체의 위험에 처할 것이다. [그림 6-48]~[그림 6-51]은 통해 확인 가능한 사실은 항모의 작전의 어려운 점과 한계가 분명히 있다는 것이다.

- 항공모함
- 항모 항공단
- CSG 내의 다른 함정들

Thomas P. Ehrhard, "Range, Persistence, Stealth, and Networking:the case for carrier- based unmanned combat air system"

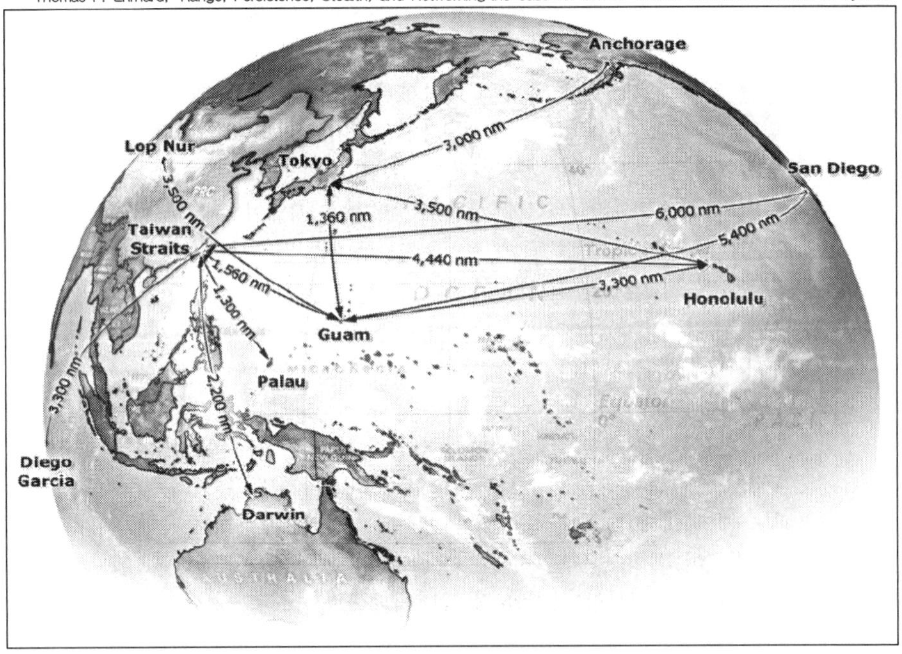

[그림 6-48] 항공모함 작전과 거리의 관계

Thomas P. Ehrhard, "Range, Persistence, Stealth, and Networking:the case for carrier- based unmanned combat air system"

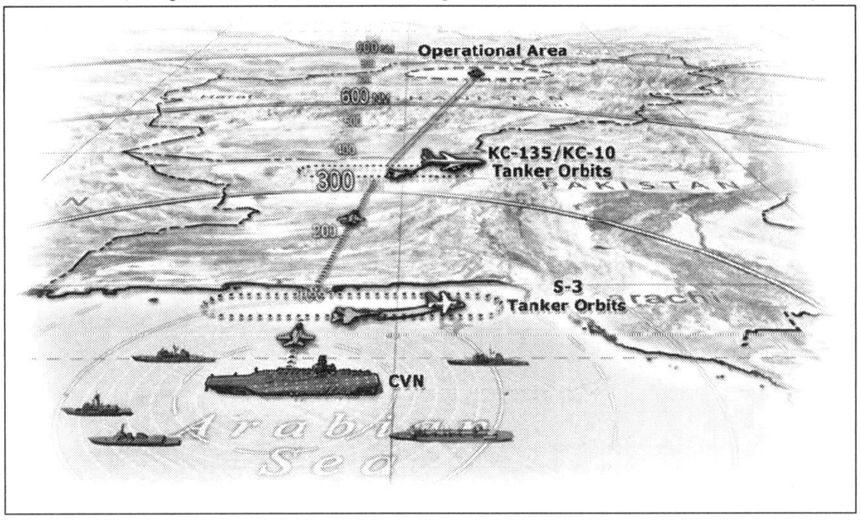

[그림 6-49]
중동에서 항공모함
작전의 예

Thomas P. Ehrhard, "Range, Persistence, Stealth, and Networking:the case for carrier- based unmanned combat air system"

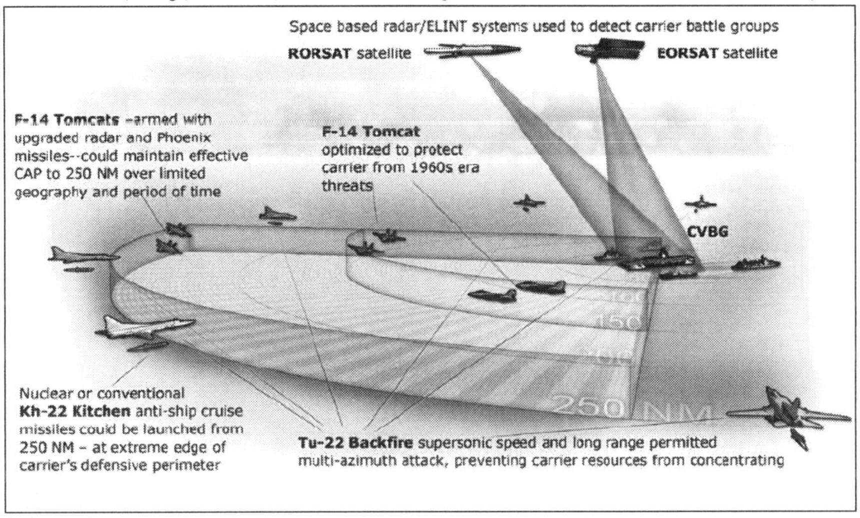

[그림 6-50]
러시아와의 전투 예

Thomas P. Ehrhard, "Range, Persistence, Stealth, and Networking:the case for carrier- based unmanned combat air system"

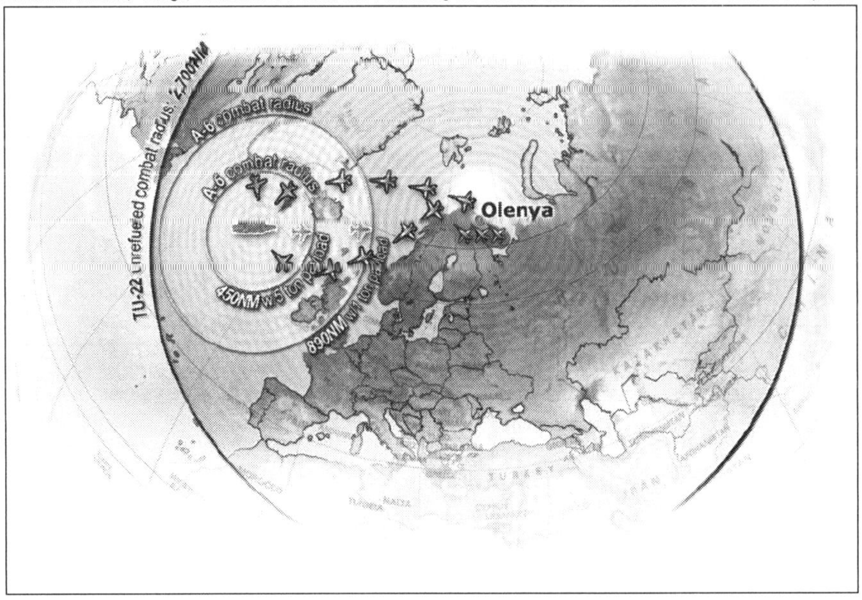

[그림 6-51]
유럽에서 러시아와의
전투 예

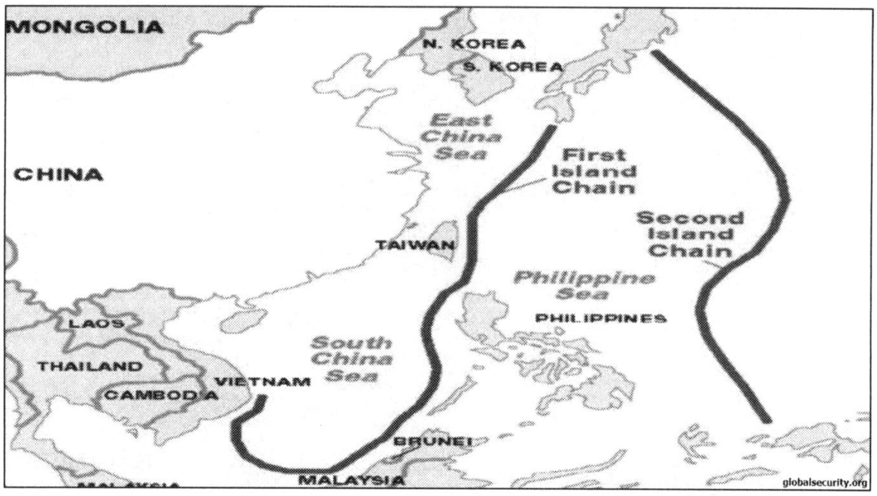

[그림 6-52]
미국의 중국 봉쇄에
관한 2개 라인의 정책

미국의 대 중국에 대한 항공모함 전략에 대해서는 앞 장에서도 그림과 글로 설명을 짧게 하였지만 다양한 면에서 미국 내에서 논의가 되고 있다. [그림 6-52]는 미국이 가지고 있는 중국과의 관계는 잠수함을 활용하여 2개 라인을 설정하여 정책을 운영하는 것을 볼 수 있다.

그러면, CV 항공모함이 아니라 AAS 항모의 경우 항모 작전은 무엇이 다른 것일까? 그것에 대한 답은 아래 표를 통해 찾을 수 있다. 표에서 보여주는 것처럼 AAS 항모의 경우는 탑재된 비행기의 규모도 작고 특히 고정익은 상당한 차이를 보이고 있다. 그리고 비행 작전 시간 및 날짜도 상대적으로 매우 적다. 또한 운항속도 역시 느리며 청수 생산량은 적은 것으로 본격적인 항모 작전보다는 연안 항모작전에 적합한 규모로 설계가 되어 있는 것을 알 수 있다.

[표 6-18] 니미츠 급, LHA 및 LHD 급의 작전 참여에 관련된 된 변수 비교

Capability		CV(니미츠 급)	AAS(Tarawa 급 LHA)	AAS(Wasp 급 LHD)
배수톤수(t)		약 100,000	약 40,600	41,300~42,300
길이(m)		333	245	257
최대 운항 속도(kt)		+30	24	23
최대 운항 거리(km)		(핵추진) 무한	18,520	17,600
탑승인원(명)		+5,900	+2,900	+3,000
탑재 항공기(대)	최대	90	35	35
	고정익	+52	Harrier jump-jets 6	6~8
비행 작전		-24 hours/day -대략 2주간 지속 가능	-12 hours/day -대략 3일간 지속 가능	-12 hours/day -대략 3일간 지속 가능
청수생산량(gal)/일 (1인당, CV 기준)		400,000 (67.8 gal/person, 100%)	140,000 (48.3 gal/person, 71%)	200,000 (66.7 gal/person, 98%)
병상수		50	60	60

6.2.2 항공모함의 피해 통제(Damage Control)

항공모함은 가장 큰 함정이다. 또한 모든 해상 전력의 핵심이다. 그러므로 적의 공격 대상의 1호가 될 확률이 높다. 2차 세계 대전에서도 항모는 적의 공격의 주 대상으로 많은 피해를 입었다. [표 6-19]는 2차 대전 중 침몰한 항공모함의 리스트이다.

[표 6-19] 2차 세계 대전 중 침몰한 항공모함

국가	총 척수 (사망자)	함명	항모 종류	날짜	사유	사망 (명)
일본	19 (+13,515)	Shōhō	light	1942-05-06	Coral 해전에서 급강화 폭격기 공격	834
		Sōryū	fleet	1942-06-04	미드웨이 해전에서 급강화 폭격기 공격	711
		Hiryū	fleet	1942-06-05	미드웨이 해전에서 급강화 폭격기+일본의 구축함 어뢰	385
		Kaga	fleet	1942-06-05	미드웨이 해전에서 급강화 폭격기+일본의 구축함 어뢰	811
		Akagi	fleet	1942-06-05	미드웨이 전투, 미국 급강화 폭격기+일본의 구축함 어뢰	267
		Ryūjō	light	1942-08-24	동 솔로몬 해전에서 급강화 폭격기+어뢰 경항공기 공격	120
		Chuyo	escort	1943-12-04	미 잠수함 USS Sailfish의 어뢰 공격	1250
		Shōkaku	fleet	1944-06-19	필리핀 해전에서 잠수함 USS Cavalla의 어뢰	1272
		Taihō	fleet	1944-06-19	필리핀 해전에서 잠수함 USS Albacore의 어뢰	1650
		Hiyō	fleet	1944-06-20	필리핀 해전에서 어뢰 경항공기 공격	247
		Unyō	escort	1944-09-17	잠수함 USS Barb의 어뢰	239
		Zuihō	light	1944-10-25	Leyte Gulf 전투에서 USN Task Force 38에서 출격한 항공기 공격	215
		Zuikaku	fleet	1944-10-25	Leyte Gulf 전투에서 USN Task Force 38에서 출격한 항공기 공격	843
		Chiyoda	light	1944-10-25	Leyte Gulf 전투에서 4척의 미 cruiser에 의한 공격	1470
		Chitose	light	1944-10-25	Leyte Gulf 전투에서 어뢰 경항공기 공격	903
		Akitsu Maru	escort	1944-11-15	USS Queenfish의 어뢰	2044
		Shinyo	fleet	1944-11-17	미 잠수함 USS Spadefish의 어뢰 공격	1130
		Shinano	fleet	1944-11-29	미 잠수함 USS Archer-Fish의 어뢰 공격	1435
		Amagi	fleet	1945-06-27	6/24~27 사이 Kure 항구 공격	소수
영국	8 (3,133)	Courageous	fleet	1939-09-17	독일 잠수함 U-29의 어뢰	519
		Glorious	fleet	1940-06-08	독일 전함 Scharnhorst+Gneisenau의 발포	1207
		Ark Royal	fleet	1941-11-14	독일 잠수함 U-81의 어뢰 공격 후 지브롤터로 견인 중 침몰	1
		Audacity	escort	1941-12-21	독일 잠수함 U-751의 어뢰	73
		Hermes	fleet	1942-04-09	스리랑카 해역에서 일본 항공기의 공격	307
		Eagle	fleet	1942-08-11	독일 잠수함 U-73의 어뢰	131
		Avenger	escort	1942-11-15	독일 잠수함 U-151의 어뢰	516
		Dasher	escort	1943-03-27	원인을 알 수 없는 내부 폭발	379
미국	12* (2,091)	Langley	seaplane	1942-02-27	일본 급강화 폭격기+escort 함정의 발포 & 어뢰	16
		Lexington	fleet	1942-05-08	Coral 해전에서 어뢰 경항공기 공격	216
		Yorktown	fleet	1942-06-07	미드웨이 해전, 일본 급강화 폭격기+어뢰 경항공기+I-168 어뢰	81
		Wasp	fleet	1942-09-15	San Cristobal 섬, 일본 잠수함 I-19의 어뢰	193
		Hornet	fleet	1942-10-27	산타쿠르즈 섬 부근, 일본 급강화 폭격기+어뢰 경항공기+구축함 어뢰	140
		Liscome Bay	escort	1943-11-24	Butaritari 섬 부근, 일본 잠수함 I-175의 어뢰	644
		Block Island	escort	1944-05-29	Canary 섬 부근 독일 잠수함 U-549의 어뢰	6
		Princeton	light	1944-10-24	Leyte Gulf 해전, 일본 폭격기 공격	109
		Gambier Bay	escort	1944-10-25	사모아 해전, 일본 수상함의 공격	130

미국	12* (2,091)	Saint Lo	escort	1944-10-25	Leyte Gulf 해전, 일본 가미가제 항공기 공격	143
		Ommaney Bay	escort	1945-01-04	Sulu 바다, 가미가제의 공격을 받고 USS Burns에 의해 침몰 직전 사용 불가능한 상태로 이동	95
		Bismarck Sea	escort	1945-02-21	이오지마 전투에서 일본 가미가제 항공기 공격	318

* 미국의 'Ommaney Bay' 에스코트 항모는 95명의 사망자와 침몰 직전의 폐선 상태로 견인되어 통계에 포함시킬 수도 있을 것이다. 하지만 그 항모를 제외하면 총 11척에 사망자 수는 1,996명이 된다.

[그림 6-53] 1945년 4월 1일 일본의 자폭 항공기에 피해를 입은 영국의 항모 Indefatigable

[표 6-19]에서 일본이 가장 큰 항모 피해를 본 것으로 나타났다. 19척의 항모가 침몰하였고 승무원 13,515명 이상 사망을 하였다. 영국은 8척에 3,133명이고 미국은 12척에 2,091명이 사명을 하였다. 사망자 숫자로는 미국이 가장 적다. 지역적인 특성으로 영국은 침몰한 8척 중 7척이 독일에 의한 것이고 1척만 일본에 의해서 그리고 미국은 12척 중 11척이 일본에 의해서 1척은 독일 U-boat에 의해 침몰을 하였다.

일본과 미국이 1942년 1944년에 큰 피해를 입은 것은 당시의 전투 상황과 맞물려 있다. 또한 일본의 사망자가 많은 것은 공격적인 항모를 운영하여 많은 항공기를 탑재한 상황이 대부분으로 이런 상황에서 만약 공격을 받으면 피해가 클 수밖에 없는 것이다. 위의 피해상황에 대하여 좀 더 상세하게 살펴보면 다음과 같다.

- 항모는 총 39척이 침몰을 하였고 사망자는 총 21,050명이다.
- 침몰의 원인으로 1가지 종류의 무기로 공격을 받은 경우가 31척, 비행기, 어뢰 등 2가지 이상의 종류 공격으로 침몰한 경우는 8척, 그리고 원인 불명이 1척이다.
- 2가지 이상의 종류로 공격받은 경우 각각을 하나의 종류로 했을 때, 비행기 공격이 18척, 어뢰 공격이 26척, 함포 공격이 4척 등이 되어 항공모함에서 가장 빈번한 공격은 어뢰이다. 이는 항공기 공격을 할 때 어느 정도 공격이 성공을 하면 최종적으로 주위 함정으로부터 어뢰 공격이 실시되어 결과적으로 보면 동시 또는 시차를 두어 함께 진행이 된다는 것이다.

침몰을 방지하기 위해 또한 피해 규모를 줄여 생존하기 위해 항모는 많은 일들을 해야 한다. 침몰은 최악을 경우지만 크고 작은 공격에 피해를 복구해야 다음에 항공기 이착륙이 가능한 상태가 되어 방어와 공격 작전을 수행할 수 있다. 이런 전반적인 작업이 피해 통제(Damage Control)라고 하며 이에 관하여 상세하게 살펴보자.

현재의 항모는 어뢰보다는 미사일을 공격에 더 취약할 수 있다. 미사일은 어뢰보다 2차 세계 대전 이후 동안 훨씬 비약적으로 발전을 해왔다. 물론도 어뢰도 발전을 거듭해왔다. 하지만 항공기술의 발달과 더불어 미사일 기술은 항공모함을 위협할 정도로 발전을 해온 것은 사실이고 미국의 항모에서 가장 핵심 타겟은 미사일인 것이다. 적의 공격에 대응하는 전략은 [그림 6-55]와 같다.

Raytheon, "Ship Self Defence System MK2 and Data Distribution Standard(DDS)"

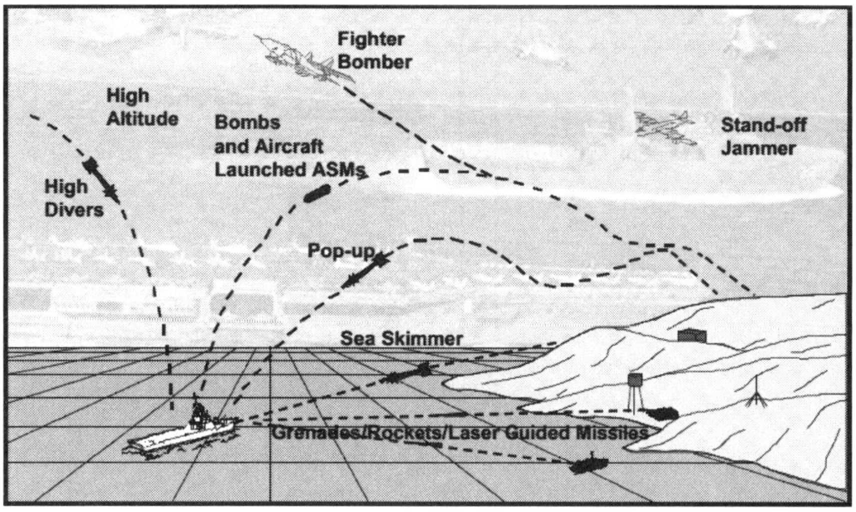

[그림 6-54]
현대 항공모함에 대한 공격의 다양성

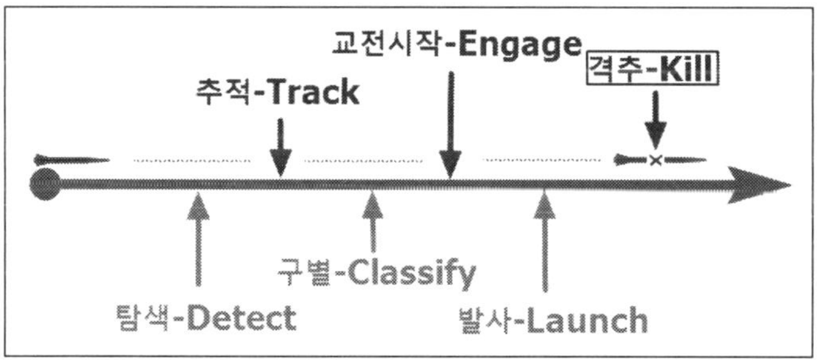

[그림 6-55]
적의 공격에 대한 대응 방법의 순서

적의 공격 무기를 발견 및 탐색하고 그 공격무기를 지속적으로 추적을 하여 어떤 종류인지 어떤 속도인지 어떤 특성을 가졌는지 그리고 어떻게 방어를 할 것인지를 결정하기 위해 공격무기를 구분 분류하게 되고 대응을 교전을 시작하게 된다. 그 이후 대응 방법에 따라 대응 무기를 발사하게 되고 최종적으로 적의 무기를 무력화시키는 방법과 순서를 따라가게 된다.(참조: [그림 6-55])

실제 상황은 매우 긴박하고 빠르게 진행이 될 수밖에 없다. 적의 미사일이라면 속도가 마하 4 이상으로도 접근할 수 있는 것이다. [그림 에서 보듯이 기술의 발전에 따라 발사와 함상에 도달하는 시간이 점점 빨라져 현재는 10초 이내에 처리를 해야 하는 경우가 발생하게 된다. 앞서 기술된 절차에 따라 10초 이내에 적의 미사일을 격추 시켜야 하는 것은 매우 어려운 것이다. 또한 항모에 가까이 와서가 아니라 좀 더 먼 거리에서 격추를 해야 항모에 영향을 적게 받기에 더욱 시간이 줄어들 수밖에 없다.

Raytheon, "Ship Self Defence System MK2 and Data Distribution Standard(DDS)"

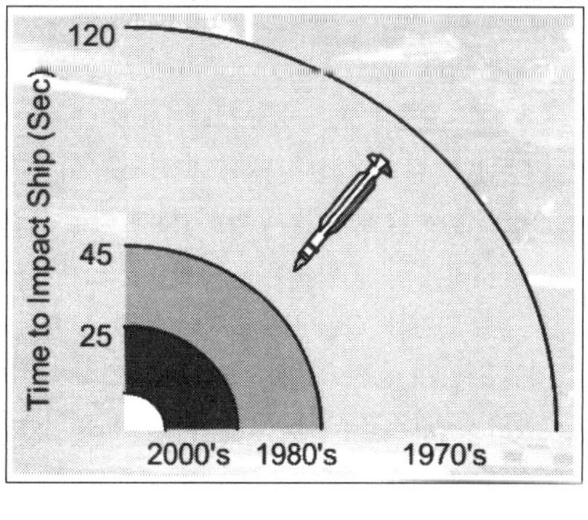

[그림 6-56]
미사일 발사와 함정에 충격을 가하는 시간의 시대별 변화 추이

Raytheon, "Ship Self Defence System MK2 and Data Distribution Standard(DDS)"

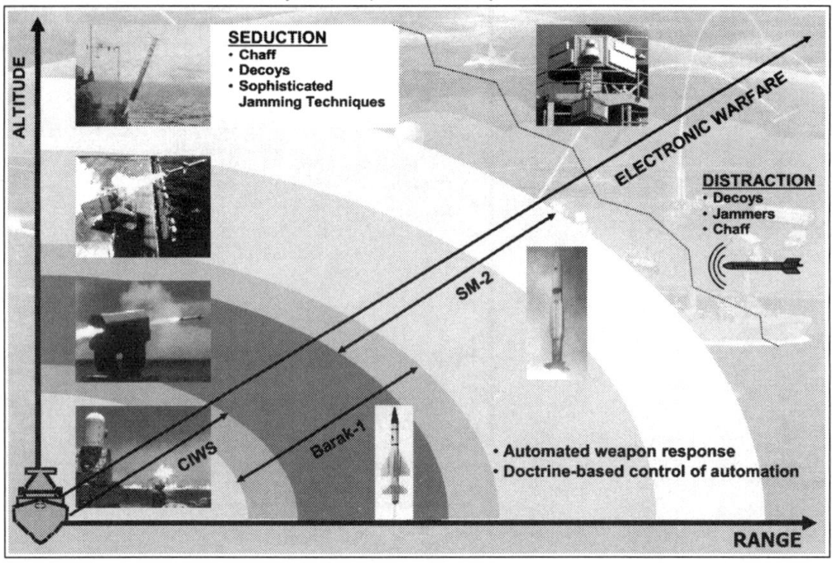

[그림 6-57]
거리와 고도에 따른
방어 무기 체계

제한된 시간과 제한된 거리 내에서 처리가 되어야 하기에 대응하는 쪽에서도 다양한 방법을 사용하는 것이다. 이런 방법들이 앞에서 기술된 많은 하드웨어와 소프트웨어가 결합된 시스템이 된다. [그림 6-57]은 항모(함정)에서 사용되는 대응 방법으로 고도와 거리에 따른 대응 방법을 표시한 것이다. 그림에서 우선 적정거리에서 레이더에 의한 접근하는 적의 미사일을 발견한다고 가정을 한 것이다. 그 다음 어떻게 처리를 해야 하는가에 대한 대응 방안을 도식화 한 것이다. 근접거리에서는 'CIWS'가 사용이 되고 근접거리이지만 고도가 높은 항공기를 대응하기 위해서는 항공용 디코이가 사용될 수 있음을 보여주고 있는 것이다. 근접거리이지만 고도가 중간 정도가 되는 경우에는 지대공 미사일(SAM)이 이용이 될 수 있다.

근접에서 사용되는 SAM으로 'Barak 1' 미사일을 사용할 수 있다. 이 미사일은 12 km 이내의 적의 미사일을 격추시킬 수 있다. 좀 더 먼 거리에서는 Standard Missile인 'SM-2' 미사일을 사용할 수 있다. 이 미사일은 일반적으로 'RIM-66 Standard' 미사일로 거리는 74~167 km이고 고도는 24 km로 이 범위 내에 있는 적의 미사일을 마하 3.5의 속도로 요격할 수 있다. 만약에 좀 더 먼 거리에서 적을 발견하였다면 'RIM-67 Standard' 미사일을 발사할 수도 있다. 이 미사일은 거리는 120~185 km이고 고도는 24 km로 이 범위 내에 있는 적의 미사일을 마하 3.5의 속도로 요격할 수 있다. 이 보다 먼 거리의 작전은 전자전 장비를 활용하여 교란과 인터셉트 등을 시도할 수가 있는 것이다.

항공모함은 앞서 기술된 것 같이 다양한 방법으로 방어를 하지만 만약에 적의 공격에 피해를 입었을 경우 항모의 피해를 처리하는 과정도 매우 중요하여 피해를 체계적으로 통제하기 위한 방법을 가지고 있어야 한다. 항모에서는 조직을 가지고 일이 발생할 때 체계적으로 처리를 하도록 되어 있다.

피해 통제는 해군의 모든 함정에 매우 중요하다. 함정이 전투에서 적의 화력에 의해 또는 폭풍에 의해 손상을 입은 경우 피해를 신속하게 복구해야 한다. 모든 항모를 비롯한 해군 함정은 이러한 중요한 작업을 수행할 수 있도록 조직이 구성되어져 있다. 이 조직은 할당된 작업, 교육, 지침, 그리고 효율적인 통신을 통해 수행된다. 각 구성원은 구성된 조직을 이해하고 피해 복구 방법에 따른 의무와 책무를 수행해야 한다. 미국을 중심을 피해 통제 조직 및 방법에 관하여 알아보자.

조직은 피해 통제를 성공적으로 수행하는 핵심이다. 피해 통제 조직은 손상의 여러 유형을 처리하기 위한 표준 절차를 확립하고 마련해야 한다. 모든 구성원이 각각의 비상 상황에서 무엇을 해야 하는지 즉시 알 수 있도록 이 절차에 대한 교육을 마련해야 한다. 피해 통제는 예방 및 시정의 관점 모두에서 여러 가지 중요한 목적을 가지고 있다. 모든 구성원은 이러한 목적을 준수해야 한다. 다음과 같이 이러한 실천해야 하는 것들의 일부는 다음과 같다.

USN, "Airman"

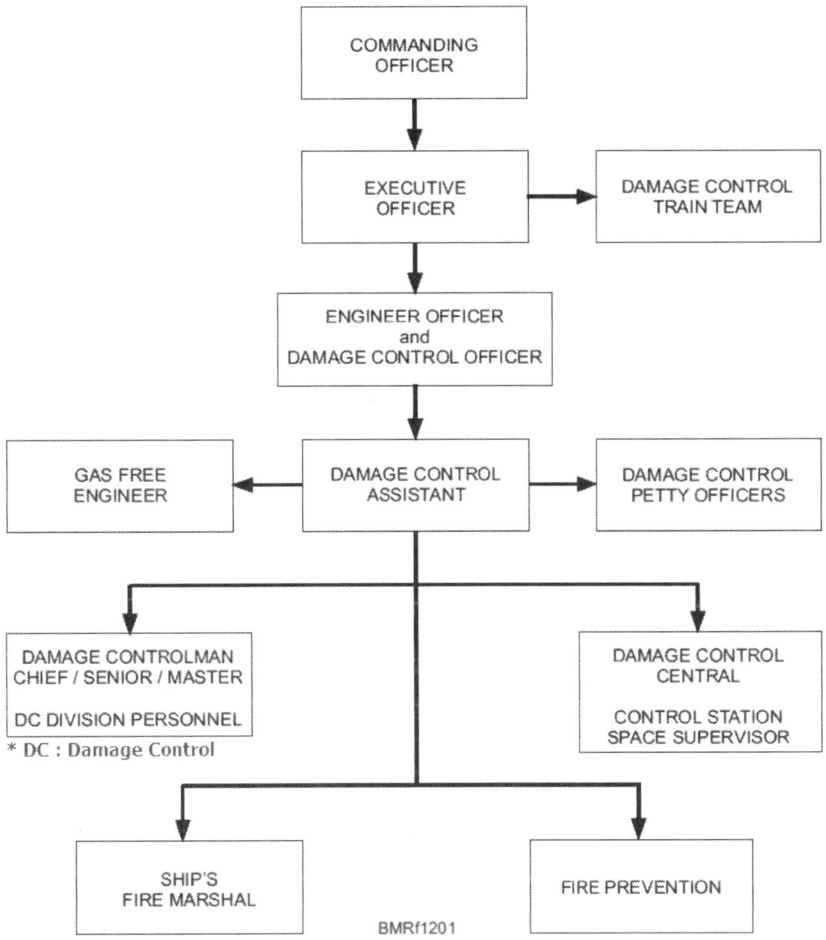

[그림 6-58] Damage Control 행정 관리 명령체계

- 준비물은 처음 만들어질 때 당시의 물질 상태를 유지하도록 관리해야 한다.
- 함정 피해 통제의 모든 측면에서 모든 탑승 인원을 교육해야 한다.
- 생존을 위해 가능한 최상의 상태로 피해 통제 시스템 및 장치를 유지해야 한다.

항모의 피해 통제 조직은 이러한 목표를 달성하기 위해 항모 조직의 다른 요소를 필요 시 조정해야 한다. 따라서 각 부서는 각 부서에서 맡은 피해 통제 업무 중에 개인에게 특정 임무를 할당해야 한다. 이것은 디비전 별로 피해 통제 하사(DCPO, Damage Control Petty Officer)와 유고 시 대체자의 지정하는 것도 포함된다. 피해 통제의 올바른 관점은 즉시 함정이 공격할 수 능력과 방어 능력을 회복할 수 있도록 손상 제어 전투 조직을 필요로 한다는 것이다. 손상 제어 조직은 두 가지 요소로 구성이 되어 있으며 그것은 피해 통제 관리 조직과 손상 제어 전투 조직으로 구성되어 있다.

손상 제어 관리 조직은 엔지니어링 부서 조직의 일부이다. 각 부서 주요 관리 및 예방 유지보수 책임이 있다. 이 조직 책무는 부서별 공간 내에서 손상 제어 장비, 시스템 및 설비에 대한 계획된 유지보수를 포함한다. 각 부서의 책임자는 피해 통제 PMS(Project Management System)에 따라 할당된 것들이 완료되었는지 체크리스트를 가지고 확실하게 체크를 해야 하고 불일치된 것들은 문서화를 하고 바로 잡도록 해야 한다. 이에 관한 관리 조직 체계가 위의 그림에 있고 PMS에 관한 것은 아래 그림에 있다.

tpub.com

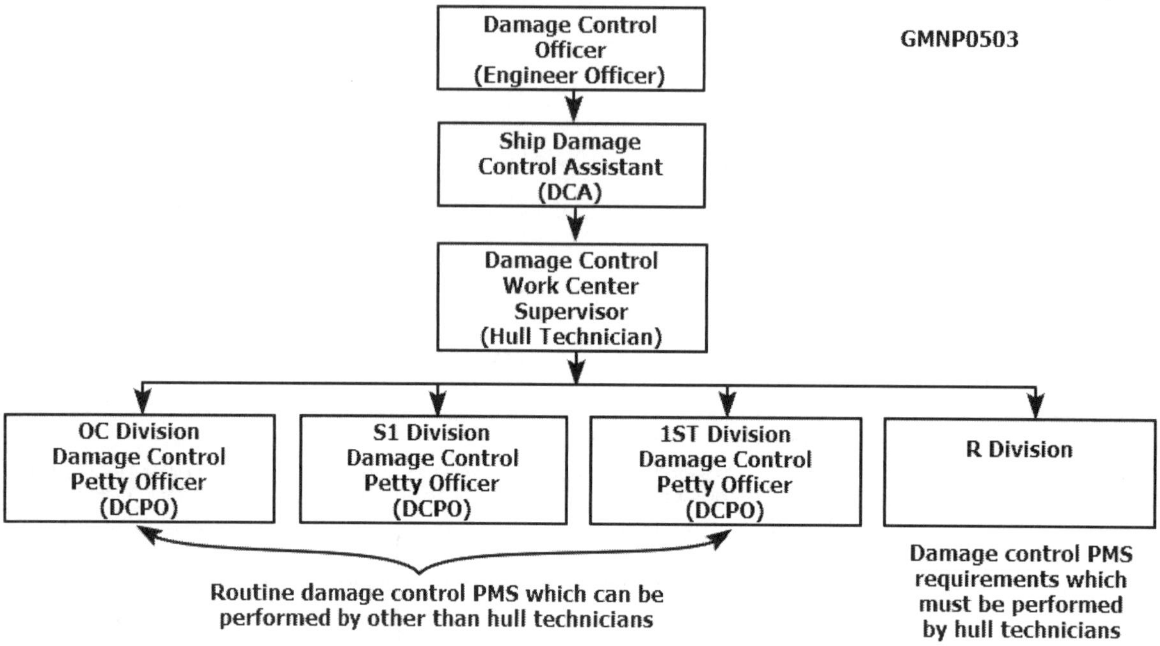

[그림 6-59] 피해 통제 PMS을 위한 부서 내 조직 구조

"USS Midway Museum Docent Reference Manual"

[그림 6-60]
항모 USS Midway
DCC의 모습

피해 통제 전투 조직은 손상 제어 센터(DCC, Damage Control Central), 각종 수리 하위 부서(Party), 전투 Dressing 스테이션을 포함한다. 이 조직은 함정에 따라 다소 다르다. 차이는 함정의 크기, 유형 및 임무에 따라 달라진다. 그러나 기본 원칙은 모든 피해 통제 전투 조직에 적용이 된다. 이러한 기본 원칙은 다음과 같다.

- 조직 내 모든 구성원은 피해 통제의 모든 단계에서 매우 잘 훈련되어 있는지 확인이 되어야 한다. 또한 그들은 손상의 컨트롤을 지원하기 위해 자신의 등급에 있어 기술적인 측면에서 훈련을 해야 한다.
- 자급자족 단위로 조직을 분권화 되어야 한다. 이 단위는 서로 의사소통이 되어야 한다. 이들은 피해손상의 다양한 유형을 제어하기 위해 올바른 조치를 취할 수 있어야 한다.

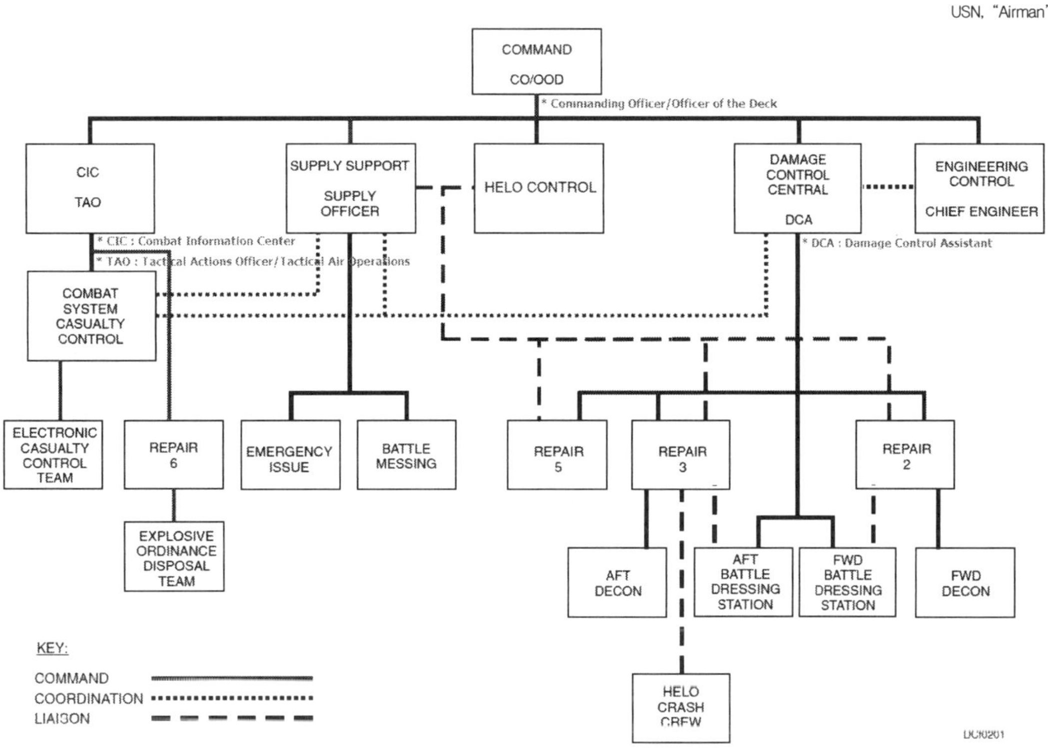

[그림 6-61] Damage Control 전투 조직 체계

- 중심 역할을 하는 곳인 DCC를 가져야 하고 모든 피해 통제 단위에서 보고를 받아야 한다. DCC는 평가하고 함정 전체의 관점에서 시정 조치에 필요한 명령에 우선권을 가지고 실행한다. 이 스테이션은 또한 브릿지(명령 제어하는 곳)에 보고하고 명령을 받는다. 이 보고사항에는 함정의 부력, 트림, 안정성, 수밀성, CBR(Chemical, Biological, and Radiological) 방어 대책 등에 영향을 미칠 우려가 되는 사항이 된다.
- 피해 통제 단위 조직이 해당 부서에서 담당자의 직접 감독 하에 있는 하나의 부서의 특유 작업을 할당받아 수행할 수 있도록 해야 한다.
- 전투의 혼돈스러운 상태 또한 준비가 하나의 조건에서 다른 조건으로 전환하는 것에 대한 어려운 작업에 종사하는 인력에게 구조나 구호가 제공되어야 한다. 모든 구조대원에게 전반적인 상황이 전달되어 있는지 확인하는 절차를 가지고 있어야 한다.
- 모든 피해 통제 단위 조직 사이의 긍정적이고 정확하고 빠른 통신을 제공해야 한다. 수고와 방향의 전반적인 조정은 쉽게 수행할 수 있도록 되어야 한다.
- DCC에 전투 사상자가 발생되는 경우에는 DCC의 책임이라고 가정 하에 DCC에서 멀리 위치한 수리 하위 부서를 보낸다.

피해 통제 보조(DCA, Damage Control Assistant)를 위한 전투 스테이션은 DCC에 있다. [그림 6-61]에서 보는 바와 같이 일차 피해 통제 전투 조직 단위는 하위 수리 단위 또는 팀이다. 전투 Dressing 스테이션은 하위 수리 단위 가까이에 있어야 한다.

DCC에 할당되어 임무를 부여받은 인력은 DCA의 감독 하에 있게 된다. 이 인력은 다음과 같은 업무를 수행한다.

- 모든 하위 수리 부서로부터 정보를 수신하고 평가한다.
- 부력, 함정의 기울기(List), 트림, 안정성, 수밀성 등을 포함하여 함정의 재료 조건에 영향을 미치는 상태의 지휘통제를 알려준다.

- 필요에 따라 손상 피해의 컨트롤 방향을 설정하기 위해 우선적으로 하위 수리 부서에 복구를 시작하도록 명령을 준다.
- 전투 중 손상, 화재 그리고 바닷물의 유입에 다른 진전사항 등의 요소가 되는 정보를 제공하는 지휘통제는 유지시킨다. 또한 CBR 공격에 영향과 심각한 인명 사고 등에 관해서도 마찬가지다. 화재로 위험에 처한 군수창고에 몰을 투입할 필요성에 대한 평가를 하고 지휘관에게 올바른 조치를 권고한다. 지휘관의 명령에 따라 필요한 군수창고의 침수하기 위해 하위 수리 부서에 명령을 내린다.
- 수밀성, 침수, 침수 대응 및 탈수를 제어한다.
- 포스트 및 라벨 차트 및 다이어그램 등이 함정의 구획과 중요한 배관 및 전기 시스템을 표시하기 위해 사용한다.
- 함정이 받은 피해에 대하여 진행 중인 시정 조치를 시각적으로 보이며 DCC의 사상자 보드를 게시한다. DCC에 의해 보고된 사고 데이터에 대한 지휘 통제에 의한 시각적 참조를 위해 단순화된 회로도가 브릿지에 유지보수가 되고 있는지 확인한다.
- 액체 하중을 보여주기 위한 안정성, 침수 경계의 위치, 침수 구획에 의한 트림 및 함정의 기울기의 효과, 그리고 안정화를 위해 취해진 시정 조치 등을 게시한다. 액체 하중과 침수 효과 일람표도 일반적으로 이러한 목적을 위해 사용된다.
- 준비 대피소, 2차의 좀 더 안전한 대피소, 전자 사상자 제어 및 전투 dressing 스테이션에 대한 접근 경로의 목록을 준비해야 한다.
- 올바른 피해 통제 시스템과 전기 시스템을 취하기 위해 취한 어떤 조치를 표시하는 그래픽 디스플레이를 준비해야 한다.
- CBR 오염원에 의해 오염된 지역을 표시하기 위해 갑판 계획평면도를 준비해야 한다. 이것에는 위치, 안전한 경로, 전투 드레싱 스테이션 및 오염 제거 스테이션을 표시하여 보여준다.
- 함정의 폐쇄 상태를 보여주기 위해 폐쇄 로그를 준비한다.
- 오염을 예측할 수 있는 그림 화면 등을 준비한다.

하위 수리 부서의 책임자는 피해 손상이 확인된 후 그는 자신의 책임 영역에서 활동을 담당해야 한다. 그리고 상황에 대한 정보를 DCC에게 지속적으로 제공해야 한다. 넓은 지역에 대한 적절한 보호를 제공하기 위해 세분화 될 수 있는 특정 하위 수리 부서가 있다. 때때로 소정의 책임은 두 개 이상의 하위 수리 부서에서 공동 책임이 될 수 있다. 하위 수리 부서가 세분화되면 그것들은 '1A, 1B'와 같이 상위 수리 부서(1) 다음에 연속되는 글자(A, B)를 두어 지정하는 경우가 있다.

구성을 어떻게 할까? 하위 수리 부서의 구성은 각 부서가 손상 및 할당된 영역 내에서 발생하는 사고를 처리하도록 허용해야 한다. 각 군함은 2차 DCC로서 하위 수리 부서를 지정해야 한다. 또한 피해 통제의 명령에 대한 완전한 승계는 공식적으로 공포가 될 것이며 또한 각 수리 사물함에 게시된다. 지휘의 승계가 지정되어 있는 경우 사용할 수 있는 각 수리 사물함, 각 수리 사물함 관리자의 선임 및 통신 시설의 물리적 위치 등이 고려되어야 한다. 아래 명시된 일반 구성은 하위 수리 부서의 효과를 확인하기 위해 필요하다고 생각되는 것이다.

- 수리 1 부서(메인 데크 수리 담당 부서) : 갑판 부문에 근무하는 장교이나 선임하사가 담당한다. 이 수리 파티(Party) 갑판 근무하사관 및 상점근로자 등 계급이 없는 직원, 정보 시스템 기술자, 전기공의 조수, 병원 위생병 등으로 구성되어 있다. 일부 엔지니어링 하사관도 요구될 수 있다. 격납고 갑판 장교는 또한 격납고 베이 수리 파티로 알려진 수리 1H를 책임 담당하고 있다. 이 수리 1H는 수리 1의 하부 조직이다. 장교나 선임하사는 각 격납고에 대한 조수로 지정된다. 수리 1H는 하사관 및 항공 분야에서 계급이 없는 인력으로 구성되어 있다. 엔지니어링 및 갑판 하사관도 요구될 수 있다.
- 수리 2 부서(선행 수리 담당 부서) : 적절한 훈련을 받은 장교나 선임하사가 담당하고 있다. 이 수리 파티는 갑판 및 엔지니어링 부서의 하사관, 전기공 조수, 상점담당자, 병원 위생병 및 계급이 없는 직원 등으로 구성되어 있다.

Pinterest.com

[그림 6-62] 미국의 항모 USS Franklin의 피해 모습

- 수리 3 부서(후행 수리 담당 부서) : 수리 2 부서와 비슷한 구성
- 수리 4 부서(선체 중앙 수리 담당 부서) : 수리 2 부서와 비슷한 구성
- 수리 5 부서(엔진 수리 담당 부서) : 엔지니어링 부서 책임자가 담당하고 있다. 이 수리 파티는 전기관련 장교이나 고위 전기공의 보조 및 엔지니어링 등급 내에서 폭 넓은 직원으로 구성되어 있다.
- 수리 6 부서(병기 수리 담당 부서) : 병기 부서의 장교나 선임하사가 담당하고 있다. 이 수리 파티는 포수의 조수, 소방 기술자 및 전기공의 조수 등으로 구성되어 있다. 이 파티는 6A, 6B 등과 같이 하위 부서로 세분하여 분할될 수 있다.
- 수리 7 부서(식당 주방 데크 및 아일랜드 구조물 담당 부서) : 이 수리 파티는 항공모함에 필요한 것으로 다른 함정에서도 필요할 수 있다. 적절히 훈련된 장교가 담당하고 있다. 파티는 항공기와 엔지니어링 부서의 직원으로 구성되며, 필요한 경우 다른 부서의 직원이 증강될 수 있다.
- 수리 8 부서(전자 장비 수리 담당 부서) : 운영 부서의 장교나 선임하사가 담당하고 있다. 이 수리 파티는 전자 기술자, 수중 음파 탐지기 기술자, 소방 기술자 및 전기공 보조로 구성되어 있다. 이 수리 파티 전자적 사상자 제어 부서의 감독 하에 운영이 된다.

위의 기술된 8개의 부서에 포함되지는 않았지만 독자적으로 항공모함에서 필요한 유사한 부서는 다음과 같은 것들이 있다.

- 항공 연료 수리 팀 및 충돌과 인양 팀(or 수리 9 부서) : 이 팀은 항공모함과 유인 헬리콥터 작전이 가능한 다른 선박에서 필요한 것이다. 항공모함에서 항공기 부서의 장교나 선임하사가 담당하고 팀원은 항공기 부서 구성원들로 구성된다. 유인 헬리콥터 작전이 가능한 다른 선박에서는 적절한 데크와 엔지니어링 부서 구성원이 할당된다.
- 병기처리 팀(or 수리 10 부서) : 병기처리 팀은 필요에 따라 항모에 승선되고 배치되며 특수 교육을 받은 인력으로 구성되어 있다. 팀 내에서 조직과 선박의 무기 부서의 단위로 관리된다. 병기처리 팀은 일반적으로 함정의 무기 책임자의 지시에 따라 운영된다.

하위 수리 부서(party)의 일반적인 책무는 무엇일까? 하위 수리 부서의 일반적인 책임은 당사자 간 또한 부서 간 긴밀한 협조 통해 유지 보수가 진행되는 것을 요구한다. 다음은 모든 하위 수리 부서에게 공통의 책임을 명시한 것이다.

- 전기 및 동력화 된 소리 사운드 전화 회선을 복구해야 한다.
- 부상당한 동료에게 응급 처치를 제공하고 심각하게 수리 파티의 손상 제어 능력을 감소시키지 않도록 하고 부상자를 전투 Dressing 스테이션으로 옮겨야 한다.
- 방사선 개입으로부터 탐지, 식별, 투여량 측정 및 투여 속도 강도를 측정한다.
- 방사능 오염을 받는 지역과 인원을 조사하고 오염원을 제거한다.
- 함정에 생물 작용제를 식별하는 능력을 갖고 있지 않는다면 생물학적 제제의 시료를 구해 실험실로 보낸다.
- 사용되는 모든 화학 물질을 확인한다.
- 생물학적 또는 화학적 공격에 의해 영향을 받는 지역과 사람의 오염원을 제거한다.
- 모든 유형의 화재를 제어하고 소화한다.
- 자신의 지역에서 손상의 정도를 올바르게 평가하고 보고한다. 이러한 책임은 다음의 내용을 유지하는 것들도 포함한다.
  - 파괴되거나 손상된 시스템을 수리하는 데 취한 손상과 행동을 보여주는 그래픽 디스플레이 보드
  - CBR 오염의 위치와의 안전한 경로, 전투 드레싱과 개인 오염 제거 스테이션 위치를 보여주는 데크 평면도
  - 구조적 손상의 시각적 표시를 위한 사상자 및 피해 상황 보드

끝으로 하위 수리 부서(Party)의 특별 책무에 관하여 설명을 한다. 각 수리 부서별로 특별한 책임은 다음과 같은 것이 있다.

- 수리 부서 1, 2, 3, 4, 그리고 5는 항모의 안정성 및 부력을 다음과 같이 유지하도록 해야 한다.
  - Steering의 기본 및 보조 수단을 복구
  - 함포, 선박, 사격 지휘 통제국의 운영에 방해되는 상부 갑판의 잔해물을 제거하고 선박의 방향타, 프로펠러, 또는 함정을 양쪽을 막는 잔해물을 제거하고 모든 유형의 화재 진압.
  - 전투 서비스 시스템(탄약 공급장치, 환기 공급 장치, 고/저압 공기 배기구, 통신 시스템, 전기 시스템, 냉각수 시스템 등)에 긴급 수리하고 유지
  - 재난 전원 케이블을 사용하여 중요한 전기 설비에 비상 전원 제공
  - 필요에 따라 충돌 및 구조 팀 지원
  - 추가 손상의 경우, 침수를 일으킬 수 있는 수선의 상부 손상 부분 수리

- 수리 부서 5는 다음과 같이 항모의 추진 장치를 유지한다.
  - 주 추진 장치 및 보일러에 대하여 유지보수 및 수리를 하거나 손상을 격리시킬 것
  - 운영 및 수리하거나 또는 중요한 시스템을 격리할 것. 필요한 경우 중요한 시스템을 분리하는 방법을 수정할 것
  - 조향 제어 시스템의 운영 및 보수 지원
  - 통신 시스템의 유지보수 및 수리 지원
  - 필요한 경우, 수리 부서 1, 2, 3, 4 그리고 충돌 및 구조팀 지원

- 다음과 같이 수리 6 부서는 무장과 무기고를 보호할 것이다.
  - 부품의 공급과 갱신을 포함한 모든 무장 설치에 긴급 수리 실시
  - 탄약고의 스프링클러 시스템과 다른 무장 시스템 운영
  - 탄약고 부근에 화재를 소화하는데 다른 수리 부서를 지원
  - 선체 손상을 수리하는데 다른 수리 부서를 지원
  - 전방 탄약고 스프링클러 제어 스테이션에서 스테이션 수리 부서 제어
  - 무기 제어, DCC, 그리고 부서에서 분리된 유닛과의 통신 유지
  - 스프링클러가 작동된 무기고와 동일 그룹에 다른 사람들을 분리
  - 탄약고에 스프링클러가 작동/침수를 DCC에 통지할 것. 지휘관의 승인이 없이 탄약고는 침수될 수 없음을 명확하게 기억할 것

- 수리 부서 1과 그 하위 부서는 다음과 같이 항공모함의 갑판과 격납고 bay를 유지한다.
  - 화제를 통제하고 소화할 것
  - 할당된 지역의 피해 손상을 복구할 것

- 수리 부서 7은 다음과 같이 항공모함의 수방/식낭 데크와 아일랜드 구조를 유지한다.
  - 화제를 통제하고 소화할 것
  - 할당된 지역의 피해 손상을 복구할 것

- 수리 부서 8은 항모의 전자 장치를 유지한다. 대형 항공모함과 같은 매우 복잡한 전자 무기 시스템을 갖춘 함정의 수리 부서 8은 다음과 같이 책임을 충족해야 한다.
  - 레이더, 라디오, 대응 장치와 관련된 모든 전자 장비 수리
  - 화력 제어 장비 수리 및 복구
  - 소나 장비 수리 및 복구
  - 작은 전기 화재도 즉시 소화

- 다음과 같이 항공 연료 수리 팀은 항공 연료 시스템을 유지하는 것이다.
  - 모든 항공 연료 시스템을 운영, 유지관리 및 복구할 것
  - 화재 소화

- 다음과 같이 충돌과 인양구조 팀은 비행갑판과 격납고 갑판을 유지한다.
  - 항공기 화재를 소화하고 신속하게 조종사를 구조하고 비행갑판에서 항공기 회수
  - 비행갑판 및 그와 관련된 모든 종류의 장비 수리 실시
  - 격납고와 그와 관련된 모든 종류의 장비 수리 실시

- 병기 장교는 노출된 병기의 보호를 유지하기 위한 책임이 있다. 항공장교는 비행과 격납고 갑판 비행숙소에 있는 동안 이 기능을 담당한다. 이 기능에 대한 주요 지원은 다음과 같이 책임이 있는 폭발물 처리 팀에서 나와서 한다.
  - 화재 시 혹은 필요한 때 항공기에서 무장을 제거할 것
  - 안전하게 항모의 손상을 방지해야 할 필요가 있을 때 무장을 투하할 것

References

[1] NOBLE MARINER 2011, PRESS KIT, pdf 자료

[2] US Army, "Advanced Field Artillery Tactical Data System (AFATDS)", pdf 자료

[3] ROYAL AIR FORCE, "AIRCRAFT & WEAPONS", pdf 자료

[4] WEAPON SYSTEMS 2012, "Mortar Systems", pdf 자료

[5] USN, "Navy program Cooperative Engagement Capability (CEC)", pdf 자료

[6] Ministry of Defence, "Defence Industrial Strategy", pdf 자료

[7] Ministry of Defence, "Carrier Strike: The 2012 reversion decision", pdf 자료

[8] USN, "CHAPTER 2 DAMAGE CONTROL ORGANIZATION, COMMUNICATION, AND INFORMATION", pdf 자료

[9] USN, "CHAPTER 2 TACTICAL AIR NAVIGATION (TACAN)", pdf 자료

[10] USN, "CHAPTER 9 AMMUNITION HANDLING EQUIPMENT", pdf 자료

[11] Seth Cropsey, "Sharpening the Spear: The Carrier, the Joint Force, and High-End Conflict", Hudson Institute, 2015

[12] R. Cassels, "Challenges in Radar ESM Processing", Isaac Newton Institute for Mathematical Sciences, 27th, March 2013

[13] Jeffrey S. Johnston, "A Feasibility Study of a Persistent Monitoring System for the Flight Deck of U.S. Navy Aircraft Carriers", AIR UNIVERSITY, 2009

[14] "Aircraft Ship Operations", AGARD AD-A244 869

[15] William D. O'Neil, "The Cooperative Engagement Capability (CEC) Transforming Naval Anti-air Warfare", National Defense University, 2007

[16] Robin Staton, "Laser Weapon System (LAWS) Adjunct to the Close-In Weapon System (CIWS)", Naval Surface Warfare Center, 2012

[17] Jason C. Ryan, "Designing an Interactive Local and Global Decision Support System for Aircraft Carrier Deck Scheduling", AIAA 2011-1516

[18] Lexington Institute, "AIRCRAFT CARRIER (IN)VULNERABILITY: What It Takes To Successfully Attack an American Aircraft Carrier", Naval Strike Forum, 2011

[19] IHS, "Analysis: Maritime C4ISR Trends, Developments & Market Drivers", 2013

[20] TERMA, "C-flex Unparalleled situational awareness", www.terma.com

[21] Defense Daily, "CANES: An Open Systems C4I Networks Design"

[22] USN, "A Cooperative Strategy for 21st Century Seapower", 2015

[23] MKS Toolkit Case Study, "Navy First to Deploy Command and Control Systems on Windows", pdf 자료

[24] Ronald Townsen, "Ship Self Defense System Mk2 and Data Distribution Standard(DDS)", Raytheon, 2006

[25] Piet Griffioen, "TACTICOS Combat Management System Exploiting the Full DDS Potential", Thales, 2006

[26] L. Wainstein, "The Evolutiom of U.S. Strategic Command and Control And Warning, 1945-1972(U)", Institute for Defense Analyses, 1975

[27] Carlo Kopp, "China's advances in submarines and aircraft carriers", Defense Today MARITIMEdefence

[28] "Chapter 11 COUNTERMEASURES", http://fas.org/man/dod-101/navy/docs/fun/part11.htm

[29] Lee Pucker, "Electronic Counter Measures", spectrum signal processing application note

[30] Robert Speer, "ELECTRONIC WARFARE", ppt 자료

[31] Ronald S. Farris, "A Ship Defense Analysis Process", JOHNS HOPKINS APL TECHNICAL DIGEST, VOLUME 21, NUMBER 3, 2000

[32] Robert L. Shaw, "Fighter Combat TACTICS AND MANEUVERING", Naval Institute Press, 1985

[33] GEM elettronica pdf 자료

[34] Eric Francis Germain, "The Coming Revolution in NATO Maritime Command and Control"

[35] "HORUS: Electro Optical Surveillance and Fire Control System", pdf 자료

[36] Francisco Javier Alvarez Laita, "AMPHIBIOUS WARFARE SHIPS. THE NAVANTIA ACHIEVEMENTS Juan Carlos I Class, Galicia Class and Athlas Family", IDS/Navantia, 2011

[37] Susan P. Gregg, "Lessons from AEGIS: Organizational and Governance Aspects of a Major Product Line in a Multi-Program Environment", SPLC '14, 2014

[38] USN, "MARITIME COMPONENT COMMANDER GUIDEBOOK", 2014

[39] William A. Menner, "The Navy's Tactical Aircraft Strike Planning Process", JOHNS HOPKINS APL TECHNICAL DIGEST, VOLUME 18, NUMBER 1, 1997

[40] "NIMITZ-CLASS AIRCRAFT CARRIER OPERATING AND SUPPORT COSTS", pdf 자료

[41] "Chapter Five: COMMAND AND CONTROL", pdf 자료

[42] Larry S. Norcutt, "Ship Self-Defense System Architecture", JOHNS HOPKINS APL TECHNICAL DIGEST, VOLUME 22, NUMBER 4, 2001

[43] USN, "Program Guide 2014"

[44] U.S. DEPARTMENT OF COMMERCE, "FEDERAL RADAR SPECTRUM REQUIREMENTS", NTIA Special Publication 00-40, 2000

[45] Lockheed Martin, "Nulka: Anti-Ship Missile Self Defense System", pdf 자료

[46] John Gordon IV, "LEVERAGING AMERICA'S AIRCRAFT CARRIE CAPABILITIES", RAND, 2006

[47] Raytheon, "Seapower", pdf 자료

[48] "SASS: SILENT ACQUISITION AND SURVEILLANCE SYSTEM", pdf 자료

[49] PATRICK BRATTON, "SEA STRANGULATION - How the United States Has Become Vulnerable to Chinese Maritime Coercion"

[50] Gene I. Rochlin, "The Self-Designing High-Reliability Organization: Aircraft Carrier Flight Operations at Sea", The Brookings Institution Press, 2003

[51] "Terma SKWS Decoy Launching System", pdf 자료

[52] PUGET SOUND NAVY MUSEUM, "SUMMING UP AIRCRAFT CARRIERS", pdf 자료

[53] "Self-Defense Distributed Engagement Coordinator", MIT Tech Notes, February 20166

[54] "C-FLEX: Command & Control Systems for Offshore Patrol Vessels", pdf 자료

[55] Jeffrey W. Thomas, "SSDS Mk 2 Combat System Integration", JOHNS HOPKINS APL TECHNICAL DIGEST, VOLUME 22, NUMBER 4, 2001

[56] GEM elettronica, "WECDIS: Warship Electronic Chart Display & Information System", pdf 자료

[57] USN Naval Safety Center, "AFLOAT Damage Control Checklist", 2016

[58] "Damage Control OPERATIONAL RISK MANAGEMENT (ORM)", pdf 자료

[59] "DCA Duties and Responsibilities UNIT 2.1", pdf 자료

[60] "Shipboard Damage Control Feature", pdf 자료

[61] USN, "CHAPTER 7 DAMAGE CONTROL"

[62] "Damage Control Organization Unit 2.2", pdf 자료

[63] USN, "Damage Controlman 3 & 2", NAVEDTRA 10572, 1986

[64] USN, "CHAPTER 2 ORGANIZATION OF NAVAL AVIATION INTRODUCTION"

[65] USN, "CHAPTER 2 DAMAGE CONTROL ORGANIZATION, COMMUNICATION, AND INFORMATION"

[66] Ben Ho Wan Beng, "The combat utility of the U.S. fleet aircraft carrier in the post-war period", Journal of Military and Strategic Studies, VOLUME 16, ISSUE 4, 2016

[67] USN, "CHAPTER 6 AIRCRAFT FIREFIGHTING (LPD/ACS)"

[68] William H. Garzke, Jr., "Death of a Battle: The Loss of HMS Prince of Wales December 10, 1941 - A Marine Forensics Analysis of the Sinking"

[69] "JOINT TACTICS, TECHNIQUES, AND PROCEDURES FOR SHIPBOARD HELICOPTER OPERATIONS", 1993

[70] Frank R. Steinbach, "CVX damage control information technology evolutionary model", 1999

[71] I. M. Korotkin, "Battle Damage to Surface Ships During World War II", 1960

[72] Jim Davies, "CONTROLLING THE ROYAL NAVY'S QUEEN ELIZABETH CLASS AIRCRAFT CARRIERS"

[73] Georgios Varelas, "EVALUATION OF MODERN NAVIES' DAMAGE CONTROL AND FIREFIGHTING TRAINING USING SIMULATOR PLATFORMS", NAVAL POSTGRADUATE SCHOOL, 2011

[74] V. Slapničar, "Aircraft carrier stability in damaged condition"

[75] "FIREFIGHTING AND DAMAGE CONTROL", pdf 자료

[76] USN, "Damage Controlman", NAVEDTRA 14057, 2001

[77] USN, "CHAPTER 12 DAMAGE CONTROL", pdf 자료

[78] L. W. Avery, "MARINE TACTICAL COMMAND AND CONTROL SYSTEM (MTACCS) FIELD DEVELOPMENT SYSTEM-1 (FDS-1) ASSESSMENT- VOLUME 1", Marine Corps Systems Command, 1992

[79] "SIC: NEW-GENERATION COMMAND & CONTROL INFORMATION SYSTEM FOR NAVY OPERATIONS", pdf 자료

[80] Olivier BUSSIERE, "Advanced NATO-Compatible Solutions for Surface Vessels", Information and Security, An International Journal, Vol. 13, 2004

[81] Göran Petterson, "An illustrated overview of ESM and ECM systems", 1993

[82] USN, "CARRIER QUALIFICATION FLIGHT PROCEDURES", FLIGHT SUPPORT LECTURE GUIDE, 2001

[83] "SAD OC/IPN – Archived 11/2005", pdf 자료

[84] "Jupiter - Archived 02/2002", pdf 자료

[85] "Mk 23 TAS - Archived 5/98", pdf 자료

[86] Thales, "MRR-3D NG", pdf 자료

[87] "Arabel", pdf 자료

[88] USN, "Littoral Combat Ship (LCS)", Navy Program

[89] Robert L. Darwin, "Aircraft Carrier Flight and Hangar Deck Fire Protection: History and Current Status", NAWCWD TP 8516, 2005

[90] Kim Nødskov, "Aircraft Carriers: China's way to Great Power Status?", China Studies, Institute for Strategy Faculty of Strategy and Military Operations Royal Danish Defence College, 2008

[91] Wu Yu, "Obstacle avoidance and path planning for carrier aircraft launching", Chinese Society of Aeronautics and Astronautics & Beihang University Chinese Journal of Aeronautics, 2014

[92] Wang Yangang, "Multi-body dynamic system simulation of carrier-based aircraft ski-jump takeo□", Chinese Society of Aeronautics and Astronautics & Beihang University Chinese Journal of Aeronautics, 2011

[93] Navy and Coast Guard, "CHAPTER II: PERFORMANCE AUDIT ON CONSTRUCTION OF INDIGENOUS AIRCRAFT CARRIER", Report No 17 of 2016

[94] GAO, "FORD-CLASS AIRCRAFT CARRIER: Congress Should Consider Revising Cost Cap Legislation to Include All Construction Costs", United States Government Accountability Office, 2014

[95] USS Midway Museum, "Docent Reference Manual", 2013 Edition

다수의 다른 자료(이곳에 표시하지 않은 인터넷 자료는 뒤에 함께 명시)

참고목록

1. Wikipedia (위키피디아에서 Title에 있는 그대로 입력하여 찾으면 됨)

순번	Title
1	1967 USS Forrestal fire
2	3M-54 Klub, SS-N-27, UKSK
3	Advanced Arresting Gear
4	Advanced combat direction system(ACDS)
5	Advanced Enclosed Mast/Sensor(AEM/S)
6	Aegis Combat System
7	Aerial refueling
8	AgustaWestland AW101
9	AIM-54 Phoenix
10	AIM-7 Sparrow
11	AIM-9 Sidewinder
12	Airborne aircraft carrier
13	Airborne early warning and control
14	Aircraft carrier
15	Aircraft catapult
16	Aircraft maintenance carriers of the Royal Navy
17	Aircraft maintenance checks
18	Aircraft Ship Integrated Secure and Traverse(ASIST system)
19	Air-Sol Moyenne Portée
20	America-class amphibious assault ship
21	Amphibious assault ship
22	Amphibious transport dock
23	AN/SLQ-25 Nixie
24	Anti-aircraft warfare
25	Antiroll tanks
26	Anti-ship ballistic missile
27	Anti-ship missile
28	Anti-submarine warfare carrier
29	AQS-13
30	Armored Fighting Vehicle
31	Armoured flight deck
32	Arresting gear
33	Artillery fuze
34	Aster (missile family)
35	Audacious-class aircraft carrier
36	Ault Report
37	Austin-class amphibious transport dock
38	Automatic Identification System(AIS)
39	Avgas
40	Balloon carrier
41	Battle of Midway

순번	Title
42	Battle of the Philippine Sea
43	Bell Boeing V-22 Osprey
44	Boeing AH-64 Apache
45	Boeing CH-47 Chinook
46	Boeing EA-18G Growler
47	Boeing F/A-18E/F Super Hornet
48	Bowman (communications system)
49	Brazilian aircraft carrier Minas Gerais
50	Brazilian aircraft carrier São Paulo (A12)
51	Breguet Alizé
52	Bridge (nautical)
53	British Aerospace Harrier II
54	British Aerospace Sea Harrier
55	CAM ship
56	Canberra-class landing helicopter dock
57	Capital ship
58	Carrier air wing
59	Carrier Air Wing Two
60	Carrier battle group
61	Carrier onboard delivery
62	Carrier strike group
63	Carrier-based aircraft
64	Category:Barricades (aircraft carrier)
65	Category:Carrier Air Traffic Control Center
66	Category:Catapults (ship)
67	Category:Korean War aircraft carriers
68	Category:Korean War aircraft carriers of the United States
69	Category:Naval aviation technology
70	Category:Nimitz-class aircraft carriers
71	CATOBAR
72	Centaur-class aircraft carrier
73	Central acquisition radar (3D-CAR)
74	Chaff (countermeasure)
75	Charleston-class amphibious cargo ship
76	Chief petty officer (United States)
77	Chinese aircraft carrier Liaoning
78	Chinese aircraft carrier programme
79	Clemenceau-class aircraft carrier
80	Close-in weapon system(CIWS)
81	Combat air patrol
82	Combined diesel and diesel(CODAD)
83	Combined diesel or gas(CODOG)
84	Combined gas and steam(COGAS)
85	Command and control (C4I 등)

순번	Title
86	Commander, Naval Air Forces
87	Cooperative Engagement Capability
88	Corvus chaff launchers
89	County-class destroyer
90	CSS, Combat service support (United States)
91	CTOL
92	Dassault Rafale
93	Dassault-Breguet Super Étendard
94	DF-21
95	Dipping sonar
96	Dokdo-class amphibious assault ship
97	Douglas A-3 Skywarrior
98	Douglas A-4 Skyhawk
99	Douglas SBD Dauntless
100	Drag (physics)
101	Drop tank
102	Electromagnetic Aircraft Launch System
103	Electronic counter-countermeasure
104	Electronic countermeasure(ECM)
105	Electronic warfare
106	Electronic warfare support measures
107	Endurance-class landing platform dock
108	Escort carrier
109	Essex-class aircraft carrier
110	Fire-control system
111	Firefighting foam
112	Fleet carrier
113	Fleet Satellite Communications System
114	Flight deck
115	Flight deck cruiser
116	Folding wing
117	Foudre-class landing platform dock
118	French aircraft carrier Charles de Gaulle (R91)
119	French aircraft carrier Clemenceau (R98)
120	French aircraft carrier PA2
121	French Naval Aviation
122	French seaplane carrier Foudre
123	French ship Dixmude (L9015)
124	French ship Siroco (L9012)
125	French ship Tonnerre (L9014)
126	Future of the Indian Navy
127	Future of the Royal Navy
128	Future of the Russian Navy
129	Galicia-class landing platform dock

순번	Title
130	Gerald R. Ford-class aircraft carrier
131	German aircraft carrier Graf Zeppelin
132	Goalkeeper CIWS
133	Grumman C-2 Greyhound
134	Grumman E-1 Tracer
135	Grumman S-2 Tracker
136	Grumman TBF Avenger
137	Guardian-class radar picket ship
138	Guided bomb (Smart bomb)
139	Hardpoint [Pylon]
140	Harpers Ferry-class dock landing ship
141	Harrier Jump Jet
142	Hawker Siddeley Harrier
143	Helicopter carrier
144	Helicopter deck
145	History of the aircraft carrier
146	HMAS Kanimbla (L 51)
147	HMAS Tobruk
148	HMAS Tobruk (L 50)
149	HMS Albion (L14)
150	HMS Ark Royal (91)
151	HMS Audacious
152	HMS Centaur (R06)
153	HMS Hermes
154	HMS Hermes (95)
155	HMS Hermes (R12)
156	HMS Hibernia (1905)
157	HMS Illustrious (R06)
158	HMS Indomitable
159	HMS Indomitable (92)
160	HMS Invincible (R05)
161	HMS Perseus (R51)
162	HMS Prince of Wales (R09)
163	HMS Queen Elizabeth (R08)
164	HMS Triumph (R16)
165	HSC-14
166	HTMS Chakri Naruebet
167	Hull classification symbol
168	Hyūga-class helicopter destroyer
169	Identification friend or foe(IFF)
170	Illustrious-class aircraft carrier
171	Imperial Japanese Navy Air Service
172	Implacable-class aircraft carrier
173	Inmarsat
174	INS Vikramaditya

순번	Title
175	INS Viraat (R22)
176	INS Vishal
177	Integrated Platform Management System
178	Intercontinental ballistic missile(ICBM)
179	Invincible-class aircraft carrier
180	Italian aircraft carrier Cavour
181	Italian aircraft carrier Giuseppe Garibaldi
182	Iwo Jima-class amphibious assault ship
183	Izumo-class helicopter destroyer
184	Jammer
185	Jamming
186	Japanese aircraft carrier Shōkaku
187	Japanese aircraft carrier Taihō
188	Japanese aircraft carrier Zuikaku
189	Japanese battleship Yamato
190	JATO ... jet-assisted take-off
191	JDS Hyūga
192	JDS Shiranc
193	Jet blast deflector
194	Jet fuel
195	Joint Combat Aircraft
196	Joint Force Maritime Component Commander
197	Joint Strike Fighter program
198	JS Izumo
199	J-UCAS(Joint Unmanned Combat Air Systems)
200	Kamov Ka-27
201	Kamov Ka-31
202	Kanimbla-class landing platform amphibious
203	Kashtan CIWS
204	Kiev-class aircraft carrier
205	Kitty Hawk-class aircraft carrier
206	Kord machine gun
207	Kuznetsov-class aircraft carrier
208	Landing Helicopter Assault
209	Landing helicopter dock
210	Landing Signal Officer
211	Laser Weapon System
212	Launch and recovery cycle
213	Lexington-class aircraft carrier
214	Lift (force)
215	Lift jet
216	Light aircraft carrier
217	Lily and Clover
218	List of aircraft carrier classes of the United States Navy
219	List of aircraft carriers
220	List of aircraft carriers by configuration

순번	Title
221	List of aircraft carriers by country
222	List of aircraft carriers in service
223	List of aircraft carriers of Germany
224	List of aircraft carriers of Russia and the Soviet Union
225	List of aircraft carriers of the Royal Navy
226	List of aircraft carriers of the United States Navy
227	List of amphibious warfare ships
228	List of armoured fighting vehicles by country
229	List of carrier-based aircraft
230	List of escort carriers of the Royal Navy
231	List of military aircraft of the United States (naval)
232	List of missiles
233	List of modern armoured fighting vehicles
234	List of seaplane carriers of the Royal Navy
235	List of sunken aircraft carriers
236	List of tanker aircraft
237	List of United States naval aircraft
238	List of United States Navy aircraft squadrons
239	List of United States Navy aircraft wings
240	List of United States Navy amphibious warfare ships
241	List of United States Navy escort aircraft carriers
242	Lockheed F-117 Nighthawk
243	Lockheed Martin F-35 Lightning II
244	Magazine (artillery)
245	Magnetic anomaly detector
246	Marine evacuation system
247	Marisat
248	Mark 36 SRBOC
249	Mark 36 SRBOC
250	MARPOL 73/78
251	Maximum takeoff weight
252	MBDA
253	McDonnell Douglas AV-8B Harrier II
254	McDonnell Douglas F/A-18 Hornet
255	Merchant aircraft carrier
256	Mikoyan MiG-29K
257	Mistral (missile)
258	Mistral-class amphibious assault ship
259	Mk 36 SRBOC
260	Mobile offshore base
261	Modern United States Navy carrier air operations
262	Moskva-class helicopter carrier
263	Nakajima C6N
264	NATOPS
265	Naval aviation

순번	Title
266	Navalised aircraft
267	Newport-class tank landing ship
268	NHIndustries NH90
269	Nimitz-class aircraft carrier
270	North American A-5 Vigilante
271	Northrop Grumman B-2 Spirit
272	Northrop Grumman E-2 Hawkeye
273	Northrop Grumman EA-6B Prowler
274	Northrop Grumman RQ-4 Global Hawk
275	Northrop Grumman X-47B
276	Nuclear marine propulsion
277	Nulka
278	Operation Tomodachi
279	Optical landing system
280	Orders of magnitude (power)
281	Ouragan-class landing platform dock
282	People's Liberation Army Navy Surface Force
283	Phalanx CIWS
284	Pit stop
285	Point-defence
286	Precision bombing
287	Project Habakkuk
288	Proximity fuze
289	Purple-K
290	Pykrete
291	Queen Elizabeth-class aircraft carrier
292	Radar
293	Radar jamming and deception
294	Radar picket
295	Radio jamming in China
296	Radio spectrum
297	Raleigh-class amphibious transport dock
298	RBU-12000
299	RCOH(Refueling Complex Overhaul)
300	Ready room
301	Reciprocating engine
302	Republic of China Naval Aviation Command
303	Republic of Korea Navy
304	RHIB(Rigid-hulled inflatable boat)
305	RIM-116 Rolling Airframe Missile
306	RIM-162 ESSM
307	RIM-7 Sea Sparrow
308	ROKS Dokdo (LPH-6111)
309	Roll-on/roll-off
310	Royal Navy
311	RUM-139 VL-ASROC

순번	Title
312	RUR-5 ASROC
313	Russian aircraft carrier Admiral Kuznetsov
314	Russian Navy
315	S-3 바이킹
316	San Antonio-class amphibious transport dock
317	Satcom (satellite)
318	Saturation attack
319	SCLAR
320	SCOMBA
321	Sea Control Ship
322	Sea skimming
323	Seagnat
324	Seaplane tender
325	Secondary surveillance radar
326	Shenyang J-15
327	Ship Self-Defense System(SSDS)
328	Shirane-class destroyer
329	Shōkaku-class aircraft carrier
330	Sikorsky CH-53E Super Stallion
331	Sikorsky SH-60 Seahawk
332	Sonar decoy
333	Sonobuoy
334	Soviet aircraft carrier Admiral Gorshkov
335	Soviet aircraft carrier Kiev
336	Soviet aircraft carrier Ulyanovsk
337	Soviet helicopter carrier Moskva
338	Spanish ship Galicia (L51)
339	Spanish ship Juan Carlos I (L61)
340	Spruance-class destroyer
341	Stealth aircraft
342	Stealth technology
343	STOBAR
344	Submarine aircraft carrier
345	Submarine-launched ballistic missile
346	Sukhoi Su-25
347	Sukhoi Su-33
348	Supercarrier
349	Supermarine Seafire
350	Suppression of Enemy Air Defenses
351	Surface-to-air missile(SAM)
352	Surface-to-surface missile(SSM)
353	Sylver Vertical Launching System
354	TACAN(Tactical air navigation system)
355	Tailhook
356	Takeoff and landing

순번	Title
357	Talk:Microwave landing system
358	Talk:Nimitz-class aircraft carrier
359	Tarawa-class amphibious assault ship
360	Thales Nederland/TNNL(Thales Naval Netherlands)
361	The Bluejacket's Manual
362	The Bridges at Toko-Ri
363	Timeline for aircraft carrier service
364	Timeline of aircraft carriers of the United States Navy
365	Torpedo belt
366	Toss bombing
367	Turboprop
368	Type 071 amphibious transport dock
369	Type 91 torpedo
370	U.S. Carrier Group tactics
371	Udav-1 anti-submarine system
372	United States Naval Aviator
373	United States naval reactors
374	United States Navy ships
375	Unmanned aerial vehicle
376	Unmanned Carrier-Launched Airborne Surveillance and Strike
377	Unsinkable aircraft carrier
378	USS Akron (ZRS-4)
379	USS America (LHA-6)
380	USS Antietam (CV-36)
381	USS Arizona (BB-39)
382	USS Belknap (CG-26)
383	USS Birmingham (CL-2)
384	USS Charleston (LKA-113)
385	USS Denver (LPD-9)
386	USS Enterprise (CV-6)
387	USS Enterprise (CVN 65)
388	USS Enterprise (CVN-80)
389	USS Enterprise fire
390	USS Forrestal (CV-59)
391	USS George H.W. Bush
392	USS George Washington (CVN-73)
393	USS Gerald R. Ford
394	USS Harpers Ferry (LSD-49)
395	USS Hornet (CV-12)
396	USS Hornet (CV-8)
397	USS Iwo Jima (LPH-2)
398	USS John P. Murtha (LPD-26)
399	USS Kitty Hawk (CV 63)

순번	Title
400	USS Langley (CV-1)
401	USS Macon (ZRS-5)
402	USS Makin Island (LHD-8)
403	USS Midway (CV-41)
404	USS Newport (LST-1179)
405	USS Nimitz
406	USS North Carolina (ACR-12)
407	USS Peleliu
408	USS Ronald Reagan
409	USS San Antonio (LPD-17)
410	USS Spruance (DD-963)
411	USS Tarawa (LHA-1)
412	USS Theodore Roosevelt (CVN-71)
413	USS Tripoli (LHA-7)
414	USS Wasp (LHD-1)
415	VAQ-140
416	VAW-121
417	vertical and/or short take-off and landing
418	vertical take-off and landing
419	Vikrant-class aircraft carrier
420	VMFA-121
421	Vought F-8 Crusader
422	VRC-30
423	Washington Naval Treaty
424	Wasp-class amphibious assault ship
425	Well deck
426	Westland Sea King
427	Whipple shield
428	Wing (military aviation unit)
429	Yakovlev Yak-38

2. 기타 인터넷 사이트(내용과 사이트 주소 등이 변경이 되어 있을 수도 있음)

순번	Title	Web sSte
1	3D TACTICAL CONTROL RADAR	http://www.bel-india.com/?q=3D-TCR
2	Advanced Arresting Gear	http://www.ga.com/advanced-arresting-gear
3	Advanced Field Artillery Tactical Data System (AFATDS) Family of Systems (FoS)	https://marinecorpsconceptsandprograms.com/programs/fire-support/advanced-field-artillery-tactical-data-system-afatds-family-systems-fos
4	Advanced Field Artillery TDS	http://www.raytheon.com/capabilities/products/afatds/
5	advanced weapons elevators(AWE)	http://military.federalequipment.com/products/Elevators/AWE
6	Aircraft carrier	http://www.cs.mcgill.ca/~rwest/wikispeedia/wpcd/wp/a/Aircraft_carrier.htm
7	Aircraft carrier	http://www.newworldencyclopedia.org/entry/Aircraft_carrier
8	Aircraft Carrier Intrepid	http://www.intrepidmuseum.org/aircraftcarrierintrepid.aspx
9	Aircraft Carrier Maintenance Cycles and Their Effects	http://www.rand.org/pubs/research_briefs/RB9316/index1.html
10	Aircraft Carriers - CV/CVN	http://navysite.de/carriers.htm
11	aircraft catapult	http://www.wikiwand.com/en/Aircraft_catapult
12	Aircraft Launch and Recovery Equipment	https://www.google.co.kr/search?q=recoverability+of+aircraft+carrier&newwindow=1&biw=1005&bih=652&source=lnms&sa=X&ved=0ahUKEwjk5p7ekfbMAhWIbj4KHaVCCUMQ_AUIBSgA&dpr=1.45
13	AN/SYQ-20 Advanced Combat Direction System (ACDS)	http://fas.org/man/dod-101/sys/ship/weaps/an-syq-20.htm
14	ANTI-SUBMARINE WARFARE	http://harpgamer.com/harpforum/index.php?/topic/3605-tactics-101-anti-submarine-warfare-part-3/
15	Barriers and Barricades, One More Time	http://thanlont.blogspot.com/2010/10/barriers-and-barricades-one-more-time.html
16	BASS TILT radar	http://www.nationalelectronicsmuseum.org/basstilt.노싀
17	Blown Fibre Optic technology	http://www.performancelinktech.com/id13.html
18	Building an Aircraft Carrier	http://science.howstuffworks.com/aircraft-carrier2.htm
19	C-130 Hercules Lands on U.S.S. Forrestal	http://www.theaviationzone.com/factsheets/c130_forrestal.asp
20	Carrier design & construction	http://nns.huntingtoningalls.com/products/carriers/building
21	Carrier Flight Decks Will Have 'Pit Stops' for Navy Fighter Jets	http://www.nationaldefensemagazine.org/archive/2004/November/Pages/FlightDecks3345.aspx
22	CATAPULTS	http://fas.org/man/dod-101/navy/docs/swos/eng/62n-308.htm
23	CEC - Cooperative Engagement Capability	http://www.navy.mil/navydata/fact_display.asp?cid=2100&tid=325&ct=2
24	Commercial Broadband Satellite Program	http://www.defenseindustrydaily.com/US-Navy-Beefs-Up-Commercial-Satellite-Capacity-for-Ships-06128/

순번	Title	Web Site
25	Cooperative Engagement Capability (CEC)	http://fas.org/man/dod-101/sys/ship/weaps/cec.htm
26	CVN-68 Nimitz-class	http://fas.org/man/dod-101/sys/ship/cvn-68.htm
27	CVN-68 Nimitz-class - Navy Ships	https://www.google.co.kr/?gws_rd=ssl#newwindow=1&q=nimitz+class+aircraft+carrier
28	CVN-77 "Building the Bush"	http://www.dailypress.com/news/dp-cvn77-01-htmlstory.html
29	Electro Optical Systems	http://www.ultra-ccs.com/business/eosystems
30	Electromagnetic aircraft Launching System(EMALS)	http://www.ga.com/emals
31	Electro-Optical Systems(EOS)	http://www.sagem.com/security/airborne-surveillance-security-missions/electro-optical-systems-eos
32	EMALS/ AAG: Electro-Magnetic Launch & Recovery for Carriers	http://www.defenseindustrydaily.com/emals-electro-magnetic-launch-for-carriers-05220/
33	England's New Super-Carriers	http://www.abovetopsecret.com/forum/thread333639/pg5
34	First Installed EMALS demonstated	http://www.gizmag.com/electromagnetic-aircraft-launch-system-demonstrated/38075/
35	FLUME Roll Damping	http://hoppe-marine.com/?q=en/node/15
36	Gerald R. Ford (CVN 78)	http://thefordclass.com/
37	GFP(Global FirePower) : 국가 군사력 비교 사이트	http://www.globalfirepower.com/
38	global security	http://www.globalsecurity.org/index.html
39	highly mechanised weapon handling system (HMWHS)	http://lshipdesign.blogspot.com/2014/09/highly-mechanised-weapon-handling.html
40	How Aircraft Carriers Work	http://science.howstuffworks.com/aircraft-carrier.htm
41	How Things Work: The Ouija Board	http://www.airspacemag.com/military-aviation/how-things-work-the-ouija-board-10048217/
42	How to Launch from a Catapult on an Aircraft Carrier	http://www.wikihow.com/Launch-from-a-Catapult-on-an-Aircraft-Carrier
43	How To Successfully Get Launched Off A Carrier At Night In A F-14 Tomcat	http://foxtrotalpha.jalopnik.com/how-to-successfully-get-launched-off-a-carrier-at-night-1686205138
44	Index of Radar Types included in the Radar Emitter Database	http://www.carpenterdata.net/radartypes.html
45	Installations on the Flight Deck	http://navysite.de/cvn/flightdeck.htm
46	JMCIS	http://fas.org/irp/program/core/jmcis.htm
47	Launch and Recovery: From Flywheels to Magnets	http://navalaviationnews.navylive.dodlive.mil/2013/08/05/launch-and-recovery-from-flywheels-to-magnets/
48	Launching Systems	http://www.navair.navy.mil/index.cfm?fuseaction=home.displayPlatform&key=2EB6772A-20BC-4D0E-989E-D293CAB2A776
49	Life on an Aircraft Carrier	http://science.howstuffworks.com/aircraft-carrier7.htm
50	Matra Sadral	http://www.areamilitar.net/directorio/LAN.aspx?nn=35
51	Military: Why don't US Aircraft Carrier have ski jumps?	https://www.quora.com/Military-Why-dont-US-Aircraft-Carriers-have-ski-jumps
52	MK-53 Nulka Decoy Launching System (DLS)	http://fas.org/man/dod-101/sys/ship/weaps/mk-53.htm

순번	Title	Web Site
53	Mortar Fire Control System (MFCS)	http://www.globalsecurity.org/military/systems/ground/mfcs.htm
54	NATO SEASPARROW Surface Missile System Project	https://www.natoseasparrow.org/default.aspx
55	Naval Surface Forces	http://www.navy.mil/local/cnsp/
56	Naval technology	http://www.naval-technology.com/
57	New F-35 jet's state-of-the-art cockpit	http://www.dailymail.co.uk/news/article-3254011/Inside-UK-s-100m-stealth-fighter-wind-Putin-New-F-35-jet-s-state-art-cockpit-feeds-pilots-information-friendly-aircraft-giving-pilots-360-degree-picture-going-on.html
58	New US Carrier Radar Enters the Picture	http://www.defensenews.com/story/defense/naval/ships/2015/03/23/carrier-radar-easr-amdr-raytheon-newport-news-shipbuilding-navy-northrop-grumman-cvn78-cvn79-gerald-r-ford-kennedy-stackley/25094371/
59	Nuclear Power - Deployment, Operation and Sustainability	http://www.intechopen.com/books/nuclear-power-deployment-operation-and-sustainability/nuclear-naval-propulsion
60	Nuclear Propulsion	http://fas.org/man/dod-101/sys/ship/eng/reactor.html
61	Nuclear Submarines and Aircraft Carriers	https://www3.epa.gov/radtown/submarines-aircraft-carriers.html#rules-guidance
62	Nuclear-Powered Ships	http://www.world-nuclear.org/information-library/non-power-nuclear-applications/transport/nuclear-powered-ships.aspx
63	Organization of US Naval Aviation	http://m.blog.naver.com/citrain64/100121057495
64	Outfit DLH	http://www.thinkdefence.co.uk/2013/04/the-chemring-centurion/
65	Power of an Aircraft Carrier	http://hypertextbook.com/facts/2000/JosephReilly.shtml
66	Raytheon systems connect the dots for naval defense	http://www.raytheon.com/news/feature/big-picture.html
67	RBU-12000 Udav-1 ASW weapon	http://www.harpoondatabases.com/encyclopedia/Entry3163.aspx
68	Refueling and Complex Overhaul (RCOH)	http://nns.huntingtoningalls.com/products/carriers/rcoh/index
69	RIM 7 Sea Sparrow Missile	http://fas.org/man/dod-101/sys/missile/rim-7.htm
70	Royal Navy CROWSNEST Decision	http://www.thinkdefence.co.uk/2015/05/royal-navy-crowsnest-decision/
71	Russian Navy's Long Arm: Kalibr missile family	https://southfront.org/russian-navys-long-arm-kalibr-missile-family/
72	SASS - Silent Acquisition & Surveillance System	http://www.finmeccanica.com/en/-/sass-1
73	Several Reasons Why Aircraft Carriers Are Super Dangerous	http://www.popsci.com/blog-network/shipshape/several-reasons-why-aircraft-carriers-are-super-dangerous
74	Ship Self-Defense System (SSDS)	http://www.raytheon.com/capabilities/products/ssds/
75	Shipborne containerized air-defense system (SCADS)	https://trid.trb.org/view.aspx?id=416652
76	SUPPORT EQUIPMENT	http://navyaviation.tpub.com/14014/css/14014_215.htm
77	Surface Electronic Warfare Improvement Program (SEWIP)	http://www.navy.mil/navydata/fact display.asp?cid=2100&tid=475&ct=2

순번	Title	Web Site
78	tactical control	http://www.thefreedictionary.com/tactical+control
79	TACTICOS	https://www.thalesgroup.com/en/worldwide/defence/tacticos-combat-management-system
80	Terma C-Flex	http://www.terma.com/defense/naval-offshore-patrol-vessels-solutions/c-flex-naval-c2-system/
81	The Carrier Strike Group	http://www.navy.mil/navydata/ships/carriers/powerhouse/cvbg.asp
82	The Chemring Centurion	http://www.thinkdefence.co.uk/2013/04/the-chemring-centurion/
83	The Navy's last flying aircraft carrier	http://www.cnn.com/2015/08/24/us/last-navy-flying-aircraft-carrier/
84	The Problem with Ski-Jump aircraft carriers	http://strikefighterconsultinginc.com/blog/uncategorized/the-problem-with-ski-jump-aircraft-carriers/
85	The Queen Elizabeth Class	http://www.aircraftcarrieralliance.co.uk/the-ships/the-queen-elizabeth-class.aspx
86	The Queen Elizabeth Class Aircraft Carriers	http://grandlogistics.blogspot.com/2009/11/queen-elizabeth-class-aircraft-carriers.html
87	The true cost of aircraft carrier HMS Queen Elizabeth	http://www.bbc.com/news/uk-28153569
88	The Type 26 Global Combat Ship - Equipment	http://www.thinkdefence.co.uk/2012/08/the-type-26-global-combat-ship-2/
89	Top 10 Amphibious Assault Ships	http://www.military-today.com/navy/top_10_amphibious_assault_ships.htm
90	TYPICAL SHIP ORGANIZATION	http://fas.org/irp/doddir/navy/rfs/part04.htm#_Toc448392480
91	U.S. LHDN-10 Tripoli class Multi Role Amphibious Assault Ships	http://kitsunesden.xyz/Rifts/Rifts-Pre-Rifts-Vehicles/United_States/US_LHDN-10_Tripoli_Assault_Ship.htm
92	U.S. Navy Carrier Operations in the Korean War l Photos	http://www.defensemedianetwork.com/stories/the-korean-war-anniversary-in-photos-part-3/
93	UCLASS Could Be Used as Tanker for Carrier Air Wing	https://news.usni.org/2014/04/01/uclass-used-tanker-carrier-air-wing
94	US Navy Plans New Radar System for Aircraft Carriers	http://sputniknews.com/news/20150401/1020326274.html
95	US Navy Propulsion Systems	http://fas.org/man/dod-101/sys/ship/eng/index.html
96	Waves and Frequency Ranges(band)	http://www.radartutorial.eu/07.waves/Waves%20and%20Frequency%20Ranges.en.html
97	WECDIS	http://www.northropgrumman.com/Capabilities/WECDIS/Pages/default.aspx
98	What is the length of the catapult? (Calculation)	https://www.physicsforums.com/threads/what-is-the-length-of-the-catapult.177034/
99	What is the procedure for landing on an aircraft carrier?	http://aviation.stackexchange.com/questions/475/what-is-the-procedure-for-landing-on-an-aircraft-carrier
100	Why The US Navy Should Build Smaller Aircraft Carriers	http://foxtrotalpha.jalopnik.com/why-the-us-navy-should-build-smaller-aircraft-carriers-1600899834
101	Wings Palette	http://wp.scn.ru/en/carriers/
102	Working on the Flight Deck	http://navysite.de/cvn/catcom.htm
103	Your questions answered: HMS Queen Elizabeth aircraft carrier	https://www.theengineer.co.uk/issues/may-digi-isse/your-questions-answered-hms-queen-elizabeth-aircraft-carrier/

3. 한국 신문 기사

	제목	신문	사이트
1	[포토 영상] 美 강습상륙함 본험리처드함 부산 입항	조선	http://photo.chosun.com/site/data/html_dir/2016/03/03/2016030301081.html
2	[포토뉴스] 쌍룡훈련 공중 돌격 훈련하는 연합군	중앙	http://news.joins.com/article/19700151?cloc=joongang|home|newslist1
3	'슈퍼 항모' 시대는 갔나	중앙	http://news.joins.com/article/19640288?cloc=joongang|home|newslist2
4	13일 입항한 '존 C. 스테니스'는 어떤 항공모함	조선	http://news.chosun.com/site/data/html_dir/2016/03/13/2016031300430.html
5	7만t급 항모… 大英 해군의 부활 보는 듯	조선	http://news.chosun.com/site/data/html_dir/2016/05/21/2016052100174.html
6	美 "기동항모전단 창설 태평양 배치" - 한반도-남중국해 분쟁 대응 위해	동아	http://news.donga.com/Main/3/all/20160504/77925045/1
7	美 해군 강습상륙함 '본험 리처드함' 부산 입항	조선	http://news.chosun.com/site/data/html_dir/2016/03/03/2016030302552.html
8	불멸의 항공모함 cv-5 요크타운	주선	http://bemil.chosun.com/site/data/html_dir/2016/07/18/2016071802341.html
9	이순진 합참의장이 항공모함에 오른 까닭은	중앙	http://news.joins.com/article/19758472?cloc=joongang|home|newslist2
10	전투력 갖춘 中 첫 항공모함 '랴오닝호'	동아	http://studio.donga.com/View?idxno=201611160006&c=00030004
11	中 주력 함재기 '젠-15' 훈련 중 추락	조선	http://news.chosun.com/site/data/html_dir/2016/07/28/2016072802438.html
12	中 항모 함재기, 실탄 장착 야간 실험 비행 성공	동아	http://news.donga.com/Main/3/all/20160311/76935677/1#
13	중국, 첫 국산항모 이르면 2018년 실전 배치 … 연말 진수	동아	http://news.donga.com/Main/3/all/20160803/79540953/1
14	항공모함 같은 미 대형 강습상륙함 2척, 독도함 등 쌍용훈련 참가 함정 20여척이 대규모 기동	조선	http://bemil.chosun.com/nbrd/bbs/view.html?b_bbs_id=10047&num=131
15	航母에 실린 전투기 수십대, 2분마다 2대 동시 출격	조선	http://news.chosun.com/site/data/html_dir/2016/03/14/2016031400318.html

4. YOUTUBE (유튜브에서 제목에 있는 그대로 입력화여 찾으면 됨)

	제목	시간	HD
1	(수업용) 바다의 비행요새, 항공모함	45:14	HD
2	**MUST SEE** Marines Test F-35B Vertical Landing on USS Wasp!	1:03	HD
3	[tutorial101.info]Extreme Engineering USS Bush Aircraft Carrier	45:50	HD
4	[다큐] 미, 항공모함 그곳을 빛내는 승무원들의 이야기 … 자막	24:47	HD
5	[맹찬형의 시사터치] 북한 잠수함, 미국 항공모함 격파 가능?	17:48	HD
6	★ BUILDING WORLD'S BIGGEST SUPER CARRIER 2013 ★	2:44	HD
7	★ LHD Juan Carlos I 2014 ★ BEST VERSATILE WARSHIP IN THE WORLD ★	6:41	HD
8	★ TOP 15 BIGGEST WARSHIPS IN THE WORLD 2015 ★	8:07	HD
9	15 よこすかYYのりものフェスタ (DDH-183 いずも) '15/6/13	28:29	HD
10	2010_QE_Class_propulsion installation.wmv	8:38	HD
11	5 Things You Don't Know: U.S. Aircraft Carriers	7:16	HD
12	A Tour of the USS Nimitz with the Dadmiral	6:24	
13	A Tour of the USS Ronald Reagan	6:02	
14	A Visit to USS America (LHA-6)	5:27	HD
15	Admiral Gorshhkov / INS Vikramaditya archival history video by Sevmash	8:27	
16	Aerosoft F-14X Tomcat low vis Automatic Carrier Landing System (ACLS) Talkthrough | FSX| STEAM | P3D	20:05	HD
17	Aircraft Carrier - Takeoffs & Landings.	11:45	HD
18	Aircraft carrier Accidents, Mishaps and Fails Compilaton	40:00	
19	Aircraft Carrier Alliance - Forward Lift __ build	1:41	HD
20	Aircraft Carrier Documentary - History Movies	43:23	
21	Aircraft Carrier Flight Deck • Controlled Chaos	7:23	HD
22	Aircraft Carrier History: "Attack Carriers from Langley to Enterprise" pt1-2 1969 US Navy	14:19	
23	Aircraft Carrier History: "Attack Carriers from Langley to Enterprise" pt2-2 1969 US Navy	14:20	
24	Aircraft Carrier Launch & Land • Cockpit Video From F-18	4:00	HD
25	Aircraft Carrier Operations: Aboard a Floating City at Sea	14:08	HD
26	Aircraft Carrier Operations: USS Enterprise (CVN 65) HD [1280x720]	9:16	HD
27	Aircraft Carriers History	45:04	
28	Amazing Facts - World Operational Aircraft Carriers	7:13	
29	Amazing time-lapse of aircraft carrier Lego-like assembly __ England	1:37	HD
30	American Aircraft Carrier In Action • USS John C. Stennis	4:29	HD
31	America's First Next Gen Aircraft Carrier Takes High Tech To Sea	3:53	HD
32	AWESOME SOUND !!! US Military F-35 Aircraft Carrier Trials	13:54	HD
33	AWESOME SOUND !!! US Navy F-18 Aircraft Carrier Night Operations	8:13	HD
34	BAE Systems - HMS Queen Elizabeth Aircraft Carrier Amazing Facts [1080p]	3:50	HD
35	BAE Systems Nulka Video.vob __ Decoy	3:19	HD
36	Barbecuing on the Deck of Aircraft Carrier - USS Nimitz "Steel Beach Picnic"	3:16	HD
37	BBC Full Documentary 2015 / The Largest Aircraft Carrier in The World	49:28	
38	BEST AIR DEFENCE SYSTEM IN THE WORLD	5:50	

	제목	시간	HD
39	Best Of Largest Aircraft Carrier Discovery Documentary HD 2015	47:50	HD
40	Big Bigger Biggest - Aircraft Carrier | National Geographic	47:50	
41	Birth of the Chinese Aircraft Carrier Force	5:10	HD
42	BREAKING USA NAVY 21st Century MEGA NUCLEAR Aircraft Carrier USS Gerald Ford May 2016	25:09	HD
43	BREAKING USA NAVY 21st Century MEGA NUCLEAR Aircraft Carrier USS Gerald Ford May 2016	44:32	
44	Carrier - Episode 1: "All Hands"	56:27	
45	Carrier - Episode 10: "Full Circle"	56:27	
46	Carrier - Episode 11	01:07:42	
47	Carrier - Episode 2: "Controlled Chaos"	56:15	
48	Carrier - Episode 3: "Super Secrets"	56:21	
49	Carrier - Episode 4: "Squared Away"… 저작권 때문에 음이 소거되어 있음	56:21	
50	Carrier - Episode 6: "Groundhog Day"	56:27	
51	Carrier - Episode 7: "Rites of Passage"	56:15	
52	Carrier - Episode 8: "True Believers"	56:27	
53	Carrier - Episode 9: "Get Home-itis"	56:15	
54	Carrier Episode 12 Bonus	26:30	
55	Carrier Episode 5: "Show of Force"	56:15	
56	Carrier Pilots Takeoff & Land • Cockpit View	5:06	HD
57	Carrier Pitching Flight Deck - Landing and Take-offs with Bad weather Condition	16:43	
58	Catapult 4 Deckedge Operator	2:51	HD
59	Catapult 4 Topside Petty Officer - First Person	9:12	HD
60	CENTURION Naval Decoy Launcher by Chemring Countermeasures	4:26	HD
61	Charles de Gaulle Aircraft Carrier	2:35	
62	China Builds New Aircraft Carrier to Expand Military Muscle | China Uncensored	5:00	HD
63	China Carrier Killer : DF-21D The Fastest Missile in the World	4:12	
64	China vs US: New aircraft carrier is on its way says Beijing	0:59	HD
65	China vs USA and the world: Carrier killer missile, other military stories - compilation	19:20	HD
66	Chinese Air Force : J-15 Naval Fighters Aircraft Carrier Testing - Exclusive video (2016)	2:21	HD
67	Club-K Container Missile System 2013 … rusia	8:04	HD
68	CNN Presents: Carrier at War (2002)	43:29	
69	Combat in the Air 5/5 - U.S. Navy Carrier Strike Force	26:21	
70	CONTRALTO®-V Torpedo Countermeasures for Surface Vessels - DCNS	3:25	HD
71	Crazy US Navy Pilot lands C 130 Hercules on AIRCRAFT CARRIER	1:29	
72	CVF-FR PA2 Future French Aircraft Carrier	1:37	HD
73	DDG-1000 Zumwalt Class Destroyer USS NAVY	7:05	
74	DDH-183 いずも (Izumo) 進水	10:23	HD
75	Defending US Aircraft Carriers Against DF-21 "Carrier-Killer" Missiles	0:45	HD

	제목	시간	HD
76	Discovery & Documentary HD - USS DDG-1000 Zumwalt Class Destroyer USS NAVY Project Military	4:01	HD
77	Discovery Channel Wings - Vought F-4U Corsair	46:10	
78	Dry Dock - Episode 9: Moving On Part 1	20:15	
79	Dry Dock - Episode 9: Moving On Part 2	27:40	
80	Dry Dock Episode 6: The Climb	52:42	
81	Dry Dock Episode 7: Heavy Work	23:38	
82	Dry Dock Episode 8: Readiness	25:17	
83	Electromagnetic Aircraft Launch System (EMALS)	1:24	HD
84	EMALS Aircraft Catapult Tested Aboard USS Gerald R. Ford (CVN 78)	4:15	HD
85	EXCLUSIVE - On board French aircraft carrier the Charles de Gaulle	17:22	HD
86	Exploring HMS Queen Elizabeth	3:09	HD
87	EXTREME RUDDER TEST! U.S. Nimitz-class aircraft carrier makes high-speed SUPER-TIGHT TURN!	2:09	
88	F/A-18 Hornet Moved Through Hangar Bay of USS Carl Vinson	0:55	
89	F/A-18 Super Hornet Hi-Speed Low-Level Maneuvers • Cockpit View	5:34	HD
90	F-18 Hornet Night Carrier Takeoff Landing	8:11	HD
91	F-35 Joint Strike Fighter • One Cool Jet Plane	3:20	HD
92	F-35 Sea Trials USS Nimitz (CVN-68)	7:41	HD
93	F-35C CF-03 and CF-05 "Completes First Arrested Landing and Takeoff" USS Nimitz (CVN-68) HD	9:47	HD
94	F35-차세대 전투기 1부	47:00	HD
95	F35-차세대 전투기 2부	51:18	HD
96	Fighter Jets Crashes On Aircraft Carrier Compilation.	6:12	
97	Flight Deck - Aircraft Recovery Operations	8:27	HD
98	Flightdeck Fail	0:41	
99	FOCUS NNS: Delivering Warner, Testing Ford's Catapults and Building Kennedy	12:10	HD
100	Ford-class aircraft carriers close shot on the building process in time-lapse photography US navy	8:31	
101	FRANCE says "NO, will NOT give MISTRAL AMPHIBIOUS ASSAULT SHIPS to RUSSIA"	4:48	
102	Future Fighter Jets(full documentary)HD	44:37	HD
103	Future US Navy Technology - Cyber Warfare - Laser Weapons - Advanced Carrier Fighter Jets	9:53	HD
104	Gigantic US Navy Amphibious Assault Ship in Action: USS Boxer	10:05	HD
105	Goalkeeper--The most advanced and effective CIWS in the word today	9:22	
106	Grocery Shopping on Aircraft Carrier - USS George H.W. Bush's Ship Store	2:22	HD
107	Harriers jet fighter conduct landing and lift off from a aircraft carrier, night vision	1:51	
108	History Channel) 배틀 360 - 미드웨이의 반격	55:05	HD
109	History of the Naval Aircraft Carrier	6:34	
110	Hit The Deck: Aircraft Carrier Crashes	2:29	
111	HMS Queen Elizabeth - The Future of the Royal Navy	5:24	HD
112	HMS Queen Elizabeth CGI Ship Tour	10:04	HD

	제목	시간	HD
113	HMS Queen Elizabeth: Carrier Innovation	5:38	HD
114	Hook Down Wheels Down - History of Aircraft Carriers / Naval Aviation 21560 HD	57:26	
115	How a Thordon COMPAC Stern Tube Bearing Works	0:32	HD
116	HOW TO USE AI CARRIER ELEVATOR ! (FSX)	2:27	HD
117	In COD We Trust - C-2A Greyhound 50th Anniversary Video VRC-30 Providers	11:25	
118	Indian Navy Air Craft Carrier INS Virat - 1	20:46	
119	INS Vikramaditya In Action - India's Aircraft Carrier	4:04	
120	INS Vikramaditya missile TESTS	5:47	
121	ins vikramaditya unseen video hd*	9:57	
122	INS Vishal IAC II __ India	5:27	HD
123	Inside Super Carrier	40:28	HD
124	Integrated Catapult Control Station (ICCS/"Bubble")	7:58	HD
125	Italian Weapons 2016 | Italian Navy Force 2016 - Italian Cavour Aircraft Carriers Action 2016	01:00:04	HD
126	ITS Cavour - Italian Aircraft Carrier	42:53	HD
127	Japanese New Aircraft Carrier First since WW2 DDH Hyuga Class 181	5:37	
128	JMSDF - Izumo Class Helicopter Destroyer (DDH 183) Declared Operational [1080p]	0:49	HD
129	Juan Carlos I L61 Aircraft Carrier	1:38	HD
130	Korean War Aircraft Carrier Operations: "Carrier Action Off Korea" 1954 US Navy 13min	12:56	
131	Kuznetsov-class aircraft carrier	7:08	
132	Large Russian Aircraft Carrier Design Unveiled	3:49	
133	Life on US Aircraft Carrier (Warship)- Military Documentary 2016.	01:29:07	
134	LXR Assault Ship: The Future of Amphibious Warfare (Interview)	2:05	HD
135	Meet India's Past, Current and Future Aircraft Carrier of Indian Navy | India | INS	4:13	
136	Megastructures - Mega Aircraft Carrier Documentary National Geographic.	44:32	
137	Mighty engine brings HMS Queen Elizabeth to life	1:01	HD
138	MODERN AIRCRAFT CARRIERS: Damage Control Systems (720p)	18:10	
139	MOST INTIMIDATING !!! US Navy Aircraft Carrier Out on Patrol	6:13	HD
140	Multiple Planes Landing and Taking Off From a Moving Aircraft Carrier	4:22	HD
141	National Geographic 2015 - USS Ronald Reagan 21st Century Supercarrier	01:07:52	HD
142	National Geographic Documentary 2015 - Aircraft Carrier Discovery Documentary HD NEW 2014	49:54	
143	National Geographic Supercarrier - Airport at Sea	47:19	
144	NATO Future Aircraft Carriers - YouTube.flv	2:35	
145	Naval Gatling Gun In Action • The Phalanx CIWS	3:22	
146	Naval Legends - Aircraft Carrier Hornet	21:01	HD
147	Navy Racks - USS Sampson	5:43	HD
148	NEW ADVANCED Military Naval Aircraft Carrier Ships being built to control the Worlds Oceans	10:18	HD

	제목	시간	HD
186	Tàu sân bay USS Ronald Reagan (Supercarrier uss ronald reagan 720p) HD	45:21	HD
187	Thales - Queen Elizabeth Class Aircraft Carriers Simulation [720p]	10:04	HD
188	The best of the killer missile aircraft carrier world-RUSSIAN-hypersonic Mach 7.5 ++ stalingrad	3:13	
189	The Biggest Disaster to Hit the USS Enterprise	2:08	
190	The Catapult History	7:13	HD
191	The Future of the Royal Navy | New Aircraft Carrier - Queen Elizabeth class	2:21	HD
192	The Largest Aircraft Carrier in the World - Full Documentary	44:31	
193	The military expansion ambition grows as Izumo destroyer enters Japanese Marine force 日本出雲號驅逐艦正式服役 (중국)	44:30	HD
194	The most 'Powerful Aircraft Carrier in the world 2016 USS Nimitz	2:31	PPT
195	The Powerful US CIWS in Action Against a Poor Boat - CIWS Livre Fire Exercice	5:13	
196	THE STEAM CATAPULT	3:23	
197	The Steam Catapult - CDG Aircraft Carrier	7:16	
198	The U.S. Navy's new $13 billion aircraft carrier will dominate the seas	18:25	
199	The U.S. Navy's Newest Aircraft Carrier USS Gerald R. Ford (CVN-78)	17:26	
200	The Worlds Largest Nuclear Aircraft Carrier - Warship (USS Nimitz (CVN 68)) _Big Bigger Biggest	1:51:45	
201	This is How US Military Will Catapult Planes in the Future - Electromagnetic Aircraft Launch System	2:46	HD
202	Time-Lapse Video: Building a Navy Aircraft Carrier	2:08	
203	Top 10 Aircraft Carrier Deck Accidents Top 10 Incidenti aerei su portaerei Porteavion	4:13	
204	TOP 10 CRUISE MISSILEs 2016 (VIDEOs)	11:23	HD
205	TOP 10 World AIRCRAFT CARRIERs 2015 (VIDEOs)	10:45	
206	Top 13 aircraft carriers	6:52	
207	Tour of Officers Quarters on USS Nimitz	3:26	
208	TOURING THE USS THEODORE ROOSEVELT AIRCRAFT CARRIER!!! (6-25-15) [544]	19:23	HD
209	U.S Navy SUPERCARRIER Airport At Sea - Uss Ronald Reagan CVN 76 (Documentary)	42:40	HD
210	U.S Navy SUPERCARRIER Airport At Sea - Uss Ronald Reagan CVN 76 (Documentary)	42:40	HD
211	U.S. Aircraft Carrier - Ready To Launch Air Strikes	6:53	HD
212	U.S. Navy - RIM-116 Rolling Airframe Missile - U.S Newest Warship Test-Fires Missiles	3:07	
213	U.S. Navy Carriers (The History)	39:20	
214	U.S. Navy Declares Laser Weapons Ready to Protect Ships in Persian Gulf.	5:30	
215	U.S. Navy Future War Ships(full documentary)HD	01:30:44	HD
216	U.S. Navy Super Carrier: Uss Ronald Reagan - CVN 76 [HD]	1:00:39	HD
217	U.S. Navy Testing • Electromagnetic Aircraft Launch System	1:44	HD
218	Ultimate Military Defense Weapons - CIWS Close In Weapon System Gatling Gun In Action	4:53	HD
219	Unseen Mig29K Superb landings on INS Vikramaditya 2016	2:35	HD
220	Unsinkable Aircraft Carrier - Mega Structure | National Geographic	45:26	
221	US Aircraft Carrier In Action Operating In The South China Sea	8:01	HD
222	US Aircraft Flight Deck Operations Aboard USS John C. Stennis (CVN 74)	13:08	HD
223	US Navy - F-35C Carrier-Based Stealth Fighter Developmental Testing Aboard USS Nimitz [1080p]	3:46	HD

	제목	시간	HD
224	US Navy - X-47B UCAS First Touch & Go Landing Tests On USS George H.W. Bush (CVN 77) [1080p]	6:29	
225	US Navy Zumwalt Class STEALTH SHIP	10:29	HD
226	US Navy's $1 Trillion F-35 Jet - Historic Landing On USS Nimitz	2:00	HD
227	USA Aircraft Carriers Compilation take off and landings, Very Big Aircraft Carriers.	16:56	HD
228	USA NAVY 21st Century MEGA NUCLEAR Aircraft Carrier USS Gerald Ford May 2016	25:09	HD
229	USS America (LHA-6)	6:31	
230	USS America LHA 6 Aircraft Carrier	1:14	HD
231	USS Boxer (LHD-4) - Gigantic US Navy Wasp-class Amphibious Assault Ship in Action	13:13	HD
232	USS Boxer Aircraft Carrier - Gigantic US Navy USS Boxer Amphibious Assault Ship in Action	7:17	HD
233	USS Dwight D. Eisenhower (CVN-69) • Aircraft Carrier (USN)	6:42	HD
234	USS Enterprise (CVN-65) enters Pearl Harbor after a huge fire - 14 January 1969 Part 3	3:53	
235	USS Enterprise Fire, 14 Jan 1969	58:22	
236	USS Forrestal Aircraft Carrier Disaster	46:12	
237	USS GEORGE H.W. BUSH CVN 77 Flight Deck Operations	40:52	HD
238	USS MIDWAY- Admirals Cabin and connecting area. videorizing __ tour	6:32	
239	USS MIDWAY AIRCRAFT CARRIER....SAN DIEGO MUSEUM / TOURS	29:48	HD
240	USS Nimitz - USS Nimitz (CVN-68) - Nuclear-Powered Aircraft Carrier in The US Navy	11:02	HD
241	USS NIMITZ - 슈퍼 항공모함 Part 1 (한국어 더빙 유에스에스 니미츠)	12:00	HD
242	USS NIMITZ - 슈퍼 항공모함 Part 2 (한국어 더빙 유에스에스 니미츠)	12:00	HD
243	USS NIMITZ - 슈퍼 항공모함 Part 3 (한국어 더빙 유에스에스 니미츠)	12:00	HD
244	USS NIMITZ - 슈퍼 항공모함 Part 4 (한국어 더빙 유에스에스 니미츠)	11:20	HD
245	USS Nimitz Dry Dock - Episode 2	17:40	HD
246	USS Nimitz Dry Dock - Episode 3	18:08	HD
247	USS Nimitz Dry Dock - Episode 5	26:03	HD
248	USS Nimitz Dry Dock Episode 4 - Many Hats	29:05	
249	USS Nimitz Hangar Bay	2:08	HD
250	USS Nimitz Largest Aircraft Carrier in The World— HD Documentary	44:50	HD
251	USS Nimitz... a documentary - Episode 1	19:47	
252	USS Reagan Below Deck: America's Heartland Series	11:46	
253	USS Ronald Reagan CVN-76 Aircraft Elevator	1:58	HD
254	USS Ronald Reagan CVN-76 US Aircraft Carrier Tour by Tony Perri, SurfsUpStudios.com	6:09	HD
255	USS Ronald Reagan Tour CVN-76	10:53	HD
256	USS Stennis 2012 Tiger Cruise: Raising aircraft on elevator #2	6:01	HD
257	USS Truman • Scenes Of An American Aircraft Carrier	2:27	HD
258	Waist Catapults - Centerdeck Operator - First Person	14:36	HD
259	Wartsila in the Netherlands	8:10	HD
260	Weapons of World War 2 - Aircraft Carriers	23:35	
261	World of Warships - Know Your Ship #15 - Lexington Class Aircraft Carriers	18:37	
262	World of Warships - Know Your Ship #29 - Langley Aircraft Carrier	13:07	
263	World of Warships - Know Your Ship #3 - Essex Class Aircraft Carrier	32:35	
264	WORLDS BEST Russian Kashtan CIWS Better than US NAVY Phalanx CIWS	2:32	

	제목	시간	HD
265	WORLDS LARGEST Aircraft Carrier modernization to counter US Military & NATO Military Power	10:31	HD
266	Worlds MOST FEARED naval ship US Navy Zumwalt Class sea trials	11:45	
267	WW2: Aircraft Carrier USS Yorktown CV 5/CV 10	57:40	
268	X-47B Drone - X-47B Stealth Drone Aircraft - Unmanned Combat Air System Demonstrator Aircraft	12:37	
269	X-47B UCAS Aviation History Under Way	4:25	HD
270	Yorktown Class Carrier Elevator	0:44	HD
271	가장비싼무기 탑10	4:19	HD
272	가제트 E180 (IT강국 인도의 또 다른 얼굴) … 인도 항모 이야기가 나옴	21:22	
273	観艦式2015体験公開 初参加！護衛艦 DDH-183 いずも @あすか	4:49	HD
274	군사 다큐멘터리 배틀 360 01출격! USS 엔터프라이즈	55:59	HD
275	군사력 상징 항공모함 보유국가, 미국,러시아,중국, Countries of the carrier	3:09	
276	니미츠 항공모함 건조비	0:50	HD
277	로씨야 항공모함 꾸즈네쪼프 Русский авианосец Кузнецов 俄罗斯航母库兹涅佐夫	25:57	
278	미국 군사력 상징 항공모함 나오는 영화...Aircraft carrier movies,aircraft carrier war movies	4:50	
279	미국 항공모함 대수 및 현황, US Aircraft carrier status, 미국 군사력	2:14	
280	미국 항공모함 함명의 인물들..(미국 군사력의 상징, 한국 군사력에..)	3:27	
281	세계의 항공모함 비교	8:07	HD
282	영국 항공모함 퀸엘리자베스, HMS Queen Elizabeth, ... 영국 군사력	6:28	HD
283	이지스 구축함	44:48	HD
284	인사이드 룩 항공모함	24:47	HD
285	日 항공모함급 호위함 취역…중국도 '맞불' / YTN	1:53	HD
286	일본의비밀무기 - 잠수항모	46:58	HD
287	제2차 세계대전사 [06부] 항공모함과 가미카제	45:06	
288	제럴드 R. 포드급 항공모함	6:55	1장
289	중국 항공모함 건조 과정, 세계 주목	1:37	
290	중국 항공모함 랴오닝 - China's aircraft carrier 이착함훈련	3:10	HD
291	祝 DDH-183 いずも 母港へ初入港 (あの塩吹き潜水艦は?)'15/3/25	30:41	HD
292	프랑스 유일의 항공모함이며, 세계에서 유일하게 핵 공격 능력을 보유한, '샤를 드 골 핵추진 항공모함'	10:56	
293	한·중·일의 항공모함 급 군함 크기와 성능은? / YTN	6:52	HD
294	항공모함	36:00	
295	항공모함(군함) 베스트 10...... Aircraft Carrier Best of Best, 군사력의 상징.. 크기,순위	3:55	PPT
296	항공모함과가미카제(Aircraft carriers and kamikaze)	45:41	
297	항모 킬러' 美 스텔스 구축함, 태평양에 띄운다 / YTN	1:31	
298	현대 해군 최강의 전쟁병기 (2) - 항공모함 (Aircraft Carriers)	16:08	
299	현대 해군 최강의 전쟁병기.	45:51	

찾 기

ㅎ

A

D

E

F

G

H

I

L. C. Hayden 178
La Fayette 119
Landing Area Foul Line 20
Langley 83, 86, 178, 185
L'Aviation Militaire 85
LCAC 106, 153, 563
LCC 560

U

V

W

X

Y

Z

저자약력

손호재

- 거제대학교 기계공학과 교수(학과장, 2017년 현재)
- 박사(Mississippi State University, Aerospace & Mechanical Engineering, 1996년)
- 한국기계연구원 근무(KIMM, 1997년)
- 연구년(Texas A&M University, Ocean Engineering Department, 2016년)
- 저서 : 잠수함공학개론(대영사, 2001년), 해양플랜트공학(산학출판사, 2007년) 외 다수
- hjson@koje.ac.kr/hojaeson@gmail.com

항 공 모 함 공 학

2017년 06월 20일 초판 인쇄
2017년 06월 25일 인쇄 발행

저　　자　손호재
발 행 인　송기수
발 행 처　도서출판 GS인터비전
편 집 처　도서출판 GS인터비전
인 쇄 처　더블비
등록번호　제 25100-2016-000050호
I S B N　979-11-5576-182-3(93530)

주　　소　서울 은평구 증산로15길 69, 2층
선　　화　02-976-7898, 0707-720-7898
팩　　스　02-6468-7898
홈페이지　gsintervision.co.kr
이-메일　gsinter7@gmail.com

정 가　70,000원